清华计算机图书·译丛

Fundamentals of Database Systems

Seventh Edition

数据库系统基础

（第7版）

[美] 雷米兹·埃尔玛斯特（Ramez Elmasri）
沙姆坎特·纳瓦特赫（Shamkant B. Navathe） 著

陈宗斌 等译

清华大学出版社
北 京

北京市版权局著作权合同登记号 图字：01-2016-5200

图书在版编目（CIP）数据

数据库系统基础：第 7 版 /（美）雷米兹·埃尔玛斯特（Ramez Elmasri），（美）沙姆坎特·纳瓦特赫（Shamkant B. Navathe）著；陈宗斌等译. —北京：清华大学出版社，2020.7
（清华计算机图书译丛）
书名原文：Fundamentals of Database Systems, 7e
ISBN 978-7-302-54460-9

Ⅰ. ①数… Ⅱ. ①雷… ②沙… ③陈… Ⅲ. ①关系数据库系统 Ⅳ. ①TP311.138

中国版本图书馆 CIP 数据核字（2019）第 264491 号

责任编辑： 龙启铭
封面设计： 傅瑞学
责任校对： 时翠兰
责任印制： 杨 艳

出版发行： 清华大学出版社
网 址：http://www.tup.com.cn, http://www.wqbook.com
地 址：北京清华大学学研大厦 A 座 邮 编：100084
社 总 机：010-62770175 邮 购：010-83470235
投稿与读者服务：010-62776969，c-service@tup.tsinghua.edu.cn
质 量 反 馈：010-62772015，zhiliang@tup.tsinghua.edu.cn
课 件 下 载：http://www.tup.com.cn,010-83470236
印 装 者： 三河市铭诚印务有限公司
经 销： 全国新华书店
开 本： 185mm×260mm **印 张：** 65.75 **字 数：** 1572 千字
版 次： 2020 年 8 月第 1 版 **印 次：** 2020 年 8 月第 1 次印刷
定 价： 198.00 元

产品编号：067167-01

献给 Amalia 以及 Ramy、Riyad、Katrina 和 Thomas。

——Ramez Elmasri

献给我的妻子 Aruna，感谢她的爱、支持和理解。

献给 Rohan、Maya 和 Ayush，感谢他们带给我们巨大的快乐。

——Shamkant B. Navathe

译 者 序

数据库技术是计算机科学技术中发展最快的领域之一，也是应用最广泛的一门学科。数据库作为计算机及相关专业的核心课程，在国内外已经出版了大量相关的教科书。而Elmasri和Navathe编写的本书，能够连续多次再版，为世界上众多高校广泛采用，成为数据库系统原理的经典教材。究其原因，一方面是内容丰富，清晰地阐述了数据库系统的基本理论和设计问题，涵盖了数据库系统的设计、实现和管理等方面的诸多专题；另一方面则在于其结构合理、更新及时，反映了数据库系统和应用开发的发展和动向。

在本书的第7版中，重新组织了章节顺序。不过，在组织本书内容时，仍然可以使老师在讲解本书内容时选择遵循新的章节顺序，或者选择一种不同的章节顺序。这一版还新增了两章用于介绍数据库系统和大数据处理方面的最新进展：其中一章（第24章）介绍了一类更新的数据库系统，称为NOSQL数据库；另一章（第25章）介绍了用于处理大数据的技术，包括MapReduce和Hadoop。

本书内容组织灵活、独立，读者可根据个人需要进行取舍。特别是，可以依赖于老师的个人偏好，灵活地安排章节教学顺序。此外，本书各部分的内容相对独立，便于自学。

本书非常适合作为高等院校计算机及相关专业的本科生或研究生的数据库系统课程的教材。对于数据库设计师和架构师，本书也是一种非常有价值的参考书。

本书由陈宗斌、陈征主译。由于时间紧迫，加之译者水平有限，欠妥之处在所难免，恳请广大读者批评指正。

译者序

前　　言

本书介绍了设计、使用和实现数据库系统以及数据库应用程序时所需的基本概念。书中重点介绍了数据库建模与设计的基础知识、数据库管理系统提供的语言和模型，以及一些数据库系统实现技术。本书可供大学三、四年级的学生或研究生作为数据库系统的教科书和参考书使用，并可以安排一到两个学期的课时。本书的目标是对当今数据库系统和应用的最重要方面以及相关技术进行深入、最新的阐述。我们假定读者熟悉基本的程序设计以及数据结构的概念，并对计算机组织结构的基本知识有一定的了解。

本版本的新增内容

本书第 7 版中添加了以下一些关键特性：

- 重新组织了章节顺序（基于对使用本教材的老师所做的调查访问）；不过，在组织本书内容时，仍然使各位老师在讲解本书内容时，可以选择遵循新的章节顺序，或者选择一种不同的章节顺序（例如，遵循本书第 6 版中的章节顺序）。
- 在本书第 7 版中新增了两章用于介绍数据库系统和大数据处理方面的最新进展；新增的一章（第 24 章）介绍了一类更新的数据库系统，称为 **NOSQL 数据库**（NOSQL database）；新增的另一章（第 25 章）介绍了用于处理**大数据**（big data）的技术，包括 MapReduce 和 Hadoop。
- 对有关查询处理和优化的章节进行了扩充，并将其重新组织成两章：第 18 章重点介绍用于查询处理的策略和算法，而第 19 章则重点介绍查询优化技术。
- 除了以前版本中的 COMPANY 数据库示例之外，在第 7 版的前几章（第 3~8 章）中还添加了另一个 UNIVERSITY 数据库示例。
- 在不同程度上更新了许多单独的章，包括了更新的技术和方法；这里将不会讨论这些增强方面，而将在“前言”后面讨论第 7 版的组织结构时描述它们。

本书的主要特色如下：

- 本书内容组织灵活、独立，读者可根据个人需要进行取舍。特别是，可以依赖于老师的个人偏好，灵活地安排章节教学顺序。
- 本书的配套 Web 站点（http://www.pearsonhighered.com/cs-resources）提供了可以加载到各类关系数据库中的数据，以方便学生实现更多的实验题。
- 依赖图（在本前言后面显示）显示了哪些章节依赖于前面的其他章节；这可为想要定制章节教学顺序的老师提供指导。
- 补充材料集合，为老师和学生提供了一组丰富的补充材料，如 PowerPoint 幻灯片、正文中的图片以及教师的习题解答。

第 7 版的组织结构和内容

第 7 版对内容组织进行了一些改变，并且改进了个别章节。本书现在被划分为如下 12 个部分：

- 第 1 部分（第 1 章和第 2 章）描述了基本的介绍性概念，它们是很好地理解数据库模型、系统和语言所必需的。第 1 章和第 2 章介绍了数据库、典型用户以及 DBMS 概念、术语和架构，并且讨论了随着时间的推移数据库技术的进步以及数据模型的简史。对这两章进行了更新，以便介绍一些更新的技术，例如 NOSQL 系统。
- 第 2 部分（第 3 章和第 4 章）介绍了实体-关系建模和数据库设计；不过，需要指出的是，如果老师更喜欢在第 3 章和第 4 章之前讲授关于关系模型的章节（第 5~8 章），那么他们可以这样做。在第 3 章中，将介绍 ER（Entity-Relationship，实体-关系）模型和 ER 图的概念，并用于阐述概念性的数据库设计。第 4 章显示了如何扩展 ER 模型，以纳入额外的建模概念，例如子类、特化、泛化、并类型（类别）和继承，从而导致增强的 ER（EER）数据模型和 EER 图。在第 7 章和第 8 章中还将介绍 URL 类图的表示法，它们可以作为 ER/EER 图的替代模型和图形表示法。
- 第 3 部分（第 5~9 章）将详细介绍关系数据库和 SQL，并且在有关 SQL 的章节中包括了一些额外的新内容，用于介绍第 6 版没有涉及的几种 SQL 构造。第 5 章描述了基本的关系模型、它的完整性约束和更新操作。第 6 章描述了用于关系数据库的 SQL 标准的一些基本部分，包括数据定义、数据修改操作和简单的 SQL 查询。第 7 章介绍了更复杂的 SQL 查询，以及触发器、断言、视图和模式修改等 SQL 概念。第 8 章描述了关系代数的形式运算并且介绍了关系演算。在第 8 章介绍关系代数和演算之前，就介绍了关于 SQL 的材料（第 6 章和第 7 章），这就允许老师可以根据需要，在课程中提早开始 SQL 项目的教学（如果老师想要采用这种顺序，那么在第 6 章和第 7 章之前讲述第 8 章将是可能的）。第 3 部分的最后一章即第 9 章介绍了在 ER 和 EER 与关系映射之间进行转换，它们涉及一些算法，可以使用它们从概念性的 ER/EER 模式设计来设计关系数据库模式。
- 第 4 部分（第 10 章和第 11 章）包含关于数据库编程技术的章节。这些章节被指定为阅读材料，并且辅以关于在编程项目的课程中使用的特定语言的材料（在 Web 上可以轻松获得这篇文档的大部分内容）。第 10 章介绍传统的 SQL 编程主题，例如嵌入式 SQL、动态 SQL、ODBC、SQLJ、JDBC 和 SQL/CLI。第 11 章介绍 Web 数据库编程（在我们的示例中使用的是 PHP 脚本语言），并且包括了一些新材料，其中讨论了用于 Web 数据库编程的 Java 技术。
- 第 5 部分（第 12 章和第 13 章）包括关于对象关系和面向对象数据库（第 12 章）以及 XML（第 13 章）的更新材料。这两章阐述了 SQL 标准如何将对象概念和 XML 概念纳入该标准的更新版本中。第 12 章首先介绍了一些用于对象数据库的概念，然后展示了如何将它们纳入 SQL 标准中，以便向关系数据库系统中添加对象能力。接下来，还介绍了 ODMG 对象模型标准、它的对象定义以及查询语言。第 13 章介绍了 XML（eXtensible Markup Language，可扩展标记语言）模型和语言，并讨论了如何将 XML 与数据库系统相关联。该章还阐述了 XML 概念和语言，并将 XML 模型与传统的数据库模型做比较。此外，书中还将展示在 XML 与关系表示之间将如何转换数据，以及用于从关系表中提取 XML 文档的 SQL 命令。

- 第 6 部分（第 14 章和第 15 章）包含关于规范化和关系设计理论的章节（第 7 版把规范化算法的所有形式方面都移到了第 15 章）。第 14 章定义了函数依赖，以及基于函数依赖的规范形式。第 14 章还开发了一种逐步的直观规范化方法，并且包括了多值依赖和连接依赖的定义。第 15 章介绍了规范化理论，以及通过规范化为关系数据库设计所开发的形式化体系、理论和算法，包括关系分解算法和关系合成算法。
- 第 7 部分（第 16 章和第 17 章）介绍了磁盘上的文件组织（第 16 章）和数据库文件的索引（第 17 章）。第 16 章描述了在磁盘上组织记录文件的主要方法，包括有序（排序）、无序（堆）和散列文件；其中介绍了用于磁盘文件的静态和动态散列技术。还对第 16 章进行了更新，包括关于 DBMS 的缓冲区管理策略的内容、新型存储设备的概述，以及文件和现代存储架构的标准。第 17 章描述了文件的索引技术，包括 B 树和 B^+树数据结构以及网格文件，并且利用新的示例以及关于索引的更深入的讨论对其进行了更新，包括在物理设计期间如何选择合适的索引以及索引创建。
- 第 8 部分（第 18 章和第 19 章）介绍了查询处理算法（第 18 章）和优化技术（第 19 章）。这两章进行了更新，它们是从以前版本中涵盖这两个主题的单独一章重新组织而成的，并且包括商业 DBMS 中使用的一些更新的技术。第 18 章介绍了用于在磁盘文件上搜索记录、连接来自两个文件（表）中的记录以及用于其他相关操作的算法。第 18 章包含一些新内容，其中讨论了半连接（semi-join）和反连接（anti-join）操作，并且利用几个示例说明如何在查询处理中使用它们；还讨论了用于选择性估计（selectivity estimation）的技术。第 19 章介绍了用于查询优化的技术，它们使用了成本估计和启发式规则；该章包括一些新内容，涉及嵌套式子查询优化、柱状图的使用、物理优化，以及连接排序方法和数据仓库中的典型查询的优化。
- 第 9 部分（第 20~22 章）介绍了事务处理概念、并发控制，以及从失败中进行数据库恢复。这几章进行了更新，包括在一些商业和开源 DBMS 中使用的一些更新的技术。第 20 章介绍了事务处理系统所需的技术，并且定义了调度的可恢复性和可串行化的概念；其中新增了一节关于 DBMS 的缓冲区替换策略的内容，并且新增了关于快照隔离概念的讨论。第 21 章概述了各种并发控制协议，并且重点讨论了两阶段锁定。此外，还讨论了时间戳排序和乐观并发控制技术，以及多粒度锁定。第 21 章包括一些新内容，其中介绍了基于快照隔离概念的并发控制方法。最后，第 23 章重点介绍了数据库恢复协议，并且概述了数据库恢复中使用的概念和技术。
- 第 10 部分（第 23~25 章）包括一章介绍分布式数据库（第 23 章），并且利用新增加的另外两章介绍用于大数据的 NOSQL 存储系统（第 24 章）以及基于 Hadoop 和 MapReduce 的大数据技术（第 25 章）。第 23 章介绍分布式数据库概念，包括可用性和可伸缩性、数据的复制和分片、在复制的数据当中维护数据一致性，以及许多其他的概念和技术。在第 24 章中，将 NOSQL 系统分成 4 个一般的类别（其中每个类别中都具有一个示例系统，它将用于我们的示例）以及一些数据模型和操作，并且讨论和比较了每种 NOSQL 系统的复制/分布/可伸缩性策略。在第 25 章中，介绍了用于大数据的分布式处理的 MapReduce 编程模型，然后介绍了 Hadoop 系统和 HDFS（Hadoop Distributed File System，Hadoop 分布式文件系统）、Pig 和 Hive 高级接口，以及 YARN 架构。

- 第 11 部分（第 26~29 章）包括以下内容：第 26 章介绍了多种高级数据模型，包括活动数据库/触发器（26.1 节）、时态数据库（26.2 节）、空间数据库（26.3 节）、多媒体数据库（26.4 节）和演绎数据库（26.5 节）。第 27 章讨论了信息检索（information retrieval，IR）和 Web 搜索，包括诸如 IR 和基于关键词的搜索、比较 DR 与 IR、检索模型、搜索评估以及评级算法之类的主题。第 28 章介绍了数据挖掘，其中概述了各种数据挖掘方法，例如关联规则挖掘、群集、分类和序列模式发现。第 29 章概述了数据仓库，包括诸如数据仓库模型和操作之类的主题，还概述了构建数据仓库的过程。
- 第 12 部分（第 30 章）用一章的篇幅阐述数据库安全，其中讨论了用于自主访问控制的 SQL 命令（GRANT、REVOKE），以及强制性安全级别和模型，用于在关系数据库中包括强制性访问控制，还讨论了诸如 SQL 注入攻击之类的威胁，以及与数据安全和隐私相关的其他技术和方法。

附录 A 给出了多种替代的图形表示法，它们用于显示概念性的 ER 或 EER 模式。如果老师更喜欢使用这些表示法，也可以用它们替代本书中使用的表示法。附录 B 给出了一些关于磁盘的重要物理参数。附录 C 概述了 QBE 图形查询语言。附录 D 和附录 E（可从本书的配套 Web 站点 http://www.pearsonhighered.com/elmasri 下载）介绍了基于分层和网络数据库模型的遗留数据库系统。作为许多商业数据库应用和事务处理系统的基础，这些数据库已经使用了 30 余年。

本书使用指南

讲授一门数据库课程可以有多种不同的方法。作为数据库系统的介绍性课程，第 1~7 部分中的章节可以按照它们在本书中的顺序进行讲授，也可以根据老师个人喜好的顺序进行讲解。教师可以根据课程的重点，对这些内容进行删减，或者从本书的其余部分选择一些章节添加进来。在本书某些章的开头一小节结尾处，我们列出了当不需要详细讨论一些主题时可以删略的章节。如果作为一门介绍性的数据库课程，我们建议讲授第 1~15 章的内容，并可根据学生的背景和掌握程度选择其他章的一些内容。如果重点关注的是系统实现技术，则应该使用第 7~9 部分中的一些章节替换前面一些章节。

第 3 章和第 4 章介绍了使用 ER 和 EER 模型进行概念建模，这些内容将有助于从概念上加深对数据库的理解。不过，也可以部分讲解它们，或者在课程的后期加入这些内容。如果课程的重点是 DBMS 实现，甚至可以将这些内容略去不讲。第 16 章和第 17 章介绍了文件的组织和索引，这些内容可以放在课程的前期或后期讲授。如果课程的重点是数据库模型和语言，甚至可以将这些内容略去不讲。对于那些已经学习过文件组织课程的学生来说，可以将这些章节的部分内容作为阅读材料，或者将这些章节中的一些练习题作为相关概念的复习。

如果课程的重点是数据库设计，那么老师应该尽早开始讲授第 3 章和第 4 章，接着介绍关系数据库。一个完整的数据库设计和实现项目的生命周期将包括概念设计（第 3 章和第 4 章）、关系数据库（第 5~7 章）、数据模型映射（第 9 章）、规范化（第 14 章），以及通过 SQL 的应用程序实现（第 10 章）。如果重点关注的是 Web 数据库编程和应用，那么也应该包括第 11 章的内容。此外，还需要一些有关特定编程语言以及所使用的 RDBMS 的其他文献。本书在编写时就考虑了其主题可以按不同的顺序讲授。下图展示了各章之间的主要依赖关系，在前两章的介绍性内容之后，可以从多个不同的主题开始讲授。尽管这个图看起来可能有些复杂，但是值得注意的是，如果按照如图所示的顺序讲授各章内容，那么将不会丢失章节间的依赖关系。如果老师想以自己选择的顺序来讲授课程，那么可将此图作为参考。

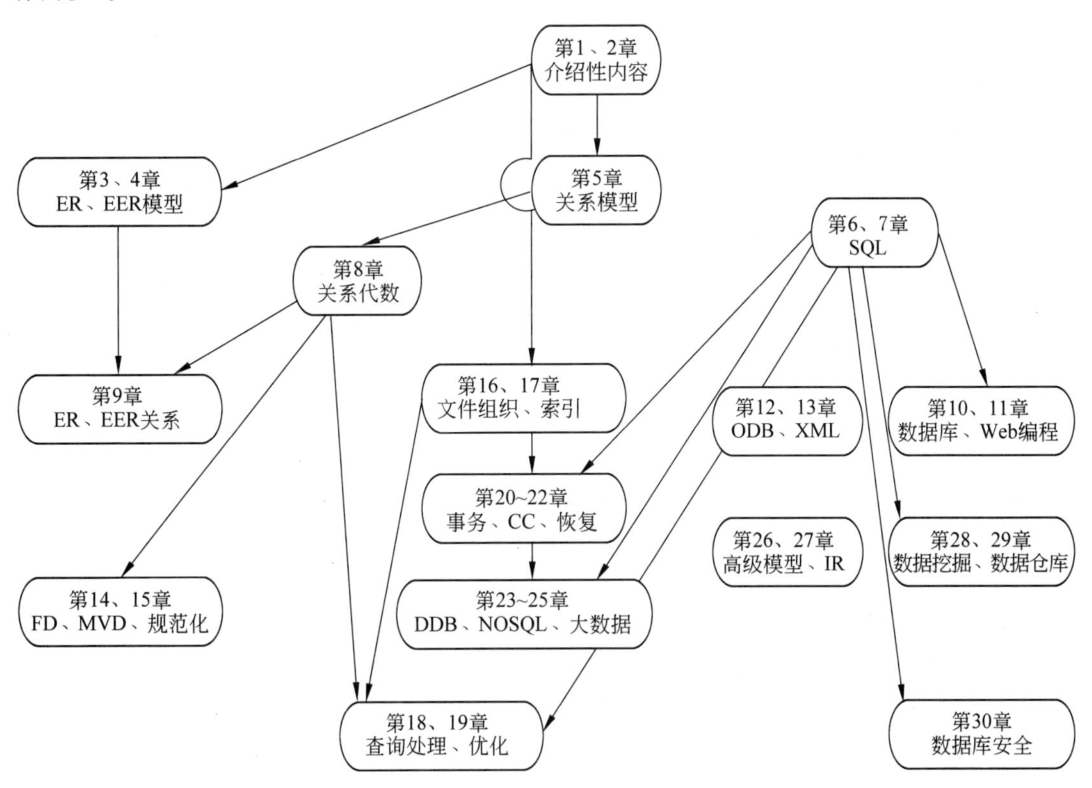

如果将本书作为一个学期课程的教材，可以将选读的章节留作课外阅读材料；如果将本书作为上、下两学期的教材，第一学期的课程可以是“数据库设计和数据库系统导论”，面向大二、大三或大四的学生，涵盖第 1~15 章的大部分内容。第二学期的课程是“数据库模型与实现技术”，面向大四学生或一年级研究生，可涵盖第 16~30 章的大部分内容。老师还可以根据个人喜好，以其他方式来安排两个学期的课程学习顺序。

补 充 材 料

授权教师可以从 Pearson 的教师资源中心（http://www.pearsonhighered.com/irc）获得本书的支持材料。要访问该 Web 站点，可以联系当地的 Pearson 代理。

- PowerPoint 讲义和图片。
- 解决方案手册。

致 谢

非常荣幸能够向这么多人致谢，感谢他们对本书的帮助与贡献。首先要感谢本书的编辑 Matt Goldstein 对本书的指导、鼓励和支持。感谢 Rose Kernan 对本书的生产管理、Patricia Daly 对本书进行的全面细致的编辑、Martha McMaster 勤勉地对书中各页所做的审校以及生产团队的管理编辑 Scott Disanno，感谢他们所做的卓越工作。我们还要感谢 Pearson 的 Kelsey Loanes 对这个项目给予的持续不断的帮助，以及感谢以下审稿人：Michael Doherty、Deborah Dunn、Imad Rahal、Karen Davis、Gilliean Lee、Leo Mark、Monisha Pulimood、Hassan Reza、Susan Vrbsky、Li Da Xu、Weining Zhang 和 Vincent Oria。

Ramez Elmasri 要感谢 Kulsawasd Jitkajornwanich、Vivek Sharma 和 Surya Swaminathan 帮助准备第 24 章中的一些材料。Sham Navathe 要感谢下面这些人在关键性的审稿和修订工作中所给予的帮助：Dan Forsythe 和 Satish Damle 参与了存储系统的讨论；Rafi Ahmed 详细地重新组织了关于查询处理和优化的内容；Harish Butani、Balaji Palanisamy 和 Prajakta Kalmegh 帮助提供了 Hadoop 和 MapReduce 技术材料；Vic Ghorpadey 和 Nenad Jukic 修订了“数据仓库”的内容；最后，Frank Rietta 在数据库安全的更新技术方面、Kunal Malhotra 在多个讨论中，以及 Saurav Sahay 在信息检索系统的发展方面，分别做出了他们的贡献。

我们还要再次感谢曾经审阅以及为本书的前几版做出贡献的人们。

- 第 1 版：Alan Apt（编辑）、Don Batory、Scott Downing、Dennis Heimbinger、Julia Hodges、Yannis Ioannidis、Jim Larson、Per-Ake Larson、Dennis McLeod、Rahul Patel、Nicholas Roussopoulos、David Stemple、Michael Stonebraker、Frank Tompa 和 Kyu-Young Whang。
- 第 2 版：Dan Joraanstad（编辑）、Rafi Ahmed、Antonio Albano、David Beech、Jose Blakeley、Panos Chrysanthis、Suzanne Dietrich、Vic Ghorpadey、Goetz Graefe、Eric Hanson、Junguk L. Kim、Roger King、Vram Kouramajian、Vijay Kumar、John Lowther、Sanjay Manchanda、Toshimi Minoura、Inderpal Mumick、Ed Omiecinski、Girish Pathak、Raghu Ramakrishnan、Ed Robertson、Eugene Sheng、David Stotts、Marianne Winslett 和 Stan Zdonick。
- 第 3 版：Maite Suarez-Rivas 和 Katherine Harutunian（编辑）；Suzanne Dietrich、Ed Omiecinski、Rafi Ahmed、Francois Bancilhon、Jose Blakeley、Rick Cattell、Ann

Chervenak、David W. Embley、Henry A. Etlinger、Leonidas Fegaras、Dan Forsyth、Farshad Fotouhi、Michael Franklin、Sreejith Gopinath、Goetz Craefe、Richard Hull、Sushil Jajodia、Ramesh K. Karne、Harish Kotbagi、Vijay Kumar、Tarcisio Lima、Ramon A. Mata-Toledo、Jack McCaw、Dennis McLeod、Rokia Missaoui、Magdi Morsi、M. Narayanaswamy、Carlos Ordonez、Joan Peckham、Betty Salzberg、Ming-Chien Shan、Junping Sun、Rajshekhar Sunderraman、Aravindan Veerasamy 和 Emilia E. Villareal。

- 第 4 版：Maite Suarez-Rivas、Katherine Harutunian、Daniel Rausch 和 Juliet Silveri（编辑）；Phil Bernhard、Zhengxin Chen、Jan Chomicki、Hakan Ferhatosmanoglu、Len Fisk、William Hankley、Ali R. Hurson、Vijay Kumar、Peretz Shoval、Jason T. L. Wang（审稿人）；Ed Omiecinski（协助完成了第 27 章）；得克萨斯大学阿灵顿分校的贡献者有 Jack Fu、Hyoil Han、Babak Hojabri、Charley Li、Ande Swathi 和 Steven Wu；佐治亚理工学院的贡献者有 Weimin Feng、Dan Forsythe、Angshuman Guin、Abrar Ul-Haque、Bin Liu、Ying Liu、Wanxia Xie 和 Waigen Yee。
- 第 5 版：Matt Goldstein 和 Katherine Harutunian（编辑）；Michelle Brown、Gillian Hall、Patty Mahtani、Maite Suarez-Rivas、Bethany Tidd 和 Joyce Cosentino Wells（来自 Addison-Wesley）；Hani Abu-Salem、Jamal R. Alsabbagh、Ramzi Bualuan、Soon Chung、Sumali Conlon、Hasan Davulcu、James Geller、Le Gruenwald、Latifur Khan、Herman Lam、Byung S. Lee、Donald Sanderson、Jamil Saquer、Costas Tsatsoulis 和 Jack C. Wileden（审稿人）；Raj Sunderraman（提供了实验项目）；Salman Azar（提供了一些新的练习题）；Gaurav Bhatia、Fariborz Farahmand、Ying Liu、Ed Omiecinski、Nalini Polavarapu、Liora Sahar、Saurav Sahay、Wanxia Xie（来自佐治亚理工学院）。
- 第 6 版：Matt Goldstein（编辑）；Gillian Hall（生产管理）；Rebecca Greenberg（文字编辑）；Jeff Holcomb、Marilyn Lloyd、Margaret Waples 和 Chelsea Bell（来自 Pearson）；Rafi Ahmed、Venu Dasigi、Neha Deodhar、Fariborz Farahmand、Hariprasad Kumar、Leo Mark、Ed Omiecinski、Balaji Palanisamy、Nalini Polavarapu、Parimala R. Pranesh、Bharath Rengarajan、Liora Sahar、Saurav Sahay、Narsi Srinivasan 和 Wanxia Xie。

最后，我们真切地感谢我们的家人所给予的支持、鼓励和耐心。

目 录

第 1 部分 数据库简介

第 3 部分　关系数据模型和 SQL

第 4 部分　数据库编程技术

第 5 部分　对象、对象–关系和 XML：概念、模型、语言和标准

第 6 部分　数据库设计理论和规范化

第 7 部分 文件结构、散列、索引和物理数据库设计

第 8 部分　查询处理和优化

第 9 部分 事务处理、并发控制和恢复

第 10 部分　分布式数据库、NOSQL 系统和大数据

第 11 部分　高级数据库模型、系统和应用

第12部分　额外的数据库主题：安全性

第 1 部 分

数据库简介

第 1 章　数据库与数据库用户

在现代社会里，数据库和数据库系统已经成为生活中不可或缺的组成部分：我们中的大多数人每天都会和数据库打交道，涉及与数据库进行某种交互。例如，如果我们去银行存钱或取钱，如果我们预订酒店或航班，如果我们访问计算机管理的图书馆目录以搜索参考书目，或者如果我们在线购买某些商品，例如图书、玩具或计算机等，所有这些活动都将涉及某人或某个计算机程序访问数据库。甚至在超市购物，通常也会自动更新保存商品库存清单的数据库。

上述的这些交互是所谓的**传统数据库应用**（traditional database application）的案例，其中存储和访问的大多数信息都是文本或数字类型的。在过去几年，技术的进步为数据库系统带来了许多令人兴奋的新应用。社交媒体 Web 站点（例如 Facebook、Twitter 和 Flickr 等）的涌现需要创建巨型数据库，以存储非传统的数据，例如：帖子、推特、图像和视频剪辑。新型数据库系统（通常称为**大数据**（big data）存储系统或 NOSQL **系统**）被创建出来，用以管理社交媒体应用的数据。诸如 Google、Amazon 和 Yahoo 之类的公司也使用这类系统管理它们的 Web 搜索引擎中所需的数据，以及提供**云存储**（cloud storage），借此给用户在 Web 上提供存储能力，用于管理各类数据，包括文档、程序、图像、视频和电子邮件。在第 24 章中将概述这些新型数据库系统。

现在将提及其他一些数据库应用。在手机及其他设备上，图片和视频技术的广泛可用性使得有可能以数字方式存储图像、音频剪辑和视频流。这些文件类型正在变成**多媒体数据库**（multimedia database）的重要组成部分。**地理信息系统**（geographic information system，GIS）可以存储和分析地图、气象数据和卫星图像。在许多公司使用**数据仓库**（data warehouse）和**联机分析处理**（online analytical processing，OLAP），用于从特大型数据库中提取和分析有用的商业信息来支持决策。**实时**（real-time）和**主动数据库技术**（active database technology）用于控制工业和制造流程。数据库**搜索技术**（search technique）正应用在万维网（World Wide Web）上，用于改进浏览 Internet 的用户所需的信息搜索体验。

不过，要理解数据库技术的基本原理，必须从传统数据库应用的基础开始。在 1.1 节中，首先定义了一个数据库，然后解释了其他基本术语。在 1.2 节中，提供了一个简单的 UNIVERSITY 数据库示例，用以阐述我们的讨论。1.3 节描述了数据库系统的一些主要特征，1.4 节和 1.5 节对那些使用以及与数据库系统交互的人进行了分类。1.6 节、1.7 节和 1.8 节更全面、透彻地讨论了数据库系统提供的各种能力，并且讨论了一些典型的数据库应用。1.9 节对第 1 章进行了总结。

对于想要快速了解数据库系统的读者，可以学习 1.1 节~1.5 节，然后跳过或快速浏览 1.6 节~1.8 节的内容，进而转入第 2 章的学习。

1.1 简 介

数据库和数据库技术对于日益增长的计算机应用起着重要影响。客观地讲，在使用计算机的几乎所有领域里，数据库都扮演着关键角色，包括商业、电子商务、社交媒体、工程、医疗、遗传学、法律、教育和图书馆管理科学等。**数据库**（database）这个词被如此广泛地使用，以至于首先必须定义数据库是什么。最初的定义相当宽泛。

数据库（database）是相关数据的集合[1]。可以通过**数据**（data）来记录我们所知的现实情况，并赋予它们隐含的含义。例如，考虑你所认识的人们的姓名、电话号码和地址。现在，通常将这些数据存储在手机中，它们具有自己的简单数据库软件。也可以将这些数据记录在一个带有索引的通讯录上，或者使用个人计算机以及诸如 Microsoft Access 或 Excel 之类的软件把它们存储在硬盘驱动器上。这个具有隐含含义的相关数据的集合就是数据库。上述的数据库定义相当宽泛；例如，可以把组成此页文本的字词集合视作相关数据，从而构成一个数据库。不过，术语**数据库**的常见用法通常具有更严格的限制。数据库具有以下隐含属性：

- 数据库表示现实世界的某个方面，有时将其称为**微观世界**（miniworld）或者**论域**（universe of discourse，UoD）。微观世界的改变将会反映在数据库中。
- 数据库是具有某种内在含义的、逻辑上协调一致的数据的集合。不能将随机的数据分类正确地称为数据库。
- 数据库是出于特定目的而设计、构建以及填充数据的。它具有预期的用户群，并且为这些用户预先设计好一些他们感兴趣的应用。

换句话说，数据库应具有可从中提取数据的数据源，在某种程度上，它将与现实世界里的事件发生交互，并且具有对其内容主动产生兴趣的用户。当数据库的最终用户可能执行商业交易（例如，顾客购买照相机）或者当一些事件可能发生（例如，雇员生孩子）时，将会导致数据库中的信息发生改变。为了使数据库随时都保持准确、可靠，它就必须真实地反映它所代表的微观世界；因此，一旦有可能，就必须将这些改变反映在数据库中。

数据库可以具有任意的规模和复杂性。例如，前面提到的姓名和地址列表可能只包含几百条记录，并且每条记录都具有简单的结构。另一方面，一个大型图书馆的计算机管理的目录可能包含 50 万条按不同类别组织的条目——按照主要作者的姓氏、主题、书名进行分类——每个类别下再按照字母顺序进行组织。再如，一个规模更大、复杂性更高的数据库是由像 Facebook 这样的社交媒体公司维护的数据库，它具有超过 10 亿个用户。该数据库必须维护以下信息：哪些用户彼此之间是朋友（friend）关系、每个用户的帖子、允许哪些用户查看所有的帖子，还必须维护为了使它们的 Web 站点正确运转所需的其他类型的大量信息。对于这样的 Web 站点，将需要大量的数据库，以便记录社交媒体 Web 站点所需

---

1 如同数据库文献中常见的那样，本书中将把**数据**（data）一词既作为单数又作为复数使用；可以根据上下文来确定它是单数还是复数。在标准的英语中，data 用于复数，而 datum 则用于单数。

的频繁改变的信息。

一个大型商业数据库的示例是 Amazon.com。它包含超过 6000 万活跃用户以及数百万图书、CD、视频、DVD、游戏、电子产品、衣物及其他商品的数据。该数据库占据 42 TB（1 TB = 10^{12} B）的存储空间，并且存储在数百台计算机（称为服务器）上。每天有数百万访客访问 Amazon.com，并且使用该数据库购买商品。当有新的图书或其他商品添加到库存清单中时，就会持续更新数据库，随着购物交易完成，也会更新库存数量。

可以手动生成和维护数据库，也可以通过计算机管理它。例如，图书馆卡片目录就是可能通过手动创建和维护的数据库。计算机管理的数据库可以通过一组专门为此任务而编写的应用程序进行创建和维护，也可以通过数据库管理系统来执行该操作。当然，在本书中，我们只关注计算机管理的数据库。

数据库管理系统（database management system，DBMS）就是一个计算机管理的系统，它允许用户创建和维护数据库。DBMS 是一个**通用软件系统**（general-purpose software system），便于定义、构造和操作数据库，以及在不同的用户与应用之间共享数据库。**定义**（define）数据库涉及为将要存储在数据库中的数据指定数据类型、结构和约束条件。数据库定义和描述信息也是由 DBMS 以数据库目录或字典的形式存储的；它被称为**元数据**（meta-data）。**构造**（construct）数据库是在 DBMS 的控制之下将数据存储在某种存储媒介上的过程。**操作**（manipulate）数据库包括如下功能：查询数据库以检索特定的数据，更新数据库以反映微观世界里的改变，以及通过数据生成报表等。**共享**（share）数据库允许多个用户和程序同时访问数据库。

应用程序（application program）通过向 DBMS 发送查询或数据请求来访问数据库。**查询**[1]（query）通过会执行数据检索；而**事务**（transaction）则用于执行从数据库中读取数据或者将数据写入数据库中。

由 DBMS 提供的其他重要功能包括长时间保护数据库以及维护它。**保护**（protection）包括防止软、硬件故障（崩溃）的系统保护以及防止未经授权或恶意访问数据库的安全保护。典型的大型数据库可能具有长达数年的生命周期，因此 DBMS 必须能够**维护**（maintain）数据库系统，使得系统可以在长时间内随着需求的变化而不断演化。

并且绝对需要使用通用的 DBMS 软件来实现计算机管理的数据库。可以编写一组自定义的程序来创建和维护数据库，实际上是为特定的应用（例如航班预订）创建专用（special-purpose）的 DBMS 软件。无论哪种情况——是否使用通用的 DBMS，都要部署相当多的复杂软件。事实上，大多数 DBMS 都是非常复杂的软件系统。

为了完善我们最初的定义，我们将把数据库和 DBMS 软件合称为**数据库系统**（database system）。图 1.1 阐释了迄今为止讨论过的一些概念。

1　术语**查询**（query）原义为问题或询问，有时宽泛地用于各类数据库交互，包括修改数据。

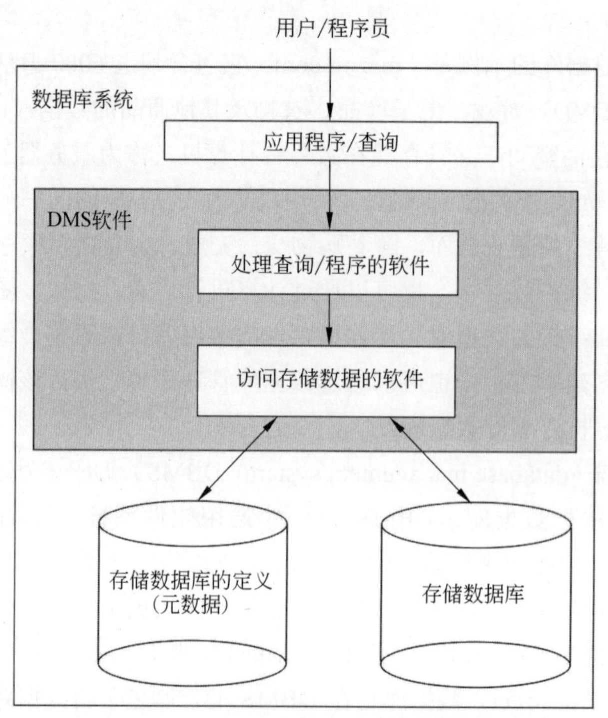

图 1.1　一种简化的数据库系统环境

1.2　一个示例

让我们考虑一个对于大多数读者来说可能很熟悉的简单示例：一个 UNIVERSITY 数据库，用于维护大学环境里的学生、课程和年级等信息。图 1.2 显示了数据库结构和一些示例数据记录。该数据库被组织为 5 个文件，其中每个文件都存储相同类型的**数据记录**[1]（data record）。STUDENT 文件存储关于每个学生的数据，COURSE 文件存储关于每门课程的数据，SECTION 文件存储关于课程的每个单元的数据，GRADE_REPORT 文件存储学生已经学完的各个单元的成绩，PREREQUISITE 文件则存储每个课程的先修课程。

要定义（define）这个数据库，必须指定要在每条记录中存储的**数据元素**（data element）的不同类型，以此来指定每个文件的记录的结构。在图 1.2 中，每条 STUDENT 记录包括的数据用于表示学生的 Name（姓名）、Student_number（学号）、Class（年级，例如一年级或"1"、二年级或"2"等）、Major（专业，例如数学或"MATH"、计算机科学或"CS"）；每条 COURSE 记录包括的数据用于表示 Course_name（课程名称）、Course_number（课程编号）、Credit_hours（所修学分）和 Department（开设此课程的系）等。除此之外，我们还必须为记录内的每个数据元素指定一种**数据类型**（data type）。例如，可以将 STUDENT 记录中的 Name 数据元素指定为由字母字符组成的字符串，将数据元素 Student_number 指定为整数，而 GRADE_REPORT 文件中的 Grade 数据元素是集合{'A', 'B', 'C', 'D', 'F', 'I'}

1　这里非正式地使用了术语**文件**（file）。从概念层次上讲，文件可以是有序或无序的记录集合。

中的单个字符。我们还可以使用编码模式来表示数据项的值。例如，在图 1.2 中，对于 STUDENT 的数据元素 Class，用 1 表示大学一年级的学生，2 表示大学二年级的学生，3 表示大学三年级的学生，4 表示大学四年级的学生，5 表示研究生。

STUDENT

Name	Student_number	Class	Major
Smith	17	1	CS
Brown	8	2	CS

COURSE

Course_name	Course_number	Credit_hours	Department
Intro to Computer Science	CS1310	4	CS
Data Structures	CS3320	4	CS
Discrete Mathematics	MATH2410	3	MATH
Database	CS3380	3	CS

SECTION

Section_identifier	Course_number	Semester	Year	Instructor
85	MATH2410	Fall	07	King
92	CS1310	Fall	07	Anderson
102	CS3320	Spring	08	Knuth
112	MATH2410	Fall	08	Chang
119	CS1310	Fall	08	Anderson
135	CS3380	Fall	08	Stone

GRADE_REPORT

Student_number	Section_identifier	Grade
17	112	B
17	119	C
8	85	A
8	92	A
8	102	B
8	135	A

PREREQUISITE

Course_number	Prerequisite_number
CS3380	CS3320
CS3380	MATH2410
CS3320	CS1310

图 1.2 存储学生和课程信息的数据库

要构造（construct）UNIVERSITY 数据库，需要将每位学生、课程、课程单元、成绩单和先修课程的数据以记录的形式存储在相应的文件中。注意：不同文件中的记录可能是相关联的。例如，STUDENT 文件中的 Smith 的记录与 GRADE_REPORT 文件中的两条记录相关联，这两条记录指定了 Smith 在两个课程单元中的成绩。类似地，PREREQUISITE 中的每一条记录都与两条课程记录相关联：其中一条表示课程，另一条表示先修课程。大多数中型和大型数据库都包括许多类型的记录，并且在记录当中具有许多关系。

数据库操作（manipulation）涉及查询和更新。查询的示例如下：

- 检索学生的成绩单——列出学生“Smith”的所有课程和相应的成绩；
- 列出选修了2008年秋季的“Database”课程的课程单元的学生姓名以及所学课程单元的成绩；
- 列出学习“Database”课程的先修课程。

更新的示例如下：

- 将学生“Smith”的年级更改为大学二年级；
- 为本学期的“Database”课程创建一个新的课程单元；
- 将学生“Smith”在上学期的“Database”课程单元的成绩记为“A”。

必须使用DBMS的查询语言精确指定这些非正式的查询和更新后，才可以处理它们。

在这个阶段，在更大范畴下将数据库描述为组织内的信息系统的一部分将是有用的。组织内的信息技术（Information Technology，IT）部门负责设计和维护信息系统，它由各种计算机、存储系统、应用软件和数据库组成。如果要为现有的数据库设计新的应用或者要设计全新的数据库，将需要从**需求规范与分析**（requirements specification and analysis）阶段开始。这些需求被详细地记录为文档，并被转换成**概念设计**（conceptual design），可以使用一些计算机化的工具来表示和操作它们，使之便于维护、修改以及转换成数据库实现（出于此目的，将在第3章中介绍实体-关系模型）。然后，将把概念设计转换成**逻辑设计**（logical design），可以在商业DBMS中实现的数据模型中将后者表现出来（在全书中讨论了多种DBMS，其中在第5~9章中重点介绍了关系DBMS）。

最后一个阶段是**物理设计**（physical design），在这个阶段将对存储和访问数据库提供进一步的规范说明。最终将实现数据库设计、填充真实的数据并且持续不断地维护它，以反映微观世界的状态。

1.3 数据库方法的特征

有许多特征可以将数据库方法与早期编写自定义程序以访问文件中所存储数据的方法区分开。在传统的**文件处理**（file processing）中，每个用户将定义并实现特定软件应用所需的文件，并把它们作为编写应用程序的一部分。例如，将成绩单办公室看作一个用户，这里可能保存关于学生及其成绩的文件。把打印学生成绩单以及输入新分数的程序实现为应用的一部分。将财务室看作另一个用户，这里可能记录有学生的学费和交费情况。尽管这两个用户都对关于学生的数据感兴趣，但是每个用户都将维护单独的文件——以及用于操作这些文件的程序，因为每个用户都需要一些不能从另一个用户的文件中获得的数据。定义和存储数据的这种冗余将会导致存储空间的浪费，以及在维护公共的最新数据时付出多余的努力。

在数据库方法中，将使用单个存储库（repository）维护数据，它只需定义一次，然后就可以被不同的用户通过查询、事务和应用程序重复访问。数据库方法相比文件处理方法的主要特征如下：

- 数据库系统具有自描述性。
- 程序与数据之间的隔离以及数据抽象。
- 支持数据的多种视图。
- 数据共享与多用户事务处理。

我们将用单独的一节描述上述每个特征，并且在 1.6 节～1.8 节中讨论数据库系统的其他特征。

1.3.1　数据库系统的自描述性

数据库方法的一个基本特征是：数据库系统不仅包含数据库本身，还包含数据库结构和约束的完整定义或描述。这个定义被存储在 DBMS 目录中，其中包含一些信息，例如，每个文件的结构、每个数据项的类型和存储格式，以及对数据的各种约束。存储在目录中的信息被称为**元数据**（meta-data），它描述了主数据库的结构（参见图 1.1）。需要注意的是，一些更新型的数据库系统（称为 NOSQL 系统）不需要元数据。相反，它们将数据存储为**自描述数据**（self-describing data），其中将数据项名称和数据值一起包括在一个结构中（参见第 24 章）。

这个目录将被 DBMS 软件使用，也将被需要数据库结构信息的数据库用户使用。通用的 DBMS 软件包不是为特定的数据库应用编写的。因此，它必须查询目录以便知晓特定数据库中的文件的结构，例如它将要访问的数据的类型和格式。只要将数据库定义存储在目录中，DBMS 软件就必须能够与任意数量的数据库应用良好协作——例如，大学数据库、银行数据库或公司数据库。

在传统的文件处理中，数据定义通常是应用程序自身的一部分。因此，这些程序就被限制于只处理一个特定的数据库，并在应用程序中声明数据库的结构。例如，用 C++编写的应用程序可能具有结构或类声明。文件处理软件只能访问特定的数据库，而 DBMS 软件能够通过从目录中提取数据库定义并且使用这些定义来访问各种各样的数据库。程序的工作被限制在一个特殊的数据库里，这个数据库的结构在应用程序中是公开的。例如，在 C++中编写的应用程序可能有结构或者类别定义。然而文件处理软件只能访问特殊的数据库，DBMS 软件能够通过从目录中提取并使用数据库规定来访问不同的数据库。

对于图 1.2 中所示的示例，DBMS 目录将存储显示的所有文件的定义。图 1.3 显示了数据库目录中的一些条目。无论何时请求访问，例如，要访问 STUDENT 记录的 Name，DBMS 软件都会查询目录，以确定 STUDENT 文件的结构，以及 STUDENT 记录内的 Name 数据项的位置和大小。与之相反，在典型的文件处理应用中，文件结构以及（在极端情况下）STUDENT 记录内的 Name 数据项的准确位置已经被编码进每个访问该数据项的程序中。

1.3.2　程序与数据之间的隔离以及数据抽象

在传统的文件处理中，数据文件的结构嵌入在应用程序中，因此文件结构的任何改变都可能需要改变访问该文件的所有程序。相反，在大多数情况下，DBMS 访问程序都不需要做这样的改变。数据文件的结构是独立于访问程序而存储在 DBMS 目录中的。我们将这种性质称为**程序-数据独立性**（program-data independence）。

RELATIONS

Relation_name	No_of_columns
STUDENT	4
COURSE	4
SECTION	5
GRADE_REPORT	3
PREREQUISITE	2

COLUMNS

Column_name	Data_type	Belongs_to_relation
Name	Character (30)	STUDENT
Student_number	Character (4)	STUDENT
Class	Integer (1)	STUDENT
Major	Major_type	STUDENT
Course_name	Character (10)	COURSE
Course_number	XXXXNNNN	COURSE
....	....	.....
....	....	.....
....	....	.....
Prerequisite_number	XXXXNNNN	PREREQUISITE

注意：Major_type 被定义为枚举类型，它包含所有已知的专业。XXXXNNNN 用于定义一种类型，该类型由 4 个字母字符加 4 个数字表示。

图 1.3　用于图 1.2 所示数据库的数据库目录示例

例如，以这种方式编写的文件访问程序只能访问图 1.4 中所示的结构的 STUDENT 记录。如果我们想在每条 STUDENT 记录中添加另一个数据项，例如 Birth_date，这样的程序将不再能够工作，必须进行改变。相反，在 DBMS 环境中，只需在目录（参见图 1.3）中改变 STUDENT 记录的描述，以反映包括了新数据项 Birth_date 即可；而无须改变任何程序。下一次 DBMS 程序查询目录时，将会访问并使用 STUDENT 记录的新结构。

在某些类型的数据库系统中，例如面向对象和对象关系系统（参见第 12 章），用户可以将对数据的操作定义为数据库定义的一部分。**操作**（operation，也称为*函数*（function）或*方法*（method））由两部分指定。操作的*接口*（interface，或*签名*（signature））包括操作名称及其形参（或实参）的数据类型。操作的*实现*（implementation，或*方法*）是单独指定的，并且可以改变，而不会影响接口。用户应用程序可以通过操作的名称和形参调用这些操作来操作数据，而不用考虑这些操作是如何实现的。可以把这种性质称为**程序-操作独立性**（program-operation independence）。

这种允许程序-数据独立性和程序-操作独立性的特征称为**数据抽象**（data abstraction）。DBMS 给用户提供的是数据的**概念表示**（conceptual representation），其中并不包括如何存储数据以及如何实现操作的许多细节。非正式地讲，**数据模型**（data model）是一种用于提供这种概念表示的数据抽象类型。数据模型使用逻辑概念，例如对象、它们的属性以及它们之间的相互关系，对于大多数用户来说，这些概念可能比计算机存储概念要容易理解得多。因此，数据模型隐藏了大多数数据库用户不感兴趣的存储及实现细节。

参见图 1.2 和图 1.3 中的示例，STUDENT 文件的内部实现可能通过其记录长度（即每条记录中的字符数（字节数））来定义，并且每个数据项都可能通过其在记录内的起始字节及其长度（以字节为单位）来指定。因此，可以如图 1.4 中所示的那样表示 STUDENT 记录。但是典型的数据库用户并不关心每个数据项在记录内的位置或者它的长度；相反，用户关心的是当引用 STUDENT 记录内的 Name 数据项时，能否返回正确的值。STUDENT 记录的概念表示如图 1.2 中所示。DBMS 可以对数据库用户隐藏文件存储组织的许多其他的细节，例如对文件指定的访问路径。在第 16 章和第 17 章中将讨论存储细节。

数据项名称	记录中的起始位置	字符长度（字节数）
Name	1	30
Student_number	31	4
Class	35	1
Major	36	4

图 1.4　STUDENT 记录的内部存储格式，基于图 1.3 中的数据库目录

在数据库方法中，每个文件的详细结构和组织都存储在目录中。数据库用户和应用程序引用文件的概念表示，而当 DBMS 文件访问模块需要文件的存储细节时，DBMS 将从目录中提取它们。有许多种数据模型可用于给数据库用户提供这种数据抽象。本书的主要部分将专门用于介绍各种数据模型，以及它们用于抽象数据表示的概念。

在面向对象和对象-关系数据库中，抽象过程不仅包括数据结构，还包括对数据的操作。这些操作提供了通常能被用户理解的微观世界活动的抽象。例如，可以对 STUDENT 对象应用 CALCULATE_GPA 操作，用于计算平均成绩。用户查询或应用程序可以调用这样的操作，而无须知道如何实现操作的细节。

1.3.3　支持数据的多种试图

数据库通常具有多种类型的用户，每个用户都可能需要数据库的不同视角或**视图**（view）。视图可能是数据库的子集，也可能包含从数据库文件中导出但是没有显式存储的**虚拟数据**（virtual data）。一些用户可能不需要知道他们引用的数据是存储的还是导出的。多用户 DBMS 允许其用户执行各种不同的应用，因此它必须支持用户方便地定义多种视图。例如，图 1.2 所示的数据库的用户可能只对访问并打印每个学生的成绩单感兴趣；图 1.5 (a) 显示了针对该用户的视图。另一个用户可能只对检查学生是否学完了他们注册的每门课程的所有先修课程感兴趣，那么他可能需要图 1.5 (b)中所示的视图。

1.3.4　数据共享与多用户事务处理

顾名思义，多用户 DBMS 必须允许多个用户同时访问数据库。如果要在单个数据库中集成和维护用于多个应用的数据，这就是必要的。DBMS 必须包括**并发控制**（concurrency control）软件，以确保多个用户能够尝试以一种受控的方式更新相同的数据，从而使得更

TRANSCRIPT

Student_name	Student_transcript				
	Course_number	Grade	Semester	Year	Section_id
Smith	CS1310	C	Fall	08	119
	MATH2410	B	Fall	08	112
Brown	MATH2410	A	Fall	07	85
	CS1310	A	Fall	07	92
	CS3320	B	Spring	08	102
	CS3380	A	Fall	08	135

(a)

COURSE_PREREQUISITES

Course_name	Course_number	Prerequisites
Database	CS3380	CS3320
		MATH2410
Data Structures	CS3320	CS1310

(b)

图 1.5　从图 1.2 所示的数据库导出的视图

(a) TRANSCRIPT 视图；　(b) COURSE_PREREQUISITES 视图

新的结果是正确的。例如，当多个预订代理商尝试预订飞机航班上的座位时，DBMS 应该确保每个座位每次只能被一个代理商预订给一位乘客。这些应用类型一般称为**联机事务处理**（online transaction processing，OLTP）应用。多用户 DBMS 软件的基本任务就是确保并发事务可以正确并且高效地执行。

事务（transaction）的概念已经变成了许多数据库应用的核心。事务是包括一个或多个数据库访问（例如读取或更新数据库记录）的执行程序（executing program）或进程（process）。如果每个事务都能够完整地执行而没有被其他事务干扰，就假定该事务将会执行逻辑上正确的数据库访问。DBMS 必须强制执行几个事务属性。**隔离性**（isolation）是指即使有数百个事务可能在并发执行，仍能确保每个事务看起来都是在与其他事务隔离的状态下执行的。**原子性**（atomicity）确保一个事务中的所有数据库操作要么全都执行，要么一个也不执行。在第 9 部分中将详细讨论事务。

上述特征对于区分 DBMS 与传统的文件处理软件很重要。在 1.6 节中将讨论 DBMS 的其他特征。不过，首先将对在数据库系统环境中工作的不同类型的人员进行分类。

1.4 幕前角色

对于小型的个人数据库，例如 1.1 节中讨论的地址列表，通常由一个人定义、构造和操作数据库，并且不需要实现共享。不过，在大型组织中，一个具有成百上千个用户的大型数据库将需要许多人参与设计、使用和维护。在本节中，我们将确定那些在日常工作中使用大型数据库的人员，并把他们称为*幕前角色*（actor on the scene）。在 1.5 节中，将考虑那些可能称为*幕后工作者*（worker behind the scene）的人员，他们的日常工作是维护数据库系统环境，但是并不会对数据库内容主动产生兴趣。

1.4.1 数据库管理员

在任何一个有许多人要使用相同资源的组织中，都需要一个主要管理员来监督并管理这些资源。在数据库环境中，主要资源就是数据库本身，其次是 DBMS 和相关的软件。管理这些资源是**数据库管理员**（database administer，DBA）的职责。DBA 负责授权访问数据库、协调并监视数据库的使用，以及根据需要获得软件和硬件资源。DBA 还要对诸如安全漏洞和系统响应时间缓慢之类的问题负责。在大型组织中，通常需要一名工作人员辅助 DBA 来履行这些职责。

1.4.2 数据库设计者

数据库设计者（database designer）负责确定那些将要存储在数据库中的数据，并选择用于表示和存储这些数据的合适结构。这些任务大部分是在实际地实现数据库并且填充数据之前完成的。数据库设计者的职责是与所有潜在的数据库用户交流，以理解他们的需求，并且创建一种满足这些需求的设计。在许多情况下，设计者是在职的 DBA，并且可能在完成数据库设计之后为其分配其他的员工职责。数据库设计者通常会与每个潜在的用户组互动，并且开发出满足这些用户组的数据和处理需求的数据库**视图**（view）。然后，数据库设计者将分析每个视图，并将其与其他用户组的视图集成（integrate）起来。最终的数据库设计必须能够支持所有用户组的需求。

1.4.3 最终用户

最终用户（end user）是指那些在工作中需要访问数据库以查询、更新和生成报告的人员；数据库主要是为满足他们的使用而存在的。最终用户可以分为以下几类：

- **临时性的最终用户**（casual end user）：偶尔访问数据库，但他们每次可能需要不同的信息。他们使用一个复杂的数据库查询接口来指定他们的请求，这类用户通常是中层或高层管理者，或者是其他偶尔的浏览者。
- **简单参与的最终用户**（naive or parametric end user）：这类用户在数据库用户中占有相当大的比例。他们的主要工作职能需要经常查询与更新数据库，使用标准的查询和更新类型——称为**固定事务**（canned transaction）——它们都经过了仔细的编程和测试。其中许多任务现在都可以作为**移动应用**（mobile app）用于移动设备。这类用户执行的任务有所不同。例如：
  - 银行客户和出纳员需要检查账户余额并完成取款和存款业务。
  - 飞机航班、酒店和汽车租赁公司的预订代理商和客户需要检查能否满足给定的请求，并且完成预订业务。
  - 邮政收检中心的雇员在收到一件包裹后，通过包裹的条形码输入包裹的标识，并通过按钮输入描述信息，更新存储有已接收和未送到的包裹信息的中央数据库。
  - 社交媒体用户在社交媒体 Web 站点上发表和阅读帖子。

- **资深的最终用户**（sophisticated end user）：这类用户包括工程师、科学家、商业分析师以及其他人员，他们自身完全熟悉 DBMS 的功能，从而可以实现他们自己的应用，来满足他们复杂的需求。
- **独立用户**（standalone user）：这类用户通过使用现成的程序包提供易于使用的基于菜单或基于图形的界面来维护个人数据库。一个示例是财务软件包的用户，其中存储了各类个人财务数据。

典型的 DBMS 提供了多种功能用于访问数据库。简单参与的最终用户几乎不需要知晓 DBMS 提供的功能；他们只需了解为便于他们使用而设计和实现的移动应用或标准事务的用户界面。临时性的用户只需学习他们可能重复使用的几种功能。资深用户要尽量学习大多数 DBMS 功能，以便满足他们的复杂需求。独立用户通常精于使用特定的软件包。

1.4.4 系统分析员和应用程序员（软件工程师）

系统分析员（system analyst）确定最终用户的需求，特别是对于那些简单参与的最终用户，系统分析员需要为满足这些需求的标准固定事务开发规范说明。**应用程序员**（application programmer）将这些规范实现为程序；然后，他们将测试、调试程序并编写文档，以及维护这些固定事务。这些分析员和程序员——通常称为**软件开发人员**（software developer）或**软件工程师**（software engineer）——应该非常熟悉由 DBMS 提供的完整功能，才能胜任他们的工作。

1.5 幕后工作者

除了那些设计、使用和管理数据库的人员之外，还有一些人员与 DBMS 软件和系统环境的设计、开发和操作相关。这些人员通常对数据库内容本身不感兴趣。我们把他们称为*幕后工作者*（worker behind the scene），他们包括以下几类人：

- **DBMS 系统设计者和实现者**（DBMS system designer and implementer）：他们将 DBMS 模块和接口设计并实现为软件包。DBMS 是一个非常复杂的软件系统，其中包括许多组件或**模块**（module），这些模块用于实现目录、查询语言处理、接口处理、访问和缓冲数据、控制并发性以及处理数据恢复和安全等。DBMS 必须为其他系统软件提供接口，例如操作系统以及用于各种编程语言的编译器。
- **工具开发人员**（tool developer）：他们负责设计和实现**工具**（tool）——即简化数据库模块化和设计、数据库系统设计以及提升性能的软件包。工具是通常单独购买的可选软件包，这些软件包可用于数据库设计、性能监视、自然语言或图形界面、原型化、仿真和测试数据生成。在许多情况下，由独立的软件供应商开发和销售这些工具。
- **操作员和维护人员**（operator and maintenance personnel）：这类人员即系统管理员，他们负责数据库系统的软、硬件环境的实际运行和维护。

尽管上述几类数据库幕后工作者有助于最终用户使用数据库系统，但是他们通常不会将数据库内容用于他们自己的目的。

1.6　使用 DBMS 方法的优势

在本节中，将讨论使用 DBMS 的一些额外的好处，以及一个良好的 DBMS 所应该具备的能力。这些能力是对 1.3 节中所讨论的 4 个主要特征的补充。DBA 必须利用这些能力来完成那些与设计、管理和使用大型多用户数据库相关的各种目标。

1.6.1　控制冗余

在利用文件处理的传统软件开发中，每个用户组都会维护它自己的文件，用于处理其数据处理应用。例如，考虑 1.2 节中的 UNIVERSITY 数据库示例；在这里，两个用户组可能分别是课程注册人员和财务室。在传统的方法中，每个组都要独立保存关于学生的文件。财务室保存注册数据和相关的账单信息，而注册办公室则会记录学生的课程和成绩信息。其他组可能进一步在它们自己的文件中复制一些或全部相同的数据。

这种多次存储相同信息的**冗余**（redundancy）会导致多个问题。首先，当需要执行单个逻辑更新时，例如输入关于新生的数据，由于需要在每个记录学生数据的文件中都输入一次，这种多次输入就会导致重复操作。第二，当重复存储相同的数据时，会导致存储空间的浪费，这个问题对于大型数据库可能会很严重。第三，表示相同数据的文件可能会变得不一致（inconsistent）。当对一些文件而没有对其他文件应用更新时，就可能会发生这种情况。即使对所有合适的文件应用更新，例如添加一个新学生，那么关于该学生的数据可能仍然不会一致，这是由于更新是由每个用户组独立应用的。例如，一个用户组可能将一名学生的出生日期错误地输入为“JAN-19-1988”，而其他用户组则可能输入正确的值“JAN-29-1988”。

在数据库方法中，在数据库设计期间不同用户组的视图是集成在一起的。理想情况下，数据库设计应该将每个逻辑数据项（例如学生的姓名或出生日期）存储在数据库中的唯一位置。这称为**数据规范化**（data normalization），它可以确保一致性并且节省存储空间（在本书的第 6 部分将介绍数据规范化）。

不过，在实际中，有时必须使用**受控的冗余**（controlled redundancy）以改善查询性能。例如，我们可能将学生的 Student_name 和 Course_number 数据项冗余地存储在 GRADE_REPORT 文件中（参见图 1.6(a)），因为无论何时检索 GRADE_REPORT 记录，都希望在检索到学生姓名和课程编号的同时，还希望检索到课程成绩、学号和课程单元标识符。通过将所有的数据都放在一起，将不必搜索多个文件就能收集到这些数据。这称为**反规范化**（denormalization）。在这种情况下，为了避免在文件之间出现不一致性，DBMS 应该能够控制这种冗余。该控制可以像下面这样实现：自动检查图 1.6(a)所示的任何一条 GRADE_REPORT 记录中的 Student_name 和 Student_number 值，看看是否与图 1.2 中所示的 STUDENT 记录中的某个 Name 和 student_number 值匹配。类似地，检查 GRADE_REPORT 记录中的 Section_identifier 和 Course_number 值是否与 SECTION 记录中的值匹配。在数据库设计期间，可以将这样的检查指定给 DBMS，并且无论何时更新了 GRADE_REPORT 文件，都由 DBMS 自动强制执行此类检查。图 1.6(b)显示了一条 GRADE_REPORT 记录，它与图 1.2 中所示的 STUDENT 文件不一致；如果没有控制冗余，就可能输入这种错误。你能分辨出哪一部分不一致吗?

(a)

GRADE_REPORT

Student_number	Student_name	Section_identifier	Course_number	Grade
17	Smith	112	MATH2410	B
17	Smith	119	CS1310	C
8	Brown	85	MATH2410	A
8	Brown	92	CS1310	A
8	Brown	102	CS3320	B
8	Brown	135	CS3380	A

(b)

GRADE_REPORT

Student_number	Student_name	Section_identifier	Course_number	Grade
17	Brown	112	MATH2410	B

图 1.6 GRADE_REPORT 中的 Student_name 和 Course_name 的冗余存储

(a) 一致的数据；(b) 不一致的记录

1.6.2 限制未经授权的访问

当多个用户共享一个大型数据库时，大多数用户可能不会被授权访问数据库中的所有信息。例如，诸如工资和奖金之类的财务数据通常被认为是保密的，只有被授权的人才允许访问这些数据。此外，一些用户可能只允许检索数据，而其他用户则允许检索和更新数据。因此，访问操作的类型——检索或更新——也必须加以控制。通常，将给用户或用户组提供受密码保护的账号，可以使用它们获得数据库的访问权限。DBMS 应该提供一个**安全和授权子系统**（security and authorization subsystem），DBA 使用它来创建账户并且指定账户限制。然后，DBMS 应该自动强制执行这些限制。注意：我们可以将相似的控制应用在 DBMS 软件上。例如，只有作为 DBA 的员工才可能允许使用某些**特权软件**（privileged software），例如用于创建新账户的软件。类似地，简单参与的用户可能只允许通过那些针对他们的使用而开发的、预先定义的应用或固定事务来访问数据库。在第 30 章中将讨论数据库安全和授权。

1.6.3 为程序对象提供持久性存储

数据库可用于为程序对象和数据结构提供**持久性存储**（persistent storage），这是**面向对象的数据库系统**（object-oriented database systems）出现的主要原因之一（参见第 12 章）。编程语言通常具有复杂的数据结构，例如 C++或 Java 中的结构或类定义。一旦程序终止，就会丢弃程序变量或对象的值，除非程序员显式地将它们存储在永久性文件中，而这通常涉及把这些复杂的结构转换成适合文件存储的格式。当需要再次读取此数据时，程序员又必须将文件格式转换成程序变量或对象结构。面向对象的数据库系统与 C++和 Java 这样的编程语言兼容，并且 DBMS 软件可以自动执行任何必要的转换。因此，C++中的复杂对象可以永久地存储在面向对象的 DBMS 中。这样的对象被称为是**持久**（persistent）的，因为它可以在程序执行终止后仍然存在，并且可以在以后被另一个程序直接检索到。

程序对象和数据结构的持久性存储是数据库系统的一个重要功能。传统的数据库系统经常遭受所谓的**阻抗失配问题**（impedance mismatch problem），这是因为由 DBMS 提供的数据结构与编程语言的数据结构不兼容。面向对象的数据库系统通常会提供与一种或多种面向对象的编程语言之间的数据结构**兼容性**（compatibility）。

1.6.4　为高效查询处理提供存储结构和搜索技术

数据库系统必须提供用于高效执行查询和更新的能力。由于数据库通常存储在磁盘上，因此 DBMS 必须提供专用的数据结构和搜索技术，以便加快在磁盘上搜索想要的记录。通常为此使用称为**索引**（index）的辅助文件。索引通常基于为进行磁盘搜索而适当修改过的树型数据结构或散列数据结构。为了处理特定查询所需的数据库记录，必须把这些记录从磁盘上复制到主存中。因此，DBMS 通常具有一个**缓冲**（buffering）或**缓存**（caching）模块，用于维护主存缓冲区中的数据库的某些部分。一般而言，操作系统负责磁盘到内存的缓冲。不过，由于数据缓冲对于 DBMS 性能至关重要，大多数 DBMS 都会执行它们自己的数据缓冲。

DBMS 的**查询处理和优化**（query processing and optimization）模块负责基于现有的存储结构，为每个查询选择一个高效的查询执行计划。选择创建和维护哪些索引属于*物理数据库设计和调优*（physical database design and tuning）的一部分，它是 DBA 工作人员的职责之一。在本书第 8 部分将讨论查询处理和优化。

1.6.5　提供备份和恢复

DBMS 必须提供用于从硬件或软件故障中恢复的功能。DBMS 的**备份与恢复子系统**（backup and recovery subsystem）负责完成恢复。例如，如果在一个复杂的更新事务执行过程中计算机系统出现故障，恢复子系统就要负责确保将数据库恢复到该事务在开始执行之前的状态。磁盘备份也是必要的，以免发生灾难性的磁盘故障。在第 22 章中将讨论恢复与备份。

1.6.6　提供多种用户接口

由于有许多类具有不同技术知识水平的用户使用数据库，因此 DBMS 应该提供多种用户接口。它们包括为移动用户提供的应用、为偶尔访问的用户提供的查询语言、为应用程序员提供的编程语言接口、为简单参与的用户提供的表单和命令代码，以及为独立用户提供的菜单驱动的界面和自然语言界面。表单风格的界面和菜单驱动的界面通常称为**图形用户界面**（graphical user interface，GUI）。有许多专用语言和环境用于指定 GUI。为数据库或者支持 Web 的数据库提供 Web GUI 界面的能力也相当常见。

1.6.7　表示数据间的复杂关系

数据库可能包含以多种方式相互关联的众多类型的数据。考虑图 1.2 中所示的示例。STUDENT 文件中的“Brown”记录与 GRADE_REPORT 文件中的 4 条记录相关联。类似地，每条课程单元记录都与一条课程记录以及许多条 GRADE_REPORT 记录相关联——其中每条记录都与一名完成该课程单元的学生相对应。DBMS 必须能够表示数据间的各种复杂关系，在新的关系出现时能够定义它们，以及轻松、高效地检索和更新相关的数据。

1.6.8　强制执行完整性约束

大多数数据库应用都必须对数据保持某些**完整性约束**（integrity constraint）。DBMS 应该提供定义和强制执行这些约束的能力。最简单的完整性约束涉及为每个数据项指定一种数据类型。例如，在图 1.3 中，我们指定每条 STUDENT 记录内的 CLASS 数据项的值必须是一位的整数，而 Name 数据项的值必须是一个不超过 30 个字符的字符串。将 CLASS 的值限制在 1~5 将是一个额外的约束，当前目录中没有显示它。一种频繁发生的、更复杂的约束类型涉及指定一个文件中的记录必须与其他文件中的记录相关联。例如，在图 1.2 中，可以指定每条课程单元记录必须与一条课程记录相关联。这称为**参照完整性**（referential integrity）约束。另一类约束用于指定数据项值的唯一性，例如每条课程记录中的 Course_number 必须具有唯一的值。这称为**键**（key）或**唯一性**（uniqueness）约束。这些约束源于数据以及数据所表示的微观世界的含义或**语义**（semantic）。在数据库设计期间，由数据库设计者负责确定完整性约束。可以将一些约束指定给 DBMS 并自动强制执行它们。其他约束可能不得不由更新程序或者在数据输入时进行检查。对于典型的大型应用，通常将此类约束称为**业务规则**（business rule）。

有时可能错误地输入一个数据项，但它仍然满足指定的完整性约束。例如，如果一名学生的成绩为“A”，但是在数据库中输入的是“C”，那么 DBMS 将不能自动发现这个错误，因为“C”也是 Grade 数据类型的一个有效值。只能手动发现这样的数据输入错误（当学生收到成绩并抱怨时），并通过以后更新数据库来进行校正。不过，DBMS 会自动拒绝成绩“Z”，因为“Z”不是 Grade 数据类型的有效值。当我们在后续章节中讨论每种数据模型时，将会介绍隐含地适用于该模型的规则。例如，在第 3 章中的实体-关系模型中，一个关系必须涉及至少两个实体。适用于特定数据模型的规则称为该数据模型的**内在规则**（inherent rule）。

1.6.9　允许使用规则和触发器执行推断和动作

一些数据库系统提供了定义演绎规则（deduction rule）的能力，用于从存储的数据库事实来推断（inference）新的信息。这类系统称为**演绎数据库系统**（deductive database system）。例如，在微观世界的应用中可能会有一些复杂的规则，用于确定一名学生何时去参加实习。可以声明性（declaratively）地把它们指定为**规则**（rule），当 DBMS 编译和维护这些规则时，它们将可以确定所有学生的实习问题。在传统的 DBMS 中，将需要编写显式的过程式程序代码（procedural program code），以支持这样的应用。但是，如果微观世界的规则发生改变，那么更改声明的演绎规则比重新编码过程式程序一般更方便一些。在今天的关系数据库系统中，可以将**触发器**（trigger）与表关联起来。触发器以规则的形式存在，可以在更新表时激活它，它将导致对其他一些表执行额外的操作、发送消息等。为了强制执行规则而涉及更多的过程通常称为**存储过程**（stored procedure）；它们变成了总体数据库定义的一部分，当满足某些条件时，将会相应地调用它们。**主动数据库系统**（active database system）可以提供更强大的功能，它会提供一些主动规则，当某些事件和条件发生时，它们可以自动启动一些动作（参见第 26 章，其中在 26.1 节中介绍了主动数据库，以及在 26.5 节中介绍了演绎数据库）。

1.6.10　使用数据库方法的其他潜在优势

本节将讨论使用数据库方法可以使大多数组织受益的另外几个优势。

强制执行标准的潜力（Potential for Enforcing Standards）：数据库方法允许 DBA 为大型组织里的数据库用户定义并强制执行某些标准。这便于组织里的不同部门、项目组以及用户之间进行交流与合作。可以为数据元素的名称和格式、显示格式、报表结构以及术语等定义标准。DBA 可以在一个集中式的数据库环境中强制执行这些标准，这将比在每个用户组都会控制它自己的数据文件和软件的环境中执行该任务更容易一些。

缩短应用开发的时间（Reduced Application Development Time）：数据库方法的一个主要噱头是：只需花非常少的时间就可以开发新的应用，例如从数据库中检索某些数据，用于打印新的报表。从头开始设计并实现一个大型的多用户数据库比编写单个专用的文件应用可能要花更多的时间。不过，一旦创建了数据库并投入运行，那么使用 DBMS 功能创建新应用所需的时间将大大减少。据估计，使用 DBMS 的开发时间仅仅是使用文件系统的 1/6~1/4。

灵活性（Flexibility）：随着需求改变，也可能需要改变数据库的结构。例如，可能会出现一个新的用户组，而它需要的信息当前不在数据库中。可能显现对数据库中暂时没有的信息的需求。作为回应，可能需要向数据库中添加文件，或者在现有的文件中扩充数据元素。现代的 DBMS 可以在不影响存储的数据和现有应用程序的情况下，允许对数据库的结构进行某些渐进性的改变。

最新信息的可用性（Availability of Up-to-Date Information）：DBMS 使数据库对所有用户都是可用的。一旦将一个用户的更新应用于数据库，所有其他的用户立即都能看到这个更新。对于许多事务处理应用（例如预订系统或银行数据库），这种最新信息的可用性是必不可少的，并且 DBMS 的并发控制和恢复子系统使之成为可能。

规模经济（Economies of Scale）：DBMS 方法允许合并数据和应用，从而减少由于不同项目或部门之间的数据处理人员的工作重叠以及应用之间的冗余而造成的浪费。这允许整个组织投资功能更强大的处理器、存储设备或者网络设备，而不必让每个部门单独购买各自的（低性能）设备。这可以降低运营和管理的整体成本。

1.7 数据库应用简史

现在将对使用 DBMS 的应用做一个简短的历史性回顾，并且介绍这些应用将如何推动新型数据库系统的发展。

1.7.1 使用层次和网状系统的早期数据库应用

许多早期的数据库应用都会维护诸如公司、大学、医院和银行之类的大型组织里的记录。在其中许多应用中，有大量的记录具有类似的结构。例如，在大学应用中，将为每名学生、每门课程以及每条成绩记录等保存类似的信息。此外，应用中还会保存许多类型的记录以及它们之间的相互联系。

早期数据库系统的主要问题之一是：概念上的关系与记录在磁盘上的物理存储方式和位置混淆不清。因此，这些系统不能提供充分的数据抽象（data abstraction）和程序-数据独立性（program-data independence）。例如，特定学生的成绩记录可能在物理上是紧接着该学生记录存储的。尽管在最初设计数据库时，这样做将能够非常高效地访问原始查询和事务，但是当识别出新的查询和事务时，它将无法提供足够的灵活性以便高效地访问记录。确切地讲，如果新查询需要不同的存储组织方式以便进行高效的处理，那么它将很难高效地实现。此外，当应用的需求改变时，重新组织数据库也会很费力。

早期系统的另一个缺点是：它们只提供了编程语言接口。由于需要编写、测试以及调试新程序，这就使得实现新的查询和事务将会既费时又代价高昂。从 20 世纪 60 年代中期开始，直到 20 世纪 70 年代和 80 年代，其中大多数数据库系统都是在价格昂贵的大型计算机上实现的。主要的早期系统类型基于以下 3 种主要范型：层次系统、基于网状模型的系统和倒排文件系统。

1.7.2 利用关系数据库提供数据抽象和应用灵活性

关系数据库最初计划用以将数据的物理存储与其概念表示分隔开，以及为数据表示和查询提供数学基础。关系数据模型还引入了高级查询语言，它们可以替代编程语言接口，使得编写新查询要快速得多。数据的关系表示与图 1.2 中展示的示例有些相似。关系系统最初针对的是与早期系统相同的应用，允许灵活地快速开发新查询，以及随着需求改变而重新组织数据库。因此，与早期系统相比，关系系统中的数据抽象和程序-数据独立性得到了很大的改进。

20 世纪 70 年代末开发了早期的试验性关系系统，而 20 世纪 80 年代早期则推出了商业性关系数据库管理系统（relational database management system，RDBMS），由于这些系统没有使用物理存储指针或者利用记录位置来访问相关的数据记录，因此它们的运行速度相当缓慢。随着新的索引和存储技术的开发，以及更好的查询处理和优化技术的应用，它们的性能得到了改进。最终，关系数据库变成了传统数据库应用的主流数据库系统类型。

现在，关系数据库几乎存在于各类计算机上，从小型的个人计算机到大型的服务器。

1.7.3　面向对象的应用以及对更复杂数据库的需求

20 世纪 80 年代出现了面向对象编程语言，存储和共享复杂的结构化对象的需求导致了面向对象数据库（object-oriented database，OODB）的开发。最初，OODB 被视作是关系数据库的竞争者，因为它们提供了更一般的数据结构。它们还纳入了许多有用的面向对象范式，例如抽象数据类型、操作封装、继承和对象标识等。不过，模型的复杂性以及早期标准的缺乏限制了 OODB 的使用。现在，它们主要用在一些专门的应用中，例如工程设计、多媒体出版和制造系统。尽管人们期望面向对象数据库会产生很大的影响，但是它们全面渗入数据库产品市场的程度仍然比较低。此外，在关系型 DBMS 的更新版本中纳入了许多面向对象概念，导致出现了对象-关系数据库管理系统（object-relational database management system），称为 ORDBMS。

1.7.4　使用 XML 在 Web 上交换数据以实现电子商务

万维网（World Wide Web）提供了一个计算机互连的大型网络。用户可以使用 Web 发布语言（例如 HTML（Hyper-Text Markup Language，超文本标记语言））来创建静态 Web 页面，并把这些文档存储在 Web 服务器上，其他用户（客户）可以在这里访问它们以及通过 Web 浏览器查看它们。可以通过**超链接**（hyperlink）来链接文档，超链接是指向其他文档的指针。从 20 世纪 90 年代开始，电子商务（electronic commerce，e-commerce）就作为 Web 上的主要应用应运而生。电子商务 Web 页面上的大量至关重要的信息就是从 DBMS 中动态提取的数据，例如航班信息、产品价格和产品可用性。相应地，开发了各种技术，以允许在 Web 上交换动态提取的数据，并将其显示在 Web 页面上。XML（eXtended Markup Language，可扩展标记语言）是一个用于在不同类型的数据库与 Web 页面之间交换数据的标准。XML 把文档系统中使用的模型概念与数据库建模概念结合在一起。第 13 章将专门用于讨论 XML。

1.7.5　为新应用扩展数据库能力

数据库系统在传统应用中的成功鼓舞了其他应用类型的开发人员也尝试使用它们。这类应用传统上使用它们自己的专用软件以及文件和数据结构。数据库系统现在提供了一些扩展，可以更好地支持其中一些应用的特殊需求。下面列出了这些应用的一些示例：

- **科学**（scientific）应用：存储大量来自科学实验领域的数据，例如高能物理、人类基因图谱映射以及蛋白质结构的发现等。
- **图像**（image）的存储与检索：包括扫描的新闻或个人照片、卫星摄影图像，以及来自医疗程序（例如 X 光和 MRI（magnetic resonance imaging，核磁共振成像）检测）的图像。
- **视频**（video）的存储与检索：例如电影以及来自新闻或个人数码相机的**视频剪辑**

（video clip）。

- **数据挖掘**（data mining）应用：用于分析大量的数据，以搜索特定的模式或关系，以及在诸如信用卡欺诈检测之类的领域识别不常见的模式。
- **空间**（spatial）应用：用于存储和分析数据的空间位置，例如天气信息、地理信息系统和汽车导航系统中使用的地图。
- **时间序列**（time series）应用：用于在定期的时间点存储诸如经济数据之类的信息，例如每天的销量以及每月的国民生产总值等。

显然，基本的关系系统并不是非常适合于其中许多应用，其原因通常有以下几点：

- 与简单的关系表示相比，对这些应用建模需要更复杂的数据结构。
- 除了基本的数值和字符串类型之外，这些应用还需要新的数据类型。
- 需要新的操作和查询语言构造，以操作新的数据类型。
- 需要新的存储和索引结构，以便在新的数据类型上执行高效的搜索。

这就促使 DBMS 开发人员为他们的系统添加一些功能。其中一些功能是通用的，例如将面向对象数据库的一些概念纳入关系系统中。还有一些功能是专用的，它们以可选模块的形式存在，可用于特定的应用。例如，用户可以购买一个时间序列模块，将其与关系 DBMS 一起用于他们的时间序列应用。

1.7.6 大数据存储系统和 NOSQL 数据库的出现

在 21 世纪的前 10 年，像社交媒体 Web 站点、大型电子商务公司、网页搜索索引和云存储/备份等应用和平台的风起云涌导致了存储在大型数据库和海量服务器上的数据量激增。必须要有新型的数据库系统来管理这些巨型数据库，这些系统将会提供快速的搜索与检索，以及可靠、安全地存储非传统的数据类型，例如社交媒体帖子和推特。这些新系统的一些需求与 SQL 关系 DBMS 不兼容（SQL 是用于关系数据库的标准数据模型和语言）。术语 *NOSQL* 一般被解释为不仅仅是 SQL（Not Only SQL），这意味着在管理大量数据的系统中，一些数据是使用 SQL 系统存储的，而其他数据则是使用 NOSQL 存储的，这取决于应用的需求。

1.8 何时不使用 DBMS

尽管使用 DBMS 有许多优势，但是在一些情况下，与使用传统的文件处理相比，DBMS 可能会带来一些不必要的额外开销。使用 DBMS 造成这些额外开销的原因如下：

- 在硬件、软件和培训方面高额的期初投资。
- DBMS 为定义和处理数据所提供的通用性而导致的开销。
- 为提供安全、并发控制、恢复和完整性功能而导致的开销。

因此，在下列情况下开发自定义的数据库应用可能更可取：

- 简单的、良好定义的数据库应用，并且预期根本不会发生变化。
- 一些应用程序具有迫切的、实时性需求，由于 DBMS 开销而导致它们无法得到满足。

- 嵌入式系统具有有限的存储空间，因此不适合使用通用的 DBMS。
- 没有多个用户需要访问数据。

某些行业和应用选择不使用通用的 DBMS。例如，机械和土木工程师使用的许多计算机辅助设计（CAD）工具带有专有的文件和数据管理软件，它们适合用于对绘图和 3D 对象进行内部操作。类似地，像 AT&T 这样的公司设计的通信和交换系统是数据库软件的早期表现形式，它们可以非常快地运行，并且利用分层组织的数据实现快速访问和呼叫路由选择。GIS 实现中通常会实现它们自己的数据组织模式，从而可以高效地实现与地图处理、物理轮廓、直线和多边形等相关的功能。

1.9　小　结

在本章中，将数据库定义为相关数据的集合，其中的数据意指记录的事实。典型的数据库表示现实世界的某个方面，并且由一个或多个用户组用于特定的目的。DBMS 是用于实现和维护计算机化的数据库的通用软件包。数据库和软件一起构成了数据库系统。我们确定了数据库方法有别于传统文件处理应用的几个特征，并且讨论了数据库用户（*或幕前角色*（actor on the scene））的主要类别。我们注意到，在数据库环境中，除了数据库用户之外，还有几类支持人员，称为*幕后工作者*（worker behind the scene）。

我们提供了一份能力列表，DBMS 软件应该给 DBA、数据库设计者和最终用户提供这些能力，以帮助他们设计、管理和使用数据库。然后，对数据库应用的演化做了简短的历史回顾。我们指出了必须存储在数据库中的数据的数量和类型正在快速增长，并且讨论了处理“大数据”应用的新系统的出现。最后，我们讨论了使用 DBMS 的额外开销，以及一些可能不适合使用 DBMS 的情况。

复　习　题

1.1　定义下列术语：数据、数据库、DBMS、数据库系统、数据库目录、程序-数据独立性、用户视图、DBA、最终用户、固定事务、演绎数据库系统、持久性对象、元数据和事务处理应用。

1.2　数据库涉及的四种主要动作是什么？简要讨论每一种动作。

1.3　讨论数据库方法的主要特征，它与传统的文件系统有何区别？

1.4　DBA和数据库设计者的职责是什么？

1.5　数据库最终用户有哪些不同类型？讨论每一类用户的主要活动。

1.6　讨论DBMS应该提供的能力。

1.7　讨论数据库系统与信息检索系统之间的区别。

练 习 题

1.8 对于图1.2中所示的数据库，确定应用于该数据库的一些非正式的查询和更新操作。

1.9 可控冗余和非可控冗余之间有何区别？请举例说明。

1.10 对于图1.2中所示的数据库，详细说明其记录之间的所有关系。

1.11 对于图1.2中所示的数据库，给出其他用户组可能需要的一些额外的视图。

1.12 对于图1.2中所示的数据库，列举出一些你认为可以添加的完整性约束。

1.13 给出一些系统示例，与数据库方法相比，这些系统使用传统的文件处理会更有意义。

1.14 考虑图1.2。

   a. 如果把“CS”（Computer Science）系的名字改为“CSSE”（Computer Science and Software Engineering）系，并改变相应的课程编号的前缀，确定数据库中需要更新的列。

   b. 能否重新组织COURSE、SECTION和PREREQUISITE表中的列，使得只需更新一列？

选 读 文 献

1991 年 10 月发行的 *Communications of the ACM* 以及 Kim（1995 年）都包括几篇描述下一代 DBMS 的文章；前者讨论的许多数据库特性现在已经在商业上可用。1976 年 3 月发行的 *ACM Computing Surveys* 介绍了早期的数据库系统，并且可能为感兴趣的读者提供了历史回顾。在后面更详细地讨论每个主题的章节中，将包括对本章中介绍的其他概念、系统和应用的引用。

第 2 章　数据库系统的概念和架构

DBMS 软件包的架构是从早期的单片机系统演化而来的，其中整个 DBMS 软件包是一个紧密集成的系统，现代的 DBMS 软件包采用模块化设计，具有客户/服务器系统架构。近来，数据量的增长对存储空间的需求导致数据库采用分布式架构，其中包含数千台计算机，用于管理数据存储。这种演化也反映了计算机系统的发展趋势，其中大型的集中式主机被数以百计的分布式工作站和个人计算机所替代，它们通过通信网络连接到各类服务器上，例如 Web 服务器、数据库服务器、文件服务器、应用服务器等。当前的**云计算**（cloud computing）环境包括数以千计的大型服务器，用于为 Web 上的用户管理所谓的**大数据**（big data）。

在基本的客户/服务器 DBMS 架构中，系统功能分布在两类模块之间[1]。**客户模块**（client module）通常被设计成在移动设备、用户工作站或者个人计算机（PC）上运行。访问数据库的应用程序和用户界面通常在客户模块中运行。因此，客户模块将处理用户交互，并且提供用户友好的界面，例如用于移动设备的应用，或者用于 PC 的基于表单或菜单的 GUI（graphical user interface，图形用户界面）。另一类模块称为**服务器模块**（server module），通常处理数据存储、访问、搜索以及其他的功能。在 2.5 节中将更详细地讨论客户/服务器架构。首先，必须学习更多的基本概念，这可以让我们更好地理解现代的数据库架构。

在本章中，将会介绍在全书中使用的术语和基本概念。2.1 节将会讨论数据模型，并且定义模式和实例的概念，它们是学习数据库系统的基础。2.2 节将讨论 DBMS 的三层模式架构和数据独立性；它从用户的角度展示了 DBMS 的功能。在 2.3 节中，将会描述通常由 DBMS 提供的接口和语言类型。2.4 节讨论了数据库系统软件环境。2.5 节概述了各类客户/服务器架构。最后，2.6 节介绍了 DBMS 软件包的分类。2.7 节则对本章做了总结。

2.4 节至 2.6 节中的内容提供了详细的概念，可以把它们视作前面的基本介绍性内容的补充。

2.1　数据模型、模式和实例

数据库方法的一个基本特征是：它提供了某种层次的数据抽象。**数据抽象**（data abstraction）一般是指通过隐藏数据组织和存储的细节来突出数据的本质特点。数据库方法的主要特征之一是支持数据抽象，以便不同的用户可以在他们更喜爱的细节层次上感知数据。**数据模型**（data model）是可用于描述数据库结构的概念集合，它提供了获得这种抽象

1　在 2.5 节中将会看到，这种简单的两层式客户/服务器架构具有一些变体。

的必需方法[1]。数据库的结构意指数据类型、关系以及作用于数据的约束。大多数数据模型还包括一组**基本操作**（basic operation），用于指定对数据库执行的检索和更新。

除了数据模型提供的基本操作之外，一种越来越常见的做法是：在数据模型中包括一些概念，用于指定数据库应用的**动态方面**（dynamic aspect）或**行为**（behavior）。这就允许数据库设计者指定一组有效的用户定义的操作，并且允许对数据库对象执行它们[2]。一个用户定义的操作示例可能是 COMPUTE_GPA，可将其应用于 STUDENT 对象。另一方面，用于插入、删除、修改或检索任意对象的通用操作通常包括在基本数据模型操作中。用于指定行为的概念对于面向对象数据模型（参见第 12 章）是不可或缺的，但是它们也纳入了更传统的数据模型中。例如，对象-关系模型（参见第 12 章）扩展了基本的关系模型，以包括这类概念等。在基本的关系数据模型中，以持久存储模块的形式将行为附加到关系上，通常将此类模块称为存储过程（参见第 10 章）。

2.1.1 数据模型分类

人们提出了许多种数据模型，我们可以根据它们用于描述数据库结构的概念类型对它们进行分类。**高级**（high-level）或**概念数据模型**（conceptual data model）提供的概念接近于许多用户感知数据的方式，而**低级**（low-level）或**物理数据模型**（physical data model）提供的概念则描述了如何在计算机存储介质（通常是磁盘）上存储数据的细节。由物理数据模型提供的概念一般是针对计算机专家的，而不是针对最终用户的。在这两个极端之间是一类**表示**（representational）（或**实现**（implementation））**数据模型**（data model）[3]，这种模型提供的概念对于最终用户来说可能比较容易理解，但是与数据在计算机存储中的组织方式并不会相差太远。表示数据模型隐藏了数据在磁盘上存储的许多细节，但是可以在计算机系统上直接实现。

概念数据模型使用诸如实体、属性和关系这样的概念。**实体**（entity）表示现实世界中的对象或概念，例如数据库中描述的来自微观世界的雇员或项目。属性（attribute）表示进一步描述实体的某个感兴趣的性质，例如雇员的姓名或薪水。两个或更多实体间的关系（relationship）表示了实体间的关联，例如，雇员与项目之间的工作关系。第 3 章介绍了**实体-关系模型**（entity-relationship model），它是一个流行的高级概念数据模型。第 4 章描述了用于高级建模的其他抽象，例如一般化、特殊化以及类别（联合类型）。

表示或实现数据模型是在传统的商业 DBMS 中使用最频繁的模型。它们包括广泛使用的**关系数据模型**（relational data model），以及所谓的遗留数据模型——**网状模型**（network model）和**层次模型**（hierarchical model），在过去曾广泛使用它们。本书的第 3 部分专用于

1　有时，“模型”（model）这个词用于表示特定的数据库描述，或者也使用“模式”（schema）这个词——例如，市场营销数据模型（marketing data model）。我们将不会使用这种解释。

2　这种在数据模型中包括一些概念来描述行为的方式反映了如下一种趋势：目前正越来越多地将数据库设计和软件活动结合成单个活动。传统上，指定行为是与软件设计相关联的。

3　术语**实现数据模型**（implementation data model）并不是一个标准术语；我们引入它来指代商业数据库系统中可用的数据模型。

介绍关系数据模型及其约束、操作和语言[1]。用于关系数据库的 SQL 标准将在第 6 章和第 7 章中描述。表示数据模型使用记录结构表示数据，因此有时也称之为**基于记录的数据模型**（record-based data model）。

我们可以把**对象数据模型**（object data model）看作是更高级的实现数据模型的新家族的一个示例，它们更接近于概念数据模型。对象数据管理组（Object Data Management Group，ODMG）提出了一个用于对象数据库的标准，称为 ODMG 对象模型。我们将在第 12 章中描述对象数据库的一般特征以及对象模型建议标准。对象数据模型也经常被用作高级概念模型，尤其是在软件工程领域。

物理数据模型通过表示诸如记录格式、记录顺序和访问路径之类的信息，描述了如何将数据存储为计算机中的文件。**访问路径**（access path）是一种搜索结构，它使得可以高效地搜索特定的数据库记录，例如索引或散列。在第 16 章和第 17 章中将讨论物理存储技术和访问结构。**索引**（index）是一个访问路径的示例，它允许使用索引词或关键字直接访问数据。它与本书末尾的索引很相似，只不过它可能是以线性、层次（树状结构）或者其他某种方式组织的。

另一类数据模型称为**自描述数据模型**（self-describing data model）。基于这些模型的系统中的数据存储把数据的描述与数据值本身结合在一起。在传统的 DBMS 中，描述（模式）与数据是分隔开的。这些模型包括 XML（参见第 12 章）以及许多**键-值存储**（key-value store）和 NOSQL 系统（NOSQL system）（参见第 24 章），它们是最近创建的，用于管理大数据。

2.1.2　模式、实例和数据库状态

在数据模型中，将数据库的描述和数据库本身区分开是很重要的。数据库的描述称为**数据库模式**（database schema），它是在数据库设计期间指定的，并且期望它不会频繁改变[2]。大多数数据模型都具有某些约定，用于将模式显示为图形[3]。显示的模式称为**模式图**（schema diagram）。图 2.1 显示了图 1.2 所示数据库的模式图；该图显示了每个记录类型的结构，而不是记录的实际实例。我们将模式中的每个对象——例如 STUDENT 或 COUSE——称为**模式构造**（schema construct）。

模式图只显示模式的某些方面，例如记录类型和数据项的名称以及一些约束类型。模式图中不会指定其他方面；例如，图 2.1 既没有显示每个数据项的数据类型，也没有显示各个文件之间的关系。许多约束类型也没有在模式图中表示出来。例如主修计算机科学的学生必须在大学二年级结束之前学习 CS1310 课程，要以图形表示这类约束是相当困难的。

数据库中的实际数据可能频繁改变。例如，对于图 1.2 所示的数据库，每次添加一名新学生或者输入一个新分数都会导致数据库改变。在特定时刻，将数据库中的数据称为**数据库状态**（database state）或**快照**（snapshot），也被称为数据库中当前的**具体值**（occurrence）或**实例**（instance）集。在给定的数据库状态中，每种模式构造都有它自己的当前实例集；

1　附录 D 和附录 E 中包括了层次和网状数据模型的总结。可以通过本书的配套 Web 站点访问这些内容。

2　随着数据库应用的需求发生改变，模式通常也需要改变。大多数数据库系统都包括允许模式改变的操作。

3　尽管 schemata 是 schema 的正确复数形式，但是在数据库用语中，习惯上使用 schemas 作为 schema 的复数形式。有时也使用单词 scheme 来指代 schema。

例如，STUDENT 构造将包含各个学生实体（记录）集作为它的实例。可以构造多种数据库状态，以对应特定的数据库模式。每次插入或删除记录或者改变记录中的数据项的值时，就把数据库从一种状态变成另一种状态。

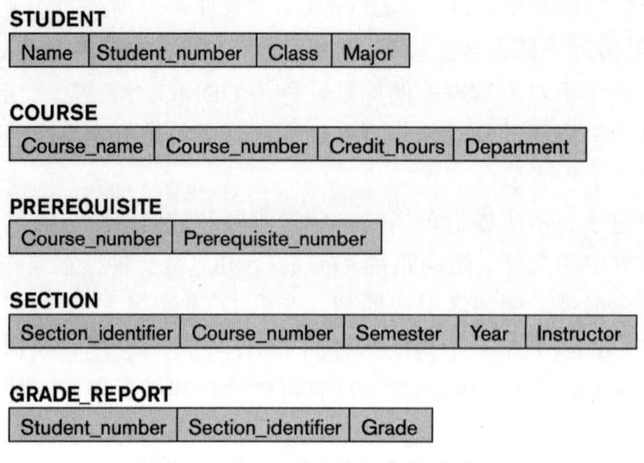

图 2.1 图 1.2 所示数据库的模式图

数据库模式与数据库状态之间的区别很重要。在**定义**（define）新数据库时，只对 DBMS 指定了它的数据库模式。此时，对应的数据库状态是没有数据的空状态（empty state）。当数据库首次**填充**（populate）或**加载**（load）初始数据时，就得到了数据库的*初始状态*（initial state）。从那时起，每当对数据库应用更新操作时，就会得到另一种数据库状态。在任何时刻，数据库都会有一个当前状态（current state）[1]。DBMS 将部分负责确保数据库的每种状态都是**有效状态**（valid state），即满足模式中指定的结构和约束的状态。因此，给 DBMS 指定一种正确的模式极其重要，并且必须特别小心地设计模式。DBMS 将在 DBMS 目录中存储模式构造和约束的描述（也称为**元数据**（meta-data）），使得无论何时 DBMS 软件需要，它都可以查询模式。模式有时也称为**内涵**（intension），而数据库状态则被称为模式的**外延**（extension）。

如前所述，尽管模式不应该频繁改变，但是随着应用需求改变，偶尔也需要改变模式，这种情况并不罕见。例如，我们可能决定需要为文件中的每条记录存储另一个数据项，例如向图 2.1 所示的 STUDENT 模式中添加 Date_of_birth 数据项。这种情况被称为**模式演化**（schema evolution）。大多数现代的 DBMS 都包括一些用于模式演化的操作，可以在数据库运行时应用它们。

2.2 三层模式架构和数据独立性

1.3 节中列出了数据库方法的 4 个重要特征中的 3 个：（1）使用目录存储数据库描述（模式），使之具有自描述性；（2）将程序与数据分隔开（程序-数据独立性和程序-操作独立性）；

---

1 当前状态也称为数据库的*当前快照*（current snapshot）。它也被称为*数据库实例*（database instance），但是我们更喜欢使用术语实例来指代各个记录。

（3）支持多个用户视图。在本节中，将为数据库系统指定一种架构，称为**三层模式架构**（three-schema architecture）[1]，该架构的提出有助于实现并且表示上述这些特征。然后，将进一步讨论数据独立性的概念。

2.2.1　三层模式架构

图 2.2 中所示的三层模式架构的目标是将用户应用与物理数据库分隔开。在这个架构中，可以将模式定义在以下三个层次：

（1）**内层**（internal level）具有**内模式**（internal schema），它描述了数据库的物理存储结构。内模式使用物理数据模型，并且描述了数据库的数据存储和访问路径的完整细节。

（2）**概念层**（conceptual level）具有**概念模式**（conceptual schema），它为用户团体描述整个数据库的结构。概念模式隐藏了物理存储结构的细节，并专注于描述实体、数据类型、关系、用户操作以及约束。通常，在实现数据库系统时，将使用表示数据模型描述概念模式。这种实现概念模式（implementation conceptual schema）通常基于高级数据模型中的概念模式设计（conceptual schema design）。

（3）**外层**（external level）或**视图层**（view level）包括许多**外模式**（external schema）或**用户视图**（user view）。每种外模式都会描述特定用户组感兴趣的数据库的一部分，并对该用户组隐藏数据库的其余部分。与上一层中一样，每种外模式通常都是使用表示数据模型实现的，并且可能基于高级概念模型中的外模式设计。

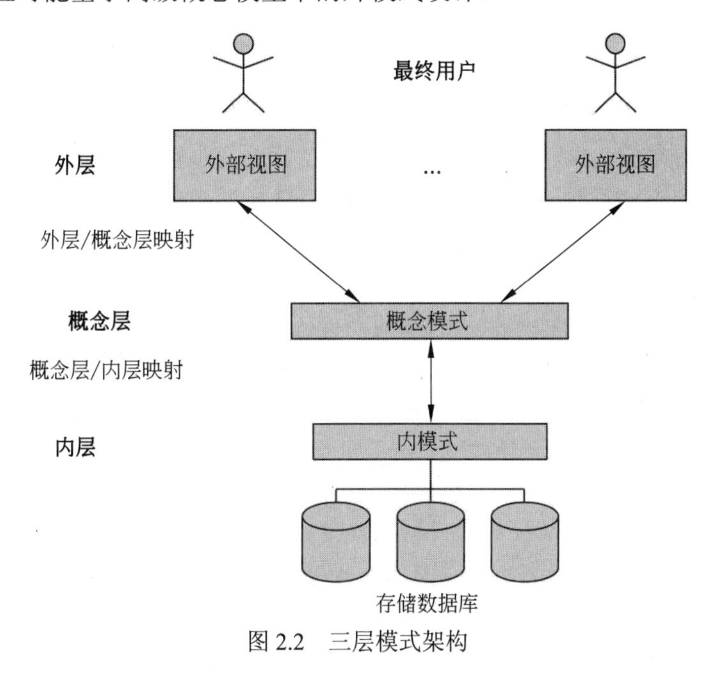

图 2.2　三层模式架构

1　它也被称为 ANSI/SPARC（American National Standards Institute/Standards Planning And Requirements Committee，美国国家标准协会/标准计划和要求委员会）架构，在该委员会提出它（Tsichritzis & Klug，1978 年）之后，就有此称谓。

三层模式架构是一个方便的工具，用户可以利用它形象地表示数据库系统中的模式层。大多数 DBMS 不会完全、明确地把这三层分隔开，但是它们都在某种程度上支持三层模式架构。一些旧有的 DBMS 可能在概念模式中包括物理层的细节。三层 ANSI 架构在数据库技术发展中具有重要的地位，因为它清晰地将用户的外层、数据库的概念层和内部存储层分隔开，从而便于设计数据库。即使在今天，这种架构在 DBMS 设计中仍然非常适用。在大多数支持用户视图的DBMS中，都在与描述概念层信息相同的数据模型中指定外模式（例如，像 Oracle 或 SQL Server 这样的关系 DBMS 就使用 SQL 实现此目的）。

注意，三层模式仅仅只是数据的描述；实际的数据只存储在物理层中。在三层模式架构中，每个用户组都参考它自己的外模式。因此，DBMS 必须将在外模式上指定的请求转换成针对概念模式的请求，然后再转换成对内模式的请求，以便对存储数据库进行处理。如果请求进行数据库检索，就必须重新格式化从存储数据库中提取的数据，以匹配用户的外部视图。在各层之间转换请求和结果的过程称为**映射**（mapping）。这些映射可能很耗时，因此一些 DBMS——尤其是那些打算支持小型数据库的 DBMS——不支持外部视图。不过，甚至在这样的系统中，也有必要在概念层与内层之间转换请求。

2.2.2 数据独立性

三层模式架构可用于进一步解释**数据独立性**（data independence）的概念，可将其定义为如下一种能力：当改变数据库系统某一层上的模式时，无须改变其上层的模式。可以定义两类数据独立性。

（1）**逻辑数据独立性**（logical data independence）：是指无须改变外模式或应用程序即可改变概念模式的能力。我们可能改变概念模式来扩展数据库（通过添加记录类型或数据）、改变约束或者缩减数据库（通过删除记录类型或数据）。在后一种情况下，对于只涉及余下数据的外模式应该不会受到影响。例如，当把图 1.2 中所示的 GRADE_REPORT 文件（或记录类型）改变成如图 1.6 所示时，图 1.5（a）中的外模式应该不会受到影响。在一个支持逻辑数据独立性的 DBMS 中，只需改变视图定义和映射。在概念模式经历过逻辑重组之后，引用外模式构造的应用程序必须像以前一样工作。约束的改变可以在不影响外模式或应用程序的情况下应用于概念模式。

（2）**物理数据独立性**（physical data independence）：是指无须改变概念模式即可改变内模式的能力。因此，外模式也无须改变。由于重组某些物理文件而可能需要改变内模式（例如，通过创建额外的访问结构），以改进检索或更新的性能。如果数据库中保持与以前相同的数据，那么应该不必改变概念模式。例如，通过提供访问路径来提高按学期和学年检索 SECTION 记录的速度（见图 1.2），应该不需要改变诸如“列出 2008 年秋季提供的所有课程单元”之类的查询，尽管 DBMS 通过利用新的访问路径可以更高效地执行查询。

一般来讲，物理数据独立性存在于大多数的数据库和文件环境中，其中的物理细节（例如数据在磁盘上的准确位置、存储编码的硬件细节，以及记录的位置、压缩、拆分和合并等）对于用户是隐藏的。应用对这些细节也保持未知。另一方面，逻辑数据独立性更难实现，因为它允许在不影响应用程序的情况下改变结构和约束，这是一个要严格得多的要求。无论何时具有多层 DBMS，都必须扩展它的目录，以包括关于如何在不同层次之间映射请求与数据的信息。DBMS 通过查询目录中的映射信息，使用额外的软件来完成这些映射。当某一层的模式改变时，由于数据独立性，更高层上的模式将保持不变；而只会改变两个层次之间的映射（mapping）。因此，涉及更高层模式的应用程序将不需要改变。

2.3　数据库语言与界面

在 1.4 节中，我们讨论了 DBMS 支持的各类用户。DBMS 必须为每一类用户都提供合适的语言和界面。在本节中，将讨论 DBMS 提供的各类语言与界面，以及每种界面针对的用户类型。

2.3.1　DBMS 语言

一旦完成了数据库设计并且选择了 DBMS 来实现数据库，接下来的第一步就是为数据库指定概念模式和内模式，以及两者之间的任何映射。在许多 DBMS 中，各层之间并没有维持严格的区分，DBA 和数据库设计者使用一种语言（名为**数据定义语言**（data definition language，DDL））来定义这两种模式。DBMS 将具有一个 DDL 编译器，其功能是处理 DDL 语句，以便确定模式构造的描述，以及在 DBMS 目录中存储模式描述。

在 DBMS 中，将在概念层与内层之间维持清晰的区分，DDL 只用于指定概念模式。另一种语言（**存储定义语言**（storage definition language，SDL））用于指定内模式。两种模式之间的映射可能使用这两种语言中的任意一种进行指定。在今天的大多数关系型 DBMS 中，没有执行 SDL 作用的特定语言。取而代之的是，通过与文件存储相关的函数、参数和规范的组合来指定内模式。它们允许 DBA 人员控制存储数据的索引选择和映射。对于真正的三层模式架构来说，还需要第三种语言，即**视图定义语言**（view definition language，VDL），用以指定用户视图以及它们与概念模式之间的映射，但是在大多数 DBMS 中，DDL 同时用于定义概念模式和外模式。在关系型 DBMS 中，在 VDL 中使用 SQL 来定义用户或应用程序**视图**（view），它们是预定义查询的结果（参见第 6 和第 7 章）。

一旦编译了数据库模式并且向数据库中填充了数据，用户必须具有一些方法来操纵数据库。典型的操纵包括检索、插入、删除和修改数据。DBMS 为此提供了一组操作或一种语言，称为**数据操纵语言**（data manipulation language，DML）。

在当前的 DBMS 中，通常不会把上述各类语言视作完全不同的语言；相反，DBMS 使用一种综合性的集成语言，它包括用于概念模式定义、视图定义和数据操纵的构造。存储定义通常保持为独立的，因为它用于定义物理存储结构，以便微调数据库系统的性能，它通常是由 DBA 人员完成的。综合性数据库语言的一个典型示例是 SQL 关系数据库语言（参见第 6 章和第 7 章），它结合了 DDL、VDL 和 DML，还包括用于约束规范和模式演化的语句，以及许多其他的特性。SDL 是早期的 SQL 版本中的一个组成部分，但是现在从 SQL 语言中删除了它，以使之只保持在概念层和外层。

DML 有两种主要类型。**高级**（high-level）或**非过程式**（nonprocedural）DML 可以单独使用，简洁地指定复杂的数据库操作。许多 DBMS 允许从显示器或终端交互式地输入高级 DML 语句，或者将其嵌入在通用编程语言中。在后一种情况下，必须在程序内标识出 DML 语句，使得预编译器可以把它们提取出来，并由 DBMS 进行处理。**低级**（low-level）**或过程式**（procedural）DML 则必须嵌入在通用编程语言中。这类 DML 通常用于从数据库中检索单独的记录或对象，并且单独对每个记录或对象进行处理。因此，它需要使用编程语言构造（例如循环），从一组记录中检索并处理每一条记录。因为这种性质，低级 DML 也被称为**一次一条记录**（record-at-a-time）的 DML。高级 DML（例如 SQL）可以利用单独一条 DML 语句指定并检索许多条记录；因此，它们也称为**一次一个集合**（set-at-a-time）或者**面向集合**（set-oriented）的 DML。高级 DML 中的查询通常指定的是要检索哪些数据，而不是如何检索它们；因此，这样的语言也称为**声明性**（declarative）语言。

无论是高级 DML 命令还是低级 DML 命令，当把它们嵌入通用编程语言中时，就把该编程语言称为**宿主语言**（host language），而把 DML 称为**数据子语言**[1]（data sublanguage）。另一方面，以交互方式独立使用的高级 DML 又被称为**查询语言**（query language）。一般来讲，可以交互式地使用高级 DML 的检索和更新命令，因此将其视作查询语言的一部分[2]。

偶尔访问的最终用户通常使用高级查询语言指定他们的请求，而程序员则会以嵌入的形式使用 DML。对于简单参与的用户，通常会提供**用户友好的界面**（user-friendly interface）与数据库交互；偶尔访问的用户或者其他不想学习高级查询语言细节的用户也可以使用它们。接下来将讨论这些界面类型。

2.3.2 DBMS 界面

DBMS 提供的用户友好的界面可能包括以下类型：

（1）**面向 Web 客户或浏览的基于菜单的界面**（Menu-based Interfaces for Web Clients or Browsing）：这些界面向用户展示选项列表（称为**菜单**（menu）），引导用户明确表达自己的请求。菜单使得用户不必记住查询语言的特定命令和语法；相反，用户使用系统显示的菜单，从中选择选项，逐步创建查询。在**基于 Web 的用户界面**（Web-based user interface）中，下拉菜单是一种非常流行的技术。在**浏览界面**（browsing interface）中也经常使用它们，允许用户以一种探究式、非结构化的方式浏览数据库的内容。

（2）**针对移动设备的应用**（App for Mobile Device）：这些界面允许用户访问它们的数据。例如，银行、预订和保险公司等提供了各种应用，允许用户通过移动电话或移动设备访问它们的数据。这些应用具有内置的编程界面，它们通常允许用户使用他们的账户名和密码登录；然后，应用将提供一个具有有限选项的菜单，用于对用户数据进行移动访问，还会提供一些诸如支付账单（针对银行）或者执行预订（针对预订 Web 站点）之类的选项。

（3）**基于表单的界面**（Forms-based Interface）：基于表单的界面将给每个用户显示一个表单。用户可以填写所有的**表单**（form）条目以插入新数据，或者也可以只填写某些条目，在这种情况下，DBMS 将为余下的条目检索匹配的数据。表单通常是为简单参与的用户设

---

1 在对象数据库中，宿主语言和数据子语言通常会构成一种集成的语言。例如，C++具有一些扩展，用于支持数据库功能。一些关系系统也提供了集成语言，例如，Oracle 的 PL/SQL。

2 根据单词 query（查询）的英语含义，实际上只应该把它用于描述检索，而不是更新。

计和编写的，作为他们处理固定事务的界面。许多 DBMS 都具有**表单规范语言**（form specification language），它们是可以帮助程序员指定这类表单的特殊语言。SQL*Forms 是一种基于表单的语言，它通过与关系数据库模式相结合的表单设计来指定查询。Oracle Forms 是 Oracle 产品套件中的一个组件，它提供了一组特性扩展，用于使用表单来设计和构建应用程序。还有些系统具有一些定义表单的实用程序，允许最终用户交互式地在屏幕上构造一个示例表单。

（4）**图形用户界面**（Graphical User Interface）：GUI 通常以图形形式给用户显示一种模式。然后用户可以通过操纵图形来指定查询。在许多情况下，GUI 同时使用菜单和表单。

（5）**自然语言界面**（Natural Language Interface）：这些界面接受用英语或其他某种语言编写的请求并尝试理解它们。自然语言界面通常具有它自己的模式（类似于数据库概念模式），以及一个包含重要词汇的字典。自然语言界面将查询其模式中的词汇及其字典中的标准词汇集，用于解释请求。如果解释成功，该界面将生成与自然语言请求对应的高级查询，并将其提交给 DBMS 进行处理；否则，将启动一个与用户的对话，用以阐明请求。

（6）**基于关键词的数据库搜索**（Keyword-based Database Search）：这有些类似于 Web 搜索引擎，它接受自然语言（如英语或西班牙语）词汇的字符串，并将它们与特定站点上的文档（对于本地搜索引擎）或者 Web 上的 Web 页面（对于像 Google 或 Ask 这样的引擎）详细地进行匹配。它们对词汇使用预定义的索引，并且使用评级函数进行检索，最后根据匹配的相关度以降序展示得到的文档。尽管最近出现了一个新的研究领域，即用于关系数据库的**基于关键词的查询**（keyword-based querying），但是这种“自由形式”的文本查询界面在结构化关系数据库中还不常见。

（7）**语音输入与输出**（Speech Input and Output）：有限度地使用语音（例如利用语音输入查询和回答问题或者将请求的结果输出为语音）正变得越来越普遍。具有有限词汇表的应用（例如查询电话目录、航班到达/起飞以及信用卡账户信息等）已允许顾客利用语音输入、输出来访问这些信息。语音输入是使用一个预定义的词汇库来检测的，并使用它来设置提供给查询的参数。对于输出，则将执行一个类似的转换，即将文本或数字转换成语音。

（8）**面向简单参与用户的界面**（Interfaces for Parametric Users）：简单参与的用户（如银行出纳员）通常必须重复执行某些操作，它们构成了一个比较小的操作集合。例如，出纳员能够使用单个功能键来调用例程和重复性事务，例如账户存款或取款，或余额查询。系统分析师和程序员可以为他们所知的每一类简单参与的用户设计并实现一个特殊的界面。它通常会包括一个较小的缩写命令集，其目标是把每个请求所需的击键次数减至最少。

（9）**面向 DBA 的界面**（Interface for the DBA）：大多数数据库系统都包含一些只能由 DBA 人员使用的特权命令。这些命令包括创建账户、设置系统参数、授予账户权限、更改模式以及重新组织数据库的存储结构等。

2.4　数据库系统环境

DBMS 是一个复杂的软件系统。在本节中，将讨论构成 DBMS 的软件组件的类型，以及与 DBMS 交互的计算机系统软件的类型。

2.4.1 DBMS 构成模型

图 2.3 以简化的形式展示了典型的 DBMS 组件。此图分为两部分。图的上部涉及数据库环境的各种用户以及他们的接口。图的下部则显示了负责数据存储和事务处理的 DBMS 的内部模块。

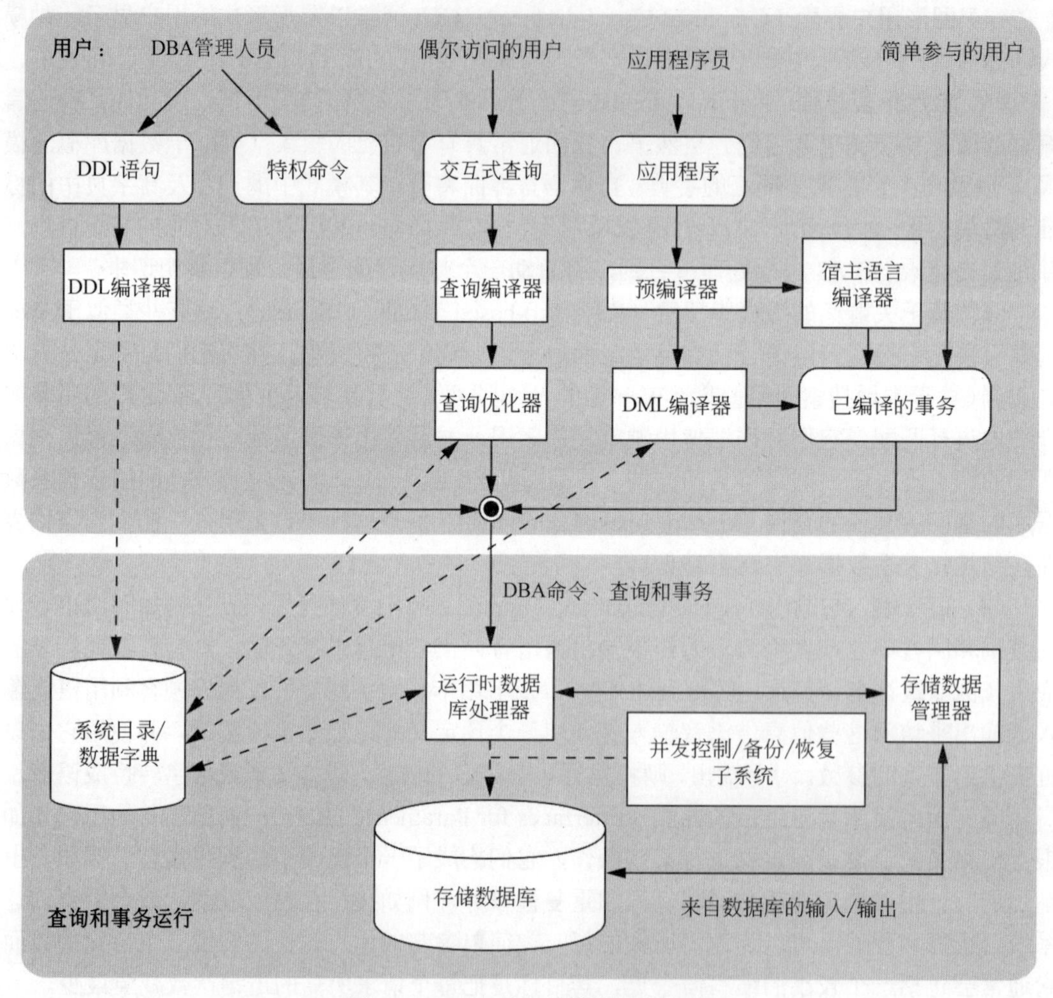

图 2.3 DBMS 的组件模块及其交互

数据库和 DBMS 目录通常存储在磁盘上。磁盘访问主要由**操作系统**（operating system，OS）控制，它将对磁盘读/写操作进行调度。许多 DBMS 都具有它们自己的**缓冲区管理**（buffer management）模块对磁盘读/写进行调度，因为缓冲区存储的管理对于性能具有相当大的影响。减少磁盘读/写可以相当大地提升性能。DBMS 的更高级的**存储数据管理器**（stored data manager）模块可以控制对磁盘上存储的 DBMS 信息的访问，而无论它是数据库的一部分还是目录中的内容。

让我们首先考虑图 2.3 的上部。它显示了面向各色人群的接口，包括：DBA 管理人员、使用交互式接口阐述查询的偶尔访问的用户、使用一些宿主编程语言创建程序的应用程序员，以及通过给预定义的事务提供参数来执行数据输入工作的简单参与的用户。DBA 人员使用 DDL 及其他特权命令来定义数据库，并通过修改数据库定义对其进行调优。

DDL 编译器处理用 DDL 指定的模式定义，并把模式的描述（元数据）存储在 DBMS 目录中。目录包括像文件的名称和大小、数据项的名称和数据类型、每个文件的存储细节、模式间的映射信息以及约束这样的信息。

此外，目录还存储了 DBMS 模块所需要的许多其他类型的信息，然后它们可以根据需要查找目录信息。

偶尔访问的用户以及那些偶尔需要从数据库中获取信息的人将使用图 2.3 中的**交互式查询**（interactive query）界面进行交互。我们没有明确地显示任何基于菜单或基于表单的交互或者移动交互，但是它们通常可用于自动生成交互式查询或者访问固定事务。为了确保查询语法、文件和数据元素的名称等的正确性，**查询编译器**（query compiler）将会解析并验证这些查询，并将它们编译成内部形式。这个内部查询将会进行查询优化（将在第 18 章和第 19 章中讨论）。除此之外，**查询优化器**（query optimizer）还涉及对操作进行重新安排和可能的重新排序、消除冗余以及在执行期间使用高效的搜索算法。它将查询系统目录以获取关于存储数据的统计信息及其他物理信息，生成可执行代码以执行查询的必要操作，以及创建对运行时处理器的调用。

应用程序员使用宿主语言（如 Java、C 或 C++）编写程序，并将其提交给预编译器。**预编译器**（precompiler）从利用宿主编程语言编写的应用程序中提取出 DML 命令。然后将把这些命令发送给 DML 编译器，将其编译成可供数据库访问的目标代码。并且把程序的其余部分发送给宿主语言编译器。接着，把 DML 命令的目标代码与程序的其余部分连接起来，形成一个固定事务，它的可执行代码包括对运行时数据库处理器的调用。使用诸如 PHP 和 Python 之类的脚本语言编写数据库程序也变得越来越普遍。固定事务由简单参与的用户通过 PC 或移动应用重复执行；这些用户只需给事务提供参数即可。每次执行都被视作是一个单独的事务。例如，在银行的支付事务中，可以将账号、收款人和金额作为参数提供给事务。

在图 2.3 的下部，**运行时数据库处理器**（runtime database processor）可以执行：（1）特权命令；（2）可执行的查询计划；（3）带有运行时参数的固定事务。它与**系统目录**（system catalog）协同工作，并可能利用统计信息更新它。它还将与**存储数据管理器**（stored data manager）协同工作，后者反过来使用基本的操作系统服务，用于在磁盘与主存之间执行低级输入/输出（读/写）操作。运行时数据库处理器将处理数据传输的其他方面，例如主存中的缓冲区管理。一些 DBMS 具有它们自己的缓冲区管理模块，而其他的 DBMS 则依赖于操作系统（OS）进行缓冲区管理。在图 2.3 中，将**并发控制**（concurrency control）以及**备份和恢复系统**（backup and recovery system）显示为单独的模块。出于事务管理的目的，可以把它们集成进运行时数据库处理器的工作中。

比较常见的做法是：使访问 DBMS 的**客户程序**（client program）运行在一台单独的计算机或设备上，而使数据库驻留在另一台计算机上。前者称为运行 DBMS 客户软件的**客户机**（client computer），后者则称为**数据库服务器**（database server）。在许多情况下，客户将访问一台中间计算机，称为**应用服务器**（application server），它反过来又会访问数据库服务器。在 2.5 节中将详细阐述这个主题。

图2.3并不打算描述特定的DBMS；相反，它阐释了典型的DBMS模块。当需要访问磁盘以访问数据库或目录时，DBMS将与操作系统交互。如果计算机系统被许多用户共享，那么操作系统将会对DBMS磁盘访问请求、DBMS处理以及其他进程进行调度。另一方面，如果计算机系统主要用于运行数据库服务器，那么DBMS将会控制磁盘页的主存缓冲。DBMS还提供了与通用宿主编程语言的编译器进行交互的接口，以及通过系统网络接口与运行在不同计算机上的应用服务器和客户程序进行交互。

2.4.2 数据库系统实用程序

除了处理刚才描述的软件模块之外，大多数DBMS还具有一些**数据库实用程序**（database utility），用于帮助DBA管理数据库系统。常见的实用程序具有以下各类功能：

- **加载**（Load）：加载实用程序用于把现有的数据文件（例如文本文件或顺序文件）加载进数据库中。通常，将把数据文件的当前（源）格式以及想要的（目标）数据库文件结构指定给实用程序，然后实用程序将自动重新格式化数据，并将其存储在数据库中。随着DBMS的发展和普及，在许多组织中，将数据从一个DBMS传输到另一个DBMS的情况日益普遍。一些供应商提供了**转换工具**（conversion tool），只要提供现有的源和目标数据库存储描述（内模式），这些工具就可以生成合适的加载程序。
- **备份**（Backup）：备份实用程序用于创建数据库的备份副本，它通常是通过把整个数据库转储到磁带或者其他海量存储媒介上来实现的。备份副本可用于在发生灾难性磁盘故障时恢复数据库。也经常使用增量备份，其中只记录上一次备份以来所发生的改变。增量备份更加复杂，但是可以节省存储空间。
- **数据库存储重组**（database storage reorganization）：这个实用程序可用于将一组数据库文件重组到不同的文件组织中，并且创建新的访问路径来提升性能。
- **性能监控**（performance monitoring）：这样一个实用程序可以监视数据库的使用情况，并且为DBA提供统计信息。DBA可以使用这些统计信息来帮助决策，例如是否重组文件或者是否添加或删除索引，以提升性能。

还有其他一些实用程序，可用于对文件排序、处理数据压缩、监视用户访问、连接到网络以及执行其他的功能。

2.4.3 工具、应用环境和通信设施

数据库设计者、用户和DBA经常会使用其他一些工具。在数据库系统的设计阶段会用到CASE工具[1]。另一个在大型组织中相当有用的工具是扩展的**数据字典**（data dictionary）（或**数据存储库**（data repository））**系统**（system）。除了存储关于模式和约束的目录信息之外，数据字典还会存储其他信息，例如设计决策、使用标准、应用程序描述以及用户信息。

---

1 尽管CASE代表计算机辅助软件工程（computer-aided software engineering），但是许多CASE工具主要用于数据库设计。

这样的系统也称为**信息存储库**（information repository）。当需要时，用户或 DBA 可以直接访问这些信息。数据字典实用程序类似于 DBMS 目录，但它包括更广泛的信息类型，并且主要由用户而非 DBMS 软件访问。

应用开发环境（application development environment），例如 PowerBuilder（Sybase）或 JBuilder（Borland），曾经相当流行。这些系统提供了一个用于开发数据库应用的环境，并且包括可以在数据库系统的许多方面给予帮助的设施，这些方面包括：数据库设计、GUI 开发、查询和更新以及应用程序开发等。

DBMS 还需要提供与**通信软件**（communication software）之间的接口，它的功能是允许远离数据库系统站点的用户通过计算机终端、工作站或个人计算机访问数据库。它们通过数据通信硬件（例如 Internet 路由器、电话线、远程网络、本地网络或者卫星通信设备）连接到数据库站点。许多商业数据库系统具有与 DBMS 协同工作的通信程序包。集成的 DBMS 与数据通信系统称为 DB/DC 系统。此外，一些分布式 DBMS 物理地分布在多台机器上。在这种情况下，将需要通信网络把这些机器连接起来。它们通常是**局域网**（local area network，LAN），但也可以是其他类型的网络。

2.5　DBMS 的集中式和客户/服务器架构

2.5.1　集中式 DBMS 架构

DBMS 架构的发展趋势类似于通用计算机系统架构的那些发展趋势。早期的架构使用大型计算机为所有的系统功能提供主处理，包括用户应用程序和用户界面程序，以及所有的 DBMS 功能。其原因是：在早期的系统中，大多数用户通过计算机终端访问 DBMS，而这些终端不具有处理能力，而只提供了显示能力。因此，所有的处理都是在宿主 DBMS 的计算机系统上远程执行的，而只会把显示信息和控制从计算机发送到显示终端，这些终端通过各类通信网络连接到中央计算机。

随着硬件的价格下降，大多数用户利用 PC 和工作站替换了他们的终端，最近则利用移动设备替换了它们。最初，数据库系统使用计算机的方式类似于以前它们使用显示终端，因此 DBMS 自身仍然是**集中式**（centralized）DBMS，其中所有的 DBMS 功能、应用程序执行和用户界面处理都在一台机器上执行。图 2.4 显示了集中式架构中的物理组件。逐渐地，DBMS 系统开始利用用户端可用的处理能力，这导致了客户/服务器 DBMS 架构。

2.5.2　基本的客户/服务器架构

首先，将对客户/服务器架构进行一般性讨论；然后，将讨论如何把它应用于 DBMS。开发**客户/服务器架构**（client/server architecture）是为了应对如下计算环境，其中大量的 PC、工作站、文件服务器、打印机、数据库服务器、Web 服务器、电子邮件服务器以及其他软件和设备都通过网络连接起来。其思想是定义具有特定功能的**专用服务器**（specialized server）。例如，可以将许多 PC 或小型工作站作为客户连接到一个维护客户机文件的**文件服务器**（file server）上。通过把另一台机器连接到各种打印机，可以将其指定为**打印服务**

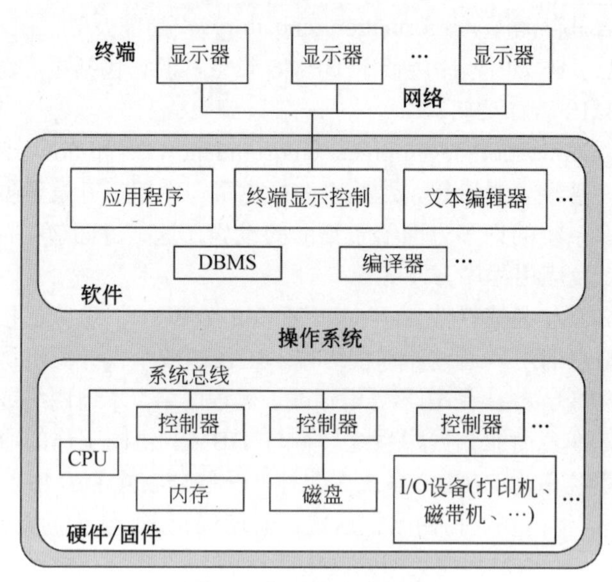

图 2.4 物理集中式架构

器（printer server）；客户的所有打印请求都将被转发给这台机器。**Web 服务器**（web server）或**电子邮件服务器**（e-mail server）也属于专用服务器类别。专用服务器提供的资源可以被许多客户机访问。**客户机**（client machine）为用户提供合适的界面以利用这些服务器，还提供本地处理能力以运行本地应用。这个概念可以延伸到其他软件包上，将专用程序（例如 CAD（computer-aided design，计算机辅助设计）软件包）存储在特定的服务器机器上，并使之可供多个客户访问。图 2.5 在逻辑上显示了客户/服务器架构；图 2.6 则是显示物理架构的简化图。一些机器只能是客户站点（例如，移动设备或者只安装了客户软件的工作站/PC）。另外一些机器将是专用服务器，还有一些机器兼具客户和服务器的功能。

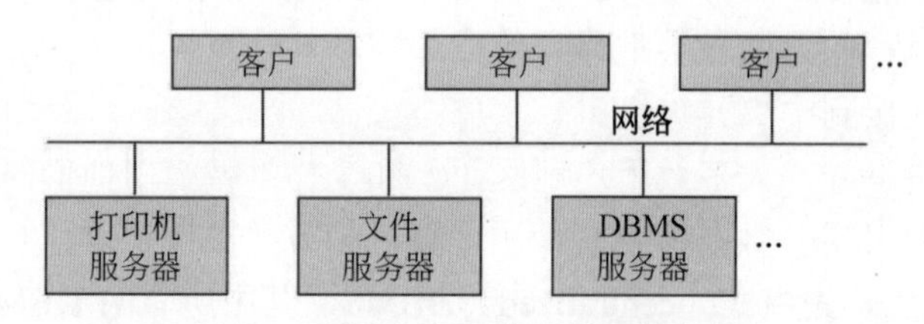

图 2.5 两层客户/服务器的逻辑架构

客户/服务器架构的概念假定采用如下一种底层框架：它由许多 PC/工作站、移动设备以及数量较少的服务器组成，它们通过无线网络或 LAN 以及其他类型的计算机网络连接起来。在这个框架中，**客户**（client）通常是提供用户界面能力和本地处理的用户机器。当客户需要访问它上面所不具有的额外功能（例如数据库访问）时，它将连接到提供所需功能的服务器。**服务器**（server）是一个包含硬件和软件的系统，它可以为客户机提供各类服务，例如文件访问、打印、存档或数据库访问。一般而言，一些机器只安装客户软件，而另外一些机器则只安装服务器软件，还有一些机器可能同时包括客户和服务器软件，如图 2.6 所示。不过，更常见的是，客户软件和服务器软件通常运行在单独的机器上。在这个底层的客户/服务器框架之上创建两种主要类型的基本 DBMS 架构：**两层**（two-tier）和**三层**

（three-tier）[1]架构。接下来将讨论它们。

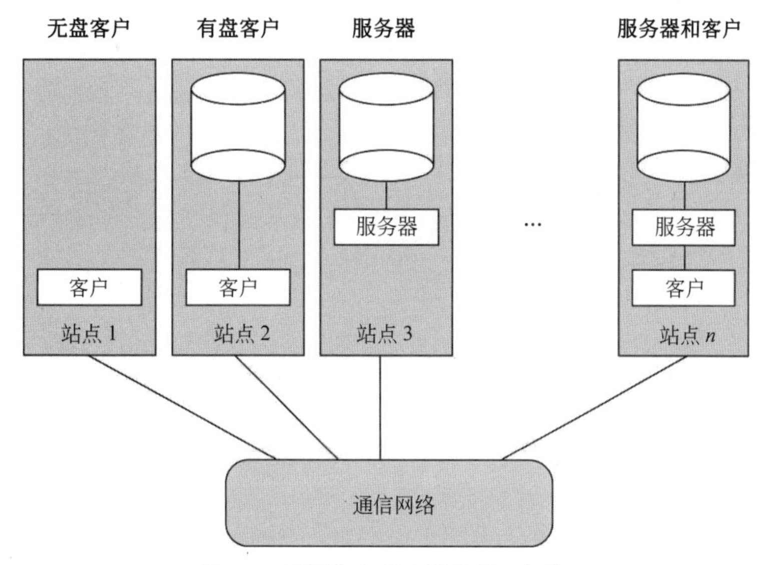

图 2.6　两层客户/服务器的物理架构

2.5.3　DBMS 的两层客户/服务器架构

在关系数据库管理系统（RDBMS）中，其中许多系统在开始时是集中式系统，最先迁移到客户端的系统组件是用户界面和应用程序。由于 SQL（参见第 6 章与第 7 章）为 RDBMS 提供了一种标准语言，这就在客户与服务器之间创建了一个逻辑分界点。因此，与 SQL 处理相关的查询和事务功能保留在服务器端。在这样的架构中，服务器通常称为**查询服务器**（query server）或**事务服务器**（transaction server），因为它提供这两种功能。在 RDBMS 中，服务器通常也称为 SQL **服务器**（SQL server）。

用户界面程序和应用程序可以在客户端运行。当需要访问 DBMS 时，程序就建立对 DBMS（它位于服务器端）的连接；一旦创建了连接，客户程序就可以与 DBMS 通信。一个名为**开放数据库互连**（Open Database Connectivity，ODBC）的标准提供了**应用程序编程接口**（application programming interface，API），它允许客户端程序呼叫 DBMS，只要客户机与服务器都安装了必要的软件即可。大多数 DBMS 供应商都为它们的系统提供了 ODBC 驱动程序。客户程序实际上可以连接到多个 RDBMS，并且使用 ODBC API 发送查询和事务请求，然后在服务器端处理它们。任何查询结果都将会发回给客户程序，它可以根据需要处理和显示这些结果。人们还定义了一个针对 Java 编程语言的相关标准，即 JDBC。它允许 Java 客户程序通过标准接口访问一个或多个 DBMS。

这里描述的架构称为**两层架构**（two-tier architecture），因为软件组件分布在两个系统（即客户和服务器）上。这种架构的优点是简单，并且可以与现有系统无缝兼容。Web 的出现又改变了客户与服务器的角色，导致出现了三层架构。

1　客户/服务器架构还有许多其他的变体。这里将讨论两种最基本的架构。

2.5.4 面向 Web 应用的三层及 n 层架构

许多 Web 应用使用的架构称为**三层架构**（three-tier architecture），它在客户与数据库服务器之间添加了一个中间层，如图 2.7（a）所示。

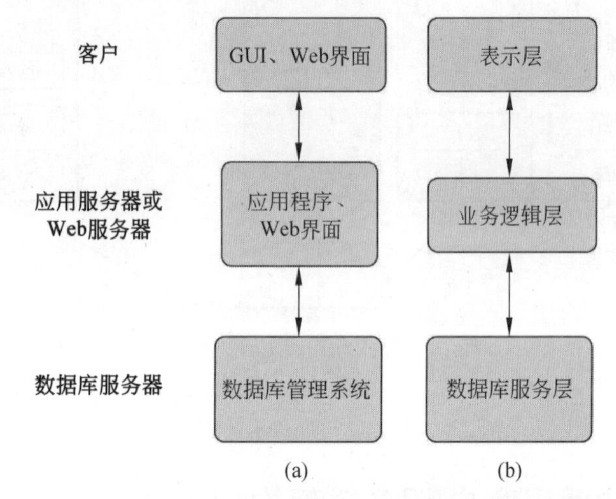

图 2.7 利用两种常用命名方法的三层客户/服务器的逻辑架构

这个**中间层**（middle layer）根据应用的不同，可称为**应用服务器**（application server）或 Web **服务器**（Web server）。这个服务器扮演的是一个中间人的角色，它将运行应用程序并且存储业务规则（过程或约束），用于从数据库服务器访问数据。它还可以在把请求转发给数据库服务器之前检查客户的凭证，从而改进数据库安全性。客户包含用户界面和 Web 浏览器。中间服务器接受来自客户的请求，处理这些请求，并且把数据库查询和命令发送给数据库服务器，然后充当将处理过的数据（部分地）从数据库服务器发送至客户的管道，客户可能对数据进行进一步的处理和过滤，以便展示给用户。因此，*用户界面、应用规则和数据存取*充当了三层。图 2.7（b）显示了数据库及其他应用软件包供应商使用的三层架构的另一种视图。表示层用于向用户显示信息并允许输入数据。业务逻辑层用于在数据上传给用户或者下传至 DBMS 之前处理中间规则与约束。底层包括所有的数据管理服务。中间层也可以充当 Web 服务器，它用于从数据库服务器检索查询结果，并将它们格式化成可以通过客户端的 Web 浏览器查看的动态 Web 页面。客户机通常是连接到 Web 的 PC 或移动设备。

此外，还提议了其他的架构。可以将用户与存储数据之间的层进一步划分成更细微的组件，从而产生 n 层架构，其中 n 可能是 4 或 5 层。通常，将业务逻辑层分成了多个层。除了在整个网络中分布程序设计和数据之外，n 层应用还提供了如下优点：即任何一层都可以在合适的处理器或操作系统平台上运行，并且可以独立处理。ERP（企业资源规划）与 CRM（客户关系管理）软件包的供应商通常使用一个*中间件层*，它负责前端模块（客户）与许多后端数据库（服务器）之间的通信。

加密和解密技术的发展使得可以通过加密形式更安全地将敏感数据从服务器传送给客户，并在客户那里对其进行解密。解密工作可以由硬件或先进的软件完成。这项技术提供了更高级的数据安全性，但是网络安全问题仍是一个主要的考虑事项。各种数据压缩技术也有助于将大量的数据通过有线和无线网络从服务器传送给客户。

2.6　数据库管理系统的分类

可以使用多个标准对 DBMS 进行分类。第一个标准是 DBMS 基于的**数据模型**（data model）。许多当前的商业 DBMS 中使用的主要数据模型是**关系数据模型**（relational data model），基于该模型的系统称为 SQL **系统**（SQL system）。在一些商业系统中实现了**对象数据模型**（object data model），但它的使用并不广泛。最近，所谓的**大数据系统**（big data system），也称为**键-值存储系统**（key-value storage system）和 NOSQL **系统**（NOSQL system），使用各种数据模型：**基于文档的数据模型**（document-based data model）、**基于图形的数据模型**（graph-based data model）、**基于列的数据模型**（column-based data model）和**键-值数据模型**（key-value data model）。许多遗留的应用仍然运行在基于**层次数据模型**（hierarchical data model）与**网状数据模型**（network data model）的数据库系统上。

关系 DBMS 在不断进化，确切地讲，它们纳入了许多在对象数据库中开发的概念。这导致了称为**对象-关系** DBMS（object-relational DBMS）的新型 DBMS。我们可以基于数据模型对 DBMS 进行分类，例如：关系数据模型、对象数据模型、对象-关系数据模型、NOSQL 数据模型、键-值数据模型、层次数据模型、网状数据模型以及其他数据模型。一些试验性 DBMS 基于 XML（eXtended Markup Language，可扩展标记语言）模型，是一种**树状结构化数据模型**（tree-structured data model）。这些 DBMS 被称为纯 XMLDBMS（native XML DBMS）。一些商业性关系 DBMS 在它们的产品中添加了 XML 接口与存储功能。

用于对 DBMS 进行分类的第二个标准是系统所支持的**用户数量**（number of users）。**单用户系统**（single-user system）一次只支持一位用户，它主要用于 PC。**多用户系统**（multiuser system）包括大多数 DBMS，可以并发地支持多位用户。

第三个标准是分布数据库的**站点数量**（number of sites）。如果数据存储在单个计算机站点上，DBMS 是**集中式**（centralized）的。集中式的 DBMS 可以支持多位用户，但是 DBMS 和数据库完全驻留在单个计算机站点上。**分布式**（distributed）DBMS（DDBMS）可以将实际的数据库和 DBMS 软件分布在由计算机网络连接的许多站点上。大数据系统经常是大规模分布式的，具有数百个站点。数据通常会在多个站点上复制，因此某个站点的故障不会导致某些数据不可用。

同种（homogeneous）DDBMS 在所有的站点上使用相同的 DBMS 软件，而**异种**（heterogeneous）DDBMS 则可以在每个站点上使用不同的 DBMS 软件。还可以开发**中间件软件**（middleware software），以访问存储在异种 DBMS 之下的多个预先存在的自主数据库。这导致了**联合式**（federated）DBMS（或**多数据库系统**（multidatabase system）），其中参与的 DBMS 是松散耦合的，并且具有一定程度的本地自主性。许多 DDBMS 使用客户-服务器架构，如 2.5 节中所述。

第四个标准是成本。提议基于成本对 DBMS 进行分类是困难的。今天，有一些开源（免费）的 DBMS 产品，例如 MySQL 和 PostgreSQL，第三方供应商通过附加服务为它们提供支持。主要的 RDBMS 产品都提供了 30 天的免费试用版，或者不到 100 美元并且具有相当多功能的个人版。大型系统则以模块的形式销售，具有用于处理分布、复制、并行处理、移动能力等的组件，它们必须定义大量的参数以便进行配置。此外，它们还以许可证的形式销售——站点许可证允许无限制地使用数据库系统，并且可以在客户站点上运行任意数量的副本。另一种许可证用于限制并发用户的数量或者同一位置的用户数量。一些系统的独立、单用户版本（例如 Microsoft Access）是以单个副本的形式销售的，或者包括在台式机或笔记本计算机的总体配置中。此外，付出额外的成本，还可以获得数据仓库和挖掘特性，以及对额外数据类型的支持。大型数据库系统每年的安装和维护费用可能高达数百万美元。

我们也可以基于存储文件的**访问路径类型**（type of access path）选项对 DBMS 进行分类。一个著名的 DBMS 家族是基于倒排文件结构的。最后，DBMS 还可以是**通用**（general purpose）或**专用**（special purpose）的。当性能成为一个主要的考虑事项时，可以为特定应用设计并构建一个专用 DBMS；如果不做重大改变，这样的系统将不能用于其他的应用。许多过去开发的航班预订与电话簿系统就是专用 DBMS。它们属于**联机事务处理**（online transaction processing，OLTP）系统这个类别，它们必须支持大量并发事务，同时又不会导致过分的延迟。

让我们简要说明对 DBMS 进行分类的主要标准：数据模型。**关系数据模型**（relational data model）将数据库表示为表的集合，其中每个表都被存储为单独的文件。图 1.2 中的数据库类似于一个基本的关系表示。大多数关系数据库使用称为 SQL 的高级查询语言，并且支持有限的用户视图形式。在第 5~8 章中将讨论关系模型及其语言和操作，并将在第 10 章和第 11 章中讨论用于编写关系应用的技术。

对象数据模型（object data model）依据对象及其属性和操作来定义数据库。具有相同结构和行为的对象属于一个**类**（class），而类则组织在**层次**（hierarchy）或**无环图**（acyclic graph）中。每个类的操作依据预先定义的过程指定，这些过程称为**方法**（method）。关系 DBMS 扩展了它们的模型以纳入对象数据库概念及其他能力；这些系统被称为**对象-关系系统**（object-relational system）或**扩展关系系统**（extend relational system）。在第 12 章中将讨论对象数据库和对象-关系系统。

大数据系统基于各种数据模型，其中下面 4 种数据模型最为常见。**键-值数据模型**（key-value data model）将每个值（可以是记录或对象）与唯一的键相关联，并在给定其键的情况下允许非常快地访问值。**文档数据模型**（document data model）基于 JSON（JavaScript Object Notation，JavaScript 对象表示法）并将数据存储为文档，它有些类似于复杂对象。**图形数据模型**（graph data model）将对象存储为图形节点，并且将对象间的关系存储为有向图的边缘。最后，**基于列的数据模型**（column-based data model）将行中的列一簇一簇地存储在磁盘页上以便快速访问，并且允许数据的多个版本。在第 24 章中将更详细地讨论其中一些数据模式。

XML 模型（XML model）是作为在 Web 上交换数据的标准出现的，并且被用作实现多个纯 XML 原型系统的基础。XML 使用分层的树状结构。它将数据库概念与文档表示模型中的概念结合起来。数据被表示为元素；通过使用标签，可以嵌套数据以创建复杂的树状结构。这个模型在概念上类似于对象模型，但它使用不同的术语。在许多商业 DBMS 产品中都添加了 XML 能力。在第 13 章中将简要介绍 XML。

网状与层次模型是两个古老的、在历史上很重要的数据模型，现在称之为**遗留数据模型**（legacy data model）。**网状模型**（network model）将数据表示为记录类型，还表示一种有限的 1:N 关系类型，称之为**集类型**（set type）。1:N 或一对多关系在这些模型中使用某种指针链接机制，将记录的一个实例与许多记录实例关联起来。网状模型也称为 CODASYL DBTG 模型[1]，具有关联的“一次一条记录”的语言，该语言必须嵌入宿主编程语言中。网状 DML 于 1971 年由数据库任务组（Database Task Group，DBTG）提交的报告中提出，并作为 COBOL 语言的扩展。

层次模型（hierarchical model）将数据表示为分层的树状结构。每个层次都表示许多相关的记录。没有用于层次模型的标准语言。一种流行的层次 DML 是 IMS 系统的 DL/1。它在 1965—1985 年主导了 DBMS 市场超过 20 年的时间。它的 DML 称为 DL/1，在很长时间里都是一个事实上的行业标准。[2]

2.7　小　结

在本章中，介绍了数据库系统中使用的主要概念，还定义了数据模型，并将其区分为 3 种主要类别：

- 高级或概念数据模型（基于实体和关系）。
- 低级或物理数据模型。
- 表示型或实现型数据模型（基于记录、面向对象）。

我们将数据库的模式或描述与数据库自身区分开。模式不会经常改变，而在每次插入、删除或修改数据时数据库状态都将会改变。然后，我们描述了 DBMS 的三层模式架构，它们分为如下 3 个层次的模式：

- 内模式描述了数据库的物理存储结构。
- 概念模式是整个数据库的高级描述。
- 外模式描述了不同用户组的视图。

清晰地分隔了这三个层次的 DBMS 必须具有模式之间的映射，以便在层次之间转换请求和查询结果。大多数 DBMS 都没有完全分隔开这三个层次。我们使用三层模式架构来定义逻辑和物理数据独立性的概念。

然后，我们讨论了 DBMS 所支持的语言和界面的主要类型。数据定义语言（DDL）用于定义数据库概念模式。在大多数 DBMS 中，DDL 也用于定义用户视图，有时还用于定义存储结构；在其他 DBMS 中，则使用单独的语言或函数来指定存储结构。在今天的关系 DBMS 实现中，由于 SQL 充当了扮演多种角色（包括视图定义）的万能语言，这种语言的区别正在逐渐淡化。SQL 的早期版本中包括有存储定义部分（SDL），但它现在通常被实现

1　CODASYL DBTG 代表数据系统语言协会数据库任务组（Conference on Data Systems Languages Database Task Group），它是一个指定网状模型及其语言的委员会。

2　本书第 2 版中包含关于网状和层次模型的完整章节，可从本书的配套网站 http://www.aw.com/elmasri 上访问它。

为关系 DBMS 中由 DBA 执行的特殊命令。DBMS 汇集了所有的模式定义，并将它们的描述存储在 DBMS 目录中。

数据操纵语言（DML）用于指定数据库检索与更新操作。DML 可以是高级语言（面向集合、非过程式）或低级语言（面向记录、过程式）。高级 DML 可以嵌入在宿主编程语言中，或者可以作为独立的语言使用；在后一种情况下，通常称之为查询语言。

我们讨论了 DBMS 所提供的不同类型的接口，以及与每类接口关联的 DBMS 用户类型。然后，我们讨论了数据库系统环境、典型的 DBMS 软件模块，以及用于帮助用户和 DBA 工作人员执行其任务的 DBMS 实用程序。我们接着概述了数据库应用的两层和三层架构。

最后，我们依据一些标准对 DBMS 进行了分类，这些标准包括：数据模型、用户数量、站点数量、访问路径类型以及成本。我们讨论了如何获得 DBMS 和附加模块——从免费的开源软件到每年要花费数百万美元进行维护的配置。我们还指出了 DBMS 及相关产品的各类许可证。DBMS 主要基于数据模型进行分类。我们还简要讨论了当前的商业 DBMS 中使用的主要数据模型。

复 习 题

2.1 定义以下术语：数据模型、数据库模式、数据库状态、内模式、概念模式、外模式、数据独立性、DDL、DML、SDL、VDL、查询语言、宿主语言、数据子语言、数据库实用程序、目录、客户/服务器架构、三层架构和n层架构。

2.2 讨论数据模型的主要类别。关系模型、对象模型与XML模型之间的基本区别是什么？

2.3 数据库模式与数据库状态之间的区别是什么？

2.4 描述三层模式架构。为什么需要在各层模式之间建立映射？不同的模式定义语言如何支持这种架构？

2.5 逻辑数据独立性与物理数据独立性之间的区别是什么？哪一种更难实现，为什么？

2.6 过程式DML与非过程式DML之间的区别是什么？

2.7 讨论不同类型的用户友好的界面，以及用户通常使用的每一种界面类型。

2.8 DBMS与哪些其他的计算机系统软件进行交互？

2.9 两层与三层客户/服务器架构之间的区别是什么？

2.10 讨论一些数据库实用程序和工具类型以及它们的功能。

2.11 n层架构（$n > 3$）中纳入了哪些附加功能？

练 习 题

2.12 考虑图1.2中所示数据库的不同用户。每个用户都需要什么类型的应用？他们分属于哪个用户类别，以及分别需要什么类型的界面？

2.13 选择一种你熟悉的数据库应用。使用图1.2和图2.1中的表示法设计一种模式，并且显示该应用的示例数据库。你想要在此模式中表示哪些类型的额外信息和约束？为你的数据库设想几个用户，并为每个用户设计一个视图。

2.14　如果你正在设计一个基于 Web的系统，用于航班预订和机票销售，你将从2.5节中选择哪种DBMS架构，为什么？其他的架构为什么不是好的选择呢？

2.15　考虑图2.1。除了用于关联两个表中的列中值的约束之外，还有对一个表内的某一列或多列组合中的值施加限制的约束。这样一个约束规定了某一列或列组合跨表中的所有行必须是唯一的。例如，在STUDENT表中，Student_number列必须是唯一的（以防两名不同的学生具有相同的Student_number）。在其他表中确定这样的列或列组合，它们必须跨表中的所有行都是唯一的。

选读文献

有许多数据库教材，包括 Date（2004）、Silberschatz 等（2011）、Ramakrishnan 和 Gehrke（2003）、Garcia-Molina 等（2002、2009）以及 Abiteboul 等（1995），都讨论了本书中介绍的各种数据库概念。Tsichritzis 和 Lochovsky（1982）是一本关于数据模型的早期教材。Tsichritzis 和 Klug（1978）以及 Jardine（1977）介绍了三层模式架构，这个架构最初出现在 DBTG CODASYL 的报告（1971）中，后来在美国国家标准协会（ANSI）的报告（1975）中也提出了它。在 Codd（1990）中给出了关系数据模型的深入分析以及它的一些可能的扩展。Cattell 等（2000）描述了面向对象数据库的提议标准。在 Web 上可以找到许多描述 XML 的文档，例如 XML（2005）。

数据库实用程序的示例有 ETI 连接、分析和转换工具（http://www.eti.com），以及来自 Embarcadero 技术公司（http://www.embarcadero.com）的数据库管理工具 DBArtisan。

第 2 部 分

概念数据建模与数据库设计

第3章　使用实体-关系（ER）模型的数据建模

在设计一个成功的数据库应用的过程中，概念建模是一个非常重要的阶段。一般来讲，术语**数据库应用**（database application）是指特定的数据库以及实现数据库查询和更新的关联程序。例如，用于记录顾客账户的BANK数据库应用将包括一些程序，用于实现与顾客存款和取款对应的数据库更新。这些程序将提供用户友好的图形用户界面（GUI），为应用的最终用户（在这个示例中是银行顾客或银行出纳员）提供表单和菜单。此外，使用**移动应用**（mobile app）通过移动设备为BANK顾客提供这些程序的接口现在很常见。因此，数据库应用的主要部分将需要设计、实现和测试这些应用程序。传统上，将**应用程序**（application program）的设计和测试视作*软件工程*（software engineering）的一部分，而非*数据库设计*（database design）的一部分。在许多软件设计工具中，数据库设计方法与软件工程方法是相互交融的，因为这些活动强烈相关。

在本章中，将沿用传统的方法，在概念性数据库设计期间，将重点关注数据库结构和约束。应用程序设计通常在软件工程课程中介绍。我们将介绍**实体-关系模型**（entity–relationship model，ER模型）的建模概念，它是一种流行的高级概念数据模型。在数据库应用的概念设计阶段，频繁使用这种模型及其变体，许多数据库设计工具也会利用它的概念。本章将描述ER模型的基本数据结构概念和约束，并将讨论在数据库应用的概念模式的设计中如何使用它们。本章还将介绍与ER模型关联的图形表示法，称为**ER图**（ER diagram）。

诸如**统一建模语言**（Unified Modeling Language，UML）之类的对象建模方法在数据库和软件设计中正变得日益流行。这些方法使用各种图，详细说明软件模块及其交互的详细设计，这些超出了数据库设计的范围。这些方法的一个重要部分（即类图[1]（class diagram））在许多方面与ER图相似。在类图中，除了指定数据库模式结构之外，还要指定在对象上执行的操作（operation）。在数据库设计期间，可以使用操作来指定**功能需求**（functional requirement），在3.1节中将讨论这些内容。在3.8节中将介绍一些用于类图的UML表示法和概念，它们与数据库设计特别相关，另外还将把它们与ER表示法和概念做简单的比较。其他的UML表示法和概念将在4.6节中介绍。

本章内容组织如下：3.1节讨论高级概念数据模型在数据库设计中的作用。在3.2节中将介绍一个示例数据库应用的需求，以演示ER模型中的概念的使用。在全书中都将使用这个示例数据库。在3.3节中，将介绍实体和属性的概念，并将逐步介绍用于显示ER模式的图形技术。在3.4节中，将介绍二元关系的概念，以及它们的角色和结构约束。3.5节将

1　类在许多方面类似于实体类型。

介绍弱实体类型。3.6 节将说明如何细化模式设计以将关系包括进来。3.7 节将回顾 ER 图的表示法，总结模式设计中出现的问题和一些常见的错误，并且将讨论如何为数据库模式构造（例如实体类型和关系类型）选择名称。3.8 节将介绍一些 UML 类图概念，将其与 ER 模型概念做比较，并将这些概念应用于相同的 COMPANY 数据库示例。3.9 节将讨论更复杂的关系类型。3.10 节将对本章进行小结。

3.8 节和 3.9 节中的内容在导论课程中可以略过。如果读者想要更深入地了解数据建模概念和概念数据库设计，就应该继续学习第 4 章，在该章中将描述 ER 模型的扩展，它们导致了增强的 ER（EER）模型，其中包括诸如特殊化、一般化、继承和联合类型（类别）之类的概念。

3.1 使用高级概念数据模型进行数据库设计

图 3.1 显示了数据库设计过程的简化概览。图中显示的第一步是**需求收集和分析**（requirements collection and analysis）。在这一步中，数据库设计者将与预期的数据库用户会谈，以便了解并用文档记录他们的**数据需求**（data requirement）。这一步的成果是一组简明

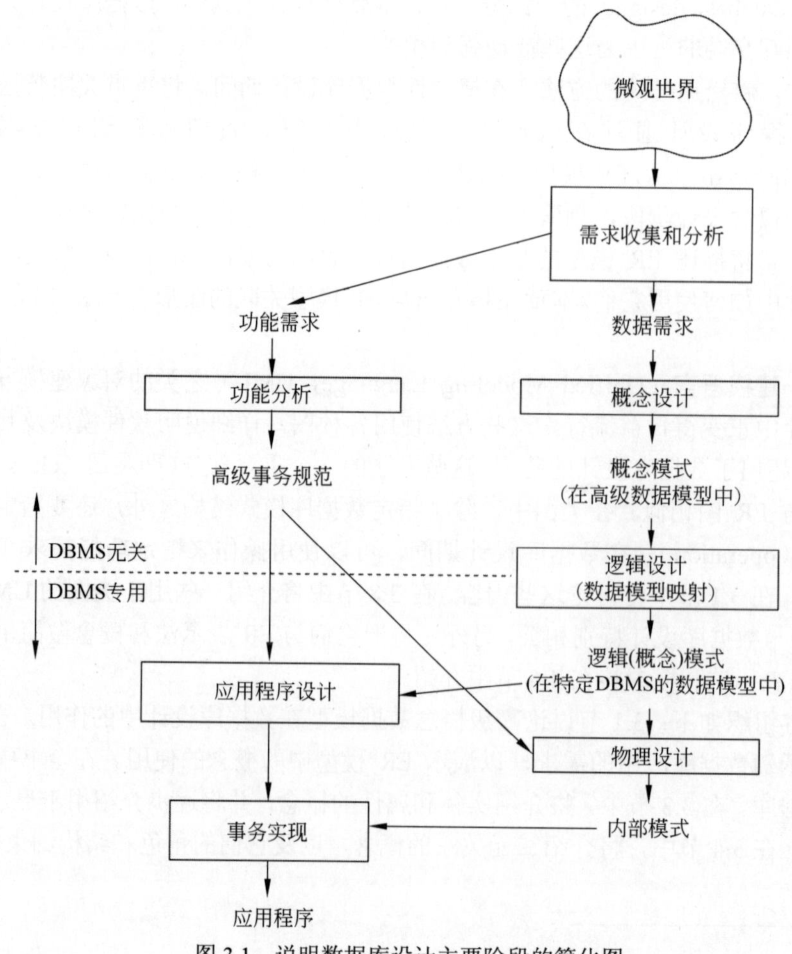

图 3.1 说明数据库设计主要阶段的简化图

书写的用户需求报告。应该尽可能详细、完整地说明这些需求。在说明数据需求的同时，说明应用的**功能需求**（functional requirement）也是有用的。后者包含将应用于数据库的用户定义的**操作**（operation）或**事务**（transaction），其中包括检索和更新。在软件设计中，常常使用数据流图（data flow diagram）、序列图（sequence diagram）、场景（scenario）以及其他技术来说明功能需求。这里将不会讨论所有这些技术；在软件工程教科书中通常会详细描述它们。

一旦收集并且分析了需求，下一步就是使用高级概念数据模型为数据库创建一种**概念模式**（conceptual schema）。这一步称为**概念设计**（conceptual design）。概念模式简洁描述了用户的数据需求，并且详细描述了实体类型、关系和约束；它们是使用高级数据模型提供的概念表达的。由于这些概念不包括实现细节，它们通常更容易理解，并且可用于跟非技术用户交流。高级概念模式还可以用作一种参考，以确保所有用户的数据需求都得到满足，并且这些需求不会相互冲突。这种方法使数据库设计者可以集中精力指定数据的属性，而不必关心存储和实现细节，这使得更容易创建良好的概念数据库设计。

在概念模式设计期间或之后，可以使用基本的数据模型操作来指定在功能分析期间确定的高级用户查询和操作。这也可用于确认概念模式是否满足所有确定的功能需求。如果不能使用初始模式指定某些功能需求，则可对概念模式进行修改。

数据库设计中的下一步是使用商业 DBMS 实际地实现数据库。大多数当前的商业 DBMS 使用实现数据模型，例如关系（SQL）模型，因此将把概念模式从高级数据模型转换成实现数据模型。这一步称为**逻辑设计**（logical design）或**数据模型映射**（data model mapping）；其结果是 DBMS 的实现数据模型中的数据库模式。数据模型映射通常是在数据库设计工具内自动或半自动执行的。

最后一步是**物理设计**（physical design）阶段，在这个阶段，将指定数据库文件的内部存储结构、文件组织、索引、访问路径和物理设计参数。与此同时，将设计与实现应用程序，作为与高级事务规范对应的数据库事务。

本章将只介绍用于概念模式设计的基本 ER 模型概念。在第 4 章中介绍 EER 模型时，将会讨论其他的建模概念。

3.2　一个示例数据库应用

在本节中，将描述一个名为 COMPANY 的示例数据库应用，用以说明基本的 ER 模型概念及其在模式设计中的应用。我们将在这里列出数据库的数据需求，然后在介绍 ER 模型的建模概念时，逐步创建数据库的概念模式。COMPANY 数据库将记录公司的雇员、部门和项目。假设在需求收集和分析阶段之后，数据库设计者提供了以下关于*微观世界*的描述，这里的微观世界是将在数据库中表示的公司的一部分。

- 该公司被组织成多个部门。每个部门都具有唯一的名称、唯一的编号以及管理该部门的特定雇员。我们将记录该雇员开始管理该部门的起始日期。一个部门可能具有多个办公地点。
- 一个部门可以控制许多项目，每个项目都具有唯一的名称、唯一的编号以及单个位置。

- 数据库将存储每个雇员的姓名、社会安全号[1]、地址、薪水、性别和出生日期。每个雇员只属于一个部门，但是可以同时参与多个项目，这些项目不必受同一个部门控制。另外，还需要记录每个雇员每周在每个项目上的当前工作时间，以及每个雇员的直接管理者（是另外一名雇员）。
- 出于保险的目的，数据库将记录每个雇员的受赡养人信息，包括每个受赡养人的名字、性别、出生日期及其与雇员之间的关系。

图 3.2 显示了如何使用称为 ER 图（ER diagram）的图形表示法来显示这个数据库应用的模式。在介绍 ER 模型的概念时，将逐步解释这幅图。同时，将逐步描述从指定的需求推导出这种模式的过程，并且解释 ER 图形表示法。

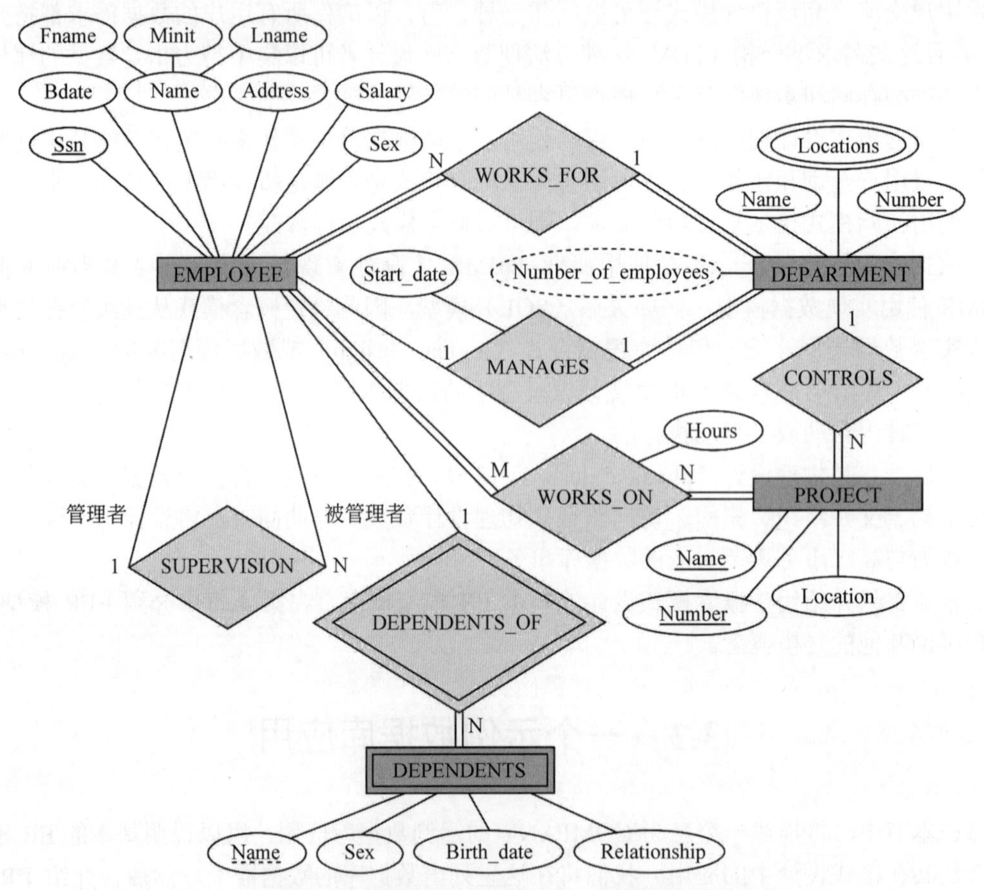

图 3.2 COMPANY 数据库的 ER 模式图。图形表示法是在这一整章中逐步介绍的，并在图 3.14 中对其进行了总结

1 社会安全号（Social Security number 或 SSN）是一个唯一的 9 位标识符，美国的每位公民都会分配一个社会安全号，用于记录他们的就业、救济金和纳税情况。其他国家可能具有类似的标识模式，例如个人身份证号。

3.3　实体类型、实体集、属性和键

ER 模型将数据描述为实体（entity）、关系（relationship）和属性（attribute）。在 3.3.1 节中，将会介绍实体及其属性的概念。在 3.3.2 节中，将会讨论实体类型和键属性。然后，在 3.3.3 节中，将会详细说明 COMPANY 数据库的实体类型的初始概念设计。在 3.4 节中将描述关系。

3.3.1　实体和属性

1. 实体及其属性

ER 模型表示的基本概念是**实体**（entity），它是现实世界中独立存在的事物或对象。实体可能是物理存在的对象（例如，特定的人、汽车、房屋或雇员），或者可能是概念上存在的对象（例如，公司、工作或者大学课程）。每个实体都具有**属性**（attribute），即用来描述实体的特定性质。例如，可以通过雇员的名字、年龄、地址、薪水和工作来描述 EMPLOYEE 实体。对于特定的实体，它的每个属性都具有一个值。描述每个实体的属性值构成了存储在数据库中的数据的主要部分。

图 3.3 显示了两个实体以及它们的属性值。EMPLOYEE 实体 e_1 具有 4 个属性：Name、Address、Age 和 Home_phone；它们的值分别是“John Smith”“2311 Kirby, Houston, Texas 77001”“55”和“713-749-2630”。COMPANY 实体 c_1 具有 3 个属性：Name、Headquarters 和 President；它们的值分别是“Sunco Oil”“Houston”和“John Smith”。

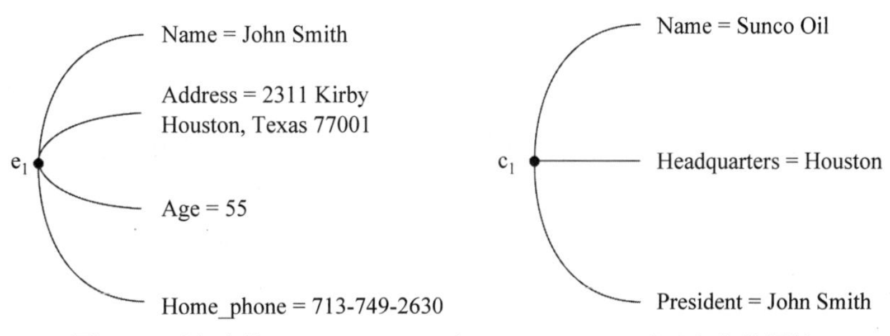

图 3.3　两个实体 EMPLOYEE e_1 和 COMPANY c_1 以及它们的属性

ER 模型中通常会出现以下几种属性类型：简单属性和复合属性、单值属性和多值属性以及存储属性和派生属性。首先将定义这些属性类型，并通过示例说明它们的用法。然后将讨论属性的 NULL 值的概念。

2. 复合属性与简单（原子）属性

复合属性（composite attribute）可以划分为更小的子部分，它们表示具有独立含义的更基本属性。例如，图 3.3 中所示的 EMPLOYEE 实体的 Address 属性可以进一步划分为

Street_address、City、State 和 Zip[1]，它们的值分别是“2311 Kirby”“Houston”“Texas”和“77001”。不可划分的属性称为**简单属性**（simple attribute）或**原子属性**（atomic attribute）。复合属性可以构成一种层次结构；例如，可以将 Street_address 进一步划分成 3 个简单的成分属性：Number、Street 和 Apartment_number，如图 3.4 所示。复合属性的值是其简单成分属性值的关联体。

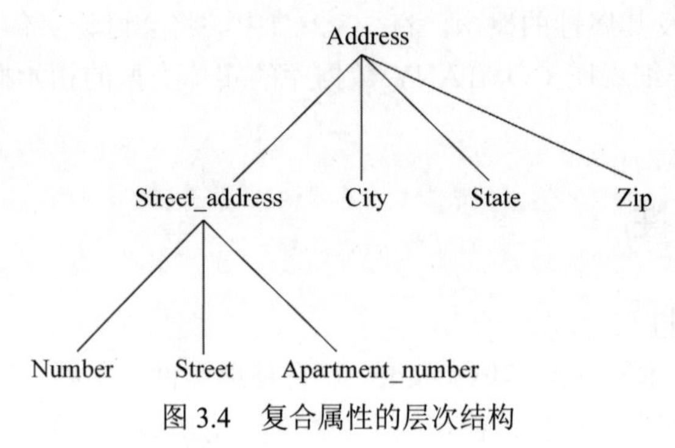

图 3.4　复合属性的层次结构

有些情况下，用户需要把复合属性作为一个单元进行引用，在其他时间则需要明确引用它的成分，此时，使用复合属性建模就是有用的。如果只将复合属性作为一个整体进行引用，那么将无须把它进一步划分成它的成分属性。例如，如果无须引用地址的各个成分（邮政编码、街道等），那么就可以把完整的地址指定为一个简单属性。

3. 单值属性与多值属性

对于特定的实体，大多数属性都具有单个值；这样的属性称为**单值**（single-valued）属性。例如，Age 就是人的一个单值属性。在一些情况下，同一个实体的某个属性可能具有一组值，例如，汽车的 Colors 属性或者人的 College_degrees 属性。单色的汽车将具有单个值，而双色汽车则将具有两个颜色值。类似地，一个人可能没有任何大学学位，另一个人可能具有一个大学学位，而第三个人则可能具有两个或更多的学位；因此，不同人的 College_degrees 属性值的个数可能也不同。这样的属性就称为**多值**（multivalued）属性。多值属性可能具有下界和上界，用于约束每个单独的实体所允许的值的个数。例如，如果假定一辆汽车至多具有两种颜色，那么就可能将汽车的 Colors 属性限制于具有一个或两个值。

4. 存储属性与派生属性

在一些情况下，两个（或更多的）属性值是相关的，例如，一个人的 Age 和 Birth_date 属性。对于特定的人实体，可以从当前（今天的）日期以及那个人的 Birth_date 值确定 Age 的值。因此，把 Age 属性称为**派生属性**（derived attribute），称之为可从 Birth_date 属性派生而来，并将 Birth_date 属性称为**存储属性**（stored attribute）。某些属性值可以从相关实体派生而来；例如，DEPARTMENT 实体的 Number_of_employees 属性就可以通过统计与该部门相关（为之工作）的雇员数量派生而来。

1　ZIP 编码是美国使用的 5 位邮政编码，例如 76019，可将其扩展为 9 位的编码，例如 76019-0015。在我们的示例中将使用 5 位的 Zip 编码。

5. NULL 值

在一些情况下，特定实体的某个属性可能没有适用的值。例如，地址的 Apartment_number 属性只适用于公寓中的地址，而不适用于其他类型的住宅，例如独栋房屋。类似地，College_degrees 属性只适用于具有大学学位的人。对于这样的情况，将创建一个名为 NULL 的特殊值。对于独栋房屋的地址，其 Apartment_number 属性将具有 NULL 值；对于没有大学学位的人而言，其 College_degrees 属性也将具有 NULL 值。如果我们不知道特定实体的某个属性的值时，也可以使用 NULL 值。例如，在图 3.3 中，如果我们不知道“John Smith”的家庭电话号码，就可以使用 NULL 值。前一类 NULL 值的含义是*不适用*，而后一类 NULL 值的含义是*未知*。可以将*未知*类型的 NULL 值进一步划分成两种情况。第一种情况表示已知属性值存在，只是它*缺失*而已。例如，将一个人的 Height 属性列出为 NULL。第二种情况则表示*不知道*属性值是否存在，例如，一个人的 Home_phone 属性值为 NULL 的情况。

6. 复杂属性

注意：一般而言，复合属性和多值属性可以任意嵌套。可用以下方法表示这种任意嵌套：把复合属性的成分放置在圆括号（( )）内，并用逗号隔开它们；然后把多值属性放在花括号（{ }）内。这样的属性就称为**复杂属性**（complex attribute）。例如，如果一个人可以有多个住所，并且每个住所可以具有单个地址和多部电话，就可以像图 3.5 中所示的那样指定一个人的 Address_phone 属性[1]。Phone 和 Address 本身都是复合属性。

{Address_phone({Phone(Area_code,Phone_number)},Address(Street_address
(Number,Street,Apartment_number),City,State,Zip))}

图 3.5　一个复杂属性：Address_phone

3.3.2 实体类型、实体集、键和值集

1. 实体类型和实体集

数据库通常包含由相似实体构成的组。例如，一家雇用数百位雇员的公司可能想要存储关于每位雇员的类似信息。这些雇员实体将共享相同的属性，但是每个实体的每个属性都具有*它自己的值*。**实体类型**（entity type）定义了具有相同属性的实体的**集合**（collection）或**集**（set）。数据库中的每种实体类型都是通过其名称和属性描述的。图 3.6 显示了两种实体类型（EMPLOYEE 和 COMPANY），以及每种实体类型的一些属性的列表。图中还显示了每种实体类型的几个单独的实体，以及它们的属性值。在任何时刻数据库中的特定实体类型的所有实体的集合称为**实体集**（entity set）或**实体集合**（entity collection）；通常，实体集使用与实体类型相同的名称，即使它们是两个不同的概念。例如，EMPLOYEE 即可以指代一种*实体类型*，也可以指代数据库中的*所有雇员实体*的当前集合。现在更常见的做法是：给实体类型和实体集合提供单独的名称；例如，在对象和对象-关系数据模型中（参见第 12 章）。

1　对于那些熟悉 XML 的人来说，应该注意复杂属性类似于 XML 中的复杂元素（参见第 13 章）。

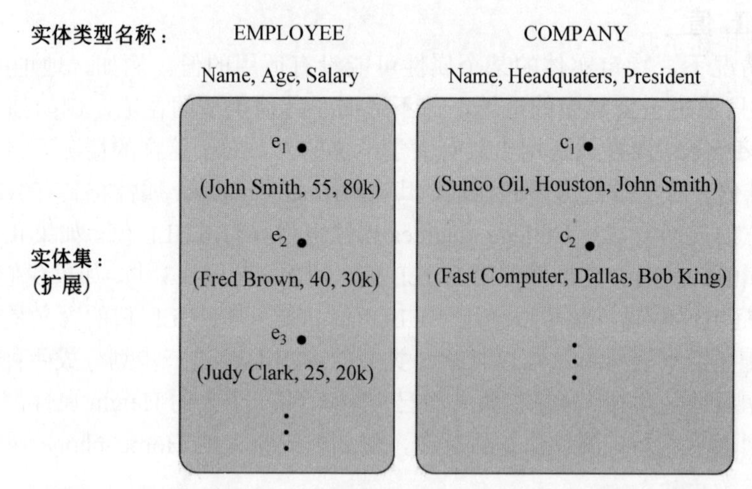

图 3.6 两种实体类型 EMPLOYEE 和 COMPANY，以及它们各自的一些成员实体

在 ER 图[1]（参见图 3.2）中将实体类型表示为矩形方框，其中封闭有实体类型名称。属性名称封闭在椭圆形中，并通过直线连接到它们的实体类型。复合属性是通过直线连接到它们的成分属性的。多值属性则显示在双线椭圆形中。图 3.7(a)显示了采用这种表示法的 CAR 实体类型。

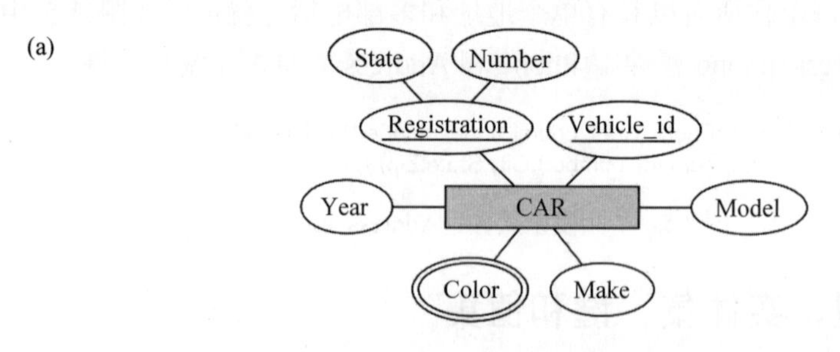

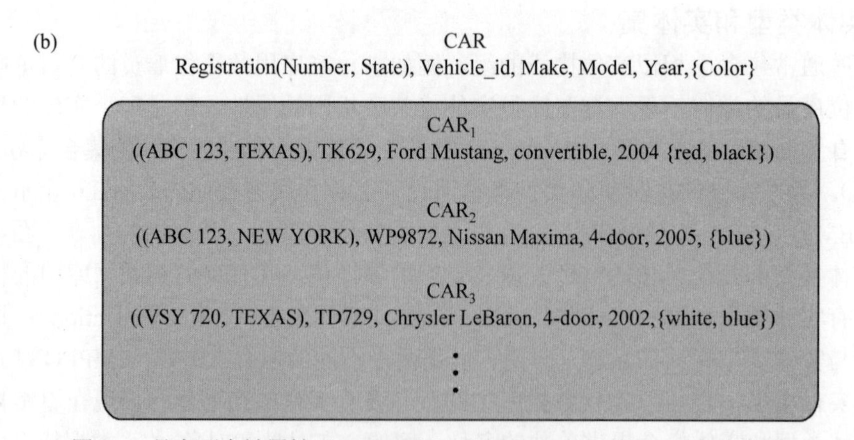

图 3.7 具有两个键属性（Registration 和 Vehicle_id）的 CAR 实体类型

(a) ER 图表示法；(b) 具有 3 个实体的实体集

1 我们使用的 ER 图表示法接近于最初提议的表示法（Chen，1976 年）。还有许多其他的表示法在使用；在本章后面介绍 UML 类图时将说明其中一些表示法，在附录 A 中还将给出其他一些图形表示法。

实体类型描述了共享相同结构的实体集的**模式**（schema）或**内涵**（intension）。特定实体类型的实体集合组成一个实体集，它称为该实体类型的**外延**（extension）。

2. 实体类型的键属性

对某个实体类型的实体的一个重要约束是**键约束**（key constraint）或属性的**唯一性约束**（uniqueness constraint）。实体类型通常具有一个或多个属性，它们的值对于实体集中的每个单独的实体都是不同的。这样的属性称为**键属性**（key attribute），它的值可用于唯一地标识每个实体。例如，在图 3.6 中，Name 属性就是 COMPANY 实体类型的键，因为不允许两家公司具有相同的名称。对于 PERSON 实体类型，典型的键属性是 Ssn（Social Security number，社会安全号）。有时，多个属性一起构成键，这意味着属性值的组合对于每个实体而言是不同的。如果某个属性集具有这种性质，在我们这里描述的 ER 模型中表示它的正确方式是：定义一个*复合属性*，并将其指定为实体类型的键属性。注意：这样的复合键必须是最小的；也就是说，复合属性中必须包括所有的成分属性以具有唯一性。键中绝对不能包括多余的属性。在 ER 图形表示法中，每个键属性的名称下面都具有下画线，必须位于椭圆形内，如图 3.7(a)所示。

指定一个属性作为实体类型的键就意味着实体类型的*每个实体集*都必须保持上述的唯一性。因此，此约束可以阻止任何两个实体同时具有相同的键属性值。它不是特定实体集的性质；相反，它是在任何时刻对实体类型的*任何实体集*的约束。这种键约束（以及后面将讨论的其他约束）源于数据库所表示的微观世界的约束。

有些实体类型具有多个键属性。例如，实体类型 CAR（参见图 3.7）的每个 Vehicle_id 和 Registration 属性自身都是该实体类型的键。Registration 属性是由两个简单的成分属性（State 和 Number）构成的复合键的示例，而这两个简单属性自身都不是键。一个实体类型也可能没有键，在这种情况下就称之为*弱实体类型*（weak entity type）（参见 3.5 节）。

在我们的图形表示法中，如果单独对两个属性加下画线，那么*每个属性自身都是键*。与关系模型（参见 5.2.2 节）不同，我们在这里介绍的 ER 模型中没有主键的概念；在映射到关系模式时将选择主键（参见第 9 章）。

3. 属性的值集（域）

实体类型的每个简单属性都与**值集**（value set）或**值域**（domain of value）相关联，值集指定了为每个单独的实体可能分配给那个属性的值的集合。在图 3.6 中，如果允许的雇员年龄范围为 16~70 岁，就可以将 EMPLOYEE 的 Age 属性的值集指定为 16~70 的整数集合。类似地，可以把 Name 属性的值集指定为用空格分隔的字母字符串的集合，等等。值集通常不会显示在基本的 ER 图中，它们类似于大多数编程语言中可用的基本**数据类型**（data type），例如整型、字符串型、布尔型、枚举类型、子范围等。不过，可以在 UML 类图（参见 3.8 节）中以及在数据库设计工具中使用的其他图形表示法中指定属性的数据类型。还可以使用其他的数据类型来表示常见的数据库类型，例如日期、时间及其他概念。

数学上，对于实体集 E 的属性 A，如果其值集是 V，则可将其定义为从 E 到 V 的幂集[1]P(V)的函数：

$$A: E \rightarrow P(V)$$

我们把实体 e 的属性 A 的值记为 A(e)。上面的定义涵盖了单值属性和多值属性，以及 NULL。NULL 值通过空集（empty set）表示。对于单值属性，将 E 中每个实体 e 的 A(e)值限制为单元素集（singleton set），而对多值属性则没有限制[2]。对于复合属性 A，值集 V 是 $P(V_1), P(V_2), \cdots, P(V_n)$的笛卡儿积的幂集，其中 $V_1, V_2,\cdots, V_n$ 是组成 A 的简单成分属性的值集：

$$V=P(P(V_1)\times P(V_2)\times \cdots \times P(V_n))$$

这个值集提供所有可能的值。通常，在特定的时间这些值中只有一小部分存在于数据库中。这些值表示来自微观世界的当前状态的数据，它们与微观世界中实际存在的数据相对应。

3.3.3 COMPANY 数据库的初始概念设计

基于 3.2 节中描述的需求，现在就可以定义 COMPANY 数据库的实体类型。在这里定义了多种实体类型以及它们的属性之后，在 3.4 节将介绍关系的概念，然后将细化我们的设计。根据 3.2 节中列出的需求，可以确定 4 种实体类型，其中每种实体类型对应于规范说明中的一项（参见图 3.8）。

（1）实体类型 DEPARTMENT 具有属性 Name、Number、Locations、Manager 和 Manager_start_date。Locations 是唯一的多值属性。可以把 Name 和 Number 指定为（单独的）键属性，因为其中每一个属性都被指定为唯一的。

（2）实体类型 PROJECT 具有属性 Name、Number、Location 和 Controlling_department。Name 和 Number 可以作为（单独的）键属性。

（3）实体类型 EMPLOYEE 具有属性 Name、Ssn、Sex、Address、Salary、Birth_date、Department 和 Supervisor。Name 和 Address 都可能是复合属性；不过，在需求中并没有指定这一点。我们必须回过头去询问用户，查明他们中的任何人是否将引用 Name 或 Address 的各个成分，其中 Name 的成分属性包括 First_name、Middle_initial、Last_name。在我们的示例中，Name 将被建模为复合属性，而 Address 则不然，这大概是在咨询用户之后做出的结论。

（4）实体类型 DEPENDENT 具有属性 Employee、Dependent_name、Sex、Birth_date 和 Relationship（对于雇员而言）。

另一个需求是：一位雇员可以参与多个项目，而数据库将不得不存储每位雇员每周在每个项目上工作的小时数。在 3.2 节中是将这个需求作为第三个需求的一部分列出的，可以通过 EMPLOYEE 的一个多值复合属性 Works_on 来表示它，其中 Works_on 具有简单的成分(Project, Hours)。此外，还可以将其表示为 PROJECT 的一个多值复合属性 Workers，它具有简单的成分属性（Employee, Hours）。在图 3.8 中选择了第一种方案；在 3.4 节中将

1 值集 V 的**幂集**（power set）P(V)是 V 的所有子集的集合。

2 **单元素**（singleton）集是只有一个元素（值）的集合。

看到，一旦我们介绍了关系的概念，就把它细化成一个多对多的关系。

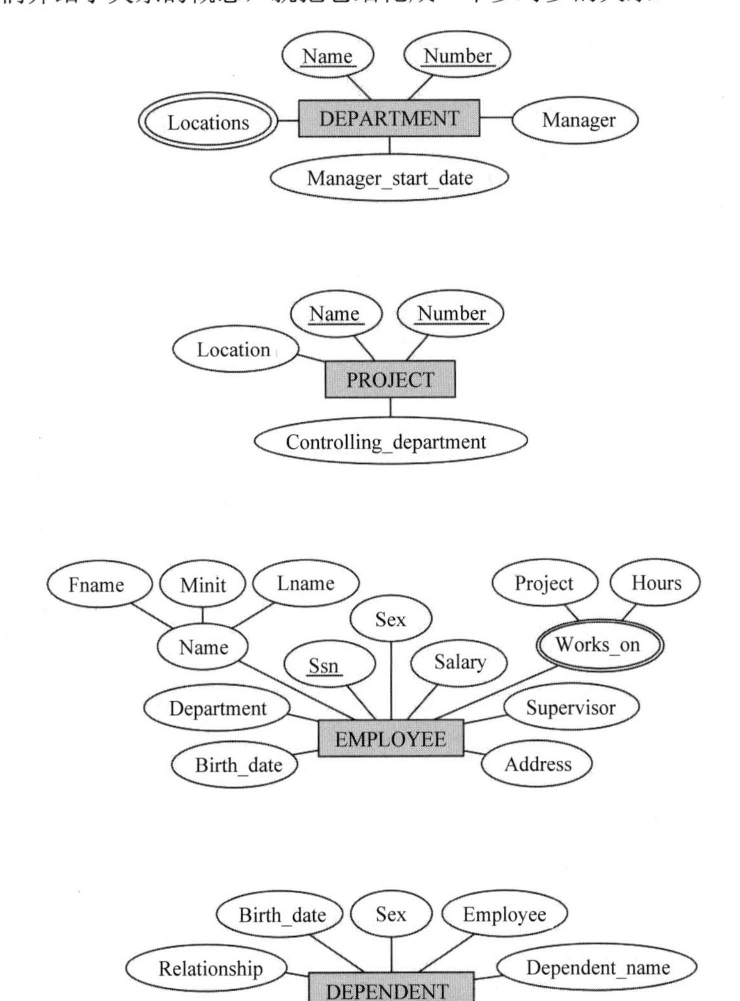

图 3.8 COMPANY 数据库的实体类型的初步设计，其中显示的一些属性将被细化成关系

3.4 关系类型、关系集、角色和结构约束

在图 3.8 中，各个实体类型之间存在几种隐式关系（implicit relationship）。事实上，无论何时一个实体类型的属性参照另一个实体类型，就会存在某种关系。例如，DEPARTMENT 的属性 Manager 参照了管理该部门的雇员；PROJECT 的属性 Controlling_department 参照了控制该项目的部门；EMPLOYEE 的属性 Supervisor 参照了另一位雇员（即此雇员的上级雇员）；EMPLOYEE 的属性 Department 参照了雇员工作的部门，等等。在 ER 模型中，这些参照不应该表示为属性，而应该表示为**关系**（relationship）。在 3.6 节中，将对图 3.8 中所示的初始 COMPANY 数据库模式进行细化，以便明确地表示关系。在实体类型的初始设计中，通常以属性的形式表现关系。随着对设计进行细化，将把这些属性转换成实体类型之间的关系。

本节内容组织如下：3.4.1 节将介绍关系类型、关系集和关系实例的概念。在 3.4.2 节中将定义关联度、角色名称和递归关系的概念。在 3.4.3 节中将讨论关系上的结构约束，例如基数比和存在依赖。3.4.4 节将说明关系类型怎样也可以具有属性。

3.4.1 关系类型、关系集和关系实例

n 个实体类型 $E_1, E_2,\cdots, E_n$ 之间的**关系类型**（relationship type）R 在这些实体类型的实体之间定义了一组关联，或者说**关系集**（relationship set）。与实体类型和实体集相类似，通常利用相同的名称 R 来指示关系类型及其对应的关系集。从数学上讲，关系集 R 是一组**关系实例**（relationship instance）r_i，其中每个 r_i 与 n 个单独的实体$(e_1, e_2,\cdots, e_n)$相关联，并且 r_i 中的每个实体 e_j 都是实体集 E_j（$1\leqslant j\leqslant n$）的成员。因此，关系集是 $E_1, E_2,\cdots, E_n$ 上的一种数学关系；可以选择把它定义为实体集的笛卡儿积 $E_1 \times E_2 \times\cdots\times E_n$ 的一个子集。可以说，每个实体类型 $E_1, E_2,\cdots, E_n$ 都**参与**（participate）了关系类型 R；类似地，可以说每个单独的实体 $e_1, e_2,\cdots, e_n$ 都**参与**了关系实例 $r_i = (e_1, e_2, \cdots, e_n)$。

非正式地讲，R 中的每个关系实例 r_i 都是实体的一个关联，其中的关联恰好包括一个来自每个参与的实体类型的实体。每个这样的关系实例 r_i 都表示以下事实：在对应的微观世界中，参与 r_i 的实体在某个方面是相关的。例如，考虑两个实体类型 EMPLOYEE 与 DEPARTMENT 之间的关系类型 WORKS_FOR，它把每个雇员与该雇员工作的部门关联起来。关系集 WORKS_FOR 中的每个关系实例把一个 EMPLOYEE 实体与一个 DEPARTMENT 实体关联起来。图 3.9 演示了这个示例，其中显示的每个关系实例 r_i 都连接到参与 r_i 的 EMPLOYEE 和 DEPARTMENT 实体。在图 3.9 所表示的微观世界中，雇员 e_1、e_3 和 e_6 为部门 d_1 工作；雇员 e_2 和 e_4 为部门 d_2 工作；雇员 e_5 和 e_7 为部门 d_3 工作。

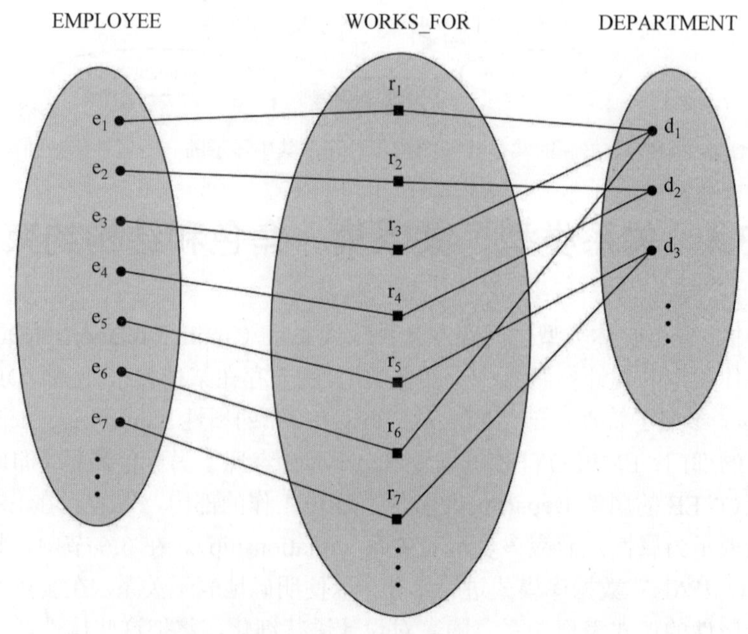

图 3.9 WORKS_FOR 关系集中的一些实例，表示 EMPLOYEE 与 DEPARTMENT 之间的关系类型 WORKS_FOR

在 ER 图中，将关系类型显示为菱形框，并且通过直线把它们连接到表示参与实体类型的矩形框。关系名称显示在菱形框中（参见图 3.2）。

3.4.2　关系度、角色名称和递归关系

1. 关系类型的度

关系类型的**度**（degree）是指参与实体类型的数量。例如，WORKS_FOR 关系的度是 2。度为 2 的关系类型称为**二元**（binary）关系，度为 3 的关系类型则称为**三元**（ternary）关系。三元关系的一个示例是图 3.10 中所示的 SUPPLY，其中每个关系实例 r_i 都关联 3 个实体，即供应商 s、零件 p 和项目 j，无论何时 s 给 j 提供零件 p，都会存在这种关系。一般来说，关系的度可以是任意的，但是最常见的是二元关系。度更高的关系一般比二元关系更复杂；在 3.9 节中将进一步介绍它们的特征。

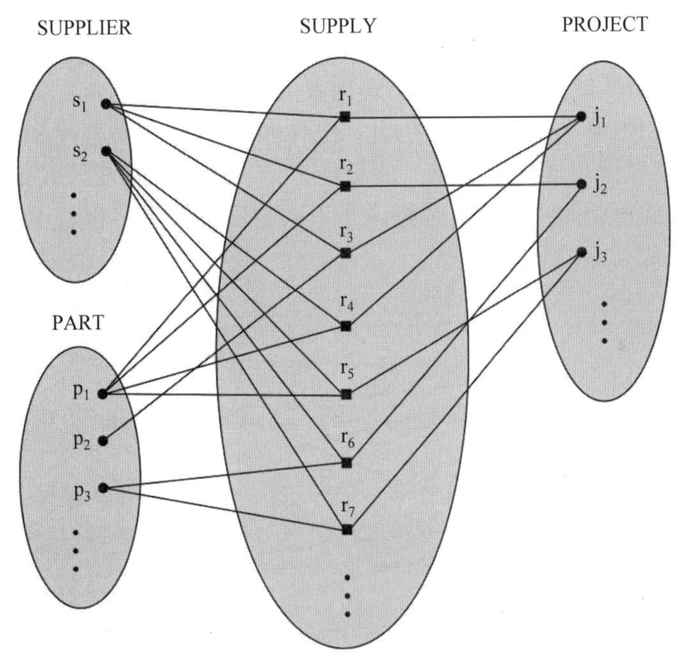

图 3.10　SUPPLY 三元关系集中的一些关系实例

2. 将关系作为属性

如 3.3.3 节中所讨论的，从属性的角度考虑二元关系类型有时会比较方便。考虑图 3.9 中的 WORKS_FOR 关系类型。可以考虑 EMPLOYEE 实体类型的一个名为 Department 的属性，其中对于每个 EMPLOYEE 实体来说，Department 的值是（参照）该雇员为之工作的 DEPARTMENT 实体。因此，这个 Department 属性的值集是所有 DEPARTMENT 实体的集合，即 DEPARTMENT 实体集。在图 3.8 中指定 COMPANY 数据库的实体类型 EMPLOYEE 的初始设计时，我们就是这样做的。不过，在把二元关系视作属性时，总会有两种选择或者两种观点。在这个示例中，一种替代观点是：考虑实体类型 DEPARTMENT 的一个多值属性 Employees，对于每个 DEPARTMENT 实体，它的值是为该部门工作的 EMPLOYEE 实体的集合。这个 Employees 属性的值集是 EMPLOYEE 实体集的幂集。这两个属性

（EMPLOYEE 的 Department 或者 DEPARTMENT 的 Employees）中的任何一个都可以表示 WORKS_FOR 关系类型。如果同时使用了这两个属性，那么将把它们约束成彼此之间是互逆的[1]。

3. 角色名称和递归关系

参与关系类型的每个实体类型都在关系中扮演特定的角色。**角色名称**（role name）指示实体类型中的某个参与实体在每个关系实例中所扮演的角色，它有助于解释关系的含义。例如，在 WORKS_FOR 关系类型中，EMPLOYEE 扮演雇员或者工人的角色，DEPARTMENT 则扮演部门或者雇主的角色。

从技术上讲，如果所有的参与实体类型各不相同，那么在联系类型中角色名称就不是必需的，因为每个参与实体类型的名称都可以用作角色名称。不过，在一些情况下，同一个实体类型可能以不同的角色多次参与到一个关系类型中。在这种情况下，就必须使用角色名称，以区分每个参与的实体所扮演角色的含义。这样的关系类型称为**递归关系**（recursive relationship）或者**自参照关系**（self-referencing relationship）。图 3.11 显示了一个示例。SUPERVISION 关系类型把雇员与管理者关联起来，其中雇员实体和管理者实体都是同一个 EMPLOYEE 实体集的成员。因此，EMPLOYEE 实体类型在 SUPERVISION 中参与了两次：一次是以管理者（或老板）的角色，一次是以被管理者（或下属）的角色。SUPERVISION 中的每个关系实例 r_i 都把两个不同的雇员实体 e_j 和 e_k 关联起来，其中一个

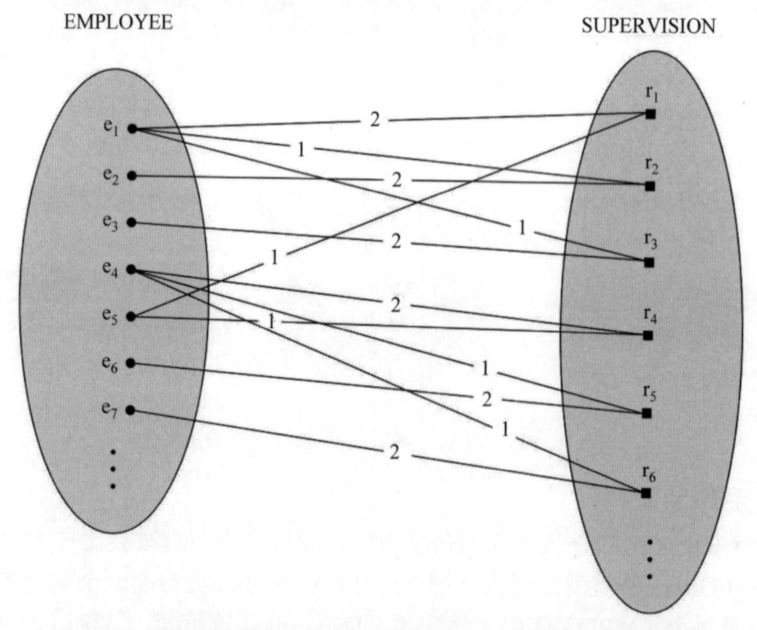

图 3.11 扮演管理者角色的 EMPLOYEE（1）与扮演下属角色的 EMPLOYEE（2）之间的递归关系 SUPERVISION

1 在一类名为**功能数据模型**（functional data model）的数据模型中，使用了这个将关系类型表示为属性的概念。在对象数据库（参见第 12 章）中，可以通过参照属性来表示关系，关系既可以是单向的，也可以是双向可逆的。在关系数据库（参见第 5 章）中，外键就是一种用于表示关系的参照属性。

扮演管理者的角色，另一个扮演被管理者的角色。在图 3.11 中，标有“1”的线条表示管理者角色，标有“2”的线条则表示被管理者角色；因此，e_1 管理 e_2 和 e_3，e_4 管理 e_6 和 e_7，e_5 则管理 e_1 和 e_4。在这个示例中，每个关系实例都必须连接两条线，其中一条标记“1”（管理者），另一条标记“2”（被管理者）。

3.4.3　二元关系类型上的约束

关系类型通常具有某些约束，它们限制了可能参与到相应关系集的实体的可能组合。这些约束是通过关系表示的微观世界的情况来确定的。例如，在图 3.9 中，如果公司具有如下规则：每个雇员只能在一个部门工作，那么我们将需要在模式中描述这个约束。可以区分两类主要的二元关系约束：基数比和参与。

1. 二元关系的基数比

二元关系的**基数比**（cardinality ratio）指定了一个实体可以参与的关系实例的最大数量。例如，在 WORKS_FOR 二元关系类型中，DEPARTMENT:EMPLOYEE 的基数比是 1∶N，这意味着每个部门可以与任意数量（N）的雇员相关联（即雇用）[1]，但是一个雇员至多只能与一个部门（1）相关联（为其工作）。这意味着对于这个特定的关系类型 WORKS_FOR，一个特定的部门实体可以与任意数量的雇员相关联（N 指示没有最大数量）。另一方面，一个雇员最多只能与一个部门相关联。对于二元关系类型，可能的基数比有 1∶1、1∶N、N∶1 和 M∶N。

1∶1 关系的一个示例是 MANAGES（参见图 3.12），它把部门实体与管理该部门的雇员关联起来。这体现了微观世界的约束：在任何时刻，一个管理者最多只能管理一个部门，一个部门最多只能有一位管理者。关系类型 WORKS_ON（参见图 3.13）的基数比是 M∶N，因为微观世界的规则是：一个雇员可以参与多个项目，一个项目也可以有多个雇员参与。

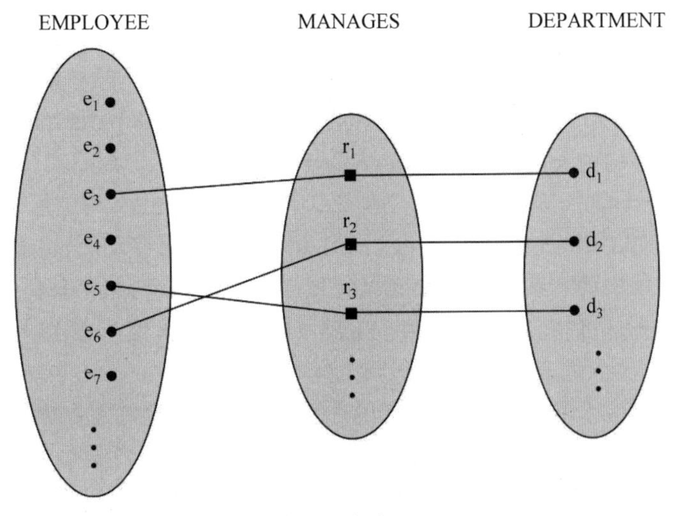

图 3.12　一个 1:1 关系：MANAGES

1　N 代表任意数量（0 个或多个）的相关实体。在一些表示法中，使用星号（*）代替 N。

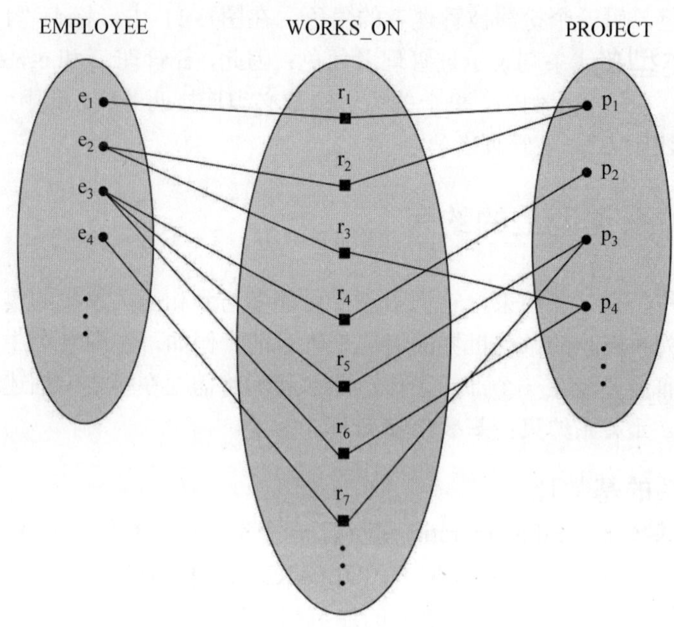

图 3.13 一个 M:N 关系：WORKS_ON

如图 3.2 所示，在 ER 图上，通过在菱形框上显示 1、M 和 N 来表示二元关系的基数比。注意：在这种表示法中，可以指定参与没有最大数量（N），或者指定最大数量为 1（1）。一种替代表示法（参见 3.7.4 节）允许设计者指定参与的最大数量，例如 4 或 5。

2. 参与约束和存在依赖

参与约束（participation constraint）指定一个实体的存在是否依赖于它通过关系类型与另一个实体相关联。这种约束指定了每个实体可以参与的关系实例的最少数量，有时也称之为**最少基数约束**（minimum cardinality constraint）。有两类参与约束：完全参与约束和部分参与约束，我们将通过示例加以说明。如果公司政策规定，每个雇员必须为一个部门工作，那么仅当一个雇员参与至少一个 WORKS_FOR 关系实例时，它才会存在（参见图 3.9）。因此，EMPLOYEE 参与 WORKS_FOR 就称为**完全参与**（total participation），这意味着雇员实体的完全集中的每个实体都必须通过 WORKS_FOR 与一个部门实体相关联。完全参与也称为**存在依赖**（existence dependency）。在图 3.12 中，我们并不期望每个雇员都会管理一个部门，因此 MANAGES 关系类型中的 EMPLOYEE 是**部分参与**（partial participation），这意味着雇员实体集中的一些或一部分雇员通过 MANAGES 与某个部门实体相关联，但不必是全部雇员。我们将把基数比和参与约束统称为关系类型的**结构约束**（structural constraint）。

在 ER 图中，把完全参与（或存在依赖）显示为双线，它将参与实体类型与关系连接起来，而部分参与则用单线表示（参见图 3.2）。注意：在这种表示法中，可以指定没有最少数量（部分参与），或者指定最少数量为 1（完全参与）。一种替代表示法（参见 3.7.4 节）允许设计者指定关系中参与的最少数量，例如 4 或 5。

在 3.9 节中将讨论更高度的关系上的约束。

3.4.4　关系类型的属性

与实体类型相似，关系类型也可以具有属性。例如，为了记录特定雇员每周在特定项目上的工作时间，在图 3.13 中为 WORKS_ON 关系类型包括了一个属性 Hours。另一个示例是在图 3.12 中通过 MANAGES 关系类型的属性 Start_date，用于记录管理者开始管理一个部门的日期。

注意：可以将 1:1 或 1:N 关系类型的属性迁移到参与实体类型之一上。例如，MANAGES 关系的 Start_date 属性可以是 EMPLOYEE（manager）或 DEPARTMENT 的属性，尽管从概念上讲它属于 MANAGES。这是由于 MANAGES 是一个 1:1 关系，因此每个部门或雇员实体只能参与至多一个关系实例。因此，可以通过参与部门实体或者参与雇员（管理者）实体，单独确定 Start_date 属性的值。

对于 1:N 关系类型，只能把关系属性迁移到关系的 N 端的实体类型上。例如，在图 3.9 中，如果 WORKS_FOR 关系也具有一个属性 Start_date，指示一个雇员何时开始为某个部门工作，就可以包括这个属性作为 EMPLOYEE 的属性。这是由于每个雇员都为至多一个部门工作，因此在 WORKS_FOR 中只能参与至多一个关系实例，但是一个部门可以具有多个雇员，并且每个雇员可以具有不同的开始日期。在 1:1 和 1:N 关系类型中，把关系属性放在哪里（是作为关系类型的属性，还是作为参与实体类型的属性）是由模式设计者主观确定的。

对于 M:N（多对多）关系类型，一些属性可能是由关系实例中几个参与实体的组合确定的，而不是由任意单个实体确定的。必须将这些的属性指定为关系属性。一个示例是 M:N 关系 WORKS_ON 的 Hours 属性（参见图 3.13）；一个雇员当前在某个项目上每周的工作时间是由雇员-项目的组合确定的，而不是由任何一个实体单独确定的。

3.5　弱实体类型

不具有自己的键属性的实体类型称为**弱实体类型**（weak entity type）。与之相反，具有键属性的**常规实体类型**（regular entity type）则称为**强实体类型**（strong entity type），它包括迄今为止讨论过的所有示例。要标识属于弱实体类型的实体，可以把它与来自另一个实体类型的特定实体相关联，并且结合它们的属性值之一。我们把上述的另一个实体类型称为**标识实体类型**（identifying entity type）或**属主实体类型**（owner entity type）[1]，并且把将弱实体类型关联到其属主的关系类型称为弱实体类型的**标识关系**（identifying relationship）[2]。弱实体类型对于其标识关系而言总是具有一个完全参与约束（存在依赖），因为如果没有属主实体，将不能标识弱实体。不过，并非所有的存在依赖都会导致一个弱实体类型。例如，除非把 DRIVER_LICENSE 实体关联到 PERSON 实体，否则前者将不可能存在，即使它具

1　标识实体类型有时也称为**父实体类型**（parent entity type）或**支配实体类型**（dominant entity type）。

2　弱实体类型有时也称为**子实体类型**（child entity type）或**从属实体类型**（subordinate entity type）。

有自己的键（License_number），因此它并不是一个弱实体。

考虑关联到 EMPLOYEE 的实体类型 DEPENDENT，它用于通过 1:N 关系来记录每个雇员的受赡养人信息（参见图 3.2）。在我们的示例中，DEPENDENT 的属性有 Name（受赡养人的名字）、Birth_date、Sex 和 Relationship（对雇员而言）。两个不同雇员的两位受赡养人可能碰巧具有相同的 Name、Birth_date、Sex 和 Relationship 属性值，但是它们仍然是不同的实体。仅当确定与每位受赡养人相关的特定雇员实体之后，才能把它们标识为不同的实体。每个雇员实体被称为拥有与各自相关的受赡养人实体。

弱实体类型通常具有一个**部分键**（partial key），它是可以唯一地标识与相同属主实体相关的弱实体的属性[1]。在我们的示例中，如果假定同一个雇员的受赡养人中没有哪两位受赡养人曾经具有相同的名字，那么 DEPENDENT 的属性 Name 就是部分键。在最坏情况下，弱实体的所有属性的复合属性将作为部分键。

在 ER 图中，分别用双线方框和双线菱形框来区分弱实体类型及其标识关系（参见图 3.2）。在部分键属性下方标有下画线或点画线。

有时，也可以将弱实体类型表示为复杂（复合、多值）属性。在前面的示例中，可以为 EMPLOYEE 指定一个多值属性 Dependents，它是一个多值复合属性，具有 Name、Birth_date、Sex 和 Relationship 这些成分属性。选择使用哪种表示方法是由数据库设计者确定的。可能使用的一条标准是：如果除了其标识关系类型之外，弱实体类型还独立参与了其他的关系类型，那么就可以选择弱实体类型表示方法。

一般来讲，可以定义任意层次的弱实体类型；属主实体类型自身也可能是一种弱实体类型。此外，弱实体类型可能具有多个标识实体类型，以及度大于 2 的标识关系类型，如 3.9 节中所述。

3.6 细化 COMPANY 数据库的 ER 设计

现在可以通过把表示关系的属性转换为关系类型，对图 3.8 中的数据库设计进行细化。每个关系类型的基数比和参与约束是通过 3.2 节中列出的需求确定的。如果不能通过这些需求确定某个基数比或依赖，就必须进一步询问用户，以确定这些结构约束。
在我们的示例中，指定了以下关系类型：

- MANAGES：它是 EMPLOYEE 与 DEPARTMENT 之间的一个 1:1（一对一）关系类型。EMPLOYEE 参与是部分参与。从需求中无法明确 DEPARTMENT 参与的类型。我们询问用户，了解到一个部门在任何时间都必须具有一位管理者，这暗示 DEPARTMENT 是完全参与[2]。将属性 Start_date 分配给这个关系类型。
- WORKS_FOR：DEPARTMENT 与 EMPLOYEE 之间的一个 1:N（一对多）关系类型。它们两者都是完全参与。
- CONTROLS：DEPARTMENT 与 PROJECT 之间的一个 1:N（一对多）关系类型。

---

1 部分键有时也称为鉴别器（discriminator）。

2 在微观世界中，确定约束的规则有时也称为业务规则（business rule），因为它们是由利用数据库的业务或组织确定的。

PROJECT 是完全参与，而在咨询用户之后，得知一些部门可能不会控制项目，因此 DEPARTMENT 被确定为部分参与。

- SUPERVISION：EMPLOYEE（扮演管理者角色）与 EMPLOYEE（扮演被管理者角色）之间的一个 1:N 关系类型。根据用户指示，并非每个雇员都是管理者，也并非每个雇员都有管理者，因此可以确定两个 EMPLOYEE 实体类型都是部分参与。
- WORKS_ON：根据用户指示，一个项目可以有多个雇员参与，因此可以确定 WORKS_ON 是一个 M:N（多对多）关系类型，它具有属性 Hours。PROJECT 与 EMPLOYEE 都被确定为完全参与。
- DEPENDENTS_OF：EMPLOYEE 与 DEPENDENT 之间的一个 1:N 关系类型，它也是弱实体类型 DEPENDENT 的标识关系。EMPLOYEE 是部分参与，而 DEPENDENT 则是完全参与。

在指定了上述 6 个关系类型之后，我们将从图 3.8 所示的实体类型中删除所有细化成关系的属性。其中包括从 DEPARTMENT 中删除 Manager 和 Manager_start_date；从 PROJECT 中删除 Controlling_department；从 EMPLOYEE 中删除 Department、Supervisor 和 Works_on；以及从 DEPENDENT 中删除 Employee。在设计数据库的概念模式时，具有尽可能少的冗余很重要。如果在存储级别或者在用户视图级别需要某种冗余，可以在以后引入它，如 1.6.1 节中所讨论的那样。

3.7　ER 图、命名约定和设计问题

3.7.1　ER 图表示法小结

图 3.9~图 3.13 通过显示实体类型和关系类型的实体集和关系集（或外延），即实体集中的各个实体实例以及关系集中的各个关系实例，来说明实体类型在关系类型中的参与示例。在 ER 图中，重点强调的是表示模式而不是实例。这在数据库设计中更有用，因为数据库模式极少改变，而实体集的内容可能频繁改变。此外，由于模式要少得多，因此它显然更容易显示。

图 3.2 将 COMPANY 的 ER **数据库模式**（ER database schema）显示为 ER **图**（ER diagram）。我们现在将回顾完整的 ER 图表示法。诸如 EMPLOYEE、DEPARTMENT 和 PROJECT 之类的常规（强）实体类型显示在矩形框中。诸如 WORKS_FOR、MANAGES、CONTROLS 和 WORKS_ON 之类的关系类型则显示在菱形框中，它们通过直线连接到参与实体类型。属性显示在椭圆形框中，并且每个属性都通过直线连接到其实体类型或关系类型。复合属性的成分属性将连接到表示复合属性的椭圆形框，如 EMPLOYEE 的 Name 属性所示。多值属性显示在双线椭圆形框中，如 DEPARTMENT 的 Locations 属性所示。键属性的名称下面标有下画线。派生属性显示在虚线椭圆形框中，如 DEPARTMENT 的 Number_of_employees 属性所示。

通过把弱实体类型放在双线矩形框中以及把它们的标识关系放在双线菱形框中，将它们区分开来，如 DEPENDENT 实体类型和 DEPENDENTS_OF 标识关系类型所示。弱实体

类型的部分键下面带有虚线下画线。

在图 3.2 中，通过在每个参与实体边沿附加 1、M 或 N，指定每个二元关系类型的基数比。MANAGES 中的 DEPARTMENT:EMPLOYEE 的基数比是 1:1，而在 WORKS_FOR 中 DEPARTMENT: EMPLOYEE 的基数比是 1:N，在 WORKS_ON 中则是 M:N。对于参与约束，用单线指定部分参与，用双线指定完全参与（存在依赖）。

在图 3.2 中，显示了 SUPERVISION 关系类型的角色名称，因为同一个 EMPLOYEE 实体类型在该关系中扮演两个不同的角色。注意：从管理者到被管理者的基数比是 1:N，因为被管理者角色中的每个雇员至多只有一位直接管理者，而管理者角色中的一个雇员可以监管零个或多个雇员。

图 3.14 总结了 ER 图的约定。需要注意的是，还有许多其他的替代图形表示法（参见 3.7.4 节和附录 A）。

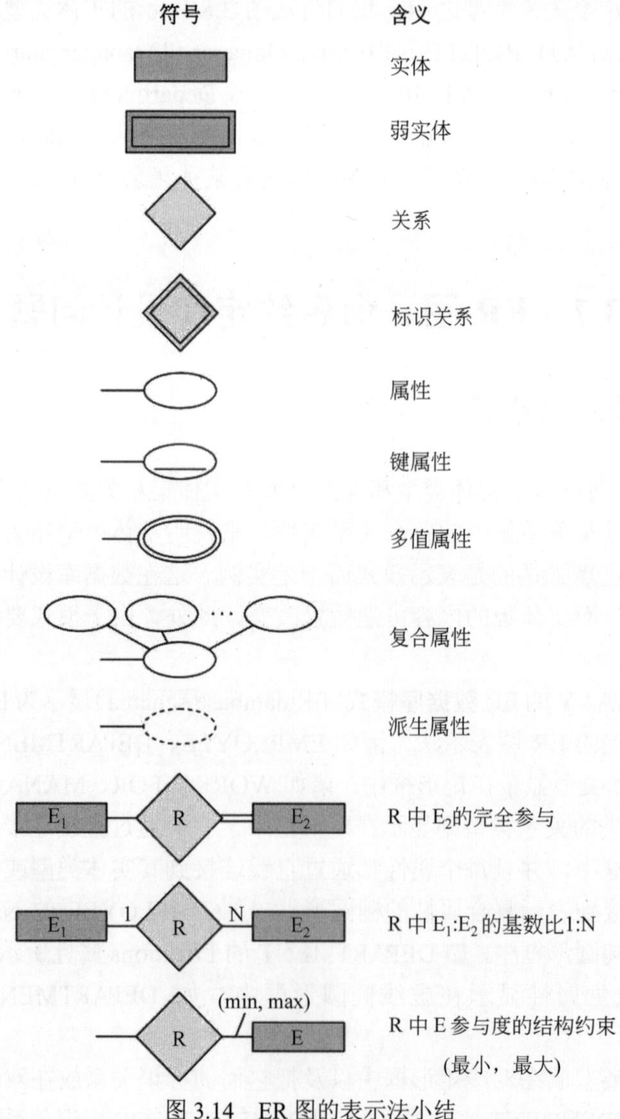

图 3.14 ER 图的表示法小结

3.7.2　模式构造的正确命名

在设计数据库模式时，实体类型、属性、关系类型以及（尤其是）角色的名称选择并非总是直观的。应该尽可能选择那些能够很好表达模式中不同构造含义的名称。对于实体类型，选择使用单数名称，而不是复数名称，因为实体类型名称适用于所有属于该实体类型的各个实体。在我们的 ER 图中，使用如下约定：实体类型名称和关系类型名称使用大写字母，属性名称的首字母大写，角色名称则使用小写字母。在图 3.2 中就使用了这种约定。

按一般的惯例，对于给定的数据库需求的叙述性描述，出现在叙述中的**名词**倾向于作为实体类型的名称，**动词**则倾向于指示关系类型的名称。属性名称一般取自于一些辅助名词，它们用于描述与实体类型对应的名词。

另一种命名考虑涉及选择二元关系名称，以使得模式的 ER 图易于从左到右、从上往下阅读。在图 3.2 中一般遵循了这个指导原则。为了进一步解释这种命名约定，在图 3.2 中出现了一个与该约定不符的例外，即 DEPENDENTS_OF 关系类型，它是从下往上阅读的。当我们描述这个关系时，可以说 DEPENDENT 实体（底部实体类型）是 DEPENDENTS_OF（关系名称）和 EMPLOYEE（顶部实体类型）。为了把它改成从上往下阅读，可以把关系类型重命名为 HAS_DEPENDENTS，然后可以像下面这样阅读它：一个 EMPLOYEE 实体（顶部实体类型）具有 DEPENDENT 类型（底部实体类型）的 HAS_DEPENDENTS（关系名称）。注意：之所以会出现这个问题，是因为可以从两个参与实体类型中的任何一个开始描述每个二元关系，如 3.4 节开头所述。

3.7.3　ER 概念设计的设计选择

对于微观世界中的某个特定概念，偶尔难以确定是应该将其建模为实体类型、属性，还是关系类型。在本节中，将给出一些简要的指导原则，指示在特定情况下应该选择何种构造。

一般而言，应该把模式设计过程视作是一个迭代式的细化过程，其中要创建初始设计，然后迭代式地进行细化，直至得到最合适的设计为止。经常使用的一些细化策略包括：

- 首先可能将概念建模为属性，然后将其细化成关系，因为可以确定属性是对另一个实体类型的参照。通常，一对这样具有逆向关系的属性将被细化成二元关系。在 3.6 节中详细讨论了这类细化。值得注意的是：在我们的表示法中，一旦属性被关系所替代，为了避免重复和冗余，就应该将属性自身从实体类型中删除。
- 类似地，如果某个属性存在于多个实体类型中，就可将其提升为一个独立的实体类型。例如，假设在初始设计中，UNIVERSITY 数据库中的多个实体类型（例如 STUDENT、INSTRUCTOR 和 COURSE）中的每个实体类型都具有一个 Department 属性；然后，设计者可能选择创建一个具有单个属性 Dept_name 的实体类型 DEPARTMENT，并且通过合适的关系将其与三个实体类型（STUDENT、INSTRUCTOR 和 COURSE）相关联。以后可能会发现 DEPARTMENT 的其他属性/关系。

- 对于上述情况，可能进行逆向细化。例如，在初始设计中，如果存在一个实体类型 DEPARTMENT，它具有单个属性 Dept_name，并且只与另一个实体类型 STUDENT 相关联。在这种情况下，可以将 DEPARTMENT 简化或降级成 STUDENT 的一个属性。
- 3.9 节将讨论有关选择关系的度的内容。在第 4 章中，将讨论关于特化（specialization）/泛化（generalization）的其他细化问题。

3.7.4 ER 图的替代表示法

有许多替代的图形表示法用于显示 ER 图。附录 A 给出了一些比较流行的表示法。在 3.8 节中，将介绍用于类图的统一建模语言（Unified Modeling Language，UML），它已经被提议作为概念对象建模的标准。

在本节中，将描述一种替代的 ER 表示法，用于指定关系上的结构约束，它将取代参与约束的基数比（1:1、1:N、M:N）以及单线/双线表示法。这种表示法涉及将一对整数（min，max）与关系类型 R 中的每个参与实体类型 E 相关联，其中 0 ≤ min ≤ max 且 max≥1。这两个数字意指：对于 E 中的每个实体 e，在任何时刻，e 必须参与 R 中的至少 min 个、至多 max 个关系实例。在这种方法中，min = 0 暗示部分参与，而 min > 0 则暗示完全参与。

图 3.15 使用（min，max）表示法[1]显示 COMPANY 数据库模式。通常，要么使用基数比或单线/双线表示法，要么使用（min，max）表示法。（min，max）表示法更精确，并且可以使用它为度更高的关系类型指定某些结构约束。不过，对于度更高的关系，它还不足以指定某些键约束，如 3.9 节中所述。

图 3.15 还显示了 COMPANY 数据库模式的所有角色名称。

3.8 其他表示法示例：UML 类图

UML 方法在软件设计中广泛使用，并且它具有许多种图形，用于各种软件设计目的。这里只将简要介绍 UML **类图**（UML class diagram）的基础知识，并将其与 ER 图做比较。在某些方面，可以将类图视作 ER 图的替代表示法。其他 UML 表示法和概念将在 8.6 节中介绍。图 3.16 显示了如何使用 UML 类图表示法显示图 3.15 中的 COMPANY 的 ER 数据库模式。对于图 3.15 中的实体类型，在图 3.16 中将其建模为类。ER 中的实体对应于 UML 中的对象。

在 UML 类图中，将**类**（class）（类似于 ER 中的实体类型）显示了一个方框，它包括 3 个部分：顶端部分给出了**类名**（class name）（类似于实体类型名称）；中间部分包括**属性**

---

1 在一些表示法中，特别是在像 UML 这样的对象建模方法中使用的那些表示法中，将把（min，max）放在本书中显示的相对位置。例如，对于图 3.15 中的 WORKS_FOR 关系，(1,1)将位于 DEPARTMENT 一边，(4,N)则将位于 EMPLOYEE 一边。在这里，使用的是 Abrial 提出的原始表示法（1974 年）。

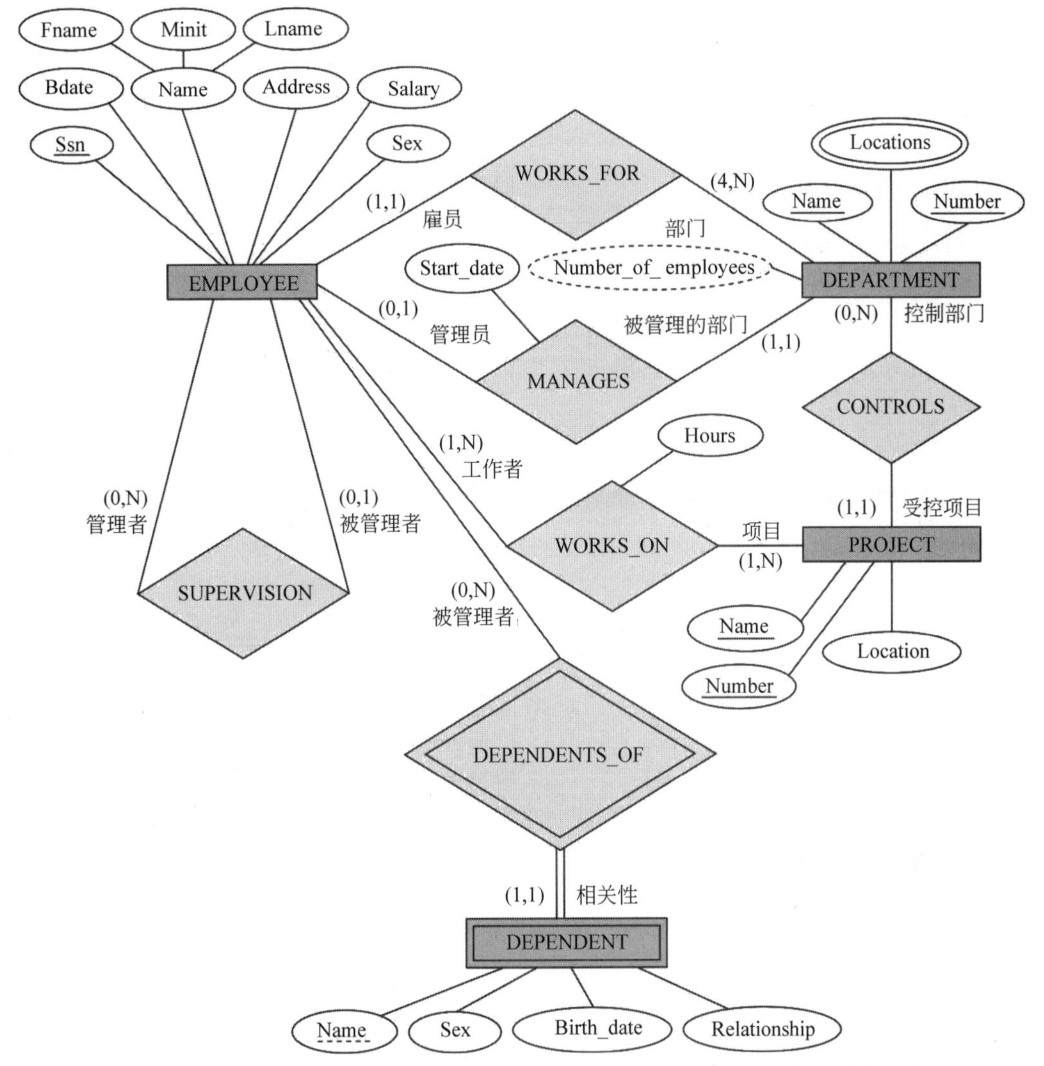

图 3.15　公司模式的 ER 图，使用（min，max）表示法和角色名称指定结构约束

（attribute）；下面的部分包括可应用于类的各个对象（类似于实体集中的各个实体）的**操作**。ER 图中没有指定操作。考虑图 3.16 中的 EMPLOYEE 类。它的属性是 Name、Ssn、Bdate、Sex、Address 和 Salary。如果需要，设计者可以选择指定属性的**域**（domain）（或数据类型），方法是：在域名或描述后面加一个冒号（:），如图 3.16 中的 EMPLOYEE 的 Name、Sex 和 Bdate 属性所示。复合属性被建模为**结构化的域**（structured domain），如 EMPLOYEE 的 Name 属性所示。多值属性一般建模为单独的类，如图 3.16 中的 LOCATION 类所示。

在 UML 术语中，关系类型称为**关联**（association），关系实例则称为**链接**（link）。**二元关联**（binary association）（二元关系类型）被表示为一条连接参与类（实体类型）的直线，并且可以选择具有一个名称。关系属性称为**链接属性**（link attribute），被置于方框中，通过一条虚线将其连接到关联的直线。3.7.4 节中描述的（min，max）表示法用于指定关系约束，在 UML 术语中称之为**重数**（multiplicity），以 min..max 形式指定，星号（*）指示参与部分无最大值限制。不过，与 3.7.4 节中讨论的（min，max）表示法相比，重数放在关系的另一端（比较图 3.15 和图 3.16）。在 UML 中，单个星号指示重数为 0 ..*，单个 1 则指示重数为 1..1。递归式关系类型（参见 3.4.2 节）在 UML 中称为**自反关联**（reflexive association），与图 3.15 中角色名称的位置相比，这里的角色名称（像重数一样）放在关联的另一端。

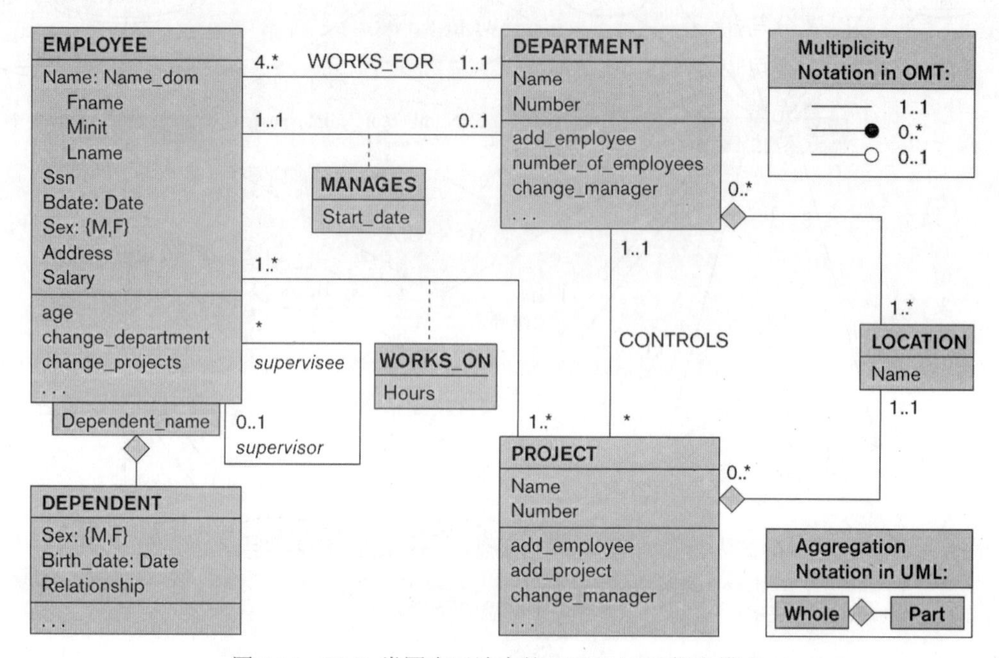

图 3.16 UML 类图表示法中的 COMPANY 概念模式

在 UML 中有两类关系：关联和聚合。**聚合**（aggregation）用于表示整个对象及其组成部分之间的关系，并且它具有一种不同的图形表示。在图 3.16 中，将部门的位置与项目的单个位置建模为聚合。不过，聚合与关联没有不同的结构属性，至于选择使用哪种关系（聚合或关联）有些取决于主观喜好。在 ER 模型中，把它们二者都表示为关系。

UML 还区分**单向**（unidirectional）和**双向**（bidirectional）关联（或聚合）。在单向关联中，连接类的直线带有一个箭头，指示只需要一个方向来访问相关的对象。如果没有显示箭头，就假定为双向关联，这是默认的情况。例如，如果我们总是期望从 DEPARTMENT 对象开始访问该部门的经理，就可以绘制一条表示 MANAGES 关联的关联直线，它带有一个从DEPARTMENT到EMPLOYEE的箭头。此外，还可能将关系实例指定为**有序**（ordered）的。例如，对于通过 WORKS_FOR 关联（关系）与每个部门相关联的雇员对象，可以指定它们应该按其 Start_date 属性值进行排序。关联（关系）名称在 UML 中是可选的，并且关系属性显示在一个方框中，通过一条虚线将其连接到表示关联/聚合的直线（参见图 3.16 中的 Start_date 和 Hours）。

如 3.1 节中所讨论的，每个类中给定的操作都来源于应用的功能需求。最初，为期望应用于类的各个对象的逻辑操作指定操作名称一般就足够了，如图 3.16 所示。随着对设计进行细化，将会添加更多的细节，例如每个操作的准确变量类型（参数），以及每个操作的功能描述。UML 具有功能描述和序列图，用于指定一些操作细节，但是这些都超出了本书讨论的范围。

在 UML 中，可以使用一种称为**限定关联**（qualified association）或**限定聚合**（qualified aggregation）的 UML 构造对弱实体建模；这种构造既可以表示标识关系，也可以表示部分键，它被放置在与属主类相连的方框中。在图 3.16 中，通过 DEPENDENT 类及其限定聚合说明了这一点。在UML术语中，部分键属性Dependent_name称为**鉴别器**(discriminator)，因为它的值可以区分与相同 EMPLOYEE 实体相关联的各个对象。限定关联并不仅限于对弱实体建模，它们还可用于对 UML 中的其他情况建模。

本节并不打算完整地描述 UML 类图，而是说明一种流行的替代图形表示法，它可用于表示 ER 建模概念。

3.9 度大于 2 的关系类型

在 3.4.2 节中，将关系类型的**度**（degree）定义为参与实体类型的数量，并把度为 2 的关系类型称为*二元关系*，而把度为 3 的关系类型称为*三元关系*。在本节中，将详细说明二元关系与度更高的关系之间的区别，何时选择度更高的关系或者二元关系，以及如何在度更高的关系上指定约束。

3.9.1 对二元和三元（或度更高）关系的选择

三元关系类型的 ER 图表示法如图 3.17(a)所示，它显示了 SUPPLY 关系类型的模式，该关系类型出现在图 3.10 中的实例级别上。回忆可知：SUPPLY 的关系集是关系实例(s, j, p)的集合，其中 s 是目前给 PROJECT j 提供 PART p 的 SUPPLIER。一般而言，度为 n 的关系类型 R 在 ER 图中具有 n 条边，其中每条边都将 R 连接到一个参与实体类型。

图 3.17（b）显示了 3 个二元关系类型 CAN_SUPPLY、USES 和 SUPPLIES 的 ER 图。一般而言，一个三元关系类型所表示的信息将与 3 个二元关系类型所表示的信息有所不同。考虑 3 个二元关系类型 CAN_SUPPLY、USES 和 SUPPLIES。假设：无论何时供应商 s 可以提供零件 p（给任何项目），那么介于 SUPPLIER 与 PART 之间的 CAN_SUPPLY 都将包括一个实例(s, p)；无论何时项目 j 使用零件 p，那么介于 PROJECT 与 PART 之间的 USES 都将包括一个实例(j, p)；无论何时供应商 s 提供某个零件给项目 j，那么介于 SUPPLIER 与 PROJECT 之间的 SUPPLIES 都将包括一个实例(s, j)。在 CAN_SUPPLY、USES 和 SUPPLIES 中分别存在 3 个关系实例(s, p)、(j, p)和(s, j)并不一定意味着实例(s, j, p)存在于三元关系 SUPPLY 中，因为它们的含义是不同的。对于一个特定的关系，是应该把它表示为度为 n 的关系类型，还是应该把它分解为多个度更小的关系类型，在做这样的决策时通常比较困难。设计者必须依据所表示的特定情形的语义或含义来做出这类决策。典型的解决方案是包括三元关系以及一个或多个二元关系（如果它们表示不同的含义并且应用需要所有这些关系）。

一些数据库设计工具基于那些只允许二元关系的 ER 模型的变体。在这种情况下，必须将诸如 SUPPLY 之类的三元关系表示为弱实体类型，它没有部分键，但是具有 3 个标识关系。3 个参与实体类型 SUPPLIER、PART 和 PROJECT 一起作为属主实体类型（参见

图 3.17(c))。因此，图 3.17(c)中的弱实体类型 SUPPLY 中的实体将通过其来自 SUPPLIER、PART 和 PROJECT 的 3 个属主实体的组合进行标识。

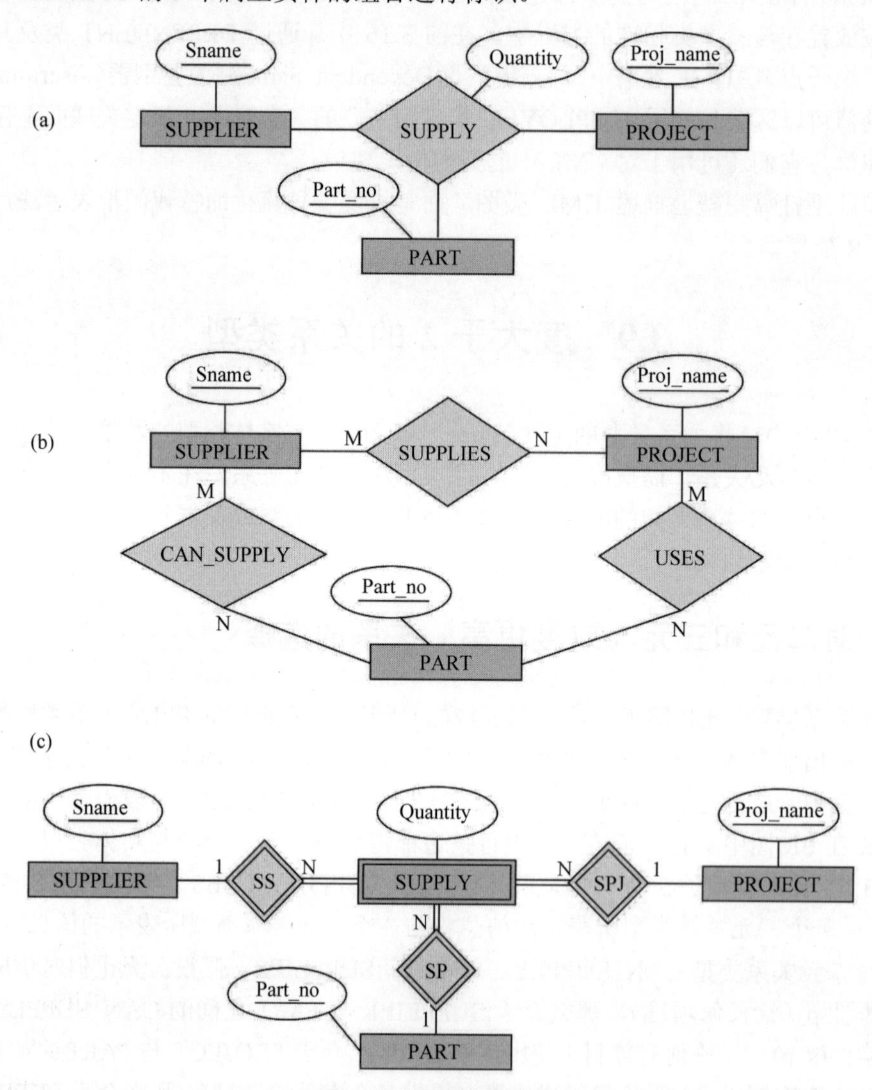

图 3.17　三元关系类型

（a）SUPPLY；（b）3 个二元关系并不等价于 SUPPLY；（c）将 SUPPLY 表示成一个弱实体类型

通过引入人工键或代理键将三元关系表示成常规实体也是可能的。在这个示例中，键属性 Supply_id 可用于 SUPPLY 实体类型，把它转换成常规实体类型。3 个二元 N:1 关系把 SUPPLY 与全部 3 个参与实体类型都关联起来。

图 3.18 中显示了另一个示例。三元关系类型 OFFERS 表示老师在特定学期讲授课程的相关信息，因此，无论何时 INSTRUCTOR i 在 SEMESTER s 期间讲授 COURSE c，OFFERS 都将包括一个关系实例(i, s, c)。图 3.18 中所示的 3 个二元关系类型具有以下含义：CAN_TEACH 将一门课程关联到能够讲授该课程的老师；TAUGHT_DURING 将某个学期关联到在该学期讲授某门课程的老师；OFFERED_DURING 将某个学期关联到在该学期由任何老师讲授的课程。这些三元关系和二元关系表示不同的信息，但是在这些关系当中应

该保留某些约束。例如，关系实例(i, s, c)不应该存在于 OFFERS 中，除非实例(i, s)存在于 TAUGHT_DURING 中，实例(s, c)存在于 OFFERED_DURING 中，并且实例(i, c)存在于 CAN_TEACH 中。不过，反之则不然；在 3 个二元关系类型中可能具有实例(i, s)、(s, c)和(i, c)，但是在 OFFERS 中并没有对应的实例(i, s, c)。注意：在这个示例中，依据关系的含义，可以从 OFFERS 中的实例推断出 TAUGHT_DURING 和 OFFERED_DURING 的实例，但是不能推断出 CAN_TEACH 的实例；因此，TAUGHT_DURING 和 OFFERED_DURING 是冗余的，可以省略。

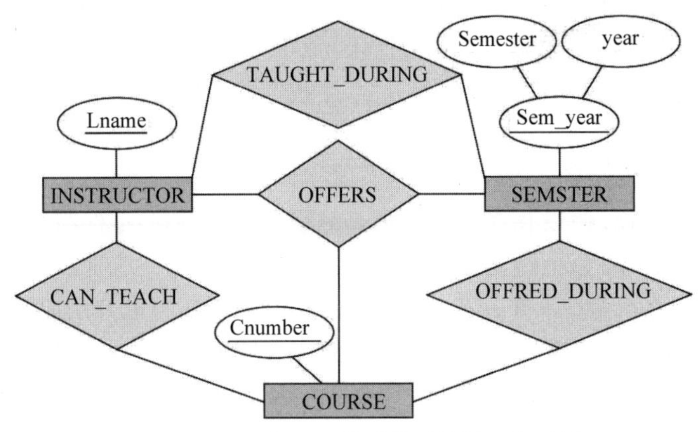

图 3.18　三元与二元关系类型的另一个示例

尽管一般来讲 3 个二元关系不能取代一个三元关系，但是在某些额外的约束下可能这样做。在我们的示例中，如果 CAN_TEACH 关系是 1:1（即一位老师只能讲授一门课程，并且一门课程也只能由一位老师讲授），那么三元关系 OFFERS 就可以省略，因为可以从二元关系 CAN_TEACH、TAUGHT_DURING 和 OFFERED_DURING 推断出它。模式设计者必须分析每一种特定情形的含义，以决定需要哪些二元和三元关系类型。

注意：可能会出现具有三元（或 n 元）标识关系类型的弱实体类型。在这种情况下，弱实体类型可以具有多个属主实体类型。图 3.19 中显示了一个示例。这个示例显示了一个数据库的一部分，该数据库用于记录在多家公司进行工作面试的求职者，它可能是求职中介数据库的一部分。在需求中，一个求职者可能在同一家公司有多次面试（例如，在公司中不同的部门或者在不同的日期面试），但是工作录用则基于其中的一次面试。在这里，将

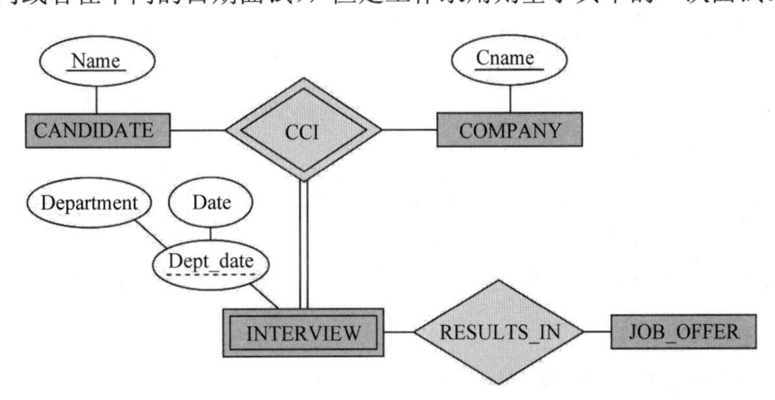

图 3.19　具有三元标识关系类型的弱实体类型 INTERVIEW

INTERVIEW 表示为弱实体，它具有两个属主实体 CANDIDATE 和 COMPANY，并且具有部分键 Dept_date。通过求职者、公司以及面试日期和部门的组合唯一地标识一个 INTERVIEW 实体。

3.9.2　三元（或度更高）关系上的约束

有两种表示法可用于指定 n 元关系上的结构约束，并且它们可以指定不同的约束。如果需要在三元或度更高的关系上指定结构约束，那么这两种表示法都应该使用。第一种表示法基于图 3.2 中所示的二元关系的基数比表示法。在这里，在每条参与连线上指定 1、M 或 N（M 和 N 符号代表多个或任意数量）[1]。让我们使用图 3.17 中的 SUPPLY 关系说明这种约束。

回忆可知：SUPPLY 的关系集是一组关系实例(s, j, p)，其中 s 是 SUPPLIER，j 是 PROJECT，p 是 PART。假设存在如下约束：对于特定的项目-零件组合，将只使用一个供应商（只有一个供应商可以给特定的项目提供特定的零件）。在这种情况下，在图 3.17 中，在 SUPPLIER 参与上放置 1，并且在 PROJECT 和 PART 参与上分别放置 M 和 N。这样就指定了以下约束：特定的(j, p)组合在关系集中至多可以出现一次，因为每个这样的(PROJECT, PART)组合将唯一地确定单个供应商。因此，任何关系实例(s, j, p)将在关系集中通过其(j, p)组合唯一地标识，使得(j, p)成为该关系集的键。在这种表示法中，在其上指定 1 的参与实体不需要成为该关系集的标识键的一部分[2]。如果全部 3 个基数均是 M 或 N，那么键将是全部 3 个参与实体的组合。

第二种表示法基于图 3.15 中所示的用于二元关系的(min, max)表示法。这里参与实体上的(min, max)指定每个实体与关系集中的至少 min 个、至多 max 个关系实例相关联。这些约束对于确定 n 元关系（其中 $n > 2$）的键没有影响[3]，但是会指定一种不同类型的约束，它将限制每个实体可以参与多少个关系实例。

3.10　另一个示例：UNIVERSITY 数据库

现在将介绍另一个示例，即 UNIVERSITY 数据库，用于说明一些 ER 建模概念。假设需要一个数据库，用于记录班级里的学生注册信息和学生的最终成绩。在分析了微观世界的规则和用户的需要之后，可以将这个数据库的需求确定如下（为简洁起见，在描述需求时，将在圆括号中显示所选的用于概念模式的实体类型名称和属性名称；关系类型名称只会出现在 ER 模式图中）。

- 大学被组织成一些学院（COLLEGE），每个学校都具有唯一的名称（CName）、主办公室（COffice）和电话（CPhone），以及一位担任学院院长的特定教员。每个学院都会管理许多院系（DEPT）。每个系都具有唯一的名称（DName）、唯一的代号

1　这种表示法允许确定关联关系的键，将在第 9 章中讨论。

2　对于二元关系的基数比也是如此。

3　(min, max)约束可以确定二元关系的键。

（DCode）、主办公室（DOffice）和电话（DPhone），以及一位担任系主任的特定教员。我们将记录这位教员开始掌管该系的开始日期（CStartDate）。

- 一个系可以开设许多门课程（COURSE），其中每门课程都具有唯一的课程名称（CoName）、唯一的代号（CCode）、课程层次（Level：对于大学新生层次可将其编码为 1，对于大学二年级学生则编码为 2，对于大学三年级学生则编码为 3，对于大学四年级学生则编码为 4，对于硕士层次则编码为 5，则于博士层次则编码为 6）、课程学分学时数（Credits）以及课程描述（CDesc）。数据库还会记录老师（INSTRUCTOR）；每位老师都具有唯一的标识符（Id）、姓名（IName）、办公室（IOffice）、电话（IPhone）和等级（Rank）；此外，每位老师为一个主要的院系工作。
- 数据库将保存学生数据（STUDENT），并且存储每名学生的姓名（SName，由名字（FName）、中名（MName）和姓氏（LName）组成）、学生 id（Sid，对于每名学生而言是唯一的）、地址（Addr）、电话（Phone）、专业代码（Major）和出生日期（DoB）。学生将被分配到一个主要的院系。需要记录学生完成的每个课程单元的分数。
- 课程是作为单元（SECTION）提供的。每个课程单元都与单独一门课程和单独一位老师相关联，并且具有唯一的单元标识符（SecId）。课程单元还具有单元编号（SecNo：它被编码为 1、2、3、…，用于在同一个学期/学年提供的多个课程单元）、学期（Sem）、学年（Year）、教室（CRoom：它被编码为大楼内的大楼代码（Bldg）和房间号（RoomNo）的组合），以及日期/时间（DaysTime：例如，“MWF 9am-9.50am”或“TR 3.30pm-5.20pm”——只限于所允许的日期/时间值）（注意：除了当前提供的课程单元之外，数据库还将记录为过去几年提供的所有课程单元。SecId 对于所有的课程单元都是唯一的，而不仅限于特定学期的课程单元）。数据库将记录学习每个课程的学生，还将在可用时记录他们的分数（这是学生与课程单元之间的多对多关系）。一个课程单元必须具有至少 5 名学生。

这些需求的 ER 图如图 3.20 所示，其中使用了 min-max ER 图形表示法。注意：对于 SECTION 实体类型，只把 SecId 显示为加下画线的键，但是由于微观世界的约束，几种其他的值组合对于每个课程单元实体必须是唯一的。例如，基于典型的微观世界的约束，以下每种组合必须是唯一的：

（1）((与 SECTION 相关的 COURSE 的）SecNo、Sem、Year、CCode)：它指定特定课程的单元编号在每个特定的学期和学年必须是不同的。

（2）(Sem、Year、CRoom、DaysTime)：它指定在特定的学期和学年，一间教室不能被两个不同的课程单元在相同的日期/时间使用。

（3）((讲授 SECTION 的 INSTRUCTOR 的）Sem、Year、DaysTime、Id)：它指定在特定的学期和学年，一位老师不能在相同的日期/时间讲授两个课程单元。注意：如果在特定的大学允许一位老师一起讲授两个组合式课程单元，那么这个规则将不适用。

你能想到任何其他的必须唯一的属性组合吗？

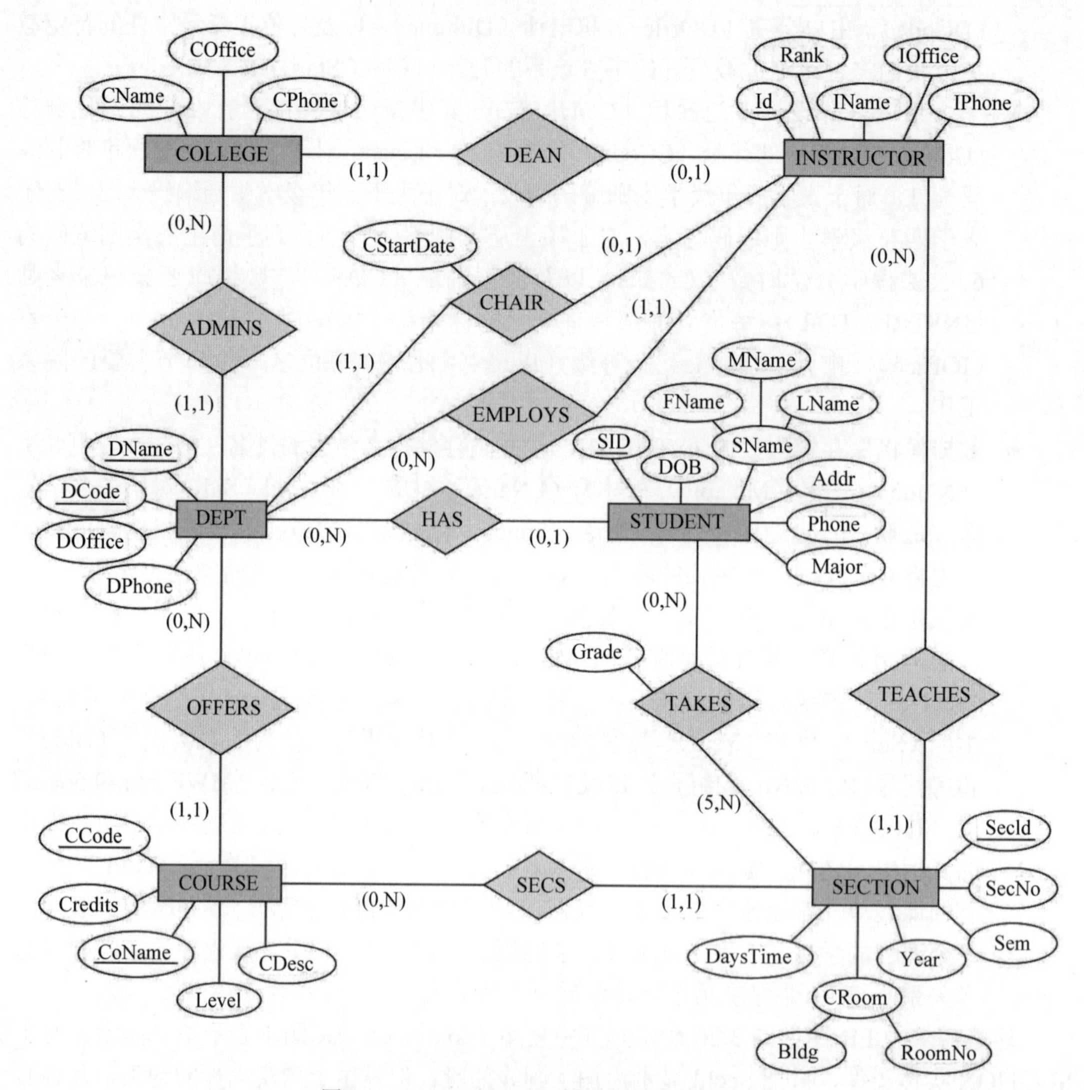

图 3.20 UNIVERSITY 数据库模式的 ER 图

3.11 小 结

本章介绍了高级概念数据模型即实体-关系（ER）模型的建模概念。我们首先讨论了高级数据模型在数据库设计过程中所起的作用，然后介绍了 COMPANY 数据库的一组简单的数据库需求，该数据库是在全书中使用的示例之一。我们定义了基本 ER 模型的实体及其属性的概念，它们可以任意地嵌套，以创建复杂的属性：

- 简单或原子属性
- 复合属性
- 多值属性

我们还简要讨论了存储属性与派生属性，然后在模式或“内涵”层次上讨论了 ER 模型概念：

- 实体类型及其对应的实体集
- 实体类型的键属性
- 属性的值集（域）
- 关系类型及其对应的关系集
- 关系类型中的实体类型的参与角色

我们介绍了两种用于在关系类型上指定结构约束的方法。第一种方法把结构约束分为两种类型：

- 基数比（用于二元关系的 1:1、1:N、M:N）
- 参与约束（完全约束、部分约束）

注意：还可以使用另一种方法指定结构约束，即指定关系类型中每个实体类型的最少和最大参与数量（min，max）。我们讨论了弱实体类型，以及属主实体类型、标识关系类型和部分键属性的相关概念。

可以用图形方式将实体-关系模式表示为 ER 图。我们说明了如何设计 COMPANY 数据库的 ER 模式，即首先定义实体类型及其属性，然后细化设计，包括进关系类型。我们展示了 COMPANY 数据库模式的 ER 图，然后讨论了 UML 类图的一些基本概念，以及它们怎样与 ER 建模概念相关联。我们还更详细地描述了三元以及度更高的关系类型，并且讨论了要将它们与二元关系区分开的一些环境。最后，将 UNIVERSITY 数据库作为另一个示例，介绍了该数据库的需求，并且说明了 ER 模式设计。

迄今为止介绍的 ER 建模概念（实体类型、关系类型、属性、键和结构约束）可以对许多数据库应用建模。不过，对于更复杂的应用，例如工程设计、医疗信息系统和远程通信，如果想要更精确地对它们建模，还需要一些额外的概念。在第 8 章中将讨论一些高级建模概念，在第 26 章中将进一步再次讨论一些高级数据建模技术。

复　习　题

3.1　讨论高级数据模型在数据库设计过程中的作用。

3.2　列出需要使用NULL值的各种情况。

3.3　定义以下术语：实体、属性、属性值、关系实例、复合属性、多值属性、派生属性、复杂属性、键属性和值集（域）。

3.4　什么是实体类型？什么是实体集？解释实体、实体类型与实体集之间的区别。

3.5　解释属性与值集之间的区别。

3.6　什么是关系类型？解释关系实例、关系类型与关系集之间的区别。

3.7　什么是参与角色？何时有必要在关系类型的描述中使用角色名称？

3.8　描述用于指定关系类型上的结构约束的两种方法。每种方法各有什么优缺点？

3.9　在什么情况下可以迁移二元关系类型的属性，使之成为参与实体类型之一的属性？

3.10　在把关系视作属性时，这些属性的值集是什么？哪种数据模型是基于这个概念的？

3.11　递归关系类型意指什么？给出递归关系类型的一些示例。

3.12　何时在数据建模中使用弱实体的概念？定义以下术语：属主实体类型、弱实体类型、标识关系类型和部分键。

3.13 弱实体类型的标识关系的度能否大于2？给出几个示例，说明你的答案。

3.14 讨论将ER模式显示为ER图的约定。

3.15 讨论ER模式图使用的命名约定。

练 习 题

3.16 对于图3.20中所示的UNIVERSITY数据库中的每个SECTION实体，哪些属性组合必须是唯一的，以执行下列每种微观世界的约束：

a. 在特定的学期和学年，在特定的DaysTime值只有一个课程单元可以使用特定的教室。

b. 在特定的学期和学年，在特定的DaysTime值一位老师只能讲授一个课程单元。

c. 在特定的学期和学年，为相同课程开设的各个单元的单元编号必须全都不同。

你能想到其他任何类似的约束吗？

3.17 复合属性和多值属性可以任意层次地嵌套。假设我们想为STUDENT实体类型设计一个属性，用于记录学生以前的学院教育情况。这样一个属性将具有一个条目，用于以前上过的每所学院，每个这样的条目都将由学院名称、开始和结束日期、学位条目（在该学院授予的学位，如果有的话）和成绩单（在该学院完成的课程，如果有的话）组成。每个学位条目包含学位名称以及授予学位的月份和年份，每个成绩单条目包含课程名称、学期、学年和成绩。设计一个属性，用于保存这些信息。使用图3.5中的约定。

3.18 对于练习题3.17中描述的属性，给出一种替代设计，只使用实体类型（包括弱实体类型，如果需要的话）和关系类型。

3.19 考虑图3.21中所示的ER图，它显示了航班预订系统的简化模式。从ER图中提取出可以产生该模式的需求和约束。尝试尽可能精确地描述需求和约束。

3.20 在第1章和第2章中，讨论了数据库环境和数据库用户。我们可以考虑许多实体类型来描述这样一个环境，例如DBMS、存储数据库、DBA和目录/数据字典。尝试指定可以完整描述数据库系统及其环境的所有实体类型；然后指定它们之间的关系，并且绘制一幅ER图，描述这样一个通用的数据库环境。

3.21 设计一种ER模式，用于记录关于当前两年国会任期内美国众议院的投票信息。该数据库需要记录美国每个州（STATE）的州名（Name）（例如，“Texas”“New York”“California”），并且包括州所在的区域（它的域是{'Northeast ', 'Midwest ', 'Southeast ', 'Southwest ', 'West '}）。众议院里的每个CONGRESS_PERSON（国会议员）通过其Name（姓名）、代表的District（选区）、初次当选的Start_date（开始日期）以及所属的政党Party（其域是{'Republican', 'Democrat ', 'Independent ', 'Other'}）来描述。该数据库将记录每个BILL（议案，即提出的法案），包括Bill_name、议案上的Date_of_vote（表决日期）、议案表决结果Passed_or_failed（其域是{'Yes', ' No '}），以及Sponsor（提出该议案的国会议员）。该数据库还将记录每个国会议员对每项议案的投票情况（Vote属性的域是{'Yes', ' No', 'Abstain', 'Absent '}）。绘制该应用的ER模式图，清楚陈述你做出的任何假设。

图 3.21　AIRLINE 数据库模式的 ER 图

3.22　构造一个数据库，用于记录一个体育协会的所有运动队及各场次的比赛情况。一支运动队具有许多队员，但是并非所有的队员都会参与到每场比赛中去。该数据库还要记录每支运动队的每场比赛的参赛队员、他们在该场比赛中的位置以及比赛结果。为这个应用设计ER模式图，陈述你做出的任何假设。选择你最喜爱的体育运动（例如，足球、棒球、橄榄球）。

3.23　考虑图3.22中所示的ER图，它展示了BANK数据库的一部分。每家银行可以具有多家支行，每家支行又可以具有多个账户和多笔借贷。

a. 列出 ER 图中的强（非弱）实体类型。

b. 该 ER 图中具有弱实体类型吗？如果有，给出它的名称、部分键和标识关系。

c. 该图中弱实体类型的部分键和标识关系指定了什么约束？

d. 列出所有关系类型的名称，并且指定关系类型中的每个参与的实体类型上的

(min, max)约束。对你的选择进行解释说明。

e. 简要列出导致该 ER 模式设计的用户需求。

f. 假设每位顾客必须具有至少一个账户，但是受限于一次至多有两笔贷款，并且每家支行的贷款不能超过 1000 笔。如何用(min, max)约束表示以上假设。

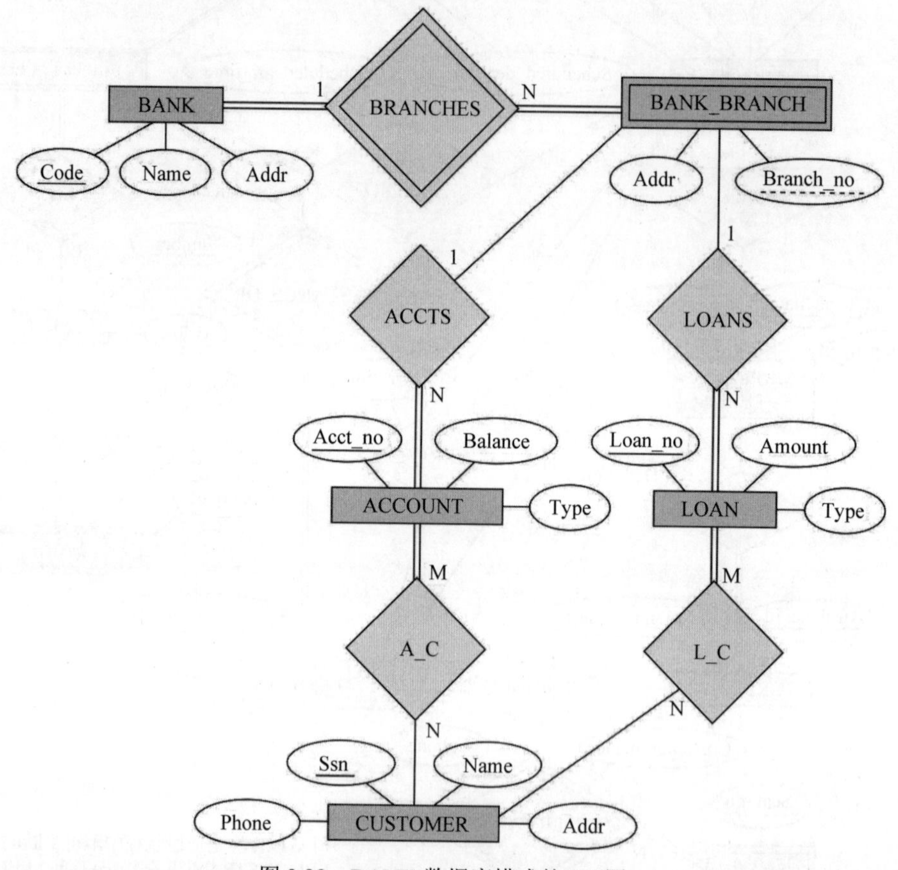

图 3.22 BANK 数据库模式的 ER 图

3.24 考虑图3.23中的ER图。假定一位雇员可能在最多两个部门工作，或者也可能未分配到任何部门。假定每个部门必须具有一个电话号码，并且可能具有最多3个电话号码。在该ER图中提供(min, max)约束。清楚陈述你所做出的任何额外的假设。在什么情况下，这个示例中的关系HAS_PHONE将是冗余的？

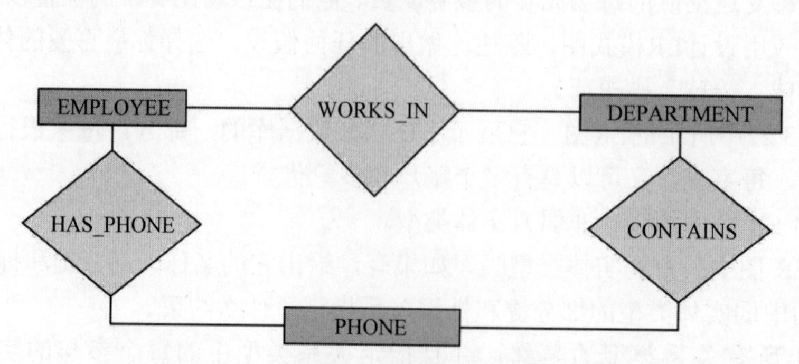

图 3.23 COMPANY 数据库的 ER 图的一部分

3.25　考虑图3.24中的ER图。假定一门课程可能会或者不会使用教材，但是根据定义一种教材是在某门课程中使用的图书。一门课程使用的图书不能超过5本。一位老师可以讲授2~4门课程。在该图上提供(min, max)约束。清楚陈述你所做出的任何额外的假设。如果我们添加关系ADOPTS，指示老师为一门课程使用的教材，那么它应该是INSTRUCTOR与TEXT之间的一个二元关系，还是全部3个实体类型之间的一个三元关系？在关系上应该添加什么样的(min, max)约束？为什么？

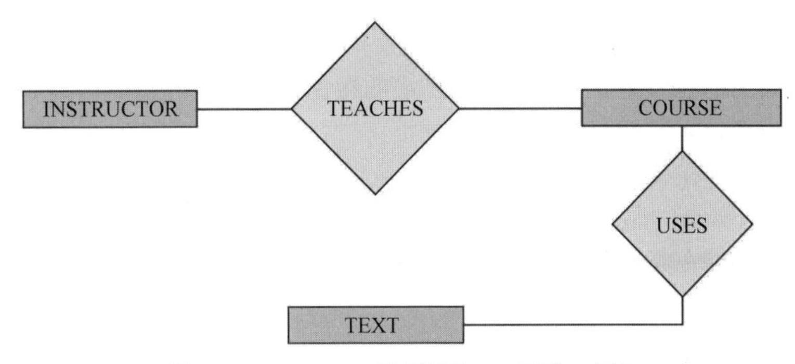

图 3.24　COURSES 数据库的 ER 图的一部分

3.26　考虑UNIVERSITY数据库中的实体类型SECTION，它用于描述开设的课程单元。SECTION的属性是：Section_number、Semester、Year、Course_number、Instructor、Room_no（讲授课程单元的地点）、Building（讲授课程单元的地点）、Weekdays（其域是可以授课的工作日的可能组合{'MWF', 'MW', 'TT '等}）以及Hours（其域是授课的所有可能的时间段{'9–9:50 a.m.', '10–10:50 a.m.',⋯, '3:30–4:50 p.m. ', '5:30–6:20 p.m.'等}）。假定每门课程的Section_number在特定的学期/学年组合内是唯一的（也就是说，如果在一个特定的学期一门课程被开设多次，那么就将其单元编号为1、2、3等）。课程单元具有多个复合键，并且一些属性是多个键的成分。标识3个复合键，说明在ER模式图中怎样表示它们。

3.27　基数比通常指示了数据库的详细设计。基数比依赖于所涉及的实体类型的现实含义，并由特定的应用定义。对于下表所示二元关系，基于实体类型的通常含义给出基数比的建议。清楚陈述你所做出的任何假设。

实体 1	基数比	实体 2
1. STUDENT	________	SOCIAL_SECURITY_CARD
2. STUDENT	________	TEACHER
3. CLASSROOM	________	WALL
4. COUNTRY	________	CURRENT_PRESIDENT
5. COURSE	________	TEXTBOOK
6. ITEM（可在订单中找到）	________	ORDER
7. STUDENT	________	CLASS
8. CLASS	________	INSTRUCTOR
9. INSTRUCTOR	________	OFFICE
10. EBAY_AUCTION_ITEM	________	EBAY_BID

3.28 考虑图3.25中的MOVIES数据库的ER模式。

假定 MOVIES 是一个已填充数据的数据库。ACTOR 是一个通称，并且包括女演员。给定 ER 模式中所示的约束，利用 True、False 或 Maybe 响应以下陈述。对一条陈述的响应如果是 Maybe，则表示尽管没有明确指出为 True，也不能基于所示的模式证明是 False。请证实每个回答是合理的。

a. 该数据库中没有还未出演过的演员。

b. 一些演员出演过 10 部以上的电影。

c. 一些演员在多部电影中扮演领衔主演的角色。

d. 一部电影最多只能有两位领衔主演。

e. 每位导演都在某部电影中担任演员。

f. 没有当过演员的制片人。

g. 制片人不能在其他某部电影中担任演员。

h. 一些电影具有 12 位以上的演员。

i. 一些制片人同时也是导演。

j. 大多数电影都具有一位导演和一位制片人。

k. 一些电影具有一位导演，但是有多位制片人。

l. 一些演员担任过领衔主演，导演过某部电影，并且制作过某部电影。

m. 没有哪部电影的导演在其中担任演员。

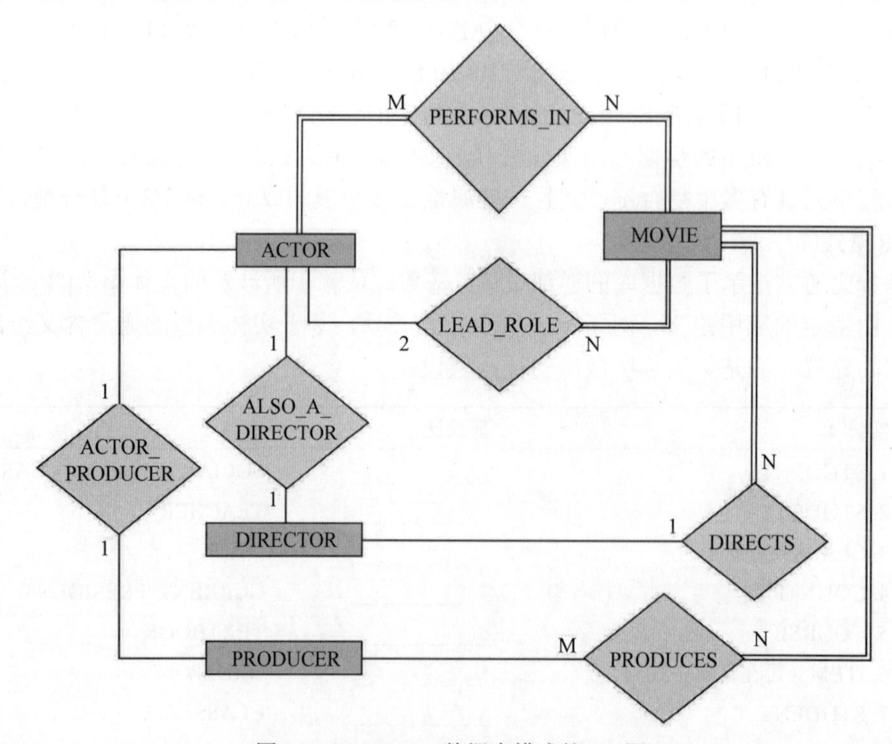

图 3.25 MOVIES 数据库模式的 ER 图

3.29 给定图3.25中的MOVIES数据库的ER模式，使用最近发行的3部电影绘制一幅实例图。

绘制以下每个实体类型的实例：涉及的MOVIES、ACTORS、PRODUCERS、DIRECTORS；根据现实中存在的情况，创建关系的实例。

3.30 绘制练习题3.16的UML图。你的UML设计应该服从以下需求：

a. 学生应该能够计算他/她的 GPA，并且可以增、减主修和辅修科目。

b. 每个系都应该能够增加或删除课程，以及聘用或解聘教员。

c. 每位老师都应该能够对学生所学的课程进行打分或改分。

注意：其中一些功能可能延伸至多个班级。

实　验　题

3.31 考虑练习题3.16中描述的UNIVERSITY数据库。使用诸如ERwin或Rational Rose之类的数据建模工具，为这个数据库构建ER模式。

3.32 考虑MAIL_ORDER数据库，其中雇员接受来自顾客的零件订单。数据需求总结如下：

- 邮购公司具有一些雇员，每位雇员都通过唯一的雇员编号、名字和姓氏以及邮政编码进行标识。
- 公司的每位顾客都通过唯一的顾客编号、名字和姓氏以及邮政编码进行标识。
- 公司销售的每个零件都通过唯一的零件编号、零件名称、价格和库存数量进行标识。
- 顾客提交的每个订单都将被一位雇员受理，并为其提供唯一的订单编号。每个订单都包含一个或多个零件的指定数量，并且都具有接收日期以及期望的发货日期。还会记录实际的发货日期。

使用诸如 ERwin 或 Rational Rose 之类的数据建模工具，为邮购数据库设计实体-关系图，并且构建设计。

3.33 考虑MOVIE数据库，其中将记录关于电影业的数据。数据需求总结如下：

- 每部电影都通过电影名称和发行年份来标识。每部电影都具有一个以分钟计的长度。每部电影都具有制片公司，并且被划分到一个或多个类别（例如恐怖片、动作片、戏剧片等）之下。每部电影都具有一位或多位导演，并且有一位或多位演员出现在它里面。每部电影还具有一个情节概要。最后，每部电影具有零个或多个旁白，其中每个旁白都是由电影里出现的一位特定的演员说出的。
- 演员通过姓名和出生日期来标识，并且出现在一部或多部电影中。每个演员在电影里都具有一个角色。
- 导演也通过姓名和出生日期来标识，并且执导一部或多部电影。导演也可能在电影里出镜（包括他或她自己导演的电影）。
- 制片公司通过名称来标识，每个公司都有一个地址。制片公司制作一部或多部电影。

使用诸如 ERwin 或 Rational Rose 之类的数据建模工具，设计电影数据库的实体-关系图，并且开始着手进行设计。

3.34 考虑一个CONFERENCE_REVIEW数据库，其中研究人员提交他们的研究论文以供考虑。审阅人的评审意见将被记录下来，以便在选择论文的过程中使用。该数据库系统主要迎合评审人的需要，他们将记录所评审的每篇论文的评估问题的答案，并对是接受还是拒绝论文给出建议。数据需求总结如下：

- 论文的作者将通过电子邮件 id 唯一地标识。同时还会记录作者的名字和姓氏。
- 系统将给每篇论文分配唯一的标识符，并且通过标题、摘要以及包含论文的电子文件名来描述它们。
- 一篇论文可能具有多位作者，但是其中一位作者将被指定为联系作者。
- 论文的评审人将通过电子邮件地址唯一地标识。同时还会记录每位评审人的名字、姓氏、电话号码、附属关系以及感兴趣的主题。
- 给每篇论文分配 2~4 位评审人。评审人按照送审论文的技术特点、可读性、原创性以及与会议的相关性这 4 个原则，对分配给他或她的论文在 1~10 这 10 个等级范围内进行评级。最后，每位评审人将对每篇论文提供一个总体评价。
- 每个评审报告将包含两份书面意见：一份只会被评审委员会看到，另一份将反馈给作者。

使用诸如 ERwin 或 Rational Rose 之类的数据建模工具，设计 CONFERENCE_REVIEW 数据库的实体-关系图，并且构建设计。

3.35 考虑图3.21中所示的AIRLINE数据库的ER图。使用诸如ERwin或Rational Rose之类的数据建模工具构建这个设计。

选读文献

实体-关系模型是由 Chen 提出的（1976），Schmidt 和 Swenson（1975）、Wiederhold 和 Elmasri（1979）以及 Senko（1975）做了相关的工作。从那时起，提出了众多对 ER 模型的修改建议。本书纳入了其中一些建议。Abrial（1974）、Elmasri 和 Wiederhold（1980）以及 Lenzerini 和 Santucci（1983）讨论了关系上的结构约束。Elmasri 等人（1985）在 ER 模型中纳入了多值属性和复合属性。尽管我们没有讨论用于 ER 模型及其扩展的语言，但是人们多次为此类语言提出建议。Elmasri 和 Wiederhold（1981）提议了用于 ER 模型的 GORDAS 查询语言。另一种ER查询语言是由Markowitz和Raz(1983)提议的。Senko(1980) 提出一种用于 Senko 的 DIAM 模型的查询语言。Parent 和 Spaccapietra（1985）提出了一组称为 ER 代数的形式操作。Gogolla 和 Hohenstein（1991）提出了另一种用于 ER 模型的形式语言。Campbell 等人（1985）提出了一组 ER 操作，并且说明它们在关系上是完整的。从 1979 年起，就定期召开会议，用于宣传与 ER 模型相关的研究结果。这个会议现在的名称是 International Conference on Conceptual Modeling（关于概念建模的国际会议），分别在以下地区召开过：美国洛杉矶（ER 1979、ER 1983、ER 1997）、美国华盛顿特区（ER 1981）、美国芝加哥（ER 1985）、法国第戎（ER 1986）、美国纽约城（ER 1987）、意大利罗马（ER 1988）、加拿大多伦多（ER 1989）、瑞士洛桑（ER 1990）、美国加利福尼亚州圣马托奥（ER 1991）、德国卡尔斯鲁厄（ER 1992）、美国得克萨斯州阿灵顿（ER 1993）、英国曼彻斯特（ER 1994）、澳大利亚布里斯班（ER 1995）、德国科特布斯（ER 1996）、新加坡（ER 1998）、法国巴黎（ER 1999）、美国犹他州盐湖城（ER 2000）、日本横滨（ER 2001）、芬兰坦佩雷（ER 2002）、美国伊利诺伊州芝加哥（ER 2003）、中国上海（ER 2004）、奥地利克拉根福鼎市（ER 2005）、美国亚利桑那州图森（ER 2006）、新西兰奥克兰（ER 2007）、西班牙加泰罗尼亚自治区巴塞罗那（ER 2008）、巴西格拉马达（ER 2009）。2010 年的会议是在加拿大不列颠哥伦比亚省温哥华举办的（ER 2010），2011 年、2012 年、2013 年和 2014 年的会议分别是在比利时布鲁塞尔（ER 2011）、意大利佛罗伦萨（ER 2012）、中国香港（ER 2013）和美国佐治亚州亚特兰大（ER 2014）举办的。2015 年的会议是在瑞典斯德哥尔摩举办的。

第 4 章　增强的实体-关系（EER）模型

对于传统的数据库应用，包括商业和工业中的许多数据处理应用，第 3 章中讨论的 ER 建模概念足以表示许多数据库模式。不过，自 20 世纪 70 年代后期以来，数据库应用的设计者一直在尝试设计更准确的数据库模式，以便更精确地反映数据属性和约束。对于更新型的数据库技术应用，例如面向工程设计和制造（CAD/CAM）[1]、远程通信、复杂软件系统和地理信息系统（GIS）等应用的数据库，这一点尤其重要。这些类型的数据库具有比更传统的应用更复杂的需求。这导致了额外的*语义数据建模*（semantic data modeling）概念的开发，这些概念被纳入了诸如 ER 模型之类的概念数据模型中。在许多文献中提议了多种语义数据模型。其中许多概念也在计算机科学的相关领域中进行了独立开发，例如人工智能的**知识表示**（knowledge representation）领域和软件工程中的**对象建模**（object modeling）领域。

在本章中，将描述为语义数据模型提议的一些特性，并且说明如何增强 ER 模型以包括这些概念，这将导致增强的 ER（enhanced ER，EER）模型[2]。首先，在 4.1 节中将把*类/子类关系*（class/subclass relationship）和*类型继承*（type inheritance）的概念纳入 ER 模型中。然后，在 4.2 节中，添加了*特化*（specialization）和*泛化*（generalization）的概念。4.3 节讨论了针对特化和泛化的各类约束。4.4 节说明了如何通过在 EER 模型中包括*类别*（category）的概念，对 UNION 构造建模。4.5 节给出了采用 EER 模型的示例 UNIVERSITY 数据库模式，并通过给出形式定义总结了 EER 模型概念。在本章中将互换使用术语*对象*（object）和*实体*（entity），因为其中许多概念经常在面向对象模型中使用。

在 4.6 节中将展示用于表示特化和泛化的 UML 类图表示法，并将其与 EER 表示法和概念做简单比较。这可以充当一种替代表示法的示例，这些内容是 3.8 节的延续，在 3.8 节中介绍了与基本 ER 模型对应的基本 UML 类图表示法。在 4.7 节中讨论了一些基本的抽象，它们将用作许多语义数据模型的基础。4.8 节是本章内容的小结。

第 4 章详细介绍了概念建模，应该把它视作第 3 章的延续。不过，如果只需要对 ER 建模的基本介绍，就可以略过本章内容不读。此外，读者也可以选择跳过本章后面的一些或全部小节（4.4 节~4.8 节）。

4.1　子类、超类和继承

EER 模型包括第 3 章中介绍的 ER 模型的所有建模概念。此外，它还包括**子类**（subclass）和**超类**（superclass）的概念以及**特化**（specialization）和**泛化**（generalization）的相关概念

1　CAD/CAM 代表计算机辅助设计/计算机辅助制造。

2　EER 也可用于代表*扩展的*（extended）ER 模型。

（参见 4.2 节和 4.3 节）。EER 模型中包括的另一个概念是**类别**（category）或**并类型**（union type）（参见 4.4 节），它用于表示对象（实体）的集合，即不同实体类型的对象的并集。与这些概念关联的是**属性和关系继承**（attribute and relationship inheritance）的重要机制。不幸的是，没有用于这些概念的标准术语，因此我们将使用最常见的术语。脚注中给出了它们的替代术语。我们还将说明在 EER 模式中，利用一种图形技术显示这些概念。我们将把得到的模式图称为**增强的** ER **图**（enhanced ER diagram）或 EER **图**（EER diagram）。

首先要讨论的第一个增强的 ER（EER）模型概念是实体类型的**子类型**（subtype）或**子类**（subclass）。如第 3 章中所讨论的，实体类型的名称用于表示实体的类型，也可以表示数据库中存在的该类型的实体集（entity set）或实体集合（collection of entities）。例如，实体类型 EMPLOYEE 描述每个雇员实体的类型（即属性和关系），同时还指示 COMPANY 数据库中当前的 EMPLOYEE 实体集。在许多情况下，一个实体类型的实体可以具有许多有意义的分组或子类型，由于它们对于数据库应用具有重要意义，因此需要将其明确表示出来。例如，可将 EMPLOYEE 实体类型的成员实体进一步分成 SECRETARY、ENGINEER、MANAGER、TECHNICIAN、SALARIED_EMPLOYEE、HOURLY_EMPLOYEE 等。所有这些分组中的实体集或实体集合都是属于 EMPLOYEE 实体集的一个实体子集，这意味着作为这些分组中的一员的每个实体也是一个雇员。我们把其中每个分组称为 EMPLOYEE 实体类型的一个**子类**（subclass）或**子类型**（subtype），并且把 EMPLOYEE 实体类型称为其中每个子类的**超类**（superclass）或**超类型**（supertype）。图 4.1 显示了如何在 EER 图中以图形方式表示这些概念（在 4.2 节中将解释图 4.1 中的圆圈表示法）。

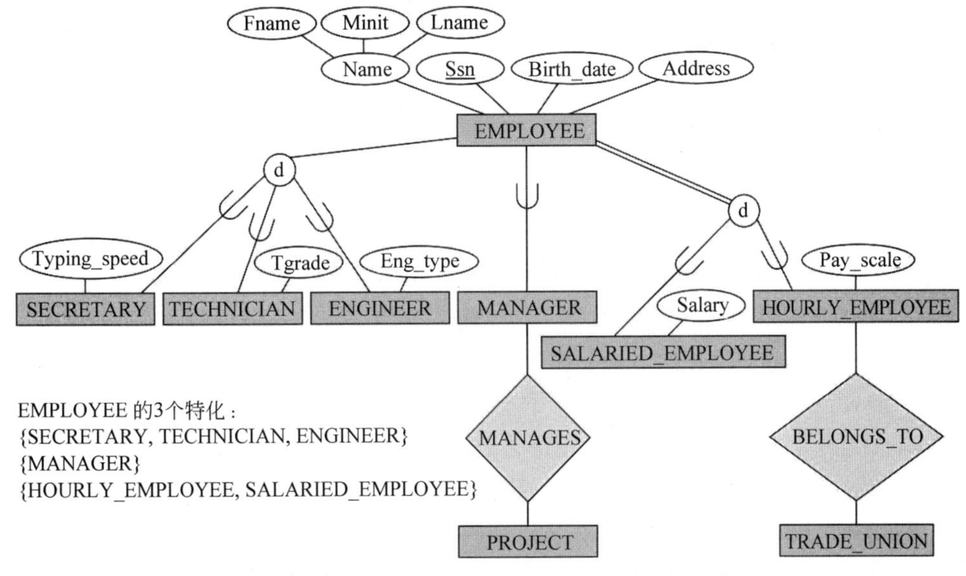

图 4.1　用于表示子类和特化的 EER 图形表示法

超类与其任何一个子类之间的关系称为**超类/子类关系**（superclass/subclass relationship）或**超类型/子类型关系**（supertype/subtype relationship），或者简称为**类/子类关系**（class/

subclass relationship）[1]。在以前的示例中，EMPLOYEE/SECRETARY 和 EMPLOYEE/TECHNICIAN 是两个类/子类关系。注意：子类的一个成员实体所表示的现实世界的实体与超类的某个成员相同；例如，SECRETARY 实体“Joan Logano”也是 EMPLOYEE 实体“Joan Logano”。因此，子类成员与超类中的实体相同，但是以一种不同的特定角色出现。不过，在数据库系统中实现超类/子类关系时，可能把子类的成员表示为一个不同的数据库对象，例如说，通过键属性关联到其超类实体的一条不同的记录。在 9.2 节中，将通过用于在关系数据库中表示超类/子类关系的各种选项。

一个实体不能仅作为子类的成员而存在于数据库中；它还必须是超类的成员。可以选择将这样的实体作为任意多个子类的成员。例如，一位带薪雇员同时也是一名工程师，他属于 EMPLOYEE 实体类型的两个子类 ENGINEER 和 SALARIED_EMPLOYEE。不过，不必使超类中的每个实体都是某个子类的成员。

与子类（子类型）关联的一个重要概念是**类型继承**（type inheritance）。回忆可知：实体的类型是由其具有的属性及其参与的关系类型定义的。由于子类中的实体表示与超类中的实体相同的现实世界的实体，因此它应该具有其特定属性的值，以及作为超类成员的属性值。可以说，作为子类成员的实体将会**继承**（inherit）作为超类成员的实体的所有属性，这个实体还会继承超类参与的所有关系。注意：如果一个子类具有它自己的特有（或局部）的属性和关系，同时也具有它从超类继承而来的属性和关系，可以将这样的子类单独视作一个实体类型[2]。

4.2 特化和泛化

4.2.1 特化

特化（specialization）是定义实体类型的子类集的过程；这个实体类型称为特化的**超类**（superclass）。构成特化的子类集是基于超类中的实体的某个明显特征而定义的。例如，子类集{SECRETARY, ENGINEER, TECHNICIAN}是超类 EMPLOYEE 的一个特化，它基于每个雇员的工作类型来区分各个雇员实体。我们可能基于不同的明显特征而具有相同实体类型的多个特化。例如，EMPLOYEE 实体类型可能产生子类集{SALARIED_EMPLOYEE, HOURLY_EMPLOYEE}；这个特化基于雇员的付薪方式来区分雇员。

图 4.1 显示了如何在 EER 图中以图形方式表示特化。通过直线将定义特化的子类连接到表示特化的圆圈，后者反过来又连接到超类。连接子类与圆圈的每条直线上的子集符号（subset symbol）指示超类/子类关系的方向[3]。仅应用于特定子类的实体的属性（例如 SECRETARY 的 TypingSpeed）将连接到表示该子类的矩形。这些属性称为子类的**特有属性**

1 由于称呼概念的方式，通常把类/子类关系称为 IS-A（或 IS-AN）关系。例如，可以说 SECRETARY 是一个 EMPLOYEE，或者说 TECHNICIAN 是一个 EMPLOYEE，等等。

2 在一些面向对象程序设计语言中，一种常见的限制是：一个实体（或对象）只有一种类型。这对于概念数据库建模来说通常过于严格。

3 还有许多用于表示特化的替代表示法；在 4.6 节中将介绍 UML 表示法，在附录 A 中还将介绍其他提议的表示法。

（specific attribute）或**局部属性**（local attribute）。类似地，子类可以参与**特有关系类型**（specific relationship type），例如图 4.1 中 HOURLY_EMPLOYEE 子类参与 BELONGS_TO 关系。稍后将解释图 4.1 中的圆圈中的 d 符号以及其他的 EER 图表示法。

图 4.2 显示了属于{SECRETARY, ENGINEER, TECHNICIAN}特化的子类的几个实体实例。同样，注意：属于一个子类的实体与 EMPLOYEE 超类中连接到它的实体表示现实世界中的相同实体，即使图中将相同的实体显示了两次；例如，在图 4.2 中，在 EMPLOYEE 和 SECRETARY 中都显示了 e_1。如图中所暗示的，像 EMPLOYEE/SECRETARY 这样的超类/子类关系有些类似于实例层次上的 1:1 关系（参见图 3.12）。它们之间的主要区别是：在 1:1 关系中，关联的是两个不同的实体；而在超类/子类关系中，子类中的实体与超类中的实体是现实世界的相同实体，但是前者扮演一个特化的角色。例如，EMPLOYEE 被特化为一个 SECRETARY 角色，或者 EMPLOYEE 被特化为一个 TECHNICIAN 角色。

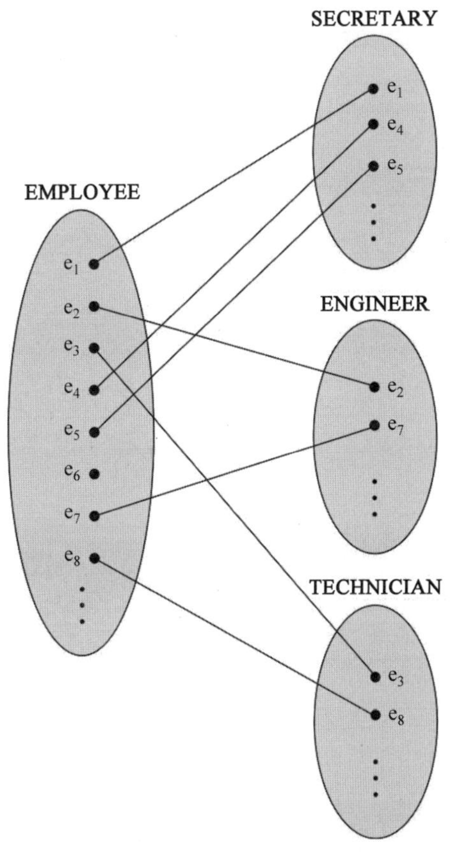

图 4.2　特化的实例

在数据建模中包括类/子类关系和特化有两个主要原因。第一个原因是：某些属性可能只适用于超类实体类型的一些（而非全部）实体。定义子类的目的是将实体按照适用于它们的属性进行分组。子类的成员仍然可能与超类的其他成员共享大多数属性。例如，在图 4.1 中，SECRETARY 子类具有特有属性 Typing_speed，而 ENGINEER 子类具有特有属性 Eng_type，但是 SECRETARY 和 ENGINEER 仍然共享它们从 EMPLOYEE 实体类型继承而来的其他属性。

使用子类的第二个原因是：只有作为子类成员的实体才能参与一些关系类型。例如，如果只有 HOURLY_EMPLOYEES 才能属于工会，就可以用如下方式表示这一事实：创建 EMPLOYEE 的子类 HOURLY_EMPLOYEE，并且通过 BELONGS_TO 关系类型将该子类关联到实体类型 TRADE_UNION，如图 4.1 所示。

4.2.2 泛化

我们可以考虑一个抽象的逆过程，其中我们将忽略多个实体类型之间的区别，确定它们的公共特性，并把它们**泛化**（generalize）成单个**超类**（superclass），原始实体类型都是这个超类的特殊**子类**（subclass）。例如，考虑图 4.3（a）中所示的实体类型 CAR 和 TRUCK。由于它们具有多个公共属性，因此可以把它们泛化成实体类型 VEHICLE，如图 4.3（b）所示。CAR 和 TRUCK 现在都是**泛化超类**（generalized superclass）VEHICLE 的子类。我们使用术语**泛化**（generalization）来指示从给定的实体类型定义一种泛化实体类型的过程。

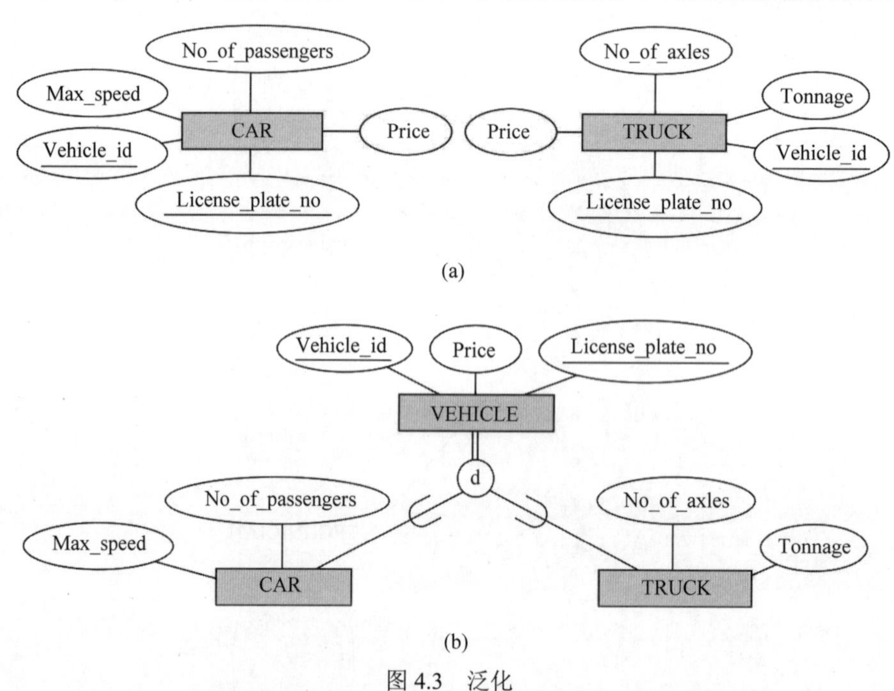

图 4.3 泛化

（a）两个实体类型 CAR 和 TRUCK；（b）将 CAR 和 TRUCK 泛化成超类 VEHICLE

注意：可以将泛化过程在功能上视作特化过程的逆过程；可以将{CAR, TRUCK}视作 VEHICLE 的特化，而不是将 VEHICLE 视作 CAR 和 TRUCK 的泛化。在一些设计方法中使用了区分泛化和特化的图形表示法。指向泛化超类的箭头代表一个泛化过程，而指向特化子类的箭头则代表一个特化过程。我们将不会使用这种表示法，因为在特定情况下通常由主观意愿来决定使用哪个过程更合适。

迄今为止，我们介绍了子类和超类/子类关系的概念，以及特化和泛化过程。一般而言，超类或子类代表相同类型的实体集合，因此还描述了实体类型；这就是为什么在 EER 图中超类和子类都出现在矩形框中的原因，就像实体类型一样。

4.3 特化和泛化层次的约束和特征

首先，将讨论适用于单个特化或单个泛化的约束。为简单起见，这里的讨论将只涉及特化，即使它同时适用于特化和泛化。然后，我们将讨论特化/泛化的格（多重继承）和层(单继承)之间的区别,并且将详细描述在概念数据库模式设计期间特化与泛化之间的区别。

4.3.1 特化与泛化的约束

一般而言，可能会在相同的实体类型（或超类）上定义多个特化，如图 4.1 所示。在这种情况下，实体可能属于每个特化中的子类。特化还可能只由单个子类组成，例如图 4.1 中的{MANAGER}特化；在这种情况下，将不使用圆圈表示法。

在一些特化中，可以通过对超类的某个属性值设置一个条件，准确地确定将变成每个子类成员的实体。这样的子类称为**谓词定义的子类**（predicate-defined subclass）或**条件定义的子类**(condition-defined subclass)。例如，如果 EMPLOYEE 实体类型具有一个属性 Job_type，如图 4.4 所示，就可以通过条件(Job_type = 'Secretary')来指定 SECRETARY 子类中的成员关系的条件，我们把该条件称为子类的**定义谓词**（defining predicate）。这个条件就是一个约束，用于准确指定在 EMPLOYEE 实体类型中，其 Job_type 属性值为'Secretary'的那些实体才属于子类 SECRETARY。显示谓词定义的子类的方法是：在连接子类与特化圆圈的直线旁边写上谓词条件。

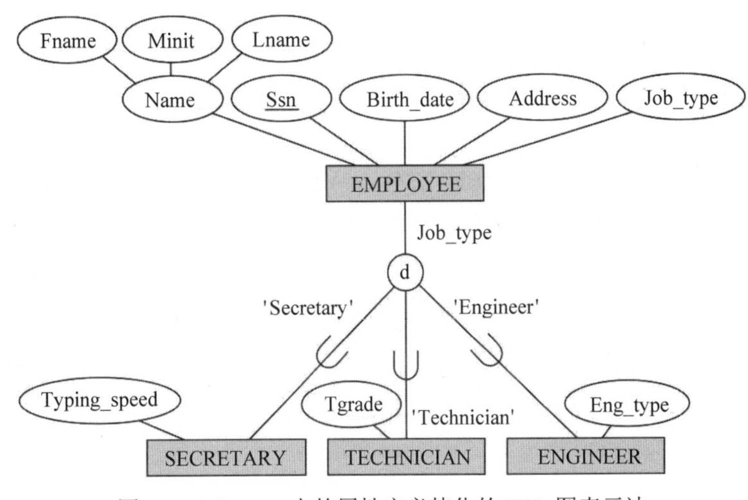

图 4.4 Job_type 上的属性定义特化的 EER 图表示法

如果特化中的所有子类都在超类的相同属性上具有它们的成员条件，就把特化自身称为**属性定义的特化**（attribute-defined specialization），并把该属性称为特化的**定义属性**（defining attribute）[1]。在这种情况下，具有相同属性值的所有实体都属于同一个子类。显

1 在 UML 术语中，将这些的属性称为鉴别器（discriminator）或鉴别属性（discriminating attribute）。

示属性定义的特化的方法是：在从圆圈到超类的圆弧旁边写上定义属性的名称，如图 4.4 所示。

当没有条件确定子类中的成员关系时，就称子类是**用户定义**（user-defined）的子类。这种子类中的成员关系是由数据库用户在对子类应用操作以及添加实体时确定的；因此，成员关系是由用户为每个实体单独指定的，而不是通过可能自动评估的条件来指定。

此外，还可能将另外两种约束应用于特化。第一种是**不相交约束**（disjointness constraint），它指定特化的子类必须是不相交集。这意味着一个实例至多只能是特化的其中一个子类的成员。如果用于定义成员谓词的属性是单值属性，属性定义的特化就暗示不相交约束。图 4.4 说明了这种情况，其中圆圈中的 d 代表不相交。d 表示法也适用于特化的绝对不相交的用户定义的子类，如图 4.1 中的特化{HOURLY_EMPLOYEE, SALARIED_EMPLOYEE}所示。如果子类没有被约束成不相交的，它们的实体集就可能会**重叠**（overlapping）；也就是说，同一个（现实世界的）实体可能是特化的多个子类的成中。这种情况是默认的，通过在圆圈中放置一个 o 来显示，如图 4.5 所示。

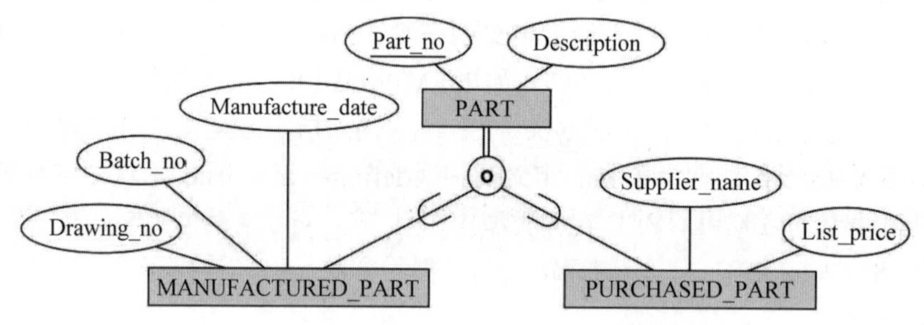

图 4.5　重叠（非不相交）特化的 EER 图表示法

特化的第二种约束称为**完备性约束**（completeness constraint）或**完全性约束**（totalness constraint），它可能是完全或部分的。完全特化（total specialization）约束指定超类中的每个实体都必须是特化中的至少一个子类的成员。例如，如果每个 EMPLOYEE 都必须是 HOURLY_EMPLOYEE 或 SALARIED_EMPLOYEE，那么图 4.1 中的特化{HOURLY_EMPLOYEE, SALARIED_EMPLOYEE}就是 EMPLOYEE 的完全特化。在 EER 图中，使用双线将超类连接到圆圈来指示完全特化。单线用于显示**部分特化**（partial specialization），它允许实体不属于任何一个子类。例如，如果一些 EMPLOYEE 实体不属于图 4.1 和图 4.4 中的任何子类{SECRETARY, ENGINEER, TECHNICIAN}，那么该特化就是部分特化[1]。

注意，不相交约束和完备性约束是独立的。因此，可以得到以下 4 种可能的特化约束：

- 不相交、完全的。
- 不相交、部分的。
- 重叠、完全的。
- 重叠、部分的。

当然，正确的约束是从应用于每个特化的现实世界的含义确定的。一般而言，通过泛化过程确定的超类通常是**完全**（total）的，因为超类是通过子类导出的，故而只包含子类

1　使用单线或双线的表示法类似于关系类型中实体类型的部分或完全参与的表示法，如第 3 章所述。

中的实体。

基于前面指定的约束，可以对特化（和泛化）应用某些插入和删除规则。其中一些规则如下：

- 从超类中删除一个实体意味着从该实体所属于的所有子类中自动删除它。
- 在超类中插入一个实体意味着将把该实体强制插入实体满足定义谓词的所有谓词定义（或属性定义）的子类中。
- 在完全特化的超类中插入一个实体意味着将把该实体强制插入特化的至少一个子类中。

建议读者制作一份针对各种特化的插入和删除规则的完整列表。

4.3.2　特化和泛化的层次与格

可以在子类自身上指定子类，形成特化的层次或格（lattice）。例如，在图 4.6 中，ENGINEER 是 EMPLOYEE 的子类，同时也是 ENGINEERING_MANAGER 的超类；这代表如下现实世界的约束：每一位工程管理者都必须是工程师。**特化层次**（specialization hierarchy）具有以下约束：每个子类作为子类只能参与一个类/子类关系；也就是说，每个子类只有一个父类，这就导致了**树结构**（tree structure）或**严格的层次**（strict hierarchy）。与之相比，对于**特化格**（specialization lattice），子类可以是多个类/子类关系中的子类。因此，图 4.6 显示的是格。

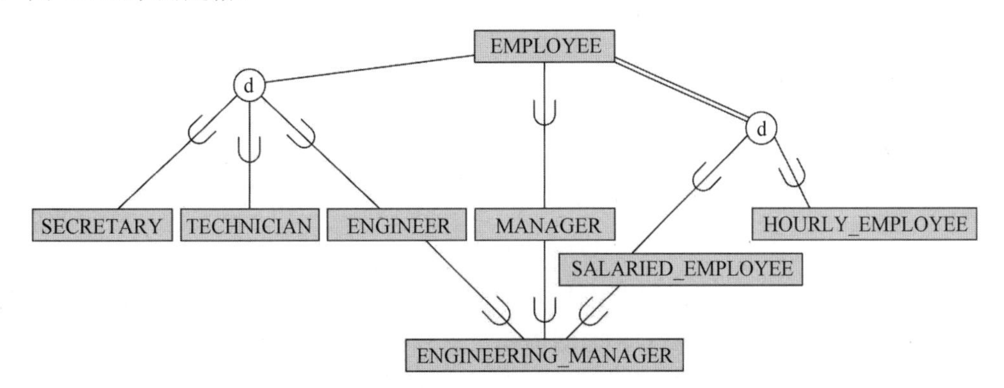

图 4.6　具有共享子类 ENGINEERING_MANAGER 的特化格

图 4.7 显示了具有多个层级的另一种特化格。这可能是 UNIVERSITY 数据库的概念模式的一部分。注意：如果没有 STUDENT_ASSISTANT 子类，这种排列将是一个层次，STUDENT_ASSISTANT 子类参与了两个不同的类/子类关系。

图 4.7 中所示的 UNIVERSITY 数据库的一部分的需求如下：

（1）该数据库记录了 3 类人：雇员、毕业生和学生。一个人可以属于其中的一类、两类或者全部 3 类。每个人都有名字、SSN、性别、地址和出生日期。

（2）每个雇员都有薪水，并且有 3 类雇员：教员、职工和学生助理。每个雇员恰好属于其中一种类型。对于每个毕业生，将会保存他或她在大学获得的学位记录，包括学位的名称、授予年份以及主修的系。每名学生都具有一个主修的系。

（3）每位教员都有一个职称，而每位职工都有一个工作职位。学生助理被进一步分类为研究助理和教学助理，数据库中记录有他们的工作时间比例。研究助理将会存储他们的研究项目，而教学助理则会存储他们当前承担的助教课程。

（4）学生被进一步分类为研究生和本科生，其中研究生具有特定的学位等级（硕士、博士、工商管理硕士等）属性，本科生则具有年级（大学一年级、大学二年级等）属性。

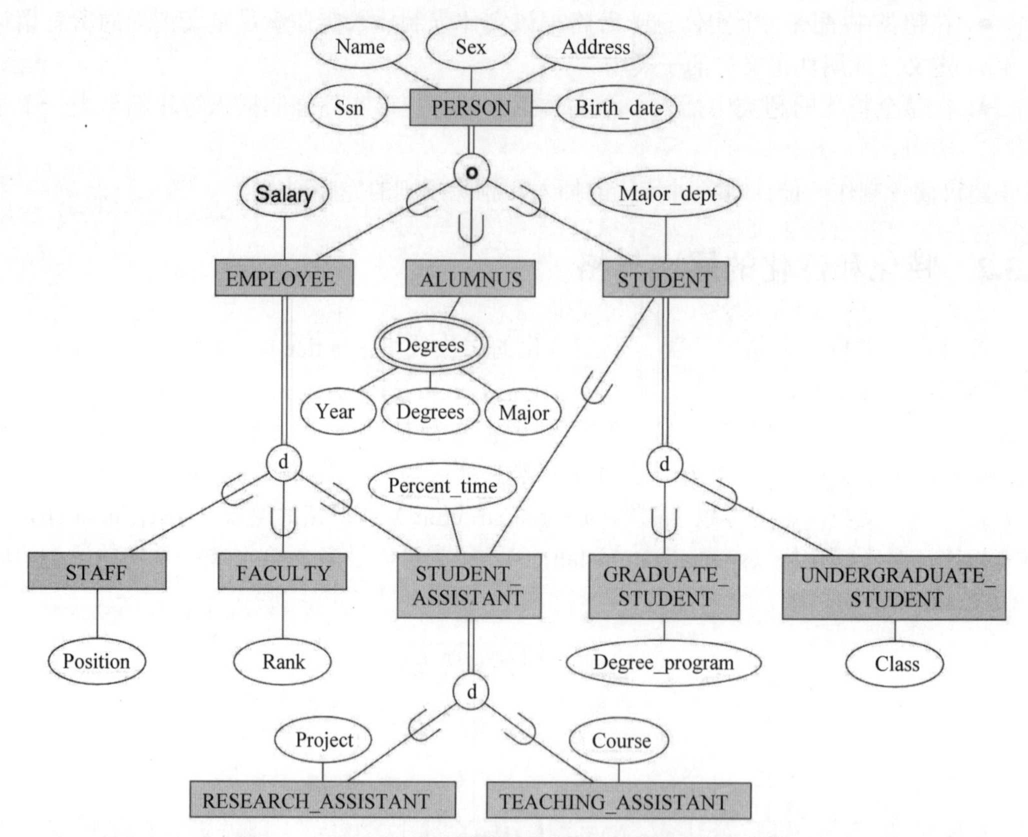

图 4.7　UNIVERSITY 数据库的具有多重继承的特化格

在图 4.7 中，数据库中表示的所有人员实体都是 PERSON 实体类型的成员，它被特化成子类{EMPLOYEE, ALUMNUS, STUDENT}。这种特化是重叠的；例如，一位毕业生可能是雇员，也可能是追求高级学位的学生。子类 STUDENT 是特化{GRADUATE_STUDENT, UNDERGRADUATE_STUDENT}的超类，而 EMPLOYEE 则是特化{STUDENT_ASSISTANT, FACULTY, STAFF}的超类。注意：STUDENT_ASSISTANT 也是 STUDENT 的子类。最后，STUDENT_ASSISTANT 是特化{RESEARCH_ASSISTANT, TEACHING_ASSISTANT}的超类。

在这种特化格或层次中，子类不仅将继承它的直接超类的属性，还将根据需要继承其直到层次或格的根节点沿途的所有祖先超类的属性。例如，GRADUATE_STUDENT 中的实体将继承作为 STUDENT 和 PERSON 的那个实体的所有属性。注意：一个实体可能存在于层次的多个叶节点中，其中的**叶节点**（leaf node）是一个自身没有子类的类。例如，GRADUATE_STUDENT 的成员也可能是 RESEARCH_ASSISTANT 的成员。

具有多个超类的子类被称为**共享子类**（shared subclass），例如图 4.6 中的

ENGINEERING_MANAGER。这导致了**多重继承**（multiple inheritance）的概念，其中共享子类 ENGINEERING_MANAGER 直接继承多个超类的属性和关系。注意：至少存在一个共享子类将产生格（相应地会产生多重继承）；如果没有共享子类存在，则将得到层次而不是格，并且只会存在**单继承**（single inheritance）。可以通过图 4.7 中的共享子类 STUDENT_ASSISTANT 的示例来说明与多重继承相关的一个重要规则，这个子类同时继承了 EMPLOYEE 和 STUDENT 的属性。在这里，EMPLOYEE 和 STUDENT 从 PERSON 那里继承相同的属性。这个规则指出：如果源于相同超类（PERSON）的属性（或关系）经由格中的不同路径（EMPLOYEE 和 STUDENT）被继承多次，那么在共享类（STUDENT_ASSISTANT）中只应该把它包含一次。因此，在图 4.7 中 PERSON 的属性只会被 STUDENT_ASSISTANT 子类继承一次。

在此要指出的是：有些模型和语言被限制为**单继承**（single inheritance），而不允许多重继承（共享类）。还要指出的是：有些模型不允许实体具有多种类型，因此一个实体只能是一个叶类的成员[1]。在这种模型中，有必要创建额外的子类作为叶节点，以覆盖所有可能的类组合，因为可能有某个实体同时属于所有这些类。例如，在 PERSON 的重叠特化{EMPLOYEE, ALUMNUS, STUDENT}（或者简写为{E, A, S}）中，为了覆盖所有可能的实体类型，需要创建 PERSON 的 7 个子类：E、A、S、E_A、E_S、A_S 和 E_A_S。显然，这可能会导致额外的复杂性。

如本节开头提到的，尽管这里使用特化对我们的讨论加以说明，但是类似的概念同样适用于泛化。因此，也可以说**泛化层次**（generalization hierarchy）和**泛化格**（generalization lattice）。

4.3.3 利用特化和泛化对概念模式进行细化

现在，我们将详细说明特化与泛化过程之间的区别，以及在概念数据库设计期间如何将它们用于细化概念模式。在特化过程中，数据库设计者通常从一个实体类型开始，然后通过连续的特化来定义实体类型的子类；也就是说，他们将反复定义实体类型的更特定的分组。例如，在设计图 4.7 中的特化格时，可能首先为 UNIVERSITY 数据库指定一个实体类型 PERSON。然后，我们将发现数据库中将表示 3 类人：大学雇员、毕业生和学生，并将创建特化{EMPLOYEE, ALUMNUS, STUDENT}。之所以选择重叠约束，是因为一个人可能属于多个子类。我们将 EMPLOYEE 进一步特化成{STAFF, FACULTY, STUDENT_ASSISTANT}，并将 STUDENT 特化成{GRADUATE_STUDENT, UNDERGRADUATE_STUDENT}。最后，将 STUDENT_ASSISTANT 特化成{RESEARCH_ASSISTANT, TEACHING_ASSISTANT}。这个过程称为**自顶向下的概念细化**（top-down conceptual refinement）。迄今为止，我们具有一个层次；然后，我们认识到 STUDENT_ASSISTANT 是一个共享类，因为它也是 STUDENT 的子类，从而导致了格。

从另一个方向到达相同的层次或格也是可能的。在这种情况下，这个过程将涉及泛化而不是特化，并且对应于**自底向上的概念合成**（bottom-up conceptual synthesis）。例如，数

---

1 在有些模型中，类被进一步限制为层次或格中的叶节点。

据库设计者可能首先发现诸如 STAFF、FACULTY、ALUMNUS、GRADUATE_STUDENT、UNDERGRADUATE_STUDENT、RESEARCH_ASSISTANT 和 TEACHING_ASSISTANT 等之类的实体类型；然后，他们将把{GRADUATE_STUDENT, UNDERGRADUATE_STUDENT}泛化成 STUDENT；接着把{RESEARCH_ASSISTANT, TEACHING_ASSISTANT}泛化成 STUDENT_ASSISTANT；再把{STAFF, FACULTY, STUDENT_ASSISTANT}泛化成 EMPLOYEE；最后把{EMPLOYEE, ALUMNUS, STUDENT}泛化成 PERSON。

通过任何一个过程得到的层次或格的最终设计可能完全相同；唯一的区别是：在设计过程中创建模式超类和子类的方式或顺序可能有所不同。在实际中，很可能结合使用这两个过程。注意：在基于知识的系统和专家系统中，使用超类/子类层次和格来表示数据和知识的理念相当普遍，这些系统结合了数据库技术与人工智能技术。例如，基于框架的知识表示模式与类层次结构非常相似。特化在基于面向对象范式的软件工程设计方法中也很常见。

4.4　使用类别的 UNION 类型建模

有时，表示不同实体类型的实体集合是必要的。在这种情况下，子类将表示一个实体集合，它是不同实体类型的实体 UNION 的子集；我们把这样的子类称为**并类型**（union type）或**类别**（category）[1]。

例如，假设我们具有 3 种实体类型：PERSON、BANK 和 COMPANY。在用于机动车登记的数据库中，车主可以是一个人、一家银行（持有车辆的扣押权）或公司。我们需要创建一个类（实体的集合），其中包括要扮演车主角色的全部 3 类实体。可以为此创建一个类别（并类型）OWNER，它是 COMPANY、BANK 和 PERSON 这 3 个实体集的 UNION 的子类。在 EER 图中显示了类别，如图 4.8 中所示。超类 COMPANY、BANK 和 PERSON 连接到带有∪符号的圆圈，该符号代表集合的并操作。带有子集符号的圆弧将圆圈连接到（子类）OWNER 类别。在图 4.8 中具有两个类别：一个是 OWNER，它是 PERSON、BANK 和 COMPANY 的并集的子类（子集）；另一个是 REGISTERED_VEHICLE，它是 CAR 和 TRUCK 的并集的子类（子集）。

类别具有两个或更多的超类，可以表示不同实体类型的实体集合，而其他超类/子类关系总是只具有单个超类。为了更好地理解它们之间的区别，可以将一个类别（例如图 4.8 中的 OWNER）与图 4.6 中的 ENGINEERING_MANAGER 共享子类做比较。后者是 3 个超类 ENGINEER、MANAGER 和 SALARIED_EMPLOYEE 中每一个的子类，因此作为 ENGINEERING_MANAGER 成员的实体必定存在于全部 3 个集合中。这代表如下约束：工程管理者必须也是 ENGINEER、MANAGER 和 SALARIED_EMPLOYEE；也就是说，ENGINEERING_MANAGER 实体集是 3 个实体集的交集的子集。另一方面，类别是其超类的并集的子集。因此，作为 OWNER 成员的实体必须仅存在于其中一个超类中。这代表如下约束：在图 4.8 中，OWNER 可能是 COMPANY、BANK 或 PERSON。

1　术语类别的用法基于 ECR（entity–category–relationship，实体-类别-关系）模型（Elmasri 等，1985）。

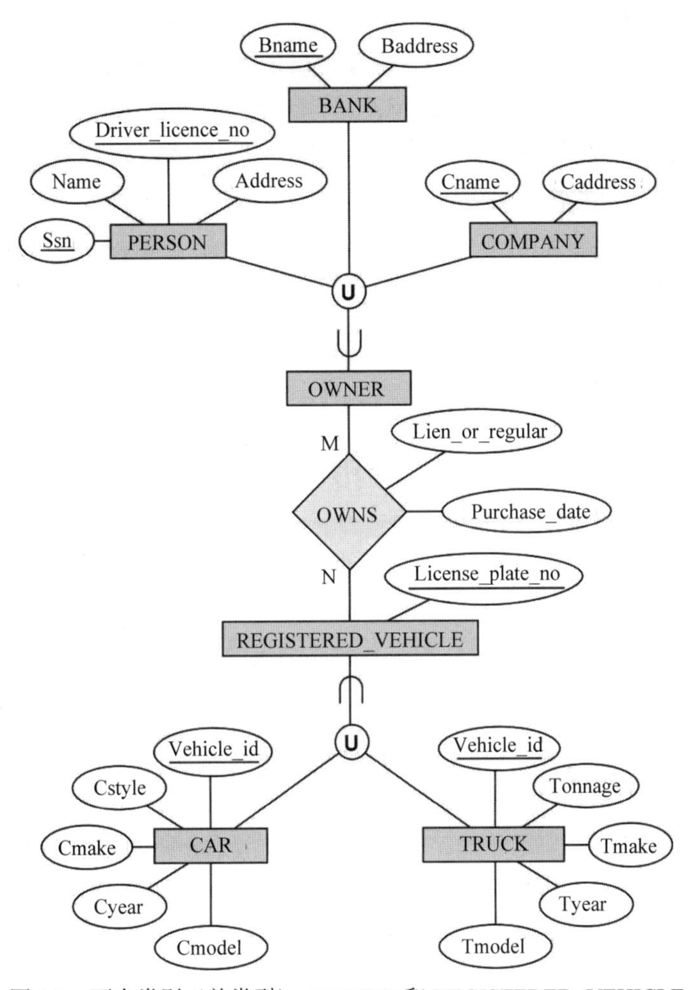

图 4.8　两个类别（并类型）：OWNER 和 REGISTERED_VEHICLE

对于类别来说，属性继承更具选择性。例如，在图 4.8 中，每个 OWNER 实体都会继承 COMPANY、PERSON 或 BANK 的属性，这依赖于实体属于哪个超类。另一方面，像 ENGINEERING_MANAGER 这样的共享子类（参见图 4.6）则会继承其超类 SALARIED_EMPLOYEE、ENGINEER 和 MANAGER 的所有属性。

指出类别 REGISTERED_VEHICLE（参见图 4.8）与泛化超类 VEHICLE（参见图 4.3(b)）之间的区别是有趣的。在图 4.3(b)中，每辆小轿车和卡车都是一辆 VEHICLE；而在图 4.8 中，REGISTERED_VEHICLE 类别包括一些小轿车和一些卡车，但是不一定包括所有的小轿车和卡车（例如，一些小轿车和卡车可能没有登记）。一般而言，如图 4.3(b)中所示的特化或泛化，如果是部分的，将不能排除 VEHICLE 还包含其他类型的实体，例如摩托车。不过，如图 4.8 中所示的 REGISTERED_VEHICLE 类别暗示：只有小轿车和卡车（而不包括其他类型的实体）才能是 REGISTERED_VEHICLE 的成员。

类别可以是**完全**（total）或**部分**（partial）的。完全类别具有其超类中所有实体的并集，而部分类别则具有并集的一个子集。完全类别通过连接类别与圆圈的双线以图形方式来表示，而部分类别则通过单线来指示。

一个类别的超类可能具有不同的键属性，如图4.8中的OWNER类别所示；或者它们也可能具有相同的键属性，如REGISTERED_VEHICLE类别所示。注意：如果一个类别是完全（而非部分）类别，就可以选择将其表示为一个完全特化（或完全泛化）。在这种情况下，选择使用哪种表示法就由主观意愿决定。如果两个类表示相同类型的实体，并且共享众多属性，包括相同的键属性，那么首选使用特化/泛化表示法；否则使用类别（并类型）将更合适。

一些建模方法没有并类型，注意到这一点很重要。在这些模型中，必须以一种迂回的方式表示并类型（参见9.2节）。

4.5 示例UNIVERSITY的EER模式、设计选择和形式化定义

在本节中，将首先在EER模型中给出数据库模式的一个示例，以此说明如何使用在这里和第3章中讨论的各种概念。然后，将讨论概念模式的设计选择，最后将对EER模型概念做一个总结，并且形式化地定义它们，其方式与第3章中形式化地定义基本ER模型的概念相同。

4.5.1 一个不同的UNIVERSITY数据库示例

考虑一个UNIVERSITY数据库，它具有与3.10节中介绍的UNIVERSITY数据库不同的需求。这个数据库将记录学生及其专业、成绩单和注册信息，以及大学的课程开设情况；同时还将记录教员和研究生执行的研究项目。图4.9中显示了该数据库的模式。导致这种模式的需求讨论如下。

对于每一个人，数据库都将维护这个人的姓名（Name）、社会安全号（Ssn）、地址（Address）、性别（Sex）和出生日期（Bdate）。将确定PERSON实体类型的两个子类：FACULTY和STUDENT。FACULTY的特定属性是职称（Rank）（助教、副教授、助理研究员、研究员、访问学者等）、办公室（Foffice）、办公室电话（Fphone）和薪水（Salary）。所有的教员都与其隶属（BELONGS）的院系相关（一位教员可以与多个系相关联，因此是M:N的关系）。STUDENT的特定属性是Class（大学一年级=1，大学二年级=2，…，硕士生=5，博士生=6）。每名学生还与其主修专业（MAJOR）和辅修专业（MINOR）（如果知道）相关联，另外还与其目前学习的课程单元（REGISTERED）、已修完的课程（TRANSCRIPT）相关联。每个TRANSCRIPT实例都包括学生在该课程单元中所获得的分数（Grade）。

GRAD_STUDENT是STUDENT的子类，其定义谓词是Class = 5 OR Class = 6。对于每名研究生，都在一个复合、多值属性（Degrees）保存以前学位的列表。我们还把每名研究生与一位指导老师（ADVISOR）以及论文委员会（COMMITTEE）（如果存在）相关联。

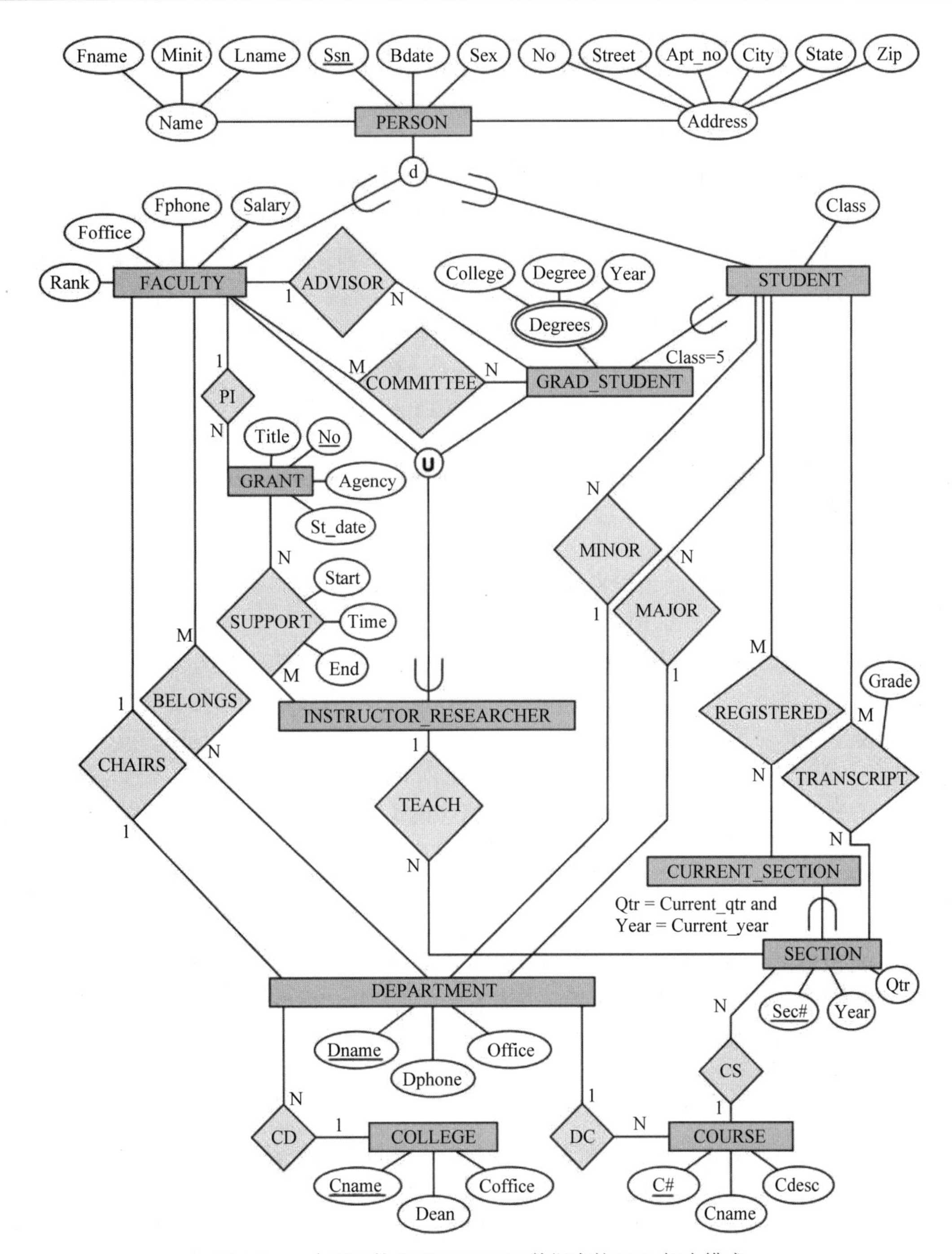

图 4.9　一个不同的 UNIVERSITY 数据库的 EER 概念模式

院系具有以下属性：院系名称（Dname）、电话（Dphone）和办公室号（Office），并且与负责的院系主任（CHAIRS）及其所属的学院（CD）相关联。每个学院又具有以下属性：学院名称（Cname）、办公室号（Coffice）以及院长的姓名（Dean）。

课程具有以下属性：课程号（C#）、课程名称（Cname）和课程描述（Cdesc）。对于每门课程，可以开设多个课程单元，每个单元又具有以下属性：单元号（Sec#）、开设该单元的学年（Year）和季度（Qtr）[1]。单元号唯一标识每个单元。在当前季度开设的单元将出现在 SECTION 的子类 CURRENT_SECTION 中，其定义谓词是 Qtr = Current_qtr 和 Year = Current_year。每个单元都与曾经或者正在讲授该单元的老师相关联（TEACH）（如果该老师在数据库中存在）。

类别 INSTRUCTOR_RESEARCHER 是 FACULTY 和 GRAD_STUDENT 的并集的一个子集，它包括所有的教员，以及正在接受教学和研究经费资助的研究生。最后，实体类型 GRANT 用于记录授予大学的科研经费和合同。每笔经费都具有以下属性：经费名称（Title）、经费编号（No）、提供经费的机构（Agency）以及起始日期（St_date）。一笔经费与一个主要的投资者（PI）以及受该经费资助的所有研究员（SUPPORT）相关联。SUPPORT 的每个实例都具有以下属性：资助的起始日期（Start）、资助的结束日期（End）（如果知道），以及受资助的研究员投入项目上的时间百分比（Time）。

4.5.2 特化/泛化的设计选择

为数据库应用选择最合适的概念设计并不总是一件容易的事。在 3.7.3 节中，介绍了一些典型的问题，作为一名数据库设计者，在选择实体类型、关系类型和属性这些概念以将特定的微观世界情形表示为 ER 模式时，将会遇到上述问题。在本节中，将讨论一些设计指导原则，以及如何选择使用特化/泛化和类别（并类型）等 EER 概念。

如 3.7.3 节中所提到的，应该将概念数据库设计视作一个迭代式细化过程，直至达到最合适的设计为止。下面的指导原则有助于指导 EER 概念的设计过程：

- 一般而言，可以定义许多特化和子类，以便创建准确的概念模型。不过，其缺点是设计会变得相当杂乱无章。为了避免概念模式的极度混乱，只表示那些必要的子类将非常重要。
- 如果子类具有几个特定的（局部）属性，但是没有特定的关系，就可以将其合并到超类中。对于那些不属于子类成员的实体，特定的属性将具有 NULL 值。类型属性可以指定一个实体是否是子类的成员。
- 类似地，如果特化/泛化的所有子类都具有几个特定属性但是没有特定关系，就可以把它们都合并到超类中，并且利用一个或多个类型属性查找它们，这些类型属性指定了每个实体所属于的子类（参见 9.2 节，了解如何将这个准则应用于关系数据库）。
- 一般应该避免并类型和类别，除非一些特定的情况明确要求使用这种构造类型。如果可能，就应该尝试使用 4.4 节末尾讨论的特化/泛化方法建模。
- 在特化/泛化过程中，不相交/重叠约束和完全/部分约束的选择是受正在建模的微观世界的规则所驱动的。如果需求不有指示任何特定的约束，默认一般采用重叠和部分约束，因为这将不会在子类成员关系上指定任何限制。

举一个应用这些指导原则的示例，考虑图 4.6，其中没有显示特定的（局部）属性。可以将所有的子类都合并到 EMPLOYEE 实体类型中，并向 EMPLOYEE 中添加以下属性：

---

1 假定这所大学采用的是季度体系，而不是学期体系。

- 其值集为{'Secretary', 'Engineer', 'Technician'}的Job_type属性用于指示每个雇员属于第一个特化中的哪个子类。
- 其值集为{'Salaried', 'Hourly'}的Pay_method属性用于指示每个雇员属于第二个特化中的哪个子类。
- 其值集为{'Yes', 'No'}的Is_a_manager属性用于指示单个雇员实体是否是一名经理。

4.5.3 EER模型概念的形式化定义

现在将总结EER模型概念并给出形式化定义。**类**（class）[1]定义一种实体类型，并且表示该类型的实体集合或集；这包括与实体集合对应的任何EER模式构造，例如实体类型、子类、超类和类别。**子类**（subclass）S也是一个类，并且其实体必须总是另一个类中的实体的一个子集，后一个类称为**超类/子类**（或IS-A）**关系**的**超类**（superclass）C。利用C/S表示这种关系。对于这种超类/子类关系，总是必须满足：

$$S \subseteq C$$

特化 $Z = \{S_1, S_2, \cdots, S_n\}$是一组具有相同超类G的子类；也就是说，对于$i = 1, 2, \cdots, n$，$G/S_i$是一种超类/子类关系。G被称为一种**泛化的实体类型**（generalized entity type）（或者称为特化的**超类**，也称为子类$\{S_1, S_2, \cdots, S_n\}$的**泛化**）。如果总能（在任何时间）满足以下条件，则称Z是**完全**的：

$$\bigcup_{i=1}^{n} S_i = G$$

否则，就称Z是**部分**的。如果总能满足以下条件，则称Z是**不相交**的：

$$S_i \cap S_j = \emptyset \text{（空集），对于} i \neq j$$

否则，就称Z是**重叠**的。

若C有一个子类S，如果C的属性上有一个谓词p，用于指定C中的哪些实体是S的成员，就称S是**谓词定义**（predicate-defined）的；也就是说，$S = C[p]$，其中$C[p]$是C中满足p的实体集。不是通过谓词定义的子类则称为**用户定义**（user-defined）的。

对于一个特化Z（或泛化G），如果要使用谓词$(A = c_i)$来指定Z中的每个子类S_i中的成员关系，其中A是G的一个属性，c_i是A的域中的一个常量值，那么就称Z（或G）是**属性定义**（attribute-defined）的。注意：如果对于$i \neq j$，有$c_i \neq c_j$，并且A是一个单值属性，那么此特化将是不相交的。

类别 T是一个类，它是n个定义超类$D_1, D_2, \cdots, D_n$的并集的一个子集，其中$n > 1$，可形式化地表示如下：

$$T \subseteq (D_1 \cup D_2 \cup \cdots \cup D_n)$$

可以使用D_i的属性上的谓词p_i来指定作为T成员的每个D_i的成员。如果在每个D_i上都指定一个谓词，可得到：

1 这里使用的术语“类”指的是实体的集合（或集），这与它在面向对象编程语言（例如C++）中更常见的用法是不同的。在C++中，类是一种结构化类型定义及其适用的函数（操作）。

$$T = (D_1[p_1] \cup D_2[p_2] \cup \cdots \cup D_n[p_n])$$

现在应该扩展第3章中给出的**关系类型**（relationship type）的定义，允许任何类（而不仅仅是任何实体类型）参与关系。因此，在该定义中，应该利用“类”替换“实体类型”一词。由于所有的类都是利用矩形表示的，因此EER的图形表示将与ER保持一致。

4.6 其他表示法的示例：在UML类图中表示特化和泛化

现在将讨论特化/泛化和继承的UML表示法。在3.8节中已经介绍了基本的UML类图表示法和术语。图4.10显示了与图4.7中的EER图相对应的一个可能的UML类图。特化/泛化的基本表示法（参见图4.10）是通过垂直线将子类连接到一条水平线，该水平线上

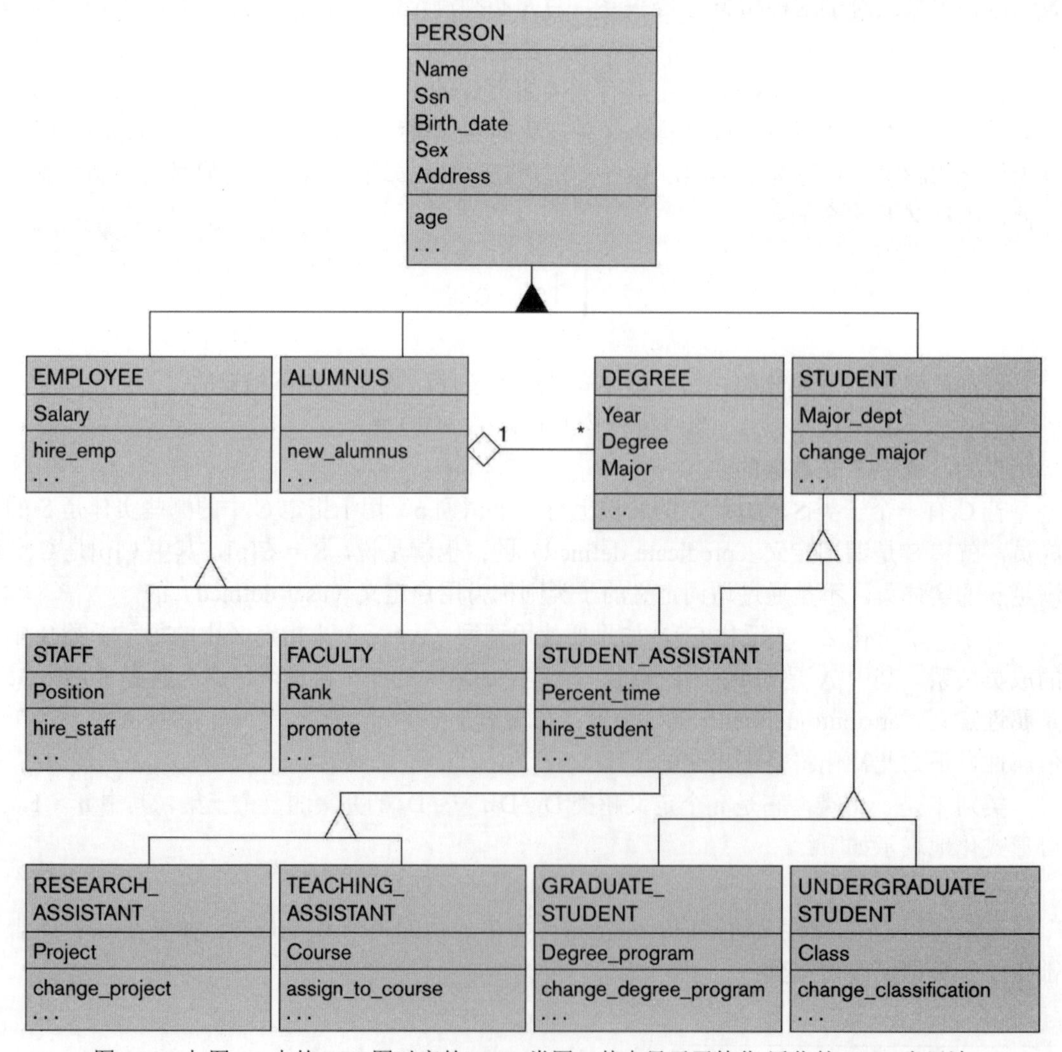

图4.10 与图4.7中的EER图对应的UML类图，其中显示了特化/泛化的UML表示法

具有一个三角形，它通过另一条垂直线将水平线连接到超类。空心三角形指示具有不相交约束的特化/泛化，实心三角形则指示重叠约束。根超类称为**基类**（base class），子类（叶节点）则称为**叶类**（leaf class）。

上述讨论和图 4.10 中的示例（以及 3.8 节中的介绍）简要概述了 UML 类图和术语。我们重点关注的是与 ER 和 EER 数据库建模相关的概念，而不是那些与软件工程更相关的概念。在 UML 中，有许多细节都没有讨论，因为它们超出了本书的范围，并且主要与软件工程相关。例如，类可以是以下多种类型：

- 抽象类：定义属性和操作，但是没有与这些类对应的对象。它们主要用于指定一组可以继承的属性和操作。
- 具体类：可以具有对象（实体），它们将被实例化成属于此类。
- 模板类：指定一个模板，可进一步用于定义其他类。

在数据库设计中，主要关注的是指定具体类，其对象集合将永久地（持久地）存储在数据库中。本章末尾的"选读文献"中给出了一些参考书，它们描述了 UML 的完整细节。

4.7　数据抽象、知识表示和本体概念

在本节中，将泛泛地讨论一些建模概念，在第 3 章和本章前面介绍 ER 和 EER 模型时，已经相当详细地描述了这些概念。这些术语不仅用在概念数据建模中，而且在人工智能文献中，在讨论**知识表示**（knowledge representation，KR）时也会用到它们。本节将讨论概念建模与知识表示之间的相似之处和差别，并将介绍一些可替换使用的术语以及另外几个概念。

KR 技术的目标是开发出针对某个**知识域**（domain of knowledge）进行准确建模的概念，该技术通过创建**本体**（ontology）[1]来描述知识域的概念以及这些概念是如何相关的。本体用于存储和操纵知识，以便进行推理、做出决策或者回答问题。KR 的目标与语义数据模型的那些目标相似，但是它们二者之间存在一些重要的相似之处和差别：

- 这两门学科都使用一个抽象过程来标识微观世界（在 KR 中也称为论域）中对象的公共属性和重要方面，而隐藏了一些不明显的差异和不重要的细节。
- 这两门学科都会提供用于定义数据和表示知识的概念、关系、约束、操作和语言。
- KR 的范围一般比语义数据模型更宽泛。KR 模式中可以表示不同的知识形式，例如规则（用于推理、演绎和搜索）、不完全和默认的知识，以及时间和空间知识。可以扩展数据库模型，包括其中一些概念（参见第 26 章）。
- KR 模式包括**推理机制**（reasoning mechanism），用于从数据库中存储的事实演绎出其他的事实。因此，虽然当前的大多数数据库系统仅限于回答直接的查询，但是使用 KR 模式的基于知识的系统可以回答那些涉及对存储数据进行**推理**（inference）的查询。推理机制正在扩展数据库技术（参见 26.5 节）。
- 大多数数据模型都致力于数据库模式或元知识的表示，而 KR 模式通常把模式与实

1　本体有些类似于概念模式，但是具有更多的知识、规则和例外情况。

例自身混合起来，以便灵活地表示异常情况。在实现这些 KR 模式时，这通常会导致效率低下，尤其是与数据库相比以及当需要存储大量的结构化数据（事实）时则更是如此。

现在将讨论语义数据模型（例如 EER 模型）以及 KR 模式中使用的 4 种**抽象概念**（abstraction concept）：（1）分类和实例化；（2）标识；（3）特化和泛化；（4）聚合和关联。分类和实例化这对概念如同泛化和特化一样是互逆的。聚合和关联的概念则是相关的。我们将讨论这些抽象概念，以及它们与 EER 模型中使用的具体表示之间的关系，以便阐明数据抽象过程，以及增进对概念模式设计的相关过程的理解。在本节末尾，将简要讨论本体，它在最近的知识表示研究中得到了广泛使用。

4.7.1 分类和实例化

分类（classification）的过程涉及系统地将类似的对象/实体分配给对象类/实体类型。我们现在可以描述（在数据库中）或者推理（在知识表示中）类，而不是各个对象。共享相同类型的属性、关系和约束的对象集合将被划分成类，以便简化发现其属性的过程。**实例化**（instantiation）是分类的逆过程，指示生成类的不同对象以及对其进行特定检查。对象实例通过 IS-AN-INSTANCE-OF 或 IS-A-MEMBER-OF 与其对象类相关联。尽管 EER 图没有显示实例，但是 UML 图允许显示各个对象，从而支持一种实例化形式。本书在介绍 UML 类图时，将不会描述这个特性。

一般而言，一个类的对象应该具有类似的类型结构。不过，一些对象显示的属性可能在某些方面不同于类的其他对象；这些**例外对象**（exception object）也需要建模，并且 KR 模式允许比数据库模型更多变化的例外。此外，某些属性还适用于作为一个整体的类，而不是单独的对象；KR 模式允许这样的**类属性**（class property）。UML 图还允许类属性的规范。

在 EER 模型中，将根据实体的基本属性和关系，把实体划分为多个实体类型。然后将基于实体之间的额外相似性和差别（例外），把实体进一步分成子类和类别。关系实例将被分类为关系类型。因此，实体类型、子类、类别和关系类型是 EER 模型中用于分类的不同概念。EER 模型没有明确提供用于类属性，但是可以扩展它来实现这一功能。在 UML 中，对象被分成类，有可能同时显示类属性和单个对象。

知识表示模型允许多种分类模式，其中一个类是另一个类（称为**元类**（meta-class））的实例。注意：在 EER 模型中不能直接表示它，因为我们只有两个层级：即类和实例。EER 模型中类之间的唯一关系是超类/子类关系，而在一些 KR 模式中，在类层次结构中可以直接表示一种额外的类/实例关系。实例自身可能是另一个类，从而允许多层分类模式。

4.7.2 标识

标识（identification）是一个抽象过程，通过某个**标识符**（identifier），可以唯一地标识类和对象。例如，在模式内类名唯一地标识整个类。除了对象标识符之外，还需要额外的机制来区分不同的对象实例。而且，在同一现实世界对象的数据库中，标识多种表现形式是必要的。例如，PERSON 关系中的一个元组<'Matthew Clarke', '610618', '376-9821'>与 STUDENT 关系中的另一个元组<'301-54-0836', 'CS', 3.8>可能恰好表示现实世界中的同一个实体。除非在设计时就预见到这种情况，并且建立了适当的交叉引用来提供这种标识，否则将无法标识出这两个数据库对象（元组）表示现实世界的同一个实体这一事实。因此，在两个层次将需要标识：

- 区分数据库对象和类。
- 标识数据库对象，并将其关联到现实世界中对应的事物。

在 EER 模型中，模式构造的标识基于模式中构造的唯一命名系统。例如，对于 EER 模式中的每个类，无论它是实体类型、子类、类别，还是关系类型，都必须具有截然不同的名称。特定类的属性名称也必须是不同的。在特化或泛化格或层次中，也需要遵守无歧义地标识属性名称的规则。

在对象层次，使用键属性的值来区分特定实体类型的实体。对于弱实体类型，通过实体自己的部分键值以及属主实体类型中与之相关的实体的组合来标识它们。关系实例则通过它们关联的实体的某种组合来标识，这依赖于所指定的基数比。

4.7.3　特化和泛化

特化是将对象的类分成更特殊子类的过程。泛化是特化的逆过程，用于将多个类泛化成一个更高级的抽象类，它包括所有这些类中的对象。特化是概念上的细化，而泛化是概念上的合成。EER 模型中使用子类来表示特化和泛化。子类与其超类之间的关系称为 IS-A-SUBCLASS-OF 关系，或者简称为 IS-A 关系。这与前面在 4.5.3 节中讨论的 IS-A 关系相同。

4.7.4　聚合与关联

聚合（aggregation）是一个抽象概念，用于从成分对象构建复合对象。在 3 种情况下这个概念可以与 EER 模型相关。第一种情况是：聚合一个对象的属性值以构成整个对象；第二种情况是：将一个聚合关系表示成一个普通关系。第三种情况是：涉及将与特定关系实例相关联的对象组合进一个更高级的聚合对象中的可能性，EER 模型没有明确提供这种情况。当更高级的聚合对象自身与另一个对象相关联时，这有时就是有用的。我们把原始对象与它们的聚合对象之间的关系称为 IS-A-PART-OF；它的逆关系称为 IS-A-COMPONENT-OF。UML 提供了所有这 3 种聚合类型。

关联（association）的抽象用于将来自多个独立类的对象关联起来。因此，它有些类似于聚合的第二种用法。在 EER 模型中，利用关系类型表示它；在 UML 中则通过关联表示。这种抽象关系称为 IS-ASSOCIATED-WITH。

为了更好地理解聚合的不同用法，可以考虑图 4.11(a)中所示的 ER 模式，其中存储了求职者在各个公司面试的信息。COMPANY 类是属性（或成分对象）Cname（公司名称）和 Caddress（公司地址）的聚合，而 JOB_APPLICANT 则是 Ssn、Name、Address 和 Phone

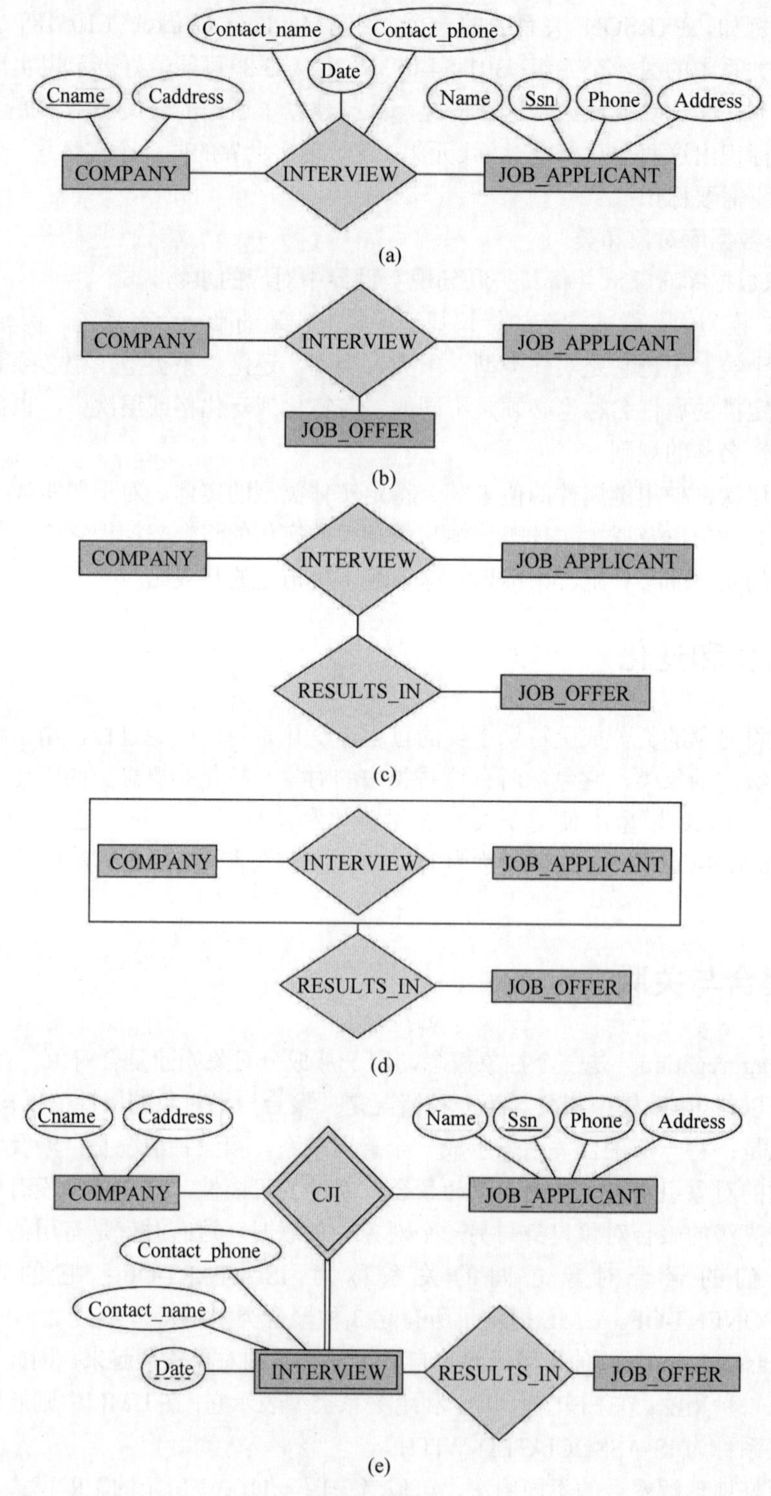

图 4.11　聚合

(a) 关系类型 INTERVIEW；(b) 在三元关系类型中包括 JOB_OFFER（不正确）；(c) 使 RESULTS_IN 关系参与其他关系（在 ER 中不允许）；(d) 使用聚合与复合（分子）对象（一般在 ER 中不允许，但是在一些建模工具中允许）；(e) ER 中的正确表示的聚合。关系属性 Contact_name 和 Contact_phone 代表公司里负责面试的人员的姓名和电话号码。假设一些面试最终提供了工作，而另外一些则没有。我们想要把 INTERVIEW 视作一个类，将其与 JOB_OFFER 相关联。图 4.11(b)中所示的模式是不正确的，因为它要求每个面试关系实例都提供一份工作。图 4.11(c)中所示的模式是不允许的，因为 ER 模型不允许在关系中嵌套关系。

可以使用一种方式来表示这种情况，那就是创建一个更高级的聚合类，它由 COMPANY、JOB_APPLICANT 和 INTERVIEW 组成，并且把这个类与 JOB_OFFER 相关联，如图 4.11(d)中所示。尽管本书中描述的 EER 模型没有这种功能，但是一些语义数据模式允许这样做，并把得到的对象称为**复合对象**（composite object）或**分子对象**（molecular object）。其他模式则以一致的方式处理实体类型和关系类型，因此允许在关系中嵌套关系，如图 4.11(c)中所示。

为了在 ER 模型中正确地表示这里描述的情况，需要创建一个新的弱实体类型 INTERVIEW，如图 4.11(e)所示，并将其与 JOB_OFFER 相关联。因此，通过创建额外的实体类型，总是可以在 ER 模型中正确地表示这些情况，尽管从概念上讲，更希望能够允许直接表示聚合（如图 4.11(d)所示），或者允许在关系中嵌套关系（如图 4.11(c)所示）。

聚合与关联在结构上的主要区别是：当删除关联实例时，参与对象可能继续存在。不过，如果我们支持聚合对象的概念，例如，由对象 ENGINE、CHASSIS 和 TIRES 组成的 CAR，那么删除聚合对象 CAR 就相当于删除它的所有成分对象。

4.7.5　本体和语义 Web

近年来，Web 上可用的计算机化的数据和信息量呈无法控制的螺旋式增长，而且使用了许多不同的模型和格式。除了本书中介绍的数据库模型之外，还有大量的信息是以**文档**（document）形式存储的，与数据库信息相比，文档信息的结构相当少。一个正在进行的项目尝试允许在 Web 上的计算机之间交换信息，该项目称为**语义** Web（Semantic Web），其目标是创建相当通用的知识表示模型，从而允许在机器之间进行有意义的信息交换和搜索。本体的概念被认为是实现语义 Web 目标的最有前景的基础，并且与知识表示密切相关。在本节中，将简要介绍什么是本体，以及如何以本体为基础，实现信息的自动理解、搜索和交换。

本体的研究尝试通过一些常用词汇来描述现实中可能的概念和关系；因此，可以将本体视作一种用于描述现实中某个群体知识的方式。本体的概念源于哲学和形而上学领域。**本体**的一个经常使用的定义是*概念化的规范*[1]。

在这个定义中，**概念化**（conceptualization）是概念和关系的集合，用于表示某个用户群体感兴趣的现实或知识的一部分。**规范**（specification）指用于说明概念化的语言和词汇术语。本体包括规范和概念化。例如，给定两个不同的本体，可以利用两种不同的语言指定同一种概念化。基于这个一般的定义，对于本体到底是什么还没有统一的意见。描述本体的一些可能的方式如下：

1　这个定义是由 Gruber 给出的（1995 年）。

- **词库**（thesaurus）、**字典**（dictionary）或**术语表**（glossary of terms）：描述表示多个概念的词语（词汇）之间的关系。
- **分类学**（taxonomy）：使用与特化或泛化中使用的类似结构，描述特定知识领域的概念是如何相关的。
- 详细的**数据库模式**（database schema）被一些人认为是一种本体，用于描述来自现实的微观世界的概念（实体与属性）和关系。
- **逻辑理论**（logical theory）：使用数学逻辑的概念，尝试定义概念以及它们的相互关系。

通常，用于描述本体的概念类似于我们在概念建模中讨论的概念，例如实体、属性、关系、特化等。本体与（例如）数据库模式之间的主要区别是：数据库模式通常只限于描述来自现实的微观世界的一个小子集，以便存储和管理数据。本体通常被认为更具一般性，这是由于它尝试尽可能完整地描述现实世界或兴趣领域的某一部分（例如，医学术语、电子商务应用、体育运动等）。

4.8 小结

在本章中，讨论了 ER 模型的扩展，用于改进其表示能力。我们把得到的模型称为增强的 ER 模型或 EER 模型。然后介绍了子类及其超类的概念，以及属性/关系继承的相关机制。我们了解到，由于额外的特定属性或特定关系类型，有时需要创建额外的实体类。本章还讨论了用于定义超类/子类层次和格的两个主要过程：特化和泛化。

接下来，我们说明了如何在 EER 图中显示这些新构造，还讨论了可以应用于特化或泛化的多种约束类型。两种主要约束是完全/部分约束和不相交/重叠约束。随后讨论了类别或并类型的概念，它是两个或多个类的并集的一个子集，然后我们给出了介绍的所有概念的形式化定义。

本章还介绍了用于表示特化和泛化的 UML 的一些表示法和术语。在 4.7 节中，简要讨论了知识表示学科，以及它如何与语义数据建模相关联。我们还简述并且总结了各类抽象数据表示概念：分类和实例化、标识、特化和泛化、聚合和关联。最后说明了 EER 和 UML 概念如何与上述每个概念相关联。

复习题

4.1 什么是子类？在数据建模中何时需要子类？

4.2 定义以下术语：子类的超类、超类/子类关系、IS-A关系、特化、泛化、类别、特定（局部）属性和特定关系。

4.3 讨论属性/关系继承的机制，它为什么是有用的？

4.4 讨论用户定义的子类和谓词定义的子类，指出二者之间的区别。

4.5 讨论用户定义的特化和属性定义的特化，指出二者之间的区别。

4.6 讨论特化和泛化上的两种主要约束类型。

4.7　特化层次与特化格之间的区别是什么？

4.8　特化与泛化之间有什么区别？在模式图中为什么没有显示这种区别？

4.9　类别与常规的共享子类有何区别？类别用于什么？请举例说明。

4.10　对于以下每个UML术语（参见3.8节和4.6节），讨论EER模型中的对应术语（如果有的话）：对象、类、关联、聚合、泛化、多重性、属性、鉴别器、链接、链接属性、自反关联和限定关联。

4.11　讨论EER模式图和UML类图的表示法之间的主要区别，可以通过比较二者对公共概念的表示方法来加以讨论。

4.12　列出各个数据抽象概念，以及EER模型中对应的建模概念。

4.13　EER模型中缺少哪种聚合特性？如何进一步增强EER模型以支持它？

4.14　概念数据库建模技术与知识表示技术之间有什么主要的相似之处和区别？

4.15　讨论本体与数据库模式之间的相似之处和区别。

练　习　题

4.16　为你感兴趣的数据库应用设计一种EER模式。指定数据库上应该保留的所有约束。确保该模式至少具有5个实体类型、4个关系类型、一个弱实体类型、一个超类/子类关系、一个类别以及一个n（n > 2）元关系类型。

4.17　考虑图3.21中的BANK ER模式，假设有必要记录不同类型的ACCOUNTS (SAVINGS_ACCTS, CHECKING_ACCTS, …)和LOANS (CAR_LOANS, HOME_LOANS, …)。假设还需记录每个ACCOUNT的TRANSACTIONS（存款、取款、核算、…）以及每个LOAN的PAYMENTS；它们二者都包括金额、日期和时间。使用特化和泛化的ER和EER概念，修改BANK模式。陈述你假定的任何额外需求。

4.18　下面的叙述描述了为夏季奥运会规划的奥林匹克设施的组织结构的一个简化版本。绘制一幅EER图，显示用于这个应用的实体类型、属性、关系和特化。陈述你做出的任何假设。奥林匹克设施被分成若干运动中心，运动中心又被分成单项运动和多项运动这两种类型。多项运动中心具有为每项运动指定的中心区域，它具有位置指示器（例如，中央、东北角等）。运动中心具有：一个位置、首要的负责组织人员、占地总面积等。每个运动中心都具有一系列比赛项目（例如，竞赛馆可能举办不同的竞赛项目）。对于每个比赛项目，都有计划的日期、持续时间、参赛人数、官员人数等。所有官员的花名册将与每位官员将涉及的比赛项目列表维护在一起。各个比赛项目将需要不同的设备（例如，球门柱、撑杆、双杠等），并且需要对它们进行维护。两类设施（单项运动和多项运动）将具有不同类型的信息。对于每一种类型，将会保存所需设施的数量，以及大致的预算。

4.19　标识下面描述的图书馆数据库案例研究中表示的所有重要概念。特别是，要标识出分类（实体类型和关系类型）、聚合、标识以及特化/泛化这些抽象。尽可能指定(min, max)基数约束。列出将会影响最终设计但是不会影响概念设计的细节。单独列出语义约束。绘制该图书馆数据库的EER图。

案例研究：佐治亚理工学院图书馆（GTL）具有大约 1.6 万名会员、10 万个书名以及 25 万册图书（每本书平均有 2.5 个副本）。随时都有大约 10%的图书被借出。图书管理员确保会员们在借书时可以借到想要的图书。此外，图书管理员还必须知道在给定的时间有多少个副本在图书馆或已经借出。图书目录可以联机获得，它将图书按作者、书名和主题领域的方式列出。对于图书馆中的每本图书，图书目录都会保存该书的描述信息；这些信息少则一句话，多则几页纸。当会员查询图书的信息时，参考咨询馆员希望能够访问这些描述信息。图书馆职员包括图书馆负责人、部门副馆员、参考咨询馆员、借书处工作人员和图书馆助理。

图书可以借出 21 天。会员一次只允许借阅 5 本书，并且通常要在 3 周到 4 周内归还图书。大多数会员都知道在给他们发送通知书之前有一周的宽限期，因此他们将尽量在宽限期截止之前归还图书。必须给大约 5%的会员发送催书单以提醒他们归还图书。大多数逾期未还的图书能够在到期日之后的一个月内归还。大约 5%的逾期未还图书仍会留在借阅者手中或者永远都不会归还。图书馆的最活跃会员被定义为那些一年间至少借阅 10 次图书的人。1%的最活跃会员进行了 15%的借阅活动，10%的最活跃会员则进行了 40%的借阅活动。大约 20%的会员完全不活跃，这是由于虽然他们是会员，但是从未借阅过图书。

要成为图书馆的会员，申请者需填写一张表格，包括他们的 SSN、校园和家庭通信地址以及电话号码。然后图书管理员发放一张带编号的、机器可读的卡片，卡上带有会员的照片，它的有效期是 4 年。在卡片过期前一个月会寄送一张通知书，通知会员进行续会。学院的教授将自动成为会员。当有新教员加入学院时，可以从雇员记录中提取他或她的信息，并将一张借书证邮寄到其所在的校园地址。教授将允许将书借出 3 个月的时间，并且具有 2 周的宽限期。给教授的续会通知会寄送到他们的校园地址。

该图书馆将不会借出一些图书，例如参考书、稀有图书和地图之类的图书。图书管理员必须区分可以借出和不可借出的图书。此外，图书管理员还具有一份列表，其中记录着一些他们有意获取但又无法获得的图书，例如稀有图书或者不再发行的图书，以及那些丢失或损坏但还没有更换的图书。图书管理员必须具有一个系统，用于记录那些不能借出以及他们有意获取的图书。一些图书可能具有相同的书名；因此，不能把书名用作标识图书的方式。每本图书都是通过它的国际标准书号（International Standard Book Number，ISBN）来标识的，ISBN 是分配给所有图书的唯一国际代码。两本同名图书如果是以不同的语言编写的或者具有不同的装帧（精装或平装），它们就可以具有不同的 ISBN。同一本书的各个版本也具有不同的 ISBN。

提议的数据库系统必须设计成可以记录会员、图书、目录和借阅活动。

4.20 设计一个数据库，用于记录一个艺术博物馆的信息。假定已经收集了以下需求：

- 博物馆具有收藏品 ART_OBJECTS。每一件 ART_OBJECT 都具有唯一的 Id_no、Artist（如果知道的话）、Year（创建它的时间，如果知道）、Title 和 Description。艺术品按如下讨论的几种方式进行分类。
- ART_OBJECTS：基于它们的类型进行分类。主要有 3 种类型：PAINTING、SCULPTURE 和 STATUE，以及另一个称为 OTHER 的类型，用于包括不属于 3

种主要类型之一的对象。

- PAINTING：具有 Paint_type（油画、水彩画等）、作画用的材料 Drawn_on（纸张、帆布、木料等）和 Style（现代派、抽象派等）。
- SCULPTURE 或雕塑：具有制作原料 Material（木料、石料等）、Height、Weight 和 Style。
- OTHER 类别中的艺术品具有 Type（印刷品、照片等）和 Style。
- ART_OBJECT 被分类为 PERMANENT_COLLECTION（归博物馆所有的艺术品）和 BORROWED。关于 PERMANENT_COLLECTION 中的艺术品的信息包括：Date_acquired、Status（正在展出、借出或收藏）和 Cost。关于 BORROWED 艺术品的信息包括：借出它的 Collection、Date_borrowed 和 Date_returned。
- 对于每件 ART_OBJECT 还具有以下信息：描述它们的原产国家或文化的信息 Origin（意大利、埃及、美国、印度等）以及 Epoch（文艺复兴时期、现代、古代等）。
- 博物馆将记录 ARTIST 信息（如果知道）：Name、DateBorn（如果知道）、Date_died（如果不在世的话）、Country_of_origin、Epoch、Main_style 和 Description。假定 Name 是唯一的。
- 当举行不同的 EXHIBITIONS 时，每个展览都具有 Name、Start_date 和 End_date。EXHIBITIONS 与展览期间展示的所有艺术品都相关。
- 数据库中要保存该博物馆将会打交道的其他 COLLECTIONS 的信息，包括：Name（唯一）、Type（博物馆、个人等）、Description、Address、Phone 和当前的 Contact_person。

绘制这个应用的EER模式图。讨论你做出的任何假设，然后证明你的EER设计选择是合理的。

4.21　图4.12显示了一个小型的私人飞机场数据库的EER图的示例；该数据库用于记录飞机、飞机的所有者、机场雇员及飞行员的信息。从该数据库的需求可以看出，需要收集以下信息：每架飞机AIRPLANE都具有一个登记号[Reg#]，它属于特定的飞机类型[OF_TYPE]，并且存储在特定的飞机设备库中[STORED_IN]。每种飞机类型PLANE_TYPE都具有型号[Model]、容量[Capacity]和重量[Weight]。每个HANGAR都具有编号[Number]、容量[Capacity]和位置[Location]。该数据库还会记录每架飞机的所有者OWNER的信息[OWNS]，以及维护飞机的雇员EMPLOYEE的信息[MAINTAIN]。OWNS中的每个关系实例都把一架飞机AIRPLANE与一个所有者OWNER相关联，并且包括购买日期[Pdate]。MAINTAIN中的每个关系实例则将一个雇员EMPLOYEE与其维修服务记录[SERVICE]相关联。每架飞机都被维修过许多次；因此，它通过[PLANE_SERVICE]与许多条SERVICE记录相关联。一条SERVICE记录包括以下属性：维护的日期[Date]、维护工作所耗费的时间[Hours]以及维护工作的类型[Work_code]。我们使用一种弱实体类型[SERVICE]来表示飞机维修服务，因为飞机登记号用于标识维修服务记录。OWNER要么是一个人，要么是一家公司。因此，我们使用并类型（类别）[OWNER]，它是公司[CORPORATION]和个人[PERSON]实体类型的并集的一个子集。飞行员[PILOT]和雇员[EMPLOYEE]都是PERSON的子类。每个PILOT都具有以下特定属性：执照号[Lic_num]和限制[Restr]；每个EMPLOYEE也都具有以下特定属性：薪水[Salary]和轮班[Shift]。数据库中的所有PERSON实体都会保存一些数据，记录着以下属性：社会安全号[Ssn]、姓名[Name]、地址[Address]和电话号码[Phone]。对于CORPORATION实体，保存的数据包括：名称[Name]、地址[Address] 和电话号码[Phone]。该数据库还将记录每个飞行员被授权驾驶的飞机类型[FLIES]，以及每个雇员可以维护的飞机类型[WORKS_ON]。说明如何利用UML表示法来表示图4.12中所示的SMALL_AIRPORT的EER模式（注意：我们没有讨论如何利用UML表示类别（并类型），因此在这个问题和下一个问题中不必将类别映射到UML中）。

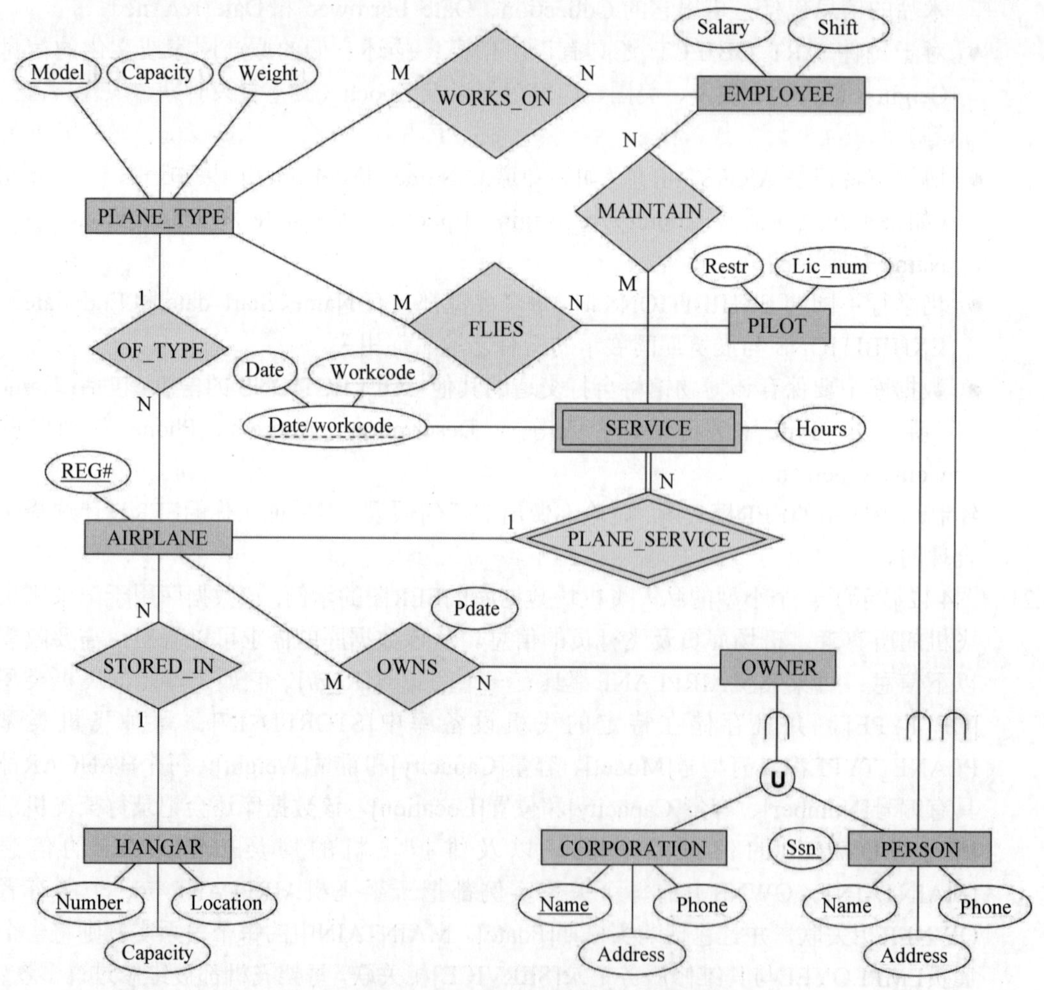

图 4.12 SMALL_AIRPORT 数据库的 EER 模式

4.22 利用UML表示法来表示图4.9中所示的UNIVERSITY的EER模式。

4.23 考虑下表中所示的实体集和属性。在每行的其中一列中标出一个记号，指示最左边的列与最右边的列之间的关系。

a. 左边与右边具有一个关系。

b. 右边是左边的一个属性。

c. 左边是右边的一个特化。

d. 左边是右边的一个泛化。

实体集	(a) 与其有一个关系	(b) 具有一个属性	(c) 是其特化	(d) 是其泛化	实体集或属性
1. MOTHER					PERSON
2. DAUGHTER					MOTHER
3. STUDENT					PERSON
4. STUDENT					Student_id
5. SCHOOL					STUDENT
6. SCHOOL					CLASS_ROOM
7. ANIMAL					HORSE
8. HORSE					Breed
9. HORSE					Age
10. EMPLOYEE					SSN
11. FURNITURE					CHAIR
12. CHAIR					Weight
13. HUMAN					WOMAN
14. SOLDIER					PERSON
15. ENEMY_COMBATANT					PERSON

4.24 绘制在数据库中存储象棋游戏过程的UML图。在http://www.chessgames.com上可以查看到一个应用，它与你正在设计的应用类似。清楚陈述你在UML图中做出的任何假设。对该领域可以做出如下假设：

（1）象棋游戏是在两位玩家之间进行的。

（2）游戏的棋盘为 8 × 8 大小，如下图所示：

（3）玩家在游戏开始时将被指定为执黑色或执白色。

（4）每位玩家在开始时拥有以下子（传统上称为棋子）：

a. 一个王

b. 一个后

c. 两个车

d. 两个象

e. 两个马

f. 8 个兵

（5）每个子都有它们的初始位置。

（6）根据游戏规则，每个子都有其一组规定的走子方式。除了以下问题之外，不需要担心每一步的走法是否符合规则：

a. 一个子可以移到一个空格子上或者吃掉对方的子。

b. 如果一个子被吃掉，将被移出棋盘。

c. 如果一个兵移到最后一行，它将获得“晋升”，变成另一个子（后、车、象或马）。

注意：其中一些功能可能散布在多个类中。

4.25 绘制练习题4.24中描述的象棋游戏的EER图。重点关注系统的持久存储方面。例如，系统将需要按顺序检索出玩过的每一局游戏的所有走法。

4.26 下列EER图中哪些是不正确的，为什么？清楚陈述你所做出的任何假设。

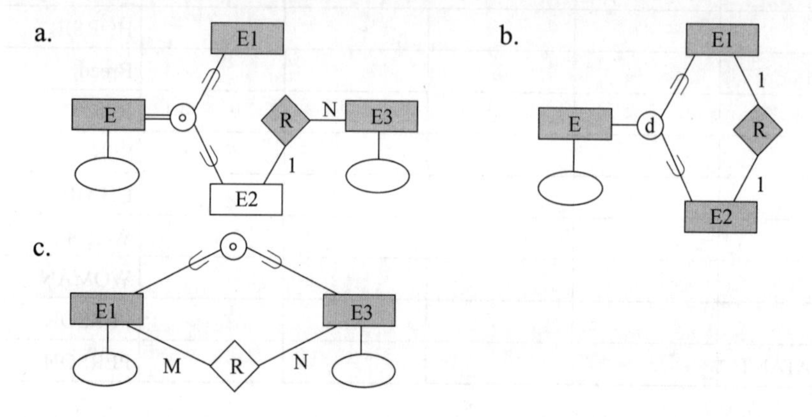

4.27 考虑下列描述某公司计算机系统的EER图。为每个实体类型提供你自己的属性和键。提供最大基数比约束，证明你的选择是合理的。写出完整的叙述性描述，说明该EER图表示什么。

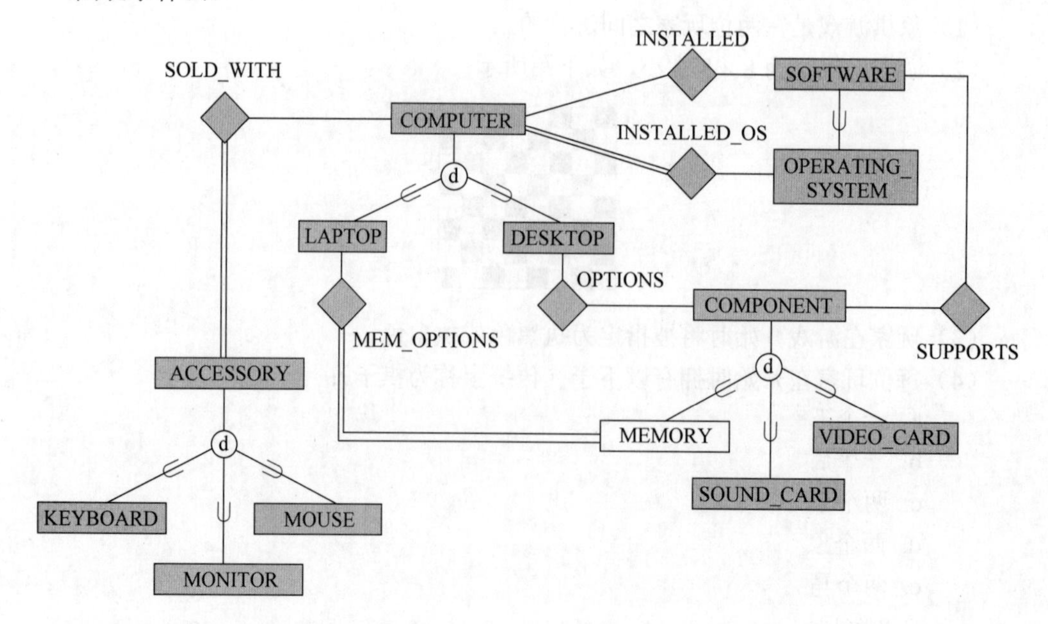

实　验　题

4.28 考虑一个GRADE_BOOK数据库，其中某个院系内的老师将记录他们班上的各个学生所获得的分数。数据需求总结如下：

- 每名学生都通过唯一的标识符、名字和姓氏以及电子邮件地址来标识。
- 每位老师都会在每个学期讲授某些课程。每门课程都通过课程编号、单元编号以及讲授它的学期来标识。对于他或她讲授的每门课程，老师都要指定所需的最低分数，以获得字母等级 A、B、C、D 和 F。例如，90 分为 A，80 分为 B，70 分为 C，等等。
- 学生将报名参加老师讲授的每一门课程。
- 每门课程都具有许多评分标准（例如期中考试、期末考试、项目等）。每个评分标准都有最高分（例如 100 或 50）和权重（例如 20%或 10%）。每门课程的所有评分标准的权重之和通常是 100。
- 最后，老师要记录每名学生在每门课程的每个评分标准中获得的分数。例如，学生 1234 在 2009 年秋季学期开设的 CS2310 课程的第 2 单元的期中考试中获得 84 分。可以规定期中考试的评分标准为：最高分为 100 分，并在课程成绩中占 20%的权重。

为上述的GRADE_BOOK数据库设计增强的实体-关系图，并且使用诸如ERwin或Rational Rose之类的数据建模工具构建设计。

4.29 考虑一个ONLINE_AUCTION数据库系统，其中会员（买方和卖方）参与商品买卖。这个系统的数据需求总结如下：

- 在线站点具有会员，其中每个会员都通过唯一的会员号来标识，并通过电子邮件地址、姓名、密码、家庭地址和电话号码来描述。
- 会员可能是买方或卖方。数据库中记录了买方的邮寄地址，以及卖方的银行账号和汇款路径号码。
- 买卖商品由卖方提出，由系统分配的唯一商品编号进行标识。商品也通过商品名称、说明、起拍价、拍价增长幅度、拍卖起始日期和拍卖结束日期进行描述。
- 商品也基于固定的分类层次进行分类（例如，调制解调器可能被分类为 COMPUTER → HARDWARE → MODEM）。
- 买方对他们感兴趣的商品出价。将会记录出价金额和出价时间。拍卖结束时，将宣布出价最高者中标，买方和卖方然后就可以进行交易。
- 买方和卖方可能记录关于他们完成的交易的反馈信息。反馈包含参与交易的另一方的评分（1~10）和评论。

为ONLINE_AUCTION数据库设计增强的实体-关系图，并且使用诸如ERwin或Rational Rose之类的数据建模工具构建设计。

4.30 考虑诸如美国职业棒球大联盟之类的棒球组织的数据库系统。数据需求总结如下：

- 联盟中涉及的人员包括选手、教练、经理和裁判员。每个人都通过唯一的人员 ID

标识。也通过他们的名字和姓氏以及出生日期和地点来描述他们。

- 选手还通过其他属性（例如他们的击球方向（左、右或兼备））进一步地描述他们，并且具有终生安打率（BA）。
- 选手组内有一个子集，称为投手。投手具有与他们关联的终生ERA（投手责任得分率）。
- 球队通过它们的名字唯一标识，并通过它们所在的城市以及它们效力的区域和联盟来描述（例如美联中区队）。
- 每支球队都有一位经理、许多教练和许多选手。
- 比赛是在特定日期在两支球队之间进行的，其中一支球队被指定为主队，另一支被指定为客队。将记录每支球队的分数（得分、击中和失误）。具有最高得分的球队将被宣布为比赛的胜者。
- 每场比赛结束后，将会记录获胜和失败的投球手。如果有救援成功的奖励，也将记录救援的投球手。
- 每场比赛结束后，还将记录每位选手获得的击中数量（一垒打、二垒打、三垒打和本垒打）。

为BASEBALL数据库设计增强的实体-关系图，并且使用诸如ERwin或Rational Rose之类的数据建模工具构建设计。

4.31 考虑图4.9中所示的UNIVERSITY数据库的EER图。使用诸如ERwin或Rational Rose之类的数据建模工具构建这个设计。列出本书中的图形表示法与使用此类工具得到的对应等价的图形表示法之间的区别。

4.32 考虑图4.12中所示的小型AIRPORT数据库的EER图。使用诸如ERwin或Rational Rose之类的数据建模工具构建这个设计。注意如何为图中的OWNER类别建模（提示：考虑使用CORPORATION_IS_OWNER和PERSON_IS_OWNER作为两个不同的关系类型）。

4.33 考虑练习题3.16中描述的UNIVERSITY数据库。在实验题3.31中，你已经使用诸如ERwin或Rational Rose之类的数据建模工具为这个数据库开发了ER模式。修改这幅图，将COURSES分类为UNDERGRAD_COURSES或GRAD_COURSES，以及将INSTRUCTORS分类为JUNIOR_PROFESSORS或SENIOR_PROFESSORS。包括适合这些新实体类型的属性。然后建立一些关系，指示初级教师讲授大学生课程，而高级教师则讲授研究生课程。

选读文献

许多论文都提出了概念或语义数据模型。在此将给出一份有代表性的列表。一组论文介绍了基于二元关系概念的语义模型，包括Abrial（1974）、Senko的DIAM模型（1975）、NIAM方法（Verheijen和VanBekkum，1982）以及Bracchi等（1976）。另一组早期的论文讨论了用于扩展关系模型以增强其建模能力的方法，其中包括：Schmid和Swenson（1975）、Navathe和Schkolnick（1978）、Codd的RM/T模型（1979）、Furtado（1978），以及Wiederhold

和 Elmasri 的结构模型（1979）。

ER 模型是由 Chen 首次提出的（1976），并在 Ng 中给出了形式化定义（1981）。从那时起，人们对其建模能力提议了大量扩展，例如 Scheuermann 等（1979）、Dos Santos 等（1979）、Teorey 等（1986）、Gogolla 和 Hohenstein（1991）以及 Elmasri 等的实体-类别-关系（ECR）模型（1985）。Smith 和 Smith（1977）介绍了泛化和聚合的概念。Hammer 和 McLeod（1981）的语义数据模型介绍了类/子类格的概念，以及其他高级建模概念。

语义数据建模的综述出现在 Hull 和 King（1987）中。Eick（1991）讨论了概念模式的设计和变换。Soutou（1998）给出了 n 元关系约束的分析。Booch、Rumbaugh 和 Jacobson（1999）详细描述了 UML。Fowler 和 Scott（2000）以及 Stevens 和 Pooley（2000）简明介绍了 UML 概念。

Fensel（2000、2003）讨论了语义 Web 以及本体的应用。Uschold 和 Gruninger（1996）以及 Gruber（1995）讨论了本体。2002 年 6 月发行的 *Communications of the ACM* 专门介绍了本体概念和应用。Fensel（2003）讨论了本体和电子商务。

第 3 部 分

关系数据模型和 SQL

第 5 章　关系数据模型和关系数据库约束

本章作为本书第 3 部分讨论关系数据库的开篇。关系数据模型最初是由 IBM Research 的 Ted Codd 于 1970 年在一篇经典论文（Codd，1970）中提出的，由于它比较简单并以数学为基础，因此立即引起了人们的注意。该模型使用一个看起来有些类似于值表的数学关系（mathematical relation）概念作为其基本构件，并以集合论和一阶谓词逻辑作为它的理论基础。在本章中，将讨论这种模型的基本特征及其约束。

关系模型的商业实现最初出现于 20 世纪 80 年代早期，例如 IBM 公司的 MVS 操作系统上的 SQL/DS 系统和 Oracle DBMS。从那时起，在大量的商业系统以及许多开源系统中都实现了该模型。当前流行的商业性关系 DBMS（RDBMS）包括 DB2（来自 IBM）、Oracle（来自 Oracle）、Sybase DBMS（现在来自 SAP），以及 SQL Server 和 Microsoft Access（来自 Microsoft）。此外，还有多个开源系统可用，例如 MySQL 和 PostgreSQL。

由于关系模型的重要性，本书的第 3 部分都专门用于介绍这种模型以及一些与之关联的语言。在第 6 章和第 7 章中，将描述 SQL 的一些方面，SQL 是一种全面的模型和语言，并且是商业性关系 DBMS 的标准（SQL 的额外方面将在其他章中介绍）。第 8 章将介绍关系代数的操作以及关系演算，它们是与关系模型关联的两种形式化语言。关系演算被认为是 SQL 语言的基础，而关系代数则广泛用在许多数据库实现的内部构件中，用于查询处理和优化（参见本书第 8 部分）。

关系模型的其他特性将在本书的后续部分中介绍。第 9 章将把关系模型数据结构与 ER 和 EER 模型（在第 3 章和第 4 章中介绍）关联起来，并将介绍用于设计关系数据库模式的算法，这些算法把 ER 或 EER 模型中的概念模式映射成关系表示。许多数据库设计和 CASE[1] 工具都纳入了这些映射。第 4 部分的第 10 章和第 11 章将讨论用于访问数据库系统的编程技术，以及通过 ODBC 和 JDBC 标准协议连接到关系数据库的概念。在第 11 章中还将介绍 Web 数据库编程的主题。第 6 部分的第 14 章和第 15 章将介绍关系模式的另一个方面，即函数依赖和多值依赖的形式化约束；这些依赖用于开发基于规范化（normalization）概念的关系数据库设计理论。

在本章中，将重点描述数据的关系模式的基本原理。首先将在 5.1 节中定义关系模型的建模概念和表示法。5.2 节专门用于讨论关系约束，它们被认为是关系模型的一个重要部分，并且在大多数关系 DBMS 中自动实施它们。5.3 节将定义关系模型的更新操作，讨论如果处理违反完整性约束的情况，并将介绍事务的概念。5.4 节对本章做了总结。

本章和第 8 章将重点介绍关系模型的形式化基础，而第 6 章和第 7 章则重点介绍 SQL

1　CASE 代表计算机辅助的软件工程（computer-aided software engineering）。

实际的关系模型，它是大多数商业和开源关系 DBMS 的基础。许多概念在形式化模型与实际模型之间是通用的，但是也存在少数区别，我们将指出它们。

5.1 关系模型概念

关系模型将数据库表示为*关系*的集合。非正式地讲，每个关系都类似于一个值表，或者在某种程度上类似于记录的一个*平面*（flat）文件。之所以称之为**平面文件**（flat file），是因为每条记录都具有一个简单的线性或*平面*结构。例如，图 1.2 中所示的文件数据库就类似于基本的关系模型表示。不过，如我们很快将看到的，关系与文件之间具有重要的区别。

当把关系视作值**表**（table）时，表中的每一行都代表一个相关数据值的集合。表中的一行代表一个事实，它通常对应于现实世界的实体或关系。表名和列名用于帮助解释每一行中的值的含义。例如，图 1.2 中的第一个表名为 STUDENT，因为其中的每一行都表示关于一个特定学生实体的事实。列名（Name、Student_number、Class 和 Major）指定如何基于每个值所在的列来解释每一行中的数据值。同一列中的所有值都具有相同的数据类型。

在正式的关系模型术语中，将行称为*元组*，将列标题称为*属性*，并将表称为*关系*。数据类型描述了值的类型，通过可能的值域来表示可以出现在每一列中的值。现在将正式定义下面这些术语：域、元组、属性和关系。

5.1.1 域、属性、元组和关系

域（domain）D 是原子值的集合。就形式化的关系模型而言，**原子**（atomic）意指域中的每个值都是不可分的。指定一个域的常用方法是：指定一种数据类型，构成域的值都将取自该数据类型。指定一个域名也是有用的，这样将有助于解释它的值。域的一些示例如下：

- Usa_phone_numbers：在美国有效的 10 位电话号码集合。
- Local_phone_numbers：在美国的一个特定区域内有效的 7 位电话号码集合。这种本地电话号码的使用正迅速变得过时，并且被标准的 10 位电话号码所取代。
- Social_security_numbers：有效的 9 位社会安全号的集合（在美国，这是出于就业、纳税和福利的目的，分配给每个人的唯一标识符）。
- Names：表示人名的字符串集合。
- Grade_point_averages：计算的平均成绩的可能值；每个值必须是 0~4 的一个实数（浮点数）。
- Employee_ages：公司里的雇员的可能年龄；每个值必须是 15~80 的一个整数值。
- Academic_department_names：大学里院系名称的集合，例如 Computer Science（计算机科学系）、Economics（经济系）和 Physics（物理系）。
- Academic_department_codes：院系代码的集合，例如“CS”“ECON”和“PHYS”。

上述示例称为域的*逻辑定义*。还要为每个域指定**数据类型**（data type）或**格式**（format）。

例如，可以将 Usa_phone_numbers 域的数据类型声明为一个形如(ddd)ddd-dddd 的字符串，其中每个 d 都是一个数值型（十进制）数字，并且前 3 位数字构成一个有效的电话区号。Employee_ages 的数据类型是一个 15~80 的整数。对于 Academic_department_names，其数据类型是表示有效系名称的所有字符串的集合。因此，要给域提供名称、数据类型和格式。还可以提供额外的信息，用于解释域中的值；例如，诸如 Person_weights 之类的数字域应该具有计量单位，例如磅或千克。

关系模式（relation schema）[1]R 用 $R(A_1, A_2,\cdots, A_n)$表示，它由关系名称 R 和属性列表 $A_1, A_2, \cdots, A_n$ 组成。每个**属性**（attribute）A_i 都是某个域 D 在关系模式 R 中所扮演的角色的名称。D 称为 A_i 的域，用 $dom(A_i)$表示。关系模式用于描述关系；R 称为这个关系的**名称**（name）。关系的**度**（degree）或**元**（arity）是其关系模式的属性个数 n。

下面的关系存储关于大学生的信息，它的度为 7，其中包含 7 个属性，用于描述每名学生，如下：

```
STUDENT(Name, Ssn, Home_phone, Address, Office_phone, Age, Gpa)
```

使用每个属性的数据类型，有时可将该定义写为：

```
STUDENT(Name: string, Ssn: string, Home_phone: string, Address: string,
Office_phone: string, Age: integer, Gpa: real)
```

对于这个关系模式，STUDENT 是关系的名称，它具有 7 个属性。在上面的定义中，显示可以给属性分配诸如 string 或 integer 之类的通用类型。更确切地讲，可以为 STUDENT 关系的其中一些属性指定下面这些以前定义的域：dom(Name) = Names，dom(Ssn) = Social_security_numbers，dom(HomePhone) = USA_phone_numbers[2]，dom(Office_phone) = USA_phone_numbers，dom(Gpa) = Grade_point_averages。也可以通过属性在关系内的位置来引用它们；因此，STUDENT 关系的第二个属性是 Ssn，第四个属性则是 Address。

关系模式 $R(A_1, A_2, \cdots, A_n)$的**关系**（relation）或**关系状态**（relation state）[3]r 也可以表示成 r(R)，它是一个 n 元元组的集合，即 $r = \{t_1, t_2,\cdots, t_m\}$。每个 **n 元元组**（n-tuple）t 是 n 个值的有序列表，即 $t =<v_1, v_2,\cdots, v_n>$，其中每个值 v_i（$1 \leqslant i \leqslant n$）都是 $dom(A_i)$的一个元素，或者是一个特殊的 NULL 值（在下面和 5.1.2 节中将进一步讨论 NULL 值）。元组 t 中的第 i 个值对应于属性 A_i，可表示为 $t[A_i]$或 $t.A_i$（如果使用位置表示法，则可表示为 t[i]）。**关系内涵**（relation intension）和**关系外延**（relation extension）这两个术语也经常使用，它们分别用于关系模式 R 和关系状态 r(R)。

图 5.1 显示了一个 STUDENT 关系的示例，它对应于刚才指定的 STUDENT 模式。关系中的每个元组都表示一个特定的学生实体（或对象）。我们将关系显示为一个表，其中将每个元组显示为一行，并且每个属性对应一个列标题，指示该列中的值的角色或解释。

1　关系模式（relation schema）有时也称为 relation scheme。

2　由于移动电话数量激增，导致电话号码的数量也随之大量增加，使得美国的大多数大都市现在都具有多个区号，因此在大多数地区就不能再使用 7 位的本地拨号了。我们把这个域改为 Usa_phone_numbers，以代替 Local_phone_numbers，它是更一般的选择。这也说明了数据库需求可能随着时间的推移而改变。

3　它也被称为**关系实例**（relation instance）。我们将不会使用这个术语，因为实例也用于指示单个元组或行。

NULL 值表示对于某个单独的 STUDENT 元组其值未知或者不存在的属性。

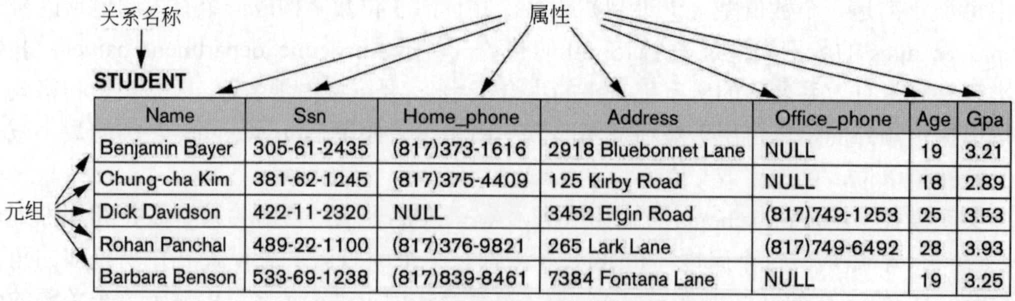

关系名称　属性

STUDENT

元组

Name	Ssn	Home_phone	Address	Office_phone	Age	Gpa
Benjamin Bayer	305-61-2435	(817)373-1616	2918 Bluebonnet Lane	NULL	19	3.21
Chung-cha Kim	381-62-1245	(817)375-4409	125 Kirby Road	NULL	18	2.89
Dick Davidson	422-11-2320	NULL	3452 Elgin Road	(817)749-1253	25	3.53
Rohan Panchal	489-22-1100	(817)376-9821	265 Lark Lane	(817)749-6492	28	3.93
Barbara Benson	533-69-1238	(817)839-8461	7384 Fontana Lane	NULL	19	3.25

图 5.1　关系 STUDENT 的属性和元组

对于以前的关系定义，可以使用集合论的概念更正式地重新表述如下：关系（或关系状态）r(R)是定义在域 $dom(A_1), dom(A_2), \cdots, dom(A_n)$上的度为 n 的**数学关系**（mathematical relation），它是定义 R 的域的**笛卡儿积**（Cartesian product，用×表示）的**子集**（subset）：

$$r(R) \subseteq (dom(A_1) \times dom(A_2) \times \cdots \times (dom(A_n))$$

笛卡儿积指定了来自基础域的值的所有可能组合。因此，如果用|D|表示域 D 中的值的总个数或者**基数**（cardinality）（假定所有的域都是有限的），那么笛卡儿积中的元组总个数将是：

$$|dom(A_1)| \times |dom(A_2)| \times \cdots \times |dom(A_n)|$$

所有域的基数的这个乘积表示任何关系状态 r(R)中可以存在的可能实例或元组的总数。在所有这些可能的组合中，给定时间的关系状态（即**当前关系状态**（current relation state））只反映了代表现实世界的特定状态的有效元组。一般而言，随着现实世界的状态发生改变，关系状态也会随之改变，并转换成另一种关系状态。不过，模式 R 是相对静态的，极少发生改变。例如，对于关系中最初没有存储的新信息，可以添加一个属性来表示它。

可以使多个属性具有相同的域。属性名称指示域的不同**角色**（role）或解释。例如，在 STUDENT 关系中，同一个域 USA_phone_numbers 既扮演了 Home_phone 的角色，指示学生的家庭电话，又扮演了 Office_phone 的角色，指示学生的办公室电话。第三个具有相同域的可能属性（未显示）是 Mobile_phone。

5.1.2　关系的特征

前面的关系定义暗示：某些特征使关系有别于文件或表。现在将讨论其中一些特征。

关系中的元组顺序

关系被定义为元组的集合。数学上讲，集合的元素当中是无序的；因此，关系中的元组没有任何特定的顺序。换句话说，关系对元组的顺序不敏感。不过，在文件中，记录是物理地存储在磁盘上（或内存中）的，因此记录当中总会存在一种顺序。这种顺序指示文件中的第一条、第二条、第 i 条和最后一条记录。类似地，当把关系显示为一个表时，将以某种顺序显示行。

元组顺序并不是关系定义的一部分，这是因为关系尝试在逻辑或抽象层次表示事实。

在同一个关系上可以指定许多种元组顺序。例如，对于图 5.1 中的 STUDENT 关系中的元组，可以按 Name、Ssn、Age 或其他某个属性的值进行排序。关系的定义不会指定任何顺序：一种排序方式不会优先于另一种排序方式。因此，图 5.2 中所示的关系被认为与图 5.1 中所示的关系完全相同。当把关系实现为文件或者显示为表时，可能在文件的记录上或者在表的行上指定特定的排序方式。

STUDENT

Name	Ssn	Home_phone	Address	Office_phone	Age	Gpa
Dick Davidson	422-11-2320	NULL	3452 Elgin Road	(817)749-1253	25	3.53
Barbara Benson	533-69-1238	(817)839-8461	7384 Fontana Lane	NULL	19	3.25
Rohan Panchal	489-22-1100	(817)376-9821	265 Lark Lane	(817)749-6492	28	3.93
Chung-cha Kim	381-62-1245	(817)375-4409	125 Kirby Road	NULL	18	2.89
Benjamin Bayer	305-61-2435	(817)373-1616	2918 Bluebonnet Lane	NULL	19	3.21

图 5.2　图 5.1 中的关系 STUDENT，它具有不同的元组顺序

元组内的值排序和关系的替代定义

依据关系的上述定义，n 元元组是 n 个值的有序列表，因此元组中的值排序方式（即关系中的属性顺序）很重要。不过，在更抽象的层次上，只要维持属性与值之间的对应关系，那么属性及其值的顺序并不是那么重要。

可以给出关系的**替代定义**（alternative definition），它使得在元组中对值进行排序是不必要的。在这个定义中，关系模式 $R = \{A_1, A_2,\cdots, A_n\}$是属性的集合（而不是属性的有序列表），而关系状态 r(R)则是映射 $r = \{t_1, t_2,\cdots, t_m\}$的有限集合，其中每个元组 t_i 都是一个从 R 到 D 的**映射**（mapping），并且 D 是属性域的**并集**（union，用∪表示）；也就是说，$D = dom(A_1) \cup dom(A_2) \cup \cdots \cup dom(A_n)$。在这个定义中，对于 r 中的每个映射 t，$t[A_i]$必须在 $dom(A_i)$中（$1 \leqslant i \leqslant n$）。每个映射 t_i 都称为一个元组。

依据这个将元组作为映射的定义，可以将**元组**（tuple）视作（<属性>，<值>）对的**集合**（set），其中每个（<属性>，<值>）对都会给出从属性 A_i 到 $dom(A_i)$中的值 v_i 的映射的值。属性的顺序并不重要，因为*属性名*是与它的值一起出现的。根据这个定义，图 5.3 中所示的两个元组是完全相同的。这在抽象层次上是有意义的，因为确实没有理由使元组中的一个属性值必须出现在另一个值之前。当把属性名和值一起包括在元组中时，就称之为**自描述数据**（self-describing data），因为每个值的描述（属性名）都包括在元组中。

t = < (Name, Dick Davidson),(Ssn, 422-11-2320),(Home_phone, NULL),(Address, 3452 Elgin Road),
(Office_phone, (817)749-1253),(Age, 25),(Gpa, 3.53)>

t = < (Address, 3452 Elgin Road),(Name, Dick Davidson),(Ssn, 422-11-2320),(Age, 25),
(Office_phone, (817)749-1253),(Gpa, 3.53),(Home_phone, NULL)>

图 5.3　当属性和值的顺序不是关系定义的一部分时，以上两个元组是完全相同的

我们将主要使用关系的**第一种定义**（first definition），其中关系模式内的属性是有序的，而元组内的值也是类似有序的，因为这样可以大大简化表示法。不过，这里给出的替代定

义更通用[1]。

元组中的值和 NULL

元组中的每个值都是一个**原子**（atomic）值；也就是说，它在基本关系模型的框架内是不可再分的。因此，不允许有复合属性和多值属性（参见第 3 章）。这种模型有时也称为**平面关系模型**（flat relational model）。关系模型背后的大量理论是在一种假设的基础上发展起来的，这种假设称为**第一范式**（first normal form）假设[2]。因此，必须通过单独的关系来表示多值属性，而复合属性则只能在基本关系模型中通过它们的简单组成属性来表示[3]。

一个重要的概念是 NULL 值，它们用于表示一些可能未知或者不适用于某个元组的属性的值。在这些情况下，就使用一个称为 NULL 的特殊值。例如，在图 5.1 中，一些 STUDENT 元组的办公室电话就具有 NULL 值，因为学生没有办公室（也就是说，办公室电话不适用于这些学生）。另一名学生的家庭电话具有 NULL 值，这大概是由于他家中没有装电话，或者他家中有电话但是我们不知道它（值*未知*）。一般来讲，NULL 值可能具有多种含义，例如：值未知（value unknown）、**值**（value）存在但是**不可用**（not available）或者**属性不适用**（attribute does not apply）于这个元组（也称为**值未定义**（value undefined））。例如，如果向 STUDENT 关系中添加一个属性 Visa_status，它只适用于表示留学生的元组，那么将出现最后一种 NULL 类型。可以为不同含义的 NULL 值类型设计不同的代码。事实证明，把不同类型的 NULL 值纳入关系模型操作中比较困难，并且超出了本书介绍的范围。

当与其他值一起进行算术聚合或比较操作时，需要知道 NULL 值的准确含义。例如，两个 NULL 值的比较操作将会导致歧义——如果客户 A 和 B 都具有 NULL 地址，并不意味着他们具有相同的地址。在数据库设计期间，最好尽可能地避免 NULL 值。在第 7 章和第 8 章介绍操作和查询时以及在第 14 章介绍数据库设计和规范化时，将进一步讨论这一点。

关系的解释（含义）

可以将关系模式解释为一个声明或者一种**断言**（assertion）类型。例如，图 5.1 中所示的 STUDENT 关系的模式就断言：一般来讲，学生实体具有 Name、Ssn、Home_phone、Address、Office_phone、Age 和 Gpa。然后，就可以将关系中的每个元组解释为一个**事实**（fact）或者断言的一个特定实例。例如，图 5.1 中的第一个元组就断言了如下事实：有一个 STUDENT，他的 Name 是 Benjamin Bayer，Ssn 是 305-61-2435，Age 是 19 等。

注意：一些关系可能表示关于实体的事实，而另外一些关系则可能表示关于*关系*的事实。例如，关系模式 MAJORS (Student_ssn, Department_code)断言了学生主修学科。这个关系中的元组将学生与他或她的主修学科关联起来。因此，关系模型把关于实体和关系（relationship）的事实统一表示成关系（relation）。这样做有时会损害可理解性，因为人们不得不猜测关系表示的是实体类型，还是关系类型。第 3 章中详细介绍了实体-关系（ER）模型，其中详细描述了实体和关系的概念。第 9 章中的映射过程说明了如何将 ER/EER 概念数据模型的不同构造（参见第 2 部分）转换成关系。

---

1 在第 18 章中讨论查询处理和优化时，将会使用关系的替代定义。

2 在第 14 章中将更详细地讨论这种假设。

3 关系模型的扩展中删除了这些限制。例如，对象-关系系统（参见第 12 章）允许复杂的结构化属性，**非第一范式**（non-first normal form）或者**嵌套**（nested）的关系模型也是如此。

关系模式的一种替代解释是作为一个**谓词**（predicate）；在这种情况下，将把每个元组中的值解释为满足谓词的值。例如，对于图 5.1 中所示的关系 STUDENT 中的 5 个元组来说，谓词 STUDENT (Name, Ssn, ...)为真（true）。这些元组表示现实世界中的 5 个不同的命题或事实。在逻辑编程语言（例如 Prolog）中，这种解释相当有用，因为它允许在这些语言内使用关系模型（参见 26.5 节）。一种假设（称为**封闭世界假设**（closed world assumption））指出：宇宙中唯一正确的事实存在于关系的外延（状态）内。任何其他的值组合都会使得谓词为假（false）。当我们基于 8.6 节中的关系演算考虑关系上的查询时，这种解释就是有用的。

5.1.3　关系模型表示法

在我们的介绍中将使用以下表示法：

- 度为 n 的关系模式 R 表示为 $R(A_1, A_2, \cdots, A_n)$。
- 大写字母 Q、R、S 表示关系名称。
- 小写字母 q、r、s 表示关系状态。
- 字母 t、u、v 表示元组。
- 一般来讲，关系模式的名称（例如 STUDENT）也指示该关系中当前元组的集合，即当前关系状态，而 STUDENT(Name, Ssn, ...)仅指示关系模式。
- 可以利用关系名称 R 来限定一个属于它的属性 A，其方法是使用点表示法 R.A。例如，STUDENT.Name 或 STUDENT.Age。这是由于不同关系中的两个属性可能使用相同的名称。不过，特定关系中的所有属性名称都必须是不同的。
- 关系 r(R)中的 n 元元组 t 用 $t = <v_1, v_2, \cdots, v_n>$表示，其中 v_i 是与属性 A_i 对应的值。下面的表示法指示元组的**分量值**（component value）：
    - $t[A_i]$和 $t.A_i$（有时是 t[i]）都指示属性 A_i 在 t 中的值 v_i。
    - $t[A_u, A_w, \cdots, A_z]$和 $t.(A_u, A_w, \cdots, A_z)$都指示 t 中与列表中指定的属性对应的值$<v_u, v_w, \cdots, v_z>$的子元组，其中 $A_u, A_w, \cdots, A_z$ 是 R 中的属性列表。

例如，考虑图 5.1 中所示的 STUDENT 关系，对于元组 t = <'Barbara Benson', '533-69-1238', '(817)839-8461', '7384 Fontana Lane', NULL, 19, 3.25>，具有 t[Name] = <'Barbara Benson'>，以及 t[Ssn, Gpa, Age] = <'533-69-1238', 3.25, 19>。

5.2　关系模型约束和关系数据库模式

迄今为止，讨论了单个关系的特征。在关系数据库中，通常会有许多关系，并且这些关系中的元组通常以多种方式相关联。整个数据库的状态将对应于某个特定时间点上该数据库的所有关系的状态。对于数据库状态中的实际值，一般会有许多限制或**约束**（constraint）。这些约束源于数据库所表示的微观世界中的规则，如 1.6.8 节中所讨论的那样。

在本节中，将讨论可以在关系数据库上以约束形式对数据指定的各种限制。数据库上的约束一般可以分为以下 3 个主要类别：

（1）数据模型中固有的约束。我们把这些约束称为**基于模型的固有约束**（inherent model-based constraint）或者隐式约束（implicit constraint）。

（2）可以在数据模型的模式中直接表示的约束，通常用DDL（数据定义语言，参见2.3.1节）指定它们。我们把这些约束称为**基于模式的约束**（schema-based constraint）或者**显式约束**（explicit constraint）。

（3）不能在数据模型的模式中直接表示的约束，因此必须通过应用程序或者其他某种方式来表示和执行它们。我们把这些约束称为**基于应用程序的约束**（application-based constraint）或**语义约束**（semantic constraint），也称为**业务规则**（business rule）。

5.1.2节中讨论的关系特征是关系模型的固有约束，属于第一类约束。例如，关系不能具有重复元组的约束就是一个固有约束。本节中讨论的约束属于第二类约束，即可以通过DDL 在关系模型的模式中表示的约束。第三类约束更一般，与属性的含义和行为相关联，并且难以在数据模型内表示和执行，因此通常在执行数据库更新的应用程序内检查它们。在一些情况下，可以利用SQL把这些约束指定为**断言**（assertion）（参见第7章）。

另一类重要的约束是数据依赖，包括函数依赖和多值依赖。它们主要用于测试关系数据库设计的好坏，并且用在称为规范化的过程中，在第14章和第15章中将讨论相关内容。

基于模式的约束包括域约束、键约束、NULL 值约束、实体完整性约束以及参照完整性约束。

5.2.1 域约束

域约束指定在每个元组内，每个属性A的值都必须是一个来自域dom(A)的值。在5.1.1节中讨论了如何指定域。与域关联的数据类型通常包括整数的标准数值数据类型（例如短整型、整型、长整型）和实数的标准数值数据类型（浮点型和双精度浮点型），还包括字符、布尔型、定长字符串和变长字符串，以及日期、时间、时间戳和其他特殊的数据类型。还可以通过某种数据类型的值的一个子范围来描述域，或者将其描述为一种枚举数据类型，其中明确列出了所有可能的值。这里将不会详细描述这些内容，6.1节中将讨论由SQL关系标准提供的数据类型。

5.2.2 键约束和NULL值约束

在形式化的关系模型中，将关系定义为元组的集合。依据定义，集合中的所有元素都是不同的；因此，关系中的所有元组也必须是不同的。这意味着任意两个元组对于它们的所有属性都不可能具有相同的值组合。通常，关系模式R还具有其他的**属性子集**（subset of attributes），它们具有如下性质：R的任何关系状态r中的任意两个元组对于这些属性都不应该具有相同的值组合。假设利用SK表示这样一个属性子集；那么对于R的关系状态r中任意两个不同的元组t_1和t_2，都将具有如下约束：

$$t_1[SK] \neq t_2[SK]$$

任何这样的属性集合SK都被称为关系模式R的**超键**（superkey）。超键SK指定一个唯一性约束，即R的任何状态r中的两个不同的元组不能具有相同的SK值。每个关系至少具有一个默认的超键：即它的所有属性的集合。不过，超键可以具有冗余的属性，因此一个更有用的概念是键，它没有冗余性。关系模式 R 的**键**（key）k 是 R 的一个超键，它具有一个额外的性质：如果从 K 中删除任何属性 A，将会得到属性集合 K′，它将不再是 R 的超键。因此，键满足以下两个性质：

（1）关系的任何状态中的两个不同的元组对于键中的（所有）属性不能具有完全相同的值。这种唯一性也适用于超键。

（2）键是**最小的超键**（minimal superkey），也就是说，不能从此超键中删除任何属性而仍能保持唯一性约束。这种最小性是键所必需的，但对于超键来说则是可选的。

因此，键也是超键，反之则不然。超键可能是键（如果它是最小的话），也可能不是键（如果它不是最小的话）。考虑图 5.1 中的 STUDENT 关系。属性集合{Ssn}是 STUDENT 的键，因为任意两个学生元组都不能具有相同的 Ssn 值[1]。包括 Ssn 的任何属性集合（例如，{Ssn, Name, Age}）都是一个超键。不过，超键{Ssn, Name, Age}并不是 STUDENT 的键，因为从集合中删除 Name 或 Age，或者同时删除它们二者，剩下的仍然是一个超键。一般来讲，由单个属性构成的任何超键也是一个键。具有多个属性的键必须要求它的所有属性一起具有唯一性。

键属性的值可用于唯一地标识关系中的每个元组。例如，Ssn 值 305-61-2435 唯一地标识 STUDENT 关系中与 Benjamin Bayer 对应的元组。注意：构成键的属性集合是关系模式的一个性质；关系模式的每种有效的关系状态都应该保持这种约束。键是通过属性的含义确定的，而性质是非时变（time-invariant）的：当在关系中插入新的元组时，它必须继续保持这种性质。例如，我们不能并且也不应该将图 5.1 中的 STUDENT 关系的 Name 属性指定为键，因为在一种有效状态中的某个时间点，可能有两名学生具有完全相同的名字[2]。

一般来讲，一种关系模式可能具有多个键。在这种情况下，每个键都称为**候选键**（candidate key）。例如，图 5.4 中的 CAR 关系具有两个候选键：License_number 和 Engine_serial_number。通常将候选键之一指定为关系的**主键**（primary key），这个候选键的值用于标识关系中的元组。本书使用如下约定：构成关系模式的主键的属性将加下画线，如图 5.4 中所示。注意：当关系模式具有多个候选键时，可以任意选择其中一个作为主键；不过，通常选择具有单个或较少属性的主键更好一些。其他候选键将被指定为**唯一键**（unique key），并且不加下画线。

CAR

License_number	Engine_serial_number	Make	Model	Year
Texas ABC-739	A69352	Ford	Mustang	02
Florida TVP-347	B43696	Oldsmobile	Cutlass	05
New York MPO-22	X83554	Oldsmobile	Delta	01
California 432-TFY	C43742	Mercedes	190-D	99
California RSK-629	Y82935	Toyota	Camry	04
Texas RSK-629	U028365	Jaguar	XJS	04

图 5.4　CAR 关系，具有两个候选键：License_number 和 Engine_serial_number

1　注意：Ssn 也是一个超键。

2　有时也可以把名字用作键，但是为了区分同名的人，还必须加入一些人为因素，例如追加一个序号。

属性上的另一个约束将指定是否允许使用 NULL 值。例如，如果每个 STUDENT 元组的 Name 属性必须具有一个有效的非 NULL 值，那么 STUDENT 的 Name 将被约束为 NOT NULL。

5.2.3 关系数据库和关系数据库模式

迄今为止讨论的定义和约束适用于单个关系及其属性。关系数据库通常包含许多关系，并且关系中的元组还会以多种方式相关联。在本节中，将定义关系数据库和关系数据库模式。

关系数据库模式（relational database schema）S 是关系模式的集合 $S = \{R_1, R_2, \cdots, R_m\}$ 和**完整性约束**（integrity constraint，IC）的集合。S 的**关系数据库状态**（relational database state）[1]DB 是关系状态的集合 $DB = \{r_1, r_2, \cdots, r_m\}$，其中每个 r_i 是 R_i 的一个状态，并且 r_i 关系状态满足 IC 中指定的完整性约束。图 5.5 显示了一种关系数据库模式，我们称之为 COMPANY = {EMPLOYEE, DEPARTMENT, DEPT_LOCATIONS, PROJECT, WORKS_ON, DEPENDENT}。在每种关系模式中，加下画线的属性都表示主键。图 5.6 显示了一种与 COMPANY 模式对应的关系数据库状态。在本章中将使用这种模式和数据库状态，并且在第 4~6 章中利用不同的关系语言开发示例查询时也将使用它们（可以对这里显示的数据进行扩展，用于加载为本书配套 Web 站点上填充数据的数据库，也可用于一些章节末尾的动手项目练习题）。

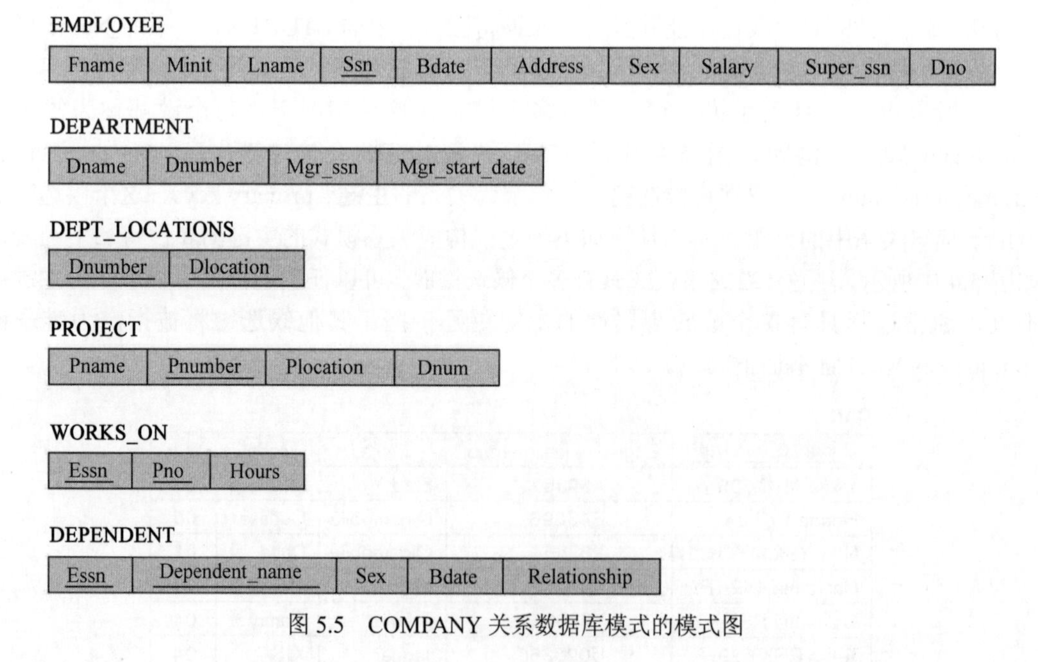

图 5.5 COMPANY 关系数据库模式的模式图

1 关系数据库状态有时也称为关系数据库快照或实例。不过，如前所述，由于术语实例也用于单个元组，因此将不会使用它。

EMPLOYEE

Fname	Minit	Lname	Ssn	Bdate	Address	Sex	Salary	Super_ssn	Dno
John	B	Smith	123456789	1965-01-09	731 Fondren, Houston, TX	M	30000	333445555	5
Franklin	T	Wong	333445555	1955-12-08	638 Voss, Houston, TX	M	40000	888665555	5
Alicia	J	Zelaya	999887777	1968-01-19	3321 Castle, Spring, TX	F	25000	987654321	4
Jennifer	S	Wallace	987654321	1941-06-20	291 Berry, Bellaire, TX	F	43000	888665555	4
Ramesh	K	Narayan	666884444	1962-09-15	975 Fire Oak, Humble, TX	M	38000	333445555	5
Joyce	A	English	453453453	1972-07-31	5631 Rice, Houston, TX	F	25000	333445555	5
Ahmad	V	Jabbar	987987987	1969-03-29	980 Dallas, Houston, TX	M	25000	987654321	4
James	E	Borg	888665555	1937-11-10	450 Stone, Houston, TX	M	55000	NULL	1

DEPARTMENT

Dname	Dnumber	Mgr_ssn	Mgr_start_date
Research	5	333445555	1988-05-22
Administration	4	987654321	1995-01-01
Headquarters	1	888665555	1981-06-19

DEPT_LOCATIONS

Dnumber	Dlocation
1	Houston
4	Stafford
5	Bellaire
5	Sugarland
5	Houston

WORKS_ON

Essn	Pno	Hours
123456789	1	32.5
123456789	2	7.5
666884444	3	40.0
453453453	1	20.0
453453453	2	20.0
333445555	2	10.0
333445555	3	10.0
333445555	10	10.0
333445555	20	10.0
999887777	30	30.0
999887777	10	10.0
987987987	10	35.0
987987987	30	5.0
987654321	30	20.0
987654321	20	15.0
888665555	20	NULL

PROJECT

Pname	Pnumber	Plocation	Dnum
ProductX	1	Bellaire	5
ProductY	2	Sugarland	5
ProductZ	3	Houston	5
Computerization	10	Stafford	4
Reorganization	20	Houston	1
Newbenefits	30	Stafford	4

DEPENDENT

Essn	Dependent_name	Sex	Bdate	Relationship
333445555	Alice	F	1986-04-05	Daughter
333445555	Theodore	M	1983-10-25	Son
333445555	Joy	F	1958-05-03	Spouse
987654321	Abner	M	1942-02-28	Spouse
123456789	Michael	M	1988-01-04	Son
123456789	Alice	F	1988-12-30	Daughter
123456789	Elizabeth	F	1967-05-05	Spouse

图 5.6　COMPANY 关系数据库模式的一种可能的数据库状态

当我们提到关系数据库时，隐含地包括它的模式以及它的当前状态。未遵守所有完整性约束的数据库状态称为**无效状态**（invalid state），而满足定义的完整性约束 IC 集合中的所有约束的状态则称为**有效状态**（valid state）。

在图 5.5 中，DEPARTMENT 和 DEPT_LOCATIONS 中的 Dnumber 属性代表相同的现实世界的概念——分配给部门的编号。这个相同的概念在 EMPLOYEE 中称为 Dno，在

PROJECT 中则称为 Dnum。表示相同的现实世界概念的属性在不同的关系中可能具有相同的名称，也可能具有不同的名称。此外，表示不同概念的属性在不同的关系中可能具有相同的名称。例如，可以为 PROJECT 的 Pname 和 DEPARTMENT 的 Dname 都使用属性名称 Name；在这种情况下，将具有两个属性，它们共享相同的名称，但是表示不同的现实世界概念——项目名称和部门名称。

在关系模型的一些早期的版本中，做出了如下一种假设：当通过属性表示同一个现实世界概念时，这个概念在所有关系中将具有完全相同的属性名称。当在相同关系中的不同角色（含义）中使用同一个现实世界概念时，这就会引发问题。例如，社会安全号的概念在图 5.5 所示的 EMPLOYEE 关系中出现了两次：其中一次出现在雇员的 SSN 的角色中；另一次出现在管理者的 SSN 的角色中。我们需要给它们提供不同的属性名称，分别是 Ssn 和 Super_ssn，因为它们出现在相同的关系中，这样做是为了区分它们的含义。

每个关系 DBMS 都必须具有一种数据定义语言（DDL），用于定义一种关系数据库模式。当前的关系 DBMS 主要为此使用 SQL。在 6.1 节和 6.2 节中将介绍 SQL DDL。

完整性约束是在数据库模式上指定的，并且期望该模式的每种有效的数据库状态都将保持这种约束。除了域、键和 NOT NULL 约束之外，还有另外两类约束也被视为关系模式的一部分，它们是实体完整性和参照完整性。

5.2.4 实体完整性、参照完整性和外键

实体完整性约束（entity integrity constraint）指出，主键值不能是 NULL。这是由于主键值用于标识关系中的各个元组。使主键具有 NULL 值意味着将不能标识某些元组。例如，如果两个或更多元组的主键具有 NULL 值，那么当从其他关系中引用它们时，也许不能区分它们。

键约束和实体完整性约束是在各个关系上指定的。**参照完整性约束**（referential integrity constraint）是在两个关系之间指定的，用于维持两个关系中的元组之间的一致性。非正式地讲，参照完整性约束指出：一个关系中的元组参照另一个关系时，它必须参照那个关系中现有的元组。例如，在图 5.6 中，EMPLOYEE 的属性 Dno 给出了每个雇员工作的部门编号；因此，每个 EMPLOYEE 元组中的 Dno 值必须与 DEPARTMENT 关系中的某个元组的 Dnumber 值相匹配。

为了更正式地定义参照完整性，首先要定义外键的概念。下面给出的外键的条件将在两个关系模式 R_1 与 R_2 之间指定参照完整性约束。如果关系模式 R_1 中的属性集合 FK 满足以下规则，那么 FK 就是**参照**（reference）关系 R_2 的 R_1 的**外键**（foreign key）：

（1）FK 中的属性具有与 R_2 的主键属性 PK 相同的域；属性 FK 被称为**参照**（reference）或**引用**（refer to）关系 R_2。

（2）当前状态 $r_1(R_1)$的元组 t_1 中的 FK 值要么作为当前状态 $r_2(R_2)$中某个元组 t_2 的 PK 值，要么是 NULL。在前一种情况下，有 $t_1[FK] = t_2[PK]$，并且称元组 t_1 **参照**（reference）或**引用**（refer to）元组 t_2。

在这个定义中，R_1 称为**参照关系**（referencing relation），R_2 则称为**被参照关系**（referenced relation）。如果这两个条件成立，就称从 R_1 到 R_2 的**参照完整性约束**（referential integrity constraint）是成立的。在具有许多关系的数据库中，通常存在许多参照完整性约束。

要指定这些约束，首先必须清楚理解每个属性或属性集合在数据库的多种关系模式中的含义或者所扮演的角色。参照完整性约束通常产生于关系模式所表示的实体间的关系。例如，考虑图 5.6 中所示的数据库。在 EMPLOYEE 关系中，属性 Dno 参照雇员工作的部门；因此，将 Dno 指定为参照 DEPARTMENT 关系的 EMPLOYEE 的外键。这意味着 EMPLOYEE 关系的任何元组 t_1 中的 Dno 的值必须匹配 DEPARTMENT 关系的某个元组 t_2 中的 DEPARTMENT 的主键（Dnumber 属性）的值，或者如果雇员不属于某个部门，或者以后将给雇员分配一个部门，那么 Dno 的值可以是 NULL。例如，在图 5.6 中，雇员 John Smith 的元组参照了 Research 部门的元组，指示 John Smith 为这个部门工作。

注意：外键可以参照它自己的关系。例如，EMPLOYEE 中的属性 Super_ssn 参照雇员的管理者；这个管理者是另一个雇员，通过 EMPLOYEE 关系中的某个元组表示。因此，Super_ssn 是一个参照 EMPLOYEE 关系自身的外键。在图 5.6 中，雇员 John Smith 的元组参照了雇员 Franklin Wong 的元组，指示 Franklin Wong 是 John Smith 的管理者。

可以通过绘制一条从外键到它所参照关系的有向弧线，以图形方式显示参照完整性约束。为了清楚起见，箭头可能指向被参照关系的主键。图 5.7 显示了图 5.5 中的模式，以及通过这种方式显示的参照完整性约束。

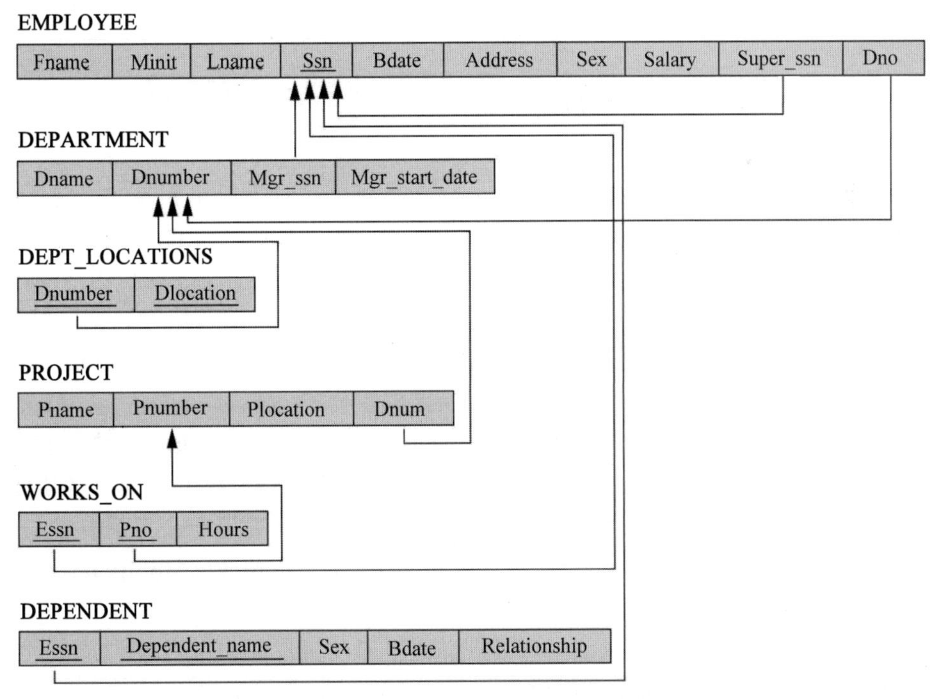

图 5.7　COMPANY 关系数据库模式上显示的参照完整性约束

如果想要 DBMS 在数据库状态上执行这些完整性约束，那么应该在关系数据库模式上指定所有的完整性约束（也就是说，把它们指定为关系数据库模式定义的一部分）。因此，DDL 将包括用于指定各种约束的命令，使得 DBMS 可以自动执行它们。在 SQL 中，SQL DDL 的 CREATE TABLE 语句允许定义主键、唯一键、NOT NULL、实体完整性和参照完整性约束，以及其他约束（参见 6.1 节和 6.2 节）。

5.2.5 其他约束类型

由于在大多数数据库应用中都会出现上述的完整性约束，因此把它们包括在数据定义语言中。另一类常规的约束（有时也称为*语义完整性约束*）不是 DDL 的一部分，必须以不同的方式指定和执行它们。这类约束的示例有“雇员的薪水不应该超过雇员管理者的薪水”以及“一个雇员每周在所有项目上的最长工作时间是 56 小时”。可以在更新数据库的应用程序内或者使用通用的**约束规范语言**（constraint specification language）来指定和执行这类约束。可以在 SQL 中通过 CREATE ASSERTION 和 CREATE TRIGGER 语句使用称为**触发器**（trigger）和**断言**（assertion）的机制，指定其中一些约束（参见第 7 章）。与使用约束规范语言相比，在应用程序内检查这类约束是更常见的做法，因为前者有时使用起来比较困难和复杂，在 26.1 节中将讨论这一点。

迄今为止讨论的约束类型可能称为**状态约束**（state constraint），因为它们定义了数据库的*有效状态*必须满足的约束。另一类约束称为**变迁约束**（transition constraint），可将其定义成处理数据库中的状态改变[1]。变迁约束的一个示例是：“雇员的薪水只能增加”。这类约束通常由应用程序执行，或者使用活动规则和触发器来指定，在 26.1 节中将讨论相关内容。

5.3 更新操作、事务和处理约束破坏

可以将关系模型的操作分为*检索*和*更新*。在第 8 章中将详细讨论关系代数操作，它们可用于指定**检索**（retrieval）。在对现有的关系集合应用许多代数运算符之后，关系代数表达式就构成了一个新关系；它主要用于查询数据库以检索信息。用户构建一个查询，指定感兴趣的数据，并通过应用关系运算符构成一个新的关系，来检索这些数据。**结果关系**（result relation）就变成了用户查询的答案（或结果）。第 8 章还将介绍一种称为关系演算的语言，它用于声明性地定义查询，而无须给出特定的操作顺序。

在本节中，将重点介绍数据库**修改**（modification）或**更新**（update）操作。有 3 种基本操作可以改变数据库中关系的状态：即插入、删除和更新（或修改）。它们分别用于插入新数据，删除旧数据，或者修改现有的数据记录。**插入**（Insert）用于在关系中插入一个或多个新元组，**删除**（Delete）用于删除元组，**更新**（Update）或**修改**（Modify）用于更改现有元组中的某些属性的值。无论何时应用这些操作，都不应该破坏在关系数据库模式上指定的完整性约束。在本节中，将讨论可能被上述每种操作破坏的约束类型，以及如果某个操作导致约束破坏，可能采取的动作类型。这里将使用图 5.6 中所示的数据库作为示例，并且只将讨论域约束、键约束、实体完整性约束以及图 5.7 中所示的参照完整性约束。对于每一类操作，都会给出一些示例，并且讨论每个操作可能破坏的任何约束。

---

1 状态约束有时也称为*静态约束*，而变迁约束有时也称为*动态约束*。

5.3.1　插入操作

插入操作为将要插入关系 R 中的新元组 t 提供一个属性值列表。该操作可能会破坏上述 4 类约束中的任何一种。如果提供的属性值没有出现在对应的域中或者不属于合适的数据类型，那么将破坏域约束。如果新元组 t 中的某个键值在关系 r(R)中的另一个元组中已经存在，就可能破坏键约束。如果新元组 t 的主键的任意部分是 NULL，就可能破坏实体完整性约束。如果 t 中的任何外键的值引用一个在被参照关系中不存在的元组，就可能破坏参照完整性约束。下面将举例来加以说明。

- 操作：
  将< 'Cecilia', ' F ', ' Kolonsky', NULL, '1960-04-05', '6357 Windy Lane, Katy, TX', F, 28000, NULL, 4>插入 EMPLOYEE 中。
  结果：这个插入操作破坏了实体完整性约束（主键 Ssn 为 NULL），因此将拒绝该操作。
- 操作：
  将< 'Alicia', 'J ', 'Zelaya', '999887777', '1960-04-05', '6357 Windy Lane, Katy, TX', F, 28000, '987654321', 4>插入 EMPLOYEE 中。
  结果：这个插入操作破坏了键约束，因为在 EMPLOYEE 关系中已经存在另一个具有相同 Ssn 值的元组，因此将拒绝该操作。
- 操作：
  将< ' Cecilia', ' F ', ' Kolonsky', '677678989', '1960-04-05', '6357 Windswept, Katy, TX', F, 28000, '987654321', 7>插入 EMPLOYEE 中。
  结果：这个插入操作破坏了在 EMPLOYEE 中的 Dno 上指定的参照完整性约束，因为在 DEPARTMENT 中不存在与 Dnumber = 7 对应的被参照元组。
- 操作：
  将< 'Cecilia', ' F ', ' Kolonsky', '677678989', '1960-04-05', '6357 Windy Lane, Katy, TX', F, 28000, NULL, 4>插入 EMPLOYEE 中。
  结果：这个插入操作满足所有的约束，因此将接受该操作。

如果插入操作破坏了一个或多个约束，默认的选项是拒绝该插入操作。在这种情况下，如果 DBMS 可以向用户提供为什么拒绝插入操作的原因，将会很有用。另一个选项是尝试校正拒绝插入的原因，但是它通常不用于由插入引起的破坏；相反，它更多地用于校正由删除和更新操作引起的约束破坏。在上面的第一个操作中，DBMS 可能要求用户为 Ssn 提供一个值，如果提供的是一个有效的 Ssn 值，那么 DBMS 将可能接受插入。在第 3 个操作中，DBMS 可能要求用户把 Dno 的值改成某个有效的值（或者把它设置为 NULL），或者它可能要求用户插入一个 Dnumber = 7 的 DEPARTMENT 元组，并且仅当这个操作被接受之后才可以接受最初的插入操作。注意：在后一种情况下，如果用户试图插入一个部门编号为 7 的元组，但其 Mgr_ssn 值在 EMPLOYEE 关系中却不存在，那么插入操作对约束的破坏可能级联（cascade）回到 EMPLOYEE 关系。

5.3.2 删除操作

删除操作只可能会破坏参照完整性约束。当将要删除的元组被数据库中其他元组的外键参照时，就会发生这种情况。要指定删除操作，需要给关系的属性提供一个条件，以选择要删除的元组。下面给出了一些示例。

- 操作：

  删除 WORKS_ON 关系中 Essn = '999887777 '并且 Pno = 10 的元组。

  结果：这个删除操作是可接受的，并且恰好只会删除一个元组。

- 操作：

  删除 EMPLOYEE 关系中 Ssn = ' 999887777 '的元组。

  结果：这个删除操作是不可接受的，因为 WORKS_ON 关系中的元组要参照这个元组。因此，如果删除了 EMPLOYEE 关系中的元组，就会破坏参照完整性约束。

- 操作：

  删除 EMPLOYEE 关系中 Ssn = '333445555'的元组。

  结果：这个删除操作将导致甚至更糟糕的参照完整性约束的破坏，因为涉及的元组将被 EMPLOYEE、DEPARTMENT、WORKS_ON 和 DEPENDENT 这些关系中的元组参照。

如果删除操作引起约束破坏，可以使用以下几个选项。第一个选项称为**限制**（restrict），即拒绝删除。第二个选项称为**级联**（cascade），也就是说对于将要删除的元组，如果有元组参照了这个元组，将通过删除所有这些元组，尝试级联（或传播）删除。例如，在第 2 个操作中，DBMS 可以从 WORKS_ON 中自动删除牵涉到的 Essn = ' 999887777 ' 的元组。第三个选项称为**置 NULL**（set null）或**置默认值**（set default），也就是修改引起约束破坏的参照属性值；每个这样的值要么被设置为 NULL，要么改为参照另一个默认的有效元组。注意：如果引起约束破坏的参照属性是主键的一部分，将不能把它设置为 NULL；否则，它将破坏实体完整性约束。

也可以将这 3 个选项组合在一起。例如，为了避免第 3 个操作引起约束破坏，DBMS 可能从 WORKS_ON 和 DEPENDENT 关系中自动删除 Essn = '333445555' 的所有元组。EMPLOYEE 中 Super_ssn = ' 333445555 ' 的元组和 DEPARTMENT 中 Mgr_ssn = '333445555' 的元组可能把它们的 Super_ssn 值和 Mgr_ssn 值改为其他的有效值或 NULL。尽管自动删除那些参照 EMPLOYEE 元组的 WORKS_ON 元组和 DEPENDENT 元组可能是有意义的，但是删除其他的 EMPLOYEE 元组或 DEPARTMENT 元组就可能没有意义了。

一般来讲，当利用 DDL 指定参照完整性约束时，DBMS 将允许数据库设计者指定在约束遭到破坏时，将使用其中哪个选项。在第 6 章中将讨论如何在 SQL DDL 中指定这些选项。

5.3.3 更新操作

更新（或**修改**）操作用于更改某个关系 R 的一个（或多个）元组中的一个或多个属性

的值。需要在关系的属性上指定一个条件，以选择要修改的元组。下面给出了一些示例。

- 操作：
  将 EMPLOYEE 关系中 Ssn = '999887777' 的元组的薪水更新为 28000。
  结果：可接受该操作。
- 操作：
  将 EMPLOYEE 关系中 Ssn = '999887777' 的元组的 Dno 更新为 1。
  结果：可接受该操作。
- 操作：
  将 EMPLOYEE 关系中 Ssn = '999887777' 的元组的 Dno 更新为 7。
  结果：不接受该操作，因为它破坏了参照完整性约束。
- 操作：
  将 EMPLOYEE 关系中 Ssn = '999887777' 的元组的 Ssn 更新为'987654321'。
  结果：不接受该操作，因为它重复了在另一个元组中已经存在的主键值，因此破坏了主键约束；由于有其他关系参照现有的 Ssn 值，因此它还破坏了参照完整性约束。

更新一个*既不是主键一部分也不是外键一部分*的属性通常不会引发问题；DBMS 只需检查并确认新值具有正确的数据类型和域即可。修改主键值类似于删除一个元组，然后在它的位置上再插入另一个元组，因为我们使用主键标识元组。因此，前面在 5.3.1 节（插入）和 5.3.2 节（删除）中讨论的问题就又会出现了。如果修改外键属性，DBMS 就必须确保新值参照的是被参照关系中现有的元组（或者将其设置为 NULL）。对于更新操作造成的参照完整性破坏，也可以采用类似前面在删除操作中讨论过的那些选项。事实上，当利用 DDL 指定参照完整性约束时，DBMS 将允许用户选择单独的选项，分别处理由删除操作和更新操作引起的约束破坏（参见 6.2 节）。

5.3.4　事务的概念

基于关系数据库运行的数据库应用程序通常都会执行一个或多个事务。**事务**（transaction）是一个执行程序，它包括一些数据库操作，例如：从数据库中读取数据，或者对数据库应用插入、删除或更新操作。在事务结束时，它必须使数据库保持一种有效或一致的状态，并且满足在数据库模式上指定的所有约束。单个事务可能涉及许多检索操作（将在第 8 章中介绍关系代数和演算时以及在第 6 章和第 7 章中介绍 SQL 语言时加以讨论）以及许多更新操作。这些检索和更新操作一起构成了数据库上的一个原子工作单元。例如，一个申请银行取款的事务通常要读取用户账户记录，检查是否有足够的余额，然后根据取款金额更新记录。

在**联机事务处理**（online transaction processing，OLTP）系统中，基于关系数据库运行的大量商业应用执行事务的速度达到每秒钟几百次。在第 20~22 章中将讨论事务处理概念、事务的并发执行以及故障恢复的内容。

5.4 小　结

在本章中，介绍了关系数据模型提供的建模概念、数据结构以及约束。首先介绍了域、属性和元组的概念。然后，将关系模式定义为描述关系结构的属性列表。关系或关系状态是遵循模式的元组集合。

关系的多个特征将其与普通的表或文件区分开。第一个特征是关系对于元组的顺序不敏感。第二个特征涉及关系模式中的属性顺序以及元组内值的对应顺序。我们给出了不需要对属性进行排序的关系的替代定义，但是为了方便起见，我们将继续使用关系的第一种定义，它要求属性和元组值是有序的。然后，我们讨论了元组中的值，并且介绍了 NULL 值，用于表示缺失或未知的信息。我们同时强调了应该尽可能避免出现 NULL 值。

接下来，我们将数据库约束划分为基于模型的固有约束、基于模式的显式约束以及语义约束或商业规则。然后，我们讨论了属于关系模型的模式约束，首先讨论的是域约束，然后是键约束（包括超键、键和主键的概念），以及属性上的 NOT NULL 约束。我们定义了关系数据库和关系数据库模式。其他的关系约束包括实体完整性约束，它禁止主键属性为 NULL。我们描述了关系间的参照完整性约束，它用于维持来自不同关系的元组之间的参照一致性。

关系模型上的修改操作包括插入、删除和更新。每个操作都有可能破坏某些约束类型（参阅 5.3 节）。无论何时应用某个操作，得到的数据库都必须处于一种有效状态。最后，我们介绍了事务的概念，它在关系 DBMS 中很重要，因为它允许将多个数据库操作组合成数据库上的单个原子动作。

复　习　题

5.1　定义以下应用于关系数据模型的术语：域、属性、n元元组、关系模式、关系状态、关系的度、关系数据库模式和关系数据库状态。

5.2　为什么关系中的元组是无序的？

5.3　为什么关系中不允许出现重复的元组？

5.4　键与超键之间的区别是什么？

5.5　为什么把关系的候选键之一指定为主键？

5.6　讨论使关系有别于普通表和文件的特征。

5.7　讨论在关系中导致出现NULL值的各种原因。

5.8　讨论实体完整性约束和参照完整性约束。为什么每种约束都被认为很重要？

5.9　定义外键。这个概念用于什么？

5.10　什么是事务？它与更新操作有何区别？

练　习　题

5.11 假设将以下每个更新操作直接应用于图5.6中所示的数据库状态。讨论被每个操作破坏的所有完整性约束（如果有的话），以及执行这些约束的不同方式。

a. 将<' Robert', ' F ', 'Scott', '943775543', '1972-06-21', '2365 Newcastle Rd, Bellaire, TX', M, 58000, '888665555', 1>插入 EMPLOYEE 中。

b. 将<' ProductA', 4, ' Bellaire', 2>插入 PROJECT 中。

c. 将<' Production', 4, '943775543', '2007-10-01' >插入 DEPARTMENT 中。

d. 将< '677678989', NULL, '40.0' >插入 WORKS_ON 中。

e. 将< '453453453', 'John', ' M ', '1990-12-12', 'spouse' >插入 DEPENDENT 中。

f. 删除 WORKS_ON 中 Essn = '333445555'的元组。

g. 删除 EMPLOYEE 中 Ssn = '987654321'的元组。

h. 删除 PROJECT 中 Pname = 'ProductX'的元组。

i. 将 DEPARTMENT 中 Dnumber = 5 的元组的 Mgr_ssn 和 Mgr_start_date 分别改为 '123456789' 和 '2007-10-01'。

j. 将 EMPLOYEE 中 Ssn = '999887777' 的元组的 Super_ssn 属性改为'943775543'。

k. 将 WORKS_ON 中 Essn = '999887777'且 Pno = 10 的元组的 Hours 属性改为'5.0'。

5.12 考虑图5.8中所示的AIRLINE关系数据库模式，它描述了一个航班信息数据库。每个FLIGHT都通过一个Flight_number标识，并由一个或多个航段（FLIGHT_LEG）组成，航段编号（Leg_number）为1、2、3等。每个FLIGHT_LEG都具有预定的到达和起飞时间、机场以及一个或多个LEG_INSTANCE，其中每个LEG_INSTANCE都表示某个日期（Date）在该航段飞行的航班。每个航班（FLIGHT）都有票价（FARE）。对于每个FLIGHT_LEG实例，都要保存SEAT_RESERVATION（订座信息）、航段上使用的飞机（AIRPLANE），以及实际的到达和起飞时间与机场。AIRPLANE通过Airplane_id标识，并且具有特定的飞机类型（AIRPLANE_TYPE）。CAN_LAND将飞机类型（AIRPLANE_TYPE）与它们可以着陆的机场（AIRPORT）关联起来。AIRPORT通过Airport_code标识。考虑更新AIRLINE数据库，以输入给定日期的特定航班或航段的预订信息。

a. 给出该数据库的更新操作。

b. 你期望检查哪些类型的约束？

c. 这些约束中哪些是键约束、实体完整性约束和参照完整性约束，哪些不是？

d. 指定在图 5.8 中所示的模式上保持的所有参照完整性约束。

5.13 考虑关系CLASS(Course#, Univ_Section#, Instructor_name, Semester, Building_code, Room#, Time_period, Weekdays, Credit_hours)。它代表在大学讲授的课程，它们具有唯一的Univ_section#。标识你认为的各个候选键，并且用你自己的话编写条件或假设，每个候选键在这些条件或假设之下将是有效的。

AIRPORT

Airport_code	Name	City	State

FLIGHT

Flight_number	Airline	Weekdays

FLIGHT_LEG

Flight_number	Leg_number	Departure_airport_code	Scheduled_departure_time	Arrival_airport_code	Scheduled_arrival_time

LEG_INSTANCE

Flight_number	Leg_number	Date	Number_of_available_seats	Airplane_id	Departure_airport_code	Departure_time	Arrival_airport_code	Arrival_time

FARE

Flight_number	Fare_code	Amount	Restrictions

AIRPLANE_TYPE

Airplane_type_name	Max_seats	Company

CAN_LAND

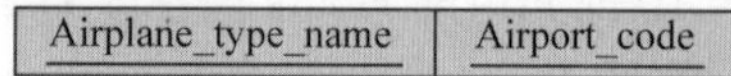

AIRPLANE

Airplane_id	Total_number_of_seats	Airplane_type

SEAT_RESERVATION

Flight_number	Leg_number	Date	Seat_number	Customer_name	Customer_phone

图 5.8 AIRLINE 关系数据库模式

5.14 考虑某公司的订单处理数据库应用中的以下6个关系：

```
CUSTOMER(Cust#, Cname, City)
ORDER(Order#, Odate, Cust#, Ord_amt)
ORDER_ITEM(Order#, Item#, Qty)
ITEM(Item#, Unit_price)
SHIPMENT(Order#, Warehouse#, Ship_date)
WAREHOUSE(Warehouse#, City)
```

在这里，Ord_amt 指订单的总金额；Odate 是下订单的日期；Ship_date 是订单（或订单的一部分）从仓库发货的日期。假定一张订单可以从多个仓库发货。指定这个模式的外键，并说明你做出的任何假设。你能想到这个数据库还有其他什么约束吗？

5.15 考虑下面数据库中的关系，该数据库用于记录一个销售部门的销售员的出差情况：

```
SALESPERSON(Ssn, Name, Start_year, Dept_no)
```

```
TRIP(Ssn, From_city, To_city, Departure_date, Return_date, Trip_id)
EXPENSE(Trip_id, Account#, Amount)
```

差旅费可出自一个或多个账户。指定这个模式的外键，并说明你做出的任何假设。

5.16 考虑下面数据库中的关系，该数据库用于记录学生课程登记以及每门课程采用的教科书信息：

```
STUDENT(Ssn, Name, Major, Bdate)
COURSE(Course#, Cname, Dept)
ENROLL(Ssn, Course#, Quarter, Grade)
BOOK_ADOPTION(Course#, Quarter, Book_isbn)
TEXT(Book_isbn, Book_title, Publisher, Author)
```

指定这个模式的外键，并说明你做出的任何假设。

5.17 考虑下面数据库中的关系，该数据库用于记录一个汽车特许经销商的汽车销售情况（OPTION指的是在汽车上安装的一些可选设备）：

```
CAR(Serial_no, Model, Manufacturer, Price)
OPTION(Serial_no, Option_name, Price)
SALE(Salesperson_id, Serial_no, Date, Sale_price)
SALESPERSON(Salesperson_id, Name, Phone)
```

首先，指定这个模式的外键，并说明你做出的任何假设。接下来，利用几个示例元组填充关系，然后给出SALE和SALESPERSON关系中的两个插入示例，其中一个破坏了参照完整性约束，另一个则没有。

5.18 数据库设计通常涉及对属性存储的决策。例如，可以将社会安全号存储为一个属性，或者拆分为3个属性（每个属性对应于社会安全号中连字符连接的3个数字之一：XXX-XX-XXXX）。不过，通常只将社会安全号表示为一个属性。要基于数据库的用途来做出决定。这个练习题要求你考虑在哪些情况下，把SSN分成多个属性是有用的。

5.19 考虑UNIVERSITY数据库中的STUDENT关系，它具有以下属性（Name、Ssn、Local_phone、Address、Cell_phone、Age、Gpa）。注意：手机可能来自与本地电话不同的城市和州（或省）。该关系的一个可能的元组如下所示：

Name	Ssn	Local_phone	Address	Cell_phone	Age	Gpa
George Shaw William Edwards	123-45-6789	555-1234	123 Main St., Anytown, CA 94539	555-4321	19	3.75

a. 确定Local_phone和Cell_phone属性中缺失的关键信息（提示：怎样给某个住在不同的州或省的人打电话？）。

b. 你是将在Local_phone和Cell_phone属性中存储这个额外的信息，还是将向STUDENT模式中添加新的属性？

c. 考虑Name属性。从一个属性中把这个字段分成3个属性（名字、中名和姓氏）有什么优缺点？

d. 在决定何时把信息存储在单个属性中以及何时拆分信息时，你建议遵循什么一般的指导原则？

e. 假设一名学生可能具有0~5部电话。建议两种不同的设计，允许这类信息存在。

5.20 近期变更的隐私保护法禁止组织使用社会安全号标识个人，除非满足某些限制。因此，大多数美国大学都不能使用SSN作为主键（财务数据除外）。在实际中，很可能把分配给每名学生的唯一标识符Student_id用作主键来代替SSN，因为Student_id可以在整个系统中使用。

a. 一些数据库设计者不愿使用生成键（也称为代理键（surrogate key））作为主键（例如Student_id），因为它们是人为生成的。你能提出任何自然选择的键吗？它们可用于标识UNIVERSITY数据库中的学生记录？

b. 假设你能够保证某个包括了姓氏的自然键的唯一性。你能保证在数据库的生存期姓氏将不会改变吗？如果姓氏改变，你能提出什么解决方案用于创建一个主键，它仍然包括姓氏但是将保持唯一性？

c. 使用生成（代理）键的优缺点是什么？

选 读 文 献

关系模型是由 Codd（1970）在一篇经典论文中提出的。Codd 还提出了关系代数，并在一系列论文（Codd，1971，1972，1972a，1974）中奠定了关系模型的理论基础；由于在关系模型上的出色工作，Codd 后来获得了图灵奖（Turing Award），它是 ACM（Association for Computing Machinery，美国计算机协会）的最高奖项。在后来的一篇论文中，Codd（1979）讨论了扩展关系模型，纳入关于关系的更多元数据和语义；他还提出了三值逻辑，用于处理关系中的不确定性，并且在关系代数中纳入了 NULL。这样得到的模型称为 RM/T。Childs（1968）较早使用集合论对数据库建模。后来，Codd（1990）出版了一本图书，其中研究了关系数据模型和数据库系统的 300 多个特性。Date（2001）对关系数据模型进行了回顾性综述和分析。

自从 Codd 的开创性工作以来，人们对关系模型的多个方面进行了大量的研究。Todd（1976）描述了一个名为 PRTV 的试验性 DBMS，它可以直接实现关系代数运算。Schmidt 和 Swenson（1975）通过对不同的关系类型进行分类，在关系模型中引入了额外的语义。Chen（1976）的实体-关系模型（在第 3 章中讨论过）是一种在概念层面与关系数据库的现实世界的语义进行交流的工具。Wiederhold 和 Elmasri（1979）在关系之间引入了多种不同的联系类型以增强其约束。关系模型的扩展将在第 11 章和第 26 章中讨论。关系模型及其语言、系统、扩展和理论的其他方面的参考文献将在第 6~9 章、第 14 章、第 15 章、第 23 章和第 30 章中给出。Maier（1983）以及 Atzeni 和 De Antonellis（1993）提供了针对关系数据模型的大量理论性处理方法。

第 6 章　SQL 基础

SQL 语言可能被认为是关系数据库在商业上获得成功的主要原因之一。因为它变成了关系数据库的标准，用户不再那么关注把他们的数据库应用从其他类型的数据库系统（例如，老式的网状或层次系统）迁移到关系系统上。这是由于即使用户对他们使用的特定关系 DBMS 产品不满意，转换到另一个关系 DBMS 产品也不会花费太多的时间和金钱，因为两个系统都遵循相同的语言标准。当然，在实际中，各类商业性关系 DBMS 软件包之间还存在一些区别。不过，如果用户尽可能地只使用属于标准一部分的那些特性，并且如果两个关系 DBMS 又都忠实地支持标准，那么应该可以简化两个系统之间的转换。具有这样一个标准的另一个优点是：只要两个/所有关系 DBMS 都支持标准 SQL，用户就可以在数据库应用程序中编写语句，访问存储在两个或多个关系 DBMS 中的数据，而不必更改数据库子语言（SQL）。

本章将介绍实际的关系模型，它基于商业关系 DBMS 的 SQL 标准，而第 5 章已经介绍了基于*形式化*关系数据模型的最重要的概念。在第 8 章（8.1 节到 8.5 节）中，将讨论*关系代数*运算，它们对于理解可能在关系数据库上指定的请求类型非常重要。如我们将在第 18 章和第 19 章中看到的，它们对于关系 DBMS 中的查询处理和优化也很重要。不过，关系代数运算对于大多数商业 DBMS 用户来说过于低级，因为关系代数中的查询被编写成一系列运算，在执行时，产生所需的结果。因此，用户必须指定如何（即以什么顺序）执行查询运算。另一方面，SQL 语言提供了更高级的*声明性*语言接口，因此用户只需指定结果是什么，而把实际的优化以及如何执行查询的决定留给 DBMS 去完成。尽管 SQL 包括一些关系代数的特性，但它在更大程度上还是基于*元组关系演算*（将在 8.6 节中描述）。不过，SQL 语法比两种形式化语言对用户更友好。

SQL 这个名称目前是 Structured Query Language（结构化查询语言）的缩写。最初，SQL 被称为 SEQUEL（Structured English QUEry Language，结构化英语查询语言），它在 IBM 研究院（IBM Research）被设计和实现为一个名为 SYSTEM R 的试验性关系数据库系统的接口。如今，SQL 是商业关系 DBMS 的标准语言。在美国国家标准学会（American National Standards Institute，ANSI）与国际标准化组织（International Standards Organization，ISO）的共同努力下实现了 SQL 的标准化，第一个 SQL 标准称为 SQL-86 或 SQL1。随后将其进行了修订和较大的扩充，形成了称为 SQL-92（也称为 SQL2）的标准。下一个公认的标准是 SQL:1999，它最初被称为 SQL3。SQL 标准的两个后续更新版本是 SQL:2003 与 SQL:2006，它们对该语言添加了 XML 特性（参见第 13 章）以及其他的更新。在 2008 年，另一项更新在 SQL 中纳入了更多的对象数据库特性（参见第 12 章），进一步的更新是 SQL:2011。我们将尝试尽可能地介绍 SQL 的最新版本，但是一些新特性将会在后面的章节中讨论。在本书中完全涵盖该语言的方方面面是不可能的。当向 SQL 中添加新特性时，通常需要几年的时间才能将其中一些特性纳入商业 SQL DBMS 中，注意到这一点很重要。

SQL 是一种综合性的数据库语言：它具有用于数据定义、查询以及更新的语句。因此，它既是 DDL，又是 DML。此外，SQL 还提供了在数据库上定义视图、指定安全和授权、定义完整性约束以及定义事务控制的功能。它还具有用于将 SQL 语句嵌入通用编程语言（例如 Java 或 C/C++）中的规则[1]。

之后的 SQL 标准（从 SQL:1999 开始）分成了**核心**（core）规范以及专用的**扩展**（extension）两部分。所有与 SQL 兼容的 RDBMS 供应商都要实现核心规范。扩展则可以实现为可选的模块，可以为特定的数据库应用独立购买它们，例如数据挖掘、空间数据、时态数据、数据仓库、联机分析处理（OLAP）、多媒体数据等。

由于 SQL 的主题既重要且广泛，所以我们专门用两章的篇幅来介绍它的基本特性。在本章中，6.1 节将描述用于创建模式和表的 SQL DDL 命令，并将概述 SQL 中的基本数据类型。6.2 节将介绍如何指定基本的约束，例如键约束和参照完整性约束。6.3 节将描述用于指定检索查询的基本 SQL 构造，6.4 节将描述用于插入、删除和更新的 SQL 命令。

在第 7 章中，将描述更复杂的 SQL 检索查询，以及用于改变模式的 ALTER 命令。还将描述 CREATE ASSERTION 语句，它允许在数据库上指定更一般的约束，并将描述触发器的概念，在第 26 章中将更详细地介绍它。在第 7 章中将讨论用于在数据库上定义视图的 SQL 功能。视图又称为*虚表*或*派生表*，因为它们展示给用户的是表；不过，这些表中的信息都来源于以前定义的表。

6.5 节列出了将在本书其他章中介绍的一些 SQL 特性；它们包括：第 12 章中的面向对象特性、第 13 章中的 XML、第 20 章中的事务控制、第 26 章中的主动数据库（触发器）、第 29 章中的联机分析处理（OLAP）特性，以及第 30 章中的安全/授权。6.6 节总结了本章内容。第 10 章和第 11 章将讨论利用 SQL 进行程序设计的各种数据库编程技术。

6.1 SQL 数据定义和数据类型

SQL 分别使用术语**表**（table）、**行**（row）和**列**（column）来表示形式化关系模型术语*关系*、*元组*和*属性*。我们将互换使用对应的术语。用于数据定义的主要 SQL 命令是 CREATE 语句，它可用于创建模式、表（关系）、类型和域，以及其他的构造，例如视图、断言和触发器。在描述相关的 CREATE 语句之前，首先将在 6.1.1 节中讨论模式和目录的概念，使我们的讨论出现在脑海中。6.1.2 节将描述如何创建表，6.1.3 节将描述可用于属性规范的最重要的数据类型。由于 SQL 规范的内容非常多，所以只将描述最重要的特性。进一步的细节可以在各种 SQL 标准文档中找到（参见章末的选读文献）。

6.1.1 SQL 中的模式和目录的概念

SQL 的早期版本没有包括关系数据库模式的概念；所有的表（关系）都被视作是相同模式的一部分。从 SQL2 起纳入了 SQL 模式的概念，以便把属于相同数据库应用的表和其

---

1 最初，SQL 还具有用于在表示关系的文件上创建和删除索引的语句，但是从 SQL 标准中已经删除这些语句一段时间了。

他构造组织在一起（在某些系统中，模式被称为数据库）。**SQL 模式**（SQL schema）通过**模式名**（schema name）标识，并且包括一个**授权标识符**（authorization identifier），用于指示拥有模式的用户或账户，另外模式中还包括每个元素的**描述符**（descriptor）。模式**元素**（element）包括表、类型、约束、视图、域以及描述模式的其他构造（例如权限授予）。模式是通过 CREATE SCHEMA 语句创建的，它可以包括所有模式元素的定义。此外，还可以给模式分配一个名称和授权标识符，并且可以在以后再定义元素。例如，下面的语句用于创建一个名为 COMPANY 的模式，它由授权标识符为“Jsmith”的用户所拥有。注意：SQL 中的每条语句都以分号结尾。

```
CREATE SCHEMA COMPANY AUTHORIZATION 'Jsmith';
```

一般来讲，并非所有的用户都将被授权创建模式和模式元素。创建模式、表及其他构造的权限必须由系统管理员或 DBA 显式授予相关的用户账户。

除了模式的概念以外，SQL 还使用**目录**（catalog）的概念，即命名的模式集合[1]。数据库安装通常具有默认的环境和模式，因此当用户连接并登录到那个数据库安装时，用户将可以直接引用那个模式内的表和其他构造，而无须指定特定的模式名称。目录总是包含一个名为 INFORMATION_SCHEMA 的特殊模式，它提供了关于目录中的所有模式以及这些模式中的所有元素描述符的信息。仅当关系存在于同一个目录内的模式中时，才能在它们之间定义诸如参照完整性之类的完整性约束。同一个目录内的模式也可以共享某些元素，例如类型和域定义。

6.1.2　SQL 中的 CREATE TABLE 命令

CREATE TABLE 命令用于指定一个新关系，这是通过给它提供一个名称并且指定它的属性和初始约束来实现的。首先指定属性，给每个属性提供一个名称、一种用于指定其值域的数据类型，以及可能的属性约束，例如 NOT NULL。在声明属性之后，可以在 CREATE TABLE 语句内指定键、实体完整性和参照完整性约束，或者可以在以后使用 ALTER TABLE 命令添加它们（参见第 7 章）。图 6.1 显示了 SQL 中的示范性数据定义语句，用于图 3.7 中所示的 COMPANY 关系数据库模式。

通常，在执行 CREATE TABLE 语句的环境中，将隐式指定在其中声明关系的 SQL 模式。此外，还可以把模式名称显式附加到关系名称之前，并用点号隔开它们。例如，通过编写：

```
CREATE TABLE COMPANY.EMPLOYEE
```

而不是如图 6.1 中所示的：

```
CREATE TABLE EMPLOYEE
```

就可以显式（而不是隐式）地使 EMPLOYEE 表成为 COMPANY 模式的一部分。

1　SQL 还包括目录群集（cluster）的概念。

```
CREATE TABLE EMPLOYEE
    ( Fname                 VARCHAR(15)                 NOT NULL,
    Minit                   CHAR,
    Lname                   VARCHAR(15)                 NOT NULL,
    Ssn                     CHAR(9)                     NOT NULL,
    Bdate                   DATE,
    Address                 VARCHAR(30),
    Sex                     CHAR,
    Salary                  DECIMAL(10,2),
    Super_ssn               CHAR(9),
    Dno                     INT                         NOT NULL,
    PRIMARY KEY (Ssn),
CREATE TABLE DEPARTMENT
    ( Dname                 VARCHAR(15)                 NOT NULL,
    Dnumber                 INT                         NOT NULL,
    Mgr_ssn                 CHAR(9)                     NOT NULL,
    Mgr_start_date          DATE,
    PRIMARY KEY (Dnumber),
    UNIQUE (Dname),
    FOREIGN KEY (Mgr_ssn) REFERENCES EMPLOYEE(Ssn) );
CREATE TABLE DEPT_LOCATIONS
    ( Dnumber               INT                         NOT NULL,
    Dlocation               VARCHAR(15)                 NOT NULL,
    PRIMARY KEY (Dnumber, Dlocation),
    FOREIGN KEY (Dnumber) REFERENCES DEPARTMENT(Dnumber) );
CREATE TABLE PROJECT
    ( Pname                 VARCHAR(15)                 NOT NULL,
    Pnumber                 INT                         NOT NULL,
    Plocation               VARCHAR(15),
    Dnum                    INT                         NOT NULL,
    PRIMARY KEY (Pnumber),
    UNIQUE (Pname),
    FOREIGN KEY (Dnum) REFERENCES DEPARTMENT(Dnumber) );
CREATE TABLE WORKS_ON
    ( Essn                  CHAR(9)                     NOT NULL,
    Pno                     INT                         NOT NULL,
    Hours                   DECIMAL(3,1)                NOT NULL,
    PRIMARY KEY (Essn, Pno),
    FOREIGN KEY (Essn) REFERENCES EMPLOYEE(Ssn),
    FOREIGN KEY (Pno) REFERENCES PROJECT(Pnumber) );
CREATE TABLE DEPENDENT
    ( Essn                  CHAR(9)                     NOT NULL,
    Dependent_name          VARCHAR(15)                 NOT NULL,
    Sex                     CHAR,
    Bdate                   DATE,
    Relationship            VARCHAR(8),
    PRIMARY KEY (Essn, Dependent_name),
    FOREIGN KEY (Essn) REFERENCES EMPLOYEE(Ssn) );
```

图 6.1 用于定义图 5.7 中所示的 COMPANY 模式的 SQL CREATE TABLE 数据定义语句

通过 CREATE TABLE 语句声明的关系称为**基表**（base table）或基本关系；这意味着这个表及其中的行实际上是由 DBMS 创建并存储为一个文件的。基本关系有别于**虚关系**（virtual relation），后者是通过 CREATE VIEW 语句创建的（参见第 7 章），它可能会也可能不会对应于实际的物理文件。在 SQL 中，基表中的属性被认为是有序的，其顺序是在 CREATE TABLE 语句中指定的。不过，行（元组）则不认为在表（关系）内是有序的。

需要注意的是，在图 6.1 中，有一些外键可能会引发错误，因为它们是通过循环引用指定的，或者是因为它们引用了尚未创建的表。例如，EMPLOYEE 表中的外键 Super_ssn 就是一个循环引用，因为它引用了 EMPLOYEE 表本身。EMPLOYEE 中的外键 Dno 引用了尚未创建的 DEPARTMENT 表。为了处理这类问题，可以在初始的 CREATE TABLE 语句中忽略这些约束，以后再使用 ALTER TABLE 语句添加它们（参见第 7 章）。图 6.1 中显示了所有的外键，以便在一个地方显示出完整的 COMPANY 模式。

6.1.3　SQL 中的属性数据类型和域

可供属性使用的基本**数据类型**（data type）包括：数值型、字符串型、位串型、布尔型、日期型和时间型。

- **数值**（numeric）数据类型包括各种大小的整数（INTEGER 或 INT、SMALLINT）、各种精度的浮点数（实数）（FLOAT 或 REAL、DOUBLE PRECISION）。可以使用 DECIMAL(i, j)（或 DEC(i, j)）或者 NUMERIC(i, j)声明格式化的数字，其中 i 代表精度，即十进制数字的总位数；j 代表小数位（scale），即小数点后的位数。默认的小数位是 0，而默认的精度是由实现定义的。
- **字符串**（character-string）数据类型可以是定长的，例如 CHAR(n)或 CHARACTER(n)，其中 n 代表字符个数；或者是变长的，例如 VARCHAR(n)、CHAR VARYING(n)或 CHARACTER VARYING(n)，其中 n 代表字符的最大个数。在指定一个文字串值时，要把它放在一对单引号（或撇号）之间，并且它区分大小写（即大写和小写之间是有区别的）[1]。对于定长字符串，如果字符串较短，则将在其右边填充空格字符。例如，如果“Smith”是某个类型为 CHAR(10)的属性的值，假如需要，将在其右边填充 5 个空格字符，从而变成“Smith□□□□□”（这里用□表示空格）。在比较字符串时，填充的空格一般会被忽略。出于比较的目的，字符串将被认为以字母表（或词典）顺序进行排序；如果按照字母表顺序，字符串 str1 出现在另一个字符串 str2 之前，那么就认为 str1 小于 str2[2]。还有一个用||（双竖杠）表示的连接运算符，可以连接 SQL 中的两个字符串。例如，'abc' || 'XYZ' 将得到单个字符串'abcXYZ'。另一种变长字符串数据类型被称为 CHARACTER LARGE OBJECT 或 CLOB，也可用于指定具有大文本值（例如文档）的列。可以利用千字节（K）、兆字节（M）或千兆字节（G）来指定 CLOB 的最大长度。例如，CLOB(20M)指定最大长度为 20

1　SQL 关键字则不是这样，例如 CREATE 或 CHAR。对于关键字来说，SQL 是不区分大小写的，这意味着 SQL 将把关键字中的大写和小写字母视作是等价的。

2　对于非字母字符，要有一个定义的顺序。

兆字节。

- **位串**（bit-string）数据类型可以是定长的（长度为 n），表示为 BIT(n)；或者是变长的，表示为 BIT VARYING(n)，其中 n 代表最大位数。无论是字符串还是位串，它们的默认长度 n 都为 1。文字位串放在一对单引号之间，但要在前面加一个“B”，以将它们与字符串区分开；例如，B'10101'[1]。另一种变长的位串数据类型称为 BINARY LARGE OBJECT 或 BLOB，也可用于指定具有大二进制值（例如图像）的列。与 CLOB 一样，可以利用千字节（K）、兆字节（M）或千兆字节（G）来指定 BLOB 的最大长度。例如，BLOB(30G)指定最大长度为 30 千兆位。
- **布尔**（Boolean）数据类型具有传统的值 TRUE 或 FALSE。在 SQL 中，由于存在 NULL 值，将使用三值逻辑（three-valued logic），因此布尔数据类型的第三个可能的值是 UNKNOWN。在第 7 章中将讨论为什么需要 UNKNOWN 以及三值逻辑。
- DATE 数据类型具有 10 位，其成分是 YEAR（年）、MONTH（月）和 DAY（日），采用 YYYY-MM-DD 的形式。TIME 数据类型至少 8 位，其成分是 HOUR（时）、MINUTE（分）和 SECOND（秒），采用 HH:MM:SS 的形式。SQL 实现只允许使用有效的日期和时间。这意味着月份应该为 1~12，日期必须为 01~31；此外，日期应该是对应月份的有效日期。可以对日期或时间使用<（小于）比较，较早的日期被认为小于较晚的日期，时间与之类似。字面值的表示方式是：使用 DATE 或 TIME 关键字，其后接着用单引号括住的字符串；例如，DATE '2014-09-27'或 TIME '09:12:47'。此外，数据类型 TIME(i)（其中 i 被称为时间小数的秒精度）指定 TIME 的 i + 1 个附加位，其中一位用于额外的点（.）分隔符，其余 i 位用于指定秒的小数部分。TIME WITH TIME ZONE 数据类型还包括额外的 6 位，用于指定相距世界标准时区的时差，其范围从+13:00 到–12:59，以 HOURS:MINUTES 为单位。如果没有包括 WITH TIME ZONE，则默认采用 SQL 会话的本地时区。

下面将讨论一些额外的数据类型。这里讨论的类型列表并不是详尽无遗的；不同的实现向 SQL 中添加了更多的数据类型。

- **时间戳**数据类型（TIMESTAMP）包括 DATE 和 TIME 两个字段，以及用于表示秒的至少 6 位小数和一个可选的 WITH TIME ZONE 限定词。字面值的表示方式是：使用 TIMESTAMP 关键字，其后接着用单引号括住的字符串，并用一个空格隔开日期和时间；例如，TIMESTAMP '2014-09-27 09:12:47.648302'。
- 另一种与 DATE、TIME 和 TIMESTAMP 相关的数据类型是 INTERVAL 数据类型。它用于指定一个**时间间隔**（interval），它是一个相对值，可用于增减日期、时间或时间戳的绝对值。时间间隔被限定为 YEAR/MONTH 时间间隔或 DAY/TIME 时间间隔。

可以将 DATE、TIME 和 TIMESTAMP 的格式视作一种特殊类型的字符串。因此，一般可以将它们**强制转换**（cast 或 coerce）成等价的字符串，将其用于字符串比较。

如图 6.1 中所示，可以直接指定每个属性的数据类型；此外，还可以声明域，并且可

---

1 长度为 4 的倍数的位串可以利用十六进制表示法来指定，其中文字字符串用 X 开头，并且每个十六进制字符代表 4 位。

以将域名用于属性规范。这使得更容易更改由模式中的众多属性使用的域的数据类型，并且改进模式的易读性。例如，可以利用下面的语句创建一个 SSN_TYPE 域：

```
CREATE DOMAIN SSN_TYPE AS CHAR(9);
```

这样，在图 6.1 中，对于 EMPLOYEE 的 Ssn 和 Super_ssn 属性、DEPARTMENT 的 Mgr_ssn 属性、WORKS_ON 的 Essn 属性以及 DEPENDENT 的 Essn 属性，就可以使用 SSN_TYPE 代替 CHAR(9)。还可以通过一个 DEFAULT 子句使域具有一个可选的默认规范，后面在涉及属性时还会做进一步讨论。注意：在一些 SQL 实现中不能使用域。

在 SQL 中，还有一个 CREATE TYPE 命令，它可用于创建用户定义的类型或 UDT。这些类型要么可以用作属性的数据类型，要么用作创建表的基础。在第 12 章中将详细讨论 CREATE TYPE 命令，因为在指定对象数据库特性时经常使用它，这些都纳入了更新的 SQL 版本中。

6.2　在 SQL 中指定约束

本节描述了在 SQL 中可以指定的基本约束，可以把它们作为创建表的一部分。这些约束包括键约束和参照完整性约束、属性域和 NULL 上的限制，以及使用 CHECK 子句对关系内的各个元组指定约束。在第 7 章中将讨论更一般的约束的规范，这些约束被称为断言。

6.2.1　指定属性约束和属性默认值

由于 SQL 允许将 NULL 作为属性值，如果特定的属性不允许 NULL 值，就可以指定一个 NOT NULL 约束。对于属于每个关系的主键一部分的属性，总会隐含地指定这个约束，但是对于其值不能为 NULL 的其他任何属性，也可以指定此约束，如图 6.1 中所示。

也可以通过在属性定义中追加子句 DEFAULT <value>，为属性定义一个默认值。如果没有为那个属性显式赋值，那么这个默认值将包括在任何新元组中。图 6.2 显示了一个示例，为新部门指定一位默认经理，以及为新雇员指定一个默认部门。如果没有指定默认子句，对于没有 NOT NULL 约束的属性来说，默认值将是 NULL。

另一类约束可以限制属性或域值，它是使用接在属性或域定义后面的 CHECK 子句指定的[1]。例如，假设部门编号被限制为 1~20 的整数，那么就可以把 DEPARTMENT 表中的 Dnumber 的属性声明（参见图 6.1）更改如下：

```
Dnumber INT NOT NULL CHECK (Dnumber > 0 AND Dnumber < 21);
```

CHECK 子句也可以与 CREATE DOMAIN 语句结合使用。例如，可以编写以下语句：

```
CREATE DOMAIN D_NUM AS INTEGER
CHECK (D_NUM > 0 AND D_NUM < 21);
```

1　如我们将要看到的，CHECK 子句也可用于其他目的。

```
CREATE TABLE EMPLOYEE
  ( … ,
    Dno      INT        NOT NULL        DEFAULT 1,
  CONSTRAINT EMPPK
    PRIMARY KEY (Ssn),
  CONSTRAINT EMPSUPERFK
    FOREIGN KEY (Super_ssn) REFERENCES EMPLOYEE(Ssn)
                ON DELETE SET NULL    ON UPDATE CASCADE,
  CONSTRAINT EMPDEPTFK
    FOREIGN KEY(Dno) REFERENCES DEPARTMENT(Dnumber)
                ON DELETE SET DEFAULT  ON UPDATE CASCADE);
CREATE TABLE DEPARTMENT
  ( … ,
    Mgr_ssn CHAR(9)     NOT NULL        DEFAULT '888665555',
    … ,
  CONSTRAINT DEPTPK
    PRIMARY KEY(Dnumber),
  CONSTRAINT DEPTSK
    UNIQUE (Dname),
  CONSTRAINT DEPTMGRFK
    FOREIGN KEY (Mgr_ssn) REFERENCES EMPLOYEE(Ssn)
                ON DELETE SET DEFAULT  ON UPDATE CASCADE);
CREATE TABLE DEPT_LOCATIONS
  ( … ,
  PRIMARY KEY (Dnumber, Dlocation),
  FOREIGN KEY (Dnumber) REFERENCES DEPARTMENT(Dnumber)
              ON DELETE CASCADE        ON UPDATE CASCADE);
```

图 6.2 说明如何在 SQL 中指定默认属性值和参照完整性触发动作的示例

然后就可以将所创建的域 D_NUM 用作那些引用图 6.1 中的部门编号的所有属性的属性类型，例如 DEPARTMENT 的 Dnumber、PROJECT 的 Dnum、EMPLOYEE 的 Dno 等。

6.2.2 指定键约束和参照完整性约束

由于键约束和参照完整性约束都非常重要，在 CREATE TABLE 语句内具有特殊的子句用于指定它们。图 6.1 中显示了一些示例，用于说明键约束和参照完整性约束的规范[1]。PRIMARY KEY 子句可以指定一个或多个属性构成关系的主键。如果主键具有单个属性，就可以直接将这个子句接在属性后面。例如，可以将 DEPARTMENT 的主键指定如下（用于代替图 6.1 中指定它的方式）：

```
Dnumber INT PRIMARY KEY,
```

UNIQUE 子句用于指定备用（唯一）键，也称为候选键，如图 6.1 中的 DEPARTMENT

1 在 SQL 的早期版本中没有包括键约束和参照完整性约束。

和 PROJECT 表声明中所示。如果唯一键是单个属性，还可以直接为其指定 UNIQUE 子句，如下面的示例中所示：

```
Dname VARCHAR(15) UNIQUE,
```

参照完整性是通过 FOREIGN KEY 子句指定的，如图 6.1 中所示。如 5.2.4 节中所讨论的，在插入或删除元组时，或者在更新外键或主键属性值时，都可能会破坏参照完整性约束。对于破坏完整性的情况，SQL 所采取的默认动作是**拒绝**（reject）将导致破坏的更新操作，这称为 RESTRICT 选项。不过，模式设计者可以通过把一个**参照触发动作**（referential triggered action）子句附加到任何外键约束上，来指定要采取的备用动作。选项包括：SET NULL、CASCADE 和 SET DEFAULT。必须利用 ON DELETE 或 ON UPDATE 对选项进行限定。我们利用图 6.2 中所示的示例说明了这一点。在这里，数据库设计者为 EMPLOYEE 的外键 Super_ssn 选择了 ON DELETE SET NULL 和 ON UPDATE CASCADE。这意味着如果删除了用于主管雇员的元组，那么对于参照了被删除雇员元组的所有雇员元组，将自动把它们的 Super_ssn 值设置为 NULL。另一方面，如果更新了主管雇员的 Ssn 值（例如说，由于不正确地输入它），那么对于参照了被更新雇员元组的所有雇员元组，都将把 Ssn 的新值级联到它们的 Super_ssn 属性值[1]。

一般来讲，DBMS 为 SET NULL 或 SET DEFAULT 采取的动作与 ON DELETE 和 ON UPDATE 相同：对于 SET NULL，将把受影响的参照属性的值更改为 NULL；而对于 SET DEFAULT，则将更改为参照属性指定的默认值。对于 CASCADE ON DELETE，所采取的动作是删除所有的参照元组；而对于 CASCADE ON UPDATE，所采取的动作是将参照的外键属性值更改成所有参照元组的更新的（新的）主键值。数据库设计者负责选择合适的动作，并在数据库模式中指定它。一般的规则是：CASCADE 选项适合于"关系型"关系（参见 9.1 节），例如 WORKS_ON；也适合于表示多值属性的关系，例如 DEPT_LOCATIONS，以及表示弱实体类型的关系，例如 DEPENDENT。

6.2.3 命名约束

图 6.2 还说明了如何在关键字 CONSTRAINT 之后为约束提供一个**约束名称**（constraint name）。特定模式内的所有约束名称都必须是唯一的。约束名称用于标识特定的约束，以免往后必须删除该约束以及被另一个约束所取代，在第 7 章中将对此加以讨论。给约束提供名称是可选的。还有可能把约束推迟到事务结束时，在第 20 章介绍事务的概念时将讨论这方面的内容。

6.2.4 使用 CHECK 在元组上指定约束

除了通过特殊关键字指定的键约束和参照完整性约束之外，还可以通过在 CREATE TABLE 语句末尾添加额外的 CHECK 子句来指定其他的表约束。这些约束可以称为**基于行**

1 注意：EMPLOYEE 表中的外键 Super_ssn 是一个循环引用，因此可能需要在以后使用 ALTER TABLE 语句来添加它，作为一个命名的约束，在 6.1.2 节末尾将对此加以讨论。

（row-based）的约束，因为它们单独应用于每一行，并且无论何时插入或修改某一行，都会检查它们。例如，假设图 6.1 中的 DEPARTMENT 表具有一个额外的属性 Dept_create_date，它用于存储创建部门的日期。然后，就可以在 DEPARTMENT 表的 CREATE TABLE 语句末尾添加以下 CHECK 子句，以确保部门经理的任职日期晚于该部门的创建日期。

```
CHECK (Dept_create_date <= Mgr_start_date);
```

在 SQL 的 CREATE ASSERTION 语句中，还可使用 CHECK 子句来指定更一般的约束。我们将在第 7 章中讨论这些内容，因为它需要查询的全部功能，这些将在 6.3 节和 7.1 节中讨论。

6.3 SQL 中的基本检索查询

SQL 具有一条从数据库中检索信息的基本语句：SELECT 语句。SELECT 语句不同于第 8 章中将讨论的关系代数的 SELECT 操作。SQL 中的 SELECT 语句有许多选项和风格，因此我们将逐步介绍它的特性。我们将使用在图 5.5 所示的模式上指定的示例查询，并且参照图 5.6 中所示的示例数据库状态，以显示其中一些查询的结果。在本节中，将介绍 SQL 用于简单检索查询的特性。SQL 用于指定更复杂的检索查询的特性将在 7.1 节中介绍。

在继续介绍下面的内容之前，我们必须指出实际的 SQL 模型与第 5 章中讨论的形式化关系模型之间的一个**重要区别**（important distinction）：SQL 允许一个表（关系）具有两个或多个在其所有的属性值中均相同的元组。因此，一般来讲，SQL 表并不是元组的集合，因为一个集合中不允许出现两个相同的成员；相反，它是元组的一个**多集**（multiset），有时也称为包（bag）。一些 SQL 关系被约束为集合，因为声明了键约束，或者因为结合使用了 DISTINCT 选项与 SELECT 语句（将在本节后面描述）。在讨论下面的示例时，应该知道这种区别。

6.3.1 基本 SQL 查询的 SELECT-FROM-WHERE 结构

SQL 中的查询可能非常复杂。我们首先从简单的查询开始，然后逐步推进到更复杂的查询。SELECT 语句的基本形式有时也称为**映射**（mapping）或 select-from-where **块**（select-from-where block），它由 SELECT、FROM 和 WHERE 三个子句构成，并且具有如下形式[1]：

```
SELECT  <属性列表>
FROM    <表列表>
WHERE   <条件>;
```

其中：

- <属性列表>是一个属性名称的列表，查询将通过该列表来检索属性的值。

---

1 SELECT 和 FROM 子句是所有 SQL 查询中都必需的，而 WHERE 子句是可选的（参见 6.3.3 节）。

- <表列表>是处理查询所需的关系名称的列表。
- <条件>是一个条件（布尔）表达式，用于确定将被查询检索的元组。

在 SQL 中，用于比较两个属性值以及将属性值与字面常量做比较的基本逻辑比较运算符有：=、<、<=、>、>=和<>。它们分别对应于关系代数运算符=、<、≤、>、≥和≠，以及 C/C++编程语言运算符=、<、<=、>、>=和!=。它们之间主要的语义区别是不等于运算符。SQL 还具有额外的比较运算符，我们将逐步加以介绍。

我们将利用一些示例查询来说明 SQL 中的基本 SELECT 语句。为了便于交叉参考，这里的查询将标记与第 8 章中使用的相同查询编号。

查询 0：检索其姓名为'John B. Smith'的雇员的出生日期和住址。

```
Q0: SELECT  Bdate, Address
    FROM    EMPLOYEE
    WHERE   Fname = 'John' AND Minit = 'B' AND Lname = 'Smith';
```

这个查询只涉及 FROM 子句中列出的 EMPLOYEE 关系。该查询将选择满足 WHERE 子句条件的各个 EMPLOYEE 元组，然后把结果投影（project）到 SELECT 子句中列出的 Bdate 和 Address 属性上。

SQL 的 SELECT 子句指定将要检索其值的属性，在关系代数中称之为**投影属性**（projection attribute）（参见第 8 章）；WHERE 子句指定对于任何检索的元组都必须为真的布尔条件，在关系代数中称之为**选择条件**（selection condition）。图 6.3(a)显示了在图 5.6 的数据库上执行查询 Q0 的结果。

可以认为在 SQL 查询中存在一个隐式的**元组变量**（tuple variable）或迭代器（iterator），它将涵盖或遍历 EMPLOYEE 表中的每个单独的元组，并且评估 WHERE 子句中的条件，只会选择那些满足条件的元组，也就是说，在代入了对应的属性值之后条件评估为 TRUE 的元组才会被选中。

查询 1：检索为 Research 部门工作的所有雇员的姓名和住址。

```
Q1: SELECT  Fname, Lname, Address
    FROM    EMPLOYEE, DEPARTMENT
    WHERE   Dname = 'Research' AND Dnumber = Dno;
```

在 Q1 的 WHERE 子句中，条件 Dname = 'Research' 是一个**选择条件**，由于 Dname 是 DEPARTMENT 的一个属性，因此该条件将会选择 DEPARTMENT 表中感兴趣的特定元组。条件 Dnumber = Dno 被称为**连接条件**（join condition），因为无论何时 DEPARTMENT 中的 Dnumber 值等于 EMPLOYEE 中的 Dno 值，该条件都会结合两个元组：其中一个来自 DEPARTMENT，另一个来自 EMPLOYEE。查询 Q1 的结果显示在图 6.3(b)中。一般来讲，在单个 SQL 查询中可以指定任意数量的选择条件和连接条件。

只涉及选择条件和连接条件以及投影属性的查询称为**选择-投影-连接**（select-project-join）查询。下一个示例是带有两个连接条件的选择-投影-连接查询。

查询 2：对于位于 Stafford 的每个项目，列出项目编号、控制部门编号，以及部门经理的姓氏、住址和出生日期。

(a)

Bdate	Address
1965-01-09	731Fondren, Houston, TX

(b)

Fname	Lname	Address
John	Smith	731 Fondren, Houston, TX
Franklin	Wong	638 Voss, Houston, TX
Ramesh	Narayan	975 Fire Oak, Humble, TX
Joyce	English	5631 Rice, Houston, TX

(c)

Pnumber	Dnum	Lname	Address	Bdate
10	4	Wallace	291Berry, Bellaire, TX	1941-06-20
30	4	Wallace	291Berry, Bellaire, TX	1941-06-20

(d)

E.Fname	E.Lname	S.Fname	S.Lname
John	Smith	Franklin	Wong
Franklin	Wong	James	Borg
Alicia	Zelaya	Jennifer	Wallace
Jennifer	Wallace	James	Borg
Ramesh	Narayan	Franklin	Wong
Joyce	English	Franklin	Wong
Ahmad	Jabbar	Jennifer	Wallace

(e)

E.Fname
123456789
333445555
999887777
987654321
666884444
453453453
987987987
888665555

(f)

Ssn	Dname
123456789	Research
333445555	Research
999887777	Research
987654321	Research
666884444	Research
453453453	Research
987987987	Research
888665555	Research
123456789	Administration
333445555	Administration
999887777	Administration
987654321	Administration
666884444	Administration
453453453	Administration
987987987	Administration
888665555	Administration
123456789	Headquarters
333445555	Headquarters
999887777	Headquarters
987654321	Headquarters
666884444	Headquarters
453453453	Headquarters
987987987	Headquarters
888665555	Headquarters

(g)

Fname	Minit	Lname	Ssn	Bdate	Address	Sex	Salary	Super_ssn	Dno
John	B	Smith	123456789	1965-09-01	731 Fondren, Houston, TX	M	30000	333445555	5
Franklin	T	Wong	333445555	1955-12-08	638 Voss, Houston, TX	M	40000	888665555	5
Ramesh	K	Narayan	666884444	1962-09-15	975 Fire Oak, Humble, TX	M	38000	333445555	5
Joyce	A	English	453453453	1972-07-31	5631 Rice, Houston, TX	F	25000	333445555	5

图 6.3　对图 5.6 中所示的 COMPANY 数据库状态应用 SQL 查询的结果

(a) Q0；(b) Q1；(c) Q2；(d) Q8；(e) Q9；(f) Q10；(g) Q1C

```
Q2: SELECT Pnumber, Dnum, Lname, Address, Bdate
    FROM   PROJECT, DEPARTMENT, EMPLOYEE
    WHERE  Dnum = Dnumber AND Mgr_ssn = Ssn AND
           Plocation = 'Stafford'
```

连接条件 Dnum = Dnumber 把一个项目元组关联到其控制部门元组，而条件连接 Mgr_ssn = Ssn 则把控制部门元组关联到管理该部门的雇员元组。结果中的每个元组都将是一个项目、一个部门（控制项目）和一位雇员（管理部门）的结合。投影属性用于从每个结合的元组中选择要显示的属性。查询 Q2 的结果显示在图 6.3(c)中。

6.3.2　有歧义的属性名、别名、重命名和元组变量

在 SQL 中，可以将相同的名称用于两个（或多个）属性，只要这些属性位于不同的表中即可。如果出现这种情况，并且一个多表查询引用了两个或多个具有相同名称的属性，那么就必须利用关系名来**限定**（qualify）属性名，以防止出现歧义。其方法是：把关系名放在属性名之前，并用一个点号隔开它们。为了加以说明，假设在图 5.5 和图 5.6 中，EMPLOYEE 关系的 Dno 和 Lname 属性分别被命名为 Dnumber 和 Name，并且 DEPARTMENT 关系的 Dname 属性也被命名为 Name；那么，为了防止出现歧义，将把查询 Q1 改写成如 Q1A 中所示。在 Q1A 中必须对属性 Name 和 Dnumber 加前缀，以指定我们引用的是哪个属性，因为在两个关系中使用了相同的属性名：

```
Q1A:    SELECT  Fname, EMPLOYEE.Name, Address
        FROM    EMPLOYEE, DEPARTMENT
        WHERE   DEPARTMENT.Name = 'Research' AND
                DEPARTMENT.Dnumber = EMPLOYEE.Dnumber;
```

即使属性名中没有歧义，为清晰起见，也可使用完全限定的属性名。可以将 Q1 改写成如下所示的 Q1′，它具有完全限定的属性名。还可以对表进行重命名，通过为每个表名创建别名（alias），避免重复地输入较长的表名来缩短表名（参见下面的 Q8）。

```
Q1':    SELECT  EMPLOYEE.Fname, EMPLOYEE.LName,
                EMPLOYEE.Address
        FROM    EMPLOYEE, DEPARTMENT
        WHERE   DEPARTMENT.DName = 'Research' AND
                DEPARTMENT.Dnumber = EMPLOYEE.Dno;
```

如果查询两次引用相同的关系，那么也会使属性名产生歧义，如下面的示例中所示。

查询 8：对于每位雇员，检索雇员的名字和姓氏，以及他或她的直接管理者的名字和姓氏。

```
Q8: SELECT  E.Fname, E.Lname, S.Fname, S.Lname
    FROM    EMPLOYEE AS E, EMPLOYEE AS S
    WHERE   E.Super_ssn = S.Ssn;
```

在这种情况下，将需要为 EMPLOYEE 关系声明替代的关系名 E 和 S，它们称为**别名**（alias）或**元组变量**（tuple variable）。别名可以接在关键字 AS 之后，如 Q8 中所示，或者它可以直接接在关系名之后，例如，在 Q8 的 FROM 子句中编写 EMPLOYEE E, EMPLOYEE S。在 SQL 中，也可以通过给查询内的关系属性提供别名来**重命名**（rename）它们。例如，如果在 FROM 子句中编写：

```
EMPLOYEE AS E(Fn, Mi, Ln, Ssn, Bd, Addr, Sex, Sal, Sssn, Dno)
```

Fn 就成为 Fname 的别名，Mi 成为 Minit 的别名，Ln 成为 Lname 的别名，等等。

在 Q8 中，可以将 E 和 S 视作 EMPLOYEE 关系的两个不同的副本；第一个副本 E 代表雇员担任的是被管理者或下属的角色；第二个副本 S 代表雇员担任的是管理者的角色。现在可以连接这两个副本。当然，在现实中只有一个 EMPLOYEE 关系，并且连接条件通过匹配满足连接条件 E.Super_ssn = S.Ssn 的元组，将关系与它自身连接起来。注意：这是一个一层递归查询的示例，后面将在 8.4.2 节中讨论它。在 SQL 的早期版本中，不可能在单独一条 SQL 语句中指定一个具有未知层数的一般的递归查询。用于指定递归查询的构造已经纳入 SQL:1999 中（参见第 7 章）。

查询 Q8 的结果如图 6.3(d)所示。无论何时给关系提供一个或多个别名，都可以使用这些名称来表示对相同关系的不同引用。这允许在一个查询内多次引用相同的关系。

在任何 SQL 查询中都可以使用这种别名-命名或**重命名**机制，为 WHERE 子句中的每个表指定元组变量，而不管相同的关系是否需要被引用多次。事实上，一般建议采用这种做法，因为它会导致查询更容易理解。例如，可以用 Q1B 中所示的那样指定查询 Q1：

```
Q1B:    SELECT  E.Fname, E.LName, E.Address
        FROM    EMPLOYEE AS E, DEPARTMENT AS D
        WHERE   D.DName = 'Research' AND D.Dnumber = E.Dno;
```

6.3.3 未指定的 WHERE 子句和星号（*）的使用

这里将讨论 SQL 的另外两个特性。缺少 WHERE 子句指示将无条件选择元组；因此，在 FROM 子句中指定的关系中的所有元组都有资格选择到查询结果中。如果在 FROM 子句中指定了多个关系并且没有 WHERE 子句，那么 CROSS PRODUCT（叉积）将使得这些关系中所有可能的元组组合都会被选中。例如，查询 9 将选择 EMPLOYEE 的所有 Ssn（参见图 6.3(e)），查询 10 将选择 EMPLOYEE Ssn 与 DEPARTMENT Dname 的所有组合，而不管雇员是否为部门工作（参见图 6.3(f)）。

查询 9 和查询 10：选择数据库中 EMPLOYEE 的所有 Ssn（Q9），以及 EMPLOYEE Ssn 与 DEPARTMENT Dname 的所有组合（Q10）。

```
Q9:     SELECT  Ssn
        FROM    EMPLOYEE;
Q10:    SELECT  Ssn, Dname
        FROM    EMPLOYEE, DEPARTMENT;
```

在 WHERE 子句中指定每个选择条件和连接条件是极其重要的；如果忽略了任何这样的条件，就可能会产生不正确的、非常大的关系。注意：Q10 类似于在关系代数中先执行一个 CROSS PRODUCT（叉积）运算，接着执行一个投影（PROJECT）运算（参见第 8 章）。如果在 Q10 中指定了 EMPLOYEE 和 DEPARTMENT 的所有属性，那么将会得到实际的 CROSS PRODUCT（但是如果有重复的元组，查询将不会删除它们）。

要检索所选元组的所有属性值，不必在 SQL 中显式列出属性名；只需指定一个星号(*)，它可以代表所有的属性。*前面可以放置关系名或别名；例如，EMPLOYEE.*指 EMPLOYEE 表的所有属性。

查询 Q1C 用于检索在 DEPARTMENT 编号为 5 的部门中工作的任何 EMPLOYEE 的所有属性值（参见图 6.3(g)）；查询 Q1D 用于检索在 Research 部门工作的每位雇员在 EMPLOYEE 关系中的所有属性，以及他或她所在的部门在 DEPARTMENT 关系中的属性；查询 Q10A 则指定了 EMPLOYEE 关系与 DEPARTMENT 关系的 CROSS PRODUCT。

```
Q1C:    SELECT  *
        FROM    EMPLOYEE
        WHERE   Dno = 5;
Q1D:    SELECT  *
        FROM    EMPLOYEE, DEPARTMENT
        WHERE   Dname = 'Research' AND Dno = Dnumber;
Q10A:   SELECT  *
        FROM    EMPLOYEE, DEPARTMENT;
```

6.3.4　在 SQL 中将表作为集合

如前所述，SQL 通常不是把表视作一个集合，而是视作一个**多集**（multiset）；在一个表中以及查询的结果中，*重复的元组可以出现多次*。SQL 不会在查询的结果中自动删除重复的元组，其原因是：

- 删除重复的元组是一个代价高昂的操作。一种实现方式是先对元组进行排序，然后再删除重复的元组。
- 用户可能希望在查询的结果中看到重复的元组。
- 当对元组应用聚合函数时（参见 7.1.7 节），在大多数情况下，都不希望删除重复的元组。

带有键的 SQL 表被限制为一个集合，因为在每个元组中键值必须是不同的[1]。如果我们确实希望从 SQL 查询的结果中删除重复的元组，可以在 SELECT 子句中使用关键字 DISTINCT，它意味着在查询结果中将只保留不同的元组。一般来讲，带有 SELECT DISTINCT 的查询将消除重复的元组，而带有 SELECT ALL 的查询则不然。既没有 ALL 也没有 DISTINCT 的 SELECT 子句（如前面的示例中所示）就等价于 SELECT ALL。例如，Q11 将检索每位雇员的薪水；如果多位雇员具有相同的薪水，那么在查询的结果中该薪水数额将出现多次，如图 6.4(a)中所示。如果只对不同的薪水数额感兴趣，那么将希望每个数额只出现一次，而不管有多少位雇员领取相同数额的薪水。通过如 Q11A 中所示的那样使用关键字 DISTINCT，就可以实现这个目的，如图 6.4(b)中所示。

查询 11：检索每位雇员的薪水（Q11）以及所有不同的薪水数额（Q11A）。

```
Q11:    SELECT ALL Salary
        FROM EMPLOYEE;
Q11A:   SELECT DISTINCT Salary
```

1　一般来讲，SQL 表并不需要具有键，尽管在大多数情况下都会有。

```
FROM EMPLOYEE;
```

(a)

Salary
30000
40000
25000
43000
38000
25000
25000
55000

(b)

Salary
30000
40000
25000
43000
38000
55000

(c)

Fname	Lname

(d)

Fname	Lname
James	Borg

图 6.4　对图 5.6 中所示的 COMPANY 数据库状态应用其他 SQL 查询的结果

(a) Q11；(b) Q11A；(c) Q16；(d) Q18

SQL 直接纳入了数学集合论（set theory）中的一些集合运算，它们也是关系代数的一部分（参见第 8 章）。包括集合并运算（UNION）、集合差运算（EXCEPT）[1]和集合交运算（INTERSECT）。从这些集合运算得到的关系是元组的集合；也就是说，将从结果中消除重复的元组。这些集合运算只适用于类型兼容的关系（type-compatible relation），因此必须确保应用这些运算的两个关系具有相同的属性，并且这些属性在两个关系中以相同的顺序出现。下一个示例说明了 UNION 的用法。

查询 4：列出满足如下条件的所有项目编号，项目中涉及一位姓氏为 Smith 的雇员，该雇员既可以是一位工作人员，也可以是控制项目的部门经理。

```
Q4A:    ( SELECT   DISTINCT Pnumber
        FROM       PROJECT, DEPARTMENT, EMPLOYEE
        WHERE      Dnum = Dnumber AND Mgr_ssn = Ssn
                   AND Lname = 'Smith' )
        UNION
        ( SELECT   DISTINCT Pnumber
        FROM       PROJECT, WORKS_ON, EMPLOYEE
        WHERE      Pnumber = Pno AND Essn = Ssn
                   AND Lname = 'Smith' );
```

第一个 SELECT 查询用于检索出 Smith 作为控制项目的部门经理的项目，第二个 SELECT 查询则用于检索出 Smith 作为项目的工作人员的项目。注意：如果多位雇员都具有 Smith 这个姓氏，那么将检索出涉及其中任何一位雇员的项目名称。对两个 SELECT 查询应用 UNION（并）运算可以得到想要的结果。

SQL 还具有对应的多集运算，其后接着关键字 ALL（UNION ALL、EXCEPT ALL、INTERSECT ALL）。它们的结果都是多集（不会消除重复的元组）。图 6.5 中的示例说明了这些运算的行为。基本上，在应用这些运算时，每个元组（无论它是否是重复的）都会被视作是一个不同的元组。

1　在一些系统中，使用关键字 MINUS 代替 EXCEPT 指示集合差运算。

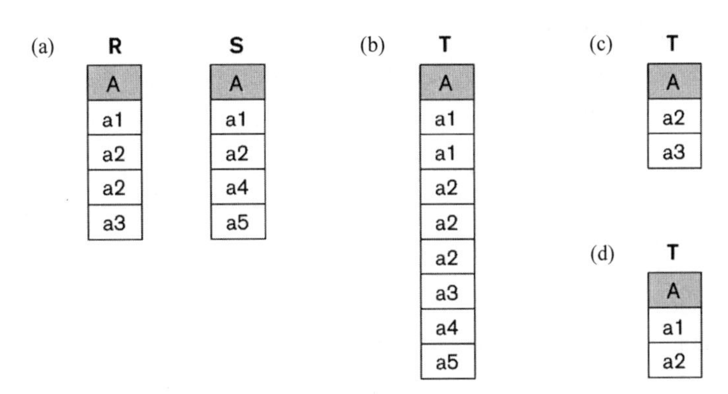

图 6.5　SQL 多集运算的结果

(a) 两个表 R(A)和 S(A)；(b) R(A) UNION ALL S(A)；(c) R(A) EXCEPT ALL S(A)；
(d) R(A) INTERSECT ALL S(A)

6.3.5　子串模式匹配和算术运算符

在本节中，将讨论 SQL 的另外几个特性。第一个特性使用 LIKE 比较运算符，允许只将字符串的一部分作为比较的条件。这可用于字符串**模式匹配**（pattern matching）。部分串是使用两个保留字符指定的："%"可以替换任意数量的 0 个或多个字符，下画线"_"则可以替换单个字符。例如，考虑下面的查询。

查询 12： 检索其住址在 Houston, Texas 的所有雇员。

```
Q12:    SELECT   Fname, Lname
        FROM     EMPLOYEE
        WHERE    Address LIKE '%Houston,TX%';
```

为了检索在 20 世纪 70 年代期间出生的所有雇员，可以使用查询 Q12A。在这里，"7"必须是字符串的第 3 个字符（依据日期的格式），因此，使用值"_ _ 7 _ _ _ _ _ _ _"，其中每个下画线都充当任意某个字符的占位符。

查询 12A： 查找在 20 世纪 70 年代期间出生的所有雇员。

```
Q12:    SELECT   Fname, Lname
        FROM     EMPLOYEE
        WHERE    Bdate LIKE '_ _ 7 _ _ _ _ _ _ _ _';
```

如果字符串中需要下画线或%作为文字字符，那么就应该在该字符前面放置一个转义字符（escape character），它是在字符串后面使用关键字 ESCAPE 指定的。例如，'AB_CD\%EF' ESCAPE '\' 表示文字字符串"AB_CD%EF"，因为"\"被指定为转义字符。可以把字符串中未使用的任何字符选作转义字符。此外，如果字符串中要包括撇号或单引号（''），那么还需要一个规则来指定它们，因为它们用于开始和结束字符串。如果需要撇号（'），就将其表示为两个连续的撇号（' '），使得不会将其解释为字符串的结尾。注意：子串比较暗示属性值并不是原子（不可分的）值，而这与我们在形式化关系模型中所做的假设是不同的（参见 5.1 节）。

SQL 的另一个特性允许在查询中使用算术运算。可以将加（+）、减（-）、乘（*）、除（/）的标准算术运算符应用于数值或具有数值域的属性。例如，假设我们想要看看给所有在 ProductX 项目上工作的雇员增加 10%的薪水后的效果，就可以发出查询 13，看看他们的薪水有什么变化。这个示例还显示了如何在 SELECT 子句中使用 AS，对查询结果中的属性进行重命名。

查询 13：显示在 ProductX 项目上工作的每位雇员增加 10%的薪水后的结果。

```
Q13:    SELECT  E.Fname, E.Lname, 1.1 * E.Salary AS Increased_sal
        FROM    EMPLOYEE AS E, WORKS_ON AS W, PROJECT AS P
        WHERE   E.Ssn = W.Essn AND W.Pno = P.Pnumber AND
                P.Pname = 'ProductX';
```

对于字符串数据类型，可以在查询中使用连接运算符来追加两个字符串值。对于日期、时间、时间戳和时间间隔数据类型，运算符还包括使用一个时间间隔来增加(+)或减小(-)一个日期、时间或时间戳。此外，时间间隔值是两个日期、时间或时间戳之间的差值。为了方便还可以使用的另一个比较运算符是 BETWEEN，将在查询 14 中说明。

查询 14：检索在编号为 5 的部门工作并且薪水为 30 000~40 000 美元的所有雇员。

```
Q14:    SELECT  *
        FROM    EMPLOYEE
        WHERE   (Salary BETWEEN 30000 AND 40000) AND Dno = 5;
```

Q14 中的条件(Salary BETWEEN 30000 AND 40000)等价于条件((Salary >= 30000) AND (Salary <= 40000))。

6.3.6 查询结果排序

SQL 允许用户使用 ORDER BY 子句，按照查询结果中出现的一个或多个属性的值对查询结果中的元组进行排序。查询 15 说明了这种情况。

查询 15：检索雇员以及他们工作的项目列表，并按部门进行排序。在每个部门内，先按照姓氏再按照名字的字母顺序进行排序。

```
Q15:    SELECT      D.Dname, E.Lname, E.Fname, P.Pname
        FROM        DEPARTMENT AS D, EMPLOYEE AS E, WORKS_ON AS W,
                    PROJECT AS P
        WHERE       D.Dnumber = E.Dno AND E.Ssn = W.Essn AND W.Pno =
                    P.Pnumber
        ORDER BY    D.Dname, E.Lname, E.Fname;
```

默认顺序是按照值的升序进行排序。如果想要查看按值的降序排列的结果，可以指定关键字 DESC。关键字 ASC 可用于显式地指定升序。例如，如果想要按字母降序对 Dname 排序，并且按升序对 Lname 和 Fname 排序，就可以将 Q15 的 ORDER BY 子句写成如下形式：

```
ORDER BY D.Dname DESC, E.Lname ASC, E.Fname ASC
```

6.3.7　基本 SQL 检索查询的讨论和小结

SQL 中一个简单的检索查询可以包括最多 4 个子句，但是只有前两个子句（SELECT 和 FROM）是必需的。这些子句是按照以下顺序指定的，其中方括号之间的子句[...]是可选的：

```
SELECT      <属性列表>
FROM        <表列表>
[ WHERE     <条件> ]
[ ORDER BY  <属性列表> ];
```

SELECT 子句用于列出要检索的属性，FROM 子句用于指定简单查询中所需的所有关系（表）。WHERE 子句确定用于从这些关系中选择元组的条件，如果需要，可以包括连接条件。ORDER BY 子句则指定用于显示查询结果的顺序。7.1.8 节中还将描述另外两个子句：GROUP BY 和 HAVING。

在第 7 章中，将介绍 SQL 检索查询的更复杂的特性。它们包括：嵌套查询，允许将一个查询包括为另一个查询的一部分；聚合函数，用于提供表中信息的汇总；两个额外的子句（GROUP BY 和 HAVING），可用于为聚合函数提供额外的能力；以及各类连接，可以通过不同的方式把各个表中的记录组合起来。

6.4　SQL 中的 INSERT、DELETE 和 UPDATE 语句

在 SQL 中，可以使用 3 个命令修改数据库，它们是：INSERT、DELETE 和 UPDATE。下面将依次讨论每个命令。

6.4.1　INSERT 命令

最简形式的 INSERT 命令用于向关系（表）中添加单个元组（行）。必须为元组指定关系名和值列表。列出值的顺序应该与 CREATE TABLE 命令中指定对应属性的顺序相同。例如，要向图 5.5 中所示并且在图 6.1 中的 CREATE TABLE EMPLOYEE ...命令中指定的 EMPLOYEE 关系中添加一个新元组，可以使用 U1：

```
U1:  INSERT INTO EMPLOYEE
     VALUES      ( 'Richard', 'K', 'Marini', '653298653', '1962-12-30', '98
                 Oak Forest, Katy, TX', 'M', 37000, '653298653', 4 );
```

INSERT 语句的第二种形式允许用户指定与 INSERT 命令中提供的值对应的显式属性名。如果一个关系具有许多属性，但是在新元组中将只为其中少数几个属性赋值，那么这种 INSERT 语句就是有用的。不过，值必须包括具有 NOT NULL 规范并且没有默认值的所

有属性。那些允许NULL或者具有DEFAULT值的改口性可能会被忽略。例如，要输入一个新的EMPLOYEE元组，但是我们只知道Fname、Lname、Dno和Ssn属性，就可以使用U1A:

```
U1A: INSERT INTO   EMPLOYEE (Fname, Lname, Dno, Ssn)
     VALUES        ('Richard', 'Marini', 4, '653298653');
```

U1A中没有指定的属性将被设置为它们的DEFAULT值或NULL，并且列出值的顺序与INSERT命令自身中列出属性的顺序相同。也可以在单个INSERT命令中向一个关系中插入多个元组，并用逗号隔开它们。构成每个元组的属性值将用圆括号括起来。

一个完全实现了SQL的DBMS应该支持并执行在DDL中指定的所有完整性约束。例如，如果在U2中对图5.6中所示的数据库发出命令，DBMS应该拒绝操作，因为在数据库中不存在Dnumber = 2的DEPARTMENT元组。类似地，U2A也会被拒绝，因为没有提供Ssn值，并且它还是主键，不能为NULL。

```
U2: INSERT INTO    EMPLOYEE (Fname, Lname, Ssn, Dno)
    VALUES         ('Robert', 'Hatcher', '980760540', 2);
```

（如果DBMS提供了参照完整性检查，就会拒绝U2）。

```
U2A: INSERT INTO   EMPLOYEE (Fname, Lname, Dno)
     VALUES        ('Robert', 'Hatcher', 5);
```

（如果DBMS提供了NOT NULL检查，就会拒绝U2A）。

INSERT 命令的一个变体可以与创建关系命令一起使用，它将利用查询的结果加载关系，从而向关系中插入多个元组。例如，要创建一个临时表，它具有雇员的姓氏、项目名称以及每位雇员每周在项目上工作的小时数，就可以在U3A和U3B中编写以下语句：

```
U3A: CREATE TABLE  WORKS_ON_INFO
     ( Emp_name    VARCHAR(15),
     Proj_name     VARCHAR(15),
     Hours_per_week DECIMAL(3,1) );
U3B: INSERT INTO   WORKS_ON_INFO ( Emp_name, Proj_name,
                   Hours_per_week )
     SELECT        E.Lname, P.Pname, W.Hours
     FROM          PROJECT P, WORKS_ON W, EMPLOYEE E
     WHERE         P.Pnumber = W.Pno AND W.Essn = E.Ssn;
```

表WORKS_ON_INFO是由U3A创建的，并且利用U3B中的查询从数据库中检索的连接信息加载它。现在可以像对其他任何关系所做的那样查询WORKS_ON_INFO表；当我们不再需要它时，就可以使用 DROP TABLE 命令删除它（参见第 7 章）。注意：WORKS_ON_INFO表可能不是最新的；也就是说，如果在发出U3B之后更新了PROJECT、WORKS_ON或EMPLOYEE中的任何一个关系，WORKS_ON_INFO表中的信息可能就会过时。我们将不得不创建视图（参见第7章），以使表保持最新。

大多数DBMS都具有批量加载工具，它们允许用户从文件中把格式化的数据加载进表中，而不必编写大量的 INSERT 命令。用户也可以编写一个程序，读取文件中的每条记录，将它们格式化为表中的行，并且使用程序设计语言的循环构造插入它们（参见第 10 章和第 11 章，其中将讨论数据库编程技术）。

用于加载数据的另一个变体是创建一个新表 TNEW，它具有与现有表 T 相同的属性，并且将把当前 T 中的一些数据加载进 TNEW 中。用于执行该操作的语法将使用 LIKE 子句。例如，如果我们想要创建表 D5EMPS，它具有与 EMPLOYEE 表类似的结构，并且利用在编号为 5 的部门中工作的雇员所在的行加载它，就可以编写以下 SQL 语句：

```
CREATE TABLE    D5EMPS LIKE EMPLOYEE
(SELECT             E.*
FROM            EMPLOYEE AS E
WHERE           E.Dno = 5) WITH DATA;
```

WITH DATA 子句指定将利用查询中指定的数据创建和加载表，尽管在一些实现中可能会忽略它。

6.4.2　DELETE 命令

DELETE 命令用于从关系中删除元组。它包括一个 WHERE 子句（类似于 SQL 查询中使用的 WHERE 子句），用于选择要删除的元组。一次只能从一个表中显式删除元组。不过，如果在 DDL 的参照完整性约束中指定了*参照触发动作*（参见 6.2.2 节）[1]，那么一个关系中的元组删除操作就可能会传播到其他关系中的元组上。依赖于通过 WHERE 子句中的条件选择的元组数量，单个 DELETE 命令可以删除 0 个、1 个或多个元组。如果缺少 WHERE 子句，就指定将删除关系中的所有元组；不过，数据库中的表将保持为一个空表。必须使用 DROP TABLE 命令删除表定义（参见第 7 章）。如果将 U4A~U4D 中的 DELETE 命令独立应用于图 5.6 中所示的数据库状态，那么它们将分别从 EMPLOYEE 关系中删除 0 个、1 个、4 个和全部元组：

```
U4A:    DELETE FROM     EMPLOYEE
        WHERE           Lname = 'Brown';
U4B:    DELETE FROM     EMPLOYEE
        WHERE           Ssn = '123456789';
U4C:    DELETE FROM     EMPLOYEE
        WHERE           Dno = 5;
U4D:    DELETE FROM     EMPLOYEE;
```

6.4.3　UPDATE 命令

UPDATE 命令用于修改一个或多个所选元组的属性值。就像 DELETE 命令一样，UPDATE 命令中的 WHERE 子句用于从单个关系中选择要修改的元组。不过，如果在 DDL

1　可以通过触发器（参见 26.1 节）及其他机制自动应用其他动作。

的参照完整性约束中指定了一个参照触发动作，那么更新主键值可能会传播到其他关系中的元组的外键值上（参见6.2.2节）。UPDATE命令中额外的SET子句用于指定要修改的属性以及它们的新值。例如，要把编号为10的项目的位置和控制部门编号分别改为“Bellaire”和5，可以使用U5：

```
U5: UPDATE  PROJECT
    SET     Plocation = 'Bellaire', Dnum = 5
    WHERE   Pnumber = 10;
```

可以利用单个UPDATE命令修改多个元组。一个示例是将在Research部门工作的所有雇员的薪水增加10%，如U6中所示。在这个请求中，修改过的Salary值依赖于每个元组中原始的Salary值，因此将需要引用Salary属性两次。在SET子句中，右边对Salary属性的引用指代修改前的Salary旧值，而左边的引用则指代修改后的Salary新值：

```
U6: UPDATE  EMPLOYEE
    SET     Salary = Salary * 1.1
    WHERE   Dno = 5;
```

也可以指定NULL或DEFAULT作为新的属性值。注意：每个UPDATE命令只能显式地指示一个关系。要修改多个关系，必须发出多个UPDATE命令。

6.5 SQL的其他特性

SQL还有许多其他的特性，本章中将不会描述它们，但是在本书别的位置将对它们进行讨论。这些内容包括：

- 作为本章内容的继续，在第7章中，将介绍以下SQL特性：用于指定复杂检索查询的各种技术，包括嵌套查询、聚合函数、分组、连接表、外连接、case语句和递归查询；SQL视图、触发器和断言；以及用于模式修改的命令。
- SQL具有在各类程序设计语言中编写程序的多种技术，包括用于访问一个或多个数据库的SQL语句。它们包括嵌入式（和动态）SQL、SQL/CLI（Call Level Interface，调用级接口）及其前驱ODBC（Open Data Base Connectivity，开放数据库互连），以及SQL/PSM（Persistent Stored Module，持久存储模块）。在第10章中将讨论这些技术，还将描述如何使用JDBC和SQLJ通过Java程序设计语言访问SQL数据库。
- 除了SQL命令之外，每个商业RDBMS还具有一组命令，用于指定物理数据库设计参数、关系的文件结构以及访问路径（例如索引）。在第2章中把这些命令称为存储定义语言（storage definition language，SDL）。SQL的早期版本中具有用于**创建索引**（creating index）的命令，但是后来从SQL语言中删除了它们，因为它们不是在概念模式的层次上。许多系统仍然具有CREATE INDEX命令；但是它们需要特殊的特权，将在第17章中描述它。
- SQL具有事务控制命令。它们用于指定数据库的处理单元，以便进行并发控制和恢复。在第 20 章中将更详细地讨论事务的概念，然后将讨论这些命令。

- SQL 具有用于对用户指定授予和收回特权的语言构造。特权通常对应于使用某些 SQL 命令访问某些关系的权限。每个关系都会被指派一个所有者，并且所有者或 DBA 人员可以授予所选用户使用 SQL 语句（例如 SELECT、INSERT、DELETE 或 UPDATE）访问关系的特权。此外，DBA 人员还可以给某些用户授予创建模式、表或视图的特权。这些 SQL 命令（称为 GRANT 和 REVOKE）将在第 20 章中讨论，其中还将讨论数据库安全性和授权。
- SQL 具有用于创建触发器的语言构造。它们一般称为**主动数据库**（active database）技术，因为它们指定的动作将会被诸如数据库更新之类的事件自动触发。在 26.1 节中将讨论这些特性，其中还将讨论主动数据库概念。
- SQL 纳入了面向对象模型中的许多特性，使得其具有更强大的能力，从而导致了增强的关系系统，称为**对象-关系**（object-relational）系统。在第 12 章中将讨论这些能力，例如：创建复杂的结构化属性，为属性和表指定抽象数据类型（称为 UDT 或用户定义类型），创建**对象标识符**（object identifier）以便引用元组，以及指定类型上的**操作**（operation）等。
- SQL 和关系数据库可以与一些新技术交互，例如 XML（参见第 13 章）和 OLAP/数据仓库（参见第 29 章）。

6.6　小　　结

在本章中，介绍了 SQL 数据库语言。这种语言及其变体已经实现为许多商业性关系 DBMS 的接口，包括：Oracle 公司的 Oracle、IBM 的 DB2、Microsoft 的 SQL Server，以及许多其他的系统，包括 Sybase 和 INGRES。一些开源系统也提供了 SQL，例如 MySQL 和 PostgreSQL。SQL 的原始版本是在称为 SYSTEM R 的试验性 DBMS 中实现的，它是在 IBM 研究院开发的。SQL 被设计成一种综合性语言，包括用于数据定义、查询、更新、约束规范和视图定义的语句。本章中讨论了 SQL 的以下特性：用于创建表的数据定义命令、SQL 基本数据类型、用于约束规范的命令、简单的检索查询和数据库更新命令。在第 7 章中将介绍 SQL 的以下特性：复杂的检索查询、视图、触发器和断言，以及模式修改命令。

复　习　题

6.1　SQL中的关系（表）与第3章中正式定义的关系有何不同？讨论它们在术语上的其他区别。为什么SQL允许在表中或者在查询结果中出现重复的元组？

6.2　列出SQL属性允许使用的数据类型。

6.3　SQL是如何实现第3章中描述的实体完整性约束和参照完整性约束的？参照触发动作又是如何实现的呢？

6.4　描述简单的SQL检索查询的语法中的4个子句。说明在每个子句中可以指定什么构造类型，其中哪些构造是必需的，哪些是可选的？

练 习 题

6.5 考虑图1.2中所示的数据库，它的模式显示在图2.1中。该模式上应该保持的参照完整性约束是什么？编写合适的SQL DDL语句，定义这个数据库。

6.6 使用图5.8中所示的AIRLINE数据库模式，重做练习题6.5。

6.7 考虑图6.6中所示的LIBRARY关系数据库模式。对于删除被参照的元组以及更新被参照元组中的主键属性值这两个操作，为每个参照完整性约束选择合适的动作（拒绝、级联、设置为NULL和设置为默认值）。说明你的选择是合理的。

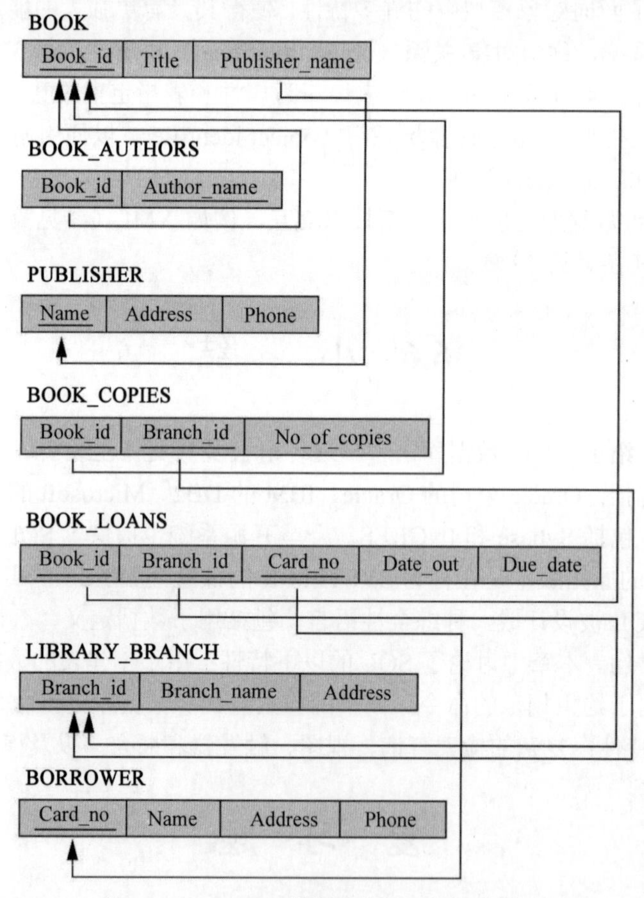

图 6.6 LIBRARY 数据库的关系数据库模式

6.8 编写合适的SQL DDL语句，用于声明图6.6中所示的LIBRARY关系数据库模式。指定键和参照触发动作。

6.9 DBMS如何执行键约束和外键约束？你建议的执行技术实现起来困难吗？当对数据库应用更新时，能够高效执行约束检查吗？

6.10 对于图5.5中所示的COMPANY关系数据库模式，利用SQL指定以下查询。如果将每个查询应用于图5.6中所示的COMPANY数据库，显示每个查询的结果。

a. 检索在编号为 5 的部门中每周在 ProductX 项目上的工作时间大于 10 小时的所有雇员的姓名。

b. 列出其受赡养人与自己名字相同的所有雇员的姓名。

c. 查找由 Franklin Wong 直接监管的所有雇员的姓名。

6.11　使用SQL更新命令指定练习题3.11的更新操作。

6.12　在图1.2所示的数据库模式上利用SQL执行以下查询。

a. 检索主修专业是 CS（计算机科学）的所有高年级学生的姓名。

b. 检索 King 教授在 2007 年和 2008 年讲授的所有课程的名称。

c. 对于 King 教授所讲授的每个课程单元，检索课程编号、学期、学年以及选修该课程单元的学生人数。

d. 检索主修专业为 CS 的每位高年级学生（Class = 4）的姓名和成绩单。成绩单包括学生修完的每门课程的课程名称、课程编号、学分、学期、学年和成绩。

6.13　编写SQL更新语句，对图1.2中所示的数据库模式执行以下操作。

a. 在数据库中插入一名新学生< 'Johnson', 25, 1, 'Math' >。

b. 把学生 Smith 的班级改为 2。

c. 插入一门新课程< 'Knowledge Engineering', 'cs4390', 3, 'cs' >。

d. 删除名字为 Smith 并且学号为 17 的学生记录。

6.14　为你选择的数据库应用设计一种关系数据库模式。

a. 使用 SQL DDL 声明关系。

b. 利用 SQL 指定你的数据库应用所需的若干查询。

c. 基于你所期望的数据库用途，选择一些应该对其指定索引的属性。

d. 如果你具有支持 SQL 的 DBMS，就实现你的数据库。

6.15　考虑将图6.2中指定的EMPLOYEE表的EMPSUPERFK约束更改成如下所示：

```
CONSTRAINT EMPSUPERFK
 FOREIGN KEY (Super_ssn) REFERENCES EMPLOYEE(Ssn)
             ON DELETE CASCADE ON UPDATE CASCADE,
```

回答下面的问题：

a. 当在图5.6中所示的数据库状态上运行以下命令时，将会发生什么？

```
DELETE EMPLOYEE WHERE Lname = 'Borg'
```

b. 当在EMPSUPERFK约束执行ON DELETE时，是使用CASCADE还是使用SET NULL更好？

6.16　编写SQL语句，创建表EMPLOYEE_BACKUP，用于备份图5.6中所示的EMPLOYEE表。

选读文献

SQL语言(最初被命名为SEQUEL)基于Boyce等人(1975)描述的SQUARE(Specifying Queries as Relational Expressions，将查询指定为关系表达式）语言。后来，Chamberlin和Boyce（1974）将SQUARE的语法修改成SEQUEL，接着Chamberlin等人（1976）又将其修改成SEQUEL 2，并由此产生了SQL。SEQUEL的原始实现是在位于加利福尼亚州圣何塞市的IBM研究院完成的。在第7章末尾还将给出SQL多个方面的额外参考。

第 7 章　SQL 的更多知识：复杂查询、触发器、视图和模式修改

本章将描述用于关系数据库的 SQL 语言的更高级的特性。首先在 7.1 节将介绍 SQL 检索查询的更复杂的特性，例如嵌套查询、连接表、外连接、聚合函数和分组，以及 case 语句。在 7.2 节中，将描述 CREATE ASSERTION 语句，它允许在数据库上指定更一般的约束。此外，还将介绍触发器的概念和 CREATE TRIGGER 语句，在 26.1 节中介绍主动数据库的原理时，还将更详细地介绍这些内容。然后，在 7.3 节中，将描述用于在数据库上定义视图的 SQL 功能。视图也称为*虚表*或*派生表*，因为它们将给用户展示表的内容；不过，这些表中的信息派生自以前定义的表。7.4 节将介绍 SQL ALTER TABLE 语句，它用于修改数据库表和约束。7.5 节是本章小结。

本章是第 6 章内容的延续。如果只打算对 SQL 做不那么详细的介绍，可以跳过本章的部分内容。

7.1　更复杂的 SQL 检索查询

在 6.3 节中，描述了 SQL 中的一些基本的检索查询类型。由于 SQL 语言的通用性和强大的表达能力，它还提供了许多额外的特性，允许用户对数据库指定更复杂的检索。本节中将讨论其中几个特性。

7.1.1　涉及 NULL 和三值逻辑的比较

SQL 具有用于处理 NULL 值的多种规则。回忆一下在 5.1.2 节中，NULL 用于表示缺失的值，但它通常具有 3 种不同的解释：值*未知*（值存在但是未知，或者不知道值是否存在）、值*不可用*（值存在但有意保留），或者值*不适用*（属性不适用于这个元组或者对于这个元组来说是未定义的）。考虑下面的示例，说明 NULL 的每一种含义。

（1）**未知值**（unknown value）。某人的出生日期是未知的，因此在数据库中利用 NULL 表示它。另一种未知情况的一个示例是用 NULL 表示某人的家庭电话，因为不知道这个人是否有家庭电话。

（2）**不可用或保留的值**（unavailable or withheld value）。一个人具有家庭电话，但是不想公布出来，因此将其保留起来，并在数据库中将其表示为 NULL。

（3）**不适用的属性**（not applicable attribute）。对于没有大学学位的人，属性 LastCollegeDegree 将为 NULL，因为它不适用于那个人。

通常不能确定其中哪种含义是想要的；例如，用于一个人的家庭电话的 NULL 可以具

有上述 3 种含义中的任何一种。因此，SQL 将不会区分 NULL 的不同含义。

一般来讲，每个单独的 NULL 值都被视作与不同数据库记录中其他任何 NULL 值都不相同。如果在比较操作中涉及一条记录，它的属性之一具有 NULL 值，则该操作的结果就被认为是 UNKNOWN（它可能为 TRUE，也可能为 FALSE）。因此，SQL 使用值为 TRUE、FALSE 和 UNKNOWN 的三值逻辑，代替值为 TRUE 或 FALSE 的标准两值（布尔）逻辑。因此，当使用逻辑连接符 AND、OR 和 NOT 时，就有必要定义三值逻辑表达式的结果。表 7.1 显示了结果值。

表 7.1　三值逻辑中的逻辑连接符（a）

AND	TRUE	FALSE	UNKNOWN
TRUE	TRUE	FALSE	UNKNOWN
FALSE	FALSE	FALSE	FALSE
UNKNOWN	UNKNOWN	FALSE	UNKNOWN

三值逻辑中的逻辑连接符（b）

OR	TRUE	FALSE	UNKNOWN
TRUE	TRUE	TRUE	TRUE
FALSE	TRUE	FALSE	UNKNOWN
UNKNOWN	TRUE	UNKNOWN	UNKNOWN

三值逻辑中的逻辑连接符（c）

NOT			
TRUE	FALSE		
FALSE	TRUE		
UNKNOWN	UNKNOWN		

在表 7.1(a)和表 7.1(b)中，行和列表示比较条件的结果值，这些比较条件通常出现在 SQL 查询的 WHERE 子句中。每个表达式的结果都将是 TRUE、FALSE 或 UNKNOWN 这些值之一。表 7.1(a)中的表项显示了使用 AND 逻辑连接符结合两个值的结果。表 7.1(b)显示了使用 OR 逻辑连接符的结果。例如，(FALSE AND UNKNOWN)的结果是 FALSE，而(FALSE OR UNKNOWN)的结果则是 UNKNOWN。表 7.1(c)显示了 NOT 逻辑运算的结果。注意：在标准布尔逻辑中，只允许 TRUE 或 FALSE 值，而没有 UNKNOWN 值。

在选择-投影-连接查询中，一般的规则是：只会选择那些在查询的 WHERE 子句中逻辑表达式求值为 TRUE 的元组组合；而不会选择求值为 FALSE 或 UNKNOWN 的元组组合。不过，对于某些操作，这个规则也有一些例外，例如外连接，稍后将在 7.1.6 节中讨论。

SQL 允许查询检查某个属性值是否为 NULL。SQL 没有使用=或<>将属性值与 NULL 做比较，而是使用比较运算符 IS 或 IS NOT。这是由于 SQL 每个 NULL 值彼此都不相同，因此不适合使用相等性比较。它遵循以下规则：当指定一个连接条件时，如果元组的连接属性值为 NULL，则将不会把元组包括在结果中（除非它是外连接 OUTER JOIN；参见 7.1.6 节）。查询 18 通过检索没有管理者的任何雇员，来说明 NULL 比较。

查询 18： 检索没有管理者的所有雇员的名字。

```
Q18:SELECT  Fname, Lname
    FROM    EMPLOYEE
    WHERE   Super_ssn IS NULL;
```

7.1.2　嵌套查询、元组与集/多集比较

一些查询需要先提取数据库中现有的值，然后在比较条件中使用它们。可以使用**嵌套查询**（nested query）方便地构造这样的查询，嵌套查询是位于另一个 SQL 查询内完整的 SELECT-FROM-WHERE 块。这个另外的查询称为**外部查询**（outer query）。这些嵌套查询也可以根据需要出现在 WHERE 子句、FROM 子句、SELECT 子句或者其他 SQL 子句中。利用 Q4 构造的查询 4 没有使用嵌套查询，但是可以把它改写成使用嵌套查询，如 Q4A 中所示。Q4A 引入了比较运算符 IN，它将一个值 v 与一个值集合（或多集）V 做比较，如果 v 是 V 中的元素之一，就求值为 TRUE。

在 Q4A 中，第一个嵌套查询选择项目经理的姓氏为 Smith 的项目编号，而第二个嵌套查询则选择工作人员的姓氏为 Smith 的项目编号。在外部查询中，如果 PROJECT 的某个元组的 PNUMBER 值出现在任何一个嵌套查询的结果中，那么就使用 OR 逻辑连接符检索出这个 PROJECT 元组。

```
Q4A:SELECT  DISTINCT Pnumber
    FROM    PROJECT
    WHERE   Pnumber IN
            ( SELECT    Pnumber
            FROM        PROJECT, DEPARTMENT, EMPLOYEE
            WHERE       Dnum = Dnumber AND
                        Mgr_ssn = Ssn AND Lname = 'Smith' )
            OR
            Pnumber IN
            ( SELECT    Pno
            FROM        WORKS_ON, EMPLOYEE
            WHERE       Essn = Ssn AND Lname = 'Smith' );
```

如果嵌套查询返回单个属性和单个元组，查询结果将是单个（**标量**（scalar））值。在这种情况下，允许使用=代替 IN 作为比较运算符。一般来讲，嵌套查询将返回一个**表**（关系），它是元组的集合或多集。

SQL 允许在比较中使用值的**元组**（tuple），只需把它们放在圆括号内即可。为了说明这种方法，考虑下面的查询：

```
SELECT  DISTINCT Essn
FROM    WORKS_ON
WHERE   (Pno, Hours) IN    ( SELECT Pno, Hours
                             FROM    WORKS_ON
                             WHERE   Essn = '123456789' );
```

这个查询将选择与雇员 John Smith（他的 Ssn = '123456789'）所参与的某个项目的(project, hours)组合相同的所有雇员的 Essn。在这个示例中，IN 运算符将把 WORKS_ON 中每个元组内的圆括号(Pno, Hours)中的值的子元组与嵌套查询产生的类型兼容的元组集合做比较。

除了 IN 运算符之外，还可使用许多其他的比较运算符，将单个值 v（通常是一个属性名）与一个集合或多集 V（通常是一个嵌套查询）做比较。如果值 v 等于集合 V 中的某个值，那么= ANY（或= SOME）运算符将返回 TRUE，因此也等价于 IN。两个关键字 ANY 和 SOME 具有相同的效果。可以与 ANY（或 SOME）结合使用的其他运算符包括：>、>=、<、<=和<>。关键字 ALL 也可以与其中每个运算符结合使用。例如，如果值 v 大于集合（或多集）V 中的所有值，比较条件（v > ALL V）将返回 TRUE。下面的查询给出了一个示例，它将返回那些比在编号为 5 的部门中工作的所有雇员领取更多薪水的雇员的姓名：

```
SELECT   Lname, Fname
FROM     EMPLOYEE
WHERE    Salary > ALL    ( SELECT Salary
                           FROM   EMPLOYEE
                           WHERE  Dno = 5 );
```

注意：也可以使用 MAX 聚合函数（参见 7.1.7 节）指定这个查询。

一般来讲，可以具有多层嵌套查询。如果存在同名的属性，即一个属性出现在外部查询的 FROM 子句的关系中，另一个属性则出现在嵌套查询的 FROM 子句的关系中，则可能会再次面临属性名中的歧义问题。规则是：对*非限定属性*（unqualified attribute）的引用参照的是在**最内层嵌套查询**（innermost nested query）中声明的关系。例如，在 Q4A 的第一个嵌套查询的 SELECT 子句和 WHERE 子句中，对 PROJECT 关系的任何非限定属性的引用参照的都是在嵌套查询的 FROM 子句中指定的 PROJECT 关系。要参照在外部查询中指定的 PROJECT 关系的属性，可以指定并参照该关系的一个*别名*（元组变量）。这些规则类似于大多数允许嵌套过程和函数的程序设计语言中程序变量的作用域规则。为了说明嵌套查询中属性名可能出现的歧义，可以考虑查询 16。

查询 16：检索与受赡养人具有相同名字和性别的所有雇员的姓名。

```
Q16:    SELECT   E.Fname, E.Lname
        FROM     EMPLOYEE AS E
        WHERE    E.Ssn IN    ( SELECT    D.Essn
                               FROM      DEPENDENT AS D
                               WHERE     E.Fname = D.Dependent_name
                                         AND E.Sex = D.Sex );
```

在 Q16 的嵌套查询中，必须指定 E.Sex，因为它参照的是外部查询中的 EMPLOYEE 的 Sex 属性，而 DEPENDENT 也具有一个名为 Sex 的属性。如果在嵌套查询中有任何对 Sex 的非限定引用，它们都将参照 DEPENDENT 的 Sex 属性。不过，如果 EMPLOYEE 的 Fname 和 Ssn 属性出现在嵌套查询中，则不必限定它们，因为 DEPENDENT 关系没有名为 Fname 和 Ssn 的属性，因为不会产生歧义。

一般建议为 SQL 查询中引用的所有表创建元组变量（别名），以避免潜在的错误和歧义，如 Q16 中所示。

7.1.3 关联的嵌套查询

无论何时嵌套查询的 WHERE 子句中的条件引用了在外部查询中声明的关系的某个属性，都把这两个查询称为是**关联的**（correlated）。为了更好地理解关联的查询，可以考虑：对于外部查询中的每个元组（或者元组的组合），都会计算一次内部查询。例如，可以像下面这样考虑 Q16：对于每个 EMPLOYEE 元组，都会计算嵌套查询，它将检索出与该 EMPLOYEE 元组具有相同性别和名字的所有 DEPENDENT 元组的 Essn 值；如果 EMPLOYEE 元组的 Ssn 值出现在嵌套查询的结果中，那么就选择该 EMPLOYEE 元组。

一般来讲，利用嵌套的 SELECT-FROM-WHERE 块以及使用=或 IN 比较运算符编写的查询总是可以表示为单个块查询。例如，可以将 Q16 编写成 Q16A 所示的形式：

```
Q16A:   SELECT  E.Fname, E.Lname
        FROM    EMPLOYEE AS E, DEPENDENT AS D
        WHERE   E.Ssn = D.Essn AND E.Sex = D.Sex
                AND E.Fname = D.Dependent_name;
```

7.1.4 SQL 中的 EXISTS 和 UNIQUE 函数

EXISTS 和 UNIQUE 是返回 TRUE 或 FALSE 的布尔函数；因此，可以在 WHERE 子句条件中使用它们。SQL 中的 EXISTS 函数用于检查嵌套查询的结果是否为空（不包含元组）。如果嵌套查询的结果包含至少一个元组，那么 EXISTS 的结果就是布尔值 TRUE；如果嵌套查询的结果不包含元组，那么它的结果就是 FALSE。下面将利用一些示例说明 EXISTS（和 NOT EXISTS）的用法。首先，以一种使用 EXISTS 的替代形式来构造查询 16，如 Q16B 所示：

```
Q16B:   SELECT  E.Fname, E.Lname
        FROM    EMPLOYEE AS E
        WHERE   EXISTS  ( SELECT  *
                          FROM    DEPENDENT AS D
                          WHERE   E.Ssn = D.Essn AND E.Sex = D.Sex
                                  AND E.Fname = D.Dependent_name);
```

EXISTS 和 NOT EXISTS 通常都与关联的嵌套查询结合起来使用。在 Q16B 中，嵌套查询从外部查询中引用 EMPLOYEE 关系的 Ssn、Fname 和 Sex 属性。可以像下面这样考虑 Q16B：对于每个 EMPLOYEE 元组，都会计算嵌套查询，它将检索出与 EMPLOYEE 元组具有相同 Essn、Sex 和 Dependent_name 的所有 DEPENDENT 元组；如果在嵌套查询的结果中存在至少一个元组，那么就选择该 EMPLOYEE 元组。如果在嵌套查询 Q 的结果中具有至少一个元组，EXISTS(Q)就会返回 TRUE；否则，它将返回 FALSE。另一方面，如果在嵌套查询 Q 的结果中没有元组，NOT EXISTS(Q)将返回 TRUE；否则，它将返回 FALSE。

接下来，将说明 NOT EXISTS 的用法。

查询 6：检索没有受赡养人的雇员的名字。

```
Q6: SELECT   Fname, Lname
    FROM     EMPLOYEE
    WHERE    NOT EXISTS  ( SELECT   *
                           FROM     DEPENDENT
                           WHERE    Ssn = Essn );
```

在 Q6 中，关联的嵌套查询将检索与特定 EMPLOYEE 元组相关的所有 DEPENDENT 元组。如果不存在这样的元组，就会选择 EMPLOYEE 元组，因为在这种情况下，WHERE 子句的条件将求值为 TRUE。可以将 Q6 解释如下：对于每个 EMPLOYEE 元组，关联的嵌套查询将会选择其 Essn 值与 EMPLOYEE 的 Ssn 值匹配的所有 DEPENDENT 元组；如果结果为空，就说明没有与该雇员相关联的受赡养人，因此就会选择 EMPLOYEE 元组，并检索其 Fname 和 Lname。

查询 7：列出具有至少一位受赡养人的经理的名字。

```
Q7: SELECT   Fname, Lname
    FROM     EMPLOYEE
    WHERE    EXISTS  ( SELECT   *
                       FROM     DEPENDENT
                       WHERE    Ssn = Essn )
             AND
             EXISTS  ( SELECT   *
                       FROM     DEPARTMENT
                       WHERE    Ssn = Mgr_ssn );
```

编写这个查询的一种方式如 Q7 中所示，其中指定了两个关联的嵌套查询；第一个查询选择与 EMPLOYEE 相关的所有 DEPENDENT 元组，第二个查询则选择由 EMPLOYEE 管理的所有 DEPENDENT 元组。如果第一个查询和第二个查询的结果中都存在至少一个元组，就选择 EMPLOYEE 元组。你能否只使用单个嵌套查询或者不使用嵌套查询重写这个查询吗？

查询 Q3：检索在编号为 5 的部门所控制的所有项目中工作的每位雇员的名字，在 SQL 系统中可以使用 EXISTS 和 NOT EXISTS 编写这个查询。我们将在 SQL 中采用两种方式即 Q3A 和 Q3B，来指定这个 Q3 查询。这是某些查询类型需要全称量词（universal quantification）的示例，将在 8.6.7 节中讨论。编写这个查询的一种方式是使用接下来将解释的构造（S2 EXCEPT S1），并检查结果是否为空[1]。这个选项如 Q3A 所示。

```
Q3A:    SELECT   Fname, Lname
        FROM     EMPLOYEE
        WHERE    NOT EXISTS  ((SELECT   Pnumber
                               FROM     PROJECT
```

1 回忆可知：EXCEPT 是集合差运算符。有时也使用关键字 MINUS，例如在 Oracle 中。

```
WHERE        Dnum = 5)
EXCEPT       (SELECT    Pno
              FROM      WORKS_ON
              WHERE     Ssn = Essn) );
```

在 Q3A 中，第一个子查询（它不与外部查询相关联）选择由部门 5 控制的所有项目，第二个子查询（它是相关联的）则选择特定雇员被认为参与的所有项目。如果第一个子查询结果 MINUS (EXCEPT)第二个子查询结果的集合差为空，就意味着该雇员参与了所有的项目，并且因此会被选择。

第二个选项如 Q3B 所示。注意：在 Q3B 中需要两层嵌套，这种构造比 Q3A 要复杂一些。

```
Q3B:     SELECT   Lname, Fname
         FROM     EMPLOYEE
         WHERE    NOT EXISTS  (SELECT     *
                               FROM       WORKS_ON B
                               WHERE      ( B.Pno IN  (SELECT    Pnumber
                                                       FROM      PROJECT
                                                       WHERE     Dnum = 5 )
                               AND
                               NOT EXISTS  (SELECT    *
                                            FROM      WORKS_ON C
                                            WHERE     C.Essn = Ssn
                                            AND       C.Pno = B.Pno )));
```

在 Q3B 中，就外部查询而言，如果不存在与 EMPLOYEE 元组具有相同的 Pno 和 Ssn 的 WORKS_ON (C)元组，那么外层嵌套查询就会选择其 Pno 属于部门 5 所控制项目的任何 WORKS_ON (B)元组。如果没有这样的元组存在，就会选择 EMPLOYEE 元组。Q3B 的这种形式与下面对查询 3 的重新表述相匹配：在选择雇员时，要求不存在受部门 5 控制并且雇员未参与的项目。它对应于我们将在元组关系演算中编写这个查询的方式（参见 8.6.7 节）。

还有另一个 SQL 函数 UNIQUE(Q)，如果在查询 Q 的结果中没有重复的元组，它就返回 TRUE；否则，它将返回 FALSE。这可用于测试嵌套查询的结果是一个集合（没有重复的元组），还是一个多集（存在重复的元组）。

7.1.5　SQL 中的显式集合与重命名

我们已经见过了在 WHERE 子句中带有嵌套查询的几种查询。也可以在 WHERE 子句中使用**显式值集合**（explicit set of values），用于代替嵌套查询。在 SQL 中将把这样的集合用圆括号括起来。

查询 17：检索参与编号为 1、2 或 3 的项目的所有雇员的社会安全号。

```
Q17:     SELECT   DISTINCT Essn
         FROM     WORKS_ON
```

```
        WHERE    Pno IN (1, 2, 3);
```

在 SQL 中，可以通过添加限定词 AS，其后接着一个新名称，对查询结果中出现的任何属性进行**重命名**（rename）。因此，一般来讲，AS 构造既可用于对属性和关系进行重命名，也可用在查询的合适部分。例如，Q8A 显示了如何对 4.3.2 节中的查询 Q8 稍加修改，以检索每个雇员及其主管的姓氏，同时将得到的属性名重命名为 Employee_name 和 Supervisor_name。新名称将作为列标题出现在查询结果中。

```
Q8A:    SELECT  E.Lname AS Employee_name, S.Lname AS Supervisor_name
        FROM    EMPLOYEE AS E, EMPLOYEE AS S
        WHERE   E.Super_ssn = S.Ssn;
```

7.1.6 SQL 中的连接表和外连接

SQL 中引入了**连接表**（joined table）或**连接关系**（joined relation）的概念，以允许用户在查询的 FROM 子句中指定通过连接操作得到的表。这种构造可能比在 WHERE 子句中把所有的选择和连接条件混合在一起更容易理解。例如，考虑查询 Q1，它用于检索为 Research 部门工作的每一位雇员的名字和住址。可能更容易的方式是：在 WHERE 子句中指定 EMPLOYEE 和 DEPARTMENT 关系的连接，然后选择想要的元组和属性。可以在 SQL 中编写它，如 Q1A 所示：

```
Q1A:    SELECT  Fname, Lname, Address
        FROM    (EMPLOYEE JOIN DEPARTMENT ON Dno = Dnumber)
        WHERE   Dname = 'Research';
```

Q1A 中的 FROM 子句包含单个连接表。这类表的属性是第一个表 EMPLOYEE 的所有属性，其后接着第二个表 DEPARTMENT 的所有属性。连接表的概念还允许用户指定不同的连接类型，例如**自然连接**（NATURAL JOIN）和各种类型的外连接（OUTER JOIN）。在两个关系 R 和 S 的自然连接中，没有指定连接条件；对于 R 和 S 中的每一对同名属性，都会创建一个隐含的等值连接（EQUIJOIN）条件。在得到的关系中，每一对这样的属性只会包括一次（参见 8.3.2 节和 8.4.4 节，了解关系代数中的各类连接操作的更多详细信息）。

如果基本关系中的连接属性的名称不相同，可以重命名属性以使它们匹配，然后应用自然连接。在这种情况下，可以在 FROM 子句中使用 AS 构造重命名关系及其所有属性。在 Q1B 中说明了这种方法，其中将 DEPARTMENT 关系重命名为 DEPT，并将其属性重命名为 Dname、Dno（以匹配 EMPLOYEE 表中想要的连接属性 Dno 的名称）、Mssn 和 Msdate。这个自然连接的隐含连接条件是 EMPLOYEE.Dno = DEPT.Dno，因为它们是重命名后唯一一对同名的属性。

```
Q1B:    SELECT  Fname, Lname, Address
        FROM    (EMPLOYEE NATURAL JOIN
                (DEPARTMENT AS DEPT (Dname, Dno, Mssn, Msdate)))
        WHERE   Dname = 'Research';
```

连接表中默认的连接类型被称为**内连接**（inner join），其中仅当匹配元组在另一个关系中存在时，才会将该元组包括在结果中。例如，在查询 Q8A 中，只有那些具有管理者的雇员才会包括在结果中；而其 Super_ssn 值为 NULL 的 EMPLOYEE 元组则将被排除在外。如果用户要求包括所有的雇员，就必须明确使用一种不同的连接类型，即**外连接**（OUTER JOIN）（参见 8.4.4 节，了解关系代数中的 OUTER JOIN 的定义）。如我们将看到的，OUTER JOIN 有多个变体。在 SQL 标准中，通过在连接表中显式指定关键字 OUTER JOIN 来处理它，如 Q8B 中所示：

```
Q8B:    SELECT  E.Lname AS Employee_name,
                S.Lname AS Supervisor_name
        FROM    (EMPLOYEE AS E LEFT OUTER JOIN EMPLOYEE AS S
                ON E.Super_ssn = S.Ssn);
```

在 SQL 中，可用于指定连接表的选项包括：INNER JOIN（只会检索与连接条件匹配的元组对，与 JOIN 相同）、LEFT OUTER JOIN（左表中的每个元组都必须出现在结果中；如果它没有匹配的元组，就在其与右表对应的属性上填充 NULL 值）、RIGHT OUTER JOIN（右表中的每个元组都必须出现在结果中；如果它没有匹配的元组，就在其与左表对应的属性上填充 NULL 值）以及 FULL OUTER JOIN。在后 3 个选项中，可以省略关键字 OUTER。如果连接属性具有相同的名称，也可以在操作前使用关键字 NATURAL，来指定外连接的自然连接变体（例如，NATURAL LEFT OUTER JOIN）。关键字 CROSS JOIN 用于指定 CARTESIAN PRODUCT（笛卡儿积）操作（参见 8.2.2 节），但是在使用它时应该倍加小心，因为它会生成所有可能的元组组合。

还可以嵌套连接规范；也就是说，连接中的表之一自身也可能是一个连接表。这允许将 3 个或更多表的连接指定为单个连接表，称之为**多向连接**（multiway join）。例如，Q2A 使用连接表的概念，采用不同于 6.3.1 节的方式指定查询 Q2。

```
Q2A:    SELECT  Pnumber, Dnum, Lname, Address, Bdate
        FROM    ((PROJECT JOIN DEPARTMENT ON Dnum = Dnumber)
                JOIN EMPLOYEE ON Mgr_ssn = Ssn)
        WHERE   Plocation = 'Stafford';
```

并非所有的 SQL 实现都实现了连接表的新语法。在一些系统中，使用一种不同的语法来指定外连接，它在指定连接条件时，分别使用比较运算符+ =、= +和+ = +来指定左外连接、右外连接和完全外连接。例如，在 Oracle 中就使用这种语法。要使用这种语法指定 Q8B 中的左外连接，可以编写如下所示的查询 Q8C：

```
Q8C:    SELECT  E.Lname, S.Lname
        FROM    EMPLOYEE E, EMPLOYEE S
        WHERE   E.Super_ssn + = S.Ssn;
```

7.1.7　SQL 中的聚合函数

聚合函数（aggregate function）用于把来自多个元组的信息汇总进单个元组中。**分组**

（grouping）用于在汇总前创建元组的子组。在许多数据库应用中都需要分组和聚合，我们将通过示例介绍它们在 SQL 中的用法。有许多内置的聚合函数：COUNT、SUM、MAX、MIN 和 AVG[1]。COUNT 函数返回在查询中指定的元组或值的个数。SUM、MAX、MIN 和 AVG 这些函数可以应用于数值的集合或多集，并且分别返回那些值的总和、最大值、最小值和平均值。这些函数可以在 SELECT 子句或 HAVING 子句中使用（稍后将介绍）。如果非数值域中的值相互之间是全序（total ordering）的[2]，那么 MAX 和 MIN 函数也可用于这些域的属性。下面利用几个查询说明这些函数的用法。

查询 19：查找所有雇员的薪水总和、最高薪水、最低薪水和平均薪水。

```
Q19:    SELECT  SUM (Salary), MAX (Salary), MIN (Salary), AVG (Salary)
        FROM    EMPLOYEE;
```

这个查询返回 EMPLOYEE 表中所有行的**单行**汇总。可以使用 AS 重命名得到的单行表中的列名；例如，如 Q19A 所示。

```
Q19A:   SELECT  SUM (Salary) AS Total_Sal, MAX (Salary) AS Highest_Sal,
                MIN (Salary) AS Lowest_Sal, AVG (Salary) AS Average_Sal
        FROM    EMPLOYEE;
```

如果想要为特定部门（例如说，Research 部门）的雇员获取上述的聚合函数值，可以编写查询 20，其中 EMPLOYEE 元组被 WHERE 子句限制为那些为 Research 部门工作的雇员。

查询 20：查找 Research 部门的所有雇员的薪水总额，以及该部门的最高薪水、最低薪水和平均薪水。

```
Q20:    SELECT  SUM (Salary), MAX (Salary), MIN (Salary), AVG (Salary)
        FROM    (EMPLOYEE JOIN DEPARTMENT ON Dno = Dnumber)
        WHERE   Dname = 'Research';
```

查询 21 和查询 22：检索公司里的雇员总数（Q21），以及 Research 部门中的雇员数量（Q22）。

```
Q21:    SELECT  COUNT (*)
        FROM    EMPLOYEE;
Q22:    SELECT  COUNT (*)
        FROM    EMPLOYEE, DEPARTMENT
        WHERE   DNO = DNUMBER AND DNAME = 'Research';
```

在这里，星号（*）指的是行（元组），因此 COUNT (*)将返回查询结果中的行数。也可以使用 COUNT 函数统计列（而不是元组）中的值数量，如下一个示例中所示。

查询 23：统计数据库中不同薪水值的数量。

1 在 SQL-99 中还添加了其他的聚合函数，用于更高级的统计计算。

2 全序的含义是，对于域中的任意两个值，都可以确定其中一个值以定义的顺序出现在另一个值的前面；例如，DATE、TIME 和 TIMESTAMP 域中的值就是全序的，字母字符串也是如此。

```
Q23:    SELECT  COUNT (DISTINCT Salary)
        FROM    EMPLOYEE;
```

如果在 Q23 中编写 COUNT(SALARY)以代替 COUNT(DISTINCT SALARY)，那么将不会消除重复的值。不过，将不会把其 SALARY 属性值为 NULL 的任何元组统计在内。一般来讲，当把聚合函数应用于特定的列（属性）时，将会**丢弃** NULL 值；唯一的例外是 COUNT(*)，因为统计的是元组而不是值。在前面的示例中，任何为 NULL 的 Salary 值都不会包括在聚合函数计算中。一般的规则如下：当把聚合函数应用于值的集合时，将会在计算前从集合中删除 NULL；如果集合由于所有的值都是 NULL 而变为空，那么聚合函数将返回 NULL（除了 COUNT 的情况之外，它将为任何空的值集合返回 0）。

前面的示例是对整个关系（Q19、Q21、Q23）或者所选元组的子集（Q20、Q22）进行汇总，因此它们都会产生具有单独一行或者单个值的表。它们说明了如何应用这些函数，从表中检索汇总值或汇总元组。这些函数也可用在涉及嵌套查询的选择条件中。我们可能指定一个带有聚合函数的关联嵌套查询，然后在外部查询的 WHERE 子句中使用嵌套查询。例如，要检索具有两个或多个受赡养人的所有雇员的名字（查询 5），可以编写如下 SQL 语句：

```
Q5: SELECT  Lname, Fname
    FROM    EMPLOYEE
    WHERE   ( SELECT   COUNT (*)
              FROM     DEPENDENT
              WHERE    Ssn = Essn ) > = 2;
```

关联的嵌套查询用于统计每位雇员所具有的受赡养人的数量；如果它大于或等于 2，就会选择这个雇员元组。

SQL 还具有聚合函数 SOME 和 ALL，它们可以应用于布尔值的集合；如果集合中至少有一个元素为 TRUE，SOME 就返回 TRUE；仅当集合中的所有元素全都为 TRUE 时，ALL 才会返回 TRUE。

7.1.8　分组：GROUP BY 和 HAVING 子句

在许多情况下，我们想要将聚合函数应用于一个关系中的元组的子组，其中的子组基于某些属性值。例如，我们可能想要查找每个部门的雇员的平均薪水，或者为每个项目工作的雇员人数。在这些情况下，就需要把关系**划分**（partition）成非重叠的元组子集或**分组**（group）。每个分组（分区）将包括具有一些相同属性值的元组，这些属性被称为**分组属性**（grouping attribute）。然后可以独立地对每个这样的分组应用函数，以产生关于每个分组的汇总信息。SQL 具有用于此目的的 GROUP BY 子句，这个子句指定那些应该也会出现在 SELECT 子句中的分组属性，使得对元组的分组应用每个聚合函数所得到的值与分组属性的值一起出现。

查询 24：对于每个部门，检索部门编号、部门中的雇员人数以及他们的平均薪水。

```
Q24:    SELECT    Dno, COUNT (*), AVG (Salary)
```

```
          FROM      EMPLOYEE
          GROUP BY  Dno;
```

在 Q24 中，将 EMPLOYEE 元组划分成若干个分组，并且每个分组的 GROUP BY 属性 Dno 都具有相同的值。因此，每个分组都包含在相同部门中工作的雇员。对元组的每个这样的分组应用 COUNT 和 AVG 函数。注意：SELECT 子句只包括分组属性以及要应用于元组的每个分组的聚合函数。图 7.1(a)说明了分组如何工作，并且显示了 Q24 的结果。

如果分组属性中存在 NULL，那么就需要为*在分组属性中具有 NULL 值的所有元组*创建一个**单独的分组**（separate group）。例如，如果 EMPLOYEE 表有一些元组的分组属性 Dno 具有 NULL 值，那么在 Q24 的结果将为这些元组创建一个单独的分组。

查询 25：对于每个项目，检索项目编号、项目名称以及为该项目工作的雇员人数。

```
Q25:      SELECT    Pnumber, Pname, COUNT (*)
          FROM      PROJECT, WORKS_ON
          WHERE     Pnumber = Pno
          GROUP BY  Pnumber, Pname;
```

Q25 显示了如何结合使用连接条件与 GROUP BY。在这种情况下，将在 WHERE 子句中连接两个关系之后应用分组和函数。

有时，我们希望只对*满足某些条件的分组*检索这些函数的值。例如，假设我们希望修改查询 25，使得只有那些有两位以上雇员参与的项目才出现在结果中。SQL 为此提供了 HAVING 子句，它可以与 GROUP BY 子句一起出现。HAVING 提供了一个条件，涉及与分组属性的每个值相关联的元组分组的汇总信息。在查询结果中只会检索出那些满足条件的分组。查询 26 说明了这种情况。

查询 26：对于有两位以上雇员参与的每个项目，检索项目编号、项目名称以及参与项目的雇员人数。

```
Q26:      SELECT    Pnumber, Pname, COUNT (*)
          FROM      PROJECT, WORKS_ON
          WHERE     Pnumber = Pno
          GROUP BY  Pnumber, Pname
          HAVING    COUNT (*) > 2;
```

注意：尽管 WHERE 子句中的选择条件限定了应用函数的元组，HAVING 子句还是可用于选择整个分组。图 7.1(b)说明了 HAVING 的用法，并且显示了 Q26 的结果。

查询 27：对于每个项目，检索项目编号、项目名称以及来自部门 5 并且参与这个项目的雇员人数。

```
Q27:      SELECT    Pnumber, Pname, COUNT (*)
          FROM      PROJECT, WORKS_ON, EMPLOYEE
          WHERE     Pnumber = Pno AND Ssn = Essn AND Dno = 5
          GROUP BY  Pnumber, Pname;
```

在 Q27 中，将关系中的元组（乃至每个分组中的元组）限定为那些满足 WHERE 子句中指定条件的元组，也就是在编号为 5 的部门中工作的雇员。注意：当应用两个不同的条

(a)

Fname	Minit	Lname	Ssn	…	Salary	Super_ssn	Dno
John	B	Smith	123456789		30000	333445555	5
Franklin	T	Wong	333445555		40000	888665555	5
Ramesh	K	Narayan	666884444		38000	333445555	5
Joyce	A	English	453453453	…	25000	333445555	5
Alicia	J	Zelaya	999887777		25000	987654321	4
Jennifer	S	Wallace	987654321		43000	888665555	4
Ahmad	V	Jabbar	987987987		25000	987654321	4
James	E	Bong	888665555		55000	NULL	1

按 Dno 值对EMPLOYEE 元组进行分组

Dno	Count (*)	Avg (Salary)
5	4	33250
4	3	31000
1	1	55000

Q24 的结果

(b)

Pname	Pnumber	…	Essn	Pno	Hours
ProductX	1		123456789	1	32.5
ProductX	1		453453453	1	20.0
ProductY	2		123456789	2	7.5
ProductY	2		453453453	2	20.0
ProductY	2		333445555	2	10.0
ProductZ	3		666884444	3	40.0
ProductZ	3		333445555	3	10.0
Computerization	10	…	333445555	10	10.0
Computerization	10		999887777	10	10.0
Computerization	10		987987987	10	35.0
Reorganization	20		333445555	20	10.0
Reorganization	20		987654321	20	15.0
Reorganization	20		888665555	20	NULL
Newbenefits	30		987987987	30	5.0
Newbenefits	30		987654321	30	20.0
Newbenefits	30		999887777	30	30.0

Q26 的 HAVING 条件不会选择这些分组

在应用 WHERE 子句之后但是在应用 HAVING 之前

Pname	Pnumber	…	Essn	Pno	Hours
ProductY	2		123456789	2	7.5
ProductY	2		453453453	2	20.0
ProductY	2		333445555	2	10.0
Computerization	10		333445555	10	10.0
Computerization	10	…	999887777	10	10.0
Computerization	10		987987987	10	35.0
Reorganization	20		333445555	20	10.0
Reorganization	20		987654321	20	15.0
Reorganization	20		888665555	20	NULL
Newbenefits	30		987987987	30	5.0
Newbenefits	30		987654321	30	20.0
Newbenefits	30		999887777	30	30.0

在应用 HAVING 子句条件之后

Pname	Count (*)
ProductY	3
Computerization	3
Reorganization	3
Newbenefits	3

Q26 的结果
(Pnumber 未显示)

图 7.1 GROUP BY 和 HAVING 的结果：(a) Q24；(b) Q26

件（一个用于 SELECT 子句中的聚合函数，另一个用于 HAVING 子句中的函数）时，一定要特别小心。例如，假设我们想要统计每个部门中薪水超过 40 000 美元的雇员总数，但只针对那些具有 5 位以上雇员的部门。在这里，只对 SELECT 子句中的 COUNT 函数应用条件（SALARY > 40000）。假设编写以下不正确的查询：

```
SELECT      Dno, COUNT (*)
FROM        EMPLOYEE
WHERE       Salary>40000
GROUP BY    Dno
HAVING      COUNT (*) > 5;
```

这是不正确的，因为它只将选择那些具有 5 位以上雇员并且每个雇员的薪水都超过 40 000 美元的部门。规则是：先执行 WHERE 子句，选择各个元组或者连接的元组；随后应用 HAVING 子句，选择元组的各个分组。在不正确的查询中，在应用 HAVING 子句中的函数之前，已经把元组限定于那些薪水超过 40 000 美元的雇员了。正确地编写这个查询的一种方式是使用嵌套查询，如查询 28 中所示。

查询 28：对于具有 5 位以上雇员的每个部门，检索部门编号及其雇员薪水超过 40 000 美元的雇员人数。

```
Q28:    SELECT      Dno, COUNT (*)
        FROM        EMPLOYEE
        WHERE       Salary>40000 AND Dno IN
                    ( SELECT      Dno
                    FROM        EMPLOYEE
        GROUP BY    Dno
                    HAVING COUNT (*) > 5)
        GROUP BY Dno;
```

7.1.9 其他 SQL 构造：WITH 和 CASE

在本节中，将说明另外两种 SQL 构造。WITH 子句允许用户定义只将在特定查询中使用的表；它有些类似于创建视图（参见 7.3 节），后者将只在一个查询中使用，然后就会被删除。为方便起见，在 SQL:99 中引入了这种构造，并且可能在所有基于 SQL 的 DBMS 中都不能使用它。使用 WITH 的查询一般可以利用其他 SQL 构造来编写。例如，可以将 Q28 改写为 Q28′：

```
Q28′:   WITH        BIGDEPTS (Dno) AS
                    ( SELECT      Dno
                    FROM        EMPLOYEE
                    GROUP BY    Dno
                    HAVING      COUNT (*) > 5)
        SELECT      Dno, COUNT (*)
        FROM        EMPLOYEE
        WHERE       Salary>40000 AND Dno IN BIGDEPTS
```

```
        GROUP BY    Dno;
```

在 Q28′中，在 WITH 子句中定义了一个临时表 BIGDEPTS，其结果用于保存具有 5 位以上雇员的部门的 Dno，然后在后续查询中使用这个表。一旦执行了这个查询，就会丢弃临时表 BIGDEPTS。

SQL 还具有一个 CASE 构造，当一个值可能基于某些条件而有所不同时，就可以使用这种构造。在 SQL 查询的任何期望一个值的部分都可以使用它，包括在查询、插入或更新元组时。下面将利用一个示例说明它。假设我们想要依据雇员所工作的部门，为他们进行不同的涨薪；例如，在部门 5 工作的雇员将获得 2000 美元的涨薪，在部门 4 工作的雇员将获得 1500 美元的涨薪，而在部门 1 工作的雇员则将获得 3000 美元的涨薪（对于雇员元组，可以参见图 5.6）。然后，可以把 6.4.3 节中的更新操作 U6 改写为 U6′：

```
U6':    UPDATE  EMPLOYEE
        SET     Salary =
        CASE    WHEN    Dno = 5     THEN Salary + 2000
                WHEN    Dno = 4     THEN Salary + 1500
                WHEN    Dno = 1     THEN Salary + 3000
                ELSE    Salary + 0 ;
```

在 U6′中，涨薪数额是通过 CASE 构造基于每位雇员工作的部门编号确定的。依赖于插入表中的记录的类型，元组的不同属性可能具有 NULL 值，例如当把特化（参见第 4 章）映射到单个表中（参见第 9 章）或者当把并类型映射到关系中时，就可能出现这种情况，在插入这样的元组时，也可以使用 CASE 构造。

7.1.10　SQL 中的递归查询

在本节中，将说明如何在 SQL 中编写递归查询。这种语法是在 SQL:99 中添加的，以允许用户以一种声明性方式指定递归查询。相同类型的元组之间的**递归关系**（recursive relationship）的一个示例是雇员与管理者之间的关系。在图 5.5 和图 5.6 中通过 EMPLOYEE 关系的外键 Super_ssn 来描述这种关系，并且它把每个雇员元组（充当被管理者的角色）都关联到另一个雇员元组（充当管理者的角色）。递归操作的一个示例是检索所有层级的管理者雇员 e 的所有被管理者，也就是说，所有的雇员 e′都受 e 直接管理，所有的雇员 e″都受每个雇员 e′直接管理，所有的雇员 e‴都受每个雇员 e″直接管理，依此类推。在 SQL:99 中，可以将这个查询编写如下：

```
Q29:    WITH RECURSIVE      SUP_EMP (SupSsn, EmpSsn) AS
            ( SELECT        SupervisorSsn, Ssn
            FROM            EMPLOYEE
            UNION
            SELECT          E.Ssn, S.SupSsn
            FROM            EMPLOYEE AS E, SUP_EMP AS S
            WHERE           E.SupervisorSsn = S.EmpSsn)
        SELECT*
        FROM                SUP_EMP;
```

在 Q29 中，定义了一个视图 SUP_EMP，它将保存递归查询的结果。这个视图起初是空的。最初通过查询的第一部分（SELECT SupervisorSss, Ssn FROM EMPLOYEE）利用第一层（supervisor, supervisee）Ssn 组合加载它，这个部分就称为**基查询**（base query）。然后通过查询的第二部分利用 UNION 将这个视图与每个后续层次的被管理者组合起来，其中视图内容将再次与基值进行连接，以获得第二层组合，它们是与第一层组合的并集。对于后续的层次将重复这个过程，直至到达一个**固定点**（fixed point），其中将不会向视图中添加更多的元组。此时，递归查询的结果就出现在视图 SUP_EMP 中。

7.1.11 SQL 查询的讨论和总结

SQL 中的检索查询可以包括最多 6 个子句，但是只有前两个子句（SELECT 和 FROM）是必需的。查询可以跨多行，并用分号结尾。查询名词用空格隔开，并且可以使用圆括号以标准方式把查询的相关部分组织在一起。子句是按以下顺序指定的，其中位于方括号[...]内的子句是可选的：

```
SELECT <属性和函数列表>
FROM <表列表>
[ WHERE <条件> ]
[ GROUP BY <分组属性> ]
[ HAVING <分组条件> ]
[ ORDER BY <属性列表> ];
```

SELECT 子句列出要检索的属性或函数。FROM 子句指定查询中需要的所有关系（表），包括连接的关系，但是不包括嵌套查询中的那些关系。WHERE 子句指定从这些关系中选择元组的条件，如果需要，还可以包括连接条件。GROUP BY 指定分组属性，而 HAVING 则在要选择的分组上而不是在各个元组上指定条件。内置的聚合函数 COUNT、SUM、MIN、MAX 和 AVG 与分组一起使用，但是在没有 GROUP BY 子句的查询中也可将它们应用于所有选择的元组。最后，ORDER BY 指定用于显示查询结果的顺序。

为了正确地构造查询，考虑定义每个查询的含义或语义的步骤是有用的。首先应用 FROM 子句从概念上评估查询[1]（以确定查询中涉及的所有表或者物化任何连接表），接着使用 WHERE 子句选择和连接元组，然后使用 GROUP BY 和 HAVING 子句。从概念上讲，最后应用 ORDER BY，对查询结果进行排序。如果没有指定最后 3 个子句（GROUP BY、HAVING 和 ORDER BY），就可以从概念上认为查询将按如下方式执行：对于每个元组的组合（来自 FROM 子句中指定的每个关系），都会评估 WHERE 子句；如果它求值为 TRUE，那么就从这个元组组合中获取 SELECT 子句中指定的属性值，并将其放入查询的结果中。当然，在真实的系统中，这不是一种实现查询的高效方式，并且每个 DBMS 都具有特殊的查询优化例程，用于一种高效的执行计划。在第 18 章和第 19 章中将讨论查询处理和优化。

1 查询评估的实际顺序是与实现相关的；这只是一种从概念上看待查询的方式，以便正确地构造它。

一般来讲，在 SQL 中有众多方式来指定相同的查询。这种指定查询的灵活性既有优点也有缺点。主要优点是：用户在指定查询时，可以选择他们最合适的技术。例如，许多查询是利用 WHERE 子句中的连接条件指定的，或者使用 FROM 子句中的连接关系来指定，还可以利用某种形式的嵌套查询和 IN 比较运算符。一些用户可能更适应一种方法，而其他用户可能更适应另一种技术。对于查询优化，从程序员和系统的观点看，利用尽可能少的嵌套和隐含排序编写查询一般更可取。

可以用众多方式指定相同查询的缺点是：这可能会使用户产生混淆，他们可能不知道使用哪种技术来指定特定的查询类型。另一个问题是：以一种方式指定的查询可能比以另一种方式指定的相同查询执行起来更高效。理想情况下，不应该出现这样的情况：无论以何种方式指定查询，DBMS 都应该以相同的方式处理相同的查询。但是在实际中要做到这一点相当困难，因为每个 DBMS 将采用不同的方法处理以不同方式指定的查询。因此，这就给用户增加了一个额外的负担，他们将需要确定采用哪种方法指定的查询执行起来更高效。理想情况下，用户只应该关心正确地指定查询，而 DBMS 将确定如何高效地执行查询。不过，在实际中，如果用户知道查询中的哪些构造类型比其他构造类型的处理代价更高，将会是有帮助的。

7.2　指定约束作为断言以及指定动作作为触发器

在本节中，将介绍另外两个 SQL 特性：CREATE ASSERTION 语句和 CREATE TRIGGER 语句。7.2.1 节将讨论 CREATE ASSERTION 语句，它可用于指定额外的约束类型，它们不属于 5.2 节中介绍的*内置关系模型约束*（主键和唯一键、实体完整性和参照完整性）的范围。这些内置的约束可以在 SQL 的 CREATE TABLE 语句内指定（参见 6.1 节和 6.2 节）。

在 7.2.2 节中将介绍 CREATE TRIGGER，它可用于指定当某些事件和条件发生时数据库系统将自动执行的动作。这种功能一般被称为**主动数据库**（active database）。本章中将只介绍**触发器**（trigger）的基本知识，关于主动数据库的更完整的讨论参见 26.1 节。

7.2.1　在 SQL 中指定一般性约束作为断言

在 SQL 中，用户可以使用 CREATE ASSERTION 语句，通过**声明性断言**（declarative assertion）指定一般性约束，亦即那些不属于 6.1 节和 6.2 节中描述的任何类别的约束。将给每个断言提供一个约束名，并通过类似于 SQL 查询的 WHERE 子句的条件指定它。例如，要在 SQL 中指定如下约束：*雇员的薪水绝对不能超过他所在部门的部门经理的薪水*，可以编写如下断言：

```
CREATE ASSERTION SALARY_CONSTRAINT
CHECK ( NOT EXISTS  ( SELECT    *
                      FROM      EMPLOYEE E, EMPLOYEE M,
                                DEPARTMENT D
                      WHERE     E.Salary>M.Salary
```

```
                AND E.Dno = D.Dnumber
                AND D.Mgr_ssn = M.Ssn ) );
```

约束名 SALARY_CONSTRAINT 后面接着关键字 CHECK，CHECK 后面又接着一个用圆括号括起来的**条件**（condition），对于每种数据库状态，它都必须保持为真，以使断言得到满足。约束名可以在以后用于禁用约束，或者修改或删除它。DBMS 负责确保不会违反条件。可以使用任何 WHERE 子句条件，但是可以使用 EXISTS 和 NOT EXISTS 风格的 SQL 条件指定许多约束。无论何时数据库中的某些元组导致 ASSERTION 语句的条件求值为 FALSE，就**破坏**（violate）了约束。如果一种数据库状态中任何元组的组合都没有破坏约束，那么该数据库状态就**满足**（satisfy）约束。

编写这类断言的基本技术是：首先指定一个查询，选择违反所想要条件的任何元组。通过在 NOT EXISTS 子句内包括这个查询，断言将指定这个查询的结果必须为空，使得条件将总是为 TRUE。因此，如果查询的结果不为空，就会违反断言。在上一个示例中，查询将选择其薪水超过所在部门经理的所有雇员。如果查询的结果不为空，就会违反断言。

注意：CHECK 子句和约束条件也可用于在各个属性和域上（参见 6.2.1 节）以及在各个元组上（参见 6.2.4 节）指定约束。CREATE ASSERTION 与各个域约束和元组约束之间的主要区别是：仅当在特定的表中插入或更新元组时，才会在 SQL 中检查各个属性、域和元组上的 CHECK 子句。因此，在这些情况下，可以由 DBMS 更高效地实现约束检查。仅当模式设计者确信只有插入或更新元组才可能会破坏约束时，他或她才应该在属性、域和元组上使用 CHECK 子句。另一方面，仅当不可能在属性、域或元组上使用 CHECK 时，模式设计者才应该使用 CREATE ASSERTION，从而使得 DBMS 可以更高效地实现简单的检查。

7.2.2 SQL 中的触发器简介

SQL 中的另一个重要的语句是 CREATE TRIGGER。在许多情况下，可以很方便地指定当某些事件发生以及当某些条件满足时要采取的动作类型。例如，可以指定一个条件，如果违反该条件，则通知某个用户，这样做可能是有用的。如果某位雇员的差旅费用超过某个限额，部门经理可能希望无论何时发生这种情况，他都会收到一个通知。在这种情况下，DBMS 必须采取的动作是给那个用户发送一条合适的消息。因此，需要使用条件来**监视**（monitor）数据库。还可以指定其他的动作，例如执行特定的存储过程（stored procedure）或者触发其他的更新。CREATE TRIGGER 语句用于在 SQL 中实现此类动作。在 26.1 节中描述主动数据库时，将详细讨论触发器。这里只将给出一个如何使用触发器的简单示例。

假设我们想要在 COMPANY 数据库（参见图 5.5 和图 5.6）中检查何时雇员的薪水超过了他或她的直接管理者的薪水的情况。有多个事件可以触发这个规则：插入一条新的雇员记录，改变雇员的薪水或者改变雇员的管理者。假设要采取的动作将调用一个外部的存储过程 SALARY_VIOLATION[1]，它将通知管理者。然后可以将触发器编写成如下所示的 R5。这里将使用 Oracle 数据库系统的语法。

1 假定已经声明了合适的外部过程。在第 10 章中将讨论存储过程。

```
R5: CREATE TRIGGER SALARY_VIOLATION
    BEFORE INSERT OR UPDATE OF SALARY, SUPERVISOR_SSN
        ON EMPLOYEE
    FOR EACH ROW
        WHEN ( NEW.SALARY > (SELECT SALARY FROM EMPLOYEE
                             WHERE SSN = NEW.SUPERVISOR_SSN ) )
                             INFORM_SUPERVISOR(NEW.Supervisor_ssn,
                             NEW.Ssn );
```

触发器被命名为 SALARY_VIOLATION，以后可以使用它删除或停用触发器。典型的触发器被视作 ECA（Event, Condition, Action，事件、条件、动作）规则，它具有以下 3 种成分：

（1）**事件**（event）：它们通常是显式应用于数据库的数据库更新操作。在这个示例中，事件是：插入新的雇员记录，改变雇员的薪水或者改变雇员的管理者。编写触发器的人必须确保考虑到所有可能的事件。在一些情况下，可能有必要编写多个触发器来涵盖所有可能的情况。在我们的示例中，这些事件是在关键字 BEFORE 后面指定的，这意味着应该在执行触发动作之前执行触发器。一种替代方法是使用关键字 AFTER，它指定应该在事件中指定的操作完成之后再执行触发器。

（2）**条件**（condition）确定是否应该执行规则动作：一旦触发事件发生，就可能评估可选的条件。如果没有指定任何条件，一旦事件发生，就会执行动作。如果指定了条件，首先将评估条件，仅当它求值为真时，才会执行规则动作。条件是在触发器的 WHEN 子句中指定的。

（3）要采取的**动作**（action）：动作通常是一个 SQL 语句序列，但它也可以是将会自动执行的数据库事务或者外部程序。在这个示例中，动作是执行存储过程 INFORM_SUPERVISOR。

触发器可用于各种应用，例如维持数据库一致性，监视数据库更新，以及自动更新派生的数据。26.1 节中将给出完整的讨论。

7.3　SQL 中的视图（虚表）

在本节中，将介绍 SQL 中的视图的概念。我们将说明如何指定视图，然后讨论更新视图的问题，以及 DBMS 可以怎样实现视图。

7.3.1　SQL 中的视图概念

SQL 术语中的**视图**（view）是由其他表派生出的单个表[1]。这里，其他的表可以是基表或者以前定义的视图。视图不一定以物理形式存在；它被视作是一个**虚表**（virtual table），

1　在 SQL 中，术语视图比第 1 章和第 2 章中讨论的术语用户视图更受限制，因为一个用户视图可能包括许多关系。

这与**基表**（base table）形成了对比，基表的元组总是物理地存储在数据库中的。这就限制了可能应用于视图的更新操作，但它对查询视图没有施加任何限制。

即使视图可能在物理上不存在，我们仍然可以将视图视作是一种指定表的方式，以便频繁地参照它。例如，对于图 5.5 中的 COMPANY 数据库，我们可能频繁发出查询，检索雇员名字及其参与的项目名称。每次发现这个查询时无须指定 3 个表 EMPLOYEE、WORKS_ON 和 PROJECT 的连接，而只需定义一个视图并将其指定为这些连接的结果即可。然后就可以对这个视图发出查询，它们被指定为单表检索，而不是涉及 3 个表上的两个连接的检索。可以把 EMPLOYEE、WORKS_ON 和 PROJECT 这几个表称为视图的**定义表**（defining table）。

7.3.2 在 SQL 中指定视图

在 SQL 中，指定视图的命令是 CREATE VIEW。需要给视图提供一个（虚）表名称（或视图名称）、属性列表的列表，以及用于指定视图内容的查询。如果任何视图属性都不是通过应用函数或算术运算得到的，就不必为视图指定新的属性名称，因为在默认情况下视图属性与定义表的属性具有相同的名称。当把下面 V1 和 V2 中的视图应用于图 5.5 所示的数据库模式时，将创建图 7.2 中所示模式的虚表。

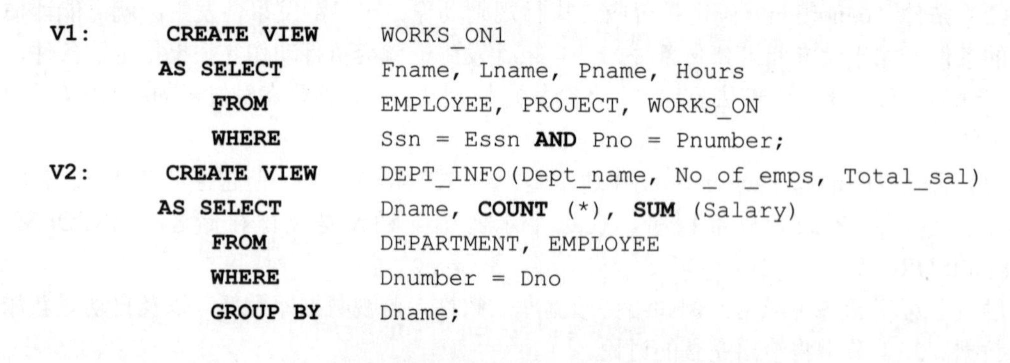

```
V1:     CREATE VIEW    WORKS_ON1
        AS SELECT      Fname, Lname, Pname, Hours
           FROM        EMPLOYEE, PROJECT, WORKS_ON
           WHERE       Ssn = Essn AND Pno = Pnumber;
V2:     CREATE VIEW    DEPT_INFO(Dept_name, No_of_emps, Total_sal)
        AS SELECT      Dname, COUNT (*), SUM (Salary)
           FROM        DEPARTMENT, EMPLOYEE
           WHERE       Dnumber = Dno
           GROUP BY    Dname;
```

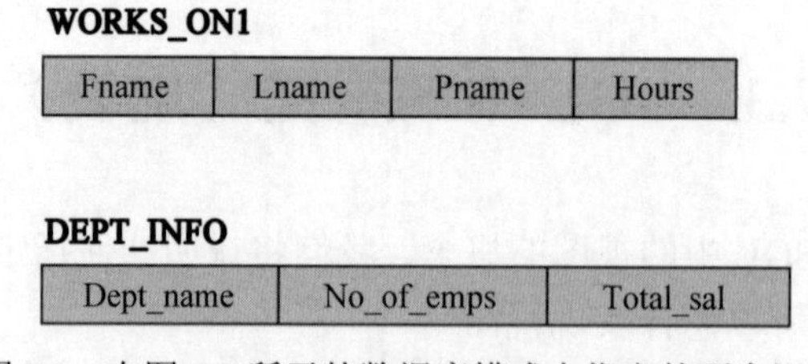

图 7.2 在图 5.5 所示的数据库模式上指定的两个视图

在 V1 中，没有为视图 WORKS_ON1 指定任何新的属性名（尽管可以这样做）；在这种情况下，WORKS_ON1 将从定义表 EMPLOYEE、PROJECT 和 WORKS_ON 继承（inherit）视图属性的名称。视图 V2 为视图 DEPT_INFO 显式指定了新的属性名，它使用了在 CREATE VIEW 子句中指定的属性与那些在定义视图的查询的 SELECT 子句中指定的属性之间的一一对应的关系。

现在可以在视图（或虚表）上指定 SQL 查询，其方式与指定涉及基表的查询相同。例如，要检索所有参与 ProductX 项目的雇员的姓氏和名字，可以利用 WORKS_ON1 视图并指定查询，如 QV1 中所示：

```
QV1:    SELECT  Fname, Lname
        FROM    WORKS_ON1
        WHERE   Pname = 'ProductX';
```

如果直接在基本关系上指定查询，那么同一个查询将需要指定两个连接；视图的主要优点之一是简化某些查询的指定。视图也可以用作一种安全和授权机制（参见 7.3.4 节和第 30 章）。

视图被指望总是最新的；如果我们修改了用于定义视图的基表中的元组，视图就必须自动反映这些改变。因此，不必在定义视图时实现或物化视图，而是在视图上指定查询时执行这个任务。应该由 DBMS 而不是用户负责确保视图是最新的。在 7.3.3 节中将讨论 DBMS 可以用于保持视图最新的多种方式。

如果不再需要一个视图，就可以使用 DROP VIEW 命令处理它。例如，要清除视图 V1，可以使用 V1A 中的 SQL 语句：

```
V1A: DROP VIEW WORKS_ON1;
```

7.3.3 视图实现、视图更新和内联视图

DBMS 怎样才能高效地实现视图以便高效地进行查询的问题很复杂。目前提议了两种主要的方法。一种策略称为**查询修改**（query modification），涉及修改视图查询或者将其转换（由用户提交）成对底层基表的查询。例如，查询 QV1 将由 DBMS 自动修改成下面的查询：

```
SELECT  Fname, Lname
FROM    EMPLOYEE, PROJECT, WORKS_ON
WHERE   Ssn = Essn AND Pno = Pnumber
        AND Pname = 'ProductX';
```

这种方法的缺点是，由于视图是通过复杂的查询定义的，因此执行起来比较费时并且效率低下，尤其是当需要在一段较短的时间内对同一个视图应用多个视图查询时则更是如此。另一种策略称为**视图物化**（view materialization），涉及在第一次查询或创建视图时物理地创建一个临时或永久的视图表，并且假定视图上的其他查询将接踵而至，因此将把那个视图表保存起来以备后用。在这种情况下，必须开发一种高效的策略，以便在更新基表时能够自动更新该视图表，从而保持视图是最新的。为了实现此目的，已经开发了一些使用**增量更新**（incremental update）概念的技术，其中当把数据库更新应用于定义基表之一时，DBMS 将能够确定在一个物化视图表（materialized view table）中必须插入哪些新元组，以及应该删除或修改哪些元组。只要视图将会被查询，一般都应该将其保存为一个物化（物理存储）的表。如果视图在某个时间段内不会被查询，那么系统就可能自动删除物理表，当将来的查询要参照视图时，系统将从头开始重新计算它。

至于何时应该更新一个物化的视图，可以使用不同的策略。一旦基表发生改变，**立即更新**（immediate update）策略就会更新视图。当视图查询需要时，**延迟更新**（lazy update）策略将会更新视图。**定期更新**（periodic update）策略将会定期更新视图（在最后一种策略中，视图查询得到的结果可能不是最新的）。

用户总是可以对任何视图发出检索查询。不过，在许多情况下，不能对视图表发出 INSERT、DELETE 或 UPDATE 命令。一般来讲，在某些情况下，定义在单个表上不带任何聚合函数的视图更新可以映射成底层基表上的更新。对于涉及连接的视图，可以通过多种方式将更新操作映射成底层基本关系上的更新操作。因此，DBMS 通常不可能确定打算使用哪些更新。对于定义在多个表上的视图，为了说明更新这类视图的潜在问题，可以考虑 WORKS_ON1 视图，并且假设我们发出命令，将 John Smith 的 PNAME 属性从 ProductX 更新为 ProductY。这个视图更新如 UV1 中所示：

```
UV1:    UPDATE  WORKS_ON1
        SET     Pname = 'ProductY'
        WHERE   Lname = 'Smith' AND Fname = 'John'
                AND Pname = 'ProductX';
```

可以将这个查询映射成基本关系上的多个更新，以在视图上提供想要的更新效果。此外，其中一些更新还将产生额外的副作用，它们会影响其他查询的结果。例如，下面显示了在基本关系上对应于 UV1 中的视图更新操作的两种可能的更新(a)和(b)。

```
(a):    UPDATE  WORKS_ON
       SET      Pno =     ( SELECT    Pnumber
                            FROM      PROJECT
                            WHERE     Pname = 'ProductY' )
       WHERE    Essn IN ( SELECT    Ssn
                            FROM      EMPLOYEE
                            WHERE     Lname = 'Smith' AND Fname = 'John' )
                AND
                Pno =     ( SELECT    Pnumber
                            FROM      PROJECT
                            WHERE     Pname = 'ProductX' );
(b):    UPDATE  PROJECT SET           Pname = 'ProductY'
       WHERE    Pname = 'ProductX';
```

更新(a)将把 John Smith 关联到 PROJECT 元组 ProductY，而不是关联到 PROJECT 元组 ProductX，并且这是最可能想要的更新。不过，更新(b)也将在视图上给出想要的更新效果，但它是通过把 PROJECT 关系中的 ProductX 元组的名称改为 ProductY 来完成这个任务的。指定视图更新 UV1 的用户相当不可能希望把更新解释为(b)中的形式，因为它还具有更改所有 Pname = 'ProductX' 的视图元组的副作用。

一些视图更新可能没有多大的意义；例如，修改 DEPT_INFO 视图的 Total_sal 属性就没有什么意义，因为 Total_sal 被定义成各个雇员薪水的总和。这个不正确的请求如 UV2 所示：

```
UV2:    UPDATE  DEPT_INFO
        SET     Total_sal = 100000
        WHERE   Dname = 'Research';
```

一般来讲，当基本关系上只有一个可能的更新能够完成视图上想要的更新操作时，视图更新就是可行的。无论何时可以将视图上的更新映射到底层基本关系上的多个更新操作时，通常都不允许执行这样的更新。一些研究人员建议：DBMS 应该具有某个过程，用于从可能的更新中选出其中最有可能的更新操作。一些研究人员已经开发了一些方法，用于选择最有可能的更新，而其他研究人员更倾向于让用户在视图定义期间选择想要的更新映射。但是这些选项在大多数商业 DBMS 中一般不可用。

总之，可以得出以下结论：

- 如果视图属性中包含基本关系的主键以及具有 NOT NULL 约束并且没有指定默认值的所有属性，那么具有单个定义表的视图就是可更新的。
- 在多个表上使用连接定义的视图一般是不可更新的。
- 使用分组和聚合函数定义的视图是不可更新的。

在 SQL 中，如果要通过 INSERT、DELETE 或 UPDATE 语句更新一个视图，就应该在视图定义的末尾添加 WITH CHECK OPTION 子句。这允许系统拒绝那些违反视图更新的 SQL 规则的操作。用户可以修改视图的完整 SQL 规则集比前面陈述的规则更复杂。

也可以在 SQL 查询的 FROM 子句中定义视图表，它被称为**内联视图**（in-line view）。在这种情况下，视图是在查询自身内定义的。

7.3.4　将视图作为授权机制

在第 30 章中介绍数据库安全和授权机制时，将详细描述 SQL 查询授权语句（GRANT 和 REVOKE）。这里，将只会给出几个简单的示例，用以说明如何使用视图对未经授权的用户隐藏某些属性或元组。假设某个用户只允许查看为部门 5 工作的雇员信息，那么我们就可以创建下面的视图 DEPT5EMP，并且授予该用户查询此视图（而不是基表 EMPLOYEE 自身）的特权。在查询视图时，这个用户将只能够检索其 Dno = 5 的雇员元组的雇员信息，而不能查看其他的雇员元组。

```
CREATE VIEW     DEPT5EMP     AS
SELECT          *
FROM            EMPLOYEE
WHERE           Dno = 5;
```

通过一种类似的方式，视图可以限制用户只查看某些列；例如，只有雇员的名字、姓氏和住址是可见的，如下：

```
CREATE VIEW     BASIC_EMP_DATA         AS
SELECT          Fname, Lname, Address
FROM            EMPLOYEE;
```

因此，通过创建合适的视图并授权某些用户访问视图（而不是基表），可以限制他们只检索视图中指定的数据。第 30 章将详细讨论安全性和授权，包括 SQL 的 GRANT 和 REVOKE 语句。

7.4 SQL 中的模式更改语句

在本节中，将概述 SQL 中可用的**模式演化命令**（schema evolution command），它们可用于通过添加或删除表、属性、约束及其他模式元素来改变模式。可以在数据库运行时执行该操作，并且无须重新编译数据库模式。DBMS 必须执行某些检查，以确保模式改变不会影响数据库的其余部分，并使之保持一致性。

7.4.1 DROP 命令

DROP 命令可用于删除指定的模式元素，例如表、域、类型或约束。如果模式不再需要，也可以使用 DROP SCHEMA 命令删除整个模式。删除行为有两个选项：CASCADE 和 RESTRICT。例如，要删除 COMPANY 数据库及其所有的表、域和其他元素，就可以使用 CASCADE 选项，如下所示：

```
DROP SCHEMA COMPANY CASCADE;
```

如果选择使用 RESTRICT 选项代替 CASCADE 选项，那么仅当模式中没有元素时才能删除它；否则，将不会执行 DROP 命令。要使用 RESTRICT 选项，用户首先必须逐个删除模式中的每个元素，然后删除模式本身。

如果不再需要模式内的基本关系，可以使用 DROP TABLE 命令删除关系及其定义。例如，对于图 6.1 中的 COMPANY 数据库，如果我们不再需要记录雇员的受赡养人，就可以发出以下命令清除 DEPENDENT 关系：

```
DROP TABLE DEPENDENT CASCADE;
```

如果选择使用 RESTRICT 选项代替 CASCADE 选项，那么仅当没有任何约束（例如，另一个关系中的外键定义）或视图（参见 7.3 节）或者其他任何元素参照表时，才可以删除表。如果使用 CASCADE 选项，那么参照表的所有这类约束、视图及其他元素也将连同表本身一起从模式中自动删除。

注意：DROP TABLE 命令如果成功执行，那么它不仅会删除表中的所有记录，而且还会从目录中删除表定义。如果只想删除记录，但是想要保留表定义以便将来使用，那么就应该使用 DELETE 命令（参见 6.4.2 节）代替 DROP TABLE 命令。DROP 命令也可用于删除其他指定的模式元素类型，例如约束或域。

7.4.2 ALTER 命令

可以使用 ALTER 命令更改基表或其他指定的模式元素的定义。对于基表，可能的**更改表动作**（alter table action）包括：添加或删除列（属性）、更改列定义，以及添加或删除表约束。例如，要向 COMPANY 模式（参见图 6.1）中的 EMPLOYEE 基本关系中添加一个属性，以记录雇员的工作，可以使用如下命令：

```
ALTER TABLE COMPANY.EMPLOYEE ADD COLUMN Job VARCHAR(12);
```

必须为每个单独的 EMPLOYEE 元组的新属性 Job 输入一个值。可以通过指定一个默认的子句或者在每个元组上单独使用 UPDATE 命令（参见 6.4.3 节）来执行这个任务。如果没有指定默认的子句，那么在执行上面的命令之后，在该关系的所有元组中新属性都将具有 NULL 值；因此，在这种情况下不允许使用 NOT NULL 约束。

要删除列，必须为删除行为选择 CASCADE 或 RESTRICT 选项。如果选择 CASCADE 选项，那么将从模式中自动删除参照该列的所有约束和视图，还会删除列本身。如果选择 RESTRICT 选项，仅当没有视图或约束（或者其他模式元素）参照该列时，命令才会成功执行。例如，下面的命令将从 EMPLOYEE 基表中删除属性 Address：

```
ALTER TABLE COMPANY.EMPLOYEE DROP COLUMN Address CASCADE;
```

也可以通过删除现有的默认子句或者定义一个新的默认子句来改变列定义。下面的示例演示了这个子句：

```
ALTER TABLE COMPANY.DEPARTMENT ALTER COLUMN Mgr_ssn
    DROP DEFAULT;
ALTER TABLE COMPANY.DEPARTMENT ALTER COLUMN Mgr_ssn
    SET DEFAULT '333445555';
```

还可以通过添加或删除一个指定的约束，更改在表上指定的约束。要删除一个约束，就必须在指定约束时给它提供一个名称。例如，要从 EMPLOYEE 关系中删除图 6.2 中名为 EMPSUPERFK 的约束，可以编写以下语句：

```
ALTER TABLE COMPANY.EMPLOYEE
DROP CONSTRAINT EMPSUPERFK CASCADE;
```

一旦执行了该操作，如果需要，可以通过向关系中添加一个新约束来重新定义一个替代约束。指定新约束的方法是：在 ALTER TABLE 语句中使用 ADD CONSTRAINT 关键字，其后接着新约束，它可以是命名的或者未命名的，并且可以是讨论过的任何表约束类型。上面几个小节概述了 SQL 中的模式演化命令。也可以使用合适的命令在数据库模式内创建新的表和视图。还有许多其他的细节和选项；感兴趣的读者可以参考本章末尾的“选读文献”中列出的 SQL 文档。

7.5　小　　结

本章介绍了 SQL 数据库语言的其他特性。首先在 7.1 节中，介绍了 SQL 检索查询的更复杂的特性，包括嵌套查询、连接表、外连接、聚合函数和分组。在 7.2 节中，描述了 CREATE ASSERTION 语句，它允许在数据库上指定更一般的约束，还介绍了触发器的概念和

CREATE TRIGGER 语句。然后，在 7.3 节中，描述了 SQL 用于在数据库上定义视图的功能。视图也称为虚表或派生表，因为它们给用户展示的是表的内容；不过，这些表中的信息源于以前定义的表。7.4 节介绍了 SQL ALTER TABLE 语句，它用于修改数据库表和约束。

表 7.2 总结了各个 SQL 语句的语法（或结构）。这个总结并不打算是全面无遗的或者描述每种可能的 SQL 构造；相反，它打算充当 SQL 中可用的主要构造类型的快捷参考。我们将使用 BNF（巴克斯范式）表示法，尖括号< ... >中显示的是非终结符，方括号[...]中显示的是可选部分，花括号{ ... }中显示的是可重复部分，圆括号(... | ... | ...)中显示的则是可替换部分[1]。

表 7.2 SQL 语法总结

```
CREATE TABLE <表名> ( <列名> <列类型> [ <属性约束> ]
                    { , <列名> <列类型> [ <属性约束> ] }
                    [ <表约束> { , <表约束> } ] )

DROP TABLE <表名>
ALTER TABLE <表名> ADD <列名> <列类型>

SELECT [ DISTINCT ] <属性列表>
FROM ( <表名> { <别名> } | <连接表> ) { , ( <表名> { <别名> } | <连接表> ) }
[ WHERE <条件> ]
[ GROUP BY <分组属性> [ HAVING <分组选择条件> ] ]
[ ORDER BY <列名> [ <顺序> ] { , <列名> [ <顺序> ] } ]

<属性列表> ::= ( * | ( <列名> | <函数> ( ( [ DISTINCT ] <列名> | * ) ) )
                 { , ( <列名> | <函数> ( ( [ DISTINCT] <列名> | * ) ) } ) )

<分组属性> ::= <列名> { , <列名> }

<顺序> ::= ( ASC | DESC )

INSERT INTO <表名> [ ( <列名> { , <列名> } ) ]
( VALUES ( <常量值> , { <常量值> } ) { , ( <常量值> { , <常量值> } ) }
| <选择语句> )

DELETE FROM <表名>
[ WHERE <选择条件> ]

UPDATE <表名>
SET <列名> = <值表达式> { , <列名> = <值表达式> }
[ WHERE <选择条件> ]

CREATE [ UNIQUE] INDEX <索引名>
ON <表名> ( <列名> [ <顺序> ] { , <列名> [ <顺序> ] } )
[ CLUSTER ]

DROP INDEX <索引名>

CREATE VIEW <视图名> [ ( <列名> { , <列名> } ) ]
AS <选择语句>

DROP VIEW <视图名>
```

注：用于创建和删除索引的命令不是标准 SQL 的一部分。

1 在许多长达数百页的大部头文档中描述了 SQL 的完整语法。

复　习　题

7.1　描述SQL检索查询语法中的6个子句。说明在其中每个子句中可以指定什么类型的构造？在这6个子句中，哪些子句是必需的，哪些子句是可选的？

7.2　通过指定6个子句在概念上的执行顺序，从概念上描述一个SQL检索查询是如何执行的？

7.3　讨论在SQL中的比较运算符中如何处理NULL。当在SQL查询中应用聚合函数时如何处理NULL？如果NULL存在于分组属性中，则该如何处理它们？

7.4　讨论如何在SQL中使用下面的每种构造，并且讨论每种构造的各个选项。详细说明每种构造的用途。

a. 嵌套查询

b. 连接表和外连接

c. 聚合函数和分组

d. 触发器

e. 断言及其与触发器的区别

f. SQL WITH子句

g. SQL CASE构造

h. 视图及其可更新性

i. 模式更改命令

练　习　题

7.5　在图5.5所示的数据库上指定以下SQL查询。如果将每个查询应用于图5.6所示的数据库状态，展示每个查询的结果。

a. 对于其平均雇员薪水超过30 000美元的每个部门，检索部门名称以及为该部门工作的雇员人数。

b. 假设我们想要每个部门中薪水超过30 000美元的男性雇员的人数，而不是所有雇员的人数（如练习题7.5a）。可以在SQL中指定这个查询吗？为什么？

7.6　在图1.2所示的数据库模式上指定以下SQL查询。

a. 检索所有获得全A学生的姓名及其所在院系（全A学生指所有课程成绩均为A的学生）。

b. 检索在任何课程中没有获得A成绩的所有学生的姓名及其所在院系。

7.7　在SQL中，使用本章中描述的嵌套查询的概念及其他概念，在图5.5所示的数据库上指定以下查询。

a. 检索在所有雇员当中具有最高薪水的雇员所在部门中的所有雇员的姓名。

b. 检索其主管的主管的Ssn为888665555的所有雇员的姓名。

c. 检索其薪水比公司支付给雇员的最低薪水至少高出10 000美元的雇员的姓名。

7.8 在图5.5所示的COMPANY数据库模式上，在SQL中指定以下视图。

a. 包含每个部门的部门名称、经理姓名和经理薪水的视图。

b. 包含在Research部门工作的每位雇员的雇员姓名、管理者姓名和雇员薪水的视图。

c. 包含每个项目的项目名称、控制部门名称、雇员人数以及每周在该项目上花费的总工时数的视图。

d. 包含每个具有不止一位雇员的项目的项目名称、控制部门名称、雇员人数以及每周在该项目上花费的总工时数的视图。

7.9 考虑在图5.6所示的COMPANY数据库上定义的视图DEPT_SUMMARY，如下所示：

```
CREATE VIEW    DEPT_SUMMARY (D, C, Total_s, Average_s)
AS SELECT      Dno, COUNT (*), SUM (Salary), AVG (Salary)
FROM           EMPLOYEE
GROUP BY       Dno;
```

指出在该视图上允许执行下面哪些查询和更新。如果允许一个查询或更新，说明基本关系上对应的查询或更新是什么样的，并且给出将其应用于图 5.6 所示的数据库时的结果。

```
a.  SELECT   *
    FROM     DEPT_SUMMARY;
b.  SELECT   D, C
    FROM     DEPT_SUMMARY
    WHERE    TOTAL_S > 100000;
c.  SELECT   D, AVERAGE_S
    FROM     DEPT_SUMMARY
    WHERE    C > ( SELECT C FROM DEPT_SUMMARY WHERE D = 4);
d.  UPDATE   DEPT_SUMMARY
    SET      D = 3
    WHERE    D = 4;
e.  DELETE   FROM DEPT_SUMMARY
    WHERE    C > 4;
```

选读文献

Reisner（1977）描述了 SEQUEL 的人为因素评价，SEQUEL 是 SQL 的前身，她在其中发现用户在正确地指定连接条件和分组时将会面临一些困难。Date（1984）包含一篇关于 SQL 语言的评价文章，其中指出了该语言的长处和缺点。Date 和 Darwen（1993）描述了 SQL2。ANSI（1986）概括了原始的 SQL 标准。各种供应商手册描述了在 DB2、SQL/DS、Oracle、INGRES、Informix 及其他商业性 DBMS 产品上实现的 SQL 特征。Melton 和 Simon（1993）全面论述了称为 SQL2 的 ANSI 1992 标准。Horowitz（1992）讨论了与参照完整性和传播更新相关的一些问题。

在 Dayal 和 Bernstein（1978）、Keller（1982）、Langerak（1990）及其他著作中处理了

视图更新的问题。Blakeley 等（1989）讨论了视图实现。Negri 等（1991）描述了 SQL 查询的形式化语义。

有许多书籍描述了 SQL 的各个方面。例如，两本描述 SQL-99 的参考书是 Melton 和 Simon（2002）以及 Melton（2003）。更新的 SQL 标准（SQL 2006 和 SQL 2008）在各种技术报告中都有描述；但是标准参考书还没有问世。

第 8 章 关系代数和关系演算

在本章中，将讨论关系模型的两种形式化语言：关系代数和关系演算。相比之下，第 6 章和第 7 章描述的是关系模型的实用语言，即 SQL 标准。从历史上讲，关系代数和关系演算是在 SQL 语言之前开发的。SQL 主要基于关系演算中的概念，并且扩展成也纳入了一些关系代数中的概念。由于大多数关系 DBMS 都使用 SQL 作为它们的语言，因此我们首先将介绍 SQL 语言。

回忆第 2 章可知，除了用于定义数据库的结构和约束的数据模型的概念之外，数据模型还必须包括一组用于操纵数据库的操作。在第 5 章中介绍了形式化关系模型的结构和约束。形式化关系模型的基本操作集就是**关系代数**（relational algebra）。这些操作使用户能够将基本的检索请求指定为*关系代数表达式*。检索查询的结果是一个新关系。因此，代数运算将产生新关系，并且可以使用相同的代数运算进一步操纵它们。关系代数运算序列构成了**关系代数表达式**（relational algebra expression），其结果也是一个关系，表示数据库查询（或检索请求）的结果。

关系代数非常重要，这是由于以下几点原因。第一，它为关系模型操作提供了形式化基础。第二点并且也许更重要的原因是，在查询处理和优化模块中将关系代数用作实现和优化查询的基础，而这些模块是关系数据库管理系统（RDBMS）的组成部分，在第 18 章和第 19 章中将讨论这方面的内容。第三，关系代数的一些概念已经纳入用于 RDBMS 的 SQL 标准查询语言中。尽管今天使用的大多数商业 RDBMS 没有提供用于关系代数查询的用户接口，但是大多数关系系统的内部模块中的核心操作和功能都基于关系代数运算。在本章 8.1 节~8.4 节将详细定义这些运算。

关系代数为关系模型定义了一组运算，而**关系演算**（relational calculus）则提供了用于指定关系查询的更高级的*声明性*语言。在关系演算表达式中，对指定如何检索查询结果的运算不做顺序上的要求，而只需指定结果中应该包含什么信息。这是关系代数与关系演算之间的主要区别。关系代数很重要，因为它具有坚实的数理逻辑基础，同时 RDBMS 的标准查询语言（SQL）又以关系演算的一种变体（称为元组关系演算）作为它的一些基础[1]。

关系代数通常被视为关系数据模型的一个组成部分。它的运算可以分为两组。其中一组包括数学集合论中的集合运算；这些运算是适用的，因为在形式化关系模型中将每个关系都定义为一个元组的集合（参见 5.1 节）。集合运算包括并（UNION）、交（INTERSECTION）、集合差（SET DIFFERENCE）和笛卡儿积（CARTESIAN PRODUCT），后者也称为叉积（CROSS PRODUCT）。另一组则由专门为关系数据库开发的运算组成，包括选择（SELECT）、投影（PROJECT）和连接（JOIN）等。首先，在 8.1 节中将描述选择和投影运算，因为它们是操作单个关系的**一元运算**（unary operation）。然后在 8.2 节中将讨论集合运算。在 8.3

1　SQL 基于元组关系演算，但是也纳入了关系代数及其扩展中的一些运算，在第 6、7 和 9 章中将加以说明。

节中将讨论 JOIN 及其他复杂的**二元运算**（binary operation），它们操作的是两个表，基于连接条件将相关的元组（记录）结合起来。本章将使用图 5.6 中所示的 COMPANY 关系数据库作为我们的示例。

一些常见的数据库请求不能利用原始的关系代数运算来执行，因此需要创建额外的运算来表达这些请求。这些运算包括**聚合函数**（aggregate function），它们是可以从表中汇总数据的运算，以及其他类型的连接和并运算，称为外连接（OUTER JOIN）和外并（OUTER UNION）运算。在 8.4 节中将描述这些运算，它们对于许多数据库应用程序很重要，因此将它们添加到了原始的关系代数中。在 8.5 节中将给出使用关系运算指定查询的示例。在第 6 章和第 7 章中使用了其中一些相同的查询。在本章中通过使用相同的查询编号，读者可以比较如何以不同的查询语言编写相同的查询。

在 8.6 节和 8.7 节中，将描述用于关系数据库的另一种主要的形式化语言，即**关系演算**（relational calculus）。关系演算有两个变体，分别是 8.6 节将描述的元组关系演算和 8.7 节将描述的域关系演算。第 6 章和第 7 章中讨论过的一些 SQL 构造就基于元组关系演算。关系演算是一种形式化语言，它基于一个称为谓词演算的数理逻辑的分支[1]。在元组关系演算中，变量涵盖元组，而在域关系演算中，变量涵盖属性的域（值）。附录 C 中将概述 QBE（Query-By-Example，按例查询）语言，它是一种基于域关系演算的用户友好的图形化关系语言。8.8 节对本章内容做了总结。

如果读者对形式化关系语言的具体细节不是很感兴趣，可以跳过 8.4 节、8.6 节和 8.7 节。

8.1　一元关系运算：选择和投影

8.1.1　选择运算

选择运算用于从一个关系中选出满足**选择条件**（selection condition）的元组的子集[2]。可以将选择运算视作是一个过滤器，它只将保留那些满足限定条件的元组。此外，我们可以将选择运算视作是将关系中的元组限定为那些只满足条件的元组。还可以将选择运算想象成将关系水平分割为两个元组集合：那些满足条件的元组和那些不满足条件的元组，前者将会被选择，后者则会被过滤掉。例如，要选择其部门编号为 4 或者薪水超过 30 000 美元的 EMPLOYEE 元组，可以利用选择运算单独指定其中每个条件，如下所示：

$\sigma_{Dno=4}(\text{EMPLOYEE})$

$\sigma_{Salary>30000}(\text{EMPLOYEE})$

一般来讲，可以将选择运算表示如下：

$\sigma_{<\text{选择条件}>}(R)$

其中符号 σ（读作 sigma）用于表示选择运算符，选择条件是在关系 R 的属性上指定的

1　在本章中，假定读者不熟悉一阶谓词演算，它用于处理量化变量和值。

2　选择运算不同于 SQL 的 SELECT 子句。选择运算是从表中选择元组，有时也称为 RESTRICT 或 FILTER 运算。

一个布尔表达式（条件）。注意：R 一般是一个关系代数表达式，其结果是一个关系。最简单的关系代数表达式只是一个数据库关系的名称。通过选择运算得到的关系具有与 R 相同的属性。

在<选择条件>中指定的布尔表达式由许多**子句**（clause）组成，它们的形式如下：

<属性名> <比较运算符> <常量值>

或者

<属性名> <比较运算符> <属性名>

其中<属性名>是 R 的一个属性的名称，<比较运算符>通常是运算符{=, <, <=, >, >=, ≠}之一，<常量值>是属性域中的一个常量值。可以利用标准的布尔运算符 AND、OR 或 NOT 连接子句，构成一个一般的选择条件。例如，要从所有雇员中选择在部门 4 工作并且年收入在 25 000 美元以上的元组，或者在部门 5 工作并且年收入在 30 000 美元以上的元组，可以指定以下选择运算：

$$\sigma_{(\text{Dno}=4 \text{ AND Salary}>25000) \text{ OR } (\text{Dno}=5 \text{ AND Salary}>30000)}(\text{EMPLOYEE})$$

运算的结果如图 8.1(a)中所示。

(a)

Fname	Minit	Lname	Ssn	Bdate	Address	Sex	Salary	Super_ssn	Dno
Franklin	T	Wong	333445555	1955-12-08	638 Voss, Houston, TX	M	40000	888665555	5
Jennifer	S	Wallace	987654321	1941-06-20	291 Berry, Bellaire, TX	F	43000	888665555	4
Ramesh	K	Narayan	666884444	1962-09-15	975 Fire Oak, Humble, TX	M	38000	333445555	5

(b)

Lname	Fname	Salary
Smith	John	30000
Wong	Franklin	40000
Zelaya	Alicia	25000
Wallace	Jennifer	43000
Narayan	Ramesh	38000
English	Joyce	25000
Jabbar	Ahmad	25000
Borg	James	55000

(c)

Sex	Salary
M	30000
M	40000
F	25000
F	43000
M	38000
M	25000
M	55000

图 8.1　选择和投影运算的结果

(a) $\sigma_{(\text{Dno}=4 \textbf{ AND } \text{Salary}>25000) \textbf{ OR } (\text{Dno}=5 \textbf{ AND } \text{Salary}>30000)}$ (EMPLOYEE)；

(b) $\pi_{\text{Lname, Fname, Salary}}$(EMPLOYEE)；(c) $\pi_{\text{Sex, Salary}}$(EMPLOYEE)

注意：集合{=, <, <=, >, >=, ≠}中的所有比较运算符都可以应用于其域为有序值的属性，例如数值域或日期域。字符串域也被视作是有序的，它们基于字符的排序序列。如果属性的域是无序值的集合，那么就只能使用集合{=, ≠}中的比较运算符。无序域的一个示例是域 Color = { 'red', 'blue', 'green', 'white', 'yellow', …}，其中没有在各种颜色之间指定顺序。一些域允许使用其他类型的比较运算符；例如，字符串域可能允许使用比较运算符 SUBSTRING_OF。

一般来讲，可以像下面这样确定选择运算的结果。将<选择条件>独立应用于 R 中的每个单独的元组 t，也就是对于选择条件中出现的每个属性 A_i，用它在元组 t 中对应的值 $t[A_i]$

来代替。如果条件求值为 TRUE，就会**选择**（select）元组 t。所有选择的元组都会出现在选择运算的结果中。布尔条件 AND、OR 和 NOT 具有它们的标准解释，如下：

- 如果（条件 1）和（条件 2）都为 TRUE，那么（条件 1 AND 条件 2）就为 TRUE；否则，就为 FALSE。
- 如果（条件 1）或（条件 2）为 TRUE，或者二者都为 TRUE，那么（条件 1 OR 条件 2）就为 TRUE；否则，就为 FALSE。
- 如果条件为 FALSE，那么（NOT 条件）就为 TRUE；否则，就为 FALSE。

选择运算符是**一元**（unary）运算符；也就是说，将把它应用于单个关系。而且，选择运算将单独应用于每个元组；因此，选择条件不能涉及多个元组。由选择运算得到的关系的**度**（degree）（即关系中的属性个数）与 R 的度相同。结果关系中的元组数量总是少于或等于 R 中的元组数量。也就是说，对于任何条件 C，都有$|\sigma_C(R)| \leq |R|$。由选择条件选择的元组比率被称为条件的**选中率**（selectivity）。

注意：选择运算是**可交换**（commutative）的；即：

$\sigma_{<cond1>}(\sigma_{<cond2>}(R)) = \sigma_{<cond2>}(\sigma_{<cond1>}(R))$

因此，可以按照任意顺序来应用选择序列。此外，总是可以利用一个连接（AND）条件把选择运算的**级联**（cascade）或**序列**（sequence）合并成单个选择运算；即：

$\sigma_{<cond1>}(\sigma_{<cond2>}(\ldots(\sigma_{<condn>}(R))\ldots)) = \sigma_{<cond1>\ AND <cond2>\ AND \ldots AND\ <condn>}(R)$

在 SQL 中，选择条件通常是在查询的 WHERE 子句中指定的。例如，下面的运算：

$\sigma_{Dno=4\ AND\ Salary>25000}$ (EMPLOYEE)

对应下面的 SQL 查询：

```
SELECT   *
FROM     EMPLOYEE
WHERE    Dno=4 AND Salary>25000;
```

8.1.2　投影运算

如果将关系视作一个表，选择运算将从表中选择一些行，同时会丢弃其他的行。另一方面，投影运算将从表中选择某些列，并且会丢弃其他的列。如果只对一个关系的某些属性感兴趣，就可以使用投影运算，将关系只投影在这些属性上。因此，可以将投影运算的结果想象成是对关系的**垂直分割**，从而将一个关系分成两个关系：其中一个关系具有所需的列（属性），并且包含运算的结果；另一个关系则包含丢弃的列。例如，要列出每位雇员的名字、姓氏和薪水，就可以使用投影运算，如下所示：

$\pi_{Lname,\ Fname,\ Salary}$(EMPLOYEE)

所得到的关系如图 8.1(b)中所示。投影运算的一般形式如下：

$\pi_{<属性列表>}(R)$

其中 π (pi)是用于表示投影运算的符号，<属性列表>是关系 R 的属性中所需属性的子列表。同样，注意：一般来讲，R 是一个**关系代数表达式**，其结果是一个关系，在最简单的情况下，它只是一个数据库关系的名称。投影运算的结果只具有<属性列表>中指定的属性，其顺序与它们出现在列表中的顺序相同。因此，结果关系的**度**（degree）等于<属性列表>中的属性个数。

如果属性列表只包括R的非键属性，就很可能出现重复的元组。投影运算将会删除任何重复的元组，因此投影运算的结果是不同元组的集合，从而是一个有效的关系。这称为**重复消除**（duplicate elimination）。例如，考虑下面的投影运算：

$\pi_{Sex,\ Salary}(EMPLOYEE)$

结果如图8.1(c)所示。注意：在图8.1(c)中，元组<'F', 25000>只出现了一次，即使这个值组合在EMPLOYEE关系中出现了两次。重复消除涉及排序或其他某种技术，用以检测重复的元组，从而会增加更多的处理。如果没有消除重复的元组，结果将是元组的**多集**（multiset）或**包**（bag），而不是一个集合。这在形式化关系模型中是不允许的，但在SQL中是允许的（参见6.3节）。

通过投影运算产生的关系中的元组数量总是少于或等于R中的元组数量。如果投影列表是R的超键，也就是说它包含R的某个键，那么结果关系就具有与R相同的元组数量。而且，只要<list2>包含<list1>中的属性，就有：

$\pi_{<list1>}(\pi_{<list2>}(R)) = \pi_{<list1>}(R)$

否则，左边的式子就是一个不正确的表达式。还值得注意的是：投影运算不具有可交换性。

在SQL中，投影属性列表是在查询的SELECT子句中指定的。例如，下面的运算：

$\pi_{Sex,\ Salary}(EMPLOYEE)$

将对应下面的SQL查询：

```
SELECT  DISTINCT Sex, Salary
FROM    EMPLOYEE
```

注意：如果从这个SQL查询中删除关键字DISTINCT，那么将不会消除重复的元组。在形式化关系代数中没有提供这个选项，但是可以将其扩展成包括这种操作，并且允许关系是多集的；这里将不会讨论这些扩展。

8.1.3 运算序列和RENAME运算

图8.1中所示的关系描述了运算结果，它们没有任何名称。一般来讲，对于大多数查询，需要一个接一个地应用多个关系代数运算。我们可以通过对运算进行嵌套，将运算编写成单个**关系代数表达式**（relational algebra expression）；或者可以一次应用一个运算，并且创建中间结果关系。在后一种情况下，必须给保存中间结果的关系提供名称。例如，要检索在编号为5的部门中工作的所有雇员的名字、姓氏和薪水，必须应用选择和投影运算。可以编写单个关系代数表达式，也称为**内联表达式**（in-line expression），如下所示：

$\pi_{Fname,\ Lname,\ Salary}(\sigma_{Dno=5}(EMPLOYEE))$

图8.2(a)显示了这个内联关系代数表达式的结果。此外，还可以显式地给出运算序列，给每个中间关系提供一个名称，并且使用**赋值运算**（assignment operation），通过←（左箭头）表示，如下所示：

$DEP5\_EMPS \leftarrow \sigma_{Dno=5}(EMPLOYEE)$

$RESULT \leftarrow \pi_{Fname,\ Lname,\ Salary}(DEP5\_EMPS)$

(a)

Fname	Lname	Salary
John	Smith	30000
Franklin	Wong	40000
Ramesh	Narayan	38000
Joyce	English	25000

(b)

TEMP

Fname	Minit	Lname	Ssn	Bdate	Address	Sex	Salary	Super_ssn	Dno
John	B	Smith	123456789	1965-01-09	731 Fondren, Houston,TX	M	30000	333445555	5
Franklin	T	Wong	333445555	1955-12-08	638 Voss, Houston,TX	M	40000	888665555	5
Ramesh	K	Narayan	666884444	1962-09-15	975 Fire Oak, Humble,TX	M	38000	333445555	5
Joyce	A	English	453453453	1972-07-31	5631 Rice, Houston, TX	F	25000	333445555	5

R

First_name	Last_name	Salary
John	Smith	30000
Franklin	Wong	40000
Ramesh	Narayan	38000
Joyce	English	25000

图 8.2　一个运算序列的结果

(a) $\pi_{Fname,\ Lname,\ Salary}(\sigma_{Dno=5}(EMPLOYEE))$；(b) 使用中间关系和属性重命名

可以通过指定中间结果关系来分解复杂的运算序列，这有时要比编写单个关系代数表达式更简单。还可以使用这种技术，对中间关系和结果关系中的属性进行**重命名**(rename)。如我们将看到的，将该技术与更复杂的运算（例如 UNION 和 JOIN）结合起来可能是有用的。要重命名关系中的属性，可以在圆括号中简单地列出新的属性名称，如下面的示例所示：

$TEMP \leftarrow \sigma_{Dno=5}(EMPLOYEE)$

$R(First\_name, Last\_name, Salary) \leftarrow \pi_{Fname,\ Lname,\ Salary}(TEMP)$

图 8.2(b)中展示了这两个运算。

如果没有应用重命名，那么选择运算的结果关系中的属性名称将与原始关系中的那些属性名称相同，并且顺序也相同。对于没有进行重命名的投影运算，结果关系中的属性名称将与投影列表中的属性名称相同，并且属性顺序也与它们出现在列表中的顺序相同。

还可以将形式化的 RENAME 运算定义成一个一元运算符，它可以重命名关系或属性，或者同时对二者进行重命名。当应用于度为 n 的关系 R 时，一般的 RENAME 运算可以通过以下 3 种形式之一来表示：

$\rho_{S(B_1, B_2, \cdots, B_n)}(R)$ 或 $\rho_S(R)$ 或 $\rho_{(B_1, B_2, \cdots, B_n)}(R)$

其中符号 ρ（读作 rho）用于表示 RENAME 运算符，S 是新的关系名，$B_1, B_2,\cdots, B_n$ 是新的属性名。第一个表达式重命名关系及其属性，第二个表达式只重命名关系，第三个表达式则只重命名属性。如果 R 的属性是顺序排列的$(A_1, A_2,\cdots, A_n)$，那么将把每个 A_i 重命名为 B_i。

在 SQL 中，单个查询通常代表一个复杂的关系代数表达式。SQL 中的重命名是使用 AS 通过别名完成的，如下面的示例中所示：

```
SELECT  E.Fname AS First_name, E.Lname AS Last_name, E.Salary AS Salary
FROM    EMPLOYEE AS E
WHERE   E.Dno=5,
```

8.2　集合论中的关系代数运算

8.2.1　并、交和差运算

下一组关系代数运算是集合上的标准数学运算。例如，要检索在部门 5 工作或者直接监管在部门 5 工作的雇员的所员雇员的社会安全号，可以使用如下所示的并（UNION）运算[1]：

$\text{DEP5\_EMPS} \leftarrow \sigma_{\text{Dno=5}}(\text{EMPLOYEE})$

$\text{RESULT1} \leftarrow \pi_{\text{Ssn}}(\text{DEP5\_EMPS})$

$\text{RESULT2(Ssn)} \leftarrow \pi_{\text{Super\_ssn}}(\text{DEP5\_EMPS})$

$\text{RESULT} \leftarrow \text{RESULT1} \cup \text{RESULT2}$

关系 RESULT1 具有在部门 5 工作的所有雇员的 Ssn，而关系 RESULT2 则具有直接监管在部门 5 工作的雇员的所有雇员的 Ssn。并运算将产生属于 RESULT1 或 RESULT2 或者同时属于这二者的元组（参见图 8.3），同时会消除任何重复的元组。因此，Ssn 值 333445555 在结果中只会出现一次。

RESULT1

Ssn
123456789
333445555
666884444
453453453

RESULT2

Ssn
333445555
888665555

RESULT

Ssn
123456789
333445555
666884444
453453453
888665555

图 8.3　并运算的结果：$\text{RESULT} \leftarrow \text{RESULT1} \cup \text{RESULT2}$

可以使用多种集合论运算以多种方式合并两个集合中的元素，包括并、交和集合差（SET DIFFERENCE，也称为 MINUS 或 EXCEPT）。它们都是**二元**（binary）运算；也就是说，每个运算都会应用于两个（元组的）集合。当把这些运算应用于关系数据库时，作为运算对象的两个关系必须具有相同的**元组类型**（type of tuple）；这个条件称为并兼容性（union compatibility）或类型兼容性（type compatibility）。如果两个关系 $R(A_1, A_2,\cdots, A_n)$和 $S(B_1, B_2,\cdots, B_n)$具有相同的度 n，并且对于每个 i（$1 \leqslant i \leqslant n$）均有 $\text{dom}(A_i) = \text{dom}(B_i)$，那么就称这两个关系是**并兼容**（union compatible）或**类型兼容**（type compatible）的。这意味

1　如果使用单个关系代数表达式，可将其编写成：

$\text{Result} \leftarrow \pi_{\text{Ssn}}\ (\sigma_{\text{Dno=5}}\ (\text{EMPLOYEE})) \cup \pi_{\text{Super\_ssn}}\ (\sigma_{\text{Dno=5}}\ (\text{EMPLOYEE}))$

着两个关系具有相同的属性个数，并且每个对应的属性对都具有相同的域。

在两个并兼容的关系 R 和 S 上，可以将并、交和集合差这 3 种运算定义如下：

- 并：这种运算的结果表示为 R ∪ S，它是一个关系，其中包括 R 或 S 或者它们二者中的所有元组，并且会消除重复的元组。
- 交：这种运算的结果表示为 R ∩ S，它是一个关系，其中包括既在 R 中又在 S 中的所有元组。
- 集合差（或差）：这种运算的结果表示为 R – S，它是一个关系，其中包括在 R 中但不在 S 中的所有元组。

本书将采用以下约定：结果关系具有与第一个关系 R 相同的属性名。在结果中总是可以使用重命名运算符对属性进行重命名。

图 8.4 演示了这 3 种运算。图 8.4(a)中的关系 STUDENT 和 INSTRUCTOR 是并兼容的，并且它们的元组分别表示学生和老师的名字。图 8.4(b)中的并运算的结果显示了所有学生和老师的名字。注意：重复的元组在结果中只会出现一次。交运算的结果（参见图 8.4(c)）只包括那些既是学生又是老师的元组。

(a) STUDENT

Fn	Ln
Susan	Yao
Ramesh	Shah
Johnny	Kohler
Barbara	Jones
Amy	Ford
Jimmy	Wang
Ernest	Gilbert

INSTRUCTOR

Fname	Lname
John	Smith
Ricardo	Browne
Susan	Yao
Francis	Johnson
Ramesh	Shah

(b)

Fn	Ln
Susan	Yao
Ramesh	Shah
Johnny	Kohler
Barbara	Jones
Amy	Ford
Jimmy	Wang
Ernest	Gilbert
John	Smith
Ricardo	Browne
Francis	Johnson

(c)

Fn	Ln
Susan	Yao
Ramesh	Shah

(d)

Fn	Ln
Johnny	Kohler
Barbara	Jones
Amy	Ford
Jimmy	Wang
Ernest	Gilbert

(e)

Fname	Lname
John	Smith
Ricardo	Browne
Francis	Johnson

图 8.4　集合运算并、交和差

(a) 两个并兼容的关系；(b) STUDENT ∪ INSTRUCTOR；(c) STUDENT ∩ INSTRUCTOR；(d) STUDENT – INSTRUCTOR；(e) INSTRUCTOR – STUDENT

注意：并和交都是可交换的运算，即：

$R \cup S = S \cup R$ 和 $R \cap S = S \cap R$

可以将并和交视作可应用于任意数量的关系的 n 元运算，因为它们二者也是可结合的运算（associative operation），即：

$R \cup (S \cup T) = (R \cup S) \cup T$ 和 $(R \cap S) \cap T = R \cap (S \cap T)$

差运算是不可交换的；也就是说，一般来讲：

$R - S \neq S - R$

图 8.4(d)显示了不是老师的学生的名字，图 8.4(e)显示了不是学生的老师的名字。

注意：可以利用并和集合差来表示交，如下所示：

$R \cap S = ((R \cup S) - (R - S)) - (S - R)$

在 SQL 中，有 3 种运算对应于这里描述的集合运算，它们是：UNION、INTERSECT 和 EXCEPT。此外，还有不会消除重复元组的多集运算：UNION ALL、INTERSECT ALL 和 EXCEPT ALL（参见 6.3.4 节）。

8.2.2 笛卡儿积（叉积）运算

接下来，将讨论**笛卡儿积**（CARTESIAN PRODUCT）运算，也称为**叉积**（CROSS PRODUCT）或**交叉连接**（CROSS JOIN），用×表示。它也是一个二元集合运算，但是应用它的关系不必是并兼容的。在其二元形式中，这个集合运算将把一个关系（集合）中的每个成员（元组）与另一个关系（集合）中的每个成员（元组）组合起来，产生一个新元素。一般来讲，$R(A_1, A_2, \cdots, A_n) \times S(B_1, B_2, \cdots, B_m)$的结果是一个度为 $n + m$ 的关系 Q，它具有 $n + m$ 个顺序为 $Q(A_1, A_2, \cdots, A_n, B_1, B_2, \cdots, B_m)$的属性。对于 R 中的一个元组和 S 中的一个元组的每种组合，结果关系 Q 中都具有一个对应的元组。因此，如果 R 具有 n_R 个元组（记作 $|R| = n_R$），S 具有 n_S 个元组，那么 $R \times S$ 将具有 $n_R * n_S$ 个元组。

n 元笛卡儿积运算是上述概念的扩展，它把来自 n 个底层关系的元组的所有可能的组合连接在一起，产生新的元组。单独应用笛卡儿积运算一般是没有意义的。当在它后面接着进行一个选择运算以匹配各个成员关系中的属性值时，它就很有用了。例如，假设想要检索每位女性雇员的受赡养人的名字列表，可以采用如下方法：

$\text{FEMALE\_EMPS} \leftarrow \sigma_{\text{Sex='F'}}(\text{EMPLOYEE})$

$\text{EMPNAMES} \leftarrow \pi_{\text{Fname, Lname, Ssn}}(\text{FEMALE\_EMPS})$

$\text{EMP\_DEPENDENTS} \leftarrow \text{EMPNAMES} \times \text{DEPENDENT}$

$\text{ACTUAL\_DEPENDENTS} \leftarrow \sigma_{\text{Ssn=Essn}}(\text{EMP\_DEPENDENTS})$

$\text{RESULT} \leftarrow \pi_{\text{Fname, Lname, Dependent\_name}}(\text{ACTUAL\_DEPENDENTS})$

这个运算序列所得到的结果关系如图 8.5 中所示。EMP_DEPENDENTS 关系是对图 8.5 中的 EMPNAMES 关系和图 5.6 中的 DEPENDENT 关系应用笛卡儿积运算的结果。在 EMP_DEPENDENTS 关系中，将 EMPNAMES 中的每个元组与 DEPENDENT 中的每个元组进行组合，给出一个不是非常有意义的结果（每个受赡养人与每位女性雇员进行组合）。我们希望一个女性雇员元组只与她的特定受赡养人进行组合，即 DEPENDENT 元组的 Essn 值与 EMPLOYEE 元组的 Essn 值匹配。ACTUAL_DEPENDENTS 关系完成了这个任务。EMP_DEPENDENTS 关系是一个良好的示例，它说明了即使正确地应用关系代数，仍有可能产生毫无意义的结果。应当由用户负责确保只对关系应用有意义的运算。

笛卡儿积利用两个关系的组合属性来创建元组。如上一个示例中所做的那样，可以在笛卡儿积之后指定合适的选择条件，只从两个关系中选择相关的元组。由于这种笛卡儿积后接选择运算的序列经常用于组合来自两个关系的相关元组，因此创建了一个称为连接

FEMALE_EMPS

Fname	Minit	Lname	Ssn	Bdate	Address	Sex	Salary	Super_ssn	Dno
Alicia	J	Zelaya	999887777	1968-07-19	3321Castle, Spring, TX	F	25000	987654321	4
Jennifer	S	Wallace	987654321	1941-06-20	291Berry, Bellaire, TX	F	43000	888665555	4
Joyce	A	English	453453453	1972-07-31	5631 Rice, Houston, TX	F	25000	333445555	5

EMPNAMES

Fname	Lname	Ssn
Alicia	Zelaya	999887777
Jennifer	Wallace	987654321
Joyce	English	453453453

EMP_DEPENDENTS

Fname	Lname	Ssn	Essn	Dependent_name	Sex	Bdate	...
Alicia	Zelaya	999887777	333445555	Alice	F	1986-04-05	...
Alicia	Zelaya	999887777	333445555	Theodore	M	1983-10-25	...
Alicia	Zelaya	999887777	333445555	Joy	F	1958-05-03	...
Alicia	Zelaya	999887777	987654321	Abner	M	1942-02-28	...
Alicia	Zelaya	999887777	123456789	Michael	M	1988-01-04	...
Alicia	Zelaya	999887777	123456789	Alice	F	1988-12-30	...
Alicia	Zelaya	999887777	123456789	Elizabeth	F	1967-05-05	...
Jennifer	Wallace	987654321	333445555	Alice	F	1986-04-05	...
Jennifer	Wallace	987654321	333445555	Theodore	M	1983-10-25	...
Jennifer	Wallace	987654321	333445555	Joy	F	1958-05-03	...
Jennifer	Wallace	987654321	987654321	Abner	M	1942-02-28	...
Jennifer	Wallace	987654321	123456789	Michael	M	1988-01-04	...
Jennifer	Wallace	987654321	123456789	Alice	F	1988-12-30	...
Jennifer	Wallace	987654321	123456789	Elizabeth	F	1967-05-05	...
Joyce	English	453453453	333445555	Alice	F	1986-04-05	...
Joyce	English	453453453	333445555	Theodore	M	1983-10-25	...
Joyce	English	453453453	333445555	Joy	F	1958-05-03	...
Joyce	English	453453453	987654321	Abner	M	1942-02-28	...
Joyce	English	453453453	123456789	Michael	M	1988-01-04	...
Joyce	English	453453453	123456789	Alice	F	1988-12-30	...
Joyce	English	453453453	123456789	Elizabeth	F	1967-05-05	...

ACTUAL_DEPENDENTS

Fname	Lname	Ssn	Essn	Dependent_name	Sex	Bdate	...
Jennifer	Wallace	987654321	987654321	Abner	M	1942-02-28	...

RESULT

Fname	Lname	Dependent_name
Jennifer	Wallace	Abner

图 8.5　笛卡儿积（叉积）运算

（JOIN）的特殊运算，用于将这个序列指定为单个运算。接下来将讨论连接运算。

在 SQL 中，可以在连接表中使用 CROSS JOIN 选项来实现笛卡儿积（参见 7.1.6 节）。此外，如果 FROM 子句中有两个表，但是查询的 WHERE 子句中没有对应的连接条件，那么结果将还是这两个表的笛卡儿积（参见 6.3.3 节中的 Q10）。

8.3 二元关系运算：连接运算和除运算

8.3.1 连接运算

连接运算用⋈表示，用于将两个关系中的相关元组结合成单个“更长的”元组。这个运算对于任何具有多个关系的关系数据库都非常重要，因为它允许我们处理关系之间的联系。为了说明连接运算，假设我们想要检索每个部门经理的名字。为了获得经理的名字，需要将每个部门元组与雇员元组进行组合，并且每个组合中雇员元组的 Ssn 值要与部门元组中的 Mgr_ssn 值相匹配。我们将使用连接运算来完成这个组合，然后再将结果投影到必要的属性上，如下所示：

$\text{DEPT\_MGR} \leftarrow \text{DEPARTMENT} \bowtie_{\text{Mgr\_ssn=Ssn}} \text{EMPLOYEE}$

$\text{RESULT} \leftarrow \pi_{\text{Dname, Lname, Fname}}(\text{DEPT\_MGR})$

第一个运算如图 8.6 中所示。注意：Mgr_ssn 是 DEPARTMENT 关系的外键，它参照 EMPLOYEE 关系的外键 Ssn。当被参照关系 EMPLOYEE 中具有匹配的元组时，这个参照完整性约束将起作用。

DEPT_MGR

Dname	Dnumber	Mgr_ssn	···	Fname	Minit	Lname	Ssn	···
Research	5	333445555	···	Franklin	T	Wong	333445555	···
Administration	4	987654321	···	Jennifer	S	Wallace	987654321	···
Headquarters	1	888665555	···	James	E	Borg	888665555	···

图 8.6 连接运算 $\text{DEPT\_MGR} \leftarrow \text{DEPARTMENT} \bowtie_{\text{Mgr\_ssn=Ssn}} \text{EMPLOYEE}$ 的结果

可以将连接运算指定一个笛卡儿积运算，其后接着一个选择运算。不过，连接运算非常重要，因为在指定数据库查询时将会频繁地使用它。考虑前面说明笛卡儿积的示例，它包括以下运算序列：

$\text{EMP\_DEPENDENTS} \leftarrow \text{EMPNAMES} \times \text{DEPENDENT}$

$\text{ACTUAL\_DEPENDENTS} \leftarrow \sigma_{\text{Ssn=Essn}}(\text{EMP\_DEPENDENTS})$

可以用单个连接运算替换上面两个运算，如下所示：

$\text{ACTUAL\_DEPENDENTS} \leftarrow \text{EMPNAMES} \bowtie_{\text{Ssn=Essn}} \text{DEPENDENT}$

两个关系[1] $R(A_1, A_2, \cdots, A_n)$和 $S(B_1, B_2, \cdots, B_m)$上的连接运算的一般形式如下：

$R \bowtie_{\text{<连接条件>}} S$

连接运算的结果是一个关系 Q，它具有 $n + m$ 个属性，它们的顺序是 $Q(A_1, A_2, \cdots, A_n, B_1, B_2, \cdots, B_m)$。对于每个元组组合（其中一个元组来自 R，一个元组来自 S），无论何时组合满足连接条件，Q 中都会具有一个对应的元组。这是笛卡儿积与连接之间的主要区别，在连接中，只有满足连接条件的元组组合才会出现在结果中，而在笛卡儿积中所有的元组组合都会包括在结果中。连接条件是在两个关系 R 和 S 中的属性上指定的，并且会为每个元组

1 再次注意：R 和 S 可以是由一般的关系代数表达式生成的任何关系。

组合评估连接条件。对于连接条件求值为 TRUE 的每个元组组合，都会将其包括在结果关系 Q 中，作为单个组合的元组。

一般的连接条件的形式如下：

<条件> AND <条件> AND … AND <条件>

其中每个<条件>的形式是 $A_i \ \theta \ B_j$，A_i 是 R 的属性，B_j 是 S 的属性，A_i 和 B_j 具有相同的域，θ（读作 theta）是比较运算符{=, <, <=, >, >=, ≠}之一。带有这种一般连接条件的连接运算称为 **θ 连接**（THETA JOIN）。其连接属性为 NULL 的元组或者连接条件为 FALSE 的元组将不会出现在结果中。从这种意义上讲，连接运算不一定会保留参与关系中的所有信息，因为如果一个关系中的元组没有与另一个关系中匹配的元组进行组合，那么它们将不会出现在结果中。

8.3.2 连接的变体：等值连接和自然连接

连接运算的最常见的用法涉及在连接条件中只包含相等性比较。这样的连接就称为等值连接（EQUIJOIN），其中只将使用比较运算符“=”。前面的两个示例都是等值连接。注意：在等值连接的结果中，总是具有一对或多对属性，它们在每个元组中都具有相同的值。例如，在图 8.6 中，在 DEPT_MGR（等值连接的结果）的每个元组中，属性 Mgr_ssn 和 Ssn 的值是相同的，因为在这两个属性上指定的相等性连接条件要求在结果中的每个元组中它们的值相同。由于在具有相同值的属性对中，有一个属性是多余的，就创建了一个称为**自然连接**（NATURAL JOIN）的新运算，用*表示，它用于清除等值连接条件中的第二个（多余的）属性[1]。自然连接的标准定义要求两个连接属性（或者每一对连接属性）在两个关系中具有相同的名称。如果不是这样，那么首先要应用重命名运算。

假设我们想要把每个 PROJECT 元组与控制项目的 DEPARTMENT 元组组合起来。在下面的示例中，首先将 DEPARTMENT 的 Dnumber 属性重命名为 Dnum，使得它具有与 PROJECT 中的 Dnum 属性相同的名称，然后应用自然连接：

$PROJ\_DEPT \leftarrow PROJECT * \rho_{(Dname,\ Dnum,\ Mgr\_ssn,\ Mgr\_start\_date)}(DEPARTMENT)$

可以通过创建一个中间表 DEPT，分两步完成相同的查询，如下所示：

$DEPT \leftarrow \rho_{(Dname,\ Dnum,\ Mgr\_ssn,\ Mgr\_start\_date)}(DEPARTMENT)$

$PROJ\_DEPT \leftarrow PROJECT * DEPT$

属性 Dnum 被称为自然连接运算的**连接属性**（join attribute），因为它是两个关系中唯一具有相同名称的属性。结果关系如图 8.7(a)中所示。在 PROJ_DEPT 关系中，每个元组都由一个 PROJECT 元组与控制项目的部门的 DEPARTMENT 元组组合而成，但是只会保留一个连接属性值。

如果指定进行自然连接的属性已经在两个关系中具有相同的名称，就没有必要进行重命名。例如，要在 DEPARTMENT 和 DEPT_LOCATIONS 的 Dnumber 属性上应用自然连接，编写以下代码就足够了：

```
DEPT_LOCS ← DEPARTMENT * DEPT_LOCATIONS
```

1　自然连接实质上就相当于先进行等值连接，然后再删除多余的属性。

(a)

PROJ_DEPT

Pname	Pnumber	Plocation	Dnum	Dname	Mgr_ssn	Mgr_start_date
ProductX	1	Bellaire	5	Research	333445555	1988-05-22
ProductY	2	Sugarland	5	Research	333445555	1988-05-22
ProductZ	3	Houston	5	Research	333445555	1988-05-22
Computerization	10	Stafford	4	Administration	987654321	1995-01-01
Reorganization	20	Houston	1	Headquarters	888665555	1981-06-19
Newbenefits	30	Stafford	4	Administration	987654321	1995-01-01

(b)

DEPT_LOCS

Dname	Dnumber	Mgr_ssn	Mgr_start_date	Location
Headquarters	1	888665555	1981-06-19	Houston
Administration	4	987654321	1995-01-01	Stafford
Research	5	333445555	1988-05-22	Bellaire
Research	5	333445555	1988-05-22	Sugarland
Research	5	333445555	1988-05-22	Houston

图 8.7　两个自然连接运算的结果

(a) proj_dept ← project * dept；(b) dept_locs ← department * dept_locations

结果关系如图 8.7(b)中所示，它将每个部门与其地点组合起来，并且对于每个地点，都有一个对应的元组。一般来讲，自然连接的连接条件构造如下：将两个关系中具有相同名称的*每一对连接属性*置为相等，并利用 AND 把这些条件结合起来。每个关系都可以有一个连接属性列表，并且每一对相对应的属性必须具有相同的名称。

注意：如果没有元组组合满足连接条件，那么连接的结果将是一个具有零个元组的空关系。一般来讲，如果 R 具有 n_R 个元组，S 具有 n_S 个元组，那么连接运算 R $\bowtie_{\text{<连接条件>}}$ S 的结果将具有 $0 \sim n_R * n_S$ 个元组。连接结果的预期大小除以最大大小 $n_R * n_S$ 将得到一个比率，称为**连接选中率**（join selectivity），它是每个连接条件的一个性质。如果没有连接条件，那么所有的元组组合都满足要求，并且连接将降级为笛卡儿积，也称为叉积或交叉连接。

如我们所见，单个连接运算用于组合两个关系中的数据，以便可以在单个表中展示相关的信息。这些运算也称为**内连接**（inner join），以将其与另一种连接变体（称为*外连接*）区分开（参见 8.4.4 节）。非正式地讲，*内连接*是一种匹配-组合运算类型，可以形式化地将其定义为笛卡儿积和选择运算的组合。注意：有时可以在一个关系与它自身之间指定一个连接，8.4.3 节中将对此加以说明。也可以在多个表之间指定自然连接或等值连接运算，从而导致一个 *n 路连接*（n-way join）。例如，考虑下面的 3 路连接：

((PROJECT $\bowtie_{\text{Dnum=Dnumber}}$DEPARTMENT) $\bowtie_{\text{Mgr_ssn=Ssn}}$EMPLOYEE)

这将把每个项目元组与其控制部门元组组合成单个元组，然后再把该元组与部门经理的雇员元组组合起来。最终结果是一个综合关系，其中每个元组都包含这个项目-部门-经理的组合信息。

在 SQL 中，可以用多种不同的方式实现连接。第一种方法是在 WHERE 子句中指定<连接条件>，以及其他任何选择条件。这种方法很常见，6.3.1 节和 6.3.2 节中的查询 Q1、Q1A、Q1B、Q2 和 Q8 以及第 6 章和第 7 章中许多其他的查询示例都说明了它。第二种方式是使用嵌套关系，7.1.2 节中的查询 Q4A 和 Q16 说明了它。还有一种方式是使用连接表的概念，7.1.6 节中的查询 Q1A、Q1B、Q8B 和 Q2A 说明了它。由于其他的方法更受限制，因此在 SQL2 中添加了连接表的构造，以允许用户显式指定各种连接类型。它还允许用户在 WHERE 子句中将连接条件与选择条件清晰地区分开。

8.3.3　关系代数运算的完备集

关系代数运算的集合$\{\sigma, \pi, \cup, \rho, -, \times\}$已被证明是一个**完备集**（complete set）；也就是说，任何其他的原始关系代数运算都可以通过这个集合中的运算序列来表示。例如，交运算可以使用并运算和差运算来表示，如下：

$R \cap S \equiv (R \cup S) - ((R - S) \cup (S - R))$

尽管严格来说，交运算不是必需的，但是每次希望指定一个交运算时，都要指定这个复杂的表达式将很不方便。另一个示例是，如我们所讨论的，可以将连接运算指定为一个笛卡儿积其后接着一个选择运算：

$R \bowtie_{<条件>} S \equiv \sigma_{<条件>}(R \times S)$

类似地，可以将自然连接指定为一个重命名运算，其后接着一个笛卡儿积，然后再接着选择和投影运算。因此，各种连接运算对于关系代数的强大表达能力也并不是严格必需的。不过，包括它们作为单独的运算很重要，因为它们方便使用，并且在数据库应用中非常普遍。出于方便考虑，基本关系代数中还包括有其他一些运算，它们也不是必需的。下一节中将讨论其中一种运算，即除（DIVISION）运算。

8.3.4　除运算

除运算用÷表示，它可用于数据库应用中有时出现的一种特殊的查询。例如，检索在 John Smith 参与的**所有**项目中工作的雇员的名字。要使用除运算表达这个查询，过程如下：首先，检索 John Smith 参与的项目编号的列表，并将结果存放在中间关系 SMITH_PNOS 中：

$\text{SMITH} \leftarrow \sigma_{\text{Fname='John' AND Lname='Smith'}}(\text{EMPLOYEE})$

$\text{SMITH\_PNOS} \leftarrow \pi_{\text{Pno}}(\text{WORKS\_ON} \bowtie_{\text{Essn=Ssn}} \text{SMITH})$

接下来，创建一个中间关系 SSN_PNOS，其中包括元组<Pno, Essn>，这里的 Pno 是当雇员的 Ssn 等于 Essn 时雇员参与的项目编号，则有：

$\text{SSN\_PNOS} \leftarrow \pi_{\text{Essn, Pno}}(\text{WORKS\_ON})$

最后，对两个中间关系应用除运算，得出想要的雇员的社会安全号：

$\text{SSNS(Ssn)} \leftarrow \text{SSN\_PNOS} \div \text{SMITH\_PNOS}$

$\text{RESULT} \leftarrow \pi_{\text{Fname, Lname}}(\text{SSNS} * \text{EMPLOYEE})$

上述运算如图 8.8(a)所示。

一般来讲，除运算应用于两个关系，即 $R(Z) \div S(X)$，其中 S 的属性是 R 属性的子集，即 $X \subseteq Z$。假设 Y 是属于 R 的属性集合，但不是 S 的属性，即 $Y = Z - X$（因此 $Z = X \cup Y$）。

(a)

SSN_PNOS

Essn	Pno
123456789	1
123456789	2
666884444	3
453453453	1
453453453	2
333445555	2
333445555	3
333445555	10
333445555	20
999887777	30
999887777	10
987987987	10
987987987	30
987654321	30
987654321	20
888665555	20

SMITH_PNOS

Pno
1
2

SSNS

Ssn
123456789
453453453

(b)

R

A	B
a_1	b_1
a_2	b_1
a_3	b_1
a_4	b_1
a_1	b_2
a_3	b_2
a_2	b_3
a_3	b_3
a_4	b_3
a_1	b_4
a_2	b_4
a_3	b_4

S

A
a_1
a_2
a_3

T

B
b_1
b_4

图 8.8 除运算

(a) SSN_PNOS 除以 SMITH_PNOS；(b) $T \leftarrow R \div S$

除运算的结果是一个关系 T(Y)，如果元组 t_R 出现在 R 中，且 $t_R[Y] = t$，并且对于 S 中的每个元组 t_S，都有 $t_R[X] = t_S$，那么 T(Y)就包括元组 t。这意味着，为了使元组 t 出现在除运算的结果 T 中，t 中的值必须出现在与 S 中的每个元组组合的 R 中。注意：在除运算的表述中，作为分母的关系 S 中的元组限制了作为分子的关系 R，它需要在结果中选择那些与分母关系中存在的所有值匹配的元组。不必知道那些值具体是什么，因为可以通过另一个运算来计算出它们，如上一个示例中的 SMITH_PNOS 关系所示。

图 8.8(b)演示了一个除运算，其中 X = {A}，Y = {B}，Z = {A, B}。注意：元组（值）b_1 和 b_4 出现在与 S 中的全部 3 个元组组合的 R 中，这就是为什么它们会出现在结果关系 T 中的原因。在 R 中，B 的其他值没有与 S 中的所有元组一起出现，并且不会被选择：b_2 不会与 a_2 一起出现，而 b_3 不会与 a_1 一起出现。

可以将除运算表达为 π、×和–运算的序列，如下：

$T_1 \leftarrow \pi_Y(R)$

$T_2 \leftarrow \pi_Y((S \times T_1) - R)$

$T \leftarrow T_1 - T_2$

为方便起见，将除运算定义用于处理涉及全称量词（参见 8.6.7 节）或全部条件的查询。大多数将 SQL 作为基本查询语言的 RDBMS 实现都没有直接实现除运算。SQL 用另一种方法来处理刚才演示的查询类型（参见 7.1.4 节中的 Q3A 和 Q3B）。表 8.1 列出了我们已经讨论过的各种基本关系代数运算。

表 8.1　关系代数运算

运　算	用　途	表示法
选择	从关系 R 中选择满足选择条件的所有元组	$\sigma_{<\text{选择条件}>}(R)$
投影	产生一个新关系，它只具有 R 的一些属性，并且会删除重复的元组	$\pi_{<\text{属性列表}>}(R)$
θ 连接	产生 R_1 和 R_2 中满足连接条件的所有元组组合	$R_1 \bowtie_{<\text{连接条件}>} R_2$
等值连接	只利用相等性比较，产生 R_1 和 R_2 中满足连接条件的所有元组组合	$R_1 \bowtie_{<\text{连接条件}>} R_2$， 或者 $R_1 \bowtie_{(<\text{连接属性 1}>),(<\text{连接属性 2}>)} R_2$
自然连接	与等值连接相同，只不过 R_2 的连接属性将不会包括在结果关系中；如果连接属性具有相同的名称，那么根本不必指定它们	$R_1 *_{<\text{连接条件}>} R_2$， 或者 $R_1 *_{(<\text{连接属性 1}>),(<\text{连接属性 2}>)} R_2$， 或者 $R_1 * R_2$
并	产生一个包括 R_1 或 R_2 或者 R_1 和 R_2 中的所有元组的关系；R_1 和 R_2 必须是并兼容的	$R_1 \cup R_2$
交	产生一个包括 R_1 和 R_2 中的所有元组的关系；R_1 和 R_2 必须是并兼容的	$R_1 \cap R_2$
差	产生一个包括在 R_1 中但是不在 R_2 中的所有元组的关系；R_1 和 R_2 必须是并兼容的	$R_1 - R_2$
笛卡儿积	产生一个关系，它具有 R_1 和 R_2 的属性，并且包括 R_1 和 R_2 中的元组的所有可能的组合，作为自己的元组	$R_1 \times R_2$
除	产生一个关系 R(X)，其中包括 $R_1(Z)$ 中的所有元组 t[X]，这些元组与 $R_2(Y)$ 中的每个元组的组合都出现在 R_1 中，其中 $Z = X \cup Y$	$R_1(Z) \div R_2(Y)$

8.3.5　查询树的表示法

在本节中，将描述一种表示法，它通常用于在关系 DBMS（RDBMS）内部表示查询。该表示法被称为查询树，有时也称为查询评估树或查询执行树。它包括要执行的关系代数运算，并且用作 RDBMS 中查询的内部表示的一种可能的数据结构。

查询树（query tree）是一种与关系代数表达式对应的树状数据结构。它将查询的输入关系表示为树的叶节点，并把关系代数运算表示为内部节点。查询树的执行包括在其操作数（通过其子节点表示）可用时执行内部节点运算，然后用执行运算得到的关系代替那个内部节点。当执行根节点并且产生查询的结果关系时，执行终止。

图 8.9 显示了查询 Q2（参见 6.3.1 节）的查询树：对于位于 Stafford 的每个项目，列出其项目编号、控制部门编号，以及部门经理的姓氏、住址和出生日期。这个查询是在图 5.5 所示的关系模式上指定的，它对应于下面的关系代数表达式：

$$\pi_{\text{Pnumber, Dnum, Lname, Address, Bdate}}(((\sigma_{\text{Plocation='Stafford'}}(\text{PROJECT}))$$
$$\bowtie_{\text{Dnum=Dnumber}}(\text{DEPARTMENT})) \bowtie_{\text{Mgr\_ssn=Ssn}}(\text{EMPLOYEE}))$$

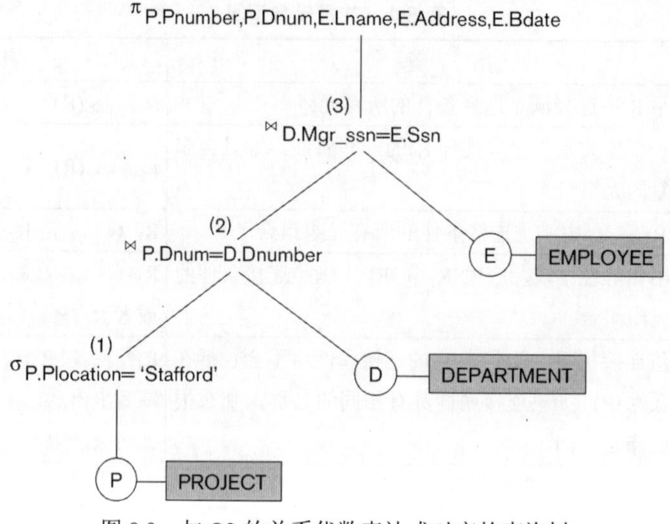

图 8.9　与 Q2 的关系代数表达式对应的查询树

在图 8.9 中，叶节点 P、D 和 E 表示 3 个关系 PROJECT、DEPARTMENT 和 EMPLOYEE。表达式中的关系代数运算通过内部树节点表示。查询树表示了明确的执行顺序，意义如下。为了执行 Q2，图 8.9 中标记为(1)的节点必须在标记为(2)的节点之前开始执行，因为在可以开始执行运算(2)之前，必须要用到运算(1)所产生的一些结果元组。类似地，在节点(3)可以开始执行之前，节点(2)必须开始执行并产生结果，以此类推。一般来讲，查询树是查询所使用的关系运算的一种很好的可视化表示方法，并且有助于对查询的理解，建议将其作为关系代数中的一种表达查询的额外手段。在第 18 章和第 19 章中讨论查询处理和优化时，将再次讨论查询树。

8.4　其他关系运算

RDBMS 的商业应用中所需的一些常见的数据库请求不能利用 8.1 节~8.3 节中描述的原始关系代数运算来执行。在本节中，将定义一些额外的运算来表达这些请求。这些运算增强了原始关系代数的表达能力。

8.4.1　广义投影

广义投影运算扩展了投影运算，它允许把属性的函数包括在投影列表中。投影的广义形式可表达如下：

$\pi_{F_1, F_2, \cdots, F_n}(R)$

其中 $F_1, F_2, \cdots, F_n$ 是关系 R 中的属性上的函数，可能涉及算术运算和常量值。当查询结果报表的列中需要生成计算值时，这个运算就是有帮助的。

例如，考虑下面的关系：

EMPLOYEE (Ssn, Salary, Deduction, Years_service)

报表可能需要显示以下内容：

Net Salary = Salary – Deduction,

Bonus = 2000 * Years_service 以及

Tax = 0.25 * Salary

这样，就可以结合使用广义投影与重命名运算，如下所示：

REPORT $\leftarrow \rho_{(Ssn,\ Net\_salary,\ Bonus,\ Tax)}(\pi_{Ssn,\ Salary - Deduction,\ 2000 * Years\_service,\ 0.25 * Salary}(EMPLOYEE))$

8.4.2　聚合函数和分组

在基本关系代数中不能表达的另一类请求是：在数据库中的值集合上指定数学**聚合函数**（aggregate function）。这类函数的示例包括：检索所有雇员的平均薪水或薪水总额，或者检索雇员元组的总个数。这些函数在简单的统计查询中用于汇总来自数据库元组的信息。常见的应用于数值集合的函数包括：SUM、AVERAGE、MAXIMUM 和 MINIMUM。COUNT 函数用于统计元组或值。

另一种常见的请求类型涉及：先根据关系中的一些属性值对元组进行分组，然后独立地对每个分组应用聚合函数。一个示例是按 Dno 对 EMPLOYEE 元组进行分组，使得每个分组都包括在同一个部门工作的雇员的元组。然后，可以列出每个 Dno 值以及（例如说）部门内雇员的平均薪水，或者在该部门工作的雇员人数。

可以使用符号 $\Im$（读作 script F）[1]定义一个聚合函数运算，用以指定这些请求类型，如下：

$_{<分组属性>}\Im_{<函数列表>}(R)$

其中<分组属性>是 R 中指定的关系的属性列表，<函数列表>是一个（<函数><属性>）对列表。在每个这样的（<函数><属性>）对中，<函数>是允许的函数之一，例如 SUM、AVERAGE、MAXIMUM、MINIMUM、COUNT；<属性>是 R 指定的关系的属性。结果关系具有分组属性以及函数列表中的每个元素对应的一个属性。例如，要检索每个部门编号、部门中的雇员人数以及他们的平均薪水，同时如下面所指示的对结果属性进行重命名，可以编写以下代码：

$\rho_{R(Dno,\ No\_of\_employees,\ Average\_sal)}(_{Dno}\Im_{COUNT\ Ssn,\ AVERAGE\ Salary}(EMPLOYEE))$

将这个运算应用于图 5.6 所示的 EMPLOYEE 关系，其结果如图 8.10(a)所示。

在上面的示例中，在重命名运算的圆括号内为结果关系 R 指定了一个属性名列表。如果没有应用重命名运算，那么结果关系中与函数列表对应的每个属性都将是函数名与属性名的连接，其形式是<函数>_<属性>[2]。例如，图 8.10(b)显示了以下运算的结果：

$_{Dno}\Im_{COUNT\ Ssn,\ AVERAGE\ Salary}(EMPLOYEE)$

如果没有指定分组属性，那么函数将应用于关系中的所有元组，因此结果关系将只具有单个元组。例如，图 8.10(c)显示了以下运算的结果：

$\Im_{COUNT\ Ssn,\ AVERAGE\ Salary}(EMPLOYEE)$

1　没有一个被普遍认同的符号来表示聚合函数。在一些情况下，也使用“script A”。

2　注意：这是一种随意而为的表示法，与 SQL 相一致。

R

(a)

Dno	No_of_employees	Average_sal
5	4	33250
4	3	31000
1	1	55000

(b)

Dno	Count_ssn	Average_salary
5	4	33250
4	3	31000
1	1	55000

(c)

Count_ssn	Average_salary
8	35125

图 8.10 聚合函数运算

(a) $\rho_{R(Dno, No\_of\_employees, Average\_sal)}({}_{Dno}\,\Im_{COUNT\ Ssn,\ AVERAGE\ Salary}$ (EMPLOYEE))；

(b) ${}_{Dno}\,\Im_{COUNT\ Ssn,\ AVERAGE\ Salary}$(EMPLOYEE)；(c) $\Im_{COUNT\ Ssn,\ AVERAGE\ Salary}$(EMPLOYEE)

需要注意的是：一般来讲，在应用聚合函数时将不会消除重复的元组。这样，诸如 SUM 和 AVERAGE 之类的函数就会按其正常的解释来计算[1]。不过，如 7.1.7 节中所讨论的，在聚合中将不会考虑 NULL 值。值得强调的是，应用聚合函数的结果是一个关系，而不是一个标量数，即使它只有单个值亦是如此。这使得关系代数成为一个封闭的数学系统。

8.4.3 递归闭包运算

一般来讲，不能在基本的原始关系代数中指定的另一种运算类型是**递归闭包**（recursive closure）。这个运算应用于相同类型的元组之间的**递归关系**（recursive relationship），例如雇员与管理者之间的关系。这个关系通过图 5.5 和图 5.6 中的 EMPLOYEE 关系的外键 Super_ssn 来描述，并且它把每个雇员元组（被管理者角色）与另一个雇员元组（管理者角色）相关联。递归运算的一个示例是：检索雇员 e 的各层被管理者，即：由 e 直接管理的所有雇员 e′、由每个雇员 e′直接管理的所有雇员 e″、由每个雇员 e″直接管理的所有雇员 e‴，以此类推。

在关系代数中，可以通过把一个表与其自身连接一次或多次，相对直观地指定特定层次上由 e 管理的所有雇员。不过，很难指定所有层次上的所有被管理者。例如，要指定由名字为 James Borg 的雇员 e 直接管理的第 1 层上的所有雇员 e′的 Ssn，可以应用如下运算：

BORG_SSN ← $\pi_{Ssn}(\sigma_{Fname=\text{'James'}\ AND\ Lname=\text{'Borg'}}$(EMPLOYEE))

SUPERVISION(Ssn1, Ssn2) ← $\pi_{Ssn,Super\_ssn}$(EMPLOYEE)

RESULT1(Ssn) ← π_{Ssn1}(SUPERVISION $\bowtie_{Ssn2=Ssn}$BORG_SSN)

要检索由 Borg 管理的第 2 层上的所有雇员，即由 Borg 直接管理的某个雇员 e′管理的所有雇员 e″，可以对第一个查询的结果应用另一个**连接**，如下所示：

RESULT2(Ssn) ← π_{Ssn1}(SUPERVISION $\bowtie_{Ssn2=Ssn}$RESULT1)

要获得由 James Borg 管理的第 1 层和第 2 层上的两个雇员集合，可以对上面两个结果应用并运算，如下所示：

RESULT ← RESULT2 ∪ RESULT1

图 8.11 中说明了这些查询的结果。尽管可以检索每一层上的雇员，然后对它们执行并

---

1 在 SQL 中，通过包括关键字 DISTINCT，可以在应用聚合函数之前使用消除重复元组的选项（参见 4.4.4 节）。

运算，一般来讲，如果不利用一种循环机制，将不能指定一个诸如“在所有层次上检索 James Borg 管理的所有雇员”之类的查询，除非我们知道最大的层数[1]。在递归发生时，建议使用一种称为关系的传递闭包（transitive closure）的运算来计算递归关系。

SUPERVISION

(Borg 的 Ssn 是 8866555)

Ssn1 (Ssn)	Ssn2 (Super_ssn)
123456789	333445555
333445555	888665555
999887777	987654321
987654321	888665555
666884444	333445555
453453453	333445555
987987987	987654321
888665555	null

RESULT1

Ssn
333445555
987654321

((由 Borg 管理)

RESULT2

Ssn
123456789
999887777
666884444
453453453
987987987

(由 Borg 的下属管理)

RESULT

Ssn
123456789
999887777
666884444
453453453
987987987
333445555
987654321

(RESULT1 ∪ RESULT2)

图 8.11　一个两层的递归查询

8.4.4　外连接运算

接下来，将讨论连接运算的一些额外的扩展，它们对于指定某些查询类型是必要的。前面描述的连接运算用于匹配那些满足连接条件的元组。例如，对于自然连接运算 R * S，只有在 R 中且与 S 中的元组匹配的元组才会出现在结果中，反之亦然。因此，将会从连接结果中消除没有匹配（或相关）元组的元组。在连接属性中具有 NULL 值的元组也会被消除。这类将会消除不匹配元组的连接被称为**内连接**（inner join）。前面在 8.3 节中描述的连接运算都是内连接。如果用户希望连接的结果包括一个或多个成员关系中的所有元组，那么内连接将会造成信息丢失。

有一个运算集合称为**外连接**（outer join），它们用于如下情况：用户希望在连接的结果中保留 R 或 S 中的所有元组，或者两个关系中的所有元组，而不管它们是否在另一个关系中具有匹配的元组。外连接可以满足某些查询的需要，其中将通过匹配对应的行来组合两个表中的元组，但是不会由于缺少匹配值而丢失任何元组。例如，假设我们想要一份所有雇员名字的列表，如果这些雇员碰巧管理某个部门，那么列表中还要包括他们所管理部门

1　SQL3 标准中包括了用于递归闭包的语法。

的名字；如果他们没有管理一个部门，就可以利用 NULL 值指示这一点。我们可以应用**左外连接**（LEFT OUTER JOIN）运算（用 ⟕表示）来检索结果，如下所示：

TEMP ← (EMPLOYEE $⟕_{Ssn=Mgr_ssn}$DEPARTMENT)

RESULT ← $\pi_{Fname, Minit, Lname, Dname}$(TEMP)

左外连接运算将保留 R ⟕S 中的第一个（或左边的）关系 R 中的每个元组；如果在 S 中没有找到匹配的元组，那么将利用 NULL 值填充连接结果中的 S 的属性。这些运算的结果如图 8.12 所示。

RESULT

Fname	Minit	Lname	Dname
John	B	Smith	NULL
Franklin	T	Wong	Research
Alicia	J	Zelaya	NULL
Jennifer	S	Wallace	Administration
Ramesh	K	Narayan	NULL
Joyce	A	English	NULL
Ahmad	V	Jabbar	NULL
James	E	Borg	Headquarters

图 8.12 左外连接运算的结果

另一个类似的运算即**右外连接**（RIGHT OUTER JOIN）用 ⟖表示，它会保留 R ⟖S 中的第二个(或右边的)关系 S 中的每个元组。第三个运算是**全外连接**(FULL OUTER JOIN)，用 ⟗表示，当没有找到匹配的元组时，它将同时保留左边和右边关系中的所有元组，并根据需要利用 NULL 值填充它们。这 3 种外连接运算是 SQL2 标准的一部分（参见 7.1.6 节）。这些运算是以后提供的，作为关系代数的扩展，以响应业务应用穷尽显示多个表中的相关信息的典型需求。有时，我们需要从多个表中生成完整的数据报表，而不管是否有匹配值存在。

8.4.5 外并运算

外并(OUTER UNION)运算用于从两个具有一些公共属性的关系中获取元组的并集，但是这两个关系并不是并(类型)兼容的。这个运算将获取两个**部分兼容**(partially compatible)的关系 R(X, Y)和 S(X, Z)中的元组的并集，这意味着只有其中一些属性（例如说 X）是并兼容的。那些并兼容的属性在结果中将只表示一次，而任何一个关系中那些不是并兼容的属性也将保留在结果关系 T(X, Y, Z)中。因此，该运算等同于公共属性上的全外连接。

对于 R 中的元组 t_1 和 S 中的元组 t_2，如果有 $t_1[X] = t_2[X]$，则称这两个元组是**匹配**(match)的，并将把它们组合（合并）成 t 中的单个元组。如果任何一个关系中的元组在另一个关系中没有匹配的元组，则将利用 NULL 值填充它们。例如，可以将外并运算应用于两个关系，它们的模式分别是 STUDENT(Name, Ssn, Department, Advisor)和 INSTRUCTOR(Name, Ssn, Department, Rank)。这两个关系共享属性 Name、Ssn 和 Department，基于这些属性的相同的值组合对两个关系中的元组进行匹配。结果关系 STUDENT_OR_INSTRUCTOR 将具有以下属性：

STUDENT_OR_INSTRUCTOR(Name, Ssn, Department, Advisor, Rank)

两个关系中的所有元组都将包括在结果中，但是具有相同的(Name, Ssn, Department)组合的元组将在结果中只出现一次。对于只出现在 STUDENT 中的元组，将利用 NULL 值填充 Rank 属性；而对于只出现在 INSTRUCTOR 中的元组，则将利用 NULL 值填充 Advisor 属性。对于两个关系中都存在的元组（代表既是学生也是老师），它的所有属性都将具有一个值[1]。

注意：同一个人在结果中仍有可能出现两次。例如，数学系的一名研究生同时还是计算机科学系的老师。尽管 STUDENT 和 INSTRUCTOR 中表示这个人的两个元组具有相同的(Name, Ssn)值，但其 Department 值却不相同，因此两者将不匹配。这是由于 Department 在 STUDENT 和 INSTRUCTOR 中具有不同的含义，在 STUDENT 中 Department 指一个人就读的系，而在 INSTRUCTOR 中则表示老师所任职的系。如果只想基于相同的(Name, Ssn)组合来应用外并运算，就应该重命名每个表中的 Department 属性，以反映它们具有不同的含义，并将其指定为不是并兼容属性的一部分。例如，可以在 STUDENT 中将 Department 属性重命名为 MajorDept，而在 INSTRUCTOR 中则将其重命名为 WorkDept。

8.5　关系代数中的查询示例

下面给出了另外几个示例，用以说明关系代数运算的用法。所有的示例都参考图 5.6 中所示的数据库。一般来讲，可以使用多种不同的运算以多种方式指定相同的查询。我们将用一种方式指定每个查询，它们的等价表述留给读者来完成。

查询 1：检索在 Research 部门工作的所有雇员的名字和住址。

RESEARCH_DEPT $\leftarrow \sigma_{\text{Dname='Research'}}$ (DEPARTMENT)

RESEARCH_EMPS $\leftarrow$ (RESEARCH_DEPT $\bowtie_{\text{Dnumber=Dno}}$ EMPLOYEE)

RESULT $\leftarrow \pi_{\text{Fname, Lname, Address}}$(RESEARCH_EMPS)

采用单个内联表达式，可将这个查询编写为：

$\pi_{\text{Fname, Lname, Address}}$ ($\sigma_{\text{Dname='Research'}}$ (DEPARTMENT $\bowtie_{\text{Dnumber=Dno}}$(EMPLOYEE))

也可以用其他方式指定这个查询；例如，可以颠倒连接和选择运算的顺序，或者可以对连接属性之一进行重命名以匹配另一个连接属性名，然后用自然连接替换连接运算。

查询 2：对于位于 Stafford 的每个项目，列出项目编号、控制部门编号，以及部门经理的姓氏、住址和出生日期。

STAFFORD_PROJS $\leftarrow \sigma_{\text{Plocation='Stafford'}}$(PROJECT)

CONTR_DEPTS $\leftarrow$ (STAFFORD_PROJS $\bowtie_{\text{Dnum=Dnumber}}$ DEPARTMENT)

PROJ_DEPT_MGRS $\leftarrow$ (CONTR_DEPTS $\bowtie_{\text{Mgr\_ssn=Ssn}}$ EMPLOYEE)

RESULT $\leftarrow \pi_{\text{Pnumber, Dnum, Lname, Address, Bdate}}$(PROJ_DEPT_MGRS)

在这个示例中，首先选择位于 Stafford 的项目，然后把它们与其控制部门进行连接，再将结果与部门经理进行连接。最后，对想要的属性应用投影运算。

1　注意：如果连接属性是两个关系的所有公共属性，那么外并运算就等价于全外连接运算。

查询 3：查找在由编号为 5 的部门控制的所有项目中工作的雇员的名字。

DEPT5_PROJS ← $\rho_{(Pno)}(\pi_{Pnumber}(\sigma_{Dnum=5}(PROJECT)))$

EMP_PROJ ← $\rho_{(Ssn, Pno)}(\pi_{Essn, Pno}(WORKS\_ON))$

RESULT_EMP_SSNS ← EMP_PROJ ÷ DEPT5_PROJS

RESULT ← $\pi_{Lname, Fname}$(RESULT_EMP_SSNS * EMPLOYEE)

在这个查询中，首先创建表 DEPT5_PROJS，它包含由部门 5 控制的所有项目的项目编号。然后创建表 EMP_PROJ，它保存(Ssn, Pno)元组，并对其进行除运算。注意：我们对属性进行了重命名，以便在除运算中正确地使用它们。最后，将除运算的结果（它只保存 Ssn 值）与 EMPLOYEE 表进行连接运算，以从 EMPLOYEE 表中检索 Fname 和 Lname 属性。

查询 4：为其姓氏为 Smith 的雇员参与的项目创建一份项目编号列表，这个雇员可以是工人，或者是控制项目的部门经理。

SMITHS(Essn) ← π_{Ssn} ($\sigma_{Lname='Smith'}$ (EMPLOYEE))

SMITH_WORKER_PROJS ← π_{Pno}(WORKS_ON * SMITHS)

MGRS ← $\pi_{Lname, Dnumber}$(EMPLOYEE $\bowtie_{Ssn=Mgr_ssn}$DEPARTMENT)

SMITH_MANAGED_DEPTS(Dnum) ← $\pi_{Dnumber}$ ($\sigma_{Lname='Smith'}$ (MGRS))

SMITH_MGR_PROJS(Pno) ← $\pi_{Pnumber}$(SMITH_MANAGED_DEPTS * PROJECT)

RESULT ← (SMITH_WORKER_PROJS ∪ SMITH_MGR_PROJS)

在这个查询中，检索姓氏为 Smith 的雇员作为工人参与的项目的编号，得到 SMITH_WORKER_PROJS。然后，检索姓氏为 Smith 的雇员作为控制项目的部门经理参与的项目的编号，得到 SMITH_MGR_PROJS。最后，对 SMITH_WORKER_PROJS 和 SMITH_MGR_PROJS 应用并运算。采用单个内联表达式，可将这个查询编写为：

π_{Pno} (WORKS_ON $\bowtie_{Essn=Ssn}$ (π_{Ssn} ($\sigma_{Lname='Smith'}$ (EMPLOYEE))) ∪ π_{Pno}
(($\pi_{Dnumber}$ ($\sigma_{Lname='Smith'}$($\pi_{Lname, Dnumber}$(EMPLOYEE))) $\bowtie$
$_{Ssn=Mgr_ssn}$DEPARTMENT)) $\bowtie_{Dnum\text{-}ber=Dnum}$PROJECT)

查询 5：列出具有两位以上受赡养人的所有雇员的名字。

严格来讲，这个查询不能用基本（原始）关系代数来完成。我们将不得不结合使用聚合函数运算与 COUNT 聚合函数。假定同一位雇员的受赡养人具有不同的 Dependent_name 值。

T_1(Ssn, No_of_dependents)← $_{Essn}\ \Im_{\ COUNT\ Dependent\_name}$(DEPENDENT)

$T_2 \leftarrow \sigma_{No\_of\_dependents>2}(T_1)$

RESULT ← $\pi_{Lname, Fname}$(T_2 * EMPLOYEE)

查询 6：检索没有受赡养人的雇员的名字。

这是一个使用差（集合差）运算的查询类型的示例。

ALL_EMPS ← π_{Ssn}(EMPLOYEE)

EMPS_WITH_DEPS(Ssn) ← π_{Essn}(DEPENDENT)

EMPS_WITHOUT_DEPS ← (ALL_EMPS − EMPS_WITH_DEPS)

RESULT ← $\pi_{Lname, Fname}$(EMPS_WITHOUT_DEPS * EMPLOYEE)

首先检索具有所有雇员 Ssn 的关系，得到 ALL_EMPS。然后创建表 EMPS_WITH_DEPS，其中保存了至少有一位受赡养人的雇员的 Ssn。再应用集合差运算，检索没有受赡养人的雇员的 Ssn，得到 EMPS_WITHOUT_DEPS 表。最后，将 EMPS_WITHOUT_DEPS 与 EMPLOYEE 进行连接，检索想要的属性。采用单个内联表达式，可将这个查询编写为：

$\pi_{\text{Lname, Fname}}((\pi_{\text{Ssn}}(\text{EMPLOYEE}) - \rho_{\text{Ssn}}(\pi_{\text{Essn}}(\text{DEPENDENT}))) * \text{EMPLOYEE})$

查询 7：列出至少有一位受赡养人的经理的名字。

$\text{MGRS(Ssn)} \leftarrow \pi_{\text{Mgr\_ssn}}(\text{DEPARTMENT})$

$\text{EMPS\_WITH\_DEPS(Ssn)} \leftarrow \pi_{\text{Essn}}(\text{DEPENDENT})$

$\text{MGRS\_WITH\_DEPS} \leftarrow (\text{MGRS} \cap \text{EMPS\_WITH\_DEPS})$

$\text{RESULT} \leftarrow \pi_{\text{Lname, Fname}}(\text{MGRS\_WITH\_DEPS} * \text{EMPLOYEE})$

在这个查询中，检索经理的 Ssn，并存放在表 MGRS 中；然后检索至少有一位受赡养人的雇员的 Ssn，并存放在表 EMPS_WITH_DEPS 中。再应用集合交运算，获得至少有一位受赡养人的经理的 Ssn。

如前所述，在关系代数中，可以用许多不同的方式指定相同的查询。确切地讲，通常可以按多种不同的顺序应用运算。此外，还可以用一些运算替换另外一些运算；例如，Q7 中的交运算就可以用自然连接来替换。作为一个练习，读者可以尝试使用不同的运算来执行上述的每个示例查询[1]。在查询 Q1、Q4 和 Q6 中，说明了如何用单个关系代数表达式来编写查询。尝试利用单个表达式编写余下的查询。在第 6 章和第 7 章以及 8.6 节和 8.7 节中，说明了如何利用其他的关系语言来编写查询。

8.6　元组关系演算

在本节和 8.7 节中，将介绍用于关系模型的另一种形式化查询语言，称为**关系演算**（relational calculus）。本节将介绍称为**元组关系演算**（tuple relational calculus）的语言，8.7 节将介绍一个称为**域关系演算**（domain relational calculus）的变体。在关系演算的两个变体中，都将编写一个**声明性**（declarative）表达式来指定检索请求；因此，无须描述如何或者以什么顺序对查询求值。演算表达式指定的是要检索什么，而不是如何检索它。因此，关系演算被视作是一种**非过程式**（nonprocedural）语言。这不同于关系代数，在关系代数中，必须编写一个运算序列，以特定的顺序应用这些运算来指定检索请求；因此，可将其视作一种指定查询的**过程式**（procedural）方式。可以嵌套代数运算来构成单个表达式；不过，运算当中的某种顺序总是在关系代数表达式中显式指定的。这个顺序还会影响评估查询的策略。可能用不同的方式编写演算表达式，但是编写它的方式不会影响应该如何评估查询。

如前所述，可以利用基本关系代数指定的任何检索也可以利用关系演算来指定，反之亦然；换句话说，这两种语言的**表达能力**（expressive power）是一样的。这导致定义了关系完备语言的概念。对于一种关系查询语言 L，如果可以利用关系演算表达的任何查询也可以利用 L 表达，就认为 L 是**关系完备**（relationally complete）的。关系完备性成为比较

1　在进行查询优化时（参见第 18 章和第 19 章），系统将选择一个特定的运算序列，它与一个可以高效执行的执行策略相对应。

高级查询语言的表达能力的一个重要基础。不过，如 8.4 节中所示，数据库应用中某些频繁需要的查询并不能利用基本代数或演算来表达。大多数关系查询语言都是关系完备的，但是具有比关系代数或关系演算更强的表达能力，因为其中包括有一些额外的运算，例如聚合函数、分组和排序。如本章简介中所提到的，关系演算之所以很重要，这是由于两个原因：第一，它具有坚实的数理逻辑基础；第二，RDBMS 的标准查询语言（SQL）将元组关系演算作为它的部分基础。

我们的示例参考的是图 5.6 和图 5.7 中所示的数据库。我们将使用与 8.5 节中相同的查询。8.6.6 节、8.6.7 节和 8.6.8 节将讨论如何处理全称量词和表达式安全问题。如果学生只对元组关系演算的基本介绍感兴趣，则可以跳过这几节内容。

8.6.1 元组变量和值域关系

元组关系演算基于指定若干个**元组变量**（tuple variable）。每个元组变量的值域通常会覆盖一个特定的数据库关系，这意味着变量可能获取该关系中的任何一个元组作为它的值。一个简单的元组关系演算查询的形式如下：

{t | COND(t)}

其中 t 是一个元组变量，COND(t)是一个涉及 t 的条件（布尔）表达式，对于变量 t 的不同元组赋值，COND(t)可能求值为 TRUE 或 FALSE。这样一个查询的结果是使 COND(t)求值为 TRUE 的所有元组 t 的集合。这些元组被称为**满足**（satisfy）COND(t)。例如，要查找其薪水超过 50 000 美元的所有雇员，可以编写如下所示的元组演算表达式：

{t | EMPLOYEE(t) AND t.Salary>50000}

条件 EMPLOYEE(t)指定元组变量 t 的**值域关系**（range relation）是 EMPLOYEE。满足条件 t.Salary>50000 的每个 EMPLOYEE 元组 t 都会被检索。注意：t.Salary 参照元组变量 t 的属性 Salary；这种表示法类似于在 SQL 中如何利用关系名或别名来限定属性名，如第 6 章中所述。在第 5 章介绍的表示法中，t.Salary 等同于编写 t[Salary]。

上面的查询将检索所选的每个 EMPLOYEE 元组 t 的所有属性值。如果只想检索其中一些属性，例如名字和姓氏，则可编写：

{t.Fname, t.Lname | EMPLOYEE(t) AND t.Salary>50000}

非正式地讲，在元组关系演算表达式是需要指定以下信息：

- 对于每个元组变量 t，都需要指定 t 的**值域关系** R。这个值是通过形如 R(t)的条件指定的。如果没有指定值域关系，那么变量 t 的值域将是“全域”中所有可能的元组，因为它不受限于任何一个关系。
- 选择特定元组组合的条件。由于元组变量的值域覆盖它们各自的值域关系，要对每个可能的元组组合评估条件，以确定条件求值为 TRUE 的**选定组合**（selected combination）。
- 要检索的一组属性，即**请求的属性**（requested attribute）。对于每个选定的元组组合，检索这些属性的值。

在讨论元组关系演算的形式化语法之前，考虑另一个查询。

查询 0：检索名字为 John B. Smith 的雇员的出生日期和住址。

```
Q0: {t.Bdate, t.Address | EMPLOYEE(t) AND t.Fname='John' AND t.Minit='B'
    AND t.Lname='Smith'}
```

在元组关系演算中，首先对每个选定的元组 t 指定其请求的属性 t.Bdate 和 t.Address。然后，在竖线（|）后面指定用于选择元组的条件，也就是说，t 是 EMPLOYEE 关系的一个元组，其 Fname、Minit 和 Lname 属性值分别是 John、B 和 Smith。

8.6.2　元组关系演算中的表达式和公式

元组关系演算的常规**表达式**（expression）的形式如下：

$\{t_1.A_j, t_2.A_k,\cdots, t_n.A_m \mid COND(t_1, t_2,\cdots, t_n, t_{n+1}, t_{n+2},\cdots, t_{n+m})\}$

其中，$t_1, t_2,\cdots, t_n, t_{n+1}, t_{n+2},\cdots, t_{n+m}$是元组变量，每个 A_i 是 t_i 所覆盖关系的一个属性，COND 是元组关系演算的一个**条件**（condition）或**公式**（formula）[1]。公式由谓词演算**原子**（atom）组成，原子可以是以下形式之一：

（1）形如 $R(t_i)$的原子，其中 R 是关系名，t_i 是元组变量。此原子将元组变量 t_i 的值域标识为名为 R 的关系。如果 t_i 是关系 R 的元组，则它求值为 TRUE；否则，就求值为 FALSE。

（2）形如 $t_i.A$ op $t_j.B$ 的原子，其中 op 是集合$\{=, <, <=, >, >=, \neq\}$中的比较运算符之一，$t_i$ 和 t_j 是元组变量，A 是 t_i 值域所覆盖关系的一个属性，B 是 t_j 值域所覆盖关系的一个属性。

（3）形如 $t_i.A$ op c 或 c op $t_j.B$ 的原子，其中 op 是集合$\{=, <, <=, >, >=, \neq\}$中的比较运算符之一，$t_i$ 和 t_j 是元组变量，A 是 t_i 值域所覆盖关系的一个属性，B 是 t_j 值域所覆盖关系的一个属性，c 是一个常量值。

对于特定的元组组合，上述的每种原子都将求值为 TRUE 或 FALSE；这称为原子的**真值**（truth value）。一般来讲，元组变量 t 的值域将覆盖全域内所有可能的元组。对于形如 R(t)的原子，如果将 t 分配给某个元组，而该元组是指定关系 R 中的一个成员，那么原子就为 TRUE；否则，它就为 FALSE。在第 2 类和第 3 类原子中，如果将元组变量分配给某些原子，并且这些元组的指定属性的值满足条件，那么原子就为 TRUE。

公式（布尔条件）由一个或多个通过逻辑运算符 AND、OR 和 NOT 连接的原子构成，并且通过规则 1 和规则 2 递归地定义它，如下：

- 规则 1：每个原子都是一个公式。
- 规则 2：如果 F_1 和 F_2 都是公式，那么(F_1 AND F_2)、(F_1 OR F_2)、NOT (F_1)和 NOT (F_2)也都是公式。这些公式的真值可通过其成员公式 F_1 和 F_2 推导得出，如下：

a. 如果 F_1 和 F_2 都为 TRUE，那么(F_1 AND F_2)也为 TRUE；否则，它就为 FALSE。

b. 如果 F_1 和 F_2 都为 FALSE，那么(F_1 OR F_2)也为 FALSE；否则，它就为 TRUE。

c. 如果 F_1 为 FALSE，那么 NOT (F_1)为 TRUE；如果 F_1 为 TRUE，那么 NOT (F_1)为 FALSE。

d. 如果 F_2 为 FALSE，那么 NOT (F_2)为 TRUE；如果 F_2 为 TRUE，那么 NOT (F_2)为 FALSE。

1　在数理逻辑中，也称为**合式公式**（well-formed formula）或 WFF。

8.6.3 存在量词和全称量词

此外，公式中还可以出现两个称为**量词**（quantifier）的特殊符号；它们是**全称量词**（universal quantifier，用∀表示）和**存在量词**（existential quantifier，用∃表示）。带量词的公式的真值将在下面的规则 3 和规则 4 中描述；不过，首先需要定义公式中的自由元组变量和约束元组变量的概念。非正式地讲，如果用量词限定了元组变量 t，就意味着它将出现在(∃t)或(∀t)子句中；否则，它就是自由的。正式地讲，可以依据以下规则将公式中的元组变量定义为**自由**（free）或**约束**（bound）的。

- 如果公式 F 是一个原子，那么出现在 F 中的元组变量就是自由的。
- 对于以下由逻辑连接符组成的公式：(F_1 AND F_2)、(F_1 OR F_2)、NOT (F_1)和 NOT (F_2)，其中出现的元组变量 t 是自由的还是约束的，取决于它在 F_1 或 F_2 中是自由的还是约束的（如果它在 F_1 或 F_2 中出现）。注意：在形如 F = (F_1 AND F_2)或 F = (F_1 OR F_2)的公式中，一个元组变量可能在 F_1 中是自由的，但在 F_2 中却是约束的，反之亦然。在这种情况下，在 F 中一次出现的元组变量将是约束的，另一次出现的元组变量将是自由的。
- 对于形如 F′ = (∃t)(F)或 F′ = (∀t)(F)的公式 F′，F 中所有自由出现的元组变量 t 在 F′ 中都将是**约束**的。此元组变量受 F′ 中指定量词的约束。例如，考虑以下公式：

  F_1: d.Dname = 'Research'

  F_2: (∃t)(d.Dnumber = t.Dno)

  F_3: (∀d)(d.Mgr_ssn = '333445555')

元组变量 d 在 F_1 和 F_2 中都是自由的，但是在 F_3 中要受(∀)量词约束。变量 t 在 F_2 中要受(∃)量词约束。

现在可以为前面所述的公式定义给出规则 3 和规则 4：

- 规则 3：如果 F 是一个公式，那么(∃t)(F)也是一个公式，其中 t 是一个元组变量。对于分配给公式 F 中自由出现的 t 的某些（至少一个）元组，如果 F 求值为 TRUE，那么公式(∃t)(F)也为 TRUE；否则，(∃t)(F)将为 FALSE。
- 规则 4：如果 F 是一个公式，那么(∀t)(F)也是一个公式，其中 t 是一个元组变量。对于分配给公式 F 中自由出现的 t 的每个元组（在全域中），如果 F 求值为 TRUE，那么公式(∀t)(F)也为 TRUE；否则，(∀t)(F)将为 FALSE。

(∃)量词被称为存在量词，这是因为如果存在（exist）某个元组使得 F 为 TRUE，那么公式(∃t)(F)也为 TRUE。对于全称量词，如果分配给 F 中自由出现的 t 的所有可能元组都能够替换 t，并且对于每个这样的替换 F 都为 TRUE，那么(∀t)(F)就为 TRUE。它称为全称量词或所有量词，这是因为元组全域中的每个元组都必须使 F 为 TRUE，才能使此量词限定的公式为 TRUE。

8.6.4 元组关系演算中的示例查询

这里将使用 8.5 节中的一些示例查询，说明如何利用关系代数和关系演算指定相同的查询。注意：一些查询用关系代数比用关系演算更容易指定，反之亦然。

查询 1： 列出在 Research 部门工作的所有雇员的名字和住址。

```
Q1: {t.Fname, t.Lname, t.Address | EMPLOYEE(t) AND (∃ d)(DEPARTMENT(d)
    AND d.Dname='Research' AND d.Dnumber=t.Dno)}
```

元组关系演算表达式中只有自由的元组变量才应该出现在竖线（|）左边。在 Q1 中，t 是唯一的自由变量；它随后连续地约束每个元组。如果一个元组满足 Q1 中在竖线后指定的条件，将为每个这样的元组检索属性 Fname、Lname 和 Address。条件 EMPLOYEE(t)和 DEPARTMENT(d)指定 t 和 d 的值域关系。条件 d.Dname = 'Research'是一个**选择条件**（selection condition），它对应于关系代数中的选择运算；而条件 d.Dnumber = t.Dno 是一个**连接条件**（join condition），它与（内）连接运算（参见 8.3 节）的作用类似。

查询 2： 对于位于 Stafford 的每个项目，列出项目编号、控制部门编号，以及部门经理的姓氏、出生日期和住址。

```
Q2: {p.Pnumber, p.Dnum, m.Lname, m.Bdate, m.Address | PROJECT(p) AND
    EMPLOYEE(m) AND p.Plocation='Stafford' AND ((∃ d)(DEPARTMENT(d)
    AND p.Dnum=d.Dnumber AND d.Mgr_ssn=m.Ssn))}
```

在 Q2 中，有两个自由元组变量 p 和 m。元组变量 d 受存在量词约束。对于分配给 p 和 m 的每个元组组合都要评估查询条件，而在 p 和 m 受约束的所有可能的元组组合中，只会选择那些满足条件的组合。

查询中的多个元组变量的值域可能是相同的关系。例如，要指定 Q8（对于每位雇员，检索雇员的名字和姓氏及其直接主管的名字和姓氏），为此可以指定两个元组变量 e 和 s，它们的值域都是 EMPLOYEE 关系：

```
Q8: {e.Fname, e.Lname, s.Fname, s.Lname | EMPLOYEE(e) AND EMPLOYEE(s)
    AND e.Super_ssn=s.Ssn}
```

查询 3′： 列出为由编号为 5 的部门控制的某个项目工作的每位雇员的名字。这是 Q3 的一个变体，在这里将“所有”改为“某个”。在这种情况下，需要两个连接条件和两个存在量词。

```
Q0′: {e.Lname, e.Fname | EMPLOYEE(e) AND ((∃ x)( ∃ w)(PROJECT(x) AND
        WORKS_ON(w) AND x.Dnum=5 AND w.Essn=e.Ssn AND
        x.Pnumber=w.Pno))}
```

查询 4： 创建一个项目编号的列表，这些项目涉及一位姓氏为 Smith 的雇员，他既可以是工人，也可以是项目的控制部门的经理。

```
Q4: { p.Pnumber | PROJECT(p) AND (((∃ e)( ∃ w)(EMPLOYEE(e)
    AND WORKS_ON(w) AND w.Pno=p.Pnumber
    AND e.Lname='Smith' AND e.Ssn=w.Essn) )
    OR
    ((∃ m)( ∃ d)(EMPLOYEE(m) AND DEPARTMENT(d)
    AND p.Dnum=d.Dnumber AND d.Mgr_ssn=m.Ssn
```

```
AND m.Lname='Smith')))}
```

把这个查询与 8.5 节中该查询的关系代数版本做比较。通常可以利用关系演算中的 OR 连接符代替关系代数中的并运算。

8.6.5 查询图的表示法

在本节中，对于不涉及复杂量化的关系演算查询，将描述一种提议用于以图形形式表示这类查询的表示法。这些查询类型称为**选择-投影-连接查询**（select-project-join query），因为它们只涉及这 3 种关系代数运算。可以扩展这种表示法以用于更一般的查询，但是这里将不会讨论这些扩展。查询的这种图形表示法称为**查询图**（query graph）。图 8.13 显示了 Q2 的查询图。查询中的关系通过**关系节点**（relation node）表示，它们显示为单圆圈。通常来自查询选择条件的常量值通过**常量节点**（constant node）表示，它们显示双圆圈或椭圆。选择和连接条件通过图的**边**（edge，连接节点的线）表示，如图 8.13 所示。最后，要从每个关系中检索的属性显示在每个关系上方的方括号中。

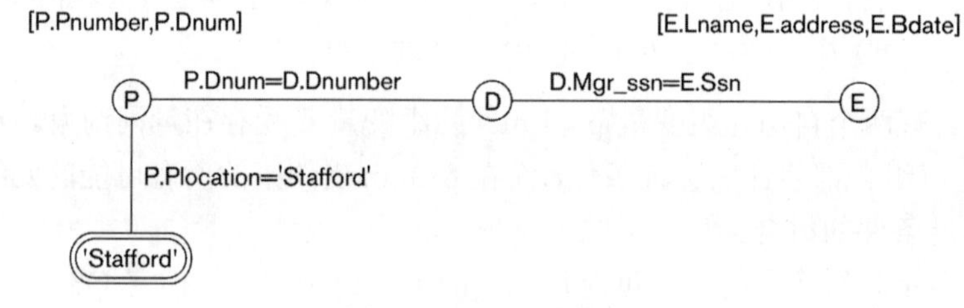

图 8.13 Q2 的查询图

查询图表示法没有指示应该优先执行哪些运算的特定顺序，因此与查询树表示法（参见 8.3.5 节）相比，查询图是选择-投影-连接查询的一种更中性的表示法，而在查询树中，隐含中指定了执行的顺序。每个查询只对应单个查询图。尽管一些查询优化技术基于查询图，但是现在一般更倾向于使用查询树，因为在实际中，查询优化器需要显示查询执行的运算顺序，而这在查询图中是不可能实现的。

在 8.6.6 节中，将讨论全称量词与存在量词之间的关系，并且说明如何在它们之间进行转换。

8.6.6 在全称量词与存在量词之间转换

现在将介绍数理逻辑中与全称量词和存在量词相关的一些众所周知的转换。可以将全称量词转换成存在量词，反之亦然，以获得一个等价的表达式。可以将一种一般的转换非正式地描述如下：以求反方式（前置 NOT）将一种量词转换成另一种量词；AND 和 OR 互换；将求反公式变成非求反公式；将非求反公式变成求反公式。这种转换的一些特殊情况可以陈述如下，其中≡符号代表**等价于**（equivalent to）：

$(\forall x)\ (P(x)) \equiv \textbf{NOT}\ (\exists x)\ (\textbf{NOT}\ (P(x)))$

$(\exists x)\ (P(x)) \equiv \textbf{NOT}\ (\forall x)\ (\textbf{NOT}\ (P(x)))$

$(\forall x)\ (P(x)\ \textbf{AND}\ Q(x)) \equiv \textbf{NOT}\ (\exists x)\ (\textbf{NOT}\ (P(x))\ \textbf{OR}\ \textbf{NOT}\ (Q(x)))$

$(\forall x)$ (P(x) **OR** Q(x)) ≡ **NOT** $(\exists x)$ (**NOT** (P(x)) **AND NOT** (Q(x)))

$(\exists x)$ (P(x)) **OR** Q(x)) ≡ **NOT** $(\forall x)$ (**NOT** (P(x)) **AND NOT** (Q(x)))

$(\exists x)$ (P(x) **AND** Q(x)) ≡ **NOT** $(\forall x)$ (**NOT** (P(x)) **OR NOT** (Q(x)))

另请注意：下面的表达式也为 TRUE，其中⇒符号代表**隐含**（imply）：

$(\forall x)(P(x)) \Rightarrow (\exists x)(P(x))$

NOT $(\exists x)(P(x)) \Rightarrow$ **NOT** $(\forall x)(P(x))$

8.6.7　在查询中使用全称量词

无论何时使用全称量词，都要相当审慎地遵守几个规则，以确保表达式是有意义的。下面将以查询 Q3 为例讨论这些规则。

查询 3：列出参与由编号为 5 的部门控制的所有项目的雇员名字。指定这个查询的一种方式是使用全称量词，如下所示：

```
Q3: {e.Lname, e.Fname | EMPLOYEE(e) AND ((∀ x)(NOT(PROJECT(x)) OR NOT
    (x.Dnum=5) OR ((∃ w)(WORKS_ON(w) AND w.Essn=e.Ssn AND
    x.Pnumber=w.Pno))))}
```

可以把 Q3 分解成如下所示的基本成分：

```
Q3: {e.Lname, e.Fname | EMPLOYEE(e) AND F'}
    F' = ((∀ x)(NOT(PROJECT(x)) OR F1))
    F1 = NOT(x.Dnum=5) OR F2
    F2 = ((∃ w)(WORKS_ON(w) AND w.Essn=e.Ssn
    AND x.Pnumber=w.Pno))
```

我们想要确保所选的雇员 e 参与由部门 5 控制的所有项目，但是全称量词的定义指示：要使量化公式为 TRUE，内部公式对于全域中的所有元组都必须为 TRUE。技巧是：对于全称量化中不感兴趣的所有元组，可以通过使所有此类元组的条件为 TRUE，从全称量化中排除掉它们。这是必要的，因为一个全称量词限定的元组变量 （例如 Q3 中的 x）对于分配给它的每个可能的元组都必须求值为 TRUE，以使得量化公式为 TRUE。

要排除的第一批元组（通过使它们自动求值为 TRUE）是那些不在我们感兴趣的关系 R 中的元组。在 Q3 中，通过在全称量化公式内使用表达式 NOT(PROJECT(x))，使得不在 PROJECT 关系中的所有元组 x 都将使该表达式求值为 TRUE。然后，从 R 自身中排除掉我们不感兴趣的元组。在 Q3 中，使用表达式 NOT(x.Dnum=5)，那些在 PROJECT 中但是不受部门 5 控制的所有元组 x 都会使该表达式为 TRUE。最后，指定条件 F_2，R 中所有余下的元组都必须保证此条件成立。因此，可以解释 Q3 如下：

（1）为了使公式 $F' = (\forall x)(F)$为 TRUE，必须使公式 F 对于全域中所有可以分配给 x 的元组都为 TRUE。不过，在 Q3 中，我们感兴趣的只是 F 对于由部门 5 控制的 PROJECT 关系中的所有元组都为 TRUE。因此，公式 F 的形式是(NOT(PROJECT(x)) OR F_1)。“NOT (PROJECT(x)) OR …”条件对于不在 PROJECT 关系中的所有元组都为 TRUE，其作用是在考虑 F_1 的真值时消除这些元组。对于 PROJECT 关系中的每个元组，如果 F'为 TRUE，那

么 F_1 也必定为 TRUE。

（2）同样推理可得，我们不想考虑 PROJECT 关系中不受编号为 5 的部门控制的元组，因为我们只对其 Dnum=5 的 PROJECT 元组感兴趣。因此，可以编写：

IF (x.Dnum=5) **THEN** F_2

等价于：

(**NOT** (x.Dnum=5) **OR** F_2)

（3）因此，公式 F_1 的形式是 NOT(x.Dnum=5) OR F_2。在 Q3 的环境中，这意味着对于 PROJECT 关系中的元组 x，要么它的 Dnum≠5，要么它必须满足 F_2。

（4）最后，F_2 给出了我们希望对所选的 EMPLOYEE 元组保持成立的条件：雇员参与每个尚未排除的 PROJECT 元组。查询将选择这样的雇员元组。

使用自然语言表达，Q3 给出了以下条件，用于选择一个 EMPLOYEE 元组 e：对于 PROJECT 关系中 x.Dnum=5 的每个元组 x，在 WORKS_ON 中必须存在一个元组 w，使得 w.Essn=e.Ssn 且 w.Pno=x.Pnumber。这等价于说：EMPLOYEE 元组 e 参与编号为 5 的 DEPARTMENT 中的每个 PROJECT。

使用 8.6.6 节中给出的从全称量词到存在量词的一般转换方法，可以改写 Q3 中的查询，如 Q3A 中所示，它使用求反的存在量词来代替全称量词：

```
Q3A: {e.Lname, e.Fname | EMPLOYEE(e) AND (NOT (∃ x) (PROJECT(x) AND
     (x.Dnum=5) and (NOT (∃ w)(WORKS_ON(w) AND w.Essn=e.Ssn
      AND x.Pnumber=w.Pno))))}
```

下面给出另外一些使用量词的查询示例。

查询 6：列出没有受赡养人的雇员的名字。

```
Q6: {e.Fname, e.Lname | EMPLOYEE(e) AND (NOT (∃ d)(DEPENDENT(d)
    AND e.Ssn=d.Essn))}
```

使用一般的转换规则，可以把 Q6 改写成如下所示：

```
Q6A: {e.Fname, e.Lname | EMPLOYEE(e) AND ((∀ d)(NOT(DEPENDENT(d))
     OR NOT(e.Ssn=d.Essn)))}
```

查询 7：列出至少有一位受赡养人的经理的名字。

```
Q7: {e.Fname, e.Lname | EMPLOYEE(e) AND ((∃ d)( ∃ ρ)(DEPARTMENT(d)
    AND DEPENDENT(ρ) AND e.Ssn=d.Mgr_ssn AND ρ.Essn=e.Ssn))}
```

在处理这个查询时，将把“具有至少一位受赡养人的经理”解释为“存在某个受赡养人的经理”。

8.6.8 安全表达式

无论何时在演算表达式中使用全称量词、存在量词或者谓词的否定形式时，都必须确保结果表达式是有意义的。关系演算中的**安全表达式**（safe expression）被保证将生成有限数量的元组作为其结果；否则，就称表达式是**不安全**（unsafe）的。例如，下面的表达式：

{t | **NOT** (EMPLOYEE(t))}

就是不安全的，因为它将生成全域中除 EMPLOYEE 元组之外的其他所有元组，这些元组的数量是无限的。如果遵循前面讨论过的用于 Q3 的规则，在使用全称量词时将会获得一个安全表达式。可以通过引入*元组关系演算表达式的域*的概念，更准确地定义安全表达式：元组关系演算表达式的域是所有值的集合，这些值要么作为常量值出现在表达式中，要么存在于表达式中引用的关系的任何元组中。例如，{t | NOT(EMPLOYEE(t))}的域是出现在 EMPLOYEE 关系的某些元组中的所有属性值的集合（对于任何属性）。表达式 Q3A 的域将包括出现在 EMPLOYEE、PROJECT 和 WORKS_ON 中的所有值（与出现在查询自身中的值 5 进行并运算）。

如果表达式结果中的所有值都来自该表达式的域，就称表达式是**安全**的。注意：{t | NOT(EMPLOYEE(t))}的结果是不安全的，因为一般来讲它将包括 EMPLOYEE 关系外部的元组（甚至是值）；这样的值不在表达式的域内。我们给出的所有其他的示例都是安全表达式。

8.7　域关系演算

还有另一种类型的关系演算，称为域关系演算，或者简称为**域演算**（domain calculus）。历史上，位于美国加利福尼亚州圣何塞市的 IBM 研究院开发了 SQL（参见第 6 章和第 7 章），它是一种基于元组关系演算的语言；而位于美国纽约市约克镇的 IBM 沃森研究中心几乎同时开发了另一种与域演算相关的语言，称为 QBE（Query-By-Example）。在 QBE 语言和系统开发完成之后，人们提议了域演算的形式化规范。

域演算与元组演算之间的区别在于公式中所用变量的类型不同。在域演算中，变量的值域并不覆盖元组，而是覆盖属性域中的单个值。要为查询结果建立一个度为 n 的关系，必须具有 n 个这样的**域变量**（domain variable），其中每个变量用于一个属性。域演算表达式的形式如下：

$$\{x_1, x_2,\cdots, x_n \mid \mathrm{COND}(x_1, x_2,\cdots, x_n, x_{n+1}, x_{n+2},\cdots, x_{n+m})\}$$

其中 $x_1, x_2,\cdots, x_n, x_{n+1}, x_{n+2},\cdots, x_{n+m}$ 是覆盖（属性的）域的域变量，COND 是域关系演算的**条件**或**公式**。

公式由**原子**构成。公式的原子稍微不同于元组演算中的原子，它们可以是以下形式之一：

（1）形如 $R(x_1, x_2,\cdots, x_j)$的原子，其中 R 是度为 j 的关系名，并且每个 x_i（$1 \leqslant i \leqslant j$）都是一个域变量。这种原子指出：值列表$<x_1, x_2,\cdots, x_j>$必须是名为 R 的关系中的元组，其中 x_i 是元组的第 i 个属性的值。为了使域演算表达式更简洁，可以省略变量列表中的逗号；因此，可以编写：

$\{x_1, x_2,\cdots, x_n \mid R(x_1\ x_2\ x_3)\ \mathrm{AND}\ \cdots\}$

代替：

$\{x_1, x_2,\cdots, x_n \mid R(x_1, x_2, x_3)\ \mathrm{AND}\ \cdots\}$

（2）形如 x_i op x_j 的原子，其中 op 是集合{=, <, <=, >, >=, ≠}中的比较运算符之一，x_i 和 x_j 是域变量。

（3）形如 x_i op c 或 c op x_j 的原子，其中 op 是集合{=, <, <=, >, >=, ≠}中的比较运算符之一，x_i 是域变量，c 是一个常量值。

与元组演算中一样，对于特定的值集合，原子将求值为 TRUE 或 FALSE，它们称为原子的**真值**（truth value）。在上述第（1）种情况下，如果给域变量分配的值对应于指定关系 R 中的一个元组，那么原子就为 TRUE。在第（2）种和第（3）种情况下，如果分配给域变量的值满足条件，那么原子就为 TRUE。

与元组关系演算类似，在域演算中，公式也是由原子、变量和量词构成，因此这里将不会重复给出公式的规范说明。下面给出了域演算中指定的查询的一些示例。我们将使用小写字母 l, m, n,⋯, x, y, z 表示域变量。

查询 0：列出其姓名为 John B. Smith 的雇员的出生日期和住址。

```
Q0: {u, v | (∃ q) (∃ r) (∃ s) (∃ t) (∃ w) (∃ x) (∃ y) (∃ z)
    (EMPLOYEE(qrstuvwxyz) AND q='John' AND r='B' AND s='Smith')}
```

EMPLOYEE 关系需要 10 个变量，其中每个变量依次覆盖 EMPLOYEE 的每个属性的域。在 10 个变量 q, r, s,⋯, z 中，只有 u 和 v 是自由变量，因为它们出现在竖线的左边，因此不应该受量词约束。首先通过自由域变量 u（用于 BDATE）和 v（用于 ADDRESS）指定请求的属性 Bdate 和 Address。然后在竖线（|）后面指定用于选择元组的条件，即赋予变量 qrstuvwxyz 的值序列是 EMPLOYEE 关系的一个元组，并且 q (Fname)、r (Minit)和 s(Lname)的值分别是 John、B 和 Smith。出于方便起见，在余下的示例中，将只对那些实际地出现在条件中的变量（在 Q0 中，这些变量将是 q、r 和 s）用量词加以限定[1]。

QBE 中用于编写这个查询而使用的一种替代的简写表示法是：直接赋予常量 John、B 和 Smith，如 Q0A 中所示。这里，未出现在竖线左边的所有变量都隐含地受存在量词约束[2]：

```
Q0A: {u, v | EMPLOYEE('John', 'B', 'Smith', t, u, v, w, x, y, z)}
```

查询 1：检索在 Research 部门工作的所有雇员的名字和住址。

```
Q1: {q, s, v | (∃ z) (∃ l) (∃ m) (EMPLOYEE(qrstuvwxyz) AND
    DEPARTMENT(lmno) AND l='Research' AND m=z)}
```

如果一个条件将两个域变量相关联，而这两个域变量的值域覆盖两个关系中的属性，例如 Q1 中的 m = z，那么这个条件就是一个**连接条件**（join condition）。如果一个条件将一个域变量与一个常量相关联，例如 l = 'Research'，那么这个条件就是一个**选择条件**（selection condition）。

查询 2：对于位于 Stafford 的每个项目，列出项目编号、控制部门编号，以及部门经理的姓氏、出生日期和住址。

---

1 只对条件中实际使用的域变量用量词加以限定，并且指定像 EMPLOYEE（qrstuvwxyz）这样的谓词，而不用逗号把域变量分隔开，这只是一种为了方便使用的简写表示法；它不是正确的正规表示法。

2 同样，这不是一种正确的正规表示法。

```
Q2: {i, k, s, u, v | (∃ j)(∃ m)(∃ n)(∃ t)(PROJECT(hijk) AND
    EMPLOYEE(qrstuvwxyz) AND DEPARTMENT(lmno) AND k=m AND
    n=t AND j='Stafford')}
```

查询 6：列出没有受赡养人的雇员的名字。

```
Q6: {q, s | (∃ t)(EMPLOYEE(qrstuvwxyz) AND
    (NOT(∃ l)(DEPENDENT(lmnop) AND t=l)))}
```

可以使用全称量词代替存在量词重新表述 Q6，如 Q6A 中所示：

```
Q6A: {q, s | (∃ t)(EMPLOYEE(qrstuvwxyz) AND
    ((∀ l)(NOT(DEPENDENT(lmnop)) OR NOT (t=l))))}
```

查询 7：列出至少有一位受赡养人的经理的名字。

```
Q7: {s, q | (∃ t)(∃ j)(∃ l)(EMPLOYEE(qrstuvwxyz) AND DEPARTMENT(hijk)
    AND DEPENDENT(lmnop) AND t=j AND l=t)}
```

如前所述，用基本关系代数可以表达的任何查询也可以用域关系演算或元组关系演算来表达。此外，域关系演算或元组关系演算中的任何*安全表达式*也可以用基本关系代数表达。

QBE 语言基于域关系演算，尽管这是在域演算正式形成之后才实现的。QBE 是为数据库系统开发的第一批具有最少语法的图形化查询语言之一。它是在 IBM 研究院开发的，并且可以作为一种 IBM 商业产品使用，它是 DB2 的 QMF（Query Management Facility，查询管理工具）接口选项的一部分。QBE 中使用的基本理念已经应用在多个其他的商业产品中。鉴于 QBE 在关系语言的历史中具有重要的地位，在附录 C 中包括了 QBE 的概述。

8.8　小　　结

在本章中，介绍了用于关系数据模型的两种形式化语言。它们用于操纵关系并产生新的关系，作为对查询的响应。我们讨论了关系代数及其运算，它们用于指定一个运算序列来指定查询。然后介绍了两种关系演算，分别称为元组关系演算和域关系演算。

在 8.1 节~8.3 节中，介绍了基本的关系代数运算，并且说明了使用每种运算的查询类型。首先，讨论了一元关系运算符选择、投影以及重命名运算。然后，讨论了二元集合论运算，它们要求应用这些运算的关系是并（或类型）兼容的；这些运算包括并、交和集合差。笛卡儿积运算也是一个集合运算，可用于组合两个关系中的元组，产生所有可能的组合，在实际中很少使用它。不过，我们说明了如何在笛卡儿积之后应用选择运算，以定义两个关系中的匹配元组，并且导致连接运算。本章介绍了 3 种不同的连接运算，分别称为 θ 连接、等值连接和自然连接。本章还介绍了查询树，它是关系代数查询的图形化表示，可用作 DBMS 表示查询的内部数据结构的基础。

我们讨论了一些重要的查询类型，它们无法利用基本的关系代数运算表述，但是对于一些实际情况又很重要。本章介绍了广义投影和聚合函数运算，前者可以在投影列表中使用属性的函数，后者用于处理聚合类型的统计请求，用于汇总表中的信息。本章还讨论了递归查询，关系代数没有提供对它的直接支持，但是如本章中所示范的，可以采用一种逐步的方法处理它。然后介绍了外连接和外并运算，它们扩展了连接和并运算，并且允许在结果中保留源关系中的所有信息。

本章最后两节描述了关系演算背后的基本概念，它基于数理逻辑的一个分支，称为谓词演算。关系演算有两种类型：（1）元组关系演算，它使用其值覆盖关系元组（行）的元组变量；（2）域关系演算，它使用其值覆盖域（关系的列）的域变量。在关系演算中，使用单个声明性语句来指定查询，而无须指定用于检索查询结果的任何顺序和方法。因此，关系演算通常被认为是一种比关系代数更高级的声明性语言，因为关系演算表达式指出我们想要检索什么，而不必考虑查询可能是如何执行的。

本章还介绍了查询图，它们可以在关系演算作为查询的内部表示。还讨论了存在量词（∃）和全称量词（∀）。我们讨论了指定安全查询的问题，安全查询的结果是有限个元组。还讨论了用于把全称量词转换为存在量词的规则，反之亦然。正是量词给关系演算提供了强大的表达能力，使之等价于基本的关系代数。尽管目前已经提出了一些对关系演算的扩展，但是在基本关系演算中还没有实现与分组和聚合函数相似的功能。

复 习 题

8.1 列出关系代数的运算及各自的用途。

8.2 什么是并兼容？为什么并、交和差运算要求应用它们的关系是并兼容的？

8.3 讨论哪些查询类型需要对属性进行重命名，以便无歧义地指定查询。

8.4 讨论不同类型的内连接运算，为什么需要θ连接？

8.5 在指定最常见、有意义的连接运算类型时，外键的概念起了什么作用？

8.6 什么是聚合函数运算，它有什么用处？

8.7 外连接运算与内连接运算有何区别？外连接运算与并运算又有何区别？

8.8 关系演算与关系代数在哪些方面有所不同，又在哪些方面是相似的？

8.9 元组关系演算域关系演算有何区别？

8.10 讨论存在量词（∃）和全称量词（∀）的含义。

8.11 定义以下与元组演算相关的术语：元组变量、值域关系、原子、公式和表达式。

8.12 定义以下与域演算相关的术语：域变量、值域关系、原子、公式和表达式。

8.13 关系演算中的安全表达式的含义是什么？

8.14 何时将一种查询语言称为是关系完备的？

练 习 题

8.15 当把8.5节中的每个示例查询应用于图5.6中所示的数据库状态时，显示每个查询的结果。

8.16 使用本章中讨论的关系运算符，在图5.5所示的COMPANY关系数据库模式上指定以下查询。同时给出将这些查询应用于图5.6所示的数据库状态时的结果。

a. 检索部门5中每周在ProductX项目上的工作时间超过10小时的所有雇员的姓名。

b. 列出具有与自己名字相同的受赡养人的所有雇员的姓名。

c. 查找由Franklin Wong直接管理的所有雇员的姓名。

d. 对于每个项目，列出项目名称以及所有雇员每周在该项目上花费的总时间。

e. 检索参与每个项目的所有雇员的姓名。

f. 检索未参与任何项目的所有雇员的姓名。

g. 对于每个部门，检索部门名称以及在那个部门工作的所有雇员的平均薪水。

h. 检索所有女性雇员的平均薪水。

i. 查找其参与的项目中至少有一个项目位于休斯敦但是其部门却不在休斯敦的所有雇员的姓名和住址。

j. 列出没有受赡养人的所有部门经理的姓氏。

8.17　考虑图5.8中所示的AIRLINE关系数据库模式，在练习题5.12中描述了它。用关系代数指定以下查询：

a. 对于每个航班，列出航班号、航班第一航段的起飞机场，以及航班最后一个航段的到达机场。

b. 列出从休斯敦国际机场（机场代号“IAH”）起飞到洛杉矶国际机场（机场代号“LAX”）降落的所有航班或航段的航班号和工作日。

c. 列出从休斯敦市的某个机场起飞到洛杉矶市的某个机场降落的所有航班或航段的航班号、起飞机场代号、预定起飞时间、到达机场代号、预定到达时间和工作日。

d. 列出航班号“CO197”的所有票价信息。

e. 检索“2009-10-09”当天航班号“CO197”的可用座位数。

8.18　考虑图8.14所示的LIBRARY关系数据库模式，它用于记录图书、借书人和图书借出等信息。图8.14中使用有向弧表示参照完整性约束，与图5.7中使用的表示法一样。写出以下查询的关系表达式：

a. 名字为Sharpstown的图书馆分馆拥有多少本书名为*The Lost Tribe*的图书？

b. 每个图书馆分馆各拥有多少本书名为*The Lost Tribe*的图书？

c. 检索没有借阅任何图书的所有借书人的姓名。

d. 对于从Sharpstown分馆借出且Due_date（到期日）是今天的每本图书，检索书名、借书人的姓名和借书人的住址。

e. 对于每个图书馆分馆，检索分馆名字以及从该分馆借出的图书总数。

f. 检索借阅图书在5本以上的所有借书人的姓名、住址和借出的图书数量。

g. 对于由Stephen King编著（或合著）的每本图书，检索名字为Central的图书馆分馆所拥有的图书书名和数量。

8.19　用关系代数在练习题5.14中给出的数据库模式上指定以下查询：

a. 列出从Warehouse#为W2的仓库发货的所有订单的Order#和Ship_date。

b. 列出为名为Jose Lopez的CUSTOMER（顾客）供货的WAREHOUSE（仓库）信息。制作一个包含Order#和Warehouse#的清单。

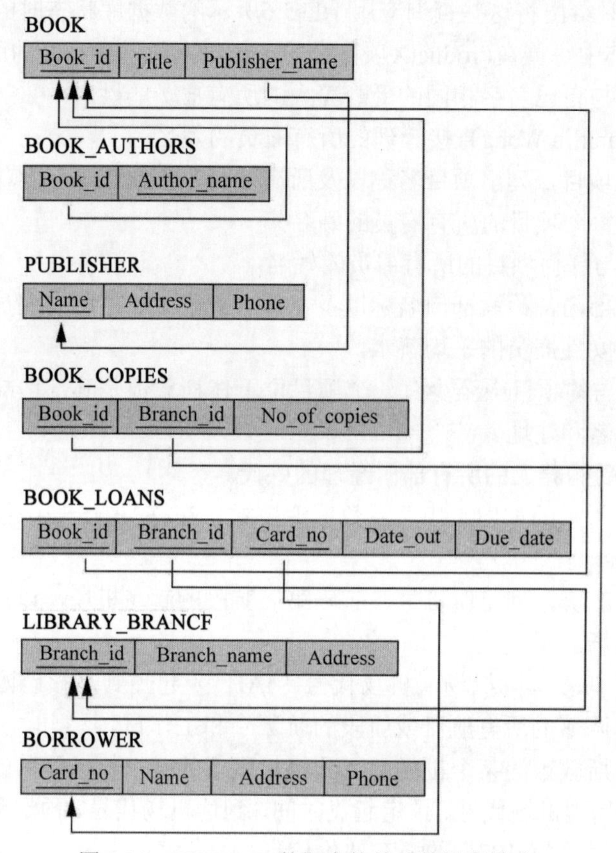

图 8.14 LIBRARY 数据库的关系数据库模式

c. 制作一个包含Cname、No_of_orders和Avg_order_amt的清单，其中中间列是顾客的订单总数，最后一列是该顾客的平均订单金额。

d. 列出在下订单后30天内没有发货的订单。

e. 列出从公司位于纽约的所有仓库发货的订单的Order#。

8.20 用关系代数在练习题5.15中给出的数据库模式上指定以下查询：

a. 给出花费超过2000美元的旅程的详细信息（旅程（TRIP）关系的所有属性）。

b. 打印到檀香山（Honolulu）出差的销售员的Ssn。

c. 打印SSN = '234-56-7890' 的销售员的旅程总费用。

8.21 用关系代数在练习题5.16中给出的数据库模式上指定以下查询：

a. 列出名叫John Smith的所有学生在2009年冬天(即Quarter=W09)所选的课程编号。

b. 对于由CS系提供并且使用两本以上图书的课程，制作一份教材列表（包括Course#、Book_isbn和Book_title）。

c. 列出采用的教材均由Pearson Publishing出版的任何系。

8.22 考虑图8.15中所示的两个表T_1和T_2。给出下列运算的结果：

a. $T_1 \bowtie_{T1.P = T2.A} T_2$

b. $T_1 \bowtie_{T1.Q = T2.B} T_2$

c. $T_1 ⟕_{T1.P = T2.A} T_2$

d. $T_1 \ltimes_{T_1.Q = T_2.B} T_2$

e. $T_1 \cup T_2$

f. $T_1 \bowtie_{(T_1.P = T_2.A \text{ AND } T_1.R = T_2.C)} T_2$

表 T_1

P	Q	R
10	a	5
15	b	8
25	a	6

表 T_2

A	B	C
10	b	6
25	c	3
10	b	5

图 8.15　关系 T1 和 T2 的数据库状态

8.23　用关系代数在练习题5.17中给出的数据库模式上指定以下查询：

a. 对于名叫Jane Doe的销售员，为她销售的所有汽车列出以下信息：Serial#、Manufacturer和Sale_price。

b. 列出没有可选项的汽车的Serial#和Model。

c. 考虑SALESPERSON与SALE之间的自然连接运算。这些表的左外连接（不改变关系的顺序）的含义是什么？举一个例子加以解释。

d. 用关系代数编写一个查询，它涉及选择和一个集合运算，并说明该查询的作用。

8.24　分别用元组关系演算和域关系演算指定练习题8.16中的查询a、b、c、e、f、i和j。

8.25　分别用元组关系演算和域关系演算指定练习题8.17中的查询a、b、c和d。

8.26　分别用元组关系演算和域关系演算指定练习题8.18中的查询c、d和f。

8.27　在具有n个元组变量的元组关系演算查询中，典型的连接条件的最少数量是多少？为什么？如果使用更少数量的连接条件，会有什么影响？

8.28　使用Q0A的简写表示法风格，改写8.7节中Q0后面的域关系演算查询，其中的目标是通过尽可能地用常量代替变量，把域变量的数量减至最少。

8.29　考虑以下查询：检索满足以下条件的雇员的Ssn，这些雇员至少参与了其Ssn=123456789的雇员所参与的那些项目。可将此查询表述为(FORALL x) (IF P THEN Q)，其中：

- x 是一个值域为 PROJECT 关系的元组变量。
- P ≡其 Ssn=123456789 并且参与项目 x 的雇员。
- Q ≡参与项目 x 的雇员 e。

用元组关系演算表达此查询，并且使用以下规则：

- $(\forall x)(P(x)) \equiv \text{NOT}(\exists x)(\text{NOT}(P(x)))$。
- (IF P THEN Q) ≡ (NOT(P) OR Q)。

8.30　说明如何用元组关系演算和域关系演算指定以下关系代数运算。

a. $\sigma_{A=C}(R(A, B, C))$

b. $\pi_{<A, B>}(R(A, B, C))$

c. R(A, B, C) * S(C, D, E)

d. $R(A, B, C) \cup S(A, B, C)$

e. $R(A, B, C) \cap S(A, B, C)$

f. R(A, B, C) = S(A, B, C)

g. R(A, B, C) × S(D, E, F)

h. R(A, B) ÷ S(A)

8.31 建议一些对关系演算的扩展，使之可以表达8.4节中所讨论的以下运算类型：(a) 聚合函数和分组；(b) 外连接运算；(c) 递归闭包查询。

8.32 嵌套查询是指查询中的查询。更确切地讲，嵌套查询是一个用圆括号括起来的查询，可以在许多地方把它的结果用作一个值，例如代替一个关系。使用嵌套查询的概念和本章中讨论的关系运算符，在图5.5中所示的数据库上指定以下查询。同时给出把每个查询应用于图5.6中所示的数据库状态时的查询结果。

a. 某个部门具有在所有雇员当中薪水最高的雇员，列出在该部门工作的所有雇员的姓名。

b. 列出其管理者的Ssn为888665555的所有雇员的姓名。

c. 列出其薪水比公司里薪水最低的雇员至少高出10 000美元的雇员的姓名。

8.33 指出以下结论是真还是假：

a. NOT (P(x) OR Q(x)) → (NOT (P(x)) AND (NOT (Q(x)))

b. NOT (∃x) (P(x)) →∀ x (NOT (P(x))

c. (∃x) (P(x)) →∀ x ((P(x))

实验题

8.34 在图5.5所示的COMPANY数据库模式上，使用RA解释器以关系代数（RA）指定并执行以下查询。

a. 列出部门5中每周在ProductX项目上的工作时间超过10小时的所有雇员的姓名。

b. 列出具有与自己名字相同的受赡养人的所有雇员的姓名。

c. 列出由Franklin Wong直接管理的雇员的姓名。

d. 列出参与每个项目的雇员的姓名。

e. 列出未参与任何项目的雇员的姓名。

f. 列出其参与的项目中至少有一个项目位于休斯敦但是其部门却不在休斯敦的雇员的姓名和住址。

g. 列出没有受赡养人的部门经理的姓名。

8.35 考虑下面的MAILORDER关系模式，它描述了一家邮件订购公司的数据。

PARTS(<u>Pno</u>, Pname, Qoh, Price, Olevel)

CUSTOMERS(<u>Cno</u>, Cname, Street, Zip, Phone)

EMPLOYEES(<u>Eno</u>, Ename, Zip, Hdate)

ZIP_CODES(<u>Zip</u>, City)

ORDERS(<u>Ono</u>, Cno, Eno, Received, Shipped)

ODETAILS(<u>Ono</u>, <u>Pno</u>, Qty)

Qoh代表现有数量（quantity on hand）：其他的属性名都是自解释的。在MAILORDER数据库模式上使用RA解释器指定并执行以下查询。

a. 检索价格低于20.00美元的零件名称。

b. 检索获得零件价格超过50.00美元的订单的雇员的姓名和城市。

c. 检索居住在相同邮政编码（ZIP Code）区域的顾客的顾客编号值对。

d. 检索从居住在Wichita的雇员那里订购零件的顾客的姓名。

e. 检索订购的零件价格低于20.00美元的顾客的姓名。

f. 检索未下过订单的顾客的姓名。

g. 检索恰好下过两次订单的顾客的姓名。

8.36 考虑下面的GRADEBOOK关系模式，它描述了一位特定的老师给出的成绩单数据（注意：COURSES的属性A、B、C和D存储课程的分数线）。

CATALOG(Cno, Ctitle)

STUDENTS(Sid, Fname, Lname, Minit)

COURSES(Term, Sec_no, Cno, A, B, C, D)

ENROLLS(Sid, Term, Sec_no)

在GRADEBOOK数据库模式上使用RA解释器指定并执行以下查询。

a. 检索在2009年秋季学期选修Automata课程的学生的姓名。

b. 检索同时选修CSc226和CSc227的学生的Sid值。

c. 检索选修CSc226或CSc227的学生的Sid值。

d. 检索没有选修任何课程的学生的姓名。

e. 检索选修了CATALOG表中所有课程的学生的姓名。

8.37 考虑包含以下关系的数据库。

SUPPLIER(Sno, Sname)

PART(Pno, Pname)

PROJECT(Jno, Jname)

SUPPLY(Sno, Pno, Jno)

该数据库用于记录关于供应商、零件和项目的信息，并且在供应商、零件和项目之间包括一个三元关系，它是一个多-多-多关系。使用RA解释器指定并执行以下查询。

a. 检索恰好供应给两个项目的零件编号。

b. 检索给项目J1供应多于2个零件的供应商的名字。

c. 检索每一位供应商供应的零件编号。

d. 检索只由供应商S1供货的项目名称。

e. 检索至少给两个不同的项目都供应至少两个不同零件的供应商的名字。

8.38 使用RA解释器为练习题5.16中的数据库指定并执行以下查询。

a. 检索其选修的课程使用Addison-Wesley-Longman所出版教材的学生的姓名。

b. 检索教材至少更换过一次的课程的名称。

c. 检索只采用Addison-Wesley所出版教材的院系名称。

d. 检索采用了由Navathe编写并由Addison-Wesley出版的教材的院系名称。

e. 检索从未使用过由Navathe编写并由Addison-Wesley出版的教材（在一门课程中）的学生姓名。

8.39 使用DRC解释器以域关系演算（DRC）重做实验题8.34~8.38。

选读文献

Codd（1970）定义了基本关系代数。Date（1983a）讨论了外连接。Carlis（1986）和Ozsoyoglu等（1985）讨论了关于扩展关系运算符的工作。Cammarata等（1989）扩展了关系模型的完整性约束和连接。

Codd（1971）介绍了Alpha语言，它基于元组关系演算的概念。Alpha还包括聚合函数的概念，这超出了关系演算的范畴。关系演算的原始形式化定义是由Codd（1972）给出的，它还提供了一个算法，用于将任何元组关系演算表达式转换为关系代数。QUEL（Stonebraker等，1976）基于元组关系演算，具有隐含的存在量词，但是没有全称量词，在INGRES系统中被实现为一种商业上可用的语言。Codd定义了查询语言的关系完备性，打算使它至少与关系演算一样强大。Ullman（1988）形式化地证明了关系代数等价于元组和域关系演算的安全表达式。Abiteboul等（1995）以及Atzeni和De Antonellis（1993）详细论述了形式化关系语言。

尽管域关系演算的思想最初是在QBE语言中提出的（Zloof，1975），但是这个概念是由Lacroix和Pirotte正式定义的（1977a）。Zloof（1975）中描述了QBE系统的试验版本。ILL（Lacroix和Pirotte，1977b）基于域关系演算。Whang等（1990）扩展了QBE，引入了全称量词。人们正在提议将可视化查询语言作为一种查询数据库的方式，QBE就是这样一个示例。诸如Visual Database Systems Working Conference（可视化数据库系统工作会议）之类的会议（例如，Arisawa & Catarci（2000）或者Zhou和Pu（2002））都对这类语言提出了许多建议。

第 9 章　使用 ER-关系映射和 EER-关系映射进行关系数据库设计

本章将讨论如何基于概念模式设计来设计关系数据库模式。图 3.1 展示了数据库设计过程的高级视图。在本章中，将重点关注数据库设计的**逻辑数据库设计**（logical database design）步骤，它也被称为**数据建模映射**（data model mapping）。我们将介绍从实体-联系（ER）或增强的 ER（EER）模式创建关系模式的过程。我们的讨论将把第 3 章和第 4 章中介绍的 ER 和 EER 模型的构造与第 5~8 章中介绍的关系模型的构造联系起来。如第 3 章和第 4 章中所讨论的，许多计算机辅助的软件工程（CASE）工具都基于 ER 或 EER 模型，或者其他类似的模型。许多工具使用 ER 图或 EER 图或者它们的变体以图形方式开发模式，并且收集关于数据类型和约束的信息，然后利用特定关系 DBMS 的 DDL 自动把 ER/EER 模式转换成关系数据库模式。这些设计工具利用的算法与本章中介绍的算法类似。

9.1 节将概括介绍把基本 ER 模型构造转换成关系的 7 步算法，基本 ER 模型构造包括：实体类型（强实体类型和弱实体类型）、二元联系（带有各种结构约束）、n 元联系以及属性（简单属性、复合属性和多值属性）。然后，在 9.2 节中，将继续讨论映射算法，并将描述如何将 EER 模型构造中的特化/泛化和并类型（类别）映射到关系。9.3 节是本章小结。

9.1　使用 ER-关系映射进行关系数据库设计

9.1.1　ER-关系映射算法

在本节中，将描述用于 ER-关系映射的算法的步骤。这里将使用 COMPANY 数据库示例来说明映射过程。图 9.1 中再次显示了 COMPANY 的 ER 模式，图 9.2 中则显示了对应的 COMPANY 关系数据库模式，用以说明映射步骤。假定映射将创建具有简单的单值属性的表。在第 5 章中定义了关系模式的约束，包括关系上的主键约束、唯一键约束（如果有）以及参照完整性约束，在映射结果中也将指定这些约束。

步骤 1：一般实体类型的映射

对于 ER 模式中每个一般的（强）实体类型 E，创建一个关系 R，其中包括 E 的所有简单属性。对于复合属性，则只包括其简单成员属性。选择 E 的键属性之一作为 R 的主键。如果所选的 E 的键是一个复合属性，那么构成该复合属性的简单属性的集合将一起构成 R 的主键。

如果在概念设计期间确定了 E 的多个键，那么将会保存构成每个候选键的属性的描述信息，以便指定关系 R 的辅键（唯一键）。还需要保存关于键的信息，以便建立索引以及进行其他类型的分析。

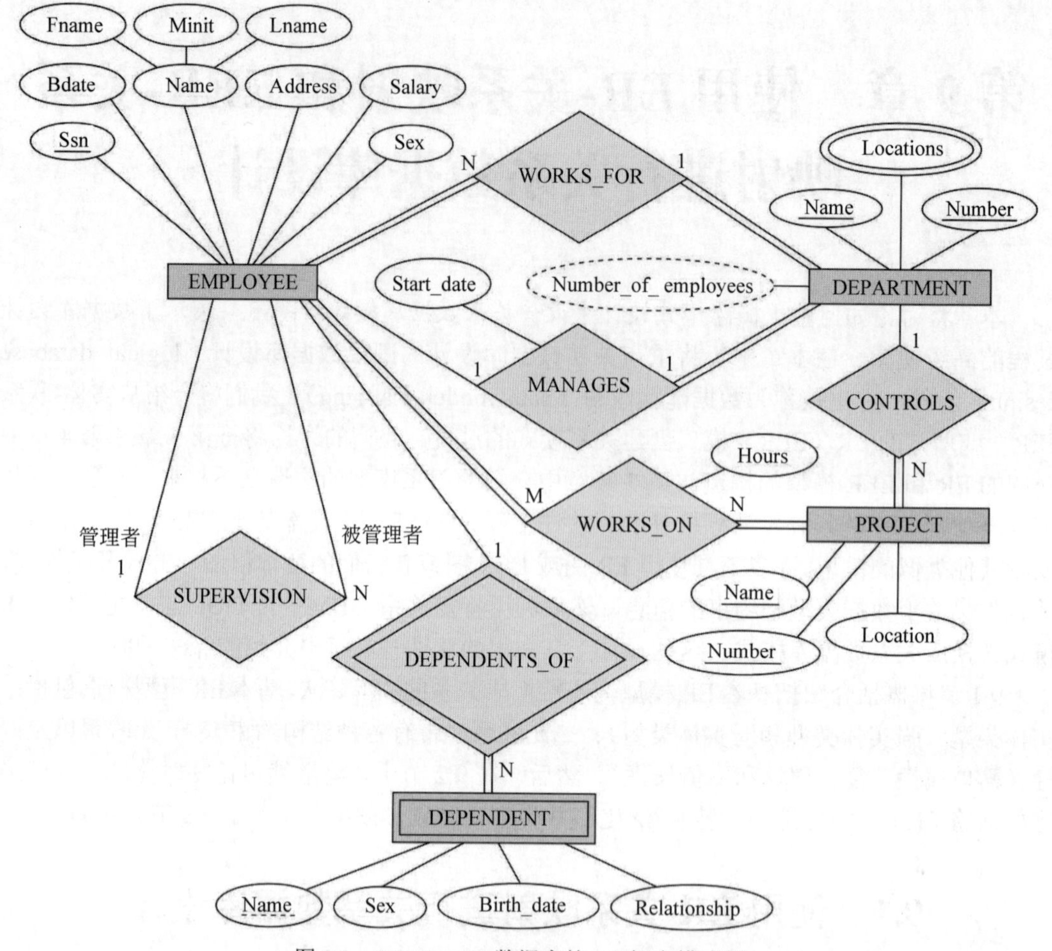

图 9.1 COMPANY 数据库的 ER 概念模式图

在我们的示例中，将创建图 9.2 中所示的 EMPLOYEE、DEPARTMENT 和 PROJECT 关系，它们分别对应于图 9.1 中所示的一般实体类型 EMPLOYEE、DEPARTMENT 和 PROJECT。在这个步骤中，还没有包括外键和关系属性，如果有，将在后续步骤中添加它们。这些包括 EMPLOYEE 的属性 Super_ssn 和 Dno、DEPARTMENT 的属性 Mgr_ssn 和 Mgr_start_date，以及 PROJECT 的属性 Dnum。在我们的示例中，选择 Ssn、Dnumber 和 Pnumber 分别作为关系 EMPLOYEE、DEPARTMENT 和 PROJECT 的主键。关于 DEPARTMENT 的 Dname 和 PROJECT 的 Pname 是唯一键的信息将会被保存起来，以便在以后的设计中使用。

有时，将通过实体类型的映射而创建的关系称为**实体关系**（entity relation），因为每个元组都代表一个实体实例。经过这个映射步骤之后所得到的结果如图 9.3(a)所示。

步骤 2：弱实体类型的映射

为 ER 模式中属主实体类型 E 的每个弱实体类型 W 创建一个关系 R，并且把 W 的所有简单属性（或者复合属性的简单成员属性）作为 R 的属性。此外，还要把与属性实体类型对应的那些关系的主键属性作为 R 的外键属性，它负责映射 W 的标识联系类型。R 的主

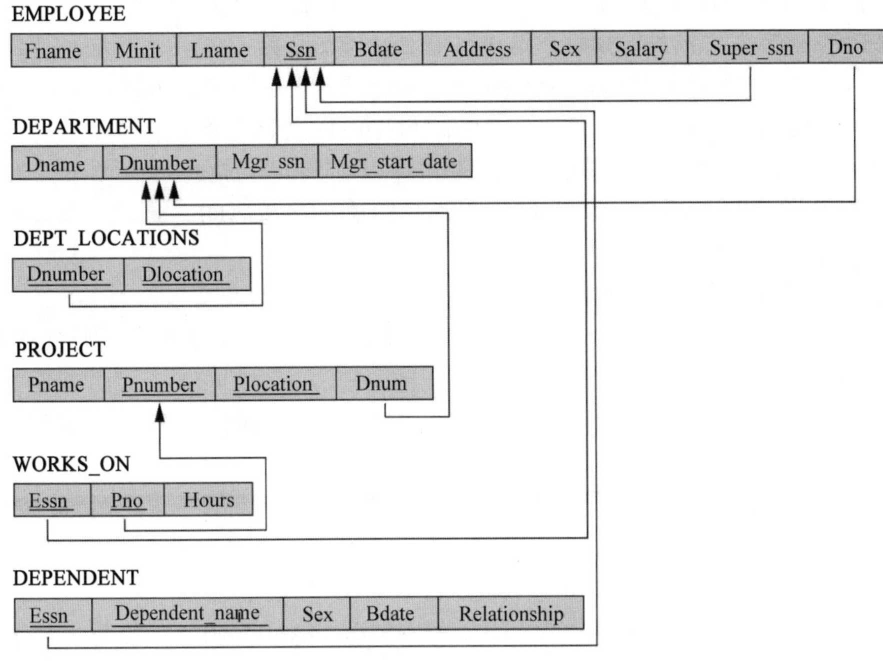

图 9.2　将 COMPANY 的 ER 模式映射到关系数据库模式的结果

键将是属主实体类型的主键与弱实体类型 W 的部分键（如果有）的组合。如果有一个弱实体类型 E_2，其属主也是一个弱实体类型 E_1，那么应当在映射 E_2 之前先映射 E_1，以便先确定 E_1 的主键。

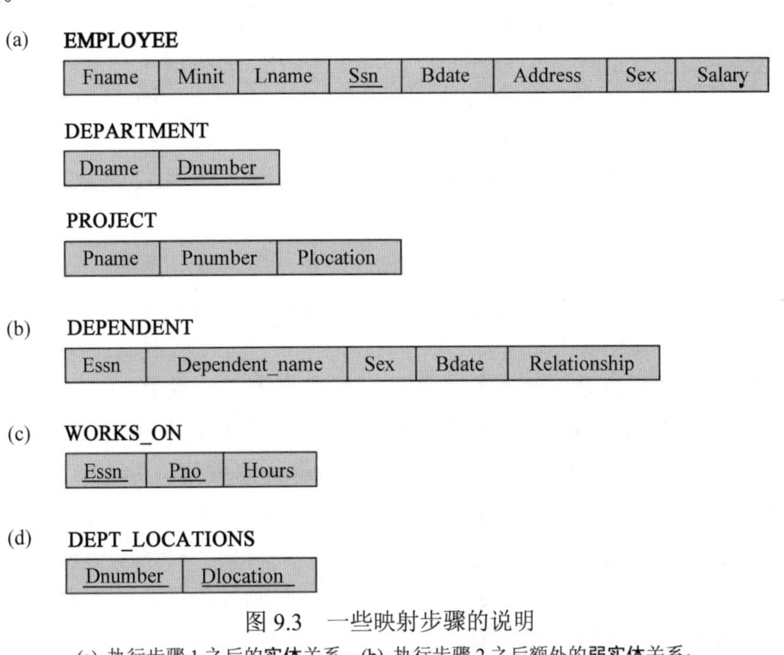

图 9.3　一些映射步骤的说明

(a) 执行步骤 1 之后的**实体**关系；(b) 执行步骤 2 之后额外的**弱实体**关系；
(c) 执行步骤 5 之后的**联系**关系；(d) 执行步骤 6 之后表示多值属性的关系

在我们的示例中，在这个步骤中将创建与弱实体类型 DEPENDENT（参见图 9.3(b)）

对应的关系 DEPENDENT。我们将把与属主实体类型对应的 EMPLOYEE 关系的主键 Ssn 作为 DEPENDENT 关系的外键属性；这里将把 Ssn 重命名为 Essn，尽管这不是必要的。DEPENDENT 关系的主键是{Essn, Dependent_name}组合，因为 Dependent_name（也是通过对图 9.1 中的 Name 进行重命名而来）是 DEPENDENT 的部分键。

由于弱实体具有对其属主实体的存在依赖，所以对于那些弱实体类型对应的关系，通常为其外键上的参照触发动作（参见 6.2 节）选择传播（CASCADE）选项。该选项同时适用于 ON UPDATE 和 ON DELETE。

步骤 3：二元 1:1 联系类型的映射

对于 ER 模式中的每个二元 1:1 联系类型 R，标识与 R 中参与的实体类型对应的关系 S 和 T。有 3 种可能的方法：（1）外键方法；（2）合并联系方法；（3）交叉引用或联系关系方法。第一种方法最有用，除非存在特殊情况，否则都应该遵循该方法，下面将对此加以讨论。

（1）**外码方法**：选择其中一个关系（例如 S），并将 T 的主键作为 S 的外键。更好的做法是：选择一个实体类型，它以 S 的角色完全参与在 R 中。S 的属性还包括 1:1 联系类型的所有简单属性（或者复合属性的简单成员属性）。

在我们的示例中，将映射图 9.1 中的 1:1 联系类型 MANAGES，方法是：选择参与实体类型 DEPARTMENT 充当 S 的角色，因为它是完全参与 MANAGES 联系类型的（每个部门都有一位经理）。将 EMPLOYEE 关系的主键作为 DEPARTMENT 关系的外键，并将其重命名为 Mgr_ssn。在 DEPARTMENT 关系中还包括了 MANAGES 联系类型的简单属性 Start_date，并将其重命名为 Mgr_start_date（参见图 9.2）。

注意：也可以把 S 的主键作为 T 的外键。在我们的示例中，这相当于具有一个外键属性，例如说 EMPLOYEE 关系中的 Department_managed，但是对于那些不是部门经理的雇员元组来说，这个外键属性将具有 NULL 值。这将是一个糟糕的选择，因为如果只有 2% 的雇员管理一个部门，那么在这种情况下，98%的外键都将具有 NULL 值。还有一种可能是：在关系 S 和 T 中具有冗余的外键，但是这将产生冗余，并且要承受进行一致性维护的代价。

（2）**合并关系方法**：映射 1:1 联系类型的一种替代方法是：把两个实体类型和联系合并成单个关系。当两个实体类型都是完全参与时，这种方法就是可能的，因为它指示两个表总是具有完全相同的元组数量。

（3）**交叉引用或联系关系方法**：第三个选项是建立第三个关系 R，以便交叉引用表示实体类型的关系 S 和 T 的主键。如我们将看到的，二元 M:N 联系将需要采用这种方法。关系 R 被称为**联系关系**（relationship relation），有时也称为**查找表**（lookup table），因为 R 中的每个元组都表示一个联系实例，它将 S 中的一个元组与 T 中的一个元组关联起来。关系 R 将包括 S 和 T 的主键属性，并将其作为参照 S 和 T 的外键。R 的主键将是这两个外键之一，另一个外键将是 R 的唯一键。其缺点在于具有一个额外的关系，并且在组合两个表中的相关元组时需要进行额外的连接运算。

步骤 4：二元 1:N 联系类型的映射

有两种可能的方法：（1）外键方法；（2）交叉引用或联系关系方法。第一种方法一般更可取，因为它减少了表的数量。

（1）**外键方法：**对于每个一般的二元 1:N 联系类型 R，标识表示位于联系类型 N 端的参与实体类型的关系 S，并把表示 R 中另外一个参与实体类型的关系 T 的主键作为 S 的外键；我们之所以这样做，是因为 N 端的每个实体实例都与联系类型的 1 端的最多一个实体实例相关联。包括 1:N 联系类型的任何简单属性（或者复合属性的简单成分属性）作为 S 的属性。

要对我们的示例应用这个方法，将需要映射图 9.1 中的 1:N 联系类型 WORKS_FOR、CONTROLS 和 SUPERVISION。对于 WORKS_FOR，将把 DEPARTMENT 关系的主键 Dnumber 作为 EMPLOYEE 关系的外键，并将其重命名为 Dno。对于 SUPERVISION，由于该联系类型是递归的，因此将把 EMPLOYEE 关系的主键作为 EMPLOYEE 关系自身的外键，并将其重命名为 Super_ssn。将把 CONTROLS 联系映射到 PROJECT 的外键属性 Dnum，它参照 DEPARTMENT 关系的主键 Dnumber。这些外键如图 9.2 中所示。

（2）**联系关系方法：**一种替代方法是使用**联系关系**（交叉引用）选项，就像二元 1:1 联系的第三个选项一样。我们将创建一个单独的关系 R，其属性是 S 和 T 的主键，这些属性也将是参照 S 和 T 的外键。R 的主键与 S 的主键相同。如果 S 中的只有几个元组参与联系，就可以使用这个选项，以避免外键中出现过多的 NULL 值。

步骤 5：二元 M:N 联系类型的映射

在没有多值属性的传统关系模型中，M:N 联系的唯一选项是**联系关系（交叉引用）选项**。对于每个二元 M:N 联系类型 R，都创建一个新关系 S 来表示 R。将表示参与实体类型的关系的主键作为 S 的外键属性；它们的组合将构成 S 的主键。还要把 M:N 联系类型的任何简单属性（或者复合属性的简单成员属性）作为 S 的属性。注意：由于基数比为 M:N，因此不能像对 1:1 或 1:N 联系类型所做的那样，通过参与关系之一的单个外键属性来表示 M:N 联系类型；而必须创建一个单独的*联系关系* S。

在我们的示例中，通过创建图 9.2 中的关系 WORKS_ON，来映射图 9.1 中的 M:N 联系类型 WORKS_ON。将 PROJECT 和 EMPLOYEE 的主键作为 WORKS_ON 的外键，并分别把它们重命名为 Pno 和 Essn（重命名不是必需的；它只是一种设计选择）。还在 WORKS_ON 中包括一个属性 Hours，用于表示联系类型的 Hours 属性。WORKS_ON 关系的主键是外键属性的组合{Essn, Pno}。图 9.3(c)中显示了这个**联系关系**。

由于每个关系实例都对其关联的每个实体具有存在依赖，所以在与联系 R 对应的关系中，应该在其外键上为参照触发动作（参见 6.2 节）指定传播（CASCADE）选项。这个选项同时适用于 ON UPDATE 和 ON DELETE。

如前所述，尽管可以使用交叉引用（联系关系）方法以与 M:N 联系类似的方式来映射 1:1 或 1:N 联系，但是仅当只存在少量联系实例时才建议这样做，以便在外键中避免 NULL 值。在这种情况下，联系关系的主键将只是参照那些参与实体关系的外键之一。对于 1:N 联系，联系关系的主键将是参照 N 端的实体关系的外键。对于 1:1 联系，任何一个外键都可以用作联系关系的主键。

步骤 6：多值属性的映射

为每个多值属性 A 创建一个新关系 R。这个关系 R 将包括一个与 A 对应的属性，以及主键属性 K，它将作为 R 的外键，同时 K 还是一个关系的主键属性，该关系用于表示将 A 作为多值属性的实体类型或联系类型。R 的主键是 A 和 K 的组合。如果多值属性是一个复合属性，则将包括它的简单成员属性。

在我们的示例中，将创建一个关系 DEPT_LOCATIONS（参见图 9.3(d)）。属性 Dlocation 表示 DEPARTMENT 的多值属性 LOCATIONS，而 Dnumber（作为外键）则表示 DEPARTMENT 关系的主键。DEPT_LOCATIONS 的主键是{Dnumber, Dlocation}的组合。对于一个部门所具有的每处场所，DEPT_LOCATIONS 中都存在一个单独的元组与之对应。值得注意的是，在允许数组类型的关系模型的更新版本中，可以将多值属性映射到一个数组属性，而不需要单独的表。

应该在与多值属性对应的关系 R 的外键上为参照触发动作（参见 6.2 节）指定传播（CASCADE）选项，它同时适用于 ON UPDATE 和 ON DELETE。还应该注意的是，在映射一个复合、多值属性时，R 的键将需要对成员属性的含义进行一些分析。在某些情况下，当多值属性是一个复合属性时，只需要其中一些成员属性作为 R 的键的一部分；这些属性类似于与多值属性对应的弱实体类型的部分键（参见 3.5 节）。

图 9.2 显示了通过上述步骤 1~6 获得的 COMPANY 关系数据库模式，图 5.6 则显示了一种示例数据库状态。注意：我们还没有讨论 n 元联系类型（n > 2）的映射，因为它在图 9.1 中不存在；它们是以一种与 M:N 联系类型类似的方式映射的，只不过要在映射算法中包括下面一个额外的步骤。

步骤 7：n 元联系类型的映射

我们将使用**联系关系选项**。为每个 n 元联系类型 R（其中 n > 2）创建一个新的联系关系 S，用于表示 R。将表示参与实体类型的关系的主键作为 S 的外键属性。还要把 n 元联系类型的任何简单属性（或者复合属性的简单成员属性）作为 S 的属性。S 的主键通常是所有外键的组合，这些外键参照表示参与实体类型的关系。不过，如果参与 R 的任何实体类型 E 上的基数约束为 1，那么 S 的主键就不应该包括那个参照与 E 对应的关系 E′的外键属性（参见 3.9.2 节的讨论，其中涉及了 n 元联系上的约束）。

考虑图 3.17 中的三元联系类型 SUPPLY，对于 SUPPLIER s、PART p 和 PROJECT j，无论何时 s 正在把 p 供应给 j，SUPPLY 都会把 s、p 和 j 关联起来。可以把它映射到图 9.4 中所示的关系 SUPPLY，它的主键是 3 个外键{Sname, Part_no, Proj_name}的组合。

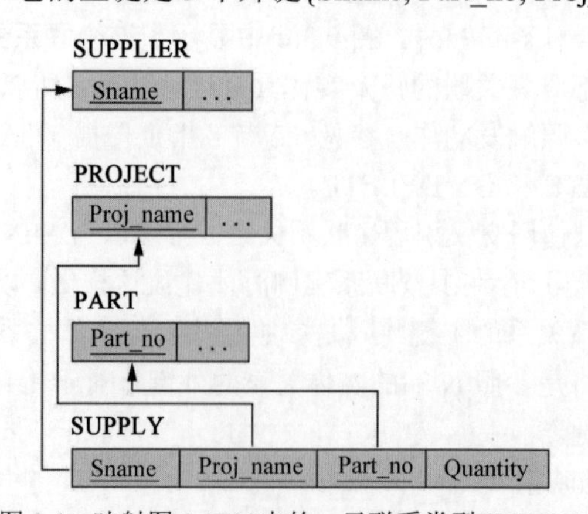

图 9.4 映射图 3.17(a)中的 n 元联系类型 SUPPLY

9.1.2　关于映射 ER 模型构造的讨论和总结

表 9.1 总结了 ER 模型与关系模型之间在构造和约束上的对应关系。

表 9.1　ER 模型与关系模型之间的对应关系

ER 模型	关系模型
实体类型	实体关系
1:1 或 1:N 联系类型	外键（或联系关系）
M:N 联系类型	联系关系和两个外键
n 元联系类型	联系关系和 n 个外键
简单属性	属性
复合属性	简单成员属性的集合
多值属性	关系和外键
值集	域
键属性	主键（或辅键）

与 ER 模式相比，关系模式中值得注意的要点之一是：联系类型并不是显式表示的，而是通过两个关系 S 和 T 中的两个属性 A 和 B 来表示，其中一个是主键，另一个是外键(覆盖相同的域)。如果 S 和 T 中的两个元组对于 A 和 B 具有相同的值，那么它们就是相关的。通过在 S.A 和 T.B 上使用等值连接运算（或者两个连接属性具有相同的值，就使用自然连接运算），可以组合 S 和 T 中所有相关的元组对，并且物化联系。当涉及二元 1:1 或 1:N 联系类型并且使用外键映射时，通常需要单个连接运算。当使用联系关系方法时，例如对于一个二元 M:N 联系类型，则将需要两个连接运算。而对于 n 元联系类型，则需要 n 个连接运算，以完全物化联系实例。

例如，要构成一个包括雇员姓名、项目名称以及雇员在每个项目上的工作时间的关系，需要通过图 9.2 中的 WORKS_ON 关系将每个 EMPLOYEE 元组连接到相关的 PROJECT 元组。因此，必须利用连接条件 EMPLOYEE.Ssn = WORKS_ON.Essn 对 EMPLOYEE 和 WORKS_ON 关系应用等值连接运算，然后再利用连接条件 WORKS_ON.Pno = PROJECT.Pnumber 对结果关系和 PROJECT 关系应用另一个等值连接运算。一般来讲，当需要遍历多个联系时，必须指定多个连接运算。用户总是必须知道外键属性，以便在组合两个或多个关系中的相关元组时正确地使用它们。有时，这一点被认为是关系数据模型的一个缺点，因为在检查关系模式时，外键/主键的对应关系并不总是显而易见。如果在两个关系中不表示外键/主键联系的属性之间执行等值连接运算，那么结果通常是没有意义的，并且可能导致虚假的数据。例如，读者可以尝试利用条件 Dlocation = Plocation 连接 PROJECT 和 DEPT_LOCATIONS 关系，并检查结果。

在关系模式中，为每个多值属性创建一个单独的关系。如果特定的实体具有多值属性的值集，那么将在单独的元组中为多值属性的每个值重复一次实体的键属性值，因为基本关系模型不允许单个元组中的一个属性具有多个值（列表或值集）。例如，由于部门 5 具有 3 处场所，在图 3.6 中的 DEPT_LOCATIONS 关系中就存在 3 个元组，每个元组指定其中一处场所。在我们的示例中，对 DEPT_LOCATIONS 和 DEPARTMENT 关系在 Dnumber 属性上应用等值连接，以获得所有场所以及其他 DEPARTMENT 属性的值。在结果关系中，将为一个部门所具有的每处场所在单独的元组中重复其他 DEPARTMENT 属性的值。

基本关系代数没有嵌套（NEST）或压缩（COMPRESS）运算，它们可以从图 3.6 中的 DEPT_LOCATIONS 关系中产生形如{< '1', 'Houston'>, < '4', 'Stafford' >, < '5', {'Bellaire', 'Sugarland ', 'Houston'}>}的元组集合。这是关系模型的基本规范化或平面（flat）版本的一个严重的缺陷。对象数据模型和对象-关系系统（参见第 12 章）通过将数组类型用于属性，从而允许多值属性。

9.2 将 EER 模型构造映射到关系

在本节中，将讨论通过扩展 9.1.1 节中介绍的 ER-关系映射算法，将 EER 模型构造映射到关系。

9.2.1 特化或泛化的映射

有几个可用于映射许多子类的选项，这些子类一起构成一个特化（也就是说，被泛化成一个超类），例如图 4.4 中的 EMPLOYEE 的子类{SECRETARY, TECHNICIAN, ENGINEER}。两个主要选项是：把整个特化映射成**单个表**（single table），或者把它映射成**多个表**（multiple table）。每个选项内都有一些变体，它们依赖于特化/泛化上的约束。

可以向 9.1.1 节中介绍的包含 7 个步骤的 ER-关系映射算法中再添加另外一个步骤，用于处理特化的映射。下面将要介绍的步骤 8 给出了最常见的选项；其他的映射也是可能的。我们将讨论使用每个选项的条件。这里将使用 Attrs(R)表示关系 R 的属性，并使用 PK(R)表示 R 的主键。首先将形式化地描述映射，然后将利用示例说明它。

步骤 8：用于映射特化或泛化的选项

使用以下选项之一，把每个具有 m 个子类$\{S_1, S_2,\cdots, S_m\}$和（泛化的）超类 C 的特化转换成关系模式，其中 C 的属性是$\{k, a_1,\cdots, a_n\}$，k 是（主）键。

- **选项 8A：多个关系——超类和子类**。为 C 创建一个关系 L，其属性 Attrs(L) = $\{k, a_1,\cdots, a_n\}$，PK(L) = k。为每个子类 S_i 创建一个关系 L_i（$1 \leqslant i \leqslant m$），其属性 Attrs($L_i$) = {k} ∪ {$S_i$ 的属性}，PK(L_i) = k。这个选项适用于任何特化（完全或部分、不相交或重叠）。
- **选项 8B：多个关系——仅子类关系**。为每个子类 S_i 创建一个关系 L_i（$1 \leqslant i \leqslant m$），其属性 Attrs($L_i$) = {$S_i$ 的属性} ∪ $\{k, a_1,\cdots, a_n\}$，PK(L_i) = k。这个选项只适用于其子类是完全参与（子类中的每个实体都必须属于（至少）一个子类）的特化。此外，仅当特化具有不相交约束（参见 4.3.1 节）时才建议使用该选项。如果特化是重叠的，则可能在多个关系中复制相同的实体。
- **选项 8C：具有一个类型属性的单个关系**。创建单个关系 L，其属性 Attrs(L) = $\{k, a_1,\cdots, a_n\}$ ∪ {S_1 的属性} ∪ ⋯ ∪ {S_m 的属性} ∪ {t}，PK(L) = k。属性 t 被称为**类型**

（type）或识别（discriminating）属性，如果存在，其值就指示每个元组所属的子类。这个选项只适用于其子类不相交的特化，如果子类中存在许多特定的（局部）属性，那么该选项还具有生成许多 NULL 值的潜力。

- **选项 8D：具有多个类型属性的单个关系。**创建单个关系模式 L，其属性 Attrs(L) = {k, $a_1,\cdots, a_n$} ∪ {S_1 的属性} ∪⋯∪ {S_m 的属性} ∪ {$t_1, t_2,\cdots, t_m$}，PK(L) = k。每个 t_i（$1 \leqslant i \leqslant m$）都是一个**布尔类型属性**（Boolean type attribute），指示一个元组是否属于子类 S_i。这个选项适用于其子类是重叠的特化（但是也适用于不相交的特化）。

选项 8A 和 8B 是**多关系选项**（multiple-relation option），而选项 8C 和 8D 则是**单关系选项**（single-relation option）。选项 8A 为超类 C 及其属性创建关系 L，以及为每个子类 S_i 创建关系 L_i；每个 L_i 都包括 S_i 的特定（局部）属性，以及超类 C 的主键，它将传播到 L_i，并且变成它的主键。它还会变成超类关系的外键。L_i 与 L 之间在主键上进行的等值连接运算将产生 S_i 中实体的所有特定和继承的属性。在图 9.5(a)中演示了这个选项，这里将其用于图 4.4 中所示的 EER 模式。选项 8A 适用于特化上的任何约束：不相交或重叠、完全或部分。注意，下面的约束：

$$\pi_{<k>}(L_i) \subseteq \pi_{<k>}(L)$$

对于每个 L_i 都必须成立。它指定了从每个 L_i 到 L 的外键。

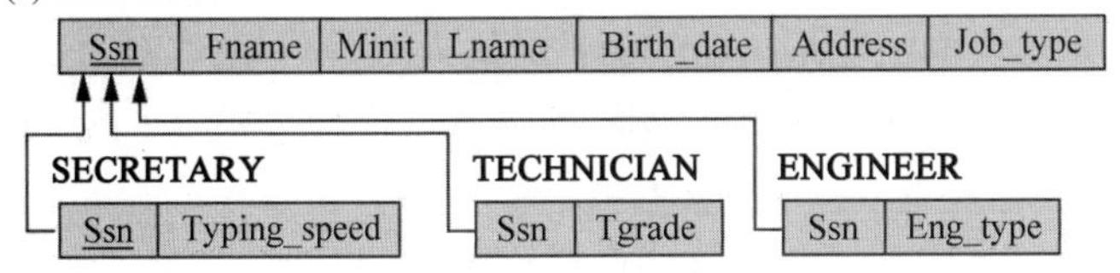

(b) CAR

Vehicle_id	Licence_plate_no	Price	Max_speed	No_of_passengers

TRUCK

Vehicle_id	Licence_plate_no	Price	No_of_axles	Tonnage

(c) EMPLOYEE

Ssn	Fname	Minit	Lname	Birth_date	Address	Job_type	Typing_speed	Tgrade	Eng_type

(d) PART

Part_no	Description	Mflag	Drawing_no	Manufacture_date	Batch_no	Pflag	Supplier_name	List_price

图 9.5　用于映射特化或泛化的选项

(a) 使用选项 8A 映射图 4.4 中的 EER 模式；(b) 使用选项 8B 映射图 4.3(b)中的 EER 模式；

(c) 使用选项 8C 映射图 4.4 中的 EER 模式；

(d) 结合使用选项 8D 与两个布尔类型字段 Mflag 和 Pflag 映射图 4.5 中的 EER 模式

在选项 8B 中，将每个子类与超类之间的等值连接运算构建到模式中，并且删除了超类关系 L，如图 9.5(b)所示，这里将其用于图 4.3(b)中所示的 EER 特化。仅当不相交约束和完全约束都成立时，这个选项才会工作得很好。如果特化不是完全参与的，就会丢失不属于任何子类 S_i 的实体。如果特化是相交的，那么属于多个子类的实体将具有从超类 C 继承的属性，它们冗余地存储在多个表 L_i 中。利用选项 8B，那么没有关系保存超类 C 中的所有实体；因此，必须对 L_i 关系应用一个外并（OUTER UNION）或全外连接（FULL OUTER JOIN）运算（参见 8.4 节），以检索 C 中的所有实体。外连接的结果将类似于使用 8C 和 8D 所得到的关系，只不过将丢失类型字段。无论何时在 C 中搜索任意一个实体，都必须搜索全部 m 个关系 L_i。

选项 8C 和 8D 将创建单个关系，用于表示超类 C 及其所有子类。如果某个实体不属于其中一些子类，那么对于这些子类的特定（局部）属性，该实体将具有 NULL 值。如果为子类定义了许多特定的属性，就不建议使用这两个选项。不过，如果只存在少数几个局部子类属性，这两个选项将比选项 8A 和 8B 更可取，因为它们消除了指定连接运算的需要；因此，它们可以产生查询的更高效的实现。

选项 8C 通过包括单个**类型**（或者**映像**（image）或**识别**）属性 t 来处理不相交子类，其中 t 用于指示每个元组 m 个子类中的哪些子类；因此，t 的值域可能是{1, 2,⋯, m}。如果特化是部分参与的，t 就可能在不属于任何子类的元组中具有 NULL 值。如果特化是属性定义的，那么该属性自身将起到 t 的作用，从而不需要 t；图 9.5(c)中演示了这个选项，这里将其用于图 4.4 中的 EER 特化。

选项 8D 被设计成通过包括 m 个布尔**类型**（或**标志**（flag））字段来处理重叠子类，其中每个字段用于一个子类。它也可用于不相交子类。每个类型字段 t_i 可以具有一个值域{yes, no}，其中 yes 值指示元组是子类 S_i 的一个成员。如果把这个选项用于图 4.4 中的 EER 特化，那么将包括 3 个类型属性：Is_a_secretary、Is_a_engineer 和 Is_a_technician，用于替换图 9.5(c)中的 Job_type 属性。图 9.5(d)显示了使用选项 8D 对图 4.5 中的特化进行映射的结果。

对于多级特化（或泛化）层或格，无须为所有的特化都遵循相同的映射选项。作为替代，可以为层或格的一部分使用一种映射选项，并为其他部分使用其他选项。图 9.6 显示了对图 4.6 中的 EER 格所采用的一种可能的映射到关系。这里，对 PERSON/{EMPLOYEE, ALUMNUS, STUDENT}使用选项 8A；通过包括类型属性 Employee_type 对 EMPLOYEE/{STAFF, FACULTY, STUDENT_ASSISTANT}使用选项 8C；然后通过在 EMPLOYEE 中包括类型属性 Ta_flag 和 Ra_flag 对 STUDENT_ASSISTANT/{RESEARCH_ASSISTANT, TEACHING_ASSISTANT}使用单表选项 8D；还通过在 STUDENT 中包括类型属性 Student_assist_flag 对 STUDENT/STUDENT_ASSISTANT 使用选项 8D，以及通过在 STUDENT 中

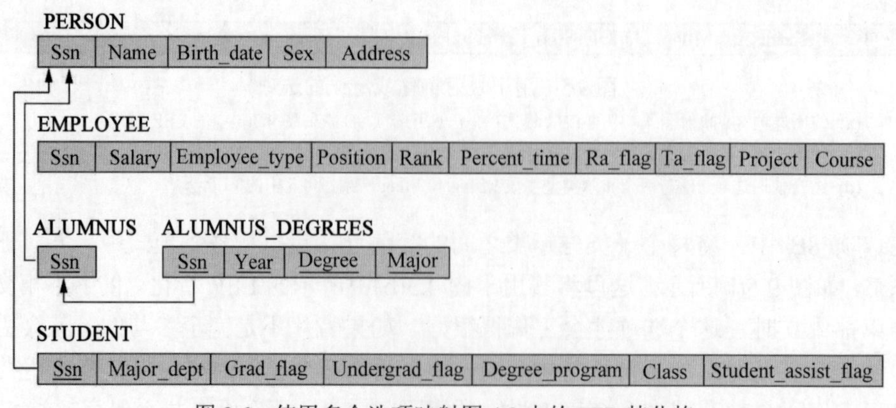

图 9.6　使用多个选项映射图 4.8 中的 EER 特化格

包括类型属性 Grad_flag 和 Undergrad_flag 对 STUDENT/{GRADUATE_STUDENT, UNDERGRADUATE_STUDENT}使用选项 8D。在图 9.6 中，其名称以“type”或“flag”结尾的所有属性都是类型字段。

9.2.2　共享子类（多重继承）的映射

共享子类（例如图 4.6 中的 ENGINEERING_MANAGER）是多个超类的子类，用于指示多重继承。这些类必须都具有相同的键属性；否则，如 4.4 节中所讨论的，将把共享子类建模为一个类别（并类型）。可以对共享子类应用步骤 8 中讨论的任何选项，并且会受到映射算法的步骤 8 中所讨论的限制。在图 9.6 中，选项 8C 和 8D 用于共享子类 STUDENT_ASSISTANT。选项 8C 在 EMPLOYEE 关系中使用（Employee_type 属性），选项 8D 则在 STUDENT 关系中使用（Student_assist_flag 属性）。

9.2.3　类别（并类型）的映射

我们向映射过程中又添加了另外一个步骤（步骤 9）来处理类别。类别（或并类型）是两个或多个超类的并集的一个子类，这些超类可能具有不同的键，因为它们可以是不同的实体类型（参见 4.4 节）。一个示例是图 4.8 中所示的 OWNER 类别，它是 3 个实体类型 PERSON、BANK 和 COMPANY 的并集的一个子集。该图中的另外一个类别 REGISTERED_VEHICLE 具有两个超类，它们具有相同的键属性。

步骤 9：并类型（类别）的映射

若要映射一个其定义超类具有不同键的类别，通常的做法是：在创建与并类型对应的关系时，指定一个新的键属性，称为**代理键**（surrogate key）。定义类的键是不同的，因此不能使用只使用其中任何一个键来标识关系中的实体。在图 4.8 所示的示例中，创建一个关系 OWNER 与 OWNER 类别相对应，如图 9.7 中所示，并且在该关系中包括了类别的所有属性。OWNER 关系的主键是代理键，我们称之为 Owner_id。我们还包括了代理键属性 Owner_id，作为与类别中的超类对应的每个关系的外键，用于指定代理键值与每个超类的原始键值之间的对应关系。注意：如果一个特定的 PERSON（或者 BANK 或 COMPANY）实体不是 OWNER 的成员，那么在 PERSON（或者 BANK 或 COMPANY）关系的对应元组中，其 Owner_id 属性将具有 NULL 值，并且它在 OWNER 关系中将没有对应的元组。另外还建议向 OWNER 关系中添加一个类型属性（图 9.7 中未显示），用于指示每个元组所属的特定实体类型（PERSON、BANK 或 COMPANY）。

对于其超类具有相同键的类别，例如图 4.8 中的 VEHICLE，将无须代理键。图 9.7 中还显示了 REGISTERED_VEHICLE 类别的映射，它正好说明了这种情况。

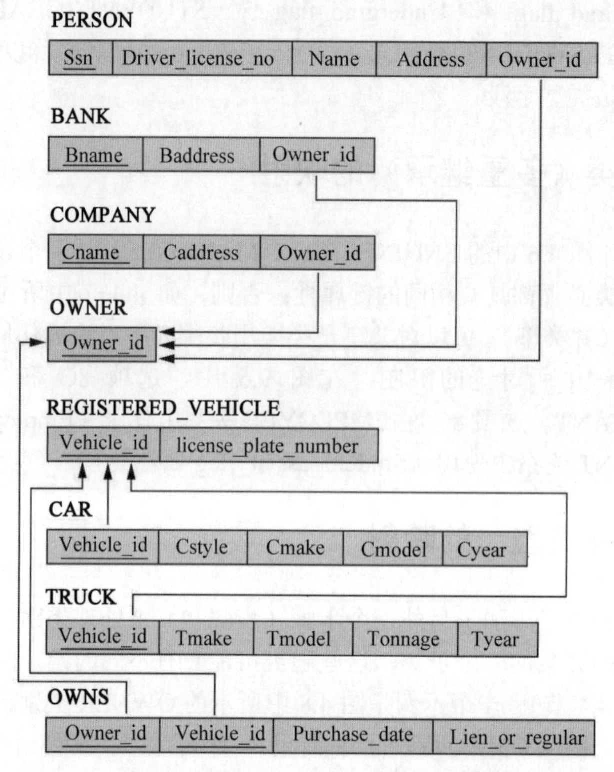

图 9.7　把图 4.8 中的 EER 类别（并类型）映射到关系

9.3　小　结

在 9.1 节中，说明了如何将 ER 模型中的概念模式设计映射到关系数据库模式，该节中还给出了用于 ER-关系映射的算法，并以 COMPANY 数据库为例进行了说明。表 9.1 总结了 ER 与关系模型构造和约束之间的对应关系。接下来，在 9.2 节中向算法中添加了额外的步骤，用于把 EER 模型中的构造映射到关系模型。在图形数据库设计工具中纳入了类似的算法，用于从概念模式设计自动创建关系模式。

复　习　题

9.1　（a）讨论ER模型构造与关系模型构造之间的对应关系。说明如何将每个ER模型构造映射到关系模型，并且讨论任何替代的映射。

（b）讨论用于将EER模型构造映射到关系的选项，以及可以使用每个选项的条件。

练　习　题

9.2　将图3.20中所示的UNIVERSITY数据库模式映射到关系数据库模式。

9.3　将图6.14中的关系模式映射到ER模式。这是一个称为逆向工程（reverse engineering）的过程的一部分，其中将为现有的、已实现的数据库创建一种概念模式。说明你所做的任何假设。

9.4　图9.8显示了一个数据库的ER模式，海事部门可以使用该数据库记录运输船只以及它们的位置。把这个模式映射到关系模式，并且指定所有的主键和外键。

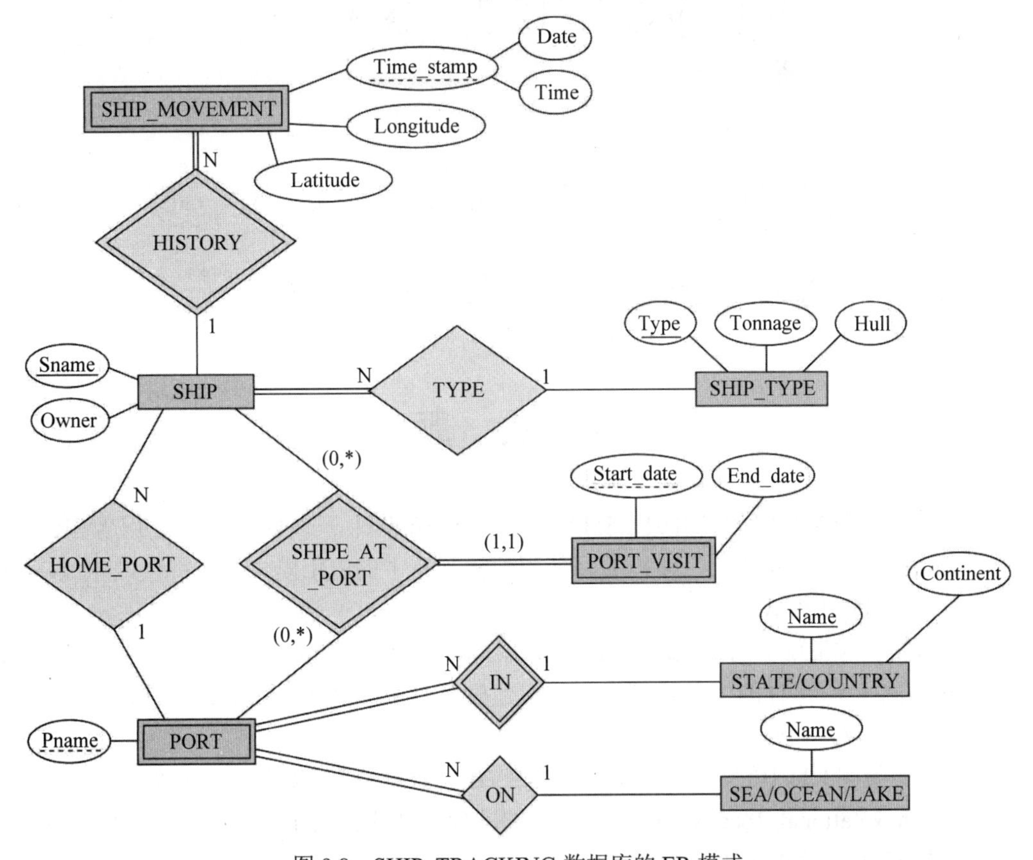

图 9.8　SHIP_TRACKING 数据库的 ER 模式

9.5　把练习题3.23中的BANK的ER模式（如图3.21所示）映射到一种关系模式。指定所有的主键和外键。为练习题3.19中的AIRLINE模式（如图3.20所示）以及练习题3.16~练习题3.24中的其他模式重复执行这个操作。

9.6　把图4.9~图4.12中的EER图映射到关系模式。说明你所选择的映射选项是正确的。

9.7　无须创建新的关系，就能成功地映射一个二元M:N联系类型吗？为什么？

9.8　考虑图9.9中描述汽车经销商的EER图。

将EER模式映射到一组关系。对于VEHICLE到CAR/TRUCK/SUV的泛化，考虑9.2.1节中介绍的4个选项，并且说明每个选项下的关系模式设计。

9.9　使用为练习题4.27中的EER图提供的属性，将完整的模式映射到一组关系。从9.2.1节中介绍的8A~8D选项中选择一个合适的选项，来执行泛化映射，并且说明你的选择是合理的。

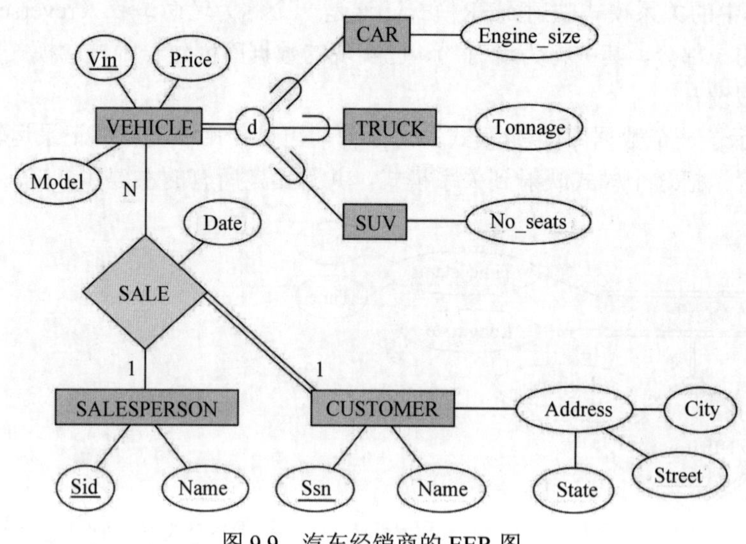

图 9.9 汽车经销商的 EER 图

实 验 题

9.10 考虑实验题3.31中的UNIVERSITY数据库的ER设计，该数据库是使用像ERwin或Rational Rose这样的工具建模的。使用建模工具中的SQL模式生成特性，生成Oracle数据库的SQL模式。

9.11 考虑实验题3.32中的MAIL_ORDER数据库的ER设计，该数据库是使用像ERwin或Rational Rose这样的工具建模的。使用建模工具中的SQL模式生成特性，生成Oracle数据库的SQL模式。

9.12 考虑实验题3.34中的CONFERENCE_REVIEW数据库的ER设计，该数据库是使用像ERwin或Rational Rose这样的工具建模的。使用建模工具中的SQL模式生成特性，生成Oracle数据库的SQL模式。

9.13 考虑实验题4.28中的GRADE_BOOK数据库的EER设计，该数据库是使用像ERwin或Rational Rose这样的工具建模的。使用建模工具中的SQL模式生成特性，生成Oracle数据库的SQL模式。

9.14 考虑实验题4.29中的ONLINE_AUCTION数据库的EER设计，该数据库是使用像ERwin或Rational Rose这样的工具建模的。使用建模工具中的SQL模式生成特性，生成Oracle数据库的SQL模式。

选 读 文 献

Chen 在其经典论文（Chen，1976）中描述了原始的 ER-关系映射算法。Batini 等（1992）讨论了各种将 ER 和 EER 模型映射到遗留模型或者将遗留模型映射到 ER 和 EER 模型的算法。

第 4 部 分

数据库编程技术

第 10 章　SQL 编程技术简介

在第 6 章和第 7 章中，描述了 SQL 语言的多个方面，它是关系数据库的标准。我们描述了用于数据定义、模式修改、查询、视图和更新的 SQL 语句，还描述了如何在数据库内容上指定各种约束，例如键约束和参照完整性约束。

在本章和第 11 章中，将讨论一些开发用于从程序中访问数据库的方法。实际应用中的大多数数据库访问都是通过实现**数据库应用**（database application）的软件程序完成的。这些软件通常都是利用一种通用编程语言开发的，例如 Java、C/C++/C#、COBOL（历史上）或者某种其他的编程语言。此外，许多脚本语言（例如 PHP、Python 和 JavaScript）也用于 Web 应用内的数据库访问编程。在本章中，将重点介绍如何通过传统的编程语言（例如 C/C++和 Java）访问数据库；在第 11 章中，则将介绍如何通过脚本语言（例如 PHP）访问数据库。回忆一下 2.3.1 节的内容，当在程序中包括数据库语句时，就将通用编程语言称为*宿主语言*，而将数据库语言（这里是 SQL）称为*数据子语言*。在一些情况下，将开发一些特殊的数据库编程语言，专门用于编写数据库应用。尽管其中许多语言是作为研究原型开发的，但是有些著名的数据库编程语言得到了广泛应用，例如 Oracle 的 PL/SQL（Programming Language/SQL）。

值得注意的是，数据库编程是一个非常广泛的主题。有许多图书用一整本书专门介绍各种数据库编程技术，以及如何在特定的系统中实现这些技术。新技术一直层出不穷，现有的技术也在不断更新，并且纳入了更新的系统版本和语言中。介绍这个主题的另外一个难点是：尽管存在 SQL 标准，但是这些标准自身也在不断演化，并且每个 DBMS 供应商可能具有标准的一些变体。鉴于此，我们将选择介绍一些主流的数据库编程技术并对这些技术做比较，而不是详细研究一种特定的方法或系统。我们给出的示例用于说明程序员在使用每一种数据库编程技术时所面临的主要区别。我们将尝试在示例中使用 SQL 标准，而不是描述特定的系统。当使用特定的系统时，本章中的内容可以充当一个介绍，但是读者应该阅读系统手册或者描述特定系统的图书来补充自己的知识。

我们将在 10.1 节中开始数据库编程的介绍，并将概述那些开发用于从程序中访问数据库的不同技术。然后，在 10.2 节中，将讨论用于把 SQL 语言嵌入通用编程语言中的规则，一般把这类 SQL 语句称为*嵌入式* SQL。本节还将简要讨论*动态* SQL，它可以在运行时动态地构造查询；另外，这一节还将介绍嵌入式 SQL 的 SQLJ 变体的基本知识，SQLJ 是专门为编程语言 Java 开的发。在 10.3 节中，将讨论称为 SQL/CLI（Call Level Interface，调用层接口）的技术，其中将提供一个用于访问数据库的过程和函数库。现在已经提出了多种库函数集。SQL/CLI 函数集是在 SQL 标准中提供的。另一种广泛使用的函数库是 ODBC（Open Data Base Connectivity，开发数据库互连），它与 SQL/CLI 之间具有许多相似之处；事实上，可以将 SQL/CLI 视作是 ODBC 的标准化版本。我们将描述的第三个类库是 JDBC；它专门开发用于从 Java 面向对象编程语言（OOPL）中访问数据库。在 OOPL 中，使用类库代替函数和过程库，并且每个类都具有它自己的操作和函数。在 10.4 节中，将讨论 SQL/PSM（Persistent Stored Module，持久存储模块），它是 SQL 标准的一部分，允许 DBMS 存储程序模块（过程和函数），并通过 SQL 访问它们；这也指定了一种用于编写持久存储模块的过程式数据库编程语言。在 10.5 节中将简要比较 3 种数据库编程方法。10.6 节是本章小结。

10.1 数据库编程技术和问题概述

现在将把注意力转向那些开发用于从程序中访问数据库的技术，特别是如何从应用程序中访问 SQL 数据库的问题。第 6 章和第 7 章中的 SQL 介绍主要关注的是用于各种数据库操作的语言构造，从模式定义和约束规范到查询、更新和指定视图。大多数数据库系统都具有一个**交互式界面**（interactive interface），通过这个界面，用户可以直接在显示器上输入这些 SQL 命令，并由数据库系统执行。例如，在安装了 Oracle RDBMS 的计算机系统中，SQLPLUS 命令可以启动一个交互式界面。用户可以直接在多行上输入 SQL 命令或查询，并通过分号和 Enter 键（即“;<cr>”）结尾。此外，也可以输入@<文件名>，通过交互式界面创建一个**命令文件**（file of commands）并执行它。系统将执行文件中编写的命令，并显示结果（如果有）。

使用交互式界面可以相当方便地创建模式和约束，或者用于临时性的即席查询。不过，在实际中，大多数的数据库交互都是通过精心设计和测试的程序执行的。这些程序一般称为**应用程序**（application program）或**数据库应用**（database application），并且作为固定事务被最终用户使用，参见 1.4.3 节中的讨论。数据库编程的另一个常见应用是：通过一个实现 **Web 界面**（Web interface）的应用程序来访问数据库，例如，在预订机票或者网上购物时。事实上，绝大多数 Web 电子商务应用都包括一些数据库访问命令。第 11 章将概述使用 PHP 进行 Web 数据库编程，PHP 是最近被广泛使用的一种脚本语言。

在本节中，首先将概述数据库编程的主要方法。然后讨论当尝试从通用编程语言访问数据库时可能会出现的一些问题，以及用于从软件程序与数据库交互的典型命令序列。

10.1.1 数据库编程的方法

可以使用多种技术在应用程序中包括数据库交互。用于数据库编程的主要方法如下：

（1）**在通用编程语言中嵌入数据库命令**。在这种方法中，将数据库语句**嵌入**在宿主编程语言中，但是要通过一个特殊的前缀来标识它们。例如，用于嵌入式 SQL 的前缀是字符串 EXEC SQL，在宿主语言中将把它置于所有 SQL 命令之前[1]。**预编译器**（precompiler）或者**预处理器**（preprocessor）将扫描源程序代码，确定数据库语句，并把它们提取出来让 DBMS 处理。然后把它们替换成 DBMS 生成的代码的函数调用。这种技术一般称为**嵌入式 SQL**。

1 有时也使用其他前缀，但是这个前缀是最常见的。

（2）**使用数据库函数库或类库**。宿主编程语言可以使用**函数库**（library of functions）来实现数据库调用。例如，可能有用于连接到数据库、准备查询、执行查询、执行更新、逐一在记录上遍历查询结果等的函数。实际的数据库查询和更新命令以及任何其他的必要信息都将作为参数包括在函数调用中。这种方法提供了所谓的**应用程序编程接口**（application programming interface，API)，用于从应用程序中访问数据库。对于面向对象编程语言（object-oriented programming language，OOPL），使用的是**类库**（class library）。例如，Java 具有 JDBC 类库，它可以生成各种类型的对象，例如：针对特定数据库的连接对象、查询对象以及查询结果对象。每种对象类型都具有与该对象对应的类关联的一组操作。

（3）**设计一种全新的语言**。从头开始设计一种与数据库模型和查询语言兼容的**数据库编程语言**（database programming language）。把诸如循环和条件语句之类的额外编程构造添加到数据库语言中，以使之转变成一种成熟的编程语言。这种方法的一个示例是 Oracle 的 PL/SQL。SQL 标准具有用于指定存储过程的 SQL/PSM 语言。

在实际中，前两种方法更常见，因为已经利用通用编程语言编写了许多应用，只是它们需要一些数据库访问而已。第三种方法更适合于具有密集的数据库交互的应用。前两种方法的主要问题之一是*阻抗失配*，而它不会出现在第三种方法中。

10.1.2　阻抗失配

阻抗失配（impedance mismatch）是一个术语，用于指示由于数据库模型与编程语言模型之间的差异而导致的问题。例如，实际的关系模型具有 3 种主要的构造：列（属性）及其数据类型、行（也称为元组或记录）和表（记录的集合或多集）。第一个可能发生的问题是：*编程语言的数据类型*不同于数据模型中可用的*属性数据类型*。因此，每种宿主编程语言都需要有一个**绑定**（binding），以便为每种属性类型指定兼容的编程语言类型。*每种编程语言*都需要一个不同的绑定，因为不同的语言具有不同的数据类型。例如，C/C++和 Java 中可用的数据类型就是不同的，并且它们都不同于 SQL 数据类型，后者是关系数据库的标准数据类型。

由于大多数查询的结果是元组（行）的集合或多集，并且每个元组都是由一个属性值序列构成的，从而引发了另一个问题。在程序中，经常需要访问各个元组内的各个数据值，以便进行打印或处理。因此，需要有一个绑定，将*查询结果数据结构*（它是一个表）映射到编程语言中的一个合适的数据结构。需要有一种机制来遍历**查询结果**（query result）中的元组，以便一次访问一个元组，以及从元组中提取各个值。通常会把提取的属性值复制给合适的程序变量，以便由程序做进一步的处理。通常使用**游标**（cursor）或**迭代器变量**（iterator variable）来遍历查询结果中的元组。然后把每个元组内的各个值提取到合适类型的相应程序变量中。

如果设计一种特殊的数据库编程语言，并且它将使用与数据库模型相同的数据模型和数据类型，那么阻抗失配就不太可能成为一个问题了。例如，Oracle 的 PL/SQL 就是这样一种语言。SQL 标准也具有对这类数据库编程语言的提案，称为 SQL/PSM。对于对象数据库，对象数据模型（参见第 12 章）与 Java 编程语言的数据模型非常相似，因此，当把 Java 用作宿主语言来访问 Java 兼容的对象数据库时，可以极大地减少阻抗失配。目前已经实现了多种数据库编程语言的研究原型（参见选读文献）。

10.1.3 数据库编程中的典型交互序列

当程序员或软件工程师编写一个需要访问数据库的程序时，一种相当常见的情况是：让程序在一个计算机系统上运行，而把数据库安装在另一个计算机系统上。回忆一下 2.5 节的内容，数据库访问的一种常见的架构是三层客户/服务器模型，其中顶层的**客户程序**（client program）通常作为 Web 客户或移动应用，处理信息在笔记本计算机或移动设备上的显示；中间层的**应用程序**（application program）实现业务软件应用的逻辑，但是包括一些对位于底层的一个或多个**数据库服务器**（database server）的调用，用以访问或更新数据[1]。在编写这样一个应用程序时，常见的交互序列如下：

（1）当应用程序需要访问特定的数据库时，程序首先必须建立或打开一个与数据库服务器的**连接**（connection）。通常，这涉及指定安装数据库服务器的机器的 Internet 地址（URL），以及提供用于数据库访问的登录账户名和密码。

（2）一旦建立了连接，程序就可以通过提交查询、更新及其他数据库命令与数据库交互。一般来讲，大多数 SQL 语句类型都可以包括在应用程序中。

（3）当程序不再需要访问特定的数据库时，就应该终止或关闭对数据库的连接。

如果需要，一个程序可以访问多个数据库。在一些数据库编程方法中，一次只有一条连接是活动的，而在其他方法中，可以同时建立多条连接。

在下面三节中，将讨论数据库编程的 3 种主要方法的示例。10.2 节将描述如何将 SQL 嵌入编程语言中。10.3 节将讨论如何使用 SQL/CLI（类似于 ODBC）和 JDBC 将函数调用和类库用于访问数据库。10.4 节将讨论 SQL 的一个扩展，称为 SQL/PSM，它允许使用通用编程构造来定义存储在数据库系统内的模块（过程和函数）[2]。10.5 节对上述这些方法做了一个比较。

10.2 嵌入式 SQL、动态 SQL 和 SQLJ

在本节中，将概述用于在通用编程语言中嵌入 SQL 语句的技术。我们将重点介绍两种语言：C 和 Java。在 10.2.1 节~10.2.3 节中将介绍 C 语言使用的示例，称为**嵌入式 SQL**（embedded SQL），可以改写这些示例以适应其他类似的编程语言。在 10.2.4 节和 10.2.5 节中将介绍使用 Java 的示例，称为 SQLJ。在这种嵌入式方法中，编程语言称为**宿主语言**（host language）。在宿主语言程序中可以嵌入大多数 SQL 语句，包括数据或约束定义、查询、更新或视图定义。

---

1 如 2.5 节中所讨论的，存在两层架构和三层架构；为了使我们的讨论保持简单，这里假定使用两层的客户/服务器架构。

2 SQL/PSM 说明了如何将典型的通用编程语言构造（例如循环和条件结构）纳入 SQL 中。

10.2.1　利用嵌入式 SQL 检索单个元组

为了说明嵌入式 SQL 的概念，我们将使用 C 作为宿主编程语言[1]。在 C 程序中，通过在嵌入式 SQL 语句前面加上关键字 EXEC SQL 将其与编程语言的语句区分开，使得**预处理器**（**或预编译器**）可以把嵌入式 SQL 语句与宿主语言源代码分隔开。程序内的 SQL 语句通过匹配的 END-EXEC 或者分号（;）终止。类似的规则也适用于在其他编程语言中嵌入 SQL 语句。

在嵌入式 SQL 命令内，程序员可以引用特别声明的 C 程序变量；这些变量称为**共享变量**（shared variable），因为在 C 程序和嵌入式 SQL 语句中都要用到它们。*当共享变量出现在 SQL 语句中时*，要以冒号（:）作为前缀。这就可以把程序变量名称与数据库模式构造（例如属性（列名）和关系（表名））的名称区分开。它还允许程序变量具有与属性相同的名称，因为在 SQL 语句中可以通过冒号（:）前缀把它们区分开。数据库模式构造（例如属性和关系）的名称只能在 SQL 命令内使用，但是共享程序变量可以在 C 程序中别的位置使用，只是不带冒号（:）前缀而已。

假设我们想要编写 C 程序来处理图 5.5 中的 COMPANY 数据库。需要声明一些程序变量，以匹配程序将会处理的数据库属性的类型。程序员可以选择**程序变量**（program variable）的名称；它们可能与对应的数据库属性的名称相同，也可能不同。本章中的所有示例都将使用图 10.1 中声明的 C 程序变量，示例中的 C 程序段将*不再给出变量声明*。共享变量是在程序中的一个**声明区**（declare section）内声明的，如图 10.1 所示（第 1~7 行）[2]。C 类型与 SQL 类型之间的几个常见的绑定如下：SQL 类型 INTEGER、SMALLINT、REAL 和 DOUBLE 分别映射到 C 数据类型 long、short、float 和 double。SQL 中的定长和变长字符串（CHAR [i]、VARCHAR [i]）可以映射到 C 中的字符数组（char [i+1]、varchar [i+1]），这些字符数组比对应的 SQL 类型长一个字符，因为 C 中的字符串是利用 NULL 字符（\0）终止的，它不是字符串本身的一部分[3]。尽管 varchar 不是一个标准的 C 数据类型，但是当把 C 用于 SQL 数据库编程时仍然允许使用它。

```
0) int loop ;
1) EXEC SQL BEGIN DECLARE SECTION ;
2) varchar dname [16], fname [16], lname [16], address [31] ;
3) char ssn [10], bdate [11], sex [2], minit [2] ;
4) float salary, raise ;
5) int dno, dnumber ;
6) int SQLCODE ; char SQLSTATE [6] ;
7) EXEC SQL END DECLARE SECTION ;
```

图 10.1　嵌入式 SQL 示例 E1 和 E2 中使用的 C 程序变量

1　这里的讨论也适用于 C++或 C#编程语言，因为我们没有使用任何面向对象特性，而只是把重点放在数据库编程机制身上。

2　为了方便参考，在我们的代码段中使用了行号；这些行号不是实际代码的一部分。

3　SQL 字符串也可以映射到 C 中的 char*类型。

注意：图 10.1 中嵌入式 SQL 命令只出现在第 1 行和第 7 行中，它们告诉预编译器要注意 BEGIN DECLARE 和 END DECLARE 之间的 C 变量名，因为它们可以包括在嵌入式 SQL 语句中，只要在它们前面加上冒号（:）前缀即可。第 2~5 行是一般的 C 程序声明。第 2~5 行中声明的 C 程序变量对应于图 5.5 中的 COMPANY 数据库中的 EMPLOYEE 和 DEPARTMENT 表的属性，而 COMPANY 数据库是通过图 6.1 中的 SQL DDL 声明的。第 6 行中声明的变量（SQLCODE 和 SQLSTATE）称为 **SQL 通信变量**（SQL communication variable），它们用于在数据库系统与执行程序之间传达错误和异常情况。第 0 行显示了一个程序变量 loop，它将不会在任何嵌入式 SQL 语句中使用，因此它是在 SQL 声明区外面声明的。

1. 连接到数据库

用于建立一个数据库连接的 SQL 命令具有如下形式：

```
CONNECT TO <服务器名>AS <连接名>
AUTHORIZATION <用户账户名和密码> ;
```

一般来讲，既然一个用户或程序可以访问多个数据库服务器，就可以建立多条连接，但是在任何时刻只有一条连接可以是活动的。程序员或用户可以使用<连接名>将当前活动的连接更换为一条不同的连接，使用的命令如下：

```
SET CONNECTION <连接名> ;
```

一旦某条连接不再需要，就可以使用以下命令终止它：

```
DISCONNECT <连接名> ;
```

在本章中的示例中，假定已经建立了对 COMPANY 数据库的合适连接，并且它是当前活动的连接。

2. 通信变量 SQLCODE 和 SQLSTATE

DBMS 使用两个特殊的**通信变量**（communication variable）将异常或错误情况传达给程序，这两个变量是 SQLCODE 和 SQLSTATE。图 10.1 中所示的 SQLCODE 变量是一个整型变量。在执行每个数据库命令之后，DBMS 就会在 SQLCODE 中返回一个值。如该值为 0，则指示 DBMS 成功执行了语句。如果 SQLCODE>0（或者更确切地讲，如果 SQLCODE = 100），这就指示在查询结果中没有更多的数据（记录）可用。如果 SQLCODE < 0，这就指示发生了某个错误。在一些系统中，例如在 Oracle RDBMS 中，SQLCODE 是一个名为 SQLCA（SQL communication area，SQL 通信区）的记录结构中的一个字段，因此将利用 SQLCA.SQLCODE 引用它。在这种情况下，必须通过在 C 程序中包括以下一行代码，以在程序中包括 SQLCA 的定义：

```
EXEC SQL include SQLCA ;
```

在 SQL 标准的更新版本中，添加了一个名为 SQLSTATE 的通信变量，它是一个包含 5 个字符的字符串。如果 SQLSTATE 中的值为 00000，就指示没有错误或异常；其他的值则指示各种错误或异常。例如，在使用 SQLSTATE 时，值为 02000 就指示“没有更多的数据”。目前，SQLSTATE 和 SQLCODE 在 SQL 标准中均是可用的。SQLSTATE 中返回的许多错误和异常代码应该为所有的 SQL 供应商和平台进行标准化[1]，而 SQLCODE 中返回的代码则没有标准化，但是要由 DBMS 供应商定义它们。因此，一般使用 SQLSTATE 会更好，因为这使应用程序中的错误处理可以独立于特定的 DBMS。作为一个练习，读者应该使用 SQLSTATE 代替 SQLCODE 改写本章后面给出的几个示例。

3. 嵌入式 SQL 编程示例

用于说明嵌入式 SQL 编程的第一个示例是一个重复程序段（循环），它获取雇员的社会安全号作为输入，并且打印数据库中对应的 EMPLOYEE 记录中的一些信息。C 程序代码如图 10.2 中的程序段 E1 所示。程序读取（输入）一个 Ssn 值，然后通过嵌入式 SQL 命令从数据库中检索具有该 Ssn 的 EMPLOYEE 元组。INTO 子句（第 5 行）指定一些程序变量，将从中检索数据库记录中的属性值。如前面所讨论的，INTO 子句中的 C 程序变量带有冒号（:）前缀。仅当查询结果是单个记录时，才能以这种方式使用 INTO 子句；如果检索出多条记录，就会生成一个错误。在 10.2.2 节中将看到如何处理多条记录。

```
    //Program Segment E1:
0)  loop = 1 ;
1)  while (loop) {
2)      prompt("Enter a Social Security Number: ", ssn) ;
3)      EXEC SQL
4)          SELECT Fname, Minit, Lname, Address, Salary
5)          INTO :fname, :minit, :lname, :address, :salary
6)          FROM EMPLOYEE WHERE Ssn = :ssn ;
7)      if (SQLCODE = = 0) printf(fname, minit, lname, address, salary)
8)          else printf("Social Security Number does not exist: ", ssn) ;
9)      prompt("More Social Security Numbers (enter 1 for Yes, 0 for No): ", loop);
10)     }
```

图 10.2　程序段 E1：一个具有嵌入式 SQL 的 C 程序段

E1 中的第 7 行说明了数据库与程序之间通过特殊变量 SQLCODE 进行通信的情况。如果 DBMS 在 SQLCODE 中返回的值为 0，就指示在执行前面的语句时没有发生错误或异常情况。第 7 行将检查它，并且假定如果发生一个错误，就是由于不存在具有给定 Ssn 的 EMPLOYEE；因此它将输出一条这样的消息（第 8 行）。

如示例 E1 中所示，当检索到单个记录时，程序员可以将它的属性值直接赋予 INTO 子句中的 C 程序变量，如第 5 行所示。一般来讲，一个 SQL 查询可以检索许多元组。在这种情况下，C 程序通常将遍历所有检索出的元组，并逐一处理它们。可以使用游标的概念，允许宿主语言程序对查询结果中的元组逐一进行处理。下面将描述游标。

1　特别是，应该对以 0~4 或 A~H 开头的 SQLSTATE 代码进行标准化，而其他值可以由实现来定义。

10.2.2 使用游标处理查询结果

游标（cursor）是一个变量，引用检索到一个元组集合的**查询结果**（query result）中的单个元组（行）。它用于一次一条记录地遍历查询结果。游标是在**声明**（declare）SQL 查询时声明的。在后面的程序中，将使用 OPEN CURSOR 命令从数据库中获取查询结果，并将游标置于查询结果中第一行之前的位置。这个位置就变成了游标的**当前行**（current row）。随后，可以在程序中发出 FETCH 命令；每个 FETCH 命令都将把游标移至查询结果中的下一行，使之成为当前行，并把它的属性值复制到 FETCH 命令中由 INTO 子句指定的 C（宿主语言）程序变量中。游标变量实质上是一个**迭代器**（iterator），用于一次一个地遍历查询结果中的元组。

为了确定何时处理完了查询结果中的所有元组，可以检查通信变量 SQLCODE（或者 SQLSTATE）。如果发出一个 FETCH 命令，导致把游标移至查询结果中的最后一个元组之后，就会在 SQLCODE 中返回一个正值（SQLCODE > 0），指示未找到数据（元组）（或者在 SQLSTATE 中返回字符串 02000）。程序员可以据此终止遍历查询结果中的元组。一般来讲，可以同时打开许多游标。如果发出 CLOSE CURSOR 命令，就指示已经完成了与该游标相关的查询结果的处理。

图 10.3 显示了一个使用游标处理带有多条记录的查询结果的示例，其中第 4 行声明了一个名为 EMP 的游标。EMP 游标与第 5 行和第 6 行中声明的 SQL 查询相关联，但是直到处理了 OPEN EMP 命令（第 8 行）之后才会执行该查询。OPEN <游标名>命令用于执行查

```
    //Program Segment E2:
0)  prompt("Enter the Department Name: ", dname) ;
1)  EXEC SQL
2)      SELECT Dnumber INTO :dnumber
3)      FROM DEPARTMENT WHERE Dname = :dname ;
4)  EXEC SQL DECLARE EMP CURSOR FOR
5)      SELECT Ssn, Fname, Minit, Lname, Salary
6)      FROM EMPLOYEE WHERE Dno = :dnumber
7)      FOR UPDATE OF Salary ;
8)  EXEC SQL OPEN EMP ;
9)  EXEC SQL FETCH FROM EMP INTO :ssn, :fname, :minit, :lname, :salary ;
10) while (SQLCODE = = 0) {
11)     printf("Employee name is:", Fname, Minit, Lname) ;
12)     prompt("Enter the raise amount: ", raise) ;
13)     EXEC SQL
14)         UPDATE EMPLOYEE
15)         SET Salary = Salary + :raise
16)         WHERE CURRENT OF EMP ;
17)     EXEC SQL FETCH FROM EMP INTO :ssn, :fname, :minit, :lname, :salary ;
18)     }
19) EXEC SQL CLOSE EMP ;
```

图 10.3　程序段 E2：一个结合使用游标与嵌入式 SQL 以执行更新的 C 程序段

询并提取它的结果，然后将其作为表存放在程序空间中，其中程序可以通过后续的 FETCH <游标名>命令（第 9 行）遍历各个行（元组）。这里假定如图 10.1 中所示已经声明了合适的 C 程序变量。E2 中的程序段读取（输入）一个部门名称（第 0 行），从数据库中检索匹配的部门编号（第 1~3 行），然后通过声明的 EMP 游标检索在该部门工作的雇员。一个循环（第 10~18 行）将一次一个地遍历查询结果中的每条记录，并且打印雇员姓名，然后读取（输入）该雇员的薪水涨幅（第 12 行），并据此更新数据库中雇员的薪水（第 14~16 行）。

这个示例还说明了程序员如何*更新*数据库记录。当为要修改（**更新**）的行定义游标时，必须在游标声明中添加 FOR UPDATE OF 子句，并且列出将被程序更新的任何属性名，如代码段 E2 中的第 7 行所示。如果要**删除**行，就必须添加关键字 FOR UPDATE，而无须指定任何属性。在嵌入式 UPDATE（或 DELETE）命令中，条件 WHERE CURRENT OF<游标名>指定游标引用的当前元组就是要更新（或删除）的元组，如 E2 中的第 16 行所示。如果查询的结果仅用于检索目的（不进行更新或删除），就无须包括第 7 行中的 FOR UPDATE OF 子句。

游标声明的一般选项

在声明游标时，可以指定多个选项。游标声明的一般形式如下：

```
DECLARE <游标名> [ INSENSITIVE ] [ SCROLL ] CURSOR
[ WITH HOLD ] FOR <查询规范>
[ ORDER BY <排序规范> ]
[ FOR READ ONLY | FOR UPDATE [ OF <属性列表> ] ] ;
```

我们已经简要讨论了最后一行中列出的选项。默认选项是出于检索目的而执行查询（FOR READ ONLY）。如果要更新查询结果中的某些元组，就需要指定 FOR UPDATE OF <属性列表>，并列出可能要更新的属性。如果要删除一些元组，就需要指定 FOR UPDATE，而无须列出任何属性。

当在游标声明中指定可选关键字 SCROLL 时，就可能以其他方式定位游标，而不是单纯地按顺序进行访问。可以在 FETCH 命令中添加**获取方向**（fetch orientation），它的值可以是 NEXT、PRIOR、FIRST、LAST、ABSOLUTE i 和 RELATIVE i 这几个值之一。在后两个命令中，i 必须为一个整数值，用于指定元组在查询结果内的绝对位置（对于 ABSOLUTE i），或者元组相对于当前游标的位置（对于 RELATIVE i）。在我们的示例中使用的默认获取方向是 NEXT。获取方向允许程序员更加灵活地在查询结果中的元组周围移动游标，从而提供按位置的随机访问或者逆序访问。当在游标上指定 SCROLL 时，FETCH 命令的一般形式如下所示，其中用方括号括住的部分是可选的：

```
FETCH [ [ <获取方向> ] FROM ] <游标名> INTO <获取目标列表>;
```

ORDER BY 子句用于对元组进行排序，使得 FETCH 命令将按指定的顺序获取它们。它是以与 SQL 查询中对应子句相似的方式指定的（参见 6.3.6 节）。声明游标时的最后两个选项（INSENSITIVE 和 WITH HOLD）指示数据库程序的事务特征，将在第 20 章中讨论。

10.2.3 使用动态 SQL 在运行时指定查询

在前面的示例中，将嵌入式 SQL 查询编写为宿主程序源代码的一部分。因此，无论何时我们想要编写一个不同的查询，都必须修改程序代码，并且完成涉及的所有步骤（编译、调试、测试等）。在一些情况下，编写一个可以在运行时动态执行不同 SQL 查询或更新（或者其他操作）的程序将很方便。例如，我们可能想要编写一个程序，它将接收从显示器输入的 SQL 查询，执行它，并且显示它的结果，例如可供大多数商业 DBMS 使用的交互式界面。另一个示例是：一个用户友好的界面可以基于用户通过 Web 界面或移动应用输入的信息，动态地为用户生成 SQL 查询。在本节中，将简要概述**动态** SQL，它是一种用于编写这类数据库程序的技术，这里将给出一个简单的示例，用以说明动态 SQL 是如何工作的。在 10.3 节中，将描述另一种方法，它使用函数库或类库处理动态查询。

图 10.4 中的程序段 E3 把用户输入的一个字符串（在这个示例中该字符串应该是一个 SQL *更新命令*）读入第 3 行中的字符串程序变量 sqlupdatestring 中。然后，在第 4 行中通过将其与 SQL 变量 sqlcommand 相关联，使之**准备**（prepare）作为一个 SQL 命令。然后，第 5 行**执行**（execute）这个命令。注意：在这种情况下，*在编译时*将不能对命令执行语法检查或者其他类型的检查，因为 SQL 命令直到运行时才可用。这一点不同于前面的嵌入式 SQL 示例，对于嵌入式 SQL，可以在编译时检查查询，因为其语句位于程序源代码中。

```
    //Program Segment E3:
0)   EXEC SQL BEGIN DECLARE SECTION ;
1)   varchar sqlupdatestring [256] ;
2)   EXEC SQL END DECLARE SECTION ;
     ...
3)   prompt("Enter the Update Command: ", sqlupdatestring) ;
4)   EXEC SQL PREPARE sqlcommand FROM :sqlupdatestring ;
5)   EXEC SQL EXECUTE sqlcommand ;
     ...
```

图 10.4 程序段 E3：一个使用动态 SQL 更新表的 C 程序段

在 E3 中，将 PREPARE 和 EXECUTE 分隔开的原因是：如果命令要在一个程序中执行多次，就可以把它只准备一次。**准备命令**（prepare the command）一般涉及由系统执行的语法检查及其他类型的检查，以及生成用于执行它的代码。也可以通过编写以下代码，将 PREPARE 和 EXECUTE 命令（E3 中的第 4 行和第 5 行）合并到单个语句中：

```
EXEC SQL EXECUTE IMMEDIATE :sqlupdatestring ;
```

如果命令将只执行一次，这样做就是有用的。此外，程序员还可以把两条语句分隔开，以捕获 PREPARE 语句后面的任何错误，如 E3 中所示。

尽管在动态 SQL 中包括动态*更新命令*相对比较直观，但是动态*检索查询*要复杂得多。这是由于程序员在编写程序时不知道 SQL 查询要检索的属性数量。如果事先不知道关于动态查询的信息，就需要一种复杂的数据结构，以允许查询结果中出现不同数量和类型的属性。可以使用 10.3 节将讨论的那些类似的技术把检索查询结果（以及查询参数）赋予宿主程序变量。

10.2.4　SQLJ：在 Java 中嵌入 SQL 命令

在前面几个小节中，概述了如何在传统编程语言（我们示例中使用的是 C 语言）中嵌入 SQL 命令。我们现在将把注意力转向如何在面向对象编程语言（特别是 Java 语言）中嵌入 SQL[1]。SQLJ 是一个标准，多个供应商都采用它在 Java 中嵌入 SQL。从历史上讲，SQLJ 是在 JDBC 之后开发的，JDBC 使用类库和函数调用从 Java 中访问 SQL 数据库。在 10.3.2 节中将讨论 JDBC。在本节中，将重点介绍 SQLJ 在 Oracle RDBMS 中的使用。SQLJ 转换器一般可以将 SQL 语句转换成 Java 语句，然后就可以通过 JDBC 接口来执行。因此，在使用 SQLJ 时，有必要安装 JDBC 驱动程序[2]。在本节中，将重点介绍如何使用 SQLJ 概念在 Java 程序中编写嵌入式 SQL。

在 Oracle 中能够利用 Java 处理 SQLJ 之前，有必要导入几个类库，如图 10.5 所示。这些类库包括 JDBC 和 IO 类（第 1 行和第 2 行），以及第 3~5 行中列出的其他类。此外，程序首先必须使用函数调用 getConnection 连接到想要的数据库，这个函数调用是图 10.5 中第 5 行的 oracle 类的方法之一，它返回一个默认上下文[3]类型的对象，其格式如下所示：

```
public static DefaultContext
      getConnection(String url, String user, String password, Boolean autoCommit)
      throws SQLException ;
```

```
1)  import java.sql.* ;
2)  import java.io.* ;
3)  import sqlj.runtime.* ;
4)  import sqlj.runtime.ref.* ;
5)  import oracle.sqlj.runtime.* ;
    ...
6)  DefaultContext cntxt =
7) oracle.getConnection("<url name>", "<user name>", "<password>", true) ;
8)  DefaultContext.setDefaultContext(cntxt) ;
    ...
```

图 10.5　在 Oracle 中导入所需的类，以便在 Java 程序中包括 SQLJ，并且建立一条连接和默认上下文

例如，可以编写图 10.5 中的第 6~8 行中的语句，用于连接到一个位于 url <url name> 的 Oracle 数据库，使用<user name>和<password>登录，并自动提交每个命令[4]，然后把这条连接设置为后续命令的**默认上下文**（default context）。

1　本节假定读者熟悉面向对象概念（参见第 12 章）以及基本的 Java 概念。

2　在 10.3.2 节中将讨论 JDBC 驱动程序。

3　如果设置了默认上下文，就会将其应用于程序中的后续命令，直到改变了它为止。

4　*自动提交*（automatic commitment）大体上意味着：在执行每个命令之后，将把它应用于数据库。一种替代方法是：程序员希望执行多个相关的数据库命令，然后一起提交它们。在第 20 章中描述数据库事务时将讨论提交的概念。

在下面的示例中，将不会展示完整的 Java 类或程序，因为我们的本意不是讲授 Java 语言。相反，我们将显示程序段，来说明如何使用 SQLJ。图 10.6 显示了我们的示例中使用的 Java 程序变量。图 10.7 中的程序段 J1 读取一个雇员的 Ssn，并且打印数据库中该雇员的一些信息。

```
1)  string dname, ssn , fname, fn, lname, ln,
    bdate, address ;
2)  char sex, minit, mi ;
3)  double salary, sal ;
4)  integer dno, dnumber ;
```

图 10.6　SQLJ 示例 J1 和 J2 中使用的 Java 程序变量

```
    //Program Segment J1:
1)  ssn = readEntry("Enter a Social Security Number: ") ;
2)  try {
3)      #sql { SELECT Fname, Minit, Lname, Address, Salary
4)          INTO :fname, :minit, :lname, :address, :salary
5)          FROM EMPLOYEE WHERE Ssn = :ssn} ;
6)  } catch (SQLException se) {
7)          System.out.println("Social Security Number does not exist: " + ssn) ;
8)          Return ;
9)      }
10) System.out.println(fname + " " + minit + " " + lname + " " + address
        + " " + salary)
```

图 10.7　程序段 J1：一个带有 SQLJ 的 Java 程序段

注意：由于 Java 已经使用了**异常**（exception）的概念来进行错误处理，因此在执行 SQL 数据库命令之后，将使用一个称为 SQLException 的特殊异常来返回错误或异常情况。它所起的作用与嵌入式 SQL 中的 SQLCODE 和 SQLSTATE 相似。Java 具有许多预定义的异常类型。每个 Java 操作（函数）都必须指定可以**抛出**（throw）的异常，即在执行该操作的 Java 代码时可能发生的异常情况。如果发生一个定义的异常，系统将把控制权转移给指定用于异常处理的 Java 代码。在 J1 中，SQLException 的异常处理是在第 7 行和第 8 行指定的。在 Java 中，下面的结构：

```
try {<操作>} catch (<异常>) {<异常处理代码>} <后续代码>
```

用于处理在<操作>执行期间发生的异常。如果没有异常发生，将直接执行<后续代码>。在特定操作中，应该将可能由代码抛出的异常指定为操作声明或接口（interface）的一部分。例如，以下面给出的格式：

```
<操作返回类型> <操作名称> (<参数>)
throws SQLException, IOException ;
```

在 SQLJ 中，Java 程序内的嵌入式 SQL 命令要加上前缀#sql，如 J1 中的第 3 行所示，使得预处理器能够识别它们。这里使用的#sql 代替了 C 编程语言中的嵌入式 SQL 中使用的关键字 EXEC SQL（参见 10.2.1 节）。SQLJ 使用 INTO 子句（类似于嵌入式 SQL 中使用 INTO 子句），将 SQL 查询从数据库中检索到的属性值返回到 Java 程序变量中。与嵌入式 SQL 一样，SQL 语句中的程序变量带有前缀冒号（:）。

在 J1 中，由于嵌入式 SQLJ 查询检索的是单个元组，所以能够把它的属性值直接赋予图 10.7 中第 4 行的 INTO 子句中的 Java 程序变量。对于检索许多元组的查询，SQLJ 使用迭代器的概念，它类似于嵌入式 SQL 中的游标。

10.2.5 在 SQLJ 中使用迭代器处理查询结果

在 SQLJ 中，**迭代器**（iterator）是一种与**查询结果**（query result）中的记录集合（集或多集）关联的对象类型[1]。迭代器与出现在查询结果中的元组和属性相关联。有两类迭代器：

（1）**命名迭代器**：与查询结果相关联，用于列出查询结果中的属性名称和类型。属性名必须对应于适当声明的 Java 程序变量，如图 10.6 所示。

（2）**位置迭代器**：只列出查询结果中出现的属性类型。

在两种情况下，列表的顺序都应当与查询的 SELECT 子句中列出属性的顺序相同。不过，遍历查询结果对于这两类迭代器是不同的。首先，在图 10.8 所示的程序段 J2A 中将显示一个使用命名迭代器的示例。图 10.8 中的第 9 行显示了如何声明一个命名迭代器类型 Emp。注意：命名迭代器类型中的属性名必须与 SQL 查询结果中的属性名匹配。第 10 行

```
    //Program Segment J2A:
0)  dname = readEntry("Enter the Department Name: ") ;
1)  try {
2)      #sql { SELECT Dnumber INTO :dnumber
3)          FROM DEPARTMENT WHERE Dname = :dname} ;
4)  } catch (SQLException se) {
5)      System.out.println("Department does not exist: " + dname) ;
6)      Return ;
7)      }
8)  System.out.printline("Employee information for Department: " + dname) ;
9)  #sql iterator Emp(String ssn, String fname, String minit, String lname,
        double salary) ;
10) Emp e = null ;
11) #sql e = { SELECT ssn, fname, minit, lname, salary
12)     FROM EMPLOYEE WHERE Dno = :dnumber} ;
13) while (e.next()) {
14)     System.out.printline(e.ssn + " " + e.fname + " " + e.minit + " " +
            e.lname + " " + e.salary) ;
15) } ;
16) e.close() ;
```

图 10.8 程序段 J2A：一个使用命名迭代器打印特定部门中的雇员信息的 Java 程序段

1 在第 12 章中介绍对象数据库概念时将更详细地讨论迭代器。

显示了如何在程序中创建一个 Emp 类型的迭代器对象 e，然后将其与查询相关联（第 11 行和第 12 行）。

当迭代器对象与查询相关联时（图 10.8 中的第 11 行和第 12 行），程序将从数据库中获取查询结果，并把迭代器置于查询结果中的第一行之前的位置。这个位置就变成了迭代器的**当前行**。随后，将在迭代器对象上发出 next 操作；每个 next 都会把迭代器移至查询结果中的下一行，使之成为当前行。如果行存在，此操作就会检索那一行的属性值，并将其存入对应的程序变量中。如果没有更多的行存在，next 操作将返回 NULL，因此可用于控制循环。注意：命名迭代器不需要 INTO 子句，因为在声明迭代器类型时，已经指定了与检索到的属性对应的程序变量（图 10.8 中的第 9 行）。

在图 10.8 中，第 13 行中的命令（e.next()）执行两个功能：它将获取查询结果中的下一个元组，并且控制 WHILE 循环。一旦程序处理完了查询结果，命令 e.close()（第 16 行）就会关闭迭代器。

接下来，考虑一个使用位置迭代器的相同示例，如图 10.9 所示（程序段 J2B）。图 10.9 中的第 9 行显示了如何声明一个*位置迭代器类型* Emppos。位置迭代器与命名迭代器之间的主要区别是：位置迭代器中没有属性名（对应于程序变量名），而只有属性类型。这可以提供更大的灵活性，但是它使得查询结果的处理要稍微复杂一些。属性类型仍然必须与 SQL 查询中的属性类型兼容，并且具有相同的顺序。第 10 行显示了如何在程序中创建一个 Emppos 类型的*位置迭代器对象* e，然后将其与查询相关联（第 11 行和第 12 行）。

```
    //Program Segment J2B:
0)  dname = readEntry("Enter the Department Name: ") ;
1)  try {
2)    #sql { SELECT Dnumber INTO :dnumber
3)      FROM DEPARTMENT WHERE Dname = :dname} ;
4)  } catch (SQLException se) {
5)    System.out.println("Department does not exist: " + dname) ;
6)    Return ;
7)    }
8)  System.out.printline("Employee information for Department: " + dname) ;
9)  #sql iterator Emppos(String, String, String, String, double) ;
10) Emppos e = null ;
11) #sql e = { SELECT ssn, fname, minit, lname, salary
12)    FROM EMPLOYEE WHERE Dno = :dnumber} ;
13) #sql { FETCH :e INTO :ssn, :fn, :mi, :ln, :sal} ;
14) while (!e.endFetch()) {
15)   System.out.printline(ssn + " " + fn + " " + mi + " " + ln + " " + sal) ;
16)   #sql { FETCH :e INTO :ssn, :fn, :mi, :ln, :sal} ;
17) } ;
18) e.close() ;
```

图 10.9　程序段 J2B：一个使用位置迭代器打印特定部门中的雇员信息的 Java 程序段

位置迭代器的行为方式与嵌入式 SQL 更相似（参见 10.2.2 节）。需要 FETCH <迭代器变量> INTO <程序变量>命令，以获取查询结果中的下一个元组。第一次执行 FETCH 时，它将获取第一个元组（图 10.9 中的第 13 行）。第 16 行获取下一个元组，直到查询结果中没有更多的元组存在为止。为了控制循环，使用了一个位置迭代器函数 e.endFetch()。当迭代器最初与 SQL 查询相关联时，将自动把这个函数设置为 TRUE 值（第 11 行），每次 FETCH 命令从查询结果中返回一个有效的元组时，都会把该函数设置为 FALSE。当 FETCH 命令找不到任何更多的元组时，将再次把该函数设置为 TRUE。第 14 行显示了如何通过求反运算来控制循环。

10.3 利用函数调用和类库进行数据库编程：SQL/CLI 和 JDBC

嵌入式 SQL（参见 10.2 节）有时也称为一种**静态**（static）数据库编程方法，因为查询文本是编写在程序源代码中的，如果不重新编译或者重新处理源代码，将不能改变它们。对于数据库编程来说，与嵌入式 SQL 相比，使用函数调用是一种更具**动态**（dynamic）的方法。在 10.2.3 节中已经见过了一种动态的数据库编程技术，即动态 SQL。这里讨论的技术提供了另一种动态数据库编程方法。**函数库**（library of functions），也称为**应用程序编程接口**（application programming interface，API），用于访问数据库。尽管这种方法因为无须预处理器而提供了更大的灵活性，但它也有一个缺点，那就是对 SQL 命令进行的语法检查及其他检查必须在运行时完成。它的另一个缺点是：由于不能预先知道查询结果中的属性的类型和数量，因此它有时需要更复杂的编程来访问查询结果。

在本节中，将概述两个函数调用接口。首先讨论 SQL **调用层接口**（SQL Call Level Interface，SQL/CLI），它是 SQL 标准的一部分。它用于标准化一个称为 ODBC（Open Database Connectivity，开放数据库互连）的流行的函数库。在我们的 SQL/CLI 示例中，使用 C 作为宿主语言。然后将概述 JDBC，它是从 Java 访问数据库的函数调用接口。尽管人们通常认为 JDBC 代表 Java 数据库互连（Java Database Connectivity），但它只是 Sun Microsystems（现在归属于 Oracle）的一个注册商标，而不是一个首字母缩写词。

使用函数调用接口的主要优点是：它使得更容易在同一个应用程序内访问多个数据库，即使它们存储在不同的 DBMS 程序包之下。在 10.3.2 节中讨论利用 JDBC 进行 Java 数据库编程时将进一步讨论这方面的内容，尽管这个优点也同样适用于利用 SQL/CLI 和 ODBC 进行数据库编程（参见 10.3.1 节）。

10.3.1 以 C 作为宿主语言利用 SQL/CLI 进行数据库编程

在 SQL/CLI 中使用函数调用之前，有必要在数据库服务器上安装合适的库程序包。这些程序包是从所使用的 DBMS 的供应商那里获得的。现在将概述如何在 C 程序中使用 SQL/CLI[1]。我们将利用图 10.10 中所示的示例程序段 CLI1 对我们的介绍加以说明。

---

1 这里的讨论也适用于 C++和 C#编程语言，因为我们没有使用任何面向对象特性，而只是关注数据库编程机制。

```
//Program CLI1:
0)  #include sqlcli.h ;
1)  void printSal() {
2)  SQLHSTMT stmt1 ;
3)  SQLHDBC con1 ;
4)  SQLHENV env1 ;
5)  SQLRETURN ret1, ret2, ret3, ret4 ;
6)  ret1 = SQLAllocHandle(SQL_HANDLE_ENV, SQL_NULL_HANDLE, &env1) ;
7)  if (!ret1) ret2 = SQLAllocHandle(SQL_HANDLE_DBC, env1, &con1) else exit ;
8)  if (!ret2) ret3 = SQLConnect(con1, "dbs", SQL_NTS, "js", SQL_NTS, "xyz",
        SQL_NTS) else exit ;
9)  if (!ret3) ret4 = SQLAllocHandle(SQL_HANDLE_STMT, con1, &stmt1) else exit ;
10) SQLPrepare(stmt1, "select Lname, Salary from EMPLOYEE where Ssn = ?",
        SQL_NTS) ;
11) prompt("Enter a Social Security Number: ", ssn) ;
12) SQLBindParameter(stmt1, 1, SQL_CHAR, &ssn, 9, &fetchlen1) ;
13) ret1 = SQLExecute(stmt1) ;
14) if (!ret1) {
15)     SQLBindCol(stmt1, 1, SQL_CHAR, &lname, 15, &fetchlen1) ;
16)     SQLBindCol(stmt1, 2, SQL_FLOAT, &salary, 4, &fetchlen2) ;
17)     ret2 = SQLFetch(stmt1) ;
18)     if (!ret2) printf(ssn, lname, salary)
19)         else printf("Social Security Number does not exist: ", ssn) ;
20)     }
21) }
```

图 10.10 程序段 CLI1：一个使用 SQL/CLI 的 C 程序段

1. 环境记录、连接记录、语句记录和描述记录的句柄

当使用 SQL/CLI 时，将动态创建 SQL 语句，并将其作为字符串参数（string parameter）在函数调用中传递。因此，有必要在运行时数据结构中记录关于宿主程序与数据库交互的信息，因为数据库命令是在运行时处理的。这些信息保存在 4 种记录类型中，它们在 C 数据类型中表示为结构（struct）。**环境记录**（environment record）是作为一个容器使用的，用于记录一条或多条数据库连接以及设置环境信息。**连接记录**（connection record）用于记录特定数据库连接所需的信息。**语句记录**（statement record）用于记录一条 SQL 语句所需的信息。**描述记录**（description record）用于记录关于元组或参数的信息，例如，元组中的属性数量及其类型，或者函数调用中的参数数量和类型。如果程序员在编写程序时不知道关于查询的信息，就需要描述记录。在我们的示例中，假定程序员知道准确的查询，因此不需要显示任何描述记录。

程序可以通过一个 C 指针变量访问每一条记录，这个指针变量称为记录的**句柄**（handle）。在第一次创建记录时将会返回句柄。要创建一条记录并返回它的句柄，可以使用下面的 SQL/CLI 函数：

```
SQLAllocHandle(<handle_type>, <handle_1>, <handle_2>)
```

在这个函数中，参数如下：

- <handle_type>：指示要创建的记录类型。这个参数可能的值为关键字 SQL_HANDLE_ENV、SQL_HANDLE_DBC、SQL_HANDLE_STMT 或 SQL_HANDLE_DESC，分别用于环境记录、连接记录、语句记录或描述记录。
- <handle_1>：指示将在其中创建新句柄的容器。例如，对于连接记录，它将是在其中创建连接的环境；对于语句记录，它将是用于该语句的连接。
- <handle_2>：指向新创建的<handle_type>类型记录的指针（句柄）。

2. 数据库程序中的步骤

在编写通过 SQL/CLI 包括数据库调用的 C 程序时，下面给出了将要采取的典型步骤。我们将通过参考图 10.10 中的示例 CLI1 来说明这些步骤，这个示例将读取雇员的社会安全号，并且打印雇员的姓氏和薪水。

（1）**包括函数库**。C 程序中必须包括一个函数库，其中包含 SQL/CLI。这个库的名称是 SQL/CLI，在图 10.10 中使用第 0 行包括它。

（2）**声明句柄变量**。分别为程序中所需的语句、连接、环境和描述声明 SQLHSTMT、SQLHDBC、SQLHENV 和 SQLHDESC 类型的句柄变量（第 2~4 行）[1]。还要声明 SQLRETURN 类型的变量（第 5 行），以保存从 SQL/CLI 函数调用返回的代码。如果返回代码为 0（零），就指示函数调用成功执行。

（3）**环境记录**。必须在程序中使用 SQLAllocHandle 建立环境记录。第 6 行中显示了执行此任务的函数。由于环境记录未包含在其他任何记录中，在创建环境时，参数<handle_1>就是一个 NULL 句柄 SQL_NULL_HANDLE（NULL 指针）。指向新创建的环境记录的句柄（指针）是在第 6 行中的 env1 变量中返回的。

（4）**连接到数据库**。连接记录是在程序中使用 SQLAllocHandle 建立的。在第 7 行中，创建的连接记录具有句柄 con1，并且包含在环境 env1 中。然后使用 SQL/CLI 的 SQLConnect 函数在 con1 中建立一条对特定数据库服务器的**连接**（connection）（第 8 行）。在我们的示例中，我们连接到的数据库服务器名称是“dbs”，用于登录的账户名和密码分别是“js”和“xyz”。

（5）**语句记录**。语句记录是在程序中使用 SQLAllocHandle 建立的。在第 9 行中，创建的语句记录具有句柄 stmt1，并且使用连接 con1。

（6）**准备 SQL 语句和语句参数**。使用 SQL/CLI 函数 SQLPrepare 准备 SQL 语句。在第 10 行中，这将把 SQL **语句字符串**（我们示例中的查询）赋予语句句柄 stmt1。第 10 行中的问号（?）表示一个语句参数（statement parameter），它是一个在运行时确定的值，通常将其绑定到一个 C 程序变量。一般来讲，语句字符串中可能有多个参数，通过语句字符串中问号出现的顺序来区分它们（第一个?表示参数 1，第二个?表示参数 2，依此类推）。SQLPrepare 中的最后一个参数应该给出 SQL 语句字符串的长度（以字节为单位），但是如果输入关键字 SQL_NTS，就指示保存查询的字符串是一个 NULL 终止的字符串，这样 SQL 就可以自动计算字符串的长度。SQL_NTS 的这种用法也适用于我们示例中的函数调用中的其他字符串参数。

1　为了使我们的介绍保持简单，这里将不会显示描述记录。

（7）**绑定语句参数**。在执行查询之前，应该使用 SQL/CLI 函数 SQLBindParameter 将查询字符串中的任何参数绑定到程序变量。在图 10.10 中，在第 12 行中将由 stmt1 引用的准备查询的参数（通过?指示）绑定到 C 程序变量 ssn。如果 SQL 语句中有 n 个参数，就应该具有 n 个 SQLBindParameter 函数调用，并且每个函数调用都具有不同的参数位置（1、2、…、n）。

（8）**执行语句**。在做了上述这些准备之后，现在就可以使用函数 SQLExecute 执行由句柄 stmt1 引用的 SQL 语句（第 13 行）。注意：尽管查询将在第 13 行中执行，但是查询结果还没有赋予任何 C 程序变量。

（9）**处理查询结果**。为了确定在哪里返回查询的结果，一种常用技术是**绑定列**（bound column）方法。在这里，使用 SQLBindCol 函数将查询结果中的每一列都绑定到一个 C 程序变量。这些列通过它们在 SQL 查询中出现的顺序来进行区分。在图 10.10 中的第 15 行和第 16 行中，把查询中的两个列（Lname 和 Salary）分别绑定到 C 程序变量 lname 和 salary[1]。

（10）**检索列值**。最后，为了检索列值并将其存入 C 程序变量中，可以使用 SQLFetch 函数（第 17 行）。这个函数类似于嵌入式 SQL 的 FETCH 命令。如果查询结果具有一个元组集合，那么每个 SQLFetch 调用都会获取下一个元组，并将其列值返回到绑定的程序变量中。如果查询结果中没有更多的元组，SQLFetch 就会返回一个异常（非 0）代码[2]。

可以看到，使用动态函数调用需要做许多准备工作，用以建立 SQL 语句，以及将语句参数和查询结果绑定到合适的程序变量。

在 CLI1 中，SQL 查询选择了单个元组。图 10.11 显示了一个检索多个元组的示例。这里假定像在图 10.1 中所示的那样声明了合适的 C 程序变量。CLI2 中的程序段读取（输入）一个部门编号，然后检索在该部门工作的雇员。接下来用一个循环一次一个地遍历每条雇员记录，并且打印雇员的姓氏和薪水。

10.3.2 JDBC：用于 Java 编程的 SQL 类库

我们现在把注意力转向如何从面向对象编程语言 Java 中调用 SQL[3]。用于这类访问的类库及关联的函数调用称为 JDBC[4]。Java 编程语言被设计为平台独立的，也就是说，一个程序应该能够在安装了 Java 解释器的任何类型的计算机系统上运行。鉴于 Java 的这种可移植性，许多 RDBMS 供应商都提供了 JDBC 驱动程序，使得可以通过 Java 程序访问它们的系统。

---

1 一种称为**未绑定列**（unbound column）的替代技术使用不同的 SQL/CLI 函数（即 SQLGetCol 或 SQLGetData），从查询结果中检索列，而无须事先绑定它们；在第 17 行中的 SQLFetch 命令之后可以应用它们。

2 如果使用未绑定的程序变量，SQLFetch 就会把元组返回到一个临时程序区中。每个后续的 SQLGetCol（或 SQLGetData）将依次返回一个属性值。实质上讲，对于查询结果中的每一行，程序都应该遍历那一行中的属性值（列）。如果查询结果中的列数是可变的，这种方法就很有用。

3 本节假定读者熟悉面向对象概念（参见第 11 章）以及基本的 Java 概念。

4 如前所述，JDBC 是 Sun Microsystems 的一个注册商标，尽管它通常被认为是 Java Database Connectivity（Java 数据库互连）的首字母缩写词。

```
    //Program Segment CLI2:
0)  #include sqlcli.h ;
1)  void printDepartmentEmps() {
2)  SQLHSTMT stmt1 ;
3)  SQLHDBC con1 ;
4)  SQLHENV env1 ;
5)  SQLRETURN ret1, ret2, ret3, ret4 ;
6)  ret1 = SQLAllocHandle(SQL_HANDLE_ENV, SQL_NULL_HANDLE, &env1) ;
7)  if (!ret1) ret2 = SQLAllocHandle(SQL_HANDLE_DBC, env1, &con1) else exit ;
8)  if (!ret2) ret3 = SQLConnect(con1, "dbs", SQL_NTS, "js", SQL_NTS, "xyz",
        SQL_NTS) else exit ;
9)  if (!ret3) ret4 = SQLAllocHandle(SQL_HANDLE_STMT, con1, &stmt1) else exit ;
10) SQLPrepare(stmt1, "select Lname, Salary from EMPLOYEE where Dno = ?",
        SQL_NTS) ;
11) prompt("Enter the Department Number: ", dno) ;
12) SQLBindParameter(stmt1, 1, SQL_INTEGER, &dno, 4, &fetchlen1) ;
13) ret1 = SQLExecute(stmt1) ;
14) if (!ret1) {
15)     SQLBindCol(stmt1, 1, SQL_CHAR, &lname, 15, &fetchlen1) ;
16)     SQLBindCol(stmt1, 2, SQL_FLOAT, &salary, 4, &fetchlen2) ;
17)     ret2 = SQLFetch(stmt1) ;
18)     while (!ret2) {
19)       printf(lname, salary) ;
20)       ret2 = SQLFetch(stmt1) ;
21)       }
22)     }
23) }
```

图 10.11　程序段 CLI2：一个将 SQL/CLI 用于查询并且其结果中具有一个元组集合的 C 程序段

1. JDBC 驱动程序

JDBC 驱动程序（JDBC driver）实质上是在 JDBC 中为特定供应商的 RDBMS 指定的类及关联的对象和函数调用的实现。这里，具有 JDBC 对象和函数调用的 Java 程序可以访问任何提供了 JDBC 驱动程序的 RDBMS。

由于 Java 是一种面向对象语言，因此可以将它的函数库实现为**类**（class）。在能够利用 Java 处理 JDBC 函数调用之前，必须先导入 **JDBC 类库**（JDBC class library），其名称为 java.sql.*。可以通过 Web 下载并安装这些类库[1]。

JDBC 被设计成允许单个 Java 程序连接多个不同的数据库。有时将这些数据库称为由 Java 程序访问的**数据源**（data source），并且可以使用由不同供应商提供并且驻留在不同机器上的 RDBMS 存储它们。因此，同一个 Java 程序内不同的数据源访问可能需要来自不同供应商的 JDBC 驱动程序。为了实现这种灵活性，可以利用一个特殊的 JDBC 类，称为**驱动程序管理器**（driver manager）类，它用于记录所安装的驱动程序。在使用一个驱动程序

1　可以从多个 Web 站点上获取这些类库，例如，http://industry.java.sun.com/products/jdbc/drivers。

之前，应该利用驱动程序管理器注册它。驱动程序管理器类的操作（方法）包括 getDriver、registerDriver 和 deregisterDriver。它们可用于动态地为不同系统添加和删除驱动程序。还有其他的函数可用于建立和关闭对数据源的连接。

要显式加载 JDBC 驱动程序，可以使用一个用于加载类的通用 Java 函数。例如，要加载用于 Oracle RDBMS 的 JDBC 驱动程序，可以使用以下命令：

```
Class.forName("oracle.jdbc.driver.OracleDriver")
```

这将利用驱动程序管理器注册驱动程序，并使之可供程序使用。也可以在运行程序的命令行中加载并注册所需的驱动程序，例如，可以在命令行中包括以下代码：

```
-Djdbc.drivers = oracle.jdbc.driver
```

2. JDBC 编程步骤

下面列出了编写 Java 应用程序通过 JDBC 函数调用访问数据库所采取的典型步骤。我们将通过参考图 10.12 中的示例 JDBC1 来说明这些步骤，这个示例将读取雇员的社会安全号，并且打印雇员的姓氏和薪水。

```
    //Program JDBC1:
0)  import java.io.* ;
1)  import java.sql.*
    ...
2)  class getEmpInfo {
3)    public static void main (String args[]) throws SQLException, IOException {
4)      try { Class.forName("oracle.jdbc.driver.OracleDriver")
5)      } catch (ClassNotFoundException x) {
6)         System.out.println ("Driver could not be loaded") ;
7)      }
8)      String dbacct, passwrd, ssn, lname ;
9)      Double salary ;
10)     dbacct = readentry("Enter database account:") ;
11)     passwrd = readentry("Enter password:") ;
12)     Connection conn = DriverManager.getConnection
13)        ("jdbc:oracle:oci8:" + dbacct + "/" + passwrd) ;
14)     String stmt1 = "select Lname, Salary from EMPLOYEE where Ssn = ?" ;
15)     PreparedStatement p = conn.prepareStatement(stmt1) ;
16)     ssn = readentry("Enter a Social Security Number: ") ;
17)     p.clearParameters() ;
18)     p.setString(1, ssn) ;
19)     ResultSet r = p.executeQuery() ;
20)     while (r.next()) {
21)        lname = r.getString(1) ;
22)        salary = r.getDouble(2) ;
23)        system.out.printline(lname + salary) ;
24)    }}
25) }
```

图 10.12 程序段 JDBC1：一个使用 JDBC 的 Java 程序段

（1）**导入 JDBC 类库**。必须将 JDBC 类库导入 Java 程序中。这些类的名称是 java.sql.*，可以使用图 10.12 中的第 1 行导入它们。还必须导入程序所需的任何其他的 Java 类库。

（2）**加载 JDBC 驱动程序**。这显示在第 4~7 行中。如果驱动程序没有成功加载，就会发生第 5 行中的 Java 异常。

（3）**创建合适的变量**。它们是 Java 程序中所需的变量（第 8 行和第 9 行）。

（4）**连接对象**。**连接对象**（connection object）是使用 JDBC 的 DriverManager 类的 getConnection 函数创建的。在第 12 行和第 13 行中，连接对象是使用函数调用 getConnection(urlstring)创建的，其中 urlstring 具有如下形式：

```
jdbc:oracle:<driverType>:<dbaccount>/<password>
```

一种替代形式是：

```
getConnection(url, dbaccount, password)
```

可以为连接对象设置多种性质，但是它们主要与事务性质相关，在第 21 章中将讨论相关内容。

（5）**PreparedStatement 对象**。**语句对象**（statement object）是在程序中创建的。在 JDBC 中，有一个基本的语句类：Statement；它具有两个特化子类：PreparedStatement 和 CallableStatement。图 10.12 中的示例说明了如何创建和使用 PreparedStatement 对象。下一个示例（参见图 10.13）说明了另一种类型的语句对象。在图 10.12 中的第 14 行中，具有单个参数（通过?符号指示）的查询字符串是在字符串变量 stmt1 中创建的。在第 15 行中，基于 stmt1 中的查询字符串并且使用连接对象 conn 创建一个 PreparedStatement 类型的对象 p。一般来讲，如果一个查询要执行多次，程序员就应该使用 PreparedStatement 对象，因为它只将被准备、检查和编译一次，从而可以节省多次执行查询的开销。

（6）**设置语句参数**。第 14 行中的问号（?）表示**语句参数**（statement parameter），它是一个在运行时确定的值，通常将其绑定到一个 Java 程序变量。一般来讲，可能有多个参数，通过语句字符串中问号出现的顺序来区分它们（第一个?表示参数 1，第二个?表示参数 2，以此类推），如前所述。

（7）**绑定语句参数**。在执行 PreparedStatement 查询之前，应该将任何参数都绑定到程序变量。依赖于参数的类型，将对 PreparedStatement 对象应用不同的函数（例如 setString、setInteger、setDouble 等），以设置其参数。应该使用合适的函数，以对应将要设置的参数的数据类型。在图 10.12 中，在第 18 行中把对象 p 中的参数（通过?指示）绑定到 Java 程序变量。这里使用了函数 setString，因为 ssn 是一个字符串变量。如果 SQL 语句中有 n 个参数，就应该具有 n 个 set…函数，并且每个函数都具有不同的参数位置（1、2、…、n）。一般来讲，在设置任何新值之前清除所有参数是明智的（第 17 行）。

（8）**执行 SQL 语句**。在做了上述这些准备之后，现在就可以使用函数 executeQuery 执行由对象 p 引用的 SQL 语句（第 19 行）。JDBC 中有一个通用函数 execute，以及两个特化函数：executeUpdate 和 executeQuery。executeUpdate 用于 SQL 插入、删除或更新语句，并且返回一个整数值，指示受影响的元组数量。executeQuery 用于 SQL 检索语句，并且返回一个 ResultSet 类型的对象，接下来将讨论它。

```
    //Program Segment JDBC2:
0)  import java.io.* ;
1)  import java.sql.*
      ...
2)  class printDepartmentEmps {
3)      public static void main (String args [])
                throws SQLException, IOException {
4)          try { Class.forName("oracle.jdbc.driver.OracleDriver")
5)          } catch (ClassNotFoundException x) {
6)              System.out.println ("Driver could not be loaded") ;
7)          }
8)          String dbacct, passwrd, lname ;
9)          Double salary ;
10)         Integer dno ;
11)         dbacct = readentry("Enter database account:") ;
12)         passwrd = readentry("Enter password:") ;
13)         Connection conn = DriverManager.getConnection
14)             ("jdbc:oracle:oci8:" + dbacct + "/" + passwrd) ;
15)         dno = readentry("Enter a Department Number: ") ;
16)         String q = "select Lname, Salary from EMPLOYEE where Dno = " +
            dno.tostring() ;
17)         Statement s = conn.createStatement() ;
18)         ResultSet r = s.executeQuery(q) ;
19)         while (r.next()) {
20)             lname = r.getString(1) ;
21)             salary = r.getDouble(2) ;
22)             system.out.printline(lname + salary) ;
23)     } }
24) }
```

图 10.13　程序段 JDBC2：一个将 JDBC 用于查询并且其结果中具有一个元组集合的 Java 程序段

（9）**处理 ResultSet 对象**。在第 19 行中，在一个 ResultSet 类型的对象 r 中返回查询的结果。这类似于一个二维数组或一个表，其中元组是行，返回的属性是列。ResultSet 对象类似于嵌入式 SQL 中的游标和 SQLJ 中的迭代器。在我们的示例中，当执行查询时，r 将引用查询结果中第一个元组之前的元组。r.next()函数（第 20 行）将移到 ResultSet 对象中的下一个元组（行）上，如果没有更多的对象，该函数将返回 NULL。这可用于控制循环。依赖于每个属性的类型，程序员可以使用不同的 get…函数（例如，getString、getInteger、getDouble 等），来引用当前元组中的属性。程序员可以把属性位置（1、2）或者实际的属性名（"Lname"、"Salary"）与 get…函数结合起来使用。在我们的示例中，在第 21 行和第 22 行中使用了位置表示法。

一般来讲，程序员可以在每个 JDBC 函数调用之后检查 SQL 异常。我们没有这样做，以简化示例。

注意：与一些其他的技术不同，JDBC 不会区分返回单个元组的查询和返回多个元组的查询。这是情有可原的，因为单个元组结果集只是一个特例。

在示例 JDBC1 中，SQL 查询只会选择单个元组，因此第 20~24 行中的循环至多只会执行一次。图 10.13 中所示的示例说明了检索多个元组的情况。JDBC2 中的程序段读取（输入）一个部门编号，然后检索在该部门工作的雇员。接下来用一个循环一次一个地遍历每条雇员记录，并且打印雇员的姓氏和薪水。这个示例还说明了如何直接执行一个查询，而无须像在前面的示例中那样先准备查询。对于将只会执行一次的查询来说，这种技术更可取，因为它可以使程序更简单。在图 10.13 的第 17 行中，程序员创建了一个 Statement 对象（用于代替 PreparedStatement 对象，如前一个示例所示），而没有将其与特定的查询字符串相关联。当在第 18 行中执行查询时，将把查询字符串 q 传递给语句对象 s。

到此就结束了对 JDBC 的简要介绍。感兴趣的读者可以查询以下 Web 站点：http://java.sun.com/docs/books/tutorial/jdbc/，其中包含许多关于 JDBC 的更详细的信息。

10.4　数据库存储过程和 SQL/PSM

本节将介绍与数据库编程相关的另外两个主题。在 10.4.1 节中，将讨论存储过程的概念，存储过程是由 DBMS 在数据库服务器上存储的程序模块。然后在 10.4.2 节中，将讨论标准中指定的 SQL 扩展，以便在 SQL 中包括通用编程构造。这些扩展称为 SQL/PSM（SQL/Persistent Stored Modules，SQL/持久存储模块），并且可用于编写存储过程。SQL/PSM 还可以充当数据库编程语言的一个示例，它利用编程语言构造（例如条件语句和循环）扩展了数据库模型和语言（即 SQL）。

10.4.1　数据库存储过程和函数

在迄今为止介绍的数据库编程技术中，隐含地假定数据库应用程序运行在客户机上，或者更有可能是运行在三层客户-服务器架构（参见 2.5.4 节和图 2.7）的中间层中的应用服务器计算机上。在两种情况下，执行程序的机器与驻留数据库服务器（以及 DBMS 软件程序包的主要部分）的机器是不同的。尽管这适合于许多应用，但是有时在数据库服务器上创建将被 DBMS 存储和执行的数据库程序模块（过程或函数）也是有用的。历史上将这些数据库程序模块称为数据库**存储过程**（stored procedure），尽管它们可以是函数或过程。SQL 标准中为存储过程使用的术语是**持久存储模块**（persistent stored module），因为这些程序将由 DBMS 持久地存储，类似于由 DBMS 存储的持久数据。

在下列情况下，存储过程将是有用的：

- 如果多个应用都需要某个数据库程序，就可以把它存储在服务器上，并且由任何应用程序调用。这可以减少重复的工作以及提升软件模块化。
- 在某些情况下，在服务器上执行程序可以减少客户与服务器之间的数据传输和通信代价。
- 通过存储过程可以给数据库用户提供更复杂的派生数据类型，因此这些存储过程可以增强视图提供的建模能力。此外，存储过程还可用于检查断言和触发器力所不能及的一些复杂约束。

一般来讲，许多商业 DBMS 都允许以一种通用编程语言来编写存储过程和函数。此外，存储过程也可以由诸如检索和更新之类的简单 SQL 命令组成。声明存储过程的一般形式如下：

```
CREATE PROCEDURE <过程名> (<参数>)
<局部声明>
<过程体> ;
```

这里的参数和局部声明是可选的，仅当需要时才指定它们。若要声明一个函数，就需要给出返回类型，因此声明形式如下：

```
CREATE FUNCTION <函数名> (<参数>)
RETURNS <返回类型>
<局部声明>
<函数体> ;
```

如果过程（或函数）是利用通用编程语言编写的，通常要指定语言以及存储程序代码的文件名。例如，可以使用如下格式：

```
CREATE PROCEDURE <过程名> (<参数>)
LANGUAGE <编程语言名称>
EXTERNAL NAME <文件路径名> ;
```

一般来讲，每个参数都应该具有一个**参数类型**（parameter type），它是 SQL 数据类型之一。每个参数还应该具有一种**参数模式**（parameter mode），它是 IN、OUT 或 INOUT 之一。这 3 种模式分别对应于只能输入值、只能输出（返回）值或者既能输入又能输出值的参数。

由于过程和函数是由 DBMS 持久地存储的，因此应该能够使用各种 SQL 接口和编程技术调用它们。SQL 标准中的 **CALL 语句**（statement）可用于调用存储过程，可以从交互式接口调用，也可以从嵌入式 SQL 或 SQLJ 调用。该语句的格式如下：

```
CALL <过程名或函数名> (<参数列表>) ;
```

如果从 JDBC 调用这个语句，就应该把一个 CallableStatement 类型的语句对象赋予它（参见 10.3.2 节）。

10.4.2 SQL/PSM：扩展 SQL 以指定持久存储模块

SQL/PSM 是 SQL 标准的一部分，用于指定如何编写持久存储模块。它包括用于创建上一节中描述的函数和过程的语句，还包括一些额外的编程构造，用于增强 SQL 编写存储过程和函数的代码（或主体）的能力。

在本节中，将讨论用于条件（分支）语句和循环语句的 SQL/PSM 构造。这些构造丰富了 SQL/PSM 中已经纳入的构造类型[1]。然后将给出一个示例，用以说明如何使用这些构造。

1 这里将只会简要介绍 SQL/PSM，SQL/PSM 标准中还有许多其他的特性。

SQL/PSM 中的条件分支语句的形式如下：

```
IF <条件> THEN <语句列表>
    ELSEIF <条件> THEN <语句列表>
    …
    ELSEIF <条件> THEN <语句列表>
    ELSE <语句列表>
    END IF ;
```

考虑图 10.14 中的示例，它说明了如何在 SQL/PSM 函数中使用条件分支结构。该函数返回一个字符串值（第 1 行），基于雇员人数描述公司里某个部门的规模。其中有一个 IN 整型参数 deptno，用于给出部门编号。第 2 行中声明了一个局部变量 NoOfEmps。第 3 行和第 4 行中的查询返回部门中的雇员人数，然后第 5~8 行中的条件分支语句基于雇员人数返回{'HUGE', 'LARGE', 'MEDIUM', 'SMALL'}中的某个值。

```
//Function PSM1:
0) CREATE FUNCTION Dept_size(IN deptno INTEGER)
1) RETURNS VARCHAR [7]
2) DECLARE No_of_emps INTEGER ;
3) SELECT COUNT(*) INTO No_of_emps
4) FROM EMPLOYEE WHERE Dno = deptno ;
5) IF No_of_emps > 100 THEN RETURN "HUGE"
6) ELSEIF No_of_emps > 25 THEN RETURN "LARGE"
7) ELSEIF No_of_emps > 10 THEN RETURN "MEDIUM"
8) ELSE RETURN "SMALL"
9) END IF ;
```

图 10.14　在 SQL/PSM 中声明一个函数

SQL/PSM 具有多种循环构造。其中包括标准的 while 和 repeat 循环结构，它们的形式如下：

```
WHILE <条件> DO
    <语句列表>
END WHILE ;
REPEAT
    <语句列表>
UNTIL <条件>
END REPEAT ;
```

还有一种基于游标的循环结构。对于查询结果中的每个元组，都将把该循环中的语句列表执行一次。其形式如下：

```
FOR <循环名> AS <游标名> CURSOR FOR <查询> DO
    <语句列表>
END FOR ;
```

循环可以具有名称，还有一个 LEAVE<循环名>语句，当条件满足时，它可以中断一个循环。SQL/PSM 还具有许多其他的特性，但是它们超出了本书的范围。

10.5 3 种方法的比较

在本节中，将简要比较数据库编程的 3 种方法，并且讨论每种方法各自的优、缺点。

(1)**嵌入式 SQL 方法**。这种方法的主要优点是：查询文本是程序源代码自身的一部分，因此可以在编译时基于数据库模式检查其中的语法错误并对其进行验证。由于可以很容易地在源代码中看到查询，它还使程序具有良好的可读性。其主要缺点是：缺少在运行时更改查询的灵活性，并且对查询进行的所有更改都必须经过完整的重新编译过程。此外，由于查询是事先可知的，选择程序变量来保存查询结果就是一个简单的任务，因此应用编程一般也更容易。不过，对于必须在运行时生成查询的复杂应用，函数调用方法将更合适。

（2）**类库和函数调用方法**。这种方法提供了更大的灵活性，这是由于可以根据需要在运行时生成查询。不过，这会导致更复杂的编程，因为可能无法提前知道与查询结果中的列匹配的程序变量。由于查询是作为语句字符串在函数调用内传递的，因此不能在编译时执行检查。所有的语法检查和查询验证都必须在运行时通过准备查询来进行，并且程序员必须检查和考虑程序代码内可能出现的其他运行时错误。

（3）**数据库编程语言方法**。这种方法不会遇到阻抗失配问题，因为编程语言的数据类型与数据库的数据类型是相同的。不过，程序员必须学习一种新的编程语言，而不是使用他们已经熟悉的语言。此外，一些数据库编程语言是特定于供应商的，而通用编程语言可以轻松地多个供应商的系统协同工作。

10.6 小　　结

本章介绍了 SQL 数据库语言的其他一些特性。特别是，在 10.1 节中概述了数据库编程的最重要的技术。然后，在 10.2 节~10.4 节中讨论了数据库应用编程的各种方法。

在 10.2 节中，讨论了称为嵌入式 SQL 的通用技术，其中的查询是程序源代码的一部分。预编译器通常用于从程序中提取 SQL 命令，以便由 DBMS 进行处理，并且利用对 DBMS 预编译代码的函数调用来替换它们。我们在示例中使用 C 编程语言作为宿主语言，概述了嵌入式 SQL。还讨论了用于在 Java 程序中嵌入 SQL 的 SQLJ 技术。之后，通过示例介绍并说明了游标（用于嵌入式 SQL）和迭代器（用于 SQLJ）的概念，以显示如何使用它们在查询结果中遍历元组，以及提取属性值并存入程序变量中，以便执行进一步的处理。

在 10.3 节中，讨论了如何使用函数调用库来访问 SQL 数据库。这种技术比嵌入式 SQL 更具动态性，但是需要更复杂的编程，因为查询结果中的属性类型和数量可能是在运行时确定的。然后概述了 SQL/CLI 标准，并且给出了使用 C 作为宿主语言的示例。我们讨论了 SQL/CLI 库中的一些函数，如何将查询作为字符串进行传递，如何在运行时给查询参数赋值，以及如何将结果返回给程序变量。然后，概述了与 Java 一起使用的 JDBC 类库，并且讨论了它的一些类和操作。特别是，ResultSet 类用于创建保存查询结果的对象，然后可以通过 next()操作遍历它。我们还讨论了用于检索属性值和设置参数值的 get 和 set 函数。

在 10.4 节，简要概述了存储过程，并且把 SQL/PSM 作为一个数据库编程语言示例加以讨论。最后，在 10.5 节中简要比较了 3 种方法。值得注意的是，我们只是泛泛地比较了数据库编程的 3 种主要方法，因为深入研究其中一种特定的方法将是一个值得写一整本书的主题。

复　习　题

10.1　什么是ODBC？它是怎样与SQL/CLI相关联的？

10.2　什么是JDBC？它是一个嵌入式SQL或者使用调用函数的示例吗？

10.3　列出数据库编程的3种主要方法。每种方法各自有什么优缺点？

10.4　什么是阻抗失配问题？在3种编程方法中，哪种方法可以尽量减少这个问题？

10.5　描述游标的概念，并说明如何在嵌入式SQL中使用它。

10.6　SQLJ的用途是什么？描述SQLJ中可用的两类迭代器。

练　习　题

10.7　考虑图1.2中所示的数据库，其模式如图2.1中所示。编写一个程序段，读取学生的姓名，并打印他或她的平均成绩，假定A = 4分、B = 3分、C = 2分、D = 1分，将C作为宿主语言并且使用嵌入式SQL来实现。

10.8　将Java作为宿主语言并且使用SQLJ，重新完成练习题10.7。

10.9　考虑图6.6中的图书馆关系数据库模式。编写一个程序段，检索昨天已经到期的图书列表，并且打印每本图书的书名和借阅者姓名。将C作为宿主语言并且使用嵌入式SQL来实现。

10.10　将Java作为宿主语言并且使用SQLJ，重新完成练习题10.9。

10.11　将C作为宿主语言并且使用SQL/CLI，重新完成练习题10.7和10.9。

10.12　将Java作为宿主语言并且使用JDBC，重新完成练习题10.7和10.9。

10.13　在SQL/PSM中编写一个函数，重新完成练习题10.7。

10.14　利用PSM创建一个函数，计算图5.5中所示的EMPLOYEE表中的平均薪水。

选 读 文 献

有许多图书描述 SQL 数据库编程的各个方面的内容。例如，Sunderraman（2007）描述了 Oracle 10g DBMS 上的程序设计，Reese（1997）重点介绍了 JDBC 和 Java 程序设计。还有许多 Web 资源也是可用的。

第 11 章 使用 PHP 进行 Web 数据库编程

在第 10 章中，概述了使用传统编程语言进行数据库编程的技术，并且在示例中使用了 Java 和 C 编程语言。现在将把注意力转向如何使用脚本语言访问数据库。许多 Internet 应用都使用脚本语言，它们提供 Web 界面，用于访问存储在一个或多个数据库中的信息。这些语言通常用于生成 HTML 文档，然后 Web 浏览器可以把它们显示出来，以便与用户交互。在我们的介绍中，假定读者熟悉基本的 HTML 概念。

基本 HTML 可用于生成静态 Web 页面，其中具有固定的文本及其他对象，但是大多数 Internet 应用需要 Web 页面提供与用户之间的交互性。例如，考虑一位航空公司的客户想要检查特定航班的到达时间和登机口信息的情况。用户可能在 Web 页面的某些字段中输入诸如日期和航班号之类的信息。Web 界面将把这些信息发送给应用程序，应用程序将构造并提交一个查询给航空公司的数据库服务器，以检索用户所需的信息。然后将数据库信息发送回 Web 页面以便进行显示。这样的 Web 页面称为动态 Web 页面，其中的部分信息是从数据库或其他数据源中提取的。对于不同的航班和日期，每次都会重新提取和显示数据。

有多种技术可用于在 Web 页面中进行动态特性编程。这里将重点关注一种技术，它基于服务器端的 PHP 开源脚本语言。PHP 最初代表 Personal Home Page（个人主页），但是现在代表 PHP Hypertext Processor（PHP 超文本处理器）。PHP 已经得到了广泛应用。用于 PHP 的解释器是免费提供的，它们是用 C 语言编写的，因此可以在大多数计算机平台上使用。PHP 解释器提供了超文本预处理器，它将执行一个文本文件中的 PHP 命令，并且创建想要的 HTML 文件。为了访问数据库，需要在 PHP 解释器中包括 PHP 函数库，将在 11.3 节中讨论这方面的内容。PHP 程序是在 Web 服务器计算机上执行的。这一点与一些脚本语言（例如 JavaScript）不同，它们是在客户计算机上执行的。还有许多其他流行的脚本语言，可用于访问数据库以及创建动态 Web 页面，例如 JavaScript、Ruby、Python 和 PERL 等。

本章内容组织如下。11.1 节将给出一个简单的示例，用以说明如何使用 PHP。11.2 节将概述 PHP 语言，以及如何使用它为交互式 Web 页面编写一些基本的功能。11.3 节将重点介绍使用 PHP 通过一个称为 PEAR DB 的函数库与 SQL 数据库交互。11.4 节列出一些与 Java 关联的其他技术，它们可用于 Web 和数据库编程（在第 10 章中已经讨论了 JDBC 和 SQLJ）。最后，11.5 节包含本章小结。

11.1 一个简单的 PHP 示例

PHP 是一种开源、通用的脚本语言。用于 PHP 的解释器引擎是利用 C 编程语言编写的，因此可以在几乎所有类型的计算机和操作系统上使用它。PHP 通常是与 UNIX 操作系统一起安装的。对于具有其他操作系统（例如 Windows、Linux 或 Mac OS）的计算机平台，可以从 http://www.php.net 下载 PHP 解释器。与其他脚本语言一样，PHP 特别适合于操纵文本页面，尤其适合于操纵 Web 服务器计算机上的动态 HTML 页面。这一点与 JavaScript 不同，JavaScript 是与 Web 页面一起下载的，并在客户计算机上执行。

PHP 具有用于访问数据库的函数库，这些数据库存储在各类关系数据库系统之下，例如 Oracle、MySQL、SQLServer 以及支持 ODBC 标准的任何系统（参见第 10 章）。在三层架构下（参见第 2 章），DBMS 将驻留在**底层数据库服务器**（bottom-tier database server）上。PHP 将运行在**中间层 Web 服务器**（middle-tier Web server）上，PHP 程序命令将在这里操纵 HTML 文件，创建自定义的动态 Web 页面。然后把 HTML 发送到**客户层**（client tier），以便进行显示以及与用户交互。

考虑图 11.1(a)中显示的 PHP 示例，它提示用户输入名字和姓氏，然后给该用户显示一条欢迎消息。其中的行号并不是程序代码的一部分；使用它们只是为了便于解释。

(a)

```
   //Program Segment P1:
 0) <?php
 1) // Printing a welcome message if the user submitted their name
    // through the HTML form
 2) if ($_POST['user_name']) {
 3)   print("Welcome, ") ;
 4)   print($_POST['user_name']);
 5) }
 6) else {
 7)   // Printing the form to enter the user name since no name has
      // been entered yet
 8)   print <<<_HTML_
 9)   <FORM method="post" action="$_SERVER['PHP_SELF']">
10)   Enter your name: <input type="text" name="user_name">
11)   <BR/>
12)   <INPUT type="submit" value="SUBMIT NAME">
13)   </FORM>
14)   _HTML_;
15) }
16) ?>
```

(b)

Enter your name:

SUBMIT NAME

(c)

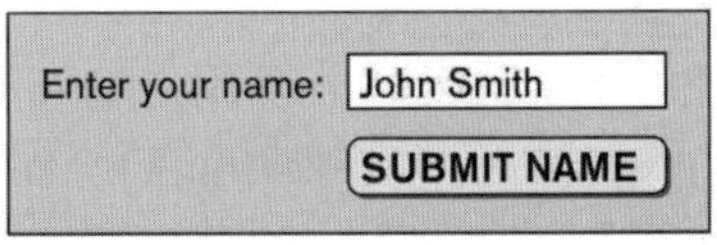

Enter your name: John Smith

SUBMIT NAME

(d)

Welcome, John Smith

图 11.1　(a) 用于输入问候语的 PHP 程序段；(b) PHP 程序段显示的初始表单；(c) 用户输入名字 John Smith；(d) 表单为 John Smith 显示欢迎消息

（1）假设包含程序段 P1 中的 PHP 脚本的文件存储在以下 Internet 位置：http://www.myserver.com/example/greeting.php。这样，如果用户在浏览器中输入这个地址，PHP 解释器将开始解释代码，并产生如图 11.1(b)中所示的表单。当我们讨论代码段 P1 中的各行代码时，将解释这是如何发生的。

（2）第 0 行显示 PHP 开始标签“<?php”，它指示 PHP 解释器引擎，它应该处理后续的所有文本行，直至它遇到第 16 行中的 PHP 结束标签“?>”。位于这两个标签外面的文本将按原样显示出来。这允许将 PHP 代码段包括在一个较大的 HTML 文件内。文件中只有位于“<?php”和“?>”之间的部分才会被 PHP 预处理器处理。

（3）第 1 行显示了在 PHP 程序中添加注释的一种方式，即在一行的开头添加“//”。单行注释也可以用“#”开始，并在输入它们的那一行末尾结束。多行注释以“/*”开始，并以“*/”结束。

（4）**自动全局**（auto-global）预定义的 PHP 变量$_POST（第 2 行）是一个数组，用于保存通过表单参数输入的所有值。PHP 中的数组都是动态数组，元素个数不固定。它们可以是以数字作为索引的数组，其索引（位置）将进行编号（0、1、2、…）；或者它们也可以是关联数组，其索引可以是任何字符串值。例如，一个基于颜色建立索引的关联数组可能具有索引{“red”, “blue”, “green”}。在这个示例中，按传递的值 user_name 的名字对$_POST 建立关联索引，这个值是在第 10 行中的 input 标签的 name 属性中指定的。因此，$_POST['user_name']将包含用户输入的值。在 11.2.2 节中将进一步讨论 PHP 数组。

（5）当第一次打开 http://www.myserver.com/example/greeting.php 上的 Web 页面时，第 2 行中的 if 条件将求值为假，因为$_POST['user_name']中还没有值。因此，PHP 解释器将继续处理第 6~15 行，这将为一个 HTML 文件创建文本，该文件用于显示图 11.1(b)中所示的表单。然后在客户端通过 Web 浏览器显示它。

（6）第 8 行显示了一种在 HTML 文件中创建**长文本字符串**（long text string）的方式。在本节后面将讨论用于指定字符串的其他方式。开始标签“<<<_HTML_”与结束标签“_HTML_;”之间的所有文本将按原样写入 HTML 文件中。结束标签“_HTML_;”必须单独位于一行上。因此，添加到发送给客户的 HTML 文件中的文本将是第 9~13 行的文本。这包括用于创建图 11.1(b)中所示表单的 HTML 标签。

（7）PHP **变量名**（variable name）以“$”符号开头，可以包括字符、数字和下画线字符“_”。PHP 自动全局（预定义）变量$_SERVER（第 9 行）是一个数组，其中包括关于本地服务器的信息。该数组中的元素$_SERVER['PHP_SELF']是当前在服务器上执行的 PHP 文件的路径名。因此，一旦用户输入了表单参数，FORM 标签的 action 属性（第 9 行）就指示 PHP 解释器重新处理相同的文件。

（8）一旦用户在文本框中输入了名字 John Smith，并且单击 SUBMIT NAME 按钮（如图 11.1(c)所示），就会重新处理程序段 P1。这一次，$_POST['user_name']将包括字符串"John Smith"，因此现在将把第 3 行和第 4 行置入将会发送给客户的 HTML 文件，它将显示图 11.1(d)中所示的消息。

从这个示例中可以看到，PHP 程序可以创建两个不同的 HTML 命令，这依赖于用户是刚刚开始输入信息还是已经通过表单提交了他们的名字。一般来讲，PHP 程序可以在服务器上的 HTML 文件中创建 HTML 文本的众多变体，这依赖于程序中采用的特定条件路径。

因此，发送给客户的 HTML 将依赖于用户交互而有所不同。这是使用 PHP 创建动态 Web 页面的一种方式。

11.2　PHP 的基本特性概述

在本节中，将概述 PHP 的几个基本特性，它们在创建交互式 HTML 页面时是有用的。11.3 节将重点介绍 PHP 程序如何访问数据库以进行查询和更新。这里不能给出 PHP 的全面讨论；有许多图书专门介绍 PHP。相反，我们将重点说明 PHP 的某些特性，它们特别适合于创建包含数据库访问命令的动态 Web 页面。本节将介绍一些 PHP 概念和特性，在 11.3 节中讨论数据库访问时将需要用到它们。

11.2.1　PHP 变量、数据类型和编程构造

PHP 变量名（variable name）以$符号开头，可以包括字符、字母和下画线（_），不允许使用其他的特殊字符。变量名是区分大小写的，并且第一个字符不能是数字。变量不是类型化的，赋予变量的值决定了它们的类型。事实上，一旦把一个新值赋予同一个变量，那么它也可能改变其类型。赋值是通过“=”运算符进行的。

由于 PHP 是针对文本处理的，因此字符串值有多种不同的类型。还有许多函数可用于处理字符串。这里将只讨论字符串值和变量的一些基本性质。图 11.2 说明了一些字符串值。有 3 种主要方式用于表达字符串和文本：

（1）**单引号字符串**。用单引号把字符串括起来，如第 0~2 行中所示。如果字符串内需要单引号，可使用转义字符（\）（参见第 2 行）。

（2）**双引号字符串**。用双引号将字符串括起来，如第 7 行中所示。在这种情况下，对于出现在字符串内的变量名，将利用当前存储在这些变量中的值替换它们。解释器将通过初始字符$确定双引号字符串内的变量名，并利用变量中的值替换它们。这称为字符串内的**插值变量**（interpolating variable）。在单引号字符串中不会发生插值。

（3）**嵌入文档**（here document）。文档中的一部分，它以<<<DOCNAME 开头，并以包含文档名 DOCNAME 的单独一行结束。DOCNAME 可以是任意字符串，只要它用于开始和结束嵌入文档即可。图 11.2 中的第 8~11 行说明了它。如果变量出现在嵌入文档内，那么将利用它们的字符串值替换它们，从而也对变量进行插值。双引号字符串使用了类似的特性，但是嵌入文档对于多行文本更方便。

（4）**单引号和双引号**。PHP 用于括住字符串的单引号和双引号在字符串的两端应该是直引号("")。创建这些引号的文本编辑器不应该在字符串周围产生弯曲的开、闭引号(“”)。

还有一个字符串连接运算符，用点（.）符号指定，如图 11.2 中的第 6 行中所示。有许多字符串函数，这里将只说明其中两个函数。函数 strtolower 用于把字符串中的字母字符全都改为小写形式，而函数 ucwords 则用于把字符串中的所有单词都改为大写形式。图 11.2 中的第 4 行和第 5 行演示了这两个函数。

```
0) print 'Welcome to my Web site.';
1) print 'I said to him, "Welcome Home"';
2) print 'We\'ll now visit the next Web site';
3) printf('The cost is $%.2f and the tax is $%.2f', $cost, $tax) ;
4) print strtolower('AbCdE');
5) print ucwords(strtolower('JOHN smith'));
6) print 'abc' . 'efg'
7) print "send your email reply to: $email_address"
8) print <<<FORM_HTML
9) <FORM method="post" action="$_SERVER['PHP_SELF']">
10) Enter your name: <input type="text" name="user_name">
11) FORM_HTML
```

图 11.2　说明基本的 PHP 字符串和文本值

一般的规则是：对于不包含 PHP 程序变量的文字字符串，可使用单引号字符串；而当需要把变量中的值插入字符串中时，可以使用另外两种类型（双引号字符串和嵌入文档）。对于大块的多行文本，程序应该为字符串使用*嵌入文档*风格。

PHP 还具有用于整数和浮点数的数值数据类型，并且它们一般都遵循 C 编程语言处理这些类型的规则。在把数字写入字符串中之前，可以对其进行格式化，即指定小数点后面的位数。print 函数的一个变体名为 printf（print formatted），它允许在字符串内格式化数字，如图 11.2 中的第 3 行所示。

PHP 中具有 for 循环、while 循环和 if 条件语句的标准编程语言构造。它们一般类似于对应的 C 语言构造。这里将不会讨论它们。类似地，如果把一个值用作布尔表达式，那么除了数字零（0）和空字符串之外，其他任何值都为真，0 和空字符串则为假。还可以赋予文字真值和假值。比较运算符一般也遵循 C 语言的规则。它们是：==（等于）、!=（不等于）、>（大于）、>=（大于或等于）、<（小于）和<=（小于或等于）。

11.2.2　PHP 数组

数组在 PHP 中非常重要，因为它们允许存放元素列表。在利用下拉菜单的表单中频繁使用它们。一维数组用于保存下拉菜单中的选项列表。二维数组常用于数据库查询结果，其中第一维表示表的行，第二维表示行内的列（属性）。数组有两种主要类型：数值数组和关联数组。接下来将在一维数组的环境中讨论每种类型的数组。

数值数组（numeric array）将一个数字索引（或者位置或序号）与数组中的每个元素关联起来。索引是从 0 开始并且递增的整数。数组中的元素是通过其索引来引用的。关联数组（associative array）提供元素对（键 => 值）。通过元素的键来引用它的值，特定数组中的所有键值都必须是唯一的。元素值可以是字符串或整数，或者它们也可以是数组本身，从而导致更高维的数组。

图 11.3 给出了两个数组变量的示例：$teaching 和$courses。第一个数组$teaching 是关联数组（参见图 11.3 中的第 0 行），其中每个元素都将一个课程名（作为键）与课程老师的名字（作为值）相关联。这个数组中有 3 个元素。第 1 行显示数组是如何更新的。第 1

行中的第一个命令通过更新课程“Graphics”的值赋予它一个新的老师。由于键值“Graphics”在数组中已经存在，将不会创建新的元素，但是将会更新现有的值。第二个命令将会创建一个新元素，因为键值“Data Mining”以前在数组中不存在。新元素添加在数组末尾。

```
0) $teaching = array('Database' => 'Smith', 'OS' => 'Carrick',
                     'Graphics' => 'Kam');
1) $teaching['Graphics'] = 'Benson'; $teaching['Data Mining'] = 'Li';
2) sort($teaching);
3) foreach ($teaching as $key => $value) {
4)   print " $key : $value\n";}
5) $courses = array('Database', 'OS', 'Graphics', 'Data Mining');
6) $alt_row_color = array('blue', 'yellow');
7) for ($i = 0, $num = count($courses); i < $num; $i++) {
8)   print '<TR bgcolor="' . $alt_row_color[$i % 2] . '">';
9)   print "<TD>Course $i is</TD><TD>$course[$i]</TD></TR>\n";
10) }
```

图 11.3　说明基本的 PHP 数组处理

如果我们只提供值（没有键）作为数组元素，那么将自动把数字作为键，并且编号为 0、1、2、…。在图 11.3 的第 5 行中，通过$courses 数组说明了这一点。关联数组和数值数组都没有大小限制。如果将另一种数据类型的某个值（例如说一个整数）赋予保存一个数组的 PHP 变量，那么该变量现在将保存整数值，并且会丢失数组的内容。基本上，可以在任何时候把任何数据类型的值赋予大多数变量。

有多种不同的技术可用于遍历 PHP 中的数组。图 11.3 中说明了其中两种技术。第 3 行和第 4 行显示了使用 foreach 构造遍历数组中的所有元素的一个方法，并且在单独的行上打印每个元素的键和值。第 7~10 行显示了如何使用传统的 for 循环构造。内置函数 count（第 7 行）用于返回数组中当前的元素数量，将把它赋予变量$num，并用于控制循环结束。

第 7~10 行中的示例还说明了如何利用交替的行颜色来显示一个 HTML 表，这是通过在数组$alt_row_color 中设置两种颜色来实现的（第 8 行）。每次通过循环时，求余函数$i%2 就会从一行（索引 0）切换到下一行（索引 1）（参见第 8 行）。颜色将被赋予<TR>（表行）标签的 HTML 属性 bgcolor。

count 函数（第 7 行）用于返回数组中当前的元素数量。sort 函数（第 2 行）基于数组中的元素值（而不是键）对数组进行排序。对于关联数组，在排序后每个键将保持与同一个元素值相关联。在对数值数组排序时不会发生这种情况。还有许多其他的函数可以应用于 PHP 数组，但是对它们的完整讨论超出了本书的范围。

11.2.3　PHP 函数

与其他编程语言一样，可以在 PHP 中定义**函数**（function），以便更好地组织复杂程序的结构，以及共享可以被多个应用重用的公共代码区。PHP 的更新版本即 PHP5 还具有面向对象特性，但是这里将不会讨论这些特性，因为我们重点关注的是 PHP 的基础知识。基本的 PHP 函数可以具有参数，它们是按值传递的。在函数内可以访问全局变量。标准作用域规则适用于出现在函数内以及调用函数的代码内的变量。

现在将给出两个简单的示例，用于说明基本的 PHP 函数。在图 11.4 中，显示了如何使用函数改写图 11.1(a)中的代码段 P1。图 11.1 中的代码段 P1′具有两个函数：display_welcome()（第 0~3 行）和 display_empty_form()（第 5~13 行）。这两个函数都没有参数，也没有返回值。第 14~19 行显示了如何调用这些函数，产生与图 11.1(a)中的代码段 P1 相同的效果。在这个示例中可以看到，函数可用于使 PHP 代码结构更加优化，并且更容易阅读。

```
    //Program Segment P1′:
 0) function display_welcome() {
 1)    print("Welcome, ") ;
 2)    print($_POST['user_name']);
 3) }
 4)
 5) function display_empty_form(); {
 6) print <<<_HTML_
 7) <FORM method="post" action="$_SERVER['PHP_SELF']">
 8) Enter your name: <INPUT type="text" name="user_name">
 9) <BR/>
10) <INPUT type="submit" value="Submit name">
11) </FORM>
12) _HTML_;
13) }
14) if ($_POST['user_name']) {
15)    display_welcome();
16) }
17) else {
18)    display_empty_form();
19) }
```

图 11.4 使用函数将程序段 P1 改写为 P1′

第二个示例如图 11.5 中所示。这里将使用图 11.3 中引入的$teaching 数组。图 11.5 中的第 0~8 行中的函数 course_instructor()具有两个参数：$course（一个保存课程名的字符串）和$teaching_assignments（一个保存课程作业的关联数组，与图 11.3 中所示的$teaching 数组类似）。该函数用于查找讲授特定课程的老师姓名。图 11.5 中的第 9~14 行显示了如何使用这个函数。

第 11 行中的函数调用将返回以下字符串："Smith is teaching Database"，因为键为"Database"的数组项具有值为"Smith"的老师。另一方面，第 13 行中的函数调用将返回以下字符串："there is no Computer Architecture course"，因为数组中没有键为"Computer Architecture"的数组项。下面从总体上给出了关于这个示例和 PHP 函数的几点注释：

- 如果变量$k 中的值作为关联数组中的一个键存在于变量$a 中，那么内置的 PHP 数组函数 array_key_exists($k, $a)将返回真值。在我们的示例中，它将检查所提供的$course 值是否是作为数组$teaching_assignments 中的一个键存在的（图 11.5 中的第 1 行）。

```
0)  function course_instructor ($course, $teaching_assignments) {
1)      if (array_key_exists($course, $teaching_assignments)) {
2)          $instructor = $teaching_assignments[$course];
3)          RETURN "$instructor is teaching $course";
4)      }
5)      else {
6)          RETURN "there is no $course course";
7)      }
8)  }
9)  $teaching = array('Database' => 'Smith', 'OS' => 'Carrick',
                     'Graphics' => 'Kam');
10) $teaching['Graphics'] = 'Benson'; $teaching['Data Mining'] = 'Li';
11) $x = course_instructor('Database', $teaching);
12) print($x);
13) $x = course_instructor('Computer Architecture', $teaching);
14) print($x);
```

图 11.5　说明一个带有参数和返回值的函数

- 函数参数是按值传递的。因此，在这个示例中，第 11 行和第 13 行中的调用将不能改变作为调用的参数而提供的数组$teaching。在调用函数时，将把参数中提供的值传递（复制）给函数参数。
- 函数的返回值放置在 RETURN 关键字之后。函数可以返回任何类型。在这个示例中，它返回一个字符串类型。在我们的示例中可以返回两个不同的字符串，这依赖于所提供的$course 键值是否存在于数组中。
- 像其他编程语言中一样，变量名的作用域规则在函数中也适用。不能使用函数外部的全局变量，除非使用内置的 PHP 数组$GLOBALS 引用它们。基本上，$GLOBALS['abc']将访问在函数外部定义的全局变量$abc 中的值。否则，出现在函数内部的变量将是局部变量，即使具有同名的全局变量也是如此。

前面的讨论简要概述了 PHP 函数。还有许多细节没有讨论，因为详细介绍 PHP 并不是我们的目标。

11.2.4　PHP 服务器变量和表单

在 PHP 内置的自动全局数组变量$_SERVER 中有许多内置的项，它们可以给程序员提供关于运行 PHP 解释器的服务器的有用信息，以及许多其他的信息。在 HTML 文档中创建文本时可能需要这些信息（例如，参见图 11.4 中的第 7 行）。下面列出了其中一些项：

（1）$_SERVER['SERVER_NAME']：它提供了运行 PHP 解释器的服务器计算机的 Web 站点名称或 URL（Uniform Resource Locator，统一资源定位器）。例如，如果 PHP 解释器运行在 Web 站点 http://www.uta.edu 上，那么这个字符串将是$_SERVER['SERVER_NAME']中的值。

（2）$_SERVER['REMOTE_ADDRESS']：它是访问服务器的客户计算机的 IP（Internet Protocol，网际协议）地址；例如，129.107.61.8。

（3）$_SERVER['REMOTE_HOST']：它是客户计算机的 Web 站点名称（URL）；例如，abc.uta.edu。在这种情况下，服务器将需要把这个名称转换成 IP 地址以访问客户。

（4）$_SERVER['PATH_INFO']：它是 URL 地址的一部分，出现在 URL 末尾斜杠（/）之后。

（5）$_SERVER['QUERY_STRING']：它提供了一个字符串，用于保存 URL 中的参数，这些参数出现在 URL 末尾的问号（?）之后。例如，它可以保存搜索参数。

（6）$_SERVER['DOCUMENT_ROOT']：它是保存 Web 服务器上的文件的根目录，这些文件可以被客户访问。

在创建要发送给客户以便进行显示的 HTML 文件时，通常需要使用$_SERVER 数组中的这些项及其他项。

另一个重要的 PHP 内置的自动全局数组变量的名称是$_POST。它给程序员提供了由用户通过 HTML 表单提交的输入值，这个输入值是在 HTML 标签<INPUT>及其他类似的标签中指定的。例如，在图 11.4 中，第 14 行中的变量$_POST['user_name']给程序员提供了用户在 HTML 表单中输入的值，这个值是通过图 11.4 中的第 8 行上的<INPUT>标签指定的。这个数组的键是通过表单提供的多个输入参数的名称，例如，使用 HTML 标签<INPUT>的 name 属性来提供，如第 8 行所示。当用户通过表单输入数据时，将把数据值存储在这个数组中。

11.3 PHP 数据库编程概述

有多种技术可用于通过编程语言访问数据库。在第 10 章中讨论了其中一些技术，该章概述了如何使用 C 和 Java 编程语言访问 SQL 数据库。特别是，我们讨论了嵌入式 SQL、JDBC、SQL/CLI（类似于 ODBC）以及 SQLJ。在本节中，将概述如何使用脚本语言 PHP 访问数据库，PHP 适合用于创建 Web 界面以搜索和更新数据库，以及创建动态 Web 页面。

有一个 PHP 数据库访问函数库，它是 PHP 扩展和应用资源库（PHP Extension and Application Repository，PEAR）的一部分，PEAR 是用于增强 PHP 的多个函数库的集合。PEAR DB 库提供了用于数据库访问的函数。通过这个库可以访问许多数据库系统，包括 Oracle、MySQL、SQLite 和 Microsoft SQL Server 等。

我们将结合一些示例来讨论几个属于 PEAR DB 一部分的函数。11.3.1 节将显示如何使用 PHP 连接到数据库。11.3.2 节将讨论如何使用从 HTML 表单中收集的数据，在数据库表中插入一条新记录。11.3.3 节将显示如何执行检索查询，并把它们的结果显示在动态 Web 页面内。

11.3.1 连接到数据库

要在 PHP 程序中使用数据库函数，必须加载一个名为 DB.php 的 PEAR DB 库模块。在图 11.6 中，这是在示例的第 0 行中完成的。现在可以使用 DB::<function_name>来访问 DB 库函数。用于连接到数据库的函数的名称是 DB::connect('string')，其中 string 参数用于指定数据库信息，它的格式如下：

```
<DBMS 软件>://<用户账户>:<密码>@<数据库服务器>
```

在图 11.6 中，第 1 行连接到使用 Oracle（通过字符串 oci8 指定）存储的数据库。string 的<DBMS 软件>部分指定将要连接到的特定 DBMS 软件包。可以通过 PEAR DB 访问的一些 DBMS 软件包如下：

- MySQL：对于早期的版本，将其指定为 mysql；对于从版本 4.1.2 开始的更新版本，则指定为 mysqli。
- Oracle：对于版本 7、版本 8 和版本 9，将其指定为 oc8i。图 11.6 的第 1 行中就使用了它。
- SQLite：指定为 sqlite。
- Microsoft SQL Server：指定为 mssql。
- Mini SQL：指定为 msql。
- Informix：指定为 ifx。
- Sybase：指定为 sybase。
- **任何 ODBC 兼容的系统**：指定为 odbc。

上面这个列表并不是完整的。

紧接在传递给 DB::connect 的 string 参数中的<DBMS 软件>后面的是分隔符://，其后接着用户账户名<用户账户>，再接着分隔符:和账户密码<密码>。它们后面接着分隔符@，以

```
0)  require 'DB.php';
1)  $d = DB::connect('oci8://acct1:pass12@www.host.com/db1');
2)  if (DB::isError($d)) { die("cannot connect - " . $d->getMessage());}
    ...
3)  $q = $d->query("CREATE TABLE EMPLOYEE
4)      (Emp_id INT,
5)      Name VARCHAR(15),
6)      Job VARCHAR(10),
7)      Dno INT);" );
8)  if (DB::isError($q)) { die("table creation not successful - " .
                            $q->getMessage()); }
    ...
9)  $d->setErrorHandling(PEAR_ERROR_DIE);
       ...
10) $eid = $d->nextID('EMPLOYEE');
11) $q = $d->query("INSERT INTO EMPLOYEE VALUES
12)     ($eid, $_POST['emp_name'], $_POST['emp_job'], $_POST['emp_dno'])" );
    ...
13) $eid = $d->nextID('EMPLOYEE');
14) $q = $d->query('INSERT INTO EMPLOYEE VALUES (?, ?, ?, ?)',
15) array($eid, $_POST['emp_name'], $_POST['emp_job'], $_POST['emp_dno']) );
```

图 11.6　连接到数据库，创建表并插入记录

及存储数据库的服务器名称和目录<数据库服务器>。

在图 11.6 的第 1 行中，用户使用存储在 Oracle DBMS oci8 之下的账户名 acct1 和密码 pass12 连接到位于 www.host.com/db1 的服务器。使用 DB::connect 传递整个字符串。连接信息保存在数据库连接变量$d 中，无论何时对这个特定的数据库应用一个操作，都会使用这个变量。

1. 检查错误

图 11.6 中的第 2 行显示了如何检查是否成功建立了对数据库的连接。PEAR DB 具有一个函数 DB::isError，它可以确定任何数据库访问操作是否成功执行。这个函数的参数是数据库连接变量（在这个示例中是$d）。一般来讲，在每个数据库调用之后 PHP 程序员可以执行检查，以确定最后一个数据库操作是否成功执行，如果它没有成功，就终止程序（使用 die 函数）。同时还会通过操作$d->get_message()从数据库返回一条错误消息。该操作也可以显示为如图 11.6 的第 2 行中所示。

2. 提交查询及其他 SQL 语句

一般来讲，一旦使用 query 函数建立了数据库连接，就可以将大多数 SQL 命令发送给数据库。函数$d->query 接受一个 SQL 命令作为它的字符串参数，并把它发送给数据库服务器来执行。在图 11.6 中，第 3~7 行发送一个 CREATE TABLE 命令，创建一个名为 EMPLOYEE 的具有 4 个属性的表。无论何时执行查询或 SQL 语句，都会把查询的结果赋予一个查询变量，在我们的示例中该变量的名称为$q。第 8 行用于检查查询是否执行成功。

PHP PEAR DB 库提供了一种替代方法，使得在执行每个数据库命令之后都必须检查错误。如果在通过连接$d 访问数据库时发生任何后续的错误，下面的函数：

```
$d->setErrorHandling(PEAR_ERROR_DIE)
```

将终止程序，并且打印默认的错误消息（参见图 11.6 中的第 9 行）。

11.3.2　从表单中收集数据

在数据库应用中，通过 HTML 表单或者其他类型的 Web 表单收集信息是一种常见的情况。例如，在购买机票或者申请信用卡时，用户必须输入诸如姓名、住址和电话号码之类的个人信息。这些信息通常收集并存储在数据库服务器上的数据库记录中。

图 11.6 中的第 10~12 行说明了如何执行这项任务。在这个示例中，省略了用于创建表单和收集数据的代码，它们可以是图 11.1 中的示例的一个变体。我们假定用户在 emp_name、emp_job 和 emp_dno 这些输入参数中输入的是有效的值。如 11.2.4 节末尾所讨论的，可以通过 PHP 自动全局数组$_POST 访问这些输入参数。

在图 11.6 中的第 11 行和第 12 行所示的 SQL INSERT 命令中，数组项$POST['emp_name']、$POST['emp_job']和$POST['emp_dno']将保存通过 HTML 的输入表单从用户那里收集的值。然后将把这些值作为新的雇员记录插入在 EMPLOYEE 表中。

这个示例还说明了 PEAR DB 的另一个特性。在一些应用中，一种常见的做法是：为插入数据库中的每个新记录创建唯一的记录标识符[1]。

PHP 具有一个函数$d–>nextID，用于为特定的表创建一个唯一值序列。在我们的示例中，EMPLOYEE 表的 Emp_id 字段（参见图 11.6 中的第 4 行）就是为此目的而创建的。第 10 行显示了如何在 EMPLOYEE 表的序列中检索下一个唯一值，并在第 11 行和第 12 行中将其作为新记录的一部分而插入它。

图 11.6 中的第 10~12 行中用于插入记录的代码可能允许输入恶意的字符串，它们可能会改变 INSERT 命令。执行插入及其他查询的一种更安全的方式是使用**占位符**(placeholder)（通过?符号指定）。在第 13~15 行中演示了一个示例，其中要插入另一条记录。在$d->query()函数的这种形式中，有两个参数。第一个参数是 SQL 语句，它具有一个或多个?符号（占位符）。第二个参数是一个数组，它的元素值将用于按指定的顺序替换这些占位符（参见图 11.6 中的第 13~15 行）。

11.3.3　数据库表中的检索查询

现在将给出通过 PHP 执行检索查询的 3 个示例，如图 11.7 中所示。前面几行即第 0~3 行建立数据库连接$d，并把错误处理设置为默认方式，如 11.3.2 节中所讨论的那样。第一

```
0)  require 'DB.php';
1)  $d = DB::connect('oci8://acct1:pass12@www.host.com/dbname');
2)  if (DB::isError($d)) { die("cannot connect - " . $d->getMessage()); }
3)  $d->setErrorHandling(PEAR_ERROR_DIE);
    ...
4)  $q = $d->query('SELECT Name, Dno FROM EMPLOYEE');
5)  while ($r = $q->fetchRow()) {
6)      print "employee $r[0] works for department $r[1] \n" ;
7)  }
    ...
8)  $q = $d->query('SELECT Name FROM EMPLOYEE WHERE Job = ? AND Dno = ?',
9)      array($_POST['emp_job'], $_POST['emp_dno']) );
10) print "employees in dept $_POST['emp_dno'] whose job is
        $_POST['emp_job']: \n"
11) while ($r = $q->fetchRow()) {
12)     print "employee $r[0] \n" ;
13) }
    ...
14) $allresult = $d->getAll('SELECT Name, Job, Dno FROM EMPLOYEE');
15) foreach ($allresult as $r) {
16)     print "employee $r[0] has job $r[1] and works for department $r[2] \n" ;
17) }
    ...
```

图 11.7　说明数据库检索查询

1　这类似于第 12 章中将讨论的系统生成的 OID，该章介绍了对象和对象-关系数据库系统。

个查询（第 4~7 行）用于检索所有雇员记录的姓名和部门编号。查询变量$q 用于引用**查询结果**。第 5~7 行中显示了一个 while 循环，它用于遍历结果中的每一行。第 5 行中的函数$q->fetchRow()用于检索查询结果中的下一条记录，并控制循环。循环开始于第一条记录。

第 8~13 行中显示了第二个查询示例，并且演示了一个动态查询。在这个查询中，用于选择行的条件基于用户输入的值。这里，我们想要检索具有特定工作并且为特定部门工作的雇员的姓名。特定的工作和部门编号是在数组变量$POST['emp_job']和$POST['emp_dno']中通过一个表单输入的。如果用户输入的工作和部门编号分别是“Engineer”和 5，那么查询将选择在部门 5 中工作的所有工程师的姓名。可以看到，这是一个动态查询，其结果依赖于用户输入的选择而有所不同。如 11.3.2 节末尾所讨论的，在这个示例中使用了两个?占位符。

最后一个查询（第 14~17 行）显示了一种指定查询并且遍历它的行的替代方法。在这个示例中，函数$d=>getAll 把查询结果中的所有记录都保存在单个变量中，这个变量的名称是$allresult。为了遍历各条记录，可以使用一个 foreach 循环，并且利用行变量$r 遍历$allresult 中的每一行[1]。

可以看到，PHP 适合于数据库访问以及创建动态 Web 页面。

11.4 用于数据库 Web 编程的 Java 技术简介

我们讨论的 PHP 脚本语言的一部分运行在应用服务器上，并且充当一个管道，用于通过表单收集客户上的用户输入，构造数据库查询并把它们提交给数据库服务器，然后创建动态 HTML Web 页面来显示查询结果。Java 环境具有在服务器上运行的组件以及可以在客户机运行的其他组件。它还具有交换数据对象的标准。这里将简要讨论其中一些与 Web 和数据库访问相关的组件。在第 10 章中已经相当详细地讨论了 JDBC 和 SQLJ。

- JSP（Java Server Pages，Java 服务器页面）：它允许脚本在服务器上产生要发送给客户的动态 Web 页面，其方式与 PHP 有些相似。不过，它是与 Java 语言相关联的，并且脚本可以与 Java 代码结合起来。
- JavaScript：JavaScript 是一种脚本语言，它不同于 Java 编程语言，并且是单独开发的。它广泛用在 Web 应用中，并且可以在客户计算机或服务器上运行。
- JSON（Java Script Object Notation，Java 脚本对象表示法）：它是数据对象的基于文本的表示法，使得可以在 JSON 中格式化数据，并以文本格式通过 Web 在客户与服务器之间交换它们。可以将其视作 XML（参见第 13 章）的一种替代技术，并且它使用属性-值对表示对象。一些称为 NOSQL 系统的更新的数据库系统还把 JSON 用作数据模型，例如 MongoDB（参见第 24 章）。

1　$r 变量类似于第 10 章和第 12 章中讨论的游标和迭代器变量。

11.5　小　　结

在本章中，概述了如何将数据库中的一些结构化数据转换成可以在 Web 页面上输入或显示的元素。我们重点介绍了 PHP 脚本语言，它在 Web 数据库编程领域正变得非常流行。11.1 节通过一个简单的示例介绍了 PHP 用于 Web 编程的一些基础知识。11.2 节给出了 PHP 语言的一些基础知识，包括其广泛使用的数组和字符串数据类型。11.3 节概述了如何使用 PHP 来指定各种数据库命令，包括创建表、插入新记录以及检索数据库记录。PHP 运行在服务器计算机上，而一些其他的脚本语言则运行在客户计算机上。11.4 节介绍了一些与 Java 关联的技术，可以在类似的环境中使用它们。

我们只是对 PHP 做了一个非常基本的介绍。有许多图书以及许多 Web 站点专门用于介绍初级和高级 PHP 编程。由于 PHP 是一个开源产品，还存在许多用于 PHP 的函数库。

复　习　题

11.1　为什么脚本语言对于编写Web应用非常流行？在三层架构中，PHP程序是在哪一层执行的？JavaScript程序又是在哪一层执行的？

11.2　PHP是一种什么类型的编程语言？

11.3　讨论在PHP中指定字符串的不同方式。

11.4　讨论PHP中不同的数组类型。

11.5　什么是PHP的自动全局变量？给出PHP的自动全局数组的一些示例，并且讨论通常如何使用它们。

11.6　什么是PEAR，什么是PEAR DB？

11.7　讨论PEAR DB中用于访问数据库的主要函数，以及如何使用它们。

11.8　讨论PHP中用于遍历查询结果的不同方式。

11.9　什么是占位符？如何在PHP数据库编程中使用它们？

练　习　题

11.10　考虑图4.6中所示的LIBRARY数据库模式。编写PHP代码，创建这种模式的表。

11.11　编写一个PHP程序，创建Web表单，用于输入关于新的BORROWER实体的信息。为新的BOOK实体重复该操作。

11.12　为练习题6.18中指定的查询编写PHP Web界面。

选读文献

在纸版书和 Web 上有许多资源可用于 PHP 编程。这里给出几本图书作为示例。在 Sklar（2005）中给出了对 PHP 的非常好的介绍。对于高级 Web 站点开发，Schlossnagle（2005）一书中提供了许多详细的示例。Nixon（2014）提供了一本关于 Web 编程的非常流行的图书，其中涵盖了 PHP、Javascript、Jquery、CSS 和 HTML5。

第 5 部 分

对象、对象–关系和 XML：概念、模型、语言和标准

第 12 章　对象和对象-关系数据库

在本章中，将讨论面向对象数据模型的特性，并说明如何将其中一些特性纳入关系数据库系统和 SQL 标准中。在更新的数据库系统类型中也纳入了对象数据模型的一些特性，这些系统称为 NOSQL 系统（参见第 24 章）。此外，XML 模型（参见第 13 章）与对象模型之间具有一些相似之处。因此，有关对象模型的介绍可以使读者很好地洞悉数据库技术中的许多最新的发展。基于对象数据模型的数据库系统最初被称为面向对象数据库（object-oriented database，OODB），但是现在称为**对象数据库**（object database，ODB）。传统的数据模型和系统（例如网状、层次和关系数据模型和系统）在开发许多传统的业务数据库应用所需的数据库技术方面相当成功。不过，当必须设计和实现更复杂的数据库应用时，它们就会暴露出某些缺陷。例如，在为工程设计和制造（CAD/CAM 和 CIM[1]）、生物及其他科学、远程通信、地理信息系统和多媒体[2]设计和实现数据库时，传统的数据模型和系统就显得有些力不从心了。为这些应用开发的 ODB 需要更复杂的结构来存储对象。对象数据库的一个关键特性是：它不但能够让设计者指定复杂对象的结构，还能指定可以应用于这些对象的操作。

创建面向对象数据库的另一个原因是：人们在开发软件应用时，开始大量使用面向对象编程语言。数据库是许多软件系统的基本组件，而对于那些利用面向对象编程语言（例如 C++或 Java）开发的软件应用，传统的数据库有时难以与它们结合使用。设计对象数据库的目的是，使它们可以直接（或无缝）地与使用面向对象编程语言开发的软件集成起来。

关系 DBMS（RDBMS）供应商也认识到纳入对象数据库特性的必要性，并且关系系统的更新版本已经纳入了其中许多特性。这导致数据库系统具有对象-关系或 ORDBMS 的特征。用于 RDBMS 的 SQL 标准的最新版本（2008）称为 SQL/Foundation，包括其中许多特性，最初把它们称为 SQL/Object，现在则把它们合并到了主要的 SQL 规范中。

尽管已经创建了许多试验性的原型和商业性面向对象数据库系统，但是由于关系系统和对象-关系系统尚未普及，因此它们还没有找到广泛的用武之地，试验性原型包括：MCC 开发的 Orion 系统、Texas Instruments 开发的 OpenOODB、Hewlett-Packard 实验室开发的 Iris 系统、AT&T 贝尔实验室开发的 Ode 系统，以及布朗大学的 ENCORE/ObServer 项目。商业上可用的系统包括：GemStone Systems 的 GemStone Object Server（GemStone 对象服务器）、Ontos 的 ONTOS DB、Objectivity 公司的 Objectivity/DB、Versant 公司（以及 Poet）的 Versant Object Database（对象数据库）和 FastObjects 、Object Design 的 ObjectStore 以及 Ardent 的 Ardent Database（Ardent 数据库）。

随着商业性对象 DBMS 变得可用，人们开始认识到对标准模型和语言的需要。由于批准标准的正式程序通常需要许多年的时间，一个名为 ODMG 的对象 DBMS 供应商和用户

1　CAD/CAM 和 CIM 是指计算机辅助设计/计算机辅助制造和计算机集成制造。

2　多媒体数据库必须存储各类多媒体对象，例如视频、音频、图像、图形和文档（参见第 26 章）。

联盟提议了一个标准，它的当前规范被称为 ODMG 3.0 规范。

面向对象数据库采纳了最初为面向对象编程语言开发的许多概念[1]。在 12.1 节中，描述了许多对象数据库系统中利用的关键概念，它们后来都纳入对象-关系系统和 SQL 标准中。这些概念包括：对象标识、对象结构和类型构造器、作为类声明一部分的操作封装和方法定义、在数据库中持久存储对象的机制，以及类型和类的层次与继承。然后，在 12.2 节中，我们将看到如何将这些概念纳入最新的 SQL 标准中，从而导致对象-关系数据库。对象特性最初是在 SQL:1999 中引入的，后来在 SQL:2008 中进行了更新。在 12.3 节中，将通过介绍对象数据库标准 ODMG 3.0 的特性以及对象定义语言 ODL，把注意力转向“纯”对象数据库标准。12.4 节将概述对象数据库的数据库设计过程。12.5 节将讨论对象查询语言（object query language，OQL），它是 ODMG 3.0 标准的一部分。在 12.6 节中，将讨论编程语言绑定，它用于指定如何扩展面向对象编程语言，以包括对象数据库标准的特性。12.7 节是本章小结。如果读者不太希望详细了解对象数据库，也可以跳过 12.3 节~12.6 节。

12.1 对象数据库概念概述

12.1.1 面向对象概念和特性简介

术语面向对象（简写为 OO 或 O-O）源于面向对象编程语言（object-oriented programming language，OOPL）。今天，一般来讲，OO 概念已经广泛应用于数据库、软件工程、知识库、人工智能和计算机系统等领域。OOPL 可以溯源至 20 世纪 60 年代末提出的 SIMULA 语言。Xerox PARC[2]于 20 世纪 70 年代开发的编程语言 Smalltalk 是第一批明确纳入其他 OO 概念（例如消息传递和继承）的语言之一。它被称为一种纯 OO 编程语言，这意味着它被明确设计为面向对象的。这与混合式 OO 编程语言形成了鲜明对比，后者是把 OO 概念纳入一种已经存在的语言中，一个示例是 C++，它把 OO 概念纳入流行的 C 编程语言中。

一个**对象**（object）通常具有两个成分：状态（值）和行为（操作）。它可以具有复杂的数据结构以及程序员定义的特定操作[3]。OOPL 中的对象只在程序执行期间存在；因此，把它们称为临时对象（transient object）。OO 数据库可以延长对象的存在时间，以便在数据库中永久地存储它们，因此对象就变成了持久对象（persistent object），它们可以在程序终止后持续存在，并且能够在以后由其他程序检索和共享。换句话说，OO 数据库可以在辅助存储器中永久地存储那些持久对象，并且允许在多个程序与应用当中共享这些对象。这需要纳入数据库管理系统的其他著名的特性，例如：索引机制，以便高效地定位对象；并发控制，以便允许在并发程序当中共享对象；以及故障恢复机制。OO 数据库系统通常具有与一种或多种 OO 编程语言交互的接口，以提供持久和共享对象能力。

OOPL 中的对象的内部结构包括**实例变量**（instance variable）的规范，其中保存用于定义对象的内部状态的值。实例变量类似于关系模型中的属性的概念，只不过实例变量可

1 在语义数据建模和知识表示领域也开发了类似的概念。

2 PARC 代表位于加利福尼亚州帕洛阿尔托市的帕洛阿尔托研究中心（Palo Alto Research Center）。

3 对象还具有许多其他的特征，本章余下部分将对此加以讨论。

能封装在对象内，从而不一定会为外部用户所见。实例变量也可能是任意复杂的数据类型。面向对象系统允许定义可用于特定对象类型的操作或函数（行为）。事实上，一些 OO 模型坚持必须预定义用户可应用于对象的所有操作。这就强制对对象进行*完全封装*（complete encapsulation）。出于以下两个原因，在大多数 OO 数据模型中都放松了这种刚性要求。第一，数据库用户经常需要知道属性名，以便他们可以在属性上指定选择条件，以检索特定的对象。第二，完全封装意味着任何简单的检索都需要一种预定义的操作，从而使得难以自由地指定即席查询。

为了鼓励封装，将一个操作定义为两个部分。第一部分称为操作的*签名*（signature）或*接口*（interface），用于指定操作的名称和形参（或实参）。第二部分称为*方法*（method）或*主体*（body），用于指定操作的*实现*（implementation），通常是用某种通用编程语言编写的。可以通过给对象传递一条*消息*（message）来调用操作，消息中包括操作的名称和参数。然后，对象将执行该操作的方法。这种封装允许修改对象的内部结构及其操作的实现，而无须干扰调用这些操作的外部程序。因此，封装提供了一种数据和操作独立的形式（参见第 2 章）。

OO 系统中的另一个关键概念是类型和类的层次与*继承*。这允许指定新的类型和类，它们可以继承以前定义的类型或类的大部分结构和/或操作。这就使得更容易渐进地开发系统的数据类型，以及在创建新的对象类型时*重用*现有的类型定义。

早期的 OO 数据库系统中的一个问题涉及表示对象之间的*联系*。早期的 OO 数据模型坚持完全封装，这导致了人们之间的争论：不应该显式地表示联系，而应该代之以通过定义合适方法来定位相关对象的方式来描述它们。不过，对于具有许多联系的复杂数据库，这种方法工作得并不是非常好，因为标识这些联系并使它们对用户可见是有用的。ODMG 对象数据库标准已经认识到了这种需求，并且它通过一对*逆向引用*（inverse reference）来表示二元联系，如 12.3 节中所述。

另一个 OO 概念是*运算符重载*（operator overloading），它指的是将一种运算的能力应用于不同的对象类型；在这种情况下，一个*运算名称*（operation name）可能引用多个不同的实现，这依赖于应用它的对象类型。这个特性也称为*运算符多态性*（operator polymorphism）。例如，一个计算几何物体面积的运算可能具有不同的方法（实现），这依赖于物体是三角形、圆形，还是矩形。这可能需要使用*晚绑定*（late binding），即当应用运算的对象类型已知时，在运行时将运算名称绑定到合适的方法。

在下面几节中，将相当详细地讨论对象数据库的主要特征。12.1.2 节将讨论对象标识；12.1.3 节将说明如何通过类型构造器来指定复杂结构化对象的类型；12.1.4 节将讨论封装和持久性；12.1.5 节将介绍继承的概念；12.1.6 节将讨论一些其他的 OO 概念；12.1.7 节将对我们介绍的所有 OO 概念进行一个总结。在 12.2 节中，将说明如何把其中一些概念纳入用于关系数据库的 SQL:2008 标准。然后，在 12.3 节中，将说明如何在 ODMG 3.0 对象数据库标准中实现这些概念。

12.1.2 对象标识以及对象与文字的比较

ODB 的一个目标是：在现实世界与数据库对象之间维持一种直接的对应关系，使得对象不会失去它们的完整性和标识，并且可以轻松地标识和操作它们。因此，将给数据库中存储的每个独立的对象赋予一个**唯一标识**（unique identity）。这个唯一标识通常是通过一个唯一的、系统生成的**对象标识符**（object identifier，OID）实现的。OID的值可能对于外部用户不可见，但是系统可以在内部使用它们唯一地标识每个对象，以及创建和管理对象间的引用。当需要时，可以把OID赋予合适类型的程序变量。

OID必须具备的主要性质是：它是**不可变**（immutable）的；也就是说，特定对象的OID值不应该改变。这可以保持要表示的现实世界的对象的标识。因此，ODMS必须具有某种机制，用于生成OID并且保持不变性。人们还希望每个OID只使用一次；也就是说，即使从数据库中删除了某个对象，也不应该将它的OID赋予另一个对象。这两个性质意味着OID不应该依赖于对象的任何属性值，因为属性的值可能会被更改或校正。可以把它与关系模型做比较，在关系模型中，每个关系必须具有一个主键属性，它的值用于唯一地标识每个元组。如果更改了主键的值，元组将具有新的标识，即使它仍然可能表示同一个现实世界的对象。此外，对于不同关系中的键属性，现实世界的对象可能具有不同的名称，从而使得难以确定键表示的是同一个现实世界的对象（例如，在一个关系中使用EMPLOYEE的Emp_id，在另一个关系中则使用Ssn）。

使OID基于存储器中对象的物理地址也是不合适的，因为在对数据库进行物理重组后，物理地址可能会改变。不过，一些早期的ODMS使用物理地址作为OID，以提高对象检索的效率。如果对象的物理地址发生改变，可以在以前的地址上放置一个间接指针（indirect pointer），它可以提供对象的新物理地址。一种更常见的做法是：使用长整数作为OID，然后使用某种形式的散列表将OID值映射到存储器中对象的当前物理地址。

一些早期的OO数据模型要求将所有的一切（从简单的值到复杂的对象）都表示为对象；因此，每个基本值（例如整数值、字符串值或布尔值）都具有一个OID。这允许两个相同的基本值具有不同的OID，在一些情况下这可能是有用的。例如，有时可以使用整数值50来表示一个重量（以千克为单位），在其他时间则可表示一个人的年龄。这样，就可以创建两个具有不同OID的基本对象，但是这两个对象都将整数50作为它们的值。尽管从理论上讲这个模型是有用的，但它并不是非常实用，因为它会导致生成太多的OID。因此，大多数ODB都允许表示对象和**文字**（literal）（或者值）。每个对象都必须具有一个不可变的OID，而文字值则没有OID，并且它的值正好代表它自身。因此，通常将文字值存储在对象内，并且不能从其他对象引用它。在许多系统中，如果需要，也可以创建复杂的结构化文字值，而无须具有对应的OID。

12.1.3 对象和文字的复杂类型结构

ODB的另一个特性是：对象和文字可能具有任意复杂的类型结构，以便包含描述对象或文字的所有必要的信息。与之相比，在传统的数据库系统中，关于复杂对象的信息通常散布在许多关系或记录中，从而导致丢失了现实世界的对象与其数据库表示之间的直接对应关系。在ODB中，可以通过嵌套**类型构造器**（type constructor），从其他类型构造一个复杂类型。3种最基本的构造器是：原子、结构（或元组）和集合。

（1）第一种类型构造器称为**原子**（atom）构造器，尽管在最新的对象标准中没有使用这个术语。它包括对象模型的基本内置数据类型，它们与许多编程语言中的基本类型相似，包括：整数、字符串、浮点数、枚举类型和布尔类型等。这些基本数据类型称为**单值**（single-valued）或**原子**（atomic）类型，因为这些类型的每个值都被认为是一个原子（不可分）的单个值。

（2）第二种类型构造器称为**结构**（struct）或**元组**（tuple）构造器。它可以创建标准的结构化类型，例如基本关系模型中的元组（记录类型）。一种结构化类型是由多个成分组成的，有时也把它称为复合（compound 或 composite）类型。更准确地讲，不应该把结构构造器视作一种类型，而要把它视作一个**类型生成器**（type generator），因为可以创建许多不同的结构化类型。例如，可以创建的两种不同的结构化类型是：struct Name<FirstName: string, MiddleInitial: char, LastName: string>和 struct CollegeDegree<Major: string, Degree: string, Year: date>。如果要在对象模型中创建复杂嵌套的类型结构，将需要集合类型构造器，接下来将讨论它。注意：原子和结构类型构造器只在原始（基本）的关系模型中可用。

（3）**集合**（collection）或多值（multivalued）类型构造器包括 set(T)、list(T)、bag(T)、array(T)和 dictionary(K,T)类型构造器。当需要时，它们允许对象或文字值的一部分包括其他对象或值的集合。这些构造器也被视作是**类型生成器**，因为可以创建许多不同的类型。例如，set(字符串)、set(整数)和 set(Employee)是可以通过 set 类型构造器创建的 3 种不同的类型。特定集合值中的所有元素都必须具有相同的类型。例如，set(字符串)类型的集合中的所有值都必须是字符串值。

原子构造器用于表示所有基本的原子值，例如整数、实数、字符串、布尔值，以及系统直接支持的任何其他的基本数据类型。元组构造器可以创建形如<a_1:i_1, a_2:i_2,…, a_n:i_n>的结构化的值和对象，其中每个 a_j 都是一个属性名[1]，每个 i_j 则是一个值或 OID。

其他常用的构造器被统称为集合类型，但是它们之间各有不同。**集构造器**（set constructor）将创建的对象或文字是不同元素的集{i_1, i_2,…, i_n}，它们都具有相同的类型。**包构造器**（bag constructor）（也称为多集）类似于集构造器，只不过包中的元素不必是不同的。**列表构造器**（list constructor）将创建相同类型的 OID 或值的有序列表[i_1, i_2,…, i_n]。列表类似于**包**（bag），只不过列表中的元素是有序的，因此可以引用第一个、第二个或者第 j 个元素。**数组构造器**（array constructor）用于创建相同类型的元素的一维数组。数组与列表之间的主要区别是：列表可以具有任意数量的元素，而数组通常具有一个最大尺寸。最后，**字典构造器**（dictionary constructor）用于创建一个键-值对(K, V)的集合，其中键 K 的值可用于检索对应的值 V。

集合类型的主要特征是：它的对象或值将是相同类型的对象或值的集合，它们可能是无序的（例如集或包），或者可能是有序的（例如列表或数组）。**元组**（tuple）类型构造器通常称为一种**结构化类型**（structured type），因为它对应于 C 和 C++编程语言中的**结构**（struct）构造。

纳入了上述类型构造器的**对象定义语言**（object definition language，ODL）[2]可用于定义特定数据库应用的对象类型。在 12.3 节中，将描述 ODMG 的 ODL，但是在本节中首先

1　在 OO 术语中也称为实例变量名。

2　它对应于数据库系统的 DDL（data definition language，数据定义语言）（参见第 2 章）。

将使用一种更简单的表示法逐步介绍概念。类型构造器可用于定义 OO 数据库模式的数据结构。图 12.1 显示了如何声明 EMPLOYEE 和 DEPARTMENT 类型。

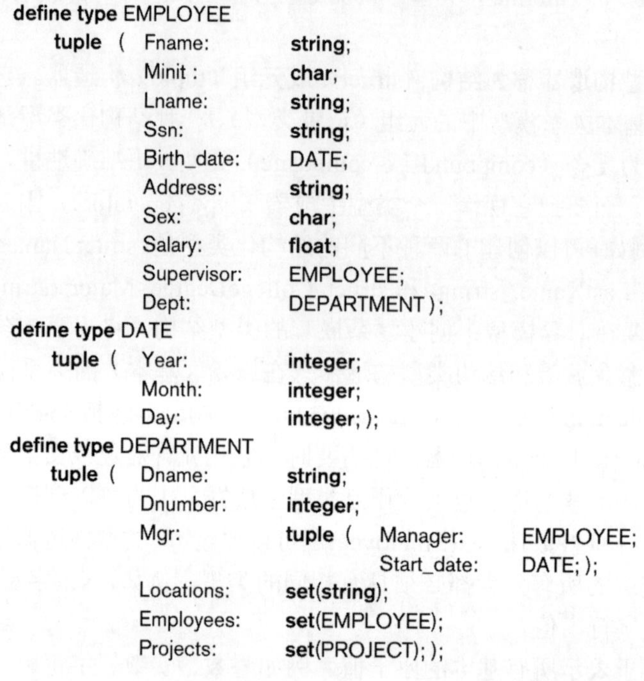

图 12.1　使用类型构造器指定对象类型 EMPLOYEE、DATE 和 DEPARTMENT

在图 12.1 中，引用其他对象的属性（例如 EMPLOYEE 的 Dept 或者 DEPARTMENT 的 Projects）实质上是 OID，它们充当指向其他对象的**引用**（reference），用于表示对象之间的联系。例如，EMPLOYEE 的属性 Dept 是 DEPARTMENT 类型，因此用于引用一个特定的 DEPARTMENT 对象（雇员为其工作的 DEPARTMENT 对象）。这样一个属性的值将是特定的 DEPARTMENT 对象的 OID。可以在一个方向上表示二元联系，或者它可能具有一个逆向引用。后一种表示法使得很容易在两个方向上遍历联系。例如，在图 12.1 中，DEPARTMENT 的属性 Employees 的值是一个指向 EMPLOYEE 类型对象的引用集合（即一个 OID 集合），这些对象是为 DEPARTMENT 工作的雇员。其逆向引用就是 EMPLOYEE 的参照属性 Dept。在 12.3 节中将看到 ODMG 标准如何允许将逆向引用显式地声明为联系属性，以确保逆向引用是一致的。

12.1.4 操作封装和对象持久性

1. 操作封装

封装的概念是 OO 语言和系统的主要特征之一。它也与编程语言中的抽象数据类型和信息隐藏的概念相关。在传统的数据库模型和系统中并没有使用这个概念，因为数据库对象的结构对于用户和外部程序通常是可见的。在这些传统的模型中，许多通用的数据库操作都适用于各种类型的对象。例如，在关系模型中，用于选择、插入、删除和更新元组的操作就是通用的，并且可以应用于数据库中的任何关系。关系及其属性对于使用这些操作访问关系的用户和外部程序是可见的。在 ODB 中，对数据库对象应用了封装的概念，它将基于**操作**（operation）来定义某种对象类型的**行为**（behavior），这些操作是可以在外部应用于那种殴打的对象的。一些操作可能用于创建（插入）或者销毁（删除）对象；另外一些操作可能用于更新对象状态；还有一些操作可能用于检索对象状态的某些部分或者应用某些计算。还有其他的操作可能执行检索、计算和更新的组合。一般来讲，可以利用一种通用编程语言指定操作的**实现**（implementation），这种编程语言具有定义操作的灵活性和强大能力。

对象的外部用户只知道操作的**接口**（interface），它定义了每个操作的名称和形参（实参）。其实现对外部用户是隐藏的；它包括对象的任何隐藏的内部数据结构的定义以及访问这些结构的操作的实现。操作的接口部分有时称为**签名**（signature），而操作实现有时称为**方法**（method）。

对于数据库应用来说，完全封装所有对象的要求过于严格。放宽这种要求的一种方式是：把一个对象的结构划分成**可见**（visible）属性和**隐藏**（hidden）属性（实例变量）。数据库用户和程序员可以看到可见属性，并且可以通过查询语言直接访问它们。对象的隐藏属性则是完全封装的，只能通过预定义的操作访问它们。大多数 ODMS 都利用高级查询语言来访问可见属性。在 12.5 节中，将描述 OQL 查询语言，它被提议为 ODB 的一种标准查询语言。

术语**类**（class）通常用于指一种类型定义，以及该类型的操作的定义[1]。图 12.2 显示了如何利用定义类的操作来扩展图 12.1 中的类型定义。可以为每个类声明许多操作，并且每个操作的签名（接口）都包括在类定义中。还必须使用一种编程语言在别处定义每个操作的方法（实现）。典型的操作包括**对象构造器**（object constructor）操作（通常称为 new）和**析构器**（destructor）操作，其中前者用于创建一个新对象，后者则用于销毁（删除）一个对象。还可以声明许多**对象修改器**（object modifier）操作，用于修改对象的各个属性的状态（值）。还有一些操作可以**检索**（retrieve）关于对象的信息。

通常使用**点表示法**（dot notation）将操作应用于对象。例如，如果 d 是一个指向 DEPARTMENT 对象的引用，就可以编写 d.no_of_emps 来调用诸如 no_of_emps 之类的操作。类似地，通过编写 d.destroy_dept，就可以销毁（删除）d 所引用的对象。唯一的例外是构造器操作，它返回一个指向新的 DEPARTMENT 对象的引用。因此，在一些 OO 模型中，构造器操作通常具有默认的名称，它就是类自身的名称，尽管在图 12.2 中没有这样做[2]。还可以使用点表示法引用对象的属性，例如，编写 d.Dnumber 或 d.Mgr_Start_date。

2. 通过命名和可达性指定对象持久性

ODBS 通常与一种面向对象编程语言（OOPL）紧密耦合。OOPL 用于指定方法（操作）实现以及其他的应用代码。并非所有的对象都打算永久地存储在数据库中。**临时对象**（transient object）存在于执行程序中，一旦程序终止它们就会消失。**持久对象**（persistent

---

1　类的这个定义与流行的 C++编程语言中使用的类定义相似。除了类之外，ODMG 标准还使用接口一词（参见 12.3 节）。在 EER 模型中，术语类用于指一种对象类型，以及该类型的所有对象的集合（参见第 8 章）。

2　在 C++编程语言中，构造器操作和析构器操作都具有默认名称。例如，对于 EMPLOYEE 类，默认构造器名称是 EMPLOYEE，默认析构器名称是~EMPLOYEE。使用 new 操作创建新对象也是比较常见的。

```
define class EMPLOYEE
    type tuple (  Fname:           string;
                  Minit:           char;
                  Lname:           string;
                  Ssn:             string;
                  Birth_date:      DATE;
                  Address:         string;
                  Sex:             char;
                  Salary:          float;
                  Supervisor:      EMPLOYEE;
                  Dept:            DEPARTMENT; );
    operations    age:             integer;
                  create_emp:      EMPLOYEE;
                  destroy_emp:     boolean;
end EMPLOYEE;
define class DEPARTMENT
    type tuple (  Dname:           string;
                  Dnumber:         integer;
                  Mgr:             tuple ( Manager:      EMPLOYEE;
                                           Start_date:   DATE; );
                  Locations:       set (string);
                  Employees:       set (EMPLOYEE);
                  Projects         set(PROJECT); );
    operations    no_of_emps:      integer;
                  create_dept:     DEPARTMENT;
                  destroy_dept:    boolean;
                  assign_emp(e: EMPLOYEE): boolean;
                  (* adds an employee to the department *)
                  remove_emp(e: EMPLOYEE): boolean;
                  (* removes an employee from the department *)
end DEPARTMENT;
```

图 12.2　向 EMPLOYEE 和 DEPARTMENT 的定义中添加操作

object）存储在数据库中，并且在程序终止后仍将持久存在。使对象具有持久性的典型机制是命名和可达性。

命名机制（naming mechanism）涉及在特定的数据库内给对象提供一个唯一的持久名称。这个持久的**对象名称**（object name）可以通过程序中的特定语句或操作给出，如图 12.3 所示。命名的持久对象将用作数据库的**入口点**（entry point），用户和应用可以通过它开始访问数据库。显然，给包括数千个对象的大型数据库中的所有对象都提供一个名称是不切实际的，因此大多数对象都是使用第二种称为**可达性**（reachability）的机制使之成为持久对象。可达性机制是指：使得对象可以从某个其他的持久对象到达它。如果数据库中的引用序列从对象 A 通向对象 B，就称从对象 A **可到达**（reachable）对象 B。

如果首先创建一个命名的持久对象 N，其状态是某个类 C 的对象集合，就可以通过把 C 的对象添加到这个集合中，使它们成为持久对象，从而使它们是从 N 可到达的。因此，N 是一个命名对象，它定义了类 C 的对象的**持久集合**（persistent collection）。在对象模型标准中，N 被称为 C 的**外延**（extent）（参见 12.3 节）。

例如，可以定义一个 DEPARTMENT_SET 类（参见图 12.3），它的对象具有

set(DEPARTMENT)类型[1]。我们可以创建一个 DEPARTMENT_SET 类型的对象，并给它提供一个持久名称 ALL_DEPARTMENTS，如图 12.3 中所示。使用 add_dept 操作添加到 ALL_DEPARTMENTS 集合中的任何 DEPARTMENT 对象都将变成持久对象，因为它们都是可以从 ALL_DEPARTMENTS 到达的。在 12.3 节中将会看到，ODMG ODL 标准给模式设计者提供了一个选项：将外延指定为类定义的一部分。

```
define class DEPARTMENT_SET
    type set (DEPARTMENT);
    operations add_dept(d: DEPARTMENT):  boolean;
        (* adds a department to the DEPARTMENT_SET object *)
            remove_dept(d: DEPARTMENT): boolean;
        (* removes a department from the DEPARTMENT_SET object *)
            create_dept_set:        DEPARTMENT_SET;
            destroy_dept_set:       boolean;
end Department_Set;
...
persistent name ALL_DEPARTMENTS: DEPARTMENT_SET;
(* ALL_DEPARTMENTS is a persistent named object of type DEPARTMENT_SET *)
...
d:= create_dept;
(* create a new DEPARTMENT object in the variable d *)
...
b:= ALL_DEPARTMENTS.add_dept(d);
(* make d persistent by adding it to the persistent set ALL_DEPARTMENTS *)
```

图 12.3　通过命名和可达性创建持久对象

注意传统数据库模型与 ODB 在这方面的区别。在传统的数据库模型（例如关系模型）中，所有的对象都被假定是持久对象。因此，当在关系数据库中创建一个表（例如 EMPLOYEE）时，它将既表示 EMPLOYEE 的类型声明，又表示所有 EMPLOYEE 记录（元组）的持久集合。在 OO 方法中，EMPLOYEE 的类声明只指定了对象的类的类型和操作。如果需要，用户必须单独定义一个 set(EMPLOYEE)类型的持久对象，其值是指向所有持久的 EMPLOYEE 对象的引用集合（OID），如图 12.3 中所示[2]。这允许临时对象和持久对象遵循 ODL 和 OOPL 的相同类型和类声明。一般来讲，如果需要，可以为同一个类定义来定义多个持久集合。

12.1.5　类型层次和继承

1. 简化的继承模型

ODB 的另一个主要特征是：它们允许类型层次和继承。在本节中将使用一个简单的 OO 模型，其中将以一致的方式处理属性和操作，因为它们都是可以继承的。在 12.3 节中，将讨论 ODMG 标准的继承模型，它不同于这里讨论的模型，因为它区分了两种继承类型。继承允许基于其他预定义的类型来定义新类型，从而导致了**类型**（**或类**）**层次**（hierarchy）。

1　如我们将在 12.3 节中看到的，ODMG ODL 语法使用 set<DEPARTMENT>代替了 set(DEPARTMENT)。

2　一些系统（例如 POET）将自动创建类的外延。

定义一个类型的方法是：首先给类型提供一个类型名称，然后为该类型定义许多属性（实例变量）和操作[1]。在本节中使用的简化模型中，属性和操作一起称为函数，因为属性类似具有零个参数的函数。函数名可用于指代属性的值或者指代操作（方法）的结果值。我们使用术语**函数**（function）指代属性和操作，因为在对继承的基本介绍中是以类似的方式处理它们的[2]。

最简形式的类型具有一个**类型名**（type name）以及可见的（公共）**函数**列表。在本节中指定类型时，将使用以下格式，为了简化讨论，它没有指定函数的参数：

```
TYPE_NAME: function, function, … , function
```

例如，描述 PERSON 特征的类型可能定义如下：

```
PERSON: Name, Address, Birth_date, Age, Ssn
```

在 PERSON 类型中，可以将 Name、Address、Ssn 和 Birth_date 这些函数实现为存储属性，而 Age 函数则可以实现为一个操作，通过 Birth_date 属性的值和当前日期来计算 Age（年龄）。

如果设计者或用户必须创建一个新类型，它与一个已经定义的类型相似但又不完全相同，此时**子类型**（subtype）的概念就是有用的。子类型可以继承预定义类型的所有函数，后者被称为**超类型**（supertype）。例如，假设我们想要定义两个新类型 EMPLOYEE 和 STUDENT，如下所示：

```
EMPLOYEE: Name, Address, Birth_date, Age, Ssn, Salary, Hire_date, Seniority
STUDENT: Name, Address, Birth_date, Age, Ssn, Major, Gpa
```

由于 EMPLOYEE 和 STUDENT 都包括为 PERSON 定义的所有函数，还包括它们各自的一些其他的函数，因此可以把它们声明为 PERSON 的**子类型**。它们都将继承 PERSON 的以前定义的函数，即 Name、Address、Birth_date、Age 和 Ssn。对于 STUDENT，只需定义新的（局部）函数 Major 和 Gpa，它们不是继承而来的。据推测，可以将 Major 定义为一个存储属性，而将 Gpa 实现为一个操作，它将访问在内部存储（隐藏）在每个 STUDENT 对象内作为隐藏属性的 Grade 值，来计算学生的平均成绩。对于 EMPLOYEE，Salary 和 Hire_date 函数可能作为存储属性，而 Seniority 可能实现为一个操作，用于通过 Hire_date 的值计算 Seniority。

因此，可以将 EMPLOYEE 和 STUDENT 声明如下：

```
EMPLOYEE subtype-of PERSON: Salary, Hire_date, Seniority
STUDENT subtype-of PERSON: Major, Gpa
```

一般来讲，一个子类型包括为其超类型定义的所有函数，以及只有该子类型特有的一些其他的函数。因此，可以生成一个**类型层次**（type hierarchy），显示系统中声明的所有类型之间的超类型/子类型关系。

---

1 在本节中，将使用术语类型和类意指同样的事物，即某种对象类型的属性和操作。

2 在 12.3 节中将看到，带有函数的类型与 ODMG ODL 中使用的接口的概念类似。

再举另外一个例子，考虑一个类型，它用于描述平面几何中的对象，这个类型可能定义如下：

```
GEOMETRY_OBJECT: Shape, Area, Reference_point
```

对于 GEOMETRY_OBJECT 类型，可以将 Shape 实现为一个属性（它的域可以一个枚举类型，其中包含值“triangle”“rectangle”“circle”等），Area 则是一个方法，可用于计算面积。Reference_point 指定用于确定对象位置的点的坐标。现在假设想要定义 GEOMETRY_OBJECT 类型的许多子类型，如下：

```
RECTANGLE subtype-of GEOMETRY_OBJECT: Width, Height
TRIANGLE S subtype-of GEOMETRY_OBJECT: Side1, Side2, Angle
CIRCLE subtype-of GEOMETRY_OBJECT: Radius
```

注意：对于每个子类型，可能通过不同的方法实现 Area 操作，因为用于面积计算的过程对于矩形、三角形和圆形各不相同。类似地，属性 Reference_point 对于每个子类型可能具有不同的含义；对于 RECTANGLE 和 CIRCLE 对象，它可能是中心点；对于 TRIANGLE 对象，它可能是两条给定的边之间的顶点。

注意：类型定义只是描述对象，但是不会自行生成对象。在创建一个对象时，它通常将属于已经声明的一个或多个类型。例如，圆形对象是 CIRCLE 和 GEOMETRY_OBJECT 类型（通过继承）。每个对象还会成为一个或多个持久对象集合（或外延）的成员，它们用于把持久地存储在数据库中的对象集合组织在一起。

2. 与类型层次对应的外延上的约束

在大多数 ODB 中，将**外延**（extent）定义成用于存储每个类型或子类型的持久对象的集合。在这种情况下，约束是：与某个子类型对应的外延中的每个对象也必须是与其超类型对应的外延的成员。一些 OO 数据库系统具有一种预定义的系统类型（名为 ROOT 类或 OBJECT 类），其外延包含系统中的所有对象[1]。

下一步是进行分类，把对象分配给对于应用有意义的子类型，为系统创建**类型层次**（type hierarchy）或**类层次**（class hierarchy）。系统或用户定义的类的所有外延都是直接或间接与 OBJECT 类对应的外延的子集。在 ODMG 模型中（参见 12.3 节），用户可能会也可能不会为每个类（类型）指定外延，这依赖于应用。

外延是命名的持久对象，其值是一个**持久集合**（persistent collection），其中保存在数据库中永久存储的相同类型的对象集合。这些对象可以被多个程序访问和共享。也可以创建一个**临时集合**（transient collection），它只在程序执行期间短暂存在，但是当程序终止时将不会保留它。例如，可以在程序中创建一个临时集合，用于保存查询的结果，该查询将从一个持久集合中选择一些对象并把它们复制到一个临时集合中。然后，程序就可以操纵临时集合中的对象，一旦程序终止，临时集合将不再存在。一般来讲，众多集合（临时集合或持久集合）可能包含相同类型的对象。

本节中讨论的继承模型非常简单。在 12.3 节中将会看到，ODMG 模型区分了类型继承

1　在 ODMG 模型中称之为 OBJECT（参见 12.3 节）。

与外延继承，其中前者称为接口继承，并用冒号（:）表示；后者则用关键字 EXTEND 表示。

12.1.6 其他面向对象概念

1. 操作的多态性（运算符重载）

一般来讲，OO 系统的另一个特征是：它们提供了操作的**多态性**（polymorphism），也称为**运算符重载**（operator overloading）。这个概念允许将同一个运算符名称或符号绑定到该运算符的两个或多个不同的实现上，这依赖于应用运算符的对象的类型。可以使用编程语言中的一个简单的示例来说明这个概念。在一些语言中，当把运算符“+”符号应用于不同类型的操作数（对象）时，它可能具有不同的含义。如果“+”的操作数是整数类型，调用的运算就是整数加法。如果“+”的操作数是浮点类型，调用的运算就是浮点数加法。如果“+”的操作数是集合类型，调用的运算就是集合并。编译器可以基于所提供的操作数类型，确定要执行哪种运算。

在 OO 数据库中，可能出现一种类似的情况。可以使用 12.1.5 节中介绍的 GEOMETRY_OBJECT 示例，来说明 ODB 中的操作多态性[1]。在这个示例中，函数 Area 是为 GEOMETRY_OBJECT 类型的所有对象声明的。不过，对于 GEOMETRY_OBJECT 的每个子类型，Area 的方法的实现可能有所不同。一种可能性是：具有一种通用的实现，用于计算泛化的 GEOMETRY_OBJECT 的面积(例如，编写一个通用算法，计算多边形的面积)，然后重写更高效的算法，用于计算特定类型的几何物体的面积，例如圆形、矩形、三角形等。在这种下，Area 函数可以被不同的实现重载。

ODMS 现在必须基于应用 Area 函数的几何物体类型，为该函数选择合适的方法。在强类型化的系统中，这可以在编译时完成，因为对象类型必须是已知的。这称为**早绑定**（early binding）或**静态绑定**（static binding）。不过，在具有弱类型化或无类型化的系统（例如 Smalltalk、LISP、PHP 以及大多数脚本语言）中，可能直到运行时才能知道应用函数的对象的类型。在这种情况下，函数必须在运行时检查对象的类型，然后调用合适的方法。这通常称为**晚绑定**（late binding）或**动态绑定**（dynamic binding）。

2. 多重继承和选择性继承

如果某个子类型 T 是两个（或多个）类型的子类型，从而继承两个超类型的函数（属性和方法），那么就会发生**多重继承**（multiple inheritance）。例如，我们可能创建一个子类型 ENGINEERING_MANAGER，它是 MANAGER 和 ENGINEER 的子类型。这将会导致创建一个**类型格**（type lattice），而不是一个类型层次。对于多重继承可能发生的一个问题是：子类型所继承的超类型可能具有相同名称的不同函数，从而会引起歧义。例如，MANAGER 和 ENGINEER 可能都具有一个名为 Salary 的函数。如果 Salary 函数在 MANAGER 和 ENGINEER 超类型中是由不同的方法实现的，就会存在如下歧义：子类型 ENGINEERING_MANAGER 到底要继承其中哪个实现。不过，也有可能 ENGINEER 和

---

1 在编程语言中，有多种类型的多态性。感兴趣的读者可以参考本章末尾的选读文献，其中列出的作品包括更详细的讨论。

MANAGER 是从格中同一个更高一级的超类型（例如 EMPLOYEE）那里继承 Salary 函数的。一般的规则是：如果一个函数是从某个公共超类型继承的，那么它只会继承一次。在这种情况下，就没有歧义；仅当函数在两个超类型中不同时，才会出现问题。

有多种技术用于处理多重继承中的歧义。一种解决方案是：在创建子类型时对歧义执行系统检查，并且让用户明确选择这一次要选择哪个函数。第二种解决方案是：使用某种系统默认设置。第三种解决方案是：如果发生名称歧义，就完全禁用多重继承，而不是强制用户在其中一个超类型中更改其中一个函数的名称。实际上，一些 OO 系统根本就不允许多重继承。在对象数据库标准中（参见 12.3 节），对于接口的操作继承，允许使用多重继承；但是对于类的 EXTENDS 继承，则不允许多重继承。

当子类型只继承了超类型的一些函数时，就会发生**选择性继承**（selective inheritance）。其他的函数没有被继承。在这种情况下，可以使用 EXCEPT 子句，列出超类型中不会被子类型继承的函数。通常不会在 ODB 中提供选择性继承的机制，而在人工智能应用中更频繁地使用它[1]。

12.1.7　对象数据库概念总结

下面将总结 ODB 和对象-关系系统中使用的主要概念，以此来结束本节内容。

- **对象标识**：对象具有唯一的标识，它们独立于对象的属性值，并且是由 ODB 系统生成的。
- **类型构造器**：可以通过以一种嵌套的方式应用基本类型生成器/构造器的集合，例如元组、集合、列表、数组和包，来构造复杂对象结构。
- **操作封装**：可以应用于各个对象的对象结构和操作都包括在类/类型定义中。
- **编程语言兼容性**：持久对象和临时对象都是无缝地处理的。可以通过从一个持久集合可到达（外延）或者通过显式命名（分配一个可以引用/检索对象的唯一名称）使对象具有持久性。
- **类型层次和继承**：可以使用类型层次来指定对象类型，它允许继承以前定义的类型的属性和方法（操作）。在一些模型中还允许多重继承。
- **外延**：可以将特定类/类型 C 的所有持久对象都存储在一个外延中，外延是一个集合类型（C）的命名的持久对象。与类型层次对应的外延具有施加在它们的持久对象集合上的集/子集约束。
- **多态性和运算符重载**：可以重载操作名和方法名，以便将不同的实现应用于不同的对象类型。

在下面几节中，将说明如何在 SQL 标准中（参见 12.2 节）和 ODMG 标准中（参见 12.3 节）实现这些概念。

1　在 ODMG 模型中，类型继承仅指操作的继承，而不包括属性的继承（参见 12.3 节）。

12.2 SQL 的对象数据库扩展

第 6 章和第 7 章中介绍了 RDBMS 的标准语言 SQL。如前所述，SQL 最初是由 Chamberlin 和 Boyce（1974）提出的，并在 1989 年和 1992 年进行了增强和标准化。随着 SQL 语言的持续演化，出现了最初称为 SQL3 的新标准，同时还开发了后来称为 SQL:99 的版本，它作为 SQL3 的一部分被批准纳入标准中。从称为 SQL3 的 SQL 版本开始，就把对象数据库的特性纳入 SQL 标准中。最初，这些扩展被称为 SQL/Object，但是后来把它们纳入 SQL 的主要部分中，在 SQL:2008 中把它们称为 SQL/Foundation。

有时把带有对象数据库增强功能的关系模型称为**对象-关系模型**（object-relational model）。在 2003 年和 2006 年对 SQL 进行了额外的修订，添加了与 XML 相关的特性（参见第 13 章）。

下面列出了 SQL 中包括的一些对象数据库特性：

- 添加了一些**类型构造器**以指定复杂对象。它们包括与元组（或结构）构造器对应的行类型，还提供了用于指定集合的数组类型。其他集合类型构造器（例如集、列表和包构造器）并不是 SQL:99 中的原始 SQL/Object 规范的一部分，但是后来把它们包括在 SQL:2008 中的标准中。
- 包括了一种使用引用类型来指定**对象标识**的机制。
- 通过用户定义类型（user-defined type，UDT）机制提供**操作封装**，UDT 可能将操作作为它们声明的一部分包括进来。操作封装有些类似于编程语言中开发的抽象数据类型的概念。此外，用户定义例程（user-defined routine，UDR）的概念还允许定义一般的方法（操作）。
- 使用关键字 UNDER 提供**继承**机制。

现在将更详细地讨论上述每个概念，在讨论中将参考图 12.4 中的示例。

12.2.1 使用 CREATE TYPE 的用户定义类型和复杂对象

为了允许创建复杂的结构化对象，以及将类/类型的声明与表（它是对象/行的集合，因此对应于 12.1 节中讨论的外延）的创建分隔开，SQL 现在提供了**用户定义类型**（user-defined type，UDT）。此外，还包括了 4 种集合类型以支持集合（多值类型和属性），以便指定复杂的结构化对象，而不仅仅是简单的（平面）记录。用户将为特定的应用创建 UDT，作为数据库模式的一部分。以最简形式指定的 UDT 可能使用以下语法：

```
CREATE TYPE TYPE_NAME AS (<component declarations>);
```

图 12.4 说明了 SQL 中的一些对象概念。在我们解释这些概念时，将逐步解释该图中的示例。首先，可以把 UDT 用作属性的类型或者表的类型。通过把一个 UDT 用作另一个 UDT 内的属性的类型，就可以创建表中的对象（元组）的复杂结构，这与 12.1 节中讨论的嵌套类型构造器/生成器而实现的效果非常像。它类似于使用 12.1.3 节中的结构类型构造器。

```
(a) CREATE TYPE STREET_ADDR_TYPE AS (
        NUMBER          VARCHAR (5),
        STREET          NAME VARCHAR (25),
        APT_NO          VARCHAR (5),
        SUITE_NO        VARCHAR (5)
    );
    CREATE TYPE USA_ADDR_TYPE AS (
        STREET_ADDR     STREET_ADDR_TYPE,
        CITY            VARCHAR (25),
        ZIP             VARCHAR (10)
    );
    CREATE TYPE USA_PHONE_TYPE AS (
        PHONE_TYPE      VARCHAR (5),
        AREA_CODE       CHAR (3),
        PHONE_NUM       CHAR (7)
    );
(b) CREATE TYPE PERSON_TYPE AS (
        NAME            VARCHAR (35),
        SEX             CHAR,
        BIRTH_DATE      DATE,
        PHONES          USA_PHONE_TYPE ARRAY [4],
        ADDR            USA_ADDR_TYPE
    INSTANTIABLE
    NOT FINAL
    REF IS SYSTEM GENERATED
    INSTANCE METHOD AGE() RETURNS INTEGER;
    CREATE INSTANCE METHOD AGE() RETURNS INTEGER
        FOR PERSON_TYPE
        BEGIN
            RETURN /* CODE TO CALCULATE A PERSON'S AGE FROM
                      TODAY'S DATE AND SELF.BIRTH_DATE */
        END;
    );
(c) CREATE TYPE GRADE_TYPE AS (
        COURSENO        CHAR (8),
        SEMESTER        VARCHAR (8),
        YEAR            CHAR (4),
        GRADE           CHAR
    );
    CREATE TYPE STUDENT_TYPE UNDER PERSON_TYPE AS (
        MAJOR_CODE      CHAR (4),
        STUDENT_ID      CHAR (12),
        DEGREE          VARCHAR (5),
        TRANSCRIPT      GRADE_TYPE ARRAY [100]

    INSTANTIABLE
    NOT FINAL
    INSTANCE METHOD GPA( ) RETURNS FLOAT;
    CREATE INSTANCE METHOD GPA( ) RETURNS FLOAT
        FOR STUDENT_TYPE
```

图 12.4　说明 SQL 的一些对象特性

(a) 将 UDT 用作属性（例如 Address 和 Phone）的类型；(b) 为 PERSON_TYPE 指定 UDT；

(c) 为 PERSON_TYPE 的两个子类型 STUDENT_TYPE 和 EMPLOYEE_TYPE 指定 UDT；

(d) 基于一些 UDT 创建表并说明表继承；(e) 使用 REF 和 SCOPE 指定联系

```
        BEGIN
            RETURN /* CODE TO CALCULATE A STUDENT'S GPA FROM
                        SELF.TRANSCRIPT */
        END;
    );
    CREATE TYPE EMPLOYEE_TYPE UNDER PERSON_TYPE AS (
        JOB_CODE        CHAR (4),
        SALARY          FLOAT,
        SSN             CHAR (11)
    INSTANTIABLE
    NOT FINAL
    );
    CREATE TYPE MANAGER_TYPE UNDER EMPLOYEE_TYPE AS (
        DEPT_MANAGED CHAR (20)
    INSTANTIABLE
    );
(d) CREATE TABLE PERSON OF PERSON_TYPE
        REF IS PERSON_ID SYSTEM GENERATED;
    CREATE TABLE EMPLOYEE OF EMPLOYEE_TYPE
        UNDER PERSON;
    CREATE TABLE MANAGER OF MANAGER_TYPE
        UNDER EMPLOYEE;
    CREATE TABLE STUDENT OF STUDENT_TYPE
        UNDER PERSON;
(e) CREATE TYPE COMPANY_TYPE AS (
        COMP_NAME       VARCHAR (20),
        LOCATION        VARCHAR (20));
    CREATE TYPE EMPLOYMENT_TYPE AS (
        Employee REF (EMPLOYEE_TYPE) SCOPE (EMPLOYEE),
        Company REF (COMPANY_TYPE) SCOPE (COMPANY) );
    CREATE TABLE COMPANY OF COMPANY_TYPE (
        REF IS COMP_ID SYSTEM GENERATED,
        PRIMARY KEY (COMP_NAME) );
    CREATE TABLE EMPLOYMENT OF EMPLOYMENT_TYPE;
```

图 12.4（续）

例如，在图 12.4(a)中，将 UDT STREET_ADDR_TYPE 用作 UDT USA_ADDR_TYPE 中的 STREET_ADDR 属性的类型。类似地，在图 12.4(b)中反过来又把 UDT USA_ADDR_TYPE 用作 UDT PERSON_TYPE 中的 ADDR 属性的类型。如果一个 UDT 没有任何操作，如图 12.4(a)中的示例所示，就可以使用**行类型**（ROW TYPE）的概念，通过使用关键字 ROW 直接创建一个结构化属性。例如，可以使用以下语法，以此代替图 12.4(a)中所示的将 STREET_ADDR_TYPE 声明为一个单独的类型：

```
CREATE TYPE USA_ADDR_TYPE AS (
    STREET_ADDR ROW (  NUMBER          VARCHAR (5),
                       STREET_NAME     VARCHAR (25),
                       APT_NO          VARCHAR (5),
                       SUITE_NO        VARCHAR (5) ),
    CITY        VARCHAR (25),
    ZIP             VARCHAR (10)
    );
```

为了允许集合类型以便创建复杂的结构化对象，现在在 SQL 中包括了 4 个构造器：ARRAY、MULTISET、LIST 和 SET。它们类似于 12.1.3 节中讨论的类型构造器。在 SQL/Object 的初始规范中，只指定了 ARRAY 类型，因为它可用于模拟其他类型，但是在 SQL 标准的更新版本中包括了另外 3 个集合类型。在图 12.4(b)中，PERSON_TYPE 的 PHONES 属性将数组作为它的类型，该数组的元素是以前定义的 UDT USA_PHONE_TYPE。这个数组最多可以包含 4 个元素，这意味着每个人最多可以存储 4 个电话号码。如果需要，也可以对数组可以包含的元素数量不设限制。

可以使用常用的方括号表示法来引用数组类型的元素。例如，PHONES[1]指示 PHONES 属性中的第一个位置值（参见图 12.4(b)）。内置函数 CARDINALITY 可以返回数组（或者其他任何集合类型）中的元素数量。例如，PHONES[CARDINALITY (PHONES)]指示数组中的最后一个元素。

常用的点表示法可用于指示 ROW TYPE 或 UDT 的成分。例如，ADDR.CITY 指示 ADDR 属性的 CITY 成分（参见图 12.4(b)）。

12.2.2　使用引用类型的对象标识符

可以使用关键字 REF 通过**引用类型**(reference type)创建系统生成的唯一对象标识符。例如，在图 12.4(b)中，下面的语法：

```
REF IS SYSTEM GENERATED
```

指示无论何时创建一个新的 PERSON_TYPE 对象，系统都将给它分配一个系统生成的唯一标识符。如果需要，也可以不使用系统生成的对象标识符，而使用基本关系模型的传统键。

一般来讲，用户可以为应该创建的表中的各个行指定系统生成的对象标识符。使用下面的语法：

```
REF IS <OID_ATTRIBUTE> <VALUE_GENERATION_METHOD> ;
```

用户声明了名为<OID_ATTRIBUTE>的属性将用于标识表中的各个元组。用于<VALUE_GENERATION_METHOD>的选项是 SYSTEM GENERATED 或 DERIVED。在前一种情况下，系统将自动为每个元组生成一个唯一的标识符。在后一种情况下，将应用传统的方法，即使用用户提供的主键值来标识元组。

12.2.3　基于 UDT 创建表

对于通过关键字 INSTANTIABLE 指定为可实例化的每个 UDT（参见图 12.4(b)），可以创建一个或多个表。在图 12.4(d)中说明了这一点，其中基于 UDT PERSON_TYPE 创建了表 PERSON。注意：图 12.4(a)中的 UDT 是不可实例化的，因此只能用作属性的类型，而不能用作创建表的基础。在图 12.4(b)中，无论何时创建一个新的 PERSON 记录（对象）并将其插入表中，属性 PERSON_ID 都将保存一个系统生成的对象标识符。

12.2.4 操作封装

在 SQL 中，**用户定义类型**除了可以指定属性之外，还可以通过指定方法（或操作）而具有它自己的行为规范。带有方法的 UDT 规范的一般形式如下：

```
CREATE TYPE <TYPE-NAME> (
    <LIST OF COMPONENT ATTRIBUTES AND THEIR TYPES>
    <DECLARATION OF FUNCTIONS (METHODS)>
);
```

例如，在图 12.4(b)中，声明了一个方法 Age()，用于计算 PERSON_TYPE 类型的单个对象的年龄。

还必须编写用于实现该方法的代码。可以通过指定包含方法代码的文件来引用方法实现，也可以在类型声明本身内编写实际的代码（参见图 12.4(b)）。

SQL 提供了某些内置函数用于用户定义类型。对于名为 TYPE_T 的 UDT，构造器函数 TYPE_T( )将返回一个该类型的新对象。在新的 UDT 对象中，将把每个属性都初始化为它的默认值。同时将隐含地为每个属性 A 创建一个**观察者函数**（observer function）A，以读取属性的值。因此，如果 X 是一个引用 TYPE_T 类型的对象/行的变量，A(X)或 X.A 将会返回 TYPE_T 类型的属性 A 的值。用于更新属性的**修改器函数**（mutator function）将把属性的值设置为一个新值。SQL 不允许公共使用这些函数；要访问这些函数，需要 EXECUTE 特权。

一般来讲，一个 UDT 可以有许多用户定义函数与之相关联。其语法如下：

```
INSTANCE METHOD <NAME> (<ARGUMENT_LIST>) RETURNS
<RETURN_TYPE>;
```

可以定义两类函数：内部 SQL 函数和外部函数。内部函数是用 SQL 的扩展 PSM 语言编写的（参见第 10 章）。外部函数则是用宿主语言编写的，只有它们的签名（接口）出现在 UDT 定义中。可以将外部函数定义声明如下：

```
DECLARE EXTERNAL <FUNCTION_NAME> <SIGNATURE>
LANGUAGE <LANGUAGE_NAME>;
```

可以将 UDT 中的属性和函数分成 3 类：

- PUBLIC（在 UDT 接口中可见）
- PRIVATE（在 UDT 接口中不可见）
- PROTECTED（只对子类型可见）

还可以将虚属性定义为 UDT 的一部分，它们是使用函数进行计算和更新的。

12.2.5 指定继承和函数重载

在 SQL 中，可以将继承应用于类型或表，本节中将讨论每种用法的含义。回想一下在

12.1.5 节中已经讨论了继承的许多原则。SQL 具有用于处理**类型继承**（通过 UNDER 关键字指定）的规则。一般来讲，属性和实例方法（操作）都会被继承。如果允许在某个 UDT 下创建子类型，就必须在该 UDT 中包括关键字 NOT FINAL（参见图 12.4(a)和图 12.4(b)，其中 PERSON_TYPE、STUDENT_TYPE 和 EMPLOYEE_TYPE 都被声明为 NOT FINAL）。与类型继承相关联的是函数实现的重载规则和函数名的解析规则。可以将这些继承规则总结如下：

- 所有属性都会被继承。
- UNDER 子句中的超类型的顺序确定了继承层次。
- 在使用超类型实例的任何环境中都可以使用子类型的实例。
- 子类型可以重新定义在其超类型中定义的任何函数，只要签名相同即可。
- 在调用函数时，可以基于所有参数的类型选择最佳的匹配。
- 对于动态链接，将在运行时考虑参数的类型。

考虑下面的示例（如图 12.4(c)所示），用以说明类型继承。假设我们想要创建 PERSON_TYPE 的两个子类型：EMPLOYEE_TYPE 和 STUDENT_TYPE。此外，我们还要创建一个子类型 MANAGER_TYPE，它继承了 EMPLOYEE_TYPE 的所有属性（和方法），但是还具有一个额外的属性 DEPT_MANAGED。这些子类型如图 12.4(c)所示。

一般来讲，子类型除了继承其超类型的属性和操作（方法）之外，还可以为它指定局部（特定）属性以及任何额外的特定方法。

SQL 中的另一个功能是**表继承**（table inheritance），它是通过超表/子表功能实现的。这也是使用关键字 UNDER 指定的（参见图 12.4(d)）。这里，插入子表（例如说 MANAGER 表）中的新记录也会插入其超表 EMPLOYEE 和 PERSON 中。注意：当在 MANAGER 表中插入一条记录时，必须为它继承的所有属性提供值。INSERT、DELETE 和 UPDATE 操作将会适当地传播。实质上，表继承对应于 12.1.5 节中讨论的外延继承。规则是：子表中的元组必须在其超表中也存在，以在对象上执行集合/子集约束。

12.2.6　通过引用指定联系

一个元组的成员属性可能是指向另一个（也可能是同一个）表的某个元组的引用（使用关键字 REF 指定）。图 12.4(e)中显示了一个示例。

关键字 SCOPE 用于指定可以通过引用属性来引用其元组的表的名称。注意：这类似于外键，只不过使用的是系统生成的 OID 值，而不是主键值。

SQL 使用**点表示法**来构建**路径表达式**（path expression），引用元组和行类型的成员属性。不过，对于其类型是 REF 的属性，要使用解除引用符号“->”。例如，下面的查询将检索在名称为“ABCXYZ”的公司工作的雇员，这是通过查询 EMPLOYMENT 表实现的：

```
SELECT  E.Employee->NAME
FROM    EMPLOYMENT AS E
WHERE   E.Company->COMP_NAME = 'ABCXYZ';
```

在 SQL 中，“->”用于**解除引用**（dereferencing），这与 C 编程语言中的含义相同。

因此，如果 r 是一个指向元组（对象）的引用，a 是该元组中的一个成员属性，那么 r –> a 就是该元组中属性 a 的值。

如果存在多个相同类型的关系，SQL 就会提供 SCOPE 关键字，可以通过它使引用属性指向这种类型的特定表内的一个元组。

12.3 ODMG 对象模型和对象定义语言 ODL

如第 6 章中所讨论的，商业性关系 DBMS 取得成功的原因之一在于 SQL 标准。由于 ODB 多年来缺乏一个标准，可能导致一些潜在的用户避免转向这一新技术。后来，一个名称为 ODMG（Object Data Management Group，对象数据管理组）的 ODB 供应商和用户的联盟提出了一个标准，称为 ODMG-93 或 ODMG 1.0 标准。它被相继修订成 ODMG 2.0 和 ODMG 3.0。这个标准由多个部分组成，包括**对象模型**（object model）、**对象定义语言**（object definition language，ODL）、**对象查询语言**（object query language，OQL），以及对面向对象编程语言的**绑定**（binding）。

在本节中，将描述 ODMG 对象模型和 ODL。在 12.4 节中，将讨论如何从 EER 概念模式设计 ODB。在 12.5 节中，将概述 OQL。在 12.6 节中，将介绍 C++语言绑定。用于说明如何使用 ODL、OQL 和 C++语言绑定的示例将使用第 4 章中介绍的 UNIVERSITY 数据库示例。在我们的描述中，将遵循 Cattell 等（2000）中描述的 ODMG 3.0 对象模型[1]。值得注意的是：ODMG 对象模型中包含的许多思想都基于 20 年来许多研究者深入研究概念建模和对象数据库的成果。

如 12.2 节中所介绍的，将对象概念纳入 SQL 关系数据库标准中导致了对象-关系技术。

12.3.1 ODMG 的对象模型概述

ODMG 对象模型（ODMG object model）是对象定义语言（ODL）和对象查询语言（OQL）的基础。它打算为对象数据库提供一个标准的数据模型，就像 SQL 为关系数据库描述了一个标准的数据模型一样。它还为这个领域提供了一套标准的术语，其中相同的术语有时可用于描述不同的概念。本章中将尽量遵守 ODMG 术语。在 12.1 节中已经讨论了 ODMG 模型中的许多概念，并且假定读者已经阅读过这一节内容。无论何时 ODMG 术语与 12.1 节中使用的术语有所不同，我们都会指出来。

1. 对象和文字

对象和文字是对象模型的基本构件。它们二者之间的主要区别是：对象具有对象标识符和**状态**（或当前值）；而文字只具有值（状态），但却没有对象标识符[2]。在任何一种情况下，值都可以具有复杂的结构。通过修改对象值，随着时间的推移对象状态可能会发生改

---

1 对象模型的更早版本分别是在 1993 年和 1997 年发表的。

2 这里将互换地使用术语值和状态。

变。文字实质上是一个常量值，可能具有复杂的结构，但它不会改变。

对象具有 5 个方面：标识符、名称、生存期、结构和创建。

（1）**对象标识符**是对象在系统范围内的唯一标识符（或 Object_id）[1]。每个对象都必须具有一个对象标识符。

（2）在特定的 ODMS 内，可以选择给予一些对象唯一的**名称**，这个名称可用于定位对象，并且系统应该返回给定名称的对象[2]。显然，并非所有单独的对象都具有唯一的名称。通常，只有几个对象将具有名称，这些对象主要用于保存特定对象类/类型的对象集合（例如外延）。这引动名称用作数据库的**入口点**；也就是说，通过按唯一名称定位这些对象，用户然后就可以定位从这些对象引用的其他对象。应用中其他重要的对象也可能具有唯一的名称，也有可能给予一个对象多个名称。特定 ODB 内的所有名称都必须是唯一的。

（3）对象的**生存期**（lifetime）用于指定一个对象是持久对象（即数据库对象），还是临时对象（即该对象只存在于一个正在执行的程序中，在程序终止后将会消失）。生存期独立于类/类型，也就是说，特定类的一些对象可能是临时对象，而另外一些对象则可能是持久对象。

（4）对象的**结构**（structure）指定对象是如何使用类型构造器来构造的。结构指定一个对象是否是原子的。**原子对象**（atomic object）指遵循用户定义类型的单个对象，例如 Employee 或 Department。如果一个对象不是原子对象，那么它将是由其他对象组成的。例如，集合对象（collection object）就不是一个原子对象，因为它的状态将是其他对象的集合[3]。术语原子对象不同于 12.1.3 节中定义的原子构造器，后者指内置数据类型的所有值。在 ODMG 模型中，原子对象是任意单个用户定义的对象。基本内置数据类型的所有值都被视作是文字。

（5）对象**创建**（creation）指可以创建一个对象的方式。通常是通过用于特殊的 Object_Factory 接口的 new 操作来创建对象。在本节后面将更详细地描述这方面的内容。

在对象模型中，**文字**是一个没有对象标识符的值。不过，这个值可能具有简单或复杂的结构。文字有 3 种类型：原子文字、结构化文字和集合文字。

（1）**原子文字**（atomic literal）[4]对应于基本数据类型的值，并且是预定义的。对象模型的基本数据类型包括长整型、短整型、无符号整型（在 ODL 中分别利用关键字 long、short、unsigned long 和 unsigned short 指定）、单精度和双精度浮点型（float、double）、布尔型（boolean）、单字符型（char）、字符串型（string）和枚举类型（enum）等。

（2）**结构化文字**（structured literal）大体对应于使用 12.1.3 节中描述的元组构造器构造的值。内置的结构化文字包括 Date、Interval、Time 和 Timestamp（参见图 12.5(b)）。每个应用可以根据需要定义其他的用户定义的结构化文字[5]。在 ODL 中使用 STRUCT 关键字创建用户定义的结构，就像在 C 和 C++编程语言中一样。

1　它对应于 12.1.2 节中介绍的 OID。

2　这对应于 12.1.4 节中描述的持久性命名机制。

3　在 ODMG 模型中，原子对象并不是对应于其值为基本数据类型的对象。所有的基本值（整数、实数等）都被视作是文字。

4　原子文字中的原子一词的用法对应于 12.1.3 节中使用原子构造器的方式。

5　Date、Interval、Time 和 Timestamp 的结构可用于创建文字值或者带有标识符的对象。

```
(a) interface Object {
      ...
     bboolean              same_as(in object other_object);
      object               copy();
      void                 delete();
    };
(b) Class Date : Object {
      enum                 Weekday
                             { Sunday, Monday, Tuesday, Wednesday,
                               Thursday, Friday, Saturday };
      enum                 Month
                             { January, February, March, April, May, June,
                               July, August, September, October, November,
                               December };
      unsigned short       year();
      unsigned short       month();
      unsigned short       day();
      ...
      boolean              is_equal(in Date other_date);
      boolean              is_greater(in Date other_date);
      ... };
    Class Time : Object {
      ...
      unsigned short       hour();
      unsigned short       minute();
      unsigned short       second();
      unsigned short       millisecond();
      ...
      boolean              is_equal(in Time a_time);
      boolean              is_greater(in Time a_time);
      ...
      Time                 add_interval(in Interval an_interval);
      Time                 subtract_interval(in Interval an_interval);
      Interval             subtract_time(in Time other_time); };
    class Timestamp : Object {
      ...
      unsigned short       year();
      unsigned short       month();
      unsigned short       day();
      unsigned short       hour();
      unsigned short       minute();
      unsigned short       second();
      unsigned short       millisecond();
      ...
      Timestamp            plus(in Interval an_interval);
      Timestamp            minus(in Interval an_interval);
      boolean              is_equal(in Timestamp a_timestamp);
      boolean              is_greater(in Timestamp a_timestamp);
      ... };
      class Interval :     Object {
```

图 12.5 ODMG 对象模型中的部分接口定义概览

(a) 基本的 Object 接口，将被所有对象继承；

(b) 用于结构化文字的一些标准接口；(c) 用于集合与迭代器的接口

```
unsigned short          day();
unsigned short          hour();
unsigned short          minute();
unsigned short          second();
unsigned short          millisecond();
...
Interval                plus(in Interval an_interval);
Interval                minus(in Interval an_interval);
Interval                product(in long a_value);
Interval                quotient(in long a_value);
boolean                 is_equal(in interval an_interval);
boolean                 is_greater(in interval an_interval);
... };
```

(c)
```
interface Collection : Object {
    ...
    exception           ElementNotFound{ Object element; };
    unsigned long       cardinality();
    boolean             is_empty();
    ...
    boolean             contains_element(in Object element);
    void                insert_element(in Object element);
    void                remove_element(in Object element)
                            raises(ElementNotFound);
    iterator            create_iterator(in boolean stable);
    ... };
interface Iterator {
    exception           NoMoreElements();
    ...
    boolean             at_end();
    void                reset();
    Object              get_element() raises(NoMoreElements);
    void                next_position() raises(NoMoreElements);
    ... };
interface set : Collection {
    set                 create_union(in set other_set);
    ...
    boolean             is_subset_of(in set other_set);
    ... };
interface bag : Collection {
    unsigned long       occurrences_of(in Object element);

    bag                 create_union(in Bag other_bag);
    ... };
interface list : Collection {
    exception           Invalid_Index{unsigned_long index; );
    void                remove_element_at(in unsigned long index)
                            raises(InvalidIndex);
    Object              retrieve_element_at(in unsigned long index)
                            raises(InvalidIndex);
    void                replace_element_at(in Object element, in unsigned long index)
                            raises(InvalidIndex);
    void                insert_element_after(in Object element, in unsigned long index)
                            raises(InvalidIndex);
    ...
```

图 12.5（续）

```
    void                insert_element_first(in Object element);
    ...
    void                remove_first_element() raises(ElementNotFound);
    ...
    Object              retrieve_first_element() raises(ElementNotFound);
    ...
    list                concat(in list other_list);
    void                append(in list other_list);
};
interface array : Collection {
    exception           Invalid_Index{unsigned_long index; };
    exception           Invalid_Size{unsigned_long size; };
    void                remove_element_at(in unsigned long index)
                            raises(InvalidIndex);
    Object              retrieve_element_at(in unsigned long index)
                            raises(InvalidIndex);
    void                replace_element_at(in unsigned long index, in Object element)
                            raises(InvalidIndex);
    void                resize(in unsigned long new_size)
                            raises(InvalidSize);
};
struct association { Object key; Object value; };
interface dictionary : Collection {
    exception           DuplicateName{string key; };
    exception           KeyNotFound{Object key; };
    void                bind(in Object key, in Object value)
                            raises(DuplicateName);
    void                unbind(in Object key) raises(KeyNotFound);
    Object              lookup(in Object key) raises(KeyNotFound);
    boolean             contains_key(in Object key);
};
```

图 12.5（续）

（3）**集合文字**（collection literal）用于指定一个文字值，这个文字值是对象或值的集合，但是集合自身没有 Object_id。对象模型中的集合可以通过类型生成器 set<T>、bag<T>、list<T>和 array<T>来定义，其中 T 是集合中的对象或值的类型[1]。另一种集合类型是 dictionary<K, V>，它是关联<K, V>的集合，其中每个 K 都是一个键（唯一搜索值），它与值 V 相关联；这可用于在值 V 的集合上创建索引。

图 12.5 给出了对象模型的基本类型和类型生成器的简化视图。ODMG 的表示法使用 3 个概念：**接口**（interface）、**文字**（literal）和**类**（class）。遵照 ODMG 的术语规范，使用**行为**（behavior）指代操作，并使用**状态**（state）指代性质（属性和联系）。**接口**只指定一个对象类型的行为，并且通常是**不可实例化**的（也就是说，不能创建与接口对应的对象）。尽管接口可能具有状态性质（属性和联系）作为其规范的一部分，但是不能从接口继承它们。因此，接口用于定义可以被其他接口以及类继承的操作，这些类用于为特定应用定义用户定义的对象。**类**指定一个对象类型的状态（属性）和行为（操作），并且**可实例化**。因此，数据库和应用对象通常是基于构成数据库模式的用户指定的类声明而创建的。最后，**文字**

1 它们类似于 12.1.3 节中描述的对应的类型构造器。

声明指定了状态，但是没有指定行为。因此，文字实例将保存一个简单或复杂的结构化值，但它既没有对象标识符，也没有封装的操作。

图 12.5 是对象模型的简化版本。有关完整的规范，可以参见 Cattell 等（2000）。我们在描述图 12.5 中所示的对象模型时，也将描述该图中显示的一些构造。在对象模型中，所有的对象都会继承 Object 的基本接口操作，如图 12.5(a)所示；它们包括诸如 copy（创建对象的新副本）、delete（删除对象）和 same_as（比较两个对象的标识）之类的操作[1]。一般来讲，使用**点表示法**将操作应用于对象。例如，给定一个对象 O，要把它与另一个对象 P 做比较，可以编写如下代码：

```
O.same_as(P)
```

这个比较返回的结果是一个布尔值，如果 P 与 O 的标识相同，这个布尔值将为真；否则，它将为假。类似地，要创建对象 O 的副本 P，可以编写如下代码：

```
P = O.copy()
```

可以用**箭头表示法**（arrow notation）代替点表示法：O–>same_as(P)或 O–>copy()。

12.3.2　ODMG 对象模型中的继承

在 ODMG 对象模型中，存在两类继承关系：仅行为继承和状态及行为继承。**行为继承**（behavior inheritance）也称为 ISA 或*接口继承*，通过冒号（:）表示法指定[2]。因此，在 ODMG 对象模型中，行为继承要求超类型是一个接口，而子类型则可以是一个类，或者是另一个接口。

另一种继承关系称为 EXTENDS **继承**，通过关键字 extends 指定。它严格地用于在类之间继承状态和行为，因此超类型和子类型都必须是类。不允许通过 extends 进行多重继承。不过，对于行为继承，允许通过冒号（:）表示法进行多重继承。因此，一个接口可能继承多个其他接口的行为。一个类除了通过 extends 从*至多另外一个类*继承行为和状态之外，还可以通过冒号（:）表示法继承多个接口的行为。12.3.4 节中将给出一些示例，说明如何使用这两种继承关系，即“:”和 extends。

12.3.3　对象模型中的内置接口和类

图 12.5 显示了对象模型的内置接口。所有的接口（例如 Collection、Date 和 Time）都继承基本的 Object 接口。在对象模型中，集合与原子（和结构化）对象之间泾渭分明，其中前者的状态包含多个对象或文字，后者的状态是单个对象或文字。**集合对象**（collection object）继承图 12.5(c)中所示的基本 Collection 接口，该图中显示了用于所有集合对象的操

1　还有一些操作是出于锁定的目的而在对象上定义的，图 12.5 中没有显示它们。在第 22 章中将讨论数据库的锁定概念。

2　ODMG 报告把接口继承也称为类型/子类型、is-a 以及泛化/特化关系，尽管在文献中把这些术语用于描述状态和操作的继承（参见第 8 章和 12.1 节）。

作。给定一个集合对象 O，O.cardinality()操作将返回集合中的元素数量。如果集合 O 为空，O.is_empty()就会返回真值；否则，它将返回假值。O.insert_element(E)和 O.remove_element(E)操作分别用于在集合 O 中插入或删除一个元素 E。最后，如果集合 O 包括元素 E，那么 O.contains_element(E)操作将会返回真值；否则，它将会返回假值。I = O.create_iterator()操作将会为集合对象 O 创建一个**迭代器对象**（iterator object）I，它可以遍历集合中的每个元素。图 12.5(c)中还显示了迭代器对象的接口。I.reset()操作把迭代器置于集合中的第一个元素上（对于无序的集合，这可以是某个任意的元素），I.next_position()操作则把迭代器置于下一个元素上。I.get_element()操作用于检索**当前元素**（current element），此即迭代器当前定位的元素。

ODMG 对象模型使用**异常**（exception）来报告错误或特定情况。例如，如果 E 不是集合 O 中的一个元素，那么 O.remove_element(E)操作将引发 Collection 接口中的 ElementNotFound 异常。如果迭代器当前定位在集合中的最后一个元素上，从而不存在更多的元素可以让迭代器指向它，那么 I.next_position()操作就会引发迭代器接口中的 NoMoreElements 异常。

Collection 对象可以进一步特化为 set、list、bag、array 和 dictionary，它们将继承 Collection 接口的操作。set<T>**类型生成器**可用于创建对象，其中对象 O 的值是一个其元素为 T 类型的集合。Set 接口包括额外的操作 P = O.create_union(S)（参见图 12.5(c)），它返回一个 set<T> 类型的新对象 P，它是两个集合 O 与 S 的并集。与 create_union 类似的其他操作（在图 12.5(c)中未显示）是 create_intersection(S)和 create_difference(S)。用于集合比较的操作包括 O.is_subset_of(S)操作，如果 set 对象 O 是某个其他的 set 对象 S 的子集，那么该操作将返回真值；否则，它将返回假值。类似的操作（在图 12.5(c)中未显示）是 is_proper_subset_of(S)、is_superset_of(S)和 is_proper_superset_of(S)。bag<T>**类型生成器**允许集合中有重复的元素，它也继承 Collection 接口。它具有 3 个操作：create_union(b)、create_intersection(b)和 create_difference(b)，它们都返回一个 bag<T>类型的新对象。

list<T>**类型生成器**继承 Collection 操作，并且可用于创建类型为 T 的对象的集合，其中元素的顺序很重要。每个这样的对象 O 的值是一个其元素为类型 T 的有序列表。因此，可以引用列表中的第一个、最后一个和第 i 个元素。同样，当向列表中添加元素时，必须指定在列表中插入元素的位置。一些 list 操作如图 12.5(c)所示。如果 O 是一个类型为 list<T> 的对象，那么 O.insert_element_first(E)操作将在列表 O 中的第一个元素之前插入元素 E，使得 E 变成列表中的第一个元素。一个类似的操作（图 12.5(c)中未显示）是 O.insert_element_last(E)。图 12.5(c)中的 O.insert_element_after(E, I)操作用于在列表 O 中的第 i 个元素之后插入元素 E，如果 O 中不存在第 i 个元素，那么该操作将引发异常 InvalidIndex。一个类似的操作（图 12.5(c)中未显示）是 O.insert_element_before(E, I)。要从列表中删除元素，操作是 E = O.remove_first_element()、E = O.remove_last_element()和 E = O.remove_element _at(I)。这些操作将从列表中删除指定的元素，并且返回该元素作为操作的结果。还有其他一些操作用于检索元素，但是不会将其从列表中删除。这些操作有：E = O.retrieve_first_element()、E = O.retrieve _last_element()和 E = O.retrieve_element_at(I)。此外，还定义了两个用于操纵列表的操作。它们是：P = O.concat(I)和 O.append(I)，其中前一个操作用于创建一个新列表 P，它是列表 O 与列表 I 的连接（列表 I 中的元素排在列表 O 中的元素之后）；后一个操作用于把列表 I 的元素追加到列表 O 的末尾（而不会创建新的列表对象）。

array<T>类型生成器也会继承 Collection 操作，它与列表相似。用于 array 对象 O 的特定操作有：O.replace_element_at(I, E)，它利用元素 E 替换位于位置 I 的数组元素；E = O.remove_element_at(I)，它用于检索第 i 个元素，并利用 NULL 值替换它；以及 E = O.retrieve_element_at(I)，它只是简单地检索数组的第 i 个元素。如果 I 大于数组的大小，那么所有这些操作都可能引发异常 InvalidIndex。操作 O.resize(N)用于把数组元素的数量更改为 N。

最后一种集合对象类型是 dictionary<K,V>类型。它允许创建关联对<K,V>的集合，其中所有的 K (键)值都是唯一的。在给定键值（类似于索引）的情况下，使键值唯一允许对特定的<K,V>对执行关联检索。如果 O 是一个 dictionary<K,V>类型的集合对象，那么 O.bind(K,V)将把值 V 绑定到键 K，作为集合中的关联<K,V>；而 O.unbind(K)则将从 O 中删除键为 K 的关联，V = O.lookup(K)则将返回 O 中与键 K 关联的值 V。后两个操作可能引发异常 KeyNotFound。最后，如果键 K 在 O 中存在，那么 O.contains_key(K)将返回真值；否则，它将返回假值。

图 12.6 说明了对象模型的内置构造的继承层次。子类型继承超类型的操作。上面描述的集合接口不能直接实例化；也就是说，不能直接基于这些接口创建对象。相反，这些接口可用于为特定的数据库应用生成用户定义的集合类型，即 set、bag、list、array 或 dictionary 类型。如果一个属性或类具有一种集合类型，例如说 set，那么它将继承 set 接口的操作。例如，在 UNIVERSITY 数据库应用中，用户可以为 set<STUDENT>指定一种类型，它的状态将是 STUDENT 对象的集合。然后，程序员可以使用 set<T>的操作，来操纵 set<STUDENT>类型的对象。创建应用类通常是利用对象定义语言 ODL 完成的（参见 12.3.6 节）。

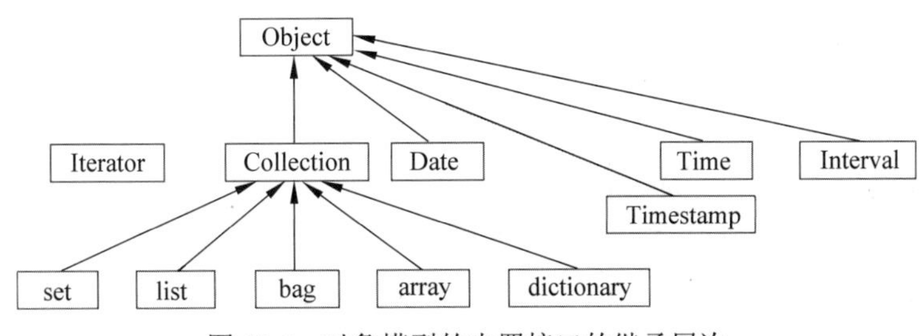

图 12.6 对象模型的内置接口的继承层次

值得注意的是：特定集合中的所有对象都必须具有相同的类型。因此，尽管在图 12.5(c)中所示的集合接口的规范中出现了关键字 any，但它并不意味着在同一个集合内可以混合任何类型的对象。相反，它意味着当为特定的集合指定元素的类型时，可以使用任何类型（包括其他的集合类型！）。

12.3.4 原子（用户定义）对象

12.3.3 节中描述了对象模型的内置集合类型。现在将讨论如何构造原子对象的对象类型。在 ODL 中使用关键字 class 来指定它们。在对象模型中，任何不属于集合对象的用户定义对象都称为**原子对象**（atomic object）[1]。

例如，在 UNIVERSITY 数据库应用中，用户可以为 STUDENT 对象指定一个对象类型（类）。大多数这样的对象都将是**结构化对象**（structured object）。例如，STUDENT 对象将具有复杂的结构，它带有许多属性、联系和操作，但是仍会把它视作一个原子对象，因为它不是一个集合。对于这样的用户定义的原子对象类型，将通过指定其**特性**（property）和**操作**（operation）把它定义为一个类。特性定义对象的状态，可以进一步分为**属性**（attribute）和**联系**（relationship）。在这一小节中，将详细介绍原子（结构化）对象的用户定义的对象类型可以包括的 3 类成分：属性、联系和操作。下面将利用图 12.7 中所示的两个类 EMPLOYEE 和 DEPARTMENT 对我们的讨论加以说明。

```
class EMPLOYEE
(   extent          ALL_EMPLOYEES
    key             Ssn )
{
    attribute       string              Name;
    attribute       string              Ssn;
    attribute       date Birth_date;
    attribute       enum Gender{M, F}   Sex;
    attribute       short               Age;
    relationship    DEPARTMENT          Works_for
                        inverse DEPARTMENT::Has_emps;
    void            reassign_emp(in string New_dname)
                        raises(dname_not_valid);
};
class DEPARTMENT
(   extent          ALL_DEPARTMENTS
    key             Dname, Dnumber )
{
    attribute       string              Dname;
    attribute       short               Dnumber;
    attribute       struct Dept_mgr {EMPLOYEE Manager, date Start_date}
                        Mgr;
    attribute       set<string>         Locations;
    attribute       struct Projs {string Proj_name, time Weekly_hours)
                        Projs;
    relationship    set<EMPLOYEE>       Has_emps inverse EMPLOYEE::Works_for;
    void            add_emp(in string New_ename) raises(ename_not_valid);
    void            change_manager(in string New_mgr_name; in date
                        Start_date);
};
```

图 12.7 类定义中的属性、联系和操作

attribute 是描述对象某个方面的特性。属性具有值（它们通常是具有简单或复杂结构的文字），这些值存储在对象内。不过，属性值也可以是其他对象的 Object_id。甚至可以通过用于计算属性值的方法来指定属性值。在图 12.7 中[2]，EMPLOYEE 的属性有：Name、

1 如前所述，ODMG 对象模型中的原子对象的这个定义不同于 12.1.3 节中给出的原子构造器的定义，后者是在大量的面向对象数据库文献中使用的定义。

2 图 12.7 中使用的是对象定义语言（Object Definition Language，ODL）表示法，在 12.3.6 节中将更详细地讨论它。

Ssn、Birth_date、Sex 和 Age；DEPARTMENT 的属性有：Dname、Dnumber、Mgr、Locations 和 Projs。DEPARTMENT 的 Mgr 和 Projs 属性具有复杂的结构，并且是通过 struct 定义的，它对应于 12.1.3 节中介绍的元组构造器。因此，每个 DEPARTMENT 对象中的 Mgr 的值都将具有两个成分：Manager 和 Start_date，其中前者的值是一个 Object_id，它引用的是管理 DEPARTMENT 的 EMPLOYEE 对象；后者的值是一个 date。DEPARTMENT 的位置属性是通过 set 构造器定义的，因为每个 DEPARTMENT 对象都可能具有一组位置。

relationship 是指定数据库中的两个对象相互关联的特性。在 ODMG 的对象模型中，只有二元联系（参见 3.4 节）是显式表示的，并且每个二元联系都是通过一对利用关键字 relationship 指定的逆向引用表示的。在图 12.7 中，存在一个联系把每个 EMPLOYEE 关联到他或她工作的 DEPARTMENT，这个联系就是 EMPLOYEE 的 Works_for 联系。在反方向上，每个 DEPARTMENT 都与在该 DEPARTMENT 工作的 EMPLOYEE 的集合相关联，它是 DEPARTMENT 的 Has_emps 联系。关键字 inverse 指定这两个特性在相反方向上定义单个概念上的联系[1]。

通过指定逆向联系，数据库系统可以自动维持联系的参照完整性。也就是说，如果特定的 EMPLOYEE E 的 Works_for 值引用 DEPARTMENT D，那么 DEPARTMENT D 的 Has_emps 值必须包括一个指向 E 的引用，E 位于其 EMPLOYEE 引用集合中。如果数据库设计者希望只在一个方向上表示联系，那么就必须将联系建模为一个属性（或操作）。一个示例是 DEPARTMENT 中的 Mgr 属性的 Manager 成分。

除了属性和联系之外，设计者还可以在对象类型（类）规范中包括**操作**。每个对象类型都可以具有许多**操作签名**（operation signature），它指定了操作名称、操作的参数类型以及返回值（如果有的话）。操作名称在每个对象类型内是唯一的，但是它们可以重载，使相同的操作名称出现在不同的对象类型中。操作签名还可以指定在操作执行期间可能发生的**异常**的名称。操作的实现将包括用于引发这些异常的代码。在图 12.7 中，EMPLOYEE 类具有一个操作：reassign_emp；DEPARTMENT 类具有两个操作：add_emp 和 change_manager。

12.3.5　外延、键和工厂对象

在 ODMG 对象模型中，数据库设计者可以为通过**类**声明定义的任何对象类型声明一个外延（使用关键字 extent）。将给 extent 赋予一个名称，并且它将包含那个类的所有持久对象。因此，extent 的表现就像一个对象集合，其中保存了类的所有持久对象。在图 12.7 中，EMPLOYEE 类和 DEPARTMENT 类分别具有名为 ALL_EMPLOYEES 和 ALL_DEPARTMENTS 的外延。这类似于创建两个对象，其中一个是 set<EMPLOYEE>类型，另一个是 set<DEPARTMENT>类型，并通过把它们分别命名为 ALL_EMPLOYEES 和 ALL_DEPARTMENTS，使它们成为持久对象。外延也可用于在超类型与其子类型的外延之间自动执行集合/子集联系。如果两个类 A 和 B 分别具有外延 ALL_A 和 ALL_B，并且类 B 是类 A 的子类型（即类 B 扩展（extends）类 A），那么在任何时间 ALL_B 中的对象集合都必须是 ALL_A 中的对象集合的一个子集。这种约束是由数据库系统自动执行的。

1　7.4 节讨论了如何通过相反方向上的两个属性表示一个联系。

带有外延的类可以具有一个或多个键。**键**包括一个或多个特性（属性或联系），对于外延中的每个对象，将把这些特性的值约束为唯一的。例如，在图 12.7 中，EMPLOYEE 类将 Ssn 属性作为键（外延中的每个 EMPLOYEE 对象都必须具有唯一的 Ssn 值），而 DEPARTMENT 类则具有两个不同的键：Dname 和 Dnumber（每个 DEPARTMENT 都必须具有唯一的 Dname 和唯一的 Dnumber）。对于由多个特性组成的复合键[1]，将用圆括号括住那些构成键的特性。例如，如果带有一个外延 ALL_VEHICLES 的类 VEHICLE 具有一个键，它是由两个属性 State 和 License_number 的组合构成的，那么在键声明中将把它们放在圆括号中，例如(State, License_number)。

接下来将介绍**工厂对象**（factory object）的概念，工厂对象可用于生成或创建各个对象，这是通过它的操作实现的。图 12.8 中显示了工厂对象的一些接口，它们是 ODMG 对象模型的一部分。接口 ObjectFactory 具有单个操作 new()，它返回一个带有 Object_id 的新对象。通过继承这个接口，用户可以为每个用户定义的（原子）对象类型创建他们自己的工厂接口，程序员则可以为每个对象类型以不同的方式实现操作 new。图 12.8 还显示了一个 DateFactory 接口，它具有一些额外的操作，例如 calendar_date 用于创建一个新的日期，current 则用于创建一个其值为 current_date 的对象。它还具有一些别的操作（在图 12.8 中未显示）。可以看到，工厂对象实质上为新对象提供了**构造器操作**（constructor operation）。

最后，讨论**数据库**的概念。由于 ODB 系统可以创建许多不同的数据库，每个数据库都有它自己的模式，因此 ODMG 对象模型具有用于 DatabaseFactory 和 Database 对象的接口，如图 12.8 所示。每个数据库都具有它自己的数据库名称，并且可以使用 bind 操作给特定数据库中的持久对象分配各自的唯一名称。lookup 操作可以从数据库中返回一个具有指定的持久 object_name 的对象；unbind 操作可以从数据库中删除一个持久的命名对象的名称。

12.3.6 对象定义语言（ODL）

在 12.3.5 节中概述了 ODMG 对象模型之后，现在将说明如何利用这些概念使用对象定义语言 ODL 创建对象数据库模式[2]。

ODL 被设计成支持 ODMG 对象模型的语义构造，并且独立于任何特定的编程语言。它主要用于创建对象规范，即类和接口。因此，ODL 不是一种编程语言。用户可以独立于任何编程语言使用 ODL 指定一种数据库模式，然后使用特定的语言绑定来指定如何将 ODL 构造映射到特定编程语言（例如 C++、Smalltalk 和 Java）中的构造。在 12.6 节中将概述 C++绑定。

图 12.9(b)显示了一种可能的对象模式，它用于第 4 章中介绍的 UNIVERSITY 数据库的一部分。我们将使用这个示例以及图 12.11 中的示例描述 ODL 的概念。图 12.9(a)中显示了图 12.9(b)的图形表示法，可以将其视作 EER 图（参见第 4 章）的一个变体，其中添加了接口继承的概念，但是没有某些 EER 概念，例如类别（并类型）和联系的属性。

---

1 在 ODMG 报告中，用于表述复合键的英文是 compound key，而不是 composite key。

2 ODL 语法和数据类型打算与 CORBA（Common Object Request Broker Architecture，公共对象请求代理体系结构）的 IDL（Interface Definition language，接口定义语言）兼容，这是通过扩展联系及其他数据库概念来实现的。

```
interface ObjectFactory {
    Object          new();
};
interface SetFactory : ObjectFactory {
    Set             new_of_size(in long size);
};
interface ListFactory : ObjectFactory {
    List            new_of_size(in long size);
};
interface ArrayFactory : ObjectFactory {
    Array           new_of_size(in long size);
};
interface DictionaryFactory : ObjectFactory {
    Dictionary      new_of_size(in long size);
};
interface DateFactory : ObjectFactory {
    exception       InvalidDate{};
    ...
    Date            calendar_date(  in unsigned short year,
                                    in unsigned short month,
                                    in unsigned short day )
                    raises(InvalidDate);
    ...
    Date            current();
};
interface DatabaseFactory {
    Database        new();
};
interface Database {
    ...
    void            open(in string database_name)
                        raises(DatabaseNotFound, DatabaseOpen);
    void            close() raises(DatabaseClosed, ...);
    void            bind(in Object an_object, in string name)
                        raises(DatabaseClosed, ObjectNameNotUnique, ...);
    Object          unbind(in string name)
                        raises(DatabaseClosed, ObjectNameNotFound, ...);
    Object          lookup(in string object_name)
                        raises(DatabaseClosed, ObjectNameNotFound, ...);
    ... };
```

图 12.8　用于说明工厂对象和数据库对象的接口

图 12.10 显示了 UNIVERSITY 数据库的 ODL 类定义的一个可能的集合。一般来讲，从对象模式图（或 EER 模式图）到 ODL 类之间可能具有多种可能的映射。在 12.4 节中将进一步讨论这些选项。

图 12.10 显示了映射第 4 章中的 UNIVERSITY 数据库的一部分的直观方式。将实体类型映射到 ODL 类，继承则是使用 extends 实现的。不过，没有映射类别（并类型）或者实现多重继承的直接方式。在图 12.10 中，PERSON、FACULTY、STUDENT 和 GRAD_STUDENT 这些类分别具有外延 PERSONS、FACULTY、STUDENTS 和 GRAD_STUDENTS。

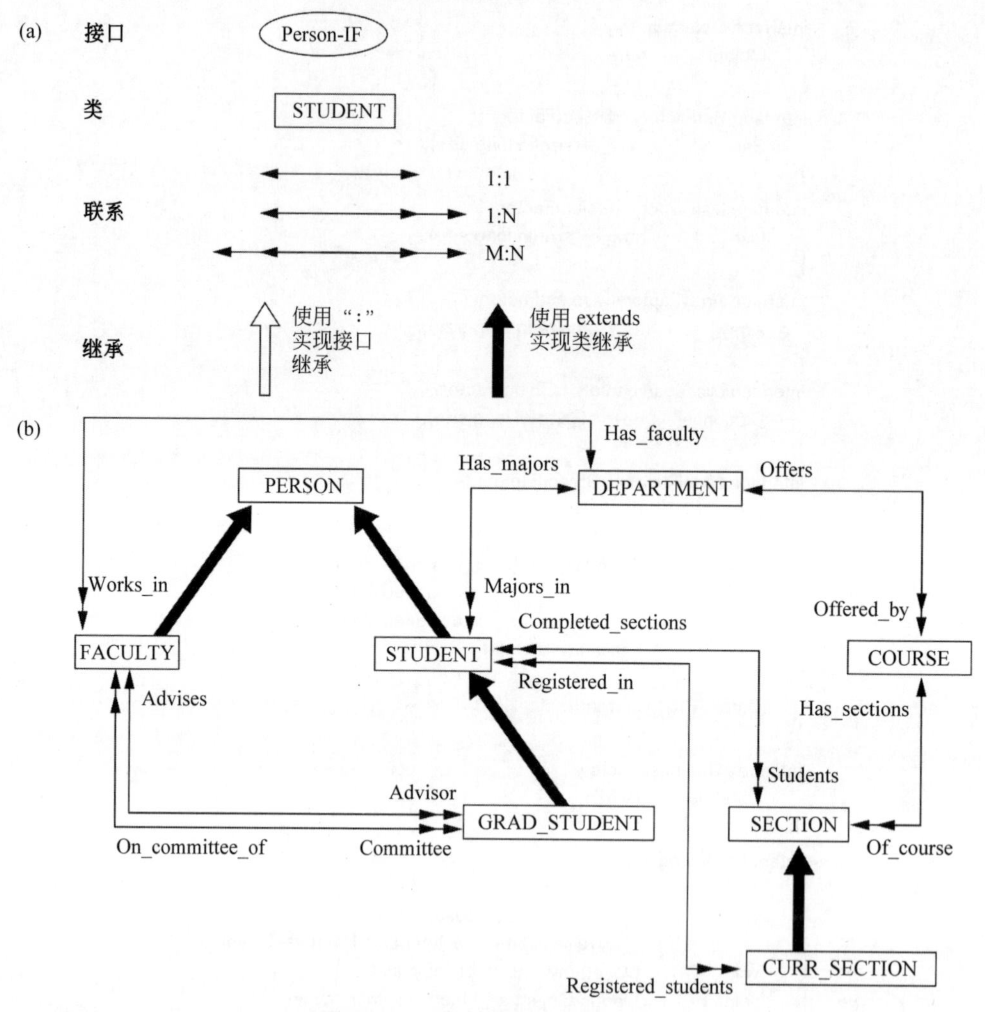

图 12.9　一个数据库模式的示例

(a) 用于表示 ODL 模式的图形表示法；

(b) 用于 UNIVERSITY 数据库一部分的图形对象数据库模式（GRADE 和 DEGREE 这两个类未显示）

FACULTY 和 STUDENT 扩展了（extends）PERSON，GRAD_STUDENT 则扩展了（extends）STUDENT。因此，在任何时间都将把 STUDENTS 的集合（以及 FACULTY 的集合）约束为 PERSON 集合的一个子集。类似地，GRAD_STUDENT 的集合将是 STUDENT 的一个子集。同时，各个 STUDENT 和 FACULTY 对象将继承 PERSON 的特性（属性和联系）和操作，各个 GRAD_STUDENT 对象则将继承 STUDENT 的特性和操作。

图 12.10 中的 DEPARTMENT、COURSE、SECTION 和 CURR_SECTION 这些类是图 12.9(b)中对应实体类型的直观映射。不过，GRADE 类需要一些解释。GRADE 类对应于图 12.9(b)中的 STUDENT 与 SECTION 之间的 M:N 联系。把它创建成单独一个类（而不是一对逆向联系）的原因是：它包括联系属性 Grade[1]。

1　在 12.4 节中将讨论联系属性的替代映射方法。

```
class PERSON
(   extent          PERSONS
    key             Ssn )
{   attribute       struct Pname {  string  Fname,
                                    string  Mname,
                                    string  Lname }        Name;
    attribute       string                                 Ssn;
    attribute       date                                   Birth_date;
    attribute       enum Gender{M, F}                      Sex;
    attribute       struct Address {  short   No,
                                      string  Street,
                                      short   Apt_no,
                                      string  City,
                                      string  State,
                                      short   Zip }        Address;
    short           Age();   };
class FACULTY extends PERSON
(   extent          FACULTY )
{   attribute       string          Rank;
    attribute       float           Salary;
    attribute       string          Office;
    attribute       string          Phone;
    relationship    DEPARTMENT      Works_in inverse DEPARTMENT::Has faculty;
    relationship    set<GRAD_STUDENT> Advises inverse GRAD_STUDENT::Advisor;
    relationship    set<GRAD_STUDENT> On_committee_of inverse GRAD_STUDENT::Committee;
    void            give_raise(in float raise);
    void            promote(in string new rank); };
class GRADE
(   extent GRADES )
{
    attribute       enum GradeValues{A,B,C,D,F,I, P} Grade;
    relationship    SECTION Section inverse SECTION::Students;
    relationship STUDENT Student inverse STUDENT::Completed_sections; };
class STUDENT extends PERSON
(   extent          STUDENTS )
{   attribute       string          Class;
    attribute       Department      Minors_in;
    relationship    Department Majors_in inverse DEPARTMENT::Has_majors;
    relationship    set<GRADE> Completed_sections inverse GRADE::Student;
    relationship    set<CURR_SECTION> Registered_in INVERSE CURR_SECTION::Registered_students;
    void            change_major(in string dname) raises(dname_not_valid);
    float           gpa();
    void            register(in short secno) raises(section_not_valid);
    void            assign_grade(in short secno; IN GradeValue grade)
                        raises(section_not_valid,grade_not_valid); };

class DEGREE
{   attribute       string          College;
    attribute       string          Degree;
    attribute       string          Year; };
class GRAD_STUDENT extends STUDENT
(   extent          GRAD_STUDENTS )
{   attribute       set<Degree>     Degrees;
    relationship    Faculty advisor inverse FACULTY::Advises;
    relationship    set<FACULTY>    Committee inverse FACULTY::On_committee_of;
    void            assign_advisor(in string Lname; in string Fname)
                        raises(faculty_not_valid);
```

图 12.10　图 12.9(b)中的 UNIVERSITY 数据库的可能的 ODL 模式

```
        void            assign_committee_member(in string Lname; in string Fname)
                            raises(faculty_not_valid); };
class DEPARTMENT
(       extent          DEPARTMENTS
        key             Dname )
{       attribute       string              Dname;
        attribute       string              Dphone;
        attribute       string              Doffice;
        attribute       string              College;
        attribute       FACULTY             Chair;
        relationship    set<FACULTY> Has_faculty inverse FACULTY::Works_in;
        relationship    set<STUDENT> Has_majors inverse STUDENT::Majors_in;
        relationship    set<COURSE> Offers inverse COURSE::Offered_by; };
class COURSE
(       extent          COURSES
        key             Cno )
{       attribute       string              Cname;
        attribute       string              Cno;
        attribute       string              Description;
        relationship    set<SECTION> Has_sections inverse SECTION::Of_course;
        relationship    <DEPARTMENT> Offered_by inverse DEPARTMENT::Offers; };
class SECTION
(       extent          SECTIONS )
{       attribute       short               Sec_no;
        attribute       string              Year;
        attribute       enum Quarter{Fall, Winter, Spring, Summer}
                            Qtr;
        relationship    set<Grade> Students inverse Grade::Section;
        relationship    COURSE Of_course inverse COURSE::Has_sections; };
class CURR_SECTION extends SECTION
(       extent          CURRENT_SECTIONS )
{       relationship    set<STUDENT> Registered_students
                            inverse STUDENT::Registered_in
        void            register_student(in string Ssn)
                            raises(student_not_valid, section_full); };
```

图 12.10（续）

因此，将把 M：N 联系映射到 GRADE 类以及一对 1：N 联系，其中一个 1：N 联系是 STUDENT 与 GRADE 之间的联系，另一个是 SECTION 与 GRADE 之间的联系[1]。这些联系通过以下联系特性表示：STUDENT 的 Completed_sections、GRADE 的 Section 和 Student，以及 SECTION 的 Students（参见图 12.10）。最后，DEGREE 类用于表示 GRAD_STUDENT 的复合、多值属性 degrees（参见图 4.10）。

由于前面的示例中只有类，而没有包括任何接口，因此现在将利用一个不同的示例来说明接口和接口（行为）继承。图 12.11(a)是用于存储几何物体的数据库模式的一部分。图中指定了一个 GeometryObject 接口，它具有用于计算几何物体的 perimeter（周长）和 area（面积）的操作，以及用于 translate（移动）和 rotate（旋转）物体的操作。多个类（RECTANGLE、TRIANGLE、CIRCLE、…）继承 GeometryObject 接口。由于 GeometryObject 是一个接口，因此它不可实例化，也就是说，不能直接基于这个接口创建任何对象。不过，可以创建

---

1 这类似于在关系模型（参见 9.1 节）以及在遗留的网络模型（参见附录 E）中映射 M:N 联系的方式。

RECTANGLE、TRIANGLE、CIRCLE、…类型的对象，并且这些对象将继承 GeometryObject 接口的所有操作。注意：对于接口继承，将只会继承操作，而不会继承特性（属性、联系）。因此，如果在继承类中需要一个特性，就必须在类定义中重复声明它，如图 12.11(b)中的 Reference_point 属性一样。注意：继承的操作在每个类中都可以具有不同的实现。例如，area 和 perimeter 操作的实现对于 RECTANGLE、TRIANGLE 和 CIRCLE 可能是不同的。

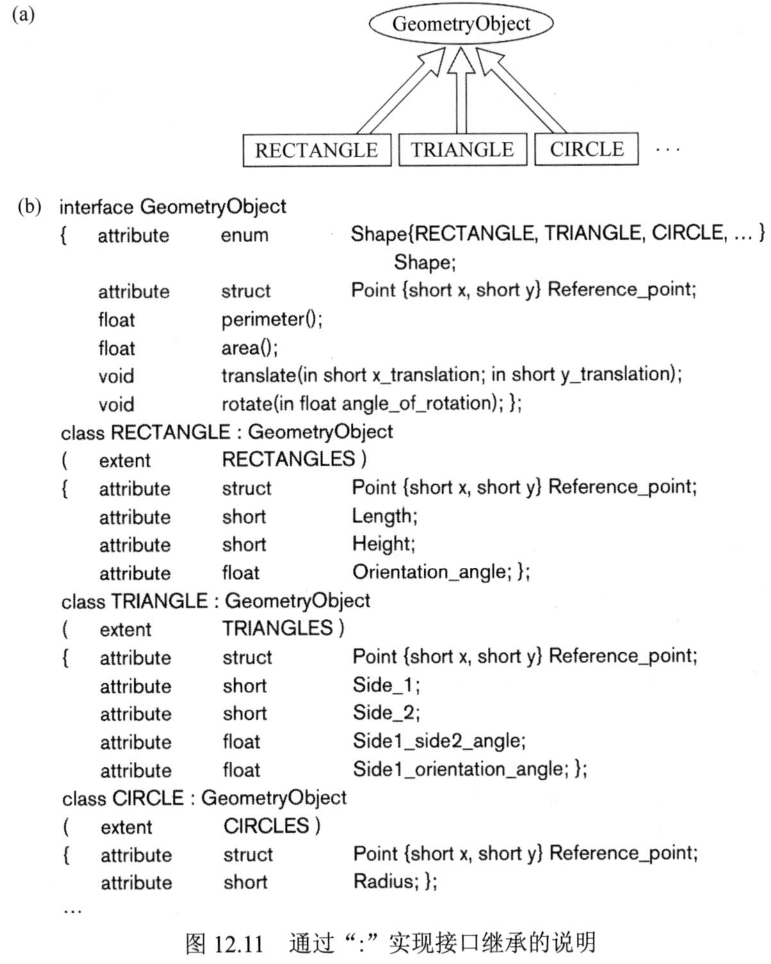


```
(b) interface GeometryObject
    {   attribute    enum      Shape{RECTANGLE, TRIANGLE, CIRCLE, ... }
                                      Shape;
        attribute    struct    Point {short x, short y} Reference_point;
        float        perimeter();
        float        area();
        void         translate(in short x_translation; in short y_translation);
        void         rotate(in float angle_of_rotation); };
    class RECTANGLE : GeometryObject
    (   extent       RECTANGLES )
    {   attribute    struct    Point {short x, short y} Reference_point;
        attribute    short     Length;
        attribute    short     Height;
        attribute    float     Orientation_angle; };
    class TRIANGLE : GeometryObject
    (   extent       TRIANGLES )
    {   attribute    struct    Point {short x, short y} Reference_point;
        attribute    short     Side_1;
        attribute    short     Side_2;
        attribute    float     Side1_side2_angle;
        attribute    float     Side1_orientation_angle; };
    class CIRCLE : GeometryObject
    (   extent       CIRCLES )
    {   attribute    struct    Point {short x, short y} Reference_point;
        attribute    short     Radius; };
    ...
```

图 12.11　通过“:”实现接口继承的说明

(a) 图形模式表示；(b) ODL 中对应的接口和类定义

允许一个类对接口进行多重继承，一个接口对其他接口的多重继承也是如此。不过，对于 extends（类）继承，就不允许多重继承。因此，一个类可以通过 extends 继承至多另一个类（除了继承零个或多个接口之外）。

12.4　对象数据库概念设计

12.4.1 节将讨论对象数据库（ODB）设计与关系数据库（RDB）设计有何区别。12.4.2 节将概括一种映射算法，它可用于从概念 EER 模式创建由 ODMG ODL 类定义组成的 ODB 模式。

12.4.1 ODB与RDB的概念设计之间的区别

ODB与RDB设计之间的主要区别之一是如何处理联系。在ODB中，通常是使用联系特性或者包括相关对象的OID的引用属性来处理联系。可以把这些引用视作指向相关对象的OID引用。单个引用和引用集合都是允许的。可以单向或双向声明二元联系的引用，这依赖于期望的访问类型。如果双向声明，可以把它们指定为一对互逆的联系，从而在ODB中执行与关系参照完整性约束等价的约束。

在RDB中，元组（记录）之间的联系是通过具有匹配值的属性指定的。可以把它们视作值引用，并且是通过外键指定的，这些外键是在参照关系中的元组中重复出现的主键属性的值。由于在基本关系模型中不允许多值属性，因此在每条记录中把它们限制为单值的。因此，M:N联系将不能直接表示，而必须将其表示为单独的关系（表），如9.1节中所讨论的那样。

在ODB中，映射包含属性的二元联系并不是直观的，因为设计者必须选择应该在哪个方向上包括属性。如果在两个方向上都包括属性，那么在存储器中将存在冗余，并且可能导致不一致的数据。因此，有时通过创建单独的类，而使用创建单独表的关系方法来表示联系将更可取。这种方法也可用于n元联系，其中度n>2。

ODB与RDB之间的另一个主要区别是如何处理继承。在ODB中，这些结构是构建到模型中的，因此通过使用继承构造来实现映射，例如派生（:）和扩展（extends）。在关系设计中，如9.2节中所讨论的，有多个选项可以选择，因为基本关系模型中不存在用于继承的内置构造。不过，需要注意的是：对象-关系系统和扩展-关系系统添加了一些特性，可以直接对这些构造建模，以及在抽象数据类型中包括操作规范（参见12.2节）。

第三个区别是：在ODB设计中，有必要在设计中尽早指定操作，因为它们是类规范的一部分。尽管在设计阶段为各类数据库指定操作很重要，但是在RDB设计中可以延迟操作的设计，因为直到实现阶段才严格需要它。

就行为规范而言，数据的关系模型与对象模型之间还有一个哲学上的区别。关系模型不会强制数据库设计者预定义一组有效的行为或操作，而这是对象模型中的一种隐性要求。关系模型声称的优点之一是支持即席查询和事务，而这些违反了封装性原则。

在实际中，一种日益普遍的做法是：让数据库设计团队在概念设计的早期阶段应用基于对象的方法，以便考虑到数据的结构及其使用或操作，并在概念设计期间开发完整的规范。然后，把这些规范映射到关系模式、约束和行为动作，例如触发器或存储过程（参见5.2节和13.4节）。

12.4.2 将EER模式映射到ODB模式

从一个既不包含类别也不包含n（n > 2）元联系的EER模式中，为ODBMS设计对象类的类型声明相对比较直观。不过，在EER图中没有指定类的操作，必须在完成结构映射之后将其添加到类声明中。从EER到ODL的映射概括如下：

步骤1：为每个EER实体类型或子类创建一个ODL类。ODL类的类型应该包括EER

类的所有属性[1]。多值属性通常是使用集合、包或列表构造器声明的[2]。如果某个对象的多值属性的值应该是有序的，就要选择列表构造器；如果允许重复的元素，就应该选择包构造器；否则，就要选择集合构造器。将把复合属性映射到元组构造器（通过使用 ODL 中的结构声明）。

为每个类声明一个外延，并且指定任何键属性作为外延的键。

步骤 2：为每个二元联系把联系属性或引用属性添加到参与联系的 ODL 类中。可以单向或双向创建这些引用。如果通过双向引用表示一个二元联系，就要声明指向联系属性的引用是互逆的（如果存在这种功能的话）[3]。如果二元联系是通过单向引用表示的，就可以将引用声明为参照类中的一个属性，这个类的类型是被参照类的名称。

依赖于二元联系的基数比，联系属性或引用属性可能是单值或集合类型。对于 1:1 或 N:1 方向上的二元联系，它们将是**单值**(single-valued)的；对于 1:N 或 M:N 方向上的联系，它们将是**集合类型**（collection type）（集合值或列表值[4]）。映射二元 M:N 联系的一种替代方式将在步骤 7 中讨论。

如果联系属性存在，就可以使用元组构造器（struct）创建一个形如<reference, relationship attributes>的结构，可以包括它来代替引用属性。不过，这将不允许使用逆向约束。此外，如果双向表示这种选择，那么将把属性值表示两次，从而会产生冗余。

步骤 3：为每个类包括合适的操作。不能从 EER 模式中获得它们，必须参考原始需求把它们添加到数据库设计中。构造器方法应该包括用于检查任何约束的程序代码，并且在创建新对象时必须保持这些约束。在删除对象时，析构器方法应该检查可能破坏的任何约束。其他方法应该包括任何进一步的相关约束检查。

步骤 4：与 EER 模式中的一个子类对应的 ODL 类将在 ODL 模式中继承（通过 extends）其超类的属性、联系和方法。如步骤 1、步骤 2 和步骤 3 中所讨论的那样，将会指定它的特定（局部）属性、联系引用和操作。

步骤 5：可以利用与一般实体类型相同的方式来映射弱实体类型。对于除了其标识联系之外未参与其他任何联系的弱实体类型，另一种映射也是可能的：可以使用形如 set<struct<…>>或 list<struct<…>>的构造函数来映射这些弱实体类型，就好像它们是属主实体类型的复合多值属性一样。弱实体的属性包括在 struct<…>构造中，它对应于元组构造器。在步骤 1 和步骤 2 中讨论了属性的映射。

步骤 6：难以将 EER 模式中的类别（并类型）映射到 ODL。可以通过声明一个类来表示类别，并且在类别与它的每个超类之间定义 1:1 联系，来创建一个映射，它类似于 EER-关系映射（参见 9.2 节）。

步骤 7：可以将度 $n > 2$ 的 n 元联系映射到一个单独的类，它具有指向每个参数类的合适引用。这些引用基于一个 1:N 联系，即从每个表示参与实体类型的类映射到表示 n 元联系的类。如果需要，一个 M:N 二元联系也可能使用这种映射选项，尤其是当它包含联系属

1　这将在类型声明的顶层隐含使用元组构造器，但是一般来讲，元组构造器将不会显式出现在 ODL 类声明中。

2　需要对应用领域做进一步的分析，以决定使用哪种构造器，因为不能从 EER 模式中获得此类信息。

3　ODL 标准提供了逆向联系的显式定义。一些 ODBMS 产品可能没有提供这种支持；在这种情况下，程序员必须通过编写可以适当地更新对象的方法，显式地维护每个联系。

4　不能根据 EER 模式做出是使用集合还是列表的决定，必须根据需求来确定。

性时。

在 ODMG 对象数据库标准的环境中，将把映射应用于图 4.10 中所示的 UNIVERSITY 数据库模式的一个子集。图 12.10 中显示了使用 ODL 表示法的映射的对象模式。

12.5 对象查询语言（OQL）

对象查询语言（OQL）是为 ODMG 对象模型提议的查询语言。它旨在与定义 ODMG 绑定的编程语言密切协作，例如 C++、Smalltalk 和 Java。因此，嵌入这些编程语言之一中的 OQL 查询可以返回与该语言的类型系统匹配的对象。此外，ODMG 模式中的类操作的实现可以利用这些编程语言编写它们的代码。用于查询的 OQL 语法类似于关系型标准查询语言 SQL 的语法，只是添加了一些用于 ODMG 概念的特性，例如对象标识、复杂对象、操作、继承、多态性和联系。

在 12.5.1 节中，将讨论简单 OQL 查询的语法，以及将命名对象或外延用作数据库入口点的概念。然后，在 12.5.2 节中，将讨论查询结果的结构以及使用路径表达式遍历对象当中的联系。用于处理对象标识、继承、多态性及其他面向对象的其他 OQL 特性将在 12.5.3 节中讨论。用于说明 OQL 查询的示例基于图 12.10 中给出的 UNIVERSITY 数据库模式。

12.5.1 简单 OQL 查询、数据库入口点和迭代器变量

基本的 OQL 语法是 select … from … where …结构，就像 SQL 一样。例如，例如，用于检索 Engineering 学院中所有系名的查询可以编写如下：

```
Q0: select D.Dname
    from   D in DEPARTMENTS
    where  D.College = 'Engineering';
```

一般来讲，每个查询都需要数据库的**入口点**（entry point），它可以是任何命名的持久对象。对于许多查询，入口点是类的外延的名称。回忆可知：外延名称被视作是一个持久对象的名称，该对象的类型是类中对象的集合（在大多数情况下是 set）。查询图 12.10 中的外延名称，命名对象 DEPARTMENTS 的类型是 set<DEPARTMENT>；PERSONS 的类型是 set<PERSON>；FACULTY 的类型是 set<FACULTY>，等等。

将外延名称（Q0 中的 DEPARTMENTS）用作入口点来指示对象的持久集合。无论何时在 OQL 查询中引用一个集合，都应该定义一个**迭代器变量**（iterator variable）[1]，即 Q0 中的 D，用于遍历集合中的每个对象。在许多情况下，例如在 Q0 中，查询将基于 where 子句中指定的条件，从集合中选择某些对象。在 Q0 中，在 DEPARTMENTS 集合中，只会选择那些满足条件 D.College = 'Engineering' 的持久对象 D，作为查询的结果。对于每个被选择的对象 D，将在查询结果中检索 D.Dname 的值。因此，Q0 的结果类型是 bag<string>，因为每个 Dname 值的类型都是 string（即使实际的结果是一个集合，因为 Dname 是一个键

1 它类似于 SQL 查询中遍历元组的元组变量。

属性）。一般来讲，对于 select … from …，查询的结果将是 bag 类型；对于 select distinct … from …，查询的结果将是 set 类型，就像 SQL 中一样（添加关键字 distinct 可以消除重复的元素）。

对于 Q0 中的示例，可以使用以下 3 个语法选项来指定迭代器变量：

```
D in DEPARTMENTS
DEPARTMENTS D
DEPARTMENTS AS D
```

在我们的示例中将使用第一种构造[1]。

对于 OQL 查询来说，用作数据库入口点的命名对象并不仅限于外延的名称。对于任何命名的持久对象，无论它是指代一个原子（单个）对象还是一个集合对象，都可以用作数据库入口点。

12.5.2　查询结果和路径表达式

一般来讲，查询的结果可以是 ODMG 对象模型中能够表达的任何类型。查询不必遵循 select … from … where …结果；在最简单的情况下，任何持久名称自身就是一个查询，其结果是一个指向该持久对象的引用。例如，下面的查询：

```
Q1: DEPARTMENTS;
```

将返回一个指向所有持久的 DEPARTMENT 对象集合的引用，该集合的类型是 set<DEPARTMENT>。类似地，假设给单个 DEPARTMENT 对象（计算机科学系）提供（通过数据库绑定操作，参见图 12.8）一个持久名称 CS_DEPARTMENT，那么下面的查询：

```
Q1A: CS_DEPARTMENT;
```

将返回一个指向 DEPARTMENT 类型的单个对象的引用。一旦指定了入口点，就可以使用**路径表达式**（path expression）的概念来指定相关属性和对象的路径。路径表达式通常开始于一个持久对象名称，或者开始于一个遍历集合中的各个对象的迭代器变量。这个名称后面接着零个或多个联系名称或属性名称，并使用点表示法把它们连接起来。例如，参考图 12.10 中的 UNIVERSITY 数据库，下面给出了路径表达式的示例，它们在 OQL 中也是有效的查询：

```
Q2:     CS_DEPARTMENT.Chair;
Q2A:    CS_DEPARTMENT.Chair.Rank;
Q2B:    CS_DEPARTMENT.Has_faculty;
```

第一个表达式 Q2 返回一个 FACULTY 类型的对象，因为 FACULTY 是 DEPARTMENT 类的 Chair 属性的类型。这将是一个指向 FACULTY 对象的引用，它通过 Chair 属性与其持久名称为 CS_DEPARTMENT 的 DEPARTMENT 对象相关联；也就是说，这个引用指向的

1　注意：后两个选项类似于在 SQL 查询中指定元组变量的语法。

FACULTY 对象是计算机科学系的主任。第二个表达式 Q2A 是类似的，只不过它返回这个 FACULTY 对象（计算机科学系主任）的 Rank（职位），而不是对象引用；因此，Q2A 返回的类型是 string，它是 FACULTY 类的 Rank 属性的数据类型。

路径表达式 Q2 和 Q2A 都返回单个值，因为（DEPARTMENT 的）Chair 属性和（FACULTY 的）Rank 属性都是单值属性，并且它们都应用于单个对象。第三个表达式 Q2B 则是不同的；它返回一个 set<FACULTY>类型的对象，甚至当应用于单个对象时也是如此，因为 set<FACULTY>是 DEPARTMENT 类的 Has_faculty 联系的类型。返回的集合将包括一组指向所有 FACULTY 对象的引用，它们通过 Has_faculty 联系与其持久名称为 CS_DEPARTMENT 的 DEPARTMENT 对象相关联；也就是说，这组引用指向在计算机科学系工作的所有 FACULTY 对象。现在，要返回计算机科学系的教员的职位，将不能编写如下查询：

```
Q3': CS_DEPARTMENT.Has_faculty.Rank;
```

因为此时并不清楚所返回的对象是 set<string>类型还是 bag<string>类型（后者更有可能，因为多位教员可能共享相同的职位）。由于这类歧义性问题，OQL 不允许使用像 Q3′ 这样的表达式。相反，必须使用覆盖任何集合的迭代器变量，如下面的 Q3A 或 Q3B 所示：

```
Q3A:    select  F.Rank
        from    F in CS_DEPARTMENT.Has_faculty;
Q3B:    select  distinct F.Rank
        from    F in CS_DEPARTMENT.Has_faculty;
```

这里，Q3A 返回 bag<string>（结果中出现了重复的职位值），而 Q3B 则返回 set<string>（通过 distinct 关键字消除了重复的值）。Q3A 和 Q3B 都说明了如何在 from 子句中定义一个迭代器变量，用于遍历查询中指定的一个受限的集合。Q3A 和 Q3B 中的变量 F 用于遍历集合 CS_DEPARTMENT.Has_faculty 中的元素，这个集合的类型是 set<FACULTY>，并且只包括计算机科学系的教员。

一般来讲，OQL 查询可以返回一个具有复杂结构的结果，这个复杂结构是在查询自身中利用 struct 关键字指定的。考虑下面的示例：

```
Q4:     CS_DEPARTMENT.Chair.Advises;
Q4A:    select struct ( name: struct ( last_name: S.name.Lname, first_name:
                                       S.name.Fname),
                        degrees:( select struct ( deg: D.Degree,
                                                  yr: D.Year,
                                                  college: D.College)
                                  from D in S.Degrees ))
        from S in CS_DEPARTMENT.Chair.Advises;
```

这里，Q4 比较直观，它返回一个 set<GRAD_STUDENT>类型的对象作为其结果；这是计算机科学系主任指导的研究生集合。现在，假设需要一个查询来检索这些研究生的姓氏和名字，以及每名研究生以前获得的学位列表。可以将这个查询编写成如 Q4A 所示，其中变量 S 用于遍历由系主任指导的研究生的集合，变量 D 则用于遍历每个这样的学生 S 的学位。Q4A 的结果类型是一个（第一层）struct 的集合，其中每个 struct 具有两个成分：name 和 degrees[1]。

name 成分是一个更深一层的 struct，它由 last_name 和 first_name 组成，它们都是单个字符串。degrees 成分是通过一个嵌入式查询定义的，它自身是一个更深一层（第二层）struct 的集合，其中每个 struct 都具有 3 个字符串成分：deg、yr 和 college。

注意：对于指定路径表达式来说，OQL 具有*正交性*。也就是说，在路径表达式内可以互换使用属性名称、联系名称和操作（方法）名称，只要不危及 OQL 的类型系统即可。例如，可以编写如下查询，用于检索所有主修计算机科学的高年级学生的平均成绩，并且按 GPA（平均成绩）对结果进行排序，再按姓氏和名字进行排序：

```
Q5A:     select struct ( last_name: S.name.Lname, first_name: S.name.Fname,
                         gpa: S.gpa )
         from             S in CS_DEPARTMENT.Has_majors
         where            S.Class = 'senior'
         order by         gpa desc, last_name asc, first_name asc;
Q5B:     select struct ( last_name: S.name.Lname, first_name: S.name.Fname,
                         gpa: S.gpa )
         from             S in STUDENTS
         where            S.Majors_in.Dname = 'Computer Science' and
                          S.Class = 'senior'
         order by         gpa desc, last_name asc, first_name asc;
```

Q5A 使用命名的入口点 CS_DEPARTMENT 直接定位指向计算机科学系的引用，然后通过联系 Has_majors 定位学生；而 Q5B 则搜索 STUDENTS 外延，以定位在该系主修的所有学生。注意在路径表达式中是如何互换使用属性名称、联系名称和操作（方法）名称的（以一种互不相关的方式）：gpa 是一个操作；Majors_in 和 Has_majors 是联系；Class、Name、Dname、Lname 和 Fname 是属性。gpa 操作的实现用于计算每个所选的 STUDENT 的平均成绩，并且返回一个浮点类型的值。

order by 子句类似于对应的 SQL 构造，用于指定以什么顺序显示查询结果。因此，由查询利用 order by 子句返回的集合将是列表类型的。

12.5.3　OQL 的其他特性

1. 指定视图作为命名查询

OQL 中的视图机制使用**命名查询**（named query）的概念。define 关键字用于指定命名查询的标识符，它在模式中的所有命名对象、类名、方法名和函数名当中必须是唯一的名称。如果该标识符具有与现有命名查询相同的名称，那么新的定义就会代替以前的定义。一旦定义了查询，查询定义就是持久的，直到重新定义或删除它。视图在其定义中也可以具有实参（形参）。

例如，下面的视图 V1 定义了一个命名查询 Has_minors，用于检索在给定系辅修的学

1　如前所述，struct 对应于 12.1.3 节中讨论的元组构造器。

生对象的集合：

```
V1: define  Has_minors(Dept_name) as
    select  S
    from    S in STUDENTS
    where   S.Minors_in.Dname = Dept_name;
```

由于图 12.10 中的 ODL 模式只为 STUDENT 提供了一个单向的 Minors_in 属性，因此可以使用上面的视图表示它的逆向属性，而不必显式定义一个联系。这类视图可用于表示那些预期不会频繁使用的联系。用户现在可以利用上面的视图编写如下查询：

```
Has_minors('Computer Science');
```

它将返回在计算机科学系辅修的学生的包集合。注意：在图 12.10 中，将 Has_majors 定义为一个显式联系，这大概是由于预期将会频繁使用它。

2. 从单例集合中提取单个元素

一般来讲，OQL 查询将返回一个 collection（集合）作为其结果，例如 bag、set（如果指定了 distinct 的话）或 list（如果使用了 order by 子句的话）。如果用户要求查询只返回单个元素，可以使用 OQL 中的 element 运算符，用于保证从只包含一个元素的单例集合 C 中返回单个元素 E。如果 C 包含多个元素或者如果 C 为空，那么 element 运算符将会引发一个异常。例如，Q6 将返回指向计算机科学系的单个对象引用：

```
Q6:     element (select    D
                 from      D in DEPARTMENTS
                 where     D.Dname = 'Computer Science' );
```

由于系名在所有系当中是唯一的，结果应该是一个系。结果的类型是 D:DEPARTMENT。

3. 集合运算符（聚合函数、量词）

由于许多查询表达式将集合指定为它们的结果，因此定义了许多应用于此类集合的运算符，包括集合上的聚合运算符以及成员关系和量词（全称量词和存在量词）。

聚合运算符（min、max、count、sum、avg）操作的是集合[1]。运算符 count 返回一个整数类型。其余的聚合运算符（min、max、sum、avg）返回的类型与操作数集合的类型相同。下面给出了两个示例。查询 Q7 返回辅修计算机科学的学生人数，查询 Q8 则返回主修计算机科学的所有高年级学生的平均 GPA。

```
Q7: count ( S in Has_minors('Computer Science'));
Q8: avg (   select S.Gpa
            from   S in STUDENTS
            where  S.Majors_in.Dname = 'Computer Science' and
                   S.Class = 'Senior');
```

注意：聚合运算可以应用于任何合适类型的集合，并且可以在查询的任何部分使用。

---

1 它们对应于 SQL 中的聚合函数。

例如，要检索主修人数超过 100 的所有系名称，可以将查询编写成如 Q9 中所示：

```
Q9: select  D.Dname
    from    D in DEPARTMENTS
    where   count (D.Has_majors) > 100;
```

成员关系和量词表达式返回一个布尔类型，即真或假。设 V 是一个变量，C 是一个集合表达式，B 是一个布尔类型的表达式（即一个布尔条件），E 是一个集合 C 中元素类型的元素，则有：

(E in C)：如果 E 是集合 C 的成员，则返回真值。

(for all V in C : B)：如果集合 C 的所有元素都满足 B，则返回真值。

(exists V in C : B)：如果集合 C 中至少有一个元素满足 B，则返回真值。

为了说明成员关系条件，假设我们想要检索学完了课程“Database Systems I”的所有学生的姓名。可以将这个查询编写成如图 Q10 中所示，其中嵌套查询返回每个 STUDENT S 已经学完的课程名称的集合，如果“Database Systems I”在特定 STUDENT S 的集合中，成员关系条件就会返回真值。

```
Q10:    select  S.name.Lname, S.name.Fname
        from    S in STUDENTS
        where   'Database Systems I' in
                ( select C.Section.Of_course.Cname
                from C in S.Completed_sections);
```

Q10 还演示了一种更简单的方式，即指定查询的 select 子句，返回一个 struct 集合；Q10 返回的类型是 bag<struct(string, string)>。

还可以编写返回真/假结果的查询。例如，假设有一个 STUDENT 类型的命名对象 JEREMY。然后，查询 Q11 将回答以下问题：“Jeremy 是在辅修计算机科学吗？”类似地，查询 Q12 将回答以下问题：“计算机科学系的所有研究生都是由计算机科学系的教员指导吗？” Q11 和 Q12 将返回真值或假值，可以将它们解释成对上述问题回答“是”或“否”：

```
Q11:    JEREMY in Has_minors('Computer Science');
Q12:    for all G in
                ( select S
                from S in GRAD_STUDENTS
                where S.Majors_in.Dname = 'Computer Science' )
                : G.Advisor in CS_DEPARTMENT.Has_faculty;
```

注意：查询 Q12 还说明了属性、联系和操作继承是如何应用于查询的。尽管 S 是一个将遍历外延 GRAD_STUDENTS 的迭代器，我们还是可以编写 S.Majors_in，因为 Majors_in 联系是由 GRAD_STUDENT 通过 extends 从 STUDENT 继承的（参见图 12.10）。最后，为了说明 exists 量词，查询 Q13 将回答以下问题：“是否有主修计算机科学的研究生的 GPA 为 4.0？”这里，操作 gpa 也是由 GRAD_STUDENT 通过 extends 从 STUDENT 继承的。

```
Q13:    exists      G in
         ( select   S
```

```
from        S in GRAD_STUDENTS
where       S.Majors_in.Dname = 'Computer Science' )
: G.Gpa = 4;
```

4. 有序（索引）集合表达式

如12.3.3节中所讨论的，集合中的列表和数组具有一些额外的操作，例如检索第i个、第一个和最后一个元素。此外，还有用于提取子集合以及连接两个列表的操作。因此，涉及列表或数组的查询表达式可以调用这些操作。下面将使用一些示例查询来说明其中几种操作。查询Q14用于检索薪水最高的教员的姓氏：

```
Q14: first ( select    struct(facname: F.name.Lname, salary: F.Salary)
             from      F in FACULTY
             order by  salary desc );
```

Q14说明了在列表集合上使用first运算符的方法，该列表包含按薪水降序排列的教员的薪水。因此，这个有序列表中的第一个元素将包含具有最高薪水的雇员。这个查询假定只有一位教员享有最高的薪水。下一个查询Q15将检索出主修计算机科学的平均成绩GPA排在前3名的学生：

```
Q15: ( select   struct( last_name: S.name.Lname, first_name: S.name.Fname,
                        gpa: S.Gpa )
    from        S in CS_DEPARTMENT.Has_majors
    order by    gpa desc ) [0:2];
```

这个select-from-order-by查询返回一个按GPA降序排列的计算机科学系学生的列表。有序集合中的第一个元素的索引位置是0，因此表达式[0:2]返回的列表中将包含select … from … order by …结果中的第一、第二和第三个元素。

5. 分组运算符

尽管OQL中的group by子句类似于SQL中对应的子句，但它提供了指向每个分组或分区内的对象集合的显式引用。下面首先将给出一个示例，然后描述这些查询的一般形式。Q16用于检索每个系的主修人数。在这个查询中，将把主修专业相同的学生划分到相同的分区（分组）中，也就是说，这些学生的S.Majors_in.Dname具有相同的值：

```
Q16: (  select      struct(dept_name, number_of_majors: count (partition))
        from        S in STUDENTS
        group by    dept_name: S.Majors_in.Dname;
```

该分组规范的结果是set<struct(dept_name: string, partition: bag<struct(S:STUDENT>)>类型，对于每个分组（partition），它都包含一个struct，这个struct具有两个成分：分组属性值（dept_name）和分组（partition）中STUDENT对象组成的包。select子句返回分组属性（系名称）以及每个分区中元素数量的统计值（即每个系的学生人数），其中partition是用于指代每个分区的关键字。select 子句的结果类型是 set<struct(dept_name: string, number_of_majors: integer)>。一般来讲，group by子句的语法如下：

```
group by F1: E1, F2: E2, …, Fk: Ek
```

其中 F_1: E_1, F_2: E_2,…, F_k: E_k 是分区（分组）属性的列表，并且每个分区属性规范 F_i: E_i 都定义了一个属性（字段）名称 F_i 和一个表达式 E_i。应用分组（在 group by 子句中指定）的结果是一个结构集合：

```
set<struct(F1: T1, F2: T2, …, Fk: Tk, partition: bag)>
```

其中 T_i 是由表达式 E_i 返回的类型，partition 是一个清晰的字段名（一个关键字），B 是一个结构，其字段是在 from 子句中声明的具有合适类型的迭代器变量（Q16 中的 S）。

就像 SQL 中一样，having 子句可用于过滤分区的集合（也就是说，基于分组条件只选择一些分组）。在 Q17 中，修改了前面的查询以说明 having 子句的用法（并且还显示了 select 子句的简化语法）。Q17 用于检索每个具有 100 名以上主修学生的系以及这些主修学生的平均 GPA。Q17 中的 having 子句将只选择那些具有 100 个以上元素（即具有 100 名以上学生的系）的分区（分组）。

```
Q17: select     dept_name, avg_gpa: avg ( select P.gpa from P in partition)
     from       S in STUDENTS
     group by   dept_name: S.Majors_in.Dname
     having     count (partition) > 100;
```

注意：Q17 的 select 子句将返回分区中学生的平均 GPA。下面的表达式：

```
select P.Gpa from P in partition
```

将返回那个分区中的学生 GPA 的包。from 子句声明一个覆盖分区集合的迭代器变量 P，它是 bag<struct(S: STUDENT)>类型。然后，使用路径表达式 P.gpa 访问分区中的每名学生的 GPA。

12.6 ODMG 标准中的 C++语言绑定概述

C++语言绑定指定了如何将 ODL 构造映射到 C++构造。这是通过一个 C++类库完成的，它提供了实现 ODL 构造的类和操作。需要使用对象操纵语言（object manipulation language，OML）来指定在 C++程序内如何检索和操纵数据库对象，并且它基于 C++编程语言的语法和语义。除了 ODL/OML 绑定之外，还定义了一个称为物理附注（physical pragma）的构造集合，以允许程序员对物理存储问题进行某种控制，例如对象的群集、利用索引以及内存管理。

针对 ODMG 标准而添加到 C++中的类库为处理数据库概念的类声明使用前缀"d_"[1]。其目标是：让程序员觉得自己只使用了一种语言，而不是两种单独的语言。为了让程序员在程序中引用数据库对象，为模式中的每个数据库类 T 定义了一个 D_Ref<T>类。因此，D_Ref<T>类型的程序变量可以引用类 T 的持久对象和临时对象。

1　据推测，"d_"代表数据库类。

为了利用 ODMG 对象模型中的多种内置类型，例如集合类型，在类库中指定了多个模板类。例如，抽象类 D_Object<T>指定了要被所有对象继承的操作。类似地，抽象类 D_Collection<T>指定了集合的操作。这两个类不可实例化，而只用于分别指定可以被所有对象和集合对象各自继承的操作。每种集合类型都会指定一个模板类；它们包括：D_Set<T>、D_List<T>、D_Bag<T>、D_Varray<T>和 D_Dictionary<T>，并且对应于对象模型中的集合类型(参见 12.3.1 节)。因此，程序员可以创建像 D_Set<D_Ref<STUDENT>>或 D_Set<string>这样的类型的类，其中前者的实例将是指向 STUDENT 对象的引用集合；后者的实例将是字符串的集合。此外，d_Iterator 类对应于对象模型中的 Iterator 类。

C++的 ODL 允许用户使用 C++的构造以及对象数据库的类库提供的构造，来指定数据库模式的类。为了指定属性[1]的数据类型，ODL 提供了一些基本类型，例如 d_Short（短整型）、d_Ushort（无符号短整型）、d_Long（长整型）和 d_Float（浮点型）。除了基本数据类型之外，还提供了多种结构化文字类型，它们与 ODMG 的结构化文字类型相对应，包括：d_String、d_Interval、d_Date、d_Time 和 d_Timestamp（参见图 12.5(b)）。

为了指定联系，可以在类型名称的前缀内使用关键字 rel_；例如，可以在 STUDENT 类中编写如下代码：

```
d_Rel_Ref<DEPARTMENT, Has_majors> Majors_in;
```

并在 DEPARTMENT 类中编写如下代码：

```
d_Rel_Set<STUDENT, Majors_in> Has_majors;
```

就可以声明 Majors_in 和 Has_majors 是一对逆向的联系属性，因此代表 DEPARTMENT 与 STUDENT 之间的 1:N 二元联系。

对于 OML，绑定将重载操作 new，使之可用于创建持久对象或临时对象。要创建持久对象，必须提供数据库名称和对象的持久名称。例如，通过编写如下代码：

```
D_Ref<STUDENT> S = new(DB1, 'John_Smith') STUDENT;
```

程序员就可以在数据库 DB1 中创建一个 STUDENT 类型的命名的持久对象，它具有持久名称 John_Smith。另一个操作 delete_object()可用于删除对象。对象修改是由程序员在每个类中定义的操作（方法）来完成的。

C++绑定还允许使用库类 d_Extent 来创建外延。例如，通过编写如下代码：

```
D_Extent<PERSON> ALL_PERSONS(DB1);
```

程序员就可以在数据库 DB1 中创建一个命名的集合对象 ALL_PERSONS，其类型是 D_Set<PERSON>，它将保存类型为 PERSON 的持久对象。不过，在 C++绑定中不支持键约束，并且必须在类方法中编写用于执行任何键检查的代码[2]。此外，C++绑定还不支持通过可达性实现的持久性；必须在创建对象时将其静态地声明为持久对象。

---

1 也就是面向对象编程术语中的成员变量。

2 这里只提供了 C++绑定的简要概述。要了解完整的详细信息，参见 Cattell 等（2000）中的第 5 章。

12.7　小　　结

在本章中，从 12.1 节开始，概述了对象数据库中利用的概念，并且讨论了如何从一般的面向对象原则派生出这些概念。我们讨论的主要概念是：对象标识和标识符、操作封装、继承、通过嵌套类型构造器而实现的对象的复杂结构，以及如何使对象持久化。然后，在 12.2 节中，说明了如何将其中许多概念纳入到关系模型和 SQL 标准中，并且这将导致扩展的关系数据库功能。这些系统称为对象-关系数据库。

然后讨论了用于对象数据库的 ODMG 3.0 标准。在 12.3 节中，首先描述了对象模型的各种构造。各种内置类型（例如 Object、Collection、Iterator、set、list 等）都是通过它们的接口来描述的，这些接口指定了每种类型的内置操作。这些内置类型是对象定义语言（ODL）和对象查询语言（OQL）的基础。我们还描述了对象与文字之间的区别，前者具有 ObjectId，后者则是没有 OID 的值。用户可以为他们的应用声明类，以便从合适的内置接口继承操作。在用户定义的类中可以指定两类特性，即属性和联系，还可以指定应用于类的对象的操作。ODL 允许用户指定接口和类，并且允许两种不同类型的继承：通过“:”的接口继承和通过 extends 的类继承。类可以具有外延和键。接下来描述了 ODL，并且使用 UNIVERSITY 数据库的一种示例数据库模式来说明 ODL 构造。

在描述了 ODMG 对象模型之后，接着在 12.4 节中又描述了用于设计对象数据库模式的一般技术。我们讨论了对象数据库与关系数据库之间的 3 个主要区别：使用引用来表示联系、如何包括操作以及继承的处理方式。最后，我们说明了如何将 EER 模型中的概念数据库设计映射到对象数据库的结构中。

在 12.5 节中，概述了对象查询语言（OQL）。OQL 在构造查询时遵从正交性的概念，这意味着可以将一个操作应用于另一个操作的结果，只要结果的类型是操作的正确输入类型即可。OQL 语法遵循 SQL 的许多构造，但是还包括一些额外的概念，例如路径表达式、继承、方法、联系和集合。在这一节中还给出了如何对 UNIVERSITY 数据库使用 OQL 的示例。

接下来在 12.6 节中概述了 C++语言绑定，它利用 ODL 类型构造器扩展了 C++的类声明，但是允许 C++与 ODBMS 无缝集成。

1997 年，SUN 公司核准了 ODMG API（应用程序接口）。O2 Technologies 是第一家交付 ODMG 兼容的 DBMS 的公司。许多 ODBMS 供应商都核准了 ODMG 标准，包括 Object Design（现在的 eXcelon）、Gemstone Systems、POET Software 和 Versant Corporation[1]。

复　习　题

12.1　面向对象方法的起源是什么？

12.2　OID应该具有哪些主要特征？

1　Versant Object Technology 产品现在属于 Actian Corporation。

12.3 讨论各种类型构造器。如何使用它们创建复杂的对象结构？

12.4 讨论封装的概念，并说明如何使用它创建抽象数据类型。

12.5 解释下列名词在面向对象数据库术语中的含义：方法、签名、消息、集合、外延。

12.6 在类型层次中，类型与其子类型之间有什么联系？在与类型层次中的类型对应的外延上将执行什么约束？

12.7 持久对象与临时对象之间有什么区别？在典型的OO数据库系统中是如何处理持久性的？

12.8 一般的继承、多重继承与选择性继承之间有何区别？

12.9 讨论多态性/运算符重载的概念。

12.10 讨论在SQL 2008中是如何实现以下每种特性的：对象标识符、类型继承、操作封装和复杂对象结构。

12.11 在传统的关系模型中，在创建一个表时，既要定义表的类型（模式或属性），又要定义表自身（扩展或当前元组的集合）。在SQL 2008中是如何把这两个概念分隔开的？

12.12 描述SQL 2008中的继承的规则。

12.13 在ODMG对象模型中，对象与文字之间有哪些相同和不同之处？

12.14 列出ODMG对象模型中以下内置接口的基本操作：Object、Collection、Iterator、Set、List、Bag、Array和Dictionary。

12.15 描述ODMG对象模型中内置的结构化文字以及它们各自的操作。

12.16 在用户定义的（原子）类中，属性与联系的特性之间有哪些相同和不同之处？

12.17 在ODMG对象模型中，通过extends的类继承与通过“:”的接口继承之间有哪些相同和不同之处？

12.18 讨论如何利用C++绑定在ODMG对象模型中指定持久性。

12.19 在数据库应用中，外延和键的概念为什么很重要？

12.20 描述以下OQL概念：数据库入口点、路径表达式、迭代器变量、命名查询（视图）、聚合函数、分组和量词。

12.21 OQL的类型正交性的含义是什么？

12.22 讨论ODMG标准中的C++绑定背后的一般原则。

12.23 设计关系数据库与设计对象数据库之间的主要区别是什么？

12.24 描述通过EER-OO映射进行对象数据库设计的算法步骤。

练 习 题

12.25 把12.1.5节中给出的GEOMETRY_OBJECT的示例从函数表示法转换成图12.2中给出的表示法，以便把属性和操作区分开。使用INHERIT关键字，显示一个类继承自另一个类。

12.26 把EER模型中的继承（参见第4章）与12.1.5节中描述的OO模型中的继承做比较。

12.27 考虑图4.10中所示的UNIVERSITY数据库的EER模式。考虑模式中的实体类型/类需要哪些操作。不用考虑构造器和析构器操作。

12.28 考虑图3.2中所示的COMPANY数据库的ER模式。考虑模式中的实体类型/类需要哪些操作。不用考虑构造器和析构器操作。

12.29 为你感兴趣的数据库应用设计一种OO模式。首先为该应用构造一种EER模式，然后利用ODL创建相应的类。为每个类指定若干方法，然后利用OQL为你的数据库应用指定一些查询。

12.30 考虑练习题4.21中描述的AIRPORT数据库。为该应用指定你认为应该适用的若干操作/方法，并为这个数据库指定一些ODL类和方法。

12.31 把图3.2中所示的COMPANY数据库的ER模式映射到ODL类，并为每个类包括合适的方法。

12.32 对于第6章和第7章的练习题中应用于COMPANY数据库的查询，利用OQL指定它们。

选 读 文 献

面向对象数据库概念综合了 OO 编程语言、数据库系统和概念数据模型中的概念。许多教科书都描述了 OO 编程语言，例如，Stroustrup（1997）介绍了 C++，Goldberg 和 Robson（1989）介绍了 Smalltalk。Cattell（1994）以及 Lausen 和 Vossen（1997）这两本图书描述了 OO 数据库概念。其他关于 OO 模型的图书包括 Kim 和 Lochovsky（1989），其中详细描述了在 Microelectronic Computer Corporation 开发的一个试验性的 OODBMS（名称为 ORION）以及相关的 OO 主题。Bancilhon 等（1992）描述了构建 O2 OODBMS 的故事，并且详细讨论了设计决策和语言实现。Dogac 等（1994）提供了北约工作组的专家对 OO 数据库主题的深入讨论。

有大量关于 OO 数据库的文献，因此这里只能列出有代表性的文献。*CACM* 的 1991 年 10 月刊和 *IEEE Computer* 的 1990 年 12 月刊描述了 OO 数据库概念和系统。Dittrich（1986）和 Zaniolo（1986）概述了 OO 数据模型的基本概念。Baroody 和 DeWitt（1981）是一篇关于 OO 数据库系统实现的早期论文。Su 等（1988）介绍了 CAD/CAM 应用中使用的 OO 数据模型。Gupta 和 Horowitz（1992）讨论了 CAD、网络管理及其他领域的 OO 应用。Mitschang（1989）扩展了关系代数，以涵盖复杂对象。在 Gyssens（1990）、Kim（1989）、Alashqur 等（1989）、Bertino 等（1992）、Agrawal 等（1990）和 Cruz（1992）中描述了 OO 的查询语言和图形用户界面。

Atkinson 等（1990）中的 *Object-Oriented Manifesto* 是一篇有趣的文章，其中报告了一个专家小组对于 OO 数据库管理的必需和可选特性的立场。在 Osborn（1989）、Atkinson 和 Buneman（1987）以及 Danforth 和 Tomlinson（1988）中讨论了数据库和 OO 编程语言中的多态性。在 Abiteboul 和 Kanellakis（1989）中讨论了对象标识。在 Kent（1991）中讨论了用于数据库的 OO 编程语言。在 Delcambre 等（1991）以及 Elmasri、James 和 Kouramajian（1993）中讨论了对象约束。在 Rabitti 等（1991）和 Bertino（1992）中研究了 OO 数据库中的授权和安全性。

Cattell 等（2000）描述了本章中介绍的 ODMG 3.0 标准，Cattell 等（1993）和 Cattell

等（1997）描述了该标准的早期版本。Bancilhon 和 Ferrari（1995）给出了 ODMG 标准的重要方面的教程演示。有多本图书描述了 CORBA 体系结构，例如，Baker（1996）。

在 Deux 等（1991）中描述了 O2 系统，而 Bancilhon 等（1992）则包括一份其他出版物的参考列表，它们描述了 O2 的各个方面。O2 模型是在 Velez 等（1989）中正式确定的。在 Lamb 等（1991）中描述了 ObjectStore 系统。Fishman 等（1987）和 Wilkinson 等（1990）讨论了 IRIS，它是在惠普实验室开发的一个面向对象的 DBMS。Maier 等（1986）和 Butterworth 等（1991）描述了 GEMSTONE 的设计。Agrawal 和 Gehani（1989）中描述了在 AT&T 贝尔实验室开发的 ODE 系统。Kim 等（1990）中描述了在 MCC 开发的 ORION 系统。Morsi 等（1992）描述了一个 OO 测试台。

Cattell（1999）概述了关系数据库和对象数据库的概念，并且讨论了基于对象的和扩展的关系数据库系统的多个原型。Alagic（1997）指出了 ODMG 数据模型与其语言绑定之间的差异，并且提出了一些解决方案。Bertino 和 Guerrini（1998）提出了 ODMG 模型的一种扩展，用于支持复合对象。Alagic（1999）介绍了属于 ODMG 家族的多种数据模型。

第 13 章　XML：可扩展标记语言

许多 Internet 应用都提供了 Web 界面，用于访问存储在一个或多个数据库中的信息。这些数据库通常称为**数据源**（data source）。通常为 Internet 应用使用三层客户/服务器架构（参见 2.5 节）。Internet 数据库应用旨在通过 Web 界面与用户交互，这些 Web 界面用于在台式机、笔记本计算机和移动设备上显示 Web 页面。通常使用**超文本文档**（hypertext document）来指定 Web 页面的内容和格式化效果。有多种语言用于编写这些文档，最常用的是 HTML（HyperText Markup Language，超文本标记语言）。尽管 HTML 广泛用于格式化 Web 文档以及组织其内容结构，但它并不适用于指定从数据库中提取的结构化数据。于是，一种称为 XML（Extensible Markup Language，可扩展标记语言）的新语言就应运而生，并成为 Web 上在文本文件中组织和交换数据的标准。另一种具有相同用途的语言是 JSON（JavaScript Object Notation，JavaScript 对象表示法；参见 11.4 节）。XML 可用于提供关于 Web 页面中的数据的结构和含义的信息，而不仅仅是指定如何格式化 Web 页面以便在屏幕上显示。XML 和 JSON 文档都在一个文本文件中提供了描述性信息，例如属性名称以及这些属性的值；因此，把它们称为**自描述文档**（self-describing document）。Web 页面的格式化方面是单独指定的，例如，使用诸如 XSL（Extensible Stylesheet Language，可扩展样式表语言）之类的格式化语言或者诸如 XSLT（Extensible Stylesheet Language for Transformations 或者简称为 XSL Transformations，用于转换的可扩展样式表语言）之类的转换语言。近来，还提议把 XML 作为数据存储和检索的一种可能的模型，尽管迄今为止只开发了少数几种基于 XML 的试验性数据库系统。

基本 HTML 用于生成静态 Web 页面，它们具有固定的文本及其他对象，但是大多数电子商务应用需要 Web 页面提供与用户之间的交互特性，并且使用用户提供的信息从数据库中选择特定的数据以进行显示。这样的 Web 页面称为动态 Web 页面，这是因为每次提取和显示的数据依赖于用户输入都有所不同。例如，一个银行应用将获取用户的账号，然后从数据库中提取那个用户账户的余额进行显示。我们讨论了如何使用脚本语言（例如 PHP）为像第 11 章中介绍过的那样的应用生成动态 Web 页面。当应用需要时，XML 可用于在不同计算机上的多个程序之间通过自描述的文本文件传输信息。

在本章中，将重点描述 XML 数据模型及其关联的语言，还将描述如何将从关系数据库中提取的数据格式化为 XML 文档，以便通过 Web 进行交换。13.1 节将讨论结构化数据、半结构化数据与非结构化数据之间的区别。13.2 节将介绍 XML 数据模型，它是基于树状（层次）结构，而不是平面关系数据模型结构。在 13.3 节中，将重点介绍 XML 文档的结构以及用于指定这些文档结构的语言，例如 DTD（Document Type Definition，文档类型定义）和 XML Schema。13.4 节将说明 XML 与关系数据库之间的联系。13.5 节将描述一些与 XML 关联的语言，例如 XPath 和 XQuery。13.6 节将讨论如何将从关系数据库中提取的数据格式化为 XML 文档。在 13.7 节中，将讨论一些纳入 XML 的新函数，它们用于从关系数据库中生成 XML 文档。最后，13.8 节是本章小结。

13.1 结构化、半结构化和非结构化数据

关系数据库中存储的信息称为**结构化数据**（structured data），因为它是以一种严格的格式表示的。例如，关系数据库表（例如图 5.6 中 COMPANY 数据库中的每个表）中的每条记录都遵循与其他记录相同的格式。对于结构化数据，通常会使用第 3 章和第 4 章中描述的那些技术精心设计数据库模式，以便定义数据库结构。然后，DBMS 将进行检查，以确保所有的数据都遵循模式中指定的结构和约束。

不过，并非所有的数据都会收集并插入精心设计的结构化数据库中。在一些应用中，在知道将如何存储和管理数据之前，就即席收集了它们。这些数据可能具有某种结构，但是并非收集的所有信息都将具有相同的结构。一些属性可能在多个实体之间共享，但是其他属性可能只存在于少数几个实体中。而且，可能随时在一些更新的数据项中引入额外的属性，并且没有预定义的模式。这类数据就称为**半结构化数据**（semistructured data）。为了表示半结构化数据，引入了多种数据模型，它们通常基于树或图数据结构，而不是平面关系模型结构。

结构化数据与半结构化数据之间的关键区别在于：如何处理模式构造（例如属性、联系和实体类型的名称）。在半结构化数据中，模式信息与数据值混合在一起，因为每个数据对象都可能具有无法预知的不同属性。因此，有时也把这类数据称为**自描述数据**（self-describing data）。许多更新的 NOSQL 系统采用了自描述存储模式（参见第 24 章）。考虑下面的示例。我们想要收集一份与某个研究项目相关的参考文献列表。其中一些参考文献可能是图书或技术报告，另外一些可能是杂志期刊或会议论文集中的研究文章，还有一些可能涉及完整的杂志期刊或会议论文集。显然，所有这些参考文献可能具有不同的属性和不同的信息类型。甚至对于相同类型的参考文献（例如会议文章），也可能具有不同的信息。例如，一篇文章的引证可能比较完整，具有关于作者姓名、标题、论文集、页码等的完整信息，而另一篇文章的引证可能没有提供这样完整的信息。将来可能会出现新型参考文献来源，例如，Web 页面或会议指南参考，而这些参考文献可能具有新的属性来描述它们。

用于显示半结构化数据的一种模型是有向图，如图 13.1 所示。图 13.1 中所示的信息对应于图 5.6 中所示的一些结构化数据。可以看到，这种模型在表示复杂对象和嵌套结构的能力方面有些类似于对象模型（参见 12.1.3 节）。在图 13.1 中，有向边上的**标记**（label）或**标签**（tag）用于表示模式名：*属性名、对象类型（或者实体类型或类）以及联系*。内部节点表示各个对象或复合属性。叶节点表示简单（原子）属性的实际数据值。

半结构化模型与第 12 章中讨论的对象模型之间有两个主要区别：

（1）模式信息：半结构化模型中的属性、联系和类（对象类型）的名称与对象及其数据值混合在同一种数据结构中。

（2）在半结构化模型中，无须一种数据对象必须遵循的预定义模式，尽管可以根据需要定义一种模式。第 12 章中介绍的对象模型则需要一种模式。

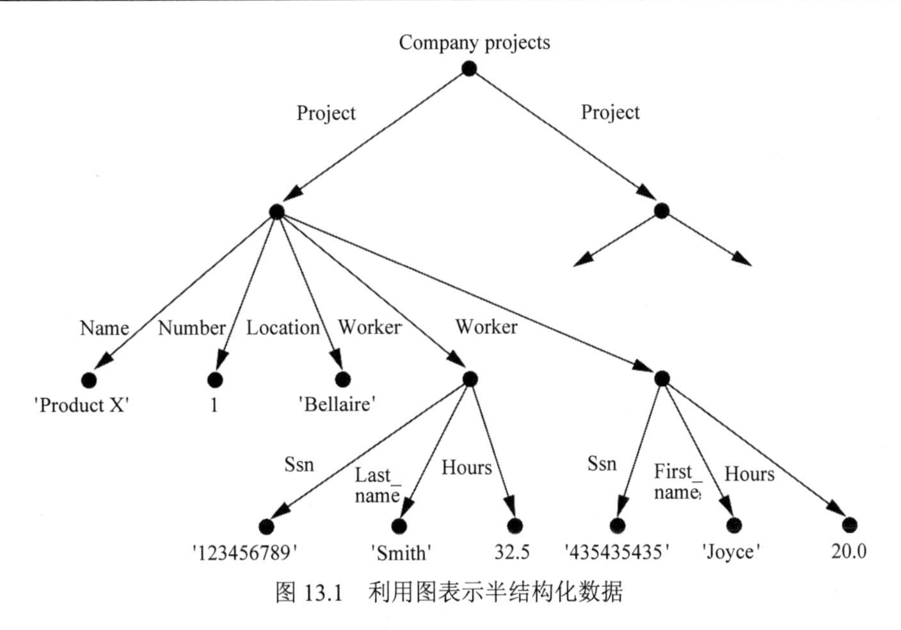

图 13.1　利用图表示半结构化数据

除了结构化数据和半结构化数据之外，还存在第三类数据，称为**非结构化数据**（unstructured data），因为这种数据的类型只有非常有限的指示。一个典型的示例是文本文档，它包含嵌入其中的信息。可以将用 HTML 编写的包含一些数据的 Web 页面视作非结构化数据。考虑 HTML 文件的一部分，如图 13.2 所示。出现在尖括号<…>之间的文本是 **HTML 标签**（HTML tag）。带有斜杠的标签</…>指示**结束标签**（end tag），它表示与之匹配的**开始标签**（start tag）的作用结束。这些标签对文档做了**标记**（mark up）[1]，以便指导 HTML 处理器如何显示开始标签与匹配的结束标签之间的文本。因此，标签指定了文档的格式化，而不是文档中各个数据元素的含义。HTML 标签指定了各类信息，例如文档中的字体大小和样式（粗体、斜体等）、颜色、标题级别等。一些标签在文档中提供了文本结构，例如指定带编号或无编号的列表或表格。甚至这些结构标签也指定以某种方式显示嵌入式文本数据，而不是指示表中所表示的数据的类型。

HTML 使用了大量预定义的标签，它们可用于指定各类命令，用来格式化 Web 文档以便进行显示。开始标签和结束标签指定了每条命令要格式化的文本范围。图 13.2 中显示了几个标签示例，如下：

- <HTML> … </HTML>标签：指定了文档的边界。
- **文档头部**（document header）信息：位于<HEAD> … </HEAD>标签内，用于指定将在文档中别的地方使用的各种命令。例如，它可能指定诸如 JavaScript 或 PERL 之类的语言中的各种**脚本函数**（script function），或者可以在文档中使用的某些**格式化样式**（formatting style）（字体、段落样式、头部样式等）。它还可以指定一个页面标题以指示 HTML 文件的用途，以及其他将不会作为文档的一部分显示的类似信息。

1　这就是为什么将其称为超文本标记语言的原因。

```
<HTML>
    <HEAD>
    ...
    </HEAD>
    <BODY>
        <H1>List of company projects and the employees in each project</H1>
        <H2>The ProductX project:</H2>
        <TABLE width="100%" border=0 cellpadding=0 cellspacing=0>
            <TR>
                <TD width="50%"><FONT size="2" face="Arial">John Smith:</FONT></TD>
                <TD>32.5 hours per week</TD>
            </TR>
            <TR>
                <TD width="50%"><FONT size="2" face="Arial">Joyce English:</FONT></TD>
                <TD>20.0 hours per week</TD>
            </TR>
        </TABLE>
        <H2>The ProductY project:</H2>
        <TABLE width="100%" border=0 cellpadding=0 cellspacing=0>
            <TR>
                <TD width="50%"><FONT size="2" face="Arial">John Smith:</FONT></TD>
                <TD>7.5 hours per week</TD>
            </TR>
            <TR>
                <TD width="50%"><FONT size="2" face="Arial">Joyce English:</FONT></TD>
                <TD>20.0 hours per week</TD>
            </TR>
            <TR>
                <TD width="50%"><FONT size="2" face="Arial">Franklin Wong:</FONT></TD>
                <TD>10.0 hours per week</TD>
            </TR>
        </TABLE>
    ...
    </BODY>
</HTML>
```

图 13.2 表示非结构化数据的 HTML 文档的一部分

- 文档的**主体**（body）：在<BODY> … </BODY>标签内指定，包括文档文本以及指定如何格式化和显示文本的标记标签。它还可以包括指向其他对象的引用，例如图像、视频、语音消息及其他文档。
- <H1> … </H1>标签：指定将文本显示为 1 级标题。有许多种标题级别（<H2>、<H3>等），每一级标题都以逐渐变小的标题格式显示文本。
- <TABLE> … </TABLE>标签：指定将把后面的文本显示为表格。表格中的每个表行（table row）都包括在<TR> … </TR>标签内，而行中的各个表格数据元素则将显示在<TD> … </TD>标签内[1]。
- 一些标签可能具有**属性**（attribute），它们出现在开始标签内，用于描述标签的额外特性[2]。

---

1 <TR>表示表行，而<TD>则表示表格数据。

2 这是属性在文档标记语言中的用法，与其在数据库模型中的用法是不同的。

在图 13.2 中，<TABLE>开始标签具有 4 个属性，用于描述表格的各种特征。后面的<TD>和<FONT>开始标签则分别具有一个和两个属性。

HTML 具有大量的预定义标签，需要专门用一整本书来描述如何使用这些标签。如果正确地设计，可以对 HTML 文档进行格式化，使得人类能够轻松理解文档内容，并且能够浏览由此产生的 Web 文档。不过，源 HTML 文本文档非常难以被计算机程序自动解释，因为它们不包括关于文档中的数据类型的模式信息。随着电子商务及其他 Internet 应用变得日益自动化，能够在各个计算机站点之间交换 Web 文档并且自动解释它们的内容就变得至关重要。这种需求是导致人们开发 XML 的原因之一。此外，人们还开发了 HTML 的一个可扩展版本（即 XHTML），它允许用户为不同的应用扩展 HTML 的标签，并且允许标准的 XML 处理程序解释 XHTML 文件。我们的讨论将只重点关注 XML。

图 13.2 中的示例演示了一个**静态**的 HTML 页面，因为要显示的所有信息都被明确地表示为 HTML 文件中的固定文本。在许多情况下，一些要显示的信息可能是从数据库中提取的。例如，项目名称和参与每个项目的雇员可能是通过合适的 SQL 查询从图 5.6 中的数据库中提取的。我们可能希望使用相同的 HTML 格式化标签来显示每个项目以及参与该项目的雇员，但是我们也可能希望更改要显示的特定项目（以及雇员）。例如，我们可能希望查看显示 ProjectX 信息的 Web 页面，然后再查看显示 ProjectY 信息的页面。尽管这两个页面是使用相同的 HTML 格式化标签显示的，但是显示的实际数据项将有所不同。这样的 Web 页面就称为**动态**的，因为每次显示页面时其中的数据部分可能都不同，即使显示外观是相同的。在第 11 章中讨论过如何使用脚本语言（例如 PHP）来生成动态 Web 页面。

13.2　XML 层次（树状）数据模型

现在将介绍 XML 中使用的数据模型。XML 中的基本对象是 XML 文档。用于构造 XML 文档的两个主要的结构概念是：**元素**（element）和**属性**（attribute）。值得注意的是：XML 中的术语*属性的使用方式与数据库术语中的惯常用法不同*，而是类似于它在诸如 HTML 和 SGML 之类的文档描述语言中的用法[1]。如我们将看到的，XML 中的属性提供了描述元素的额外信息。XML 中具有一些额外的概念，例如实体、标识符和引用，但是首先将集中描述元素和属性，以说明 XML 模型的实质。

图 13.3 显示了一个名为<Projects>的 XML 元素的示例。与在 HTML 中一样，在文档中通过相应的开始标签和结束标签来标识元素。标签名称包含在尖括号<…>之间，并通过斜杠</…>进一步标识结束标签[2]。

复杂元素（complex element）是通过其他元素分层构造的，而**简单元素**（simple element）则包含数据值。XML 与 HTML 之间的主要区别是：XML 标签名称被定义成描述文档中的

1　SGML（Standard Generalized Markup Language，标准通用标记语言）是一种用于描述文档的更通用的语言，它提供了指定新标签的能力。不过，它比 HTML 和 XML 更复杂。

2　左、右尖括号字符（<和>）是保留字符，就像“与”符号（&）和单引号（'）一样。要把它们包括在文档的文本内，必须利用转义字符把它们分别编码为“<”“>”“&”“'”和“"”。

```
<?xml version="1.0" standalone="yes"?>
<Projects>
    <Project>
        <Name>ProductX</Name>
        <Number>1</Number>
        <Location>Bellaire</Location>
        <Dept_no>5</Dept_no>
        <Worker>
            <Ssn>123456789</Ssn>
            <Last_name>Smith</Last_name>
            <Hours>32.5</Hours>
        </Worker>
        <Worker>
            <Ssn>453453453</Ssn>
            <First_name>Joyce</First_name>
            <Hours>20.0</Hours>
        </Worker>
    </Project>
    <Project>
        <Name>ProductY</Name>
        <Number>2</Number>
        <Location>Sugarland</Location>
        <Dept_no>5</Dept_no>
        <Worker>
            <Ssn>123456789</Ssn>
            <Hours>7.5</Hours>
        </Worker>
        <Worker>
            <Ssn>453453453</Ssn>
            <Hours>20.0</Hours>
        </Worker>
        <Worker>
            <Ssn>333445555</Ssn>
            <Hours>10.0</Hours>
        </Worker>
    </Project>
    ...
</Projects>
```

图 13.3　一个名为<Projects>的复杂的 XML 元素

数据元素的含义，而不是描述将如何显示文本。这使得计算机程序有可能自动处理 XML 文档中的数据元素。此外，还可以在另一个文档中定义 XML 标签（元素）名称，该文档称为模式文档，用于给可以在多个程序和用户当中交换的标签名称提供一种语义含义。在 HTML 中，所有的标签名称都是预定义的和固定的，这就是为什么不能对它们进行扩展的原因。

可以直观地看出图 13.3 中所示的 XML 文本表示与图 13.1 中所示的树状结构之间的对应关系。在树状表示中，内部节点表示复杂元素，而叶节点则表示简单元素。这就是为什么把 XML 模型称为**树状模型**（tree model）或**层次模型**（hierarchical model）的原因。在图 13.3 中，简单元素具有标签名称<Name>、<Number>、<Location>、<Dept_no>、<Ssn>、<Last_name>、<First_name>和<Hours>，复杂元素则具有标签名称<Projects>、<Project>和<Worker>。一般来讲，对于元素的嵌套层次没有限制。

可以描述 3 种主要的 XML 文档类型的特征，如下：

- **以数据为中心的 XML 文档**（data-centric XML document）：这些文档具有许多小数据项，它们遵循一种特定的结构，因此可以从结构化数据库中提取这些数据项。它们被格式化为 XML 文档，以便通过 Web 交换它们。这类文档通常遵循一种定义标签名称的预定义模式。
- **以文档为中心的 XML 文档**（document-centric XML document）：这些文档具有大量的文本，例如新闻文章或图书。这些文档中很少有或者完全没有结构化数据元素。
- **混合式 XML 文档**（hybrid XML document）：这些文档中的某些部分可能包含结构化数据，另外一些部分则主要由文本或者非结构化的数据组成。它们可能具有或者可能没有预定义的模式。

不遵循元素名称的预定义模式和对应的树状结构的 XML 文档称为**无模式 XML 文档**（schemaless XML document）。值得注意的是：可以将以数据为中心的 XML 文档视作 13.1 节中定义的半结构化数据或者结构化数据。如果 XML 文档符合预定义的 XML 模式或者 DTD（参见 13.3 节），那么可以将该文档视作结构化数据。另一方面，XML 允许文档不遵循任何模式；这些文档将被视作半结构化数据，并且是无模式 XML 文档。当 XML 文档中的 standalone 属性的值为“yes”时，如图 13.3 中的第一行所示，那么文档就是独立的并且无模式。

一般以与 HTML 中类似的方式使用 XML 属性（参见图 13.2），即使用属性来描述包含它们的元素（标签）的性质和特征。也可以使用 XML 属性来保存简单数据元素的值；不过，一般不建议这样做。这个规则的一个例外是：当需要**引用** XML 文档的另一个部分中的另一个元素时。为此，通常使用一个元素中的属性值作为引用。这类似于关系数据库中的外键的概念，并且它是避开 XML 树状模型所隐含的严格层次模型的方式。在 13.3 节中讨论 XML 模式和 DTD 时，将进一步讨论 XML 属性。

13.3　XML 文档、DTD 和 XML 模式

13.3.1　良构和有效的 XML 文档和 XML DTD

在图 13.3 中，看到了一个简单的 XML 文档的样式。如果 XML 文档遵循几个条件，它就是**良构**（well formed）的。特别是，它必须以一个 XML **声明**（XML declaration）开始，用于指示要使用的 XML 版本以及任何其他的相关属性，如图 13.3 中的第一行所示。它还必须遵循树状数据模型的语法准则。这意味着应该具有单个根元素，并且每个元素都必须包括一对匹配的开始标签和结束标签，它们位于父元素的开始标签和结束标签之间。这确保嵌套元素指定一种良构的树状结构。

良构的 XML 文档是语法上正确的。这允许由通用处理器处理它，该处理器将遍历文档并创建一种内部树状表示。具有一组关联的 API（应用程序编程接口）函数的标准模型称为 DOM（Document Object Model，文档对象模型），它允许程序操纵与良构的 XML 文档对应的结果树状表示。不过，在使用 DOM 时必须事先解析整个文档，以便把文档转换

成那个标准的 DOM 内部数据结构表示。另一个称为 SAX（Simple API for XML，用于 XML 的简单 API）的 API 无论何时遇到一个开始标签或结束标签，它都会通过回调来通知处理程序，从而允许实时处理 XML 文档。这使得更容易处理大文档，并且允许处理所谓的**流式 XML 文档**（streaming XML document），其中处理程序可以在遇到标签时就处理它们。这也称为**基于事件的处理**（event-based processing）。还有其他的专用处理器，它们可以与多种编程语言和脚本语言协作，来解析 XML 文档。

良构的 XML 文档可以是无模式的；也就是说，它可以具有文档内元素的任何标签名称。在这种情况下，将没有处理文档的程序期望知道的预定义的元素（标签名称）集合。这就允许文档创建者自由地指定新元素，但也限制了自动解释文档内的元素的含义或语义的可能性。

一个更严格的标准是：使 XML 文档**有效**（valid）。在这种情况下，文档必须是良构的，并且它必须遵循特定的模式。也就是说，在开始标签和结束标签对中使用的元素名称必须遵循在一个单独的 XML DTD（Document Type Definition，文档类型定义）文件或 **XML 模式文件**（XML schema file）中指定的结构。这里首先将讨论 XML DTD，然后在 13.3.2 节中概述 XML 模式。图 13.4 显示了一个简单的 XML DTD 文件，其中指定了一些元素（标签名称）及其嵌套结构。符合该 DTD 的任何有效的文档都应该遵循指定的结构。有一种特殊的语法用于指定 DTD 文件，如图 13.4(a)中所示。首先，给文档的**根标签**（root tag）提供一个名称，在图 13.4 中的第一行中把它命名为 Projects。然后指定元素及其嵌套结构。

在指定元素时，可以使用下面的表示法：

- 接在元素名后面的星号（*）：意味着元素可以在文档中重复零次或多次。这类元素称为*可选的多值（重复）元素*。
- 接在元素名后面的加号（+）：意味着元素可以在文档中重复一次或多次。这类元素称为*必需的多值（重复）元素*。
- 接在元素名后面的问号（?）：意味着元素可以重复零次或一次。这类元素称为*可选的单值（非重复）元素*。
- 没有与上述 3 种符号中的任何一种符号一起出现的元素在文档中必须恰好出现一次。这类元素是*必需的单值（非重复）元素*。
- 元素的**类型**（type）是通过接在元素后面的圆括号指定的。如果圆括号中包括其他元素的名称，那么这些后面的元素将是树状结构中该元素的*子元素*。如果圆括号中包括关键字#PCDATA 或者 XML DTD 中可用的其他数据类型之一，那么该元素就是叶节点。PCDATA 代表*解析的字符数据*（parsed character data），它大体上类似于字符串数据类型。
- 对于可以出现在元素内的属性列表，也可以通过关键字!ATTLIST 来指定它们。在图 13.3 中，Project 元素具有一个属性 ProjId。如果一个属性的类型是 ID，那么就可以从另一个元素内的另一个类型为 IDREF 的属性引用它。注意：属性也可用于保存#PCDATA 类型的简单数据元素的值。
- 在指定元素时，圆括号可以嵌套。
- 竖线符号（$e_1 | e_2$）指定 e_1 或 e_2 可以出现在文档。

```
(a) <!DOCTYPE Projects [
        <!ELEMENT Projects (Project+)>
        <!ELEMENT Project (Name, Number, Location, Dept_no?, Workers)>
            <!ATTLIST Project
                ProjId ID #REQUIRED>
        <!ELEMENT Name (#PCDATA)>
        <!ELEMENT Number (#PCDATA)
        <!ELEMENT Location (#PCDATA)>
        <!ELEMENT Dept_no (#PCDATA)>
        <!ELEMENT Workers (Worker*)>
        <!ELEMENT Worker (Ssn, Last_name?, First_name?, Hours)>
        <!ELEMENT Ssn (#PCDATA)>
        <!ELEMENT Last_name (#PCDATA)>
        <!ELEMENT First_name (#PCDATA)>
        <!ELEMENT Hours (#PCDATA)>
    ]>
(b) <!DOCTYPE Company [
        <!ELEMENT Company( (Employee|Department|Project)*)>
        <!ELEMENT Department (DName, Location+)>
            <!ATTLIST Department
                DeptId ID #REQUIRED>

        <!ELEMENT Employee (EName, Job, Salary)>
            <!ATTLIST Project
                EmpId ID #REQUIRED
                DeptId IDREF #REQUIRED>
        <!ELEMENT Project (PName, Location)
            <!ATTLIST Project
                ProjId ID #REQUIRED
                Workers IDREFS #IMPLIED>
        <!ELEMENT DName (#PCDATA)>
        <!ELEMENT EName (#PCDATA)>
        <!ELEMENT PName (#PCDATA)>
        <!ELEMENT Job (#PCDATA)
        <!ELEMENT Location (#PCDATA)>
        <!ELEMENT Salary (#PCDATA)>
    ]>
```

图 13.4　(a) 一个名为 Projects 的 XML DTD 文件；(b) 一个名为 Company 的 XML DTD 文件

可以看到，图 13.1 中的树状结构和图 13.3 中的 XML 文档符合图 13.4 中的 XML DTD。如果需要检查一个 XML 文档是否符合 DTD，就必须在文档的声明中指定这一点。例如，可以把图 13.3 中的第一行更改如下：

```
<?xml version = "1.0" standalone = "no"?>
<!DOCTYPE Projects SYSTEM "proj.dtd">
```

当 XML 文档中的 standalone 属性的值为“no”时，需要基于一个单独的 DTD 文档或者 XML 模式文档来检查 XML 文档（参见 13.2.2 节）。图 13.4 中所示的 DTD 文件应该存储在与 XML 文档相同的文件系统中，并且应该给它提供文件名 proj.dtd。此外，还可以在 XML 文档自身的开始处包括 DTD 文档文本，以允许执行这种检查。

图 13.4(b)显示了另一个名为 Company 的 DTD 文档，用于说明 IDREF 的用法。Company 文档可以具有任意数量的 Department、Employee 和 Project 元素，它们的 ID 分别为 DeptID、EmpID 和 ProjID。Employee 元素具有一个 IDREF 类型的属性 DeptId，它是一个指向雇员

工作的 Department 元素的引用；这类似于外键。Project 元素具有一个 IDREFS 类型的属性 Workers，它将保存参与该项目的 Employee 的 EmpID 列表；这类似于外键的集合或列表。#IMPLIED 关键字意味着这个属性是可选的。也可以为任何属性提供一个默认值。

尽管 XML DTD 足以指定具有必需、可选和重复元素以及各类属性的树状结构，但它也有若干限制。第一，DTD 中的数据类型不是非常通用。第二，DTD 具有它自己的特殊语法，从而需要专用的处理器。使用 XML 自身的语法规则指定 XML 模式文档是有优势的，这样用于 XML 文档的相同处理器就可以处理 XML 模式描述。第三，所有的 DTD 元素总是被强制遵循指定的文档顺序，因此不允许无序的元素。这些缺点导致了 XML 模式的开发，它是一种用于指定 XML 文档的结构和元素的更通用但也更复杂的语言。

13.3.2 XML 模式

XML 模式语言（XML schema language）是一种用于指定 XML 文档结构的标准。它使用与常规 XML 文档相同的语法规则，因此可以对它们二者使用相同的处理器。为了区分这两类文档，将使用术语 *XML 实例文档*或 *XML 文档*来称呼包含标签名称和数据值的常规 XML 文档，而使用 *XML 模式文档*来称呼指定 XML 模式的文档。XML 模式文档将只包含标签名称、树状结构信息、约束及其他描述，但是不包含数据值。图 13.5 显示了与图 5.5 中所示的 COMPANY 数据库对应的 XML 模式文档。尽管不太可能想要把整个数据库显示为单个文档，但是已经有人提议以纯 XML 格式存储数据，以此代替在关系数据库中存储数据。如果以纯 XML 模式存储 COMPANY 数据库，图 13.5 中的模式即可用于指定它的结构。在 13.4 节中将进一步讨论这个主题。

与 XML DTD 一样，XML 模式也基于树状数据模式，并且把元素和属性作为主要的结构概念。不过，它还借用了数据库和对象模型中的其他概念，例如键、引用和标识符。这里将以图 13.5 中的 XML 模式文档为例，逐步描述 XML 模式的特性。我们将按照图 13.5 中使用一些模式概念顺序介绍和描述它们。

（1）**模式描述和 XML 命名空间**。有必要通过指定一个存储在 Web 站点位置上的文件，确定要使用的 XML 模式语言元素（标签）的特定集合。图 13.5 中的第二行指定了这个示例中使用的文件，即 http://www.w3.org/2001/XMLSchema。这是 XML 模式命令的一个常用标准。每个这样的定义都称为 **XML 命名空间**（XML namespace），因为它定义了可以使用的命令（名称）集合。使用属性 xmlns（XML 命名空间），将文件名赋予变量 xsd（XML 模式描述），并把这个变量用作所有 XML 模式命令（标签名称）的前缀。例如，在图 13.5 中，当编写 xsd:element 或 xsd:sequence，将引用文件 http://www.w3.org/2001/XMLSchema 中定义的 element 和 sequence 标签的定义。

（2）**注释、文档和使用的语言**。图 13.5 中的接下来两行说明了 XML 模式元素（标签）xsd:annotation 和 xsd:documentation，它们用于在 XML 文档中提供注释及其他描述。xsd:documentation 元素的属性 xml:lang 指定要使用的语言，其中“en”代表英语。

（3）**元素和类型**。接下来，将指定 XML 模式的*根元素*。在 XML 模式中，xsd:element 标签的 name 属性指定元素名称，在我们的示例中，将根元素命名为 company（参见图 13.5）。

```
<?xml version="1.0" encoding="UTF-8" ?>
<xsd:schema xmlns:xsd="http://www.w3.org/2001/XMLSchema">
    <xsd:annotation>
        <xsd:documentation xml:lang="en">Company Schema (Element Approach) - Prepared by Babak
            Hojabri</xsd:documentation>
    </xsd:annotation>
<xsd:element name="company">
    <xsd:complexType>
        <xsd:sequence>
            <xsd:element name="department" type="Department" minOccurs="0" maxOccurs="unbounded" />
            <xsd:element name="employee" type="Employee" minOccurs="0" maxOccurs="unbounded">
                <xsd:unique name="dependentNameUnique">
                    <xsd:selector xpath="employeeDependent" />
                    <xsd:field xpath="dependentName" />
                </xsd:unique>
            </xsd:element>
            <xsd:element name="project" type="Project" minOccurs="0" maxOccurs="unbounded" />
        </xsd:sequence>
    </xsd:complexType>
    <xsd:unique name="departmentNameUnique">
        <xsd:selector xpath="department" />
        <xsd:field xpath="departmentName" />
    </xsd:unique>
    <xsd:unique name="projectNameUnique">
        <xsd:selector xpath="project" />
        <xsd:field xpath="projectName" />
    </xsd:unique>
    <xsd:key name="projectNumberKey">
        <xsd:selector xpath="project" />
        <xsd:field xpath="projectNumber" />
    </xsd:key>
    <xsd:key name="departmentNumberKey">
        <xsd:selector xpath="department" />
        <xsd:field xpath="departmentNumber" />
    </xsd:key>
    <xsd:key name="employeeSSNKey">
        <xsd:selector xpath="employee" />
        <xsd:field xpath="employeeSSN" />
    </xsd:key>
    <xsd:keyref name="departmentManagerSSNKeyRef" refer="employeeSSNKey">
        <xsd:selector xpath="department" />
        <xsd:field xpath="departmentManagerSSN" />
    </xsd:keyref>
    <xsd:keyref name="employeeDepartmentNumberKeyRef"
        refer="departmentNumberKey">
        <xsd:selector xpath="employee" />
        <xsd:field xpath="employeeDepartmentNumber" />
    </xsd:keyref>
    <xsd:keyref name="employeeSupervisorSSNKeyRef" refer="employeeSSNKey">
        <xsd:selector xpath="employee" />
        <xsd:field xpath="employeeSupervisorSSN" />
    </xsd:keyref>
    <xsd:keyref name="projectDepartmentNumberKeyRef" refer="departmentNumberKey">
        <xsd:selector xpath="project" />
        <xsd:field xpath="projectDepartmentNumber" />
    </xsd:keyref>
    <xsd:keyref name="projectWorkerSSNKeyRef" refer="employeeSSNKey">
        <xsd:selector xpath="project/projectWorker" />
        <xsd:field xpath="SSN" />
    </xsd:keyref>
```

图 13.5　一个名为 company 的 XML 模式文件

```
    <xsd:keyref name="employeeWorksOnProjectNumberKeyRef"
        refer="projectNumberKey">
        <xsd:selector xpath="employee/employeeWorksOn" />
        <xsd:field xpath="projectNumber" />
    </xsd:keyref>
</xsd:element>
<xsd:complexType name="Department">
    <xsd:sequence>
        <xsd:element name="departmentName" type="xsd:string" />
        <xsd:element name="departmentNumber" type="xsd:string" />
        <xsd:element name="departmentManagerSSN" type="xsd:string" />
        <xsd:element name="departmentManagerStartDate" type="xsd:date" />
        <xsd:element name="departmentLocation" type="xsd:string" minOccurs="0" maxOccurs="unbounded" />
    </xsd:sequence>
</xsd:complexType>
<xsd:complexType name="Employee">
    <xsd:sequence>
        <xsd:element name="employeeName" type="Name" />
        <xsd:element name="employeeSSN" type="xsd:string" />
        <xsd:element name="employeeSex" type="xsd:string" />
        <xsd:element name="employeeSalary" type="xsd:unsignedInt" />
        <xsd:element name="employeeBirthDate" type="xsd:date" />
        <xsd:element name="employeeDepartmentNumber" type="xsd:string" />
        <xsd:element name="employeeSupervisorSSN" type="xsd:string" />
        <xsd:element name="employeeAddress" type="Address" />
        <xsd:element name="employeeWorksOn" type="WorksOn" minOccurs="1" maxOccurs="unbounded" />
        <xsd:element name="employeeDependent" type="Dependent" minOccurs="0" maxOccurs="unbounded" />
    </xsd:sequence>
</xsd:complexType>
<xsd:complexType name="Project">
    <xsd:sequence>
        <xsd:element name="projectName" type="xsd:string" />
        <xsd:element name="projectNumber" type="xsd:string" />
        <xsd:element name="projectLocation" type="xsd:string" />
        <xsd:element name="projectDepartmentNumber" type="xsd:string" />
        <xsd:element name="projectWorker" type="Worker" minOccurs="1" maxOccurs="unbounded" />
    </xsd:sequence>
</xsd:complexType>
<xsd:complexType name="Dependent">
    <xsd:sequence>
        <xsd:element name="dependentName" type="xsd:string" />
        <xsd:element name="dependentSex" type="xsd:string" />
        <xsd:element name="dependentBirthDate" type="xsd:date" />
        <xsd:element name="dependentRelationship" type="xsd:string" />
    </xsd:sequence>
</xsd:complexType>
<xsd:complexType name="Address">
    <xsd:sequence>
        <xsd:element name="number" type="xsd:string" />
        <xsd:element name="street" type="xsd:string" />
        <xsd:element name="city" type="xsd:string" />
        <xsd:element name="state" type="xsd:string" />
    </xsd:sequence>
</xsd:complexType>
<xsd:complexType name="Name">
    <xsd:sequence>
        <xsd:element name="firstName" type="xsd:string" />
        <xsd:element name="middleName" type="xsd:string" />
```

图 13.5（续）

```
            <xsd:element name="lastName" type="xsd:string" />
        </xsd:sequence>
    </xsd:complexType>
    <xsd:complexType name="Worker">
        <xsd:sequence>
            <xsd:element name="SSN" type="xsd:string" />
            <xsd:element name="hours" type="xsd:float" />
        </xsd:sequence>
    </xsd:complexType>
    <xsd:complexType name="WorksOn">
        <xsd:sequence>
            <xsd:element name="projectNumber" type="xsd:string" />
            <xsd:element name="hours" type="xsd:float" />
        </xsd:sequence>
    </xsd:complexType>
    </xsd:schema>
```

图 13.5（续）

然后可以指定 company 根元素的结构，在我们的示例中是 xsd:complexType。可以使用 XML 模式的 xsd:sequence 结构进一步将其指定为一个部门、雇员和项目的序列。在这里，值得注意的是：这不是为 COMPANY 数据库指定 XML 模式的唯一方式。在 13.6 节中将讨论其他选项。

（4）**COMPANY 数据库中的一级元素**。接下来，在图 13.5 中的 company 根元素下面指定 3 个一级元素。这 3 个元素的名称分别是 employee、department 和 project，它们都是在 xsd:element 标签中指定的。注意：如果一个标签只有属性，其中没有更深一层的子元素或数据，就可以直接利用反斜杠符号（/>）结束它，从而代替使用单独匹配的结束标签。这些元素称为**空元素**（empty element），例如图 13.5 中的名为 department 和 project 的 xsd:element 元素。

（5）**指定元素类型以及最少和最大出现次数**。在 XML 模式中，xsd:element 标签中的属性 type、minOccurs 和 maxOccurs 指定每个元素在符合模式规范的任何文档中的类型和多重性。如果在 xsd:element 中指定 type 属性，就必须单独描述元素的结构，通常使用 XML 模式的 xsd:complexType 元素来完成。如图 13.5 中的 employee、department 和 project 元素所示。另一方面，如果没有指定 type 属性，就可以紧接在标签后面直接定义元素结构，如图 13.5 中的 company 根元素所示。minOccurs 和 maxOccurs 标签用于指定一个元素在符合模式规范的任何 XML 文档中的出现次数的下限和上限。如果没有指定它们，默认是恰好出现一次。它们的作用类似于 XML DTD 的*、+和?这些符号。

（6）**指定键**。在 XML 模式中，可以指定与关系数据库中的唯一性约束和主键约束（参见 5.2.2 节）以及外键（或参照完整性）约束（参见 5.2.4 节）对应的约束。xsd:unique 标签指定与关系数据库中的唯一属性对应的元素。可以给每个这样的唯一性约束提供一个名称，并且必须为它指定 xsd:selector 和 xsd:field 标签，以标识其中包含唯一元素和元素名的元素类型，元素的唯一性是通过 xpath 属性实现的。如图 13.5 中的 departmentNameUnique 和 projectNameUnique 元素所示。为了指定**主键**，可以使用 xsd:key 标签代替 xsd:unique 标签，如图 13.5 中的 projectNumberKey、departmentNumberKey 和 employeeSSNKey 元素所示。为了指定**外键**，可以使用 xsd:keyref 标签，如图 13.5 中的 6 个 xsd:keyref 元素所示。

在指定外键时，xsd:keyref 标签的属性 refer 用于指定参照的主键，而 xsd:selector 和 xsd:field 标签则用于指定引用的元素类型和外键（参见图 13.5）。

（7）**通过复杂类型指定复杂元素的结构**。我们示例的下一个部分将使用 xsd:complexType 标签指定复杂元素 Department、Employee、Project 和 Dependent 的结构（参见图 13.5）。这里使用 XML 模式的 xsd:sequence 和 xsd:element 标签，将每个元素指定为与每个实体类型的数据库属性（参见图 7.7）对应的子元素序列。通过 xsd:element 的属性 name 和 type，给每个元素提供一个名称和类型。如果需要更改恰好出现一次的默认值，还可以指定 minOccurs 和 maxOccurs 属性。对于其中允许 NULL 值的（可选）数据库属性，需要指定 minOccurs = 0；而对于多值的数据库属性，则需要在对应的元素上指定 maxOccurs = "unbounded"。注意：如果将不会指定任何键约束，就可以把子元素直接嵌入在父元素的定义内，而不必指定复杂类型。不过，当需要指定唯一性约束、主键约束和外键约束时，就必须定义复杂类型来指定元素结构。

（8）**复合属性**。在图 13.5 中将图 9.2 中的复合属性也指定为复杂类型，如 Address、Name、Worker 和 WorksOn 这些复杂类型所示。可以把它们直接嵌入在其父元素内。

这个示例说明了 XML 模式的一些主要特性。还有其他一些特性，但是它们超出了本书的范围。在 13.4 节中，将讨论从关系数据库创建 XML 文档以及存储 XML 文档的不同方法。

13.4　从数据库存储和提取 XML 文档

目前已经提出了多种方法来组织 XML 文档的内容，以便于后续的查询和检索。下面列出了一些最常用的方法。

（1）**使用文件系统或 DBMS 将文档存储为文本**。可以将 XML 文档存储为传统文件系统内的文本文件。此外，还可使用关系 DBMS 将整个 XML 文档存储为 DBMS 记录内的文本字段。如果 DBMS 具有用于文档处理的特殊模块，并且它适合于存储无模式和以文档为中心的 XML 文档，就可以使用这种方法。

（2）**使用 DBMS 将文档内容存储为数据元素**。这种方法适合于存储遵循特定的 XML DTD 或 XML 模式的文档集合。由于所有的文档都具有相同的结构，因此可以设计一个关系数据库，用于存储 XML 文档内的叶子级数据元素。这种方法将需要一些映射算法，用以设计一种数据库模式，它将与 XML 模式或 DTD 中指定的 XML 文档结构兼容，还需要从存储的数据重新创建 XML 文档。可以将这些算法实现为一个内部的 DBMS 模块或者单独的中间件，后者将不属于 DBMS 的一部分。如果 XML 文档中的所有元素都具有 ID，一种简单的表示法将是具有一个表格，它带有属性 XDOC（CId、PId、Etag、Val），其中 PId 和 CId 分别是父元素和子元素的 ID，Etag 是 CId 元素的名称，如果它是一个叶节点，则 Val 是一个值，假定所有的值都具有相同的类型。

（3）**设计一个专用系统来存储纯 XML 数据**。可以设计和实现一种基于层次（树状）模型的新型数据库系统。这样的系统称为纯 XML DBMS（native XML DBMS）。该系统将包括专用的索引和查询技术，并且适用于所有的 XML 文档类型。它还包括数据压缩技术，用于减小文档的大小以便进行存储。Software AG 的 Tamino 和 eXcelon 的 Dynamic Application Platform 是两个提供纯 XML DBMS 功能的流行产品。Oracle 也提供了一个纯 XML 存储选项。

（4）**从现有的关系数据库创建或发布自定义的 XML 文档**。由于有大量数据已经存储在关系数据库中，可能需要将这些数据的一部分格式化为文档，以便在 Web 上交换或显示。这种方法将使用一个单独的中间件软件层，来处理关系数据与提取的 XML 文档之间所需的转换。13.6 节中将更详细地讨论这种方法，其中将从现有的数据库中提取以数据为中心的 XML 文档。特别是，我们将说明如何从使用 ER 图-结构化数据模型设计的平面关系数据库创建树状的结构化文档。13.6.2 节将讨论环状结构的问题以及如何处理它。

所有这些方法都得到了相当多的关注。在 13.6 节中将重点介绍第 4 种方法，因为它可以让我们很好地从概念上理解 XML 树状数据模型与传统的数据库模型之间的区别，后者是基于平面文件（关系模型）和图表示（ER 模型）的。但是，首先将在 13.5 节中概述 XML 查询语言。

13.5 XML 语言

对于 XML 查询语言的提议有很多种，并且出现了两个查询语言标准。第一个是 XPath，它提供了一些语言构造，用于指定路径表达式，以标识与特定模式匹配的 XML 文档内的某些节点（元素）或属性。第二个是 XQuery，它是一种更通用的查询语言。XQuery 使用 XPath 表达式，但是具有额外的构造。本节中将概述这两种语言。然后，在 13.5.3 节中将讨论与 HTML 相关的其他一些语言。

13.5.1 XPath：在 XML 中指定路径表达式

XPath 表达式一般返回一个项目序列，这些项目满足通过表达式指定的某种模式。这些项目要么是值（来自叶节点），要么是元素或属性。最常见的 XPath 表达式类型将返回元素或属性节点的集合，这些节点满足在表达式中指定的某些模式。XPath 表达式中的名称是 XML 文档树中的节点名称，它们要么是标签（元素）名称，要么是属性名称，可能还具有额外的**限定条件**（qualifier condition），以进一步限制满足模式的节点。在指定路径时主要使用两种**分隔符**（separator）：单斜杠（/）和双斜杠（//）。标签前的单斜杠指定该标签必须作为前一个（父）标签的直接子标签出现，而双斜杠则指定该标签可以作为前一个标签的*任意层级*的后代出现。为了引用属性名称而不是元素（标签）名称，可以在属性名称前使用前缀@。让我们查看一下图 13.6 中所示的 XPath 的一些示例。

图 13.6 中的第一个 XPath 表达式返回 company 根节点及其所有后代节点，这意味着它将返回整个 XML 文档。应该注意的是：在 XPath 查询中通常会包括文件名。这允许指定任何本地文件名，或者甚至指定 Web 上的文件的任意路径名。例如，如果 COMPANY XML 文档存储在以下位置：

```
www.company.com/info.XML
```

1. /company
2. /company/department
3. //employee [employeeSalary gt 70000]/employeeName
4. /company/employee [employeeSalary gt 70000]/employeeName
5. /company/project/projectWorker [hours ge 20.0]

图 13.6 在遵循图 13.5 中的 XML 模式文件 company 的 XML 文档上的 XPath 表达式的一些示例

那么就可以将图 13.6 中的第一个 XPath 表达式写成：

```
doc(www.company.com/info.XML)/company
```

这个前缀也将包括在 XPath 表达式的其他示例中。

图 13.6 中的第二个示例返回所有的部门节点（元素）以及它们的后代子树。注意：XML 文档中的节点（元素）是有序的，因此将返回多个节点的 XPath 结果会按节点在文档树中的顺序进行排序。

图 13.6 中的第三个 XPath 表达式说明了“//”的用法，如果我们不知道要搜索的完整路径名，而只知道 XML 文档内感兴趣的一些标签的名称，那么使用“//”就很方便。对于无模式 XML 文档或者具有许多嵌套的节点[1]层级的文档，这特别有用。

表达式将返回所有的 employeeName 节点，它们都是 employee 节点的直接子节点，employee 节点还有另一个子元素 employeeSalary，它的值大于 70000。这说明了限定条件的用法，它将 XPath 表达式选择的节点限定为那些满足条件的节点。XPath 具有许多可以在限定条件中使用的比较操作，包括标准算术、字符串和集合比较操作。

图 13.6 中的第 4 个 XPath 表达式应该返回与前一个表达式相同的结果，只不过在这个示例中指定的是完整路径名。图 13.6 中的第 5 个表达式将返回所有的 projectWorker 节点以及它们的后代节点，这些后代节点是/company/project 路径下的子节点，并且有一个子节点 hours 的值大于 20.0 小时。

当需要在 XPath 表达式中包括属性时，需要在属性名前添加前缀即@符号，以将其与元素（标签）名区分开。也可以使用**通配符**（wildcard）*，它代表任何元素，如下面的示例中所示，它将检索出根元素的所有子元素，而不管它们的元素类型是什么。当使用通配符时，结果可能是一个由不同类型的元素组成的序列。

```
/company/*
```

上面的示例说明了简单的 XPath 表达式，其中只能在树状结构中从给定节点向下移动。目前已经为路径表达式提出了一种更通用的模型。在这个模型中，可以在路径表达式中从当前节点向多个方向移动。这些不同的方向称为 XPath 表达式的**轴**（axes）。上面的示例只使用了其中 3 根轴：当前节点的子节点（/）、当前节点的任意层级的后代或自身（//）以及当前节点的属性（@）。其他的轴包括父节点、祖先节点（任意层级）、前一个同胞节点（相

1 这里可以互换使用节点、标签和元素这些术语。

同层级左边的节点）和下一个同胞节点（相同层级右边的节点）。这些轴允许构造更复杂的路径表达式。

XPath 路径表达式的主要限制是：路径在指定模式时，还要指定要检索的项目。因此，在模式上指定某些条件时，将难以单独指定应该检索哪些结果项目。XQuery 语言可以把这两个操作分隔开，并且提供了用于指定查询的更强大的构造。

13.5.2　XQuery：在 XML 中指定查询

XPath 允许我们编写表达式，从树状结构化的 XML 文档中选择项目。XQuery 则允许在一个或多个 XML 文档上指定更一般的查询。XQuery 中的查询的典型形式称为 **FLWOR 表达式**（FLWOR expression），它代表 XQuery 的 5 个主要子句，并且具有以下形式：

```
FOR <各个节点（元素）的变量绑定>
LET <节点（元素）集合的变量绑定>
WHERE <限定条件>
ORDER BY <排序规范>
RETURN <查询结果规范>
```

在单个 XQuery 中，FOR 子句和 LET 子句可以有零个或多个实例。WHERE 子句和 ORDER BY 子句是可选的，并且最多只能出现一次，RETURN 子句则必须只出现恰好一次。让我们利用下面的 XQuery 简单示例来说明这些子句。

```
LET     $d : = doc(www.company.com/info.xml)
FOR     $x IN $d/company/project[projectNumber = 5]/projectWorker,
    $y IN $d/company/employee
WHERE $x/hours gt 20.0 AND $y.ssn = $x.ssn
ORDER BY $x/hours
RETURN <res> $y/employeeName/firstName, $y/employeeName/lastName,
            $x/hours </res>
```

（1）变量利用$符号作为前缀。在上面的示例中，$d、$x 和$y 都是变量。LET 子句为查询的余下部分赋予变量一个特定的表达式。在这个示例中，把文档文件名赋予$d。通过利用这种方式给多个变量赋值，可以使一个查询引用多个文档。

（2）FOR 子句指定一个变量遍历序列中的每个元素。在我们的示例中，通过路径表达式指定序列。$x 变量将遍历那些满足路径表达式$d/company/project[projectNumber = 5]/projectWorker 的元素。$y 变量将遍历那些满足路径表达式$d/company/employee 的元素。因此，$x 将遍历 projectWorker 元素，以找出在项目 5 中工作的工人；而$y 则将遍历 employee 元素。

（3）WHERE 子句指定选择项目的附加条件。在这个示例中，第一个条件将只选择那些满足条件(hours gt 20.0)的 projectWorker 元素。第二个条件则用于指定一个连接条件：仅当 employee 与 projectWorker 具有相同的 ssn 值时，才把它们结合起来。

（4）ORDER BY 子句指定按工人们每周在项目上的工作时间，以升序方式对结果元素进行排序。

（5）最后，RETURN 子句指定应该从满足查询条件的项目中检索出哪些元素或属性。在这个示例中，对于在编号为 5 的项目上每周工作 20 小时以上的雇员，它将返回一个元素序列，其中每个元素都包含<firstName, lastName, hours>。

图 13.7 包括 XQuery 中的查询的另外一些示例，可以在遵循图 13.5 中所示的 XML 模式文档的 XML 实例文档上指定它们。第一个查询将检索薪水超过 70 000 美元的雇员的名字和姓氏。将变量$x 绑定到每个 employeeName 元素上，它们是一个 employee 元素的子元素，但是要求 employee 元素满足一个限定条件：它们的 employeeSalary 值要大于 70 000 美元。结果将检索出所选 employeeName 元素的 firstName 和 lastName 子元素。第二个查询采用了另一种方式来检索出与第一个查询相同的元素。

```
1. FOR $x IN
   doc(www.company.com/info.xml)
   //employee [employeeSalary gt 70000]/employeeName
   RETURN <res> $x/firstName, $x/lastName </res>

2. FOR $x IN
   doc(www.company.com/info.xml)/company/employee
   WHERE $x/employeeSalary gt 70000
   RETURN <res> $x/employeeName/firstName, $x/employeeName/lastName </res>

3. FOR $x IN
   doc(www.company.com/info.xml)/company/project[projectNumber=5]/projectWorker,
   $y IN doc(www.company.com/info.xml)/company/employee
   WHERE $x/hours gt 20.0 AND $y.ssn=$x.ssn
   RETURN <res> $y/employeeName/firstName, $y/employeeName/lastName, $x/hours </res>
```

图 13.7 在遵循图 13.5 中的 XML 模式文件 company 的 XML 文档上的 XQuery 查询的一些示例

第三个查询说明了如何使用多个变量来执行连接运算。这里，将变量$x 绑定到每个 projectWorker 元素，它是编号为 5 的项目的子元素；而将变量$y 绑定到每个 employee 元素。连接条件将匹配 ssn 值，以便检索出雇员姓名。注意：这种方式指定的查询与以前示例中指定的查询相同，但是没有 LET 子句。

XQuery 具有非常强大的指定复杂查询的构造。特别是，它可以在查询的条件中指定全称量词和存在量词，还可以指定聚合函数、查询结果的排序方式，以及基于序列中的位置做出选择，甚至可以指定条件分支。因此，在某些方面，它可以称得上是一种成熟的编程语言。

至此就结束了对 XQuery 的简要介绍。感兴趣的读者可以访问 www.w3.org，其中包含一些文档，描述了与 XML 和 XQuery 相关的最新标准。13.5.3 节将简要讨论与 XML 相关的另外一些语言和协议。

13.5.3 XML 相关的其他语言和协议

还有多种其他的语言和协议与 XML 技术相关。这些及其他语言和协议的长期目标是：提供用于实现语义 Web 的技术，使得可以智能地定位和处理 Web 中的所有信息。

- XSL（Extensible Stylesheet Language，可扩展样式表语言）：可用于定义应该如何渲

染文档，以便通过 Web 浏览器显示它。

- XSLT（Extensible Stylesheet Language for Transformations，用于转换的可扩展样式表语言）：可用于将一种结构转换成另一种不同的结构。因此，它可以将文档从一种形式转换成另一种形式。
- WSDL（Web Services Description Language，Web 服务描述语言）：允许利用 XML 描述 Web 服务。这使用户和程序员可以通过 Web 访问 Web 服务。
- SOAP（Simple Object Access Protocol，简单对象访问协议）：是一个独立于平台且独立于编程语言的协议，用于消息传递和远程过程调用。
- RDF（Resource Description Framework，资源描述框架）：提供了一些语言和工具，用于通过 Web 交换和处理元数据（模式）描述和规范。

13.6 从关系数据库中提取 XML 文档

13.6.1 在平面或基于图的数据上创建层次 XML 视图

本节将讨论在把数据库系统中的数据转换成 XML 文档时发生的一些表示问题。前面已经讨论过，XML 使用一种层次（树状）模型来表示文档。使用最广泛的数据库系统遵循平面关系数据模型。当添加参照完整性约束时，可以将关系模式视作是一种图结构（例如，参见图 5.7）。类似地，ER 模型也使用类似于图的结构来表示数据（例如，参见图 3.2）。我们在第 9 章中看到，ER 与关系模型之间具有直观的映射，因此可以使用对应的 ER 模式从概念上表示关系数据库模式。尽管我们将在讨论和示例中使用 ER 模型来澄清树状模型与图模型之间在概念上的区别，但是在把关系数据转换成 XML 时也存在相同的问题。

我们将使用图 13.8 中所示的简化的 UNIVERSITY ER 模式，对我们的讨论加以说明。假设某个应用需要从 UNIVERSITY 数据库中提取包含学生、课程和分数信息的 XML 文档。这些文档所需的数据包含在图 13.8 中的实体类型 COURSE、SECTION 和 STUDENT 以及它们之间的联系 S-S 和 C-S 的数据库属性中。一般来讲，从数据库中提取的大多数文档都只将使用数据库中的属性、实体类型和联系的一个子集。在这个示例中，所需的数据库子集如图 13.9 中所示。

从图 13.9 所示的数据库子集中至少可以提取 3 个可能的文档层次。首先，可以选择 COURSE 作为根元素，如图 13.10 所示。这里，每个课程实体都将其单元集合作为子元素，而每个单元又把它的学生作为子元素。我们可以查看对层次树状结构中的信息进行建模的一种结果。如果一名学生选修了多个单元，那么该学生的信息将在文档中出现多次——在每个单元下面出现一次。图 13.11 中显示了这个视图的一种可能的简化 XML 模式。可以将 S-S 联系中的 Grade 数据库属性迁移到 STUDENT 元素上。这是由于在这个层次结构中，STUDENT 变成了 SECTION 的子元素，因此特定 SECTION 元素下面的每个 STUDENT 元素都可以具有那个单元的一个特定的成绩。在这个文档层次结构中，选修多个单元的学生将具有多个副本，其中每个单元下面都有一个副本，并且每个副本都将具有在那个特定的单元中给出的特定成绩。

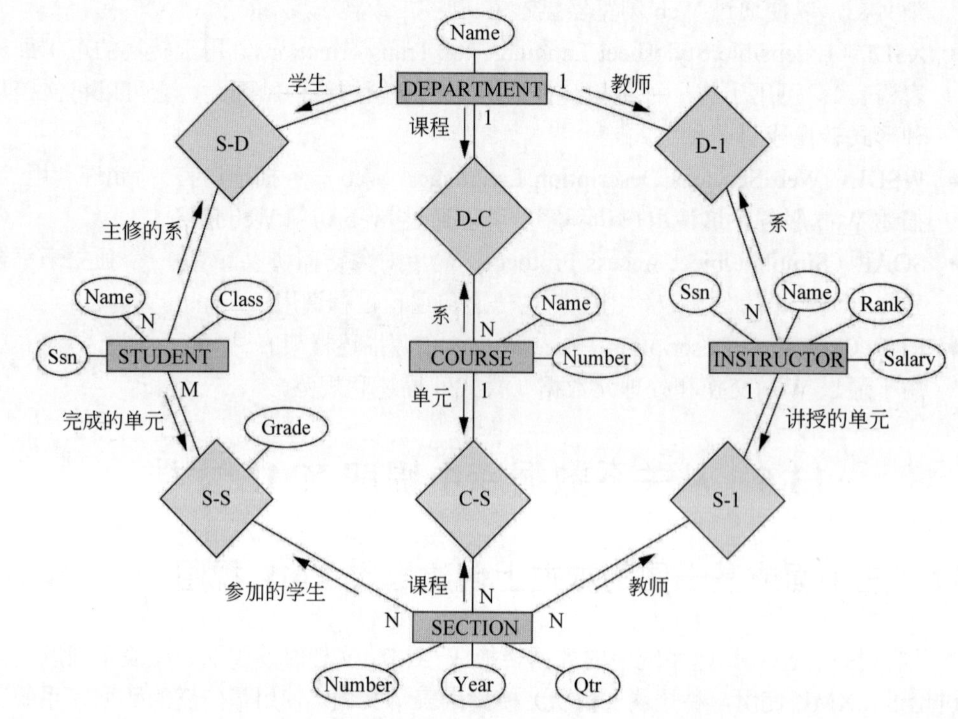

图 13.8 简化的 UNIVERSITY 数据库的 ER 模式图

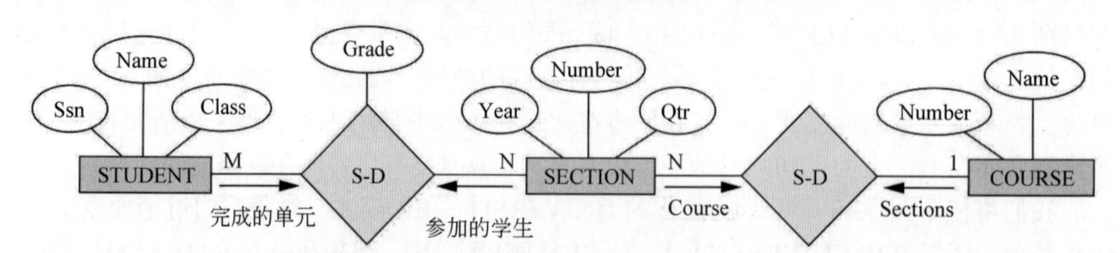

图 13.9 XML 文档提取所需的 UNIVERSITY 数据库模式的子集

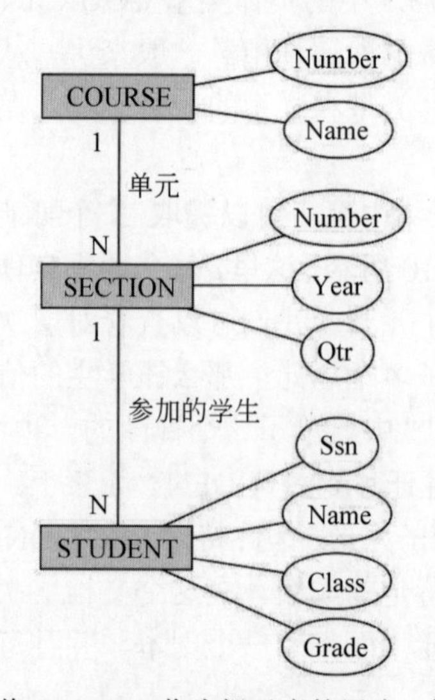

图 13.10 将 COURSE 作为根元素的层次（树状）视图

```
<xsd:element name="root">
    <xsd:sequence>
    <xsd:element name="course" minOccurs="0" maxOccurs="unbounded">
        <xsd:sequence>
            <xsd:element name="cname" type="xsd:string" />
            <xsd:element name="cnumber" type="xsd:unsignedInt" />
            <xsd:element name="section" minOccurs="0" maxOccurs="unbounded">
                <xsd:sequence>
                    <xsd:element name="secnumber" type="xsd:unsignedInt" />
                    <xsd:element name="year" type="xsd:string" />
                    <xsd:element name="quarter" type="xsd:string" />
                    <xsd:element name="student" minOccurs="0" maxOccurs="unbounded">
                        <xsd:sequence>
                            <xsd:element name="ssn" type="xsd:string" />
                            <xsd:element name="sname" type="xsd:string" />
                            <xsd:element name="class" type="xsd:string" />
                            <xsd:element name="grade" type="xsd:string" />
                        </xsd:sequence>
                    </xsd:element>
                </xsd:sequence>
            </xsd:element>
        </xsd:sequence>
    </xsd:element>
    </xsd:sequence>
    </xsd:element>
```

图 13.11　将 course 作为根元素的 XML 模式文档

在第二个层次文档视图中，可以选择 STUDENT 作为根元素（参见图 13.12）。在这个层次视图中，每名学生都将一个单元集合作为其子元素，而每个单元都与一门课程相关联并作为其子元素，因为 SECTION 与 COURSE 之间的联系是 N:1。因此，在这个视图中可以合并 COURSE 和 SECTION 元素，如图 13.12 中所示。此外，还可以把 GRADE 数据库属性迁移到 SECTION 元素上。在这种层次结构中，将会把组合的 COURSE/SECTION 信

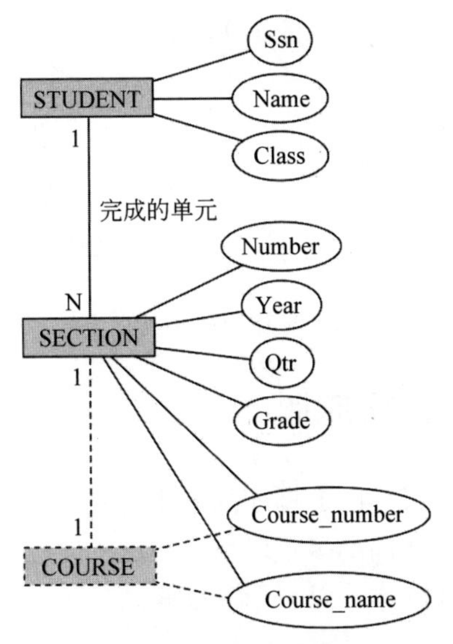

图 13.12　将 STUDENT 作为根元素的层次（树状）视图

息复制到完成单元的每名学生之下。图 13.13 中显示了这个视图的一个可能的简化 XML 模式。

```
<xsd:element name="root">
<xsd:sequence>
<xsd:element name="student" minOccurs="0" maxOccurs="unbounded">
    <xsd:sequence>
        <xsd:element name="ssn" type="xsd:string" />
        <xsd:element name="sname" type="xsd:string" />
        <xsd:element name="class" type="xsd:string" />
        <xsd:element name="section" minOccurs="0" maxOccurs="unbounded">
            <xsd:sequence>
                <xsd:element name="secnumber" type="xsd:unsignedInt" />
                <xsd:element name="year" type="xsd:string" />
                <xsd:element name="quarter" type="xsd:string" />
                <xsd:element name="cnumber" type="xsd:unsignedInt" />
                <xsd:element name="cname" type="xsd:string" />
                <xsd:element name="grade" type="xsd:string" />
            </xsd:sequence>
        </xsd:element>
    </xsd:sequence>
</xsd:element>
</xsd:sequence>
</xsd:element>
```

图 13.13　将 student 作为根元素的 XML 模式文档

第三种可能的方式是选择 SECTION 作为根元素，如图 13.14 中所示。与第二个层次视图类似，可以将 COURSE 信息合并到 SECTION 元素中，并且可以将 GRADE 数据库属性迁移到 STUDENT 元素上。可以看到，即使在这个简单的示例中，也可能有许多层次文档视图，其中每个视图都对应于不同的根元素和不同的 XML 文档结构。

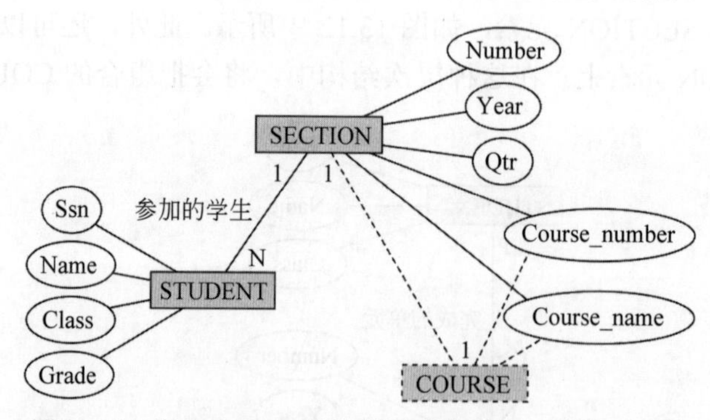

图 13.14　将 SECTION 作为根元素的层次（树状）视图

13.6.2　断开环以将图转换成树

在前面的示例中，我们感兴趣的数据库的子集没有环。可能会出现更复杂的子集，它带有一个或多个环，指示实体之间的多重联系。在这种情况下，更难决定如何创建文档层次结构。可能需要额外的实体副本，以表示多重联系。我们将以图 13.8 中所示的 ER 模式作为示例加以说明。

假设对于一个特定的 XML 文档，将需要图 13.8 中的所有实体类型和联系中的信息，其中把 STUDENT 作为根元素。图 13.15 说明了如何为这个文档创建一种可能的层次树状结构。首先，将得到一个以 STUDENT 为根元素的格，如图 13.15(a)所示。这不是一种树状结构，因为其中存在环。断开环的一种方式是复制环中涉及的实体类型。首先，我们复制了 INSTRUCTOR，如图 13.15(b)中所示，并把这个副本称为右边的 INSTRUCTOR1。左边的 INSTRUCTOR 副本表示老师与他们讲授的课程单元之间的联系，而右边的 INSTRUCTOR1 副本则表示老师与每位老师所在院系之间的联系。此后，还具有涉及 COURSE 的环，因此可以利用一种类似的方式复制 COURSE，从而得到图 13.15(c)中所示的层次结构。左边的 COURSE1 副本表示课程与它们的单元之间的联系，而右边的 COURSE 副本则表示课程与开设每门课程的院系之间的联系。

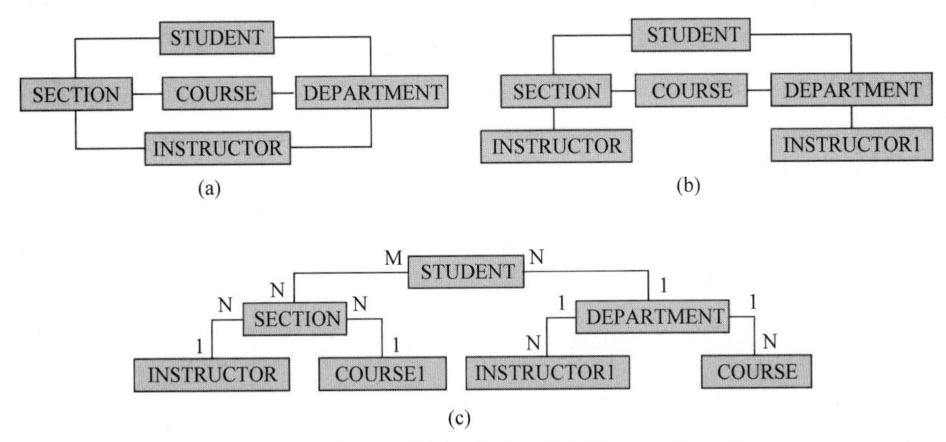

图 13.15　将带有环的图转换成一种层次（树状）结构

在图 13.15(c)中，把初始图转换成了一种层次结构。在创建最终的层次结构和对应的 XML 模式结构之前，如果需要，可以执行进一步的合并（就像前面的示例中一样）。

13.6.3　从数据库中提取 XML 文档的其他步骤

除了创建合适的 XML 层次结构和对应的 XML 模式文档之外，还需要执行另外几个步骤，以从数据库中提取特定的 XML 文档。

（1）必须利用 SQL 创建正确的查询，为 XML 文档提取想要的信息。

（2）一旦执行了查询，就必须重新组织它的结果，将其从平面关系形式转换成 XML 树状结构。

（3）可以自定义查询，以便将单个对象或多个对象选入文档中。例如，在图 13.13 所示的视图中，查询可以选择单个学生实体，并创建与这个学生对应的文档，或者它可能选择多个（或者甚至是全部）学生，并创建具有多个学生的文档。

13.7　XML/SQL：用于创建 XML 数据的 SQL 函数

在本节中，将讨论一些添加到 SQL 标准的最新版本中的函数，它们用于从关系数据库中生成 XML 数据。这些函数可用于把查询的结果格式化为 XML 元素和文档，以及指定

XML层次结构的根元素，使得可以从平面关系数据创建嵌套的层次数据。首先，我们将列出并简要描述一些添加到SQL中的函数；然后，将显示几个示例。

我们将讨论以下函数：

（1）XMLELEMENT函数：它用于指定将出现在XML结果中的标签（元素）名称。它可以为复杂元素或者单个列指定一个标签名称。

（2）XMLFOREST函数：如果XML结果中需要多个标签（元素），那么这个函数可以利用一种比XMLELEMENT函数更简单的方式创建多个元素名称。列名可以直接列出，中间用逗号隔开，可以重命名或者不进行重命名。如果一个列名没有被重命名，那么将把它用作元素（标签）名称。

（3）XMLAGG函数：这个函数可以把多个元素组合（或聚集）在一起，使得可以把它们置于一个父元素之下，作为一个子元素的集合。

（4）XMLROOT函数：这个函数允许将所选的元素格式化为一个XML文档，它带有单个根元素。

（5）XMLATTRIBUTES函数：这个函数允许为XML结果的元素创建属性。

现在将利用几个SQL/XML示例说明这些函数，这些示例参考了图5.5和图5.6中的EMPLOYEE表。第一个示例X1显示如何创建一个XML文档，其中包含Ssn为“123456789”的雇员的EMPLOYEE姓氏：

```
X1: SELECT XMLELEMENT (NAME "lastname", E.LName)
    FROM   EMPLOYEE E
    WHERE  E.Ssn = "123456789" ;
```

SQL关键字NAME指定XML元素（标签）名称。对图5.6中所示的数据执行查询的结果如下：

```
<lastname>Smith</lastname>
```

如果想要检索单个行中的多个列，可以在父元素内的多个位置列出XMLELEMENT，但是一种更简单的方式是使用XMLFOREST，它允许指定多个列，而无须把关键字XMLELEMENT重复多次，如X2所示：

```
X2: SELECT  XMLELEMENT (NAME "employee",
                XMLFOREST (
                    E.Lname AS "ln",
                    E.Fname AS "fn",
                    E.Salary AS "sal" ) )
    FROM    EMPLOYEE AS E
    WHERE   E.Ssn = "123456789" ;
```

在图5.6所示的数据上执行X2的结果如下：

```
<employee><ln>Smith</ln><fn>John</fn><sal>30000</sal></employee>
```

假设我们想创建一些XML数据，其中包含在部门4工作的雇员的姓氏、名字和薪水，并把这些数据格式化为一个XML文档，它具有根标签“dept4emps”。然后可以编写SQL/XML查询X3，如下所示：

```
X3: SELECT  XMLROOT (
            XMLELEMENT (NAME "dept4emps",
            XMLAGG (
                XMLELEMENT (NAME "emp"
                XMLFOREST (Lname, Fname, Salary)
                ORDER BY Lname ) ) )
    FROM    EMPLOYEE
    WHERE   Dno = 4 ;
```

XMLROOT 函数创建单个根元素，因此 XML 数据将是一个良构的文档（具有单个根节点的树）。在图 5.6 所示的数据上执行 X3 的结果如下：

```
<dept4emps>
<emp><Lname>Jabbar</Lname><Fname>Ahmad</Fname><Salary>25000
    </Salary></emp>
<emp><Lname>Wallace</Lname><Fname>Jennifer
    </Fname><Salary>43000</Salary></emp>
<emp><Lname>Zelaya</Lname><Fname>Alicia</Fname><Salary>25000
    </Salary></emp>
</dept4emps>
```

这些示例说明了如何扩展 SQL 标准，以允许用户将查询结果格式化为 XML 数据。

13.8 小　　结

本章概述了用于在 Internet 上表示和交换数据的 XML 标准。首先讨论了各种数据类型之间的一些区别，并把数据分为 3 种主要类型：结构化数据、半结构化数据和非结构化数据。结构化数据存储在传统的数据库中。半结构化数据把数据类型名称与数据值混合在一起，但是并非所有的数据都必须遵循一种固定的预定义结构。非结构化数据指的是在 Web 上显示的信息，它们是通过 HTML 指定的，其中缺少关于数据项类型的信息。我们描述了 XML 标准及其树状结构的（层次）数据模型，并且讨论了 XML 文档以及用于指定这些文档结构的语言，即 XML DTD（文档类型定义）和 XML 模式。接着概述了用于存储 XML 文档的各种方法，可以采用它们的纯（文本）格式或者以一种压缩形式存储这些文档，还可以在关系数据库或者其他类型的数据库中存储它们。然后概述了为查询 XML 数据而提出的 XPath 和 XQuery 语言，并且讨论了当需要把传统的关系数据库中存储的数据转换成 XML 文档时所发生的映射问题。最后，讨论了 SQL/XML，它给 SQL 提供了额外的功能，用于将 SQL 查询结果格式化为 XML 数据。

复　习　题

13.1　结构化数据、半结构化数据与非结构化数据之间有何区别？

13.2　XML文档属于复习题13.1中提及的哪个类别？自描述数据又属于哪个类别？

13.3　在XML和HTML中，标签的用法有何区别？

13.4　以数据为中心的XML文档与以文档为中心的XML文档之间有何区别？

13.5　XML中的属性与元素之间有何区别？列出XML模式中用于指定元素的一些重要属性。

13.6　XML模式与XML DTD之间有何区别？

练　习　题

13.7　创建与图5.6中所示关系数据库中存储的数据对应的XML实例文档的一部分，并且使得该XML文档符合图13.5中的XML模式文档。

13.8　创建与图13.14和图13.15(c)中所示的层次结构对应的XML模式文档和XML DTD。

13.9　考虑图6.6中的LIBRARY关系数据库模式。创建与该数据库模式对应的XML模式文档。

13.10　在图13.5中所示的company XML模式上，利用XQuery将以下视图指定为查询。

a. 对于每个部门，视图中包含部门名称、经理姓名和经理薪水。

b. 对于在Research部门工作的每位雇员，视图中包含雇员姓名、管理者姓名和雇员薪水。

c. 对于每个项目，视图中包含项目名称、控制部门名称、雇员人数以及每周在该项目上工作的总小时数。

d. 对于每个有多位雇员参与的项目，视图中包含项目名称、控制部门名称、雇员人数以及每周在该项目上工作的总小时数。

选读文献

有如此之多的文章和图书介绍 XML 的方方面面，以至于要给出一个适度的列表甚至都是不可能的。我们将推荐一本书：Chaudhri、Rashid 和 Zicari 编辑（2003）。该书讨论了 XML 的各个方面的内容，并且包含一个有关 XML 研究和实践的参考列表。

第 6 部 分

数据库设计理论和规范化

第 14 章　函数依赖和关系数据库规范化的基础知识

在第 5~8 章中，介绍了关系模型及与之关联的语言的多方面的内容。每个关系模式都由许多属性组成，而关系数据库模式则由许多关系模式组成。迄今为止，假定对属性进行分组来构成关系模式，其方法是：使用数据库设计者的常识判断，或者从一个概念数据模型（例如 ER 或增强的 ER（EER）数据模型）映射数据库模式。这些模型使设计者可以标识实体类型和联系类型以及它们各自的属性，当遵循第 9 章中讨论的映射过程时，这就导致将属性自然或逻辑地分组形成关系。不过，我们仍然需要某种形式化方式，用以分析在形成关系模式时，为什么一种属性分组方法比另一种更好。在第 3 章、第 4 章和第 9 章中讨论数据库设计时，并没有阐明任何用于评判设计质量的合适度或优劣性的度量标准，而只是凭借设计者的直觉来进行判断。在本章中，将讨论一些已经开发出的理论，它们的目标是通过评估关系模式来判断设计质量的好坏，也就是说，用于形式化地度量为什么在形成关系模式时，一种属性分组集合要优于另一种分组集合。

可以在两个层次上讨论关系模式的优劣性。第一个层次是**逻辑层**（logical level）或**概念层**（conceptual level），即用户如何解释关系模式及其属性的含义。在这个层次上具有一个良好的关系模式可以使用户清楚地理解关系中数据的含义，从而能够正确地表述他们的查询。第二个层次是**实现层**（implementation level）或**物理存储层**（physical storage level），即基本关系中的元组是如何存储和更新的。这个层次只适用于基本关系的模式，它们在物理上存储为文件；而在逻辑层上，我们感兴趣的是基本关系和视图（虚关系）的模式。本章中将逐步阐明的关系数据库设计理论主要用于基本关系，尽管一些合适度的标准也适用于视图，如 14.1 节所示。

与许多设计问题一样，也可以使用如下两种方法来执行数据库设计：即自底向上或自顶向下。**自底向上的设计方法学**（bottom-up design methodology，也称为综合设计（design by synthesis））把各个属性之间的基本联系视作起点，并使用这些联系来构造关系模式。这种方法在实际中不是非常流行[1]，因为它会遇到如下问题：不得不收集属性之间大量的二元联系作为起点。在实际情况下，要想捕捉所有这样的属性对之间的二元联系几乎是不可能的。与之相比，**自顶向下的设计方法学**（top-down design methodology，也称为分析设计（design by analysis））首先将属性按其自然存在的关系进行分组，例如发票、表单或报表。然后单独或综合地分析这些关系，并做进一步的分解，直至满足所有需要的性质为止。本章中描述的理论主要适用于自顶向下的设计方法，因此，它们更适合于通过分析和分解属

1　也有一个例外，在实际中使用这种方法时，它将基于一个模型，称为二元关系模型。一个示例是 NIAM 方法学（Verheijen 和 VanBekkum，1982）。

性集合来执行数据库设计，在现实情况中，这些属性一起出现在文件中、报表中或者表单上。

关系数据库设计最终将产生一组关系。设计活动的隐含目标是信息保持（information preservation）和最小冗余（minimum redundancy）。信息非常难以量化，因此在考量信息保持时，将以维护所有概念为依据，包括属性类型、实体类型、联系类型，以及泛化/特化联系，后面将使用一个模型（例如EER模型）来描述它们。因此，在从概念设计映射到逻辑设计之后，关系设计必须保留最初在概念设计中捕捉的所有这些概念。最小冗余意指最小化相同信息的冗余存储，以及在响应需要进行更新的现实事件时，把为了跨相同信息的多个副本维持一致性而需要进行更新的次数减少一些。

在本章中，首先在14.1节中非正式地讨论一些用于区分关系模式好坏的标准。在14.2节中，将定义函数依赖（functional dependency）的概念，它是属性之间的一种形式化约束，这种约束是用于形式化地度量形成关系模式的属性分组是否合适的主要工具。在14.3节中，将讨论一些范式，以及使用函数依赖的规范化过程。然后定义了一系列连续的范式，以满足使用主键和函数依赖表达的一组想要的约束。规范化过程包括对关系应用一系列测试，以满足越来越严格的要求，并在必要时对关系进行分解。在14.4节中，将讨论更一般的范式定义，它们可以直接应用于任何给定的设计，而不需要逐步的分析和规范化。14.5节~14.7节将讨论更进一步的范式，直到第五范式。在14.6节中，将介绍多值依赖（multivalued dependency，MVD），接着在14.7节中将介绍连接依赖（join dependency，JD）。14.8节对本章内容做了总结。

第15章将继续阐明与良好的关系模式设计相关的理论。我们将讨论关系分解所需要的性质：非加性连接性质和函数依赖保持性质。一个通用的算法可以测试分解是否具有非加性（或无损）连接性质（还会介绍算法15.3）。然后，我们将讨论函数依赖的性质以及依赖的最小覆盖的概念。我们将考虑由一组算法组成的自底向上的数据库设计方法，它可以利用想要的范式来设计关系。这些算法假定以一组给定的函数依赖作为输入，并且以一种目标范式来实现关系设计，同时保持上述想要的性质。在第15章中，还将定义其他的依赖类型，它们可以进一步丰富关系模式优劣性的评估标准。

如果在课程中没有涵盖第15章，建议读者阅读15.2节中对模式分解所想要性质进行的快速介绍，并且了解分解期间非加性连接性质的重要性。

14.1 关系模式的非形式化设计准则

在讨论关系数据库设计的形式化理论之前，将介绍4个非形式化的准则，它们可用作确定关系模式设计质量的度量标准：

- 确保属性的语义在模式中是清晰的。
- 减少元组中的冗余信息。
- 减少元组中的NULL值。
- 禁止生成伪元组的可能性。

如我们将看到的，这些度量标准并非总是彼此独立的。

14.1.1　给关系中的属性赋予清晰的定义

无论何时对属性分组以构成关系模式时，都假定属于一个关系的属性具有某种现实含义，并且有与它们关联的适当解释。关系的**语义**（semantics）是指从元组中属性值的解释而得到的它的含义。在第 5 章中，讨论了如何将一个关系解释为一组事件。如果第 3 章和第 4 章中描述的概念设计是精心完成的，并且系统地遵循第 9 章中介绍的映射过程，那么关系模式设计应该具有清晰的含义。

一般来讲，关系的语义越容易解释（换句话说，关系准确的含义是什么以及它代表什么），关系模式设计就越好。为了说明这一点，可以考虑图 14.1 和图 14.2，其中图 14.1 是图 5.5 中的 COMPANY 关系数据库模式的一个简化版本，图 14.2 表示该模式填充了关系状态的一个示例。EMPLOYEE 关系模式的含义很简单：每个元组都表示一位雇员，并具有以下值：雇员的姓名（Ename）、社会安全号（Ssn）、出生日期（Ssn）、住址（Address），以及雇员工作的部门编号（Dnumber）。Dnumber 属性是一个外键，表示 EMPLOYEE 与 DEPARTMENT 之间的隐含联系。DEPARTMENT 和 PROJECT 模式的语义也比较直观：每个 DEPARTMENT 元组都表示一个部门实体，每个 PROJECT 元组都表示一个项目实体。DEPARTMENT 的属性 Dmgr_ssn 将一个部门与作为该部门经理的雇员相关联，而 PROJECT 的属性 Dnum 则将一个项目与其控制部门相关联。这两个属性都是外键属性。解释关系的属性含义的难易程度是关系设计得有多好的一个非形式化度量标准。

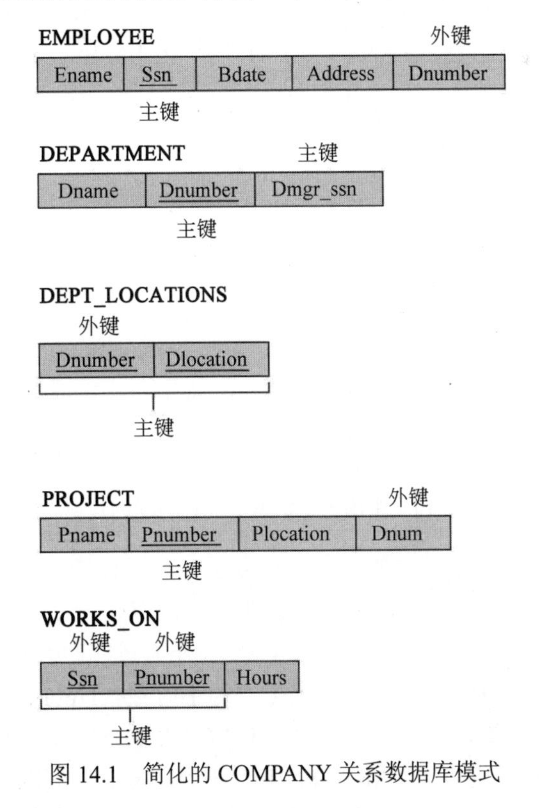

图 14.1　简化的 COMPANY 关系数据库模式

EMPLOYEE

Ename	Ssn	Bdate	Address	Dnumber
Smith, John B.	123456789	1965-01-09	731 Fondren, Houston, TX	5
Wong, Franklin T.	333445555	1955-12-08	638 Voss, Houston, TX	5
Zelaya, Alicia J.	999887777	1968-07-19	3321 Castle, Spring, TX	4
Wallace, Jennifer S.	987654321	1941-06-20	291Berry, Bellaire, TX	4
Narayan, Ramesh K.	666884444	1962-09-15	975 Fire Oak, Humble, TX	5
English, Joyce A.	453453453	1972-07-31	5631 Rice, Houston, TX	5
Jabbar, Ahmad V.	987987987	1969-03-29	980 Dallas, Houston, TX	4
Borg, James E.	888665555	1937-11-10	450 Stone, Houston, TX	1

DEPARTMENT

Dname	Dnumber	Dmgr_ssn
Research	5	333445555
Administration	4	987654321
Headquarters	1	888665555

DEPT_LOCATIONS

Dnumber	Dlocation
1	Houston
4	Stafford
5	Bellaire
5	Sugarland
5	Houston

WORKS_ON

Ssn	Pnumber	Hours
123456789	1	32.5
123456789	2	7.5
666884444	3	40.0
453453453	1	20.0
453453453	2	20.0
333445555	2	10.0
333445555	3	10.0
333445555	10	10.0
333445555	20	10.0
999887777	30	30.0
999887777	10	10.0
987987987	10	35.0
987987987	30	5.0
987654321	30	20.0
987654321	20	15.0
888665555	20	Null

PROJECT

Pname	Pnumber	Plocation	Dnum
ProductX	1	Bellaire	5
ProductY	2	Sugarland	5
ProductZ	3	Houston	5
Computerization	10	Stafford	4
Reorganization	20	Houston	1
Newbenefits	30	Stafford	4

图 14.2　图 14.1 中的关系数据库模式的示例数据库状态

图 14.1 中的另外两个关系模式的语义稍微复杂一些。DEPT_LOCATIONS 中的每个元组都给出了一个部门编号（Dnumber）以及该部门的地点之一（Dlocation）。WORKS_ON 中的每个元组都给一个雇员提供一个社会安全号（Ssn）、该雇员参与的项目之一的项目编号（Pnumber），以及该雇员每周在该项目上工作的小时数（Hours）。不过，这两个模式都有一种良好定义的、无歧义的解释。模式 DEPT_LOCATIONS 表示 DEPARTMENT 的一个多值属性，而 WORKS_ON 则表示 EMPLOYEE 与 PROJECT 之间的一个 M:N 联系。因此，可以认为图 14.1 中的所有关系模式都是容易解释的，因此从具有清晰语义的角度讲它们都

是良好的模式。从而可以表述以下非形式化设计准则。

准则 1

设计一个关系模式，使得很容易解释其含义。不要把来自多个实体类型和联系类型的属性组合成单个关系。直觉上讲，如果一个关系模式对应于一个实体类型或者一个联系类型，就可以比较直观地解释其含义。否则，如果一个关系对应于多个实体和联系的混合，就会导致语义不明确，并且不能很容易地解释关系。

违反准则 1 的示例

图 14.3(a)和图 14.3(b)中的关系模式也具有清晰的语义（读者眼下应该忽略关系下面的下画线，它们用于说明将在 14.2 节中讨论的函数依赖表示法）。图 14.3(a)中所示的 EMP_DEPT 关系模式中的元组表示单个雇员，但是除了 Dnumber（他/她所在部门的标识符）之外，它还包括额外的信息，即该雇员工作的部门名称（Dname）以及部门经理的社会安全号（Dmgr_ssn）。对于图 14.3(b)中所示的 EMP_PROJ 关系，每个元组都将一位雇员与一个项目关联起来，而且还包括雇员姓名（Ename）、项目名称（Pname）和项目地点（Plocation）。尽管这两个关系在逻辑上没有什么错误，但是它们违反了准则 1，因为它们将现实世界中不同实体的属性混合在一起：EMP_DEPT 混合了雇员和部门的属性；EMP_PROJ 则混合了雇员和项目以及 WORKS_ON 联系的属性。因此，根据上述的设计质量度量标准，它们的设计相当拙劣。可以把它们用作视图，但是把它们用作基本关系时会导致一些问题，将在下一节中讨论。

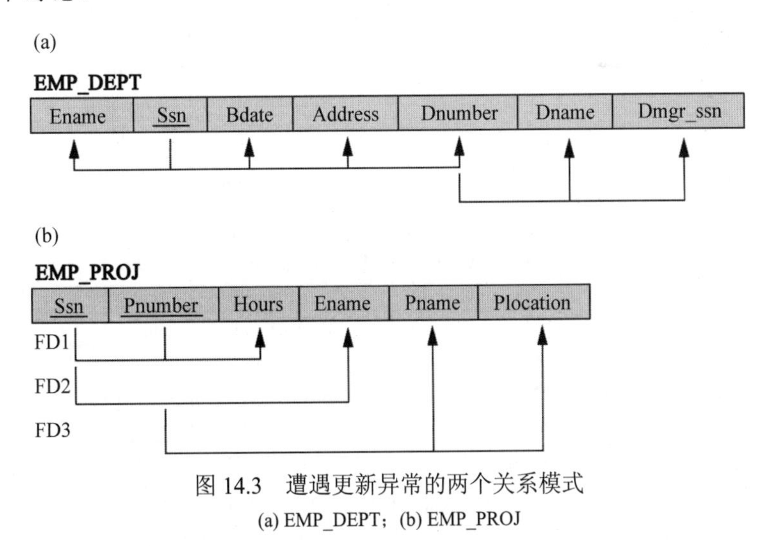

图 14.3　遭遇更新异常的两个关系模式

(a) EMP_DEPT；(b) EMP_PROJ

14.1.2　元组中的冗余信息和更新异常

模式设计的一个目标是：最小化基本关系（以及对应的文件）使用的存储空间。将属性分组形成关系对存储空间具有重大影响。例如，将图 14.2 中的两个基本关系 EMPLOYEE 和 DEPARTMENT 使用的空间与图 14.4 中的基本关系 EMP_DEPT 使用的空间进行比较，其中 EMP_DEPT 就是对 EMPLOYEE 和 DEPARTMENT 应用自然连接运算的结果。在

EMP_DEPT 中，属于一个特定部门的属性值（Dnumber、Dname、Dmgr_ssn）对于在该部门工作的每位雇员都要重复一次。与之相比，在图 14.2 中每个部门的信息只会在 DEPARTMENT 关系中出现一次。在 EMPLOYEE 关系中，只有部门编号（Dnumber）会作为外键为在该部门工作的每位雇员重复一次。对于 EMP_PROJ 关系也存在类似的问题（参见图 14.4），它利用来自 EMPLOYEE 和 PROJECT 的额外属性增大了 WORKS_ON 关系。

EMP_DEPT（Dname、Dmgr_ssn：冗余）

Ename	Ssn	Bdate	Address	Dnumber	Dname	Dmgr_ssn
Smith, John B.	123456789	1965-01-09	731 Fondren, Houston, TX	5	Research	333445555
Wong, Franklin T.	333445555	1955-12-08	638 Voss, Houston, TX	5	Research	333445555
Zelaya, Alicia J.	999887777	1968-07-19	3321 Castle, Spring, TX	4	Administration	987654321
Wallace, Jennifer S.	987654321	1941-06-20	291 Berry, Bellaire, TX	4	Administration	987654321
Narayan, Ramesh K.	666884444	1962-09-15	975 FireOak, Humble, TX	5	Research	333445555
English, Joyce A.	453453453	1972-07-31	5631 Rice, Houston, TX	5	Research	333445555
Jabbar, Ahmad V.	987987987	1969-03-29	980 Dallas, Houston, TX	4	Administration	987654321
Borg, James E.	888665555	1937-11-10	450 Stone, Houston, TX	1	Headquarters	888665555

EMP_PROJ（Ename：冗余；Pname、Plocation：冗余）

Ssn	Pnumber	Hours	Ename	Pname	Plocation
123456789	1	32.5	Smith, John B.	ProductX	Bellaire
123456789	2	7.5	Smith, John B.	ProductY	Sugarland
666884444	3	40.0	Narayan, Ramesh K.	ProductZ	Houston
453453453	1	20.0	English, Joyce A.	ProductX	Bellaire
453453453	2	20.0	English, Joyce A.	ProductY	Sugarland
333445555	2	10.0	Wong, Franklin T.	ProductY	Sugarland
333445555	3	10.0	Wong, Franklin T.	ProductZ	Houston
333445555	10	10.0	Wong, Franklin T.	Computerization	Stafford
333445555	20	10.0	Wong, Franklin T.	Reorganization	Houston
999887777	30	30.0	Zelaya, Alicia J.	Newbenefits	Stafford
999887777	10	10.0	Zelaya, Alicia J.	Computerization	Stafford
987987987	10	35.0	Jabbar, Ahmad V.	Computerization	Stafford
987987987	30	5.0	Jabbar, Ahmad V.	Newbenefits	Stafford
987654321	30	20.0	Wallace, Jennifer S.	Newbenefits	Stafford
987654321	20	15.0	Wallace, Jennifer S.	Reorganization	Houston
888665555	20	Null	Borg, James E.	Reorganization	Houston

图 14.4 对图 14.2 中的关系应用自然连接运算而得到的 EMP_DEPT 和 EMP_PROJ 的示例状态。出于性能考虑，可以把它们存储为基本关系

存储基本关系的自然连接将导致另外一个称为**更新异常**（update anomaly）的问题。更新异常可以分为插入异常、删除异常和修改异常[1]。

1. 插入异常

插入异常可分为两类，通过下面基于 EMP_DEPT 关系的示例加以说明：

1 这些异常是由 Codd（1972a）确认的，以证明需要对关系进行规范化，相关内容将在 15.3 节中讨论。

- 要把一个新的雇员元组插入 EMP_DEPT 中，必须包括该雇员工作的部门的属性值或者 NULL 值（如果雇员还没有为该部门工作）。例如，要插入一个新的元组，表示一个在编号为 5 的部门工作的雇员，就必须正确地输入部门 5 的所有属性值，使得它们与 EMP_DEPT 中的其他元组中的部门 5 的对应值相一致。在图 14.2 的设计中，不必担心这种一致性问题，因为在雇员元组中只需输入部门编号；部门 5 的所有其他的属性值只会在数据库中记录一次，作为 DEPARTMENT 关系中的单个元组。
- 在 EMP_DEPT 关系中将难以插入一个还没有雇员的新部门。执行该操作的唯一方式是：在用于雇员的属性中放入 NULL 值。这破坏了 EMP_DEPT 的实体完整性，因为它的主键 Ssn 不能为 NULL。而且，当把第一位雇员分配到该部门时，将不再需要这个具有 NULL 值的元组。在图 14.2 的设计中，将不会出现这个问题，因为无论是否有雇员在为某个部门工作，都可以把该部门插入 DEPARTMENT 关系中，并且无论何时给该部门分配一位雇员，都会在 EMPLOYEE 中插入一个对应的元组。

2. 删除异常

删除异常的问题与刚才讨论的第二种插入异常情况相关。如果从 EMP_DEPT 中删除一个雇员元组，而该元组碰巧表示为特定部门工作的最后一位雇员，那么就会从数据库中疏忽地丢失关于该部门的信息。在图 14.2 的数据库中不会出现这个问题，因为 DEPARTMENT 元组是单独存储的。

3. 修改异常

在 EMP_DEPT 中，如果更改特定部门的一个属性值，例如说部门 5 的经理，就必须更新在该部门工作的所有雇员的元组；否则，数据库将变得不一致。如果未能更新某些元组，那么同一个部门会显示出在不同的雇员元组中具有两个不同的经理值，这将是错误的[1]。

显而易见，这 3 类异常都是不想要的，并且它们会导致难以维护数据的一致性，同时还需要进行原本可以避免的不必要的更新；因此，我们可以指出如下一个准则。

4. 准则 2

在设计基本关系模式时，要使得关系中不会存在插入、删除或修改异常。如果存在任何异常[2]，就要清楚地注明它们，并且确保更新数据库的程序将会正确地工作。

第二个准则与第一个准则是一致的，并且在某种程度上是第一个准则的重述。我们还可以看到，需要一种更形式化的方法，来评估一种设计是否满足这些准则。14.2 节~14.4 节提供了这些需要的形式化概念。值得注意的是：有时可能不得不违反这些准则，以便改进某些查询的性能。除了基本关系 EMPLOYEE 和 DEPARTMENT 之外，如果把 EMP_DEPT 用作存储的关系（另一种称谓是物化视图），就必须指出并解释 EMP_DEPT 中的异常（例如，使用触发器或存储过程，它们将执行自动更新）。这样，无论何时更新基本关系，最终都不会出现不一致的情形。一般来讲，明智的做法是使用没有异常的基本关系，并且指定

1　这个问题不像其他问题那么严重，因为可以通过单个 SQL 查询更新所有的元组。

2　其他的应用考虑事项可能导致并引发某些不可避免的异常。例如，EMP_DEPT 关系可能对应于一个频繁需要的查询或报表。

包括连接的视图，将重要的查询中频繁引用的属性放在一起。

14.1.3 元组中的 NULL 值

在一些模式设计中，可能把许多属性分组在一起，形成一个“胖”关系。如果其中许多属性不适用于关系中的所有元组，那么最终在那些元组中将具有许多 NULL 值。这就会浪费存储层中的许多空间，并且还可能会导致在理解属性含义时以及在逻辑层指定连接运算时出现问题[1]。涉及 NULL 值的另一个问题是：在应用诸如 COUNT 或 SUM 之类的聚合运算时如何解释 NULL 值。选择和连接运算涉及比较；如果存在 NULL 值，结果将可能变得不可预测[2]。而且，NULL 值可以有多种解释，如下：

- 属性*不适用于*这个元组。例如，Visa_status 可能不适用于美国学生。
- 属性值对于这个元组来说是*未知*的。例如，Date_of_birth 对于某个雇员来说可能是未知的。
- *值已知但是缺失*；也就是说，还没有记录它。例如，Home_Phone_Number 对于某个雇员可能存在，但是还没有提供和记录它。

使所有的 NULL 值都具有相同的解释掩盖了它们可能具有不同的含义。因此，需要指出另一个准则。

准则 3

在设计关系时，要尽可能避免把其值往往可能是 NULL 的属性放在基本关系中。如果 NULL 不可避免，就要确保它们只适用于例外情况，而不适用于关系中的大多数元组。

高效地使用空间以及避免连接 NULL 值是两个最重要的准则，它们确定了是在关系中包括可能具有 NULL 值的列，还是为这些列建立一个单独的关系（带有合适的键列）。例如，如果只有 15%的雇员具有个人办公室，那么在 EMPLOYEE 关系中包括一个属性 Office_number 就是不合理的；相反，可以创建一个关系 EMP_OFFICES(Essn, Office_number)，只包括那些有个人办公室的雇员元组。

14.1.4 生成伪元组

考虑图 14.5(a)中的两个关系模式 EMP_LOCS 和 EMP_PROJ1，它们可用于代替图 14.3(b)中的单个 EMP_PROJ 关系。EMP_LOCS 中的元组意指名叫 Ename 的雇员在位于 Plocation 的*至少一个*项目上工作。EMP_PROJ1 中的元组涉及以下事实：其社会安全号是 Ssn 的雇员在名称、编号和地点分别是 Pname、Pnumber 和 Plocation 的项目上每周工作给定的 Hours 个小时。图 14.5(b)显示了与图 14.4 中的 EMP_PROJ 关系对应的 EMP_LOCS 和 EMP_PROJ1 的关系状态，它们是通过对 EMP_PROJ 应用合适的投影（π）运算获得的。

---

1 这是由于当连接中涉及 NULL 值时内连接和外连接将会产生不同的结果。因此，用户必须知道不同连接类型的不同含义。尽管这对于资深用户来说是合理的，但是对于其他用户可能会有困难。

2 在 5.5.1 节中，介绍了涉及 NULL 值的比较，其中结果（在三值逻辑中）是 TRUE、FALSE 和 UNKNOWN。

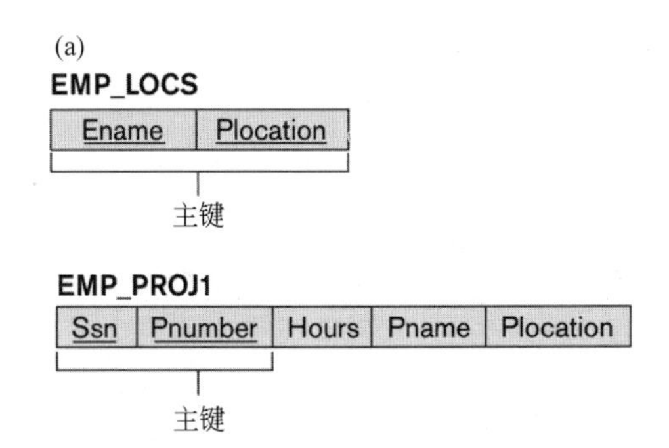

(b)

EMP_LOCS

Ename	Plocation
Smith, John B.	Bellaire
Smith, John B.	Sugarland
Narayan, Ramesh K.	Houston
English, Joyce A.	Bellaire
English, Joyce A.	Sugarland
Wong, Franklin T.	Sugarland
Wong, Franklin T.	Houston
Wong, Franklin T.	Stafford
Zelaya, Alicia J.	Stafford
Jabbar, Ahmad V.	Stafford
Wallace, Jennifer S.	Stafford
Wallace, Jennifer S.	Houston
Borg, James E.	Houston

EMP_PROJ1

Ssn	Pnumber	Hours	Pname	Plocation
123456789	1	32.5	ProductX	Bellaire
123456789	2	7.5	ProductY	Sugarland
666884444	3	40.0	ProductZ	Houston
453453453	1	20.0	ProductX	Bellaire
453453453	2	20.0	ProductY	Sugarland
333445555	2	10.0	ProductY	Sugarland
333445555	3	10.0	ProductZ	Houston
333445555	10	10.0	Computerization	Stafford
333445555	20	10.0	Reorganization	Houston
999887777	30	30.0	Newbenefits	Stafford
999887777	10	10.0	Computerization	Stafford
987987987	10	35.0	Computerization	Stafford
987987987	30	5.0	Newbenefits	Stafford
987654321	30	20.0	Newbenefits	Stafford
987654321	20	15.0	Reorganization	Houston
888665555	20	NULL	Reorganization	Houston

图 14.5　图 14.3(b)中的 EMP_PROJ 关系的特别拙劣的设计

(a) 两个关系模式 EMP_LOCS 和 EMP_PROJ1；

(b) 将图 14.4 中的 EMP_PROJ 的外延投影到 EMP_LOCS 和 EMP_PROJ1 关系上的结果

假设将 EMP_PROJ1 和 EMP_LOCS 用作基本关系，以代替 EMP_PROJ。这将产生一种特别糟糕的模式设计，因为将无法从 EMP_PROJ1 和 EMP_LOCS 中恢复最初位于 EMP_PROJ 中的信息。如果尝试对 EMP_PROJ1 和 EMP_LOCS 执行自然连接运算，结果将会产生比 EMP_PROJ 中的原始元组集合多得多的元组。在图 14.6 中，显示了只对 Ssn = "123456789"的雇员元组应用连接运算的结果（以减小结果关系的大小）。不在 EMP_PROJ 中的其他元组称为**伪元组**（spurious tuple），因为它们表示无效的伪信息。在图 14.6 中用星号（*）标记伪元组。留给读者完成的任务是：完成对 EMP_PROJ1 和 EMP_LOCS 完全执行自然连接运算的结果，以及在这个结果中标记出伪元组。

将 EMP_PROJ 分解成 EMP_LOCS 和 EMP_PROJ1 是不合适的，因为当使用自然连接运算连接回它们时，将不会得到正确的原始信息。这是由于在这种情况下，Plocation 碰巧是把 EMP_LOCS 和 EMP_PROJ1 关联起来的属性，而它既不是 EMP_LOCS 或 EMP_PROJ1 的主键，也不是它们的外键。我们现在将非形式化地表述另一个设计准则。

	Ssn	Pnumber	Hours	Pname	Plocation	Ename
	123456789	1	32.5	ProductX	Bellaire	Smith, John B.
*	123456789	1	32.5	ProductX	Bellaire	English, Joyce A.
	123456789	2	7.5	ProductY	Sugarland	Smith, John B.
*	123456789	2	7.5	ProductY	Sugarland	English, Joyce A.
*	123456789	2	7.5	ProductY	Sugarland	Wong, Franklin T.
	666884444	3	40.0	ProductZ	Houston	Narayan, Ramesh K.
*	666884444	3	40.0	ProductZ	Houston	Wong, Franklin T.
*	453453453	1	20.0	ProductX	Bellaire	Smith, John B.
	453453453	1	20.0	ProductX	Bellaire	English, Joyce A.
*	453453453	2	20.0	ProductY	Sugarland	Smith, John B.
	453453453	2	20.0	ProductY	Sugarland	English, Joyce A.
*	453453453	2	20.0	ProductY	Sugarland	Wong, Franklin T.
*	333445555	2	10.0	ProductY	Sugarland	Smith, John B.
*	333445555	2	10.0	ProductY	Sugarland	English, Joyce A.
	333445555	2	10.0	ProductY	Sugarland	Wong, Franklin T.
*	333445555	3	10.0	ProductZ	Houston	Narayan, Ramesh K.
	333445555	3	10.0	ProductZ	Houston	Wong, Franklin T.
	333445555	10	10.0	Computerization	Stafford	Wong, Franklin T.
*	333445555	20	10.0	Reorganization	Houston	Narayan, Ramesh K.
	333445555	20	10.0	Reorganization	Houston	Wong, Franklin T.

*
*
*

图 14.6 只对图 14.5 中 EMP_PROJ1 和 EMP_LOCS 中的 Ssn = “123456789”的雇员元组应用自然连接运算的结果。用星号标记生成的伪元组

准则 4

在设计关系模式时，要使得它们可以在作为适当相关的（主键，外键）对的属性上以某种方式进行等值条件连接，并且保证这种连接不会产生伪元组。要避免关系中包含不是（主键，外键）组合的匹配属性，因为这类属性上的连接运算可能会产生伪元组。

显然，需要更形式化地表述这个非形式化准则。在 15.2 节中将会讨论一个形式化条件，称为非加性（或无损）连接性质，它可以保证某些连接不会产生伪元组。

14.1.5 关于设计准则的总结和讨论

在 14.1.1 节~14.1.5 节中，非形式化地讨论了可能会导致有问题的关系模式的情形，并且提出了良好的关系模式设计需要遵循的非形式化准则。下面列出了一些我们指出的问题，无须额外的分析工具即可检测到它们。

- 异常意味着在对关系执行插入和修改操作时要做冗余的工作，并且在对关系执行删除操作时可能会导致意外的信息丢失。
- 由于 NULL 值，导致存储空间浪费，并且使得难以执行选择、聚合运算和连接。
- 在对基本关系执行连接运算时，如果基本关系具有可能不会表示正确的（外键，主键）联系的匹配属性，就会生成无效数据和伪数据。

在本章余下部分，将介绍一些形式化概念和理论，它们可用于更精确地定义各个关系模式的优劣性。首先，将讨论函数依赖，它可用作一种分析工具。然后，将详细说明关系模式的 3 种范式和 Boyce-Codd 范式（BCNF），并把它们指定为关系设计质量的既定的、公认的标准。实现良好设计的策略是：适当地分解一个设计得很糟糕的关系，以获得更高的范式。我们还将简要介绍用于处理额外依赖的额外范式。在第 15 章中，将详细讨论分解的性质，并将提供各种与函数依赖、分解的优劣性以及自底向上的关系设计相关的算法，它们是以函数依赖为起点的。

14.2 函数依赖

迄今为止，我们讨论了数据库设计的非形式化度量标准。现在将介绍一个用于关系模式分析的形式化工具，它使我们能够精确地检测并描述上述的一些问题。关系模式设计理论中的一个最重要的概念是函数依赖。在本节中将形式化地定义这个概念，在 15.3 节中将说明如何使用它来定义关系模式的范式。

函数依赖的定义

函数依赖是数据库中的两个属性集合之间的约束。假设我们的关系数据库模式具有 n 个属性 $A_1, A_2,\cdots, A_n$；让我们把整个数据库视作通过单个泛（universal）关系模式 $R = \{A_1, A_2,\cdots, A_n\}$来进行描述[1]。这并不意味着将实际地把数据库存储为单个泛表；这个概念仅用于开发数据依赖的形式化理论[2]。

定义　R 的两个属性子集 X 和 Y 之间的**函数依赖**(functional dependency)记作 $X \to Y$，用于在可能构成 R 的一种关系状态 r 的元组上指定一个约束。这个约束是：对于 r 中的任意两个元组 t_1 和 t_2，如果有 $t_1[X] = t_2[X]$，那么它们也必须有 $t_1[Y] = t_2[Y]$。

这意味着 r 中的一个元组的 Y 成分的值依赖于 X 成分的值，或者*由它确定*；也可以说，一个元组的 X 成分的值唯一地（或者**函数地**（functionally））*确定* Y 成分的值。还可以说存在一个从 X 到 Y 的函数依赖，或者说 Y **函数依赖**（functionally dependent）于 X。函数依赖的简写是 FD 或 f.d.。属性 X 的集合称为 FD 的**左端**（left-hand side），Y 则称为 FD 的**右端**（right-hand side）。

因此，在关系模式 R 中，当且仅当无论何时 r(R)的两个元组具有相同的 X 值，那么它们也必定具有相同的 Y 值时，才称 X 函数确定 Y。注意以下几点：

- 如果 R 上的约束指出：在任何关系实例 r(R)中不能有多个元组具有给定的 X 值，也就是说 X 是 R 的一个**候选键**（candidate key），这就意味着对于 R 的任何一个属性子集 Y，均有 $X \to Y$（由于键约束意味着在任何合法状态 r(R)中，都不能有两个元组具有相同的 X 值）。如果 X 是 R 的候选键，那么 $X \to R$。

1　在第 15 章中描述用于关系数据库设计的算法时，泛关系这个概念很重要。

2　这个假设意味着数据库中的每个属性都应该具有不同的名称。在第 5 章中，在属性名前加上关系名作为前缀，以使得无论何时不同关系中的属性具有相同的名称都可以实现唯一性。

- 如果R中有X → Y，这并不能说明R中是否有Y → X。

函数依赖是属性的**语义**（semantics）或**含义**（meaning）的一个性质。数据库设计者将使用他们对R属性语义的理解（即这些属性之间是如何彼此相关的），指定在R的所有关系状态（外延）r上都应该成立的函数依赖。满足函数依赖约束的关系外延r(R)称为R的**合法关系状态**（legal relation state）或者**合法外延**（legal extension）。因此，函数依赖主要用于：通过在关系的属性上指定必须总是保持的约束，来进一步描述关系模式R。一般在理解属性含义的情况下，就可以指定某些FD，而无须引用特定的关系，只需将其指定为那些属性的一个性质即可。例如，{State, Driver_license_number} → Ssn对于美国的任何成年人通常都应该是成立的，因此无论何时这些属性出现在一个关系中，都应该保持它[1]。如果联系改变了，某些函数依赖也可能在现实世界中就不复存在了。例如，函数依赖Zip_code → Area_code过去在美国作为邮政编码与电话号码之间的一个联系而在存，但是随着电话区号激增，它就不再成立了。

考虑图14.3(b)中的关系模式EMP_PROJ；从属性和关系的语义可知，下面的函数依赖应该是成立的：

a. Ssn → Ename

b. Pnumber → {Pname, Plocation}

c. {Ssn, Pnumber} → Hours

这些函数依赖指定：(a)雇员的社会安全号（Ssn）的值唯一确定雇员的姓名（Ename）；(b)项目编号（Pnumber）的值唯一确定项目名称（Pname）和地点（Plocation）；(c) Ssn值与Pnumber值的组合唯一确定雇员每周在该项目上工作的小时数（Hours）。此外，还可以说Ename是由Ssn函数确定的（或函数依赖于Ssn），或者说给定一个Ssn值，就可以知道Ename的值，等等。

函数依赖是关系模式R的一个性质，而不是R的一种特定的合法关系状态r。因此，不能从一个给定的关系外延r自动推断出函数依赖，而必须由知道R的属性语义的人显式定义它。例如，图14.7显示了TEACH关系模式的一种特定的状态。尽管初看上去我们可能认为Text → Course，但是不能确认这一点，除非我们知道它对于TEACH的所有可能的合法状态都成立。不过，要否定一个函数依赖，只需给出一个反例就足够了。例如，由于Smith讲授Data Structures和Database Systems两门课程，就可以推断Teacher不能函数确定Course。

TEACH

Teacher	Course	Text
Smith	Data Structures	Bartram
Smith	Data Management	Martin
Hall	Compilers	Hoffman
Brown	Data Structures	Horowitz

图14.7 TEACH的一种关系状态带有一个可能的函数依赖TEXT → COURSE。不过，TEACHER → COURSE、TEXT → TEACHER和COURSE → TEXT将被排除

1 注意：在一些数据库（例如信用卡代理或警察局的那些数据库）中，这种函数依赖可能不成立，这是由于两个或更多不同的人使用相同的驾驶执照号会导致欺诈记录。

给定一个填充好数据的关系，除非我们知道属性的含义以及它们之间的联系，否则将不能确定哪些函数依赖是成立的，以及哪些函数依赖不成立。我们只能说：如果某个函数依赖在那个特定的外延中是成立的，那么它就可能存在。除非我们理解对应属性的含义，否则将不能保证函数依赖是否存在。不过，我们可以肯定地指出：如果有元组显示违反了某个函数依赖，那么这个函数依赖将不成立。参见图 14.8 中的说明性示例关系。这里，由于当前外延中的 4 个元组没有破坏下面这些约束，因此下面的函数依赖可能成立：B → C、C → B、{A, B} → C、{A, B} → D 和{C, D} → B。不过，以下函数依赖将不成立，因为在给定的外延中已经破坏了它们：A → B（元组 1 和元组 2 破坏了这个约束）、B → A（元组 2 和元组 3 破坏了这个约束）和 D → C（元组 3 和元组 4 破坏了这个约束）。

A	B	C	D
a_1	b_1	c_1	d_1
a_1	b_2	c_2	d_2
a_2	b_2	c_2	d_3
a_2	b_3	c_4	d_3

图 14.8　关系 R(A, B, C, D)及其外延

图 14.3 介绍了一种用于显示函数依赖的**图形表示法**（diagrammatic notation）：将每个函数依赖都显示为一条水平线。通过垂直线将函数依赖左端的属性连接到表示函数依赖的直线，而右端的属性则通过指向属性的带箭头的直线连接。

在关系模式 R 上指定的函数依赖集合用 F 表示。通常，模式设计者会指定语义明显的函数依赖；不过，在可以推导出并且满足 F 中的依赖的属性集合当中，还有许多其他的函数依赖在所有合法的关系实例中都是成立的。这些其他的依赖可以从 F 中的函数依赖推导或演绎得到。我们将把函数依赖的推导规则和性质的详细信息推迟到第 15 章中介绍。

14.3　基于主键的范式

在介绍了函数依赖之后，现在就准备好使用它们，指定如何使用它们来开发用于测试和改进关系模式的形式化方法学。假定给每个关系提供一个函数依赖集合，并且每个关系都具有指定的主键；这些结合了范式测试（条件）的信息可以驱动关系模式设计的规范化过程。大多数实际的关系设计项目都采用以下两种方法之一：

- 使用诸如 ER 或 EER 之类的概念模型执行概念模式设计，并把概念设计映射到一个关系集合。
- 基于从文件、表单或报表的现有实现得来的外部知识来设计关系。

遵循其中任何一种方法，使用本章和第 15 章中将介绍的规范化理论，将有助于评估关系的优劣，并根据需要进一步分解它们，以实现更高级别的范式。在本节中，将重点介绍关系模式的前 3 种范式以及它们背后的直观解释，并将讨论历史上是如何开发它们的。这些范式的更一般的定义将考虑到一个关系的所有候选键而不仅仅是主键，将推迟到 14.4 节中介绍它们。

首先将非形式化地讨论范式以及开发它们的动机，并将回顾第3章中的一些定义，这里将会需要它们。然后，将在14.3.4节中讨论第一范式（1NF），并将在14.3.5节和14.3.6节中分别介绍第二范式（2NF）和第三范式（3NF）的定义，它们都基于主键。

14.3.1 关系的规范化

由Codd（1972a）首先提出的规范化过程是指使一个关系模式经受一系列测试，以验证它是否满足某种**范式**（normal form）。这个过程以一种自顶向下的方式进行，它将依据范式的标准来评估每个关系，并根据需要分解关系，因此可以将规范化过程视作基于分析的关系设计。最初，Codd提出了3种范式，分别称之为第一范式、第二范式和第三范式。后来Boyce和Codd又提出了3NF的一种更强大的定义，称为Boyce-Codd范式（BCNF）。所有这些范式都基于单个分析工具：关系的属性之间的函数依赖。后来，又基于多值依赖和连接依赖的概念，分别提出了第四范式（4NF）和第五范式（5NF）；在14.6节和14.7节中将简要讨论它们。

可以把**数据的规范化**（normalization of data）视作如下一个过程：它基于关系模式的函数依赖和主键来分析给定的关系模式，以实现想要的性质，即（1）最小化冗余；（2）把14.1.2节中讨论的插入、删除和更新异常减至最少。可以把它视作一个"过滤"或"净化"过程，以使设计连续不断地具有更好的质量。对于一个不满足范式条件（即**范式测试**（normal form test））的不令人满意的关系模式，可以将其分解成更小的关系模式，其中包含属性的子集，并且能够满足原始关系无法满足的测试。因此，规范化过程给数据库设计者提供了以下工具：

- 一个形式化框架，可以基于关系模式的键以及关系模式的属性之间的函数依赖来分析关系模式。
- 一系列范式测试，可以在各个关系模式上执行它们，以便可以将关系模式规范化成任何想要的程度。

定义 关系的**范式**（normal form）是指该关系能够满足的最高范式条件，从而指示该关系的规范化程序。

当把范式与其他因素分开考虑时，将不能保证会产生一个良好的数据库设计。单独检查数据库中的每个关系模式是何种范式（例如说BCNF或3NF）是不够的。相反，通过分解而进行的规范化过程还必须确认把它们组合到一起时关系模式应该具有的额外性质。它们包括以下两个性质：

- **非加性连接或无损连接性质**（nonadditive join or lossless join property），它保证在分解之后创建的关系模式不会出现14.1.4节中讨论的伪元组生成问题。
- **依赖保持性质**（dependency preservation property）：它确保将在分解之后得到的某个单独的关系中表示每个函数依赖。

非加性连接性质极其关键，必须不惜任何代价也要实现它，而依赖保持性质尽管也是想要的，但是如15.2.2节中将讨论的，有时可以牺牲它。我们将把保证上述两个性质的形式化概念和技术推迟到第15章中讨论。

14.3.2　范式的实际应用

商业和政府环境中的大多数实际的设计项目都需要从以前的设计、遗留模型中的设计或者从现有的文件获得现有的数据库设计。它们当然有兴趣确保设计具有良好的质量，并且能够维持较长的时间。通过应用范式测试来评估现有的设计，并在实际中执行规范化，以获得高质量的设计，并且满足如前所述的想要的性质。尽管定义了几种更高的范式，例如将在 14.6 节和 14.7 节中讨论的 4NF 和 5NF，但是这些范式的实用性仍然存疑。其原因是：这些范式所基于的约束非常罕见，难以被数据库设计者和用户理解或者难以检测。设计者和用户要么必须已经知道它们，要么必须作为业务的一部分已经发现了它们。因此，今天的行业中进行的数据库设计特别注重只规范化到 3NF、BCNF 或者至多 4NF。

值得注意的另外一点是：数据库设计者不需要规范化到可能最高的范式。如 14.1.2 节末尾所讨论的，出于性能考虑，可以把关系保持在一个较低的规范化状态，例如 2NF。当然，这么做又有可能导致处理异常的性能损失。

定义　**反规范化**（denormalization）是指将较高范式的关系连接起来，并把结果存储为一个具有较低范式的基本关系。

14.3.3　键的定义和参与键的属性

在进一步深入讨论之前，让我们再次查看第 3 章中的关系模式的键定义。

定义　关系模式 $R = \{A_1, A_2,\cdots, A_n\}$的**超键**是属性集合 $S \subseteq R$，它具有以下性质：在 R 的任何合法关系状态 r 中，对于任何两个元组 t_1 和 t_2，都不可能具有 $t_1[S] = t_2[S]$。**键** K 是一个超键，它具有以下额外性质：从 K 中删除任何属性都会导致 K 不再是一个超键。

键与超键之间的区别是：键必须是最小的；也就是说，如果 R 具有一个键 $K = \{A_1, A_2,\cdots, A_k\}$，那么对于任何 A_i（$1 \leqslant i \leqslant k$），$K - \{A_i\}$都不是 R 的键。在图 14.1 中，{Ssn}是 EMPLOYEE 的键，而{Ssn}、{Ssn, Ename}、{Ssn, Ename, Bdate}以及包括 Ssn 的任何属性集合都是超键。

如果一个关系模式具有多个键，那么每个键都称为**候选键**。可以任意地指定其中一个候选键为**主键**，其他的候选键则称为辅键。在实际的关系数据库中，每个关系模式都必须有一个主键。如果没有候选键是关系已知的，就可以将整个关系视作一个默认的超键。在图 14.1 中，{Ssn}是 EMPLOYEE 的唯一候选键，因此它也是主键。

定义　如果关系模式 R 的一个属性是 R 的某个候选键的成员，就称该属性是 R 的一个**主属性**（prime attribute）。如果一个属性不是主属性，也就是说，如果它不是任何候选键的成员，就称它是**非主属性**（nonprime attribute）。

在图 14.1 中，Ssn 和 Pnumber 都是 WORKS_ON 的主属性，而 WORKS_ON 的其他属性则是非主属性。

现在将介绍前 3 种范式：1NF、2NF 和 3NF。它们是由 Codd（1972a）作为一个序列提出的，如果需要，可以经历 1NF 和 2NF 这两个中间状态，以求达到想要的 3NF 关系的状态。如我们将看到的，2NF 和 3NF 将独立地解决由于属性之间有问题的函数依赖而发生的不同类型的问题。不过，出于历史原因，习惯上都遵照这样的顺序来分析范式；因此，根据定义 3NF 关系已经满足了 2NF。

14.3.4 第一范式

第一范式（first normal form，1NF）现在被认为是基本（平面）关系模型中关系的形式化定义的一部分；从历史上讲，它被定义成禁止多值属性、复合属性以及它们的组合。它规定属性的域必须只包括原子（简单的、不可分的）值，并且一个元组中的任何属性的值都必须是来自该属性域的单个值。因此，对于单个元组，1NF 禁止将一个值集合、值的元组或者两者的组合作为一个属性值。换句话说，1NF 禁止在关系内嵌套关系或者将关系作为元组内的属性值。1NF 允许的属性值只能是单个**原子值**（atom value）或**不可分的值**（indivisible value）。

考虑图 14.1 中所示的 DEPARTMENT 关系模式，它的主键是 Dnumber，假设我们将扩展它，以包括 Dlocations 属性，如图 14.9(a)所示。假定每个部门可以具有多个地点。图 14.9 显示了 DEPARTMENT 模式以及一个示例关系状态。可以看到，它不属于 1NF，因为 Dlocations 不是一个原子属性，如图 14.9(b)中的第一个元组所示。可以用两种方式看待 Dlocations 属性：

(a)

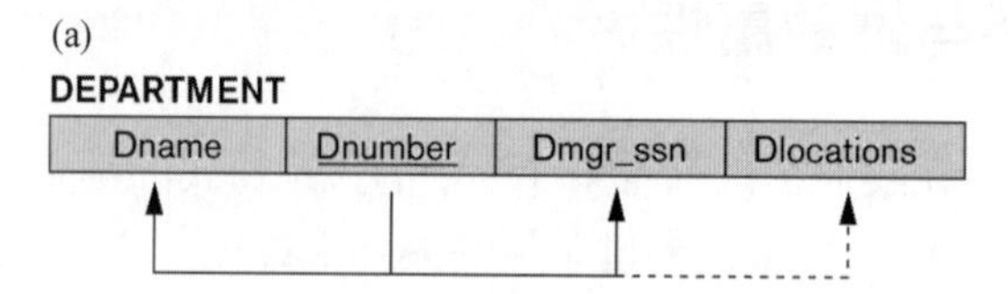

(b)

DEPARTMENT

Dname	Dnumber	Dmgr_ssn	Dlocations
Research	5	333445555	{Bellaire, Sugarland, Houston}
Administration	4	987654321	{Stafford}
Headquarters	1	888665555	{Houston}

(c)

DEPARTMENT

Dname	Dnumber	Dmgr_ssn	Dlocation
Research	5	333445555	Bellaire
Research	5	333445555	Sugarland
Research	5	333445555	Houston
Administration	4	987654321	Stafford
Headquarters	1	888665555	Houston

图 14.9 规范化成 1NF

(a) 一个不属于 1NF 的关系模式；(b) 关系 DEPARTMENT 的示例状态；(c) 具有冗余的相关系的 1NF 版本

- Dlocations 的域包含原子值，但是某些元组可能具有这些值的集合。在这种情况下，Dlocations 将不会函数依赖主键 Dnumber。

- Dlocations 的域包含值的集合，从而是非原子的。在这种情况下，将会有 Dnumber → Dlocations，因为每个集合都被视作是属性域的单个成员[1]。

在任何一种情况下，图 14.9 中的 DEPARTMENT 关系都不属于 1NF；事实上，依据 3.1 节中的关系的定义，它甚至还不足以成为一个关系。对于这样的关系，可以使用 3 种主要的技术来达到第一范式：

（1）移除违反 1NF 的属性 Dlocations，并把它与 DEPARTMENT 的主键 Dnumber 一起放在一个单独的关系 DEPT_LOCATIONS 中。这个新组成的关系的主键是{Dnumber, Dlocation}组合，如图 14.2 中所示。对于一个部门的每个地点，DEPT_LOCATIONS 中都存在一个与之对应的不同元组。这就把一个非 1NF 关系分解成两个 1NF 关系。

（2）扩展键，使得对于 DEPARTMENT 的每个地点，在原始的 DEPARTMENT 关系中都有一个单独的元组与之对应，如图 14.9(c)所示。在这种情况下，主键将变成{Dnumber, Dlocation}组合。这种解决方案的缺点是：在关系中引入了冗余，因此很少采用。

（3）如果值的最大数量对于属性是已知的，例如，如果知道一个部门最多可以有 3 个地点，就可以将 Dlocations 属性替换为 3 个原子属性：Dlocation1、Dlocation2 和 Dlocation3。这种解决方案的缺点是：如果大多数部门都少于 3 个地点，那么就会引入 NULL 值。它将会进一步引入关于地点值之间的顺序的伪语义；这个顺序并不是最初期望的。在这个属性上执行查询将变得更困难；例如，考虑如何编写以下查询：在这个设计中“列出将 Bellaire 作为其地点之一的部门”。出于所有这些原因，最好避免使用这种替代方案。

在上述 3 种解决方案中，第一种方案一般被认为是最好的，因为它不会遇到冗余问题，并且它是完全通用的；它也不会对值的数量设置最大限制。事实上，如果选择第二种解决方案，那么将在后续的规范化步骤中把它进一步分解成第一种解决方案。

第一范式还禁止多值属性，这些属性自身也是复合属性。它们称为**嵌套关系**（nested relation），因为其中的每个元组内也具有一个关系。图 14.10 显示了允许嵌套时的 EMP_PROJ 关系的样子。每个元组都表示一个雇员实体，并且每个元组内的关系 PROJS(Pnumber, Hours) 都表示雇员参与的项目以及该雇员每周在每个项目上工作的小时数。这个 EMP_PROJ 关系的模式可以表示如下：

```
EMP_PROJ(Ssn, Ename, {PROJS(Pnumber, Hours)})
```

其中集合大括号将属性 PROJS 标识为多值属性，并在圆括号( )之间列出构成 PROJS 的成员属性。有趣的是，支持复杂对象（参见第 12 章）和 XML 数据（参见第 13 章）的新趋势尝试在关系数据库系统内允许和形式化嵌套关系，这在早期的 1NF 中是不允许的。注意：在图 14.10(a)和图 14.10(b)中，Ssn 是 EMP_PROJ 关系的主键，而 Pnumber 是嵌套关系的**部分键**（partial key）；也就是说，在每个元组内，嵌套关系必须具有唯一的 Pnumber 值。为了将其规范化为 1NF，将把嵌套关系属性移入一个新关系中，并把主键传播给它；新关系的主键将把部分键与原始关系的主键结合起来。关系分解和主键传播将产生 EMP_PROJ1 和 EMP_PROJ2 模式，如图 14.10(c)所示。

1　在这种情况下，可以将 Dlocations 的域视作是单个地点集合的**幂集**（power set）；也就是说，域是由单个地点集合的所有可能的子集组成的。

(a)

EMP_PROJ

Ssn	Ename	Projs	
		Pnumber	Hours

(b)

EMP_PROJ

Ssn	Ename	Pnumber	Hours
123456789	Smith, John B.	1	32.5
		2	7.5
666884444	Narayan, Ramesh K.	3	40.0
453453453	English, Joyce A.	1	20.0
		2	20.0
333445555	Wong, Franklin T.	2	10.0
		3	10.0
		10	10.0
		20	10.0
999887777	Zelaya, Alicia J.	30	30.0
		10	10.0
987987987	Jabbar, Ahmad V.	10	35.0
		30	5.0
987654321	Wallace, Jennifer S.	30	20.0
		20	15.0
888665555	Borg, James E.	20	NULL

(c)

EMP_PROJ1

Ssn	Ename

EMP_PROJ2

Ssn	Pnumber	Hours

图 14.10 把嵌套关系规范化成 1NF

(a) 带有嵌套关系属性 PROJS 的 EMP_PROJ 关系的模式；

(b) 在每个元组内显示嵌套关系的 EMP_PROJ 关系的示例外延；

(c) 通过传播主键将 EMP_PROJ 分解成关系 EMP_PROJ1 和 EMP_PROJ2

可以把这个过程递归地应用于具有多层嵌套的关系，以便将该关系**解除嵌套**（unnest），使之成为一组 1NF 关系。这对于把一个具有多层嵌套的非规范化的关系模式转换成 1NF 关系是有用的。例如，考虑下面这个具有多层嵌套的关系：

```
CANDIDATE (Ssn, Name, {JOB_HIST (Company, Highest_position,
    {SAL_HIST (Year, Max_sal)})})
```

前面描述了关于申请工作的候选人的数据，其中把他们的工作经历作为一个嵌套关系，在该关系内将薪资历史存储为一个更深层的嵌套关系。第一个规范化分别使用内部的部分键 Company 和 Year，导致以下的 1NF 关系：\

```
CANDIDATE_1 (Ssn, Name)
CANDIDATE_JOB_HIST (Ssn, Company, Highest_position)
```

```
CANDIDATE_SAL_HIST (Ssn, Company, Year, Max-sal)
```

如果一个关系中存在多个多值属性，就必须小心处理它们。例如，考虑下面的非 1NF 关系：

```
PERSON (Ss#, {Car_lic#}, {Phone#})
```

这个关系表示以下事实：一个人拥有多辆汽车和多部电话。如果遵循上面的第二种解决方案，它将导致一个全键关系：

```
PERSON_IN_1NF (Ss#, Car_lic#, Phone#)
```

为了避免在 Car_lic#与 Phone#之间引入任何无关的联系，将为每个 Ss#表示出所有可能的值组合，从而会有出现冗余的风险。这将导致一些问题，它们通常是在规范化的后期阶段发现的，并且是通过多值依赖和 4NF 处理的，将在 14.6 节中讨论。对于前面所示的 PERSON 中的两个多值属性，正确的处理方式是使用上面讨论的第一种解决方案，将其分解成两个单独的关系：P1(Ss#, Car_lic#)和 P2(Ss#, Phone#)。

一些关系中的属性值不仅仅是数值和字符串数据，下面对这种情况做一点说明。在今天的数据库中，通常会纳入图像、文档、视频剪辑和音频剪辑等。当把它们存储在一个关系中时，将把整个对象或文件视作一个原子值，并使用 SQL 将其存储为 BLOB（binary large object，二进制大对象）或 CLOB（character large object，字符大对象）数据类型。出于实际的目的，将把对象视作原子、单值属性，从而维持关系的 1NF 状态。

14.3.5 第二范式

第二范式（second normal form，2NF）基于完全函数依赖的概念。对于函数依赖 $X \rightarrow Y$，如果从 X 中移除任意属性 A 都会导致依赖不再成立，就称 $X \rightarrow Y$ 是一个**完全函数依赖**（full functional dependency）。也就是说，对于任意属性 $A \in X$，$(X - \{A\})$都不能函数确定 Y。如果可以从 X 中移除某个属性 $A \in X$ 并且依赖仍然成立，就称函数依赖 $X \rightarrow Y$ 是一个**部分依赖**（partial dependency）。也就是说，对于某个 $A \in X$，$(X - \{A\}) \rightarrow Y$。在图 14.3(b)中，{Ssn, Pnumber} → Hours 就是一个完全依赖（Ssn → Hours 和 Pnumber → Hours 都不成立）。不过，{Ssn, Pnumber} → Ename 是部分依赖，因为 Ssn → Ename 是成立的。

定义 对于关系模式 R，如果 R 中的每个非主属性 A 都完全函数依赖于 R 的主键，那么 R 就属于 2NF。

2NF 的测试涉及对其左端属性是主键一部分的函数依赖进行测试。如果主键包含单个属性，就根本不需要应用这个测试。图 14.3(b)中的 EMP_PROJ 关系属于 1NF，但是不属于 2NF。由于 FD2，非主属性 Ename 违反了 2NF；由于 FD3，非主属性 Pname 和 Plocation 也违反了 2NF。函数依赖 FD2 和 FD3 都违反了 2NF，因为 Ename 只能由 Ssn 函数确定，而 Pname 和 Plocation 则只能由 Pname 和 Plocation 函数确定。属性 Ssn 和 Pnumber 是 EMP_PROJ 的主键{Ssn, Pnumber}的一部分，从而违反了 2NF 测试。

如果一个关系模式不属于 2NF，就可以将其二次规范化或者 2NF 规范化成若干个 2NF 关系，其中非主属性只与它们完全函数依赖的主键的一部分相关联。因此，图 14.3(b)中的函数依赖 FD1、FD2 和 FD3 导致 EMP_PROJ 被分解成图 14.11(a)中所示的 3 个关系模式 EP1、EP2 和 EP3，它们都属于 2NF。

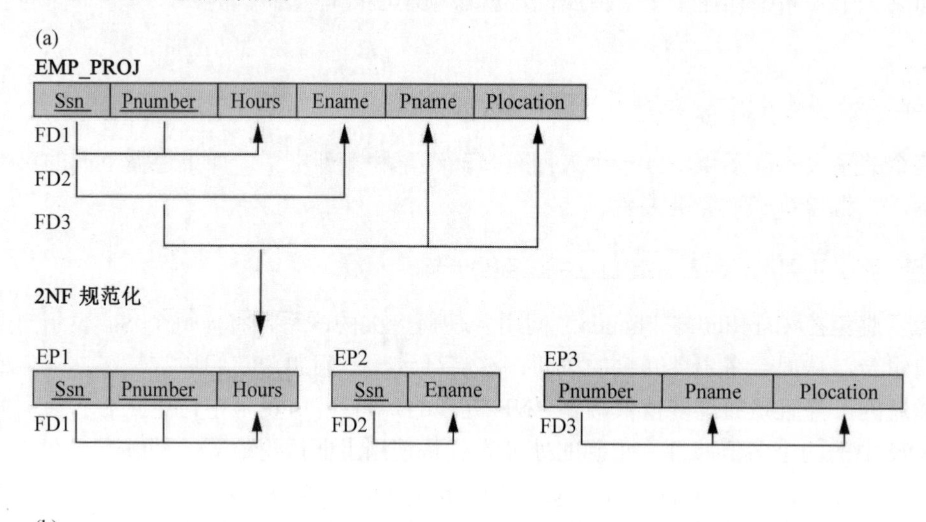

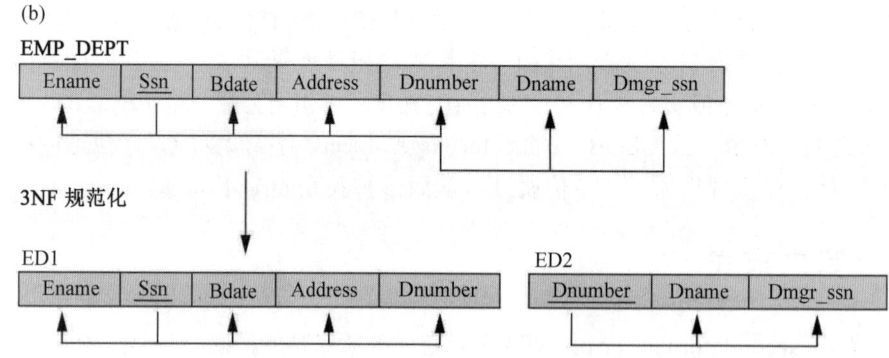

图 14.11 规范化成 2NF 和 3NF

(a) 将 EMP_PROJ 规范化成 2NF 关系；(b) 将 EMP_DEPT 规范化成 3NF 关系

14.3.6 第三范式

第三范式（third normal form，3NF）基于传递依赖的概念。对于关系模式 R，如果 R 中存在一个属性集合 Z，它既不是 R 的候选键也不是 R 的任何键的子集，并且 X → Z 和 Z → Y 都成立，那么 R 中的 X → Y 函数依赖就是一个**传递依赖**（transitive dependency）[1]。图 14.3(a)中的依赖 Ssn → Dmgr_ssn 就是经由 EMP_DEPT 中的 Dnumber 传递的，因为 Ssn → Dnumber 和 Dnumber → Dmgr_ssn 这两个依赖都成立，并且 Dnumber 既不是 EMP_DEPT 的键本身，也不是它的键的子集。直观上讲，可以看到 Dmgr_ssn 对 Dnumber 的依赖是不需要的，因为 Dnumber 不是 EMP_DEPT 的键。

定义 依据 Codd 的原始定义，如果一个关系模式 R 满足 2NF，并且 R 中没有非主属性传递依赖于主键，那么 R 就属于 3NF。

1 这是传递依赖的一般定义。由于本节中关心的只是主键，所以将允许如下形式的函数依赖，其中 X 是主键，而 Z 可能是一个候选键（的子集）。

图 14.3(a)中的关系模式 EMP_DEPT 属于 2NF，因为不存在对键的部分依赖。不过，EMP_DEPT 不属于 3NF，因为 Dmgr_ssn（以及 Dname）通过 Dnumber 传递依赖于 Ssn。现在可以规范化 EMP_DEPT，将其分解成图 14.11(b)中所示的两个 3NF 关系模式 ED1 和 ED2。直观上讲，可以看到 ED1 和 ED2 分别表示关于雇员和部门的独立事实，它们都是单独的实体。对 ED1 和 ED2 执行自然连接运算将恢复原始的 EMP_DEPT 关系，而不会生成伪元组。

直观上讲，可以看到：在任何函数依赖中，如果其左端是主键的一部分（一个真子集）或者是一个非键属性，那么该函数依赖就是一个有问题的函数依赖。2NF 和 3NF 规范化将通过把原始关系分解成新的关系来消除这些问题。就规范化过程而言，不必在消除传递依赖之前先消除部分依赖，但是从历史上讲，在定义 3NF 时，都假定在测试一个关系是否满足 3NF 之前先要测试它是否满足 2NF。而且，14.4.2 节中介绍的 3NF 的一般定义将自动涵盖关系也会满足 2NF 的条件。表 14.1 非形式化地总结了 3 种基于主键的范式、每种情况下使用的测试，以及为了达到范式而执行的相应校正或规范化。

表 14.1　基于主键的范式与对应的规范化总结

范　式	测　试	校　正
第一范式（1NF）	关系中应该不含多值属性或嵌套关系	为每个多值属性或嵌套关系组建新关系
第二范式（2NF）	对于其主键包含多个属性的关系，任何非键属性都不应该函数依赖于主键的一部分	分解原来的关系，为每个部分键及其相关属性建立一个新关系。确保在一个关系中保留原始的主键以及完全函数依赖于它的任何属性
第三范式（3NF）	关系中不应该有一个非键属性被另一个非键属性（或者一个非键属性集合）函数确定。也就是说，不应该有非键属性传递依赖于主键	分解原来的关系并建立一个关系，其中包括的非键属性可以函数确定其他的非键属性

14.4　第二范式和第三范式的一般定义

一般来讲，在设计关系模式时，要使得它们既没有部分依赖也没有传递依赖，这是因为这些依赖类型将会导致 14.1.2 节中讨论的更新异常。迄今为止讨论过的规范化成 3NF 关系的步骤都禁止对主键的部分依赖和传递依赖。对于已经定义了主键的给定数据库，迄今为止描述的规范化过程对于分析实际情况是有用的。不过，这些定义没有把关系的其他候选键（如果有）考虑在内。在本节中，将给出 2NF 和 3NF 的更一般的定义，它们把关系的所有候选键都考虑在内。注意：这不会影响 1NF 的定义，因为它独立于键和函数依赖。**主属性**（prime attribute）的一般定义是：属于任何候选键一部分的属性都将被视作主属性。现在将针对关系的所有候选键来考虑部分和完全函数依赖以及传递依赖。

14.4.1　第二范式的一般定义

定义　如果关系模式 R 中的每个非主属性 A 都不是部分依赖于 R 的任何键，那么关系模式 R 就属于**第二范式**（second normal form，2NF）[1]。

2NF 的测试涉及对其左端属性属于主键一部分的函数依赖进行测试。如果主键包含单个属性，就根本不需要应用测试。考虑图 14.12(a)中所示的关系模式 LOTS，它描述了某个州中不同的县用于出售的若干块土地。假设有两个候选键：Property_id#和{County_name, Lot#}。也就是说，每个县内的土地编号是唯一的，但是 Property_id#编号跨整个州的所有县都是唯一的。

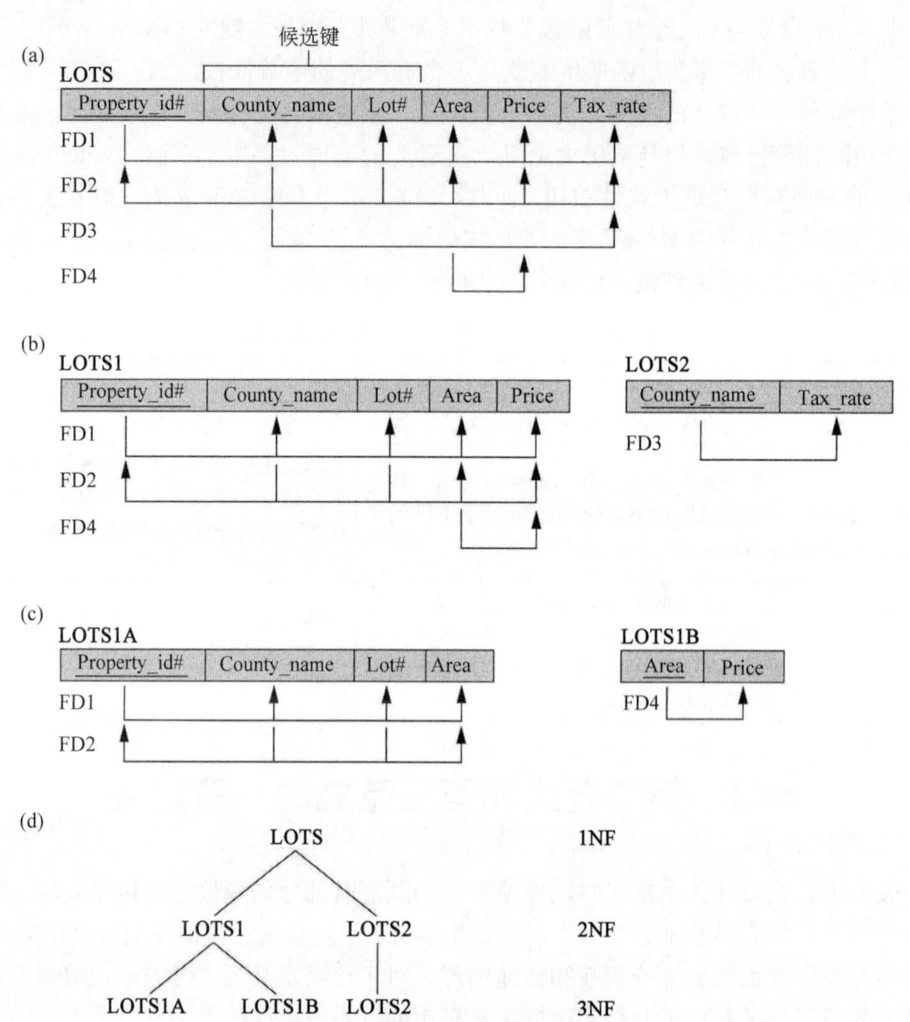

图 14.12 规范化成 2NF 和 3NF

(a) LOTS 关系及其函数依赖 FD1~FD4；(b) 将 LOTS 关系分解成 2NF 关系 LOTS1 和 LOTS2；
(c) 将 LOTS1 关系分解成 3NF 关系 LOTS1A 和 LOTS1B；(d) 将 LOTS 关系逐步规范化成一种 3NF 设计

基于两个候选键 Property_id#和{County_name, Lot#}，图 14.12(a)中的函数依赖 FD1 和 FD2 是成立的。我们选择 Property_id#作为主键，因此在图 14.12(a)中给它加了下画线，但是并没有给予这个键超过其他候选键的特殊考虑。假设下面两个额外的函数依赖在 LOTS

---

1 可以将这个定义表述如下：如果关系模式 R 中的每个非主属性 A 都完全函数依赖于 R 的每个键，那么关系模式 R 就属于 2NF。

中是成立的：

```
FD3: County_name → Tax_rate
FD4: Area → Price
```

简单地讲，函数依赖 FD3 指示：对于给定的县，税率是固定的（在同一个县里不会因土地而改变）；而 FD4 则指示：一块土地的价格是由其面积决定的，而不管它是在哪个县（假定这是出于税收目的的土地价格）。

LOTS 关系违反了 2NF 的一般定义，这是因为 FD3 的存在，导致 Tax_rate 部分依赖于候选键{County_name, Lot#}。为了将 LOTS 规范化成 2NF，可以把它分解成两个关系 LOTS1 和 LOTS2，如图 14.12(b)所示。在构造 LOTS1 时，将从 LOTS 中移除违反 2NF 的属性 Tax_rate，并把它与 County_name（导致部分依赖的 FD3 的左端）一起放入另一个关系 LOTS2 中。LOTS1 和 LOTS2 都属于 2NF。注意：FD4 没有违反 2NF，所以把它延续到了 LOTS1 中。

14.4.2　第三范式的一般定义

定义　只要关系模式 R 中存在一个非平凡函数依赖 X → A，其中(a) X 是 R 的超键，或者(b) A 是 R 的主属性，那么关系模式 R 就属于**第三范式**（third normal form，3NF）[1]。

依据这个定义，LOTS2（参见图 14.12(b)）属于 3NF。不过，LOTS1 中的 FD4 违反了 3NF，因为在 LOTS1 中，Area 不是超键并且 Price 也不是一个主属性。为了把 LOTS1 规范化成 3NF，可以把它分解成图 14.12(c)中所示的关系模式 LOTS1A 和 LOTS1B。在构造 LOTS1A 时，将从 LOTS1 中移除违反 3NF 的属性 Price，并把它与 Area（导致传递依赖的 FD4 的左端）一起放入另一个关系 LOTS1B 中。LOTS1A 和 LOTS1B 都属于 3NF。

关于这个示例以及 3NF 的一般定义，有以下两点值得注意：

- LOTS1 违反了 3NF，因为 Price 通过非主属性 Area 传递依赖于 LOTS1 的每个候选键。
- 可以直接应用这个一般定义，来测试一个关系模式是否属于 3NF；它不必先通过 2NF。换句话说，如果一个关系通过了一般的 3NF 测试，那么它将自动通过 2NF 测试。

如果对具有函数依赖 FD1~FD4 的 LOTS 应用上述的 3NF 定义，就会发现根据上述的一般定义，FD3 和 FD4 都违反了 3NF，因为 FD3 的左端 County_name 不是一个超键。因此，可以把 LOTS 直接分解成 LOTS1A、LOTS1B 和 LOTS2，从而能够以任意顺序移除违反 3NF 的传递依赖和部分依赖。

14.4.3　解释第三范式的一般定义

如果关系模式 R 中的函数依赖 X → A 不满足 3NF 的两个条件(a)和(b)，那么 R 就违反了 3NF 的一般定义。第一个条件可以“捕捉”两种有问题的依赖类型：

1　注意：基于推断的函数依赖（将在 15.1 节中讨论），无论何时 Y → A 成立，函数依赖 Y → YA 也将成立。因此，一种更好一点的表述方式是：{A-X}是 R 的一个主属性。

- 一个非主属性确定另一个非主属性。这里通常具有一个违反 3NF 的传递依赖。
- R 的某个键的真子集函数确定一个非主属性。这里具有一个违反 2NF 的部分依赖。

因此，如我们所讨论的，条件(a)只处理由于第二范式和第三范式而引发的有问题的依赖。因此，可以陈述 3NF 的一种替代的一般定义如下：

替代定义 如果关系模式 R 中的每个非主属性都满足以下两个条件，那么 R 就属于 3NF：

- 它完全函数依赖于 R 的每个键。
- 它非传递依赖于 R 的每个键。

不过，需要注意 3NF 的一般定义中的条件(b)。它允许某些函数依赖蒙混过关或者避开检查，这是由于它们对于 3NF 定义没有问题，因此不会被 3NF 定义“捕捉”，即使它们可能是潜在有问题的。Boyce-Codd 范式会“捕捉”这些依赖，这是由于它不允许它们。接下来将讨论 Boyce-Codd 范式。

14.5 Boyce-Codd 范式

Boyce-Codd 范式（Boyce-Codd normal form，BCNF）是作为一种比 3NF 更简单的形式提出的，但是人们发现它比 3NF 更严格。也就是说，属于 BCNF 的每个关系也属于 3NF；不过，属于 3NF 的关系不一定属于 BCNF。在 14.4 节中指出：尽管 3NF 允许那些符合 3NF 定义中的条件(b)的函数依赖，但是 BCNF 将会禁止它们，因此它是一种更严格的范式定义。

可以回顾图 14.12(c)中的 LOTS 关系模式，它具有 4 个函数依赖 FD1~FD4，可以直观地看出需要一种比 3NF 更强的范式。假设关系中具有数千块土地，但是这些土地只来自两个县：DeKalb 和 Fulton。另外还假设 DeKalb 县的土地大小只有 0.5、0.6、0.7、0.8、0.9 和 1.0 英亩，而 Fulton 县的土地大小被限制为 1.1、1.2、…、1.9 和 2.0 英亩。在这种情况下，将具有另外一个函数依赖 FD5：Area → County_name。如果把它添加到其他依赖中，关系模式 LOTS1A 仍将属于 3NF，因为 County_name 是一个主属性，所以这个函数依赖符合 3NF 的一般定义中的条件(b)。

如 FD5 所指定的，可以通过单独的关系 R(Area, County_name)中的 16 个元组来表示可以确定县的土地面积，因为只有 16 个可能的 Area 值（参见图 14.13）。这种表示减少了在数千个 LOTS1A 元组中表示相同信息的冗余。BCNF 是一种更强的范式，它将禁止 LOTS1A，并且建议需要对它进行分解。

定义 如果关系模式 R 中无论何时都存在一个非平凡函数依赖 X → A，那么 R 就属于 BCNF，并且 X 是 R 的超键。

BCNF 的形式化定义有别于 3NF 的定义，这是由于 BCNF 中缺少 3NF 的条件(b)，它允许函数依赖将其右端作为一个主属性。在我们的示例中，LOTS1A 中的 FD5 违反了 BCNF，因为 Area 不是 LOTS1A 的超键。我们可以将 LOTS1A 分解成两个 BCNF 关系 LOTS1AX 和 LOTS1AY，如图 14.13(a)所示。这种分解丢失了函数依赖 FD2，因为在分解后它的属性不再会在同一个关系中共存。

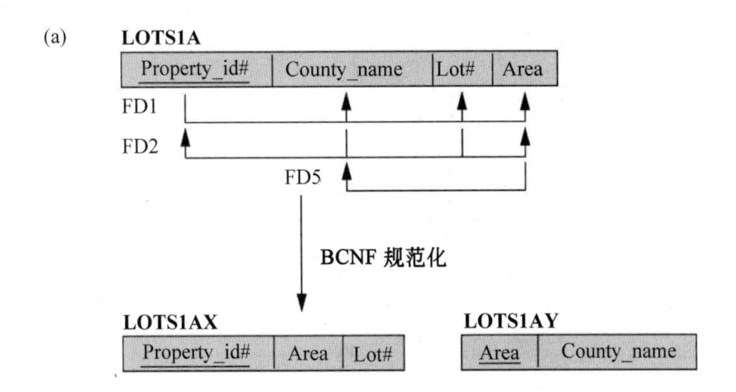

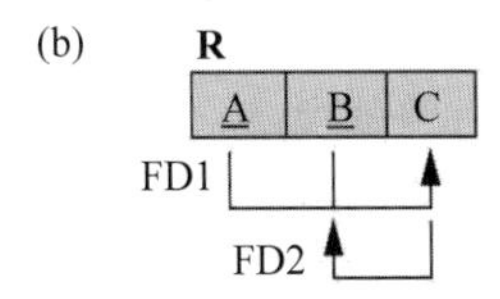

图 14.13　Boyce-Codd 范式

(a) LOTS1A 的 BCNF 规范化，在分解中将丢失函数依赖 FD2；

(b) 一个具有若干个 FD 的语义关系，它属于 3NF，但是由于函数依赖 C → B 存在，使得它不属于 BCNF

在实际中，大多数关系模式既属于 3NF，也属于 BCNF。仅当存在某个函数依赖 X → A 并且它在关系模式 R 中成立时，其中 X 不是超键并且 A 是一个主属性，此时 R 将属于 3NF 而不属于 BCNF。图 14.13(b)中所示的关系模式 R 说明了这种关系的一般情况。这样的函数依赖将导致潜在的数据冗余，如上面的 LOTS1A 关系中的 FD5：Area → County_name 所示。理想情况下，关系数据库设计应该努力使每个关系模式达到 3NF 或 BCNF。仅仅达到 1NF 或 2NF 的规范化状态被认为是不够的，因为历史上把它们开发成中间范式，作为达到 3NF 和 BCNF 的跳板。

不属于 BCNF 的关系分解

举另外一个例子，考虑图 14.14，它显示一个具有以下依赖的关系 TEACH：

```
FD1:    {Student, Course} → Instructor
FD2¹:   Instructor → Course
```

注意：{Student, Course}是这个关系的一个候选键，给出的这两个依赖遵循图 14.13(b)中的模式，其中 A 代表 Student，B 代表 Course，C 代表 Instructor。因此，这个关系属于 3NF，但不属于 BCNF。将这个关系模式分解成两个模式并不是很直观，因为它可能分解成以下 3 种可能的关系对之一：

（1）R_1 (Student, Instructor)和 R_2(Student, Course)

（2）R_1 (Course, Instructor)和 R_2(Course, Student)

（3）R_1 (Instructor, Course)和 R_2(Instructor, Student)

1　这个依赖意味着每位老师讲授一门课程是对这个应用的一个约束。

TEACH

Student	Course	Instructor
Narayan	Database	Mark
Smith	Database	Navathe
Smith	Operating Systems	Ammar
Smith	Theory	Schulman
Wallace	Database	Mark
Wallace	Operating Systems	Ahamad
Wong	Database	Omiecinski
Zelaya	Database	Navathe
Narayan	Operating Systems	Ammar

图 14.14 属于 3NF 但不属于 BCNF 的关系 TEACH

以上 3 种分解全都丢失了函数依赖 FD1。这样，问题就变成：上面 3 种分解方式中哪一种是想要的？如前面所指出的（参见 14.3.1 节），我们努力在规范化过程中满足分解的两个性质：非加性连接性质和函数依赖保持性质。对于上面看到的任何 BCNF 分解，都不能满足函数依赖保持性质；但是我们必须满足非加性连接性质。可以使用一个简单的测试，将一个关系二元分解成两个关系：

二元分解的非加性连接测试（Nonadditive Join Test for Binary Decompositions，NJB）

当且仅当以下条件之一成立时，对于 R 上的函数依赖集合 F，R 的分解 $D = \{R_1, R_2\}$ 具有无损（非加性）连接性质：

- FD $((R_1 \cap R_2) \rightarrow (R_1 - R_2))$属于 F^{+1}，或者
- FD $((R_1 \cap R_2) \rightarrow (R_2 - R_1))$属于 F^{+}

如果对上述 3 种分解应用这个测试，将发现只有第三种分解满足测试。在第三种分解中，上述测试的 $R_1 \cap R_2$ 是 Instructor，$R_1 - R_2$ 是 Course。由于 Instructor → Course，就满足 NJB 测试，并且分解是非加性的（这里留给读者一个练习，说明前两种分解为什么不满足 NJB 测试）。因此，将 TEACH 分解成 BCNF 关系的正确分解方式是：

TEACH1 (<u>Instructor</u>, Course)和 TEACH2 (<u>Instructor</u>, <u>Student</u>)

我们将确保满足这个性质，因为非加性分解是规范化期间所必需的。应该验证这个性质对于 14.3 节和 14.4 节中的非形式化的连续规范化示例是成立的，还可以通过把 LOTS1A 分解成两个 BCNF 关系 LOTS1AX 和 LOTS1AY 来验证它。

一般来讲，可以对不属于 BCNF 的关系 R 进行分解，以便通过以下过程来满足非加性连接性质[2]。它将把 R 连续分解成一个属于 BCNF 的关系集合。

假设 R 是一个不属于 BCNF 的关系，$X \subseteq R$，并且假设 $X \rightarrow A$ 是将导致违反 BCNF 的函数依赖。可以将 R 分解成两个关系：

R –A

XA

如果 R –A 或 XA 不属于 BCNF，就重复这个过程。

---

1 F^+表示法指覆盖函数依赖集合，并且包括 F 隐含的所有函数依赖。在 15.1 节中将详细讨论它。在这里，确保两个函数依赖之一对于将 R 分解成 R_1 和 R_2 的非加性分解是实际成立的，就足以通过这个测试。

2 注意：这个过程基于第 15 章中的算法 15.5，它通过分解一个泛模式来产生 BCNF 模式。

读者应该验证：如果将上述过程应用于 LOTS1A，就像以前一样获得关系 LOTS1AX 和 LOTS1AY。类似地，对 TEACH 应用这个过程将得到关系 TEACH1 和 TEACH2。

注意：如果指定(Student, Instructor)作为关系 TEACH 的主键，函数依赖 instructor → Course 将导致 Course 部分（非完全函数）依赖于这个键的一部分。这个函数依赖可能作为第二次规范化的一部分被移除（或者通过直接应用上述过程来达到 BCNF），从而产生与结果中完全相同的两个关系。这个示例说明通过变更规范化的路径，可以达到相同的最终 BCNF 设计。

14.6　多值依赖和第四范式

考虑图 14.15(a)中所示的关系 EMP。这个 EMP 关系中的元组代表以下事实：一位名叫 Ename 的雇员在名称为 Pname 的项目上工作，并且有一个名叫 Dname 的受赡养人。一位雇员可能在多个项目上工作，还可能具有多个受赡养人，并且雇员的项目和受赡养人是彼此独立的[1]。为了使关系状态保持一致，以及在两个独立的属性之间避免任何伪联系，必须一个具有单独的元组，用于表示雇员的受赡养人和雇员的项目的每种组合。在图 14.15(a)

(a) EMP

Ename	Pname	Dname
Smith	X	John
Smith	Y	Anna
Smith	X	Anna
Smith	Y	John

(b) EMP_PROJECTS

Ename	Pname
Smith	X
Smith	Y

EMP_DEPENDENTS

Ename	Dname
Smith	John
Smith	Anna

(c) SUPPLY

Sname	Part_name	Proj_name
Smith	Bolt	ProjX
Smith	Nut	ProjY
Adamsky	Bolt	ProjY
Walton	Nut	ProjZ
Adamsky	Nail	ProjX
Adamsky	Bolt	ProjX
Smith	Bolt	ProjY

(d) R_1

Sname	Part_name
Smith	Bolt
Smith	Nut
Adamsky	Bolt
Walton	Nut
Adamsky	Nail

R_2

Sname	Proj_name
Smith	ProjX
Smith	ProjY
Adamsky	ProjY
Walton	ProjZ
Adamsky	ProjX

R_3

Part_name	Proj_name
Bolt	ProjX
Nut	ProjY
Bolt	ProjY
Nut	ProjZ
Nail	ProjX

图 14.15　第四范式和第五范式

(a) EMP 关系具有两个 MVD：Ename ↠ Pname 和 Ename ↠ Dname；

(b) 把 EMP 关系分解成两个 4NF 关系 EMP_PROJECTS 和 EMP_DEPENDENTS；

(c) 如果没有 MVD 的关系 SUPPLY 具有 JD(R_1, R_2, R_3)，那么它就属于 4NF，但不属于 5NF；

(d) 把关系 SUPPLY 分解成三个 5NF 关系 R_1、R_2 和 R_3。

1　在 ER 图中，将把它们都表示为一个多值属性或者一个弱实体类型（参见第 7 章）。

中所示的关系状态中，Ename 为 Smith 的雇员在两个项目“X”和“Y”上工作，并且具有两个受赡养人 John 和 Anna，因此将用 4 个元组一起表示这些事实。关系 EMP 是一个**全键关系**（all-key relation，它的键由所有属性组成），因此没有函数依赖，从而有资格作为一个 BCNF 关系。可以看到在关系 EMP 中存在明显的冗余：将为每个项目重复受赡养人信息，并将为每个受赡养人重复项目信息。

如 EMP 关系所示，一些关系具有不能指定为函数依赖的约束，因此不会违反 BCNF。为了处理这种情况，提出了*多值依赖*（multivalued dependency，MVD）的概念，并且基于这种依赖定义了*第四范式*。有关 MVD 及其属性的更形式化的讨论推迟到第 15 章进行。多值依赖是第一范式（1NF）的结果（参见 14.3.4 节），1NF 禁止元组中的某个属性具有一个值集合。如果存在多个多值属性，规范化关系的第二个选项（参见 14.3.4 节）就会引入多值依赖。非形式化地讲，无论何时把两个独立的 1:N 联系 A:B 和 A:C 混合在同一个关系 R(A, B, C)中，就可能出现 MVD[1]。

多值依赖的形式化定义

定义 在关系模式 R 中指定一个多值依赖 $X \rightarrow Y$，其中 X 和 Y 都是 R 的子集，这个多值依赖在 R 的任何关系状态 r 上指定了以下约束：如果 r 中存在两个元组 t_1 和 t_2 满足 $t_1[X] = t_2[X]$，那么 r 中应该存在两个元组 t_3 和 t_4，它们具有以下性质[2]，其中使用 Z 表示 $(R - (X \cup Y))$[3]：

- $t_3[X] = t_4[X] = t_1[X] = t_2[X]$
- $t_3[Y] = t_1[Y]$并且 $t_4[Y] = t_2[Y]$
- $t_3[Z] = t_2[Z]$并且 $t_4[Z] = t_1[Z]$

无论何时 $X \twoheadrightarrow Y$ 成立，就称 X 多值确定 Y。由于这个定义中的对称性，无论何时 R 中的 $X \twoheadrightarrow Y$ 成立，那么 $X \twoheadrightarrow Z$ 也将成立。因此，$X \twoheadrightarrow Y$ 隐含着 $X \twoheadrightarrow Z$，所以有时把将其写成 $X \twoheadrightarrow Y|Z$。

如果(a) Y 是 X 的一个子集或者(b) $X \cup Y = R$，就称 R 中的多值依赖（MVD）$X \twoheadrightarrow Y$ 是一个**平凡多值依赖**（trivial MVD）。例如，图 14.15(b)中的关系 EMP_PROJECTS 就具有平凡多值依赖 Ename $\twoheadrightarrow$ Pname，关系 EMP_DEPENDENTS 则具有平凡多值依赖 Ename $\twoheadrightarrow$ Dname。既不满足(a)又不满足(b)的多值依赖称为**非平凡多值依赖**（nontrivial MVD）。平凡多值依赖在 R 的任何关系状态中都是成立的；之所以称之为“平凡”，是因为它没有在 R 上指定任何重要的或者有意义的约束。

如果关系中具有一个非平凡多值依赖，就可能不得不冗余地重复元组中的值。在图 14.15(a)所示的 EMP 关系中，对于 Dname 的每个值，都要重复 Pname 的值“X”和“Y”（或者根据对称性，对于 Pname 的每个值，都要重复 Dname 的值“John”和“Anna”）。这种冗余显然是不想要的。不过，EMP 模式属于 BCNF，因为在 EMP 中没有函数依赖成立。

---

1 这个 MVD 记作 $A \twoheadrightarrow B|C$。

2 元组 t_1、t_2、t_3 和 t_4 没有必要严格区分。

3 Z 表示从 R 中移除$(X \cup Y)$中的属性之后剩下的属性。

因此，需要定义比 BCNF 更强的第四范式，并且禁止像 EMP 这样的关系模式。注意：包含非平凡多值依赖的关系倾向于是**全键关系**（all-key relation），也就是说，它们的键是由关系的所有属性一起组成的。而且，在实际中这种设计成组合出现重复值的全键关系极为少见。不过，在关系设计中，承认多值依赖是一种潜在的有问题的依赖是必要的。

现在将介绍**第四范式**（fourth normal form，4NF）的定义，当一个关系具有不想要的多值依赖时，它就违反了第四范式，因此可以使用第四范式来识别并分解这样的关系。

定义　就依赖集合 F（包括函数依赖和多值依赖）而言，如果对于 F^{+1}中的每个非平凡多值依赖 X ↠ Y，X 都是 R 超键，那么关系模式 R 就属于 4NF。

我们可以指出以下几点：

- 因为全键关系没有函数依赖，所以它总是属于 BCNF。
- 对于像图 14.15(a)中所示的 EMP 这样的全键关系，它没有函数依赖，但是具有多值依赖 Ename ↠ Pname | Dname，因此不属于 4NF。
- 必须对由于非平凡多值依赖而不属于 4NF 的关系进行分解，将其转换成一组属于 4NF 的关系。
- 分解将消除由多值依赖导致的冗余。

对因涉及非平凡多值依赖而不属于 4NF 的关系进行规范化的过程包括对其进行分解，以便利用单独的关系表示每个多值依赖，使之变成平凡多值依赖。考虑图 14.15(a)中的 EMP 关系。由于在非平凡多值依赖 Ename ↠ Pname 和 Ename ↠ Dname 中，Ename 不是 EMP 的一个超键，因此 EMP 不属于 4NF。我们把 EMP 分解成 EMP_PROJECTS 和 EMP_DEPENDENTS，如图 14.15(b)所示。EMP_PROJECTS 和 EMP_DEPENDENTS 都属于 4NF，因为 EMP_PROJECTS 中的 Ename ↠ Pname 和 EMP_DEPENDENTS 中的 Ename ↠ Dname 都是平凡多值依赖。在 EMP_PROJECTS 或 EMP_DEPENDENTS 中，没有其他的非平凡多值依赖成立。在这些关系模式中也没有函数依赖成立。

14.7　连接依赖和第五范式

在迄今为止的讨论中，我们指出了有问题的函数依赖，并且说明了如何在规范化过程中，通过一个重复的二元分解过程来消除它们，以达到 1NF、2NF、3NF 和 BCNF。这些二元分解必须符合 NJB 性质，在 14.5 节中为此引入了一个测试，同时讨论了为了达到 BCNF 而进行的分解过程。要达到 4NF，通常也要涉及通过重复的二元分解来消除多值依赖。不过，在一些情况下，可能没有把 R 分解成两个关系模式的非加性连接分解，但是可能有把 R 分解成两个以上的关系模式的非加性连接分解。而且，R 中可能没有违反直到 BCNF 的任何范式的函数依赖，并且 R 中也可能没有违反 4NF 的非平凡多值依赖。这样，就可以另一种依赖，称为*连接依赖*，如果它存在，就可以执行一个*多路分解*，把 R 分解成第五范式（5NF）。值得注意的是：这种依赖是一种特殊的语义约束，在实际中很难检测到；因此，在实际中很少将关系规范化成 5NF。

1　F^+指覆盖函数依赖 F，或者 F 隐含的所有依赖。在 15.1 节中定义了它。

定义 在关系模式 R 上指定的**连接依赖**（join dependency，JD）通过 $JD(R_1, R_2,\cdots, R_n)$ 表示，用于在 R 的状态 r 上指定一个约束。这个约束指出 R 的每种合法状态 r 都应该具有一个非加性连接分解，可以将 R 分解成 $R_1, R_2, \cdots, R_n$。因此，对于每个这样的 r，都有：

$$*(\pi_{R_1}(r), \pi_{R_2}(r), \cdots, \pi_{R_n}(r)) = r$$

注意：多值依赖是连接依赖的一个特例，其中 n = 2。也就是说，形如 $JD(R_1, R_2)$的连接依赖隐含着多值依赖$(R_1 \cap R_2) \twoheadrightarrow (R_1 - R_2)$（或者根据对称性，$(R_1 \cap R_2) \twoheadrightarrow (R_2 - R_1)$）。在关系模式 R 上指定一个连接依赖 $JD(R_1, R_2,\cdots, R_n)$，如果 $JD(R_1, R_2,\cdots, R_n)$中的关系模式 R_i 之一等于 R，就称 $JD(R_1, R_2,\cdots, R_n)$是一个**平凡连接依赖**（trivial join dependency）。之所以将这样的依赖称为“平凡依赖”，是因为对于 R 的任何关系状态 r，它都具有非加性连接性质，因此不会在 R 上指定任何约束。现在可以定义第五范式，它也称为投影-连接范式。

定义 假设 F 是一个函数依赖、多值依赖和连接依赖的集合，如果对于 F^+（即 F 隐含）中的每个非平凡连接依赖 $JD(R_1, R_2,\cdots, R_n)$[1]，每个 R_i 都是 R 的超键，那么关系模式 R 就属于**第五范式**（fifth normal form，5NF）或**投影-连接范式**（project-join normal form，PJNF）。

举一个连接依赖的例子，再次考虑图 14.15(c)中的 SUPPLY 全键关系。假设下面的附加约束总是存在：无论何时供应商 s 供应零件 p，并且项目 j 使用零件 p，同时供应商 s 至少给项目 j 供应一个零件，那么供应商 s 也将为项目 j 供应零件 p。也可以用其他方式表述这个约束，并在 SUPPLY 的 3 个投影 R_1 (Sname, Part_name)、R_2 (Sname, Proj_name)和 R_3 (Part_name, Proj_name)之间指定一个连接依赖 $JD(R_1, R_2, R_3)$。如果保持这个约束，那么图 14.15(c)中虚线下方的元组就必须在 SUPPLY 关系的任何合法状态中存在，这些状态还包含虚线上方的元组。图 14.15(d)显示了如何将具有连接依赖的 SUPPLY 关系分解成 3 个关系 R1、R2 和 R3，它们都属于 5NF。注意：对其中任意两个关系应用自然连接都将产生伪元组，但是对全部 3 个关系一起应用自然连接则不会产生伪元组。读者应该在图 14.15(c)中的示例关系及其在图 14.15(d)中的投影上验证这一点。这是由于只存在连接依赖，而没有指定多值依赖。另请注意：$JD(R_1, R_2, R_3)$是在所有合法关系状态上指定的，而不仅仅是在图 14.15(c)中所示的关系状态上指定的。

在具有数百个属性的实际数据库中发现连接依赖几乎是不可能的，除非设计者对数据高度敏感。因此，当前的数据库设计实践很少注意到它们。Date 和 Fagin（1992）给出的一种结果与只使用函数依赖检测的条件相关，而会完全忽略连接依赖。它指出：“如果一个关系模式属于 3NF，并且它的每个键都由单个属性组成，那么它也属于 5NF。”

14.8 小　　结

在本章中，我们基于直觉的观点讨论了关系数据库设计中的多个缺陷。我们非形式化地确定了一些度量标准，用于指示一个关系模式的优劣，并且提供了关于良好设计的非形式化准则。这些准则基于在 ER 和 EER 模型中进行精心的概念设计，并且遵循第 9 章中的

1　同样，F^+指覆盖函数依赖 F，或者 F 隐含的所有依赖。在 15.1 节中定义了它。

映射过程将实体和联系映射到关系。正确执行这些准则并且消除冗余可以避免插入、删除和更新异常以及生成伪数据。我们建议限制使用 NULL 值，它们会在选择、连接和聚合运算期间引发问题。然后，我们介绍了一些形式化概念，它们允许我们通过逐个分析关系以一种自顶向下的方式进行关系设计。我们通过介绍规范化过程，定义了这个分析和分解的设计过程。

我们定义了函数依赖的概念，它是用于分析关系模式的基本工具，还讨论了它的一些性质。函数依赖指定了关系模式的属性之间的语义约束。接下来，我们描述了用于实现良好设计的规范化过程，其中将测试关系中不想要的有问题的函数依赖类型。基于每个关系中预定义的主键探讨了连续规范化方法，然后放松了这个要求，并且提供了第二范式（2NF）和第三范式（3NF）的一般定义，它们将把关系中所有的候选键都考虑在内。本章中给出了一些示例，用于说明如何使用 3NF 的一般定义，对给定的关系进行分析和分解，以最终得到一组属于 3NF 的关系。

我们介绍了 Boyce-Codd 范式（BCNF），并讨论了它为什么是一种比 3NF 更强的范式。我们还说明了通过考虑非加性分解要求，必须如何对非 BCNF 关系进行分解。我们介绍了一个用于二元分解的非加性连接性质的测试，还给出了一个通用算法，用于将不属于 BCNF 的任何关系转换成一组 BCNF 关系。基于在单个关系中混合进一些独立的多值属性，激发了超越函数依赖的额外约束的需要。我们引入了多值依赖（MVD）来处理这类情况，并且基于多值依赖定义了第四范式。最后，我们介绍了第五范式，它基于连接依赖，可以识别一种特殊的约束，它将导致把关系分解成多个成分，使得它们总是可以在连接后产生原始的关系。在实际中，大多数商业设计遵循直到 BCNF 的范式。需要分解成 5NF 的情况在实际中非常罕见，并且在大多数实际情况下连接依赖很难检测，这使得 5NF 更多的是具有理论上的价值。

第 15 章将介绍基于函数依赖的关系数据库设计的综合与分解算法。关于分解，我们将讨论非加性（或无损）连接和依赖保持的概念，它们是由其中一些算法实施的。第 15 章中的其他主题包括对函数依赖和多值依赖的更详细的讨论，以及其他的依赖类型。

复　习　题

14.1　讨论如何将属性语义作为一个度量关系模式优劣性的非形式化标准。

14.2　讨论插入、删除和修改异常。为什么认为它们是不好的？请举例说明。

14.3　为什么在关系中应该尽可能避免NULL值？讨论伪元组的问题，以及如何防止它们。

14.4　陈述我们讨论过的关系模式设计的非形式化准则。说明违反这些准则可能会产生什么害处。

14.5　什么是函数依赖？用于定义在关系模式的属性之间存在的函数依赖的可能信息源是什么？

14.6　为什么不能从特定的关系状态自动推断出一个函数依赖？

14.7　术语非规范化关系是指什么？历史上是如何从第一范式逐步发展到Boyce-Codd范式的？

14.8 在只考虑主键的情况下，定义第一、第二和第三范式。与只考虑主键相比，当考虑一个关系的所有键时，2NF和3NF的一般定义有何区别？

14.9 当一个关系属于2NF时，要避免哪些不想要的依赖？

14.10 当一个关系属于3NF时，要避免哪些不想要的依赖？

14.11 2NF和3NF的一般化定义在哪些方面扩展了超越主键的定义。

14.12 定义Boyce-Codd范式。它与3NF有何区别？为什么认为它是比3NF更强的范式？

14.13 什么是多值依赖？它是在什么情况下发生的？

14.14 一个具有两列或更多列的关系总是存在多值依赖吗？请举例说明。

14.15 定义第四范式。在什么情况下会违反4NF？通常在什么时候使用它？

14.16 定义连接依赖和第五范式。

14.17 为什么5NF也称为投影-连接范式（PJNF）？

14.18 为什么实际的数据库设计通常是以BCNF而不是以更高的范式为目标？

练 习 题

14.19 假设对于某个大学数据库有如下需求，该数据库用于记录学生的成绩单：

a. 大学记录每名学生的姓名（Sname）、学号（Snum）、社会安全号（Ssn）、当前住址(Sc_addr)和电话号码(Sc_phone)、永久住址(Sp_addr)和电话号码(Sp_phone)、出生日期（Bdate）、性别（Sex）、年级（Class）(“freshman”（大一）、“sophomore”（大二）、…、“graduate”(研究生))、主修院系(Major_code)、辅修院系(Minor_code)（如果有），以及学位等级（Prog）(“b.a.”（文学士）、“b.s.”（理学士）、…、“ph.d”（博士））。对于每名学生来说，Ssn和学号都具有唯一的值。

b. 每个院系的描述包括院系名称(Dname)、院系代号(Dcode)、办公室编号(Doffice)、办公室电话（Dphone），以及学院（Dcollege）。对于每个院系来说，名称和代号都具有唯一的值。

c. 每门课程都具有课程名称（Cname）、描述（Cdesc）、课程编号（Cnum）、学时数（Credit）、等级（Level），以及开设课程的院系（Cdept）。对于每门课程来说，课程编号是唯一的。

d. 每个课程单元都具有老师（Iname）、学期（Semester）、学年（Year）、课程（Sec_course），以及单元编号（Sec_num）。单元编号用于区分在相同学期/学年讲授的相同课程的不同单元；它的值是1、2、3、…，直到在每个学期讲授的单元总数。

e. 成绩记录涉及学生（Ssn）、特定的课程单元以及成绩（Grade）。

为这个数据库应用设计一个关系数据库模式。首先给出应该在属性之间保持的所有函数依赖，然后为数据库设计关系模式，它们都属于3NF或BCNF。指定每个关系的键属性。注明任何未详细说明的需求，并且做出适当的假设，以使规范完整。

14.20 在图14.3和图14.4中所示的EMP_PROJ和EMP_DEPT关系中会发生什么更新异常？

14.21　对于只考虑主键的范式的限制性解释，图14.12(a)中的LOTS关系模式属于什么范式？如果使用范式的一般定义，它仍然属于相同的范式吗？

14.22　证明任何具有两个属性的关系模式都属于BCNF。

14.23　图14.5中的EMP_PROJ1与EMP_ LOCS关系的连接结果中为什么会出现伪元组（结果如图14.6所示）？

14.24　考虑泛关系R = {A, B, C, D, E, F, G, H, I, J}以及函数依赖集合F = {{A, B}→{C}, {A}→{D, E}, {B}→{F}, {F}→{G, H}, {D}→{I, J}}。R的键是什么？先将R分解成2NF关系，然后再分解成3NF关系。

14.25　对下面不同的函数依赖集合G = {{A, B}→{C}, {B, D}→{E, F}, {A, D}→{G, H}, {A}→{I}, {H}→{J}}重做练习题14.24。

14.26　考虑下面的关系：

A	B	C	TUPLE#
10	b_1	c_1	1
10	b_2	c_2	2
11	b_4	c_1	3
12	b_3	c_4	4
13	b_1	c_1	5
14	b_3	c_4	6

a. 给定上述的外延（状态），以下哪些依赖可能在上述关系中成立？如果某个依赖不成立，通过指出导致违反条件的元组来解释原因。

i. A → B，ii. B → C，iii. C → B，iv. B → A，v. C → A

b. 上述关系具有潜在的候选键吗？如果有，它是什么？如果没有，为什么？

14.27　考虑关系R(A, B, C, D, E)，它具有以下依赖：

AB → C，CD → E，DE → B

AB 是这个关系的候选键吗？如果不是，那么 ABD 是吗？解释你的答案。

14.28　考虑关系R，它具有一些属性，用于保存一所大学的课程和单元的时间表。R = {Course_no, Sec_no, Offering_dept, Credit_hours, Course_level, Instructor_ssn, Semester, Year, Days_hours, Room_no, No_of_students}。假设以下函数依赖在R上成立：

```
{Course_no} → {Offering_dept, Credit_hours, Course_level}
{Course_no, Sec_no, Semester, Year} → {Days_hours, Room_no,
No_of_students, Instructor_ssn}
{Room_no, Days_hours, Semester, Year} → {Instructor_ssn, Course_no,
Sec_no}
```

尝试确定哪些属性集合构成R的键。如何规范化这个关系？

14.29　考虑以下关系，它们属于ABC公司的一个订单处理应用数据库。

```
ORDER (O#, Odate, Cust#, Total_amount)
```

```
ORDER_ITEM(O#, I#, Qty_ordered, Total_price, Discount%)
```

假定每件商品都具有不同的折扣。Total_price 指一件商品，Odate 是下订单的日期，Total_amount 是订单金额。如果对这个数据库中的关系 ORDER_ITEM 与 ORDER 应用自然连接，得到的结果关系模式 RES 是什么样子的？它的键是什么？显示这个结果关系中的函数依赖。RES 属于 2NF 还是 3NF？为什么？（说明你做出的任何假设）。

14.30 考虑下面的关系：

```
CAR_SALE(Car#, Date_sold, Salesperson#, Commission%, Discount_amt)
```

假定一辆汽车可能被多个销售人员出售，因此{Car#, Salesperson#}是主键。额外的依赖如下：

```
Date_sold → Discount_amt and
Salesperson# → Commission%
```

基于给定的主键，这个关系属于 1NF、2NF 还是 3NF？为什么？你将如何连续地将它完全规范化？

14.31 考虑下面已出版图书的关系：

```
BOOK (Book_title, Author_name, Book_type, List_price, Author_affil,
Publisher)
```

Author_affil 指作者的隶属关系。假设存在以下依赖：

```
Book_title → Publisher, Book_type
Book_type → List_price
Author_name → Author_affil
```

a. 这个关系属于什么范式？解释你的答案。

b. 对该关系应用规范化过程，直到不能进一步分解关系为止。说明每个分解背后的理由。

14.32 这个练习要求你把业务报表转换成依赖。考虑关系DISK_DRIVE (Serial_number, Manufacturer, Model, Batch, Capacity, Retailer)。关系DISK_DRIVE中的每个元组都包含关于某个磁盘驱动器的信息，包括：唯一的Serial_number（序列号）、制造商、特定的型号、所属批号、存储容量和零售商。例如，元组Disk_drive('1978619', 'WesternDigital', 'A2235X', '765234', 500, 'CompUSA') 说明磁盘驱动器是由WesternDigital生产的，它的序列号是1978619，型号是A2235X，所属批号是765234，存储容量是500 GB，并且是由CompUSA销售的。

将下列每个依赖写成函数依赖：

a. 制造商和序列号唯一地标识驱动器。

b. 型号是由制造商注册的，因此不能被另一个制造商使用。

c. 属于特定批号的所有磁盘驱动器都具有相同的型号。

d. 特定制造商的某一型号的所有磁盘驱动器都具有完全相同的容量。

14.33　考虑下面的关系：

```
R (Doctor#, Patient#, Date, Diagnosis, Treat_code, Charge)
```

在上述关系中，一个元组描述一位患者去拜访医生的消息，以及治疗代码和每日的费用。假定医生将为每一位患者（唯一地）确定诊断结论，并且假定每个治疗代码都具有固定的费用（不管患者是谁）。这个关系属于 2NF 吗？证明你的答案是合理的，并根据需要进行分解。然后说明是否有必要进一步规范化成 3NF，如果是，就执行它。

14.34　考虑下面的关系：

```
CAR_SALE (Car_id, Option_type, Option_listprice, Sale_date,
Option_discountedprice)
```

这个关系涉及一家经销商销售的汽车里的选装件（例如，巡航控制），以及选装件的清单和折扣价格。如果：

```
CarID → Sale_date
Option_type → Option_listprice
CarID, Option_type → Option_discountedprice
```

使用 3NF 的一般化定义说明这个关系不属于 3NF，然后使用你所知道的关于 2NF 的知识来说明为什么它甚至都不属于 2NF。

14.35　考虑下面的关系：

```
BOOK (Book_Name, Author, Edition, Year)
```

它具有以下数据：

Book_Name	Author	Edition	Copyright_Year
DB_fundamentals	Navathe	4	2004
DB_fundamentals	Elmasri	4	2004
DB_fundamentals	Elmasri	5	2007
DB_fundamentals	Navathe	5	2007

a. 基于对上述数据的常识理解，这个关系的可能的候选键是什么？

b. 判断该关系是否具有多值依赖：{Book} $\twoheadrightarrow$ {Author} | {Edition, Year}。

c. 基于上述的多值依赖，将如何对该关系进行分解？评估每个结果关系所能达到的最高范式。

14.36　考虑以下关系：

```
TRIP (Trip_id, Start_date, Cities_visited, Cards_used)
```

这个关系涉及公司销售人员的商务旅行。假设 TRIP 具有单个 Start_date，但是涉及许多 Cities，并且销售人员可能在旅行中使用多张信用卡。构造一张表，并填充一些模拟数据。

a. 讨论这个关系中存在哪些函数依赖和/或多值依赖。

b. 说明你将如何对该关系进行规范化。

实　验　题

注意：下面的练习将使用 DBD（Data Base Designer）系统，在实验室手册中描述了它。

需要将关系模式 R 和函数依赖集合 F 编码为列表。例如，这个问题中的 R 和 F 将编码如下：

```
R = [a, b, c, d, e, f, g, h, i, j]
F = [[[a, b],[c]],
    [[a],[d, e]],
    [[b],[f]],
    [[f],[g, h]],
    [[d],[i, j]]]
```

由于 DBD 是用 Prolog 实现的，在该语言中，大写名词是为变量保留的，因此小写常量用于编码属性。有关使用 DBD 系统的更多详细信息，请参阅实验室手册。

14.37　使用 DBD 系统，验证你对下面的练习题给出的答案：

a. 14.24（仅 3NF）

b. 14.25

c. 14.27

d. 14.28

选 读 文 献

函数依赖最初是由 Codd(1970)提出的。第一、第二和第三范式最初也是在 Codd(1972a)中定义的，其中还可以找到关于更新异常的讨论。Boyce-Codd 范式是在 Codd（1974）中定义的。第三范式的另一种定义是在 Ullman（1988）中给出的，本章中给出的 BCNF 的定义也出自这里。Ullman（1988）、Maier（1983）以及 Atzeni 和 De Antonellis（1993）包含许多关于函数依赖的定理和证明。Date 和 Fagin（1992）给出了与更高的范式相关的一些简单、实用的结果。

在第 15 章中将给出关系设计理论的其他参考文献。

第 15 章 关系数据库设计算法及其他依赖

第 14 章介绍了**自顶向下的关系设计**（top-down relational design）技术，以及在今天的商业数据库设计项目中广泛使用的相关概念。使用这种技术的过程包括：设计一个 ER 或 EER 概念模式，然后通过第 9 章中描述的一个过程将其映射到关系模型。基于已知的函数依赖给每个关系指定主键。在可能称为**分析关系设计**（relational design by analysis）的后续过程中，将分析通过上述过程初始设计的关系（或者从以前的文件、表单及其他来源继承而来的那些关系），以检测出不想要的函数依赖。然后通过 14.3 节中描述的连续规范化过程以及相关范式的定义移除这些依赖，从而得到各个关系设计的逐渐更好的状态。在 14.3 节中，假定给各个关系指定主键。在 14.4 节中，介绍了规范化的更一般的定义，其中为每个关系考虑了所有的候选键。在 14.5 节中，讨论了一种称为 BCNF 的更高的范式。然后在 14.6 节和 14.7 节中，讨论了另外两种也可能会导致冗余的依赖类型：多值依赖和连接依赖，并且说明了如何利用进一步的规范化消除它们。

在本章中，将使用第 14 章中给出的范式以及函数依赖、多值依赖和连接依赖的相关理论，并基于这些理论向 3 个不同的方向推进。第一，我们将讨论从给定的函数依赖集合推断出新的函数依赖的概念，并将讨论闭包、覆盖、最小覆盖和等价等概念。概念上讲，我们需要完全、简洁地捕捉关系内的属性的语义，而最小覆盖允许我们这样做。第二，将讨论所想要的非加性（无损）连接和函数依赖保持的性质，还将介绍一种通用算法，用于测试一组关系之间的连接的非加性。第三，将介绍函数依赖的**综合关系设计**（relational design by synthesis）方法。这是一种**自底向上的设计方法**（bottom-up approach to design），它预先假设已经给出了论域（Universe of Discourse，UoD）中的属性集合之间已知的函数依赖作为输入。我们将介绍一些算法，用于达到想要的范式，即 3NF 和 BCNF，以及实现一种或两种想要的性质，即连接的非加性和函数依赖保持。尽管综合方法作为一种形式化方法在理论上比较有吸引力，但是在实际中并没有把它用于大型的数据库设计项目，因为在可以尝试设计之前预先提供所有可能的函数依赖是比较困难的。此外，利用第 14 章中介绍的方法，连续分解和持续的设计细化将变得更容易管理，并且可以随着时间的推移而演化。本章的最终目标是进一步讨论第 14 章中介绍的多值依赖（MVD）概念，并且简要指出其他几种已经确定的依赖类型。

在 15.1 节中，将讨论函数依赖的推断规则，以及使用它们定义函数依赖当中的覆盖、等价和最小覆盖的概念。在 15.2 节中，首先将描述两个想要的**分解性质**（property of decomposition），即依赖保持性质和非加性（无损）连接性质，设计算法将使用它们来实现想要的分解。值得注意的是：*彼此独立地测试关系模式是否遵循像 2NF、3NF 和 BCNF 这样较高的范式是不够的*。结果关系必须同时满足这两个额外的性质，才能被视作是一种良好的设计。15.3 节专门用于开发关系设计算法，从一个称为**泛关系**（universal relation）的大型关系模式开始着手，它是一个假想的关系，包含所有的属性。这个关系被分解（或者换句话说，把给定的函数依赖综合起来）成满足某种范式（例如 3NF 或 BCNF）的关系，同时还满足一个或两个想要的性质。

在 15.5 节中，将通过对多值依赖应用推断和等价的概念，进一步讨论多值依赖（MVD）的概念。最后，在 15.6 节中，将通过介绍包含依赖和模板依赖，完成对数据之间的依赖的讨论。包含依赖可以表示跨关系的参照完整性约束和类/子类约束。我们还将描述一些情形，其中需要过程或函数来说明并验证属性之间的函数依赖。然后，将简要讨论域-键范式（DKNF），它被认为是最一般的范式。15.7 节总结了本章内容。

在入门性的数据库课程中，可以跳过本章中 15.3 节~15.6 节中的部分或全部内容。

15.1 函数依赖的高级主题：推理规则、等价和最小覆盖

在 14.2 节中介绍了函数依赖（FD）的概念，利用一些示例说明它，并且开发了一种表示法来表示单个关系上的多个函数依赖。在 14.3 节和 14.4 节中标识并讨论了有问题的函数依赖，并且说明了如何通过正确的关系分解来消除它们。这个过程被描述为规范化，并且在 14.3 节中还说明了在给定主键的情况下如何实现第一范式~第三范式（1NF~3NF）。在 14.4 节和 14.5 节中提供了对 2NF、3NF 和 BCNF 的一般化测试，这些测试是在关系中给定任意数量的候选键的情况下进行的，还说明了如何达到这些范式。现在，我们将回过头来研究函数依赖，说明如何从给定的集合推断新的依赖，并且讨论闭包、等价和最小覆盖的概念，在以后给定函数依赖集合的情况下考虑关系设计的综合方法时将需要用到这些概念。

15.1.1 函数依赖的推理规则

我们用 F 表示在关系模式 R 上指定的函数依赖集合。通常，模式设计者将会指定语义明显的函数依赖；不过，在可以从 F 中的依赖导出并且满足这些依赖的属性集合当中，通常还有许多其他的函数依赖在所有合法的关系实例中都是成立的。这些其他的依赖可以从 F 中的函数依赖推断或演绎得到。我们把它们称为推断或隐含的函数依赖。

定义：如果函数依赖 $X \rightarrow Y$ 在 R 的每种合法的关系状态 r 中都是成立的，那么就可以通过在 R 上指定的依赖集合 F **推断**（infer from）或**隐含**（imply by）函数依赖 $X \rightarrow Y$；也就是说，无论何时 r 满足 F 中的所有依赖，那么 $X \rightarrow Y$ 在 r 中也是成立的。

在现实生活中，不可能为给定的情形指定所有可能的函数依赖。例如，如果每个部门都有一位经理，使得 Dept_no 唯一地确定 Mgr_ssn (Dept_no → Mgr_ssn)，并且经理具有唯一的电话号码，称为 Mgr_phone (Mgr_ssn → Mgr_phone)，那么这两个依赖就一起隐含了 Dept_no → Mgr_phone。这是一个推断或隐含的函数依赖，除了两个给定的函数依赖之外，不需要明确指出这个推断出来的函数依赖。因此，形式化地定义一个称为闭包的概念就是有用的，它包括可以从给定的依赖集合 F 推断出来的所有可能的依赖。

定义　形式化地将包括 F 以及可以从 F 推断出来的所有依赖的集合称为 F 的**闭包**（closure），用 F^+表示它。

例如，假设在图 14.3(a)中的关系模式上指定了以下明显的函数依赖集合 F：

```
F = {Ssn → {Ename, Bdate, Address, Dnumber}, Dnumber → {Dname, Dmgr_ssn} }
```

可以从 F 推断出来的另外一些函数依赖如下：

```
Ssn → {Dname, Dmgr_ssn}
Ssn → Ssn
Dnumber → Dname
```

F 的闭包 F^+是可以从 F 推断出来的所有函数依赖的集合。为了确定一种推断依赖的系统方式，必须发现一组**推理规则**（inference rule），它们可用于从给定的依赖集合推断出新的依赖。接下来将考虑其中一些推理规则。这里使用 $F \models X \to Y$ 来表示函数依赖 $X \to Y$ 是从函数依赖集合 F 推断出来的。

在下面的内容中，在讨论函数依赖时将使用简写表示法。为了方便起见，将把属性变量连接起来并且省略掉逗号。因此，将把函数依赖$\{X,Y\} \to Z$ 简写成 $XY \to Z$，并将把函数依赖$\{X, Y, Z\} \to \{U, V\}$简写成 $XYZ \to UV$。下面将介绍 3 条规则 IR1~IR3，它们是众所周知的函数依赖的推理规则。它们是由 Armstrong（1974）最先提出的，因此称为 **Armstrong 公理**（Armstrong's axiom）[1]。

IR1（自反规则）[2]：如果 $X \supseteq Y$，那么 $X \to Y$。

IR2（增广规则）[3]：$\{X \to Y\} \models XZ \to YZ$。

IR3（传递规则）：$\{X \to Y, Y \to Z\} \models X \to Z$。

Armstrong 表明推理规则 IR1~IR3 是合理的和完备的。**合理**（sound）的含义是：给定在关系模式 R 上指定的函数依赖集合 F，那么可以使用 IR1~IR3 从 F 推断出来的任何依赖在 R 的满足 F 中的依赖的每种关系状态 r 中都是成立的。**完备**（complete）的含义是：重复使用 IR1~IR3 推断依赖，直到不能推断出更多的依赖为止，这将得到可以从 F 推断出的所有可能依赖的完整集合。换句话说，只使用推理规则 IR1~IR3，即可通过 F 确定依赖集合 F^+，我们称之为 F 的**闭包**。

自反规则（IR1）指出：属性集合总是可以确定它自身或者它的任何子集，这是显而易见的。由于 IR1 将会生成总是为真的依赖，因此把这样的依赖称为平凡依赖。形式化地讲，如果 $X \supseteq Y$，那么函数依赖 $X \to Y$ 就是**平凡依赖**；否则，它就是**非平凡依赖**。增广规则（IR2）说明：向一个依赖的左端和右端添加相同的属性集合将会导致另一个有效的依赖。依据 IR3，函数依赖是可传递的。

可以从函数依赖的定义证明上述的每一条推理规则，要么是通过直接证明，要么是**反**

1　它们实际上是推理规则，而不是公理。在严格的数学意义上，公理（既定的事实）是 F 中的函数依赖，因为我们假定它们是正确的，而 IR1~IR3 是用于推断新的函数依赖（新的事实）的推理规则。

2　也可以将自反规则表述为 $X \to X$；也就是说，任何属性集合都可以函数确定它自身。

3　也可以将增广规则表述为 $X \to Y \models XZ \to Y$；也就是说，增加函数依赖的左端属性，可以产生另一个有效的函数依赖。

证法（by contradiction）来证明。反证法先假定规则不成立，然后证明这是不可能的。现在将证明前 3 条规则 IR1~IR3 是有效的。第二个证明就是使用反证法。

1. IR1 的证明

假设 $X \supseteq Y$ 并且在 R 的某个关系实例 r 中存在两个元组 t_1 和 t_2，满足 $t_1[X] = t_2[X]$。这样的话，因为 $X \supseteq Y$，则有 $t_1[Y] = t_2[Y]$，因此 $X \to Y$ 在 r 中必然成立。

2. IR2 的证明（反证法）

假定在 R 的关系实例 r 中 $X \to Y$ 是成立的，但是 $XZ \to YZ$ 不成立。那么在 r 中必定存在两个元组 t_1 和 t_2，满足：（1）$t_1[X] = t_2[X]$；（2）$t_1[Y] = t_2[Y]$；（3）$t_1[XZ] = t_2[XZ]$；以及（4）$t_1[YZ] \neq t_2[YZ]$。这是不可能的，因为从（1）和（3）可以推断出（5）$t_1[Z] = t_2[Z]$，从（2）和（5）可以推断出（6）$t_1[YZ] = t_2[YZ]$，与（4）矛盾。

3. IR3 的证明

假定在关系 r 中（1）$X \to Y$ 和（2）$Y \to Z$ 都成立。那么对于 r 中的任意两个元组 t_1 和 t_2，都满足 $t_1[X] = t_2[X]$，根据假设（1），必然有（3）$t_1[Y] = t_2[Y]$；因此，根据（3）和假设（2），还必然有（4）$t_1[Z] = t_2[Z]$；因此 $X \to Z$ 在 r 中必然成立。

根据 IR1、IR2 和 IR3，还可以得出另外 3 条推理规则，如下：

IR4（分解规则或投影规则）：$\{X \to YZ\} \models X \to Y$。

IR5（并规则或加规则）：$\{X \to Y, X \to Z\} \models X \to YZ$。

IR6（伪传递规则）：$\{X \to Y, WY \to Z\} \models WX \to Z$。

分解规则（IR4）指出：可以从一个依赖的右端移除属性；反复应用这个规则可以把函数依赖 $X \to \{A_1, A_2, \cdots, A_n\}$分解成依赖集合$\{X \to A_1, X \to A_2, \cdots, X \to A_n\}$。并规则（IR5）允许我们执行相反的操作：可以把一组依赖$\{X \to A_1, X \to A_2, \cdots, X \to A_n\}$合并成单个函数依赖 $X \to \{A_1, A_2, \cdots, A_n\}$。如果一个属性集合 X 能够函数确定另一个属性集合 Y，伪传递规则（IR6）就允许用 X 替换依赖左端的 Y；如果利用 W 增广 IR6 中的第一个函数依赖 $X \to Y$（增广规则 IR2），然后应用传递规则 IR3，就可以从 IR2 和 IR3 推导出 IR6。

在使用这些规则时需要注意的是：尽管根据上述的并规则 IR5，$X \to A$ 和 $X \to B$ 隐含 $X \to AB$，但是 $X \to A$ 和 $Y \to B$ 并不隐含 $XY \to AB$。此外，$XY \to A$ 也不一定隐含 $X \to A$ 或 $Y \to A$。

使用类似的证明方法，可以证明推理规则 IR4~IR6 以及任何额外的有效推理规则。不过，可以用一种更简单的方式证明一条函数依赖推理规则是有效的，也就是使用已经被证明有效的推理规则来证明它。因此，可以把 IR4、IR5 和 IR6 视作 Armstrong 的基本推理规则的推论。例如，可以使用 IR1~IR3 证明 IR4~IR6。下面将介绍 IR5 的证明。这里把使用 IR1~IR3 证明 IR4 和 IR6 作为一个练习留给读者完成。

4. IR5 的证明（使用 IR1~IR3）

（1）$X \to Y$（给定）。

（2）$X \to Z$（给定）。

（3）$X \to XY$（利用 X 增广，在（1）上使用 IR2；注意 XX=X）。

（4）$XY \to YZ$（利用 Y 增广，在（2）上使用 IR2）。

（5）X → YZ（在（3）和（4）上使用 IR3）。

通常，数据库设计者首先指定函数依赖集合 F，它是可以从 R 的属性语义轻松确定的。然后，使用 IR1、IR2 和 IR3 推断出在 R 上同样成立的其他函数依赖。确定这些额外的函数依赖的一种系统方式是：首先确定出现在 F 中的某个函数依赖左端的每个属性集合 X，然后确定依赖于 X 的所有属性的集合。

定义　对于每个这样的属性集合 X，可以确定属性集合 X^+，它是基于 F 由 X 函数确定的；X^+称为 **X 在 F 之下的闭包**（closure of X under F）。

可以使用算法 15.1 计算 X^+。

算法 15.1　确定 X^+，即 X 在 F 之下的闭包。

输入：关系模式 R 上的函数依赖集合 F，以及属性集合 X，它是 R 的一个子集。

```
X⁺ := X;
repeat
    oldX⁺ := X⁺;
    for 每个函数依赖 Y → Z in F do
        if X⁺ ⊇ Y then X⁺ := X⁺ ∪ Z;
    until (X⁺ = oldX⁺);
```

算法 15.1 首先把 X^+设置成 X 中的所有属性。根据 IR1，可以知道所有这些属性都函数依赖于 X。使用推理规则 IR3 和 IR4，可以使用 F 中的每个函数依赖，向 X^+中添加属性。我们将遍历 F 中的所有依赖（repeat 循环），直到在一个完整的循环中（for 循环）再也没有更多的属性通过 F 中的依赖添加到 X^+中为止。在理解关系中的属性或属性集合的意义和含义时闭包的概念是有用的。例如，考虑下面的关系模式，其中保存了一所大学在给定的学年开设的课程。

```
CLASS ( Classid, Course#, Instr_name, Credit_hrs, Text, Publisher, Classroom, 
Capacity)
```

假设上述关系的函数依赖集合 F 包括以下函数依赖：

FD1：Sectionid → Course#, Instr_name, Credit_hrs, Text, Publisher, Classroom, Capacity

FD2：Course# → Credit_hrs

FD3：{Course#, Instr_name} → Text, Classroom

FD4：Text → Publisher

FD5：Classroom → Capacity

注意：上面的函数依赖表达了关于 CLASS 关系中的数据的某些语义。例如，FD1 指出每个类都具有唯一的 Classid。FD3 指出当某位老师提供给定的课程时，教材将是固定的，并且老师将在固定的教室讲授那门课程。使用关于函数依赖的推理规则并且应用闭包的定义，可以定义以下闭包：

```
{ Classid } ⁺ = { Classid , Course#, Instr_name, Credit_hrs, Text, Publisher,
    Classroom, Capacity } = CLASS
{ Course#} ⁺ = { Course#, Credit_hrs}
{ Course#, Instr_name } ⁺ = { Course#, Credit_hrs, Text, Publisher,
```

```
    Classroom, Capacity }
```

注意：上面的每个闭包都具有一种解释，它们揭示了左端的属性。例如，Course#的闭包只包含Credit_hrs与它自身。它不包括Instr_name，因为不同的老师可能讲授相同的课程；它也不包括 Text，因为不同的老师可能使用不同的教材来讲授相同的课程。另请注意：{Course#, Instr_nam}的闭包不包括 Classid，这意味着它不是一个候选键。这还进一步意味着具有给定 Course#的课程可以由不同的老师提供，这使得课程成为一门不同的课。

15.1.2 函数依赖集合的等价性

在本节中，将讨论两个函数依赖集合的等价性。首先，将给出一些初步的定义。

定义 如果 E 中的每个函数依赖也都在 F^+中，也就是说 E 中的每个函数依赖都可以从 F 中推断出来，就称一个函数依赖集合 F **覆盖**（cover）了另一个函数依赖集合 E；也可以称 E 被 F 覆盖。

定义 对于两个函数依赖集合 E 和 F，如果 $E^+ = F^+$，就称 E 和 F 是**等价**（equivalent）的。因此，等价性就意味着 E 中的每个函数依赖都可以从 F 中推断出来，并且 F 中的每个函数依赖也可以从 E 中推断出来；也就是说，如果 E 覆盖 F 和 F 覆盖 E 这两个条件都成立，E 就等价于 F。

要想确定 F 是否覆盖 E，可以通过对 E 中的每个函数依赖 $X \to Y$ 计算 X 关于 F 的 X^+，然后检查这个 X^+是否包括 Y 中的属性，如果 E 中的每个函数依赖都是如此，那么 F 就覆盖 E。要想确定 E 和 F 是否等价，可以检查 E 是否覆盖 F 以及 F 是否覆盖 E。证明下面的两个函数依赖集合是等价的，我们把它作为一个练习留给读者完成：

```
F = {A → C, AC → D, E → AD, E → H}
G = {A → CD, E → AH}
```

15.1.3 最小函数依赖集合

就像我们应用推理规则对函数依赖集合 F 进行扩展而获得它的闭包 F^+一样，也可以反向思考，看看是否可以把集合 F 收缩或缩减到其最小形式，使得最小集合仍然等价于原始集合 F。非形式化地讲，对于两个函数依赖集合 E 和 F，如果 E 中的每个函数依赖都在 F 的闭包 F^+中，那么 E 的**最小覆盖**（minimal cover）就是 F。此外，如果从集合 F 中移除任何函数依赖，就会失去上述这个性质；F 中绝对不能有冗余，并且 F 中的函数依赖都应该具有标准形式。

我们将在函数依赖中使用无关属性的概念来定义最小覆盖。

定义： 如果可以从函数依赖中移除某个属性并且不会改变函数依赖集合的闭包，就认为该属性是**无关属性**（extraneous attribute）。形式化地讲，给定一个函数依赖集合 F，以及 F 中的一个函数依赖 $X \to A$，如果 $Y \subset X$，就称属性 Y 是无关属性，并且 F 逻辑上隐含$(F - (X \to A) \cup \{(X - Y) \to A\})$。

如果函数依赖集合 F 满足以下条件，就可以形式化地将 F 定义为**最小的**（minimal）：

（1）F 中的每个函数依赖的右端只具有单个属性。

（2）如果 Y 是 X 的真子集，那么在利用依赖 Y → A 替换 F 中的任何依赖 X → A 之后，将不会得到一个与 F 等价的依赖集合。

（3）在从 F 中移除任何依赖之后，将不会得到一个与 F 等价的依赖集合。

可以将最小依赖集合视作是一个具有标准或规范形式并且没有冗余的依赖集合。条件（1）只是表示每个规范形式的依赖在其右端只具有单个属性，并且它是在可以评估是否满足条件（2）和条件（3）之前的准备步骤[1]。条件（2）和条件（3）确保依赖中没有冗余，既没有冗余属性（称为无关属性）出现在依赖的左端（条件（2）），也没有可以从 F 中其余的函数依赖推断出来的依赖（条件（3））。

定义　函数依赖集合 E 的**最小覆盖**是等价于 E 的最小依赖集合（具有标准规范形式[2]并且没有冗余）。使用算法 15.2，总是可以为任何依赖集合 E 找到至少一个最小覆盖 F。

根据上述定义，如果多个函数依赖集合都可以作为 E 的最小覆盖，那么通常要使用额外的最小性标准。例如，可以选择具有最少依赖或者最小总长度的最小集合（一个依赖集合的总长度的计算方式是：把各个依赖连接起来，并把它们视作一个较长的字符串）。

算法 15.2　查找函数依赖集合 E 的最小覆盖 F。

输入：函数依赖集合 E。

注意：在一些步骤末尾将给出解释性注释，它们遵循如下格式：（* 注释*）。

（1）设置 F := E。

（2）将 F 中的每个函数依赖 $X \rightarrow \{A_1, A_2, \cdots, A_n\}$ 用 n 个函数依赖 $X \rightarrow A_1, X \rightarrow A_2, \cdots, X \rightarrow A_n$ 进行替换。（*这将置入规范形式的函数依赖，以便进行后续的测试*）

（3）对于 F 中的每个函数依赖 X → A，以及作为 X 的元素的每个属性 B，

如果{ {F - {X → A} } ∪{ (X - {B}) → A} }等价于 F，

那么就在 F 中用(X - {B}) → A 替换 X → A。

（*在可能时，这将移除函数依赖 X → A 左端 X 中包含的无关属性 B*）

（4）对于 F 中每个余下的函数依赖 X → A，

如果{F - {X → A} }等价于 F，

那么就从 F 中移除 X → A。（*在可能时，这将从 F 中移除冗余的函数依赖 X → A）。

我们将利用下面的示例来说明上面的算法：

示例 1：假设给定的函数依赖集合是 E：{B → A, D → A, AB → D}。我们必须查找 E 的最小覆盖。

- 上述所有的依赖都是规范形式（也就是说，它们的右端只有一个属性），因此我们就完成了算法 15.2 的第（1）步，可以前进到第（2）步。在第（2）步中，需要确定 AB → D 的左端是否有任何冗余（无关）属性，也就是说，是否可以用 B → D 或 A → D 替换它？
- 由于 B → A，通过在两端用 B 进行增广（IR2），就具有 BB → AB，或者 B → AB（i）。不过，已给定 AB → D（ii）。

1　这是用于简化条件和算法的标准形式，以确保 F 中不存在冗余。通过使用推理规则 IR4，可以把右端具有多个属性的单个依赖转换成右端具有单个属性的依赖集合。

2　也可以使用推理规则 IR5，并把具有相同左端的函数依赖合并成非标准形式的最小覆盖中的单个函数依赖。得到的结果集合仍然是一个最小覆盖，如示例中所示。

- 因此，根据传递规则（IR3），从（i）和（ii）可以得到 B → D。因此可以用 B → D 替换 AB → D。
- 现在就具有一个与原始的 E 等价的集合，例如说 E′: {B → A, D → A, B → D}。在第（2）步中不可能再进行进一步的简化了，因为所有的函数依赖的左端都具有单个属性。
- 在第（3）步中，在 E′中寻找冗余的函数依赖。对 B → D 和 D → A 使用传递规则，得到 B → A。因此 B → A 在 E′中是冗余的，可以消除。
- 因此，E 的最小覆盖是 F：{B → D, D → A}。

读者可以验证从 E 可以推断出原始集合 F；换句话说，两个集合 F 和 E 是等价的。

示例 2：假设给定的函数依赖集合是 G：{A → BCDE, CD → E}。

- 这里，给定的函数依赖不是规范形式。因此，首先将把它们转换成：
  E：{A → B, A→ C, A→ D, A→ E, CD → E}。
- 在算法的第（2）步中，对于 CD → E，C 和 D 都不是左端的无关属性，因为不能从给定的函数依赖证明 C → E 或 D → E。因此，不能利用 C → E 或 D → E 替换它。
- 在第（3）步中，我们想要查看是否有任何函数依赖是冗余的。由于 A→ CD 且 CD → E，根据传递规则（IR3），将得到 A→ E。因此，A→ E 在 G 中是冗余的。
- 因此，现在就剩下与原始集合 G 等价的集合 F：{A → B, A→ C, A→ D, CD → E}。F 是最小覆盖。如我们在脚注 5 中所指出的，可以使用并规则（IR5）合并前 3 个函数依赖，并将最小覆盖表达如下：
  G 的最小覆盖即 F：{A → BCD, CD → E}。

在 15.3 节中，将显示一个算法，它首先将查找给定的依赖集合 E 的最小覆盖 F，然后再从 E 综合 3NF 或 BCNF 关系。

接下来，将给出一个简单的算法，用于确定关系的键：

算法 15.2(a)　给定函数依赖集合 F，查找关系 R 的键 K。

输入：关系 R 以及 R 的属性上的函数依赖集合 F。

(1) 设置 K := R。

(2) 对于 K 中的每个属性 A

{计算关于 F 的 $(K - A)^+$；

如果 $(K - A)^+$包含 R 中的所有属性，那么就设置 K := K - {A} }；

在算法 15.2(a)中，首先把 K 设置为 R 的所有属性；可以说 R 自身总是一个**默认超键**（default superkey）。然后一次移除一个属性，并且检查余下的属性是否仍然可以构成一个超键。另请注意：算法 15.2(a)只会从 R 的可能候选键中确定一个键；返回的键依赖于在第（2）步中从 R 中移除属性的顺序。

15.2　关系分解的性质

现在可以把注意力转向在整个第 14 章中使用的分解过程，以清除不想要的依赖并且达到更高的范式。在 15.2.1 节中，将给出一些示例，这些示例说明：只评判一个单独的关系以测试它是否属于更高的范式，并不能保证一个良好的设计。相反，一起构成关系数据库模式的一个关系集合必须具有某些额外的性质，才能确保良好的设计。在 15.2.2 节和 15.2.3 节中，将讨论其中两个性质：依赖保持性质和非加性（无损）连接性质。15.2.4 节将讨论二元分解，15.2.5 节将讨论连续的非加性连接分解。

15.2.1　关系分解和范式的不足

15.3 节中将介绍的关系数据库设计算法开始于单个**泛关系模式**（universal relation schema）$R = \{A_1, A_2,\cdots, A_n\}$，它包括数据库的所有属性。我们将隐含地做出**泛关系假设**（universal relation assumption），它指出每个属性名都是唯一的。在 R 的属性上应该成立的函数依赖集合 F 是由数据库设计者指定的，并且可供设计算法使用。通过使用这些函数依赖，算法可以将泛关系模式 R 分解成一个关系模式集合 $D = \{R_1, R_2,\cdots, R_m\}$，它将变成关系数据库模式；D 称为 R 的**分解**（decomposition）。

必须确保 R 中的每个属性都将出现在分解 D 中的至少一个关系模式 R_i 中，使得没有属性会丢失；形式化地讲，我们具有：

$$\bigcup_{i=1}^{m} R_i = R$$

这称为分解的**属性保持**（attribute preservation）条件。

另一个目标是使分解 D 中的每个单独的关系 R_i 都属于 BCNF 或 3NF。不过，仅凭这个条件还不足以保证良好的数据库设计。除了评判各个关系之外，还必须从整体考虑泛关系的分解。为了说明这一点，可以考虑图 14.5 中的 EMP_LOCS(Ename, Plocation)关系，它既属于 3NF 也属于 BCNF。事实上，只有两个属性的任何关系模式都自动属于 BCNF[1]。尽管 EMP_LOCS 属于 BCNF，但当它与不属于 BCNF 的关系 EMP_PROJ (Ssn, Pnumber, Hours, Pname, Plocation)进行连接时，仍然会产生伪元组（参见图 14.6 中所示的自然连接的部分结果）。因此，EMP_LOCS 代表一个特别糟糕的关系模式，因为它具有令人难以理解的语义：Plocation 给出的是一个雇员参与的项目之一的地点。使用 Plocation 作为连接属性将 EMP_LOCS 与图 14.2 中所示的属于 BCNF 的关系 PROJECT(Pname, Pnumber, Plocation, Dnum)进行连接，同样会产生伪元组。这就强调还需要其他的标准：结合使用 3NF 或 BCNF 的条件，以防止这种糟糕的设计。在下面 3 个小节中，将讨论在作为一个整体的分解 D 上应该保持的此类额外的条件。

15.2.2　分解的依赖保持性质

如果在 F 中指定的每个函数依赖 $X \rightarrow Y$ 都将直接出现在分解 D 中的关系模式 R_i 之一中，或者可以从出现在某个 R_i 中的依赖推断出来，那么这将是有用的。非形式化地讲，这就是依赖保持条件。我们希望保持依赖，因为 F 中的每个依赖都表示数据库上的一个约束。

1　作为一个练习，读者应该证明这个说法是正确的。

如果在分解 D 的某个单独的关系 R_i 中没有表示出某个依赖，就不能通过处理单独的关系来实施这个约束。我们可能不得不连接多个关系，以便包括该依赖中涉及的所有属性。

对于在 F 中指定的每个确切的依赖，不必使它们自身一定要出现在分解 D 的各个关系中。使 D 中的各个关系上保持的依赖的并集等价于 F 就足够了。现在将更形式化地定义这些概念。

定义 给定 R 上的依赖集合 F，F 在 R_i 上的**投影**（通过$\pi_{R_i}(F)$表示，其中 R_i 是 R 的一个子集）是F^+中的依赖 $X \to Y$ 的集合，并且 $X \cup Y$ 中的属性都包含在 R_i 中。因此，F 在分解 D 中的每个关系模式 R_i 上的投影都是 F 的闭包 F^+中的函数依赖集合，并且这些依赖的左端和右端的所有属性都在 R_i 中。如果 F 在 D 中的每个 R_i 上的投影的并集等价于 F，就称 R 的分解 $D = \{R_1, R_2,\cdots, R_m\}$关于 F 是**依赖保持**（dependency-preserving）的，即：

$$((\pi_{R_1}(F)) \cup K \cup (\pi_{R_1}(F)))^+ = F^+$$

如果一个分解不是依赖保持的，就会在分解中**丢失**（lost）某个依赖。为了检查一个丢失的依赖是否存在，必须先对分解中的两个或多个关系执行连接运算，以便获得一个关系，其中包括丢失的依赖的所有左端和右端属性，然后在连接运算的结果上检查该依赖是否存在——这是一种不切实际的选择。

图 14.13(a)中显示了一个没有保持依赖的分解示例，其中当把 LOTS1A 分解成{LOTS1AX, LOTS1AY}时将会丢失函数依赖 FD2。不过，图 14.12 中的分解是依赖保持的。类似地，对于图 14.14 中的示例，无论为关系 TEACH(Student, Course, Instructor)选择文中介绍的 3 种分解方案中的哪种方案，都必定会丢失原来存在的一个或两个依赖。现在将不加任何证明地陈述与这个性质相关的一个声明。

声明 1 对于 F，总是可以找到一个依赖保持的分解 D，使得 D 中的每个关系 R_i 都属于 3NF。

15.2.3 分解的非加性（无损）连接性质

分解 D 应该具有的另一个性质是非加性连接性质，它确保在对通过分解得到的关系应用自然连接运算时不会生成伪元组。在 14.1.4 节中，已经利用图 14.5 和图 14.6 中的示例说明了这个问题。由于这是一个关系模式分解的性质，因此没有伪元组的条件在每个合法的关系状态（即满足 F 中的函数依赖的每个关系状态）上都应该是成立的。因此，无损连接性质总是针对一个特定的依赖集合 F 定义的。

定义 形式化地讲，如果对于满足 F 的 R 的每个关系状态 r，都有$*(\pi_{R_1}(r), \cdots, \pi_{R_m}(r)) = r$成立，其中*是 R 的分解 $D = \{R_1, R_2,\cdots, R_m\}$中的所有关系的自然连接，那么就称 D 具有关于 R 上的依赖集合 F 的**无损连接性质**（lossless join property）或**非加性连接性质**（nonadditive join property）。

“无损”中的“损”字指的是信息的损失，而不是元组的损失。如果一个分解不具有无损连接性质，那么在应用投影（π）和自然连接（*）运算之后，可能获得额外的伪元组，这些额外的元组表示错误的或无效的信息。我们倾向于使用术语*非加性连接*，因为它更准确地描述了这种情况。尽管在一些文献中普遍使用术语*无损连接*，在 14.5.1 节中描述 NJB

性质时还是使用了非加性连接这个术语。从今以后，都将使用术语“非加性连接”，它是自描述的并且没有歧义。非加性连接性质确保在应用投影和连接运算之后不会得到伪元组。不过，有时可能会使用术语**有损设计**（lossy design），指代一种表示信息丢失的设计。将图 14.3 中的 EMP_PROJ(Ssn, Pnumber, Hours, Ename, Pname, Plocation)分解成图 14.5 中的 EMP_LOCS(Ename, Plocation)和 EMP_PROJ1(Ssn, Pnumber, Hours, Pname, Plocation)显然不具有非加性连接性质，如图 14.6 中的自然连接的部分结果所示。对于二元分解，我们提供了一个更简单的测试，用于检查分解是否具有非加性，在 14.5.1 节中称之为 NJB 性质。假设将一个关系任意分解成 n 个关系，我们提供了一个通用的过程，用于测试分解 D 相对于该关系中给定的函数依赖集合 F 是否具有非加性，在算法 15.3 中介绍了它。

算法 15.3　测试非加性连接性质。

输入：一个泛关系 R、R 的分解 D = {R_1, R_2, …, R_m}，以及一个函数依赖集合 F。

注意：在一些步骤末尾将给出解释性注释，它们遵循如下格式：（* 注释*）。

（1）创建一个初始矩阵 S，它的一个第 i 行用于 D 中的每个关系 R_i，一个第 j 列则用于 R 中的每个属性 A_j。

（2）对于所有的矩阵项，设置 S(i, j): = b_{ij}。(*每个 b_{ij} 都是与索引(i, j)关联的不同符号*)

（3）对于表示关系模式 Ri 的每个第 i 行

{对于表示属性 A_j 的每个第 j 列

{if (关系 R_i 包括属性 A_j) then 设置 S(i, j): = a_j;};};（*每个 a_j 都是与索引(j)关联的不同符号*）

（4）重复执行下面的循环，直到一次完整的循环执行没有改变 S 为止

{对于 F 中的每个函数依赖 X → Y

{对于 S 中的所有行，它们在与 X 中的属性对应的列中具有相同的符号

{使与 Y 中的属性对应的每一列中的符号在所有这些行中都相同，如下：如果任一行中的某一列具有符号“a”，就把其他行中的这一列也设置为相同的“a”符号。如果任一行中都不存在用于属性的“a”符号，就可以选择其中一行中出现的“b”符号之一用于属性，并把其他行中的这一列也设置为相同的“b”符号;} ; } ;};

（5）如果某一行完全由“a”符号组成，那么这个分解就具有非加性连接性质；否则，它将不具有这个性质。

给定一个被分解成若干个关系 $R_1, R_2,\cdots, R_m$ 的关系 R，算法 15.3 在开始时，将矩阵 S 视作 R 的某个关系状态 r。S 中的第 i 行表示一个元组 t_i（对应于关系 R_i），它在与 R_i 的属性对应的列中具有“a”符号，并在其余的列中具有“b”符号。该算法然后将对这个矩阵的行进行转换（在第（4）步的循环中），使得它们表示的元组满足 F 中的所有函数依赖。在第（4）步末尾，在 S 中的任意两行（它们表示 r 中的两个元组）中，对于 F 中的函数依赖 X → Y，如果这两行中与左端属性 X 对应的值是一致的，那么它们与右端属性 Y 对应的值也将是一致的。可以证明，在第（4）步中应用了循环之后，如果 S 中的任何一行最终都具有“a”符号，那么分解 D 就具有关于 F 的非加性连接性质。

另一方面，如果没有行最终全都具有“a”符号，D 将不满足无损连接性质。在这种情况下，在算法末尾由 S 表示的关系状态 r 将是 R 的一个满足 F 中的依赖但是不满足非加性连接条件的关系状态 r 的示例。因此，这个关系将充当一个**反例**（counterexample），用于证明 D 不具有关于 F 的非加性连接性质。注意：在算法末尾“a”和“b”符号没有特殊的

含义。

图 15.1(a)显示了如何将算法 15.3 应用于图 14.3(b)中的 EMP_PROJ 关系模式的分解，这个分解将把 EMP_PROJ 关系模式分解成图 14.5(a)中的两个关系模式 EMP_PROJ1 和 EMP_LOCS。算法的第（4）步中的循环不能把任何“b”符号改为“a”符号；因此，结果矩阵 S 就没有全都包含“a”符号的行，所以这个分解也就不具有非加性连接性质。

(a) R = {Ssn, Ename, Pnumber, Pname, Plocation, Hours} $D = \{R_1, R_2\}$

R_1 = EMP_LOCS = {Ename, Plocation}

R_2 = EMP_PROJ1 = {Ssn, Pnumber, Hours, Pname, Plocation}

F = {Ssn → Ename; Pnumber → {Pname, Plocation}; {Ssn, Pnumber} → Hours}

	Ssn	Ename	Pnumber	Pname	Plocation	Hours
R_1	b_{11}	a_2	b_{13}	b_{14}	a_5	b_{16}
R_2	a_1	b_{22}	a_3	a_4	a_5	a_6

(在应用函数依赖后矩阵没有改变)

(b) EMP

Ssn	Ename

PROJECT

Pnumber	Pname	Plocation

WORKS_ON

Ssn	Pnumber	Hours

(c) R = {Ssn, Ename, Pnumber, Pname, Plocation, Hours} $D = \{R_1, R_2, R_3\}$

R_1 = EMP = {Ssn, Ename}

R_2 = PROJ = {Pnumber, Pname, Plocation}

R_3 = WORKS_ON = {Ssn, Pnumber, Hours}

F = {Ssn → Ename; Pnumber → {Pname, Plocation}; {Ssn, Pnumber} → Hours}

	Ssn	Ename	Pnumber	Pname	Plocation	Hours
R_1	a_1	a_2	b_{13}	b_{14}	b_{15}	b_{16}
R_2	b_{21}	b_{22}	a_3	a_4	a_5	b_{26}
R_3	a_1	b_{32}	a_3	b_{34}	b_{35}	a_6

(算法开始的原始矩阵 S)

	Ssn	Ename	Pnumber	Pname	Plocation	Hours
R_1	a_1	a_2	b_{13}	b_{14}	b_{15}	b_{16}
R_2	b_{21}	b_{22}	a_3	a_4	a_5	b_{26}
R_3	a_1	~~b_{32}~~ a_2	a_3	~~b_{34}~~ a_4	~~b_{35}~~ a_5	a_6

(在应用前两个函数依赖之后的矩阵 S；最后一行全都包含“a”符号，因此算法停止执行)

图 15.1 n 元分解的非加性连接测试

(a) 情形 1：将 EMP_PROJ 分解成 EMP_PROJ1 和 EMP_LOCS 将无法通过测试；

(b) EMP_PROJ 的一个分解具有无损连接性质；

(c) 情形 2：将 EMP_PROJ 分解成 EMP、PROJECT 和 WORKS_ON 将满足测试

图 15.1(b)显示了 EMP_PROJ 的另一个分解（分解成 EMP、PROJECT 和 WORKS_ON）具有非加性连接性质，图 15.1(c)显示了如何将算法应用于这个分解。一旦某一行只包含“a”符号，就可以判定这个分解具有非加性连接性质，并且可以停止对矩阵 S 应用函数依赖（算法第（4）步）。

15.2.4　测试二元分解的非加性连接性质

算法 15.3 允许测试将一个关系分解成 n 个关系的特定分解是否遵守关于函数依赖集合 F 的非加性连接性质。有一个称为**二元分解**（binary decomposition）的分解特例：将关系 R 分解成两个关系。14.5.1 节中给出了一个比算法 15.3 更容易应用的测试，称为 NJB 性质测试，但它仅限于二元分解。它用于对满足 3NF 但是不满足 BCNF 的 TEACH 关系执行二元分解，并将该关系分解成两个满足 NJB 性质的关系。

15.2.5　连续的非加性连接分解

在 14.3 节和 14.4 节介绍第二范式和第三范式的规范化过程中，描述了关系的连续分解。为了验证这些分解是非加性的，需要确保声明 2 中阐述的另一个性质。

声明 2（**在连续分解中保持非加性**）　如果 R 的一个分解 $D = \{R_1, R_2,\cdots, R_m\}$具有关于 R 上的函数依赖集合 F 的非加性（无损）连接性质，并且 R_i 的分解 $D_i = \{Q_1, Q_2,\cdots, Q_k\}$具有关于 R_i 上的投影 F 的非加性连接性质，那么 R 的分解 $D_2 = \{R_1, R_2,\cdots, R_{i-1}, Q_1, Q_2,\cdots, Q_k, R_{i+1},\cdots, R_m\}$就具有关于 F 的非加性连接性质。

15.3　关系数据库模式设计算法

现在将给出两个用于从泛关系创建关系分解的算法。第一个算法将把一个泛关系分解成依赖保持的 3NF 关系，它们还具有非加性连接性质。第二个算法将把一个泛关系模式分解具有非加性连接性质的 BCNF 模式。不可能设计一个算法，产生同时满足依赖保持和非加性连接分解的 BCNF 关系。

15.3.1　依赖保持和非加性（无损）连接的 3NF 模式分解

到现在为止，我们知道不可能同时满足下面 3 个条件：(1) 保证无损（非加性）设计；(2) 保证依赖保持；(3) 所有的关系都属于 BCNF。如我们反复强调的，第一个条件是必须满足的，不能折中。第二个条件是想要的，但不是必需的，如果我们坚持实现 BCNF，可能不得不放宽这个条件。可以在分解的结果上执行连接运算，来恢复原来丢失的函数依赖。现在将给出一个算法，它可以达到上述的条件（1）和条件（2），但是只能保证 3NF。算法 15.4 可以产生 R 的分解 D，它具有以下性质：

- 保持依赖。
- 具有非加性连接性质。
- 使得分解中的每个结果关系模式都属于 3NF。

算法 15.4　将关系综合成 3NF，并且具有依赖保持和非加性连接性质。

输入：一个泛关系 R 以及 R 的属性上的函数依赖集合 F。

（1）查找 F 的最小覆盖 G（使用算法 15.2）。

（2）对于 G 中出现的每个函数依赖的左端 X，在 D 中为其创建一个关系模式，其属性为{X ∪ {A_1} ∪ {A_2}…∪ {A_k} }，其中 X → A_1，X → A_2，…，X → A_k 是 G 中以 X 作为左端的唯一依赖（X 是这个关系的键）。

（3）如果 D 中没有任何关系模式包含 R 的键，那么就在 D 中创建另外一个关系模式，其中包含构成 R 的键的属性（算法 15.2(a)可用于查找键）。

（4）在关系数据库模式中，消除结果关系集合中冗余的关系。如果关系 R 是模式中另一个关系 S 的投影，就认为 R 是冗余的，也就是说，可以将 R 纳入 S 中[1]。

算法 15.4 的第（3）步涉及标识 R 的键 K。算法 15.2(a)可以基于给定的函数依赖集合 F 标识 R 的键 K。注意：算法 15.2(a)中用于确定键的函数依赖集合可以是 F 或 G，因为它们是等价的。

1. 算法 15.4 的示例 1

考虑下面的泛关系：

```
U (Emp_ssn, Pno, Esal, Ephone, Dno, Pname, Plocation)
```

Emp_ssn、Esal 和 Ephone 分别指雇员的社会安全号、薪水和电话号码。Pno、Pname 和 Plocation 分别指项目的编号、名称和地点。Dno 是部门编号。

存在下面的依赖：

```
FD1: Emp_ssn → {Esal, Ephone, Dno}
FD2: Pno → { Pname, Plocation}
FD3: Emp_ssn, Pno → {Esal, Ephone, Dno, Pname, Plocation}
```

由于 FD3，属性集合{Emp_ssn, Pno}表示泛关系的一个键。因此，给定的函数依赖集合 F 包括{Emp_ssn → Esal, Ephone, Dno; Pno → Pname, Plocation; Emp_ssn, Pno → Esal, Ephone, Dno, Pname, Plocation}。

通过应用最小覆盖算法 15.2，在第（3）步中，我们看到 Pno 是 Emp_ssn, Pno → Esal, Ephone, Dno 中的一个无关属性。而且，Emp_ssn 是 Emp_ssn, Pno → Pname, Plocation 中的一个无关属性。因此，最小覆盖只包括 FD1 和 FD2（FD3 是完全冗余的），如下所示（如果把具有相同左端的属性分组到一个函数依赖中的话）：

最小覆盖 G：{Emp_ssn → Esal, Ephone, Dno; Pno → Pname, Plocation}

算法 15.4 的第（2）步将产生关系 R_1 和 R_2，如下：

R_1 (<u>Emp_ssn</u>, Esal, Ephone, Dno)
R_2 (<u>Pno</u>, Pname, Plocation)

在第（3）步中，生成一个与 U 的键{Emp_ssn, Pno}对应的关系。因此，结果设计将包含：

R_1 (<u>Emp_ssn</u>, Esal, Ephone, Dno)

1 注意：有一种额外的依赖类型：R 是模式中两个或多个关系的投影。这种依赖被认为是连接依赖，将在 15.7 节中讨论。因此，技术上讲，它可能继续存在，而不会干扰模式的 3NF 状态。

```
R2 (Pno, Pname, Plocation)
R3 (Emp_ssn, Pno)
```

这个设计实现了想要的依赖保持和非加性连接两个性质。

2. 算法 15.4 的示例 2（情况 X）

考虑图 14.13(a)中所示的关系模式 LOTS1A。

假定这个关系是作为一个泛关系 U (Property_id, County, Lot#, Area)给出的，它具有以下函数依赖：

```
FD1: Property_id → Lot#, County, Area
FD2: Lot#, County → Area, Property_id
FD3: Area → County
```

它们在图 14.13(a)中分别称为 FD1、FD2 和 FD5。14.4 节中解释了上述属性和函数依赖的含义。为了便于引用，让我们利用每个属性的首字母来简写它们，并将函数依赖表示为以下集合：

```
F: { P → LCA, LC → AP, A → C }
```

带有简写属性的泛关系是 U (P, C, L, A)。如果对 F 应用最小覆盖算法 15.2,（在第（2）步中）首先将集合 F 表示为：

```
F: {P → L, P → C, P → A, LC → A, LC → P, A → C}
```

在集合 F 中，可以从 P → LC 和 LC → A 推断出 P → A；因此，根据传递规则 P → A 就是冗余的。因此，一种可能的最小覆盖是：

最小覆盖 GX：{P → LC, LC → AP, A → C}

在算法 15.4 的第（2）步中，使用上述的最小覆盖产生设计 X（在移除冗余关系之前），如下：

设计 X：R_1 (<u>P</u>, L, C)、R_2 (<u>L</u>, <u>C</u>, A, P)和 R_3 (<u>A</u>, C)

在算法的第（4）步中，我们发现可以将 R_3 纳入 R_2 中（也就是说，R_3 总是 R_2 的一个投影，并且 R_1 也是 R_2 的一个投影）。因此，这两个关系是冗余的。因此，实现两个想要性质的 3NF 模式如下（在移除冗余关系之后）：

设计 X：R_2 (L, C, A, P)

或者，换句话说，它等同于关系 LOTS1A (Property_id, Lot#, County, Area)，在 14.4.2 节中确定后者属于 3NF。

3. 算法 15.4 的示例 2（情况 Y）

首先，将 LOTS1A 作为泛关系，并且它具有给定的相同函数依赖集合，与以前一样，最小覆盖算法 15.2 将产生：

```
F: {P → C, P → A, P → L, LC → A, LC → P, A → C}
```

函数依赖 LC → A 可能被认为是冗余的，因为根据传递规则，LC → P 和 P → A 隐含

$LC \rightarrow A$。同样，$P \rightarrow C$ 也可能被认为是冗余的，因为根据传递规则，$P \rightarrow A$ 和 $A \rightarrow C$ 隐含 $P \rightarrow C$。这给出了一个不同的最小覆盖，如下：

最小覆盖 GY：{ $P \rightarrow LA, LC \rightarrow P, A \rightarrow C$ }

现在，由算法产生的替代设计 Y 是：

设计 Y：S_1 (<u>P</u>, A, L)、S_2 (<u>L</u>, <u>C</u>, P)和 S_3 (<u>A</u>, C)

注意：这个设计具有 3 个 3NF 关系，根据第（4）步中的条件，它们都不能被认为是冗余的。这将保持原始集合 F 中的所有函数依赖。读者将注意到：在上述 3 个关系中，14.5 节中给出的过程将把关系 S_1 和 S_3 产生为 BCNF 设计（这隐含在存在 S_1 和 S_3 的情况下，S_2 就是冗余的）。不过，我们不能从上述的 3 个 3NF 关系的集合中消除关系 S_2，因为它不是 S_1 或 S_3 的投影。很容易看出：S_2 是一个有效、有意义的关系，它具有两个候选键(L, C)，以及并排放置的 P。另请注意：S_2 将保持函数依赖 $LC \rightarrow P$，如果最终设计只包含 S_1 和 S_3，就会丢失这个函数依赖。因此，当对给定的提供 3NF 关系的泛关系应用算法 15.4 时，设计 Y 将保持为一种可能的最终结果。

对具有给定函数依赖集合的相同泛关系应用算法 15.4 的上述两种变体说明了以下两点：

- 从相同的函数依赖集合开始，可以生成替代的 3NF 设计。
- 可以想见，在一些情况下，算法实际上会产生满足 BCNF 的关系，并且也可能包括将会维持依赖保持性质的关系。

15.3.2 非加性连接的 BCNF 模式分解

下一个算法将把一个泛关系模式 $R = \{A_1, A_2, \cdots, A_n\}$ 分解成一个分解 $D = \{R_1, R_2, \cdots, R_m\}$，使得每个 R_i 都属于 BCNF，并且分解 D 具有关于 F 的无损连接性质。算法 15.5 利用 NJB 性质和声明 2（连续分解中的非加性保持），基于函数依赖集合 F 创建泛关系模式 R 的一个非加性连接分解 $D = \{R_1, R_2, \cdots, R_m\}$，使得 D 中的每个 R_i 都属于 BCNF。

算法 15.5 将关系分解成 BCNF，并且具有非加性连接性质。

输入： 一个泛关系 R 以及 R 的属性上的函数依赖集合 F。

```
（1）设置 D := {R};
（2）当 D 中具有一个不属于 BCNF 的关系模式 Q 时，执行
     {
         在 D 中选择一个不属于 BCNF 的关系模式 Q;
         在 Q 中查找一个违反 BCNF 的函数依赖 X → Y;
         利用两个关系模式(Q - Y)和(X ∪Y)替换 D 中的 Q;
     };
```

每次通过算法 15.5 中的循环时，都会把一个不属于 BCNF 的关系模式 Q 分解成两个关系模式。根据二元分解的 NJB 性质和声明 2，分解 D 具有非加性连接性质。在算法末尾，D 中的所有关系模式都将属于 BCNF。我们说明了如何将这个算法应用于图 14.14 中的 TEACH 关系模式。由于函数依赖 FD2 Instructor → Course 违反了 BCNF，因此把它分解成 TEACH1(<u>Instructor</u>, <u>Student</u>)和 TEACH2(<u>Instructor</u>, Course)。

在算法 15.5 的第（2）步中，有必要确定关系模式 Q 是否属于 BCNF。执行该任务的

一种方法是：为 Q 中的每个函数依赖 X → Y，测试 X^+是否没有包括 Q 中的所有属性，从而确定 X 是否是 Q 中的一个（超）键。另一种技术基于观察到的如下事实：无论何时关系模式 Q 违反了 BCNF，Q 中都会存在一对属性 A 和 B，使得{Q − {A, B} } → A。这样，通过为 Q 的每个属性对{A, B}计算闭包$\{Q - \{A, B\}\}^+$，并且检查该闭包是否包括 A（或 B），就可以确定 Q 是否属于 BCNF。

值得注意的是：非加性连接分解的理论基于以下假设：连接属性不允许使用 NULL 值。15.4 节将讨论 NULL 值在关系分解中可能引发的一些问题，并且对本节中介绍的综合关系设计算法提供一般性的讨论。

15.4　NULL 值、悬挂元组和替代的关系设计

在本节中，将讨论在没有正确地进行关系设计时所发生的几个一般性的问题。

15.4.1　NULL 值和悬挂元组的问题

在设计关系数据库模式时，必须仔细考虑与 NULL 值关联的问题。目前还没有出现一种可以包括 NULL 值的完全令人满意的关系设计理论。当某些元组的属性具有 NULL 值并且这些属性将用于连接分解中的各个关系时，就会出现一个问题。为了说明这一点，可以考虑图 15.2(a)中所示的数据库，其中显示了两个关系 EMPLOYEE 和 DEPARTMENT。最后两个雇员元组 Berger 和 Benitez 表示新聘雇员，还没有把他们分配到一个部门（假定这没有违反任何完整性约束）。现在假设想要检索所有雇员的(Ename, Dname)值列表。如果对 EMPLOYEE 和 DEPARTMENT 应用自然连接运算（参见图 15.2(b)），那么前面提到的两个元组将不会出现在结果中。第 8 章中讨论过的外连接运算可以处理这个问题。回忆可知：如果对 EMPLOYEE 和 DEPARTMENT 采用左外连接运算，那么 EMPLOYEE 中为连接属性使用 NULL 值的元组仍将出现在结果中，并且将与 DEPARTMENT 中为其所有属性都使用 NULL 值的假想元组进行连接。图 15.2(c)显示了结果。

一般来讲，无论何时设计一个关系数据库模式，其中两个或多个关系通过外键相关联，都必须特别小心地密切注意外键中潜在的 NULL 值。在涉及那个外键上的连接的查询中，这可能会导致意外的信息丢失。而且，如果 NULL 值出现在其他属性中，例如 Salary，那么必须仔细评估它们对诸如 SUM 和 AVERAGE 之类的内置函数的影响。

一个相关的问题是*悬挂元组*，如果把关系分解得太过分，就可能出现这个问题。假设把图 15.2(a)中的 EMPLOYEE 关系进一步分解成 EMPLOYEE_1 和 EMPLOYEE_2，如图 15.3(a)和图 15.3(b)所示。如果对 EMPLOYEE_1 和 EMPLOYEE_2 应用自然连接运算，就会得到原始的 EMPLOYEE 关系。不过，我们可能使用图 15.3(c)中所示的替代表示，其中如果没有给雇员分配一个部门，就不会在 EMPLOYEE_3 中包括一个元组（用以代替包括一个 Dnum 值为 NULL 的元组，就像 EMPLOYEE_2 中一样）。如果使用 EMPLOYEE_3 代替 EMPLOYEE_2，并且对 EMPLOYEE_1 和 EMPLOYEE_3 应用自然连接运算，那么表示 Berger 和 Benitez 的元组将不会出现在结果中，它们在 EMPLOYEE_1 中称为**悬挂元组**

（dangling tuple），因为它们只出现在表示雇员的两个关系之一中，因此如果应用（内）连接运算，它们就会丢失。

(a)

EMPLOYEE

Ename	Ssn	Bdate	Address	Dnum
Smith, John B.	123456789	1965-01-09	731 Fondren, Houston, TX	5
Wong, Franklin T.	333445555	1955-12-08	638 Voss, Houston, TX	5
Zelaya, Alicia J.	999887777	1968-07-19	3321 Castle, Spring, TX	4
Wallace, Jennifer S.	987654321	1941-06-20	291 Berry, Bellaire, TX	4
Narayan, Ramesh K.	666884444	1962-09-15	975 Fire Oak, Humble, TX	5
English, Joyce A.	453453453	1972-07-31	5631 Rice, Houston, TX	5
Jabbar, Ahmad V.	987987987	1969-03-29	980 Dallas, Houston, TX	4
Borg, James E.	888665555	1937-11-10	450 Stone, Houston, TX	1
Berger, Anders C.	999775555	1965-04-26	6530 Braes, Bellaire, TX	NULL
Benitez, Carlos M.	888664444	1963-01-09	7654 Beech, Houston, TX	NULL

DEPARTMENT

Dname	Dnum	Dmgr_ssn
Research	5	333445555
Administration	4	987654321
Headquarters	1	888665555

(b)

Ename	Ssn	Bdate	Address	Dnum	Dname	Dmgr_ssn
Smith, John B.	123456789	1965-01-09	731 Fondren, Houston, TX	5	Research	333445555
Wong, Franklin T.	333445555	1955-12-08	638 Voss, Houston, TX	5	Research	333445555
Zelaya, Alicia J.	999887777	1968-07-19	3321 Castle, Spring, TX	4	Administration	987654321
Wallace, Jennifer S.	987654321	1941-06-20	291 Berry, Bellaire, TX	4	Administration	987654321
Narayan, Ramesh K.	666884444	1962-09-15	975 Fire Oak, Humble, TX	5	Research	333445555
English, Joyce A.	453453453	1972-07-31	5631 Rice, Houston, TX	5	Research	333445555
Jabbar, Ahmad V.	987987987	1969-03-29	980 Dallas, Houston, TX	4	Administration	987654321
Borg, James E.	888665555	1937-11-10	450 Stone, Houston, TX	1	Headquarters	888665555

(c)

Ename	Ssn	Bdate	Address	Dnum	Dname	Dmgr_ssn
Smith, John B.	123456789	1965-01-09	731 Fondren, Houston, TX	5	Research	333445555
Wong, Franklin T.	333445555	1955-12-08	638 Voss, Houston, TX	5	Research	333445555
Zelaya, Alicia J.	999887777	1968-07-19	3321 Castle, Spring, TX	4	Administration	987654321
Wallace, Jennifer S.	987654321	1941-06-20	291 Berry, Bellaire, TX	4	Administration	987654321
Narayan, Ramesh K.	666884444	1962-09-15	975 Fire Oak, Humble, TX	5	Research	333445555
English, Joyce A.	453453453	1972-07-31	5631 Rice, Houston, TX	5	Research	333445555
Jabbar, Ahmad V.	987987987	1969-03-29	980 Dallas, Houston, TX	4	Administration	987654321
Borg, James E.	888665555	1937-11-10	450 Stone, Houston, TX	1	Headquarters	888665555
Berger, Anders C.	999775555	1965-04-26	6530 Braes, Bellaire, TX	NULL	NULL	NULL
Benitez, Carlos M.	888665555	1963-01-09	7654 Beech, Houston, TX	NULL	NULL	NULL

图 15.2 NULL 值连接的问题

(a) 一些 EMPLOYEE 元组为连接属性 Dnum 使用 NULL 值；
(b) 对 EMPLOYEE 与 DEPARTMENT 关系应用自然连接运算的结果；
(c) 对 EMPLOYEE 与 DEPARTMENT 关系应用左外连接运算的结果

(a) **EMPLOYEE_1**

Ename	Ssn	Bdate	Address
Smith, John B.	123456789	1965-01-09	731 Fondren, Houston, TX
Wong, Franklin T.	333445555	1955-12-08	638 Voss, Houston, TX
Zelaya, Alicia J.	999887777	1968-07-19	3321 Castle, Spring, TX
Wallace, Jennifer S.	987654321	1941-06-20	291 Berry, Bellaire, TX
Narayan, Ramesh K.	666884444	1962-09-15	975 Fire Oak, Humble, TX
English, Joyce A.	453453453	1972-07-31	5631 Rice, Houston, TX
Jabbar, Ahmad V.	987987987	1969-03-29	980 Dallas, Houston, TX
Borg, James E.	888665555	1937-11-10	450 Stone, Houston, TX
Berger, Anders C.	999775555	1965-04-26	6530 Braes, Bellaire, TX
Benitez, Carlos M.	888665555	1963-01-09	7654 Beech, Houston, TX

(b) **EMPLOYEE_2**

Ssn	Dnum
123456789	5
333445555	5
999887777	4
987654321	4
666884444	5
453453453	5
987987987	4
888665555	1
999775555	NULL
888664444	NULL

(c) **EMPLOYEE_3**

Ssn	Dnum
123456789	5
333445555	5
999887777	4
987654321	4
666884444	5
453453453	5
987987987	4
888665555	1

图 15.3 悬挂元组的问题

(a) 关系 EMPLOYEE_1（包括图 15.2(a)中的 EMPLOYEE 关系的除 Dnum 以外的其他所有属性）；

(b) 关系 EMPLOYEE_2（包括具有 NULL 值的 Dnum 属性）；

(c) 关系 EMPLOYEE_3（包括 Dnum 属性，但是不包括 Dnum 值为 NULL 的元组）

15.4.2 规范化算法和替代关系设计的讨论

我们描述过的规范化算法的问题之一是：数据库设计者必须首先指定数据库属性之间的所有相关的函数依赖。对于具有数百个属性的大型数据库来说，这不是一个简单的任务。如果没有指定一两个重要的依赖，就可能导致一种不想要的设计。另一个问题是：这些算法一般都具有不确定性。例如，综合算法（算法 15.4 和算法 15.5）需要指定函数依赖集合 F 的最小覆盖 G。由于一般可能有许多最小覆盖与 F 对应，如上面的算法 15.4 的示例 2 中所示，依赖于使用的特定最小覆盖，算法可能给出不同的设计。其中一些设计可能不是想要的。用于实现 BCNF 的分解算法（算法 15.5）依赖于提供给算法的函数依赖的顺序来检查是否违反了 BCNF。同样，有可能出现许多不同的设计。其中一些设计可能更受欢迎，而其他设计则可能不是想要的。

并非总是可能找到一个分解，它能把一个关系分解成可以保持依赖的关系模式，并且允许分解中的每个关系模式都属于 BCNF（而不是 3NF，就像算法 15.4 中一样）。可以逐个检查分解中的 3NF 关系模式，查看每个关系模式是否都满足 BCNF。如果某个关系模式

R_i不属于 BCNF，就可以选择进一步分解它，或者让它保持 3NF（可能具有一些更新异常）。我们使用自底向上的设计方法，显示在算法 15.4 之下的示例 2 的情况 X 和 Y 中不同的最小覆盖产生了基于最小覆盖的不同关系集合。设计 X 产生的是 3NF 设计，得到 LOTS1A (Property_id, County, Lot#, Area)关系，它属于 3NF，但不属于 BCNF。此外，设计 Y 产生了 3 个关系：S_1 (Property_id, Area, Lot#)、S_2 (Lot#, County, Property_id)和 S_3 (Area, County)。如果测试其中每个关系，就会发现它们都属于 BCNF。我们以前还看到过，如果对 LOTS1Y 关系应用算法 15.5，将其分解成 BCNF 关系，结果设计只包含 S_1 和 S_3 作为一种 BCNF 设计。总之，受相同泛关系模式的不同最小覆盖驱动的上述情况示例（称为情况 X 和情况 Y）足以说明：通过应用 15.3 节中介绍的自底向上的设计算法将得到替代的设计。

表 15.1 总结了迄今为止本章中讨论过的算法的性质。

表 15.1　本章中讨论的算法总结

算法	输入	输出	性质/用途	备注
15.1	一个属性或属性集合 X，以及一个函数依赖集合 F	X 关于 F 的闭包中的属性集合	确定可以通过 X 函数确定的所有属性	键的闭包是整个关系
15.2	一个函数依赖集合 F	函数依赖的最小覆盖	用于确定依赖集合 F 的最小覆盖	可能存在多个最小覆盖，依赖于选择函数依赖的顺序
15.2a	具有一个函数依赖集合 F 的关系模式 R	R 的键 K	查找键 K（它是 R 的一个子集）	整个关系 R 总是默认的超键
15.3	R 的分解 D 以及一个函数依赖集合 F	布尔结果：是或否，指示是否具有非加性连接性质	测试非加性连接分解	参见 14.5 节中针对二元分解的更简单的 NJB 测试
15.4	关系 R 以及一个函数依赖集合 F	一个属于 3NF 的关系集合	非加性连接和依赖保持分解	可能不会实现 BCNF，但是会实现所有想要的性质和 3NF
15.5	关系 R 以及一个函数依赖集合 F	一个属于 BCNF 的关系集合	非加性连接分解	不能保证实现依赖保持
15.6	关系 R 以及一个函数依赖和多值依赖集合	一个属于 4NF 的关系集合	非加性连接分解	不能保证实现依赖保持

15.5　多值依赖和 4NF 的进一步讨论

在 14.6 节中，介绍并定义了多值依赖的概念，并使用它定义了第四范式。在本节中，将继续讨论多值依赖，通过说明多值依赖的推理规则来完善我们的理论。

15.5.1　函数依赖和多值依赖的推理规则

与函数依赖（FD）一样，多值依赖也开发了一套推理规则。不过，更好的做法是开发一个同时包括函数依赖和多值依赖的统一框架，以便可以一起考虑这两种约束类型。下面的推理规则 IR1~IR8 构成了一个合理、完备的规则集合，可用于从给定的依赖集合推断函数依赖和多值依赖。假定所有的属性都包括在一个泛关系模式 $R = \{A_1, A_2, \cdots, A_n\}$ 中，并且 X、Y、Z 和 W 都是 R 的子集。

IR1（函数依赖的自反规则）：如果 $X \supseteq Y$，那么 $X \rightarrow Y$。

IR2（函数依赖的增广规则）：$\{X \rightarrow Y\} \models XZ \rightarrow YZ$。

IR3（函数依赖的传递规则）：$\{X \rightarrow Y, Y \rightarrow Z\} \models X \rightarrow Z$。

IR4（多值依赖的互补规则）：$\{X \twoheadrightarrow Y\} \models \{X \twoheadrightarrow (R - (X \cup Y))\}$。

IR5（多值依赖的增广规则）：如果 $X \twoheadrightarrow Y$ 且 $W \supseteq Z$，那么 $WX \twoheadrightarrow YZ$。

IR6（多值依赖的传递规则）：$\{X \twoheadrightarrow Y, Y \twoheadrightarrow Z\} \models X \twoheadrightarrow (X - Y)$。

IR7（函数依赖到多值依赖的复制规则）：$\{X \rightarrow Y\} \models X \twoheadrightarrow Y$。

IR8（函数依赖和多值依赖的聚集规则）：如果 $X \twoheadrightarrow Y$，并且存在 W 满足以下性质：(a) $W \cap Y$ 为空，(b) $W \rightarrow Z$，(c) $Y \supseteq Z$，那么 $X \rightarrow Z$。

IR1~IR3 是只用于函数依赖的 Armstrong 推理规则。IR4~IR6 是只适用于多值依赖的推理规则。IR7 和 IR8 则与函数依赖和多值依赖都相关。特别是，IR7 指出函数依赖是多值依赖的一个特例；也就是说，每个函数依赖同时也是一个多值依赖，因为它满足多值依赖的形式化定义。不过，这种等价性有一个条件：函数依赖 $X \rightarrow Y$ 就是一个带有额外的隐含限制的多值依赖 $X \twoheadrightarrow Y$，即 X 的每个值最多只与 Y 的一个值相关联[1]。给定在 $R = \{A_1, A_2, \cdots, A_n\}$ 上指定的函数依赖和多值依赖的集合 F，就可以使用 IR1~IR8 推断关系 R 的满足 F 的每个关系状态 r 中存在的所有依赖（函数依赖或多值依赖）的（完整）集合 F^+。这里再次把 F^+ 称为 F 的**闭包**。

15.5.2　再论第四范式

现在重新表述 14.6 节中给出的**第四范式**（4NF）的定义。

定义　就依赖集合 F（包括函数依赖和多值依赖）而言，如果对于 F^+ 中的每个非平凡多值依赖 $X \twoheadrightarrow Y$（X 包含在 F^+ 中），X 都是 R 超键，那么关系模式 R 就属于 4NF。

为了说明 4NF 的重要性，图 15.4(a)显示了图 14.15 中的 EMP 关系，它具有一个额外的雇员 Brown，他有 3 个受赡养人（Jim、Joan 和 Bob），并且参与 4 个不同的项目（W、X、Y 和 Z）。如图 15.4(a)所示，EMP 中具有 16 个元组。如果将 EMP 分解成 EMP_PROJECTS 和 EMP_DEPENDENTS，如图 15.4(b)所示，那么在两个关系中总共只需要存储 11 个元组。这种分解不仅可以节省存储空间，而且可以避免与多值依赖相关联的更新异常。例如，如果 Brown 开始参与另外一个新的项目 P，就必须在 EMP 中插入 3 个元组：每个元组对应一位受赡养人。如果我们忘记了插入其中任何一个元组，这个关系就会违反多值依赖，并且会变得不一致，这是由于它错误地隐含了项目与受赡养人之间的联系。

如果关系具有非平凡多值依赖，那么在单个元组上执行插入、删除和更新操作时，除了会修改正在处理的元组之外，还可能导致额外的元组被修改。如果不正确地处理更新操作，就可能会改变关系的含义。不过，在将关系规范化成 4NF 之后，这些更新异常将会消

1　也就是说，由 X 的一个值确定的 Y 的值集被限制为只含一个值的单元素集合。因此，在实际中，从来不会把函数依赖视作多值依赖。

失。例如，要添加将 Brown 分配给项目 P 的信息，只需在 4NF 关系 EMP_PROJECTS 中插入单个元组即可。

(a) **EMP**

Ename	Pname	Dname
Smith	X	John
Smith	Y	Anna
Smith	X	Anna
Smith	Y	John
Brown	W	Jim
Brown	X	Jim
Brown	Y	Jim
Brown	Z	Jim
Brown	W	Joan
Brown	X	Joan
Brown	Y	Joan
Brown	Z	Joan
Brown	W	Bob
Brown	X	Bob
Brown	Y	Bob
Brown	Z	Bob

(b) **EMP_PROJECTS**

Ename	Pname
Smith	X
Smith	Y
Brown	W
Brown	X
Brown	Y
Brown	Z

EMP_DEPENDENTS

Ename	Dname
Smith	Anna
Smith	John
Brown	Jim
Brown	Joan
Brown	Bob

图 15.4　分解不属于 4NF 的 EMP 的关系状态

(a) 具有额外元组的 EMP 关系；

(b) 两个对应的 4NF 关系 EMP_PROJECTS 和 EMP_DEPENDENTS

图 14.15(a)中的 EMP 关系不属于 4NF，因为它表示两个独立的 1:N 联系：一个是雇员与他们所参与的项目之间的联系，另一个是雇员与他们的受赡养人之间的联系。有时可能具有 3 个实体之间的联系，它是一个合法的三向联系，而不是 3 个参与实体之间的两个二元联系的组合，例如图 14.15(c)中所示的 SUPPLY 关系（目前只考虑图 14.15(c)中虚线上方的元组）。在这种情况下，一个元组给特定项目供应特定零件的供应商，因此没有非平凡多值依赖。因此，SUPPLY 全键关系已经属于 4NF，不应该进行分解。

15.5.3　非加性连接的 4NF 关系分解

无论何时基于关系模式 R 中存在的多值依赖 X $\twoheadrightarrow$ Y 将 R 分解成 $R_1 = (X \cup Y)$和 $R_2 = (R - Y)$，这个分解都具有非加性连接性质。可以证明，这是将一个模式分解成两个具有非加性连接性质的模式的充要条件，性质 NJB′给出了这个证明，它是前面在 14.5.1 节中给出的性质 NJB 的进一步泛化。性质 NJB 只涉及函数依赖，而性质 NJB′则同时涉及函数依赖和多值依赖（回忆可知函数依赖也是多值依赖）。

性质 NJB′

在把关系模式 R 分解成关系模式 R_1和 R_2时，对于函数依赖和多值依赖的集合 F，当且仅当$(R_1 \cap R_2) \twoheadrightarrow (R_1 - R_2)$时，或者根据对称性，当且仅当$(R_1 \cap R_2) \twoheadrightarrow (R_2 - R_1)$时，$R_1$和 R_2构成 R 的非加性连接分解。

可以对算法 15.5 稍加修改，开发出算法 15.6，创建一个非加性连接分解，并且得到的关系模式都属于 4NF（而不是 BCNF）。与算法 15.5 一样，算法 15.6 不一定会产生一个将保持函数依赖的分解。

算法 15.6 将关系分解成 4NF 关系，并且具有非加性连接性质。

输入： 一个泛关系 R 以及一个函数依赖和多值依赖的集合 F。

```
(1) 设置D:= { R };
(2) 当D中具有一个不属于4NF的关系模式Q时，执行
    {在D中选择一个不属于4NF的关系模式Q;
    在Q中查找一个违反4NF的非平凡多值依赖X ↠ Y;
    利用两个关系模式(Q - Y)和(X ∪Y)替换D中的关系Q;
    };
```

15.6 其他的依赖和范式

15.6.1 连接依赖和第五范式

在 14.7 节中，已经介绍了另一种依赖类型，称为连接依赖（join dependency，JD）。当一个关系可以被分解成一组投影关系并且可以再连接回这组关系以产生原始关系时，就会发生连接依赖。在 14.7 节中定义连接依赖之后，又基于它定义了第五范式。第五范式也称为投影连接范式或 PJNF（Fagin，1979）。关于第五范式和其他一些依赖（以及相关的范式，例如 DKNF，将在 15.6.3 节中定义它）的一个实际问题是：它们比较难以发现。此外，没有合理、完备的推理规则集来推导它们。在本节余下内容中，将介绍另外一些已经确定的依赖类型。其中，包含依赖以及那些基于算术函数或类似函数的依赖会被频繁使用。

15.6.2 包含依赖

定义包含依赖的目的是形式化如下两类相互关联的约束：

- 外键（或参照完整性）约束，不能将其指定为函数依赖或多值依赖，因为它将跨关系将属性关联起来。
- 表示类/子类联系（参见第 4 章和第 9 章）的两个关系之间的约束，它也没有关于函数依赖、多值依赖和连接依赖的形式化定义。

定义 两个属性集合（关系模式 R 的属性集合 X 和关系模式 S 的属性集合 Y）之间的**包含依赖**（inclusion dependency）R.X < S.Y 指定了如下约束：在任何特定的时间，当 r 是关系 R 的一个关系状态并且 s 是关系 S 的一个关系状态时，必定有：

$$\pi_X(r(R)) \subseteq \pi_Y(s(S))$$

其中⊆（子集）联系不一定是一个真子集。显然，指定包含依赖的属性集合（R 的 X 和 S 的 Y）必须具有相同的属性数量。此外，每一对对应属性的域应该是兼容的。例如，如果 $X = \{A_1, A_2,\cdots, A_n\}$ 且 $Y = \{B_1, B_2,\cdots, B_n\}$，那么一种可能的对应关系就是使 $dom(A_i)$ 与 $dom(B_i)$ 兼容（$1 \leqslant i \leqslant n$）。在这种情况下，就称 A_i **对应于** B_i。

例如，可以在图 14.1 中的关系模式上指定以下包含依赖：

```
DEPARTMENT.Dmgr_ssn < EMPLOYEE.Ssn
WORKS_ON.Ssn < EMPLOYEE.Ssn
EMPLOYEE.Dnumber < DEPARTMENT.Dnumber
PROJECT.Dnum < DEPARTMENT.Dnumber
WORKS_ON.Pnumber < PROJECT.Pnumber
DEPT_LOCATIONS.Dnumber < DEPARTMENT.Dnumber
```

上面的所有包含依赖都表示**参照完整性约束**。也可以使用包含依赖表示**类/子类联系**（class/subclass relationship）。例如，在图 9.6 的关系模式中，可以指定以下包含依赖：

```
EMPLOYEE.Ssn < PERSON.Ssn
ALUMNUS.Ssn < PERSON.Ssn
STUDENT.Ssn < PERSON.Ssn
```

与其他的依赖类型一样，也具有包含依赖推理规则（inclusion dependency inference rule，IDIR）。下面给出了 3 个示例：

IDIR1（自反规则）：R.X < R.X。

IDIR2（属性对应关系）：如果 R.X < S.Y，其中 $X = \{A_1, A_2,\cdots, A_n\}$，$Y = \{B_1, B_2,\cdots, B_n\}$，并且 A_i 对应于 B_i，那么 $R.A_i < S.B_i$（$1 \leqslant i \leqslant n$）。

IDIR3（传递规则）：如果 R.X < S.Y 且 S.Y < T.Z，那么 R.X < T.Z。

上述的推理规则被证明对于包含依赖是合理的和完备的。迄今为止，还没有开发出基于包含依赖的范式。

15.6.3 基于算术函数和过程的函数依赖

有时，一个关系中的某些属性可能通过某个算术函数或者更复杂的函数联系而相关联。只要每个 X 都与 Y 的唯一值相关联，那么仍然可以认为函数依赖 X → Y 存在。例如，在下面的关系中：

```
ORDER_LINE (Order#, Item#, Quantity, Unit_price, Extended_price,
Discounted_price)
```

每个元组都表示一个订单中的某件物品，以及特定的数量和该物品的单价。在这个关系中，下面的公式：

```
Extended_price = Unit_price * Quantity
```

使得(Quantity, Unit_price) → Extended_price 存在。因此，对于每个(Quantity, Unit_price)对，都会存在 Extended_price 的唯一值与之对应，因此它符合函数依赖的定义。

而且，可能有一个过程把数量折扣、物品类型等考虑在内，并且计算该物品的订购总数量的折扣价格。因此，可以指出：

```
(Item#, Quantity, Unit_price ) → Discounted_price，或者
(Item#, Quantity, Extended_price) → Discounted_price
```

为了检查上面的函数依赖，可能不得不调用一个更复杂的过程 COMPUTE_TOTAL_PRICE。尽管上述的函数依赖类型从技术上讲在大多数关系中都存在，但是在规范化期间并未给予它们特别的注意。它们可能在关系加载和查询处理期间具有重大意义，因为填充或检索依赖右端的属性将需要执行诸如上面提到的一个过程。

15.6.4　域-键范式

目前还没有严格而快捷的规则用于定义仅仅直到 5NF 的范式。历史上，规范化的过程以及发现不想要依赖的过程都会执行到 5NF，但是也可以定义更严格的范式，把其他的依赖和约束类型也考虑在内。**域-键范式**（domain-key normal form，DKNF）背后的思想是：指定（至少在理论上）将把所有可能的依赖和约束类型都考虑在内的终极范式。如果只需通过在关系上执行域约束和键约束即可执行在有效的关系状态上应该成立的所有约束和依赖，那么就称该关系模式属于 DKNF。对于属于 DKNF 的关系，只需检查元组中的每个属性值是否属于适当的域并且是否执行了每个键约束，即可直观地执行所有的数据库约束。

不过，由于在 DKNF 关系中包括复杂约束比较困难，并且由于指定一般的完整性约束可能也相当困难，因此 DKNF 关系的实际效用将是有限的。例如，考虑一个关系 CAR(Make, Vin#)（其中 Vin#是车辆识别号）和另一个关系 MANUFACTURE(Vin#, Country)（其中 Country 是制造国）。一般的约束可能具有以下形式：如果 Make 是 Toyota 或 Lexus，那么当制造国是 Japan 时，Vin#的第一个字符就是“J”；如果 Make 是 Honda 或 Acura，那么当制造国是 Japan 时，Vin#的第二个字符就是“J”。除了编写一个过程（或者一般性断言）来测试这样的约束之外，并没有什么简化的方式用于表示它们。上述的 COMPUTE_TOTAL_PRICE 过程就是执行合适的完整性约束所需的这样一个过程的示例。

出于这些原因，尽管 DKNF 的概念很吸引人并且看似比较直观，但是在直接测试或实现它时，无法保证设计的一致性或非冗余性。因此，在实际中并没有大量使用它。

15.7　小　结

本章介绍了一组与依赖相关的更深入的主题，并且讨论了分解以及与它们相关的多个算法，还讨论了从给定的函数依赖和多值依赖的集合设计 3NF、BCNF 和 4NF 关系的过程。在 15.1 节中，介绍了函数依赖（FD）的推理规则、属性的闭包概念、函数依赖集合的闭包概念、函数依赖集合之间的等价性、用于查找属性闭包的算法（算法 15.1）以及函数依赖集合的最小覆盖（算法 15.2）。然后讨论了分解的两个重要性质：非加性连接性质和依赖保持性质。接着介绍了一个用于测试关系的 n 元非加性分解的算法（算法 15.3）。在 14.5.1 节中已经描述了一个用于检查非加性二元分解（性质 NJB）的更简单的测试。然后讨论了基于给定的函数依赖集合进行综合关系设计的方法。*关系合成算法*（算法 15.4）基于由数据库设计者指定的给定函数依赖集合，从一个泛关系模式创建 3NF 关系。*关系分解算法*（例如算法 15.5 和算法 15.6）通过连续的非加性分解，每次将非规范化的关系分解成两个成员关系，来创建 BCNF（或 4NF）关系。我们看到有可能合成满足上述两个性质的 3NF 关系；

不过，对于 BCNF，则只能以实现连接的非加性为目标，而不一定能保证依赖保持。如果设计者的目标是必须实现上述两个性质之一，那么非加性连接条件是绝对必须要保证的。在 15.4 节中，说明了无论关系是独立属于 3NF 还是 BCNF，关系中可能存在的 NULL 值都会在关系集合中引发某些难以处理的事情。有时，当不恰当地把关系分解得太过分时，就可能产生某些“悬挂元组”，它们不会参与到连接的结果中，因此可能是不可见的。本章还说明了算法（例如用于 3NF 合成的算法 15.4）如何基于所选的最小覆盖来产生替代设计。在 15.5 节中再次讨论了多值依赖（MVD）。多值依赖源于在同一个关系中不恰当地组合两个或多个独立的多值属性，它会导致用于定义第四范式（4NF）的元组产生组合式扩展。我们讨论了适用于多值依赖的推理规则，并且讨论了 4NF 的重要性。最后，在 15.6 节中讨论了包含依赖，它们用于指定参照完整性约束和类/子类约束，还指出需要算术函数或更复杂的过程，用以执行某些函数依赖约束。最后，简要讨论了域-键范式（DKNF）。

复　习　题

15.1　Armstrong推理规则（推理规则IR1~IR3）在关系设计理论的发展中起到了什么作用？

15.2　Armstrong推理规则的完备性和合理性的含义是什么？

15.3　函数依赖集合的闭包的含义是什么？请举例说明。

15.4　两个函数依赖集合何时是等价的？如何确定它们的等价性？

15.5　什么是最小函数依赖集合？每个依赖集合都具有一个等价的最小集合吗？它总是唯一的吗？

15.6　分解的属性保持条件的含义是什么？

15.7　为什么只使用范式作为评判模式设计优劣的条件是不够的？

15.8　什么是分解的依赖保持性质？为什么它很重要？

15.9　对非BCNF关系模式进行依赖保持的分解为什么不能保证将会产生BCNF关系模式？请举一个反例说明这一点。

15.10　什么是分解的无损（或非加性）连接性质？为什么它很重要？

15.11　在依赖保持性质与无损连接性质之间，肯定必须要满足哪个性质？为什么？

15.12　讨论NULL值和悬挂元组的问题。

15.13　说明创建第一范式关系的过程可能如何导致多值依赖。在规范化为第一范式的过程中如何才能避免出现多值依赖？

15.14　包含依赖打算用于表示什么类型的约束？

15.15　模板依赖与我们讨论过的其他依赖类型之间有何区别？

15.16　为什么域-键范式（DKNF）被称为终极范式？

练　习　题

15.17　说明由算法15.4产生的关系模式属于3NF。

15.18　说明如果由算法15.3得到的矩阵S中没有哪一行全都包含“a”符号，那么在分解上投影S并连接回它将总会产生至少一个伪元组。

15.19　说明由算法15.5产生的关系模式属于BCNF。

15.20　编写实现算法15.4和算法15.5的程序。

15.21　考虑关系REFRIG(Model#, Year, Price, Manuf_plant, Color)，可将其简写为REFRIG(M, Y, P, MP, C)，并且有如下函数依赖集合F：F = {M → MP, {M, Y} → P, MP → C}。

a. 对于{M}、{M, Y}、{M, C}，评估其中哪个组合可以作为REFRIG的候选键，并给出它为什么能或者不能作为键的理由。

b. 基于上面确定的键，说明关系REFRIG是属于3NF还是BCNF，并提供适当的理由。

c. 考虑REFRIG的一个分解D = {R_1(M, Y, P), R_2(M, MP, C)}。这个分解是无损的吗？说明为什么（可以参考14.5.1节中的性质NJB之下的测试）。

15.22　指定图5.5中的关系模式的所有包含依赖。

15.23　证明函数依赖满足多值依赖的形式化定义。

15.24　考虑14.4节和14.5节中规范化LOTS关系的示例。应用算法15.3以及使用14.5.1节中的性质NJB下面的测试，确定LOTS的分解{LOTS1AX, LOTS1AY, LOTS1B, LOTS2}是否具有无损连接性质。

15.25　说明在将关系规范化成1NF期间图14.15(a)中的多值依赖Ename ↠ Pname和Ename ↠ Dname可能是如何产生的，其中Pname和Dname是多值属性。

15.26　对练习题14.24中的关系应用算法15.2(a)，以确定R的键。创建与F等价的最小依赖集合G，并应用合成算法（算法15.4）将R分解成3NF关系。

15.27　对练习题14.25中的函数依赖重做练习题15.26。

15.28　对练习题15.24中的关系R和依赖集合F应用分解算法（算法15.5）。对练习题15.25中的依赖G重做本题。

15.29　对练习题14.27和练习题14.28中的关系应用算法15.2(a)。应用合成算法（算法15.4）将R分解成3NF关系，并且应用分解算法（算法15.5）将R分解成BCNF关系。

15.30　考虑下面对练习题14.24中的关系模式R的分解。确定每个分解关于F是否具有：（1）依赖保持性质；（2）无损连接性质。还要确定分解中的每个关系分别属于哪个范式？

a. D_1 = {R_1, R_2, R_3, R_4, R_5}; R_1 = {A, B, C}, R_2 = {A, D, E}, R_3 = {B, F}, R_4 = {F, G, H}, R_5 = {D, I, J}

b. D_2 = {R_1, R_2, R_3}; R_1 = {A, B, C, D, E}, R_2 = {B, F, G, H}, R_3 = {D, I, J}

c. D_3 = {R_1, R_2, R_3, R_4, R_5}; R_1 = {A, B, C, D}, R_2 = {D, E}, R_3 = {B, F}, R_4 = {F, G, H}, R_5 = {D, I, J}

实　验　题

注意：下面这些练习将使用实验室手册中描述的 DBD（Data Base Designer）系统。需要将关系模式 R 和函数依赖集合 F 编码为列表。例如，练习题 14.24 中的 R 和 F 将编码如下：

```
R = [a, b, c, d, e, f, g, h, i, j]
F = [[[a, b],[c]],
    [[a],[d, e]],
    [[b],[f]],
    [[f],[g, h]],
    [[d],[i, j]]]
```

由于 DBD 是用 Prolog 实现的，大写名词是为语言中的变量保留的，因此将使用小写常量来编码属性。有关使用 DBD 系统的更多详细信息，请参阅实验室手册。

15.31 使用DBD系统，验证你对下面的练习题给出的答案：

a. 练习题 15.24

b. 练习题 15.26

c. 练习题 15.27

d. 练习题 15.28

e. 练习题 15.29

f. 练习题 15.30 (a)和(b)

g. 练习题 15.21 (a)和(c)

选读文献

Maier 所著的图书（1983）以及 Atzeni 和 De Antonellis 所著的图书（1993）包括关系依赖理论的全面讨论。算法 15.4 基于 Biskup 等（1979）中介绍的规范化算法。分解算法（算法 15.5）应归功于 Bernstein（1976）。Tsou 和 Fischer（1982）给出了一个用于 BCNF 分解的多项式-时间算法。

Ullman（1988）中给出了依赖保持和无损连接的理论，其中还出现了本章中讨论的一些算法的证明。Aho 等（1979）中分析了无损连接性质。Osborn（1977）中给出了从函数依赖确定关系的键的算法；Osborn（1979）中讨论了 BCNF 的测试。Tsou 和 Fischer（1982）中讨论了 3NF 的测试。Wang（1990）以及 Hernandez 和 Chan（1991）中给出了用于设计 BCNF 关系的算法。

Zaniolo（1976）和 Nicolas（1978）中定义了多值依赖和第四范式。许多高级范式都应归功于 Fagin：Fagin（1977）中提出了第四范式，Fagin（1979）中提出了 PJNF，以及 Fagin（1981）中提出了 DKNF。Beeri 等（1977）给出了函数依赖和多值依赖的合理、完备的规则集。Rissanen（1977）和 Aho 等（1979）讨论了连接依赖。Sciore（1982）给出了连接依赖的推理规则。Casanova 等（1981）讨论了包含依赖，而 Cosmadakis 等（1990）对其做了进一步的分析。Casanova 等（1989）讨论了将包含依赖用于优化关系模式。模板依赖是基于假想和结果元组的依赖的一般形式，Sadri 和 Ullman（1982）讨论了它们。Nicolas（1978）、Furtado（1978）以及 Mendelzon 和 Maier（1979）讨论了其他的依赖。Abiteboul 等（1995）对本章和第 14 章中介绍的许多思想提供了理论上的论述。

第 7 部 分

文件结构、散列、索引
和物理数据库设计

第 16 章　磁盘存储、基本文件结构、散列和现代存储架构

数据库物理地存储为记录的文件，它们通常存储在磁盘上。本章和第 17 章将探讨数据库在存储器中的组织方式，以及使用各种算法高效地访问它们的技术，其中一些技术将需要称为索引的辅助数据结构。这些结构通常称为**物理数据库文件结构**（physical database file structure），位于第 2 章中描述的三层模式架构的物理层。首先在 16.1 节中将介绍计算机存储层次结构的概念，以及如何在数据库系统中使用它们。16.2 节将专门描述磁盘存储设备及其特征、闪存、固态硬盘和光驱，以及用于存档数据的磁带存储设备。还将讨论用于使磁盘访问更高效的技术。在讨论了不同的存储技术之后，将把注意力转向用于物理地在磁盘上组织数据的方法。16.3 节将介绍双缓冲技术，它用于加快多个磁盘块的检索速度。还将讨论缓冲区管理和缓冲区替换策略。在 16.4 节中，将讨论在磁盘上格式化和存储文件记录的各种方式。16.5 节将讨论通常用于文件记录的各类操作。然后将介绍用于在磁盘上组织文件记录的 3 种主要方法：在 16.6 节中将介绍无序记录，在 16.7 节中介绍有序记录，以及在 16.8 节中介绍散列记录。

16.9 节将简要介绍混合记录的文件以及用于组织记录的其他主要方法，例如 B 树。它们对于第 11 章中讨论的面向对象数据库的存储特别重要。16.10 节将描述 RAID（redundant array of inexpensive (or independent) disks，廉价（或独立）磁盘冗余阵列），它是大型组织中常用的一种数据存储系统架构，可以获得更好的可靠性和性能。最后，在 16.11 节中将描述存储架构中的现代发展，它们对于存储企业数据很重要，包括：SAN（storage area network，存储区域网络）、NAS（network-attached storage，网络连接存储）、iSCSI（Internet SCSI（small computer system interface，小型计算机系统接口）），以及其他基于网络的存储协议，它们使存储区域网络更实惠，而无须使用光纤信道基础设施，从而在业界日益得到广泛接受。我们还将讨论存储分层和基于对象的存储。16.12 节是本章内容的总结。在第 17 章中，将讨论用于创建辅助数据结构（称为索引）的技术，它们可以加快记录搜索和检索的速度。这些技术涉及存储辅助数据（称为索引文件）以及文件记录本身。

对于已经在单独的课程中学习过文件组织和索引的读者，可以泛泛地浏览或者甚至略过第 16 章和第 17 章的内容。这里介绍的材料（特别是 16.1 节~16.8 节）对于理解第 18 章和第 19 章的内容是必要的，这两章论述了查询处理和优化，以及用于改进查询性能的数据库调优。

16.1　简　　介

构成计算机化数据库的数据集合必须物理地存储在某种计算机**存储媒介**（storage medium）上。这样，DBMS 软件就可以根据需要检索、更新和处理这些数据。构成存储层

次结构的计算机存储介质主要包括如下 3 个类别。

- **主存**（primary storage）：这个类别包括可以由计算机的中央处理器（central processing unit，CPU）直接操作的存储介质，例如计算机的主存，以及容量比较小但速度更快的高速缓存。主存通常可以提供对数据的快速访问，但是存储容量有限。尽管主存容量近年来快速增大，但是与典型的企业级数据库的需求相比，它们仍然显得更昂贵并且存储容量较小。万一发生电源故障或者系统崩溃，主内的内容就会丢失。
- **辅存**（secondary storage）：企业数据库的联机存储媒介的主要选择一直是磁盘。不过，闪存正变成一种常用的媒介，可选择它用于存储中等规模的永久数据量。当用作磁盘驱动器的替代品时，把这样的存储器称为**固态硬盘**（solid-state drive，SSD）。
- **三级存储器**（tertiary storage）：光盘（CD-ROM、DVD 及其他类似的存储介质）和磁带是今天的系统中使用的可移动介质，它们可以用作归档数据库的脱机存储器，因此将其划归为三级存储器这个类别。与主存储设备相比，这些设备通常具有更大的容量和更低的成本，但是访问数据的速度较慢。辅存或三级存储器中的数据可能由 CPU 直接处理；首先必须把它们复制到主存中，然后再由 CPU 处理。

16.1.1 节中首先将概述用于主存、辅存和三级存储器的各种存储设备，然后在 16.1.2 节将讨论在存储层次结构中通常如何处理数据库。

16.1.1 存储器的层次结构和存储设备[1]

在现代计算机系统中，数据驻留在存储介质的整个层次结构中并在其中传输。最高速的存储器也最昂贵，因此可用的容量也最小。最低速的存储器是脱机磁带存储器，它提供的存储容量实质上是无限大的。

在主存层次中，存储器层次结构中最昂贵的是**高速缓存**（cache memory），它是静态 RAM（random access memory，随机存取存储器）。CPU 通常使用高速缓存利用诸如预取和流水线操作之类的技术加快程序指令的执行。主存的下一个层次是 DRAM（dynamic RAM，动态随机存取存储器），它为 CPU 提供了主工作区，用于保存程序指令和数据，一般把它称为**主存**（main memory）。DRAM 的优点是成本低，并且还在继续下降；其缺点在于它具有易失性[2]，并且与静态 RAM 相比它的速度比较低。

在辅存和三级存储器层次中，层次结构中包括：磁盘、CD-ROM（compact disk–read-only memory，光盘只读存储器）和 DVD（digital video disk or digital versatile disk，数字视频光盘或数字通用光盘）设备形式的**海量存储器**（mass storage），以及层次结构中最廉价的磁带。**存储容量**（storage capacity）的度量单位有：千字节（KB 或 1000 字节）、兆字节（MB 或 100 万字节）、吉字节（GB 或 10 亿字节）乃至太字节（1000 GB）。在物理学、天文学、地球科学及其他科学应用中的特大型数据存储库的环境中，拍字节（1000 太字节或 10^{15} 字节）这个名词现在变得很重要。

---

1 本书作者非常感谢 Dan Forsyth 提供的关于企业中的存储系统当前状况的宝贵信息，还希望感谢 Satish Damle 提出的建议。

2 易失性存储器通常会因断电而丢失其内容，而非易失性存储器则不然。

程序驻留在动态随机存储器（DRAM）中并在那里执行。一般来讲，大型永久数据库驻留在辅存（磁盘）上，并根据需要将数据库的一部分读入或写出主存中的缓冲区。现在，个人计算机和工作站具有较大的主存，高达数百兆字节的 RAM 和 DRAM，因此有可能将数据库的较大部分加载进主存中。笔记本计算机上正在普及 8~16 GB 的主存，具有 256 GB 容量的服务器也并不鲜见。在一些情况下，可以将整个数据库保存在主存中（在磁盘上保存一个备份副本），这就导致出现了**主存数据库**（main memory database），这对于需要极快响应时间的实时应用来说特别有用。一个示例是电话交换应用，它将包含路由和线路信息的数据库存储在主存中。

1. 闪存

DRAM 与磁盘存储器之间的另一种存储器形式即**闪存**（flash memory）正迅速普及，尤其是由于它是非易失性的。闪存是使用 EEPROM（electrically erasable programmable read-only memory，电可擦可编程只读存储器）技术的高密度、高性能存储器。闪存的优点是存取速度快；其缺点是必须同时擦除和写入整个块。基于使用的逻辑电路类型，可以将闪存分为两类：NAND 闪存和 NOR 闪存。对于给定的成本，NAND 闪存设备具有更高的存储容量，并在一些电器中用作数据存储媒介，流行的闪存卡容量从 8 GB 到 64 GB 不等，每 GB 的成本不到一美元。照相机、MP3/MP4 播放器、手机、PDA（personal digital assistant，个人数字助理）等中都用到了闪存设备。USB（universal serial bus，通用串行总线）闪存驱动器或 U 盘变成了在个人计算机之间传输数据的最便携的媒介，它们具有与 USB 接口相集成的闪存存储设备。

2. 光驱

最流行的光学可移动存储器形式是 CD（compact disk，光盘）和 DVD。CD 具有 700 MB 的容量，而 DVD 则具有 4.5~15 GB 的容量。CD-ROM（光盘只读存储器）光盘运用光学原理存储数据，并通过激光元件来读取数据。CD-ROM 包含预先刻录、不可重写的数据。紧凑和数字视频光盘的版本称为 CD-R（compact disk recordable，可刻录光盘）以及 DVD-R 或 DVD+R，它们也称为 WORM（write-once-read-many，一次写多次读）光盘，是用于存档数据的光学存储器形式。它们允许写一次数据并读取任意次，而不会擦除数据。每张光盘可以保存 500 MB 左右的数据，而且存储寿命比磁盘长得多[1]。DVD 的更高容量格式称为蓝光 DVD（Blu-ray DVD），每一层可以存储 27 GB 的数据，或者在双层光盘中存储 54 GB 的数据。**自动光盘存储机**（optical jukebox memory）使用 CD-ROM 盘片阵列，它们是根据需要加载到驱动器上的。尽管自动光盘机具有数百吉字节的容量，但是它们的检索时间却需要数百毫秒，比磁盘慢很多。随着磁盘的价格快速下降而存储容量却不断增长，这类**三级存储器**正被逐渐淘汰。大多数个人计算机的光驱现在都可以读取 CD-ROM 和 DVD 光盘。通常，驱动器是 CD-R（可刻录光盘），可以创建 CD-ROM 和音频 CD，以及在 DVD 上进行刻录。

1　它们的转速要低一些（大约 400 r/m），对于 1 倍速光驱，将具有更高的延时和较低的传输速率（大约 100~200 KB/s）。n 倍速光驱（例如，16 倍速，这里 n=16）被指望通过把转速提高 n 倍，从而把传输速率也提高 n 倍。1 倍速 DVD 的传输速率大约是 1.385 MB/s。

3. 磁带

最后，**磁带**（magnetic tape）用于存档和备份数据的存储。现在流行将**自动磁带机**（tape jukebox）作为三级存储器来保存TB（太字节）级的数据，自动磁带机中包含一个磁带库，这些磁带可以编目，并且可以自动加载到磁带驱动器上。例如，NASA 的 EOS（Earth Observation Satellite，地球观测卫星）系统就以这种方式存储归档数据库。

许多大型组织都在使用TB规模的数据库。现在不再能够精确定义**特大型数据库**（very large database）这个术语了，因为磁盘存储容量在增大，而价格在不断下降。不久以后，特大型数据库这个术语可能专用于指包含TB或PB级数据的数据库。

总结一下，今天的存储设备和存储系统的层次结构可用于存储数据。依赖于预期的用途和应用的需求，将数据保存在这个层次结构的一个或多个层次中。表16.1总结了这些设备和系统的当前状态，并且显示了容量范围、平均存取时间、带宽（传输速度）以及开放商品市场上的价格。在这个层次结构的所有层次中，存储的成本都在逐渐下降。

表16.1 各种存储器的类型、容量、存取时间、最大带宽（传输速度）和商品价格

类型	容 量*	存取时间	最大带宽	商品价格（2014年）**
主存-RAM	4 GB~1 TB	30 ns	35 GB/s	100~20 000美元
闪存-SSD	64 GB~1 TB	50 μs	750 MB/s	50~600美元
闪存-U盘	4 ~512 GB	100 μs	50 MB/s	2~200美元
磁盘	400 GB~8 TB	10 ms	200 MB/s	70~500美元
光学存储器	50 ~100 GB	180 ms	72 MB/s	100美元
磁带	2.5 ~8.5 TB	10 ~80 s	40~250 MB/s	2500~30 000美元
自动磁带机	25 ~2 100 000 TB	10 ~80 s	250 MB/s~1.2 PB/s	3000~1 000 000美元以上

* 容量基于2014年商业上可用的流行单位。

** 价格基于商品在线市场上的价格。

16.1.2 数据库的存储组织方式

数据库中通常会存储大量必须长时间保存的数据，因此通常把这些数据称为**持久数据**（persistent data）。在存储期间，可以反复访问和处理这些数据中的某些部分。这与**临时数据**（transient data）的概念形成了鲜明对比，后者只会在程序执行期间存在一段有限的时间。出于以下原因，大多数数据库都是永久（或持久）地存储在磁盘辅存上的：

- 一般来讲，数据库太大，不能完全存入主内中[1]。
- 与主存相比，导致磁盘辅存永久性丢失所存储数据的情况比较少见。因此，把磁盘以及其他辅存设备称为**非易失性存储器**（nonvolatile storage），而通常把主存称为**易失性存储器**（volatile storage）。
- 磁盘辅存上每个数据单元的存储成本远少于主存。

一些更新的技术（例如固态硬盘（SSD））很可能提供切实可行的方法来代替使用磁盘。

1 随着主存数据库系统最近的发展，这个说法遇到了一些挑战。主流的商业系统的示例包括SAP的HANA和Oracle的TIMESTEN。

因此，将来存储器层次结构中用于驻留数据库的层次可能不同于 16.1.1 节中描述的那些层次。这些驻留数据库的层次可能涵盖从最高速的主存级存储器到自动磁带机这种低速的脱机存储器。不过，可以预见未来几年磁盘仍将是大型数据库的首选存储媒介。因此，研究和了解磁盘的性质与特征以及可用于在磁盘上组织数据文件的方式就很重要，以便设计出具有可接受性能的有效数据库。

由于磁带上的存储成本远低于磁盘上的存储成本，因此人们频繁地把磁带用作备份数据库的存储媒介。在可以处理数据之前，需要操作员或者自动加载设备进行某种干预，才能加载和读取磁带或可移动光盘。与之相比，磁盘是**联机**（online）设备，随时可以直接访问。

用于在磁盘上存储大量结构化数据的技术对于数据库设计者、DBA 和 DBMS 的实现者很重要。数据库设计者和 DBA 在特定的 DBMS 上设计、实现和操作数据库时，必须知道每种存储技术的优缺点。通常，DBMS 具有多个用于组织数据的选项。**物理数据库设计**（physical database design）的过程涉及从各种选项中选择最适合给定的应用需求的特定数据组织技术。DBMS 系统实现者必须研究数据组织技术，以便可以高效地实现它们，从而为 DBA 和 DBMS 用户提供充足的选项。

典型的数据库应用一次只需处理数据库中的一小部分数据。无论何时需要某一部分的数据，都必须将其置于磁盘上，并且复制到主存中以进行处理，然后如果修改了数据，还要把修改过的数据重写到磁盘上。将磁盘上存储的数据组织为**记录**（record）的**文件**（file）。每条记录都是一个数据值的集合，可以把它们解释为关于实体及其属性和联系的事实。在磁盘上存储记录时，应该使得在需要时可以高效地定位它们。在 17.2.2 节中将讨论一些可以使磁盘访问更高效的技术。

有多种**主文件组织方式**（primary file organization），它们确定了如何物理地在磁盘上存放文件记录，因此也确定了如何访问记录。*堆文件*（heap file）或*无序文件*（unordered file）通过把新记录追加在文件末尾从而把记录存放在磁盘上，因此它没有遵循特定的顺序；而*有序文件*（sorted file）或*顺序文件*（sequential file）则按特定字段（称为*排序键*（sort key））的值对记录进行排序。*散列文件*（hashed file）对特定字段（称为*散列键*（hash key））应用一个散列函数，来确定记录在磁盘上的存放位置。其他的主文件组织方式（例如 B 树）使用树状结构。在 16.6 节~16.9 节中将讨论主文件组织方式。**辅助组织方式**（secondary organization）或**辅助访问结构**（auxiliary access structure）允许基于备用字段（不同于主文件组织方式使用的字段）高效地访问文件记录。其中大多数都作为索引存在，并将在第 17 章中讨论。

16.2　辅 存 设 备

在本节中，将描述磁盘和磁带存储设备的一些特征。已经学习过这些设备的读者可能只需简单地浏览本节内容即可。

16.2.1 磁盘设备的硬件描述

磁盘用于存储大量的数据。用于容纳磁盘的设备称为**硬盘驱动器**（hard disk drive，HDD）。磁盘上最基本的数据单元是单个信息**位**（bit）。通过以某些方式磁化磁盘上的一个区域，可以使该区域表示位值 0（零）或 1（一）。要编码信息，需要将位组合成**字节**（byte）或**字符**（character）字节大小通常是 4~8 位，这依赖于使用的计算机和设备；其中 8 位是最常见的。假定一个字符存储在单字节中，并且可以互换使用术语字节和字符。磁盘的**容量**（capacity）是它可以存储的字节数量，这个数量通常非常大。笔记本计算机和台式机使用小软盘很多年了，它们包含单独一张软盘，其容量通常为 400 KB~1.5 MB；现在它们几乎从公众视线中消失了。个人计算机的硬盘目前的容量从几吉字节到几百吉字节不等；而服务器和大型计算机使用的大型磁盘组具有数百吉字节的容量。随着技术进步，磁盘容量还在继续增长。

无论容量有多大，所有的磁盘都是由磁性材料制成的薄圆盘，如图 16.1(a)所示，外面再覆以塑料或丙烯酸外壳加以保护。如果磁盘只在它的一个盘面上存储信息，那么它就是**单面**（single-sided）磁盘；如果磁盘的两面都用于存储信息，那么它就是**双面**（double-sided）磁盘。为了增加存储容量，可以将多个磁盘组装成一个**磁盘组**（disk pack），如图 16.1(b)所示，它可能包括许多磁盘，因此具有许多盘面。两种最常见的规格是 3.5 英寸和 2.5 英寸

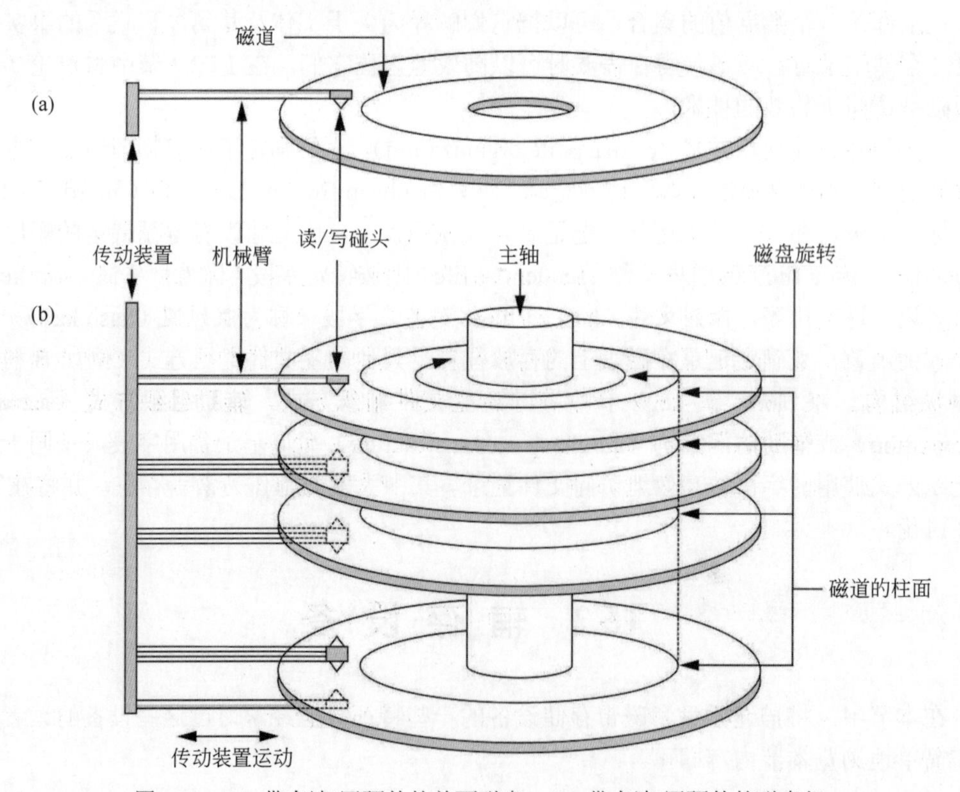

图 16.1 (a) 带有读/写硬件的单面磁盘；(b) 带有读/写硬件的磁盘组

的直径。信息存储在磁盘盘面上的小宽度同心圆中[1]，其中每个同心圆都具有不同的直径。每个圆都称为一个**磁道**（track）。在磁盘组中，不同盘面上具有相同直径的磁道称为**柱面**（cylinder），因为如果从空间上把这些圆连接起来就会形成一个柱形。柱面的概念很重要，因为把数据存储在一个柱面上与把它们分布在不同柱面上相比，检索的速度要快得多。

如表 16.2 所示，在磁盘驱动器上，一块磁盘的磁道数量从数千个到 152 000 个不等，并且每个磁道的容量通常从几十千字节到 150 KB 不等。由于一个磁道通常包含大量的信息，因此又将其划分成较小的块或扇区。将磁道划分成**扇区**（sector）是硬编码在磁盘表面上的，不能更改。一种扇区组织方式是：从中心按固定的角度对磁道进行划分，并把划分出的每个部分称为一个扇区，如图 16.2(a)所示。也可以使用多种其他的扇区组织方式，其中一种是随着向外的移动，从中心以更小的角度划分扇区，从而维持一致的记录密度，如图 16.2(b)所示。一种称为 ZBR（zone bit recording，区位记录）的技术允许一组柱面中的每

表 16.2　Seagate 公司典型的高端企业磁盘的规格

(a) Seagate Enterprise Performance 10 K HDD - 1200 GB

规格	1200 GB
SED 型号	ST1200MM0017
SED FIPS 140-2 型号	ST1200MM0027
型号名称	Enterprise Performance 10K HDD v7
接口	6 Gb/s SAS
容量	
格式化后 512 字节/扇区（GB）	1200
外部传输速率（MB/s）	600
性能	
主轴转速（每分钟转数（r/m））	10 000
平均延迟时间（ms）	2.9
外径到内径的持续传输速率（MB/s）	204~125
高速缓存，多个分段（MB）	64
配置/可靠性	
磁盘数量	4
磁头数量	8
不可恢复的读取错误数量/位读取	$1/10^{16}$
年故障率（AFR）	0.44%
物理	
高度（in/mm，最大值）	0.591/15.00
宽度（in/mm，最大值）	2.760/70.10
深度（in/mm，最大值）	3.955/100.45
重量（磅/千克）	0.450/0.204

Seagate 公司惠赠

1　在一些磁盘中，现在将这些同心圆连接成一种连续的螺旋。

(b) 300 ~900 GB Seagate 驱动器的内部驱动器特征

	ST900MM0006 ST900MM0026 ST900MM0046 ST900MM0036	ST600MM0006 ST600MM0026 ST600MM0046	ST450MM0006 ST450MM0026 ST450MM0046	ST300MM0006 ST300MM0026 ST300MM0046	单位
驱动器容量	900	600	450	300	GB（格式化后的舍入值）
读/写数据磁头数量	6	4	3	2	
每个磁道的字节数	997.9	997.9	997.9	997.9	KB（平均的舍入值）
每个盘面的字节数	151 674	151 674	151 674	151 674	MB（未格式化的舍入值）
每个盘面的磁道数（总计）	152 000	152 000	152 000	152 000	磁道（用户可访问）
每英寸的磁道数	279 000	279 000	279 000	279 000	磁道/英寸（平均值）
每英寸的峰值位数	1925	1925	1925	1925	KB/in
磁录密度	538	538	538	538	Gb/in^2
磁盘转速	10 000	10 000	10 000	10 000	转/分
平均旋转延迟	2.9	2.9	2.9	2.9	ms

个磁道具有相同数量的扇区。例如，柱面 0~99 中可能每个磁道具有一个扇区，柱面 100~199 中可能每个磁道具有两个扇区，等等。常见的扇区大小是 512 字节。不过，并非所有的磁盘都会把它们的磁道划分成扇区。

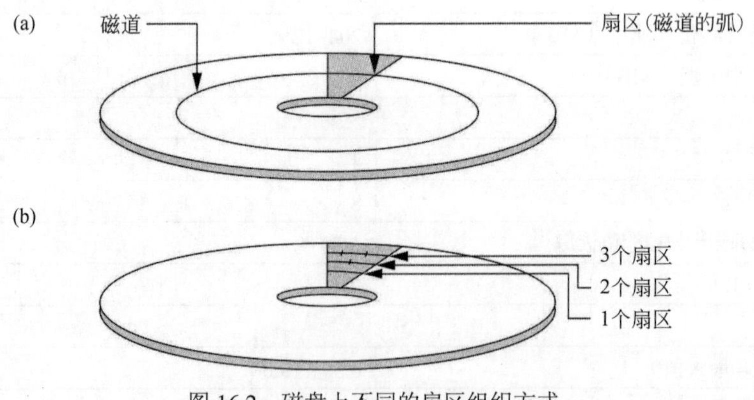

图 16.2　磁盘上不同的扇区组织方式

(a) 按固定角度划分的扇区；(b) 维持一致的记录密度的扇区

操作系统将在磁盘**格式化**（formatting）或**初始化**（initialization）期间将磁道划分成大小相等的**磁盘块**（disk block）或**页**（page）。块大小在初始化期间是固定的，并且不能动态改变。典型的磁盘块大小为 512~8192 字节。具有硬编码扇区的磁盘通常会在初始化期间把扇区细分或合并成块。块与块之间是通过固定大小的**块间间隙**（interblock gap）分隔的，它包括在磁盘初始化期间编写的特殊编码的控制信息。该信息用于确定磁道上的每个块间间隙后面接着哪个块。表 16.2 说明了行业中的大型服务器上使用的典型磁盘的规格。磁盘名称中的前缀“10K”指转速（以 r/m 为单位，即每分钟的旋转周数）。

与磁盘关联的存储容量和传输速率在持续改进；它们也逐渐变得更便宜，目前每 MB 的磁盘存储容量的价格不到 1 美元。磁盘的价格下降得如此之快，以至于市场上的价格已经低至 100 美元/TB。

磁盘是一种随机存取的可寻址设备。在主存与磁盘之间把磁盘块作为数据传输单元。要把块的**硬件地址**（hardware address）提供给磁盘 I/O（输入/输出）设备，这个地址是柱面编号、磁道编号（磁道所在柱面内的盘面编号）和块编号（磁道内）的组合。在许多现代的磁盘驱动器中，都有一个称为 LBA（logical block address，逻辑块地址）的编号，它是一个 0~n（假定磁盘的总容量是 n+1 个块）的数字，磁盘驱动器控制器可以把它自动映射到正确的块上。另外还会提供一个**缓冲区**（buffer）地址，缓冲区是主存中的一个连续的保留区域，用于保存一个磁盘块。对于**读**（read）命令，将把磁盘块复制到缓冲区中；而对于**写**（write）命令，则将把缓冲区的内容复制到磁盘块中。有时，可以把多个连续的块作为一个单元进行传输，这些连续的块称为**簇**（cluster）。在这种情况下，将调整缓冲区大小，以匹配簇中的字节数。

读或写磁盘块的实际硬件机制是磁盘**读/写磁头**（read/write head），它是一个称为**磁盘驱动器**（disk drive）的系统的一部分。磁盘或磁盘组挂接在磁盘驱动器中，其中包括一个用于旋转磁盘的电机。读/写磁头包括一个连接到**机械臂**（mechanical arm）的电子组件。具有多个盘面的磁盘组受多个读/写磁头控制，其中每个磁头控制一个盘面，如图 16.1(b) 所示。所有的机械臂都连接到一个**传动装置**（actuator），后者又连接到另一个电机，它将一致地移动读/写磁头，并把它们精确地定位在块地址中指定的磁道柱面上。

用于硬盘的磁盘驱动器将以恒定的速度（通常为 5400~15 000 r/m）持续地旋转磁盘组。一旦把读/写磁头定于在正确的磁道上，并且把块地址中指定的块移到读/写磁头下方，就会激活读/写磁头的电子组件来传输数据。一些磁盘单元具有固定的读/写磁头，有多少个磁道就有多少个磁头。它们称为**固定磁头的磁盘**（fixed-head disk），而具有传动装置的磁盘单元则称为**可移动磁头的磁盘**（movable-head disk）。对于固定磁头的磁盘，将通过以电子方式切换到适当的读/写磁头而不是通过实际的机械移动来选择磁道或柱面，因此它的速度要快得多。不过，增加额外的读/写磁头的成本非常高，因此固定磁头的磁盘并不常用。

将磁盘驱动器连接到计算机系统

磁盘控制器（disk controller）通常嵌入在磁盘驱动器中，用于控制磁盘驱动器并将其连接到计算机系统。PC 和工作站上用于磁盘驱动器的标准之一称为 SCSI（small computer system interface，小型计算机系统接口）。今天，用于把 HDD、CD 和 DVD 连接到计算机所选择的接口是 SATA。SATA 表示串行 ATA（serial ATA），其中 ATA 表示附件（attachment）。因此，SATA 就变成了串行 AT 附件。它源于 PC/AT 附件，后者指的是 IBM 引入的 16 位总线的直接附件。AT 指的是由于商标问题而没有在 SATA 的扩展中使用的高级技术（advanced technology）。今天使用的另一个流行的接口称为 SAS（serial attached SCSI，串行连接的

SCSI）。SATA 是在 2002 年推出的，允许磁盘控制器位于磁盘驱动器中；主板上只需要一条简单的电路。从 2002 年到 2008 年，SATA 传输速度也经历了一个演化，从 1.5 Gb/s（千兆位/秒）提高到 6 Gb/s。SATA 现在称为 NL-SAS（nearline SAS，近线 SAS）。最大的 3.5 英寸的 SATA 和 SAS 驱动器是 8 TB，而 2.5 英寸的 SAS 驱动器要小一些，最高可达 1.2 TB。3.5 英寸的驱动器使用 7200 或 10 000 r/m 的转速，而 2.5 英寸的驱动器则可使用高达 15 000 r/m 的转速。如果把每秒钟执行的 IOP（input/output operation，输入/输出操作）次数作为一个性能指标，就 IOP 而言，可以认为 SAS 要优于 SATA。

控制器接受高级 I/O 命令，并采取合适的动作定位机械臂，从而引发读/写动作。要传输一个磁盘块，给定其地址，磁盘控制器首先必须以机械方式把读/写磁头定位在正确的磁道上。执行该操作所需的时间称为**寻道时间**（seek time）。台式机上的典型寻道时间是 5~10 ms，服务器上则是 3~8 ms。此后，在把需要的块的开始部分旋转到读/写磁头下面的位置时还有另一个延迟，称为**旋转延迟**（rotational delay）或**时延**（latency）。它依赖于磁盘的转速。例如，当转速为 15 000 r/m 时，每转的时间是 4 ms，平均旋转延迟是半转的时间，即 2 ms。当转速为 10 000 r/m 时，平均旋转延迟将增加到 3 ms。最后，还需要另外一些时间来传输数据，它称为**块传输时间**（block transfer time）。因此，在给定块地址的情况下，定位和传输任意一个块所需的总时间是寻道时间、旋转延迟和块传输时间之和。寻道时间和旋转延迟通常比块传输时间要长得多。为了使多个块的传输更高效，通常会传输相同磁道或柱面上的多个连续的块。这就消除了除了第一个块以外的其他块的寻道时间和旋转延迟，在传输许多连续的块时，这可以节省大量的时间。通常，磁盘制造商会提供一个**批量传输速率**（bulk transfer rate），用于计算传输连续块所需的时间。附录 B 中讨论了这些及其他的磁盘参数。

定位和传输一个磁盘块所需的时间是毫秒级的，通常是 9~60 ms。对于连续的块，定位第一个块要花费 9~60 ms，但是在传输后面的块时，每个块可能只需要 0.4~2 ms。许多搜索技术在磁盘上搜索数据时，都利用了块的连续检索。无论如何，与目前 CPU 处理主存中的数据所需的时间相比，毫秒级的传输时间被认为是相当长的。因此，在磁盘上定位数据是数据库应用中的一个*主要瓶颈*（major bottleneck）。本章和第 17 章中讨论的文件结构将尝试把在磁盘上定位所需的数据并将其传输到主存所需的*块传输次数减至最少*。把“相关信息”存放在连续的块上是磁盘上的任何存储组织方式的基本目标。

16.2.2 使磁盘上的数据访问更高效

在这一节中，将列出一些常用的技术，它们可以使 HDD 上的数据访问更高效。

（1）**数据缓冲**（buffering of data）：为了处理 CPU 与天生比较慢的机电设备（例如 HDD）之间的速度的不兼容性，在存储器中将进行数据缓冲，使得在应用处理旧数据时可以在缓冲区中保存新数据。在 16.3 节中将讨论双缓冲策略，接着将讨论缓冲区管理和缓冲区替换策略的一般性问题。

（2）**正确组织磁盘上的数据**（proper organization of data on disk）：给定磁盘上的数据结构和组织方式，将相关数据保存在连续的块上将是有利的。当一个关系需要多个柱面时，应该使用连续的柱面。这样做可以避免不必要地移动读/写机械臂以及相关的寻道时间。

（3）**在请求前读取数据**（reading data ahead of request）：为了最小化寻道时间，无论何时把一个块读入缓冲区中，也可以读入磁道余下部分中的块，即使还没有请求它们。这非常适合于很可能需要连续块的应用；对于随机块读取，这个策略将事与愿违。

（4）**正确调度 I/O 请求**（proper scheduling of I/O requests）：如果有必要从磁盘上读取多个块，可以通过调度它们把总访问时间减至最少，使得机械臂只在一个方向上移动，并沿着它移动的方向来选择块。一个流行的算法称为电梯算法，这个算法模仿了电梯的行为，在一个适当的序列中调度多个楼层的请求。这样，机械臂就可以沿着它的内外移动给请求提供服务，而不会受到很大的干扰。

（5）**使用日志磁盘临时保存写操作**（use of log disks to temporarily hold write）：可能把单个磁盘只分配给一个名为写日志记录的函数。要写入的所有块都可以按顺序到达那个磁盘，从而消除了任何寻道时间。这比写到一个位于随机位置的文件要快得多，后者对于每次写操作都需要进行寻道。日志磁盘可以利用（柱面，磁道）顺序对这些写操作进行排序，以便在执行写操作时把机械臂的移动减至最少。实际上，日志磁盘只能是磁盘的一个区域（外延）。把数据文件和日志文件存放在同一个磁盘上是一种更便宜的解决方案，但是会损害性能。尽管日志磁盘的思想可以改进写性能，但它对于大多数真实的应用数据并不可行。

（6）**出于恢复的目的使用 SSD 或闪存**（Use of SSD or flash memory for recovery purpose）：在频繁发生更新的应用中，如果系统崩溃，更新就可能会从主存中丢失。一种预防措施是提高磁盘的更新/写入速度。一种可能的方法涉及把更新写到一个非易失性 SSD 缓冲区，它可能是一个闪存或者电池操作的 DRAM，它们都以快得多的速度工作（参见表 16.1）。然后，磁盘控制器将在其空闲期间并且在缓冲区填满时更新数据文件。在从崩溃中恢复期间，必须把未写入的 SSD 缓冲区写到 HDD 上的数据文件。有关恢复和日志的进一步讨论，参阅第 22 章。

16.2.3　固态元件（SSD）存储器

这类存储器有时也称为闪存存储器，因为它基于 16.1.1 节中讨论的闪存技术。

最近的趋势是以磁盘（HDD）的形式将闪存用作主存与辅助旋转存储器之间的中间层。因为闪存与磁盘相似，这体现在它们都能够在辅存中存储数据，而无须持续供电，因此把它们称为**固态硬盘**（solid-state disk，SSD）或**固态驱动器**（solid-state drive，SSD）。我们首先将一般性地讨论 SSD，然后评价它们的企业级应用，在这些应用中有时也把它们称为**企业闪存驱动器**（enterprise flash drive，EFD），这个术语最初是由 EMC 公司引入的。

SSD 的主要组件是一个控制器以及一组互连的闪存卡。NAND 闪存的使用最常见。使用与 3.5 英寸或 2.5 英寸的 HDD 兼容的外形规格将使 SSD 可以插入插槽中，这些插槽已经可用于在笔记本计算机和服务器上挂接 HDD。对于超级本（ultrabook）、平板电脑等类似产品，正在标准化诸如 mSATA 和 M.2 之类的基于卡的外形规格。目前创建了像 SATA Express 这样的接口，以跟上 SSD 中的技术进步。由于没有移动部分，元件将更结实，可以安静地运转，并能够提供比 HDD 更快的访问速度和更高的传输速率。在 HDD 中，必须把来自相同位置的相关数据存放在连续的块上，最好是存放在连续的柱面上，与之相反，在 SSD 上对于数据的存放位置没有限制，因为任何地址都是可直接寻址的。因此，数据不太可能碎片化，从而不需要重新组织它们。通常，当在 HDD 上发生写磁盘的操作时，将会利用新数据覆盖相同的块。在 SDD 中，把数据写到不同的 NAND 单元以实现**损耗均衡**（wear-leveling），这可以延长 SSD 的寿命。今天，阻止 SSD 被广泛采用的主要问题是它们过高的价格（参见表 16.1），它倾向于大约 70~80 美分/吉字节，而 HDD 只有大约 15~20 美分/吉字节。

除了闪存之外，还可使用基于 DRAM 的 SSD。它们比闪存更贵一些，但是它们提供了更快的访问速度，大约 10 μs（微秒），而闪存则需要 100 μs。它们的主要缺点是：它们需要一个内部电池或者适配器来供电。

举一个企业级 SSD 的示例，可以考虑 CISCO 的 UCS（Unified Computing System©）Invicta 系列 SSD。它们使得有可能在数据中心级部署 SSD，以统一各类工作负载，包括数据库和虚拟桌面基础结构（virtual desktop infrastructure，VDI），并且支持一种划算、高能效和节省空间的解决方案。CISCO 声称由于上述的 SSD 的优点，Invicta SSD 在一种多租户、多网络的架构中给应用提供了一种更好的性价比。CISCO 指出，通常需要 4 倍的 HDD 驱动器才可能匹配基于 SSD 的 RAID 的性能[1]。SSD 配置的容量从 6 TB 到 144 TB 不等，速度最高可以达到 120 万次 I/O 操作/秒，带宽最高可以达到 7.2 GB/s，平均延迟为 200 μs[2]。现代数据中心正在经历快速变革，必须使用基于云的架构来提供实时响应。在这种环境中，SSD 很可能扮演主要的角色。

16.2.4 磁带存储设备

磁盘是**随机存取**（random access）的辅存设备，因为一旦指定了任意磁盘块的地址，就可以随机访问它。磁带是顺序存取设备；要访问磁带上的第 n 个块，首先必须扫描前面的 n – 1 个块。数据存储在大容量磁带的卷轴上，这一点有些类似于录音带或录像带。要在**磁带卷轴**（tape reel）上读或写数据，将需要用到磁带驱动器。通常，构成一字节的每一组位都是跨磁带存储的，而字节本身则是在磁带上连续存储的。

读/写磁头用于读或写磁带上的数据。磁带上的数据记录也存储在块中，不过这些块可能比磁盘上的那些块要大得多，并且块间间隙也相当大。典型的磁带密度是 1600~6250 字节/英寸，典型的块间间隙[3]是 0.6 英寸，它对应于要浪费 960~3750 字节的存储空间。为了更好地利用空间，通常会把许多记录一起组织在同一个块中。

磁带的主要特征是必须**按顺序**（sequential order）访问数据块。为了达到磁带卷轴中间的某个块，需要先挂接磁带，然后进行扫描，直至读/写磁头到达所需的块为止。出于这个原因，磁带访问速度可能比较慢，并且除了一些专门的应用之外，一般不会使用磁带存储联机数据。不过，磁带提供了一个非常重要的功能：**备份**（back up）数据库。对数据库进行备份的一个原因是：保存磁带文件的副本，以防由于磁盘崩溃而导致数据丢失，如果磁盘读/写磁头由于机械故障而接触到磁盘盘面，就可能会发生这种情况。出于这个原因，需

1 依据 CISCO 白皮书（CISCO，2014）。

2 CISCO UCS Invicta Scaling System 的数据表。

3 在磁带术语中称之为记录间间隙（interrecord gap）。

要定期将磁盘文件复制到磁带上。对于许多联机的关键应用，例如航班预订系统，为了避免任何停机时间，要使用镜像系统保存 3 组同样的磁盘：其中两组用于联机操作，另外一组用作备份。这里，脱机磁盘就变成一个备份设备。这 3 组磁盘要轮换使用，使得一旦某个工作磁盘驱动器出现故障，就可以切换它们。磁带还可用于大量存储庞大的数据库文件。对于很少使用或者已经过时的数据库文件，如果需要将其作为历史记录保存起来，就可以把这些文件**存档**（archive）在磁带上。最初，把 0.5 英寸的卷轴磁带驱动器用于数据存储，它利用了所谓的 9 轨磁带。后来，更小的可以存储多达 50 GB 数据的 8 mm 磁带（类似于便携式摄像机中使用的那些磁带）、4 mm 的螺旋形扫描数据的盒式磁带机以及可写的 CD 和 DVD 变成了用于备份 PC 和工作站中的数据文件的流行介质。它们也可用于存储图像和系统库。

一个重要的任务是备份企业数据库，使得事务信息不会丢失。磁带库比较流行，并且具有用于数百个盒式磁带机的插槽；这些磁带库使用数字线性磁带（digital linear tape，DLT）和超数字线性磁带（superdigital linear tape，SDLT），它们都具有数百吉字节的容量，并且在线性磁道上记录数据。这些磁带库没有再进行进一步的开发。由 IBM、HP 和 Seagate 建立的 LTO（Linear Tape Open，线性磁带开放技术）联盟于 2012 年发布了针对磁带的最新 LTO-6 标准。它使用 1/2 英寸宽的磁带，就像早期的磁带驱动器中使用的那些磁带一样，但是磁带位于一个稍小一点的单卷轴、密封式的盒式磁带机中。当前的库在 2.5 TB 的盒式磁带机中使用 LTO-6 驱动器，它具有 160 MB/s 的传输速率。平均寻道时间在 80 s 左右。Oracle/StorageTek 的 T10000D 驱动器可以在单个盒式磁带机上处理 8.5 TB 的数据，其传输速率高达 252 MB/s。

机械臂在多个盒式磁带机上并行地执行写操作，并且使用多个磁带驱动器和自动标签软件标识备份盒式磁带机。巨型磁带库的一个示例是 Sun Storage Technology 的 SL8500 型号。SL8500 在每个磁带库内包括的插槽数量从 1450 个到刚好超过 10 000 个不等，并且包括 1~64 个磁带驱动器。它接受 DLT/SDLT 和 LTO 磁带。在单个磁带库内可以连接最多 10 个 SL8500，复杂的磁带库可以包括 100 000 个插槽以及最多 640 个驱动器。利用 100 000 个插槽，SL8500 可以存储 2.1 EB（1 EB = 1000 PB=1 000 000 TB=10^{18} B）。我们将把名为 RAID 的磁盘存储技术、存储区域网络、网络连接存储以及 iSCSI 存储系统推迟到本章末尾讨论。

16.3 块 缓 冲

当需要把多个块从磁盘传输到主存中并且所有块的地址均已知时，可以在主存中保留几个缓冲区来加快传输速度。在读或写一个缓冲区时，CPU 可以处理其他缓冲区中的数据，这是因为存在一个独立的磁盘 I/O 处理器（控制器），一旦启动，它就可以独立于 CPU 处理并且与之并行地在主存与磁盘之间传输数据块。

图 16.3 说明了如何并行地执行两个进程。进程 A 和进程 B 以一种**交替**（interleaved）的方式**并发**（concurrently）运行，而进程 C 和进程 D 则以一种**并行**（parallel）的方式**并发**运行。当单个 CPU 控制多个进程时，并行执行就是不可能的。不过，进程仍然能够以一种

交替的方式并发运行。如果有单独的磁盘 I/O 控制器可用或者存在多个 CPU 处理器，那么进程就能够以一种并行的方式并发运行，此时缓冲最有用。

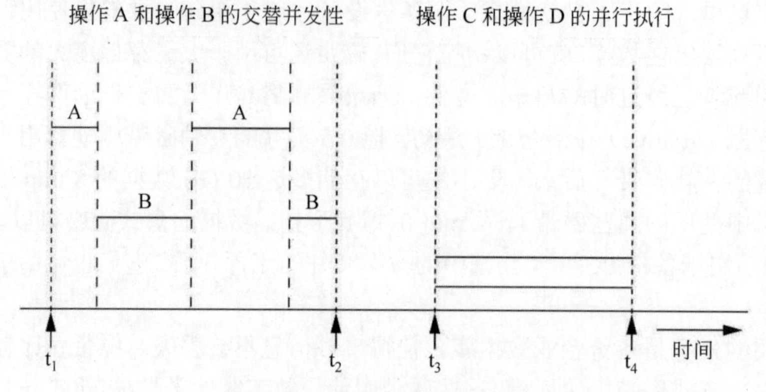

图 16.3 交替并发与并行执行

图 16.4 说明了当处理主存中的磁盘块所需的时间少于读取下一个块并填充缓冲区所需的时间时，如何并行执行读取和处理操作。一旦完成了把一个块传输到主存的操作，CPU 就可以开始处理这个块；与此同时，磁盘 I/O 处理器就可以读取下一个块并将其传输到一个不同的缓冲区中。这种技术称为**双缓冲**（double buffering），也可用于从磁盘中把连续的块流读入主存中。双缓冲允许持续地读或写连续磁盘块上的数据，这样就消除了除第一个块以外的其他所有块的寻道时间和旋转延迟。而且，数据将保持准备好进行处理，从而减少了程序中的等待时间。

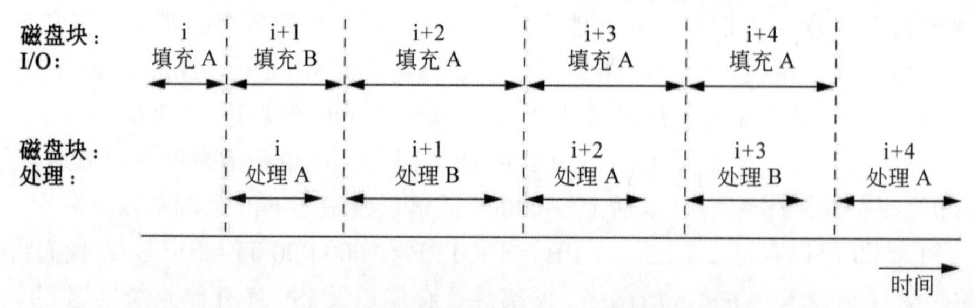

图 16.4 使用两个缓冲区 A 和 B 从磁盘读取数据

16.3.1 缓冲区管理

缓冲区管理和替换策略

对于大多数包含数百万页的大数据库文件，不可能同时把所有的数据读入主存中。我们提到过可以把双缓冲作为一种技术，通过它可以高效地在磁盘与主存之间执行 I/O 操作，在把数据读入一个缓冲区的同时，可以并发地处理另一个缓冲区中的数据。实际的缓冲区管理以及使用哪些缓冲区把新读取的页放入缓冲区中的决定是一个更复杂的过程。我们使用术语**缓冲区**（buffer）指示主存的一部分，它可用于从磁盘接收数据的块或页[1]。**缓冲区**

1 在当前环境中，可以互换地使用页和块这两个术语。

管理器（buffer manager）是 DBMS 的一个软件组件，用于响应对数据的请求，决定使用什么缓冲区，以及替换缓冲区中的哪些页以容纳新请求的块。缓冲区管理器把可用的主存存储空间视作一个**缓冲区池**（buffer pool），它具有一个页集合。共享缓冲区池的大小通常是一个由 DBA 控制的 DBMS 参数。在本节中，将简要讨论缓冲区管理器的工作方式，并将讨论几种替换策略。

有两种类型的缓冲区管理器：第一类用于直接控制主存，例如在大多数 DBMS 中。第二类将在虚拟内存中分配缓冲区，它允许将控制转移给操作系统（operating system，OS）。操作系统反过来将控制哪些缓冲区实际地位于主存中，哪些缓冲区位于操作系统控制之下的磁盘上。第二类缓冲区管理器在主存数据库系统和一些面向对象 DBMS 中很常见。缓冲区管理器的总体目标有两个：（1）最大化在主存中找到所请求页的概率；（2）若要从磁盘读取新的磁盘块，就查找出要替换的将导致最小损害的页，其意义就是短时间内将不再需要它。

为了支持其操作，缓冲区管理器将保存关于缓冲区池中的每一页的两类信息：

（1）pin **计数**（pin-count）：某个页被请求的次数，或者该页的当前用户的数量。如果这个计数降至 0，就认为页被**解除固定**（unpinned）。最初，每页的 pin 计数都被设置为 0。增加 pin 计数称为**固定**（pinning）。一般来讲，不应该允许将固定的块写到磁盘上。

（2）**脏位**（dirty bit），最初为所有页都把它设置为 0，但是无论何时任何应用程序更新了某一页，都将把它设置为 1。

就存储管理而言，缓冲区管理器具有以下职责：它必须确保缓冲区的数量能够在主存中放得下。如果请求的数据量超过了可用的缓冲区空间，缓冲区管理器就必须选择要清空哪些缓冲区，它由生效的缓冲区替换策略管控。如果缓冲区管理器在虚拟内存中分配了空间并且使用的所有缓冲区超过了实际的主存大小，那么就会发生一个常见的操作系统问题即“抖动”(thrashing)，并且会在磁盘上的交换空间中来回移动页，而不会做有用的工作。

在请求某个页时，缓冲区管理器将采取以下动作：它将检查所请求的页是否已经在缓冲区池的缓冲区中；如果是，它将递增其 pin 计数并释放页。如果该页不在缓冲区池中，缓冲区管理器将执行以下操作：

a. 它将使用替换策略选择用于替换的页，并递增其 pin 计数。

b. 如果设置了替换页的脏位，缓冲区管理器将把该页写到磁盘，并替换其在磁盘上的旧副本。如果没有设置脏位，将不会修改该页，并且不需要缓冲区管理器将其写回磁盘。

c. 它将把所请求的页读入刚刚释放的空间中。

d. 把新页的主存地址传递给请求的应用。

如果缓冲区池中没有解除固定的页可用，并且所请求的页在缓冲区池中也不可用，那么缓冲区管理器可能不得不等待，直到释放某个页为止。请求该页的事务可能进入等待状态，甚至可能会被中止。

16.3.2　缓冲区替换策略

下面给出了一些流行的替换策略，它们类似于在别处（例如在操作系统中）使用的那些替换策略：

（1）最近最少使用（least recently used，LRU）策略：这个策略就是抛出最长时间未使用（读或写）的那个页。这要求缓冲区管理器维护一张表，它将在其中记录每次访问缓冲区中的页的时间。虽然这构成了一种开销，但是该策略工作得很好，因为对于长时间未使用的缓冲区，再次访问它的概率也比较小。

（2）时钟策略（clock policy）：这是LRU策略的一个轮询变体。想象一下，把缓冲区排列得像一个圆圈一样，类似于时钟。每个缓冲区都具有一个标志，其值为0或1。标志为0的缓冲区容易受影响，可用于替换并将其内容读回磁盘。标志为1的缓冲区不容易受影响。当把块读入一个缓冲区中时，将把标志设置为1。在访问缓冲区时，也会把标志设置为1。时钟的指针将定位在"当前缓冲区"上。当缓冲区管理器需要一个缓冲区以存放新的磁盘块时，它将旋转时钟指针，直至它找到一个标志为0的缓冲区，并使用该缓冲区读取和存放新的磁盘块（如果设置了将要替换的页的脏位，就会把该页写到磁盘上，从而会覆盖磁盘上它所在地址上的旧页）。如果时钟指针利用1 s的时间经过缓冲区，它就会把它们设置为0。因此，要从缓冲区中替换一个磁盘块，仅当时钟指针完成旋转并返回到该磁盘块，并且找到它上次设置的标志为0的块时，才能够访问要替换的磁盘块。

（3）先进先出（first-in-first-out，FIFO）策略：在该策略下，当需要一个缓冲区时，将把被某个页占据时间最长的缓冲区用于替换。使用这个策略，管理器将记录把每一页加载进缓冲区的时间；但是它不必记录访问页的时间。尽管与LRU相比，FIFO需要较少的维护，但它可以使计数器具有想要的行为。如果持续需要某个块，例如索引的根块，则会将其长时间保留在缓冲区中，可能会抛出它，但是可能马上又需要将其加载回缓冲区中。

如果LRU和时钟策略需要顺序扫描的数据和文件不能同时放入缓冲区中，那么这两种策略就不是数据库应用的最佳选择。还存在如下情况：不能将缓冲区中的某些页抛出并写到磁盘上，因为某些其他固定的页指向这些页。此外，可以修改像FIFO这样的策略，以确保允许将固定的块（例如索引的根块）保留在缓冲区中。也可以修改时钟策略，可以将重要的缓冲区设置为比1更高的值，因此将不会由于时钟指针的多次旋转而替换这些缓冲区。在有些情况下，DBMS能够把某些块写到磁盘上，甚至在不需要这些块占据的空间时亦可如此。这称为**强制写**（force-writing），当出于恢复的目的而必须在一个事务中把日志记录在修改过的页之前写到磁盘上时，就会发生这种情况（参见第22章）。还有其他一些替换策略，例如MRU（most recently used，最近使用）策略，它们对于某些类型的数据库事务工作得很好，例如直到处理了关系中其余的所有块之后，才需要最近使用的块，此时就可以使用MRU策略。

16.4 把文件记录存放在磁盘上

数据库中的数据被视作是记录集合，它们被组织成一组文件。在本节中，将定义记录、记录类型和文件的概念。然后，将讨论用于把文件记录存放在磁盘上的技术。注意：此后，在本章中将把随机存取持久辅存称为"磁盘驱动器"或"磁盘"。磁盘可能具有不同的形式；例如，具有旋转存储器的磁盘，或者具有电子访问并且没有机械延迟的固态硬盘。

16.4.1　记录和记录类型

数据通常是以**记录**（record）的形式存储的。每条记录都由相关的数据**值**（value）或数据**项**（item）的集合组成，其中每个值都由一或多字节组成，并且对应于记录的一个特定**字段**（field）。记录通常描述实体及其属性。例如，一个 EMPLOYEE 记录表示一个雇员实体，并且记录中的每个字段值都指定了该雇员的某个属性，例如 Name、Birth_date、Salary 或 Supervisor。字段名及其对应数据类型的集合构成了**记录类型**（record type）或**记录格式**（record format）定义。与每个字段关联的**数据类型**（data type）指定了一个字段可以接受的值类型。

字段的数据类型通常是程序设计中使用的标准数据类型之一。它们包括数值型（整型、长整型或浮点型）、字符串（定长或变长字符串）、布尔型（取值只能是 0 和 1 或者 TRUE 和 FALSE），有时还有特殊编码的**日期**（date）和**时间**（time）数据类型。对于给定的计算机系统，每种数据类型所需的字节数是固定的。整型可能需要 4 字节，长整型需要 8 字节，实数类型需要 4 字节，布尔型需要 1 字节，日期型需要 10 字节（假定日期的格式为 YYYY-MM-DD），包含 k 个字符的定长字符串需要 k 字节，变长字符串所需的字节数与每个字段值中的字符个数相同。例如，可以使用 C 编程语言表示法定义一种 EMPLOYEE 记录类型，如下面的结构所示：

```
struct employee{
    char name[30];
    char ssn[9];
    int salary;
    int job_code;
    char department[20];
} ;
```

在一些数据库应用中，可能需要存储其中包括非结构化大对象的数据项，这些对象可以表示图像、数字化视频或音频流，或者自由文本。它们称为 BLOB（binary large object，二进制大对象）。BLOB 数据项通常与其记录分开存储在一个磁盘块的池中，并在记录中包括一个指向该 BLOB 的指针。为了存储自由文本，一些 DBMS（例如，Oracle、DB2 等）提供了一种称为 CLOB（character large object，字符大对象）的数据类型；一些 DBMS 把这种数据类型称为文本。

16.4.2　文件、定长记录和变长记录

文件（file）是一个记录序列。在许多情况下，一个文件中的所有记录都具有相同的记录类型。如果文件中的每条记录都具有完全相同的大小（以字节为单位），就称该文件由**定长记录**（fixed-length record）组成。如果文件中的不同记录具有不同的大小，就称该文件由**变长记录**（variable-length record）组成。出于以下多个原因，文件可能具有变长记录：

- 文件记录具有相同的记录类型，但是一个或多个字段是大小可变的（**变长字段**

（variable-length field））。例如，EMPLOYEE 的 Name 字段就可能是一个变长字段。

- 文件记录具有相同的记录类型，但是一个或多个字段可能具有多个值，以用于各个记录；这样的字段就称为**重复字段**（repeating field），字段的一组值通常称为**重复组**（repeating group）。
- 文件记录具有相同的记录类型，但是一个或多个字段是**可选**（optional）的；也就是说，它们可能对于一些（而非全部）文件记录具有值（**可选字段**（optional field））。
- 文件记录具有不同的记录类型，因此是大小可变的（**混合文件**（mixed file））。如果把不同类型的相关记录群集（存放在一起）在磁盘块上，例如，可能把特定学生的 GRADE_REPORT 记录在该 STUDENT 的记录之后。

图 16.5(a)中的定长 EMPLOYEE 记录的记录大小是 71 字节。每条记录都具有相同的字段，并且字段长度是固定的，因此系统可以确定每个字段相对于记录起始位置的起始字节位置。这有利于访问此类文件的程序定位字段值。注意：有可能将一个逻辑上应该具有变长记录的文件表示为一个定长记录文件。例如，对于可选字段，可以把每个字段都包括在每条文件记录中，但是如果某个字段不存在用于它的值，就会存储一个特殊的 NULL 值。对于重复字段，可以在每条记录中分配尽可能多的空间，使之等同于该字段可能出现的最大次数。在上述任何一种情况下，当某些记录在每条记录中提供的所有物理空间中并非都有值时，就会造成空间浪费。现在考虑用于格式化变长记录文件中的记录的其他选项。

对于变长字段，每条记录对于每个字段都具有一个值，但是我们不知道一些字段值的准确长度。为了确定特定记录内表示每个字段的字节数，可以使用特殊的**分隔符**（separator）来终止变长字段，例如，?、%或$，这些字符将不会出现在任何字段值中，如图 16.5(b)所示，或者可以在记录中存储字段的长度（以字节为单位），并将其放在字段值之前。

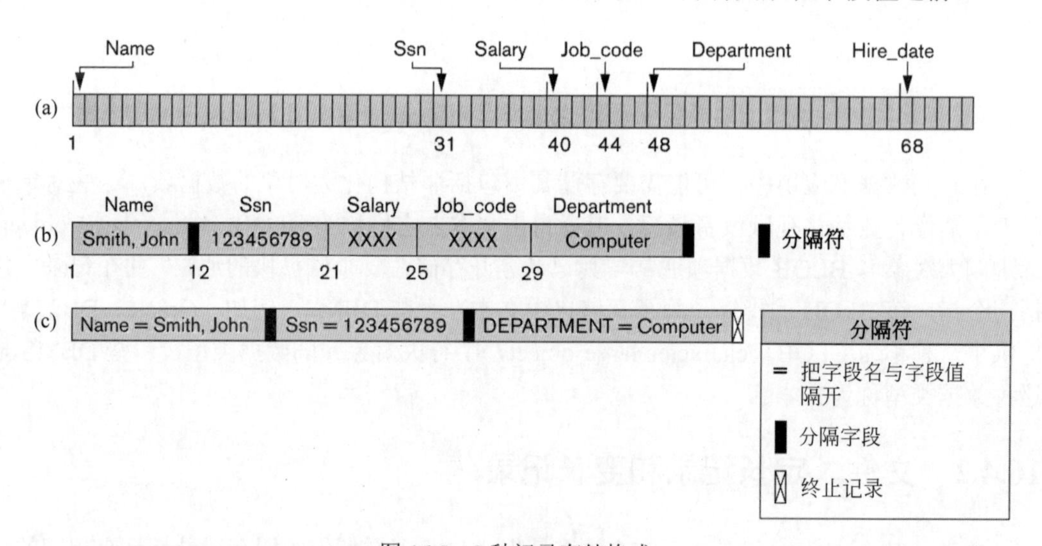

图 16.5 3 种记录存储格式

(a) 定长记录，具有 6 个字段并且大小为 71 字节；(b) 具有两个变长字段和 3 个定长字段的记录；(c) 具有 3 种分隔符的变长字段的记录

可以利用不同的方式格式化具有可选字段的记录文件。如果某种记录类型的字段总数比较大，但是实际出现在典型记录中的字段数量比较少，就可以在每条记录中包括一个

<字段名，字段值>对的序列，而不仅仅是包括字段值。图 16.5(c)中使用了 3 种分隔符，尽管对于前两个目的可以使用相同的分隔符，即把字段名与字段值分隔开以及把一个字段与下一个字段分隔开。一个更实用的选项是：给每个字段分配一个较短的**字段类型**（field type）代码，例如一个整数，并在每条记录中包括一个<字段类型，字段值>对的序列，而不是包括一个<字段名，字段值>对的序列。

重复字段需要两个分隔符，其中一个分隔符用于把字段的重复值分隔开，另一个分隔符用于指示字段的终止。最后，对于包括不同类型记录的文件，在每条记录前面都放置一个**记录类型**（record type）指示符。可以理解的是，由于变长记录的文件通常是文件系统的一部分，从而对一般的程序员是隐藏的，而在定长记录的文件中，每个字段的起始位置和大小都是已知的并且是固定的，因此处理变长记录文件的程序比处理定长记录文件的程序更复杂[1]。

16.4.3　记录块、跨块记录与非跨块记录

由于磁盘块是磁盘与主存之间的数据传输单元，因此必须把文件的记录分配给磁盘块。当块大小大于记录大小时，每个块将包含若干个记录，尽管一些文件可能不同寻常地包括一些较大的记录，以至于不能放入一个块中。假设块大小是 B 字节。对于大小为 R 字节的定长记录的文件，其中 $B \geqslant R$，那么每个块中就可以放入 $bfr = \lfloor B/R \rfloor$个记录，其中$\lfloor (x) \rfloor$（向下取整函数（floor function））用于把数字 x 向下取整为一个整数。值 bfr 称为文件的**块因子**（blocking factor）。一般来讲，B 可能无法被 R 整除，因此每个块中将具有一些未用的空间，等于：

$$B - (bfr * R)\text{字节}$$

为了利用这些未用的空间，可以把一条记录的一部分存储在一个块上，并把其余部分存储在另一个块上。第一个块末尾的**指针**（pointer）指向包含记录其余部分的块，以防它不是磁盘上的下一个连续的块。这种组织方式称为**跨块**（spanned），因为记录可以跨多个块存放。无论何时一条记录大于一个块，都必须使用跨块组织方式。如果记录不允许跨越块的边界，这种组织方式就称为**非跨块**（unspanned）。非跨块组织方式可用于 $B > R$ 的定长记录，因为它使每条记录都从块中一个已知的位置开始，从而简化了记录处理。对于变长记录，既可以使用跨块组织方式，也可以使用非跨块组织方式。如果记录的平均大小比较大，那么使用跨块组织方式就是有利的，这样可以减少每个块中损失的空间。图 16.6 说明了跨块组织方式与非跨块组织方式。

对于使用跨块组织方式的变长记录，每个块可能存放不同数量的记录。在这种情况下，块因子 bfr 表示用于文件的每个块中的平均记录数。可以使用 bfr 计算具有 r 条记录的文件所需的块数 b：

$$b = \lceil (r/bfr) \rceil\text{个块}$$

其中$\lceil (x) \rceil$（向上取整函数（ceiling function））把值 x 向上取整到下一个整数。

1　也可以使用其他模式表示变长记录。

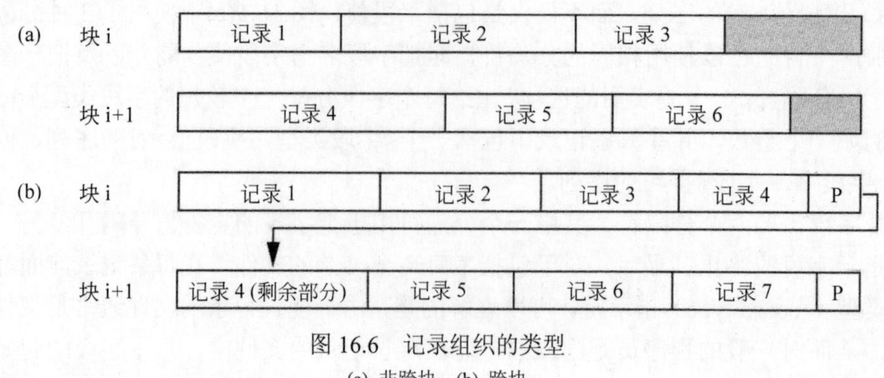

图 16.6 记录组织的类型

(a) 非跨块；(b) 跨块

16.4.4 在磁盘上分配文件块

有多种标准技术用于在磁盘上分配文件块。在**连续分配**（contiguous allocation）中，将把文件块分配给连续的磁盘块。这使得可以使用双缓冲技术非常快地读取整个文件，但它也使得难以扩展文件。在**链接分配**（linked allocation）中，每个文件块都包含一个指向下一个文件块的指针。这使得很容易扩展文件，但也使得读取整个文件会比较缓慢。这两种方式相结合，可以分配连续磁盘块的**簇**（cluster），并且会把这些簇链接起来。簇有时也称为**文件片段**（file segment）或**盘区**（extent）。另一种可能性是使用**索引分配**（indexed allocation），其中一个或多个**索引块**（index block）包含指向实际文件块的指针。结合使用以上这些技术的情况也很常见。

16.4.5 文件头

文件头（file header）或**文件描述符**（file descriptor）包含关于系统程序访问文件记录时所需的文件信息。文件头中包括的信息可用于确定文件块的磁盘地址，以及记录格式描述，其中可能包括定长非跨块记录内的字段长度和记录内的字段顺序，以及变长记录的字段类型代码、分隔符和记录类型代码。

要在磁盘上搜索一条记录，可以把一个或多个块复制到主存缓冲区中。然后，程序就可以使用文件头中的信息在缓冲区内搜索想要的记录。如果包含所需记录的块的地址是未知的，搜索程序不必对文件块执行**线性搜索**（linear search）。这将把每个文件块都复制到一个缓冲区中并进行搜索，直到定位了所需的记录，或者搜索了所有的文件块，但是均不成功，即没有找到所需的记录。这对于大文件可能非常费时。良好的文件组织的目标是：避免线性搜索或者完全扫描文件，以及利用最少的块传输次数定位包含所需记录的块。

16.5 文 件 操 作

通常把文件操作分组成**检索操作**（retrieval operation）和**更新操作**（update operation）。前者不会改变文件中的数据，而只会定位某些记录，使得可以检查和处理它们的字段值。后者将通过插入或删除记录或者修改字段值来改变文件。在任何一种情况下，都可能需要基于**选择条件**（selection condition）或**过滤条件**（filtering condition）选择一条或多条记录，以便进行检索、删除或修改，选择条件指定了所需的记录必须满足的条件。

考虑一个 EMPLOYEE 文件，它具有 Name、Ssn、Salary、Job_code 和 Department 这些字段。一个**简单选择条件**（simple selection condition）可能涉及对某个字段值进行相等性比较，例如，(Ssn = '123456789')或(Department = 'Research')。更复杂的条件可能涉及其他类型的比较运算符，例如>或≥；一个示例是(Salary ≥ 30 000)。一般的情况是把涉及文件的字段的任意一个布尔表达式作为选择条件。

对文件的搜索操作一般基于简单选择条件。对于复杂的条件，必须由 DBMS（或程序员）对其进行分解，以提取出一个简单条件，它可用于定位磁盘上的记录。然后检查每个定位的记录，确定它是否满足完整的选择条件。例如，可能从复杂条件((Salary ≤ 30 000) AND (Department = 'Research'))中提取出简单条件(Department = 'Research')；这样就会定位每个满足(Department = 'Research')的记录，然后测试记录，查看它是否也满足(Salary ≥ 30 000)。

当多条文件记录满足一个搜索条件时，最初将定位第一条记录（就文件记录的物理顺序而言），并将其指定为**当前记录**（current record）。后续的搜索操作将从这条记录开始，并定位文件中满足条件的下一条记录。

用于定位和访问文件记录的实际操作因系统而异。在下面的列表中，将提供一组有代表性的操作。通常，高级程序（例如 DBMS 软件程序）都是使用这些命令来访问记录，因此在下面的描述中有时会提到**程序变量**（program variable）：

- Open：准备用于读或写的文件。分配合适的缓冲区（通常至少两个）来保存磁盘上的文件块，并检索文件头。设置文件指针指向文件的开始处。
- Reset：将一个打开文件的文件指针设置成指向文件的开始处。
- Find（或 Locate）：搜索满足搜索条件的第一条记录。把包含该记录的块传输到一个主存缓冲区中（如果此块尚未在主存缓冲区中）。文件指针指向缓冲区中的记录，该记录成为当前记录。有时，使用不同的动词来指示是要检索还是更新所定位的记录。
- Read（或 Get）：把当前记录从缓冲区中复制到用户程序中的一个程序变量中。这个命令也可能把当前记录指针推进到文件中的下一条记录，这可能需要从磁盘中读取下一个文件块。
- FindNext：搜索文件中满足搜索条件的下一条记录。把包含该记录的块传输到一个主存缓冲区中（如果此块尚未在主存缓冲区中）。在缓冲区中定位该记录，使之成为当前记录。在基于层次模型和网状模型的遗留 DBMS 中，可以使用 FindNext 的不同形式（例如，在当前父记录内 FindNext 记录，FindNext 给定类型的记录，或者 FindNext 满足复杂条件的记录）。

- Delete：删除当前记录，并且（最终）更新磁盘上的文件，以反映此删除操作。
- Modify：修改当前记录的某些字段值，并且（最终）更新磁盘的文件，以反映此修改操作。
- Insert：在文件中插入一条新记录，方法是：定位将要插入记录的块，把该块传输到一个主存缓冲区中（如果它尚未在主存缓冲区中），把记录写入缓冲区中，并且（最终）把缓冲区写到磁盘上，以反映此插入操作。
- Close：释放缓冲区，并执行任何其他所需的清理操作，完成文件访问。

上述操作（Open 和 Close 除外）都称为**一次一条记录**（record-at-a-time）的操作，因为每个操作都是应用于单独一条记录的。也可以将 Find、FindNext 和 Read 操作简化成单个操作 Scan，其描述如下：

- Scan：如果文件是刚刚打开或复位的，Scan 将返回第一条记录；否则，它将返回下一条记录。如果对该操作指定了一个条件，那么返回的记录就是第一条或下一条满足该条件的记录。

在数据库系统中，还可以对文件应用其他的**一次一个集合**（set-at-a-time）的高级操作。这些操作的一些示例如下所示：

- FindAll：定位文件中满足搜索条件的所有记录。
- Find（或 Locate）n：搜索第一条满足搜索条件的记录，然后继续定位下面 n－1 条满足相同条件的记录。把包含 n 条记录的块传输到主存缓冲区中（如果它尚未在主存缓冲区中）。
- FindOrdered：以某种指定的顺序检索文件中的所有记录。
- Reorganize：开启重组过程。如我们将看到的，有些文件组织方式需要进行定期重组。例如，按指定的字段对文件记录进行排序。

此时，值得指出*文件组织*与*访问方法*这两个术语之间的区别。**文件组织**（file organization）是指将文件的数据组织进记录、块和访问结构中；这包括在存储媒介上存放记录和块的方式，以及它们之间相互链接的方式。另一方面，**访问方法**（access method）提供了一组可以应用于文件的操作，例如前面列出的那些操作。一般来讲，可以对使用某种组织方式组织的文件应用多种访问方法。不过，一些访问方法只能应用于以某些方式组织的文件。例如，不能对没有索引的文件应用索引访问方法（参见第 17 章）。

通常，我们期望更多地使用一些搜索条件，而较少使用另外一些搜索条件。一些文件可能是**静态**（static）的，这意味着很少执行更新操作；而另外一些更为**动态**（dynamic）的文件可能频繁改变，因此会不断地对它们应用更新操作。如果一个文件不能被最终用户更新，就将其视作只读文件。大多数数据仓库（参见第 29 章）主要包含只读文件。一种成功的文件组织方式应该尽可能高效地执行我们期望频繁应用于文件的操作。例如，考虑 EMPLOYEE 文件，如图 16.5(a)所示，它存储了一家公司里当前雇员的记录。我们期望插入记录（当聘用雇员时）、删除记录（当雇员从公司离职时）以及修改记录（例如，当雇员的薪水或职位改变时）。删除或修改记录需要一个选择条件，以确定特定的记录或记录集合。检索一条或多条记录时也需要一个选择条件。

如果用户主要期望应用一个基于 Ssn 搜索条件，设计者就必须选择一种文件组织方式，以便根据 Ssn 值定位记录。这可能涉及按 Ssn 值物理地对记录进行排序，或者在 Ssn 上定义一个索引（参见第 17 章）。假设另一个应用使用该文件生成雇员的薪水单，并且要求按部门对薪水单进行分组。对于这个应用，最好先按部门然后在每个部门内按姓名对雇员记录进行排序。此时，把记录群集进到柱面上块中的组织方式将不同于以往。不过，这种排列与按 Ssn 值对记录进行排序相冲突。如果两个应用都很重要，设计者就应该选择一种组织方式，允许高效地执行两种操作。不幸的是，在许多情况下，单独一种组织方式不允许在文件上高效地执行所需的全部操作。由于一个文件只能使用一种特定的组织方式存储一次，DBA 经常面临做出一个关于文件组织的困难的设计选择。他们要依据预期的检索和更新操作的重要性和混合程度来做出这个选择。

在下面几节和第 17 章中，将讨论用于在磁盘上组织文件记录的方法。将使用多种通用技术（例如排序、散列和索引）来创建访问方法。此外，还有一些用于处理插入和删除的通用技术可以与多种文件组织方式协同工作。

16.6　无序记录的文件（堆文件）

无序组织是一种最简单、最基本的组织类型，其中将把记录按照插入的顺序存放在文件中，因此会把新记录插入在文件末尾。这种组织称为**堆文件**（heap file）或**堆积文件**（pile file）[1]。这种组织通常用于额外的访问路径，例如第 17 章中讨论的辅助索引。它还可用于收集和存储数据记录，以便将来使用。

插入新记录非常高效。通常把文件的最后一个磁盘块复制到缓冲区中，然后添加新记录，再把那个磁盘块**重写**（rewrite）回磁盘。最后一个文件块的地址保存在文件头中。不过，使用任何搜索条件搜索记录都涉及逐个块地对文件进行**线性搜索**（linear search），这是一个代价高昂的过程。如果只有一条记录满足搜索条件，那么平均来讲，一个程序在找到记录之前，需要把一半的文件块读入主存并进行搜索。对于包含 b 个块的文件，这平均需要搜索(b/2)个块。如果没有记录或者有多条记录满足搜索条件，程序就必须读取并搜索文件中的全部 b 个块。

要删除一条记录，程序必须先找到它所在的块，把这个块复制到缓冲区中，从缓冲区中删除记录，最后把**这个块重写**回磁盘。这将在磁盘块中留下未使用的空间。以这种方式删除大量的记录将导致存储空间被浪费。用于删除记录的另一种技术是：与每条记录一起存储一个额外的字节或位，称为**删除标记**（deletion marker）。通过把删除标记设置为某个值来删除某个记录。如果删除标记具有一个不同的值，就指示一条有效的（未删除）记录。搜索程序在执行搜索时，只会考虑块中的有效记录。这两种删除技术都需要定期对文件进行**重组**（reorganization），以回收已删除记录的未使用空间。在重组期间，将连续访问文件块，并通过移除已删除的记录，将记录紧凑地存放在一起。在经过这样的重组后，将再次填满文件块的容量。另一种可能的方法是在插入新记录时使用已删除记录的空间，不过这需要额外的标记，以记录空位置。

1　有时也把这种组织称为**顺序文件**（sequential file）。

对于无序文件，即可以使用跨块组织方式，也可以使用非跨块组织方式，并且定长记录和变长记录都可以使用它们。修改变长记录可能需要删除旧记录并插入修改过的记录，因为修改过的记录可能无法放入磁盘上的旧空间中。

要按某个字段的值顺序读取所有记录，可以创建文件的一个排序副本。对于大磁盘文件，排序是一个昂贵的操作，可以使用一些特殊的技术，用于进行**外部排序**（external sorting）（参见第 18 章）。

对于使用非跨块组织方式和连续分配的无序、定长记录的文件，根据记录在文件中的**位置**（position）来访问它们比较直观。如果文件记录被编号为 0, 1, 2,…, r − 1，并且每个块中的记录被编号为 0, 1,…, bfr − 1，其中 bfr 是块因子，那么文件的第 i 个记录就位于第 $\lfloor (i/bfr) \rfloor$ 个块中，并且是这个块中的第(i mod bfr)条记录。通常把这样的文件称为**相对文件**（relative file）或**直接文件**（direct file），因为可以通过记录的相对位置轻松地访问它们。通过记录的位置来访问它们无助于基于搜索条件来定位记录；不过，它有利于构造文件的访问路径，例如第 17 章中将讨论的索引。

16.7 有序记录的文件（排序文件）

可以基于记录的某个字段（称为**排序字段**（ordering field））的值，对磁盘上的文件记录物理地进行排序。这将导致一个**有序文件**（ordered file）或**顺序文件**（sequential file）[1]。如果排序字段也是文件的一个**键字段**（key field），即在每条记录中保证具有唯一值的字段，那么就把该字段称为文件的**排序键**（ordering key）。图 16.7 显示了一个以 Name 作为排序键字段的有序文件（假定雇员都具有不同的姓名）。

有序文件相比无序文件具有以下一些优点。第一，按排序键值的顺序读取记录将变得极其高效，因为不需要进行排序。搜索条件可能是< 键 = 值>类型，或者是一个像< 值 1 > 键 < 值 2>这样的范围条件。第二，按排序键的顺序从当前记录查找下一条记录通常无须进行额外的块访问，因为下一条记录与当前记录位于同一个块中（除非当前记录是所在块中的最后一条记录）。第三，在使用二分查找技术时，基于排序键字段的值使用搜索条件将导致更快的访问，二分查找是对线性搜索的一个改进，尽管通常不会把它用于磁盘文件。有序文件将分块并存储在连续的柱面上，以将寻道时间减至最少。

磁盘文件的**二分查找**（binary search）可以在块上完成，而不是在记录上完成。假设文件具有 b 个块，分别编号为 1, 2,…, b；按排序键字段值的升序对记录进行排序。现在要搜索其排序键字段值为 K 的记录。假定在文件头中提供了文件块的磁盘地址，可以通过算法 16.1 来描述二分查找。无论是否会找到记录，二分查找通常都要访问 $\log_2(b)$个块，这是对线性搜索的改进，在线性搜索中，平均要访问(b/2)个块才能找到记录；如果未找到记录，则要访问 b 个块。

算法 16.1 对磁盘文件排序键的二分查找。

---

1 顺序文件这个术语也用于指示无序文件，尽管它更适合于指示有序文件。

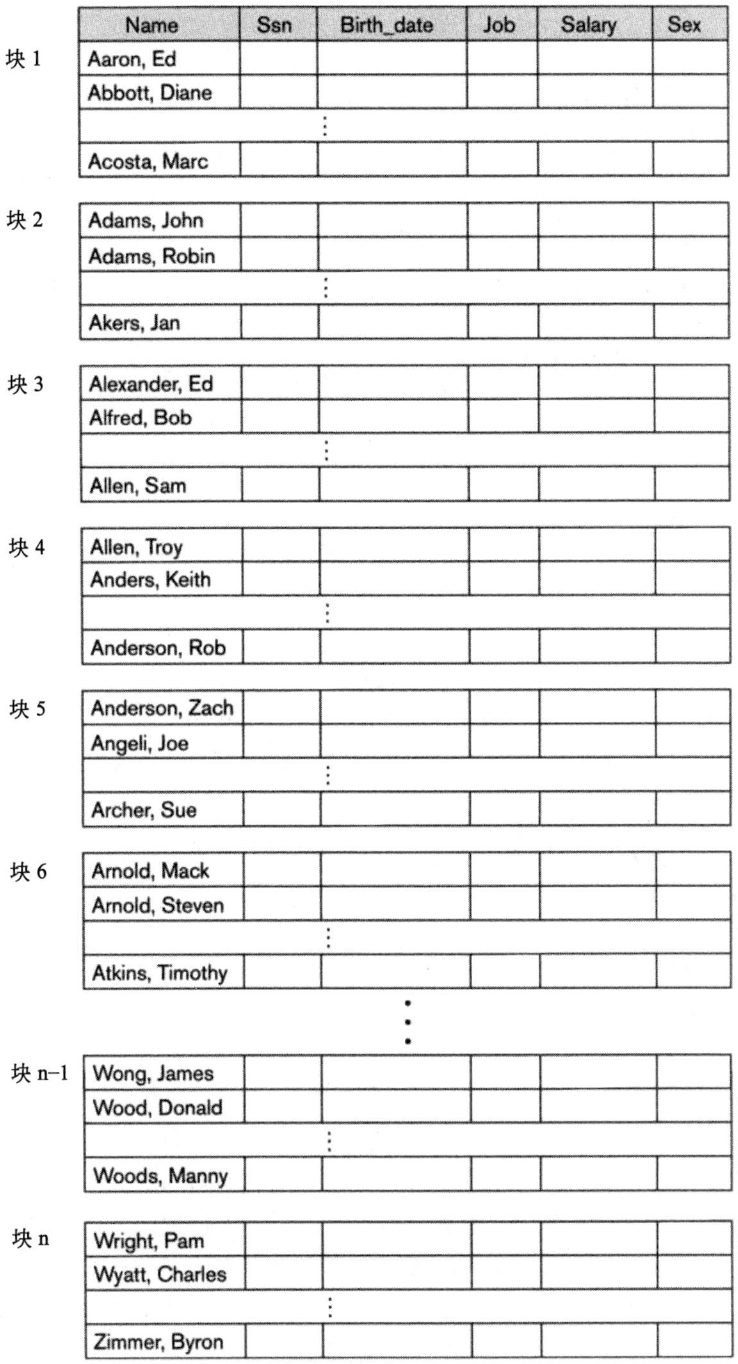

	Name	Ssn	Birth_date	Job	Salary	Sex
块 1	Aaron, Ed					
	Abbott, Diane					
	⋮					
	Acosta, Marc					
块 2	Adams, John					
	Adams, Robin					
	⋮					
	Akers, Jan					
块 3	Alexander, Ed					
	Alfred, Bob					
	⋮					
	Allen, Sam					
块 4	Allen, Troy					
	Anders, Keith					
	⋮					
	Anderson, Rob					
块 5	Anderson, Zach					
	Angeli, Joe					
	⋮					
	Archer, Sue					
块 6	Arnold, Mack					
	Arnold, Steven					
	⋮					
	Atkins, Timothy					
	• • •					
块 n–1	Wong, James					
	Wood, Donald					
	⋮					
	Woods, Manny					
块 n	Wright, Pam					
	Wyatt, Charles					
	⋮					
	Zimmer, Byron					

图 16.7　将 Name 作为排序键字段的 EMPLOYEE 记录的有序（顺序）文件的一些块

```
l ← 1; u ← b; (*b 是文件块的数量*)
while (u ≥ l ) do
    begin i ← (l + u) div 2;
    将文件的第 i 个块读入缓冲区中;
    if K < (第 i 个块中的第一条记录的排序键字段值)
```

```
        then u ← i - 1
    else if K > (第 i 个块中的最后一条记录的排序键字段值)
        then l ← i + 1
    else if 排序键字段值 = K 的记录位于缓冲区中
        then goto found
    else goto notfound;
    end;
goto notfound;
```

如果搜索条件涉及排序字段上的>、<、≥和≤条件，就可以高效地执行搜索，因为记录的物理排序意味着满足条件的所有记录在文件中是连续的。例如，参考图 16.7，如果搜索条件是(Name > 'G')，其中“>”意味着在字母表中排在前面，那么满足搜索条件的记录就是从文件的开始一直到其 Name 值以字母“G”开头的第一条记录。

对于基于文件的其他非排序字段的值而对记录进行的随机访问或有序访问，排序不会提供任何优势。在这些情况下，对于随机访问可以执行线性搜索。若要基于非排序字段按顺序访问记录，就有必要以一种不同的顺序创建文件的另一个排序的副本。

对于有序文件，插入和删除记录是代价高昂的操作，因为记录必须保持物理有序。要插入一条记录，必须基于它的排序字段值，查找它在文件中的正确位置，然后在文件中腾出空间，以便在那个位置插入记录。对于大文件，这可能非常费时，因为平均来讲，必须移动文件中的一半记录，以为新记录腾出空间。这意味着必须读取一半的文件块，并且在它们当中移动记录之后再把它们重写回磁盘。对于删除记录，如果使用了删除标记和定期重组，问题就不太严重。

使插入更高效的一个选项是：在每个块中为新记录保留一些未使用的空间。不过，一旦这些空间用光了，原来的问题就会重新浮出水面。另一个频繁使用的方法是创建一个临时的无序文件，称为**溢出**（overflow）文件或**事务**（transaction）文件。利用这种技术，实际的有序文件就称为**主**（main 或 master）文件。新记录将插入在溢出文件的末尾，而不是插入在主文件中它们的正确位置。在文件重组期间，要定期对溢出文件进行排序并与主文件合并。这样，插入将变得非常高效，但是其代价是会增加搜索算法中的复杂性。一个选项是：在把从块中溢出的键考虑在内之后，在一个单独的文件中保存每个块中的键的最高值。否则，如果在执行二分查找后，在主文件中没有找到记录，就必须使用线性搜索来搜索溢出文件。对于不需要最新信息的应用，可以在搜索期间忽略溢出记录。

修改记录的字段值依赖于两个因素：用于定位记录的搜索条件以及要修改的字段。如果搜索条件涉及排序的键字段，就可以使用二分查找来定位记录；否则，就必须执行线性搜索。可以采用以下方法修改非排序字段：修改记录，并将其重写至磁盘上的同一个物理位置，这里假定记录是定长记录。修改排序字段意味着记录可以改变它在文件中的位置。这需要删除旧记录，然后再插入修改过的记录。

如果忽略溢出文件中的记录，按排序字段的顺序读取文件记录将非常高效，因为可以使用双缓冲技术连续地读取文件块。若要包括溢出文件中的记录，就必须把它们合并到主文件中正确的位置上；在这种情况下，首先可以重组文件，然后按顺序读取它的块。要重组文件，首先对溢出文件中的记录进行排序，然后把它们与主文件合并。在重组期间将会移除那些标记为删除的记录。

表 16.3 总结了在具有 b 个块的文件中查找一个特定的记录，在块访问中所花费的平均访问时间。

表 16.3　在基本文件组织下具有 b 个块的文件的平均访问时间

组织类型	访问/搜索方法	访问特定记录的平均块数
堆（无序）	顺序扫描（线性搜索）	b/2
有序	顺序扫描	b/2
有序	二分查找	$\log_2 b$

除非使用一个称为**主索引**（primary index）的额外访问路径，否则在数据库应用中很少使用有序文件；使用主索引将导致一个**索引-顺序文件**（indexed-sequential file）。这可以进一步改进排序键字段上的随机访问时间（在第 17 章中将进一步讨论索引）。如果排序属性不是一个键，就把该文件称为**聚簇文件**（clustered file）。

16.8　散 列 技 术

另一种主文件组织基于散列，在某些搜索条件下，它允许非常快地访问记录。这种组织通常称为**散列文件**（hash file）[1]。搜索条件必须是一个关于单个字段的相等性条件，该字段称为**散列字段**（hash field）。在大多数情况下，散列字段也是文件的键字段，在这种情况下就把它称为**散列键**（hash key）。散列背后的思想是：提供一个函数 h，称为**散列函数**（hash function）或**随机化函数**（randomizing function），把它应用于记录的散列字段值，并得到存储记录的磁盘块的地址。搜索块内记录的操作可以在主存缓冲区中进行。对于大多数记录，只需访问块一次，即可检索出那个记录。

无论何时仅仅使用一个字段的值来访问一组记录，都可以将散列用作程序内的一种内部搜索结构。在 16.8.1 节中将描述把散列用于内部文件；然后在 16.8.2 节中将说明如何修改它以在磁盘上存储外部文件。在 16.8.3 节中将讨论用于扩展散列以动态扩大文件的技术。

16.8.1　内部散列

对于内部文件，通常使用一个记录数组将散列实现为一个**散列表**（hash table）。假设数组的下标范围是 0~M – 1，如图 16.8(a)所示；这样就具有 M 个**槽**（slot），它们的地址对应于数组的下标。我们将选择一个散列函数，把散列字段值转换成为一个 0~M – 1 的整数。一个常见的散列函数是 h(K) = K mod M 函数，它返回整型散列字段值 K 除以 M 的余数；然后把这个值用于记录的地址。

在应用取模（mod）函数之前，可以将非整型散列字段值转换成整数。对于字符串，可以在转换中使用与字符关联的数字（ASCII）码，例如，把这些码值相乘。如果散列字

1　散列文件也称为直接文件（direct file）。

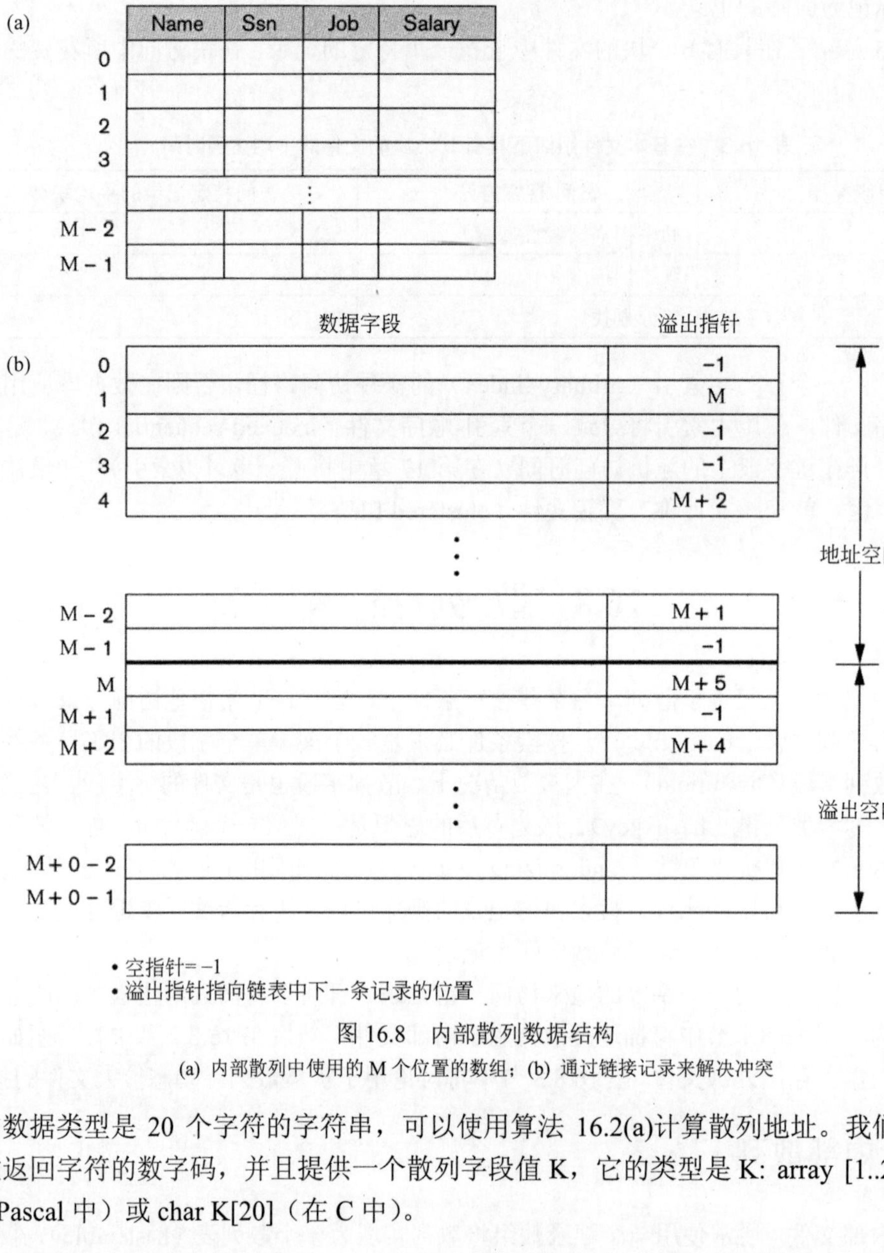

(a)

	Name	Ssn	Job	Salary
0				
1				
2				
3				
		⋮		
M − 2				
M − 1				

(b)

	数据字段	溢出指针	
0		−1	地址空间
1		M	
2		−1	
3		−1	
4		M + 2	
	⋮		
M − 2		M + 1	
M − 1		−1	
M		M + 5	溢出空间
M + 1		−1	
M + 2		M + 4	
	⋮		
M + 0 − 2			
M + 0 − 1			

• 空指针= −1
• 溢出指针指向链表中下一条记录的位置

图 16.8 内部散列数据结构

(a) 内部散列中使用的 M 个位置的数组；(b) 通过链接记录来解决冲突

段的数据类型是 20 个字符的字符串，可以使用算法 16.2(a)计算散列地址。我们假定代码函数返回字符的数字码，并且提供一个散列字段值 K，它的类型是 K: array [1..20] of char（在 Pascal 中）或 char K[20]（在 C 中）。

算法 16.2 两种简单的散列算法：(a) 对字符串 K 应用取模散列函数；(b) 利用开放寻址法解决冲突。

```
(a) temp ← 1;
    for i ← 1 to 20 do temp ← temp * code(K[i ] ) mod M ;
    hash_address ← temp mod M;
(b) i ← hash_address(K); a ← i;
    if 位置 i 被占用
        then begin i ← (i + 1) mod M;
            while (i ≠ a) 并且位置 i 被占用
                do i ← (i + 1) mod M;
            if (i = a) then 所有位置都被填满
```

```
    else new_hash_address ← i;
    end;
```

还可以使用其他散列函数。有一种称为**折叠**（folding）的技术，涉及对散列字段值的不同部分应用一个算术函数（例如“加”）或者逻辑函数（例如“异或”），以计算散列地址（例如，利用地址空间 0~999 存储 1000 个键，可以把一个 6 位的键 235469 进行折叠并存储在地址(235+964) mod 1000 = 199 的位置）。另一种技术涉及从散列字段值中挑选一些位（例如，第 3 位、第 5 位和第 8 位），构成散列地址（例如，在一个散列文件中的 1000 个位置存储 1000 个雇员的 10 位社会安全号，使用这个散列函数，将把社会安全号“301-67-8923”存储为散列值“172”）[1]。大多数散列函数的问题是：它们无法保证不同的值将散列成不同的地址，因为**散列字段空间**（hash field space）（即散列字段可取值的数量）通常远远大于**地址空间**（address space）（即记录的可用地址数量）。散列函数可以将散列字段空间映射到地址空间。

当把要插入记录的散列字段值散列到一个已经包含一条不同记录的地址时，就会发生**冲突**（collision）。在这种情况下，就必须在另外某个位置插入新记录，因为其散列地址已经被占用了。查找另一个位置的过程称为**冲突解决**（collision resolution）。有多种方法可用于冲突解决，如下：

- **开放寻址法**（open addressing）：从通过散列地址指定的被占用位置开始，程序将按顺序检查后面的位置，直至找到一个未使用的（空）位置。算法 16.2(b)可用于此目的。
- **链接法**（chaining）：对于这个方法，将保留多个溢出位置，通常是利用许多溢出位置扩展数组来实现的。此外，在每个记录位置还会添加一个指针字段。通过把新记录置于一个未使用的溢出位置，并把被占用的散列地址位置的指针设置成那个溢出位置的地址，来解决冲突。这样就为每个散列地址维护一个溢出记录链表，如图 16.8(b)所示。
- **多散列法**（multiple hashing）：如果第一个散列函数导致了冲突，程序就会应用第二个散列函数。如果又导致了冲突，程序就会使用开放寻址法，或者应用第三个散列函数，然后如果需要就使用开放寻址法。注意：使用散列函数系列的顺序与用于检索的顺序相同。

对于记录的插入、检索和删除，每种冲突解决方法都需要它自己的算法。用于链接法的算法最简单。用于开放寻址法的删除算法相当复杂。有关内部散列算法的更详细讨论，可以参阅数据结构方面的教科书。

良好的散列函数具有双重目标：第一，把记录均匀地分布到地址空间中，以便把冲突减至最少，从而使得有可能通过单独一次访问即可利用给定的键来定位记录。第二个稍微有点冲突的目标是，实现上述的第一个目标，同时还完全占据桶（bucket），从而不会留下许多未使用的位置。仿真实验和分析研究都表明，将散列文件的饱和度保持在 70%~90%通常是最好的，以保持较低的冲突次数，并且不会浪费太多的空间。因此，如果期望在表中

1　关于散列函数的详细讨论超出了本书的范围。

存储 r 条记录，就应该选择 M 个位置作为地址空间，使得(r/M)的值位于 0.7~0.9。为 M 选择一个质数也可能是有用的，因为已经证实，当以一个质数为模使用取模散列函数时，这可以更好地将散列地址分布在地址空间上。还有一些散列函数可能要求 M 是 2 的幂。

16.8.2 磁盘文件的外部散列

磁盘文件的散列称为**外部散列**（external hashing）。为了适应磁盘存储的特征，将目标地址空间分成多个**桶**（bucket），每个桶可以保存多条记录。桶既可以是一个磁盘块，也可以是连续磁盘块的簇。散列函数把一个键映射成一个相对桶编号，而不是给桶分配一个绝对块地址。文件头中维护的一个表将把桶编号转换成对应的磁盘块地址，如图 16.9 所示。

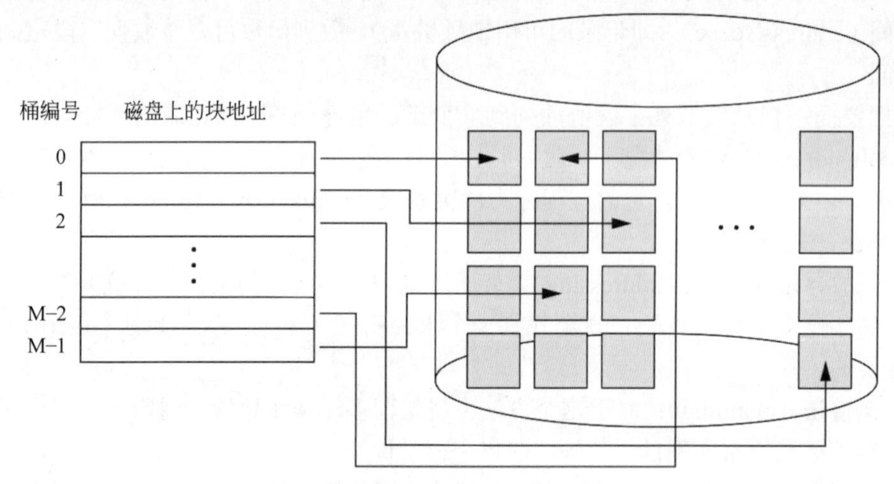

图 16.9 将桶编号匹配到磁盘块地址

使用桶之后，冲突问题就显得不太严重，因为可以把一个桶中所能容纳的所有记录散列到同一个桶中，而不会引发问题。不过，也必须考虑到当一个桶被填满时又要将一个新的待插入记录散列到这个桶中的情况。可以使用链接法的一个变体，其中将在每个桶中维护一个指针，它指向桶的溢出记录的链表，如图 16.10 所示。链表中的指针应该是**记录指针**（record pointer），它包括一个块地址以及块内的相对记录位置。

当检索任意记录时，在给定其散列字段值的情况下，散列提供了可能最快的访问速度。尽管大多数良好的散列函数没有按散列字段值的顺序来维护记录，还是有一些函数（称为**保序**（order preserving）函数）这样做了。一个简单的保序散列函数的示例是：取发票号字段最左边的 3 位，产生一个桶地址作为散列地址，并且在每个桶内保存按发票号排序的记录。另一个示例是：如果散列键值填满了特定的区间，就直接使用一个整型散列键作为相关文件的索引；例如，如果一家公司里的雇员编号被分配为 1, 2, 3,…，直到雇员的总数，就可以使用标识散列函数（即相对地址 = 键）来维护顺序。不幸的是，仅当某个应用按顺序生成序列键时，这个散列函数才会工作。

迄今为止描述的散列模式称为**静态散列**（static hashing），因为分配的桶数 M 是固定的。函数将进行键-地址映射，我们通过它来固定地址空间。对于动态文件，这可能是一个严重的缺陷。假设我们为地址空间分配 M 个桶，并假设一个桶中最多可以存储 m 条记录；那

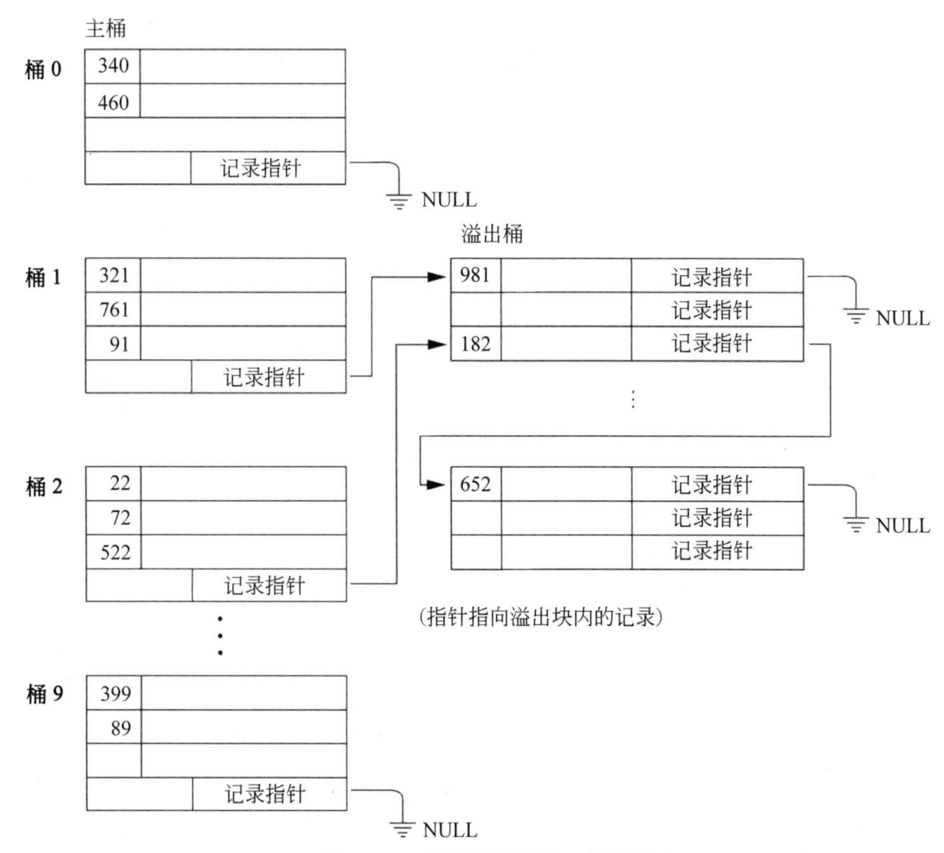

图 16.10　通过链接法处理桶的溢出

么在分配的空间中最多可以存储(m * M)条记录。如果记录数量远少于(m * M)，就会留下许多未使用的空间。另一方面，如果记录数量增长到远远超过(m * M)，就会导致许多的冲突，并且由于溢出记录非常多，使得检索速度也会明显下降。无论是哪种情况，都可能不得不修改所分配的桶数 M，然后使用一个新的散列函数（基于新的 M 值）重新分布记录。对于大文件，这些重组可能相当费时。更新的基于散列的动态文件组织允许桶数动态改变，而只需要进行局部重组（参见 16.8.3 节）。

在使用外部散列时，如果根据某个字段（非散列字段）的值搜索记录，代价将非常高，就像无序文件一样。如果要删除记录，只需从记录所在的桶中移除它即可。如果桶具有一个溢出链，就可以把溢出记录之一移入桶中，以替换那个被删除的记录。如果要删除的记录已经在溢出链中，只需简单地从链表中移除它即可。注意：移除溢出记录意味着应该记录溢出文件中的空位置。可以通过维护一个未使用的溢出位置的链表轻松完成这个任务。修改特定记录的字段值依赖于两个因素：用于定位特定记录的搜索条件以及要修改的字段。如果搜索条件是散列字段上的一个相等性比较，就可以使用散列函数高效地定位记录；否则，就必须执行线性搜索。修改非散列字段的方法是：先修改记录，再将其重写回相同的桶中。修改散列字段意味着记录可以移到另一个桶中，这需要先删除旧记录，然后再插入修改过的记录。

16.8.3 允许动态文件扩展的散列技术

刚才讨论的静态散列模式的主要缺点是：散列地址是固定的。因此，难以动态地扩展或收缩文件。本节中描述的模式尝试校正这种情况。第一种模式是可扩展散列，除了文件外，它还会存储一种访问结构，因此有些类似于索引（参见第 17 章）。它们之间的主要区别是：访问结构基于对搜索字段应用散列函数之后得到的值。在索引中，访问结构基于搜索字段自身的值。第二种技术称为线性散列，它不需要额外的访问结构。还有一种模式称为**动态散列**（dynamic hashing），它使用一种基于二叉树数据结构的访问结构。

这些散列模式利用了以下事实：应用散列函数的结果是一个非负整数，因此可以表示为一个二进制数。访问结构构建在散列函数结果的**二进制表示**（binary representation）之上，它是一个**位**（bit）串，可称之为记录的**散列值**（hash value）。记录是基于其散列值中的前导位（leading bit）的值分布在桶当中的。

1. 可扩展散列

在由 Fagin（1979）提出的可扩展散列中，要维护一种目录，这是一个包含 2^d 个桶地址的数组，其中 d 称为目录的**全局深度**（global depth）。把与散列值的前（高阶）d 位对应的整数值用作数组的下标，以确定一个目录项，该目录项中的地址用于确定其中存储对应记录的桶。不过，不必为 2^d 个目录位置中的每个位置都分配一个不同的桶。如果多个目录位置的散列值的前 d′位相同，并且散列到这些位置的所有记录都能放入单个桶中，那么它们的散列值可能包含相同的桶地址。每个桶中还会存储一个**局部深度**（local depth）d′，它指定了桶内容所基于的位数。图 16.11 显示了一个全局深度 d = 3 的目录。

d 的值一次可以增加或减少 1，从而把目录数组中的项数加倍或折半。如果一个桶溢出，即其局部深度 d′等于全局深度 d，就需要加倍。如果在执行一些删除操作后，所有的桶都有 d > d′，此时就会发生折半。大多数记录检索都需要两次块访问，其中一次是访问目录，一次是访问桶。

为了说明桶的拆分，假设新插入的记录导致其散列值以 01 开头的桶（即图 16.11 中的第三个桶）中发生溢出。这样，将把该桶中的记录分布在两个桶中：第一个桶包含其散列值以 010 开头的所有记录，第二个桶则包含其散列值以 011 开头的所有记录。现在，010 和 011 的两个目录位置指向两个不同的新桶。在拆分前，它们指向同一个桶。两个新桶的局部深度 d′是 3，它比旧桶的局部深度大 1。

如果一个桶因溢出而被拆分，使局部深度 d′等于目录的全局深度 d，那么现在目录的大小就要加倍，以便可以使用一个额外的位来区分两个新桶。例如，在图 16.11 中，对于其散列值以 111 开头的记录，如果存储这些记录的桶溢出，那么拆分后得到的两个新桶就需要一个全局深度 d = 4 的目录，因为两个新桶现在将标记为 1110 和 1111，这样它们的局部深度就都是 4。因此将把目录的大小加倍，并且目录中的其他每个原始位置也会拆分成两个位置，它们都具有与原始位置相同的指针值。

使可扩展散列具有吸引力的主要优点是：文件的性能不会随着文件增大而降级，这一点与静态外部散列相反，在静态散列中，随着文件增大冲突也会增多，并且对应的链又会

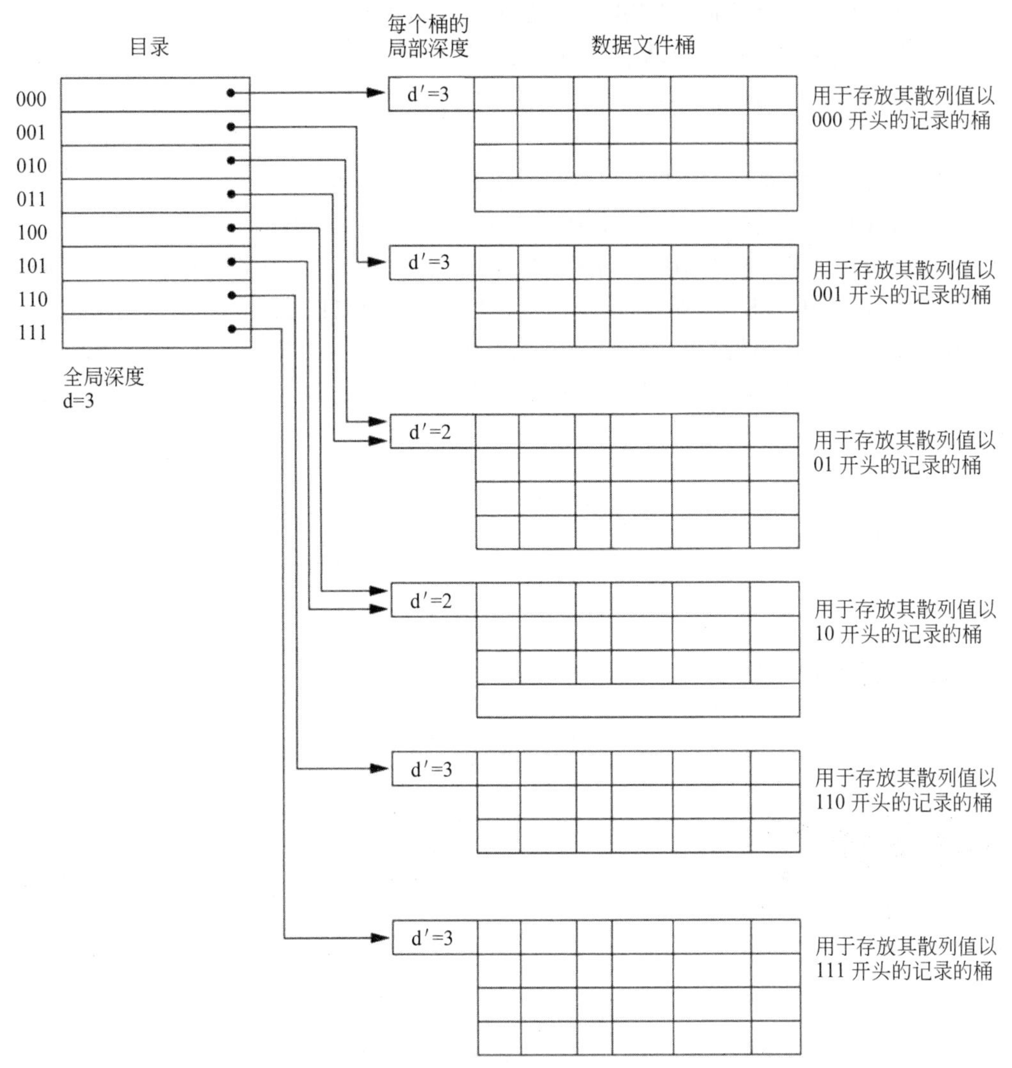

图 16.11　可扩展散列模式的结构

有效地增加每个键的平均访问次数。此外，在可扩展散列中没有为将来的扩展分配空间，但是可以根据需要动态地分配额外的桶。目录表的空间开销可以忽略不计。最大的目录大小是 2^k，其中 k 是散列值中的位数。另一个优点是：在大多数情况下，拆分只会导致微小的重组，因为只会把一个桶中的记录重新分布到两个新桶中。仅当目录不得不加倍（或折半）时，重组的代价才更高。可扩展散列的缺点是：在访问桶自身之前必须搜索目录，从而导致两次块访问，而静态散列中只有一次块访问。这种性能损失可以说是微不足道的，因此这种模式对于动态文件相当可取。

2. 动态散列

可扩展散列的前身是由 Larson（1978）提出的动态散列，其中桶的地址要么是 n 个高阶位，要么是 n − 1 个高阶位，这取决于属于各个桶的键的总数。在动态散列中，记录在桶中的最终存储方式有些类似于可扩展散列。它们之间的主要区别在于目录的组织方式。可扩展散列对于平面目录使用全局深度（高阶 d 位）的概念，并把相邻的可折叠桶合并成一个具有局部深度 d－1 的桶，而动态散列则会维护一个树状结构的目录，它具有两类节点：

- 内部节点，它具有两个指针：左指针对应于 0 位（在散列地址中），右指针对应于 1 位。
- 叶节点：它们保存一个指针，指向存储记录的实际桶。

动态散列的一个示例出现在图 16.12 中。图中显示了 4 个具有高阶 3 位地址（对应于全局深度 3）的桶（“000”“001”“110”和“111”）和两个具有高阶 2 位地址（对应于局部深度 2）的桶（“01”和“10”）。后两个桶是将“010”和“011”折叠成“01”以及将“100”和“101”折叠成“10”的结果。注意：这里隐含地使用了目录节点，以确定动态散列中桶的“全局”和“局部”深度。搜索给定散列地址的记录涉及遍历目录树，这将把我们带到保存该记录的桶。为动态散列模式开发用于插入、删除和搜索记录的算法留给读者自己完成。

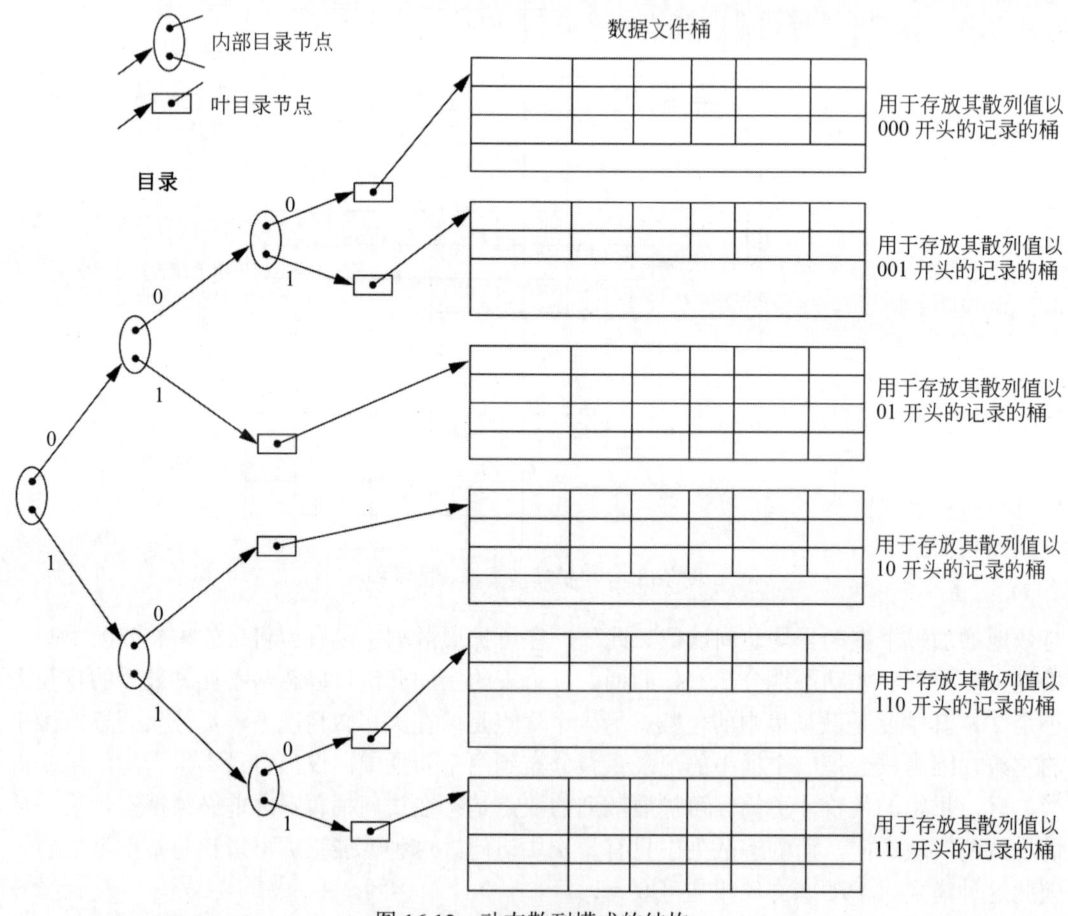

图 16.12 动态散列模式的结构

3. 线性散列

由 Litwin（1980）提出的线性散列背后的思想是：允许一个散列文件动态地扩展和收缩其桶的数量，而无须一个目录。假设文件开始时具有 M 个桶，分别编号为 0, 1,⋯, M－1,

并且使用取模散列函数 $h(K) = K \bmod M$，这个散列函数称为**初始散列函数**（initial hash function）h_i。由于冲突的存在，仍然需要溢出，并且可以通过为每个桶维护单独的溢出链来处理它。不过，当冲突导致任何文件桶中出现溢出记录时，就会将中的第一个桶（即桶 0）拆分成两个桶：一个是原来的桶 0，另一个是文件末尾的新桶 M。对于原来位于桶 0 中的记录，将基于一个不同的散列函数 $h_{i+1}(K) = K \bmod 2M$ 把它们分布在这两个桶中。两个散列函数 h_i 和 h_{i+1} 的一个关键性质是：基于 h_i 散列到桶 0 中的任何记录都将基于 h_{i+1} 散列到桶 0 或桶 M 中；这是使线性散列正常工作所必要的。

随着更多的冲突发生而导致溢出记录时，将按线性顺序 1，2，3，…拆分额外的桶。如果发生了足够多的溢出，那么所有原来的文件桶 0, 1,…, M − 1 都将被拆分，因此文件现在就有 2M 个桶，而不是 M 个桶，并且所有的桶都使用散列函数 h_{i+1}。因此，使用散列函数 h_{i+1} 通过延迟拆分桶，最终将把溢出的记录都重新分布到常规的桶中。这里没有使用目录，而只需要一个值 n，用于确定已经拆分了哪些桶，其中 n 最初设置为 0，并且每发生一次拆分，就把它的值递增 1。为了检索一条具有散列键值 K 的记录，首先对 K 应用函数 h_i；如果 $h_i(K) < n$，那么就对 K 应用函数 h_{i+1}，因为桶已经拆分了。起初，n = 0，指示对所有的桶都应用函数 h_i；随着桶被拆分，n 将线性增大。

在 n 递增后，如果 n = M，这就表明所有原来的桶都拆分了，并且对文件中的所有记录都应用函数 h_{i+1}。此时，就将 n 重置为 0（零），并且引发溢出的任何新冲突都将导致使用新的散列函数 $h_{i+2}(K) = K \bmod 4M$。一般来讲，将使用散列函数序列 $h_{i+j}(K) = K \bmod (2^j M)$，其中 j = 0, 1, 2,…。一旦所有的桶 0, 1,…, $(2^j M) - 1$ 都拆分了，并且将 n 重置为 0，就需要一个新的散列函数 h_{i+j+1}。算法 16.3 给出了如何搜索具有散列键值 K 的记录。

可以通过监视文件负载因子来控制拆分，而无须在每次发生溢出时都进行拆分。一般来讲，可以将**文件负载因子**（file load factor）l 定义为 $l = r/(bfr * N)$，其中 r 是当前的文件记录数量，bfr 是桶中可以存放的最大记录数量，N 是当前的文件桶数量。如果文件的负载因子下降到某个阈值以下，还可以将已经拆分的桶重新合并起来。文件块是线性合并的，并且会相应地递减 N 值。文件负载可用于触发拆分与合并；这样就可以把文件负载保持在一个想要的范围内。当负载超过某个阈值（例如 0.9）时，就可以触发拆分；当负载低于另一个阈值（例如 0.7）时，就会触发合并。线性散列的主要优点是：当文件增大和收缩时，它可以相当恒定地维持负载因子，并且它不需要一个目录[1]。

算法 16.3　线性散列的搜索过程。

```
if n = 0
    then m ← hj(K)  (*m 是具有散列键 K 的记录的散列值*)
    else begin
        m ← hj(K);
        if m < n then m ← hj+1(K)
        end;
```

搜索其散列值为 m 的桶（及其溢出，如果有的话）。

1　有关在线性散列文件中插入和删除记录的详细信息，可以参阅 Litwin（1980）和 Salzberg（1988）。

16.9 其他主文件组织

16.9.1 混合记录的文件

我们迄今为止所研究的文件组织都假定特定文件的所有记录都具有相同的记录类型。记录可以是EMPLOYEE、PROJECT、STUDENT或DEPARTMENT，但是每个文件只包含一种类型的记录。在大多数数据库应用中，都会遇到如下情形：多种类型的实体以各种方式相互关联，如我们在第7章中所看到的。各个文件中的记录之间的联系可以通过**连接字段**（connecting field）表示[1]。例如，STUDENT记录可以具有一个连接字段Major_dept，它的值给出了该学生主修的DEPARTMENT的名称。这个Major_dept字段指示一个DEPARTMENT实体，应该通过DEPARTMENT文件中它自己的记录来表示这个实体。如果希望从两条相关的记录中检索字段值，就必须先检索其中一条记录。然后可以使用它的连接字段值来检索另一个文件中的相关记录。因此，通过不同文件中的记录之间的**逻辑字段参照**（logical field reference）来实现联系。

在对象DBMS以及诸如层次和网状DBMS之类的遗留系统中，文件组织通常将记录之间的联系实现为**物理联系**（physical relationship），它是通过相关记录的物理连续性（或聚簇）或者通过物理指针实现的。这些文件组织通常会分配一个磁盘**区域**（area）来存储多种类型的记录，使得不同类型的记录可以**物理聚簇**（physically clustering）在磁盘上。如果预期将频繁使用一个特定的联系，那么物理地实现该联系可以在检索相关记录时提高系统的效率。例如，如果要频繁地执行如下查询：检索一个DEPARTMENT记录以及主修该系的STUDENT的所有记录，那么把每个DEPARTMENT记录及其STUDENT记录的聚簇存放在磁盘上的一个混合文件中将是可取的。在对象DBMS中使用对象类型的**物理聚簇**的概念把相关的对象一起存储在一个混合文件中。在数据仓库中（参见第29章），输入数据来自多种源并且最初会经历一个集成，以把必需的数据收集进一个**操作性数据存储**（operational data store，ODS）中。ODS通常包含一些文件，其中将多种类型的记录保存在一起。在对它执行ETL（extract, transform and load，提取、转换和加载）处理操作之后，就把它传递给数据仓库。

为了区分混合文件中的记录，每条记录除了具有它自身的字段值之外，还具有一个**记录类型**（record type）字段，它指定了记录的类型。这个字段通常是每条记录中的第一个字段，系统软件使用该字段来确定它将要处理的记录的类型。使用目录信息，DBMS可以确定该记录类型的字段以及它们的大小，以便解释记录中的数据值。

---

1 关系数据模型中的外键（参见第3章）和面向对象模型中的对象之间的引用（参见第11章）这些概念都是连接字段的示例。

16.9.2　将 B 树及其他数据结构作为主组织

还有其他的数据结构可以用于主文件组织。例如，如果文件中的记录大小和记录数量都比较小，一些 DBMS 提供了一种 B 树数据结构作为主文件组织的选项。17.3.1 节中将描述 B 树，并将讨论使用 B 树数据结构来建立索引。一般来讲，可以适应磁盘设备特征的任何数据结构都可以用作一种主文件组织，用于在磁盘上存放记录。近来，提议将基于列的数据存储作为一种主要方法，用于在关系数据库中存储关系。在第 17 章中将简要介绍它，它可以作为关系数据库的一种可能的替代存储模式。

16.10　使用 RAID 技术并行化磁盘访问

随着半导体设备和存储器的性能和容量的指数级增长，速度越来越快、主存越来越大的微处理器层出不穷。为了匹配这种增长速度，人们自然期望辅存技术也必须加快发展，在性能和可靠性上能够与处理器技术的发展并驾齐驱。

辅存技术的一个主要进步体现在 RAID 的发展上，RAID 最初代表**廉价磁盘冗余阵列**（redundant array of inexpensive disks）。最近，RAID 中的“I”又被说成是代表独立（independent）。现在，RAID 思想获得了业界的积极认同，并且已经发展成一组精心设计的备用 RAID 架构（RAID 级别 0~6）。本节中将重点介绍这种技术的主要特性。

磁盘性能改进的速度相对于存储器和微处理器有很大的差异，RAID 的主要目标就是要弥补这种差距[1]。尽管 RAM 容量每 2~3 年就能增长 4 倍，但是磁盘访问时间每年只能改进不到 10%，而磁盘传输速率每年大约能提高 20%。磁盘容量每年的确能提高 50%以上，但是速度和访问时间的改进就小得多了。

特殊的微处理器与磁盘的能力之间还存在另一个质的差异，这些微处理器针对的是一些新型应用，涉及视频、音频、图像和空间数据处理（参见第 26 章，了解这些应用的详细信息），此时，磁盘将无法支持快速访问大型、共享的数据集。

一种自然的解决方案是：把大量小的独立磁盘组织成单个更高性能的逻辑磁盘。这里使用了一个称为数据拆分的概念，它利用并行性来改进磁盘性能。**数据拆分**（data striping）将透明地把数据分布在多个磁盘上，使它们看起来就像单个大容量的高速磁盘。图 16.13 显示了把一个文件分布或拆分到 4 个磁盘上的情况。在**位级拆分**（bit-level striping）中，将拆分一字节，并把各个位存储在独立的磁盘上。图 16.13(a)说明了跨 4 个磁盘的位拆分，其中将位(0, 4)分配给磁盘 0，将位(1, 5)分配给磁盘 1，等等。利用这种拆分，每个磁盘都会参与每个读写操作；每秒钟的访问次数将保持与单个磁盘相同，但是在给定的时间读取的数据量将增加 4 倍。因此，拆分通过提供较高的整体传输速率，来改进整体的 I/O 性能。**块级拆分**（block-level striping）将跨磁盘拆分块。它将磁盘阵列视作一个磁盘。块按顺序从 0 开始进行逻辑编号。m 个磁盘的阵列中的磁盘将编号为 0~m – 1。利用拆分，块 j 将进

1　Gordon Bell 曾经预测，在 1974—1984 年，这种差距为每年 40%左右，现在估计每年会超过 50%。

入磁盘(j mod m)。图 16.13(b)说明了利用 4 个磁盘（m = 4）进行的块拆分。数据拆分还可以实现磁盘之间的负载均衡。而且，通过使用奇偶校验或者某种其他的纠错码在磁盘上存储冗余信息，可以提高可靠性。在 16.10.1 节和 16.10.2 节中，将讨论 RAID 如何实现改进可靠性和提高性能这两个重要目标。16.10.3 节将讨论 RAID 组织和级别。

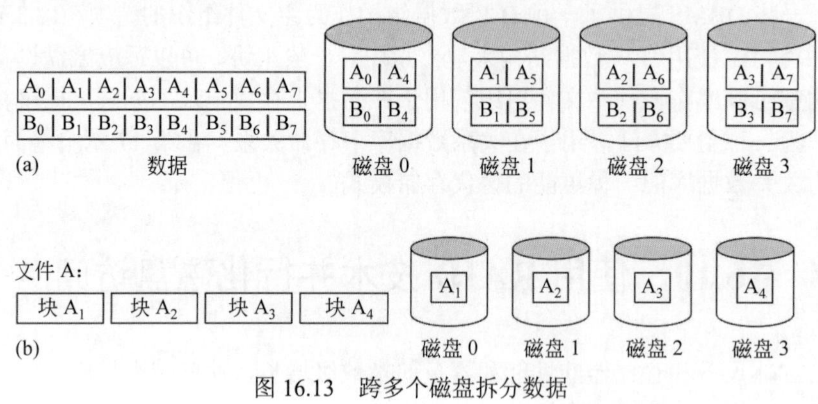

图 16.13　跨多个磁盘拆分数据

(a) 跨 4 个磁盘的位级拆分；(b) 跨 4 个磁盘的块级拆分

16.10.1　利用 RAID 提高可靠性

对于 n 个磁盘的阵列，其出现故障的概率是一个磁盘的 n 倍。因此，如果假定一个磁盘驱动器的 MTBF（mean time between failures，平均无故障时间）是 200 000 小时或者 22.8 年（对于表 16.1 中名称为 Seagate Enterprise Performance 10K HDD 的磁盘驱动器，它是 1 400 000 小时），那么由 100 个磁盘驱动器组成的库的平均无故障时间将只有 2000 小时或 83.3 天（对于由 1000 个 Seagate Enterprise Performance 10K HDD 磁盘组成的库，它将是 1400 小时或 58.33 天）。在这样的磁盘阵列中只保存数据的单个副本将使可靠性大大降低。一种显而易见的解决方案是利用数据的冗余性，使得可以容忍磁盘故障。但它有许多缺点：写数据需要执行额外的 I/O 操作；维护冗余性以及从错误中恢复时需要进行额外的计算；还需要额外的磁盘容量来存储冗余信息。

一种用于引入冗余性的技术称为**镜像**（mirroring）或**影像**（shadowing）。该技术将数据冗余地写到两个相同的物理磁盘上，并把这两个磁盘视作一个逻辑磁盘。在读取数据时，可以从具有较短的排队时间、寻道时间和旋转延迟的那个磁盘中检索数据。如果一个磁盘出现故障，就使用另一个磁盘，直到第一个磁盘被修复为止。假设修复磁盘的平均时间是 24 小时，那么对于一个使用 100 个磁盘并且每个磁盘的 MTBF 是 200 000 小时的镜像磁盘系统，其数据丢失的平均时间是$(200\ 000)^2/(2 * 24) = 8.33 * 10^8$ 小时，即 95 028 年[1]。由于两个磁盘都可以响应读取请求，因此磁盘镜像可以使处理读取请求的速率提高一倍。不过，每个读取请求的传输速率与保持与使用单个磁盘的传输速率相同。

可靠性问题的另一种解决方案是存储一些额外的信息，这些信息通常是不需要的，但是在磁盘出现故障时可用于重构丢失的信息。纳入冗余必须考虑两个问题：选择一种用于

1　MTBF 计算的公式出现在 Chen 等（1994）中。

计算冗余信息的技术，以及选择一种跨磁盘阵列分布冗余信息的方法。第一个问题可以使用纠错码来解决，纠错码涉及奇偶校验位或者诸如汉明码（Hamming code）之类的特殊代码。在奇偶校验模式下，可以把一个冗余磁盘视作具有其他磁盘中的所有数据的总和。当一个磁盘出现故障时，可以通过一个类似于减法的过程来构造丢失的信息。

对于第二个问题，可以采用两种主要的方法来解决：一种是将冗余信息存储在少数几个磁盘上；另一种是把冗余信息平均分布在所有磁盘上。后一种方法将导致更好的负载均衡。RAID 的不同级别选择了上述这些选项的组合，以实现冗余和提高可靠性。

16.10.2　利用 RAID 改进性能

磁盘阵列利用数据拆分技术来实现更高的传输速率。注意：一次只能一个块地读或写数据，因此典型的传输将包含 512~8192 字节。可以更细粒度地应用数据拆分，即把一字节的数据分解成位，然后把这些位分布在不同的磁盘上。因此，**位级数据拆分**（bit-level data striping）包括拆分一字节的数据，并把第 j 位写到第 j 个磁盘上。对于 8 位的字节，可以将 8 个物理磁盘视作一个逻辑磁盘，这样就可以使数据传输速率提高 8 倍。每个磁盘都会参与每个 I/O 请求，并且每个请求所读取的数据总量可以增加 8 倍之多。可以将位级拆分一般化成磁盘的数量，它可以是 8 的倍数或因数。因此，在具有 4 个磁盘的阵列中，第 n 位将保存在第(n mod 4)个磁盘上。图 16.13(a)显示了数据的位级拆分。

数据交织的粒度可能要高于位，例如，文件的块可以跨磁盘拆分，从而上升到**块级拆分**（block-level striping）。图 16.13(b)显示了块级数据拆分，它假定数据文件包含 4 个块。利用块级拆分，如果有多个独立的请求要访问单个块（小请求），那么可以通过几个单独的磁盘并行为其提供服务，从而减少了 I/O 请求的排队时间。访问多个块的请求（大请求）可以并行化，从而减少了它们的响应时间。一般来讲，阵列中的磁盘数量越多，性能提高的潜力就越大。不过，假定各个磁盘是独立出现故障的，具有 100 个磁盘的磁盘阵列的可靠性总共只有单个磁盘的 1/100 因此，必须通过纠错码和磁盘镜像来提供冗余，以在保持高性能的同时保证较好的可靠性。

16.10.3　RAID 组织和级别

不同的 RAID 组织是基于数据交织（拆分）和用于计算冗余信息的模式这两个因素的不同组合定义的。最初提议了 RAID 1~RAID 5，另外两个级别 RAID 0 和 RAID 6 是后来添加的。

RAID 0 使用数据拆分，但是没有冗余数据，因此具有最佳的写性能，因为更新不需要重复。它将在两个或更多的磁盘上均匀地拆分数据。不过，它的读性能不如使用镜像磁盘的 RAID 1。在 RAID 1 中，可以通过把读请求调度到具有最短的预期寻道时间和旋转延迟的磁盘来实现性能改进。RAID 2 利用汉明码来使用存储器风格的冗余，汉明码中包含奇偶校验位，以识别各个成分的不同重叠子集。因此，在这个级别的一个特定版本中，对于 4 个原始磁盘使用 3 个冗余磁盘就足够了，而利用镜像技术（例如在级别 1 中）则需要 4 个冗余磁盘。RAID 2 包含检错和纠错，但是由于损坏的磁盘可以标识自身，因此一般不需要检错。

RAID 3 使用单个奇偶校验磁盘，它依赖磁盘控制器来查明哪个磁盘出现了故障。RAID 4 和 RAID 5 使用块级数据拆分，并且 RAID 5 跨所有磁盘分布数据和奇偶校验信息。图 16.14(b)说明了 RAID 5，其中利用下标 p 显示奇偶校验。如果一个磁盘出现故障，就会基于其余磁盘中可用的奇偶校验信息计算丢失的数据。最后，RAID 6 使用 RS 码（Reed-Soloman code）应用一种所谓的 P + Q 冗余模式，它通过只使用两个冗余磁盘来防止出现两个磁盘故障。

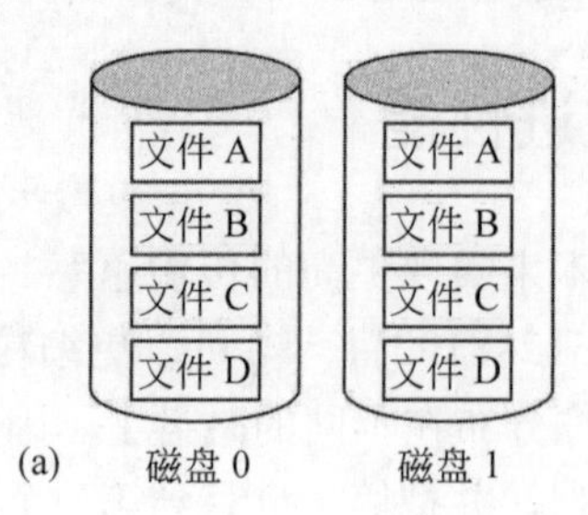

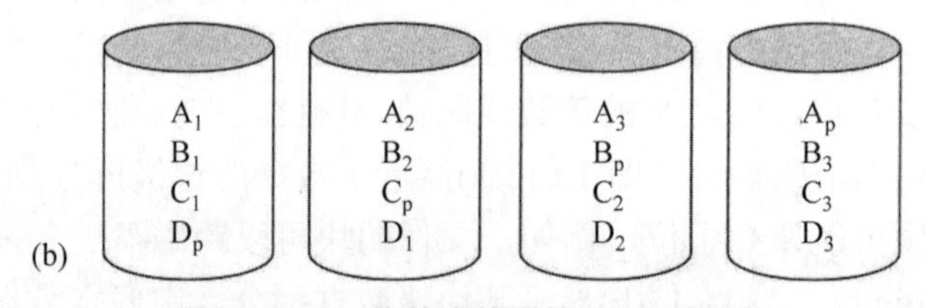

图 16.14 一些普遍使用的 RAID 级别

(a) RAID 1：两个磁盘上的数据镜像；(b) RAID 5：跨 4 个磁盘拆分数据，并且带有分布式奇偶校验信息

万一出现磁盘故障，最容易重构的是 RAID 1。其他级别在重构出故障的磁盘时需要读取多个磁盘。RAID 1 用于像存储事务日志这样的关键应用。RAID 3 和 RAID 5 更适合用于大容量存储，并且 RAID 3 提供了更高的传输速率。现在应用最普遍的 RAID 技术是 RAID 0（使用拆分）、RAID 1（使用镜像）和 RAID 5（使用一个额外的驱动器进行奇偶校验）。还可以使用多个 RAID 级别的组合，例如，RAID 0+1 使用最少 4 个磁盘实现拆分和镜像。其他非标准的 RAID 级别包括：RAID 1.5、RAID 7、RAID-DP、RAID S 或 Parity RAID、Matrix RAID、RAID-K、RAID-Z、RAIDn、Linux MD RAID 10、IBM ServeRAID 1E 和 unRAID。这些非标准级别的讨论超出了本书的范围。对于给定的应用组合，RAID 装置的设计者必须遵从许多设计决策，例如 RAID 的级别、磁盘的数量、奇偶校验模式的选择以及块级拆分的磁盘分组等。必须执行关于少量读写（指对一个拆分单元的 I/O 请求）和大量读写（指对纠错组中的每个磁盘中的一个拆分单元的 I/O 请求）的详细性能研究。

16.11 现代存储架构

在本节中，将描述存储系统中的一些最新的发展，它们正在变成大多数企业的信息系统架构的一个组成部分。我们已经提过 SATA 和 SAS 接口，它几乎取代了笔记本计算机和小型服务器中以前流行的 SCSI（small computer system interface，小型计算机系统接口）。

光纤信道（Fibre Channel，FC）接口是数据中心里的存储网络的主要选择。接下来将评论一些现代存储架构。

16.11.1　存储区域网络

随着电子商务的快速发展，集成了跨组织的应用数据的企业资源规划（enterprise resource planning，ERP）系统以及保存历史汇总信息的数据仓库（参见第 29 章）对存储的需求也呈飞速增长的势头。对于今天的 Internet 驱动的组织，需要从面向静态、固定的数据中心的操作转向更灵活、更动态的基础设施，以满足组织的信息处理需求。管理所有数据的总成本在如此快速地增长，以至于在许多情况下管理服务器连接的存储器的成本超过了服务器自身的成本。此外，存储器的采购成本也仅仅只占很小的一部分，通常只有存储器管理的总成本的 10%~15%。RAID 系统的许多用户无法有效地使用存储容量，因为它必须以一种固定的方式连接到一个或多个服务器。因此，大多数大型组织已经转向一个称为**存储区域网络**（storage area network，SAN）的概念。在 SAN 中，联机存储外设被配置为高速网络上的节点，可以利用一种非常灵活的方式来连接服务器或者断开与服务器的连接。

现在已经有多家公司作为 SAN 提供商的面目出现，并且提供它们自己的专有拓扑结构。它们允许将存储系统放在距离服务器较远的位置，并且提供不同的性能和连通性选项。可以使用封装了遗留的 SCSI 协议的光纤信道网络，将现有的存储管理应用移植到 SAN 配置中。因此，SAN 连接的设备将表现为 SCSI 设备。

当前可用的 SAN 架构包括：服务器与存储系统之间通过光纤信道的点对点连接；使用光纤信道交换机，将多个 RAID 系统、磁带库等连接到服务器；以及使用光纤信道和交换机连接不同配置中的服务器和存储系统。组织可以根据需要添加服务器和存储设备，慢慢从较简单的拓扑结构升级到更复杂的拓扑结构。这里将不会提供更多的细节，因为它们在 SAN 供应商之间有所不同。它们声明的主要优点包括：

- 使用光纤信道集线器和交换机，可以灵活地在服务器与存储设备之间实现多对多连通性。
- 使用适当的光纤电缆，可以在服务器与存储系统之间实现长达 10 km 的间距。
- 提供了更好的隔离能力，允许安全地添加新的外设和服务器。
- 跨多个存储系统进行高速数据复制。典型的技术为局部区域使用同步复制，而为灾难恢复（disaster recovery，DR）解决方案使用异步复制。

SAN 发展得非常快，但是仍有许多问题亟待解决，例如结合多个供应商的存储选项，以及应对存储管理软件和硬件的不断演化的标准。大多数主流公司都把 SAN 评价为数据库存储的一个切实可行的选项。

16.11.2　网络连接存储

随着数字数据（尤其是从多媒体及其他企业应用生成的数字数据）的惊人增长，以低成本提供高性能存储解决方案的需求变得极其重要。**网络连接存储**（network-attached storage，NAS）设备就是用于此目的的存储设备。事实上，这些设备都是服务器，它们不会提供任何公共的服务器服务，而只是允许添加用于**文件共享**（file sharing）的存储器。NAS设备允许向网络中添加大量的硬盘存储空间，并且可以使该空间可供多个服务器使用，而无须关闭它们以便进行维护和升级。NAS设备可以驻留在局域网（local area network，LAN）上的任意位置，并且可能在不同的配置中结合起来。单个硬件设备（通常称为**NAS盒**（NAS box）或**NAS机头**（NAS head））充当NAS系统与网络客户之间的接口。这些NAS设备不需要显示器、键盘或鼠标。可以把一个或多个磁盘或磁带驱动器连接到许多NAS系统，以增加总容量。客户将连接到NAS机头，而不是连接到各个存储设备。NAS可以存储以文件形式出现的任何数据，例如电子邮箱、Web内容、远程系统备份等。在这个意义上，可以部署NAS设备，来取代传统的文件服务器。

NAS系统致力于实现可靠的操作和轻松的管理。它们包括一些内置的特性，例如安全身份验证，或者在设备上发生错误时自动发送电子邮件提醒。NAS设备（或*电器*（appliance），一些供应商这样称呼它们）具有高度的可伸缩性、可靠性、灵活性和性能。这样的设备通常支持RAID 0、RAID 1和RAID 5。传统的存储区域网络（SAN）在多个方面都不同于NAS。确切地讲，SAN通常利用光纤信道而不是以太网，并且SAN通常会在自含式或专用LAN上纳入多个网络设备或*端点*（endpoint），而NAS则依靠直接与现有公共LAN连接的独立设备。Windows、UNIX和NetWare文件服务器都需要客户端上特定的协议支持，而NAS系统则声称客户可以极大地独立于操作系统。总之，NAS提供一个文件系统接口，它使用一些协议来支持网络文件，这些协议包括CIFS（common internet file system，通用Internet文件系统）和NFS（network file system，网络文件系统）等。

16.11.3 iSCSI及其他基于网络的存储协议

近来提议了一个新协议，其名称为iSCSI（Internet SCSI，Internet小型计算机系统接口）。像SAN一样，它也是一个块存储协议。它允许客户（称为*发起者*（initiator））通过远程信道给SCSI存储设备发送SCSI命令。iSCSI的主要优点是：它不需要光纤信道所需的特殊布线，并且它可以使用现有的网络基础设施进行远程访问。通过在IP网络上输送SCSI命令，iSCSI便于通过内联网传输数据，以及远程管理存储器。它可以通过局域网（LAN）、广域网（wide area network，WAN）或Internet传输数据。

iSCSI的工作机制如下：当DBMS需要访问数据时，操作系统将生成合适的SCSI命令和数据请求，然后进行封装，如果必要，还会对其执行加密过程。在通过以太网连接传送得到的IP分组之前，还要添加分组头部。当接收到一个分组时，将对它进行解密（如果在传输前对它进行过加密的话）和拆解，并将SCSI命令和请求分隔开。SCSI命令将通过SCSI控制器传递到SCSI存储设备。由于iSCSI是双向的，协议也可用于返回数据，以响应原始请求。Cisco和IBM都推出了基于这项技术的交换机和路由器。

iSCSI存储（iSCSI storage）主要影响的是中小型企业，因为它结合了简单、低成本以及iSCSI设备的功能。它允许这些企业无须了解光纤信道（Fibre Channel，FC）技术的细节，即可从它们熟悉的IP协议和以太网硬件中获益。特大型企业的数据中心里的iSCSI实现发展缓慢，这是由于这些企业以前在基于光纤信道的SAN中已经投入了大量资金。

iSCSI是通过IP网络进行存储数据传输的两种主要方法之一。另一种方法是**基于IP的**

光纤信道（Fibre Channel over IP，FCIP），它把光纤信道控制代码和数据转换成 IP 分组，以便在地理上相距比较远的光纤信道存储区域网络之间进行传输。这个协议也称为*光纤信道隧道*（Fibre Channel tunneling）或者*存储隧道*（storage tunneling），它只能与光纤信道技术一起使用，而 iSCSI 则可以在现有的以太网上运行。

进入企业 IP 存储竞争的最新思想是**基于以太网的光纤信道**（Fibre Channel over Ethernet，FCoE），可将其视作是没有 IP 的 iSCSI。它使用了 SCSI 和 FC 的许多元素（就像 iSCSI 一样），但它不包括 TCP/IP 成分。CISCO 和 Brocade 成功地把 FCoE 产品化，其中 CISCO 产品的名称是"Data Center Ethernet"（数据中心以太网）。它利用一种可靠的以太网技术，该技术使用缓冲和端到端流量控制来避免丢失分组。它承诺提供优异的性能，尤其是 10 Gb 以太网（10GbE），并且供应商可以相对容易地添加它们的产品。

16.11.4　自动存储分层

存储中的另一种趋势是自动存储分层（automated storage tiering，AST），它可以根据需求自动在不同的存储类型之间转移数据，这些存储类型包括 SATA、SAS 和 SSD（solid-state drive，固态硬盘）等。存储管理员可以建立一种分层策略，其中将把较少使用的数据移到较慢、较便宜的 SATA 驱动器上，而把更频繁使用的数据上移到固态硬盘上（参见表 16.1，了解按访问速度的升序进行排序的各个存储层）。这种自动分层技术可以极大地改进数据库性能。

EMC 具有这种技术的一个实现，称为 FAST（fully automated storage tiering，完全自动存储分层），它可以连续监视数据活动，并且可以基于策略来采取动作，把数据转移到合适的层。

16.11.5　基于对象的存储

在过去几年，云概念（即用于数据库和分析学的分布式架构）的迅速发展和 Web 上的数据密集型应用的开发都取得了长足的进步（参见第 23 章、第 24 章和第 25 章）。这些发展导致企业存储基础设施发生了根本性变革。面向硬件的基于文件的系统正在演化成新型的开放式存储架构。其中最新的技术是基于对象的存储。在这种模式下，将以对象（而不是由块组成的文件）的形式管理数据。对象携带元数据，其中包含可用于管理这些对象的性质。对象存储源于 CMU 的关于扩大网络连接存储的研究项目（Gibson 等，1996）以及加州大学伯克利分校的 Oceanstore 系统（Kubiatowicz 等，2000），它尝试在各种形式的可信和不可信服务器上构建一种全球性基础设施，以便持续访问持久数据。它无须对容量管理进行较低层次的存储操作，或者做出像应该把哪种类型的 RAID 架构用于故障防护这样的决策。

对象存储还可以给接口提供额外的灵活性，它把控制权提供给应用，使它们可以直接控制对象，同时还允许跨多个设备上的一个宽命名空间对对象进行寻址。还支持对象的复制和分布。一般来讲，对象存储非常适合于大量非结构化数据的可伸缩存储，例如 Web 页面、图像，以及音频/视频剪辑和文件。在很久以前就提出了基于对象的存储设备命令（OSD），将其作为SCSI协议的一部分，但是直到Seagate在其Kinetic开放存储平台（Kinetic Open Storage Platform）中采用OSD，它才变成一种商业产品。当前，Facebook使用对象存储系统来存储照片，它超过了 350 PB 的存储级别；Spotify 使用对象存储系统来存储歌曲；Dropbox 则把它用于自己的存储基础设施。对象存储是许多云产品的选择，例如 Amazon 的AWS（Amazon Web Service，Amazon Web服务）S3，以及Microsoft的Azure，它将文件、关系、消息等存储为对象。其他的产品示例包括：Hitachi 的 HCP、EMC 的 Atmos，以及Scality的RING。Openstack Swift是一个开源项目，允许人们使用HTTP GET和PUT检索和存储对象，它基本上就是整个 API。Openstack Swift 使用非常便宜的硬件，可以完全阻止出现故障，能够自动利用地理冗余，并且可以扩展到非常多的对象。由于对象存储将强制锁定是在对象级发生的，还不清楚它有多适合面向高吞吐量事务的系统中的并发事务处理。因此，还不能认为它对于主流的企业级数据库应用是切实可行的。

16.12 小　结

本章首先讨论了存储器层次结构的特征，然后集中介绍了辅存设备。特别是，我们重点强调了磁盘，因为它们仍然是存储联机数据库文件的首选媒介。表16.1提出了一个关于存储器层次结构的观点，并且给出了它们当前的容量、访问速度、传输速率和成本。

磁盘上的数据存储在块中；由于存在着寻道时间、旋转延迟和块传输时间，访问磁盘块的代价高昂。为了减少平均的块访问时间，可以在访问连续的磁盘块时使用双缓冲技术（其他的磁盘参数将在附录B中讨论）。我们介绍了今天为磁盘驱动器和光学设备使用的多种接口技术，还展示了一份策略列表，它们用于改进从磁盘访问数据的速度。我们还介绍了固态硬盘和光驱，前者正迅速变得普及，后者则主要用作三级存储器。我们讨论了缓冲区管理器的工作方式，它负责处理数据请求，我们还介绍了各种缓冲区替换策略。我们提出了在磁盘上存储文件记录的不同方式。文件记录是分组存储在磁盘块中的，它们可以定长的或者变长的，可以跨块存储或者非跨块存储，可以具有相同的记录类型或者是混合类型。我们讨论了文件头，它描述了记录格式，并且记录了文件块的磁盘地址。系统软件可以使用文件头中的信息来访问文件记录。

然后，我们介绍了一组用于访问各个文件记录的典型命令，并且讨论了文件的当前记录的概念。还讨论了如何将复杂的记录搜索条件转换成简单的搜索条件，它们可用于定位文件中的记录。

然后讨论了3种主文件组织：无序、有序和散列。无序文件需要执行线性搜索来定位记录，但是记录的插入非常简单。我们还讨论了删除问题以及删除标记的使用。

有序文件缩短了按排序字段的顺序读取记录所需的时间。给定记录的排序键字段的值，如果使用二分查找，那么搜索任意记录所需的时间也会减少。不过，按顺序维护记录将使得插入操作的代价非常高昂；因此本章还讨论了使用一个无序溢出文件来减小记录插入代价的技术。溢出记录将定期与主文件进行合并，并在文件重组期间物理地移除已删除的记录。

给定记录的散列值，散列允许非常快地访问文件中的任意记录。最适用于外部散列的方法是桶技术，其中每个桶对应一个或多个连续的块。可以通过开放寻址法、链接法或多散列法来处理导致桶溢出的冲突。访问任何非散列字段的速度都比较缓慢，基于任何字段对记录进行有序访问也是如此。然后讨论了 3 种散列技术：可扩展散列、动态散列和线性散列，它们可以使文件动态扩大和收缩记录数量。前两种技术使用散列地址的高阶位组织一个目录。线性散列适用于在给定的范围内保持文件的负载因子，以及线性地添加新的桶。

我们还简要讨论了其他几种主文件存储和组织，例如 B 树和混合记录的文件，后者将不同类型的记录之间的联系物理地实现为存储结构的一部分。我们回顾了 RAID（廉价（或独立）磁盘冗余阵列）所代表的磁盘技术中的最新进展，RAID 已经变成了大型企业中的一种标准技术，用于在存储中提供更好的可靠性和容错特性。最后，我们还回顾了企业存储系统中的一些现代趋势：SAN（存储区域网络）、NAS（网络连接存储）、iSCSI，以及其他基于网络的协议、自动存储分层，并在最后讨论了基于对象的存储，它在提供基于云的服务的数据中心的存储架构中扮演着重要角色。

复　习　题

16.1　主存与辅存之间有何区别？

16.2　为什么使用磁盘而不是磁带来存储联机数据库文件？

16.3　定义以下术语：磁盘、磁盘组、磁道、块、柱面、扇区、块间间隙、读/写磁头。

16.4　讨论磁盘初始化的过程。

16.5　讨论用于读或写磁盘数据的机制。

16.6　磁盘块地址包含哪些成分？

16.7　为什么访问磁盘块的代价高昂？讨论访问磁盘块时涉及的时间成分。

16.8　双缓冲技术如何改进块访问时间？

16.9　存在变长记录的原因是什么？每种变长记录都需要什么类型的分隔符？

16.10　讨论用于在磁盘上分配文件块的技术。

16.11　文件组织与访问方法之间有何区别？

16.12　静态文件与动态文件之间有何区别？

16.13　典型的一次一条记录的文件访问操作有哪些？其中哪些操作依赖于当前文件记录？

16.14　讨论用于删除记录的技术。

16.15　讨论使用以下文件组织的优缺点：(a) 无序文件，(b) 有序文件，以及(c) 具有桶和链接的静态散列文件。在上述每种文件组织上，可以高效地执行哪些操作，而哪些操作的代价高昂？

16.16　讨论允许散列文件动态扩展和收缩的技术。它们各有什么优缺点？

16.17　可扩展散列与动态散列的目录之间有何区别？

16.18　混合文件有什么用途？其他类型的主文件组织有哪些？

16.19　描述处理器技术与磁盘技术之间的不匹配问题。

16.20　RAID技术的主要目标是什么？它是如何实现这些目标的？

16.21 磁盘镜像如何有助于提高可靠性？给定一个量化的示例。

16.22 RAID组织中的各个级别具有什么特征？

16.23 流行的RAID 0、RAID 1和RAID 5各有什么突出的特点？

16.24 什么是存储区域网络？它们提供了怎样的灵活性和优点？

16.25 描述网络连接存储作为企业存储解决方案的主要特性。

16.26 新的iSCSI系统如何改进存储区域网络的适用性？

16.27 什么是SATA、SAS和FC协议？

16.28 什么是固态硬盘（SSD）？它们提供了超过HDD的什么优点？

16.29 缓冲区管理器的功能是什么？它是怎样给数据请求提供服务的？

16.30 一些常用的缓冲区替换策略是什么？

16.31 自动光盘存储机和自动磁带机各是什么？光驱可以使用的不同类型的光学介质哪些？

16.32 什么是自动存储分层？它为什么是有用的？

16.33 什么是基于对象的存储？与传统的存储系统相比它有什么优点？

练 习 题

16.34 考虑一个具有以下特征的磁盘（它们不是任何特定磁盘单元的参数）：块大小B=512字节；块间间隙大小G=128字节；每个磁盘上的块数=20；每个盘面上的磁盘数=400。磁盘组包括15个双面磁盘。

a. 一个磁道的总容量是多少，它的有效容量（把块间间隙排除在外）是多少？

b. 一共有多少个柱面？

c. 一个柱面的总容量和有效容量各是多少？

d. 磁盘组的总容量和有效容量各是多少？

e. 假设磁盘驱动器以2400 r/m（转/分）的速度旋转磁盘组；传输速率（tr）是多少（以字节/秒为单位）？块传输时间（btt）是多少（以毫秒为单位）？平均旋转延迟（rd）是多少（以毫秒为单位）？批量传输速率（参见附录B）是多少？

f. 假设平均寻道时间是30 ms。给定块地址，（平均）要花费多少时间来定位和传输单个块（以毫秒为单位）。

g. 计算传输20个随机块的平均时间，并将其与使用双缓冲技术传输20个连续块所花的时间做比较，使用双缓冲技术可以节省寻道时间和旋转延迟。

16.35 一个文件具有r = 20 000条定长的STUDENT记录。每条记录都具有以下字段：Name（30字节）、Ssn（9字节）、Address（40字节）、PHONE（10字节）、Birth_date（8字节）、Sex（1字节）、Major_dept_code（4字节）、Minor_dept_code（4字节）、Class_code（4字节，整型）和Degree_program（3字节）。使用额外一字节作为删除标记。存储这个文件的磁盘具有练习题16.34中给出的参数。

a. 计算记录大小R（以字节为单位）。

b. 假定采用一种非跨块组织方式，计算块因子bfr和文件块数b。

c. 分别计算在下列两种情况下对文件执行线性搜索来查找记录所花的平均时间：

(i) 文件块连续存储，并且使用双缓冲区技术；(ii) 文件块不是连续存储的。

d. 假定文件按Ssn排序；给定记录的Ssn值，计算通过执行二分查找来搜索记录所花的时间。

16.36 假设在练习题16.35中的STUDENT记录中，只有80%的记录具有Phone值，85%的记录具有Major_dept_code值，15%的记录具有Minor_dept_code值，以及90%的记录具有Degree_program值。并且假设使用一个变长的记录文件。每条记录中的每个字段都有1字节的字段类型，并且每条记录中还有1字节的删除标记和1字节的记录末尾标记。假设使用跨块的记录组织方式，其中每个块都具有一个5字节的指向，指向下一个块（这个空间不会用于记录存储）。

a. 计算平均的记录长度R（以字节为单位）。

b. 计算文件所需的块数。

16.37 假设某个磁盘单元具有以下参数：寻道时间s = 20 ms；旋转延迟rd = 10 ms；块传输时间btt = 1 ms；块大小B = 2400 B；块间间隙大小G = 600 B。一个EMPLOYEE文件具有以下字段：Ssn（9 B）、Last_name（20 B）、First_name（20 B）、Middle_init（1 B）、Birth_date（10 B）、Address（35 B）、Phone（12 B）、Supervisor_ssn（9 B）、Department（4 B）、Job_code（4 B），以及删除标记（1 B）。这个EMPLOYEE文件具有r = 30 000条记录，这些记录都具有定长格式，采用非跨块组织方式。编写合适的公式，并计算上述EMPLOYEE文件的以下值：

a. 计算记录大小 R（包括删除标记）、块因子 bfr 以及磁盘块数 b。

b. 计算每个磁盘块中由于非跨块组织而浪费的空间。

c. 计算这个磁盘单元的传输速率 tr 和批量传输速率 btr（参见附录 B，了解 tr 和 btr 的定义）。

d. 计算使用线性搜索在该文件中搜索任意记录所需的平均块访问次数。

e. 如果文件块存储在连续的磁盘块上，并且使用双缓冲技术，计算使用线性搜索在该文件中搜索任意记录所需的平均时间（以毫秒为单位）。

f. 如果文件块不是存储在连续的磁盘块上，计算使用线性搜索在该文件中搜索任意记录所需的平均时间（以毫秒为单位）。

g. 假定记录是通过某个键字段排序的。计算使用二分查找在该文件中搜索任意记录所需的平均块访问次数和平均时间。

16.38 有一个以Part#作为散列键的PARTS文件，它包括具有以下Part#值的记录：2369、3760、4692、4871、5659、1821、1074、7115、1620、2428、3943、4750、6975、4981和9208。该文件使用8个桶，编号为0~7。每个桶都是一个磁盘块，并且保存两条记录。使用散列函数h(K) = K mod 8，以给定的顺序把这些记录加载进文件中。计算在Part#上执行随机检索时所需的平均块访问次数。

16.39 基于可扩展散列把练习题16.38的记录加载进可扩展散列文件中。显示每一步中的目录的结构，以及全局深度和局部深度。使用散列函数 h(K) = K mod 128。

16.40 使用线性散列把练习题16.38的记录加载进一个可扩展散列文件中。从单个磁盘块开始，使用散列函数 $h_0 = K \bmod 2^0$，并且说明在插入记录时，文件如何增大以及散列函数如何变化。假定无论何时发生溢出都会拆分块，并且显示每个阶段的n值。

16.41 把16.5节中列出的文件命令与你熟悉的可供文件访问方法使用的那些命令进行比较。

16.42 假设有一个定长记录组成的无序文件，它使用非跨块存储的记录组织方式。简要描述用于插入、删除和修改文件记录的算法。说明你做出的任何假设。

16.43 假设有一个定长记录组成的有序文件以及一个用于处理插入操作的无序溢出文件。这两个文件都使用非跨块存储的记录。简要描述用于插入、删除和修改文件记录以及用于重组文件的算法。说明你做出的任何假设。

16.44 除了无序溢出文件之外，你还能想出什么技术，可用于更高效地在有序文件中执行插入操作？

16.45 假设有一个定长记录组成的散列文件，并且假设通过链接法处理溢出。简要描述用于插入、删除和修改文件记录的算法。说明你做出的任何假设。

16.46 除了链接法之外，你还能想出什么技术，用于处理外部散列中的桶溢出？

16.47 编写线性散列和可扩展散列的插入算法的伪代码。

16.48 编写在下列各种情况下访问记录中各个字段的程序代码。对于每种情况，说明你做出的关于指针、分隔符等的假设。为了使你的代码在各种情况下都是通用的，请确定文件头中所需的信息类型。

a. 非跨块存储，定长记录。

b. 跨块存储，定长记录。

c. 跨块存储，变长记录，变长字段。

d. 跨块存储，变长记录，重复组。

e. 跨块存储，变长记录，可选字段。

f. 变长记录，允许出现 c、d 和 e 中的全部 3 种情况。

16.49 假设一个无序（堆）文件中最初包含r = 120 000条记录，其中每条记录的大小是R = 200 B。块大小B = 2 400 B，平均寻道时间s = 16 ms，平均旋转延迟rd = 8.3 ms，块传输时间btt = 0.8 ms。假定从添加的每2条记录中删除1条记录，直到活动的记录总数达到240 000条为止。

a. 重组这个文件需要多少个块传输？

b. 在重组之前查找一条记录要花多长时间？

c. 在重组之后查找一条记录要花多长时间？

16.50 假设有一个顺序（有序）文件，其中包含100 000条记录，并且每条记录都是240 B。假定B = 2 400 B，s = 16 ms，rd = 8.3 ms，btt = 0.8 ms。假设想要从文件中读取X条独立的随机记录。为了查找这X条记录，可以执行X次随机块读取，或者可以对整个文件执行一次穷尽读取。问题是确定何时对整个文件执行一次穷尽读取比执行X次独立的随机读取更高效。也就是说，当文件的穷尽读取比随机的X次读取更高效时，X的值是什么？把它开发成X的一个函数。

16.51 假设一个静态散列文件最初在主区域中具有600个桶，而插入的记录又创建一个溢出区域，其中也具有600个桶。如果重组散列文件，可以假定将会消除大多数溢出。如果重组文件的代价是桶传输的代价（读和写所有的桶），并且唯一的定期文件操作是提取数据操作，那么必须（成功地）执行多少次提取数据操作才能使重组更划算？也就是说，使重组代价与后续的搜索代价之和小于重组前的搜索代价。给出你的答案，并说明支持它的理由。假定s = 16 ms，rd = 8.3 ms，btt = 1 ms。

16.52 假设想要创建一个线性散列文件，它的文件负载因子是0.7，块因子是20条记录/桶，这个文件最初将包含112 000条记录。

a. 在主区域中应该分配多少个桶？

b. 桶地址应该包含多少位？

选 读 文 献

Wiederhold（1987）将辅存设备和文件组织作为数据库设计的一部分而进行了详细讨论和分析。在 Berg 和 Roth（1989）中描述了光盘，并在 Ford 和 Christodoulakis（1991）中对其做了分析。Dipert 和 Levy（1993）讨论了闪存。Ruemmler 和 Wilkes（1994）展示了关于磁盘技术的调查。大多数关于数据库的教材都讨论了本章中介绍的内容。大多数数据结构方面的教材（包括 Knuth（1998））都更详细地讨论了静态散列；Knuth 还完整讨论了散列函数、冲突解决技术以及它们的性能比较。Knuth 还对用于外部文件排序的技术进行了详细讨论。关于文件结构的教材包括 Claybrook（1992）、Smith 和 Barnes（1987）以及 Salzberg（1988）；它们讨论了包括树状结构化文件在内的其他文件组织，并且给出了操作文件的详细算法。Salzberg 等（1990）描述了一种分布式外部排序算法。Bitton 和 Gray（1988）以及 Gray 等（1990）描述了具有高度容错能力的文件组织。磁盘拆分是在 Salem 和 Garcia Molina（1986）中提出的。Patterson 等（1988）提供了第一篇关于 RAID（廉价磁盘冗余阵列）的论文。Chen 和 Patterson（1990）以及 Chen 等（1994）提供的关于 RAID 的优秀调查可以作为额外的参考资料。Grochowski 和 Hoyt（1996）讨论了磁盘驱动器的未来发展趋势。Chen 等（1994）中还介绍了多个用于 RAID 架构的公式。

Morris（1968）是一篇关于散列的早期论文。Fagin 等（1979）中描述了可扩展散列。Litwin（1980）描述了线性散列。在 Salzberg（1988）中利用插图讨论了线性散列的插入和删除算法。本章中简要讨论的动态散列是由 Larson（1978）提出的。目前已经提出了可扩展散列和线性散列的许多变体；例如，参见 Cesarini 和 Soda（1991）、Du 和 Tong（1991）以及 Hachem 和 Berra（1992）。

Gibson 等（1997）描述了一种用于网络连接存储的文件服务器扩展方法，Kubiatowicz 等（2000）则描述了 Oceanstore 系统，该系统用于创建一种存储持久数据的全球性实用基础设施。它们二者都被认为是导致基于对象存储思想的开创性方法。Mesnier 等（2003）概述了对象存储概念。Lustre 系统（Braam & Schwan，2002）是第一批对象存储产品之一，在大多数超级计算机中都使用它，其中包括排在前两位的超级计算机，即中国的天河二号和 Oakridge 国家实验室的 Titan。

在制造商的 Web 站点上可以找到关于磁盘存储设备的详细信息，例如，http://www.seagate.com，http://www.ibm.com，http://www.emc.com，http://www.hp.com， http://www.storagetek.com。IBM 在 IBM Almaden 有一个存储技术研究中心（http://www.almaden.ibm.com）。其他有用的站点包括：cisco.com 上的 CISCO 存储解决方案，www.netapp.com 上的网络电器（Network Appliance，NetApp），www.hds.com 上的日立数据存储（Hitachi Data Storage，HDS），以及 www.snia.org 上的存储网络行业协会（Storage Networking Industry Association，SNIA）。在上述站点上提供了许多行业白皮书。

第 17 章　文件的索引结构和物理数据库设计

在本章中，假定文件已经存在某种主组织，例如第 16 章中描述的无序、有序或散列组织。本章将描述另外一种称为**索引**（index）的辅助**访问结构**（access structure），它们用于加快记录的检索速度，以响应某些搜索条件。索引结构是磁盘上额外的文件，用于提供**辅助访问路径**（secondary access path），这些路径为访问记录提供了不同的方法，并且不会影响记录在磁盘上的主数据文件中的物理位置。它们基于构造索引的**索引字段**(indexing field)，允许高效地访问记录。基本上，文件中的任何字段都可用于创建索引，并且可以在同一个文件上构造不同字段上的多个索引，以及构造多个字段上的索引。索引的形式各种各样，其中每种索引都使用特定的数据结构来加快搜索的速度。为了基于索引字段上的搜索条件来查找数据文件中的记录，将需要搜索索引，这将导致一些指针，它们指向数据文件中存放所需记录的一个或多个磁盘块。最流行的索引类型基于有序文件（单级索引)，并且使用树状数据结构（多级索引、B^+树）组织索引。还可以基于散列或者其他搜索数据结构来构造索引。本章还将讨论属于位向量（vectors of bits）的索引，称为位图索引（bitmap index）。

在 17.1 节中将描述不同类型的单级有序索引，包括主索引、辅助索引和聚簇索引。通过将单级索引视作一个有序文件，可以为其开发额外的索引，从而引出了多级索引的概念。有一种流行的索引模式称为**索引顺序访问方法**（indexed sequential access method，ISAM)，它就是基于这种思想的。在 17.2 节中将讨论多级树状结构化的索引。在 17.3 节中，将描述 B 树和 B^+树，它们是 DBMS 中常用的数据结构，可用于实现动态改变的多级索引。B^+树已经变成一种普遍接受的默认结构，可用于在大多数关系 DBMS 中按需生成索引。17.4 节专门讨论基于多个键的组合来访问数据的替代方式。在 17.5 节中将讨论散列索引，并将介绍逻辑索引的概念，它在物理索引之上提供了一个额外的间接层次，并且使得物理索引的组织具有灵活性并且是可扩展的。在 17.6 节中，将讨论用于在一个或多个键上执行搜索的多键索引和位图索引。17.7 节介绍物理设计，17.8 节则是对本章内容的总结。

17.1　单级有序索引的类型

有序索引背后的思想类似于教科书中使用的索引背后的思想，后一种索引将在图书末尾以字母顺序列出重要的词条，以及每个词条出现在图书中的页码列表。我们可以为教科书中的某个词条搜索图书索引，查找到一份地址（在这里是页码）列表。首先使用这些地址定位指定的页面，然后在每个指定的页面上搜索词条。如果没有给出其他的指引，一种替代方法是在整本书中逐个词地慢慢筛选，查找我们感兴趣的词条。这对应于执行线性搜索，它将扫描整个文件。当然，大多数图书都具有额外的信息，例如章、节标题，它们有助于查找词条，而无须搜索整本图书。不过，索引是唯一精确的指示，它给出了每个词条出现在图书中的哪些页面上。

如果一个文件具有给定的由多个字段（或属性）组成的记录结构，通常将在文件的单个字段上定义索引访问结构，这个字段就称为**索引字段**（indexing field）或**索引属性**（indexing attribute）[1]。索引通常会存储索引字段的每个值以及一个指针列表，这些指针指向所有包含该字段值的记录的磁盘块。索引中的值是有序的，因此可以对索引执行二分查找。如果数据文件和索引文件都是有序的，并且由于索引文件通常远远小于数据文件，那么使用二分查找来搜索索引就是一个更好的选项。树状结构化多级索引（参见 17.2 节）实现了对二分查找思想的一个扩展，它通过在每个搜索步骤中进行双向分区来减小搜索空间，从而得到一种 n 元分区方法，在每个阶段将文件中的搜索空间都划分成 n 份，以此来提高搜索效率。

有多种类型的有序索引。其一是**主索引**（primary index），它是在记录的**有序文件**（ordered file）的排序键字段上指定的。回想一下 16.7 节可知，排序键字段用于对磁盘上的文件记录进行物理排序，并且每条记录都具有该字段的唯一值。如果排序字段不是键字段，也就是说，如果文件中有许多记录的排序字段可以具有相同的值，那么就可以使用另一种索引，称为**聚簇索引**（clustering index）。在这种情况下，将把数据文件称为**聚簇文件**（clustered file）。注意：一个文件最多只能具有一个物理排序字段，因此它最多只能具有一个主索引或者一个聚簇索引，而不能二者兼有。第三种索引称为**辅助索引**（secondary index），可以在文件的任何非排序字段上指定它。一个数据文件除了它的主访问方法之外，还可以具有多个辅助索引。在下面 3 个小节中将讨论这 3 类单级索引。

17.1.1 主索引

主索引（primary index）是一个有序文件，它的记录是包含两个字段的定长记录，并且它就像一种访问结构，可以高效地搜索和访问数据文件中的数据记录。其中第一个字段的数据类型与数据文件的排序键字段（称为**主键**）的类型相同，第二个字段是一个指向磁盘块（块地址）的指针。对于数据文件中的每一个块，在索引文件中都有一个**索引项**（index entry）或**索引记录**（index record）与之对应。在每个索引项中，第一个字段值是块中第一条记录的主键字段的值，第二个字段值是指向那个块的指针。我们将把索引项 i 的两个字段值记作<K(i), P(i)>。在本章余下内容中，将把不同类型的索引项记作< K (i), X >，如下：

- X 可能是文件中的块（或页）的物理地址，就像上面的 P(i)一样。
- X 可能是由块地址以及块内的记录 id（或偏移量）组成的记录地址。
- X 可能是文件内的块或记录的逻辑地址，并且是将映射到一个物理地址的相对数字（17.6.1 节中给出了进一步的解释）。

要在图 16.7 所示的有序文件上创建一个主索引，可以使用 Name 字段作为主键，因为它是该文件的排序键字段（假定 Name 的每个值都是唯一的）。索引中的每一项都具有一个 Name 值和一个指针。前 3 个索引项如下所示：

```
<K(1) = (Aaron, Ed), P(1) = 块 1 的地址>
```

---

1 在本章中可以互换使用字段和属性这两个术语。

<K(2) = (Adams, John), P(2) = 块 2 的地址>
<K(3) = (Alexander, Ed), P(3) = 块 3 的地址>

图 17.1 说明了这个主索引。索引中项的总数与有序数据文件中的磁盘块的数量相同。数据文件的每个块中的第一条记录称为块的**锚记录**(anchor record)，或者简称为**块锚**(block anchor)[1]。

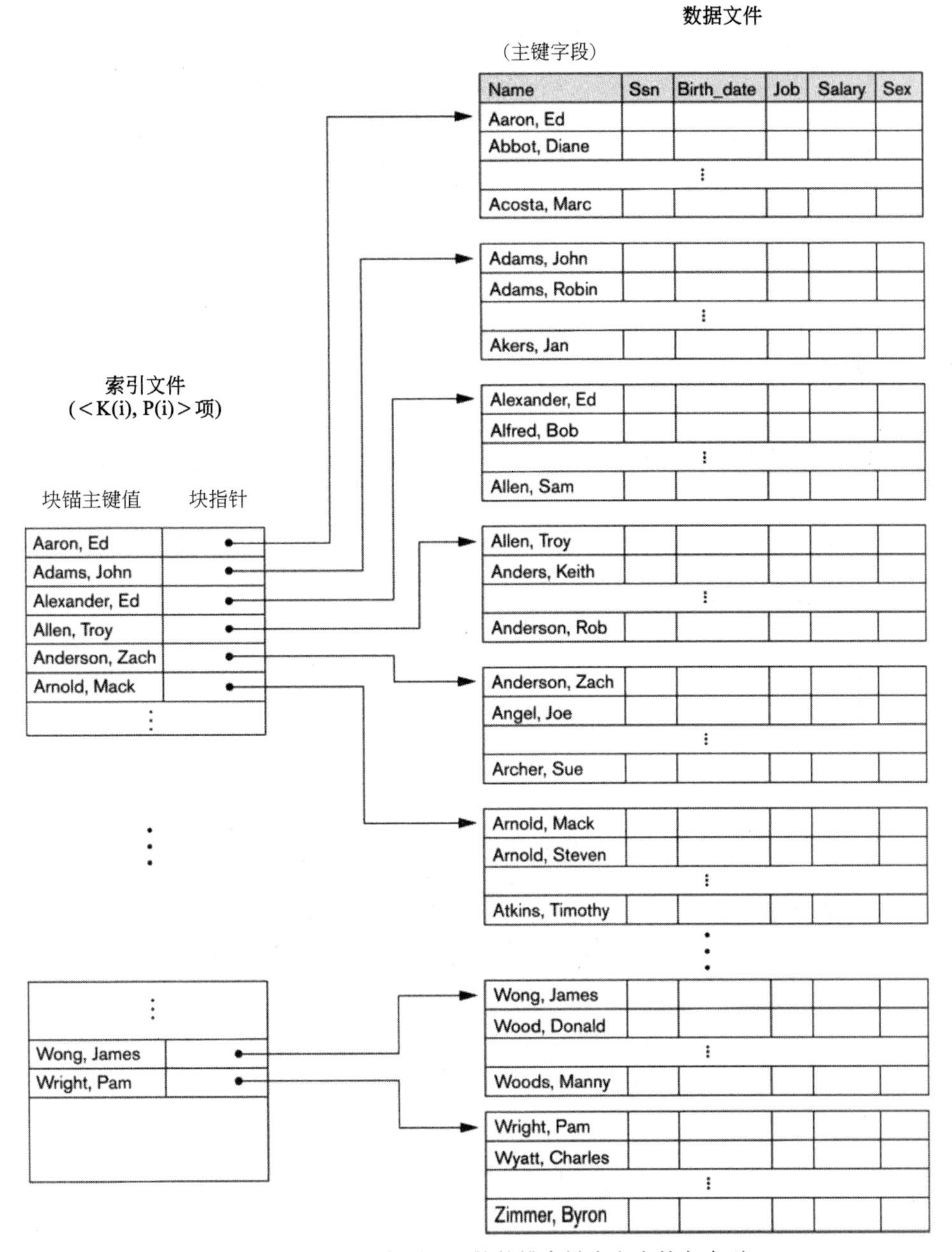

图 17.1　图 16.7 中所示文件的排序键字段上的主索引

1　可以使用一种与这里描述的类似的模式，把每个块中的最后一条记录（而不是第一条记录）作为块锚。这样做可以稍稍改进搜索算法的效率。

索引也可以分为稠密索引和稀疏索引。对于数据文件中的每个搜索键值（也就是每条记录），**稠密索引**（dense index）都具有一个与之对应的索引项。另一方面，**稀疏索引**（sparse index）或**非稠密索引**（nondense index）只对于某些搜索值才具有与之对应的索引项。稀疏索引中的索引项数少于文件中的记录数。因此，主索引是一个非稠密（稀疏）索引，因为它包括的索引项是对应于数据文件的每个磁盘块及其锚记录的键，而不是对应于每个搜索值（或者每一条记录）[1]。

主索引的索引文件占据的空间要远少于数据文件占据的空间，这有两个原因。第一，索引文件中的索引项数要少于数据文件中的记录数。第二，由于每个索引项只包含两个字段，并且它们都倾向于比较小，所以索引项通常比数据记录要小一些。这样，一个块中可以存放的索引项就比数据记录要多一些。因此，索引文件上的二分查找比数据文件上的二分查找需要更少的块访问。参考表 16.3，注意有序数据文件上的二分查找需要 $\log_2 b$ 次块访问。但是，如果主索引文件只包含 b_i 个表，那么要定位一条带有搜索键值的记录，将需要对该索引进行二分查找，并且访问包含那条记录的块，因此总访问次数是：$\log_2 b_i + 1$。

其主键值为 K 的记录位于其地址为 P(i)的块中，其中 $K(i) \leqslant K < K(i + 1)$。由于文件记录是基于主键字段进行物理排序的，因此数据文件中的第 i 个块将包含所有这样的记录。为了检索主键字段值为 K 的记录，首先对索引文件执行二分查找，找到合适的索引项 i，然后检索其地址为 P(i)的数据文件块[2]。示例 1 说明了当使用主索引搜索记录时可以减少块访问次数。

示例 1 假设有一个有序文件，它包含 $r = 300\,000$ 条记录，存储在块大小 $B = 4096$ 字节的磁盘上[3]。文件记录是定长记录，并且非跨块存储，记录长度 $R = 100$ 字节。文件的块因子是 $bfr = \lfloor(B/R)\rfloor = \lfloor(4096/100)\rfloor = 40$ 条记录/块。该文件所需的块数是 $b = \lceil(r/bfr)\rceil = \lceil(300\,000/40)\rceil = 7500$ 个块。数据文件上的二分查找大约需要 $\lceil(\log_2 b)\rceil = \lceil(\log_2 7500)\rceil = 13$ 次块访问。

现在假设文件的排序键字段的长度为 $V = 9$ 字节，块指针的长度为 $P = 6$ 字节，并且为该文件构造了一个主索引。每个索引项的大小是 $R_i = (9 + 6) = 15$ 字节，因此索引的块因子是 $bfr_i = \lfloor(B/R_i)\rfloor = \lfloor(4096/15)\rfloor = 273$ 个索引项/块。索引项 r_i 的总数等于数据文件中的块数，即 7500。因此，索引块的数量是 $b_i = \lceil(r_i / bfr_i)\rceil = \lceil(7500/273)\rceil = 28$ 个块。在索引文件上执行二分查找将需要$\lceil(\log_2 b_i)\rceil = \lceil(\log_2 28)\rceil = 5$ 次块访问。为了使用索引搜索记录，还需要对数据文件进行另外一次块访问，因此总共需要 $5 + 1 = 6$ 次块访问。这与在数据文件上执行二分查找相比有所改进，后者需要 13 次磁盘块访问。注意：具有 7 500 个索引项并且每个索引项的大小为 15 字节的索引文件相当小（112 500 字节或 112.5 KB），通常将保存在主存中，因此利用二分查找执行搜索所需的时间可以忽略不计。在这种情况下，将只需进行一次块访问，即可检索记录。

与任何有序文件一样，主索引的主要问题在于插入和删除记录。主索引使这个问题变

1　在一些图书和文章中，将稀疏主索引也称为聚簇（主）索引。

2　注意：如果数据文件是按非键字段排序的，那么上面的公式就不正确；在这种情况下，块锚中的索引值可以与前一个块中的最后几条记录中的索引值重复。

3　大多数 DBMS 供应商（包括 Oracle）都使用 4 KB 或 4 096 B 作为标准的块/页大小。

得更复杂，原因在于：如果尝试在数据文件中的正确位置插入一条记录，那么不仅必须移动记录以为新记录腾出空间，而且必须更改一些索引项，因为移动记录将会更改某些块的锚记录。如 16.7 节中所讨论的，使用一个无序溢出文件可以减少这个问题的发生。另一种可能性是为数据文件中的每个块使用一个溢出记录的链表。这类似于 16.8.2 节中描述的利用散列处理溢出记录的方法。可以对每个块内的记录及其溢出链表进行排序，以改进检索时间。记录删除是使用删除标记处理的。

17.1.2　聚簇索引

如果按一个非键字段对文件记录进行物理排序，就把该字段称为**聚簇字段**（clustering field），并把数据文件称为**聚簇文件**（clustered file），这里的非键字段是指在每条记录中，该字段的值不是唯一的。我们可以创建一种不同类型的索引，称为**聚簇索引**（clustering index），它可以加快检索出在聚簇字段上具有相同值的所有记录。这不同于主索引，后者要求数据文件的排序字段在每条记录中具有不同的值。

聚簇索引也是一个有序文件，它包含两个字段：第一个字段与数据文件的聚簇字段具有相同的类型；第二个字段是一个磁盘块指针。对于聚簇字段的每个不同的值，聚簇索引中都有一个索引项与之对应，并且它包含这个值和一个指针，该指针指向数据文件中包含其聚簇字段值的记录的第一个块。图 17.2 显示了一个示例。注意：记录插入和删除仍然会引发问题，因为数据记录是物理排序的。为了缓解插入记录的问题，通常会预留一个整块（或者一个连续块的簇），用于存放聚簇字段的每个值；具有该值的所有记录都将存放在那个相应的块（或块簇）中。这使得插入和删除操作相对比较直观。图 17.3 显示了这种模式。

聚簇索引是非稠密索引的另一个示例，因为对于索引字段的每个不同的值，它都具有一个索引项与之对应，根据定义，这个索引字段不是键，因此，它可能具有重复值，而不是对于文件中的每条记录都具有唯一值。

示例 2　假设我们考虑同一个有序文件，它包含 $r = 300\ 000$ 条记录，存储在块大小 $B = 4\ 096$ 字节的磁盘上。设想它按属性 Zipcode 进行排序，并且文件中具有 1000 个邮政编码（每个邮政编码平均有 300 条记录，假定跨邮政编码均匀分布）。在这种情况下，索引具有 1000 个索引项，并且每个索引项的大小是 11 字节（5 字节的 Zipcode 和 6 字节的块指针），块因子 $bfr_i = \lfloor(B/R_i)\rfloor = \lfloor(4096/11)\rfloor = 372$ 个索引项/块。因此，索引块的数量是 $b_i = \lceil(r_i / bfr_i)\rceil = \lceil(1000/372)\rceil = 3$ 个块。在索引文件上执行二分查找将需要 $\lceil(\log_2 b_i)\rceil = \lceil(\log_2 3\rceil = 2$ 次块访问。同样，通常将把这个索引加载进主存中（占据 11 000 字节或 11 KB），并且在主存中执行搜索所需的时间可以忽略不计。对数据文件进行一次块访问将会得到第一条具有给定邮政编码的记录。

图 17.1、图 17.2 和图 17.3 以及图 16.11 和图 16.12 之间具有一些相似之处。索引有些类似于动态散列（在 16.8.3 节中描述）以及用于可扩展散列的目录结构。可以搜索它们查找一个指针，它指向包含想要记录的数据块。它们之间的主要区别是：索引搜索使用搜索字段自身的值，而散列目录搜索由使用二进制散列值，它是通过对搜索字段应用散列函数而计算得到的。

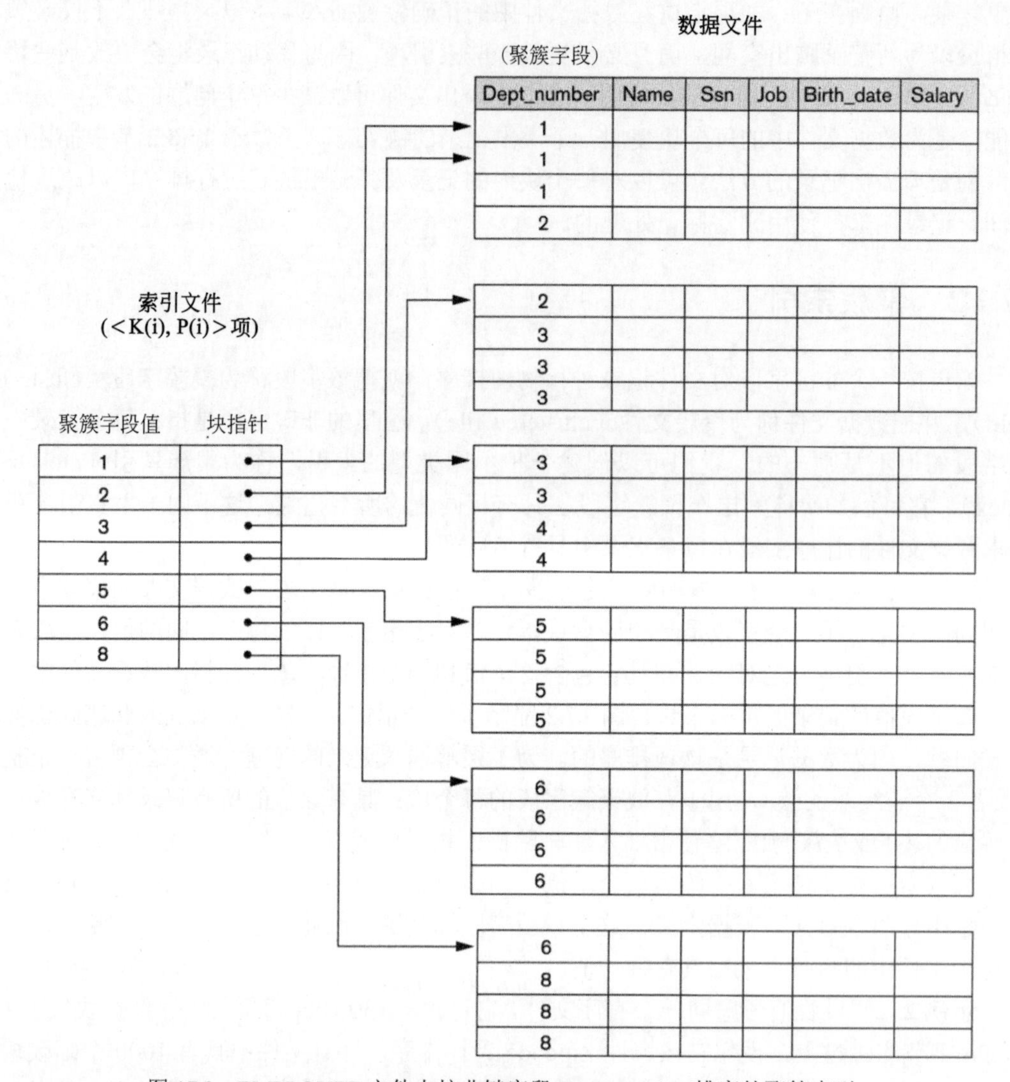

图 17.2 EMPLOYEE 文件上按非键字段 Dept_number 排序的聚簇索引

17.1.3 辅助索引

对于已经存在某种主访问方式的数据文件，**辅助索引**（secondary index）提供了一种用于访问该文件的辅助方法。数据文件记录可以是有序、无序或散列的。辅助索引可以创建在一个作为候选键并且在每条记录中具有唯一值的字段上，或者创建在一个具有重复值的非键字段上。辅助索引同样是一个包含两个字段的有序文件。第一个字段与数据文件中的某个非排序字段具有相同的数据类型，这个非排序字段是一个**索引字段**（indexing field）。第二个字段要么是一个块指针，要么是一个记录指针。可以为同一个文件创建许多辅助索引（以及索引字段），每个辅助索引代表一种基于某个特定字段访问该文件的额外方法。

首先，考虑建立在某个键（唯一）字段上的辅助索引访问结构，这个字段对于每条记录都具有不同的值。有时把这样的字段称为**辅键**（secondary key）；在关系模型中，它对应

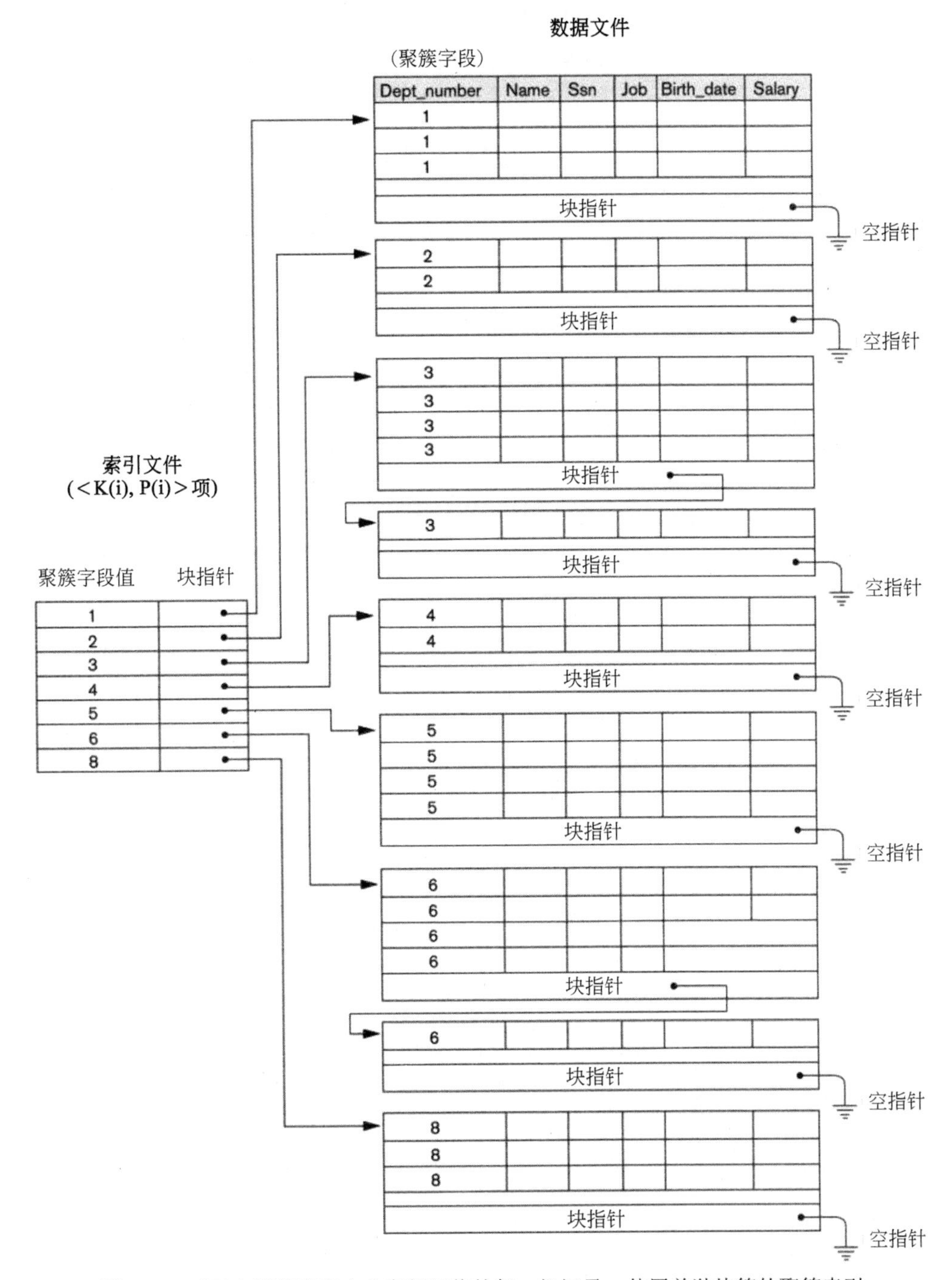

图 17.3　对于在聚簇字段上共享相同值的每一组记录，使用单独块簇的聚簇索引

于表中的任何 UNIQUE 键属性或者主键属性。在这种情况下，对于数据文件中的每一条记录，都有一个索引项与之对应，它包含该记录的字段值以及一个指针，这个指针要么指向存储记录的块，要么指向记录本身。因此，这样的索引是一种**稠密**索引。

同样，把索引项 i 的两个字段值记作<K(i), P(i)>。这些索引项是按 K(i)的值排序的，因此可以执行二分查找。由于数据文件的记录并不是按辅键字段物理排序的，因此不能使用块锚。这就是为什么对数据文件中的每条记录创建一个索引项的原因，而不是像主索引那样对每个块创建一个索引项。图 17.4 说明了一个辅助索引，其中索引项中的指针 P(i)是块指针，而不是记录指针。一旦把合适的磁盘块传输到主存缓冲区中，就可以在块内搜索想要的记录。

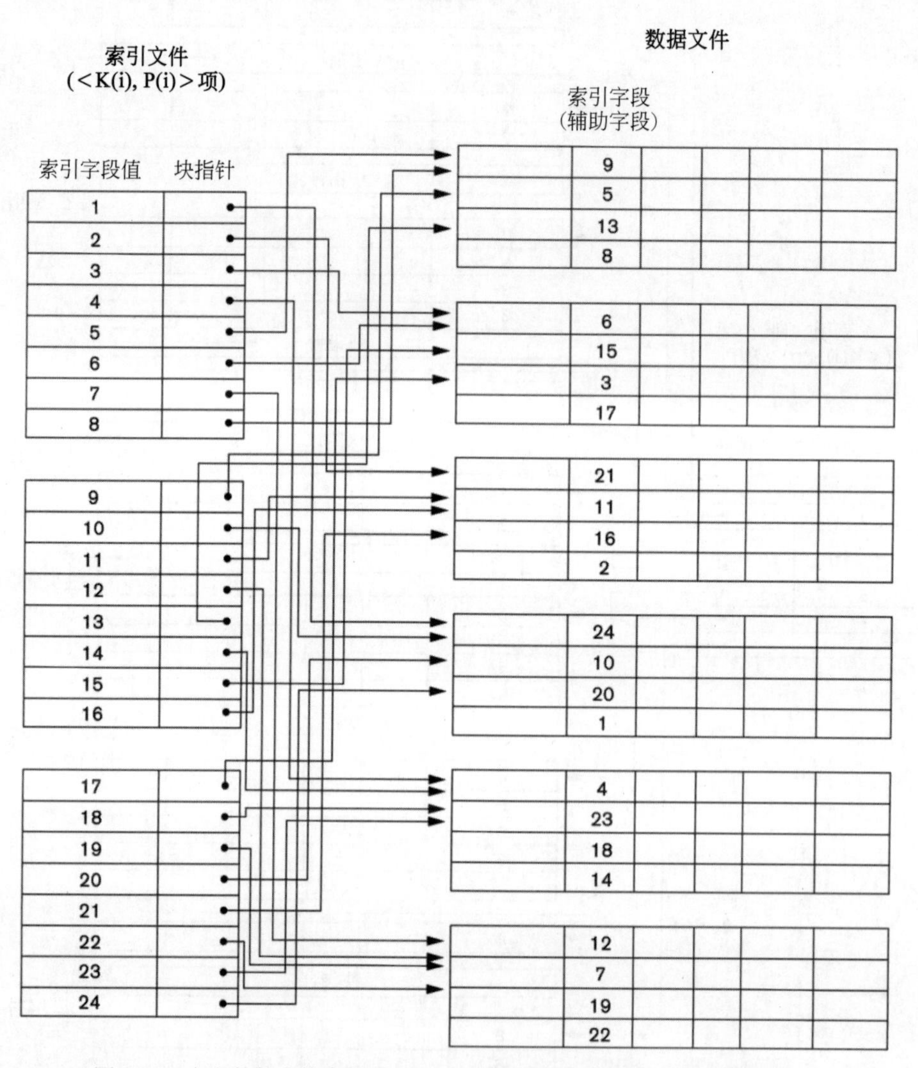

图 17.4　在文件的非排序键字段上建立的稠密辅助索引（带有块指针）

辅助索引通常需要比主索引更多的存储空间和更长的搜索时间，因为它具有更多的索引项。不过，对于任意一个记录来说，辅助索引对其搜索时间的改进比主索引更加显著，这是因为如果辅助索引不存在，将不得不对数据文件执行线性搜索。对于主索引，仍然可以在主文件上使用二分查找，即使该索引不存在亦可如此。示例 3 说明了在所访问块数方面的改进。

示例 3　考虑示例 1 的文件，它包含 r = 300 000 条定长记录，记录大小 R = 100 字节，存储在块大小 B = 4 096 字节的磁盘上。如示例 1 中所计算的，该文件具有 b = 7500 个块。假设我们想要搜索具有特定辅键值的记录，辅键是文件的一个非排序键字段，其长度为 V =

9 字节。如果没有辅助索引，在该文件上搜索线性搜索平均将需要 $b/2 = 7500/2 = 3750$ 次块访问。假设在该文件的那个非排序键字段上构造一个辅助索引。如示例 1 中所示，块指针的长度是 $P = 6$ 字节，因此每个索引项是 $R_i = (9 + 6) = 15$ 字节，索引的块因子是 $bfr_i = \lfloor(B/R_i)\rfloor = \lfloor(4096/15)\rfloor = 273$ 个索引项/块。在像这样的稠密辅助索引中，索引项 r_i 的总数等于数据文件中的记录数，即 300 000。因此，索引需要的块数是 $b_i = \lceil(r_i/bfr_i)\rceil = \lceil(300\,000/273)\rceil = 1099$ 个块。

在这个辅助索引上执行二分查找将需要 $\lceil(\log_2 b_i)\rceil = \lceil(\log_2 1099)\rceil = 11$ 次块访问。为了使用索引搜索记录，还需要对数据文件进行另外一次块访问，因此总共需要 $11 + 1 = 12$ 次块访问，与使用线性搜索平均需要 3750 次块访问相比，这是一个巨大的改进，但是与主索引只需要 6 次块访问相比还是稍差一点。之所以会产生这样的差别，是因为主索引是非稠密索引，因此更短一些，与这里包含 1099 个块的稠密索引相比，它只有 28 个块。也可以在文件的非键、非排序字段上创建辅助索引。在这种情况下，对于索引字段，数据文件中的许多记录将具有相同的值。实现这样一个索引有多个选项，如下：

- 选项 1：包括具有相同 K(i)值的重复索引项，其中每个索引项对应一个记录。这将是一个稠密索引。
- 选项 2：对索引项使用变长记录，并对指针使用一个重复字段。在 K(i)对应的索引项中保存一个指针列表<P(i, 1),…, P(i, k)>，其中每个指针指向一个块，该块中包含其索引字段值等于 K(i)的记录。在选项 1 或选项 2 中，必须适当地修改索引上的二分查找算法，以把每个索引键值对应的可变索引项数考虑在内。
- 选项 3：这是一种更常用的方法，它将把索引项自身保持为定长的，并且对于每个索引字段值，都具有单个索引项与之对应，但是要创建一个额外的间接层以处理多个指针。在这种非稠密模式中，索引项<K(i), P(i)>中的指针 P(i)指向一个磁盘块，它包含一组记录指针；该磁盘块中的每个指针都指向其索引字段值为 K(i)的数据文件记录之一。如果某个值 K(i)出现在太多的记录中，使得它们的记录指针不能全部放入单个磁盘块中，就要使用块簇或者块的链表。图 17.5 说明了这种技术。由于多出了额外的一层，通过索引执行检索将需要额外进行一次或多次块访问，但是用于搜索索引的算法以及（更重要的是）用于在数据文件中插入新记录的算法比较直观。二分查找算法可直接应用于索引文件，因为它是有序的。对于范围检索，例如检索 $V_1 \leqslant K \leqslant V_2$ 的记录，可以在每个值的指针池中使用块指针来代替记录指针。然后，可以在与索引中从 V_1 到 V_2 的索引项对应的块指针池上使用一个并运算，来消除重复记录，并且可以访问所得到的结果块。此外，还可以通过从多个非键辅助索引中引用记录指针来处理复杂选择条件上的检索，而不必从数据文件中检索许多不必要的记录（参见练习题 17.24）。

注意：辅助索引通过索引字段对记录提供了一种**逻辑排序**（logical ordering）。如果以辅助索引中的索引项的顺序访问记录，就会以索引字段的顺序得到它们。主索引和聚簇索引假定用于对文件中的记录进行**物理排序**（physical ordering）的字段与索引字段相同。

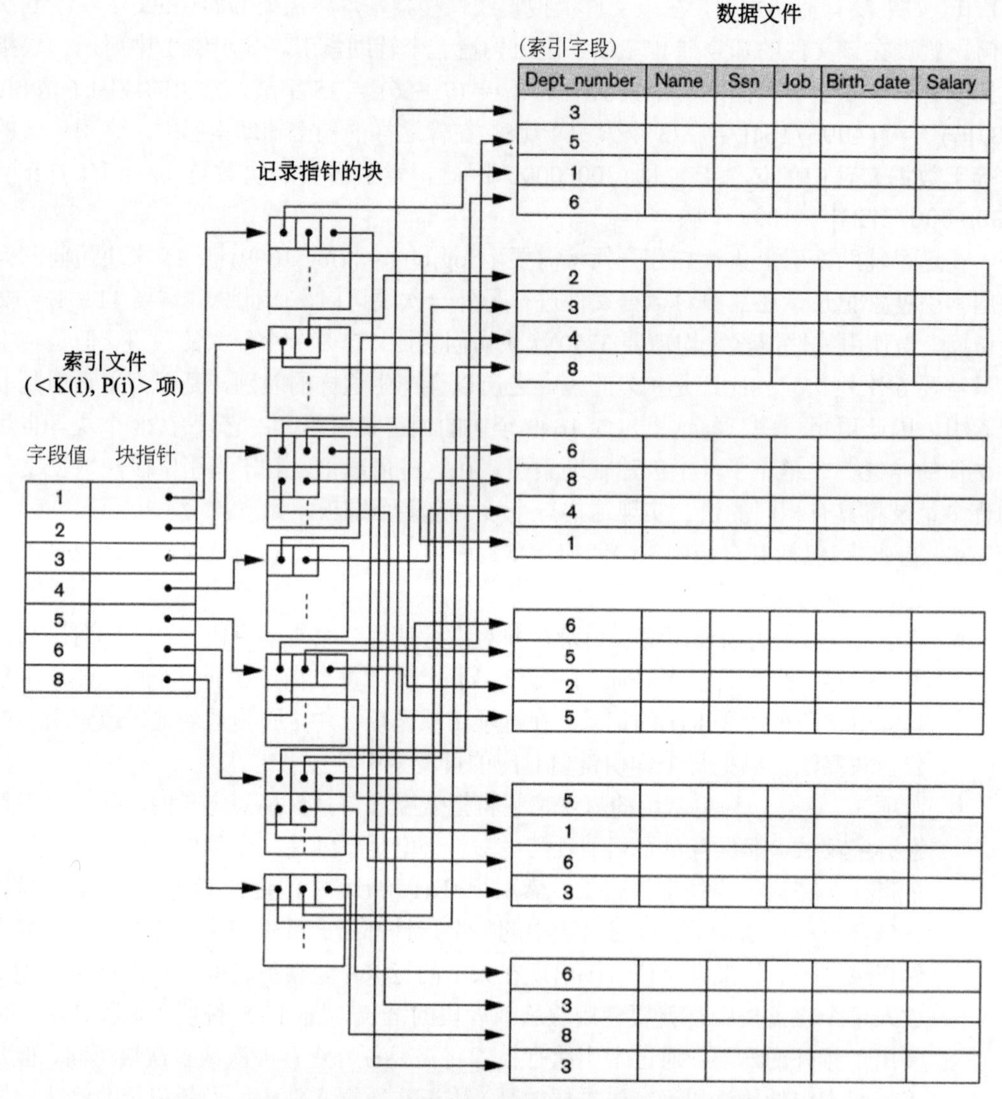

图 17.5 使用一个间接层实现的非键字段上的辅助索引（带有记录指针），使得索引项是定长的，并且具有唯一的字段值

17.1.4 小结

我们将通过两个表总结有关索引类型的讨论，以此来结束本节内容。表 17.1 显示了所讨论的每种有序单级索引（主索引、聚簇索引和辅助索引）的索引字段特征。表 17.2 总结了各类索引的性质，其中将比较各类索引的索引项数，并且说明索引是否是稠密索引以及哪些索引使用数据文件的块锚。

表 17.1 基于索引字段性质的索引类型

	用于文件物理排序的索引字段	未用于文件物理排序的索引字段
索引字段是键	主索引	辅助索引（键）
索引字段不是键	聚簇索引	辅助索引（非键）

表 17.2　索引类型的性质

索引类型	（一级）索引项的个数	稠密或非稠密（稀疏）	是否使用数据文件上的块锚
主索引	数据文件中的块数	非稠密	是
聚簇索引	不同索引字段值的个数	非稠密	是/否[a]
辅助索引（键）	数据文件中的记录数	稠密	否
辅助索引（非键）	记录数[b]或者不同索引字段值的个数[c]	稠密或非稠密	否

a 如果排序字段的每个不同的值都从一个新块开始，就说明它们使用了数据文件的块锚；否则，就没有使用数据文件的块锚。

b 对应于选项 1。

c 对应于选项 2 和选项 3。

17.2　多级索引

我们迄今为止描述过的索引模式都涉及一个有序的索引文件。对索引文件应用二分查找来定位一些指针，它们指向磁盘块或者文件中具有特定索引字段值的记录。对于具有 b_i 个块的索引，二分查找需要大约$(\log_2 b_i)$次块访问，因为算法的每一步都会把需要继续搜索的索引部分减少到 1/2（即减半），这就是为什么 log 函数以 2 为底的原因。**多级索引**（multilevel index）背后的思想是：把需要继续搜索的索引部分减少到 $1/bfr_i$，bfr_i 是索引的块因子，它的值大于 2。因此，搜索空间将会减小得非常快。值 bfr_i 称为多级索引的**扇出**（fan-out），将把它记作符号 fo。在二分查找中，每一步都会把记录搜索空间分成两半，而当使用多级索引时，将会在每个搜索步骤中把它分为 n 个部分（其中 n=扇出）。搜索一个多级索引将需要大约$(\log_{fo} b_i)$次块访问，如果扇出大于 2，那么$(\log_{fo} b_i)$将远远小于二分查找所需的块访问次数。在大多数情况下，扇出远大于 2。给定块大小 4096 字节，它是今天的 DBMS 中最常见的，扇出将依赖于在一个块内可以放下多少个（键+块指针）项。对于 4 字节的块指针（它将容纳 $2^{32}-1=4.2\times10^9$ 个块）和 9 字节的键（例如 SSN），扇出总共是 315。

多级索引把索引文件视作一个有序文件，对于每个 K(i)，它都具有一个不同的值。现在将把这个索引文件称为多级索引的**第一级**（first level）或**基础级**（base level）。因此，通过把第一级索引文件视作一个有序的数据文件，就可以为第一级创建一个主索引；第一级的这个索引称为多级索引的**第二级**（second level）。由于第二级是一个主索引，就可以使用块锚，使得对于第一级的每个块，第二级中都有一个索引项与之对应。第二级（以及所有后续级别）的块因子 bfr_i 与第一级索引的块因子相同，因为所有的索引项都具有相同的大小；每个索引项都包含一个字段值和一个块地址。如果第一级具有 r_1 个索引项，并且索引的块因子（它也是扇出）是 $bfr_i=fo$，那么第一级将需要$\lceil(r_1/fo)\rceil$个块，因此这个值也是索引的第二级所需的索引项数 r_2。

可以为第二级重复这个过程。**第三级**（third level）是第二级的主索引，对于第二级的每个块，第三级中都有一个索引项与之对应，因此第三级的索引项数是 $r_3 = \lceil(r_2/fo)\rceil$。注意：仅当第一级所需的存储空间超过一个磁盘块时，才需要第二级；类似地，仅当第二级所需的存储空间超过一个磁盘块时，才需要第三级。可以重复上述过程，直到第 t 级索引的所有索引项都能放入单个块中为止。第 t 级的这个块称为**顶**（top）级索引[1]。每一级都会把前一级的索引项数减少到 1/fo（fo 是索引的扇出），因此可以使用公式 $1 \leqslant (r_1/((fo)^t))$来计算 t。因此，具有 r_1 个一级索引项的多级索引将具有大约 t 个层级，其中 $t = \lceil(\log_{fo}(r_1))\rceil$。在搜索索引时，将在每一级检索出单个磁盘块。因此，索引搜索将访问 t 个磁盘块，其中 t 是索引层级数。

这里描述的多级模式可以在任何索引类型上使用，无论它是主索引、聚簇索引或辅助索引，只要一级索引具有不同的 K(i)值和定长的索引项即可。图 17.6 显示了在一个主索引上构建的多级索引。示例 4 说明了当使用多级索引来搜索记录时在访问的块数方面的改进。

示例 4 假设将示例 3 中的稠密辅助索引转换成一个多级索引。通过计算得到索引块因子 $bfr_i = 273$ 个索引项/块，它也是多级索引的扇出 fo；还计算出第一级的块数 $b_1 = 1099$ 个块。第二级的块数将是 $b_2 = \lceil(b_1/fo)\rceil = \lceil(1099/273)\rceil = 5$ 个块，第三级的块数将是 $b_3 = \lceil(b_2/fo)\rceil = \lceil(5/273)\rceil = 1$ 个块。因此，第三级是该索引的顶级，并且 $t = 3$。若要通过搜索多级索引来访问记录，必须访问每一级上的一个块以及数据文件中的一个块，因此需要 $t + 1 = 3 + 1 = 4$ 次块访问。可以把它与示例 3 做比较，在示例 3 中，当使用单级索引和二分查找时，需要 12 次块访问。

注意：还可以创建一种非稠密的多级主索引。练习题 17.18(c)说明了这种情况，其中在可以确定被查找的记录是否位于文件中之前，就必须访问文件中的数据块。对于稠密索引，可以通过访问第一级索引来确定这一点（而不必访问数据块），因为对于文件中的每条记录，都有一个索引项与之对应。

业务数据处理中一种常见的文件组织是一个在其排序键字段上具有多级主索引的有序文件。这种组织称为**索引顺序文件**（indexed sequential file），在大量早期的 IBM 系统中都使用它。IBM 的 ISAM 组织纳入了一个二级索引，它在柱面和磁道（参见 16.2.1 节）方面与磁盘的组织紧密相关。第一级是一个柱面索引，对于文件占据的磁盘组的每个柱面，它都具有一个对应的锚记录的键值，还具有一个指向柱面的磁道索引的指针。磁道索引也具有一个锚记录的键值和一个指针，其中前者对应于柱面中的每个磁道，后者则指向磁道。然后可以按顺序搜索磁盘，查找想要的记录或块。插入操作是通过某种形式的溢出文件处理的，它将定期与数据文件合并。在文件重组期间将重建索引。

算法 17.1 概括了在使用 t 级非稠密多级主索引的数据文件中搜索记录的过程。我们把索引的第 j 级的索引项 i 记作 $<K_j(i), P_j(i)>$，并且将搜索其主键值为 K 的记录。假定将忽略任何溢出记录。如果待查找的记录位于文件中，那么在第一级中必须存在某个索引项满足 $K_1(i) \leqslant K < K_1(i+1)$，并且记录将位于数据文件中其地址为 $P_1(i)$的块中。练习题 17.23 将讨论如何为其他索引类型修改搜索算法。

---

1 这里使用的索引级别的编号模式与树状数据结构通常定义层级的方式相反。在树状数据结构中，t 称为第 0（零）层，t − 1 是第 1 层，以此类推。

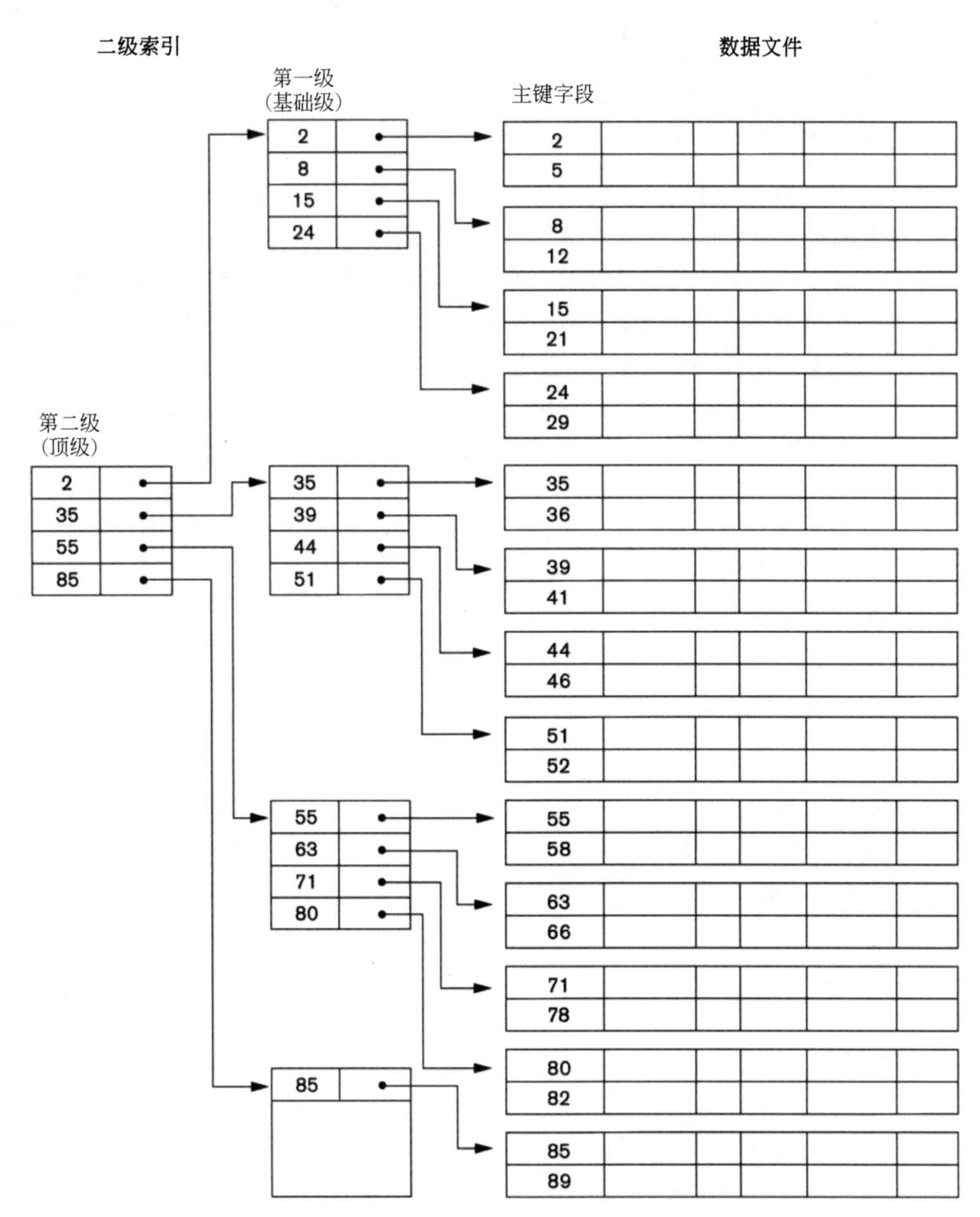

图 17.6　与 ISAM（indexed sequential access method，索引顺序访问方法）组织类似的二级主索引

算法 17.1　搜索 t 级非稠密多级主索引。

```
(*假定作为块锚的索引项是每个块的第一个键*)
p ← 顶级索引块的地址;
for j ← t 步 - 1 to 1 do
    begin
        读取其地址为 p 的索引块（在第 j 级）;
        为索引项 i 搜索块 p，满足 Kj (i) ≤ K < Kj(i + 1)
    (*如果 Kj(i)
        是块中的最后一项，它就足以满足 Kj(i) ≤ K *);
```

```
        p ← Pj(i)  (*选出第 j 级的合适指针 *)
    end;
    读取其地址为 p 的数据文件块;
    为键= K 的记录搜索块 p;
```

如我们所看到的，在搜索一条给定其索引字段值的记录时，多级索引可以减少所访问的块数。但是在处理索引插入和删除操作时，仍然会面临一些问题，因为各级索引都是物理上有序的文件。为了保持使用多级索引的优点，同时减少索引插入和删除问题，设计者采用了一种在其每个块中都会保留一些空间的多级索引，这些空间用于插入新的索引项，并且在数据文件增大和收缩时，它可以使用合适的插入/删除算法来创建和删除新的索引块，这种多级索引称为**动态多级索引**（dynamic multilevel index）。它通常是使用称为 B 树和 B^+ 树的数据结构实现的，在 17.3 节中将描述这两种数据结构。

17.3 使用 B 树和 B^+ 树的动态多级索引

B 树和 B^+ 树是众所周知的名为**树**（tree）的数据结构的特例。我们将简要介绍在讨论树数据结构时使用的术语。**树**由**节点**（node）组成。除了一个名为**根**（root）的特殊节点之外，树中其他的所有节点都具有一个**父**（parent）节点以及 0 个或多个**子**（child）节点。根节点没有父节点。如果一个节点没有任何子节点，就称之为**叶**（leaf）节点；非叶节点也称为**内部**（internal）节点。一个节点的**层级**（level）总是比其父节点的层级大 1，并且根节点的层级为 0[1]。一个节点的**子树**（subtree）由该节点及其所有**后代**（descendant）节点组成，其中后代节点包括它的子节点、子节点的子节点，等等。子树的精确递归定义是：它由节点 n 以及 n 的所有子节点的子树组成。图 17.7 说明了一种树数据结构。在该图中，根节点是 A，它的子节点是 B、C 和 D。注意：E、J、C、G、H 和 K 是叶节点。由于叶节点位于树的不同层级，因此把这棵树称为**非平衡**（unbalanced）树。

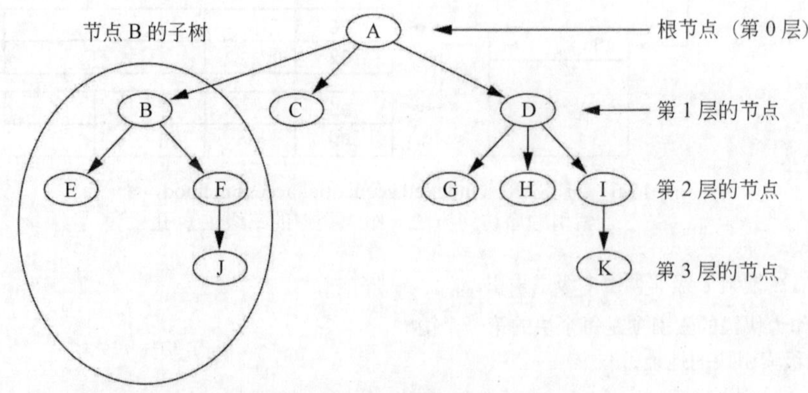

图 17.7　一棵非平衡树的树数据结构

在 17.3.1 节中，将介绍搜索树，然后将讨论 B 树，它可用作动态多级索引，用于引导

1　在整个 17.3 节中都将使用树节点的层级的这个标准定义，它不同于 17.2 节中给出的多级索引的层级定义。

在数据文件中搜索记录。B 树节点保持在 50%~100%（全满），并且指向数据块的指针存储在 B 树结构的内部节点和叶节点中。在 17.3.2 节中将讨论 B^+树，它是 B 树的一个变体，其中指向数据块的指针只存储在叶节点中，这可以导致层级更少、容量更高的索引。在当今市场上流行的 DBMS 中，通常用于索引的结构就是 B^+树。

17.3.1　搜索树和 B 树

搜索树（search tree）是一种特殊类型的树，给定记录的某个字段值时，可以使用搜索树引导搜索记录。可以将 17.2 节中讨论的多级索引视作搜索树的一个变体；多级索引中的每个节点可以具有多达 fo 个指针和 fo 个键值，其中 fo 是索引的扇出。每个节点中的索引字段值将把我们指引到下一个节点，直至到达包含所需记录的数据文件块为止。通过沿着指针前进，可以把每个层级的搜索限制于搜索树的一棵子树，并且会忽略不在这棵子树中的所有节点。

搜索树　搜索树与多级索引稍有不同。**p 阶搜索树**（search tree of order p）的每个节点至多包含 p − 1 个搜索值和 p 个指针，它们的顺序是 $<P_1, K_1, P_2, K_2, \cdots, P_{q-1}, K_{q-1}, P_q>$，其中 $q \leqslant p$。每个 P_i 都是指向一个子节点的指针（或者是一个空指针）；每个 K_i 都是某个有序值集合中的一个搜索值。所有的搜索值都假定是唯一的[1]。图 17.8 说明了搜索树中的一个节点。在搜索树上总是必须保持如下两个约束：

（1）在每个节点内，$K_1 < K_2 < \cdots < K_{q-1}$。

（2）对于 P_i 指向的子树中的所有值 X，均有（参见图 17.8）：

$$\begin{cases} K_{i-1} < X < K_i, & 1 < i < q \\ X < K_i, & i = 1 \\ K_{i-1} < X, & i = q \end{cases}$$

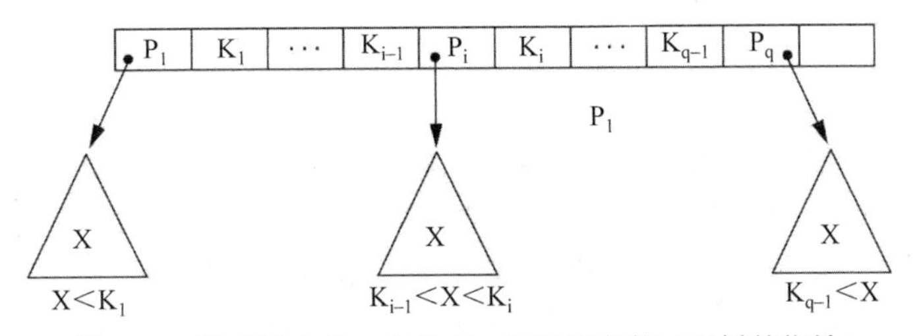

图 17.8　搜索树中的一个节点，带有指向其下子树的指针

无论何时搜索值 X，都必须依据上述条件（2）中的公式，沿着合适的指针 P_i 前进。图 17.9 说明了一棵阶数 p = 3 的搜索树和整型搜索值。注意：节点中的一些指针 P_i 可能是空指针。

可以使用搜索树，作为搜索存储在磁盘文件中的记录的机制。树中的值可以是文件中某个字段的值，这个字段称为**搜索字段**（search field）这与多级索引利用索引字段引导搜索一样。树中的每个键值都与一个指针相关联，该指针指向数据文件中具有这个值的记录。

1　可以放宽这个限制。如果索引建立在非键字段上，就可能存在重复的搜索值，并且可以修改树的节点结构和导航规则。

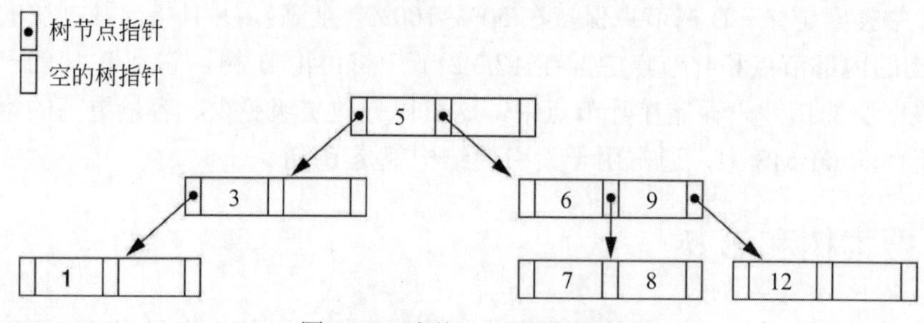

图 17.9　阶数 p = 3 的搜索树

此外，指针还可以指向包含该记录的磁盘块。可以把搜索树自身存储在磁盘上，并把每个树节点分配给一个磁盘块。当在文件中插入新记录时，必须在搜索树中插入一个新项，其中包含新记录的搜索字段值以及一个指向新记录的指针，以此来更新搜索树。

用于在搜索树中插入和删除搜索值的算法必须维持上述的两个条件。一般来讲，这些算法不保证搜索树是**平衡**（balanced）树，平衡树是指它的所有叶节点都位于相同的层级[1]。图 17.7 中所示的树不是平衡树，因为它在第 1、2、3 层上都具有叶节点。保持搜索树平衡的目标如下：

- 保证节点均匀分布，使得对于给定的键集合，树的深度最小，并且树不会因为某些节点位于非常深的层级上而变得倾斜。
- 使搜索速度保持一致，使得查找任何随机键的平均时间基本相同。

使树中的层次数最少是一个目标，另一个隐含目标是确保：在把记录插入主文件以及从文件中删除记录时，索引树不需要进行过多的重构。因此，我们希望节点是尽可能填满的，并且如果删除了太多的记录，我们也不希望任何节点变成空节点。记录删除可能使树中的一些节点几乎变空，从而会浪费存储空间并且增加层级数。B 树将通过对搜索树指定额外的约束来处理这两个问题。

B 树　B 树具有额外的约束，它们确保树总是平衡的，并且确保不会由于删除而浪费过多的空间（如果有）。不过，为了维持这些约束，用于插入和删除操作的算法将变得更复杂。尽管如此，大多数插入和删除操作都是比较简单的过程；只有在特殊情况下它们才会变得复杂，这些特殊情况包括尝试向一个已经填满的节点中执行插入操作，或者从一个节点中执行删除操作时将导致该节点不足半满（half full）。更正式地讲，当把一棵 **p 阶 B 树**（B-tree of order p）用作某个键字段上的访问结构以在数据文件中搜索记录时，可以将其定义如下：

（1）B 树（如图 17.10(a)所示）中的每个内部节点都具有以下形式：

$<P_1, <K_1, Pr_1>, P_2, <K_2, Pr_2>, \cdots, <K_{q-1}, Pr_{q-1}>, P_q>$

其中 $q \leqslant p$。每个 P_i 都是一个**树指针**（tree pointer），它指向 B 树中的另一个节点。每个 Pr_i 都是一个**数据指针**（data pointer）[2]，它指向其搜索键字段值等于 K_i 的记录（或者指向包含该记录的数据文件块）。

1　平衡的这个定义不同于二叉树的定义。平衡二叉树也称为 AVL 树。

2　数据指针要么是块地址，要么是记录地址；后者实质上是一个块地址和块内的记录偏移量。

（2）在每个节点内，$K_1 < K_2 < \cdots < K_{q-1}$。

（3）对于 P_i 指向的子树中的所有搜索键字段值 X（参见图 17.10(a)中的第 i 层子树），满足：

$$\begin{cases} K_{i-1} < X < K_i, & 1 < i < q \\ X < K_i, & i = 1 \\ K_{i-1} < X, & i = q \end{cases}$$

（4）每个节点最多具有 p 个树指针。

（5）除了根节点和叶节点之外，其他每个节点都至少具有 $\lceil (p/2) \rceil$ 个树指针。根节点至少具有两个树指针，除非它是树中的唯一节点。

（6）具有 q（$q \leqslant p$）个树指针的节点将具有 $q-1$ 个搜索键字段值（因此具有 $q-1$ 个数据指针）。

（7）所有的叶节点都位于相同的层级上。叶节点具有与内部节点相同的结构，只不过它们的所有树指针 P_i 都是空指针。

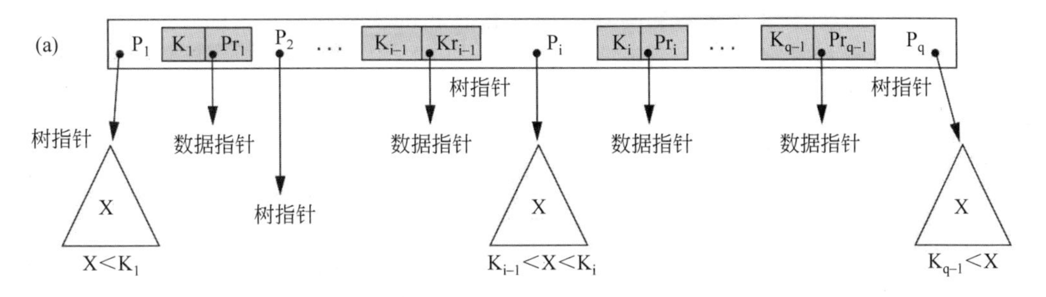

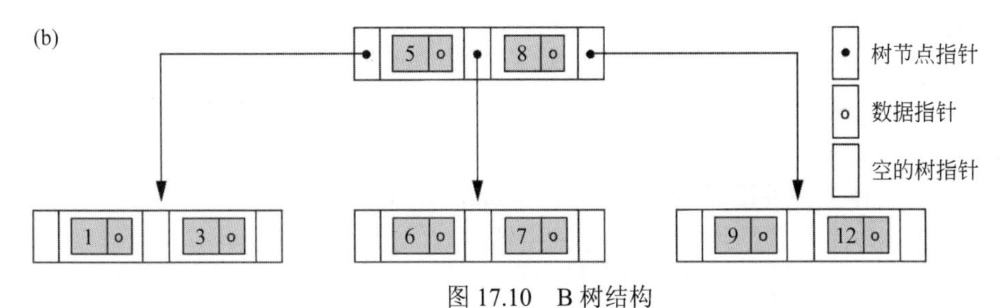

图 17.10　B 树结构

(a) B 树中具有 q－1 个搜索值的节点；

(b) 一棵阶数 p＝3 的 B 树。按 8、5、1、7、3、12、9、6 的顺序插入值

图 17.10(b)说明了一棵阶数 p＝3 的 B 树。注意：B 树中所有的搜索值 K 都是唯一的，因为我们假定把该树用作某个键字段上的访问结构。如果在一个非键字段上使用 B 树，就必须修改文件指针 Pr_i 的定义，使其指向一个块（或块簇），其中包含指向文件记录的指针。这个额外的间接层类似于 17.1.3 节中讨论的辅助索引的选项 3。

B 树开始于第 0 层的单个根节点（此时它也是一个叶节点）。一旦利用 p－1 个搜索键值填满了根节点，当尝试在树中插入另一项时，根节点将在第 1 层分裂成两个节点。在要节点中只会保存中间值，其余的值将平均分配在另外两个节点中。当一个非根节点已经填

满并且要向其中插入一个新项时，该节点就会在同一层分裂成两个节点，并把中间项上移到父节点中，同时还带有两个指针，指向分裂出的两个新节点。如果父节点已经填满，那么也会分裂它。分裂可以一直向上传播到根节点，如果根节点也要分裂，就会创建一个新的层级。本书中将不会详细讨论用于 B 树的算法[1]，但是将在 17.3.2 节中概括用于 B^+树的搜索和插入过程。

如果删除一个值导致一个节点不足半满，就会将其与邻居节点合并，并且这可以一直向上传播到根节点。因此，删除操作可以减少树的层数。通过分析和模拟表明：在 B 树上执行大量的随机插入和删除之后，当树中的值数量保持稳定时，节点的填满度大约为 69%。对于 B^+树也是如此。如果出现这种情况，那么将极少发生节点分裂和合并，因此插入和删除操作将变得相当高效。如果值的数量增多，树就会扩展，尽管可能会发生节点分裂，因此一些插入操作将花费更多的时间，但是不会有问题发生。每个 B 树节点至多可以具有 p 个树指针、p − 1 个数据指针以及 p − 1 个搜索键字段值（参见图 17.10(a)）。

一般来讲，B 树节点可能包含操纵树的算法所需的额外信息，例如节点中的项数 q 以及指向父节点的指针。接下来，将说明如何计算 B 树的块数和层数。

示例 5 假设搜索字段是一个非排序键字段，并在该字段上构造一棵 p = 23 的 B 树。假定 B 树中每个节点的填满度为 69%。平均来讲，每个节点将具有 p * 0.69 = 23 * 0.69 或者大约 16 个指针，因此具有 15 个搜索键字段值。**平均扇出**（average fan-out）fo = 16。我们可以从根节点开始，观察后续每一层上平均存在多少个值和指针。

根节点：	1 个节点	15 个键项	16 个指针
第 1 层：	16 个节点	240 个键项	256 个指针
第 2 层：	256 个节点	3840 个键项	4096 个指针
第 3 层：	4096 个节点	61 440 个键项	

在每一层上，通过把上一层的指针总数乘以每个节点中的平均项数 15，计算出该层的键项的数量。因此，对于给定的块大小（512 字节）、记录/数据指针大小（7 字节）、树块指针大小（6 字节）以及搜索键字段大小（9 字节），一棵填满度为 69%的 23 阶两层 B 树平均将保存 3840 + 240 + 15 = 4095 个项；一棵 3 层 B 树平均将保存 65 535 个项。

有时将 B 树用作**主文件组织**（primary file organization）。在这种情况下，B 树节点内存储的将是整个记录，而不只是<搜索键，记录指针>项。这非常适合于具有相对较少的记录并且记录相对比较小的文件。否则，扇出和层数将变得太大，以至于不允许高效访问。

总之，B 树提供了一种多级访问结构，它是一种平衡树结构，其中每个节点至少是半满的。p 阶 B 树中的每个节点最多可以具有 p − 1 个搜索值。

17.3.2 B^+树

动态多级索引的大多数实现都使用 B 树数据结构的一种变体，称为 B^+**树**（B+-tree）。在 B 树中，搜索字段的每个值只会与数据指针一起在树的某一层中出现一次。在 B^+树中，数据指针只存储在树的叶节点中。因此，叶节点的结构将不同于内部节点的结构。如果搜

1 有关用于 B 树的插入和删除算法的详细信息，可以参考 Ramakrishnan 和 Gehrke（2003）。

索字段是键字段，对于搜索字段的每个值，叶节点中都具有一个与之对应的项，以及一个指向记录（或者包含该记录的块）的数据指针。对于非键搜索字段，这个指针将指向一个块，其中包含指向数据文件记录的指针，从而会创建一个额外的间接层。

B^+树的叶节点通常链接在一起，允许通过搜索字段有序地访问记录。这些叶节点类似于索引的第一级（基础级）。B^+树的内部节点对应于多级索引的其他层级。叶节点中的一些搜索字段值将在 B^+树的内部节点中重复出现，以便引导搜索。p 阶 B^+树的内部节点的结构（参见图 17.11(a)）如下：

（1）每个内部节点都具有以下形式：

$<P_1, K_1, P_2, K_2, \cdots, P_{q-1}, K_{q-1}, P_q>$

其中 $q \leqslant p$，并且每个 P_i 都是一个**树指针**（tree pointer）。

（2）在每个内部节点内，$K_1 < K_2 < \cdots < K_{q-1}$。

（3）对于 P_i 指向的子树中的所有搜索键字段值 X（参见图 17.11(a)）[1]，满足：

$$\begin{cases} K_{i-1} < X \leqslant K_i, & 1 < i < q \\ X \leqslant K_i, & i = 1 \\ K_{i-1} < X, & i = q \end{cases}$$

（4）每个内部节点最多具有 p 个树指针。

（5）除了根节点之外，其他每个内部节点都至少具有 $\lceil (p/2) \rceil$ 个树指针。如果根节点是一个内部节点，那么它至少将具有两个树指针。

（6）具有 q（$q \leqslant p$）个指针的内部节点将具有 $q-1$ 个搜索字段值。

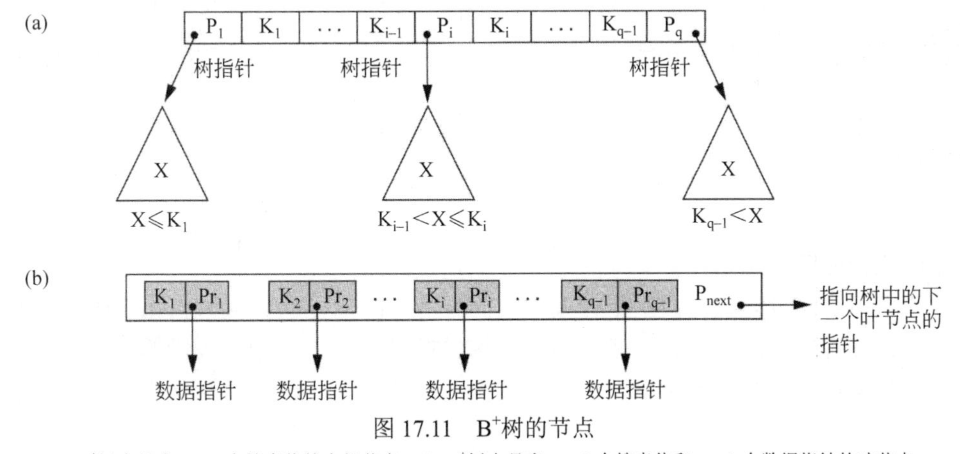

图 17.11　B^+树的节点

(a) B^+树中具有 $q-1$ 个搜索值的内部节点；(b) B^+树中具有 $q-1$ 个搜索值和 $q-1$ 个数据指针的叶节点

p 阶 B^+树的叶节点的结构（参见图 17.11(b)）如下：

（1）每个叶节点都具有以下形式：

$<<K_1, Pr_1>, <K_2, Pr_2>, \cdots, <K_{q-1}, Pr_{q-1}>, P_{next}>$

其中 $q \leqslant p$，每个 Pr_i 都是一个数据指针，并且 P_{next} 指向 B^+树的下一个叶节点。

（2）在每个叶节点内，$K_1 \leqslant K_2 < \cdots \leqslant K_{q-1}$，其中 $q \leqslant p$。

1　这里采用 Knuth（1998）中的定义。可以通过交换符号“<”和“≤”（使得条件变为 $K_{i-1} \leqslant X < K_i$；$K_{q-1} \leqslant X$），以不同的方式定义 B^+树，但是原理将保持不变。

（3）每个 Pr_i 都是一个**数据指针**（data pointer），指向其搜索字段值为 K_i 的记录或者包含该记录的文件块（或者如果搜索字段不是一个键，那么 Pr_i 将指向由记录指针组成的块，其中的记录指针将指向其搜索字段值为 K_i 的记录）。

（4）每个叶节点至少具有 $\lceil(p/2)\rceil$ 个值。

（5）所有的叶节点都位于同一层。

内部节点中的指针是指向块的树指针，这里的块是树节点；而叶节点中除了 P_{next} 指针之外，其他的指针都是指向数据文件记录或块的数据指针，P_{next} 指针则是指向下一个叶节点的树指针。从最左边的叶节点开始，可以使用 P_{next} 指针像链表一样遍历叶节点。这就提供了在索引字段上对数据记录的有序访问。还可以包括一个 $P_{previous}$ 指针。对于非键字段上的 B^+树，将需要额外一个间接层，如图 17.5 中所示，因此 Pr 指针是指向一些块的块指针，这些块中包含一组记录指针，它们指向数据文件中的实际记录，如 17.1.3 节中的选项 3 中所讨论的那样。

由于 B^+树的内部节点中的项包括搜索值和树指针，而不包括任何数据指针，所以与类似的 B 树相比，可以把更多的项打包进 B^+树的内部节点中。因此，对于相同的块（节点）大小，B^+树的阶数 p 将大于 B 树的阶数 p，如示例 6 中所示。这可以导致更少的 B^+树的层数，从而改进搜索时间。由于 B^+树的内部节点与叶节点的结构不同，阶数 p 也可以不同。这里将使用 p 来表示内部节点的阶数，以及使用 p_{leaf} 来表示叶节点的阶数，并把后者定义为一个叶节点中的数据指针的最大数量。

示例 6 为了计算 B^+树的阶数 p，假设搜索键字段的长度为 V = 9 字节，块大小为 B = 512 字节，记录指针长度为 Pr = 7 字节，块指针/树指针长度为 P = 6 字节。B^+树的内部节点最多可以具有 p 个树指针和 p − 1 个搜索字段值；它们必须能够放入单个块中。因此，将得到：

$$(p * P) + ((p - 1) * V) \leqslant B$$
$$(p * 6) + ((p - 1) * 9) \leqslant 512$$
$$(15 * p) \leqslant 512$$

可以选择能够满足上述不等式的最大 p 值，得到 p = 34。它大于 B 树的 p 值 23（B 树阶数的计算留给读者完成，假定指针大小相同），因此与对应的 B 树相比，B^+树的每个内部节点中将具有更大的扇出和更多的项。B^+树的叶节点将具有相同数量的值和指针，只不过指针是数据指针以及一个指向下一个叶节点的指针。因此，可以将叶节点的阶数 p_{leaf} 计算如下：

$$(p_{leaf} * (Pr + V)) + P \leqslant B$$
$$(p_{leaf} * (7 + 9)) + 6 \leqslant 512$$
$$(16 * p_{leaf}) \leqslant 506$$

假定数据指针都是记录指针，计算可得：每个叶节点可以保存多达 p_{leaf} = 31 个键值/数据指针的组合。

与 B 树一样，每个节点中可能还需要额外的信息，以实现插入和删除算法。该信息可以包括节点的类型（内部节点或叶节点）、节点中的当前项数 q，以及指向父节点和兄弟节点的指针。因此，在对 p 和 p_{leaf} 执行上述计算之前，应该从块大小中减去所有这些信息需要占据的空间。下一个示例将说明如何计算 B^+树中的项数。

示例 7　假设在示例 6 的字段上构造一棵 B^+树。为了计算 B^+树中近似的项数，假定每个节点的填满度为 69%。每个内部节点平均具有 34 * 0.69 或者大约 23 个指针，因此具有 22 个值。每个叶节点平均将保存 0.69 * p_{leaf} = 0.69 * 31 或者大约 21 个数据记录指针。这棵 B^+树在每一层上将具有以下平均项数：

根节点：	1 个节点	22 个键项	23 个指针
第 1 层：	23 个节点	506 个键项	529 个指针
第 2 层：	529 个节点	11 638 个键项	12 167 个指针
叶节点层：	12 167 个节点	255 507 个数据记录指针	

采用与示例 6 中相同的块大小、指针大小和搜索字段大小，一棵节点的平均填满度为 69%的 3 层 B^+树将可以保存多达 255 507 个记录指针。注意：我们以不同的方式考虑叶节点和非叶节点，并且基于叶节点的 69%的填满度计算叶节点中的数据指针为 12167 * 21 个，其中每个叶节点可以保存 31 个键以及数据指针。可以把这个计算结果与示例 5 中的对应 B 树的项数 65 535 做比较。由于 B 树在每一层上都包括数据/记录指针以及每个搜索键，对于给定的索引层级数，它倾向于可以容纳较少的键。这是在为数据库文件建立索引时优先选择 B^+树而不是 B 树的主要原因。大多数 DBMS（例如 Oracle）把所有的索引都创建为 B^+树。

1. B^+树的搜索、插入和删除

算法 17.2 概括了使用 B^+树作为访问结构来搜索记录的过程。算法 17.3 说明了利用 B^+树访问结构在文件中插入一条记录的过程。这些算法假定存在键搜索字段，对于非键字段上的 B^+树，必须对它们进行适当的修改。下面将利用一个示例说明插入和删除操作。

算法 17.2　使用 B^+树搜索其搜索键字段值为 K 的记录。

```
n ← 包含 B+树的根节点的块;
读取块 n;
while (n 不是 B+树的叶节点) do
    begin
    q ← 节点 n 中的树指针的数量;
    if K ≤ n.K1 (*n.Ki 指节点 n 中的第 i 个搜索字段值*)
        then n ← n.P1 (*n.Pi 指节点 n 中的第 i 个树指针*)
        else if K > n.Kq-1
            then n ← n.Pq
            else begin
                在节点 n 中搜索满足 n.Ki-1 < K ≤ n.Ki 的项 i;
                    n ← n.Pi
                    end;
    读取块 n
    end;
在块 n 中搜索 K = Ki 的项(Ki, Pri); (* 搜索叶节点 *)
if 找到这样一个项
    then 读取地址为 Pri 的数据文件块并检索记录
    else 搜索字段值为 K 的记录不在数据文件中;
```

算法 17.3 在 p 阶 B⁺树中插入一条搜索键字段值为 K 的记录。

```
n ←包含 B⁺树的根节点的块;
读取块 n; 将栈 S 设置为空;
while (n 不是 B⁺树的叶节点) do
    begin
    将 n 的地址压入栈 S 中;
        (*栈 S 保存分裂时所需的父节点*)
    q ← 节点 n 中的树指针的数量;
    if K ≤n.K_1 (*n.K_i 指节点 n 中的第 i 个搜索字段值*)
        then n ← n.P_1 (*n.P_i 指节点 n 中的第 i 个树指针*)
        else if K ← n.K_{q-1}
            then n ← n.P_q
            else begin
                在节点 n 中搜索满足 n.K_{i-1} < K ≤n.K_i 的项 i;
                n ← n.P_i
                end;
        读取块 n
    end;
在块 n 中搜索 K = K_i 的项(K_i,Pr_i); (*搜索叶节点 n*)
if 找到这样一个项
    then 记录已经在文件中; 不能插入
    else (*在 B⁺树中插入一个指向记录的项*)
        begin
        创建项(K, Pr), 其中 Pr 指向新记录;
        if 叶节点 n 没有填满
            then 在叶节点 n 中的正确位置插入项(K, Pr)
            else begin (*带有 p_leaf 个记录指针的叶节点已填满, 应该分裂*)
                将 n 复制到 temp 中(*temp 是一个超大的叶节点, 用于保存额外的项*);
                将项(K, Pr)插入到 temp 中的正确位置;
                (*temp 现在将保存 p_leaf + 1 个形如(K_i, Pr_i)的项*)
                new ← 树的一个新的空叶节点; new.P_next ← n.P_next ;
                j ← ⌈((p_leaf+1)/2)⌉;
                n ← temp 中的前 j 项(直到项(K_j, Pr_j)); n.P_next ← new;
                new ← teme 中其余的项; K ← K_j ;
                    (*现在必须移动(K, new), 并把它插入在父内部节点中; 不过, 如果
                父节点已填满, 分裂就可能会传播*)
                finished ← false;
                repeat
                if 栈 S 为空
                    then (*没有父节点, 将会为树创建新的根节点*)
                        begin
                        root ← 树的一个新的空内部节点;
                        root ← <n, K, new>; finished ← true;
                        end
                    else begin
                        n ← 弹出栈 S;
                        if 内部节点 n 没有填满
```

```
                        then
                            begin (*父节点没有填满，不用分裂*)
                            将(K, new)插入内部节点 n 中的正确位置;
                            finished ← true
                            end
                            else begin (*带有 p 个树指针的内部节点 n 已填满，
                        这是一个溢出条件，应该分裂节点*)
                        将 n 复制到 temp 中(*temp 是一个超大的内部节点*);
                        将(K, new)插入到 temp 中的正确位置;
                        (*temp 现有具有 p + 1 个树指针*)
                        new ← 树的一个新的空内部节点;
                        j ← ⌊((p+1)/2)⌋;
                        n ← temp 中直到树指针 Pj 的项;
                        (*n 包含<P1, K1, P2, K2, …, Pj-1, Kj-1, Pj >*)
                        new ← temp 中从树指针 Pj+1 开始的项;
                        (*new 包含< Pj+1, Kj+1, …, Kp-1, Pp, Kp, Pp+1 >*)
                        K ← Kj
                        (*现在必须移动(K, new)，并将其插入在父内部节点中*)
                    end
            end
        直到 finished
        end;
    end;
```

图 17.12 说明了在一棵阶数 $p = 3$ 且 $p_{leaf} = 2$ 的 B^+ 树中插入记录的操作。首先，观察可知根节点是树中的唯一节点，因此它也是一个叶节点。一旦创建了不止一个层级，树就会分为内部节点和叶节点。注意：每个键值在每个叶节点层中都必须存在，因为所有的数据指针都位于叶节点层。不过，在内部节点中只存在一些值，用于指引搜索。另请注意：出现在内部节点中的每个值也会作为子树的叶节点层中最右边的值出现，其中内部节点中的每个值左边的指针就指向这棵子树。

当一个叶节点已填满并且要在其中插入一个新项时，该节点就会溢出并且必须进行分裂。原始节点中的前 $j = \lceil((p_{leaf}+1)/2)\rceil$ 个项将保留在原处，其余的项则将移到一个新的叶节点中。在父内部节点中将复制第 j 个搜索值，并将在父节点中创建额外一个指针，指向这个新节点。必须以正确的顺序把它们插入在父节点中。如果父内部节点已填满，那么插入新值也会导致它溢出，因此它也必须进行分裂。将会保留内部节点中直到 P_j 的项，这里的 P_j 是指插入新值和指针之后的第 j 个树指针，其中 $j = \lfloor((p+1)/2)\rfloor$，但是会把第 j 个搜索值移到父节点中，而不会复制它。新的内部节点将保存原始节点中从 P_{j+1} 到末尾的项（参见算法 17.3）。这种分裂可以一直向上传播，直到创建一个新的根节点，从而为 B^+ 树创建一个新的层级。

图 17.13 说明了从 B^+ 树中执行删除操作。当删除一个项时，总是将其从叶节点中层中移除。如果它碰巧出现在某个内部节点中，那么还必须从那里移除它。在后一种情况下，叶节点中它左边的值必须在内部节点中替换它，因为这个值现在是子树中最右边的项。删

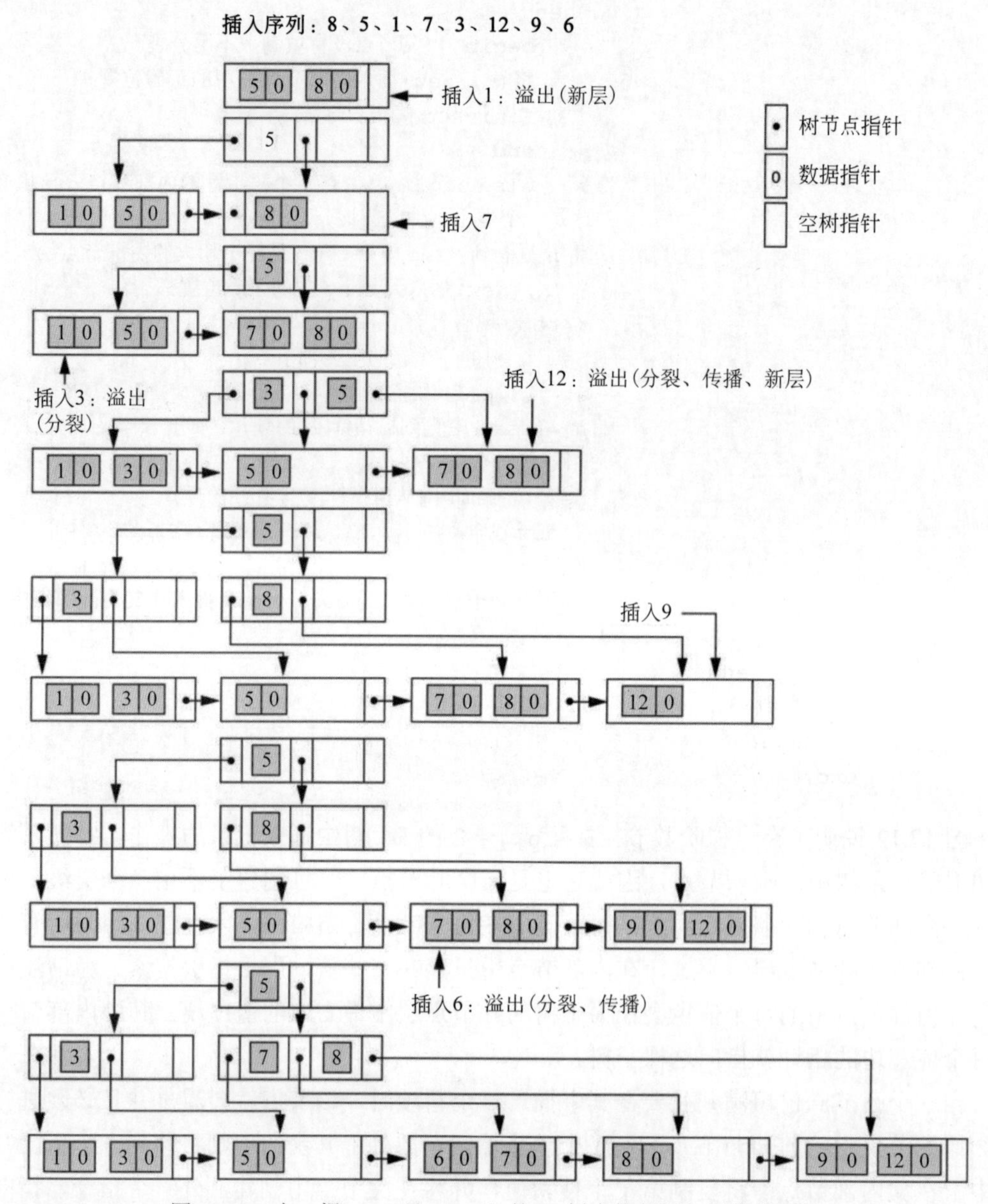

图 17.12 在一棵 p = 3 且 p_{leaf} = 2 的 B+树中执行插入操作的示例

除可能导致把叶节点中的项数减少到所需的最小值以下，从而引起**下溢**（underflow）。在这种情况下，将尝试查找一个兄弟叶节点，即正好位于下溢节点左边或右边的叶节点，并在原始节点与它的**兄弟节点**（sibling）之间重新分配项，使得两个节点都至少达到半满；否则，就将这个节点与它的兄弟节点进行合并，并减少叶节点的数量。一种常用方法是：尝试与它的左兄弟节点之间**重新分配**（redistribute）项；如果这不可能，就将尝试与它的右兄弟节点之间重新分配项。如果这也不可能，就把 3 个节点合并成两个叶节点。在这种情况下，下溢可能会传播到**内部**节点，因为所需的树指针和搜索值将会少一个。这可能传播并减少树的层数。

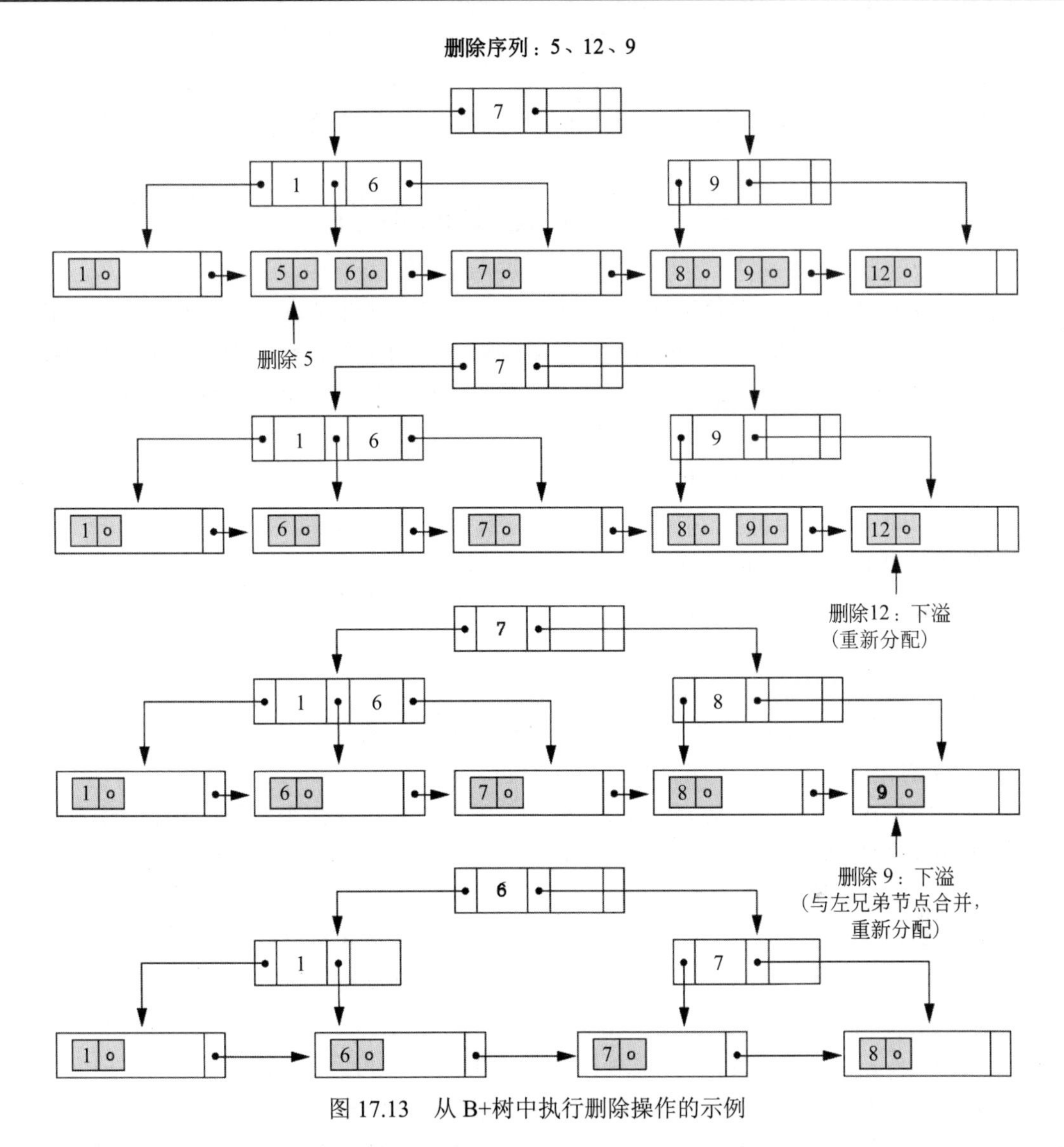

图 17.13　从 B+树中执行删除操作的示例

注意：实现插入和删除算法可能需要每个节点的父指针和兄弟指针，或者如算法 17.3 中那样使用栈。每个节点还应该包括其中的项数及其类型（叶节点或内部节点）。另一种替代方法是将插入和删除操作实现为递归过程[1]。

2. B 树和 B^+树的变体

下面将简要介绍一些 B 树和 B^+树的变体，以此来结束本节的讨论。B 树（或者 B^+树的内部节点（根节点除外））上的约束 5 要求每个节点至少半满，在一些情况下，可将其修改成要求每个节点的填满度至少达到 2/3。在这种情况下，就把 B 树称为 **B*树**（B*-tree）。一般来讲，一些系统允许用户选择 0.5~1.0 的**填充因子**（fill factor），其中 1.0 意味着 B 树（索引）节点是完全填满的。也可以为 B^+树指定两个填充因子：一个用于叶节点层，另一

1　有关 B^+树的插入和删除算法的更多详细信息，参阅 Ramakrishnan 和 Gehrke（2003）。

个用于树中的内部节点。在第一次构造索引时，每个节点的填满度接近于指定的填充因子。一些调查人员建议：放宽节点半满的要求，代之以在合并前允许节点全空，以简化删除算法。模拟研究表明：在随机分布的插入和删除之下，这样做不会浪费太多额外的空间。

17.4　多个键上的索引

在迄今为止的讨论中，都假定用于文件访问的主键或辅键是单个属性（字段）。在许多检索和更新请求中，将会涉及多个属性。如果频繁地使用某种属性组合，就可以将这些属性的组合定义为某个键值，然后根据这个键值建立一种访问结构来提供高效访问，这样做将是很有好处的。

例如，考虑一个 EMPLOYEE 文件，其中包含属性 Dno（部门编号）、Age、Street、City、Zip_code、Salary 和 Skill_code，键是 Ssn（社会安全号）。考虑如下查询：列出在编号为 4 的部门中工作并且年龄为 59 岁的雇员。注意：Dno 和 Age 都是非键属性，这意味着其中任何一个属性的搜索值都将指向多条记录。可以考虑下面的替代搜索策略：

（1）假定 Dno 具有一个索引，但是 Age 没有索引，可以使用该索引访问 Dno = 4 的记录，然后从中选择那些满足 Age = 59 的记录。

（2）此外，如果在 Age 上建立了索引，而 Dno 上没有建立索引，就可以使用该索引访问 Age = 59 的记录，然后从中选择那些满足 Dno = 4 的记录。

（3）如果同时在 Dno 和 Age 上创建了索引，就可以使用这两个索引；每个索引都可以提供一个记录或指针（指向块或记录）的集合。这些记录或指针集合的交集就可以产生那些同时满足这两个条件的记录或指针。

所有这些替代方法最终都可以得到正确的结果。不过，如果分别满足每个条件（Dno = 4 或 Age = 59）的记录集合比较大，而只有少数几条记录满足组合条件，那么对于给定的搜索请求，上述任何一种方法都不是高效的技术。另请注意：对于诸如“查找所有雇员当中的最小或最大年龄”之类的查询，只需使用 Age 上的索引即可回答，而无须进入数据文件。不过，对于在 Dno = 4 的记录内查找最大或最小年龄这样的查询，将不能只通过处理索引来回答。此外，列出 Age = 59 的雇员工作的部门也不能只通过处理索引来实现。对于这种存在多种可能性的情况，可以将组合<Dno, Age>或<Age, Dno>视作是由多个属性组织的一个搜索键。在下面几节中将简要概括这些技术。这里将把包含多个属性的键称为**复合键**（composite key）。

17.4.1　多个属性上的有序索引

如果在一个搜索键字段上创建一个索引，该搜索键字段是<Dno, Age>的组合，那么本章中迄今为止的所有讨论仍然是适用的。在上面的示例中，搜索键是一对值<4, 59>。一般来讲，如果在属性<$A_1, A_2, \cdots, A_n$>上创建索引，那么搜索键值将是具有 n 个值的元组：<$v_1, v_2, \cdots, v_n$>。

这些元组值的字典顺序为这个复合搜索键确定了一个顺序。对于我们的示例，部门编号 3 的所有部门键都将出现在部门编号 4 的所有部门键之前。因此，对于 m 和 n 的任意值，<3, n>都将出现在<4, m>之前。对于 Dno = 4 的键，按键的升序排列将有：<4, 18>、<4, 19>、<4, 20>等。字典顺序与字符串顺序的工作方式类似。n 个属性的复合键上的索引与本章到现在讨论的任何索引的工作方式都是类似的。

17.4.2　分区散列

分区散列是静态外部散列（参见 16.8.2 节）的一个扩展，它允许在多个键上执行访问。它只适用于相等性比较；而不支持范围查询。在分区散列中，对于由 n 个成员组成的键，将把散列函数设计成产生带有 n 个单独的散列地址的结果。桶地址就是这 n 个地址的连接。这样，就可以通过查找合适的桶来搜索所需的复合搜索键，这些桶将与我们感兴趣的地址部分匹配。

例如，考虑复合搜索键<Dno, Age>。如果将 Dno 和 Age 分别散列成 3 位和 5 位的地址，就会得到一个 8 位的桶地址。假设 Dno = 4 具有散列地址“100”，Age = 59 则具有散列地址“10101”。这样，要搜索组合式搜索值 Dno = 4 和 Age = 59，就应该到达桶地址 100 10101。如果只搜索 Age = 59 的所有雇员，将搜索其地址为“000 10101”“001 10101”等的所有桶（其中 8 个桶）。分区散列的优点是：可以轻松地将其扩展到任意数量的属性。在设计桶地址时，可以使地址中的高阶位对应于更频繁访问的属性。此外，不需要为各个属性维护单独的访问结构。分区散列的主要缺点是：在任何成员属性上都不能处理范围查询。此外，大多数散列函数都不会通过散列的键按顺序维护记录。因此，通过用作键的诸如<Dno, Age>之类的属性组合按字典顺序访问记录将不是非常直观或高效。

17.4.3　网格文件

另一种替代方法是将 EMPLOYEE 文件组织成一个网格文件（grid file）。如果想要基于两个键（例如我们示例中的 Dno 和 Age）访问文件，就可以构造一个网格数组，该线组的每个线性标度（或维度）对应于一个搜索键。图 17.14 显示了 EMPLOYEE 文件的一个网格数组，它的一个线性标度对应于 Dno 属性，另一个线性标度则对应于 Age 属性。标度是以某种方式创建的，用于实现对应属性的均匀分布。因此，在我们的示例中，Dno 的线性标度具有 Dno = 1, 2，它们被组合为标度上的一个值 0，而 Dno = 5 则对应于那个标度上的值 2。类似地，通过对年龄分组后把 Age 划分到其标度 0~5 中，以便按年龄均匀分布雇员。为这个文件显示的网格数组总共具有 36 个单元。每个单元指向某个桶地址，其中的记录对应于单元中存储的记录。图 17.14 还显示了如何将单元分配给桶（只显示了其中的一部分）。

因此，我们对 Dno = 4 和 Age = 59 的请求将映射到与网格数组对应的单元(1, 5)中。在对应的桶中可以找到满足这种组合条件的记录。这种方法对于范围查询特别有用，这些查询将映射到一组单元中，而这些单元则对应于沿着线性标度的一组值。如果一个范围查询对应于一些网格单元上的匹配，就可以通过准确访问与那些网格单元对应的桶来处理查询。例如，Dno ≤ 5 且 Age > 40 这个查询将引用图 17.14 中所示的顶部桶中的数据。

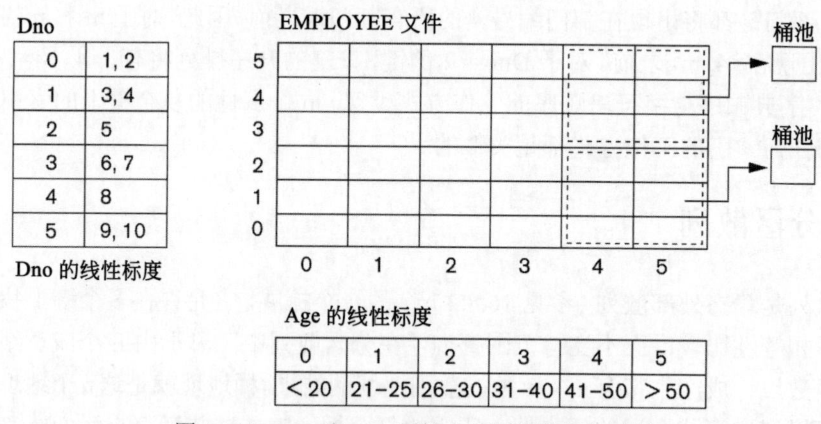

图 17.14 Dno 和 Age 属性上的网格数组的示例

网格文件的概念可以应用于任意数量的搜索键。例如，对于 n 个搜索键，网格数组将具有 n 个维度。因此，网格数组将允许文件沿着搜索键属性的维度进行分区，并通过沿着这些维度的值组合来提供访问。对于多个键访问，网格文件可以很好地节省时间。不过，采用网格数组结构，就代表着一定的空间开销。而且，对于动态文件，频繁的文件重组也会增加维护的代价[1]。

17.5 其他索引类型

17.5.1 散列索引

也可以基于散列创建与索引类似的访问结构。**散列索引**（hash index）是一种辅助结构，它通过在搜索键上使用散列（而不是用于主数据文件组织的散列）来访问文件。索引项的类型是<K, Pr>或<K, P>，其中 Pr 是一个指向记录的指针，并且这个记录中包含键；或者 P 是一个指向块的指针，并且这个块中包含该键的记录。可以使用 16.8.3 节中描述的技术之一，将具有这些索引项的索引文件组织成一个动态可扩展的散列文件；在搜索索引项时，将在 K 上使用散列搜索算法。一旦找到索引项，指针 Pr（或 P）就可以用于定位数据文件中的对应记录。图 17.15 说明了 Emp_id 字段上的一个用于文件的散列索引，该文件已经被存储为一个按 Name 排序的顺序文件。使用散列函数将 Emp_id 散列成一个桶编号：Emp_id 的各位数字之和对 10 求模。例如，要查找 Emp_id 51024，散列函数的结果是桶编号 2；首先将访问这个桶。它包含索引项< 51024, Pr >；指针 Pr 将引导我们找到文件中的实际记录。在实际应用中，可能有数千个桶；桶编号的长度可能有若干位，它将受 16.8.3 节中介绍动态散列的环境中讨论的目录模式支配。也可以将其他搜索结构用作索引。

---

1 在 Nievergelt 等（1984）中可以找到网格文件的插入/删除算法。

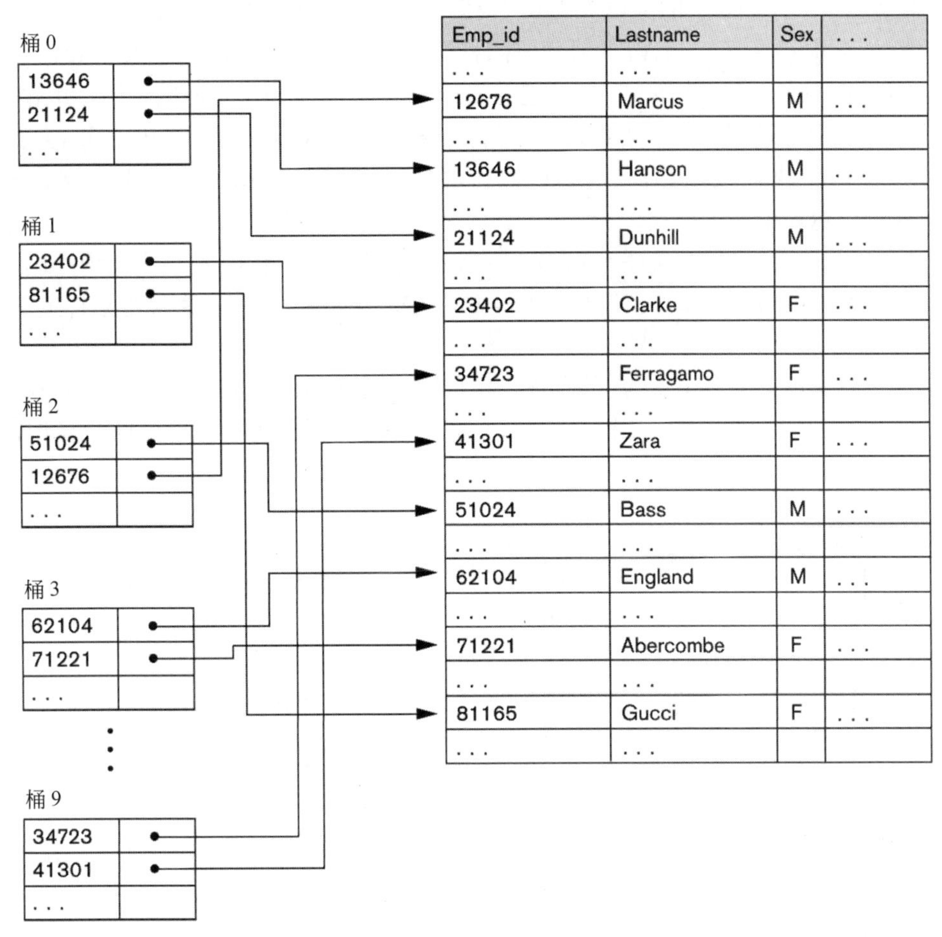

图 17.15　基于散列的索引

17.5.2　位图索引

位图索引（bitmap index）是另一种流行的数据结构，它便于在多个键上执行查询。位图索引用于包含大量行的关系。它将为一个或多个列创建索引，并且对这些列中的每个值或值范围建立索引。通常，位图索引是为那些包含相当少的唯一值的列创建的。要基于关系中的一组记录构建位图索引，必须利用一个 id（记录 id 或行 id）从 0~n 对记录进行编号，从而可以将其映射到由块编号和记录在块内的偏移量构成的物理地址。

位图索引构建在特定字段（关系中的列）的**一个特定值**（one particular value）上，它只是一个位数组。因此，对于给定的字段，将维护一个单独的位图索引（或向量），它对应于数据库中的每个唯一值。考虑列 C 以及该列中的值 V 的位图索引。对于一个具有 n 行的关系，位图索引将包含 n 位。如果第 i 行中的列 C 具有值 V，就把位图索引的第 i 位设置为 1；否则，就把它设置为 0。如果 C 包含由 m 个不同值组成的值集<v1, v2, …, vm>，那么将为该列创建 m 个位图索引。图 17.16 显示了具有 Emp_id、Lname、Sex、Zipcode 和 Salary_grade 这些列的关系 EMPLOYEE（只显示了 8 行以便用于说明），以及 Zipcode 列和 Salary_grade 列的位图索引。例如，对于 Sex = F 的位图，将把 Row_ids 为 1、3、4 和 7 对应的位设置为 1，并把余下的位设置为 0，位图索引就可以具有以下查询应用：

- 对于查询 $C_1 = V_1$，值 V_1 的对应位图将返回所有满足条件的行的 Row_id。
- 对于查询 $C_1 = V_1$ 和 $C_2 = V_2$（多键搜索请求），将检索两个对应的位图，并对它们执行交运算（逻辑“与”运算），得到满足条件的 Row_id 集合。一般来讲，可以对 k 个位向量执行交运算，以处理 k 个相等性条件。使用位图索引也支持复杂的 AND-OR 条件。
  - 对于查询 $C_1 = V_1$ 或 $C_2 = V_2$ 或 $C_3 = V_3$（多键搜索请求），将检索 3 个不同属性的 3 个对应位图，并对它们执行并运算（逻辑“或”运算），得到满足条件的 Row_id 集合。
- 为了检索满足条件 $C_1 = V_1$ 的行数，可以统计对应的位向量中的“1”项的数量。
- 可以通过对对应位图应用布尔“补”运算，来处理带有“非”条件的查询，例如 $C_1 \neg = V_1$。

EMPLOYEE

Row_id	Emp_id	Lname	Sex	Zipcode	Salary_grade
0	51024	Bass	M	94040	...
1	23402	Clarke	F	30022	...
2	62104	England	M	19046	...
3	34723	Ferragamo	F	30022	...
4	81165	Gucci	F	19046	...
5	13646	Hanson	M	19046	...
6	12676	Marcus	M	30022	...
7	41301	Zara	F	94040	...

Sex 列的位图索引

M	F
10100110	01011001

Zipcode 列的位图索引

Zipcode 19046	Zipcode 30022	Zipcode 94040
00101100	01010010	10000001

图 17.16 Sex 列和 Zipcode 列的位图索引

考虑图 17.16 中的示例关系 EMPLOYEE，它在 Sex 列和 Zipcode 列上具有位图索引。要查找 Sex = F 且 Zipcode = 30022 的雇员，可以对位图“01011001”和“01010010”执行交运算，得到 Row_id 1 和 3。要查找没有居住在 Zipcode = 94040 的雇员，可以对位向量“10000001”求补，从而得到 Row_id 1~6。一般来讲，对于给定的列，如果假定值是均匀分布的，并且如果一个列具有 5 个不同的值，另一个列则具有 10 个不同的值，那么就可以认为这两个列上的连接条件具有 1/50（= 1/5 * 1/10）的选择度。因此，实际上只需检索大约 2%的记录。如果一个列只具有少数几个值，例如图 17.16 中的 Sex 列，Sex = M 的检索条件平均将检索出 50%的行；在这些情况下，完全扫描比使用位图索引更好一些。

一般来讲，就所需的存储空间而言，位图索引非常高效。如果考虑一个包含 1 000 000 行（1 000 000 条记录）的文件，其中记录大小是 100 字节/行，那么每个位图索引对于每一行只将占用 1 位的空间，因此总共将使用 1 000 000 位或 125 KB 的空间。假设这个关系表示的是一个州里的 1 000 000 位居民，并且他们分散在 200 个邮政编码区域；Zipcode 上的 200

个位图将为每一行使用 200 位（或 25 字节）的空间；因此，200 个位图所占据的空间只有数据文件的 25%。它们允许准确地检索出居住在给定邮政编码区域的所有居民，并且产生他们的 Row_id。

在删除记录时，对行重新编号以及移动位图中的位将是代价高昂的。另一种位图称为**存在位图**（existence bitmap），可用于避免这种开销。这种位图将为已经删除但是仍然在物理上存在的行保存一个 0 位，而对实际存在的行保存一个 1 位。无论何时在关系中插入一行，都必须在具有位图索引的所有列的所有位图中生成相应的项；通常将行追加到关系末尾或者替换掉已删除的行，以最小化位图重组的影响。这个过程仍然构成索引开销。

在处理比较大的位向量时，将把它们视作一系列 32 位或 64 位的向量，并从指令集中使用相应的 AND、OR 和 NOT 运算符，在单独一条指令中处理 32 位或 64 位的输入向量。这使得位向量运算在计算上非常高效。

B^+树叶节点的位图

可以在 B^+树索引的叶节点上使用位图，以及指向一个记录集合，其中包含叶节点中的索引字段的每个特定值。当在一个非键搜索字段上构建 B^+树时，叶节点记录必须将一个记录指针列表与索引属性的每个值保存在一起。对于频繁出现的值，即在关系中所占比例较大的值，可能会存储位图索引以代替指针。例如，对于具有 n 行的关系，假设一个值出现在文件记录中的概率是 10%。位向量将具有 n 位，对于那些包含该搜索值的 Row_id，它们对应的位为“1”，其大小是 n/8 或 0.125n 字节。如果记录指针占据 4 字节（32 位），那么 n/10 个记录指针将占据 4 × n/10 或 0.4n 字节，由于 0.4n 比 0.125n 大 3 倍，所以存储位图比存储记录指针更好一些。因此，对于出现频率高于某个比率（在本例中是 1/32）的搜索值，有利的做法是使用位图作为一种压缩存储机制，用于表示在非键字段上建立索引的 B^+树中的记录指针。

17.5.3　基于函数的索引

在本节中，将讨论一种新的索引类型，称为**基于函数的索引**（function-based indexing），在 Oracle 关系 DBMS 以及其他一些商业产品中都引入了它[1]。

基于函数的索引背后的思想是：对一个字段或字段集合应用某个函数，将所得到的结果作为键，以此来创建索引。下面的示例显示了如何创建和使用基于函数的索引。

示例 1　下面的语句将在 EMPLOYEE 表上基于 Lname 列的大写表示创建一个基于函数的索引，可以利用许多方式输入 Lname 列中的值，但是总是按其大写表示来进行查询。

```
CREATE INDEX upper_ix ON Employee (UPPER(Lname));
```

这条语句将基于函数 UPPER(Lname)创建一个索引，该函数将以大写字母形式返回姓氏；例如，UPPER('Smith')将返回 SMITH。

基于函数的索引确保 Oracle 数据库系统将使用索引，而不会执行全表扫描，甚至当在查询的搜索谓词中使用函数时也是如此。例如，下面的查询将使用索引：

1　Rafi Ahmed 撰写了本节大部分内容。

```
SELECT First_name, Lname
FROM Employee
WHERE UPPER(Lname)= "SMITH".
```

如果不使用基于函数的索引，Oracle 数据库系统将执行全表扫描，因为只能直接使用列值搜索 B^+树索引；在列上使用任何函数都能阻止使用这样一个索引。

示例 2 在这个示例中，假设 EMPLOYEE 表将包含两个字段：salary 和 commission_pct（commission percentage，佣金比例），并且将在 salary 以及基于 commission_pct 计算的佣金之和上创建索引。

```
CREATE INDEX income_ix
ON Employee(Salary + (Salary*Commission_pct));
```

下面的查询将使用 income_ix 索引，即使与索引定义相比较，salary 和 commission_pct 字段在查询中以相反的顺序出现。

```
SELECT First_name, Lname
FROM Employee
WHERE ((Salary*Commission_pct) + Salary ) > 15000;
```

示例 3 这是一个更高级的示例，它使用基于函数的索引来定义条件唯一性。下面的语句将在 ORDERS 表上创建一个基于函数的唯一索引，用于阻止顾客多次利用升级 id（“特价销售”）。它将在 Customer_id 和 Promotion_id 字段上一起创建一个复合索引，并且通过把该索引声明为唯一索引，确保对于给定的 Customer_id 且 Promotion_id 等于“2”的顾客，索引中只有一个项与之对应。

```
CREATE UNIQUE INDEX promo_ix ON Orders
(CASE WHEN Promotion_id = 2 THEN Customer_id ELSE NULL END,
CASE WHEN Promotion_id = 2 THEN Promotion_id ELSE NULL END);
```

注意：通过使用 CASE 语句，目标是从索引中移除 Promotion_id 不等于 2 的任何行。Oracle 数据库不会在 B^+树索引中存储所有键均为 NULL 的任何行。因此，在这个示例中，将把 Customer_id 和 Promotion_id 映射到 NULL，除非 Promotion_id 等于 2。结果就是：对于具有相同 Customer_id 值的（尝试插入的）两行，仅当 Promotion_id 等于 2 时，才会破坏索引约束。

17.6 一些关于索引的一般性主题

17.6.1 逻辑索引与物理索引

在前面的讨论中，假定索引项<K, Pr>（或<K, P>）总是包括一个物理指针 Pr（或 P），它将磁盘上的物理记录地址指定为一个块编号和偏移量。这有时称为**物理索引**（physical index），它的缺点是如果将记录移到另一个磁盘位置，就必须更改指针。例如，假设主文件组织基于线性散列或可扩展散列；那么，每次拆分桶时，都将把一些记录分配给新桶，这些记录也就具有新的物理地址。如果文件上有辅助索引，就会查找并更新指向这些记录的指针，这是一项困难的任务。

为了纠正这种情况，可以使用一种称为**逻辑索引**（logical index）的结构，其索引项具有<K, K_p>这样的形式。每个索引项都具有一个值 K，表示辅助索引字段，与之匹配的是值 K_p，它是用于主文件组织的字段值。通过搜索值 K 上的辅助索引，程序可以定位对应的值 K_p，并使用它通过主文件组织访问记录，当主索引可用时，还可以使用主索引。因此，逻辑索引将在访问结构与数据之间引入一个额外的间接层。当预期物理记录地址将频繁改变时，就可以使用逻辑索引。这个间接层的代价是：基于主文件组织执行额外的搜索。

17.6.2　索引创建

许多 RDBMS 都具有用于创建索引的类似命令，尽管它不是 SQL 标准的一部分。该命令的一般形式如下：

```
CREATE [ UNIQUE ] INDEX <index name>
ON <table name> ( <column name> [ <order> ] { , <column name> [ <order> ] } )
[ CLUSTER ] ;
```

关键字 UNIQUE 和 CLUSTER 是可选的。当要创建的索引还应该基于索引属性对数据文件记录进行排序时，就可以使用关键字 CLUSTER。因此，在键（唯一）属性上指定 CLUSTER 将创建主索引的某个变体，而在非键（非唯一）属性上指定 CLUSTER 则会创建聚簇索引的某个变体。<order>的值可以是 ASC（升序）或 DESC（降序），它指定是否应该以索引属性值的升序或降序对数据文件进行排序。默认是 ASC。例如，下面的命令用于在 EMPLOYEE 文件的非键属性 Dno 上创建一个聚簇（升序）索引：

```
CREATE INDEX DnoIndex
ON EMPLOYEE (Dno)
CLUSTER ;
```

1. 索引创建过程

在许多系统中，索引并不是数据文件的一个组成部分，而是可以动态地创建和丢弃它。这就是为什么通常将其称为访问结构的原因。无论何时期望基于某个涉及特定字段的搜索条件访问一个文件，都可以请求 DBMS 在该字段上创建一个索引，如上面为 DnoIndex 创建一个索引的命令所示。通常，要创建一个辅助索引，以避免在磁盘上对数据文件中的记录进行物理排序。

辅助索引的主要优点是：至少在理论上，可以与几乎任何主记录组织一起创建它们。因此，辅助索引可用于补充其他的主访问方法，例如排序或散列，或者甚至可以把它用于混合文件。如果文件比较大并且包含数百万条记录，文件或者索引都将不能放入主存中，就要在文件的某个字段上创建 B^+树辅助索引。在索引中插入大量的项是通过一个称为批量加载（bulk loading）索引的过程完成的。必须遍历文件中的所有记录，在树的叶节点层中创建索引项。然后对这些项进行排序，并且依据指定的填充因子填充它们；同时，还会创建其他的索引层级。动态创建主索引和聚簇索引的代价更高并且要困难得多，因为必须按索引字段的顺序在磁盘上对数据文件的记录进行物理排序。不过，一些系统允许用户在索引创建期间对他们的文件进行排序，从而动态地创建这些索引。

2. 字符串的索引

在对字符串建立索引时要特别关注两个问题。字符串长度可变（例如，SQL 中的 VARCHAR 数据类型；参见第6章），字符串可能太长，从而限制扇出。如果把一个字符串作为搜索键来构建 B^+树索引，就可能导致每个索引节点中的键的数量不均匀，并且扇出可能会变化。当一些节点填满时，它们可能被迫进行分裂，无不管它们中的键的数量有多少。**前缀压缩**（prefix compression）技术可以缓解这种状况。无须把整个字符串都存储在中间节点中，而只需存储搜索键的前缀，就足以区分要分隔并指向子树的键。例如，如果 Lastname 是一个搜索键，并且我们正在寻找“Navathe”，非叶节点可能包含“Nac”和“Nay”，分别表示 Nachamkin 和 Nayuddin，并且作为我们需要遵循的子树指针两端的两个键。

17.6.3 索引调优

出于以下原因，可能不得不修改索引的初始选择：

- 由于缺少索引，某些查询可能需要花费太长的时间才能运行。
- 某些索引可能根本无法利用。
- 由于索引所基于的属性经过了频繁改变，而导致某些索引可能会经历太多的更新。

大多数 DBMS 都具有一种命令或跟踪机制，DBA 可以使用它要求系统显示查询是如何执行的：哪些操作是以什么顺序执行的，以及使用了哪些辅助访问结构（索引）。通过分析这些执行计划（在第18章中将进一步讨论这个术语），可以诊断上述问题的原因。基于调优分析，可能会删除一些索引，并且可能会创建一些新索引。

调优的目标是动态评估需求，它们有时会季节性地或者在一月或一周的不同时间段内波动，还有一个目标是对索引和文件组织进行重组，以产生最佳的总体性能。删除和构建新索引是一种可以依据性能改进来评判的开销。在删除或创建索引时，一般会挂起表的更新操作；必须考虑到这种服务损失。

除了删除或创建索引以及将非聚簇索引改为聚簇索引或者执行相反的过程之外，**重建索引**（rebuilding the index）也可能改进性能。大多数 RDBMS 都为索引使用 B^+树。如果索引键上有许多删除操作，索引页就可能包含浪费的空间，可以在重建操作期间回收它们。类似地，太多的插入操作也可能会在聚簇索引中导致溢出，这也会影响性能。重建聚簇索引相当于在那个键上有序地重组整个表。

索引的可用选项以及定义、创建和重组它们的方式因系统而异。例如，考虑17.1节中讨论中的稀疏索引和稠密索引。诸如主索引之类的稀疏索引对于数据文件中的每一页（磁盘块）都有一个索引指针；诸如唯一辅助索引之类的稠密索引对于每个记录都具有一个索引指针。Sybase 以 B^+树的形式提供聚簇索引作为稀疏索引，而 INGRES 则提供稀疏聚簇索引作为 ISAM 文件并且提供稠密聚簇索引作为 B^+树。在 Oracle 和 DB2 的一些版本中，建立聚簇索引的选项仅限于稠密索引，DBA 将不得不应对这种限制。

17.6.4 与关系和索引存储相关的其他主题

1. 使用索引管理约束和重复记录

人们经常使用索引在某个属性上执行键约束。在搜索索引以插入新记录时，同时会检查文件中（以及索引树中）的另一条记录是否具有与新记录相同的键属性值，这是一种直观的做法。如果是，就可能会拒绝插入。

如果在一个非键字段上创建索引，就会出现重复记录；如何处理这些重复记录是 DBMS 产品供应商必须面对的问题，它还会影响数据存储以及索引创建和管理。重复键的数据记录可能包含在同一个块中，也可能跨多个块，其中可能有许多重复记录。一些系统给记录添加一个行 id，使得带有重复键的记录具有它们自己的唯一标识符。在这些情况下，B^+树索引可能把<key, Row_id>组合视作索引的事实上的键，从而把索引转变成没有重复记录的唯一索引。从这样一个索引中删除键 K 将涉及删除在所有地方出现的那个键 K，因此删除算法将不得不考虑到这一点。

在实际的 DBMS 产品中，从 B^+树索引中执行删除操作也是通过多种方式处理的，以改进性能和响应时间。可能会将删除的记录标记为已删除，而直到垃圾收集进程回收了数据文件中的空间之后，才可能会移除对应的索引项；在进行垃圾收集之后，将会联机重建索引。

2. 倒排文件及其他访问方法

在其每个字段上都具有辅助索引的文件通常称为**完全倒排文件**（fully inverted file）。由于所有的索引都是辅助索引，所以将在文件的末尾插入新记录；因此，数据文件自身是一个无序（堆）文件。通常将这些索引实现为 B^+树，因此将会动态更新它们，以反映记录的插入或删除。一些商业 DBMS（例如 Software AG 的 Adabas）广泛使用这种方法。

在 17.2 节中，提到过一种称为 ISAM 的流行的 IBM 文件组织方式。另一种 IBM 方法是**虚拟存储访问方法**（virtual storage access method，VSAM），它有些类似于 B^+树访问结构，目前仍然在许多商业系统中使用。

3. 在查询中使用索引提示

像 Oracle 这样的 DBMS 具有一条规定：允许在查询中使用提示，用以建议或指示查询处理器和优化器加快完成查询执行。有一种提示形式称为索引提示；这些提示建议使用索引来改进查询的执行。提示是作为特殊注释的形式出现的（它们前面带有+符号），并且它们会撤销所有的优化器决策，但是如果它们无效、不相关或者表述不正确，优化器就可能会忽略它们。这里将不会详细讨论索引提示，而是利用一个示例查询来说明它们。

例如，要检索在 Dno 小于 10 的部门中工作的雇员的 SSN、Salary 和部门编号，可使用如下查询：

```
SELECT /*+ INDEX (EMPLOYEE emp_dno_index ) */ Emp_ssn, Salary, Dno
FROM EMPLOYEE
WHERE Dno < 10;
```

上面的查询包括一条提示，使用一个名为 emp_dno_index 的有效索引（它是一个建立在 EMPLOYEE 关系的 Dno 字段上的索引）。

4. 关系的基于列的存储

近来出现了一种趋势，即基于列存储关系，以此代替逐行存储关系的传统方式。商业性关系 DBMS 提供了主键和辅键上的 B^+树索引机制，可以高效地支持通过多种搜索条件来访问数据，还能够一次在磁盘上写入一行或多行数据，从而产生写优化的系统。对于数据仓库（将在第 29 章中讨论），它们是只读的数据库，基于列的存储为只读查询提供了特殊的优势。通常，列存储式 RDBMS 将单独考虑存储每一列数据，并在以下方面提供了性能优势：

- 逐列垂直分割表，使得可以为每个属性构造一个包含两列的表，从而可以只访问所需的列。
- 使用列式索引（类似于 17.5.2 节中讨论的位图索引）和多个表上的连接索引来回答查询，而不必访问数据表。
- 使用物化视图（参见第 7 章），支持基于多列的查询。

列式数据存储可以在创建索引时提供额外的自由度，例如前面讨论过的位图索引。同一个列可能存在于表的多个投影中，并且可能在每个投影上创建索引。为了存储同一个列中的值，目前开发了数据压缩策略、禁止 NULL 值技术、字典编码技术（其中将给列中的不同值分配更短的代码）以及游程编码技术。MonetDB/X100、C-Store 和 Vertica 就是此类系统的示例。一些流行的系统（例如 Cassandra、Hbase 和 Hypertable）有效地结合使用了基于列的存储与**宽列存储**（wide column-store）的概念。在第 24 章中讨论 NOSQL 系统时，将解释这类系统中的数据存储。

17.7 关系数据库中的物理数据库设计

在本节中，将讨论影响应用和事务性能的物理设计因素，然后将在第 16 章和本章到目前为止讨论的环境中评价 RDBMS 的特定指导原则。

17.7.1 影响物理数据库设计的因素

物理设计的目标不仅是在存储器中创建合适的数据结构，而且还要保证良好的性能。对于给定的概念模式，在给定的 DBMS 中有许多物理设计备用方法。直到数据库设计者知道预期将在数据库上运行的查询、事务和应用的组合之后，才有可能做出有意义的物理设计决策和性能分析。这称为数据库系统应用的特定**作业组合**（job mix）集。数据库管理员/设计者必须分析这些应用、它们预期的调用频率、对它们的执行速度的任何时间约束、预期的更新操作频率，以及属性上的任何唯一约束。接下来将讨论所有这些因素。

1. 分析数据库查询和事务

在着手进行物理数据库设计之前，必须以一种高级形式定义预期将在数据库上运行的查询和事务，清楚了解数据库的预期用途。对于每个**检索查询**（retrieval query），将需要以下关于查询的信息：

（1）查询将访问的文件（关系）。

（2）指定查询的任何选择条件中所涉及的属性。

（3）选择条件是相等性条件、不等性条件，还是范围条件。

（4）指定查询的任何连接条件或者链接多个表或对象的条件中所涉及的属性。

（5）通过查询来检索其值的属性。

上面第（2）项和第（4）项中列出的属性是定义访问结构的候选，例如索引、散列键或文件排序。

对于每个**更新操作**（update operation）或**更新事务**（update transaction），将需要以下信息：

（1）将会更新的文件。

（2）每个文件上的操作类型（插入、更新或删除）。

（3）指定删除或更新的选择条件中所涉及的属性。

（4）其值将被更新操作改变的属性。

同样，上面第（3）项中列出的属性是文件上的访问结构的候选，因为它们将用于定位将会更新或删除的记录。另一方面，第（4）项中列出的属性是用于*避免访问结构*的候选，因为修改它们将需要更新访问结构。

2. 分析查询和事务的预期调用频率

除了确定预期的检索查询和更新事务的特征之外，还必须考虑它们预期的调用率。这种频率信息以及在每个查询和事务上收集的属性信息用于汇编所有查询和事务的预期使用频率的累积列表。可以把它表示为在所有查询和事务上把每个文件中的每个属性用作选择属性或连接属性的预期频率。一般来讲，对于大量的处理，可以使用非正式的 80–20 规则：20%的查询和事务占用了大约 80%的处理。因此，在实际情况下，极少需要在所有查询和事务上收集穷尽的统计信息和调用率；确定 20%左右的最重要的查询和事务就足够了。

3. 分析查询和事务的时间约束

一些查询和事务可能具有严格的性能约束。例如，一个事务可能具有如下约束：在 95%的情况下，当调用它时，它应该在 5 s 内终止，并且它永远都不应该花费超过 20 s 的时间。这种时间约束可以在作为访问路径的属性上设置进一步的优先级。由查询和事务用于时间约束的选择属性将变成文件的主访问结构的更高优先级的候选，因为主访问结构一般可以最高效地定位文件中的记录。

4. 分析更新操作的预期频率

应该为频繁更新的文件指定最少数量的访问路径，因为更新访问路径本身会减缓更新操作的速度。例如，如果一个将会频繁插入记录的文件在 10 个不同的属性上具有 10 个索引，无论何时插入一条新记录，都必须更新其中每个索引。更新 10 个索引的开销可能会减缓插入操作的速度。

5. 分析属性上的唯一性约束

应该在所有候选键属性或属性集合上指定访问路径，这些属性可以是文件的主键，或者是唯一属性。索引（或其他访问路径）的存在使得在检查这种唯一性约束时只搜索索引就足够了，因为属性的所有值都将存在于索引的叶节点中。例如，在插入一条新记录时，如果新记录的键属性值已经存在于索引中，就应该会拒绝新记录的插入，因为它将破坏属性上的唯一性约束。

一旦汇编了上述信息，就可以处理物理数据库设计决策，它主要包括决定数据库文件的存储结构和访问路径。

17.7.2 物理数据库设计决策

大多数关系系统都将每个基本关系表示为一个物理数据库文件。访问路径选项包括指定每个关系的主文件组织类型，以及把哪些属性作为定义单个或复合索引的候选。每个文件上至多只有一个索引可能是主索引或聚簇索引，但是可以创建任意数量的额外辅助索引。

关于索引的设计决策

对于在相等性条件或范围条件（选择操作）中需要其值的属性，它们将作为键，或者参与需要访问路径（例如索引）的连接条件（连接操作）。

查询的性能在很大程度上依赖于存在哪些索引或散列模式，以加快完成选择和连接的处理。另一方面，在插入、删除或更新操作期间，索引的存在也会增加开销。必须依据加快完成查询和事务所获得的效率来评判这种开销。

索引的物理设计决策可分为以下类别。

（1）**是否对属性建立索引**。在某个属性上创建索引的一般规则是：要么该属性必须是一个键（唯一），要么必须具有某个查询，在选择条件（相等性条件或值范围）或连接条件中使用该属性。创建多个索引的一种原因是：只需扫描索引即可处理一些操作，而无须访问实际的数据文件。

（2）**要对哪些属性建立索引**。可以在单个属性上构造索引，如果它是一个复合索引，就要在多个属性上构造它。如果在多个查询中把一个关系中的多个属性牵扯在一起（例如，服装库存数据库中的(Garment_style_#, Color)），就有必要创建一个多属性（复合）索引。多属性索引内的属性顺序必须与查询对应。例如，上述的索引假定查询将基于Garment_style_#内的颜色顺序，反之则不然。

（3）**是否建立一个聚簇索引**。每个表上至多只有一个索引可以是主索引或聚簇索引，因为这意味着文件在该属性上是物理有序的。在大多数 RDBMS 中，通过关键字 CLUSTER 来指定它（如果属性是一个键，就会创建主索引；如果属性不是一个键，就会创建聚簇索引）。如果表需要多个索引，关于哪个索引应该是主索引还是聚簇索引的决定将取决于是否需要基于该属性有序地保存表范围查询可以从聚簇中获益良多。如果多个属性需要范围查询，在决定对哪个属性进行聚簇之前，必须评估相对的好处。如果只需执行索引搜索即可回答查询（而无须检索数据记录），就不应该对对应的索引进行聚簇，因为聚簇的主要好处是在检索记录自身时获得的。如果在创建报表时根据复合键执行的范围检索是有用的，就可能将聚簇索引建立为一个多属性索引（例如，Zip_code、Store_id 和 Product_id 上的索引就可能是一个用于销售数据的聚簇索引）。

（4）**相比树索引，是否要优先使用散列索引**。一般来讲，RDBMS 将把 B^+树用于建立索引。不过，在一些系统中也提供了 ISAM 和散列索引。B^+树支持在用作搜索键的属性上执行相等性查询和范围查询。散列索引非常适合于相等性条件，尤其是在连接期间用于查找匹配的记录，但是它们不支持范围查询。

（5）**是否为文件使用动态散列**。对于非常容易改变的文件，即那些不断地增长和收缩的文件，16.9 节中讨论的动态散列模式之一将是合适的。目前，许多商业 RDBMS 还没有提供这样的模式。

17.8　小　　结

在本章中，介绍了涉及额外访问结构的文件组织，这种称为索引的访问结构可以改进从数据文件中检索记录的效率。这些访问结构可以与第 16 章中讨论的主文件组织一起使用，后者用于在磁盘上组织文件记录本身。

本章介绍了 3 类有序的单级索引：主索引、聚簇索引和辅助索引。每种索引都是在文件的某个字段上指定的。主索引和聚簇索引是在文件的物理排序字段上构造的，而辅助索引则是在非排序字段上指定的，作为改进查询和事务性能的额外访问结构。主索引的字段也必须是文件的键，而聚簇索引的字段则是非键字段。单级索引是一个有序文件，可以使用二分查找进行搜索。接着说明了如何构造多级索引，来改进搜索索引的效率。然后介绍了一个示例，即 IBM 流行的索引顺序访问方法（ISAM），它是一个基于磁盘上的柱面/磁道配置的多级索引。

接下来说明了如何将多级索引实现为 B 树和 B^+树，它们是允许索引动态扩展和收缩的动态结构。这些索引结构的节点（块）通过插入和删除算法保持在半满和全满之间。节点的平均填满度最终将稳定在 69%，从而留出了插入的空间，对于绝大多数插入操作将无须重组索引。B^+树一般可以在它们的内部节点中保存比 B 树更多的项，因此与对应的 B 树相比，B^+树可能具有更少的层数，或者可能保存更多的项。

本章概述了一些多键访问方法，并且显示了如何基于散列数据结构来构造索引。我们介绍了**分区散列**（partitioned hashing）的概念，它是外部散列的一个扩展，用于处理多个键的情况。我们还介绍了**网格文件**（grid file），它沿着多个维度将数据组织进桶中。接着相当详细地讨论了**散列索引**（hash index），它是一种辅助结构，使用某个搜索键上的散列来访问文件，该搜索键与用于主文件组织的键不同。**位图索引**（bitmap indexing）是另一种重要的索引类型，用于按多个键执行查询，特别适合于具有少量唯一值的字段。也可以在 B^+树索引的叶节点中使用位图。我们还讨论了基于函数的索引，它是由关系 DBMS 供应商提供的，以允许基于一个或多个属性的函数建立特殊的索引。

我们介绍了逻辑索引的概念，并将其与以前描述过的物理索引进行比较。它们允许在索引中添加一个额外的间接层，以便允许更自由地在磁盘上移动实际的记录位置。我们讨论了 SQL 中的索引创建方法、批量加载索引文件的过程以及字符串的索引，还讨论了对索引进行调优的环境。然后，回顾了一些与索引相关的一般性主题，包括管理约束、使用倒排索引，以及在查询中使用索引提示；我们评价了基于列的关系存储，它正成为一种存储和访问大型数据库的切实可行的替代方法。最后，我们讨论了关系数据库的物理数据库设计，它涉及与本章和第 16 章中讨论过的数据存储和访问相关的决策。这些讨论涉及影响设计的因素和决策的类型，包括：是否对某个属性建立索引，在索引中要包括哪些属性，是建立聚簇索引还是非聚簇索引，以及是否使用散列索引和动态散列等。

复 习 题

17.1 定义以下术语：索引字段、主键字段、聚簇字段、辅键字段、块锚、稠密索引和非稠密（稀疏）索引。

17.2 主索引、辅助索引与聚簇索引之间有何区别？这些区别如何影响这些索引的实现方式？其中哪些索引是稠密索引，哪些不是？

17.3 为什么在一个文件上最多只能有一个主索引或聚簇索引，但是可以有多个辅助索引？

17.4 多级索引如何改进搜索一个索引文件的效率？

17.5 什么是B树的阶数p？描述B树节点的结构。

17.6 什么是B^+树的阶数p？描述B^+树的内部节点和叶节点的结构。

17.7 B树与B^+树之间有何区别？为什么通常优先选择B^+树作为数据文件的访问结构？

17.8 解释存在哪些可供选择的方法，可用于访问基于多个搜索键的文件。

17.9 什么是分区散列？它是如何工作的？它有哪些局限性？

17.10 什么是网格文件？它有什么优缺点？

17.11 给出一个示例，说明如何在某个文件上的两个属性上构造网格数组。

17.12 什么是完全倒排文件？什么是索引顺序文件？

17.13 如何使用散列来构造索引？

17.14 什么是位图索引？创建一个具有两列和16个元组的关系，并且给出一个示例，说明如何在列或元组上或者在它们二者之上构建位图索引。

17.15 基于函数的索引的概念是什么？它提供了什么额外的用途？

17.16 逻辑索引与物理索引之间有何区别？

17.17 什么是基于列的关系数据库存储？

练 习 题

17.18 考虑一个块大小B = 512字节的磁盘。块指针的长度P = 6字节，记录指针的长度P_R = 7字节。文件具有r = 30000条定长的EMPLOYEE记录。每条记录都具有以下字段：Name（30字节）、Ssn（9字节）、Department_code（9字节）、Address（40字节）、Phone（10字节）、Birth_date（8字节）、Sex（1字节）、Job_code（4字节）和Salary（4字节，实数）。添加一个额外的字节用作删除标记。

a. 计算记录大小R（以字节为单位）。

b. 假定采用非跨块组织，计算块因子bfr和文件块的数量b。

c. 假设文件是按键字段Ssn进行排序的，并且希望在Ssn上构造一个*主索引*。计算：(i)索引块因子bfr_i（它也是索引扇出fo）；(ii)一级索引项的数量和一级索引块的数量；(iii)如果把主索引转换成多级索引，计算所需的层级数；(iv)多级索引所需的块总数；(v)使用主索引从文件中搜索并检索具有给定Ssn值的记录所需的块访问次数。

d. 假设文件不是按键字段Ssn进行排序的，并且希望在Ssn上构造一个*辅助索引*。对于辅助索引重做上面的练习题（c部分），并将其与主索引做比较。

e. 假设文件不是按非键字段Department_code进行排序的，并且希望使用17.1.3节中的选项3在Department_code上构造一个*辅助索引*，它具有一个额外的间接层，用于存储记录指针。假定Department_code有1000个不同的值，并且EMPLOYEE记录是在这些值之间均匀分布的。计算：(i)索引块因子bfr_i（它也是索引扇出fo）；(ii)存储记录指针的间接层所需的块数；(iii)一级索引项的数量和一级索引块的数量；(iv)如果把辅助索引转换成多级索引，计算所需的层级数；(v)多级索引所需的块总数以及额外的间接层中使用的块总数；(vi)使用该索引从文件中搜索并检索具有特定Department_code值的所有记录所需的近似块访问次数。

f. 假设文件是按非键字段Department_code进行排序的，并且希望在Department_code上构造一个使用块锚的*辅助索引*（Department_code的每个新值都是从一个新块的最前端开始的）。假定Department_code有1000个不同的值，并且EMPLOYEE记录是在这些值之间均匀分布的。计算：(i)索引块因子bfr_i（它也是索引扇出fo）；(ii)一级索引项的数量和一级索引块的数量；(iii)如果把辅助索引转换成多级索引，计算所需的层级数；(iv)多级索引所需的块总数；(v)使用聚簇索引（假定一个聚簇中的多个块是连续的）从文件中搜索并检索具有特定Department_code值的所有记录所需的块访问次数。

g. 假设文件不是按键字段Ssn进行排序的，并且希望在Ssn上构造一种B^+树访问结构（索引）。计算：(i) B^+树的阶数p和p_{leaf}；(ii)如果叶节点层中块的填满度大约是69%，计算所需的叶节点层的块数（为方便起见，可进行四舍五入）；(iii)如果内部节点的填满度也是69%，计算所需的层数（为方便起见，可进行四舍五入）；(iv)该B^+树所需的块总数；(v)使用B^+树从文件中搜索并检索具有给定Ssn值的记录所需的块访问次数。

h. 对于B树（而不是B^+树）重做g部分的练习题。比较B树与B^+树的计算结果。

17.19　一个PARTS文件将Part#作为键字段，它包括的记录具有以下Part#值：23、65、37、60、46、92、48、71、56、59、18、21、10、74、78、15、16、20、24、28、39、43、47、50、69、75、8、49、33、38。假设在$p = 4$且$p_{leaf} = 3$的B^+树中以给定的顺序插入搜索字段值；说明树将会如何扩展，并且给出最终的树图形。

17.20　使用阶数$p = 4$的B树（而不是B^+树），重做练习题17.19。

17.21　假设以给定的顺序从练习题17.19的B^+树中删除以下搜索字段值：65、75、43、18、20、92、59、37。说明树将如何收缩，并且给出最终的树图形。

17.22 对于练习题17.20中的B树，重做练习题17.21。

17.23 算法17.1概括了搜索一个非稠密多级主索引以检索文件记录的过程。为下面每一种情况修改该算法：

a. 文件的非键非排序字段上的一个多级辅助索引。假定使用17.1.3节的选项3，其中额外的间接层存储一些指针，它们指向具有对应索引字段值的各个记录。

b. 文件的非排序键字段上的一个多级辅助索引。

c. 文件的非键排序字段上的一个多级聚簇索引。

17.24 假设在文件的非键字段上存在多个辅助索引，它们是使用17.1.3节的选项3实现的。例如，在练习题17.18的EMPLOYEE文件的Department_code、Job_code和Salary字段上可能具有辅助索引。描述一种高效的方式，使用间接层中的记录指针，搜索并检索那些满足这些字段上的复杂选择条件的记录，例如：(Department_code = 5 AND Job_code = 12 AND Salary = 50 000)。

17.25 算法17.2和算法17.3概括了B^+树的搜索和插入过程，修改这些算法，以用于B树。

17.26 可以修改B^+树的插入算法来延迟以下情况的发生：通过检查叶节点当中可能进行的值重新分配，来产生一个新的层级。图17.17说明了对于图17.12中的示例如何实现这一点。在插入12时，将不会分裂最左边的叶节点，而是通过把7移到其左边的叶节点（如果该节点中有空间的话），来实现*向左重新分配*。图17.17显示了在考虑重新分配时将看到的树的样子。考虑*向右重新分配*也是可能的。尝试修改B^+树的插入算法，以把重新分配考虑在内。

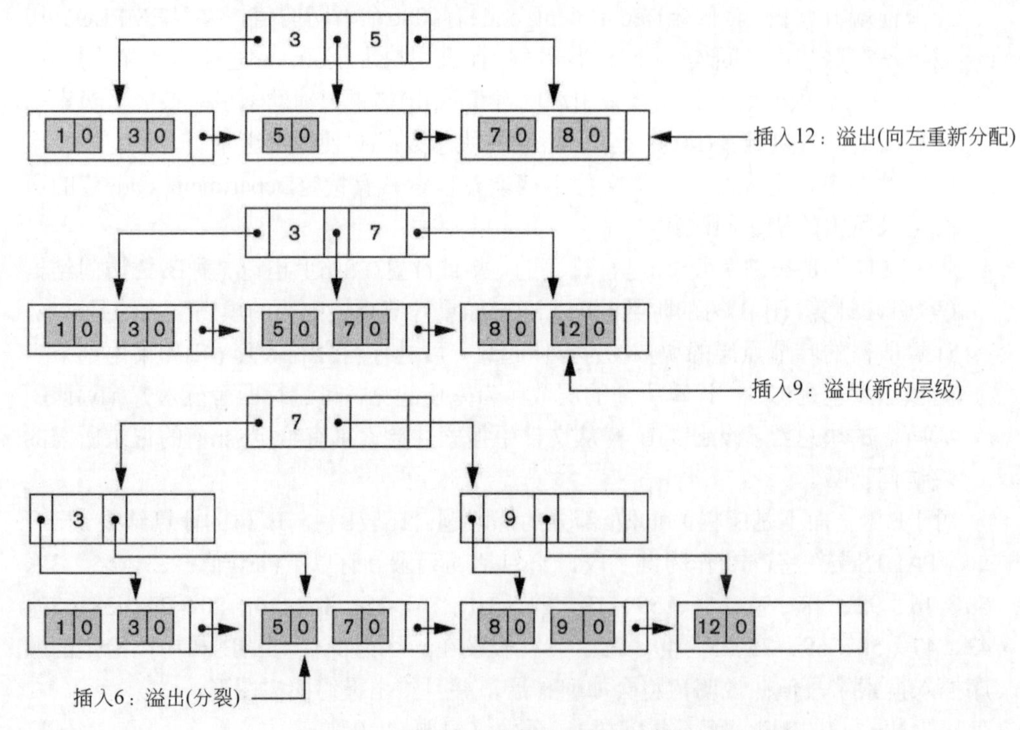

图 17.17 利用向左重新分配执行B^+树的插入操作

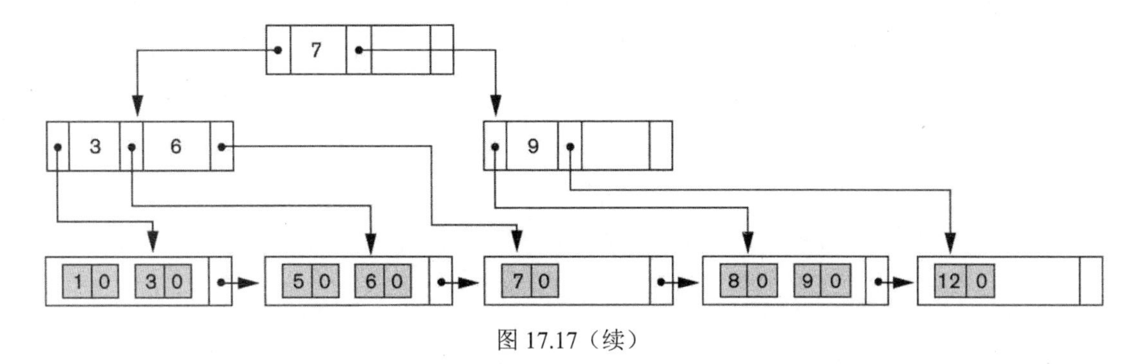

图 17.17（续）

17.27　概括从B^+树中执行删除操作的算法。

17.28　对于B树，重做练习题17.27。

选 读 文 献

索引：Bayer 和 McCreight（1972）介绍了 B 树与关联的算法。Comer（1979）提供了一份关于 B 树、B 树的历史以及 B 树的一些变体的优秀调查报告。Knuth（1998）详细分析了许多搜索技术，包括 B 树以及它们的一些变体。Nievergelt（1974）讨论了将二分查找树用于文件组织。有一些教科书详细讨论了索引，并且可以作为 B 树和 B^+树的搜索、插入和删除算法的参考，其中关于文件结构的教科书包括 Claybrook（1992）、Smith 和 Barnes（1987）以及 Salzberg（1988），关于算法和数据结构的教科书有 Wirth（1985），关于数据库的教科书有 Ramakrihnan 和 Gehrke（2003）。Larson（1981）分析了索引顺序文件，Held 和 Stonebraker（1978）则比较了静态多级索引与 B 树动态索引。Lehman 和 Yao（1981）以及 Srinivasan 和 Carey（1991）进一步分析了 B 树的并发访问。Wiederhold（1987）、Smith 和 Barnes（1987）以及 Salzberg（1988）等图书讨论了本章中描述的许多搜索技术。在 Nievergelt 等（1984）中介绍了网格文件。在 Burkhard（1976、1979）中讨论了使用分区散列的部分匹配检索。

在 Lanka 和 Mays（1991）、Zobel 等（1992）以及 Faloutsos 和 Jagadish（1992）中讨论了关于索引和 B^+树的一些新技术和应用。Mohan 和 Narang（1992）讨论了索引创建。在 Baeza-Yates 和 Larson（1989）以及 Johnson 和 Shasha（1993）中评估了多种 B 树和 B^+树算法的性能。在 Chan 等（1992）中讨论了索引的缓冲区管理。Stonebraker 等（2005）在 C-Store 数据库系统中提出了基于列的数据库存储；Boncz 等（2008）描述的 MonetDB/X100 是这种思想的另一个实现。Abadi（2008）讨论了对于只读的数据库应用按列存储的数据库相比按行存储的数据库有哪些优点。

物理数据库设计：Wiederhold（1987）介绍了与物理设计相关的主题。O'Neil 和 O'Neil（2001）详细讨论了关于商业 RDBMS 的物理设计和事务主题。Navathe 和 Kerschberg（1986）讨论了数据库设计的所有阶段，并且指出了数据字典的作用。Rozen 和 Shasha（1991）以及 Carlis 和 March（1984）介绍了用于处理物理数据库设计问题的不同模型。Shasha 和 Bonnet（2002）详细讨论了数据库调优的指导原则。Niemiec（2008）等多本图书可用于 Oracle 数据库管理和调优；Schneider（2006）重点介绍了 MySQL 数据库的设计和调优。

第 8 部 分

查询处理和优化

第 18 章　查询处理的策略[1]

在本章中，将讨论由 DBMS 在内部用于处理高级查询的技术。首先必须扫描、解析和验证利用高级查询语言（例如 SQL）表达的查询[2]。**扫描器**（scanner）将标识出现在查询语句中的查询标记，例如 SQL 关键字、属性名和关系名，而**解析器**（parser）则将检查查询语法，以确定它是否是依据查询语言的语法规则表述的。查询还必须进行**验证**（validate），以检查所有的属性名和关系名都是有效的，并且在要查询的特定数据库的模式中都是语义上有意义的名称。然后，创建查询的一种内部表示，通常用一种称为**查询树**（query tree）的树数据结构表示它。也可以使用一种称为**查询图**（query graph）的图数据结构表示查询，查询图一般是一种**有向无环图**（directed acyclic graph，DAG）。然后，DBMS 必须设计一种**执行策略**（execution strategy）或**查询计划**（query plan），用于从数据库文件中检索查询的结果。一个查询具有许多种可能的执行策略，而选择一种合适的执行策略来处理查询的过程就称为查询优化（query optimization）。

我们将把查询优化推迟到下一章中再进行详细讨论。在本章中，主要关注的是如何处理查询，将使用哪些算法来执行查询内的各个操作。图 18.1 显示了处理高级查询的不同步

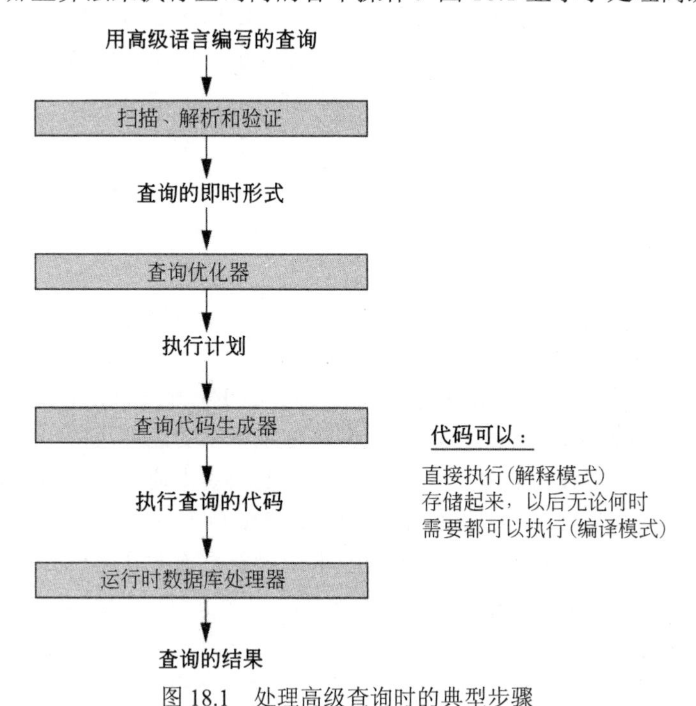

图 18.1　处理高级查询时的典型步骤

1　我们感谢 Rafi Ahmed 对更新本章内容所做的贡献。

2　这里将不会讨论查询处理的解析和语法检查阶段，在介绍编译器的图书中都会讨论这些内容。

骤。**查询优化器**（query optimizer）模块的任务是产生一个良好的执行计划，而**代码生成器**（code generator）的任务则是生成执行该计划的代码。**运行时数据库处理器**（runtime database processor）的任务是采用编译模式或解释模式运行（执行）查询代码，产生查询结果。如果出现运行时错误，运行时数据库处理器就会生成一条错误消息。

术语优化实际上有些用词不当，因此在一些情况下，选择的执行计划并不是最优（或绝对最佳）的策略，它只是一种执行查询的相当高效或者最佳可用的策略。除了最简单的查询之外，查找最优的策略通常太费时。此外，尝试找到最优的查询执行策略将需要关于表大小以及诸如列值分布之类的准确、详细的信息，而 DBMS 目录中可能并非总会提供这些信息。而且，必须基于查询中的谓词推断诸如预期结果大小之类的额外信息。因此，良好的执行策略计划可能是比查询优化更准确的描述。

对于遗留系统中的低级导航式数据库语言（例如网状 DML 或层次 DL/1），程序员必须在编写数据库程序时选择查询执行策略。如果 DBMS 只提供了一种导航式语言，就会限制 DBMS 进行广泛的查询优化；作为替代，程序员将能够选择查询执行策略。另一方面，高级查询语言（例如用于关系 DBMS（RDBMS）的 SQL 或者用于对象 DBMS（ODBMS）的 OQL（参见第 12 章））本质上更具有描述性，因为它指定了预期的查询结果是什么，而不是指定应该如何获得结果的细节。因此，对于以高级查询语言指定的查询，有必要进行查询优化。

本章将重点描述 RDBMS 环境下的查询处理和优化，因为这里描述的许多技术也适用于其他类型的数据库管理系统，例如 ODBMS[1]。关系 DBMS 必须系统地评估各种备用的查询执行策略，并选择一种相当高效或者接近最优的策略。大多数 DBMS 都具有许多通用的数据库访问算法，它们实现了一些关系代数运算，例如选择（SELECT）或连接（JOIN）（参见第 8 章），或者这些运算的组合。查询优化模块只会考虑那些可以通过 DBMS 访问算法实现并且适用于特定的查询以及特定的物理数据库设计的执行策略。

本章内容组织如下。18.1 节首先将一般性地讨论通常如何将 SQL 查询转换成关系代数查询和额外的操作，并将讨论如何对它们进行优化。然后，在 18.2 节~18.6 节中将讨论用于实现关系代数运算的算法。在 18.7 节中，将讨论称为流行线的执行策略。18.8 节将简要回顾运算符的并行执行策略。18.9 节总结了本章内容。

在第 19 章中，将概述查询优化策略，我们将讨论两种主要的查询优化技术。第一种技术基于**启发式规则**（heuristic rule），即在查询执行策略中对运算进行排序，该策略适用于大多数情况，但是不保证在每种情况下都适用。启发式规则通常会对查询树中的运算进行重新排序。第二种技术涉及对不同执行策略进行**成本估算**（cost estimation），并选择可以减小估算成本的执行计划。本章中介绍的主题要求读者熟悉前面几章中介绍的内容。特别是 SQL 语言（第 6 章和第 7 章）、关系代数（第 8 章）以及文件结构和索引（第 16 章和第 17 章）是学习本章内容的前提。此外，值得注意的是：查询处理和优化是一个庞大的主题，在本章和第 19 章中只能介绍基本的原则和技术。在本章和第 19 章的“选读文献”中提到了多部重要的著作。

---

1 有一些仅适用于 ODBMS 的查询优化问题和技术。不过，这里将不会讨论它们，因为本章中只将介绍查询处理，在第 19 章中才会讨论查询优化。

18.1　将 SQL 查询转换成关系代数和其他运算符

在实际中，SQL 是在大多数商业 RDBMS 中使用的查询语言。SQL 查询首先将会被转换成等价的扩展关系代数表达式（表示为查询树数据结构），然后对其进行优化。通常，会把 SQL 查询分解成查询块，这些查询块构成了可以转换成代数运算符并进行优化的基本单元。**查询块**（query block）中包含单个 SELECT-FROM-WHERE 表达式，如果 GROUP BY 和 HAVING 子句是查询块的一部分，那么还会包含它们。由于 SQL 包括聚合运算符，例如 MAX、MIN、SUM 和 COUNT，因此在扩展代数中还必须包括这些运算符，在 18.4 节中将对此加以讨论。

考虑对图 5.5 中的 EMPLOYEE 关系的 SQL 查询：

```
SELECT Lname, Fname
FROM EMPLOYEE
WHERE Salary > ( SELECT MAX (Salary)
                FROM EMPLOYEE
                WHERE Dno=5 );
```

这个查询用于检索其薪水超过部门 5 中的最高薪水的雇员（来自公司里的任何部门）的姓名。该查询包括一个嵌套的子查询，因此将把它分解成以下两个块。

内层查询块是：

```
( SELECT MAX (Salary)
FROM EMPLOYEE
WHERE Dno=5 )
```

这将检索部门 5 中的最高薪水。

外层查询块是：

```
SELECT Lname, Fname
FROM EMPLOYEE
WHERE Salary > c
```

其中 c 代表从内层查询块返回的结果。可以把内层查询块转换成以下扩展关系代数表达式：

$\Im_{\text{MAX Salary}}(\sigma_{\text{Dno=5}}(\text{EMPLOYEE}))$

并把外层查询块转换成如下表达式：

$\pi_{\text{Lname,Fname}}(\sigma_{\text{Salary>c}}(\text{EMPLOYEE}))$

然后，查询优化器将为每个查询块选择一种执行计划。注意：在上面的示例中，只需计算一次内层查询块，即可产生部门 5 中的雇员的最高薪水，然后外层查询块将把它用作常量 c。7.1.2 节中把它称为嵌套的子查询块（它与外层查询块不相关）。优化更复杂的相关嵌套子查询将更难处理（参见 7.1.3 节），其中外层查询块中的一个元组变量将出现在内层查询块的 WHERE 子句中。高级 DBMS 中使用了许多技术，用以解嵌套和优化相关的嵌套子查询。

额外的半连接和反连接运算符

大多数 RDBMS 目前都要处理由各类企业应用产生的 SQL 查询，包括即席查询、带参数的标准固定查询以及用于生成报表的查询。此外，还有一些 SQL 查询源于数据仓库（在第 29 章中将详细讨论数据仓储）上的 OLAP（online analytical processing，联机分析处理）应用。其中一些查询将被转换成不属于第 8 章中讨论的标准关系代数一部分的运算。两种常用的运算是**半连接**（semi-join）和**反连接**（anti-join）。注意：这两种运算都属于连接类型。半连接一般用于解嵌套 EXISTS、IN 和 ANY 子查询[1]。这里通过以下非标准语法表示半连接：T1.X S = T2.Y，其中 T1 是半连接左边的表，T2 是右边的表。半连接的语义如下：一旦 T1.X 找到与 T2.Y 的任何值的匹配，就会返回 T1 的行，而无须搜索更多的匹配。与之形成鲜明对比的是，在内连接中查找所有可能的匹配。

考虑图 5.5 中所示模式的一个稍加修改的版本，如下所示：

```
EMPLOYEE ( Ssn, Bdate, Address, Sex, Salary, Dno)
DEPARTMENT ( Dnumber, Dname, Dmgrssn, Zipcode)
```

其中部门位于特定的邮政编码区域。

让我们考虑下面的查询：

```
Q (SJ) : SELECT COUNT(*)
FROM    Department D
WHERE   D.Dnumber IN ( SELECT  E.Dno
                       FROM    EMPLOYEE E
                       WHERE   E.Salary > 200000)
```

这里具有一个通过连接符 IN 连接的嵌套查询。

要删除嵌套查询：

```
(   SELECT E.Dno
    FROM   Employee E WHERE E.Salary > 200000)
```

就称为**解嵌套**（unnesting）。它导致以下查询具有一个称为半连接（semi-join）的运算[2]，下面利用一种非标准表示法“S=”来显示它：

```
SELECT COUNT(*)
FROM    EMPLOYEE E, DEPARTMENT D
WHERE   D.Dnumber S= E.Dno and E.Salary > 200000;
```

上面的查询用于统计其中有雇员每年的薪水超过 200 000 美元的部门数量。这里的运

---

1 在一些情况下，重复的行是不相关的，此时也可使用内连接来解嵌套 EXISTS 和 ANY 子查询。

2 注意：这个半连接运算符与分布式查询处理中使用的运算符不同。

算用于查找其 Dnumber 属性与具有此高薪的 Employee 的 Dno 属性值匹配的部门。

在代数中，存在替代的表示法。下图中显示了一种常见的表示法。

半连接

现在考虑另一个查询：

```
Q (AJ)  :   SELECT COUNT(*)
FROM        EMPLOYEE
WHERE       EMPLOYEE.Dno NOT IN (  SELECT  DEPARTMENT.Dnumber
                                   FROM    DEPARTMENT
                                   WHERE   Zipcode =30332)
```

上面的查询用于统计不在位于邮政编码 30332 的部门中工作的雇员数量。这里的运算用于查找其 Dno 属性与给定邮政编码的 DEPARTMENT 中的 Dnumber 属性值不匹配的雇员元组。我们感兴趣的只是产生这类雇员的一个统计数字，执行两个表的内连接当然会产生错误的结果。因此，在这种情况下，将在解嵌套这个查询时使用**反连接**（anti-join）运算符。

反连接用于解嵌套 NOT EXISTS、NOT IN 和 ALL 子查询。我们将通过以下非标准语法表示反连接：T1.x A = T2.y，其中 T1 是反连接左边的表，T2 是右边的表。反连接的语义如下：一旦 T1.x 找到与 T2.y 的任何值的匹配，就会拒绝 T1 的行。仅当 T1.x 与 T2.y 的任何值都不匹配时，才会返回 T1 的行。

在下面的解嵌套结果中，将利用非标准符号“A=”显示上述的反连接：

```
SELECT COUNT(*)
FROM    EMPLOYEE, DEPARTMENT
WHERE   EMPLOYEE.Dno A= DEPARTMENT AND Zipcode =30332
```

在代数中，存在替代的表示法。下图中显示了一种常见的表示法。

反连接

18.2　外排序算法

排序是查询处理中使用的主要算法之一。例如，无论何时 SQL 查询指定一个 ORDER BY 子句，都必须对查询结果进行排序。在用于连接及其他运算（例如并和交）的排序-归并算法中以及在用于投影运算（当 SQL 查询在 SELECT 子句中指定 DISTINCT 选项时）的重复元素消除算法中，排序都是一个关键的组成部分。本节中将讨论这些算法之一。注意：如果在想要的文件属性上存在一个合适的索引（例如主索引或聚簇索引（参见第 17 章）），以允许有序地访问文件的记录，就可以避免对特定的文件进行排序。

外排序（external sorting）指的是适用于存储在磁盘上的大记录文件的排序算法，这些文件比较大，从而不能完全放入主存中，例如大多数数据库文件[1]。典型的外排序算法使用**排序-归并策略**(sort-merge strategy)，它首先对主文件中的一些小的子文件(称为**游程**(run))进行排序，然后把有序的游程归并起来，创建更大的有序子文件，再依次归并它们。像其他数据库算法一样，排序-归并算法也需要主存中的缓冲区空间，其中将执行游程的实际排序和归并。图18.2中概括的基本算法包括两个阶段：排序阶段和归并阶段。主存中的缓冲区空间是DBMS**高速缓存**（DBMS cache）的一部分，它是计算机的主存中受DBMS控制的一个区域。缓冲区空间将被划分成各个缓冲区，其中每个**缓冲区**（buffer）的大小都与一个磁盘块的大小相同(以字节为单位)。因此，一个缓冲区恰好可以保存一个磁盘块的内容。

```
set i ← 1;
    j ← b;          {文件大小（以块为单位）}
    k ← nB;         {缓冲区大小（以块为单位）}
    m ←⌈(j/k)⌉;    {子文件的数量- 每个子文件都能放入缓冲区中}
{排序阶段}
while (i <= m)
do {
        把文件中的接下来 k 个块读入缓冲区中，或者如果剩下不到 k 个块，那么就读入剩下的块；
        对缓冲区中的记录进行排序，并将其写成一个临时子文件；
        i ← i + 1;
}
{归并阶段：归并子文件，直到只剩下 1 个子文件}
set i ← 1;
    p ←⌈(log_{k-1} m)⌉; {p 是在归并阶段归并的趟数}
    j ← m;
while (i <= p)
do {
    n ← 1;
    q ←⌈(j/(k-1))⌉;  {在这一趟归并中写入子文件的数量}
    while (n <= q)
    do {
        一次一个块地读入接下来的 k-1 子文件或者剩下的子文件（来自上一趟归并）；
        一次一个块地进行归并，然后将结果写成一个新的子文件；
        n ← n + 1;
        }
        j ← q;
        i ← i + 1;
}
```

图18.2　外排序的排序-归并算法概览

1　内排序算法(internal sorting algorithm)适用于对数据结构进行排序，例如表和列表，它们能够完全放入主存中。在关于数据结构和算法的教科书中详细描述了这些算法，它们包括诸如快速排序、堆排序、冒泡排序等之类的技术。这里将不会讨论它们。此外，诸如HANA之类的主存DBMS利用它们自己的技术进行排序。

在**排序阶段**（sorting phase），将把能够放入可用缓冲区空间的文件的游程（部分或片段）读入主存中，然后使用内排序算法对这些游程进行排序，并把它们写回磁盘，作为临时的有序子文件（游程）。每个游程的大小和**初始游程的数量**（number of initial runs）（n_R）是由**文件块的数量**（number of file blocks）（b）和**可用缓冲区空间**（available buffer space）（n_B）决定的。例如，如果可用的主存缓冲区的数量 $n_B = 5$ 个磁盘块，文件的大小 $b = 1024$ 个磁盘块，那么就有 $n_R = \lceil(b/n_B)\rceil$或 205 个初始游程，并且每个游程的大小是 5 个块（最后一个游程除外，它只具有 4 个块）。因此，在经过排序阶段之后，将把 205 个有序游程（或者原始文件的 205 个有序子文件）存储为磁盘上的临时子文件。

在**归并阶段**（merging phase），将在一趟或多趟归并期间对有序游程进行归并。每**趟归并**（merge pass）都可能具有一个或多个归并步骤。**归并度**（degree of merging）（d_M）是在每个归并步骤中可以归并的有序子文件数量。在每个归并步骤中，都将需要一个缓冲区块，用以保存一个磁盘块，它来自每个将要归并的有序子文件；还将需要一个额外的缓冲区，用于容纳归并结果的一个磁盘块，它将产生一个更大的有序文件，该文件是归并多个较小的有序子文件的结果。因此，d_M 就等于$(n_B - 1)$和 n_R 中较小的那个，并且归并趟数是$\lceil(\log_{d_M}(n_R))\rceil$。在我们的示例中，$n_B = 5$ 且 $d_M = 4$（四路归并），因此在第一趟归并之后，在每个步骤中将一次 4 个地把 205 个初始的有序游程归并成 52 个更大的有序子文件。然后一次 4 个地把这 52 个有序文件归并成 13 个有序文件，然后又把这 13 个文件归并成 4 个有序文件，最后把它们归并成一个完全有序的文件，这意味着需要 4 趟归并。

可以依据在整个文件排序完成之前（在磁盘与主存之间）读写磁盘块的次数来度量排序-归并算法的性能。下面的公式粗略估算了这个代价：

$$(2 \times b) + (2 \times b \times (\log_{d_M} n_R))$$

上式中的第一项$(2 \times b)$表示排序阶段的块访问次数，其中每个块都会被访问两次：一次用于读入主存缓冲区，另一次用于把有序的记录写回到磁盘上的有序子文件之一中。上式中的第二项表示归并阶段的块访问次数。在每一趟归并期间，磁盘块的数量都大约等于读写的原始文件块数 b。由于归并的趟数是$(\log_{d_M} n_R)$，因此归并运算的总代价是$(2 \times b \times (\log_{d_M} n_R))$。

所需的主存缓冲区的最少数量是 $n_B = 3$，则 $d_M = 2$，$n_R = \lceil(b/3)\rceil$。当 d_M 取最小值 2 时，将得到这个算法的最坏情况下的性能，即：

$$(2 \times b) + (2 \times (b \times (\log_2 n_R)))$$

下面几节将讨论用于关系代数运算（参见第 8 章）的各种算法。

18.3　选择运算的算法

18.3.1　选择运算的实现选项

有许多算法用于执行选择运算，选择运算实质上是一个搜索运算，用于在磁盘文件中定位满足某个条件的记录。一些搜索算法依赖于具有特定访问路径的文件，它们可能只适用于某些类型的选择条件。在本节中将讨论一些用于实现选择运算的算法。这里将使用在

图 5.5 所示的关系数据库上指定的以下运算，对我们的讨论加以说明：

OP1：$\sigma_{Ssn = '123456789'}$ (EMPLOYEE)

OP2：$\sigma_{Dnumber > 5}$ (DEPARTMENT)

OP3：$\sigma_{Dno= 5}$ (EMPLOYEE)

OP4：$\sigma_{Dno= 5 \text{ AND } Salary > 30000 \text{ AND } Sex = 'F'}$ (EMPLOYEE)

OP5：$\sigma_{Essn = '123456789' \text{ AND } Pno =10}$(WORKS_ON)

OP6：一个 SQL 查询

```
SELECT   *
FROM     EMPLOYEE
WHERE    Dno IN (3,27,49)
```

OP7：一个 SQL 查询（来自 17.5.3 节）

```
SELECT   First_name, Lname
FROM     Employee
WHERE    ((Salary*Commission_pct) + Salary ) > 15000;
```

简单选择的搜索方法

许多搜索算法都可用于从文件中选择记录。它们也称为**文件扫描**（file scan），因为它们将扫描文件的记录，以搜索并检索那些满足选择条件的记录[1]。如果搜索算法涉及使用索引，索引搜索就称为**索引扫描**（index scan）。下面的搜索方法（S1~S6）就是一些可用于实现选择运算的搜索算法示例。

- **S1：线性搜索（蛮力算法）**。检索文件中的每一条记录，并且测试其属性值是否满足选择条件。由于记录被分组进磁盘块中，因此将把每个磁盘块读入主存缓冲区中，然后在主存中搜索磁盘块内的记录。
- **S2：二分查找**。如果选择条件涉及某个键属性上的相等性比较，并且文件是按这个键属性**排序**的，就可以使用二分查找，它比线性搜索更高效。以 OP1 为例，如果 Ssn 是 EMPLOYEE 文件的排序属性，就可以使用二分查找[2]。
- **S3a：使用主索引**。如果选择条件涉及某个**键属性**（key attribute）上的相等性比较，并且在该键属性上建立了主索引，例如，OP1 中的 Ssn = '123456789'，就可以使用主索引检索记录。注意：这个条件（至多）将检索单独一条记录。
- **S3b：使用散列索引**。如果选择条件涉及某个键属性上的相等性比较，并且该键属性具有散列键，例如，OP1 中的 Ssn = '123456789'，就可以使用散列键检索记录。注意：这个条件（至多）将检索单独一条记录。
- **S4：使用主索引检索多条记录**。如果比较条件是某个键字段上的比较运算：>、>=、<或<=，并且在该字段上建立了主索引，例如，OP2 中的 Dnumber > 5，就可以使用主索引查找满足对应的相等性条件（Dnumber = 5）的记录；然后在（有序）文

1　选择运算有时也称为**过滤器**（filter），因为它将把文件中不满足选择条件的记录过滤掉。

2　一般来讲，在数据库搜索中不会使用二分查找，除非文件上还具有对应的主索引，这是因为数据库中通常不使用有序的文件。

件中检索它后面的所有记录。对于条件 Dnumber < 5，则会检索它前面的所有记录。

- **S5：使用聚簇索引检索多条记录**。如果选择条件涉及某个**非键属性**（nonkey attribute）上的相等性比较，并且在该属性上建立了聚簇索引，例如，OP3 中的 Dno = 5，就可以使用这个索引检索满足条件的所有记录。
- **S6：在相等性比较上使用辅助（B^+树）索引**。如果索引字段是一个**键**（具有唯一值），就可以使用这种搜索方法来检索单独一条记录；如果索引字段**不是一个键**，则可以使用它检索多条记录。它也可用于涉及>、>=、<或<=的比较运算。在选择条件中涉及一个值范围（例如，3000 <= Salary <= 4000）的查询称为**范围查询**（range query）。对于范围查询，B^+树索引的叶节点中包含按顺序排列的索引字段值，因此可以基于该字段对应的请求范围使用这些值序列，并且叶节点中还提供了记录指针，用于限定记录。
- **S7a：使用位图索引**（参见 17.5.2 节）。如果选择条件涉及某个属性的值集合（例如，OP6 中的(3,27,49)中的 Dnumber），就可以对每个值的对应位图进行"或"（OR）运算，得到满足条件的记录 id 的集合。在这个示例中，相当于对 3 个位图向量进行"或"运算，这些向量的长度与雇员的数量相同。
- **S7b：使用函数索引**（参见 17.5.3 节）。在 OP7 中，选择条件涉及表达式((Salary*Commission_pct) + Salary)。如果具有一个定义如下的函数索引（如 17.5.3 节中所示）：

```
CREATE INDEX income_ix
ON Employee (Salary + (Salary*Commission_pct));
```

那么这个索引就可用于检索满足条件的雇员记录。注意：在创建索引时编写函数的确切方式是无关紧要的。

在第 19 章中，将讨论如何开发一些公式，用于依据块访问次数和访问时间来估计这些搜索方法的访问代价。方法 S1（**线性搜索**）适用于任何文件，而所有其他的方法都依赖于对选择条件中使用的属性具有合适的访问路径。方法 S2（**二分查找**）要求文件基于搜索属性是有序的。使用索引的方法（S3a、S4、S5 和 S6）一般称为**索引搜索**（index search），它们要求搜索属性上存在合适的索引。方法 S4~S6 可用于在**范围查询**中检索某个范围中的记录。方法 S7a（**位图索引搜索**）适用于某个属性必须与一个枚举值集匹配的检索。对于具有函数索引的一个或多个属性，如果存在基于它们的函数的匹配，那么方法 S7b（**函数索引搜索**）就是合适的。

18.3.2　合取选择的搜索方法

如果选择运算的条件是一个**合取条件**（conjunctive condition），也就是说，如果它是由多个简单的条件利用 AND 逻辑连接符连接而成的（例如上面的 OP4），DBMS 就可以使用以下额外的方法来实现运算：

- **S8：使用单个索引实现合取选择**。如果合取选择条件中的任何**单个简单条件**（single simple condition）中涉及的某个属性具有一条访问路径，它允许使用方法 S2~S6 之一，那么就可以使用该简单条件检索记录，然后检查每个检索出的记录是否满足合取选择条件中其余的简单条件。

- **S9：使用复合索引实现合取选择**。如果在合取选择条件中的相等性条件中涉及两个或多个属性，并且在组合字段上存在一个复合索引（或散列结构），例如，如果为 OP5 在 WORKS_ON 文件的复合键(Essn, Pno)上创建了一个索引，就可以直接使用这个索引。
- **S10：通过记录指针的交集实现合取选择**[1]。如果在合取选择条件中的简单条件中涉及的多个字段上存在辅助索引（或者其他访问路径），并且索引中包括记录指针（而不是块指针），那么每个索引都可用于检索满足各个条件的**记录指针集合**（set of record pointers）。这些记录指针集合的**交集**（intersection）将包括满足合取选择条件的记录指针，然后可以直接使用这些记录指针检索记录。如果只有其中一些条件具有辅助索引，那么还将进一步测试每个检索出的记录，以确定它是否满足其余的条件[2]。一般来讲，方法 S10 假定每个索引都存在于文件的一个非键字段上，因为如果某个条件是键字段上的一个相等性条件，那么将只有一条记录满足整个条件。上面在 S7 中讨论的位图索引和函数索引也适用于多个属性上的合取选择。对于多个属性上的合取选择，将把得到的位图进行“与”（AND）运算，产生记录 id 的列表；当一个或多个记录 id 集合来自函数索引时，也可以这样做。

无论何时单个条件指定了选择运算，例如 OP1、OP2 或 OP3，DBMS 都可以只检查那个条件中涉及的属性上是否存在一条访问路径。如果访问路径（例如索引、散列键、位图索引或有序文件）存在，就会使用与该访问路径对应的方法；否则，就可以使用方法 S1 的蛮力、线性搜索方法。无论何时合取选择条件中涉及的不止一个属性具有访问路径，那么这些条件往往需要对选择运算进行查询优化。优化器应该通过估算不同的代价（参见 19.3 节）并选择具有最小估算代价的方法，来选择可以利用最高效的方式检索最少记录的访问路径。

18.3.3 析取选择的搜索方法

与合取选择条件相比，**析取条件**（disjunctive condition）的处理和优化要困难得多，另外，其中的简单条件是通过 OR（而不是 AND）逻辑连接符连接的。例如，考虑 OP4′：

OP4′：$\sigma_{\text{Dno=5 OR Salary > 30000 OR Sex = 'F'}}$ (EMPLOYEE)

在这样一个条件下，满足析取条件的记录将是满足各个条件的记录的并集。因此，如果任何一个条件没有访问路径，都将迫使我们使用蛮力、线性搜索方法。仅当析取条件中的每个简单条件上都存在一条访问路径时，才能对选择运算进行优化，方法是：检索满足每个条件的记录（或它们的记录 id），然后应用并运算以消除重复的记录。

S1~S7 中讨论的所有方法都适用于每个将会产生一个可能的记录 id 集合的简单条件。

---

1 记录指针唯一地标识一条记录，并且提供记录在磁盘上的地址；因此，也把记录指针称为**记录标识符**（record identifier）或**记录 id**（record id）。

2 这种技术具有许多变体。例如，如果索引是*逻辑索引*，那么它们存储的就是主键值，而不是记录指针。

查询优化器必须选择一种合适的方法，用于执行查询中的每个选择运算。这种优化将使用一些公式，估算每种可用的访问方法的代价，相关内容将在 19.4 节和 19.5 节中讨论。优先器将选择具有最小估算代价的访问方法。

18.3.4 估算条件的选择度

就使用的资源和响应时间而言，为了最小化查询执行的总体代价，查询优化器将从系统目录中接收有价值的输入，该目录中包含数据库的至关重要的统计信息。

数据库目录中的信息

典型的 RDBMS 目录中包含以下信息类型：

对于模式为 R 且包含 r_R 个元组的每个关系（表）r，将包含以下信息：

- 行数/记录数或者它的基数：|r(R) |。这里把行数简称为 r_R。
- 关系的“宽度”（即关系中每个元组的长度）。这里把元组的这个长度称为 R。
- 关系在存储器中占据的块数：称为 b_R。
- 块因子 bfr，它是每个块内的元组数量。

对于关系 R 中的每个属性 A，将包含以下信息：

- R 中 A 的不同值的数量：NDV (A, R)。
- R 中属性 A 的最大值和最小值：max (A, R)和 min (A, R)。

注意：还可能有许多其他的统计形式，并且可以根据需要保存它们。如果在属性<A, B>上有一个复合索引，那么 NDV (R, <A, B>)就具有重要意义。要尽力保持这些统计信息尽可能准确；不过，使它们随时保持准确被认为是不必要的，因为在相当活跃的数据库中这样做的开销将非常高。在 19.3.2 节中将再次讨论上述的许多参数。

当优化器在合取选择条件中的多个简单条件之间做出选择时，它通常会考虑每个条件的**选择度**（selectivity）。选择度（sl）被定义为满足条件的记录（元组）数量与文件（关系）中的记录（元组）总数之间的比率，因此它是一个 0~1 的数字。选择度为 0 意味着文件中的所有记录都不满足选择条件，而选择度为 1 则意味着文件中的所有记录都满足选择条件。一般来讲，选择度不会是这两个极端值之一，而是一个 0~1 的小数，用于估算将会检索出的文件记录的百分比。

尽管可能无法得到所有条件的准确选择度，但是有可能从 DBMS 目录中保存的信息中获得**选择度的估值**（estimate of selectivity），并且优化器可以使用它们。例如，对于关系 r(R)的一个键属性上的相等性条件，选择度 sl = 1/|r(R)|，其中|r(R)|是关系 r(R)中的元组数量。对于具有 i 个不同值的某个非键属性上的相等性条件，可以通过(|r(R)|/i)/|r(R)|或 1/i 来估算选择度 sl，假定记录在不同的值之间是**均匀分布**（uniformly distributed）的。在这个假设下，将会有|r(R)|/i 条记录满足这个属性上的相等性条件。对于具有选择条件的范围查询，将会有：

```
假定记录是均匀分布的，则有 A ≥ v
如果 v > max (A, R)，则有 sl = 0
sl = max (A, R) - v / max (A, R) - min (A, R)
```

一般来讲，如果选择条件的选择度是 sl，那么满足这个选择条件的记录数量估算将是 $|r(R)| * sl$。这个估值越小，首先使用这个条件检索记录的可取性就越高。对于具有 NDV (A, R)个不同值的非键属性，通常情况下这些值不是均匀分布的。

如果 DBMS 以**直方图**（histogram）的形式保存了记录在属性的多个不同值之间的实际分布情况，就有可能获得满足特定条件的记录数量的更准确的估值。在 19.3.3 节中将更详细地讨论目录信息和直方图。

18.4 实现连接运算

连接运算是查询处理中最耗时的运算之一。查询中遇到的许多连接运算都是等值连接（EQUIJOIN）和自然连接（NATURAL JOIN）的变体，因此这里将只考虑这两种连接运算，因为我们只将概述查询处理和优化。在本章余下内容中，术语**连接**（join）指的是等值连接（或自然连接）。

有许多可能的方式用于实现**二路连接**（two-way join），它是指两个文件上的连接。涉及两个以上文件的连接称为**多路连接**（multiway join）。由于可能的连接顺序组合爆炸性增长，执行多路连接的可能方式也在迅速增多。在本节中，将讨论只用于实现二路连接的技术。为了对我们的讨论加以说明，将再次参考图 5.5 中所示的关系模式，确切地讲，将参考 EMPLOYEE、DEPARTMENT 和 PROJECT 这些关系。接下来将讨论的算法用于如下形式的连接运算：

$R \bowtie_{A=B} S$

其中 A 和 B 是**连接属性**（join attribute），它们应该分别是 R 和 S 的域兼容的属性。可以将这里讨论的方法扩展到更一般的连接形式。本节将以下面的运算为例，说明用于执行这类连接的 4 种最常用的技术：

OP6：EMPLOYEE $\bowtie_{Dno=Dnumber}$ DEPARTMENT

OP7：DEPARTMENT $\bowtie_{Mgr\_ssn=Ssn}$ EMPLOYEE

18.4.1 实现连接运算的方法

- **J1：嵌套循环连接（或嵌套块连接）**。这是默认的（蛮力）算法，因为它不需要连接中的任意文件上的任何特殊的访问路径。对于 R 中的每条记录 t（外层循环），将检索 S 中的每条记录 s（内层循环），并且测试两个记录是否满足连接条件 t[A] = s[B][1]。
- **J2：基于索引的嵌套循环连接（使用访问结构检索匹配的记录）**。如果对于两个连接属性之一（例如，文件 S 的属性 B）存在一个索引（或散列键），那么将检索 R 中的每条记录 t（遍历文件 R），然后使用访问结构（例如索引或散列键），直接从 S 中检索满足 s[B] = t[A]的所有匹配记录 s。

1 对于磁盘文件，显而易见，循环将遍历磁盘块，因此这种技术也称为嵌套块连接（nested-block join）。

- **J3：排序-归并连接**。如果 R 和 S 中的记录分别按连接属性 A 和 B 的值是物理有序（排序）的，就可能以一种最高效的方式实现连接。首先以连接属性的顺序并发扫描两个文件，把 A 和 B 上具有相同值的记录进行匹配。如果文件不是有序的，那么先要使用外排序（参见 18.2 节）对文件进行排序。在这种方法中，将按顺序把文件块成对复制到主存缓冲区中，并且只会把每个文件中的记录扫描一次，从而与另一个文件中的记录进行匹配，除非 A 和 B 都是非键属性，在这种情况下，需要对方法稍做修改。图 18.3(a)简要描述了排序-归并连接算法。这里使用 R(i)指示文件 R 中的第 i 条记录。当两个连接属性上存在辅助索引时，还可以使用排序-归并连接算法的一个变体。索引允许按连接属性的顺序访问（扫描）记录，但是记录本身是物理地分散在所有磁盘块中的，因此这种方法可能效率低下，因为每个记录访问都可能涉及访问一个不同的磁盘块。

```
(a) 根据属性 A 对 R 中的元组进行排序;            (*假定 R 中具有 n 个元组（记录）*)
    根据属性 B 对 S 中的元组进行排序;            (*假定 S 中具有 m 个元组（记录）*)
    set i ←1, j ← 1;
    while (i <= n) and (j ≤ m)
    do {     if R(i)[A] > S(j)[B]
             then set j ← j + 1
         elseif R(i)[A] < S(j)[B]
             then set i ← i + 1
         else { (* R(i)[A] = S(j)[B]，因此输出一个匹配的元组*)
                把组合元组<R(i), S(j)>输出到 T;

                (*如果还有与 R(i)匹配的其他元组，就输出它们*)
             set l ← j + 1;
             while (l <= m) and (R(i)[A] = S(l)[B])
             do { 把组合元组<R(i), S(l)>输出到 T;
                 set l ← l + 1
             }

         (*如果还有与 S(j)匹配的其他元组，就输出它们*)
         set k ← i + 1;
         while (k <= n) and (R(k)[A] = S(j)[B])
         do { 把组合元组<R(k), S(j)>输出到 T;
             set k ← k + 1
         }
         set i ← k, j ← l
         }
    }
```

图 18.3　使用排序-归并实现连接、投影、并、交和集合差运算，
其中 R 具有 n 个元组，S 具有 m 个元组

(a) 实现 $T \leftarrow R \bowtie_{A=B} S$ 运算；(b) 实现 $T \leftarrow \pi_{<属性列表>}(R)$运算；(c) 实现 $T \leftarrow R \cup S$ 运算；
(d) 实现 $T \leftarrow R \cap S$ 运算；(e) 实现 $T \leftarrow R - S$ 运算

```
(b) 为 R 中的每个元组 t 在 T'中创建一个元组 t[<属性列表>];
        (*T'中包含消除重复元组之前的投影结果*)
    if <属性列表>包括 R 的一个键
        then T ← T'
    else { 对 T'中的元组进行排序;
        set i ← 1, j ← 2;
        while i <= n
        do { 把元组 T'[i]输出到 T;
            while T'[i] = T'[j] and j <= n do j ← j + 1; (*消除重复元组*)
            i ← j; j ← i + 1
        }
    }
    (*T 中包含消除重复元组之后的投影结果*)

(c) 使用相同的唯一排序属性，对 R 和 S 中的元组进行排序;
    set i ← 1, j ← 1;
    while (i <= n) and (j <= m)
    do { if R(i) > S(j)
            then { 把 S(j)输出到 T;
                set j ← j + 1
            }
        elseif R(i) < S(j)
            then { 把 R(i)输出到 T;
                set i ← i + 1
            }
        else set j ← j + 1 (* R(i)=S(j)，因此跳过其中一个重复元组*)
    }
    if (i <= n) then 把元组 R(i)~R(n)添加到 T;
    if (j <= m) then 把元组 S(j)~S(m)添加到 T;

(d) 使用相同的唯一排序属性，对 R 和 S 中的元组进行排序;
    set i ← 1, j ← 1;
    while (i <= n) and (j <= m)
    do { if R(i) > S(j)
            then set j ← j + 1
        elseif R(i) < S(j)
            then set i ← i + 1
        else { 把 R(j)输出到 T; (* R(i) = S(j)，因此输出元组*)
            set i ← i + 1, j ← j + 1
        }
    }
```

图 18.3（续）

```
(e) 使用相同的唯一排序属性，对 R 和 S 中的元组进行排序；
    set i ← 1, j ← 1;
    while (i <= n) and (j <= m)
    do { if R(i) > S(j)
             then set j ← j + 1
         elseif R(i) < S(j)
             then { 把 R(i)输出到 T;    (* R(i)没有匹配的 S(j)，因此输出 R(i) *)
                 set i ← i + 1
             }
             else set i ← i + 1, j ← j + 1
    }
    if (i <= n) then 把元组 R(i)~R(n)添加到 T;
```

图 18.3（续）

- **J4：分区-散列连接（或者仅散列连接）**。把文件 R 和 S 中的记录划分到更小的文件中。在 R 的连接属性 A 上（用于对文件 R 进行分区）和 S 的连接属性 B 上（用于对文件 S 进行分区）使用相同的散列函数 h，对每个文件进行分区。首先，对包含较少记录的文件（如 R）进行一遍处理，把它的记录散列到 R 的各个分区中；这称为**分区阶段**（partitioning phase），因为 R 的记录是分区到散列桶中的。在最简单的情况下，假定较小的文件在分区后可以完全放入主存中，使得 R 的分区后的子文件都保存在主存中。把具有相同 h(A)值的记录集合存放在同一个分区中，它是主存中的散列表中的一个**散列桶**（hash bucket）。在第二个阶段，称为**探测阶段**（probing phase），将对另一个文件（S）进行一遍处理，然后使用相同的散列函数 h(B)散列它的每条记录，以探测合适的桶，并把该记录与那个桶中所有来自 R 的匹配记录组合起来。这种简化的分区-散列连接描述假定：在第一个阶段之后将把两个文件中较小的文件全都放入主存桶中。下面将讨论分区-散列连接的一般情况，它不需要这种假定。在实际中，技术 J1~J4 是通过访问文件的全部磁盘块（而不是访问各条记录）实现的。依赖于主存中可用缓冲区的数量，可以调整从文件中读入的块数。

18.4.2　缓冲区空间和外层循环文件的选择如何影响嵌套循环连接的性能

可用的缓冲区空间对一些连接算法具有重要影响。首先，让我们考虑嵌套循环方法(J1)。再次探讨上面的 OP6 运算，假定主存中可用于实现连接的缓冲区数量是 $n_B = 7$ 个块（缓冲区）。回忆可知：我们假定每个内存缓冲区与一个磁盘块具有相同的大小。为了加以说明，假定 DEPARTMENT 文件包括 $r_D = 50$ 条记录，它们存储在 $b_D = 10$ 个磁盘块中；EMPLOYEE 文件包括 $r_E = 6000$ 条记录，它们存储在 $b_E = 2000$ 个磁盘块中。对于其记录将用于外层循环的文件，一次从文件中将尽可能多的块读入内存中是有好处的。注意：还要保留两个块，其中一个用于从内层文件中读取数据，另一个用于写到输出文件，因此将有 $n_B - 2$ 个块可用于从外层关系中读取数据。然后，算法就可以为内层循环文件一次读取一个块，并使用它的记录来**探测**（即搜索）当前位于主存中的外层循环块，以查找匹配的记录。就样就减少了块的总访问次数。主存中还需要一个额外的缓冲区，用于包含连接后的结果记录，无论何时这个缓冲区被填满，都可以把其中的内容追加到**结果文件**（result file）中，它是将包含连接结果的磁盘文件。然后就可以重用这个结果缓冲区块，保存额外的连接结果记录。

在嵌套循环连接中，为外层循环选择哪个文件以及为内层循环选择哪个文件是会产生差别的。如果将 EMPLOYEE 用于外层循环，那么将把 EMPLOYEE 的每个块读取一次，并且每次读入 EMPLOYEE 文件的($n_B - 2$)个块时，都将把整个 DEPARTMENT 文件（它的每个块）读取一次。这样就得到以下公式，用于计算从磁盘读入主存中的磁盘块数：

外层循环文件访问（读取）的块总数= b_E

将外层文件的($n_B - 2$)个块加载进主存中的次数= $\lceil b_E/(n_B - 2)\rceil$

内层循环文件访问（读取）的块总数= $b_D \times \lceil b_E/(n_B - 2)\rceil$

因此，就得到以下块读取访问的总次数：

$$b_E + (\lceil b_E/(n_B - 2)\rceil \times b_D) = 2000 + (\lceil (2000/5)\rceil \times 10) = 6000 \text{ 次块访问}$$

另一方面，如果在外层循环中使用 DEPARTMENT 记录，根据对称性，将得到以下块访问总次数：

$$b_D + (\lceil b_D/(n_B - 2)\rceil \times b_E) = 10 + (\lceil (10/5)\rceil \times 2000) = 4010 \text{ 次块访问}$$

连接算法使用一个缓冲区来保存结果文件的连接记录。一旦这个缓冲区被填满，就会把它写到磁盘，并将其内容追加到结果文件中，然后利用连接结果记录重新填充它[1]。

如果连接运算的结果文件具有 b_{RES} 个磁盘块，将把每个块写到磁盘上一次，因此还应该把另外的 b_{RES} 次块访问（写）加到前面的公式上，以估算连接运算的总代价。对于后面为其他连接算法开发的公式，也应该如此。如这个示例中所示，在嵌套循环连接中，使用具有较少块的文件作为外层循环文件是有好处的。

18.4.3 连接选择因子如何影响连接性能

影响连接（尤其是单循环方法 J2）性能的另一个因素是：一个文件中的记录将与另一个文件中的记录进行连接的比例。我们把这个比例称为一个文件与另一个文件进行等值连接的**连接选择因子**（join selection factor）[2]。这个因子依赖于两个文件之间的特定等值连接条件。为了加以说明，可以考虑 OP7 运算，它把每条 DEPARTMENT 记录与那个部门的经理的 EMPLOYEE 记录相连接。这里，每条 DEPARTMENT 记录（我们的示例中有 50 条这样的记录）都将与单独一条 EMPLOYEE 记录相连接，但是许多 EMPLOYEE 记录（其中有 5950 条没有管理一个部门的 EMPLOYEE 记录）将不会与 DEPARTMENT 中的任何记录相连接。

假设在 EMPLOYEE 的 Ssn 属性和 DEPARTMENT 的 Mgr_ssn 属性上都存在辅助索引，它们的索引层级数分别是 $x_{Ssn} = 4$ 和 $x_{Mgr\_ssn} = 2$。有两个选项可用于实现方法 J2。第一个选项是检索每一条 EMPLOYEE 记录，然后使用 DEPARTMENT 的 Mgr_ssn 属性上的索引查

1 如果为结果文件保留两个缓冲区，就可以使用双缓冲技术来加快算法的执行速度（参见 16.3 节）。

2 它不同于第 19 章中将讨论的连接选择度（join selectivity）。

找一条匹配的 DEPARTMENT 记录。在这种情况下，对于没有管理一个部门的雇员，将不会找到匹配的记录。这种情况下的块访问次数大约是：

$$b_E + (r_E \times (x_{Mgr\_ssn} + 1)) = 2000 + (6000 \times 3) = 20000 \text{ 次块访问}$$

第二个选项将检索每一条 DEPARTMENT 记录，然后使用 EMPLOYEE 的 Ssn 属性上的索引查找一条匹配的经理 EMPLOYEE 记录。在这种情况下，每一条 DEPARTMENT 记录都将具有一条匹配的 EMPLOYEE 记录。这种情况下的块访问次数大约是：

$$b_D + (r_D \times (x_{Ssn} + 1)) = 10 + (50 \times 5) = 260 \text{ 次块访问}$$

第二个选项更高效，因为对于连接条件 Ssn = Mgr_ssn，DEPARTMENT 的连接选择因子为 1（DEPARTMENT 中的每一条记录都会被连接）；而对于相同的连接条件，EMPLOYEE 的连接选择因子为(50/6000)或 0.008（EMPLOYEE 只有 0.8%条记录将会被连接）。对于方法 J2，应该在（单个）连接循环中使用较小的文件或者每一条记录都有匹配的文件（即具有较高连接选择因子的文件）。如果文件上还没有索引存在，也可以创建一个索引，专门用于执行连接运算。

如果两个文件分别按各自的连接属性进行了排序，那么排序-归并连接方法 J3 将相当高效，只需对每个文件进行一遍处理即可。因此，块访问次数将等于两个文件中的块数之和。对于这个方法，OP6 和 OP7 将需要 $b_E + b_D = 2000 + 10 = 2010$ 次块访问。不过，将需要按连接属性对这两个文件进行排序；如果其中一个或两个文件没有进行排序，就必须创建每个文件的一个有序副本，专用于执行连接运算。如果粗略估算对一个外部文件进行排序的代价是$(b\ \log_2 b)$次块访问，并且如果两个文件都需要进行排序，那么就可以估算排序-归并连接的总代价是$(b_E + b_D + b_E\log_2 b_E + b_D\log_2 b_D)$[1]。

18.4.4　分区-散列连接的一般情况

散列连接方法 J4 也相当高效。在这种情况下，无论文件是否有序，都只需对每个文件进行一遍处理。如果在两个文件中的那个较小文件的连接属性上进行散列（分区）之后，可以把该文件的散列表完全保存在主存中，那么实现就很直观。不过，如果两个文件的分区必须存储在磁盘上，散列连接方法就会变得更复杂，目前已经提出了该方法的许多变体，它们可以改进效率。这里将讨论两种技术：分区-散列连接的一般情况以及一种称为混合散列连接算法的变体，后者被证明非常高效。

在**分区-散列连接**（partition-hash join）的一般情况下，首先对连接属性使用相同的**分区散列函数**（partitioning hash function），将每个文件划分成 M 个分区。然后，把每一对相对应的分区连接起来。例如，假设在连接属性 R.A 和 S.B 上连接关系 R 和 S：

$$R \bowtie_{A=B} S$$

在**分区阶段**（partitioning phase），将把 R 划分成 M 个分区 $R_1, R_2, \cdots, R_M$，并把 S 也划分成 M 个分区 $S_1, S_2, \cdots, S_M$。对于连接运算来说，每一对相对应的分区(R_i, S_i)的性质是：R_i 中的记录只需与 S_i 中记录相连接，反之亦然。由于在两个文件的连接属性（R 的属性 A 和 S 的属性 B）上使用相同的散列函数进行分区，因此可以确保这个性质。**分区阶段**所需

1　如果知道用于排序的可用缓冲区数量，就可以使用 19.5 节中介绍的更准确的公式。

的内存中的缓冲区的最少数量是 M + 1。对文件 R 和 S 单独进行分区。在对一个文件进行分区期间，将分配 M 个内存中的缓冲区，用于存储散列到每个分区中的记录；还需要一个额外的缓冲区，用于在对输入文件进行分区时保存一个块。无论何时填满了用于分区的内存中的缓冲区，都会把它的内容追加到存储分区的**磁盘子文件**（disk subfile）中。分区阶段具有两次迭代。在第一次迭代之后，将把第一个文件 R 划分成子文件 $R_1, R_2, \cdots, R_M$，其中散列到相同缓冲区中的所有记录都将存放在同一个分区中。在第二次迭代之后，将对第二个文件 S 进行类似的分区。

在第二个阶段，称为**连接阶段**（joining phase）或**探测阶段**（probing phase），将需要 M 次迭代。在第 i 次迭代期间，将连接两个对应的分区 R_i 和 S_i。第 i 次迭代所需的最少缓冲区数量等于两个分区中较小的分区（如 R_i）加上两个额外的缓冲区。如果在第 i 次迭代期间使用嵌套循环连接，那么就要把两个分区中较小分区 R_i 中的记录复制到内存缓冲区中；然后从另一个分区 S_i 中一次一个地读取所有块，并且使用其中的每一条记录来**探测**（即搜索）分区 R_i，以查找匹配的记录。然后将连接任何匹配的记录，并把它们写入结果文件中。为了提高内存中探测的效率，通常使用一个与分区散列函数不同的散列函数来散列分区 R_i 中的记录，并且使用一个内存中的散列表来存储这些记录[1]。

对于我们的示例，可以粗略估算这种分区-散列连接的代价是 $3 \times (b_R + b_S) + b_{RES}$，因为在分区阶段只会把每条记录读取一次，并写回到磁盘上一次。在连接（探测）阶段，还会把每条记录读取一次，以执行连接。这种算法的主要难点在于：确保分区散列函数将**保持一致**（uniform），也就是说，保证分区大小基本相等。如果分区函数有**偏差**（skewed），即不一致，那么在第二个连接阶段，一些分区可能由于太大而不能放入可用的内存空间中。

注意：如果可用的内存中的缓冲区空间 $n_B > (b_R + 2)$，其中 b_R 是将要连接的两个文件中较小文件（如 R）的块数，那么将没有理由进行分区，因为在这种情况下，可以基于散列和探测，使用嵌套循环连接的某个变体完全在内存中执行连接。为了加以说明，假定执行连接运算 OP6，重述如下：

OP6：EMPLOYEE $\bowtie_{Dno=Dnumber}$ DEPARTMENT

在这个示例中，较小的文件是 DEPARTMENT 文件；因此，如果可用的内存缓冲区数量 $n_B > (b_D + 2)$，那么就可以将整个 DEPARTMENT 文件读入主存中，并基于连接属性组织成一个散列表。然后把每个 EMPLOYEE 块读入一个缓冲区中，并在其连接属性上散列缓冲区中的每条 EMPLOYEE 记录，再使用这些记录探测 DEPARTMENT 散列表中对应的内存桶。如果找到匹配的记录，就会把对应的记录连接起来，然后把结果记录写到结果缓冲区中，并最终把它们写到磁盘上的结果文件中。因此，就块访问次数而言，代价将是$(b_D + b_E)$，再加上 b_{RES}，它是写入结果文件的代价。

18.4.5 混合散列连接

混合散列连接算法（hybrid hash-join algorithm）是分区-散列连接算法的一个变体，其中将把分区之一的连接阶段包括在分区阶段中。为了说明这种算法，假定内存缓冲区的大

---

1 如果再次使用分区时使用的散列函数，那么将再次把分区中的所有记录散列到同一个桶中。

小等于一个磁盘块，并且有 n_B 个这样的缓冲区可用。使用的分区散列函数是 h(K) = K mod M，以便创建 M 个分区，其中 $M < n_B$。为了加以说明，假定执行连接运算 OP6。在分区阶段的第一遍分区过程中，当混合散列连接算法对两个文件中较小的文件（OP6 中的 DEPARTMENT）进行分区时，算法将在 M 个分区之间划分缓冲区空间，使得 DEPARTMENT 的第一个分区中的所有块都完全驻留在主存中。对于每个其他的分区，都只将分配单个内存中的缓冲区，其大小等于一个磁盘块；分区中其余的块都将写到磁盘上，就像常规的分区-散列连接中那样。因此，在分区阶段的第一遍分区结束时，DEPARTMENT 的第一个分区将完全驻留在主存中，而 DEPARTMENT 的所有其他的分区则驻留在磁盘子文件中。

对于分区阶段的第二遍分区，将对要连接的第二个文件（较大的文件，即 OP6 中的 EMPLOYEE）中的记录进行分区。如果一条记录散列到第一个分区中，就会将其与 DEPARTMENT 中的匹配记录连接起来，并把连接后的记录写到结果缓冲区中（并且最终将写到磁盘上）。如果 EMPLOYEE 记录散列到除第一个分区以外的其他分区中，就按通常的方法对它进行分区并存储到磁盘上。因此，在分区阶段的第二遍分区结束时，散列到第一个分区中的所有记录都会连接起来。此时，磁盘上将有 M − 1 对分区。因此，在第二个**连接**或**探测**阶段，将需要 M − 1 次迭代，而不是 M 次迭代。目标是在分区阶段连接尽可能多的记录，从而避免了把这些记录存储在磁盘上，然后又在连接阶段再次读取它们。

18.5　投影和集合运算的算法

关系代数中的投影运算 $\pi_{<属性列表>}(R)$意味着：仅仅在属性列表中的列上投影 R 之后，就会移除任何重复的元组，从而把结果严格地视作一个元组集合。不过，下面的 SQL 查询：

```
SELECT Salary
FROM EMPLOYEE
```

将产生所有雇员的薪水列表。如果有 10 000 位雇员，但是薪水只有 80 个不同的值，那么它将会产生一列结果，其中包含 10 000 个元组。可以通过一个简单的线性搜索完全遍历表，来执行这个运算。

如果<属性列表>中包括关系 R 的键，那么就可以相当直观地实现关系代数 $\pi_{<属性列表>}(R)$运算符的真实效果，因为在这种情况下，运算的结果中将包含与 R 相同的元组数量，但是在每个元组中只具有<属性列表>中的属性的值。如果<属性列表>中不包括 R 的键，就必须消除重复的元组。可以对运算的结果进行排序，然后消除重复的元组，它们在排序后是连续出现的。图 18.3(b)中给出了该算法的简要描述。也可以使用散列来消除重复：在散列每条记录并将其插入内存中的散列文件的桶中时，将对照桶中已经存在的那些记录来检查它；如果它是重复记录，就不会把它插入桶中。这里可以回想一下，在 SQL 查询中，默认不会从查询结果中消除重复的记录；仅当包括关键字 DISTINCT 时，才会从查询结果中消除重复的记录。

有时，实现集合运算（并（UNION）、交（INTERSECTION）、集合差（SET DIFFERENCE）和笛卡儿积（CARTESIAN PRODUCT））的代价很高，这是因为并、交、差（MINUS）或

集合差是集合运算符，总是必须返回不同的结果。

特别是，笛卡儿积运算 R × S 的代价很高，这是因为其结果中包括 R 和 S 中的记录的每种组合。此外，结果中的每条记录还包括 R 和 S 的所有属性。如果 R 具有 n 条记录和 j 个属性，S 具有 m 条记录和 k 个属性，那么 R × S 的结果关系将具有 n * m 条记录，并且每条记录都将具有 j + k 个属性。因此，在查询优化期间避免使用笛卡儿积运算并且利用诸如连接之类的其他运算来代替它就很重要。另外 3 种运算（并、交和集合差[1]）只适用于**类型兼容**（type-compatible）或**并兼容**（union-compatible）的关系，它们具有相同的属性数量和相同的属性值域。实现这些运算的惯用方法是使用**排序-归并技术**（sort-merge technique）的变体：在相同属性上对两个关系进行排序，并且在排序后，只需对每个关系进行单独一次扫描，就足以产生结果。例如，可以通过并发地扫描和归并两个有序的文件，来实现并运算 R∪S，并且无论何时在两个关系中存在相同的元组，在归并的结果中都只将保留其中一个元组。对于交运算 R∩S，在归并的结果中将只保留那些同时出现在两个有序关系中的元组。图 18.3(c)至图 18.3(e)简要描述了通过排序和归并实现这些运算的方法。其中有一些细节没有包括在这些算法中。

散列法（hashing）也可用于实现并、交和集合差运算。首先扫描一个表，并把它分区成内存中带有桶的散列表，然后一次一个地扫描另一个表中的记录，并使用这些记录来探测合适的分区。例如，要实现 R∪S，可以先散列（分区）R 中的记录；然后散列（探测）S 中的记录，但是不要在桶中插入重复的记录。要实现 R∩S，可以先把 R 中的记录分区到散列文件中。然后，在散列 S 中的每条记录时，用这些记录进行探测，以检查是否可以在桶中发现来自 R 的相同记录，如果是，就把该记录添加到结果文件中。要实现 R – S，可以先把 R 中的记录散列到散列文件桶中。然后散列（探测）S 中的每条记录，如果在桶中发现相同的记录，就从桶中移除该记录。

将反连接用于集合差（或者 SQL 中的 EXCEPT 或 MINUS）运算

可以像下面这样把 SQL 中的 MINUS 运算符转换成反连接（18.1 节中介绍过它）。假设我们想要查明在图 5.5 所示的模式中哪些部门没有雇员，可以使用以下语句：

```
Select Dnumber from DEPARTMENT MINUS Select Dno from EMPLOYEE;
```

可将其转换成：

```
SELECT  DISTINCT DEPARTMENT.Dnumber
FROM    DEPARTMENT, EMPLOYEE
WHERE   DEPARTMENT.Dnumber A = EMPLOYEE.Dno
```

这里使用了反连接的非标准表示法“A=”，其中 DEPARTMENT 位于反连接的左边，EMPLOYEE 则位于右边。

---

1 在 SQL 中将集合差（SET DIFFERENCE）称为 MINUS 或 EXCEPT。

在 SQL 中，这些集合运算有两个变体。UNION、INTERSECTION 以及 EXCEPT 或 MINUS（用于 SET DIFFERENCE 运算的 SQL 关键字）适用于传统的集合，其中在结果中没有重复记录存在。UNION ALL、INTERSECTION ALL 和 EXCEPT ALL 这些运算则适用于多集（或包）。因此，回到图 5.5 中所示的数据库上，考虑使用一个查询来查找雇员工作的所有部门，其中至少存在一个项目受该部门控制，可以将这个结果写为：

```
SELECT Dno from EMPLOYEE
INTERSECT ALL
SELECT Dum from PROJECT
```

在执行交运算时，这将不会从 EMPLOYEE 中消除任何重复的 Dno 记录。如果把全部 10 000 位雇员分配给各个部门，其中在 PROJECT 关系中存在某个项目，那么结果将是包括重复记录的 10 000 个部门编号的列表。可以通过 18.1 节中介绍的半连接运算来实现这一点，如下所示：

```
SELECT DISTINCT EMPLOYEE.Dno
FROM DEPARTMENT, EMPLOYEE
WHERE EMPLOYEE.Dno S = DEPARTMENT.Dnumber
```

如果在使用 INTERSECTION 时没有带 ALL，那么对所选的部门编号还需要执行额外一个步骤，用于消除重复的记录。

18.6　实现聚合运算和不同类型的连接

18.6.1　实现聚合运算

在对整个表应用聚合运算符（MIN、MAX、COUNT、AVERAGE、SUM）时，可以通过表扫描或者使用合适的索引（如果有）来计算结果。例如，考虑下面的 SQL 查询：

```
SELECT  MAX(Salary)
FROM    EMPLOYEE;
```

如果在 EMPLOYEE 关系的 Salary 属性上存在一个（升序的）B^+树索引，那么优化器就可以决定使用 Salary 索引来搜索索引中最大的 Salary 值，即沿着每个索引节点中*最右边*的指针，从根节点开始搜索到最右边的叶节点。这个节点将把最大的 Salary 值作为它的最后一项。在大多数情况下，这将比对 EMPLOYEE 执行全表扫描更高效，因为无须检索实际的记录。可以利用类似的方式处理 MIN 函数，只不过要沿着索引中*最左边*的指针，从根节点搜索到最左边的叶节点。这个节点将把最小的 Salary 值作为它的第一项。

索引还可用于 AVERAGE 和 SUM 聚合函数，但是仅当它是**稠密索引**（dense index）时才可以这样做，也就是说，对于主文件中的每条记录都存在一个对应的索引项。在这种情况下，将对索引中的值应用关联的计算。对于**非稠密索引**（nondense index），必须将与每个索引值关联的实际记录数量用于正确的计算。如果将与索引中的每个值关联的记录数量存储在每个索引项中，就可以做到这一点。对于 COUNT 聚合函数，还可以利用类似的方式根据索引计算值的数量。如果将 COUNT(*)函数应用于整个关系，由于当前每个关系中的记录数量通常存储在目录中，因此可以直接从目录中检索到结果。

当在查询中使用 GROUP BY 子句时，则必须对通过分组属性分区的每一组元组单独应用聚合运算符。因此，首先必须把表分区成元组的子集，其中每个分区（分组）都具有相同的分组属性值。在这种情况下，计算将更复杂。考虑下面的查询：

```
SELECT      Dno, AVG(Salary)
FROM        EMPLOYEE
GROUP BY    Dno;
```

处理这类查询的常用技术是：首先在分组属性上使用**排序**（sorting）或**散列**（hashing），把文件分区成合适的组。然后，算法将为每个分组中的元组计算聚合函数，其中每个分组将具有相同的分组属性值。在示例查询中，每个部门编号的 EMPLOYEE 元组集合将会一起分组在一个分区中，并为每个分组计算平均薪水值。

注意：如果在分组属性上存在**聚簇索引**（参见第 17 章），那么就已经将记录分区（分组）到合适的子集中了。在这种情况下，只需对每个分组应用计算即可。

18.6.2 实现不同类型的连接

除了标准连接（在 SQL 中也称为内连接）之外，还将频繁使用连接的 3 个变体。下面将简要介绍它们：外连接、半连接和反连接。

1. 外连接

在 6.4 节中，讨论了*外连接运算*，以及它的 3 个变体：左外连接、右外连接和完全外连接。在第 5 章中，讨论了如何在 SQL 中指定这些运算。下面给出了 SQL 中的左外连接运算的一个示例：

```
SELECT E.Lname, E.Fname, D.Dname
FROM   (EMPLOYEE E LEFT OUTER JOIN DEPARTMENT D ON E.Dno = D.Dnumber);
```

这个查询的结果是雇员姓名及其关联部门的表。这个表包含与常规（内）连接相同的结果，只不过如果 EMPLOYEE 元组（左边关系中的元组）没有关联的部门，那么雇员的姓名仍会出现在结果表中，但是在查询结果中对于这样的元组部门名称将为 NULL。可以将外连接视作内连接和反连接的结合。

可以通过修改连接算法之一来计算外连接，如嵌套循环连接或者单循环连接。例如，要计算左外连接，可以把左边的关系用作外层循环或者基于索引的嵌套循环，因为左边关系中的每个元组都必须出现在结果中。如果另一个关系中具有匹配的元组，就会产生连接的元组并将其保存在结果中。不过，如果没有找到匹配的元组，仍会在结果中包括该元组，但是将利用 NULL 值填充它。也可以扩展排序-归并算法和散列连接算法来计算外连接。理论上讲，还可以通过执行关系代数运算符的组合来计算外连接。例如，上面所示的左外连接运算等价于下面的关系运算序列。

（1）计算 EMPLOYEE 表与 DEPARTMENT 表的（内）连接。

TEMP1 ← $\pi_{\text{Lname, Fname, Dname}}$ (EMPLOYEE $\bowtie_{\text{Dno=Dnumber}}$ DEPARTMENT)

（2）查找没有出现在（内）连接结果中的 EMPLOYEE 元组。

TEMP2 ← $\pi_{\text{Lname, Fname}}$ (EMPLOYEE) − $\pi_{\text{Lname, Fname}}$ (TEMP1)

如前面在 18.5.2 节中所讨论的，可以在 EMPLOYEE 与 TEMP1 之间对 Lname 和 Fname 执行一个反连接，来实现这种差值运算。

（3）利用值为 NULL 的 Dname 字段，填充 TEMP2 中的每个元组。

TEMP2 ← TEMP2 × NULL

（4）对 TEMP1 和 TEMP2 应用并运算，产生左外连接的结果。

RESULT ← TEMP1 ∪ TEMP2

像上面这样计算的外连接的代价是关联步骤（内连接、投影、集合差和并）的代价之和。不过，注意：在第（2）步中构造临时关系时就可以完成第（3）步；也就是说，可以简单地利用 NULL 填充每个结果元组。此外，在第（4）步中，我们知道并运算的两个操作数是不相交的（没有公共元组），因此无须消除重复的元组。这样，首选的方法是使用内连接与反连接的组合，而不是使用上述的步骤，因为在投影后面接着集合差运算的代数方法将导致临时表被存储和处理多次。

可以通过交换操作数把右外连接转换成左外连接，因此无须单独讨论它。**完全外连接**（full outer join）需要计算内连接的结果，然后利用从作为左、右操作数的关系中的不匹配元组产生的额外元组填充结果。通常，可以通过扩展排序-归并算法或散列连接算法将不匹配的元组考虑在内，来计算完全外连接。

2. 实现半连接和反连接

在 18.1 节中，介绍了将这些连接类型作为可能的运算方式，以便将一些具有嵌套子查询的查询映射到这些连接上。它们的目的是能够执行连接的某个变体，以代替把子查询计算多次。在这些情况下，使用内连接将是无效的，因为对于外部关系中的每个元组，内连接都会在内部关系上寻找所有可能的匹配。在半连接中，一旦找到第一个匹配，就会停止搜索，并且会选择外部关系中的元组；在反连接中，一旦找到第一个匹配，就会停止搜索，并且会拒绝外部关系中的元组。可以将这两种连接类型实现为 18.4 节中讨论的连接算法的一个扩展。

3. 实现非等值连接

当连接条件是不等性之一时，也有可能执行连接运算。在第 8 章中，把这种运算称为 θ 连接。这种功能基于涉及任何运算符的条件，例如<、>、≥、≤、≠等。除了不能使用基于散列的算法之外，前面讨论过的所有连接方法同样适用于这里。

18.7　使用流水线组合运算

在 SQL 中指定的查询通常会转换成关系代数表达式，它是一个关系运算序列。如果一次执行一个运算，就必须在磁盘上生成临时文件，以保存这些临时运算的结果，这将会产生大量的开销。通过创建并存储每个临时结果，然后把它作为参数传递给下一个运算符，这种对查询求值的方式称为**物化求值**（materialized evaluation）。然后将把每个临时的物化结果写到磁盘上，从而会增加查询处理的总代价。

在磁盘上生成并存储大量的临时文件非常耗时，并且在许多情况下都是不必要的，因为这些文件将立即用作下一个运算的输入。为了减少临时文件的数量，通常会生成查询执行代码，它们对应于查询中的运算组合的算法。

例如，可以把连接运算与输入文件上的两个选择运算以及结果文件上最终的投影运算结合起来，而无须单独实现它们；所有这些运算都可以通过一个算法来实现，该算法带有两个输入文件和单个输出文件。这样就不用创建 4 个临时文件，而是直接应用算法，并且获得仅仅一个结果文件。

在 19.1 节中，将讨论启发式关系代数优化如何将运算组合在一起执行的。把多个运算结合成一个运算并且避免把临时结果写到磁盘上，这种方法称为**流水线处理**（pipelining processing）或**基于流的处理**（stream-based processing）。

通常会动态地创建查询执行代码以实现多种运算。用于产生查询的生成代码将把与各种运算对应的多个算法结合在一起。当产生一个运算的结果元组时，就可以提供它们作为后续运算的输入。例如，如果在基本关系上的两个选择运算后面接着一个连接运算，就可以把每个选择运算得到的元组作为那个连接算法的输入，这些元组是在产生时以**流**（stream）或**流水线**（pipeline）的方式提供的。对应的求值方式被视作**流水线求值**（pipelined evaluation）。它具有两个独特的好处：

- 避免将中间结果写到磁盘而导致的额外代价和时间延迟。
- 当把根运算符与下面一节中将讨论的一些运算符结合起来时，能够尽可能快地开始生成结果，这意味着在处理其余的流水线中间表时，流水线求值可以开始生成结果的元组。

用于实现物理运算的迭代器

代数运算的多种算法涉及以一个或多个文件的形式读取某种输入，处理它，并且生成一个输出文件作为关系。如果在实现运算时，使得它一次输出一个元组，那么就可以把它视作是一个**迭代器**（iterator）。例如，可以设计嵌套循环连接的一种基于元组的实现，它将一次生成一个元组作为输出。迭代器的工作方式与物化方法形成了鲜明对比，在物化方法中将把产生的整个关系作为临时结果并存储在磁盘或主存中，然后由下一个算法再次读回它们。可以通过以某种顺序调用迭代器，来执行包含查询树的查询计划。同时可能有许多迭代器处于活动状态，从而将结果传递给执行树，并且不需要另外存储临时结果。迭代器接口通常包括以下方法：

（1）Open()：该方法用于初始化运算符，为其输入和输出分配缓冲区，以及初始化运算符所需的任何数据结构。它还用于传递执行运算所需的参数，例如选择条件。它将依次调用 Open ()来获取所需的参数。

（2）Get_Next()：该方法将在它的每个输入参数上调用 Get_Next()，并且调用一些代码，它们特定于将在输入上执行的运算。然后返回生成的下一个输出元组，并且更新迭代器的状态，以记录处理的输入数量。当没有更多的元组可以返回时，它将在输出缓冲区中放入某个特殊值。

（3）Close()：在生成了所有可以生成的元组或者返回了所需数量的元组之后，该方法用于结束迭代。它还会在迭代器的参数上调用 Close()。

可以将每个迭代器视作一个类，其实现具有适用于该类的每个实例的上述 3 个方法。如果要实现的运算符允许在接收到元组时对其进行完全处理，就有可能有效地使用流水线策略。不过，如果需要把输入元组检查多遍，那么将不得不把输入作为一个物化关系来进行接收。这就无异于让 Open()方法做大多数工作，而不能完全实现流水线的好处。一些物理运算符可能不适用于迭代器接口概念，因此可能不支持流水线。

迭代器概念可能还适用于访问方法。访问 B^+树或基于散列的索引可能被视作是一个函数，可将其实现为一个迭代器；它将产生一系列元组作为输出，这些元组满足传递给 Open()方法的选择条件。

18.8　查询处理的并行算法

在第 2 章中，介绍了客户/服务器架构的多种变体，包括两层架构和三层架构。还有一种架构称为**并行数据库架构**（parallel database architecture），它在数据密集型应用中十分流行。在第 23 章中将更详细地讨论这种架构，同时还将一起讨论分布式数据、大数据和 NOSQL 这些新兴技术。

目前提出了 3 种用于实现并行数据库的主要方法。它们对应于 3 种不同的用于支持并行性的处理器和辅存设备（磁盘）的硬件配置。在**共享内存架构**（shared-memory architecture）中，将多个处理器连接到一个互连的网络上，它们可以访问公共主存区域。每个处理器都可以从所有机器访问整个内存地址空间。对本地内存和本地高速缓存的访问速度会更快一些；对公共内存的访问速度会慢一些。这种架构会遭受一些干扰，因为随着添加了更多的处理器，对公共内存的争用也会加剧。第二种架构称为**共享磁盘架构**（shared-disk architecture）。在这种架构中，每个处理器都具有它自己的内存，其他处理器将不能访问它。不过，每台机器都可以通过互连网络访问所有的磁盘。每个处理器可能不一定具有它自己的磁盘。在 16.11 节中讨论了两种形式的企业级辅存系统，即存储区域网络（SAN）和网络连接存储（NAS），它们都属于共享磁盘架构，并且适合于并行处理。它们具有不同的数据传输单元：SAN 以块或页为单位在磁盘与处理器之间来回传输数据；NAS 就像一个文件器，它使用某个文件传输协议来传输文件。在这些系统中，随着添加了更多的处理器，将会加剧对有限网络带宽的争用。

上述的难点导致**无共享架构**（shared-nothing architecture）成为并行数据库系统中最常用的架构。在这种架构中，每个处理器都将访问它自己的主存和磁盘存储器。当处理 A 请求的数据位于连接到处理器 B 的磁盘 D_B 上时，处理器 A 将通过网络把该请求作为一条消息发送给处理器 B，处理器 B 将访问它自己的磁盘 D_B，并利用一条消息通过网络把数据传送给处理器 A。使用无共享架构的并行数据库的构建成本相对低廉。今天，就以这种方式在机架上把商用处理器连接起来，并且可以通过外部网络把多个机架连接起来。每个处理器都具有它自己的内存和磁盘存储器。

无共享架构在 3 个层次提供了在查询处理中实现并行性的可能性，下面将讨论这 3 个层次：各个运算符并行性、查询内的并行性和查询间的并行性。研究表明：通过分配更多的处理器和磁盘，就可能实现**线性加速**（linear speed-up），即线性减少运算所花费的时间。另一方面，**线性扩大**（linear scale-up）指通过与数据规模成比例地增加处理器和磁盘数量，从而能够提供恒定的持久性能。二者都是并行处理的隐含目标。

18.8.1 运算符级并行性

在可以利用并行算法实现的运算中，主要策略之一是跨磁盘对数据进行分区。关系的**水平分区**（horizontal partitioning）对应于基于某种分区方法跨磁盘分配元组。给定 n 个磁盘，假定将第 i 个元组分配给第(i mod n)个磁盘，这称为**循环分区**（round-robin partitioning）。使用**范围分区**（range partitioning），将通过划分某个属性的值范围，尽可能地平均分配元组。例如，可以通过把年龄范围分成 10 个范围，例如 22~25、26~28、29~30 等，把 EMPLOYEE 关系中的雇员元组分配给 10 个磁盘，使得每个磁盘都具有数量大约为总数的 1/10 的雇员。范围分区是一种具有挑战性的操作，需要很好地理解沿着范围子句中涉及的属性进行数据分配。用于分区的范围通过**范围向量**（range vector）表示。利用**散列分区**（hash partitioning），将元组 i 分配给磁盘 h(i)，其中 h 是散列函数。接下来，将简要讨论如何为各种运算设计并行算法。

1. 排序

如果在某个属性（如年龄）上对数据进行了范围分区，并把它们分配到 n 个处理器上的 n 个磁盘中，那么要按年龄对整个关系进行排序，就可以并行地单独对每个分区进行排序，然后可以把结果连接起来。这潜在地可以把总排序时间减少接近 n 倍。如果已经使用另一种模式对关系进行了分区，就可以使用以下方法：

- 在作为排序目标的相同属性上使用范围分区对关系重新进行分区；如前所述，然后单独对每个分区进行排序，再把它们连接起来。
- 使用图 18.2 所示的外排序-归并算法的并行版本。

2. 选择

对于基于某个条件的选择，如果条件是一个相等性条件<A = v>，并且把相同的属性 A 用于范围分区，就可以只在值 v 所属于的那个分区上执行选择。在其他情况下，将在所有的处理器上并行执行选择，并把结果合并起来。如果选择条件是 v1 ≤ A ≤ v2，并将属性 A 用于范围分区，那么值范围(v1, v2)就必定会覆盖一定数量的分区。只需在那些处理器中并行执行选择运算。

3. 投影和重复消除

在从每个分区中读取数据时，可以通过并行执行运算来实现不会消除重复的投影运算。可以通过对元组进行排序并丢弃重复的元组，来实现重复消除。对于排序，可以基于数据的分区方式使用上述的任何技术。

4. 连接

并行连接的基本思想是：把要连接的关系（如 R 和 S）进行拆分，使得把连接分成 n 个较小的连接，然后在 n 个处理器上并行执行这些较小的连接，并对结果执行并运算。接下来，将讨论实现并行连接所涉及的各种技术。

a. **基于相等性的分区连接**：如果把两个关系 R 和 S 分区成 n 个处理器上的 n 个分区，使得将分区 r_i 和分区 s_i 都分配给同一个处理器 P_i，倘若连接是一个等值连接或自然连接，那么就可以在本地计算连接。注意：分区在连接键上必须是非重叠的；在这种意义上，分区就是严格的集合论分区。此外，连接条件中使用的属性还必须满足下面这些条件：

- 就像使用它进行范围分区一样，并且每个分区使用的范围对于 R 和 S 也是相同的。
- 就像使用它利用散列分区把一个分区分成 n 个分区一样。必须对 R 和 S 使用相同的散列函数。如果连接属性的值分布在 R 和 S 中是不同的，将难以提出一个范围向量，把 R 和 S 均匀分布在同等的分区中。理想情况下，$|r_i|+|s_i|$的大小对于所有分区 i 都应该是均等的。否则，如果有太大的数据偏差，那么将不能完全实现并行处理的好处。可以使用用于连接的任何技术在每个处理器上执行本地连接，包括：排序归并、嵌套循环和散列连接。

b. **具有分区和复制的不等性连接**：如果连接条件是一个不等性条件，涉及<、≤、>、≥、≠等，那么在对 R 和 S 分区时，将不能使 R 的第 i 个分区（即 r_i）只与 S 的第 J 个分区（即 s_i）连接。可以利用两种方式并行执行这样的连接：

- 非对称情况：使用分区模式之一对关系 R 进行分区，把其中一个关系（如 S）复制到全部 n 个分区中，并在处理器 P_i 上在 r_i 与整个 S 之间执行连接。当 S 远小于 R 时，首选使用这个方法。
- 对称情况：这个一般的方法适用于任何连接类型，使用这个方法，将对 R 和 S 都进行分区。对 R 进行 n 路分区，对 S 则进行 m 路分区。总共将使用 m × n 个处理器执行并行连接。还将会适当地复制这些分区，使得处理器 $P_{0,0}$~$P_{n-1,m-1}$（总共 m × n 个处理器）可以在本地执行连接。处理器 $P_{i,j}$ 将使用任何连接技术执行 r_i 与 s_i 的连接。系统将把分区 r_i 复制给处理器 $P_{i,0}$、$P_{i,1}$、…、$P_{i,m-1}$。类似地，将把分区 s_i 复制给处理器 $P_{0,j}$、$P_{1,j}$、…、$P_{n-1,j}$。一般来讲，带复制的分区比单纯的分区代价更高；因此就等值连接而言，带复制的分区代价更高。

c. **并行分区散列连接**：可以并行执行分区散列连接，在 18.4 节中将其描述算法 J4。其思想是：当 R 和 S 是比较大的关系时，即使把每个关系划分成与处理器数量相等的 n 个分区，每个处理器上的本地连接可能仍然代价高昂。这个连接的处理过程如下所示；假定 s 是 r 和 s 中较小的关系：

（1）在连接属性上使用散列函数 h1，将关系 r 和 s 的每个元组映射到 n 个处理器之一。假设 r_i 和 s_i 是散列到 P_i 的分区。首先，在每个处理器的本地磁盘上读取 s 个元组，并使用 h1 把它们映射到合适的处理器。

（2）在每个处理器 P_i 内，使用一个不同的散列函数 h2 把第（1）步中接收到的 S 的元组分区到（比如说）k 个桶中。这一步等同于 18.4 节中描述为 J4 的分区散列算法的分区阶段。

（3）从每个处理器的每个本地磁盘中读取 r 个元组，并且使用散列函数 h1 把它们映射到合适的处理器。当在每个处理器上接收到它们时，处理器将使用第（2）步中使用的相同散列函数 h2 把它们分区到 k 个桶中；这个过程就像算法 J4 的探测阶段一样。

（4）处理器 P_i 将在 k 个桶上使用连接阶段（如算法 J4 中所述），对分区 r_i 和 s_i 在本地执行分区散列算法，并且产生连接结果。

独立计算来自所有处理器 P_i 的结果，并对它们执行并运算，产生最终的结果。

5. 聚合

带分组的聚合运算的实现方式是：在分组属性上进行分区，然后使用任何单处理器算法在每个处理器本地计算聚合函数。可以使用范围分区或散列分区。

6. 集合运算

对于并、交和集合差运算，如果使用相同的散列函数对参数关系 R 和 S 进行分区，可以在每个处理器上并行处理它们。如果分区基于不匹配的条件，那么可能需要使用一个相同的散列函数重新分配 R 和 S。

18.8.2 查询内的并行性

前面讨论了通过在多个处理器之间分配数据并在那些处理器上并行执行运算，来执行每个单独的运算。可以将查询执行计划建模成一个运算图。要实现查询的并行执行，一种方法是为查询中涉及的每个运算使用一种并行算法，并对该运算的数据输入进行合适的分区。并行化的另一个机会来自对运算符树进行求值，其中一些运算可以并行执行，因为它们不是相互依赖的。这些运算可以在单独的处理器上执行。如果可以逐个元组地生成其中一个运算的输出，并将其传送给另一个运算符，结果就是**流水线并行性**（pipelined parallelism）。如果一个运算符直到使用了它的所有输入之后才会产生任何输出，就称之为**阻塞流水线**（block the pipelining）。

18.8.3 查询间的并行性

查询间的并行性指并行执行多个查询。在无共享架构或共享磁盘架构中，这很难实现。必须协调处理器之间的锁定、日志记录等活动（参见第 9 部分中关于事务处理的章节），并且必须避免多个处理器对相同数据同时进行更新而发生冲突。必须具有**高速缓存一致性**（cache coherency），它可以保证更新页的处理器在缓冲区中具有该页的最新版本。高速缓存一致性和并发控制协议（参见第 21 章）也必须协同工作。

查询间的并行性的主要目标是向上扩展（scale up），即通过增加处理器数量来提高处理查询或事务的总速率。由于单处理器多用户系统自身被设计成支持事务之间的并发控制并且目标是提高事务吞吐量（参见第 21 章），使用共享内存并行架构的数据库无须做重大改变，即可更轻松地实现这种并行性。

从上面的讨论中显而易见：可以通过并行执行各种运算，例如排序、选择、投影、连接和聚合运算，加快查询的执行速度。还可以通过在不同的处理器上并行、独立地执行查询树的某些部分，从而实现进一步加速。不过，在无共享并行架构中很难实现查询间的并行性。共享磁盘架构在这个领域要略胜一筹，这在于它具有更一般的适用性，因为它与无共享架构不同，不需要以分区的方式存储数据。当前基于 SAN 和 NAS 的系统提供了这种优势。在确定总体加速方面，有许多参数起着作用，例如可用的处理器数量和可用的缓冲区空间。有关这些参数的作用的详细讨论超出了本书的范围。

18.9 小　　结

在本章中，概述了 DBMS 用于处理高级查询的各种技术。本章首先讨论了如何将 SQL 查询转换成关系代数，接着介绍了半连接和反连接的运算，将把某些嵌套查询映射到它们，以避免执行常规的内连接。然后讨论了外排序，在查询处理期间通常需要它，以便在处理聚合、重复消除等时对关系的元组进行排序。我们考虑了选择的各种情况，并且讨论了一些算法，它们可以执行基于一个属性的简单选择以及使用合取和析取子句的复杂选择。本章讨论了用于不同选择类型的许多技术，包括线性索引和二分查找，以及使用 B^+树索引、位图索引、聚簇索引和函数索引。我们讨论了条件的选择度的思想，以及 DBMS 目录中存放的典型信息。然后详细探讨了连接运算以及提议的算法，称为嵌套循环连接、基于索引的嵌套循环连接、排序-归并连接和散列连接。

我们说明了缓冲区空间、连接选择因子以及内-外关系选择将如何影响连接算法的性能。还讨论了混合散列算法，在连接阶段它可以避免一些写入数据的代价。接着讨论了用于投影和集合运算的算法以及用于聚合的算法，然后讨论了用于不同连接类型的算法，包括外连接、半连接、反连接和非等值连接。我们还讨论了如何在查询处理期间把某些运算结合起来，以便创建流水线或基于流的执行，以代替物化执行。接着快速介绍了 3 类并行数据库系统架构，以此结束对查询处理策略的讨论。然后我们简要总结了如何在各个运算级别实现并行性，还讨论了查询内和查询间的并行性。

复　习　题

18.1　讨论在执行优化前要把SQL查询转换成关系代数查询的原因。

18.2　讨论嵌套查询可能映射到的半连接和反连接运算，并为它们各提供一个示例。

18.3　如何对不能放入内存中的大表进行排序？给出一个总的过程。

18.4　讨论实现下列关系运算符的不同算法，以及可以使用每种算法的环境：选择、连接、投影、并、交、集合差、笛卡儿积。

18.5　给出合取选择查询和析取选择查询的示例，并且讨论可用于执行它们的多个选项。

18.6　讨论在对一个“SELECT Distinct <属性>”求值时，可用于消除重复的替代方式。

18.7　如何实现聚合运算？

18.8　如何实现外连接和非等值连接？

18.9　什么是迭代器概念？哪些方法是迭代器的一部分？

18.10　适用于数据库系统的3类并行架构是什么？其中哪种架构是最常用的？

18.11　什么是连接的并行实现？

18.12 什么是查询内和查询间的并行性？在无共享架构中哪种并行性更难实现？为什么？

18.13 在什么条件下会阻止对一个运算序列进行流水线并行执行？

练 习 题

18.14 考虑第6章中的SQL查询Q1、Q8、Q1B和Q4以及第7章中的Q27。

a. 绘制至少两棵查询树，它们将可以表示所有这些查询。在什么情况下可以使用这些查询树？

b. 为其中每个查询绘制一棵初始查询树，然后说明如何利用18.7节中概括的算法优化查询树。

c. 对于每个查询，将(a)中你自己绘制的查询树与(b)中的初始查询树和最终查询树做比较。

18.15 利用包含64个块的可用缓冲区空间对一个具有4096个块的文件进行排序。如果采用外排序-归并算法，在归并阶段需要执行多少遍归并？

18.16 可以使用非稠密索引实现聚合运算符吗？为什么？利用一个示例加以说明。

18.17 扩展排序-归并连接算法，实现左外连接运算。

选 读 文 献

在第 19 章末尾将一起给出查询处理和优化领域的参考文献。因此，第 19 章的参考文献同时适用于本章和第 19 章。很难将只针对查询处理策略和算法的文献与讨论查询优化领域的文献区分开。

第 19 章 查 询 优 化

在本章中[1]，假定读者已经熟悉了第 18 章中讨论的关系 DBMS 中用于查询处理的策略。查询优化的目标是：为查询求值选择可能最佳的策略。如前所述，术语优化有些用词不当，因为所选的执行计划并不总是可能最优的计划。查询优化的主要目标是：使用关于模式以及所涉及关系的内容的可用信息，在合理的时间内实现一种最高效、最经济的计划。因此，描述**查询优化**（query optimization）的正确方式将是：它是由查询优化器在 DBMS 中实施的一种活动，用于选择可用的最佳策略来执行查询。

本章内容组织如下：在 19.1 节中将描述用于将 SQL 中的查询映射成查询树和查询图的表示法。大多数 RDBMS 都使用查询树作为查询的内部表示。我们将介绍用于将查询转换成一种更高效的等价形式的启发式规则，接着将介绍应用这些启发式规则的一般过程。在 19.2 节中，将讨论如何将查询转换成执行计划。我们将讨论嵌套子查询优化，还将介绍两种情况下的查询转换示例：Group By 查询中的视图合并和 Star Schema 查询的转换，它们都出现在数据仓库中。我们还将简要讨论物化视图。19.3 节专门讨论选择度和结果大小估算，并将介绍一种基于代价的优化方法。我们将回顾前面在 18.3.4 节中介绍过的系统目录中的信息，并将介绍直方图。在 19.4 节和 19.5 节中将介绍选择和连接运算的代价模型。在 19.5.3 节中将相当详细地讨论连接排序问题，它是一个至关重要的问题。19.6 节将介绍一个基于代价的查询优化示例。19.7 节将讨论一些与查询优化相关的额外问题。19.8 节将专门讨论数据仓库中的查询优化。19.9 节将概述 Oracle 中的查询优化。19.10 节简要讨论语义查询优化。在 19.11 节中将给出本章内容小结，以此来结束本章。

19.1 查询树和查询优化的启发式规则

在本节中，将讨论一些查询优化技术，它们应用启发式规则来修改查询的内部表示（它通常具有查询树或查询图数据结构的形式），以改进其预期的性能。SQL 查询的扫描器和解析器首先将生成一种与*初始查询表示*对应的数据结构，然后依据启发式规则对其进行优化。这将导致一种*优化的查询表示*，它对应于查询执行策略。之后，将生成查询执行计划，它将基于查询中涉及的文件上可用的访问路径，来执行运算组合。

主要的**启发式规则**（heuristic rule）之一是：在应用连接或者其他二元运算之前，先应用选择和投影运算，因为从二元运算（如连接）得到的文件大小通常是输入文件大小的一个积性函数。选择和投影运算可以减小文件的大小，因此应该在连接或者其他二元运算之前应用。

在 19.1.1 节中，将重述前面分别在 8.3.5 节和 8.6.5 节中的关系代数和关系演算环境中

---

1 感谢 Rafi Ahmed 对本章内容所做的重大贡献。

介绍过的查询树和查询图的表示法。它们可以用作查询内部表示的数据结构的基础。查询树用于表示关系代数或者扩展关系代数表达式，而查询图则用于表示关系演算表达式。然后，在 19.1.2 节中将说明如何应用启发式优化规则将初始查询树转换成一棵**等价查询树**（equivalent query tree），它表示一个不同的关系代数表达式，可以更高效地执行，但是可以得到与原始查询树相同的结果。本节还将讨论各种关系代数表达式的等价性。最后，19.1.3 节将讨论有关生成查询执行计划的内容。

19.1.1 查询树和查询图的表示法

查询树是一种与扩展关系代数表达式对应的树数据结构。它将查询的输入关系表示为树的叶节点，并将关系代数运算表示为内部节点。查询树的执行包括：无论何时某个内部节点运算的操作数可用时，都执行该运算，然后利用执行运算得到的关系替换该内部节点。运算的执行顺序是：从叶节点开始，它代表查询的输入数据库关系，并在根节点结束，它代表查询的最终运算。在执行根节点运算并且产生查询的结果关系之后，查询执行就会终止。

图 19.1(a)显示了第 6~8 章中的查询 Q2 的查询树（与图 8.9 所示的相同）：对于位于

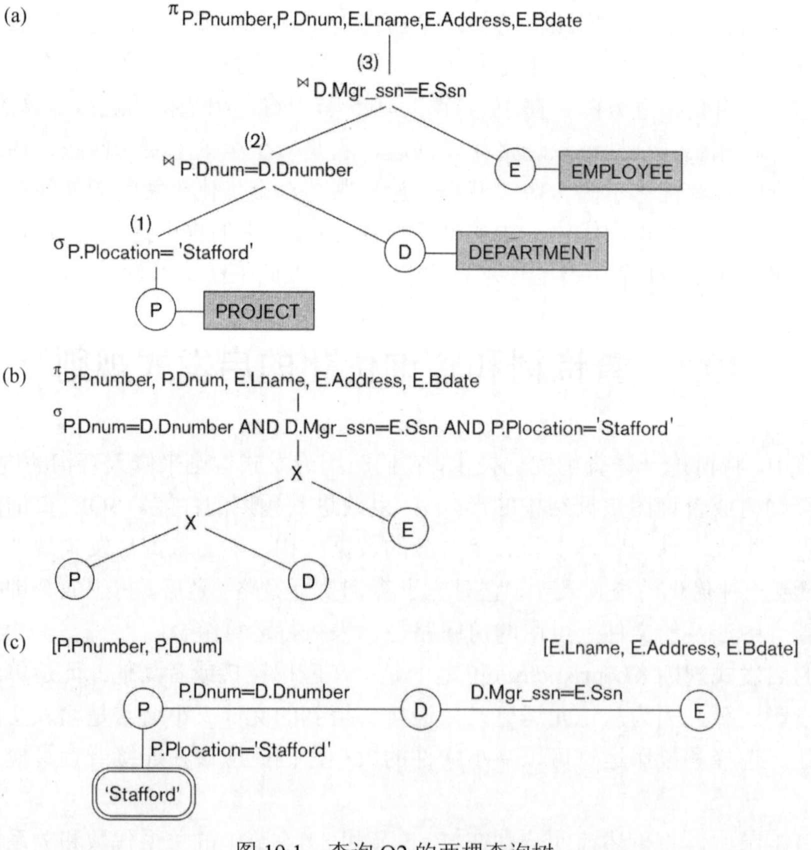

图 19.1　查询 Q2 的两棵查询树

(a) 与 Q2 的关系代数表达式对应的查询树；(b) SQL 查询 Q2 的初始（规范）查询树；(c) Q2 的查询图

“Stafford”的每个项目，检索其项目编号、控制部门编号，以及部门经理的姓氏、住址和出生日期。这个查询是在图 5.5 中所示的 COMPANY 关系模式上指定的，并且对应于下面的关系代数表达式：

$$\pi_{\text{Pnumber, Dnum, Lname, Address, Bdate}}(((\sigma_{\text{Plocation='Stafford'}}(\text{PROJECT})) \bowtie_{\text{Dnum=Dnumber}}(\text{DEPARTMENT})) \bowtie_{\text{Mgr\_ssn=Ssn}}(\text{EMPLOYEE}))$$

它对应于以下 SQL 查询：

```
Q2: SELECT  P.Pnumber, P.Dnum, E.Lname, E.Address, E.Bdate
    FROM    PROJECT P, DEPARTMENT D, EMPLOYEE E
    WHERE   P.Dnum=D.Dnumber AND D.Mgr_ssn=E.Ssn AND
            P.Plocation= 'Stafford';
```

在图 19.1(a)中，叶节点 P、D 和 E 分别表示 3 个关系 PROJECT、DEPARTMENT 和 EMPLOYEE，内部树节点则表示关系代数表达式的运算。当执行这棵查询树时，图 19.1(a)中标记为(1)的节点必须在标记为(2)的节点之前执行，因为在可以开始执行运算(2)之前，运算(1)的一些结果元组必须可用。类似地，在节点(3)可以开始执行之前，节点(2)必须开始执行并产生结果，依此类推。

可以看到，查询树表示用于执行查询的特定运算顺序。一种用于表示查询的更中性的数据结构是**查询图**（query graph）表示法。图 19.1(c)（与图 8.13 中所示的相同）显示了查询 Q2 的查询图。查询中的关系通过**关系节点**（relation node）表示，它们显示为单个圆形。常量值（通常来自查询选择条件）通过**常量节点**（constant node）表示，它们显示为双圆形或双椭圆形。选择和连接条件通过查询图中的**连线**（edge）表示，如图 19.1(c)中所示。最后，在每个关系上方的方括号中显示了要从每个关系中检索的属性。

查询图表示不会指示首先要执行哪些运算的顺序，它只是与每个查询对应的单个图而已[1]。尽管一些优化技术基于查询图，例如最初出现在 INGRES DBMS 中的那些技术，但是现在人们一般认为查询树更可取，因为在实际中查询优化器需要显示查询执行的运算顺序，而这在查询图中是不可能做到的。

19.1.2　查询树的启发式优化

一般来讲，许多不同的关系代数表达式（乃至许多不同的查询树）可以是**语义等价**（semantically equivalent）的；也就是说，它们可以表示相同的查询并且产生相同的结果[2]。

查询解析器通常会生成一棵与 SQL 查询对应的标准**初始查询树**（initial query tree），而不会进行任何优化。例如，对于选择-投影-连接查询，如 Q2，初始查询树将如图 19.1(b)所示。首先对 FROM 子句中指定的关系应用笛卡儿积运算；然后应用 WHERE 子句中的选择和连接条件，接着在 SELECT 子句指定的属性上执行投影运算。这样一棵**规范查询树**（canonical query tree）表示一个关系代数表达式，由于其中存在笛卡儿积（×）运算，如果直接执行，效率将非常低。例如，如果 PROJECT、DEPARTMENT 和 EMPLOYEE 关系的

1　因此，查询图对应于 8.6.5 节中所示的关系演算表达式。

2　在像 SQL 这样的高级查询语言中，也可以用多种方式表述相同的查询（参见第 7 章和第 8 章）。

记录大小分别是 100 字节、50 字节和 150 字节，并且分别包含 100、20 和 5000 个元组，那么执行笛卡儿积运算的结果将包含一千万个元组，并且每条记录的大小将是 300 字节。不过，图 19.1(b)中所示的这棵规范查询树具有简单的标准形式，可以从 SQL 查询轻松地创建它。它永远也不会执行。启发式查询优化器将把这棵初始查询树转换成等价的**最终查询树**（final query tree），它将可以高效执行。

优化器必须包括一些扩展关系代数表达式之间的等价性规则，它们可用于把初始查询树转换成最终优化的查询树。我们首先将非正式地讨论如何使用启发式规则转换查询树，然后将讨论一般的转换规则，并将说明如何在代数启发式优化器中使用它们。

1. 转换查询的示例

考虑图 5.5 中所示数据库上的以下查询 Q：查找在 1957 年以后出生并且在名称为 Aquarius 的项目上工作的雇员的姓氏。可以利用 SQL 指定这个查询，如下所示：

```
Q:  SELECT  E.Lname
    FROM    EMPLOYEE E, WORKS_ON W, PROJECT P
    WHERE   P.Pname='Aquarius' AND P.Pnumber=W.Pno AND E.Essn=W.Ssn
            AND E.Bdate > '1957-12-31';
```

Q 的初始查询树如图 19.2(a)所示。直接执行这棵查询树首先将创建一个非常大的文件，其中包含对整个 EMPLOYEE、WORKS_ON 和 PROJECT 文件执行笛卡儿积运算的结果。这就是为什么永远不会执行初始查询树的原因，但是可将其转换成另一棵可以高效执行的等价查询树。这个特定的查询只需要 PROJECT 关系中的一条记录，即 Aquarius 项目，并且在 EMPLOYEE 关系中也只需要那些出生日期在“1957-12-31”以后的记录。图 19.2(b)显示了一棵改进的查询树，它首先将应用选择运算，以减少出现在笛卡儿积中的元组数量。

可以交换EMPLOYEE关系与PROJECT关系在查询树中的位置，来实现进一步的改进，如图 19.2(c)所示。这使用了 Pnumber 是 PROJECT 关系的键属性的信息，因此 PROJECT 关系上的选择运算只会检索出单独一条记录。可以利用一个连接运算替换其后接着一个连接条件作为选择运算的任何笛卡儿积运算，如图 19.2(d)所示，进一步改进查询树的效率。另一种改进方法是：通过在查询树中尽可能早地包括投影（π）运算，如图 19.2(e)所示，在中间关系中只保存后续运算所需的属性。这可以减少中间关系的属性（列）数量，而选

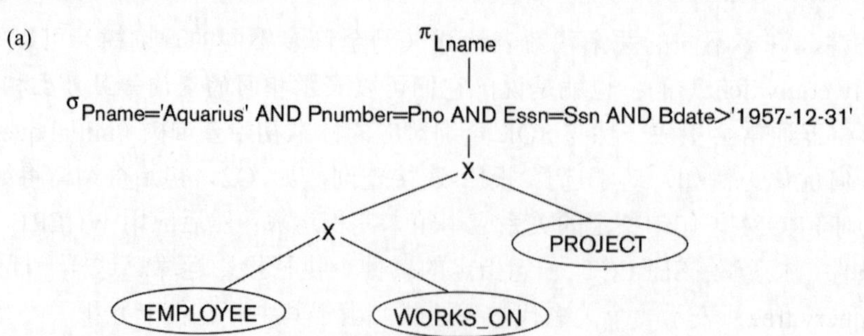

图 19.2 在启发式优化期间转换查询树的步骤

(a) SQL 查询 Q 的初始（规范）查询树；(b) 沿着查询树下移选择运算；
(c) 首先应用更具限制性的选择运算；(d) 利用连接运算代替笛卡儿积和选择运算；
(e) 沿着查询树下移投影运算

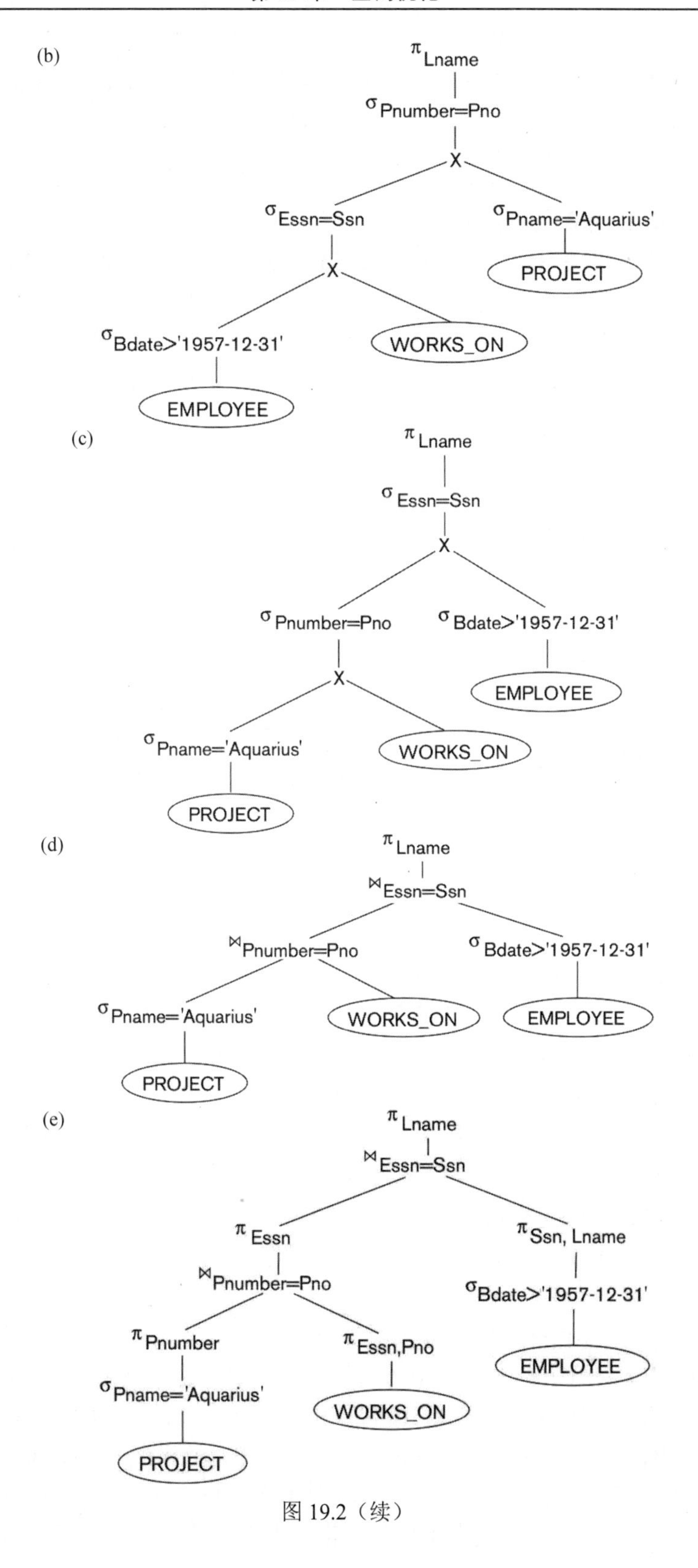
(b)
π Lname
σ Pnumber=Pno
X
σ Essn=Ssn
σ Pname='Aquarius'
PROJECT
X
σ Bdate>'1957-12-31'
WORKS_ON
EMPLOYEE
(c)
π Lname
σ Essn=Ssn
X
σ Pnumber=Pno
σ Bdate>'1957-12-31'
X
EMPLOYEE
σ Pname='Aquarius'
WORKS_ON
PROJECT
(d)
π Lname
⋈ Essn=Ssn
⋈ Pnumber=Pno
σ Bdate>'1957-12-31'
σ Pname='Aquarius'
WORKS_ON
EMPLOYEE
PROJECT
(e)
π Lname
⋈ Essn=Ssn
π Essn
π Ssn, Lname
⋈ Pnumber=Pno
σ Bdate>'1957-12-31'
π Pnumber
π Essn,Pno
EMPLOYEE
σ Pname='Aquarius'
WORKS_ON
PROJECT

图 19.2（续）

择运算可以减少元组（记录）数量。

如前面的示例所示，可以逐步将查询树转换成一棵可以更高效执行的等价查询树。不过，必须确保转换步骤总会导致一棵等价的查询树。为此，查询优化器必须知道哪些转换规则将保持这种等价性。接下来将讨论其中一些转换规则。

2. 关系代数运算的通用转换规则

有许多规则用于将关系代数运算转换成等价的运算。出于查询优化的目的，我们感兴趣的是运算的含义和结果关系。因此，如果两个关系具有相同的属性集合，这些属性的顺序不同，但是两个关系表示的信息相同，就可以认为这两个关系是等价的。在5.1.2节中给出了关系的另一个定义，它使得属性的顺序并不重要；这里将使用这个定义。下面指出一些在查询优化中有用的转换规则，但是将不会证明它们：

（1）**σ的级联**。可以将合取选择条件分解成各个σ（选择）运算的级联（即序列）：

$$\sigma_{c_1 \text{ AND } c_2 \text{ AND} \cdots \text{ AND } c_n}(R) \equiv \sigma_{c_1}(\sigma_{c_2}(\cdots(\sigma_{c_n}(R))\cdots))$$

（2）**σ的交换律**。σ（选择）运算符合交换律：

$$\sigma_{c_1}(\sigma_{c_2}(R)) \equiv \sigma_{c_2}(\sigma_{c_1}(R))$$

（3）**π的级联**。在π（投影）运算的级联（序列）中，除了最后一个投影运算之外，其他的投影运算均可忽略：

$$\pi_{\text{List}_1}(\pi_{\text{List}_2}(\cdots(\pi_{\text{List}_n}(R))\cdots)) \equiv \pi_{\text{List}_1}(R)$$

（4）**σ与π的交换律**。如果选择条件c只涉及投影列表中的那些属性A_1、…、A_n，就可以交换两个运算：

$$\pi_{A_1, A_2, \cdots, A_n}(\sigma_c(R)) \equiv \sigma_c(\pi_{A_1, A_2, \cdots, A_n}(R))$$

（5）**⋈（和×）的交换律**。连接（⋈）运算符合交换律，×运算也是如此：

$$R \bowtie_c S \equiv S \bowtie_c R$$

$$R \times S \equiv S \times R$$

注意：尽管两个连接运算（或者两个笛卡儿积运算）得到的关系中的属性顺序可能不同，但是其含义是相同的，因为在关系的替代定义中属性的顺序并不重要。

（6）**σ与⋈（或×）的交换律**。如果选择条件c中的所有属性只涉及将要连接的关系之一（例如说R）中的属性，那么就可以交换两个运算，如下所示：

$$\sigma_c(R \bowtie S) \equiv (\sigma_{c_1}(R)) \bowtie (\sigma_{c_2}(S))$$

如果用×运算代替⋈运算，同样适用相同的规则。

（7）**π与⋈（或×）的交换律**。假设投影列表是$L = \{A_1, \cdots, A_n, B_1, \cdots, B_m\}$，其中$A_1, \cdots, A_n$是R的属性，$B_1, \cdots, B_m$是S的属性。如果连接条件c只涉及L中的属性，就可以交换两个运算，如下所示：

$$\pi_L(R \bowtie_c S) \equiv (\pi_{A_1, \cdots, A_n}(R)) \bowtie_c (\pi_{B_1, \cdots, B_m}(S))$$

如果连接条件c包含不在L中的额外属性，就必须把这些属性添加到投影列表中，并且需要一个最终的π投影运算。例如，如果连接条件c中涉及R的属性$A_{n+1}, \cdots, A_{n+k}$和S的属性$B_{m+1}, \cdots, B_{m+p}$，但是这些属性不在属性列表L中，此时可以像下面这样交换运算：

$$\pi_L(R \bowtie_c S) \equiv \pi_L((\pi_{A_1, \cdots, A_n, A_{n+1}, \cdots, A_{n+k}}(R)) \bowtie_c (\pi_{B_1, \cdots, B_m, B_{m+1}, \cdots, B_{m+p}}(S)))$$

对于×（笛卡儿积）运算，没有条件c，因此用×代替$\bowtie_c$时，第一条转换规则将总是适用的。

（8）**集合运算的交换律**。集合运算并（∪）和交（∩）都满足交换律，但是集合差（−）则不满足。

（9）**⋈、×、∪和∩的结合律**。这 4 种运算各自都满足结合律；也就是说，如果用 θ 表示这 4 种运算中的任何一种（在整个表达式中都表示这一种运算），则有：

$$(R\ \theta\ S)\ \theta\ T \equiv R\ \theta\ (S\ \theta\ T)$$

（10）**σ 与集合运算的交换律**。σ（选择）运算可以与∪、∩和−运算进行交换。如果用 θ 表示这 3 种运算中的任何一种（在整个表达式中都表示这一种运算），则有：

$$\sigma_c\ (R\ \theta\ S) \equiv (\sigma_c\ (R))\ \theta\ (\sigma_c\ (S))$$

（11）**π 运算与∪运算的交换律**。如下：

$$\pi_L\ (R \cup S) \equiv (\pi_L\ (R)) \cup (\pi_L\ (S))$$

（12）**将(σ, ×)序列转换成⋈**。如果接在×运算后面的 σ 运算的条件 c 对应于一个连接条件，就可以把(σ, ×)序列转换成⋈，如下所示：

$$(\sigma_c\ (R \times S)) \equiv (R \bowtie_c S)$$

（13）**σ 与集合差运算的分配律**。如下：

$$\sigma_c\ (R - S) = \sigma_c\ (R) - \sigma_c\ (S)$$

不过，也可以将 σ 只应用于一个关系：

$$\sigma_c\ (R - S) = \sigma_c\ (R) - S$$

（14）**σ 只与∩运算中的一个参数的分配律**。

如果条件 σ_c 中的所有属性都来自关系 R，那么：

$$\sigma_c\ (R \cap S) = \sigma_c\ (R) \cap S$$

（15）**一些普通的转换规则**。

如果 S 为空，那么 $R \cup S = R$。

如果 σ_c 中的条件 c 对于整个 R 都为真，那么 $\sigma_c\ (R) = R$。

还有其他一些可能的转换规则。例如，使用以下布尔代数中的标准规则（摩根定律），可以把选择或连接条件 c 转换成一个等价的条件：

$$\text{NOT}\ (c_1\ \text{AND}\ c_2) \equiv (\text{NOT}\ c_1)\ \text{OR}\ (\text{NOT}\ c_2)$$

$$\text{NOT}\ (c_1\ \text{OR}\ c_2) \equiv (\text{NOT}\ c_1)\ \text{AND}\ (\text{NOT}\ c_2)$$

第 6~8 章中还讨论了其他一些额外的转换规则，这里就不再赘述了。接下来将讨论如何在启发式优化中使用这些转换规则。

3. 启发式代数优化算法概述

现在可以概括利用上述一些规则将一棵初始查询树转换成能够更高效执行的最终查询树（在大多数情况下）的算法步骤。该算法将导致与图 19.2 中的示例中所讨论的类似转换，其步骤如下：

（1）使用规则 1，把带有合取条件的任何选择运算分解成选择运算的级联。这允许以更大的自由度沿着树的不同分支下移选择运算。

（2）使用关于选择运算与其他运算交换律的规则 2、4、6、10、13 和 14，按选择条件中涉及的属性所允许的那样，沿着查询树把每个选择运算下移到尽可能远的位置。如果条件中涉及的属性只来自一个表中，这意味着它表示一个选择条件，就可以一直把运算移到表示这个表的叶节点上。如果条件中涉及的属性来自两个表，这意味着它表示一个连接条件，就可以沿着查询树把条件下移到结合两个表之后的位置。

（3）使用关于二元运算的交换律和结合律的规则5和规则9，依据以下准则重新排列查询树中的叶节点。首先，把最具限制性的选择运算放在叶节点关系上，以便在查询树表示中最先执行它们。最具限制性的选择运算的定义可能是指：能够产生具有最少元组或者绝对大小最小的关系的选择运算[1]。另一种可能性是将最具限制性的选择运算定义为具有最小选择度的选择运算；这更实用，因为DBMS目录中通常包括选择度的估算值。其次，确保叶节点的顺序不会导致笛卡儿积运算；例如，如果两个具有最具限制性选择运算的关系之间没有直接的连接条件，那么就可能需要更改叶节点的顺序，以避免笛卡儿积运算[2]。

（4）如果条件表示一个连接条件，就可以使用规则12，将查询树中的笛卡儿积运算与后面的选择运算合并成一个连接运算。

（5）使用关于投影的级联以及投影与其他运算交换律的规则3、4、7和11，分解投影属性列表，并将其沿着查询树下移到尽可能远的位置，可根据需要创建新的投影运算。在每个投影运算之后，将只会保留查询结果中和查询树中的后续运算中所需的那些属性。

（6）标识出表示运算组合的子树，这些运算组合可以通过单个算法来执行。

在我们的示例中，图19.2(b)显示的查询树是将算法的第（1）步和第（2）步应用于图19.2(a)所示查询树的结果；图19.2(c)显示的是执行了第（3）步之后的查询树；图19.2(d)显示的是执行了第（4）步之后的查询树；图19.2(e)显示的是执行了第（5）步之后的查询树。在第（6）步中，可能把其根是 π_{Essn} 运算的子树中的运算一起组合成单个算法。还可能把余下的运算组合成另一棵子树，其中将利用从第一个算法得到的元组替换其根是 π_{Essn} 运算的子树，因为第一个分组意味着首先将执行这棵子树。

4. 启发式代数优化总结

主要的启发式规则是：首先应用可以减小中间结果大小的运算。这包括尽可能早地执行选择运算和投影运算，前者可以减少元组数量，后者可以减少属性数量，这是通过沿着查询树把选择运算和投影运算下移到尽可能远的位置而实现的。此外，还应该在其他类似的运算之前执行最具限制性的选择运算和连接运算，从而产生具有最少元组或者绝对大小最小的关系。可以通过在查询树中重排叶节点的顺序，同时避免笛卡儿积，并且适当地调整查询树的余下部分，来实现后一条规则。

---

1 可以使用任何一种定义，因为这些规则是启发式的。

2 注意：在一些情况下，笛卡儿积是可以接受的。例如，如果每个关系在键字段上具有一个以前的选择条件，那么该关系中将只包括单个元组。

19.2　查询执行计划的选择

19.2.1　查询求值的替代方法

对于利用查询树表示的关系代数表达式的执行计划包括如下信息：每个关系可用的访问方法，以及用于计算查询树中表示的关系运算符的算法。举一个简单的示例，考虑第 7 章中的查询 Q1，与之对应的关系代数表达式是：

$\pi_{\text{Fname, Lname, Address}}(\sigma_{\text{Dname='Research'}}(\text{DEPARTMENT}) \bowtie_{\text{Dnumber=Dno}} \text{EMPLOYEE})$

这棵查询树如图 19.3 所示。为了把它转换成一个执行计划，优化器可能选择一个索引搜索 DEPARTMENT 上的选择运算（假定存在的话），并且选择一个基于索引的嵌套循环连接算法，为连接运算遍历 DEPARTMENT 上的选择运算的结果中的记录（假定在 EMPLOYEE 的 Dno 属性上存在一个索引），然后扫描连接运算的结果，作为投影运算符的输入。此外，用于执行查询的方法可能指定物化求值或流水线求值，尽管一般来讲只要切实可行，就应该优先选择流水线求值。

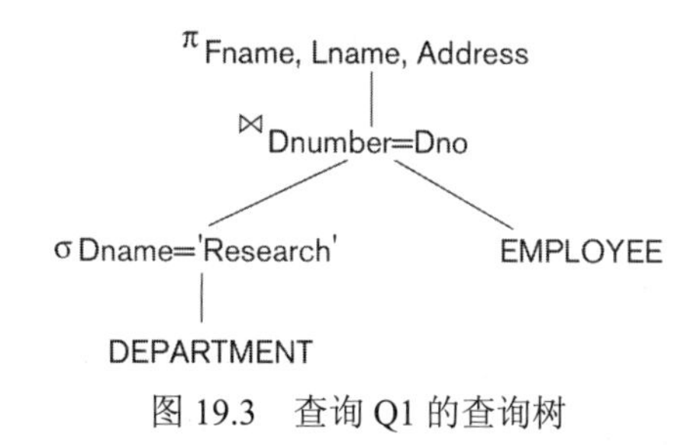

图 19.3　查询 Q1 的查询树

利用**物化求值**（materialized evaluation）可以将运算的结果存储为一个临时关系（即在物理上物化运算结果）。例如，可以计算连接运算，并把完整的结果存储为一个临时关系，然后由计算投影运算的算法将其读作输入，它将产生查询结果表。另一方面，利用**流水线求值**（pipelined evaluation），在产生运算的结果元组时，就会把它们直接转发给查询序列中的下一个运算。在 18.7 节中将流水线技术作为一种查询处理策略进行了讨论。例如，对 DEPARTMENT 执行选择运算，在产生所选的元组时，就把它们存放在缓冲区中；然后，连接运算的算法就可以使用缓冲区中的元组，并且把从连接运算得到的那些元组以流水线方式传送给投影运算的算法。流水线技术的优点是：无须把中间结果写到磁盘，并且不必读回它们以执行下一个运算，从而避免了这些代价。

在 19.1 节中讨论了将查询树转换成等价的查询树，以便更高效地对查询求值，它既可以节省时间，也可以减少消耗的资源总量。还有更多精心设计的查询转换规则可以进行优化，或者更确切地讲是进行“改进”。可以基于启发式的方式或者基于代价的方式应用转换。

如 7.1.2 节和 7.1.3 节中所讨论的，在 SQL 查询的 WHERE 子句以及 FROM 子句中可能出现嵌套子查询。在 WHERE 子句中，如果一个内层查询块引用了外层查询块中使用的关系，就把它称为关联的嵌套查询。如果在 FROM 子句内使用一个查询来定义结果或导出关系，并且它将作为一个关系参与外层查询时，那么该查询将等价于视图。优化器将处理这两类嵌套子查询，对它们进行转换并重写整个查询。在下面 19.2.2 节和 19.2.3 节中，将考虑查询转换的两个变体并重写示例。这里将把它们称为嵌套子查询优化和子查询（视图）合并转换。在 19.8 节中，将在数据仓库的环境中再次讨论这个主题，并且说明星型转换优化。

19.2.2 嵌套子查询优化

7.1.2 节中讨论过嵌套查询。考虑下面的查询：

```
SELECT  E1.Fname, E1.Lname
FROM    EMLOYEE E1
WHERE   E1.Salary = (   SELECT MAX (Salary)
                        FROM EMPLOYEE E2)
```

在上面的嵌套查询中，在外层查询块内还有一个查询块。这个查询的求值涉及首先执行嵌套查询，它将产生单个值，即 EMPLOYEE 关系中的最高薪水 M；然后，将利用选择条件 Salary = M 简单地执行外层查询块。通过薪水上的索引（如果它存在）中的最高值或者从目录（如果它是最新的）中即可获得最高薪水。外层查询是基于相同的索引来求值的。如果没有索引存在，那么将需要为它们使用线性索引。

7.1.3 节中讨论了关联的嵌套 SQL 查询。在关联的子查询中，内层查询通过一个或多个变量包含对外层查询的引用。子查询充当一个函数，为这个变量或变量组合的每个值返回一个值集合。

假设在图 5.5 所示的数据库中，将 DEPARTMENT 关系修改为：

DEPARTMENT (Dnumber, Dname, Mgr_ssn, Mgr_start_date, Zipcode)

考虑下面的查询：

```
SELECT  Fname, Lname, Salary
FROM    EMPLOYEE E
WHERE   EXISTS (    SELECT *
                    FROM DEPARTMENT D
                    WHERE D.Dnumber = E.Dno AND D.Zipcode=30332);
```

在上面的查询中，嵌套子查询将作为一个函数获取 E.Dno（即雇员工作的部门）作为参数，并且返回一个真值或假值，这依赖于该部门是否位于邮政编码 30332 所在的区域。用于对查询求值的傻瓜策略是为外层关系中的每个元组对内层嵌套子查询求值，这样做的效率非常低。只要有可能，SQL 优化器就会尝试把带有嵌套子查询的查询转换成一个连接运算。然后可以利用 18.4 节中考虑的选项之一求解这个连接运算。上面的查询将被转换为：

```
SELECT  Fname, Lname, Salary
FROM    EMPLOYEE E, DEPARTMENT D
WHERE   D.Dnumber = E.Dno AND D.Zipcode=30332
```

删除嵌套查询并把外层查询和内层查询转换成一个查询块的过程称为**解嵌套**（unnesting）。这里使用了内连接，因为 D.Dnumber 是唯一的，并且连接是一个等值连接；

这保证关系 Employee 中的元组将与关系 Department 中的至多一个元组匹配。在第 7 章中显示查询 Q16 具有一个利用 IN 连接符连接的子查询，它也被解嵌套成单个涉及连接的查询块。一般来讲，如果一个查询涉及利用 SQL 中的 IN 或 ANY 连接符连接的嵌套子查询，那么总是可以把该查询转换成单个查询块。使用的其他技术包括从子查询创建临时的结果表，并在连接中使用它们。

下面将重复使用 18.1 节中所示的示例查询（注意：IN 运算符等价于=ANY 运算符）：

```
Q (SJ)  :
SELECT  COUNT(*)
FROM    DEPARTMENT D
WHERE   D.Dnumber IN ( SELECT  E.Dno
                       FROM    EMPLOYEE E
                       WHERE   E.Salary > 200000)
```

同样在这种情况下，有两个选项用于优化器：

（1）如果为每个外层元组对嵌套子查询求值，这样做效率将低下。

（2）如果使用**半连接**（semi-join）解嵌套子查询，这要比选项 1 高效得多。在 18.1 节中，使用这种替代方法介绍并定义了半连接运算符。注意：为了解嵌套这个子查询，即把它表示为单个查询块，将不能使用内连接，因为在内连接中，DEPARTMENT 的一个元组可能与 EMPLOYEE 的多个元组匹配，从而会产生错误的结果。很容易看到：嵌套子查询充当一个**过滤器**（filter），因此与内连接不同的是，它不能产生比 DEPARTMENT 表中更多的行。半连接模拟了这种行为。

我们描述为**解嵌套**（unnesting）的过程有时称为**解相关**（decorrelation）。18.1 节中显示了另一个使用连接符“NOT IN”的示例，将使用**反连接**（anti-join）运算把它转换成单个查询块。复杂嵌套子查询难以进行优化，需要一些可能相当复杂的技术。在下面的 19.2.3 节中将说明两个这样的技术。解嵌套是一种强大的优化技术，并且被 SQL 优化器广泛使用。

19.2.3　子查询（视图）合并转换

在一些情况下，子查询出现在查询的 FROM 子句中，相当于包括一个导出的关系，它类似于查询中涉及的一个预定义视图。这个 FROM 子句内的子查询通常称为内联视图。有时，将把以前定义为单独查询的实际视图用作新查询中的参数关系之一。在这种情况下，可以把查询的转换称为视图合并转换或子查询合并转换。这里讨论的视图合并技术同样适用于内联视图和预定义视图。

考虑下面的 3 个关系：

```
EMP (Ssn, Fn, Ln, Dno)
DEPT (Dno, Dname, Dmgrname, Bldg_id)
BLDG (Bldg_id, No_storeys, Addr, Phone)
```

关系的含义是自解释的；最后一个关系表示部门所在的建筑物；电话指建筑物大厅的电话号码。

下面的查询在 FROM 子句中使用一个内联视图；它用于检索名叫“John”的雇员的姓氏、住址及其工作部门所在建筑物的电话号码：

```
SELECT E.Ln, V.Addr, V.Phone
FROM   EMP E, (    SELECT D.Dno, D.Dname, B.Addr, B.Phone
                   FROM   DEPT D, BLDG B
                   WHERE  D.Bldg_id = B.Bldg_id ) V
WHERE  V.Dno = E.Dno AND E.Fn = "John";
```

上面的查询把 EMP 表与一个名为 V 的视图相连接，该视图提供了雇员工作的建筑物的地址和电话号码。这个视图反过来又将连接两个表 DEPT 和 BLDG。这个查询可能的执行方式如下：首先临时物化视图，然后将其与 EMP 表相连接。这样，就约束优化器考虑连接顺序 E、V 或 V、E；为了计算视图，连接顺序可能是 D、B 和 B、D。因此，连接顺序候选总数被限制为 4。此外，将 E、V 上基于索引的连接排除在外，因为在 V 上的连接列 Dno 上没有索引。**视图合并**（view-merging）运算将把视图中的表与外层查询块中的表合并起来，并且产生以下查询：

```
SELECT E.Ln, B.Addr, B.Phone
FROM   EMP E, DEPT D, BLDG B
WHERE  D.Bldg_id = B.Bldg_id AND D.Dno = E.Dno AND E.Fn = "John";
```

对于上面合并的查询块，有 3 个表出现在 FROM 子句中，因此提供了 8 种可能的连接顺序以及 DEPT 中的 Dno 上的索引，并且 BLDG 中的 Bldg_id 可用于以前排除在外的基于索引的嵌套循环连接。读者自己可以分别通过利用合并和不利用合并这两种方式来开发执行计划，并对它们进行比较。

一般来讲，包含选择-投影-连接运算的视图被认为是简单视图，并且它们总是可以进行这种视图合并。通常，视图合并允许考虑额外的选项，并且产生一个比不使用视图合并更好的执行计划。有时，还允许进行其他的优化，例如，如果在视图内使用了外层查询中的一个表，就可以从外层查询中删除它。在某些情况下，视图合并可能是无效的，当视图更复杂并且涉及 DISTINCT、OUTER JOIN、AGGREGATION、GROUP BY 等集合运算时，就可能会出现这种情况。接下来将考虑 GROUP-BY 视图合并的一种可能的情况。

GROUP-BY 视图合并

除了上面提到的选择-投影-连接之外，如果视图还具有其他的构造，那么像上面所示的那样合并视图可能合乎需要，也可能不合乎需要。在执行连接运算之后延迟执行 Group By 运算可能提供以下优点：减少分组的数据量，以免连接具有较低的连接选择度。此外，提早执行 Group By 运算可能是有利的，这样就能减少后续的连接运算要处理的数据量。优化器通常会考虑利用合并和不利用合并的执行计划，并且会比较它们的代价，以确定执行合并的可行性。下面将利用一个示例加以说明。

考虑下面的关系：

```
SALES (Custid, Productid, Date, Qty_sold)
CUST (Custid, Custname, Country, Cemail)
```

```
PRODUCT (Productid, Pname, Qty_onhand)
```

查询：列出来自法国并且购买了 50 件以上的“Ring_234”产品的顾客，建立该查询的方式可能如下所示：

创建一个视图，为<Custid, Productid>对统计购买的任何商品的总数量：

```
CREATE VIEW CP_BOUGHT_VIEW AS
SELECT SUM (S.Qty_sold) as Bought, S.Custid, S.Productid
FROM SALES S
GROUP BY S.Custid, S.Productid;
```

然后，使用这个视图的查询将变成：

```
QG: SELECT C.Custid, C.Custname, C.Cemail
FROM CUST C, PRODUCT P, CP_BOUGHT_VIEW V1
WHERE P.Productid = V1.Productid AND C.Custid = V1.Custid AND V1.Bought >50
AND Pname = "Ring_234" AND C.Country = "France";
```

首先可能对视图 V1 求值，并且临时物化其结果，然后可能使用物化视图作为连接中的表之一对查询 QG 求值。通过使用合并转换，这个查询将变成：

```
QT: SELECT C.Custid, C.Custname, C.Cemail
FROM CUST C, PRODUCT P, SALES S
WHERE   P.Productid = S.Productid AND C.Custid = S.Custid AND
        Pname = "Ring_234" AND C.Country = "France"
GROUP BY, P.Productid, P.rowid, C.rowid, C.Custid, C.Custname, C.Cemail
HAVING SUM (S.Qty_sold) > 50;
```

在合并后，结果查询 QT 的执行效率更高，并且代价更小。其原因是：在合并前，视图 V1 将在整个 SALES 表上分组并且物化结果，这样做的代价很高。在转换后的查询中，对 3 个表的连接应用分组；在这个运算中，只涉及 PRODUCT 表中的单个产品元组，因此将从 SALES 表中过滤出相当多的数据。在转换后，QT 中的连接运算的代价可能稍高一点，这是由于在 QG 中将涉及整个 SALES 关系，而不是聚合的视图表 CP_BOUGHT_VIEW。不过，注意：V1 中的 GROUP-BY 运算将产生一个表，其基数并不比 SALES 的基数小很多，因为分组是在<Custid, Productid>上进行的，它在 SALES 中可能没有很高的重复率。另请注意 P.rowid 和 C.rowid 的使用，它们指代唯一的行标识符，添加它们是为了维持与原始查询之间的等价性。在此重申：必须由优化器基于估算的代价来做出合并 GROUP-BY 视图的决定。

19.2.4 物化视图

在 7.3 节中讨论了视图的概念，还介绍了物化视图的概念。在数据库中将视图定义为查询，**物化视图**（materialized view）则存储该查询的结果。使用物化视图可以避免查询中涉及的一些计算，这是另一种查询优化技术。可以临时存储一个物化视图，以便依靠它处理多个查询，或者永久地存储它，就像数据仓库中常见的那样（参见第 29 章）。物化视图构成了导出的数据，因为可以计算它的内容，作为处理物化视图的定义查询的结果。物化的主要思想是：当需要时读取它以及依赖于它的查询的代价比从头开始重新计算它的代价要小得多。当视图涉及代价高昂的运算（如连接、聚合等）时，可能会节省大量的时间和资源。

例如，考虑 7.3 节中的视图 V2，它通过连接 DEPARTMENT 和 EMPLOYEE 关系，将视图定义为一个关系。对于每个部门，它都会计算该部门的雇员总数以及支付给雇员的薪水总额。如果在报表或查询中频繁需要这些信息，就可能会永久存储这个视图。物化视图可能包含只与用户查询的某个片段或子表达式相关的数据。因此，将需要一个复杂的算法，只利用一个或多个物化视图替换查询的相关片段，并且以一种方便的方式计算查询的余下部分。在 7.3 节中还提到了 3 种用于更新视图的更新（也称为刷新）策略：

- 立即更新：一旦更新了参与视图的任何关系，就会更新视图。
- 延迟更新：仅当需要时才会重新计算视图。
- 定期更新（或延期更新）：可能会以某种固定的频率在以后更新视图。

如果立即更新生效，当任何底层的基本关系以插入、删除和修改的形式发生改变时，保持视图更新就会导致大量的开销。例如，从数据库中删除一位雇员，或者改变雇员的薪水，抑或是聘用一位新雇员，这些都会影响视图中与那个部门对应的元组，因此需要立即更新 7.3 节中的视图 V2。这些更新有时是由程序手动处理的，无论何时更新了基本关系，它都会更新在基本关系之上定义的所有视图。但是显而易见的是，无法保证考虑到所有视图。在更新基本关系时激活的触发器（参见 7.2 节）可用于采取某个动作，并适当更改物化视图。一种直观的、傻瓜式的方法是：每次更新任何基表时都重新计算整个视图，其代价高得令人望而却步。因此，在今天的大多数 RDBMS 中都采用增量式视图维护，接下来将加以讨论。

增量式视图维护

增量式视图维护背后的基本思想是：通过只考虑自上一次创建/更新视图起发生的改变，可以增量式更新视图，而无须从头开始创建它。技巧是：基于基本关系中的一组插入或删除的元组，准确查明物化视图的净改变是什么。下面将描述对于涉及连接、选择、投影以及少数几种聚合运算的视图采用增量式视图维护的一般方法。为了处理修改操作，可以将这些方法视作删除旧元组然后再插入新元组的组合。假定视图 V 是在关系 R 和 S 上定义的，它们各自的实例分别是 v、r 和 s。

连接运算

如果视图包含关系 r 和 s 的内连接，即 $v_{old} = r \bowtie s$，并且在 r 中插入了一组新元组 r_i，那么视图的新值将包含$(r \cup r_i) \bowtie s$。对视图的增量式改变可以计算为：$v_{new} = r \bowtie s \cup r_i \bowtie s$。类似地，从 r 中删除一组元组 r_d 将得到如下新视图：$v_{new} = r \bowtie s - r_d \bowtie s$。当对 s 添加或删除元组时，将具有与之对称的类似表达式。

选择运算

如果将视图定义为 $V=\sigma_C R$，其中 C 是选择条件，当向 r 中插入一组元组 r_i 时，可以将视图修改为 $v_{new} = v_{old} \cup \sigma_C r_i$。另一方面，一旦从 r 中删除元组 r_d，就会得到 $v_{new} = v_{old} - \sigma_C rd$。

投影运算

与上面的策略相比，投影运算需要做额外的工作。考虑定义为 $V = \pi_{Sex, Salary}R$ 的视图，其中 R 是 EMPLOYEE 关系，并且假设在 r 的 3 个不同的元组中存在 Salary 为 50000 的以下<Sex, Salary>对：t_5 包含<M, 50000>，t_{17} 包含<M, 50000>，t_{23} 包含<F, 50000>。因此，视图 v 包含<M, 50000>和<F, 50000>这两个元组，它们是从 r 的 3 个元组中得到的。如果要从 r 中删除元组 t_5，它将不会对视图产生影响。不过，如果要从 r 中删除元组 t_{23}，将不得不从视图中删除元组<F, 50000>。类似地，如果要在关系 r 中插入另一个包含<M, 50000>的新元组 t_{77}，它也不会对视图产生影响。因此，对投影视图进行视图维护除了视图中的实际列之外，还需要维护一个计数。在上面的示例中，<M, 50000>的原始计数值是 2，<F, 50000>的原始计数值是 1。每当对基本关系执行的插入操作导致对视图产生影响时，都会计数递增 1；如果从基本关系中删除元组反映在视图中，就会递减它的计数。当视图中的某个元组计数到达 0 时，实际上将会从视图中删除该元组。当新插入的元组对视图产生影响时，将把它的计数设置为 1。注意：上面的讨论假定在定义视图时使用了 SELECT DISTINCT，以与投影（π）运算相对应。如果在不带 DISTINCT 的情况下使用运算的多集版本，那么仍将会使用计数。有一个选项用于把视图元组显示许多次，并使它的显示次数等于其计数，以免必须将视图显示为一个多集。

交运算

如果将视图定义为 $V= R \cap S$，当插入一个新元组 r_i 时，将把它与 s 关系做比较，看看它在 s 中是否存在。如果存在，就把它插入 v 中；如果不存在，就不插入它。如果删除元组 r_d，就将其与视图 v 进行匹配，如果该元组在视图中存在，就将其从视图中删除。

聚合运算（Group By）

对于聚合运算，让我们考虑在关系 R 中的列 G 上使用 GROUP BY，并且视图包含(SELECT G, 聚合函数(A))。视图是对属性 A 应用某个聚合函数的结果，它对应于（参见 8.4.2 节）：

$_{G}\mathfrak{I}_{\text{聚合函数}}(A)$

考虑下面几个聚合函数：

- 计数：用于为每个分组保存元组的计数，如果在 r 中插入一个新的元组，并且如果它具有值 G = g1，并且 g1 存在于视图中，那么就会把它的计数递增 1。如果视图中没有元组具有值 g1，那么就会在视图中插入一个新元组：<g1, 1>。当要删除的元组具有值 G = g1 时，将把它的计数递减 1。如果在视图中执行删除之后 g1 的计数到达 0，就会从视图中移除该元组。
- 求和：假设视图包含(G, sum(A))。为视图中的每个分组维护了一个计数。如果在关系 r 中插入一个元组，并且它在 R.G 和 R.A 列下具有(g1, x1)，并且如果视图没有用于 g1 的项，那么就会在视图中插入一个新元组<g1, x1>，并把它的计数设置为 1。如果已经有一项用于 g1，例如旧视图中的<g1, s1>，就会把它修改为<g1, s1 + x1>，并把它的计数递增 1。对于从基本关系中删除一个其(R.G, R.A)是<g1, x1>的元组，如果对应的分组 g1 的计数是 1，就会从视图中移除用于分组 g1 的元组。如果它存在并且其计数大于 1，就会把计数递减 1，并且和 s1 将减为 s1– x1。

- 平均值：这个聚合函数不能通过自身来进行维护，而要维护求和与计数函数并且用和除以计数来计算平均值。因此，需要维护求和与计数函数，并像上面讨论的那样进行增量式更新，以计算新的平均值。
- Max 和 Min：可以只考虑 Max，Min 将对称地进行处理。同样对于每个分组，要维护(g, max(a), count)组合，其中 max(a)表示 R.A 在基本关系中的最大值。如果插入的元组所具有的 R.A 值小于当前的 max(a)值，或者如果它在视图中具有与 max(a)相等的值，那么就只会递增分组的计数。如果它具有一个比 max(a)更大的值，就会把视图中的最大值设置为新值，并且递增计数。在删除一个元组时，如果它的 R.A 值小于 max(a)，那么只会递减计数。如果 R.A 值与 max(a)匹配，就会把计数递减 1；从而会删除表示 A 的最大值的元组。因此，必须为分组计算 A 的新的最大值，这需要做大量的后续工作。如果计数变为 0，就会从视图中移除该分组，因为删除的元组是分组中的最后一个元组。

我们讨论了增量式物化，将其作为一种维护视图的优化技术。不过，还可以把物化视图视作一种用于在某些查询中减少工作量的方式。例如，如果一个查询具有可用作视图的成分，例如 R⋈S 或 $\pi_L R$，那么就可以修改查询以使用视图，以及避免做一些不必要的计算。有时可能会发生相反的情况。在查询 Q 中使用视图 V，并且该视图已被物化为 v；假定视图中包括 R⋈S，不过，在 v 上不能使用像索引这样的访问结构。假设在成员关系 R 的某些属性（例如说 A）上可以使用索引，并且查询 Q 涉及一个关于 A 的选择条件。在这些情况下，可以使用成员关系上的索引使依赖于视图的查询获益，并且视图可以利用其定义查询来代替；而根本不会使用表示物化视图的关系。

19.3 在基于代价的优化中使用选择度

查询优化器不只依赖于启发式规则或查询转换，它还会估算和比较使用不同的执行策略和算法执行查询的代价，然后它就会选择具有最小代价估算值的策略。为了使用这种方法，将需要准确有代价估算，以便可以公平、实际地比较不同的策略。此外，优化器还必须限制要考虑的执行策略的数量；否则，为许多种可能的执行策略进行代价估算将要花费太多的时间。因此，这种方法更适合于**编译查询**（compiled query），而不适合于即席查询，在编译查询中，在编译时执行优化，然后把得到的执行策略代码存储起来并在运行时直接执行。对于**解释查询**（interpreted query），在运行时将会发生图 18.1 中所示的整个过程，而全面的优化可能会延缓响应时间。编译查询适合采用一种更精心设计的优化方法，而解释查询最好采用一种局部的、更省时的优化方法。

上述这种方法一般称为**基于代价的查询优化**（cost-based query optimization）[1]。它使用传统的优化技术，在解空间中搜索问题的解，以减小化目标（代价）函数。查询优化器中使用的代价函数是估算的，而不是准确的代价函数，因此优化选择的查询执行策略可能不

1 在 IBM 公司开发的试验性 DBMS 中的 SYSTEM R 的优化器中首先使用了这种方法（Selinger 等，1979）。

是最优的（绝对最好的）。在19.3.1节中，将讨论查询执行代价的成分。在19.3.2节中，将讨论代价函数中所需的信息类型，这些信息将保存在DBMS目录中。在19.3.3节中将描述直方图，它们用于保存关于重要属性的值分布的详细信息。

查询优化期间的决策过程不可小觑，它具有多种挑战。可以通过下面的方式抽象出总的基于代价的查询优化方法：

- 对于查询中给定的子表达式，可以应用多个等价性规则。应用等价性的过程是一个级联过程；它没有任何限制，并且没有明确的趋向，很难以一种空间高效的方式执行它。
- 有必要求助于某种定量的度量标准，来评估替代方法。利用空间和时间需求，并把它们简化成某个称为代价的常用指标，有可能设计某种优化方法。
- 通过保留最廉价的替代方法以及精简代价较高的替代方法，可以设计合适的搜索策略。
- 查询优化的范围一般是一个查询块。各种表和索引访问路径、连接序列（顺序）、连接方法、分组方法等提供了查询优化器必须选择的替代方法。
- 在全局查询优化中，优化的范围是多个查询块[1]。

19.3.1　查询执行的代价成分

执行查询的代价包括以下成分：

（1）**访问辅存的代价**：这是在辅助磁盘存储器与主存缓冲区之间传输（读和写）数据块的代价，它也称为磁盘I/O（输入/输出）代价。在磁盘文件中搜索记录的代价依赖于该文件上的访问结构的类型，例如排序、散列以及主索引或辅助索引。此外，诸如文件块是在同一个磁盘柱面上连续分配的还是散布在磁盘上之类的因素也会影响访问代价。

（2）**磁盘存储代价**：这是在磁盘上存储任何中间文件的代价，这些中间文件是由查询的执行策略生成的。

（3）**计算代价**：这是在查询执行期间对数据缓冲区内的记录执行内存中的运算的代价。这样的运算包括：搜索和排序记录，合并记录以便进行连接或执行排序操作，以及执行字段值上的计算。这也称为CPU（中央处理器）代价。

（4）**内存使用代价**：这是与查询执行期间所需的主存缓冲区数量相关的代价。

（5）**通信代价**：这是将查询及其结果从数据库站点传送到生成查询的站点或终端的代价。在分布式数据库（参见第23章）中，它还包括在查询求值期间在多个计算机之间传输表和结果的代价。

对于大型数据库，查询优化的重点通常是最小化辅存的访问代价。简单的代价函数将会忽略其他因素，并且依据在磁盘与主存缓冲区之间传输块的次数来比较不同的查询执行策略。对于较小的数据库，其中查询中涉及的文件中的大部分数据都完全可以存储在内存中，所以查询优化的重点是最小化计算代价。在分布式数据库中，将会涉及许多数据库站点（参见第23章），因此必须最小化通信代价。由于难以给各个代价成分分配合适的加

1　从这个意义上讲，在本章中将不会讨论全局优化。在Ahmed等（2006）中可以找到相关的详细信息。

权，因此很难在一个（加权）代价函数中包括所有的代价成分。这就是为什么一些代价函数只考虑单个因素（磁盘访问）的原因。在 19.3.2 节中，将讨论用于表述代价函数所需的一些信息。

19.3.2 代价函数中使用的目录信息

为了估算各种执行策略的代价，必须记录代价函数所需的任何信息。可以在 DBMS 目录中存储这些信息，查询优化器可以在这里访问它们。首先，必须知道每个文件的大小。对于其记录全都具有相同类型的文件，将需要**记录（元组）数量**（r）、（平均）**记录大小**（R），以及**文件块数**（b）（或者它们近似的估算值）。还可能需要文件的**块因子**（bfr）。在 18.3.4 节中提到过它们，并且在说明关系运算的各种实现算法时也利用过它们。其次，还必须记录每个文件的主文件组织。主文件组织记录可能是无序的，或者是有序的（按某个属性进行排序，该属性可能具有或不具有主索引或聚簇索引），抑或是根据某个键属性散列存放（使用静态散列或者动态散列方法之一）。还会保存关于所有的主索引、辅助索引或聚簇索引及其索引属性的信息。代价函数还需要每个多级索引（主索引、辅助索引或聚簇索引）的**层级数**（x），用于估算在查询执行期间发生的块访问次数。在一些代价函数中，还需要**一级索引块数**（b_{I1}）。

另一个重要参数是关系 R 中的某个属性的**不同值个数** NDV (A, R)以及该属性的**选择度**（sl），后者是满足属性上的相等性条件的记录比例。这允许估算属性的**选择基数**（selection cardinality）（s = sl*r），它是满足那个属性上的相等性选择条件的平均记录数。

诸如索引层级数之类的信息很容易维护，因为它不会经常改变。不过，其他信息可能会频繁改变；例如，每次插入或删除记录时，文件中的记录数 r 就会改变。查询优化器在保证各种执行策略的代价时，将需要这些参数的适当接近的值即可，而不一定需要它们完全最新的值。为了帮助估算查询结果的大小，尽可能准确地估算值的分布情况很重要。为此，大多数系统都会存储一个直方图。

19.3.3 直方图

直方图（histogram）是由 DBMS 维护的表或数据结构，用于记录关于数据分布情况的信息。大多数 RDBMS 通常会存储大多数重要属性的直方图。如果没有直方图，最好假定属性的值在其范围中是从高到低均匀分布的。直方图在重要的范围（称为桶）上划分属性，并且存储属于那个关系中的那个桶的记录总数。有时，它们也可能会在每个桶中存储不同值的数量。有时会隐含地假定在一个桶内的不同值之间是均匀分布的。所有这些假定都过于简化，以至于它们很少成立。因此，保存一份细粒度（即具有大量的桶）的直方图总是有用的。直方图有两种常见的变体：**等宽**（equi-width）直方图和**等高**（equi-height）直方图。在等宽直方图中，将值的范围划分成相等的子范围；在等高直方图中，每个桶中包含大约相同数量的记录。一般认为等高直方图更好一些，因为它们会在一个桶中保存数量较少的更频繁出现的值，而在另一个桶中保存数量较多的不太频繁出现的值。因此，一个桶内的均匀分布假定似乎可以更好地保持。在图 19.4 中给出了一个直方图的示例，用于展示公司里的薪水信息。这个直方图把薪水范围划分成 5 个桶，它们可能对应于查询很可能具有的重要子范围，因为它们属于某些类型的雇员。它既不是等宽直方图，也不是等高直方图。

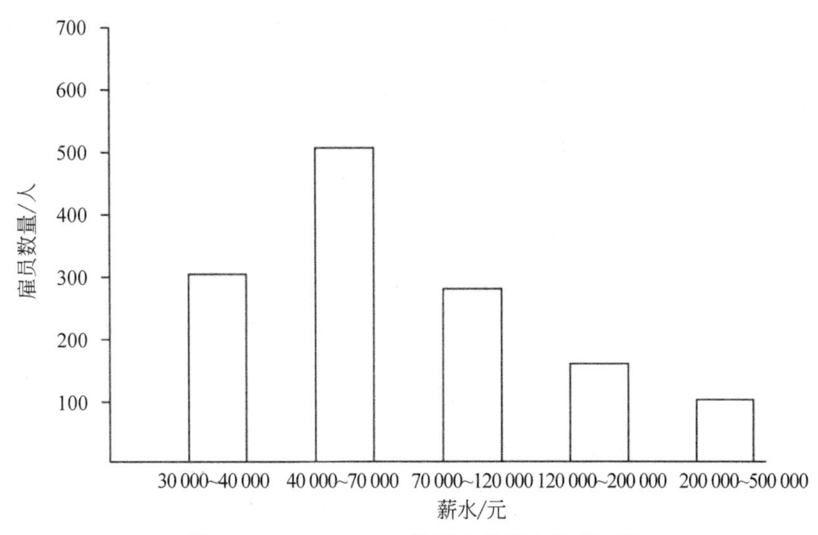

图 19.4　EMPLOYEE 关系中的薪水的直方图

19.4　选择运算的代价函数

现在将依据内存与磁盘之间的块传输次数，为 18.3.1 节中讨论的选择算法 S1~S8 提供代价函数。算法 S9 涉及通过其他一些方式（如算法 S6）检索到的记录指针的交集，因此其代价函数将基于 S6 的代价。在估算这些代价函数时，将忽略计算时间、存储代价及其他因素。重申一遍，此后在公式中将使用以下表示法：

C_{Si}：块访问中的方法 Si 的代价。

r_X：关系 X 中的记录（元组）的数量。

b_X：关系 X 占据的块数（也称为 b）。

bfr_X：关系 X 中的块因子（即每个块中的记录数）。

$s1_A$：对于给定的条件属性 A 的选择度。

sA：所选属性的选择基数（$= s1_A * r$）。

xA：属性 A 上的索引的层级数。

$b_{I1}A$：属性 A 上的索引的一级块数。

NDV (A, X)：关系 X 中的属性 A 的不同值个数。

注意：在公式中使用以上表示法时，如果关系名或属性名比较明显，就会省略它们。

- **S1：线性搜索（蛮力）方法**。这将搜索所有的文件块，以检索满足选择条件的所有记录；因此，$C_{S1a} = b$。对于键属性上的相等性条件，平均只需搜索一半的文件块，即可找到记录，因此如果找到记录，那么粗略估计 $C_{S1b} = (b/2)$；如果没有找到满足条件的记录，则有 $C_{S1b} = b$。

- **S2：二分查找**。这种搜索方法将要访问大约 $C_{S2} = \log_2 b + \lceil(s/bfr)\rceil - 1$ 个文件块。如果相等性条件是在唯一（键）属性上，由于在这种情况下 s = 1，因此将 C_{S2} 减至 $\log_2 b$。
- **S3a：使用主索引检索单条记录**。对于主索引，将在每个索引层级检索一个磁盘块，以及从数据文件中检索一个磁盘块。因此，其代价将比索引层级数多一个磁盘块，即：$C_{S3a} = x + 1$。
- **S3b：使用散列键检索单条记录**。对于散列，在大多数情况下只需访问一个磁盘块。对于静态散列或线性散列，代价函数大约是 $C_{S3b} = 1$；对于可扩展散列，其代价是 2 次磁盘块访问（参见 16.8 节）。
- **S4：使用有序索引检索多条记录**。如果比较条件是键字段上的>、≥、<或≤，并且该键字段具有一个有序索引，那么将有大约一半的文件记录满足这个条件。因此，代价函数就是 $C_{S4} = x + (b/2)$。这是一个非常粗略的估算，尽管它平均来讲可能是正确的，但在个别情况下它也可能不准确。如果把记录的分布情况存储在一个直方图中，就可能得到更准确的估算。
- **S5：使用聚簇索引检索多条记录**。在每个索引层级上访问一个磁盘块，这将给出聚簇中的第一个文件磁盘块的地址。给定索引属性上的一个相等性条件，将有 s 条记录满足该条件，其中 s 是索引属性的选择基数。这意味着保存全部所选记录的文件块的聚簇中将具有$\lceil(s/bfr)\rceil$个文件块，从而得到 $C_{S5} = x + \lceil(s/bfr)\rceil$。
- **S6：使用辅助（B^+树）索引**。对于键（唯一）属性上的辅助索引，该属性上具有一个相等性（即<属性 = 值>）选择条件，代价就是 x + 1 次磁盘块访问。对于非键（非唯一）属性上的辅助索引，将有 s 条记录满足相等性条件，其中 s 是索引属性的选择基数。不过，由于索引是非聚簇索引，每条记录都可能驻留在不同的磁盘块上，因此（最坏情况下的）代价估算是 $C_{S6a} = x + 1 + s$。额外的 1 个磁盘块用于存储在搜索索引之后的记录指针（参见图 17.5）。对于范围查询，如果比较条件是>、≥、<或≤，并且假定有一半的文件记录满足这个条件，那么将访问（大约）一半的一级索引块，并将通过索引访问一半的文件记录。这种情况下的代价估算大约是 $C_{S6b} = x + (b_{I1}/2) + (r/2)$。如果可以通过直方图获得更好的选择度估算值，就可以改进 r/2 因子。后一种方法 C_{S6b} 的代价可能非常高。对于像 $v1 < A < v2$ 这样的范围条件，必须通过直方图计算选择基数 s，或者将其作为均匀分布假设下的一个默认值；这样，将基于 A 是否是键以及 A 上是否具有一个 B^+树索引来计算代价（这里把它作为一个练习留给读者完成，以计算不同条件下的代价）。
- **S7：合取选择**。可以使用上面讨论的 S1 或者方法 S2~S6 之一。在后一种情况下，将使用一个条件来检索记录，然后在主存缓冲区中检查每个检索的记录是否满足合取条件中其余的条件。如果存在多个索引，搜索每个索引都可能在主存缓冲区中产生一个记录指针（记录 id）的集合。记录指针集合的交集（参见 S9）可以在主存中计算，然后基于记录 id 检索结果记录。
- **S8：使用复合索引的合取选择**。与 S3a、S5 或 S6a 相同，依赖于索引的类型。
- **S9：使用位图索引的选择**。参见 17.5.2 节。依赖于选择的性质，如果可以把选择简化成一组相等性条件，每个条件都等于具有一个值的属性（例如，A = {7, 13, 17, 55}），那么用于访问每个值的位向量的长度就是 r 位或 r/8 字节。在一个块中可能存放许多位向量。这样，如果 s 条记录满足条件，那么将会为数据记录访问 s 个块。

- **S10：使用函数索引的选择**。参见 17.5.3 节。其工作方式类似于 S6，只不过索引基于多个属性的函数；如果该函数出现在 SELECT 子句中，就可能利用对应的索引。

基于代价的优化方法

在查询优化器中，通常会枚举各种可能的执行查询的策略，并且估算不同策略的代价。可能使用一种优化技术（例如动态编程）高效地查找最佳（最低）代价估算值，而不必考虑所有可能的执行策略。**动态编程**（Dynamic programming）是一种优化技术[1]，其中的子问题只会求解一次。当可以把一个问题分解成多个子问题并且这些子问题自身也具有子问题时，就可以使用这种技术。在 19.5.5 节中讨论连接排序时，将探讨动态编程方法。这里将不会讨论优化算法；相反，将使用一个简单的示例，说明可能如何使用代价估算。

基于代价公式的选择优化示例

假设图 5.5 中的 EMPLOYEE 文件具有 $r_E = 10000$ 条记录，它们存储在 $b_E = 2000$ 个磁盘块中，这些磁盘块具有块因子 $bfr_E = 5$ 条记录/块以及如下访问路径：

（1）在 Salary 上建立一个聚簇索引，索引层级 $x_{Salary} = 3$，平均选择基数 $s_{Salary} = 20$（它对应的选择度是 $sl_{Salary} = 20/10000 = 0.002$）。

（2）在键属性 Ssn 上建立一个辅助索引，该索引具有 $x_{Ssn} = 4$（sSsn = 1，slSsn = 0.0001）。

（3）在非键属性 Dno 上建立一个辅助索引，该索引具有 $x_{Dno} = 2$，一级索引块数 $b_{I1Dno} = 4$。Dno 具有 NDV (Dno, EMPLOYEE) = 125 个不同的值，因此 Dno 的选择度是 sl_{Dno} = (1/ NDV (Dno, EMPLOYEE)) = 0.008，选择基数是 $s_{Dno} = (r_E * sl_{Dno}) = (r_E/\text{NDV (Dno, EMPLOYEE)}) = 80$。

（4）在 Sex 上建立一个辅助索引，该索引具有 $x_{Sex} = 1$。Sex 属性具有 NDV (Sex, EMPLOYEE) = 2 个值，因此平均选择基数是 $s_{Sex} = (r_E/\text{NDV (Sex, EMPLOYEE)}) = 5000$（注意：在这种情况下，显示男性和女性雇员百分比的直方图可能是有用的，除非他们的百分比近似相等）。

这里将使用下面的示例说明代价函数的使用：

OP1：$\sigma_{Ssn=\text{'123456789'}}$ (EMPLOYEE)

OP2：$\sigma_{Dno>5}$(EMPLOYEE)

OP3：$\sigma_{Dno=5}$(EMPLOYEE)

OP4：$\sigma_{Dno=5\ AND\ SALARY>30000\ AND\ Sex=\text{'F'}}$ (EMPLOYEE)

蛮力（线性搜索或文件扫描）选项 S1 的代价估算为 $C_{S1a} = b_E = 2000$（对于非键属性上的选择运算）或者 $C_{S1b} = (b_E/2) = 1000$（键属性上的选择运算的平均代价）。对于 OP1，可以使用方法 S1 或方法 S6a；S6a 的代价估算是 $C_{S6a} = x_{Ssn} + 1 = 4 + 1 = 5$，而方法 S1 的平均代价是 $C_{S1b} = 1000$，因此要优先选择方法 S6a。对于 OP2，可以使用方法 S1 或方法 S6b，

1 有关将动态编程作为一种优化技术的详细讨论，读者可以参阅一本关于算法的教材，例如 Corman 等（2003）。

其中前者估算的代价是 C_{S1a} = 2000，后者估算的代价是 $C_{S6b} = x_{Dno} + (b_{I1Dno}/2) + (r_E/2) = 2 + (4/2) + (10000/2) = 5004$，因此为 OP2 选择线性搜索方法。对于 OP3，可以使用方法 S1 或方法 S6a，其中前者估算的代价是 C_{S1a} = 2000，后者估算的代价是 $C_{S6a} = x_{Dno} + s_{Dno} = 2 + 80 = 82$，因此选择方法 S6a。

最后，考虑 OP4，它具有一个合取选择条件。需要估算使用选择条件的 3 个成分中的任何一个成分检索记录的代价，还要估算线性搜索方法的代价。后者给出的代价估算是 C_{S1a} = 2000。如果首先使用条件（Dno = 5），则其代价估算是 C_{S6a} = 82。如果首先使用条件（Salary > 30 000），则其代价估算是 $C_{S4} = x_{Salary} + (b_E/2) = 3 + (2000/2) = 1003$。如果首先使用条件（Sex = 'F'），则其代价估算是 $C_{S6a} = x_{Sex} + s_{Sex} = 1 + 5000 = 5001$。然后，优化器将在 Dno 的辅助索引上选择方法 S6a，因为它具有最低的代价估算值。首先使用条件（Dno = 5）检索记录，然后在把记录检索到内存中之后，为所选的每条记录检查合取条件的其余部分（Salary > 30 000 AND Sex = 'F'）。只有那些满足这些额外条件的记录才会包括在运算的结果中。考虑上面的 OP3 中的 Dno = 5 这个条件；Dno 具有 125 个值，因此使用 B^+树索引将是合适的。作为替代，如果在 EMPLOYEE 中具有一个属性 Zipcode，并且条件是 Zipcode = 30332，而我们只有 5 个邮政编码，那么就可以使用位图索引，查明哪些记录满足条件。假定使用均匀分布，则有 $s_{Zipcode}$ = 2000。这将导致位图索引的代价是 2000。

19.5 连接运算的代价函数

为了给连接运算开发相当准确的代价函数，必须估算在执行连接运算之后得到的文件的大小（元组数量）。通常把它保存为得到的连接文件大小（元组数量）与执行笛卡儿积运算得到的文件大小之间的比率（假定对它们二者使用相同的输入文件），并称之为**连接选择度**（join selectivity，js）。如果利用|R|表示关系 R 中的元组数量，则有：

$js = |(R \bowtie_c S)| / |(R \times S)| = |(R \bowtie_c S)| / (|R| * |S|)$

如果没有连接条件 c，则 js = 1，并且连接运算等同于笛卡儿积运算。如果关系中没有元组满足连接条件，则 js = 0。一般来讲，$0 \leqslant js \leqslant 1$。对于一个连接，如果其中的条件 c 是一个相等性比较 R.A = S.B，则可以得到以下两种特例：

（1）如果 A 是 R 的键，则有$|(R \bowtie_c S)| \leqslant |S|$，因此 $js \leqslant (1/|R|)$。这是因为 A 是 R 的键，所以文件 S 中的每条记录都将与文件 R 中的至多一条记录连接。这种情况的一个特例是：属性 B 是 S 的一个外键，它参照 R 的主键 A。此外，如果外键 B 具有 NOT NULL 约束，则有 $js = (1/|R|)$，并且连接的结果文件将包含|S|条记录。

（2）如果 B 是 S 的键，则有$|(R \bowtie_c S)| \leqslant |R|$，因此 $js \leqslant (1/|S|)$。

因此，可用于连接选择度的一个**简单公式**（simple formula）是：

js = 1/ max (NDV (A, R), NDV (B,S))

在估算了通常出现的连接条件的连接选择度之后，就能够使查询优化器估算在执行连接运算之后的结果文件的大小，可称之为**连接基数**（join cardinality，jc）。

$jc = |(R_c\ S)| = js * |R| * |S|$

现有可以给出一些近似的代价函数示例，用于估算 18.4 节中给出的一些连接算法的代价。连接运算的形式如下：

$R \bowtie_{A=B} S$

其中 A 和 B 分别是 R 和 S 的域兼容的属性。假定 R 具有 b_R 个块，S 具有 b_S 个块：

- **J1：嵌套循环连接**。假设将 R 用于外层循环，并且假定有 3 个内存缓冲区，就可以使用以下代价函数估算这个方法的块访问次数。这里假定结果文件的块因子是 bfr_{RS}，并且连接选择度是已知的：

  $C_{J1} = b_R + (b_R * b_S) + ((js * |R| * |S|)/bfr_{RS})$

  该公式的最后一部分是将结果文件写到磁盘的代价。可以修改这个代价公式，以将不同的内存缓冲区数量考虑在内，如 19.4 节中所示。如果有 n_B 个主存缓冲区块可用于执行连接运算，那么代价公式将变成：

  $C_{J1} = b_R + (\lceil b_R/(n_B - 2) \rceil * b_S) + ((js * |R| * |S|)/bfr_{RS})$

- **J2：基于索引的嵌套循环连接（使用一种访问结构检索匹配的记录）**。如果 S 的连接属性 B 上存在一个索引，其索引层级数是 x_B，就可以检索 R 中的每条记录 s，然后使用该索引从 S 中检索所有满足 t[B] = s[A]的匹配记录 t。其代价依赖于索引的类型。对于一个辅助索引，其中 s_B 是 S 的连接属性 B 的选择基数[1]，则有：

  $C_{J2a} = b_R + (|R| * (x_B + 1 + s_B)) + ((js * |R| * |S|)/bfr_{RS})$

  对于一个聚簇索引，其中 s_B 是连接属性 B 的选择基数，则有：

  $C_{J2b} = b_R + (|R| * (x_B + (s_B/bfr_B))) + ((js * |R| * |S|)/bfr_{RS})$

  对于一个主索引，则有：

  $C_{J2c} = b_R + (|R| * (x_B + 1)) + ((js * |R| * |S|)/bfr_{RS})$

  如果对于两个连接属性之一（如 S 的属性 B）存在一个**散列键**（hash key），则有：

  $C_{J2d} = b_R + (|R| * h) + ((js * |R| * |S|)/bfr_{RS})$

  其中 $h \geqslant 1$，在给定其散列键值的情况下，h 是检索一条记录所需的平均块访问次数。通常，对于静态散列和线性散列，h 被估计为 1；对于可扩展散列，则估计为 2。这是一个乐观的估计，在实际情况中 h 通常在 1.2~1.5。

- **J3：排序-归并连接**。如果文件已经在连接属性上排好序，这个方法的代价函数将是：

  $C_{J3a} = b_R + b_S + ((js * |R| * |S|)/bfr_{RS})$

  如果必须对文件排序，就必须加上排序的代价。可以使用 18.2 节中的公式估算排序代价。

- **J4：分区-散列连接（或者仅散列连接）**。将文件 R 和 S 中的记录分区成较小的文件。每个文件的分区分别是在 R 的连接属性 A 上（用于对文件 R 分区）以及 S 的连接属性 B 上（用于对文件 S 分区）使用相同的散列函数 h 完成的。如 18.4 节中所示，这个连接的代价可以粗略估算为：

  $C_{J4} = 3 * (b_R + b_S) + ((js * |R| * |S|)/bfr_{RS})$

1　选择基数被定义为满足某个属性上的相等性条件的平均记录数，也就是在该属性上具有相同值的平均记录数，因此这些记录将连接到另一个文件中的单独一条记录。

19.5.1 半连接和反连接的连接选择度和连接基数

现在将考虑这两个重要运算，在解嵌套某些查询时将会使用它们。在18.1节中，显示了一些转换成这些运算的子查询的示例。这些运算的目标是避免做一些不必要的工作，即基于连接条件对两个表执行穷尽的逐对匹配。让我们考虑这两类连接的连接选择度和连接基数。

1. 半连接

考虑下面的查询：

```
SELECT COUNT(*)
FROM T1
WHERE T1.X IN (SELECT T2.Y
    FROM T2);
```

对上面的查询进行解嵌套将导致一个半连接（在下面的查询中，用于半连接的表示法“S=”是不标准的）。

```
SELECT COUNT(*)
FROM T1, T2
WHERE T1.X S= T2.Y;
```

上面的半连接的连接选择度计算如下：

js = MIN(1,NDV(Y, T2)/NDV(X, T1))

这个半连接的连接基数计算如下：

jc = |T1|* js

2. 反连接

考虑下面的查询：

```
SELECT COUNT (*)
FROM T1
WHERE T1.X NOT IN (SELECT T2.Y
FROM T2);
```

对上面的查询进行解嵌套将导致一个反连接[1]（在下面的查询中，用于反连接的表示法“A=”是不标准的）。

```
SELECT COUNT(*)
FROM T1, T2
WHERE T1.X A= T2.Y;
```

---

1 注意：为了在NOT IN子查询中使用反连接，两个连接属性T1.X和T2.Y都必须具有非空值。有关详细讨论，参阅Bellamkonda等（2009）。

上面的反连接的连接选择度计算如下：

$js = 1 - MIN(1,NDV(T2.y)/NDV(T1.x))$

这个反连接的连接基数计算如下：

$jc = |T1|*js$

19.5.2　基于代价公式的连接优化的示例

假设我们具有在 19.5.1 节的示例中描述的 EMPLOYEE 文件，并且假定图 5.5 中所示的 DEPARTMENT 文件包括 $r_D = 125$ 条记录，它们存储在 $b_D = 13$ 个磁盘块中。考虑下面两个连接运算：

OP6：EMPLOYEE $\bowtie_{Dno=Dnumber}$ DEPARTMENT

OP7：DEPARTMENT $\bowtie_{Mgr\_ssn=Ssn}$ EMPLOYEE

假设在 DEPARTMENT 的 Dnumber 上建立了一个主索引，其索引层级数是 $x_{Dnumber}= 1$，并且在 DEPARTMENT 的 Mgr_ssn 上建立了一个辅助索引，其选择基数是 $s_{Mgr\_ssn}= 1$，索引层级数是 $x_{Mgr\_ssn}= 2$。假定 OP6 的连接选择度是 $js_{OP6} = (1/|DEPARTMENT|) = 1/125$[1]，因为 Dnumber 是 DEPARTMENT 的一个键。另外假定所得到的结果连接文件的块因子是 $bfr_{ED}= 4$ 条记录/块。可以使用适用的方法 J1 和 J2 估算连接运算 OP6 在最坏情况下的代价，如下所示：

（1）使用方法 J1，并将 EMPLOYEE 作为外层循环：

$C_{J1} = b_E + (b_E * b_D) + ((js_{OP6} * r_E * r_D)/bfr_{ED})$

$= 2000 + (2000 * 13) + (((1/125) * 10000 * 125)/4) = 30500$

（2）使用方法 J1，并将 DEPARTMENT 作为外层循环：

$C_{J1} = b_D + (b_E * b_D) + ((js_{OP6} * r_E * r_D)/bfr_{ED})$

$= 13 + (13 * 2000) + (((1/125) * 10000 * 125/4) = 28513$

（3）使用方法 J2，并将 EMPLOYEE 作为外层循环：

$C_{J2c} = b_E + (r_E * (x_{Dnumber} + 1)) + ((js_{OP6} * r_E * r_D)/bfr_{ED}$

$= 2000 + (10000 * 2) + (((1/125) * 10000 * 125/4) = 24500$

（4）使用方法 J2，并将 DEPARTMENT 作为外层循环：

$C_{J2a} = b_D + (r_D * (x_{Dno} + s_{Dno})) + ((js_{OP6} * r_E * r_D)/bfr_{ED})$

$= 13 + (125 * (2 + 80)) + (((1/125) * 10000 * 125/4) = 12763$

（5）使用方法 J4，则有：

$C_{J4} = 3* (b_D + b_E) + ((js_{OP6} * r_E * r_D)/bfr_{ED})$

$= 3* (13+2000) + 2500 = 8539$

第（5）种情况具有最低的代价估算值，因此将选择它。注意：在上面的第（2）种情况中，如果可用于执行连接运算的内存缓冲区块不仅仅是 3 个，而是 15 个（或更多），那么就可以使用其中 13 个缓冲区块在内存中保存整个 DEPARTMENT 关系，再用 1 个缓冲区块作为结果的缓冲区，还有 1 个缓冲区块将用于每次保存 EMPLOYEE 文件（内层循环文

1　注意：它与另一个公式是一致的，该公式是：= 1/ max (NDV (Dno, EMPLOYEEE), NDV (Dnumber, DEPARTMENT)) = 1/max (125,125) = 1/125。

件）的一个块，这样第（2）种情况的代价就会急剧减少到 $b_E + b_D + ((js_{OP6} * r_E * r_D)/bfr_{ED})$ 或 4513，如 18.4 节中所讨论的那样。如果可用的主存缓冲区数量有所不同，如 $n_B = 10$，那么第（2）种情况将得到比第（4）种情况更好的性能，其代价可以计算如下，

$$C_{J1} = b_D + (\lceil b_D/(n_B - 2)\rceil * b_E) + ((js * |R| * |S|)/bfr_{RS})$$
$$= 13 + (\lceil 13/8\rceil * 2000) + (((1/125) * 10000 * 125/4) = 28513$$
$$= 13 + (2 * 2000) + 2500 = 6513$$

对 OP7 可以执行类似的分析，本书把它作为一个练习留给读者完成。

19.5.3 多关系查询和连接顺序选择

19.1.2 节中的代数转换规则包括连接运算的交换律和结合律。利用这些规则，可以产生许多等价的连接表达式。因此，随着查询中的连接数量不断增多，可供选择的查询树数量也会迅速增长。连接 n 个关系的查询块通常将具有 n－1 个连接运算，因此可能具有大量不同的连接顺序。一般来讲，对于具有 n 个关系的查询块，将有 n!种连接顺序；在这个总数中包括有笛卡儿积。对于具有大量连接运算的查询，查询优化器在估算每种可能的连接树的代价时将需要花费大量的时间。因此，需要精简一些可能的查询树。查询优化器通常会把（连接）查询树的结构限制为左深（或右深）树。**左深连接树**（left-deep join tree）是一棵二叉树，其中每个非叶节点的右子节点总是一个基本关系。查询优化器将会选择具有最低估算代价的特定左深连接树。图 19.5(a)中显示了左深树的两个示例（注意：图 19.2 中所示的树也是左深树）。**右深连接树**（right-deep join tree）也是一棵二叉树，其中每个叶节点的左子节点是一个基本关系（如图 19.5(b)所示）。

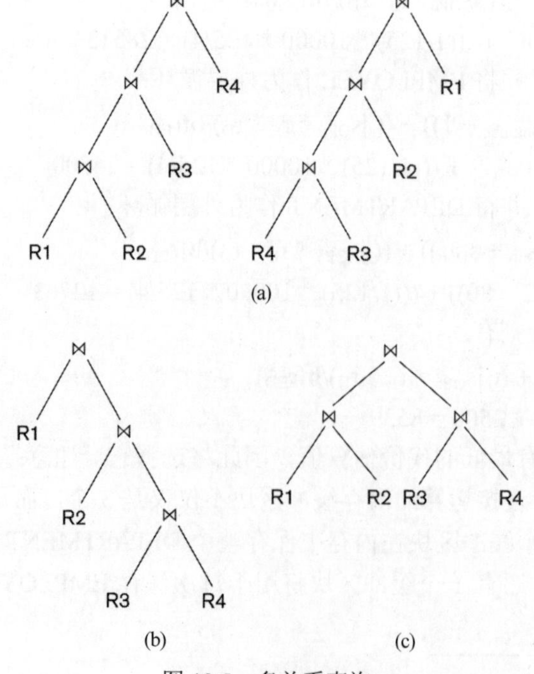

图 19.5 多关系查询

(a) 两棵左深连接查询树；(b) 右深连接查询树；(c) 浓密查询树

浓密连接树（bushy join tree）也是一棵二叉树，其中一个内部节点的左、右子节点都可能是内部节点。图 19.5(b)显示了一棵右深连接树，而图 19.5(c)则显示了一棵使用 4 个基本关系的浓密连接树。大多数查询优化器都会把左深连接树视作首选的连接树，然后在 n! 种可能的连接顺序中选择一种顺序，其中 n 是关系的数量。在 19.5.4 节和 19.5.5 节中将更详细地讨论连接顺序问题。左深树恰好具有一种形状，并且左深树中的 N 个表的连接顺序由 N!给出。与之相比，浓密树的形状由以下重复出现的关系（即递归函数）给出，并将 S(n)定义如下，其中 S(1) = 1。

$$S(n) = \sum_{i=1}^{n-1} S(i) * S(n-i)$$

可以将上面 S(n)的递归方程解释如下：它指出，如果左子树中叶节点的数量为 i，其中 i 为 1~ N – 1，那么就可能利用 S(i)种方式重新排列这些叶节点。类似地，对于右子树中的 N – i 个叶节点，可以利用 S(N – i)种方式重新排列它们。可以利用以下公式计算浓密树具有多少种排列方式：

$$P(n) = n! * S(n) = (2n-2)!/(n-1)!$$

表 19.1 显示了最多连接 7 个关系的左深(或右深)连接树以及浓密连接树的可能数量。

表 19.1　n 个关系的左深连接树和浓密连接树可能的排列方式

关系的数量 N	左深树的连接顺序数量 N!	浓密树的形状数量 S(N)	浓密树的排列方式数量 (2N – 2)!/(N – 1)!
2	2	1	2
3	6	2	12
4	24	5	120
5	120	14	1680
6	720	42	30240
7	5040	132	665280

从表 19.1 中可以明显看出，如果把所有可能的备选浓密树都考虑在内，各种备选浓密树的可能空间将迅速变得难以管理。在某些情况下，例如雪花模式的复杂版本（参见 29.3 节），已经提出了考虑备选浓密树的方法[1]。

对于左深树，在执行嵌套循环连接时，或者在执行基于索引的嵌套循环连接的时候探测关系时，将把右子节点视作内层关系。左深（或右深）树的一个优点是：它们适合于 18.7 节中讨论的流水线技术。例如，考虑图 19.5(a)中所示的第一棵左深树，并且假定连接方法是基于索引的嵌套循环方法；在这种情况下，将使用外层关系的元组的磁盘页来探测内层关系，以查找匹配的元组。从 R1 和 R2 的连接产生结果元组（记录），它们可用于探测 R3，定位它们的匹配记录以用于连接。同样，当通过这个连接产生结果元组时，可以把它们用于探测 R4。左深（或右深）树的另一个优点是：将一个基本关系作为每个连接的输入之一，允许查询优化器利用该关系上的任何访问路径，这在执行连接时可能是有用的。

如果使用物化代替流水线技术（参见 18.7 节和 19.2 节），就可以物化连接结果，并将

1　作为浓密树的一种有代表性的情况，可以参阅 Ahmed 等（2014）。

其存储为临时关系。从查询优化器的角度讲，选择连接顺序的关键思想是：找到一种可以减小临时结果大小的顺序，因为后续的运算符将会使用这些临时结果（以流水线或物化方式），因此它们会影响这些运算符的执行代价。

19.5.4 物理优化

对于基于迄今为止讨论的启发式规则而给定的逻辑查询计划，每个运算都需要在物理级进一步决定由特定的算法执行运算。这称为**物理优化**（physical optimization）。如果这种优化基于每种可能实现的相对代价，就称之为基于代价的物理优化。可以大体上将这两组决策方法分为自顶向下的方法和自底向上的方法。在**自顶向下**（top-down）的方法中，可以考虑一些选项，用于沿着树从上往下实现每个运算，并在每个阶段选择最佳的选项。在**自底向上**（bottom-up）的方法中，则将沿着树从下往上考虑运算，评估用于物理执行的选项，并在每个阶段选择最佳的选项。理论上讲，这两种方法都意味着要评估可能的实现解决方案的整个空间，以减少化评估的代价；不过，自底向上的策略本身自然地适合于流水线技术，因此在商业 RDBMS 中使用它。在物理决策中，最重要的是连接运算的顺序，将在 19.5.5 节中简要讨论。在物理优化阶段将会应用某些启发式规则，它们使得无须进行复杂的代价计算。这些启发式规则包括：

- 对于选择运算，只要有可能，就使用搜索扫描。
- 如果选择条件是一个合取条件，首先要使用将导致最小基数的选择运算。
- 如果关系已经基于某些属性排好序，而这些属性将在连接运算中进行匹配，那么要优先选择排序-归并连接，而不是其他连接方法。
- 对于两个以上关系的并运算和交运算，可以使用结合律；以其估计基数的升序考虑这些关系。
- 如果连接中的参数之一在连接属性上具有一个索引，就使用它作为内层关系。
- 如果左边的关系较小而右边的关系较大，并且右边的关系在连接列上具有一个索引，那么就要尝试基于索引的嵌套循环连接。
- 只考虑那些没有笛卡儿积运算或者所有的连接运算都出现在笛卡儿积运算之前的连接顺序。

上面列出的只是查询优化器使用的一些物理级启发式规则。如果关系的数量比较少（通常少于 6 个关系），因此可能的实现选项是有限的，那么大多数查询优化器都将选择一种应用一种基于代价的优化方法，而不会探索启发式规则。

19.5.5 连接顺序的动态编程方法

在 19.5.3 节中看到，在 n 路连接中有许多种可能的方式对 n 个关系排序。甚至对于 n=5，在实际应用中这并不罕见，当使用左深树时，可能的排列方式有 120 种；而如果使用浓密树，则有 1680 种排列方式。由于浓密树极大地扩展了解空间，所以一般首选左深树（而不会优先选择浓密树和右深树）。它们具有多个优点：第一，它们可以与常用的连接算法密切协作，包括嵌套循环算法、基于索引的嵌套循环算法以及其他的一遍扫描算法。第二，它们可以生成**完全流水线计划**（fully pipelined plan）（即可以使用流水线方式求解所有连接运算的计划）。注意：总是必须物化内层表，因为在连接实现算法中，整个内层表都需要在连接属性上执行匹配。而对于右深树来说，这是不可能的。

评估连接关系的可能排列方式的常用方法是一种称为动态编程的贪婪启发式方法。**动态编程**（dynamic programming）是一种优化技术[1]，其中的子问题只会求解一次。当可以把一个问题分解成多个子问题并且这些子问题自身也具有子问题时，就可以使用这种技术。典型的动态编程算法具有以下特征[2]：

（1）开发最优解的结构。

（2）递归地定义最优解的值。

（3）以自底向上的方式计算最优解并获得它的值。

注意：通过这个过程开发的解决方案是一种最优解，但不是绝对的最优解。在考虑如何将动态编程应用于连接顺序选择时，可以考虑关系 r1、r2、r3、r4、r5 的 5 路连接的顺序选择问题。这个问题具有 120（=5!）种可能的左深树解决方案。理想情况下，可以估算并比较其中每种解决方案，并且选择最佳的解决方案。动态编程采用了一种方法，它把这个问题进行分解，并使之更容易管理。我们知道，对于 3 个关系，只有 6 种可能的左深树解决方案。注意：如果要评估所有可能的浓密树连接解决方案，将会有 12 种可能的浓密树解决方案。因此，可以认为将把连接分解为：

r1 ⋈ r2 ⋈ r3 ⋈ r4 ⋈ r5 = (r1 ⋈ r2 ⋈ r3) ⋈ r4 ⋈ r5

然后可以将(r1 ⋈ r2 ⋈ r3)的 6（= 3!）种可能的解决方案与获取第一个连接运算的结果（例如说 temp1）的 6 个可能选项结合起来，并考虑以下连接：

(temp1⋈ r4 ⋈ r5)

如果考虑用于评估 temp1 的 6 个选项，并且对于每个连接，可以考虑评估第二个连接（temp1⋈ r4 ⋈ r5）的 6 个选项，可能的解空间具有 6 * 6 = 36 种备选方案。此时，可以使用动态编程进行一种贪婪优化。它将获取用于评估 temp1 的“最优”计划，并且不会再次用到该计划。因此，解空间现在将减少到只为第二个连接考虑的 6 个选项。因此，考虑的选项总数将变成 6 + 6，而不是非启发式穷尽方法中的 120（=5!）。

生成连接结果的顺序对于找到最佳的总体连接顺序也很重要，因为在把排序-归并连接用于下一个关系时，它将起着重要的作用。使下一个关系受益的顺序被视作是**感兴趣的连接顺序**（interesting join order）。这种方法最初是在 IBM 研究院的 System R 中提出的[3]。除了后期连接的连接属性之外，System R 还在感兴趣的排序顺序当中包括了后期 GROUP BY 的分组属性或者树的根节点上的排序顺序。例如，在上面讨论的情况中，temp1 关系的感兴趣的连接顺序将包括与 r4 或 r5 进行连接所需的连接属性匹配的那些顺序。可以扩展动态编程算法，以考虑每种感兴趣的排序顺序的最佳连接顺序。n 个关系的子集的数量是 2^n（如果 n = 5，2^n = 32；如果 n = 10，2^n = 1024，它仍然比较容易管理），并且感兴趣的连接顺序数量比较少。用于确定最优左深连接树排列方式的扩展动态编程算法的复杂度被证明

1　有关将动态编程作为一种优化技术的详细讨论，读者可以参阅一本关于算法的教材，例如 Corman 等（2003）。

2　依据 Corman 等（2003）中的第 16 章。

3　参见 Selinger 等（1979）中提供的这个领域的经典参考文献。

是 $O(3^n)$。

19.6 说明基于代价的查询优化的示例

下面将考虑查询Q2 以及图 19.1(a)中所示的Q2 的查询树，以说明基于代价的查询优化：

```
Q2: SELECT Pnumber, Dnum, Lname, Address, Bdate
    FROM   PROJECT, DEPARTMENT, EMPLOYEE
    WHERE  Dnum=Dnumber AND Mgr_ssn=Ssn AND
           Plocation='Stafford';
```

假设我们具有关于图 19.6 中所示关系的信息。为了清楚起见，对 LOW_VALUE 和 HIGH_VALUE 统计值进行了规范化。假定图 19.1(a)中所示的树表示代数启发式优化过程的结果和基于代价的优化的开始（在这个示例中，假定启发式优化器没有沿着树下移投影运算）。

(a)

Table_name	Column_name	Num_distinct	Low_value	High_value
PROJECT	Plocation	200	1	200
PROJECT	Pnumber	2000	1	2000
PROJECT	Dnum	50	1	50
DEPARTMENT	Dnumber	50	1	50
DEPARTMENT	Mgr_ssn	50	1	50
EMPLOYEE	Ssn	10000	1	10000
EMPLOYEE	Dno	50	1	50
EMPLOYEE	Salary	500	1	500

(b)

Table_name	Num_rows	Blocks
PROJECT	2000	100
DEPARTMENT	50	5
EMPLOYEE	10000	2000

(c)

Index_name	Uniqueness	Blevel*	Leaf_blocks	Distinct_keys
PROJ_PLOC	NONUNIQUE	1	4	200
EMP_SSN	UNIQUE	1	50	10000
EMP_SAL	NONUNIQUE	1	50	500

*Blevel 是去除叶节点层以外的层数。

图 19.6 Q2 中的关系的示例统计信息

(a) 列信息；(b) 表信息；(c) 索引信息

要考虑的第一种基于代价的优化是连接顺序。如前所述，假定优化器只考虑左深树，因此潜在的连接顺序（不考虑笛卡儿积）包括：

（1）PROJECT ⋈ DEPARTMENT ⋈ EMPLOYEE

（2）DEPARTMENT ⋈ PROJECT ⋈ EMPLOYEE

（3）DEPARTMENT ⋈ EMPLOYEE ⋈ PROJECT

（4）EMPLOYEE ⋈ DEPARTMENT ⋈ PROJECT

假定已经对 PROJECT 关系应用了选择运算。如果采用一种物化方法，那么在每个连接运算之后都会创建一个新的临时关系。为了检查连接顺序（1）的代价，第一个连接出现在 PROJECT 与 DEPARTMENT 之间。必须确定输入关系的连接方法和访问方法。依据图 19.6，由于 DEPARTMENT 没有索引，因此唯一可用的访问方法是表扫描（即线性搜索）。PROJECT 关系将在连接之前执行选择运算，这样就存在两个选项：表扫描（线性搜索）或者使用 PROJ_PLOC 索引，因此优化器必须比较这两个选项的估算代价。关于 PROJ_PLOC 索引的统计信息（参见图 19.6）表明索引层级数是 x = 2（根级和叶级）。该索引不是唯一的（因为 Plocation 不是 PROJECT 的键），因此优化器将采用均匀的数据分布，并且估算每个 Plocation 值对应 10 个记录指针。这是利用图 19.6 所示的表中的数据执行乘法运算 Selectivity * Num_rows 而计算出来的，其中 Selectivity 是通过 1/Num_distinct 估算的。因此，使用索引以及访问记录的代价估算为 12 次块访问（其中 2 次用于索引，10 次用于数据块）。表扫描的代价估算为 100 次块访问，因此索引访问比预期的更高效。

在物化方法中，将创建大小为 1 个块的临时文件 TEMP1，用于保存选择运算的结果。使用公式 Num_rows/Blocks 可以确定块因子是 2000/100 或 20 行/块，以此来计算文件大小。因此，从 PROJECT 关系中选择的 10 条记录将能够放入单个块中。现在，可以计算第一个连接的估算代价。这里将只考虑嵌套循环连接方法，其中外层关系是临时文件 TEMP1，内层关系是 DEPARTMENT。由于整个 TEMP1 文件都能够放入可用的缓冲区空间中，一次即可读取 DEPARTMENT 表的 5 个块，因此连接代价是 6 次块访问加上把临时结果文件 TEMP2 写到磁盘上的代价。优化器必须确定 TEMP2 的大小。由于连接属性 Dnumber 是 DEPARTMENT 的键，TEMP1 中的任何 Dnum 值都将连接 DEPARTMENT 中的至多一条记录，因此 TEMP2 中的行数将等于 TEMP1 中的行数，它等于 10。优化器将确定 TEMP2 的记录大小，以及存储这 10 行记录所需的块数。为简洁起见，假定 TEMP2 的块因子是 5 行/块，因此存储 TEMP2 总共需要两个块。

最后，还必须估算最后一个连接的代价。可以在 TEMP2 上使用单循环连接，因为在这种情况下，可以使用索引 EMP_SSN（参见图 19.6）探测和定位 EMPLOYEE 中的匹配记录。因此，连接方法将涉及读入 TEMP2 中的每个块，以及使用 EMP_SSN 索引查找 5 个 Mgr_ssn 值中的每个值。利用索引执行每次查找操作都需要访问根节点、一个叶节点和一个数据块（x + 1，其中索引层级数 x 是 2）。因此，10 次查找将需要 30 次块访问。再加上对 TEMP2 的两次块访问，因此执行这个连接总共将需要 32 次块访问。

对于最终的投影运算，假定使用流水线技术产生最终的结果，它不需要额外的块访问，因此可以估算连接顺序（1）的总代价是前述代价之和。优化器然后将以一种类似的方式估算另外 3 种连接顺序的代价，并选择具有最低估算值的连接顺序。这里把它作为一个练习留给读者完成。

19.7 与查询优化相关的额外问题

在本节中，将讨论几个我们感兴趣但是以前未能讨论的问题。

19.7.1 显示系统的查询执行计划

大多数商业RDBMS都具有一个选项，用于显示查询优化器产生的执行计划，使得DBA级别的人员可以查看这样的执行计划，并且尝试理解优化器做出的决定[1]。常用语法是EXPLAIN <查询>的某个变体。

- Oracle 使用：

```
EXPLAIN PLAN FOR
<SQL 查询>
```

  查询可能涉及 INSERT、DELETE 和 UPDATE 语句；输出结果将存放在一个名为 PLAN_TABLE 的表中。可以编写一个合适的 SQL 查询，用于读取 PLAN_TABLE 表。此外，Oracle 还提供了两个脚本 UTLXPLS.SQL 和 UTLXPLP.SQL，分别用于显示串行执行和并行执行的计划表输出。

- IBM DB2 使用：

```
EXPLAIN PLAN SELECTION [额外的选项] FOR <SQL 查询>
```

  这里没有计划表。PLAN SELECTION 是一个命令，指示在计划选择阶段应该加载带有解释说明的解释表。也可使用相同的语句解释 XQUERY 语句。

- SQL SERVER 使用：

```
SET SHOWPLAN_TEXT ON、SET SHOWPLAN_XML ON 或 SET SHOWPLAN_ ALL ON
```

  上面的语句是在发出 TRANSACT-SQL 之前使用的，因此将把计划输出显示为文本或 XML，或者以一种与上述 3 个选项对应的长文本形式显示它。

- PostgreSQL 使用：

```
EXPLAIN [选项集合] <查询>
```

  其中选项包括：ANALYZE、VERBOSE、COSTS、BUFFERS、TIMING 等。

19.7.2 其他运算的大小估算

在 19.4 节和 19.5 节中，讨论了选择和连接运算，以及当查询涉及这些运算时的查询结果的大小估算。这里将考虑其他一些运算的大小估算。

1. 投影运算

对于形如 π_{List} (R)并且表达为 SELECT <属性列表> FROM R 的投影，由于 SQL 将把它视作一个多集，因此结果中的元组的估算数量是|R|。如果使用 DISTINCT 选项，那么 π_A (R)的大小就是 NDV (A, R)。

---

1 这里将只说明这种功能，而不会描述每个系统的语法细节。

2. 集合运算

如果交、并或集合差运算的参数由同一个关系上的选择运算构成，那么就可以把它们分别重写为合取、析取或求反运算。例如，可以将 $\sigma_{c1}(R) \cap \sigma_{c2}(R)$重写为 $\sigma_{c1\ AND\ c2}(R)$，以及将 $\sigma_{c1}(R) \cup \sigma_{c2}(R)$重写为 $\sigma_{c1\ OR\ c2}(R)$。可以基于选择度条件 C1 和 C2 进行大小估算。否则，r ∩ s 大小的估算上限将是 r 和 s 中最小的大小；r ∪ s 大小的估算上限将是它们的大小之和。

3. 聚合运算

$_{G}\mathfrak{I}_{聚合函数}(A)$ R 的大小是 NDV (G, R)，因为对于 G 的每个唯一值，都有一个分组用于它。

4. 外连接运算

R LEFT OUTER JOIN S 的大小将是|R ⋈ S|加上|R 反连接 S 的结果|之和。类似地，R FULL OUTER JOIN S 的大小将是|R ⋈ S|加上|R 反连接 S 的结果|再加上|S 反连接 R 的结果|之和。在 19.5.1 节中讨论了反连接的选择度估算。

19.7.3　计划缓存

在第 2 章中，提到了简单参与的用户，他们重复运行相同的查询或事务，但是每次都利用一组不同的参数运行它们。例如，银行出纳员使用一个账号以及某个功能代码检查该账户中的余额。为了重复运行这样的查询或事务，查询优化器将在第一次提交查询时计算最佳的计划，并把该计划缓存起来以便将来使用。像这样存储计划并重用它就称为**计划缓存**（plan caching）。当利用不同的常量作为参数再次提交查询时，就可以利用新的参数重用相同的计划。可以想见，在某些情况下可能需要修改计划；例如，如果查询涉及生成某个日期范围或账户范围的报表，那么依赖于涉及的数据量，可能应用不同的策略。在一个称为**参数查询优化**（parametric query optimization）的变体之下，在优化查询时，将不仅仅只是针对其参数的某个值集合进行优化，并且优化器将为不同的可能值集合输出许多计划，并把它们都缓存起来。在提交查询时，将把参数与用于各种计划的参数做比较，并使用其中最廉价的适用计划。

19.7.4　前 k 个结果优化

当预期查询的输出比较大时，有时用户只需获取基于某种排序顺序的前 k 个结果就感到满足了。一些 RDBMS 具有一个**限制 K 子句**（limit K clause），用于把结果限制为这个大小。类似地，可以指定一些提示，用以通知优化器限制结果的生成。尝试生成完整的结果然后通过排序只展示前 k 个结果是一种傻瓜式的低效策略。在建议的策略当中，可以利用某种排好序的顺序使用生成的结果，以便在 K 个元组之后可以停止使用它。目前还提出了其他的策略，例如基于估算的最高值引入额外的选择条件。关于这些策略的详细信息超出了本书的范围。读者可以参阅选读文献说明，了解相关的详细信息。

19.8 数据仓库中的查询优化的示例

在本节中，将介绍查询转换的另一个示例，并将其重写为一种查询优化技术。在 19.2 节中，见到过一些查询转换和重写的示例。这些示例处理的是嵌套子查询，并且使用启发式规则，而不是基于代价的优化。可以把其中显示的子查询（视图）合并示例视作一种启发式转换；但是分组视图合并也使用基于代价的估算。在本节中，将介绍数据仓库中的一种基于代价考虑的星型模式查询的转换。这些查询通常在遵循星型模式的数据仓库应用中使用（参见 29.3 节，了解关于星型模式的讨论）。

我们将把这个过程称为**星型转换优化**（star-transformation optimization）。星型模式包含一个表集合；因其模式类似于像星星一样的形状而得其名，这类形状的中心包含一个或多个事实表（关系），它们将参照多个维度表（关系）。事实表包含关于各个维度表（例如，顾客、零件、供应商、渠道、年份等）之间联系（例如，销售）和度量值列（例如，amount_sold 等）的信息。考虑下面给出的一个名为 QSTAR 的有代表性的查询。假定 D1、D2、D3 分别是维度表 DIM1、DIM2、DIM3 的别名，它们的主键分别是 D1.Pk、D2.Pk 和 D3.Pk。这些维度在别名为 F 的事实表 FACT 中具有对应的外键属性，即 F.Fk1、F.Fk2 和 F.Fk3，在这些属性上面可以定义连接。查询将在属性 D1.X、D2.Y 上创建一个分组，并且从事实表 F 中产生所谓的“度量”属性（参见 29.3 节）F.M 之和。在 DIM1、DIM2 和 DIM3 中，分别在属性 A、B 和 C 上具有以下条件：

查询 QSTAR：

```
SELECT D1.X, D2.Y, SUM (F.M)
FROM FACT F, DIM1 D1, DIM2 D2, DIM3 D3
WHERE  F.Fk1 = D1.Pk and F.Fk2 = D2.Pk and F.Fk3 = D3.Pk and
       D1.A > 5 and D2.B < 77 and D3.C = 11
GROUP BY D1.X, D2.Y
```

与维度表相比，事实表一般非常大。QSTAR 是一个典型的星型查询，它的事实表一般倾向于非常大，并且将与多个小维度表进行连接。该查询在维度表的其他列上还可能包含单表过滤器谓词，它们一般是限制性的。这些过滤器（如上述查询中的 D1.A > 5）的组合有助于显著减小事实表中处理的数据集。这类查询一般会在来自维度表中的列上进行分组，并且会在来自事实表中的度量值列上进行聚合运算。

星型转换优化的目标是：只访问事实表中的这个简化的数据集，以及避免对它使用全表扫描。有两种星型转换优化是可能的：（A）经典星型转换和（B）位图索引星型转换。这两种优化都是在原始查询与转换查询的比较代价的基础上执行的。

A. **经典星型转换**

在这种优化中，在对每个维度表应用过滤器（如 D1.A > 5）之后，首先将执行维度表的笛卡儿积运算。注意：在维度表之间一般没有连接谓词。然后将使用事实表的连接键上的 B 树索引（如果有的话），把这个笛卡儿积运算的结果与事实表进行连接。

B. 位图索引星型转换

这种优化的要求是：在查询中引用的事实表的连接键上必须具有位图[1]索引。例如，在 QSTAR 中，在 FACT.Fk1、FACT.Fk2 和 FACT.Fk3 属性上必须具有位图索引（参见 17.5.2 节）；位图中的每一位都对应于事实表中的一行。如果属性的键值出现在事实表中的某一行中，就会设置对应的位。给定的查询 QSTAR 将被转换成 Q2STAR，如下所示：

Q2STAR：

```
SELECT D1.X, D2.Y, SUM (F.M)
FROM FACT F, DIM1 D1, DIM2 D2
WHERE F.Fk1 = D1.Pk and F.Fk2 = D2.Pk and D1.A > 5 and D2.B < 77 and
    F.Fk1 IN (SELECT D1.Pk
            FROM DIM1 D1
            WHERE D1.A > 5) AND
    F.Fk2 IN (SELECT D2.Pk
            FROM DIM2 D2
            WHERE D2.B < 77) AND
        F.Fk3 IN (SELECT D3.pk
            FROM DIM3 D3
            WHERE D3.C = 11)
    GROUP BY D1.X, D2.Y;
```

位图星型转换添加了与维度表对应的子查询谓词。注意：可以将 Q2STAR 中引入的子查询视作一组成员操作；例如，F.Fk1 IN (5, 9, 12, 13, 29, …)。

在执行维度子查询提供的键值的位图 AND 和 OR 运算时，只需从事实表中检索相关的行。如果维度表上的过滤器谓词以及连接每个维度表的事实表的交集过滤出事实表行的一个重要子集，那么这种优化将证明比事实表的蛮力式全表扫描要高效得多。

在 Q2STAR 中将执行以下操作，以便访问和连接 FACT 表。

（1）通过遍历来自维度子查询的键值，将从 FACT 表上的位图索引中检索给定键值的位图。

（2）对于子查询，将会合并（执行 OR 运算）为各个键值检索的位图。

（3）对每个维度子查询的合并位图执行 AND 运算；也就是说，执行连接的合取运算。

（4）从最终的位图中，生成 FACT 表对应的元组 id。

（5）使用元组 id 直接检索 FACT 表行。

连接回

子查询位图树将基于维度表上的过滤器谓词来过滤事实表；因此，可能仍然需要使用原始的连接谓词，将维度表连接回事实表中相关的行。如果从子查询中选择的列是唯一的并且在 SELECT 和 GROUP BY 子句中没有引用维度表中的列，那么就可以避免连接回维度表。注意：在 Q2STAR 中，没有将表 DIM3 连接回 FACT 表，因为在 SELECT 和 GROUP BY 子句中没有引用它，并且 DIM3.Pk 是唯一的。

1　在一些情况下，可以将 B 树索引键转换成位图，但是这里将不会讨论这种技术。

19.9 Oracle 中的查询优化概述[1]

本节广泛概述了 Oracle 查询处理中的各种特性，包括查询优化、执行和分析[2]。

19.9.1 物理优化器

Oracle 物理优化器是基于代价的，在 Oracle 7.1 中引入了它。物理优化器的作用域是单个查询块。物理优化器将检查备选的表和物理访问路径、运算符算法、连接顺序、连接方法、并行执行分配方法等。它将选择具有最低估算代价的执行计划。估算的查询代价是一个相对数字，它与利用给定的执行计划执行查询所需的预期耗时成正比。

物理优化器将基于对象统计信息（如表基数、列中不同值的个数、列中的高低值、列值的数据分布）、估算的资源使用（如 I/O 和 CPU 时间）以及所需的内存来计算这个代价。它的估算代价是一个与运行时间和所需资源粗略对应的内部度量标准。Oracle 中基于代价的优化的目标是：在最短运行时间与最少资源利用之间找到最佳的折中。

19.9.2 全局查询优化器

在传统的 RDBMS 中，查询优化由两个不同的逻辑和物理优化阶段组成。与之相比，Oracle 具有一个全局查询优化器，其中集成了逻辑转换和物理优化阶段，为整个查询树生成一种最优的执行计划。图 19.7 中说明了 Oracle 查询处理的架构。

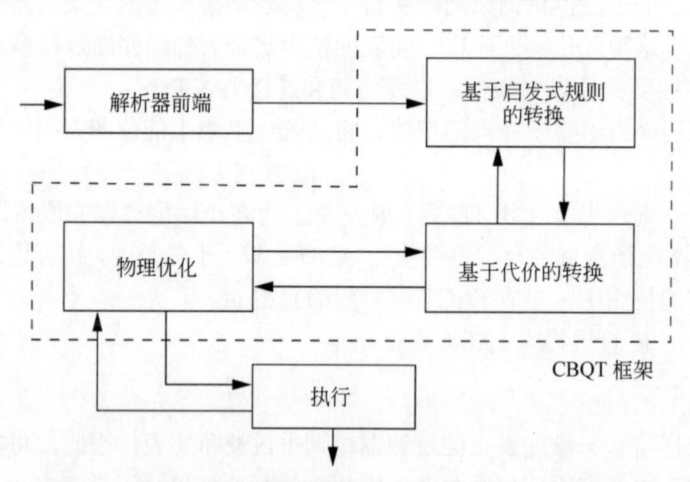

图 19.7 基于代价的查询转换框架（依据 Ahmed 等，2006）

Oracle 可以执行大量的查询转换，这将改变用户查询，并把它们转换成等价但是可能更佳的形式。转换可以基于启发式规则或者基于代价。Oracle 10g 中引入的基于代价的查

1 本节是由 Oracle 公司的 Rafi Ahmed 撰写的。

2 在 Oracle 10.2 中引入了对分析的支持。

询转换（cost-based query transformation，CBQT）框架[1]提供了高效的机制，用于探索通过应用一种或多种转换而生成的状态空间。在基于代价的转换期间，将使用物理优化器复制并转换一条可能包含多个查询块的 SQL 语句，并计算它的代价。这个过程将重复多次，并且最终将选择一个或多个转换，如果这些转换可以导致一种最佳的执行计划，就会把它们应用于原始的 SQL 语句。为了处理组合爆炸问题，CBQT 框架提供了高效的策略，用于搜索各种转换的状态空间。

基于代价的转换的通用框架的可用性使得有可能把其他创新性转换添加到 Oracle 的查询转换技术的大型系统中。在这些转换中，主要的转换包括：分组和不同子查询合并（在查询的 FROM 子句中）、子查询解嵌套、谓词左右移动、常见的子表达式消除、连接谓词下移、OR 扩展、子查询聚合、连接分解、通过窗口函数移除子查询、星型转换、分组放置以及浓密连接树[2]。

Oracle 10g 的基于代价的转换框架是用于优化 SQL 查询的先进方法的一个良好示例。

19.9.3　自适应优化

Oracle 的物理优化器是自适应的，使用来自执行级的反馈环改进其以前的决策。优化器将使用代价模型为给定的 SQL 语句选择最优的执行计划，这种代价模型依赖于对象统计信息（例如，行数、列值的分布等）和系统统计信息（例如，存储子系统的 I/O 带宽）。最终执行计划的最优性主要依赖于馈送到代价模型中的统计信息的准确性以及代价模型自身的先进程度。在 Oracle 中，图 19.7 中所示的反馈环在执行引擎与物理优化器之间架设了一座桥梁。这座桥梁带来了有价值的统计信息，使物理优化器能够评估其决策的影响，并为当前和将来的执行做出更好的决策。例如，基于表基数的估算值，优化器可能选择基于索引的嵌套循环连接方法。不过，在执行阶段，可能检测到实际的表基数与估算值之间有很大的分歧。这个信息可能触发物理优化器修改其决策，并且动态地把索引访问连接方法改为散列连接方法。

19.9.4　数组处理

SQL 实现的严重缺陷之一是：它缺少对基于 N 维数组的计算的支持。Oracle 创建了对分析和 OLAP 特性的扩展，这些扩展集成到了 Oracle RDBMS 引擎中[3]。在第 29 章中讨论数据仓储时，将说明对 OLAP 查询的需要。这些 SQL 扩展涉及基于数组的计算，以便进行复杂的建模和优化，它们包括用于高效处理这些计算的访问结构和执行策略。计算子句（相关的详细信息超出了本书的范围）允许 Oracle RDBMS 把表视作一个多维数组，并在其上指定一组公式。这些公式用于取代多个连接和并运算，对于当前 ANSI SQL 的等价计算必须执行它们（其中 ANSI 代表美国国家标准协会（American National Standards Institute））。计算子句不仅允许轻松地开发应用，而且还给 Oracle RDBMS 提供了一个执行更好优化的

1　在 Ahmed 等（2006）中介绍了该框架。

2　在 Ahmed 等（2006、2014）中可以找到更多详细信息。

3　参见 Witkowski 等（2003），了解更多详细信息。

机会。

19.9.5 提示

Oracle 查询优化器添加了一种有趣的功能，即允许应用开发人员给优化器指定一些提示（在其他系统中也称为查询注释或指令）。这些提示嵌入在 SQL 语句的文本中，它们常用于处理一些罕见的情况，其中优化器将选择一种次优的计划。其思想是：应用开发人员偶尔可能需要撤销优化器基于代价或基数的错误估算而做出的决策。例如，考虑图 5.6 中所示的 EMPLOYEE 表。该表中的 Sex 列只有两个不同的值。如果有 10 000 位雇员，那么在缺少关于 Sex 列的直方图的情况下，优化器将假定数据是均匀分布的，从而估算出男性和女性雇员各占一半。如果存在辅助索引，也很可能不会使用它。不过，如果应用开发人员知道只有 100 位男性雇员，就可以在其 WHERE 子句的条件是 Sex = 'M '的 SQL 查询中指定一个提示，使得在处理查询时将会使用关联的索引。可以为不同的操作指定各种各样的提示；这些提示包括但并不仅限于下面的列表：

- 给定表的访问路径。
- 查询块的连接顺序。
- 表之间的连接的特定连接方法。
- 启用或禁用转换。

19.9.6 存储提纲

在 Oracle RDBMS 中，存储提纲用于保存 SQL 语句或查询的执行计划。存储提纲被实现并表达为一个提示集合，因为提示可以轻松移植并且容易理解。Oracle 提供了一个广泛的提示集合，它们非常强大，足以指定任何执行计划，而不管这些计划有多复杂。当在 SQL 语句的优化期间使用存储提纲时，优化器（及其他组件）将在合适的阶段应用这些提示。由 Oracle 优化器处理的每条 SQL 语句都会自动生成一个存储提纲，它可以与执行计划一起显示。可以出于像计划稳定性、假设分析和性能试验这样的目的而使用存储提纲。

19.9.7 SQL 计划管理

SQL 语句的执行计划对于数据库系统的总体性能具有重要影响。新的优化器统计信息、配置参数改变、软件更新、新的查询优化和处理技术的引入以及硬件资源利用等众多因素都可能会导致 Oracle 查询优化器为相同的 SQL 查询或语句生成新的执行计划。尽管执行计划中的大多数改变都是有益的和良性的，但是也有少数执行计划被证明是次优的，它们对系统性能可能具有负面影响。

在 Oracle 11g 中，引入了一种称为 SQL 计划管理（SQL plan management，SPM）的新特性[1]，用于管理一组查询或工作负载的执行计划。SPM 通过阻止执行新的次优计划，为一

1 参见 Ziauddin 等（2008）。

组 SQL 语句提供稳定、最优的性能，同时如果可以验证其他新计划比以前的计划更好，那么还允许执行这些新计划。SPM 封装了一种精心设计的机制，用于管理一组 SQL 语句的执行计划，用户可以为此启用 SPM。SPM 将以与 SQL 语句的文本关联的存储提纲的形式维护以前的执行计划，并且会对给定的 SQL 语句比较新、旧执行计划的性能，然后才会允许用户使用它们。SPM 可以配置成自动工作，或者可以为一条或多条 SQL 语句手动控制它。

19.10　语义查询优化

目前已经提出了一种不同的查询优化方法，称为**语义查询优化**（semantic query optimization）。这种技术可以与前面讨论过的其他技术结合使用，它使用在数据库模式上指定的约束（如唯一属性及其他更复杂的约束），把一个查询修改成另一个可以更高效执行的查询。这里将不会详细讨论这种方法，但是将利用一个简单的示例说明它。考虑下面的 SQL 查询：

```
SELECT  E.Lname, M.Lname
FROM    EMPLOYEE AS E, EMPLOYEE AS M
WHERE   E.Super_ssn=M.Ssn AND E.Salary > M.Salary
```

这个查询用于检索其薪水超过他们的管理者的雇员姓名。假设在数据库模式上具有一个约束，指示任何雇员的薪水都不能超过他或她的直接管理者。如果语义查询优化器检查到这个约束存在，它就不需要执行查询，因为它知道查询的结果将为空。如果约束检查可以高效地完成，这可能节省相当多的时间。不过，如果要搜索许多约束，以找到那些适用于给定查询并且可能对其进行语义优化的约束，那也可能是相当耗时的。

考虑另一个示例：

```
SELECT  Lname, Salary
FROM    EMPLOYEE, DEPARTMENT
WHERE   EMPLOYEE.Dno = DEPARTMENT.Dnumber and
        EMPLOYEE.Salary>100000
```

在这个示例中，将只从一个关系即 EMPLOYEE 中检索属性；选择条件也是在这一个关系上。不过，存在一个参照完整性约束，即 Employee.Dno 是一个外键，它引用主键 Department.Dnumber。因此，可以通过从查询中移除 DEPARTMENT 关系来转换这个查询，从而避免进行内连接，如下所示：

```
SELECT  Lname, Salary
FROM    EMPLOYEE
WHERE   EMPLOYEE.Dno IS NOT NULL and EMPLOYEE.Salary>100000
```

这类转换基于主键/外键联系语义，它们是两个关系之间的约束。

通过在数据库系统中包括主动规则和额外的元数据（参见第 26 章），就可以把语义查询优化技术逐步纳入 DBMS 中。

19.11 小 结

在第 18 章中，介绍了关系 DBMS 使用的查询处理策略，其中讨论了用于各种标准的关系运算符的算法，包括选择、投影和连接，还讨论了其他类型的连接，包括外连接、半连接和反连接，并且讨论了聚合以及外排序。本章的目标是重点介绍关系 DBMS 使用的查询优化技术。在 19.1 节中，介绍了查询树和查询图的表示法，并且描述了查询优化的启发式方法；这些方法使用启发式规则和代数技术，来改进查询执行的效率。本章说明了对于表示关系代数表达式的查询树，如何启发式地对它进行优化，其方法是重组树节点，并把该查询树转换成另一棵可以更高效执行的等价查询树。本章还给出了保持等价性的转换规则，以及把它们应用于查询树的系统过程。在 19.2 节中，描述了备选的查询求值计划，包括流水线求值和物化求值；介绍了 SQL 查询的查询转换概念，这种转换将优化嵌套子查询。我们利用示例说明了如何合并FROM子句中出现的子查询，它们将充当导出的关系或视图；还讨论了物化视图的技术。

在 19.3 节中，相当详细地讨论了基于代价的查询优化方法。我们讨论了目录中维护的查询优化器可以参考的信息，还讨论了用于维护重要属性分布情况的直方图。在 19.4 节和 19.5 节中，分别说明了如何为选择运算和连接运算的一些数据库访问算法开发代价函数。在 19.6 节中，利用一个示例说明了如何使用这些代价函数来估算不同执行策略的代价。在 19.7 节中讨论了许多额外的问题，例如查询计划的显示、结果的大小估算、计划缓存以及前 k 个结果优化。19.8 节中专门讨论如何优化数据仓库中的典型查询。我们在所谓的星型模式上给出了数据仓库查询中的一个基于代价的查询转换示例。在 19.9 节中详细概述了 Oracle 查询优化器，它使用了许多额外的技术，有关这些技术的详细信息超出了本书的范围。最后，在 19.10 节中提及了语义查询优化的技术，它使用语义或完整性约束来简化查询，或者完全避免访问数据或实际地执行查询。

复 习 题

19.1 什么是查询执行计划？

19.2 术语启发式优化的含义是什么？讨论在查询优化期间应用的主要启发式规则。

19.3 查询树如何表示关系代数表达式？执行查询树的含义是什么？讨论查询树的转换规则，确定在查询优化期间何时应该使用每一条规则。

19.4 对于连接10个关系的查询，有多少种不同的连接顺序？可能有多少种左深树？

19.5 基于代价的查询优化的含义是什么？

19.6 什么是基于动态编程的优化方法？如何在查询优化期间使用它？

19.7 与保持视图物化关联的问题是什么？

19.8 流水线方法与物化方法之间有何区别？

19.9 讨论用于估算查询执行代价的代价函数的代价成分。哪些代价成分最常用作代价函数的基础？

19.10　讨论代价函数中使用的不同类型的参数，这些信息通常保存在哪里？

19.11　什么是半连接和反连接？与它们关联的连接选择度和连接基数参数是什么？请提供合适的公式。

19.12　列出19.4节和19.5节中讨论的选择和连接方法的代价函数。

19.13　本章中没有讨论的Oracle中的查询优化的特殊特性是什么？

19.14　语义查询优化的含义是什么？它与其他查询优化技术之间有何区别？

练　习　题

19.15　为19.4节中讨论的投影、并、交、集合差和笛卡儿积算法开发代价函数。

19.16　假设一个算法包括两个选择运算、一个连接运算和一个最终的投影运算，依据各个运算的代价函数，开发该算法的代价函数。

19.17　开发一种伪语言风格的算法，用于描述连接顺序选择的动态编程过程。

19.18　计算执行19.4节中的连接运算OP7的不同选项的代价函数。

19.19　开发混合式散列-连接算法的公式，用于计算第一个桶的缓冲区大小。为该算法开发更准确的代价估算公式。

19.20　使用练习题19.19中开发的公式，估算OP6和OP7这两个运算的代价。

19.21　使用图19.6中所示的数据库统计信息，例如利用两种不同的查询计划执行以下查询的代价：

$\sigma_{Salary < 40000}(\text{EMPLOYEE} \bowtie_{Dno=Dnumber} \text{DEPARTMENT})$

选 读 文 献

这一篇选读文献提供了关于查询处理和优化这两个主题的参考文献。在第 18 章中讨论了查询处理算法和策略，但是难以将关于查询优化的文献与关于查询处理策略和算法的文献分隔开。因此，就把第 18 章和本章的选读文献合并在一起。

Smith 和 Chang（1975）给出了关系代数优化的详细算法。Kooi 的哲学博士论文（1980）提供了查询处理技术的基础。Jarke 和 Koch 的调查报告（1984）给出了查询优化的分类方法，并且包括了这个领域中的参考文献。Graefe（1993）的综述中讨论了数据库系统中的查询执行，并且提供了广泛的参考文献。

Whang（1985）讨论了 OBE（Office-By-Example）中的查询优化，OBE 是一个基于 QBE 语言的系统。基于代价的优化是在 SYSTEM R 试验性 DBMS 中引入的，并在 Astrahan 等（1976）中讨论了它。Selinger 等（1979）是一篇经典论文，其中讨论了 SYSTEM R 中的多路连接的基于代价的优化。在 Gotlieb（1975）、Blasgen 和 Eswaran（1976）以及 Whang 等（1982）中讨论了连接算法。在 DeWitt 等（1984）、Bratbergsengen（1984）、Shapiro（1986）、Kitsuregawa 等（1989）以及 Blakeley 和 Martin（1990）等文献中描述和分析了用于实现连接的散列算法。Blakely 等（1986）讨论了物化视图的维护。Chaudhari 等（1995）讨论了

利用物化视图优化查询。在 Ioannidis 和 Kang（1990）以及 Swami 和 Gupta（1989）中介绍了查找良好连接顺序的方法。在 Ioannidis 和 Kang（1991）中介绍了左深树和浓密树的含义。Kim（1982）讨论了将嵌套 SQL 查询转换成规范表示。在 Klug（1982）和 Muralikrishna（1992）中讨论了聚合函数的优化。在 Chaudhari 和 Shim（1994）中介绍了利用 Group By 进行查询优化。Yan 和 Larson（1995）讨论了积极和消极聚合。Salzberg 等（1990）描述了一种快速外排序算法。估算临时关系的大小对于查询优化至关重要。在 Haas 等（1995）、Haas 和 Swami（1995）以及 Lipton 等（1990）中介绍了基于抽样的估算模式。Muralikrishna 和 DeWitt（1988）以及 Poosala 等（1996）中讨论的主题是使数据库系统以直方图的形式存储和使用更详细的统计信息。Galindo-Legaria 和 Joshi（2001）讨论了嵌套子查询和聚合优化。

O’Neil 和 Graefe（1995）讨论了使用位图索引进行多表连接。Kim 等（1985）讨论了查询优化中的高级主题。在 King（1981）以及 Malley 和 Zdonick（1986）中讨论了语义查询优化。在 Chakravarthy 等（1990）、Shenoy 和 Ozsoyoglu（1989）以及 Siegel 等（1992）中报告了在语义查询优化方面的工作。Graefe 和 Mckenna（1993）开发了 Volcano，它是一种基于查询等价性规则的查询优化器。Graefe（1995）中提出的 Volcano 以及随后的 Cascades 方法是 Microsoft 的 SQL Server 查询优化的基础。Carey 和 Kossman（1998）以及 Bruno 等（2002）介绍了前 k 个结果的查询优化方法。Galindo Legaria 等（2004）讨论了处理和优化数据库更新。

Ahmed 等（2006）讨论了 Oracle 中的基于代价的查询转换，并且给出了 Oracle 10g 中的全局查询优化架构的良好概述。Ziauddin 等（2008）讨论了使查询优化器改变查询的执行计划的思想。他们讨论了 Oracle 的 SQL 计划管理（SPM）特性，它可以使性能具有稳定性。Bellamkonda 等（2009）提供了额外的查询优化技术。Ahmed 等（2014）考虑了浓密树相比其他替代执行计划的优点。Witkowski 等（2003）讨论了对基于 N 维数组的计算的支持，以便提供已经集成到 Oracle RDBMS 引擎中的分析方法。

第 9 部 分

事务处理、并发控制和恢复

第 20 章　事务处理概念和理论简介

事务（transaction）的概念提供了一种机制，用于描述数据库处理的逻辑单元。**事务处理系统**（transaction processing system）是指具有大型数据库以及执行数据库事务的数百个并发用户的系统。这类系统的示例包括航班预订、银行业务、信用卡处理、在线购物、股票交易、超市收银，以及许多其他的应用。这些系统需要高度的可用性，并且能够快速响应数百个并发用户的请求。本章将介绍事务处理系统中所需的一些概念，并定义事务的概念。它用于表示数据库处理的逻辑单元，这个逻辑单元必须作为一个整体完成以确保正确性。事务通常是由计算机程序实现的，其中包括诸如检索、插入、删除和更新之类的数据库命令。本书第 10 章和第 11 章已介绍了一些数据库编程的基本技术。

本章将重点介绍确保事务正确执行所需的基本概念和理论，并讨论并发控制问题。当各种用户界面提交多个事务时，它们相互之间可能产生不正确的结果，此时就会发生这个问题。本章还将讨论当事务失败时可能发生的问题，以及数据库系统如何从各种故障中恢复。

本章内容组织如下：20.1 节将非正式地讨论在数据库系统中并发控制和恢复为什么是必要的。20.2 节将定义术语事务，并将讨论与数据库系统中的事务处理相关的其他概念。20.3 节将介绍事务处理系统中所需的一些重要性质：原子性、一致性、隔离性以及持久性或永久性。20.4 节将介绍执行事务过程中调度（或历史）的概念，并将描述调度的可恢复性。20.5 节将讨论并发事务执行的可串行化的概念，它可用于定义并发事务的正确执行序列（或调度）。在 20.6 节中，将展示 SQL 中支持事务概念的一些命令，并将介绍隔离级别的概念。20.7 节总结了本章内容。

随后两章将继续更详细地介绍用于支持事务处理的实际方法和技术。第 21 章将概述基本的并发控制协议，第 22 章将介绍恢复技术。

20.1　事务处理简介

本节将讨论事务并发执行以及从事务失败中恢复的概念。20.1.1 节将比较单用户数据库系统与多用户数据库系统，并将演示事务在多用户系统中如何并发执行。20.1.2 节将定义事务的概念，并展示一个简单的事务执行模型，它基于数据库读写操作。这个模型将用作定义和形式化并发控制和恢复概念的基础。20.1.3 节使用一些非正式的示例说明为什么在多用户系统中需要并发控制技术。最后，20.1.4 节将讨论事务在执行时可能会失败的不同方式，并由此讨论为什么需要一些技术来处理从系统和事务失败中进行恢复。

20.1.1 单用户系统与多用户系统

对数据库系统进行分类的一个标准是：依据可以**并发**（concurrently）使用系统的用户数量。如果一次至多只能有一个用户使用 DBMS，那么它就是**单用户**（single-user）系统；如果许多用户可以并发地使用 DBMS（从而可以并发地访问数据库），那么它就是**多用户**（multiuser）系统。单用户 DBMS 通常限制于个人计算机系统；大多数其他的 DBMS 都是多用户系统。例如，一个航班预订系统可以由数百个用户和旅行社并发使用。银行、保险公司、证券交易所、超市以及许多其他的应用中使用的数据库系统都是多用户系统。在这些系统中，数百或者数千个用户通常通过并发地给系统提交事务，来操作数据库。

由于**多道程序设计**（multiprogramming）的概念允许计算机的操作系统同时执行多个程序或**进程**（process），使得多个用户可以同时访问数据库以及使用计算机系统。单个中央处理器（CPU）一次只能执行最多一个进程。不过，**多道程序设计操作系统**（multiprogramming operating system）可以执行一个进程中的一些命令，然后将该进程挂起，并且执行下一个进程中的一些命令，以此类推。一旦轮到某个进程可以再次使用 CPU 时，就会从挂起的位置恢复执行该进程。因此，进程的并发执行实际上是**交替**（interleaved）进行的，如图 20.1 中所示。图中显示了两个进程 A 和 B，它们将以一种交替的方式并发执行。当一个进程需要输入或输出（I/O）操作时，例如从磁盘中读取一个数据块，交替执行可以使 CPU 保持繁忙状态。在 I/O 期间，CPU 将切换到执行另一个进程，而不会保持空闲状态。交替执行还可以阻止某个进程长时间占用 CPU，而延迟其他进程的执行。

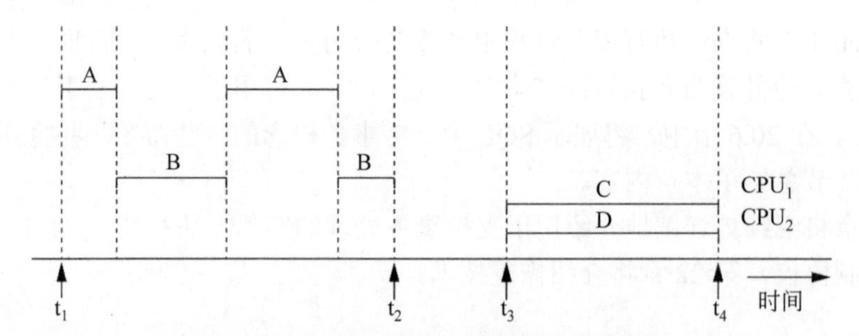

图 20.1 并发事务的交替处理与并行处理

如果计算机系统具有多个硬件处理器（CPU），就有可能**并行处理**（parallel processing）多个进程，如图 20.1 中的进程 C 和 D 所示。关于数据库中并发控制的大多数理论都是依据**交替并发性**（interleaved concurrency）开发的，因此在本章的余下内容中都将采用这种模型。在多用户 DBMS 中，存储的数据项是交互式用户或应用程序可能并发访问的主要资源，这些用户和应用程序将不断地从数据库中检索信息以及修改数据库。

20.1.2 事务、数据库项、读写操作和 DBMS 缓冲区

事务（transaction）是一个执行程序，它构成了数据库处理的一个逻辑单元。事务包括一个或多个数据库访问操作，它们可以是插入、删除、修改（更新）或检索操作。构成事

务的数据库操作可以嵌入在应用程序内，或者通过诸如 SQL 之类的高级查询语言交互式地指定它们。指定事务边界的一种方式是在应用程序中通过**开始事务**（begin transaction）和**结束事务**（end transaction）语句进行显式指定，在这种情况下，在这两个语句之间的所有数据库访问操作都将被视作构成一个事务。如果单个应用程序中包含多个事务边界，那么它就可能包含多个事务。如果事务中的数据库操作不会更新数据库，而只是检索数据，那么就把该事务称为**只读事务**（read-only transaction）；否则，就把它称为**读写事务**（read-write transaction）。

与本书前面讨论过的数据模型（例如关系模型或对象模型）相比，用于描述事务处理概念的数据库模型比较简单。数据库实质上表示为一个*命名数据项*的集合。数据项的大小称为它的**粒度**（granularity）。**数据项**（data item）可以是一条数据库记录，但它也可以是较大的单元，例如整个磁盘块，甚至是较小的单元，例如数据库中的某条记录的单个字段（属性）值。这里讨论的事务处理概念与数据项粒度（大小）无关，适用于一般意义上的数据项。每个数据项都具有*唯一的名称*，但是程序员通常不会使用这个名称；相反，它只用于*唯一地标识每个数据项*。例如，如果数据项粒度是一个磁盘块，那么就可以把磁盘块地址用作数据项名称。如果数据项粒度是单独一条记录，那么记录 id 就可以是数据项名称。使用这种简化的数据库模型，事务可以包括的基本数据库操作如下：

- read_item(X)：将一个名为 X 的数据库项读入一个程序变量中。为了简化表示法，假定程序变量也命名为 X。
- write_item(X)：将程序变量 X 的值读入名为 X 的数据库项中。

如第 16 章中所讨论的，从磁盘到主存的数据传输的基本单元是一个磁盘页（磁盘块）。执行 read_item(X)命令包括以下步骤：

（1）查找包含数据项 X 的磁盘块的地址。

（2）将该磁盘块复制到主存中的缓冲区中（如果该磁盘块还没有存放在某个主存缓冲区中）。缓冲区的大小与磁盘块大小相同。

（3）将数据项 X 从缓冲区复制到名为 X 的程序变量中。

执行 write_item(X)命令包括以下步骤：

（1）查找包含数据项 X 的磁盘块的地址。

（2）将该磁盘块复制到主存中的缓冲区中（如果该磁盘块还没有存放在某个主存缓冲区中）。

（3）将数据项 X 从名为 X 的程序变量复制到它在缓冲区中的正确位置。

（4）将更新过的磁盘块从缓冲区存储回磁盘上（立即执行或者在以后某个时间执行）。

在第（4）步将会实际地更新磁盘上的数据库。有时，不会立即将缓冲区存储到磁盘上，以免对缓冲区做了其他的改变。通常，由 DBMS 的恢复管理器和底层操作系统协作，来决定何时将其内容位于主存缓冲区中的修改过的磁盘块存储到磁盘上。DBMS 将在**数据库缓存**（database cache）中维护主存中的许多**数据缓冲区**（data buffer）。每个缓冲区通常都会保存一个数据库磁盘块的内容，其中包含一些将要处理的数据库项。当这些缓冲区都被占用并且必须把额外的数据库磁盘块复制到内存中时，就会使用某种**缓冲区替换策略**（buffer replacement policy），选择将哪些当前被占用的缓冲区替换掉。一些常用的缓冲区替换策略包括 LRU（least recently used，最近最少使用）。如果所选的缓冲区已被修改过，那么在重用它之前必须将其写回到磁盘上[1]。还有一些特定于数据库特征的缓冲区替换策略，20.2.4 节将简要讨论其中几种策略。

事务包括 read_item 和 write_item 操作，用于访问和更新数据库。图 20.2 显示了两个非常简单的事务示例。事务的**读集合**（read-set）是事务读取的所有数据项的集合，而**写集合**（write-set）则是事务写入的所有数据项的集合。例如，图 20.2 中的 T_1 的读集合是{X, Y}，它的写集合也是{X, Y}。

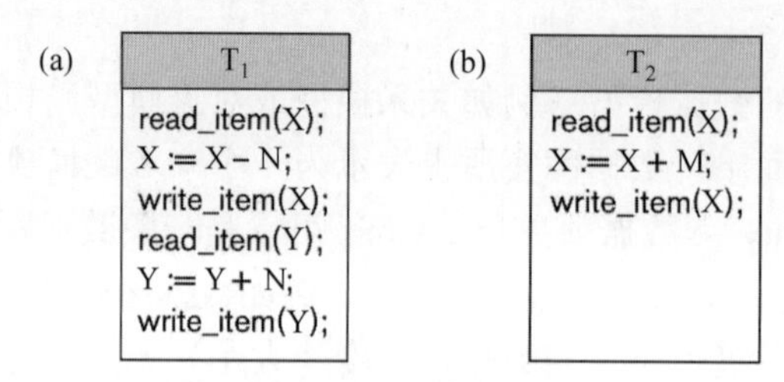

图 20.2 两个示例事务

(a) 事务 T_1；(b) 事务 T_2

并发控制和恢复机制主要与事务中的数据库命令相关。由多个用户提交的事务可能会并发执行，并且可能访问和更新相同的数据库项。如果这种并发执行不受控制，它就可能会导致一些问题，例如不一致的数据库。下一节将非正式地介绍一些可能发生的问题。

20.1.3 为什么需要并发控制

当以一种不受控制的方式执行并发事务时，就可能会发生诸多问题。这里将以一个极大简化的航班预订数据库为例来说明其中一些问题，在该数据库中将为每趟航班存储一条记录。每条记录中都包括该航班上预订的座位数作为命名（唯一可识别的）数据项，以及其他的信息。图 20.2(a)显示了一个事务 T_1，它从一个航班把 N 个预订座位转移到另一个航班，其中第一个航班的预订座位数存储在一个名为 X 的数据库项中；第二个航班的预订座位数则存储在一个名为 Y 的数据库项中。图 20.2(b)显示了一个更简单的事务 T_2，它只会在事务 T_1 中引用的第一个航班（X）上预留 M 个座位[2]。为了简化我们的示例，这里没有显示事务的额外部分，例如在预订额外的座位之前先检查航班上是否有足够的座位可用。

在编写数据库访问程序时，它将把航班号、航班日期以及预约的座位数作为参数；因此，可以使用相同的程序来执行许多不同的事务，其中每个事务都具有不同的航班号、航班日期以及预约的座位数。出于并发控制的目的，可以将事务视作是针对特定的日期、航班和座位数执行一次特定的程序。在图 20.2(a)和图 20.2(b)中，事务 T_1 和 T_2 就是针对特定的航班执行特定的程序，这些航班的预约座位数分别存储在数据库中的数据项 X 和 Y 中。接下来将讨论在并发运行这两个简单的事务时可能会遇到的问题类型。

1 这里将不会讨论通用的缓冲区替换策略，因为通常会在操作系统方面的教材中讨论它们。

2 一个更常用的类似示例采用的是一个银行数据库，它具有两个事务，其中一个事务将账户 X 中的资金转账给账户 Y，另一个事务则是在账户 X 上存款。

1. 丢失更新问题

当访问相同数据库项的两个事务的操作交替执行并且使某些数据库项的值不正确时，就会发生这个问题。假设事务 T_1 和 T_2 几乎同时提交，并且假设它们的操作如图 20.3(a)中所示的那样交替执行，那么数据项 X 的最终值将不正确，因为 T_2 将先读取 X 的值，然后 T_1 将在数据库中改变它的值，因此 T_1 更新的值就会丢失。例如，如果开始时 X = 80（最初航班上有 80 个预约座位），N = 5（T_1 将 5 个预约座位从航班 X 上转移到航班 Y 上），M = 4（T_2 在航班 X 上预约 4 个座位），最终结果应该是 X = 79。不过，如果按照图 20.3(a)中所示的那样交替执行操作，它就是 X = 84，因为 T_1 从 X 中移除 5 个座位的更新操作丢失了。

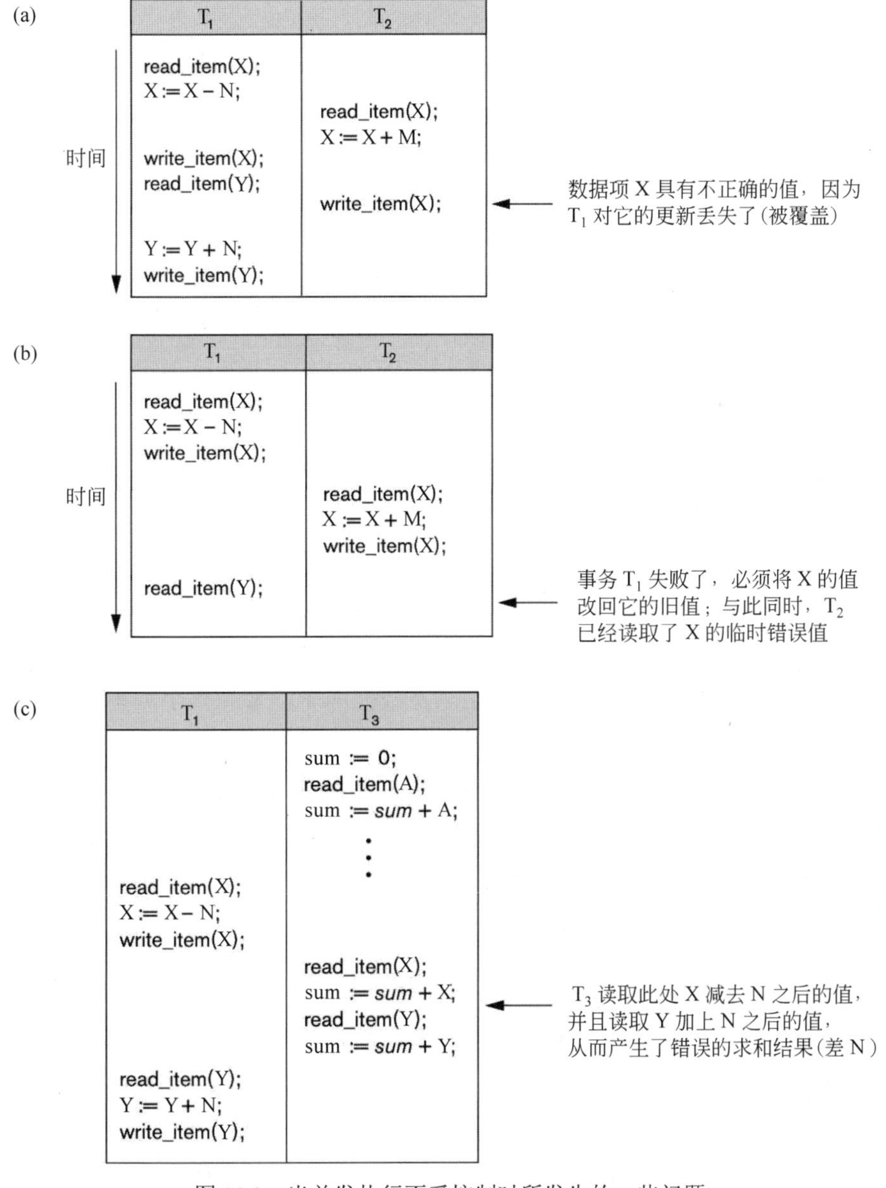

图 20.3　当并发执行不受控制时所发生的一些问题

(a) 丢失更新问题；(b) 临时更新问题；(c) 不正确的求和问题

2. 临时更新（或脏读）问题

当一个事务更新数据库项时，如果由于某个原因导致事务失败，就会发生这个问题（参见20.1.4节）。与此同时，对于已更新的数据项，在把它改回（或回滚）到其原始值之前被另一个事务访问（读取）了。图20.3(b)显示了一个示例，其中T_1更新了数据项X，然后在完成前失败，因此系统必须将X回滚到它的原始值。不过，在它可以这样做之前，事务T_2读取了X的临时值，由于T_1失败，将不会在数据库中永久记录这个值。T_2读取的数据项X的这个值称为*脏数据*，因为它是由一个尚未完成并提交的事务产生的；因此，这个问题也称为*脏读问题*。

3. 错误求和问题

如果一个事务正在对许多数据库项计算聚合求和函数，而其他事务正在更新其中一些数据库项，那么在聚合函数计算的值当中，有一些是更新前的值，而另外一些则是更新后的值。例如，假设事务T_3正在计算所有航班上的预约座位总数；与此同时，事务T_1正在执行。如果发生如图20.3(c)所示的操作的交替执行，T_3的结果将相差N个座位，因为T_3读取的是减去N个座位之后的X的值，但是又读取的是加上N个座位之前的Y值。

4. 不可重复读问题

另一个可能发生的问题称为*不可重复读*，其中事务T将两次读取同一个数据项，而在这两次读之间另一个事务T′更改了这个数据项。因此，T在两次读取同一个数据项时却得到不同的值。例如，在航班预订事务执行期间，如果顾客查询多个航班上的座位可用性情况，就可能会发生这个问题。当顾客确定了特定的航班时，事务就会在完成预订前第二次读取那个航班的座位数，而它最终可能读取到该数据项的一个不同的值。

20.1.4 为什么需要恢复

无论何时把一个事务提交给DBMS以执行它，系统都负责确保：要么该事务中的所有操作全都成功完成，并把它们的影响永久记录在数据库中；要么该事务不会对数据库或者其他任何事务产生任何影响。在第一种情况下，把事务称为**已提交**（committed）事务；而在第二种情况下，则把事务称为**已中止**（aborted）事务。DBMS绝对不允许已经将事务T的一些操作应用于数据库，但是还没有应用其他的操作，因为整个事务是数据库处理的一个逻辑单元。如果一个事务在执行了它的一些操作之后但是在执行完所有操作之前失败，就必须撤销已经执行的操作，以保证不会产生持久的影响。

失败类型

失败一般分为事务失败、系统失败和介质失败。有多种原因会导致事务在执行期间发生失败。

（1）**计算机故障（系统崩溃）**：计算机系统在执行事务期间可能发生硬件、软件或网络错误。硬件崩溃通常是介质失败，例如主存失败。

（2）**事务或系统错误**：事务中的某个操作可能导致它失败，例如整数溢出或除以零。

错误的参数值或者逻辑编程错误也可能会导致事务失败[1]。此外，用户也可能会在事务执行期间中断事务。

（3）**事务检测到的逻辑错误或异常情况：**在事务执行期间，可能会发生某些情况，使得必须取消事务的执行。例如，可能找不到事务所需的数据。一种异常情况[2]（如银行数据库中的账户余额不足）可能导致一个事务（如取款）被取消。可以在事务自身中利用编程来处理这种异常，在这种情况下，将不会把异常视作事务失败。

（4）**并发控制执行：**并发控制方法（参见第 21 章）可能会因为事务违反了可串行化（参见 20.5 节）而中止事务，或者它可能会中止一个或多个事务，以解决多个事务之间死锁状态（参见 21.1.3 节）。由于违反可串行化或死锁而中止的事务通常会在稍后自动重启。

（5）**磁盘故障：**一些磁盘块可能由于读写故障或者磁盘的读/写头损坏而丢失它们的数据。在事务执行读或写操作期间，可能会发生这种故障。

（6）**物理问题和灾难性事故：**这涉及许许多多的问题，包括：电源或空调故障、火灾、盗窃、蓄意破坏、错误地覆写磁盘或磁带，以及操作员挂接错误的磁带等。

（1）、（2）、（3）和（4）类失败比（5）和（6）类失败更常见。无论何时发生一个（1）～（4）类失败，系统都必须保存足够的信息，以便从失败中快速恢复。（5）或（6）类磁盘故障或其他灾难性失败不会频繁发生；如果它们确实发生了，恢复就成为一项重大的任务。第 22 章将讨论从失败中恢复。

事务的概念是用于并发控制以及从失败中恢复的许多技术的基础。

20.2　事务和系统概念

本节将讨论与事务处理相关的其他概念。20.2.1 节将描述事务可能处于的多种不同的状态，并将讨论事务处理中所需的其他操作。20.2.2 节将讨论系统日志，它将保存关于执行恢复时所需的事务和数据项的信息。20.2.3 节将描述事务提交点的概念，以及为什么它们在事务处理中很重要。最后，20.2.4 节将简要讨论 DBMS 缓冲区替换策略。

20.2.1　事务状态及额外的操作

事务是工作的原子单元，它要么作为一个整体全部执行，要么根本不执行。出于恢复的目的，系统需要记录每个事务开始、结束、提交或中止的时间（参见 20.2.3 节）。因此，DBMS 的恢复管理器需要记录以下操作：

- BEGIN_TRANSACTION：它用于标记事务执行的开始。
- READ 或 WRITE：它们指定将作为事务的一部分执行的对数据库项的读或写操作。
- END_TRANSACTION：它指定 READ 和 WRITE 事务操作已完成，并且会标记事务执行的结束。不过，此时可能有必要检查事务引入的改变是否可以永久应用于数据库（提交），或者是否由于事务违反了可串行化（参见 20.5 节）或其他原因而必

1　一般来讲，应该对事务进行彻底测试，以确保它没有任何程序错误（逻辑编程错误）。

2　如果程序设计正确，将不会把异常情况视作是事务失败。

须中止事务。

- COMMIT_TRANSACTION：它指示事务成功结束，因此事务执行的任何改变（更新）都可以安全地**提交**（commit）给数据库，而不会被撤销。
- ROLLBACK（或 ABORT）：它指示事务没有成功结束，因此必须**撤销**（undo）事务对数据库所应用的任何改变或影响。

图 20.4 显示了一幅状态转换图，用于说明事务在执行过程中的状态转换。事务在开始执行之后将立即进入**活动状态**（active state），此时它可以执行 READ 和 WRITE 操作。当事务结束时，它将转换到**部分提交状态**（partially committed state）。此时，可以使用某些类型的并发控制协议执行额外的检查，以查看事务是否可以提交。此外，一些恢复协议还需要确保系统失败将不会导致不能永久地记录事务所做的改变（通常在系统日志中记录这些改变，将在下一节中讨论）[1]。如果这些检查是成功的，就称事务到达其提交点并进入**提交状态**（committed state）。在 20.2.3 节中将更详细地讨论提交点。一旦提交事务，它即以成功执行而结束，并且必须把它做出的所有改变都永久记录在数据库中，即使发生系统失败也会如此。

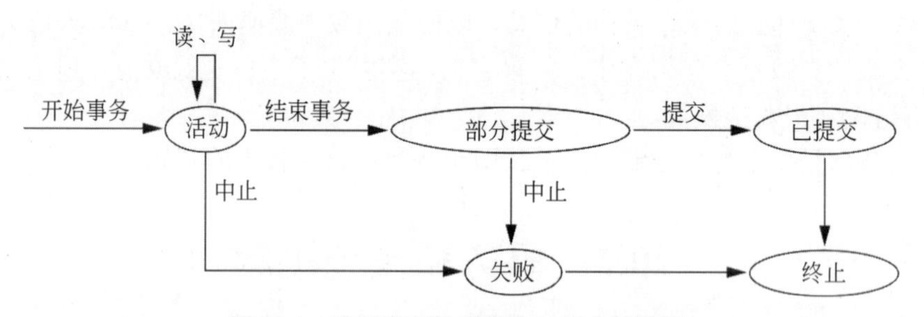

图 20.4 说明事务执行状态的状态转换图

不过，如果没有通过某个检查或者事务在其活动状态期间被中止，那么事务也可能进入**失败状态**（failed state）。然后可能不得不回滚事务，以撤销其 WRITE 操作对数据库的影响。**终止状态**（terminated state）对应于事务离开系统的状态。当事务终止时，将删除事务运行时在系统表中维护的事务信息。可以在以后重新启动失败或中止的事务，这可以自动完成或者由用户重新提交，并将其作为一个全新的事务。

20.2.2 系统日志

为了能够从影响事务的失败中恢复，系统将维护一个**日志**（log）[2]，来记录影响数据库项的值的所有事务操作，以及允许从失败中恢复所需的其他事务信息。日志是一个保存在磁盘上的只追加式的顺序文件，因此除了磁盘故障或灾难性故障之外，它不会受到任何故障类型的影响。通常，一个（或多个）主存缓冲区将用于保存日志文件的最后部分，因此日志条目将首先添加到日志主存缓冲区中，这些缓冲区称为**日志缓冲区**（log buffer）。当日志缓冲区填满时，或者当某些其他的情况发生时，将把日志缓冲区追加到磁盘上的日志

1 乐观并发控制（参见 21.4 节）还需要在此时执行某些检查，以确保事务不会干扰其他正在执行的事务。

2 日志（log）有时也称为 DBMS 日志（journal）。

文件末尾。此外，还将把磁盘上的日志文件定期备份到存档存储设备（磁带）上，以防备灾难性故障发生。下面列出了写到日志文件中的条目类型（称为**日志记录**（log record）），以及每条日志记录的对应动作。在这些条目中，T 指唯一的**事务** id（transaction-id），它是由系统为每个事务自动生成的，用于标识每个事务：

（1）[start_transaction, T]：指示事务 T 已经开始执行。

（2）[write_item, T, X, old_value, new_value]：指示事务 T 已经将数据库项 X 的值从 old_value 改为 new_value。

（3）[read_item, T, X]：指示事务 T 已经读取了数据库项 X 的值。

（4）[commit, T]：指示事务 T 已成功完成，并确认可以将其结果提交（永久记录）给数据库。

（5）[abort, T]：指示事务 T 已中止。

对于避免级联回滚（参见 20.4.2 节）的恢复协议（包括几乎所有实际的协议），不需要将 READ 操作写入系统日志。不过，如果日志还要用于其他目的，例如审计（记录所有的数据库操作），那么就可以包括这样的条目。此外，一些恢复协议需要更简单的 WRITE 条目，其中只包括 new_value 或 old_value 之一，而不是同时包括它们二者（参见 20.4.2 节）。

注意：这里假定所有对数据库的永久改变都发生在事务内，因此从事务失败中恢复的概念相当于依据日志逐个撤销或重做事务操作。如果系统崩溃，就可以通过检查日志并且使用第 22 章中描述的技术之一，恢复到一致的数据库状态。由于日志包含每个 WRITE 操作的记录，这些操作都会改变某个数据库项的值，因此可以通过回溯日志，将事务 T 的 WRITE 操作改变的所有数据库项重置为它们的 old_value 来**撤销**（undo）这些 WRITE 操作所产生的影响。如果一个事务已经在日志中记录了它的更新，但是在系统可以确信所有这些 new_value 都已经从主存缓冲区写入磁盘上的实际数据库中之前发生了失败，那么还可能需要**重做**（redo）操作[1]。

20.2.3　事务的提交点

如果事务 T 的所有访问数据库的操作均已成功执行，并且所有事务操作对数据库的影响都已记录在日志中，那么事务 T 就到达了它的**提交点**（commit point）。提交点之后的事务称为**已提交**（committed）的事务，并且必须将其影响永久记录在数据库中。然后，事务将在日志中记入一条提交记录[commit, T]。如果发生系统失败，就可以返回到日志中，搜索在日志中写入[start_transaction, T]记录但是尚未写入[commit, T]记录的所有事务 T；在恢复过程中，可能不得不回滚这些事务，以撤销它们对数据库的影响。对于已经在日志中写入提交记录的事务，还必须在日志中记录它们的所有 WRITE 操作，以便可以根据日志记录进行重做，以恢复它们对数据库的影响。

注意：日志文件必须保存在磁盘上。如第 16 章所讨论的，在更新磁盘文件时，涉及将文件中合适的块从磁盘上复制到主存缓冲区中，然后更新主存中的缓冲区，再把该缓冲区复制到磁盘上。如前所述，通常把日志文件的一个或多个块保存在主存缓冲区中，称为**日**

1　第 22 章将更详尽地讨论撤销和重做。

志缓冲区，直到利用日志条目填满它们为止，然后一次性地把它们写回磁盘，而不是每次添加一个日志条目就将其写到磁盘上。这就避免了把同一个日志文件缓冲区多次写到磁盘上的开销。在系统崩溃时，如果主存中的内容丢失，那么在恢复过程中将只会考虑那些已写回磁盘的日志条目。因此，在事务到达其提交点之前，对于日志中还没有写回磁盘的任何部分，此时都必须写到磁盘上。这个过程称为在提交事务之前将日志缓冲区**强制写**（force-write）到磁盘上。

20.2.4 特定于 DBMS 的缓冲区替换策略

DBMS 高速缓存将保存一些磁盘页，其中包含当前在主存缓冲区中处理的信息。如果 DBMS 高速缓存中的所有缓冲区都被占用，并且需要从磁盘上把新的磁盘页加载进主存中，就需要一种**页替换策略**（page replacement policy）来选择要替换的特定缓冲区。下面将简要讨论一些专门为数据库系统开发的页替换策略。

1. 域隔离（DS）方法

在 DBMS 中，存在多种类型的磁盘页，如索引页、数据文件页、日志文件页等。在这种方法中，将把 DBMS 高速缓存划分成隔离的域（缓冲区集合）。每个域处理一种磁盘页，并且每个域内的页替换都是通过基本的 LRU（最近最少使用）页替换策略处理的。尽管平均来讲这可以实现更好的性能，但是这个基本的 LRU 是一个静态算法，因此不能适应动态改变的负载，因为每个域的可用缓冲区数量是预先确定的。目前已经提出了 DS 页替换策略的多个变体，它们添加了动态负载均衡特性。例如，GRU（Group LRU，分组 LRU）给每个域提供一个优先级，并且首先从优先级最低的域中选择页进行替换，而另一种方法将基于当前的工作负载动态改变每个域中的缓冲区数量。

2. 热集合方法

在不得不重复扫描一个页集合的查询中，例如当使用嵌套循环方法执行一个连接运算时（参见第 18 章），这种页替换算法就是有用的。如果在未进行替换（热集合）的情况下将内层循环文件完全加载进主存缓冲区中，那么将会高效地执行连接运算，因为外层循环文件中的每个页都将不得不扫描内层循环文件中的所有记录，以查找连接匹配。热集合方法可以为每种数据库处理算法确定将重复访问的磁盘页集合，并且直到它们的处理完成之后才会替换它们。

3. DBMIN 方法

这种页替换策略使用一个模型，该模型称为 QLSM（query locality set model，查询位置集合模型），它为特定的数据库操作类型的每种算法预先确定了页引用模式。我们讨论了关系运算的各种算法，例如第 18 章中的选择和连接运算。依赖于访问方法的类型、文件特征以及使用的算法，QLSM 将会估算操作中涉及的每个文件所需的主存缓冲区数量。DBMIN 页替换策略将使用 QLSM，为查询中涉及的每个文件实例计算一个**位置集合**（locality set）（一些查询可能把同一个文件引用两次，因此查询中所需的每个文件实例都将具有一个位置集合）。然后，DBMIN 将基于查询中涉及的每个文件实例的位置集合，为其分配合适数量的缓冲区。位置集合的概念类似于工作集的概念，操作系统在页替换策略中把它用于进程，但是会有多个位置集合，其中每个位置集合用于查询中的一个文件实例。

20.3　事务的理想性质

事务应该具有多个性质，通常称为 ACID 性质；这些性质应该是通过 DBMS 的并发控制和恢复方法来保证的。下面列出了 ACID 性质：

- **原子性**（atomicity）：事务是处理的一个原子单元；它要么作为一个整体执行，要么根本不执行。
- **一致性**（consistency preservation）：事务应该保持一致性，这意味着如果它从开始到结束完整执行，而没有受到其他事务干扰，它就应该使数据库从一种一致的状态转换到另一种一致的状态。
- **隔离性**（isolation）：事务在执行时看上去应该与其他事务是隔离的，即使并发执行许多事务也是如此。也就是说，一个事务的执行不应该受并发执行的其他任何事务干扰。
- **持久性或永久性**（durability or permanency）：已提交事务对数据库的改变必须持久存在于数据库中。这些改变绝对不能因为任何故障而丢失。

原子性要求事务必须被完整地执行。由 DBMS 的事务恢复子系统负责确保原子性。如果事务由于某个原因而没有完成，例如在事务执行期间系统崩溃，那么恢复技术就必须撤销事务对数据库的任何影响。另一方面，已提交事务的写操作最终必须写到磁盘上。

一致性的保持一般被认为是负责编写数据库程序的程序员和执行完整性约束的 DBMS 模块的职责。回忆可知，**数据库状态**（database state）是在给定的时间数据库中所有存储的数据项（值）的集合。数据库的**一致状态**（consistent state）满足模式中指定的约束以及数据库上应该保留的其他任何约束。在编写数据库程序时，应该保证：如果数据库在执行事务前处于一种一致的状态，那么在事务执行完成之后它也将处于一种一致的状态，假定不会发生其他事务的干扰。

隔离性是由 DBMS 的并发控制子系统执行的[1]。如果每个事务直到提交之后它所执行的更新（写操作）对于其他事务才是可见的，就会执行一种形式的隔离，它能解决临时更新问题，并且消除了级联回滚（参见第 22 章），但是不能消除所有其他的问题。

持久性是 DBMS 的恢复子系统的职责。在下一节中，将介绍恢复协议如何执行持久性和原子性，然后将在第 22 章中更详细地讨论这方面的问题。

隔离级别

可以尝试定义事务的**隔离级别**（level of isolation）。如果一个事务没有覆盖更高级事务的脏读，就称该事务具有 0 级隔离。1 级隔离不会丢失更新，2 级隔离不会丢失更新和脏读。最后，3 级隔离（也称为*真正隔离*）除了具有 2 级隔离的性质之外，还具有可重复读的性

1　在第 21 章中将讨论并发控制协议。

质[1]。另一类隔离称为**快照隔离**（snapshot isolation），有多个实用的并发控制方法都基于这种隔离。在20.6节将讨论快照隔离，在第21章中的21.4节将再次讨论它。

20.4 基于可恢复性描述调度的特征

当事务以交替方式并发执行时，把所有各类事务的操作的执行顺序称为**调度**（schedule）或**历史**（history）。在本节中，首先将定义调度的概念，然后描述各种调度类型的特征，在失败发生时它们将有利于恢复。在20.5节，将依据参与事务的干扰来描述调度的特征，并由此引出可串行化和可串行化调度的概念。

20.4.1 事务的调度（历史）

n个事务 $T_1, T_2, \cdots, T_n$ 的**调度**（或**历史**）是这些事务的操作的一个执行顺序。来自不同事务的操作可以在调度S中交替执行。不过，对于参与调度S的每个事务 T_i，T_i 的操作出现在S中的顺序必须与它们在 T_i 中发生的顺序相同。S中的操作顺序被视作是全序（total ordering）的，这意味着对于调度中的任意两个操作，一个必须在另一个之前发生。理论上可以处理其操作构成偏序（partial order）的调度，但是目前将假定调度中的操作是全序的。

出于恢复和并发控制的目的，我们主要感兴趣的是事务的read_item和write_item操作，以及commit和abort操作。用于描述调度的简写表示法将用b、r、w、e、c和a分别表示begin_transaction、read_item、write_item、end_transaction、commit和abort操作，并为调度中的每个操作追加一个事务id（事务编号）作为下标。在这种表示法中，r和w操作后面的圆括号内是读或写的数据库项X。在某些调度中，将只显示读和写操作，而在其他调度中还将会显示其他的操作，例如提交或中止。利用这种表示法，可以将图20.3(a)中的调度（称为 S_a）编写如下：

S_a：$r_1(X); r_2(X); w_1(X); r_1(Y); w_2(X); w_1(Y);$

类似地，可以将图20.3(b)中的调度（称为 S_b）编写如下，这里假定事务T1将在其read_item(Y)操作之后中止：

S_b：$r_1(X); w_1(X); r_2(X); w_2(X); r_1(Y); a_1;$

调度中相冲突的操作

对于一个调度中的两个操作，如果它们满足以下全部3个条件，就称它们是**冲突**（conflict）的，这3个条件是：（1）它们属于不同的事务；（2）它们访问相同的数据项X；（3）至少有一个操作是write_item(X)。例如，在调度 S_a 中，操作 $r_1(X)$ 与 $w_2(X)$ 相冲突，操作 $r_2(X)$ 与 $w_1(X)$ 相冲突，操作 $w_1(X)$ 与 $w_2(X)$ 也相冲突。不过，操作 $r_1(X)$ 与 $r_2(X)$ 不冲突，因为它们都是读操作；操作 $w_2(X)$ 与 $w_1(Y)$ 不冲突，因为它们操作的是不同的数据项X和Y；操作 $r_1(X)$ 与 $w_1(X)$ 也不冲突，因为它们属于同一个事务。

直观上讲，如果改变两个操作的顺序可能导致不同的结果，那么这两个操作就是冲突

---

1 20.6节中将讨论的隔离级别的SQL语法与这些级别密切相关。

的。例如，如果把两个操作 $r_1(X)$; $w_2(X)$的顺序改为 $w_2(X)$; $r_1(X)$，那么由事务 T_1 读取的 X 的值将会改变，因为在第二种顺序中，在 $w_2(X)$改变了 X 的值之后，$r_1(X)$才会读取它；而在第一种顺序中，将在改为 X 的值之前就读取它。这称为**读-写冲突**（read-write conflict）。另一种冲突类型称为**写-写冲突**（write-write conflict），例如，可以更改两个操作的顺序，例如由 $w_1(X)$; $w_2(X)$改为 $w_2(X)$; $w_1(X)$。对于写-写冲突，X 的最终值将会不同，因为在第一种顺序中，X 将由 T_2 写入；而在第二种顺序中，X 将由 T_1 写入。注意：两个读操作不会发生冲突，因为改变它们的顺序不会产生不同的结果。

本节的余下部分将介绍一些关于调度的理论定义。如果下列条件成立，就称 n 个事务 $T_1, T_2,\cdots, T_n$ 的调度 S 是一个**完备调度**（complete schedule）：

（1）S 中的操作恰好是 T_1, T_2,…, T_n 中的那些操作，在调度中包括一个提交或中止操作，作为每个事务的最后一个操作。

（2）对于相同事务 T_i 的任意一对操作，它们出现在 S 中的相对顺序与它们出现在 T_i 中的顺序相同。

（3）对于任何两个相冲突的操作，在调度中其中一个操作必须在另一个操作之前发生[1]。

对于两个非冲突操作，上面的第（3）个条件允许它们在调度中发生，而无须定义哪个操作先发生，从而导致将调度定义为 n 个事务中的操作的**偏序**（partial order）[2]。不过，对于任意一对相冲突的操作（条件（3））或者来自相同事务的任意一对操作（条件（2）），必须在调度中为它们指定一个全序。条件（1）简单声明事务中的所有操作都必须出现在完备调度中。由于每个事务要么会提交，要么会中止，因此完备调度在其末尾处将不会包含任何活动的事务。

一般来讲，在事务处理系统中很难遇到完备调度，因为将持续不断地把新事务提交给系统。因此，定义调度 S 的**已提交投影**（committed projection）C(S)的概念就是有用的，它只包括 S 中属于已提交事务的操作，这里的已提交事务是指其提交操作 c_i 位于 S 中的事务 T_i。

20.4.2　基于可恢复性描述调度的特征

对于某些调度，很容易从事务和系统失败中恢复，而对于另外一些调度，恢复过程可能相当复杂。在一些情况下，甚至不可能在失败后正确地恢复。因此，对于那些有可能恢复以及相对容易恢复的调度类型，描述其特征就很重要。这些特征描述不会实际地提供恢复算法；它们只是尝试从理论上描述不同调度类型的特征。

首先，我们想要确保：一旦提交了事务 T，应该永远也不需要回滚 T。这可以确保不会违反事务的持久性（参见 20.3 节）。理论上满足这个条件的调度称为可恢复调度。对于在恢复期间可能不得不回滚已提交事务的调度，将称之为**不可恢复调度**（nonrecoverable schedule），这是 DBMS 所不允许的。**可恢复调度**（recoverable schedule）需要满足以下条

1　理论上讲，不需要确定一对非冲突操作之间的顺序。

2　在实际中，大多数调度都具有操作的一个全序。如果利用并行处理，使调度具有偏序的非冲突操作在理论上是可能的。

件：如果调度 S 中的事务 T 读取某个数据项 X，直到所有写数据项 X 的事务 T′均已提交，事务 T 才会提交，那么调度 S 就是可恢复的。在调度 S 中，如果某个数据项 X 首先由事务 T′写入，然后由事务 T 读取，就称事务 T **读取**（read）事务 T′。此外，T′应该不会在 T 读取数据项 X 之前中止，并且在 T′写入 X 之后且 T 读取 X 之前，应该没有事务写入 X（如果有这样的事务，那么它们应该在 T 读取 X 之前中止）。

如我们将看到的，一些可恢复调度可能需要一个复杂的恢复过程，但是如果（在日志中）保存了足够的信息，就可以为任何可恢复调度设计恢复算法。上一节中介绍的（部分）调度 S_a 和 S_b 都是可恢复的，因为它们都满足上面的定义。考虑下面给出的调度 S_a'，除了已经添加到 S_a 中的两个提交操作之外，其他部分与 S_a 相同：

S_a'：$r_1(X); r_2(X); w_1(X); r_1(Y); w_2(X); c_2; w_1(Y); c_1;$

即使 S_a'会遇到丢失更新问题，但它仍是可恢复的；通过可串行化理论处理这个问题（参见 20.5 节）。不过，可以考虑下面两个（部分）调度 S_c 和 S_d：

S_c：$r_1(X); w_1(X); r_2(X); r_1(Y); w_2(X); c_2; a_1;$

S_d：$r_1(X); w_1(X); r_2(X); r_1(Y); w_2(X); w_1(Y); c_1; c_2;$

S_e：$r_1(X); w_1(X); r_2(X); r_1(Y); w_2(X); w_1(Y); a_1; a_2;$

S_c 不可恢复，因为 T_2 从 T_1 读取数据项 X，但是 T_2 是在 T_1 提交之前提交的。如果 T_1 在 S_c 中的 c_2 操作之后中止，就会发生问题；这样，T_2 读取的 X 的值将不再有效，并且 T_2 必须在提交之后中止，从而导致调度是不可恢复的。为了使调度可恢复，就必须把 S_c 中的 c_2 操作推迟到 T_1 提交之后，如 S_d 中所示。如果 T_1 中止而不是提交，那么如 S_e 中所示，T_2 也应该会中止，因为它读取的 X 的值将不再有效。在 S_e 中，中止 T_2 是可接受的，因为它还没有提交，对于不可恢复调度 S_c 则不是这样。

在可恢复调度中，永远不需要对已提交的事务进行回滚，因此不会违反已提交事务的持久性定义。不过，在一些可恢复调度中，可能发生一种称为**级联回滚**（cascading rollback）或**级联中止**（cascading abort）的现象，其中将不得不回滚未提交的事务，因为它从失败的事务读取了数据项。在调度 S_e 中说明了这一点，其中将不得不回滚事务 T_2，因为它从 T_1 读取了数据项 X，然后 T_1 就中止了。

由于级联回滚可能比较耗时，因为可能要回滚许多事务（参见第 22 章），所以描述其中保证不会发生这种现象的调度特征就很重要。如果调度中的每个事务只读取由已提交事务写入的数据项，就称该调度是**无级联**（cascadeless）的或者**避免级联回滚**（avoid cascading rollback）的。在这种情况下，读取的所有数据项都不会被丢弃，因为写入它们的事务已经提交了，因此不会发生级联回滚。为了满足这个条件，必须将调度 S_d 和 S_e 中的 $r_2(X)$命令推迟到 T_1 提交（或中止）之后执行，从而会延迟 T_2，但是可以确保在 T_1 中止时不会发生级联回滚。

最后，还有第三种更具限制性的调度类型，称为**严格调度**（strict schedule），在这种调度中，直到最后一个写入数据项 X 的事务提交（或中止）之后，事务才能够读或写 X。严格调度简化了恢复过程。在严格调度中，撤销一个已中止事务的 write_item(X)操作的过程只需简单地恢复数据项 X 的**前映像**（before image）（old_value 或 BFIM）即可。这个简单的过程对于严格调度总会正确地工作，但是对于可恢复或无级联调度它可能不会工作。例如，考虑调度 S_f：

S_f: $w_1(X, 5)$; $w_2(X, 8)$; a_1;

假设 X 的值最初为 9，它是与 $w_1(X, 5)$操作一起存储在系统日志中的前映像。如果 T_1 中止，例如在 S_f 中，即使事务 T_2 已经把 X 的值改为 8，用于恢复已中止写操作的前映像的恢复过程仍将把 X 的值恢复为 9，从而导致潜在不正确的结果。尽管调度 S_f 是无级联的，但它不是一个严格调度，因为它允许 T_2 写数据项 X，即使上一次写 X 的事务 T_1 还没有提交（或中止）。严格调度没有这个问题。

值得注意的是，任何严格调度也是无级联的，并且任何无级联的调度也是可恢复的。假设具有 i 个事务 $T_1, T_2, \cdots, T_i$，它们的操作数量分别是 $n_1, n_2, \cdots, n_i$。如果创建这些事务的所有可能的调度集合，就可以把调度分成两个不相交的子集：可恢复调度和不可恢复调度。无级联调度将是可恢复调度的一个子集，而严格调度又是无级联调度的一个子集。因此，所有的严格调度都是无级联调度，而所有的无级联调度都是可恢复调度。

大多数恢复协议只允许严格调度，从而使得恢复过程本身并不复杂（参见第 22 章）。

20.5　基于可串行化描述调度的特征

在上一节中，基于调度的可恢复性描述了它们的特征。现在将描述另外一些调度类型的特征，这些调度在执行并发事务时总被认为是正确的，它们被称为*可串行化调度*。假设两个用户（例如，两个航班预订代理商）几乎同时向 DBMS 提供图 20.2 中的事务 T_1 和 T_2。如果不允许操作交替执行，那么将只会有两种可能的结果：

（1）（依次）执行事务 T_1 的所有操作，再（依次）执行事务 T_2 的所有操作。

（2）（依次）执行事务 T_2 的所有操作，再（依次）执行事务 T_1 的所有操作。

这两种调度称为*串行调度*，分别如图 20.5(a)和图 20.5(b)所示。如果允许操作交替执行，系统就可以利用多种可能的顺序来执行事务的各个操作。图 20.5(c)中显示了两种可能的调度。当事务在调度中交替执行它们的操作时，就可以使用**调度的可串行化**（serializability of schedule）的概念来确定哪些调度是正确的。本节将定义可串行化，并将讨论如何在实际中使用它。

20.5.1　串行、非串行和冲突-可串行化调度

图 20.5(a)和图 20.5(b)中的调度 A 和 B 称为*串行调度*，因为每个事务的操作都是连续执行的，而不会交替执行其他事务中的任何操作。在串行调度中，将以串行顺序执行整个事务：在图 20.5(a)中先执行 T_1，然后执行 T_2；在图 20.5(b)中则先执行 T_2，然后执行 T_1。图 20.5(c)中的调度 C 和 D 称为*非串行调度*，因为每个序列都会交替执行两个事务中的操作。

串行调度的形式化定义如下：对于参与调度的每个事务 T，如果 T 中的所有操作在调度中都是连续执行的，就称调度是**串行**（serial）的；否则，就称调度是**非串行**（nonserial）的。因此，在串行调度中，一次只有一个调度是活动的，当活动事务提交（或中止）时才会开始执行下一个事务。在串行调度中不会发生交替执行。如果把事务视作是独立的，那

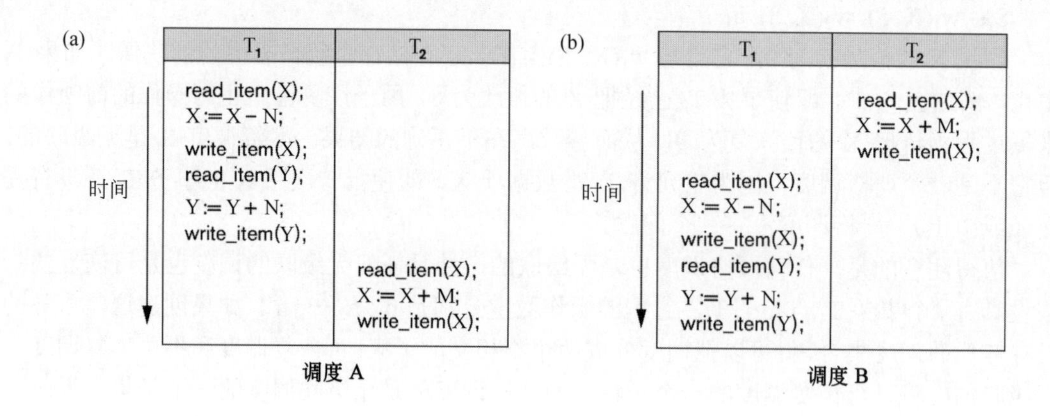

(c)

T_1	T_2
read_item(X); X:=X − N;	
	read_item(X); X := X + M;
write_item(X); read_item(Y);	
	write_item(X);
Y := Y + N; write_item(Y);	

时间

调度 C

T_1	T_2

read_item(X);
X := X − N;
write_item(X);	

	read_item(X);
	X := X + M;
	write_item(X);

read_item(Y);
Y := Y + N;
write_item(Y);	

时间

调度 D

图 20.5 涉及事务 T_1 和 T_2 的串行调度和非串行调度的示例

(a) 串行调度 A：T_2 在 T_1 之后；(b) 串行调度 B：T_1 在 T_2 之后；

(c) 将交替执行操作的两个非串行调度 C 和 D

么可以做出的一个合理的假设是：*每个串行调度都被认为是正确的*。之所以可以做出这样的假设，是因为每个事务的独立执行都被假定是正确的（依据 20.3 节中的一致性保持性质）。因此，先执行哪个事务是无关紧要的。只要每个事务从开始执行到结束，都与其他事务的操作隔离开，就可以得到正确的最终结果。

串行调度的问题在于：由于它们禁止操作交替执行，从而限制了并发性。在串行调度中，如果一个事务在等待 I/O 操作完成，那么将不能把 CPU 处理器切换到另一个事务，从而会浪费宝贵的 CPU 处理时间。此外，如果某个事务 T 很长，其他事务就必须等待 T 完成它的所有操作之后才能开始执行。因此，串行调度在实际中是不可接受的。不过，如果能够确定其他调度等价于串行调度，就可以允许这些调度发生。

为了说明我们的讨论，可以考虑图 20.5 中的调度，并且假定数据库项的初始值是：X = 90，Y = 90，N = 3，M = 2。在执行事务 T_1 和 T_2 之后，依据事务的含义，期望得到的数据库值是 X = 89 和 Y = 93。毫无疑问，执行串行调度 A 或 B 可以得到正确的结果。现在考虑非串行调度 C 和 D。调度 C（与图 20.3(a)相同）得到的结果是 X = 92 和 Y = 93，其中 X 值是错误的，而调度 D 可以得到正确的结果。

由于 20.1.3 节中讨论的丢失更新问题，导致调度 C 得到错误的结果。事务 T_2 读取的是 X 被事务 T_1 改变之前的值，因此在数据库中只会反映 T_2 对 X 的影响。T_1 对 X 的影响将会丢失，被 T_2 所覆盖，从而得到数据项 X 的不正确的值。不过，一些非串行调度可以得到正确的期望结果，例如调度 D。我们想要确定哪些非串行调度总是可以得到正确的结果，以及哪些有可能得到错误的结果。用于以这种方式描述调度特征的概念是调度的可串行化。

可串行化调度的定义如下：对于 n 个事务的调度 S，如果 S 等价于 n 个相同事务的某个串行调度，就称 S 是**可串行化**（serializable）的。稍后将定义调度等价性的概念。注意：n 个事务具有 n!个可能的串行调度，以及更多个可能的非串行调度。可以将非串行调度划分成两个不相交的组：其中一组调度等价于一个（或多个）串行调度，因此是可串行化调度；另一组调度不等价于任何串行调度，因此不是可串行化调度。

如果说非串行调度 S 是可串行化的，就等价于说它是正确的调度，因为它等价于一个串行调度，而串行调度被认为是正确的。剩下的问题是：何时可认为两个调度是等价的？

可以用多种方式定义调度等价性。最简单但也最不令人满意的定义涉及比较调度对数据库的影响。如果两个调度产生相同的最终数据库状态，就称它们是**结果等价**（result equivalent）的。不过，两个不同的调度也可能意外地产生相同的最终状态。例如，在图 20.6 中，如果在数据库上以初始值 X = 100 执行调度 S_1 和 S_2，那么它们将产生相同的最终数据库状态；不过，对于 X 的其他初始值，这两个调度将不是结果等价的。此外，这些调度将执行不同的事务，因此肯定不应该把它们视作是等价的。因此，不能仅用结果等价来定义调度的等价性。定义调度等价性的最安全、最通用的方法是：只关注事务的 read_item 和 write_item 操作，而不对事务中包括的其他内部操作做出任何假设。为了使两个调度等价，对于受调度影响的每个数据项，应该在两个调度中以相同的顺序来应用针对它们的操作。通常使用的调度等价性的两种定义是：冲突等价和视图等价。下面将讨论冲突等价，它是一种更常用的定义。

S_1	S_2

read_item(X);
X := X + 10;
write_item(X);
	read_item(X);
	X := X * 1.1;
	write_item (X);

图 20.6　对于初始值 X = 100，两个调度是结果等价的，但是一般来讲它们不是结果等价的

1. 两个调度的冲突等价

如果两个调度中的任何两个冲突操作的相对顺序是相同的，就称这两个调度是**冲突等价**（conflict equivalent）的。回想一下 20.4.1 节可知：如果一个调度中的两个操作属于不同的事务，但是访问相同的数据库项，并且它们要么都是 write_item 操作，要么其中一个是 write_item 操作，另一个是 read_item 操作，那么就称这两个操作是冲突的。如果在两个调度中以不同的顺序应用两个冲突的操作，那么它们对数据库或者对调度中的事务可能具有不同的影响，因此这两个调度就不是冲突等价的。例如，如 20.4.1 节中所讨论的，如果在调度 S_1 中一个读写操作以 $r_1(X)$、$w_2(X)$的顺序发生，而在调度 S_2 中则以相反的顺序 $w_2(X)$、$r_1(X)$发生，那么由 $r_1(X)$读取的值在两个调度中可能不同。类似地，如果在 S_1 中两个写操作以 $w_1(X)$、$w_2(X)$的顺序发生，而在 S_2 中则以相反的顺序 $w_2(X)$、$w_1(X)$发生，那么两个调度中的下一个 r(X)操作将可能读取不同的值；或者如果它们是调度中最后写数据项 X 的操作，那么数据项 X 在数据库中的最终值也将不同。

2. 可串行化调度

使用冲突等价的概念，如果调度 S（冲突）等价于某串行调度 S′，就把 S 定义为**可串行化**（serializable）的[1]。在这种情况下，可以对 S 中的非冲突操作进行重新排序，直到形成一个等价的串行调度 S′为止。依据这个定义，图 20.5(c)中的调度 D 等价于图 20.5(a)中的串行调度 A。在这两个调度中，T_2 的 read_item(X)读取的是 T_1 写入的 X 的值，而其他 read_item 操作都是从初始数据库状态中读取数据库值。此外，在两个调度中，T_1 是最后一个写 Y 的事务，T_1 是最后一个写 X 的事务。由于 A 是一个串行调度，并且调度 D 等价于 A，因此 D 是一个可串行化的调度。注意：调度 D 的 $r_1(Y)$和 $w_1(Y)$操作与 $r_2(X)$和 $w_2(X)$操作不相冲突，因为它们访问的是不同的数据项。因此，可以把 $r_1(Y)$、$w_1(Y)$移到 $r_2(X)$、$w_2(X)$之前，从而导致等价的串行调度 T_1、T_2。

图 20.5(c)中的调度 C 与两个可能的串行调度 A 和 B 都不等价，因此它不是可串行化的。即使对调度 C 的操作进行重新排序，也不会找到一个等价的串行调度，因为 $r_2(X)$与 $w_1(X)$相冲突，这意味着不能后移 $r_2(X)$以获得等价的串行调度 T_1、T_2。类似地，由于 $w_1(X)$与 $w_2(X)$相冲突，将不能后移 $w_1(X)$以获得等价的串行调度 T_2、T_1。

另一种更复杂的等价定义称为视图等价，由此就引出了视图可串行化的概念，将在 20.5.4 节中加以讨论。

20.5.2 调度的可串行化测试

可以利用一个简单的算法来确定特定的调度是否是（冲突）可串行化的。大多数并发控制方法实际上不会测试可串行化。相反，人们开发了一些协议或规则，以保证遵守这些规则的任何调度都将是可串行化的。有些方法在大多数情况下都能保证可串行化，但是不能绝对保证这一点，以减少并发控制的开销。这里将讨论用于测试冲突可串行化的算法，以便更好地理解将在第 21 章中讨论的这些并发控制协议。

算法 20.1 可用于测试调度的冲突可串行化。该算法只会考虑调度中的 read_item 和 write_item 操作，以构造一个**优先图**（precedence graph）或**串行化图**（serialization graph），它是一个**有向图**（directed graph）G = (N, E)，由一个节点集合 N = {T_1, T_2,⋯, T_n}和一个有向边集合 E = {e_1, e_2,⋯, e_m}组成。对于调度中的每个事务 T_i，该图中都会有一个节点与之对应。图中的每条边 e_i 都可表示为($T_j \rightarrow T_k$)（$1\leqslant j\leqslant n$，$1\leqslant k\leqslant n$），其中 T_j 是 e_i 的**起始节点**（starting node），T_k 是 e_i 的**终止节点**（ending node）。如果 T_j 和 T_k 中存在一对冲突操作，并且在调度中 T_j 中的冲突操作出现在 T_k 中的冲突操作之前，那么算法就会创建这样一条从节点 T_j 到节点 T_k 的边。

算法 20.1 测试调度 S 的冲突可串行化

（1）对于参与调度 S 的每个事务 T_i，在优先图中创建一个标记为 T_i 的节点。

（2）在调度 S 中，如果在 T_i 执行了 write_item(X)操作之后 T_j 执行 read_item(X)操作，对于每种这样的情况，都在优先图中创建一条边($T_i \rightarrow T_j$)。

---

1 我们将使用可串行化来指示冲突可串行化。实际中使用的可串行化的另一种定义（参见 20.6 节）是：具有可重复读，无脏读，并且无幻象记录（参见 22.7.1 节中关于幻象的讨论）。

（3）在调度 S 中，如果在 T_i 执行了 read_item(X)操作之后 T_j 执行 write_item(X)操作，对于每种这样的情况，都在优先图中创建一条边($T_i \rightarrow T_j$)。

（4）在调度 S 中，如果在 T_i 执行了 write_item(X)操作之后 T_j 执行 write_item(X)操作，对于每种这样的情况，都在优先图中创建一条边($T_i \rightarrow T_j$)。

（5）当且仅当优先图中没有环路时，调度 S 才是可串行化的。

依据算法 20.1 中所描述的那样构造优先图。如果优先图中存在环路，调度 S 就不是（冲突）可串行化的；如果没有环路，S 就是可串行化的。有向图中的**环路**（cycle）是一个**边序列**（sequence of edges）$C = ((T_j \rightarrow T_k), (T_k \rightarrow T_p), \cdots, (T_i \rightarrow T_j))$，它具有以下性质：每条边（除了第一条边以外）的起始节点与前一条边的终止节点相同，而第一条边的起始节点与最后一条边的终止节点相同（即序列开始和结束于同一个节点）。

在优先图中，一条从 T_i 到 T_j 的边意味着：在任何等价于 S 中的串行调度中，事务 T_i 都必须出现在事务 T_j 之前，因为两个冲突操作就是以这样的顺序出现在调度中的。如果优先图中没有环路，就可以通过对参与 S 的事务进行如下排序，来创建一个等价于 S 的**等价串行调度**（equivalent serial schedule）S′：无论何时优先图中存在一条从 T_i 到 T_j 的边，那么在等价串行调度 S′中 T_i 必定出现在 T_j 之前[1]。注意：可以选择给优先图中的边($T_i \rightarrow T_j$)加上标签，标签内容是产生该边的数据项名称。图 20.7 显示了边上的这种标签。在检查环路时，标签是不相关的。

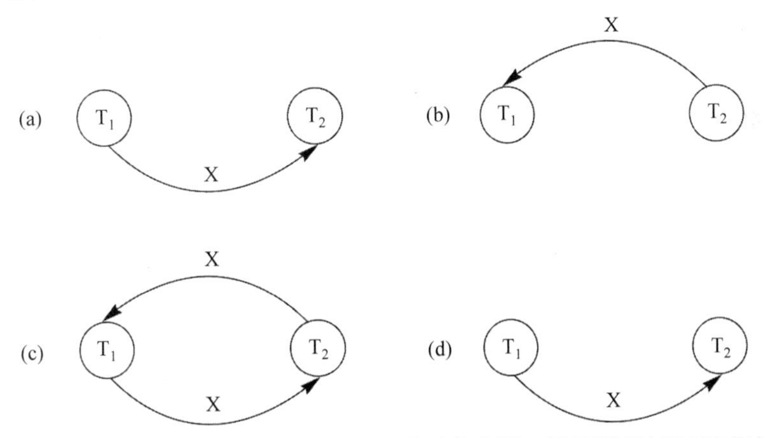

图 20.7　为图 20.5 中的调度 A 到调度 D 构造优先图，用于测试冲突可串行化

(a) 串行调度 A 的优先图；(b) 串行调度 B 的优先图；

(c) 调度 C（不可串行化）的优先图；(d) 调度 D（可串行化，等价于调度 A）的优先图

一般来讲，如果 S 的优先图中没有环路，可能就有多个串行调度等价于 S。不过，如果优先图中具有环路，很容易证明我们不能创建任何等价的串行调度，因此 S 不是可串行化的。图 20.7(a)~图 20.7(d)中分别显示了为图 20.5 中的调度 A~调度 D 创建的优先图。调度 C 的优先图中具有一个环路，因此它不是可串行化的。调度 D 的优先图没有环路，因此它是可串行化的，并且等价的串行调度是 T_1 后面接着 T_2。就像所预期的那样，调度 A 和调度 B 的优先图没有环路，因为这两个调度是串行调度，因此是可串行化的。

图 20.8 显示了另一个示例，其中有 3 个事务参与。图 20.8(a)显示了每个事务中的 read_

1　对无环图中的节点进行排序的过程也称为拓扑排序。

item 和 write_item 操作。图 20.8(b)和图 20.8(c)中分别显示了这些事务的调度 E 和调度 F，图 20.8(d)和图 20.8(e)中则分别显示了调度 E 和调度 F 的优先图。调度 E 不是可串行化的，因为与其对应的优先图中具有环路。调度 F 是可串行化的，图 20.8(e)中显示了与 F 等价的串行调度。尽管 F 只存在一个等价的串行调度，但是一般来讲，一个可串行化调度可能具有多个等价的串行调度。图 20.8(f)显示了一个优先图，它表示一个调度具有两个等价的串

(a)

事务 T_1	事务 T_2	事务 T_3
read_item(X);	read_item(Z);	read_item(Y);
write_item(X);	read_item(Y);	read_item(Z);
read_item(Y);	write_item(Y);	write_item(Y);
write_item(Y);	read_item(X);	write_item(Z);
	write_item(X);	

(b)

时间 ↓

事务 T_1	事务 T_2	事务 T_3
	read_item(Z);	
	read_item(Y);	
	write_item(Y);	
		read_item(Y);
		read_item(Z);
read_item(X);		
write_item(X);		
		write_item(Y);
		write_item(Z);
	read_item(X);	
read_item(Y);		
write_item(Y);		
	write_item(X);	

调度 E

(c)

时间 ↓

事务 T_1	事务 T_2	事务 T_3
		read_item(Y);
		read_item(Z);
read_item(X);		
write_item(X);		
		write_item(Y);
		write_item(Z);
	read_item(Z);	
read_item(Y);		
write_item(Y);		
	read_item(Y);	
	write_item(Y);	
	read_item(X);	
	write_item(X);	

调度 F

(d)

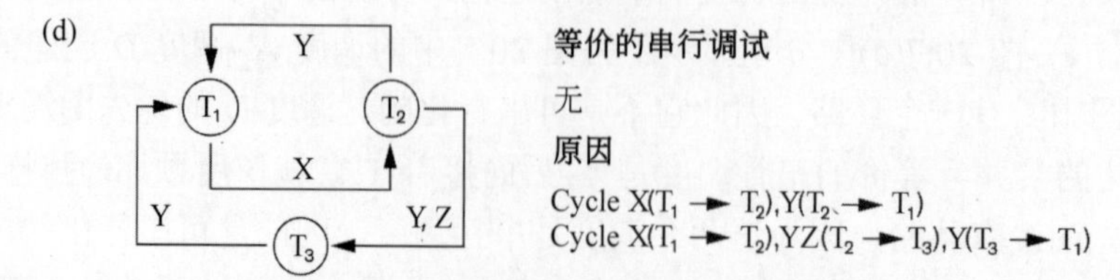

图 20.8 可串行化测试的另一个示例

(a) 3 个事务 T_1、T_2 和 T_3 的读和写操作；(b) 调度 E；(c) 调度 F；

(d) 调度 E 的优先图；(e) 调度 F 的优先图；(f) 带有两个等价串行调度的优先图

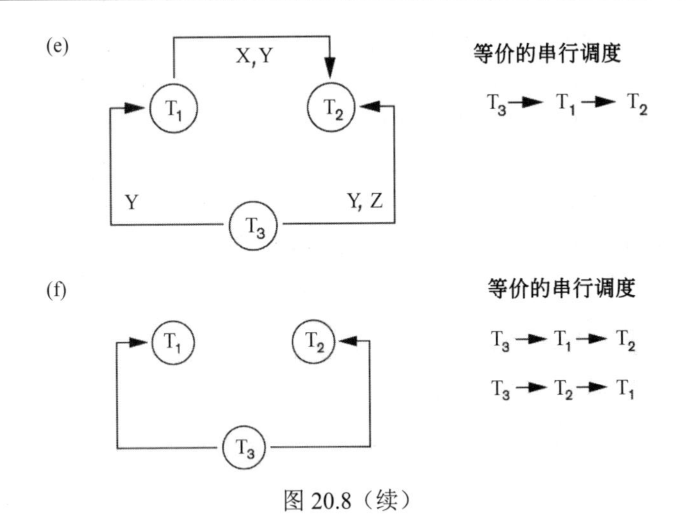

图 20.8（续）

行调度。要查找等价的串行调度，应该从一个没有任何入边的节点开始，然后确保没有违反每条边的节点顺序。

20.5.3　如何将可串行化用于并发控制

如前面所讨论的，如果说调度 S 是（冲突）可串行化的，即 S（冲突）等价于一个串行调度，就相当于说 S 是正确的调度。不过，*可串行化不同于串行*。串行调度代表低效率的处理，因为不允许交替执行来自不同事务的操作。在事务等待磁盘 I/O 时，这可能导致较低的 CPU 利用率，或者由于一个较长的事务延迟了其他事务的执行，从而大大降低了事务的处理效率。可串行化调度提供了并发执行的好处，同时也不放弃任何正确性。在实际中，难以测试调度的可串行化。一般由操作系统调度器确定并发事务中的操作的交替执行，操作系统通常将并发事务作为进程执行，而调度器将给所有进程分配资源。诸如系统负载、事务提交时间以及进程的优先级之类的因素都会对调度中的操作顺序产生影响。因此，难以事先确定调度中的操作将如何交替执行，以确保可串行化。

如果随意执行事务，然后测试结果调度的可串行化，如果事实证明它不是可串行化的，就必须撤销调度产生的影响。这是一个严重的问题，它使得这种方法不实用。在大多数商业 DBMS 中采用的方法是设计一些**协议**（protocol）或规则集，如果每个单独的事务都遵守它们或者如果 DBMS 并发控制子系统执行它们，那么它们将确保*事务参与的所有调度的*可串行化。在极少数情况下，一些协议可能允许不可串行化的调度，以减少并发控制方法的开销（参见 20.6 节）。

另一个问题是：事务是连续地提交给系统的，因此难以确定一个调度何时开始和结束。可以修改可串行化理论，只考虑调度 S 的已提交投影，来处理这个问题。回忆一下 20.4.1 节可知：调度 S 的*已提交投影* C(S)只包括 S 中属于已提交事务的操作。理论上讲，如果调度 S 的已提交投影 C(S)等价于某个串行调度，就可以将调度 S 定义为可串行化的，因为 DBMS 只对已提交的事务提供保证。

在第 21 章中，将讨论用于保证可串行化的许多不同的并发控制协议。其中最常用的技术称为两阶段锁定，它基于锁定数据项以防止并发事务之间相互干扰，以及执行一个额外的条件来保证可串行化。在一些商业 DBMS 中使用了这种技术。我们还将讨论一个协议，它基于快照隔离的概念，可以在大多数（但是并非所有）情况下确保可串行化；在一些商业 DBMS 中使用了该协议，因为它具有比两阶段锁定协议更少的开销。目前还提出了其他一些协议[1]；它们包括：时间戳排序，其中将给每个事务分配一个唯一的时间戳，并且该协议将确保任何冲突的操作都将按事务时间戳的顺序执行；多版本协议，它基于维护数据项的多个版本；以及乐观（也称为认证或验证）协议，它将在事务终止之后但是在允许提交它们之前检查是否可能违反了可串行化。

20.5.4 视图等价和视图可串行化

在 20.5.1 节中，定义了调度的冲突等价和冲突可串行化的概念。另一种限制性较少的调度等价的定义称为视图等价。这引出了可串行化的另一个定义，称为视图可串行化。如果下面 3 个条件成立，就称两个调度 S 和 S′是**视图等价**（view equivalent）的：

（1）参与 S 和 S′的是相同的事务集合，并且 S 和 S′包括这些事务的相同操作。

（2）对于 S 中 T_i 的任何操作 $r_i(X)$，如果该操作读取的 X 的值已经被 T_j 的 $w_j(X)$操作写入（或者如果它是在调度开始前的 X 的原始值），那么对于由 S′中 T_i 的 $r_i(X)$操作读取的 X 的值，必须保持相同的条件。

（3）如果 T_k 的 $w_k(Y)$操作是 S 中最后一个写数据项 Y 的操作，那么该操作也必须是 S′中最后一个写数据项 Y 的操作。

视图等价背后的思想是：只要事务的每个读操作读取的是两个调度中相同写操作的结果，那么每个事务的写操作就必须产生相同的结果。因此，把读操作称为在两个调度中看到相同的视图。第（3）个条件确保每个数据项上最终的写操作在两个调度中是相同的，因此在两个调度结束时数据库状态也应该是相同的。如果调度 S 视图等价于一个串行调度，就称 S 是**视图可串行化**（view serializable）的。

如果一个称为**约束写假设**（constrained write assumption）或**非盲目写**（no blind write）的条件在调度中的所有事务上都成立，那么冲突可串行化和视图可串行化的定义就是相似的。这个条件指示：T_i 中的任何写操作 $w_i(X)$之前都有一个 T_i 中的读操作 $r_i(X)$，并且 T_i 中 $w_i(X)$写入的值只依赖于 $r_i(X)$读取的 X 的值。这假定 X 的新值计算是一个函数 f(X)，它基于从数据库中读取的 X 的旧值。**盲目写**（blind write）是事务 T 中对数据项 X 的一个写操作，它不依赖于 X 的旧值，因此在事务 T 中它前面不需要有一个 X 的读操作。

在**无约束写假设**（unconstrained write assumption）之下，与冲突可串行化的定义相比，视图可串行化的定义限制较少，其中由 T_i 中的 $w_i(X)$操作写入的值可以独立于它的旧值。当允许盲目写时，这是可能的，可以用下面的调度 S_g 加以说明，S_g 中包括 3 个事务 T_1、T_2 和 T_3：

T_1：$r_1(X)$; $w_1(X)$;

---

1 这些其他的协议还没有大量纳入商业系统中；大多数商业 DBMS 都使用两阶段锁定或快照隔离协议的某个变体。

T_2：$w_2(X)$;

T_3：$w_3(X)$;

S_g：$r_1(X); w_2(X); w_1(X); w_3(X); c_1; c_2; c_3;$

在 S_g 中，操作 $w_2(X)$和 $w_3(X)$是盲目写，因为 T_2 和 T_3 不会读取 X 的值。调度 S_g 是视图可串行化的，因为它视图等价于串行调度 T_1、T_2 和 T_3。不过，S_g 不是冲突可串行化的，因为它不冲突等价于任何串行调度（作为一个练习，读者需要构造 S_g 的可串行化图并检查环路）。事实证明：任何冲突可串行化的调度也将是视图可串行化的，但是反之则不然，前面的示例说明了这一点。有一个算法可以测试调度 S 是否是视图可串行化的。不过，测试视图可串行化的问题已被证明是 NP（non-deterministic polynomial，非确定性多项式）难题，这意味着为这个问题找到一种高效的多项式时间算法几乎是不可能的。

20.5.5　其他类型的调度等价性

调度的可串行化有时被认为是用于确保并发执行正确性的一个过于具有限制性的条件。一些应用通过满足比冲突可串行化或视图可串行化的严格程度低一些的条件，也能产生正确的调度。**借贷事务**（debit-credit transaction）就是这样的一类事务，例如，对一个数据项应用存款和取款操作，该数据项的值是某个银行账户的当前余额。借贷操作的语义是：通过减少或增加数据项 X 的值来更新 X。由于加减操作是可交换的，也就是说，可以利用任意顺序来应用它们，因此就可能产生不可串行化的正确调度。例如，考虑下面的事务，其中每个事务都可用于在两个银行账户之间转账：

T_1：$r_1(X); X := X - 10; w_1(X); r_1(Y); Y := Y + 10; w_1(Y);$

T_2：$r_2(Y); Y := Y - 20; w_2(Y); r_2(X); X := X + 20; w_2(X);$

考虑下面的不可串行化的调度 S_h，它是上面两个事务的一个调度：

S_h：$r_1(X); w_1(X); r_2(Y); w_2(Y); r_1(Y); w_1(Y); r_2(X); w_2(X);$

每个 $r_i(I)$和 $w_i(I)$之间的操作是可交换的，利用这个额外的知识或**语义**（semantics），可以知道：只要特定事务 T_i 应用于特定数据项 I 的每个(读、更新、写)序列没有被冲突操作中断，那么(读、更新、写)序列的执行顺序将不重要。因此，即使调度 S_h 不是可串行化的，也将把它视作是正确的。将可串行化作为判断调度正确性的条件被认为过于具有限制性，研究人员一直在致力于扩展并发控制理论来处理这个问题。此外，在某些应用领域，例如飞机之类的复杂系统的计算机辅助设计（CAD），设计事务也会持续相当长的时间。在这类应用中，已经提出了更宽松的并发控制模式来维护数据库的一致性，例如最终一致性。在第 23 章介绍分布式数据库时，将讨论最终一致性。

20.6　SQL 中的事务支持

在本节中，将简要介绍 SQL 中的事务支持。有许多相关的详细信息，并且更新的标准具有更多的事务处理命令。SQL 事务的基本定义类似于我们已经定义的事务概念。也就是说，它是一个逻辑工作单元，并且保证具有原子性。单独一条 SQL 语句总被认为是原子的，它要么无错地完成执行，要么执行失败并且不会改变数据库。

在 SQL 中，没有显式的 Begin_Transaction 语句。当遇到特定的 SQL 语句时，就会隐式地启动事务。不过，每个事务都必须具有显式的结束语句，它可以是 COMMIT 或 ROLLBACK。每个事务都具有某些属于它的特征。这些特征是在 SQL 中利用 SET TRANSACTION 语句指定的，包括访问模式、诊断区域大小和隔离级别。

可以将**访问模式**（access mode）指定为 READ ONLY 或 READ WRITE。默认是 READ WRITE，除非指定了隔离级别 READ UNCOMMITTED（参见下文），在这种情况下将假定访问模式是 READ ONLY。READ WRITE 模式允许执行选择、更新、插入、删除和创建命令。顾名思义，READ ONLY 模式只用于数据检索。

诊断区域大小（diagnostic area size）选项 DIAGNOSTIC SIZE n 指定一个整数值 n，它指示在诊断区域中可以同时成立的条件数量。这些条件用于向用户或程序提供关于 n 个最近执行的 SQL 语句的反馈信息（错误或异常）。

隔离级别（isolation level）选项是使用语句 ISOLATION LEVEL <isolation>指定的，其中<isolation>的值可以是 READ UNCOMMITTED、READ COMMITTED、REPEATABLE READ 或 SERIALIZABLE[1]。默认的隔离级别是 SERIALIZABLE，尽管一些系统使用 READ COMMITTED 作为它们的默认隔离级别。这里使用的词语 SERIALIZABLE 是为了防止出现脏读、不可重复读和幻象问题[2]，因此它与前面在 20.5 节中定义可串行化的方式不同。如果以低于 SERIALIZABLE 的隔离级别执行事务，那么可能会发生下面 3 种违反规则的情况：

（1）**脏读**（dirty read）：事务 T_1 可能读取事务 T_2 的尚未提交的更新。如果 T_2 失败并且被中止，那么 T_1 将读取一个不存在并且不正确的值。

（2）**不可重复读**（nonrepeatable read）：事务 T_1 可能从表中读取一个给定的值。如果另一个事务 T_2 后来更新了这个值，并且 T_1 再次读取该值，那么 T_1 将会看到一个不同的值。

（3）**幻象**（phantom）：事务 T_1 可能从表中读取一个行集合，也许是基于 SQL WHERE 子句中指定的某个条件。现在假设事务 T_2 在 T_1 使用的表中插入一个新行 r，它也满足 T_1 中使用的 WHERE 子句的条件。记录 r 称为**幻象记录**（phantom record），因为在 T_1 开始时它并不在那里，而在 T_1 结束时它又出现在那里。T_1 可能会或者可能不会看到幻象，它是一个以前不存在的行。如果等价的串行顺序是 T_1 后面接着 T_2，那么记录 r 应该是不可见的；但是如果是 T_2 后面接着 T_1，那么幻象记录应该出现在提供给 T_1 的结果中。如果系统不能确保正确的行为，那么它将不会处理幻象记录问题。

表 20.1 总结了不同隔离级别的可能违反规则的情况。表中的“是”指示可能违反规则，“否”则指示不可能违反规则。READ UNCOMMITTED 最宽松，SERIALIZABLE 则最具限制性，这是由于它避免了上面提到的全部 3 种问题。

一个示例 SQL 事务可能如下所示：

```
EXEC SQL WHENEVER SQLERROR GOTO UNDO;
EXEC SQL SET TRANSACTION
```

1 它们类似于 20.3 节末尾简要讨论的隔离级别。

2 在 20.1.3 节中讨论了脏读和不可重复读问题，幻象问题将在 22.7.1 节中讨论。

```
    READ WRITE
    DIAGNOSTIC SIZE 5
    ISOLATION LEVEL SERIALIZABLE;
EXEC SQL INSERT INTO EMPLOYEE (Fname, Lname, Ssn, Dno, Salary)
    VALUES ('Robert', 'Smith', '991004321', 2, 35000);
EXEC SQL UPDATE EMPLOYEE
    SET Salary = Salary * 1.1 WHERE Dno = 2;
EXEC SQL COMMIT;
GOTO THE_END;
UNDO: EXEC SQL ROLLBACK;
THE_END: ... ;
```

表 20.1　基于 SQL 中定义的隔离级别而发生的可能违反规则的情况

隔离级别	违反规则的类型		
	脏读	不可重复读	幻象
READ UNCOMMITTED	是	是	是
READ COMMITTED	否	是	是
REPEATABLE READ	否	否	是
SERIALIZABLE	否	否	否

上面的事务首先在 EMPLOYEE 表中插入一个新行，然后更新在部门 2 工作的所有雇员的薪水。如果其中任何一条 SQL 语句发生错误，则将会回滚整个事务。这意味着（被这个事务）更新的任何薪水都将会恢复到其以前的值，并且会移除新插入的行。

可以看到，SQL 提供了许多面向事务的特性。DBA 或数据库程序员可以利用这些选项，在应用可接受的情况下通过放宽可串行化来尝试改进事务性能。

快照隔离

还有一种隔离级别称为快照隔离，在一些商业 DBMS 中使用了它，并且一些并发控制协议是基于这个概念而存在的。**快照隔离**（snapshot isolation）的基本定义是：在事务开始执行时，事务将基于数据库快照（或数据库状态）中的数据项的提交值来读取它们，而事务看到的数据项就是它所读取的值。快照隔离可以确保不会发生幻象记录问题，因为数据库事务或者某些情况下的数据库语句只会看到在事务开始执行时数据库中提交的记录。在事务开始执行之后发生的任何插入、删除或更新操作都将不会被事务看到。在第 21 章中将基于这个概念讨论并发控制协议。

20.7　小　　结

在本章中，讨论了 DBMS 的事务处理概念。在 20.1 节中介绍了数据库事务的概念，以及与事务处理相关的操作。在 20.1.1 节中比较了单用户系统与多用户系统，然后展示了几个示例，说明在多用户系统中不受控制地执行并发事务可能如何导致不正确的结果和数据库值。在 20.1.4 节中还讨论了在事务执行期间可能发生的各种失败类型。

接下来，在 20.2 节中介绍了事务在执行期间经过的典型状态，并且讨论了在恢复和并发控制方法中使用的多个概念。系统日志（20.2.2 节）用于记录数据库访问，系统将利用这些信息从失败中恢复。事务可能执行成功并到达它的提交点，或者可能会失败并且不得不回滚。已提交事务（20.2.3 节）所做的改变将永久记录在数据库中。在 20.3 节中概述了事务必须具有的性质：原子性、一致性、隔离性和持久性，通常把它们称为 ACID 性质。

在 20.4.1 节中将调度（或历史）定义为多个事务中交替执行的操作序列。在 20.4.2 节中依据调度的可恢复性描述了调度的特征。可恢复调度确保一旦事务提交，就永远都不需要撤销它。无级联调度添加了一个额外的条件，用于确保已中止的事务不需要级联中止其他的事务。严格的调度提供了一个甚至更强的条件，允许使用简单的恢复模式，用于恢复被已中止事务改变的数据项的旧值。

在 20.5 节中定义了调度等价的概念，并且理解了一个可串行化调度等价于某个串行调度。接着定义了冲突等价和视图等价的概念。可串行化调度被认为是正确的。在 20.5.2 节中介绍了一个算法，用于测试调度的（冲突）可串行化。20.5.3 节中讨论了为什么在真实系统中测试可串行化是不切实际的，尽管它可用于定义和验证并发控制协议；在 20.5.4 节和 20.5.5 节中简要提及了调度等价的具有较少限制的定义。最后，在 20.6 节中简要概述了在 SQL 内如何实际地使用事务概念，并且介绍了快照隔离的概念，在多个商业 DBMS 中都使用了它。

复 习 题

20.1 在多用户系统中数据库事务的并发执行意味着什么？讨论为什么需要并发控制，并给出几个非正式的示例。

20.2 讨论不同的故障类型，灾难性故障意味着什么？

20.3 讨论read_item和write_item操作对数据库所采取的动作。

20.4 绘制一幅状态图，并且讨论事务在执行期间所经历的典型状态。

20.5 系统日志的用途是什么？系统日志中典型的记录类型是什么？什么是事务提交点？为什么它们很重要？

20.6 讨论数据库事务的原子性、持久性、隔离性和一致性。

20.7 什么是调度（历史）？定义可恢复调度、无级联调度和严格调度的概念，并依据可恢复性来比较它们。

20.8 讨论事务等价的不同度量标准。冲突等价与视图等价之间有何区别？

20.9 什么是串行调度？什么是可串行化调度？为什么串行调度被认为是正确的？为什么可串行化调度被认为是正确的？

20.10 约束写假设与无约束写假设之间有何区别？哪一个更符合实际？

20.11 讨论如何在数据库系统中使用可串行化来执行并发控制。为什么有时认为可串行化作为调度正确性的度量标准过于严格？

20.12 描述SQL中的4种隔离级别。另外讨论快照隔离的概念及其对幻象记录问题的作用。

20.13 定义由以下每种情况引起的违规问题：脏读、不可重复读和幻象。

练　习　题

20.14　将图20.2(b)中的事务T_2改为读取：

```
read_item(X);
X := X + M;
if X > 90 then exit
else write_item(X);
```

根据下述问题讨论图 20.3(a)和图 20.3(b)中的不同调度的最终结果，其中 M = 2，N = 2。问题如下：添加上面的条件会改变最终的结果吗？结果服从隐含的一致性规则吗（X 最大为 90）？

20.15　重做练习题20.14，在T_1中添加一个检查，使得Y不超过90。

20.16　在图20.2中的事务T_1和T_2的末尾都添加一个提交操作，然后为修改过的事务列出所有可能的调度。确定哪些调度是可恢复的，哪些是无级联的，以及哪些是严格的。

20.17　列出图20.2中的事务T_1和T_2的所有可能的调度，并确定哪些是冲突可串行化的（正确的），哪些不是。

20.18　图20.8(a)中的3个事务存在多少个串行调度？它们是什么？共有多少个可能的调度？

20.19　编写一个程序，为图20.8(a)中的3个事务创建所有可能的调度，并确定其中哪些调度是冲突可串行化的，哪些不是。对于每个冲突可串行化调度，你的程序应该打印出该调度，并且列出所有等价的串行调度。

20.20　为什么SQL中需要显式的事务结束语句，而不需要显式的事务开始语句？

20.21　描述每种不同的隔离级别可用于事务处理的情况。

20.22　下面哪些调度是（冲突）可串行化的？对于每个可串行化调度，确定其等价的串行调度。

a. $r_1(X)$; $r_3(X)$; $w_1(X)$; $r_2(X)$; $w_3(X)$;

b. $r_1(X)$; $r_3(X)$; $w_3(X)$; $w_1(X)$; $r_2(X)$;

c. $r_3(X)$; $r_2(X)$; $w_3(X)$; $r_1(X)$; $w_1(X)$;

d. $r_3(X)$; $r_2(X)$; $r_1(X)$; $w_3(X)$; $w_1(X)$;

20.23　考虑下面给出的3个事务T_1、T_2和T_3以及调度S_1和S_2。绘制S_1和S_2的可串行化（优先）图，并且说明每个调度是否是可串行化的。如果一个调度是可串行化的，写出等价的串行调度。

T_1：$r_1(X)$; $r_1(Z)$; $w_1(X)$;

T_2：$r_2(Z)$; $r_2(Y)$; $w_2(Z)$; $w_2(Y)$;

T_3：$r_3(X)$; $r_3(Y)$; $w_3(Y)$;

S_1：$r_1(X)$; $r_2(Z)$; $r_1(Z)$; $r_3(X)$; $r_3(Y)$; $w_1(X)$; $w_3(Y)$; $r_2(Y)$; $w_2(Z)$; $w_2(Y)$;

S_2：$r_1(X)$; $r_2(Z)$; $r_3(X)$; $r_1(Z)$; $r_2(Y)$; $r_3(Y)$; $w_1(X)$; $w_2(Z)$; $w_3(Y)$; $w_2(Y)$;

20.24　考虑下面的调度S_3、S_4和S_5。确定每个调度是严格调度、无级联调度、可恢复调度，还是不可恢复调度（确定每个调度所满足的最严格的可恢复条件）。

S_3：$r_1(X); r_2(Z); r_1(Z); r_3(X); r_3(Y); w_1(X); c_1; w_3(Y); c_3; r_2(Y); w_2(Z); w_2(Y); c_2;$

S_4：$r_1(X); r_2(Z); r_1(Z); r_3(X); r_3(Y); w_1(X); w_3(Y); r_2(Y); w_2(Z); w_2(Y); c_1; c_2; c_3;$

S_5：$r_1(X); r_2(Z); r_3(X); r_1(Z); r_2(Y); r_3(Y); w_1(X); c_1; w_2(Z); w_3(Y); w_2(Y); c_3; c_2;$

选读文献

在 Gray 等（1975）中介绍了可串行化的概念以及在数据库中维护一致性的相关思想。数据库事务的概念最初是在 Gray（1981）中讨论的。Gray 因其在数据库事务以及关系 DBMS 中的事务实现方面所做的工作而获得了 1998 年的 ACM 图灵奖。Bernstein、Hadzilacos 和 Goodman（1988）重点研究了集中式和分布式数据库系统中的并发控制和恢复技术，具有极好的参考价值。Papadimitriou（1986）提供了更加理论化的观点。由 Gray 和 Reuter（1993）撰写的超过 1000 页的大型参考书提供了关于事务处理概念和技术的更实用的观点。Elmagarmid（1992）提供了高级应用中事务处理的研究论文集。Date 和 Darwen（1997）中描述了 SQL 中的事务支持。Yannakakis（1984）中定义了视图可串行化。Hadzilacos（1983、1988）中讨论了调度的可恢复性和数据库中的可靠性。Chou 和 DeWitt（1985）中讨论了缓冲区替换策略。Ports 和 Grittner（2012）中讨论了快照隔离。

第 21 章　并发控制技术

在本章中，将讨论许多种并发控制技术，它们用于确保并发执行的事务互不干扰或者相互之间具有隔离性。其中大多数技术都可以确保调度的可串行化（在 20.5 节中定义了它），它们是使用**并发控制协议**（concurrency control protocol）（规则集）来保证可串行化的。一个重要的协议集是两阶段锁定协议，它利用**锁定**（locking）数据项的技术，来防止多个事务并发地访问数据项。21.1 节和 21.3.2 节中将描述许多种锁定协议。在一些商业 DBMS 中使用了锁定协议，但是它们被认为具有较高的开销。另一类并发控制协议集使用**时间戳**（timestamp）。时间戳是由系统生成的每个事务的唯一标识符。生成时间戳值的顺序与事务的开始时间具有相同的顺序。在 21.2 节中将介绍一些并发控制协议，它们使用时间戳排序来确保可串行化。在 21.3 节中，将讨论**多版本**（multiversion）并发控制协议，它们使用一个数据项的多个版本。一种多版本协议将时间戳顺序扩展为多版本时间戳排序（参见 21.3.1 节），另一种多版本协议则将时间戳顺序扩展为两阶段锁定协议（参见 21.3.2 节）。在 21.4 节中介绍的协议基于事务在执行其操作之后的**验证**（validation）或**认证**（certification），它们有时称为**乐观协议**（optimistic protocol），并且它们还假定一个数据项可能存在多个版本。在 21.4 节中，还将讨论一种基于**快照隔离**（snapshot isolation）概念的协议，它可以利用的技术与基于验证和多版本方法中提出的那些技术相似。在许多商业 DBMS 中都使用这些协议，并且在某些情况下认为它们具有比基于锁定的协议更低的开销。

影响并发控制的另一个因素是数据项的**粒度**（granularity），即一个数据项可以代表数据库的哪个部分。一个数据项可以小到是单个属性（字段）值，也可以大到是一个磁盘块，或者甚至是整个文件或整个数据库。在 21.5 节中将讨论数据项的粒度以及一种多粒度并发控制协议，它是两阶段锁定协议的一个扩展。在 21.6 节中，将描述当使用索引处理事务时引发的并发控制问题；在 21.7 节中，将讨论其他一些并发控制概念。21.8 节总结了本章内容。

如果读者主要感兴趣的是了解基于锁定的并发控制技术，那么只要阅读 21.1 节、21.5 节、21.6 节和 21.7 节，可能再包括 21.3.2 节的内容就足够了。

21.1　并发控制的两阶段锁定技术

用于控制事务并发执行的主要技术基于锁定数据项的概念。**锁**（lock）是与某个数据项关联的变量，根据可能应用于该数据项的操作来描述它的状态。一般来讲，数据库中的每个数据项都有一个锁。作为一种同步方法，锁可以同步并发事务对数据库项的访问。在 21.1.1 节中，将讨论锁的本质和类型。然后，在 21.1.2 节中，将介绍使用锁定技术来保证事务调度可串行化的协议。最后，在 21.1.3 节中，将描述与使用锁关联的两个问题：死锁和饥饿，并将说明在并发控制协议中如何处理这些问题。

21.1.1 锁类型和系统锁表

在并发控制中使用了多种类型的锁。为了逐步介绍锁定概念，首先讨论二进制锁，它比较简单，但是出于数据库并发控制的目的来说它又过于具有限制性，因此实际中并没有太多使用它。然后，将讨论共享锁/排他锁，也称为读/写锁，它们提供了更通用的锁定能力，并且能够在数据库锁定模式中使用。在21.3.2节中，将描述一种额外类型的锁，称为验证锁，并将说明如何把它用于改进锁定协议的性能。

1. 二进制锁

二进制锁（binary lock）可以具有两个**状态**（state）或**值**（value）：锁定和未锁定（或者为简单起见，分别用1和0表示）。每个数据库项X都与一个不同的锁相关联。如果X上的锁的值为1，那么请求数据项X的数据库操作将不能访问X。如果X上的锁的值为0，那么在请求数据项时将可以访问它，并且会把锁的值改为1。我们把与数据项X关联的锁的当前值（或状态）记作lock(X)。

二进制锁定使用两个操作：lock_item和unlock_item。一个事务在请求访问数据项X之前，先要发出一个lock_item(X)操作。如果LOCK(X) = 1，那么事务将被迫等待。如果LOCK(X) = 0，则将把它设置为1（事务将**锁定**（lock）该数据项），并且允许事务访问数据项X。当事务使用完数据项后，它就发出一个unlock_item(X)操作，该操作将把LOCK(X)设置回0（**解锁**（unlock）数据项），使得X可以被其他事务访问。因此，二进制锁在数据项上执行**互斥**（mutual exclusion）。图21.1中显示了关于lock_item(X)和unlock_item(X)操作的描述。

```
lock_item(X):
B:  if LOCK(X) = 0              (*解锁数据项*)
       then LOCK(X) ←1  (*锁定数据项*)
    else
       begin
       wait (until LOCK(X) = 0
           and the lock manager wakes up the transaction);
       go to B
       end;
unlock_item(X):
    LOCK(X) ← 0;                (*解锁数据项*)
    if any transactions are waiting
       then wakeup one of the waiting transactions;
```

图21.1 二进制锁的锁定和解锁操作

注意：必须将lock_item和unlock_item操作实现为不可分的单元（在操作系统称为**临界区**（critical section））；也就是说，一旦开始一个锁定或解锁操作，就不允许交替执行操作，直到操作终止或事务等待为止。在图21.1中，lock_item(X)操作内的wait命令的实现方式是：把事务放在数据项X的等待队列中，直到X解锁并且可以授权事务访问它为止。

其他想要访问 X 的事务也会放入相同的队列中。因此，可以将 wait 命令视作位于 lock_item 操作之外。

可以很简单地实现二进制锁，所需的只是与数据库中的每个数据项 X 关联的一个二值变量 LOCK。在其最简单的形式中，每个锁可以是一条记录以及一个队列，其中的记录具有 3 个字段：<Data_item_name, LOCK, Locking_transaction>，而队列则用于存放等待访问数据项的事务。系统只需要维护**锁表**（lock table）中当前锁定的数据项的相应记录，可以将锁表组织为数据项名称上的一个散列文件。不在锁表中的数据项将被视作是未锁定的。DBMS 具有一个**锁管理器子系统**（lock manager subsystem），用于记录和控制对锁的访问。

如果使用这里描述的简单二进制锁定模式，那么每个事务都必须遵守下面的规则：

（1）在事务 T 中执行任何 read_item(X)或 write_item(X)操作之前，事务 T 必须先发出 lock_item(X)操作。

（2）在事务 T 中完成所有的 read_item(X)和 write_item(X)操作之后，事务 T 必须发出 unlock_item(X)操作。

（3）如果事务 T 已经持有数据项 X 上的锁，那么它将不会发出 lock_item(X)操作[1]。

（4）除非事务 T 已经持有数据项 X 上的锁，否则它将不会发出 unlock_item(X)操作。

可以通过 DBMS 的锁管理器模块来执行这些规则。在事务 T 中的 lock_item(X)与 unlock_item(X)操作之间，将 T 称为**持有数据项 X 上的锁**。至多只能有一个事务可以持有特定数据项上的锁，因此任何两个事务都不能并发地访问相同的数据项。

2. 共享锁/排他锁（或读/写锁）

上述的二进制锁定模式对于数据库项来说过于具有限制性，因为在给定的时间至少只能有一个事务可以持有锁。如果多个事务全都出于读取的目的而访问同一个数据项 X，那么就应该允许它们访问 X。这是因为不同事务对同一个数据项进行的读操作之间是不相冲突的（参见 20.4.1 节）。不过，如果一个事务将要写数据项 X，它就必须独占地访问 X。为此，可以使用一种不同类型的锁，称为**多模式锁**（multiple-mode lock）。在这种模式（称为**共享锁/排他锁**（shared/exclusive lock）或**读/写锁**（read/write lock））中，具有 3 种锁定操作：read_lock(X)、write_lock(X)和 unlock(X)。与数据项 X 关联的锁 LOCK(X)现在将具有 3 种可能的状态：读锁定（read-locked）、写锁定（write-locked）或未锁定（unlocked）。**读锁定的数据项**（read-locked item）也称为**共享锁定**（share-locked），因为允许其他事务读取该数据项，而**写锁定的数据项**（write-locked item）则称为排他锁定（exclusive-locked），因为单个事务将独占地持有数据项上的锁。

在读/写锁上实现上述操作的一种方法是：在锁表中记录持有某个数据项上的共享（读）锁的事务数量，以及持有共享锁的事务 id 的列表。锁表中的每条记录都将具有 4 个字段：<Data_item_name, LOCK, No_of_reads, Locking_transaction(s)>。系统在锁表中只需维护已锁定项的锁记录。LOCK 的值（状态）可以是读锁定或写锁定的相应编码（这里假定在锁表中没有保存未锁定项的记录）。如果 LOCK(X)的值为写锁定，那么 locking_transaction(s)

1　如果修改图 21.1 中的 lock_item(X)操作，使得当数据项当前被请求的事务锁定时就授予锁，那么就可以删除这条规则。

的值就是持有 X 上的排他（写）锁的单个事务。如果 LOCK(X)的值为读锁定，那么 locking_transaction(s)的值就是持有 X 上的共享（读）锁的一个或多个事务的列表。图 21.2 中描述了 3 个操作 read_lock(X)、write_lock(X)和 unlock(X)[1]。与以前一样，这 3 个锁定操作都应该被视作是不可分的；一旦其中某个操作开始执行，就不应该允许交替执行其他操作，直到通过授予锁而使操作终止或者将事务放入数据项的等待队列中为止。

```
read_lock(X):
B:   if LOCK(X) = "unlocked"
         then begin LOCK(X) ← "read-locked";
             no_of_reads(X) ← 1
             end
     else if LOCK(X) = "read-locked"
         then no_of_reads(X) ← no_of_reads(X) + 1
     else begin
         wait (until LOCK(X) = "unlocked"
             and the lock manager wakes up the transaction);
         go to B
         end;
write_lock(X):
B:   if LOCK(X) = "unlocked"
         then LOCK(X) ← "write-locked"
     else begin
         wait (until LOCK(X) = "unlocked"
             and the lock manager wakes up the transaction);
         go to B
         end;
unlock (X):
     if LOCK(X) = "write-locked"
         then begin LOCK(X) ← "unlocked";
             wakeup one of the waiting transactions, if any
                 end
     else it LOCK(X) = "read-locked"
         then begin
             no_of_reads(X) ← no_of_reads(X) -1;
             if no_of_reads(X) = 0
                 then begin LOCK(X) = "unlocked";
                     wakeup one of the waiting transactions, if any
                     end
             end;
```

图 21.2　两种模式（读/写或共享/排他）锁的锁定和解锁操作

当使用共享/排他锁定模式时，系统必须执行以下规则：

（1）在事务 T 中执行任何 read_item(X)操作之前，事务 T 必须发出 read_lock(X)或

1　如本节后面所述，这些算法不允许升级或降级锁。读者可以扩展算法，以允许这些额外的操作。

write_lock(X)操作。

（2）在事务 T 中执行任何 write_item(X)操作之前，事务 T 必须发出 write_lock(X)操作。

（3）在事务 T 中完成了所有的 read_item(X)和 write_item(X)操作之后，事务 T 必须发出 unlock(X)操作[1]。

（4）如果事务 T 已经持有数据项 X 上的读（共享）锁或写（排他）锁，那么它将不会发出 read_lock(X)操作。可以放宽这个规则，以便进行锁降级，稍后将会讨论。

（5）如果事务 T 已经持有数据项 X 上的读（共享）锁或写（排他）锁，那么它将不会发出 write_lock(X)操作。也可以放宽这个规则，以便进行锁升级，稍后将会讨论。

（6）除非事务 T 已经持有数据项 X 上的读（共享）锁或写（排他）锁，否则它将不会发出 unlock(X)操作。

3. 锁转换（升级或降级）

有时可能需要放宽上面列表中的条件（4）和条件（5），以便允许**锁转换**（lock conversion）；也就是说，在某些条件下，允许已经持有数据项 X 上的锁的事务将锁从一种锁定状态**转换**（convert）成另一种锁定状态。例如，事务 T 有可能发出一个 read_lock(X)操作，然后通过发出一个 write_lock(X)操作将锁**升级**（upgrade）。如果在事务 T 发出 write_lock(X)操作时，它是持有 X 上的读锁的唯一事务，那么就可以升级锁；否则，事务必须等待。事务 T 也有可能先发出一个 write_lock(X)操作，然后通过发出一个 read_lock(X)操作将锁**降级**（downgrade）。在使用锁的升级和降级时，锁表必须在每个锁的记录结构中包括事务标识符（在 locking_transaction(s)字段中），用于存储关于哪些事务持有数据项上的锁的信息。必须适当地更改图 21.2 中的 read_lock(X)和 write_lock(X)操作的描述，以允许进行锁的升级和降级。这里把它作为一个练习留给读者完成。

如前所述，在事务中使用二进制锁或读/写锁并不能自行保证调度的可串行化。图 21.3 显示了一个示例，其中遵循了前述的锁定规则，但是仍有可能得到不可串行化的调度。这是由于在图 21.3(a)中，T_1 中的数据项 Y 和 T_2 中的数据项 X 过早解锁。这就允许像图 21.3(c)中所示的调度发生，它不是一个可串行化的调度，因此将得到不正确的结果。为了保证可串行化，必须遵循一个额外的协议，它与每个事务中锁定和解锁操作的位置有关。在下一节中将描述一个最著名的协议，即两阶段锁定协议。

21.1.2　通过两阶段锁定保证可串行化

如果事务中的所有锁定操作（read_lock、write_lock）都位于第一个解锁操作之前，就称该事务遵循**两阶段锁定协议**（two-phase locking protocol）[2]。可以将这样一个事务划分成两个阶段：**扩展或增长（第一）阶段**（expanding or growing (first) phase）和**收缩（第二）阶段**（shrinking (second) phase），在第一阶段，可以获得数据项上的新锁，但是不能释放任何锁；在第二阶段，可以释放现有的锁，但是不能获得新锁。如果允许锁转换，那么必须

1　可以放宽这个规则，以允许事务先解锁数据项，然后再锁定它。不过，两阶段锁定不允许这样做。

2　它与分布式数据库中用于恢复的两阶段提交协议（参见第 23 章）无关。

(a)

T_1	T_2

read_lock(Y);
read_item(Y);
unlock(Y);
write_lock(X);
read_item(X);
X := X + Y;
write_item(X);
unlock(X);
	read_lock(X);
	read_item(X);
	unlock(X);
	write_lock(Y);
	read_item(Y);
	Y := X + Y;
	write_item(Y);
	unlock(Y);

(b) 初始值：X=20, Y=30

串行调度 T_1 后面接着 T_2 的结果：X=50, Y=80

串行调度 T_2 后面接着 T_1 的结果：X=70, Y=50

(c)

时间	T_1	T_2

↓	read_lock(Y);
	read_item(Y);
	unlock(Y);	

		read_lock(X);
		read_item(X);
		unlock(X);
		write_lock(Y);
		read_item(Y);
		Y := X + Y;
		write_item(Y);
		unlock(Y);

	write_lock(X);
	read_item(X);
	X := X + Y;
	write_item(X);
	unlock(X);	

调度 S 的结果：X=50, Y=50（不可串行化）

图 21.3 不遵守两阶段锁定协议的事务

(a) 两个事务 T_1 和 T_2；(b) 可能的串行调度 T_1 和 T_2 的结果；(c) 使用锁的不可串行化的调度 S

在扩展阶段完成锁的升级（从读锁定到写锁定），而必须在收缩阶段完成锁的降级（从写锁定到读锁定）。

图 21.3(a)中的事务 T_1 和 T_2 没有遵循两阶段锁定协议，因为在 T_1 中，write_lock(X)操作接在 unlock(Y)操作之后，类似地，在 T_2 中，write_lock(Y)操作接在 unlock(X)操作之后。如果执行两阶段锁定，就可以将事务改写为 T_1'和 T_2'，如图 21.4 所示。现在，在 21.1.1 节中描述的锁定规则之下，对于 T_1'和 T_2'（由于它们修改了锁定和解锁操作的顺序），将不允许图 21.3(c)中所示的调度，因为 T_1'将在解锁数据项 Y 之前发出它的 write_lock(X)操作；因此，当 T_2'发出它的 read_lock(X)操作时，它将被迫等待，直到 T_1'在调度中发出 unlock (X)操作释放锁为止。不过，这可能会导致死锁（参见 21.1.3 节）。

可以证明，如果调度中的每个事务都遵循两阶段锁定协议，就可以保证调度是可串行化的，从而避免了测试调度可串行化的需要。锁定协议通过执行两阶段锁定规则，也可以执行可串行化。

两阶段锁定可能限制调度中可以发生的并发数量，例如事务 T 在使用完数据项 X 之后，如果稍后还必须锁定另一个数据项 Y，那么事务 T 也许还不能释放 X；或者反过来讲，T

必须在需要另一个数据项 Y 之前就锁定它，这样它才能释放 X。因此，T 必须保持锁定 X，直到事务需要读或写的所有数据项都锁定为止，直到此时 T 才能释放 X。与此同时，另一个寻求访问 X 的事务可能被迫等待，即使 T 已经使用完 X；反过来讲，如果在需要 Y 之前就锁定了它，那么另一个寻求访问 Y 的事务将被迫等待，即使 T 还没有使用 Y 亦是如此。这就是无须检查调度自身即可保证所有调度的可串行化的代价。

T_1'	T_2'

read_lock(Y);
read_item(Y);
write_lock(X);
unlock(Y)
read_item(X);
X := X + Y;
write_item(X);
unlock(X);
	read_lock(X);
	read_item(X);
	write_lock(Y);
	unlock(X)
	read_item(Y);
	Y := X + Y;
	write_item(Y);
	unlock(Y);

图 21.4　事务 T_1'和 T_2'，它们与图 21.3 中的 T_1 和 T_2 相同，但是遵循两阶段锁定协议。注意：它们可能产生死锁

尽管两阶段锁定协议可以保证可串行化（即所允许的每个调度都是可串行化的），但它不一定允许所有可能的可串行化调度（也就是说，一些可串行化调度将会被该协议禁止）。

基本、保守、严格和精确的两阶段锁定

两阶段锁定（2PL）有许多变体。刚才描述的技术称为**基本** 2PL（basic 2PL）。有一种变体称为**保守** 2PL（conservative 2PL）或**静态** 2PL（static 2PL），它要求事务在开始执行之前通过**预先声明**（predeclare）其读集合和写集合，来锁定它将要访问的所有数据项。回忆一下 21.1.2 节可知：事务的**读集合**（read-set）是事务读取的所有数据项的集合，**写集合**（write-set）则是事务写入的所有数据项的集合。如果所需的任何预先声明的数据项不能锁定，那么事务将不能锁定任何数据项；它将代之以进行等待，直到所有的数据项都可以锁定为止。保守 2PL 是一个免死锁协议，在 21.1.3 节中讨论死锁问题时将会看到这一点。不过，在实际中使用保守 2PL 比较困难，因为它需要预先声明读集合和写集合，而这在一些情况下是不可能的。

在实际中，2PL 的最流行的变体是**严格** 2PL（strict 2PL），它可以保证严格的调度（参见 21.4 节）。在这种变体中，事务 T 直到提交或中止之后，才会释放它的任何排他（写）锁。因此，除非 T 已经提交，否则其他任何事务都将不能读或写由 T 写入的数据项，从而导致了具有可恢复性的严格调度。严格 2PL 不能避免死锁。严格 2PL 的一个更具限制性的变体是**精确** 2PL（rigorous 2PL），它也可以保证严格的调度。在这种变体中，事务 T 直到提交或中止之后，才会释放它的任何锁（排他锁或共享锁），因此它比严格 2PL 更容易实现。

注意严格 2PL 与精确 2PL 之间的区别：前者将持有写锁，直到它提交为止；而后者将持有所有锁（读锁和写锁）。此外，保守 2PL 与精确 2PL 之间的区别是：前者在开始前必须锁定它的所有数据项，因此一旦事务开始，它就处于收缩阶段；后者则直到终止（通过提交或中止）之后才会解锁它的任何数据项，因此事务将处于扩展阶段，直至结束。

通常，**并发控制子系统**（concurrency control subsystem）自身负责生成 read_lock 和 write_lock 请求。例如，假设系统将执行严格 2PL 协议。这样，无论何时事务 T 发出一个 read_item(X)操作，系统都会代表 T 调用 read_lock(X)操作。如果 LOCK(X)的状态是被某个其他的事务 T′写锁定，那么系统将把 T 放入数据项 X 的等待队列中；否则，它将授权 read_lock(X)请求，并且允许执行 T 的 read_item(X)操作。另一方面，如果事务 T 发出一个 write_item(X)操作，系统将代表 T 调用 write_lock(X)操作。如果 LOCK(X)的状态是被某个其他的事务 T′写锁定或读锁定，那么系统将把 T 放入数据项 X 的等待队列中；如果 LOCK(X)的状态是读锁定，并且 T 本身是持有 X 上的读锁的唯一事务，那么系统将把锁升级成写锁定，并且允许执行 T 的 write_item(X)操作。最后，如果 LOCK(X)的状态是未锁定，那么系统将授权 write_lock(X)请求，并且允许执行 write_item(X)操作。在执行每个动作之后，系统都必须相应地更新其锁表。

锁定一般被认为具有较高的开销，因为在执行每个读或写操作之前，都会发生一个系统锁定请求。锁的使用还可能导致两个额外的问题：死锁和饥饿。在下一节中将讨论这些问题及其解决方案。

21.1.3 处理死锁和饥饿

在两个或多个事务的集合中，当每个事务 T 都在等待集合中的其他某个事务 T′锁定的某个数据项时，就会发生**死锁**（deadlock）。因此，集合中的每个事务都位于等待队列中，等待集合中的其他事务之一释放数据项上的锁。但是，由于其他事务也在等待，因此它永远也不会释放锁。图 21.5(a)中显示了一个简单的示例，其中两个事务 T_1'和 T_2'在一个部分调度中处于死锁状态；T_1'位于数据项 X 的等待队列中，而 X 已被 T_2'锁定；T_2'则位于数据项 Y 的等待队列中，而 Y 已被 T_1'锁定。与此同时，T_1'和 T_2'或者其他任何事务都不能访问数据项 X 和 Y。

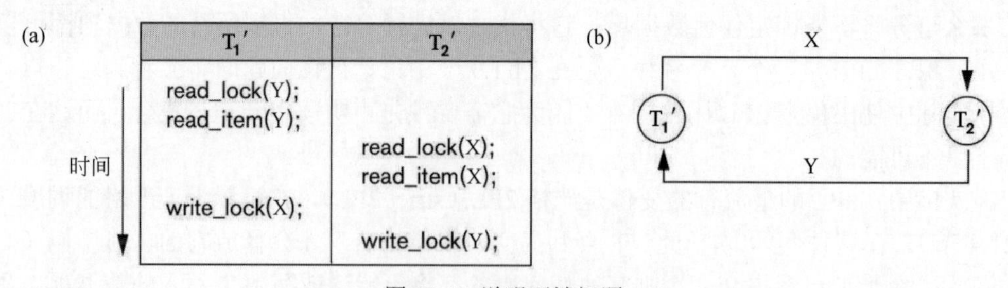

图 21.5 说明死锁问题

(a) T_1'和 T_2'的部分调度处于死锁状态；(b) (a)中的部分调度的等待图

1. 死锁预防协议

预防死锁的一种方式是使用**死锁预防协议**（deadlock prevention protocol）[1]。在保守两阶段锁定中使用了一种死锁预防协议，它要求每个事务提前锁定所需的所有数据项（这通常是一个不切实际的假设），如果不能获得其中任何一个数据项，那么所有的数据项都不会

1 由于这些协议存在不切实际的假设或者由于它们可能具有比较大的开销，因此在实际中一般不会使用它们。死锁检测和超时（将在下面几节中介绍）更实用。

被锁定。相反，事务将等待，然后再次尝试锁定它所需的所有数据项。显然，这种解决方案进一步限制了并发性。另外一种协议也会限制并发性，它涉及对数据库中的所有数据项进行排序，并且确保需要多个数据项的事务将根据这个顺序来锁定它们。这要求程序员（或系统）知道所选的数据项顺序，在数据库环境中这也是不切实际的。

目前还提出了许多其他的死锁预防模式，对于可能陷入死锁状况的事务，它们将决定如何进行处理：是应该阻塞事务并使之等待，还是应该中止事务，或者该事务应该抢占并中止另一个事务吗？其中一些技术使用了**事务时间戳**（transaction timestamp）$TS(T')$的概念，它是分配给每个事务的唯一标识符。时间戳通常基于事务的开始顺序；因此，如果事务 T_1 在事务 T_2 之前开始，那么 $TS(T_1) < TS(T_2)$。注意：较早的事务（先开始的事务）具有较小的时间戳值。两种预防死锁的模式称为等待-死亡（wait-die）和受伤-等待（wound-wait）。假设事务 T_i 尝试锁定数据项 X，但是由于某个其他的具有冲突锁的事务 T_j 已经锁定了 X，而使得 T_i 无法锁定它。这些模式遵循的规则如下：

- **等待-死亡**（wait-die）：如果 $TS(T_i) < TS(T_j)$，那么（T_i 比 T_j 早）允许 T_i 等待；否则（T_i 比 T_j 晚）就中止 T_i（T_i 死亡），并在以后利用相同的时间戳重新启动它。
- **受伤-等待**（wound-wait）：如果 $TS(T_i) < TS(T_j)$，那么（T_i 比 T_j 早）就会中止 T_j（T_i 伤害 T_j），并在以后利用相同的时间戳重新启动 T_j；否则（T_i 比 T_j 晚）就允许 T_i 等待。

在等待-死亡中，允许较早的事务等待较晚的事务，而当较晚的事务请求较早的事务所持有的数据项时，就会中止并重新启动较晚的事务。受伤-等待方法则与之相反：允许较晚的事务等待较早的事务，而当较早的事务请求较晚的事务所持有的数据项时，较早的事务将中止并抢占较晚的事务。这两种模式最终都会中止可能陷入死锁状态的两个事务中较晚的事务（较晚启动的事务），假定这将浪费较少的处理资源。事实证明这两种技术都可以避免死锁，因为在等待-死亡中，事务只将等待较晚的事务，因此不会产生循环。类似地，在受伤-等待中，事务只将等待较早的事务，因此也不会产生循环。不过，这两种技术都可能导致某些事务不必要地中止和重新启动，即使这些事务可能永远也不会实际地导致死锁。

另一组预防死锁的协议不需要时间戳。它们包括无等待（NW）和谨慎等待（CW）算法。在**无等待算法**（no waiting algorithm）中，如果一个事务无法获得某个锁，那么它将立即中止，然后在一定时间的延迟之后重新启动，而不会检查死锁是否实际地发生。在这种情况下，没有事务会等待，因此也不会发生死锁。不过，这种模式可能导致事务不必要地中止和重新启动。提出**谨慎等待**（cautious waiting）算法的目的是：尝试减少不必要的中止/重新启动的次数。假设事务 T_i 尝试锁定数据项 X，但是由于某个其他的具有冲突锁的事务 T_j 已经锁定了 X，而使得 T_i 无法锁定它。谨慎等待的规则如下：

- **谨慎等待**：如果 T_j 没有阻塞（没有等待其他某个已锁定的数据项），那么就会阻塞 T_i，并允许它等待；否则，就会中止 T_i。

事实证明：谨慎等待可以避免死锁，因为没有事务将会等待另一个阻塞的事务。考虑每个已阻塞事务 T 的被阻塞时间 $b(T)$，如果上面两个事务 T_i 和 T_j 都被阻塞，并且 T_i 正在等待 T_j，那么 $b(T_i) < b(T_j)$，因为当 T_j 未阻塞自身时，T_i 只能等待 T_j。因此阻塞时间就构成了所有已阻塞事务上的一个全序，这样就不会发生将会导致死锁的循环。

2. 死锁检测

处理死锁的一种替代方法是**死锁检测**（deadlock detection），其中系统将检查是否实际存在死锁的状态。如果我们知道事务之间几乎没有干扰，也就是说，如果不同的事务很少同时访问相同的数据项，那么这种解决方案就是具有吸引力的。如果事务比较短并且每个事务只锁定了少数几个数据项，或者如果事务负载比较轻，就可能会发生这种情况。另一方面，如果事务比较长并且每个事务使用许多数据项，或者如果事务负载比较重，那么使用死锁预防模式可能比较有利。

检测死锁状态的一种简单方式是为系统构造并维护一幅**等待图**（wait-for graph）。在等待图中为当前正在执行的每个事务创建一个节点。无论何时事务 T_i 正在等待锁定当前被事务 T_j 锁定的数据项 X，都会在等待图中创建一条有向边（$T_i \rightarrow T_j$）。当 T_j 释放 T_i 正在等待的数据项上的锁时，就从等待图中删除该有向边。当且仅当等待图中具有环路时，才会存在死锁状态。这种方法的一个问题是要确定系统何时应该检查死锁。一种可能性是：每次向等待图中添加一条边时就检查环路，但是这可能导致大量的开销。可以使用诸如并发执行的事务数量或者多个事务等待锁定数据项的时间长度之类的准则，来代替检查环路。图 21.5(b)显示了图 21.5(a)中所示的（部分）调度的等待图。

如果系统处于死锁状态，就必须中止一些引发死锁的事务。选择要中止哪些事务称为**受害者选择**（victim selection）。用于受害者选择的算法一般应该避免选择那些已经运行较长时间并且执行了许多更新的事务，它应该代之以尝试选择那些还没有做出许多改变的事务（较晚的事务）。

3. 超时

另外一种处理死锁的简单模式是使用**超时**（timeout）。由于这种方法开销少并且比较简单，因此它非常实用。在这种方法中，如果一个事务等待的时间超过了系统定义的超时时间，系统就假定事务可能陷入死锁状态并且会中止它，而不管死锁是否实际存在。

4. 饥饿

在使用锁定时可能发生的另一个问题是**饥饿**（starvation），当一个事务无限期地不能继续执行而系统中的其他事务可以正常地继续执行时，就会发生这个问题。如果对锁定的数据项的等待模式不公平，由于它给予一些事务比其他事务更高的优先级，就会发生这种现象。饥饿问题的一种解决方案是具有公平的等待模式，例如使用**先到先服务**（first-come-first-served）队列；事务可以按照它们最初请求锁的顺序来锁定数据项。另一种模式允许一些事务具有比其他事务更高的优先级，但是要提高等待时间较长的事务的优先级，直到它最终获得最高的优先级并继续执行为止。如果算法重复选择同一个事务作为受害者，从而导致它中止，并且永远也不会完成执行，那么就会因为受害者选择而发生饥饿。算法可以为那些已中止多次的事务使用更高的优先级来避免这个问题。前面讨论过的等待-死亡和受伤-等待模式可以避免饥饿，因为它们将利用相同的原始时间戳重新启动已中止的事务，使得重复中止同一事务的可能性就变得微乎其微了。

21.2　基于时间戳排序的并发控制

结合使用锁定与 2PL 协议，可以保证调度的可串行化。由 2PL 产生的可串行化调度具有等价的串行调度，这些串行调度基于正在执行的事务锁定它们获得的数据项的顺序。如果一个事务需要的数据项已被锁定，它就可能被迫等待，直到该数据项被释放为止。一些事务可能因为死锁问题而被中止和重新启动。一种不同的并发控制方法涉及使用事务时间戳对事务执行进行排序，得到等价的串行调度。在 21.2.1 节中将讨论时间戳；在 21.2.2 节中将讨论如何基于事务时间戳对不同事务中的冲突操作进行排序，以保证可串行化。

21.2.1　时间戳

回忆可知：**时间戳**（timestamp）是由 DBMS 创建的用于标识事务的唯一标识符。通常，将按照把事务提交给系统的顺序来分配时间戳值，因此可以将时间戳视作事务的起始时间。这里将把事务 T 的时间戳记作 TS(T)。基于时间戳排序的并发控制技术没有使用锁，因此不会发生死锁。

可以利用多种方式生成时间戳。一种可能的方法是使用一个计数器，每次把计数器的值分配给一个事务时，就递增该计数器。在这种模式中，将把事务时间戳编号为 1、2、3、…。计算机的计数器具有一个有限的最大值，因此在一段较短的时间内当没有事务执行时，系统必须定期将计数器重置为 0。另一种实现时间戳的方式是使用系统时钟的当前日期/时间值，并且确保在相同的时钟周期内不会生成两个时间戳值。

21.2.2　并发控制的时间戳排序算法

这种模式的思想是：基于事务的时间戳在事务上执行等价的串行顺序。这样，事务参与的调度就是可串行化的，并且所允许的唯一等价的串行调度将具有按其时间戳值排序的事务。这称为**时间戳排序**（timestamp ordering，TO）。注意它与 2PL 的区别，在 2PL 中，通过使调度等价于锁定协议允许的某个串行调度来实现调度的可串行化。不过，在时间戳排序中，调度等价于与事务时间戳的顺序对应的特定串行顺序。算法允许交替执行事务的操作，但它必须确保：对于调度中的每一对冲突操作，访问数据项的顺序必须遵循时间戳顺序。为此，算法将把每个数据库项 X 与两个时间戳（TS）值关联起来：

（1）read_TS(X)：数据项 X 的**读时间戳**（read timestamp）。它是成功读取数据项 X 的事务的所有时间戳中最大的时间戳，即 read_TS(X) = TS(T)，其中 T 是成功读取 X 的最晚的事务。

（2）write_TS(X)：数据项 X 的**写时间戳**（write timestamp）。它是成功写入数据项 X 的事务的所有时间戳中最大的时间戳，即 write_TS(X) = TS(T)，其中 T 是成功写入 X 的最晚的事务。如我们将会看到的，基于算法，T 也是最后一个写入数据项 X 的事务。

1. 基本时间戳排序（TO）

无论何时某个事务 T 尝试发出一个 read_item(X)或 write_item(X)操作，**基本** TO（basic TO）算法就会把 T 的时间戳与 read_TS(X)和 write_TS(X)做比较，以确保不会违反事务执行的时间戳顺序。如果违反了这个顺序，那么就会中止事务 T，并且利用新的时间戳将其作为一个新事务重新提交给系统。如果中止并回滚了 T，那么对于可能使用了 T 所写的值的任何事务 T_1，也必须回滚它们。类似地，对于可能使用了 T_1 所写的值的任何事务 T_2，也必须回滚它们，依此类推。这种影响称为**级联回滚**（cascading rollback），它是与基本 TO 关联的问题之一，因为不保证产生的调度是可恢复的。还必须执行一个额外的协议，以确保调度是可恢复、无级联或严格的。这里首先将描述基本 TO 算法。在下面两种情况下，并发控制算法必须检查冲突操作是否违反了时间戳排序：

（1）无论何时事务 T 发出一个 write_item(X)操作，都要执行以下检查：

a. 如果 read_TS(X) > TS(T)或者 write_TS(X) > TS(T)，那么就要中止并回滚 T，并且拒绝该操作。之所以要这样做，是因为在 T 有机会写数据项 X 之前，某个时间戳大于 TS(T)（因此在时间戳排序中位于 T 之后）的较晚的事务已经读或写了 X 的值，因此违反了时间戳排序。

b. 如果（a）中的条件没有发生，那么就执行 T 的 write_item(X)操作，并把 write_TS(X)设置为 TS(T)。

（2）无论何时事务 T 发出一个 read_item(X)操作，都要执行以下检查：

a. 如果 write_TS(X) > TS(T)，那么就要中止并回滚 T，并且拒绝该操作。之所以要这样做，是因为在 T 有机会读数据项 X 之前，某个时间戳大于 TS(T)（因此在时间戳排序中位于 T 之后）的较晚的事务已经写了 X 的值。

b. 如果 write_TS(X) ≤ TS(T)，那么就执行 T 的 read_item(X)操作，并把 read_TS(X)设置为 TS(T)和当前 read_TS(X)中的较大值。

无论何时基本 TO 算法检测到两个以错误顺序发生的冲突操作，它都会拒绝两个操作中的后一个操作，这是通过中止发出它的事务来实现的。从而保证由基本 TO 产生的调度是冲突可串行化的。如前所述，在时间戳排序中不会发生死锁。不过，如果持续不断地中止并重新启动事务，则可能发生循环重新启动（从而会导致饥饿）。

2. 严格时间戳排序（TO）

基本 TO 的一个变体称为**严格** TO（strict TO），用于确保调度既是严格的（易于恢复），又是（冲突）可串行化的。在这个变体中，事务 T 发出一个 read_item(X)或 write_item(X)操作，满足 TS(T) > write_TS(X)，使得这个读或写操作将延迟到写 X 值的事务 T′（因此 TS(T′) = write_TS(X)）已经提交或中止为止。

为了实现这个算法，必须模拟事务 T′写入的数据项 X 的锁定，直到提交或中止 T′为止。这个算法不会导致死锁，因为仅当 TS(T) > TS(T′)时，T 才会等待 T′。

3. Thomas 写规则

基本 TO 算法的一个修改版本称为 Thomas **写规则**（Thomas's write rule），它不会执行冲突可串行化，但它通过修改对 write_item(X)操作的检查，可以拒绝少量的写操作，如下所示：

（1）如果 read_TS(X) > TS(T)，就中止并回滚 T，并且拒绝该操作。

（2）如果 write_TS(X) > TS(T)，就不执行写操作，但是会继续执行处理。这是由于其时间戳大于 TS(T)（因此在时间戳排序中位于 T 之后）的某个事务已经写了 X 的值。因此，必须忽略 T 的 write_item(X)操作，因为它已经过期并且是过时的。注意：这种情况引起的任何冲突都会在情况（1）中检测到。

（3）如果（1）和（2）中的条件都没有发生，那么就执行 T 的 write_item(X)操作，并将 write_TS(X)设置为 TS(T)。

21.3 多版本并发控制技术

这些用于并发控制的协议将在更新（写）数据项时保存数据项的旧值的副本，它们称为**多版本并发控制**（multiversion concurrency control），因为系统会保存一个数据项的多个版本（值）。当事务请求读一个数据项时，将选择合适的版本，以维护当前正在执行的调度的可串行化。保存多个版本的一个原因是：一些读操作在其他技术中会被拒绝，但是通过读取数据项的旧版本仍然可以接受它们，以维持可串行化。当事务写一个数据项时，它将写一个新版本，并会保留数据项的旧版本。一些多版本并发控制算法使用视图可串行化（而不是冲突可串行化）的概念。

多版本技术的一个明显的缺点是：需要更多的存储空间来维护数据库项的多个版本。在一些情况下，可以将旧版本保存在临时存储器中。也可能无论如何都不得不维护旧版本，例如，出于恢复的目的。一些数据库应用可能需要保存旧版本，以维护数据项值的变更历史记录。极端的情况是时态数据库（参见 26.2 节），它要记录所有的改变及其发生的时间。在这样的情况下，多版本技术不会导致额外的存储开销，因此已经维护了旧版本。

目前已经提出了多种多版本并发控制模式。这里将讨论两种模式：其中一种模式基于时间戳排序，另一种模式则基于 2PL。此外，验证并发控制方法（参见 21.4 节）也会维护多个版本，并且通过在临时存储器中保存数据项的旧版本，可以实现多个商业系统中使用的快照隔离技术（参见 21.4 节）。

21.3.1 基于时间戳排序的多版本技术

在这种方法中，将维护每个数据项 X 的多个版本 $X_1, X_2, \cdots, X_k$。对于每个版本，将保存版本 X_i 的值以及下面两个与之关联的时间戳：

（1）read_TS(X_i)：X_i 的**读时间戳**（read timestamp），它是成功读取版本 X_i 的事务的所有时间戳中的最大时间戳。

（2）write_TS(Xi)：X_i 的**写时间戳**（write timestamp），它是写版本 X_i 的值的事务的时间戳。

无论何时允许事务 T 执行一个 write_item(X)操作，就会创建数据项 X 的一个新版本 X_{k+1}，并且把 write_TS(X_{k+1})和 read_TS(X_{k+1})都设置为 TS(T)。相应地，当允许事务 T 读取版本 X_i 的值时，将把 read_TS(X_i)的值设置为当前的 read_TS(X_i)和 TS(T)中的较大值。

为了确保可串行化，将使用以下规则：

（1）如果事务 T 发出一个 write_item(X)操作，并且 X 的版本 i 在 X 的所有版本中具有最高的 write_TS(X_i)，它还小于或等于 TS(T)，且有 read_TS(X_i) > TS(T)，那么就会中止并回滚事务 T；否则，将会创建 X 的一个新版本 X_j，使得 read_TS(X_j) = write_TS(X_j) = TS(T)。

（2）如果事务 T 发出一个 read_item(X)操作，就在 X 的所有版本中查找具有最高 write_TS(X_i)的版本 i，它还小于或等于 TS(T)；然后把 X_i 的值返回给事务 T，并把 read_TS(X_i)的值设置为 TS(T)和当前 read_TS(X_i)中的较大值。

从规则（2）中可以看到，read_item(X)总是成功的，因为它将基于 X 的各个现有版本的 write_TS 来查找要读取的合适版本 X_i。不过，在规则（1）中，事务 T 可能会中止并回滚。如果 T 尝试写 X 的一个版本，而该版本应该被另一个时间戳为 read_TS(X_i)的事务 T′读取，那么就会发生这种情况；不过，T′已经读取了版本 X_i，而 X_i 是由时间戳等于 write_TS(X_i)的事务所写的。如果发生这种冲突，就会回滚 T；否则，就创建 X 的一个新版本，它是由事务 T 所写的。注意：如果回滚 T，就可能会发生级联回滚。因此，为了确保可恢复性，对于事务 T 读取的某个版本，直到写入该版本的所有事务都提交之后，才应该允许提交 T。

21.3.2 使用验证锁的多版本两阶段锁定

在这种多模式的锁定模式中，对数据项有 3 种锁定模式：读、写和验证，而不仅仅是以前讨论的两种模式（读、写）。因此，数据项 X 的 LOCK(X)状态可以是读锁定、写锁定、验证锁定或未锁定。在标准锁定模式中，只有读锁和写锁（参见 21.1.1 节），其中写锁是排他锁。可以利用图 21.6(a)中所示的**锁兼容性表**（lock compatibility table）来描述标准模式中的读锁与写锁之间的关系。其中的“是”意味着：如果事务 T 持有列标题中所指定的数据项 X 上的锁类型，并且如果事务 T′请求行标题中所指定的相同数据项 X 上的锁类型，那么 T′就可以获得锁，因为锁定模式是兼容的。另一方面，表中的“否”指示锁是不兼容的，因此 T′必须等待，直到 T 释放锁为止。

(a)

	读	写
读	是	否
写	否	否

(b)

	读	写	验证
读	是	是	否
写	是	否	否
验证	否	否	否

图 21.6 锁兼容性表

(a) 读/写锁定模式的锁兼容性表；(b) 读/写/验证锁定模式的锁兼容性表

在标准锁定模式中，一旦事务获得了数据项上的写锁，其他事务将都不能访问该数据项。多版本 2PL 背后的思想是：当单个事务 T 持有数据项 X 上的写锁时，允许其他事务 T′读取 X。这是通过允许每个数据项 X 具有两个版本来实现的；其中一个版本是**已提交版本**（committed version），总是必须由某个已提交的事务写入。另一个版本是**本地版本**（local version）X′，可以在事务 T 获得 X 上的写锁时创建它。当 T 持有写锁时，其他事务可以继续读 X 的已提交版本。事务 T 可以根据需要写 X′的值，而不会影响已提交版本 X 的值。不过，一旦 T 准备提交，在它可以提交之前，必须获得它当前持有写锁的所有数据项上的**验证锁**（certify lock）；这是另一种**锁升级**（lock upgrading）形式。验证锁与读锁不兼容，因此事务可能不得不延迟提交，直到其所有写锁定的数据项都被任何读数据项的事务释放为止，以便获得验证锁。一旦获得验证锁（它们是排他锁），就把数据项的已提交版本 X 设置为版本 X′的值，然后丢弃版本 X′，并且释放验证锁。图 21.6(b)中显示了这种模式的锁兼容性表。

在这种多版本 2PL 模式中，读操作可以与单个写操作并发进行，这种安排在标准 2PL 模式下是不允许的。其代价是事务可能不得不延迟提交，直到获得它所更新的所有数据项上的排他验证锁为止。可以证明：这种模式能够避免级联中止，因为事务只允许读取由已提交事务所写的版本 X。不过，可能会发生死锁，必须使用 21.1.3 节中所讨论技术的变体来处理它们。

21.4　验证（乐观）技术和快照隔离并发控制

在迄今为止讨论的所有并发控制技术中，在可以执行数据库操作之前都进行了一定程度的检查。例如，在锁定技术中，需要执行检查来确定要访问的数据项是否被锁定。在时间戳排序中，要根据数据项的读和写时间戳来检查事务的时间戳。在事务执行期间，这种检查就意味着开销，会降低事务的执行速度。

乐观并发控制技术（optimistic concurrency control technique）也称为**验证技术**（validation technique）或**认证技术**（certification technique），采用这种技术，在执行事务时不会进行检查。多种并发控制方法都基于验证技术。在 21.4.1 节中将只描述一种模式。然后在 21.4.2 节中，将讨论一些基于**快照隔离**（snapshot isolation）概念的并发控制技术。这些并发控制方法的实现可以利用基于验证的技术和版本化技术中的概念组合，以及利用时间戳。其中一些方法可能会遇到一些违反可串行化的异常情况，但是由于它们一般具有比 2PL 更低的开销，因此在多个关系 DBMS 中都实现了它们。

21.4.1　基于验证（乐观）的并发控制

在这种模式中，直到事务结束并经过验证之后，才会把事务中的更新直接应用于磁盘上的数据库项。在事务执行期间，将把所有的更新都应用到为事务保留的数据项的本地副本上[1]。在事务执行结束时，**验证阶段**（validation phase）将检查事务的任何更新是否违反了可串行化。系统必须保存验证阶段所需的某些信息。如果没有违反可串行化，就会提交事务，并通过本地副本更新数据库；否则，就会中止事务并在以后重新启动它。

这种并发控制协议具有 3 个阶段：

（1）**读阶段**：事务可以从数据库中读取已提交数据项的值。不过，只会对保存在事务工作空间中的数据项的本地副本（版本）应用更新。

（2）**验证阶段**：将执行检查，以确保在把事务更新应用于数据库时不会违反可串行化。

（3）**写阶段**：如果验证阶段成功，就会把事务更新应用于数据库；否则，将会丢弃更

1　注意：可以把它看作是保留数据项的多个版本！

新，并重新启动事务。

乐观并发控制背后的思想是：立即执行所有的检查；因此，将利用最小的开销执行事务，直至到达验证阶段。如果事务之间几乎没有干扰，那么大多数事务都会成功地经过验证。不过，如果有大量的干扰，许多事务在执行完成时都会丢弃其结果，并且必须在以后重新启动；在这种情况下，乐观技术将不会很好地工作。之所以把这些技术称为乐观技术，是因为它们假定事务之间很少有干扰发生，因此大多数事务都将会成功经过验证，以至于在事务执行期间无须进行检查。在许多事务处理工作负载中，这个假定一般都是成立的。

这里描述的乐观协议使用事务时间戳，它还需要系统保存事务的 write_set 和 read_set。此外，还需要为每个事务保存 3 个阶段的每个阶段的开始时间和结束时间。回忆可知：事务的 write_set 是它所写数据项的集合，read_set 则是它所读数据项的集合。在事务 T_i 的验证阶段，乐观协议将检查 T_i 没有与任何最近提交的事务或者已经开启其验证阶段的其他任何并发事务发生干扰。T_i 的验证阶段将检查：对于最近提交的或者处于其验证阶段的每个这样的事务 T_j，以下条件之一将是成立的：

（1）在事务 T_i 开始其读阶段之前，事务 T_j 完成其写阶段。

（2）在 T_j 完成其写阶段之后，T_i 将开始其写阶段，并且 T_i 的 read_set 与 T_j 的 write_set 之间没有公共数据项。

（3）T_i 的 read_set 和 write_set 均与 T_j 的 write_set 之间没有公共数据项，并且在 T_i 完成其读阶段之前，T_j 已经完成了其读阶段。

在针对每个事务 T_j 验证事务 T_i 时，将首先检查第一个条件，这是因为条件（1）是最简单的条件。仅当条件（1）为假时才会检查条件（2），并且仅当条件（2）为假时才会检查条件（3），即要评估的最复杂的条件。如果上面 3 个条件中的任何一个条件对于每个事务 T_j 都成立，则不会产生干扰，并且会成功地验证 T_i。如果上面 3 个条件对任何一个 T_j 都不成立，那么事务 T_i 的验证将会失败（因为 T_i 和 T_j 可能违反可串行化），因为可能会发生与 T_j 的干扰，所以将会中止 T_i 并在以后重新启动它。

21.4.2 基于快照隔离的并发控制

如 20.6 节中所讨论的，**快照隔离**（snapshot isolation）的基本定义是：在事务开始执行时，事务将基于数据库快照（或数据库状态）中的数据项的提交值来读取它们，而事务看到的数据项就是它所读取的值。快照隔离可以确保不会发生幻象记录问题，因为数据库事务或者某些情况下的数据库语句只会看到在事务开始执行时数据库中提交的记录。在事务开始执行之后发生的任何插入、删除或更新操作都将不会被事务看到。此外，快照隔离不允许脏读和不可重复读的问题发生。不过，当把快照隔离用作并发控制的基础时，可能会发生某些违反可串行化的异常情况。尽管这些异常情况很少见，但是它们非常难以检测，并且可能导致不一致或损坏的数据库。感兴趣的读者可以参阅本章末尾的选读文献，其中列出了一些论文，它们详细讨论了可能发生的极少见的异常类型。

在这种模式中，读操作将不需要对数据项应用读锁，从而减少了与两阶段锁定关联的开销。不过，写操作确实需要写锁。因此，对于具有许多读操作的事务，其性能将远远优于 2PL。当写操作发生时，系统将不得不在一个**临时版本存储器**（temporary version store,

有时也称为临时存储器（tempstore））中记录已更新数据项的旧版本，并且带上创建该版本时的时间戳。这是必要的，以便在事务开始执行时，在写数据项之前就开始执行的事务仍然可以读取数据库快照中的数据项的值（版本）。

为了记录版本，已更新的数据项将具有一些指针，指向临时存储器中的数据项的最近一些版本的列表，以便可以为每个事务读取正确的数据项。当不再需要时，将会移除临时存储器中的数据项，因此将需要一个方法来决定何时移除不需要的版本。

在多个商业和开源 DBMS（包括 Oracle 和 PostGRES）中使用了这个方法的变体。如果用户需要保证可串行化，那么将必须由程序员/软件工程师来解决违反可串行化的异常问题，他们将分析事务集合，以确定哪些异常类型可能发生，并且添加一些检查，用以禁止这些异常情况的发生。与在各种情况下都会强制执行可串行化的 DBMS 相比，这可能会加重软件开发人员的负担。

目前已经提出了快照隔离（SI）技术的一些变体，称为**可串行化快照隔离**（serializable snapshot isolation，SSI），并在一些使用 SI 作为它们主要的并发控制方法的 DBMS 中实现了 SSI。例如，PostGRES DBMS 的最近几个版本允许用户在基本 SI 与 SSI 之间做出选择。需要权衡的是：利用 SSI 可以确保完全可串行化，而利用基本 SI 时可能会发生很少的异常情况，但是可以提供更好的性能。感兴趣的读者可以参阅本章末尾的选读文献，了解关于这些主题的更完整的讨论。

21.5　数据项的粒度和多粒度锁定

所有的并发控制技术都假定数据库由许许多多命名的数据项组成。数据库项可以是下面列出的项之一：

- 数据库记录。
- 数据库记录的字段值。
- 磁盘块。
- 整个文件。
- 整个数据库。

具体选择的数据项类型可能影响并发控制和恢复的性能。在 21.5.1 节中，将讨论关于选择锁定的粒度级别时需要进行的一些权衡。在 21.5.2 节中，将讨论一种多粒度锁定模式，其中的粒度级别（数据项的大小）可能动态改变。

21.5.1　锁定的粒度级别考虑

数据项的大小通常称为**数据项的粒度**（data item granularity）。*细粒度*（fine granularity）指较小的数据项，而*粗粒度*（coarse granularity）则指较大的数据项。在选择数据项大小时，必须考虑多种折中。这里将在锁定的环境中讨论数据项大小，尽管对于其他的并发控制技术也可以采用类似的观点。

首先，注意：数据项越大，所允许的并发程序就越低。例如，如果数据项大小是一个磁盘块，那么需要锁定单条记录B的事务T就必须锁定包含B的整个磁盘块X，因为锁与整个数据项（块）相关联。现在，如果另一个事务S想要锁定另一条记录C，而C碰巧以一种冲突的锁模式驻留在相同的磁盘块X中，那么S将被迫等待。如果数据项大小是单独一条记录而不是一个磁盘块，那么事务S将能够继续执行，因为它锁定的是一个不同的数据项（记录）。

另一方面，数据项越小，数据库中的项数就越多。由于每个数据项都与一个锁相关联，系统中将有大量的活动锁需要由锁管理器处理。这样，就要执行更多的锁定和解锁操作，从而导致更高的开销。此外，锁表将需要更多的存储空间。对于时间戳，每个数据项都需要存储 read_TS 和 write_TS 的空间，而处理大量的数据项也存在类似的开销。

对于上面的权衡，一个显而易见的问题是：最佳的数据项大小是什么？答案是它依赖于所涉及的事务类型。如果典型的事务访问少量的记录，那么将数据项的粒度设置为一条记录就是有利的。另一方面，如果事务通常访问同一个文件中的许多记录，那么以块或文件作为数据项粒度可能更好，这样事务将把其中的所有记录都视作一个（或几个）数据项。

21.5.2 多粒度级别锁定

由于最佳的粒度大小依赖于给定的事务，因此使数据库系统支持多种粒度级别似乎是合适的，其中可以为不同的事务组合动态调整粒度级别。图21.7显示了一种简单的粒度层次结构，其中一个数据库包含两个文件，每个文件包含几个磁盘页，每个磁盘页又包含几条记录。可以使用该图来说明**多粒度级别**（multiple granularity level）2PL协议，它具有共享/排他锁定模式，其中可以请求任意级别的锁。不过，还需要其他类型的锁，以高效地支持这样的协议。

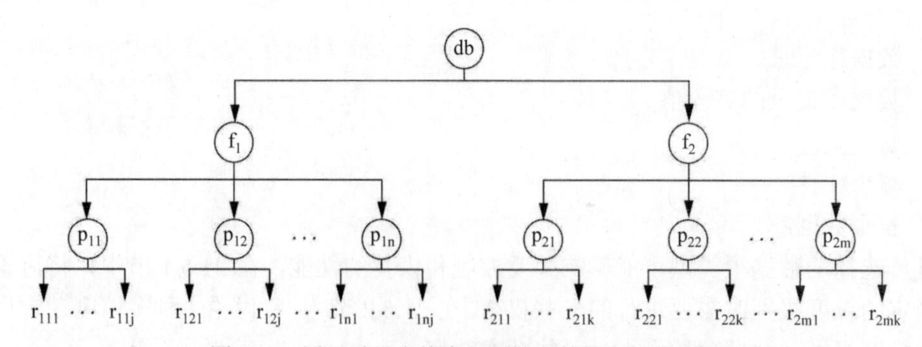

图21.7 用于说明多粒度级别锁定的粒度层次结构

考虑以下场景，它引用了图21.7中的示例。假设事务 T_1 想要更新文件 f_1 中的所有记录，T_1 请求并被授予 f_1 上的一个排他锁。这样就以排他模式锁定 f_1 的所有页（p_{11}~p_{1n}），以及这些页中包含的记录。这对于 T_1 是有益的，因为与设置n个页级的锁或者不得不单独锁定每条记录相比，设置单个文件级的锁将更高效。现在假设另一个事务 T_2 只想要从文件 f_1 的页 p_{1n} 中读取记录 r_{1nj}，那么 T_2 将请求 r_{1nj} 上的一个记录级的共享锁。不过，数据库系统（即事务管理器，或者更确切地讲是锁管理器）必须验证所请求的锁与已持有的锁之间的兼容性。一种验证方式是从叶节点 r_{1nj} 到 p_{1n} 到 f_1 再到db遍历树。如果在任何时候在其中任何数据项上持有一个冲突锁，那么就会拒绝对 r_{1nj} 的锁请求，并且会阻塞 T_2，它必须等待。这种遍历将是相当高效的。

不过，如果事务 T_2 的请求出现在事务 T_1 的请求之前，则该如何？在这种情况下，将授予 T_2 对 r_{1nj} 的共享记录锁，但是当请求 T_1 的文件级的锁时，锁管理器可能需要耗费相当多的时间，来检查属于节点 f_1 的后代的所有节点（页和记录），以查找锁冲突。这样做的效率非常低，而且也违背了使用多粒度级别锁的初衷。

为了使多粒度级别锁定真正实用，还需要其他类型的锁，称为**意向锁**（intention lock）。意向锁背后的思想是：对于一个事务，沿着从根节点到目标节点的路径，指示事务在每个节点的后代节点上需要什么类型的锁。有 3 种类型的意向锁：

（1）意向共享（IS）锁：指示在某个（或某些）后代节点上将请求一个或多个共享锁。

（2）意向排他（IX）锁：指示在某个（或某些）后代节点上将请求一个或多个排他锁。

（3）共享意向排他（SIX）锁：指示当前节点以共享模式锁定，但是在某个（或某些）后代节点上将请求一个或多个排他锁。

图 21.8 中显示了这 3 种意向锁的兼容性表，以及实际的共享锁和排他锁。除了 3 种意向锁之外，还必须使用合适的锁定协议。**多粒度锁定**（multiple granularity locking，MGL）协议包括以下规则：

（1）必须遵守锁兼容性（基于图 21.8）。

（2）在任何模式下，都必须先锁定树的根节点。

（3）仅当事务 T 已经以 IS 或 IX 模式锁定节点 N 的父节点时，它才能以 S 或 IS 模式锁定节点 N。

（4）仅当事务 T 已经以 IX 或 SIX 模式锁定节点 N 的父节点时，它才能以 X、IX 或 SIX 模式锁定节点 N。

（5）仅当事务 T 没有解锁任何节点时（以执行 2PL 协议），它才能锁定一个节点。

（6）仅当事务 T 当前没有锁定节点 N 的任何子节点时，它才能解锁节点 N。

	IS	IX	S	SIX	X
IS	是	是	是	是	否
IX	是	是	否	否	否
S	是	否	是	否	否
SIX	是	否	否	否	否
X	否	否	否	否	否

图 21.8　多粒度锁定的锁兼容性矩阵

规则（1）简单指出不能授予冲突锁。规则（2）、（3）和（4）指出一个事务可能以任何锁模式锁定给定节点时的条件。MGL 协议的规则（5）和（6）用于执行 2PL 规则，以产生可串行化的调度。基本上，锁定是从根节点开始，并沿着树向下，直至遇到需要锁定的节点为止；而解锁则是从被锁定的节点开始，并沿着树往上，直至根节点自身被解锁为止。为了利用图 21.7 中的数据库层次结构说明 MGL 协议，可以考虑下面 3 个事务：

（1）T_1 想要更新记录 r_{111} 和记录 r_{211}。

（2）T_2 想要更新页 p_{12} 上的所有记录。

（3）T_3 想要读取记录 r_{11j} 和整个 f_2 文件。

图 21.9 显示了这 3 个事务的一种可能的可串行化调度。其中只显示了锁定和解锁操作，

表示法<lock_type>(<item>)用于显示调度中的锁定操作。

T_1	T_2	T_3
IX(db)		
IX(f_1)		
	IX(db)	
		IS(db)
		IS(f_1)
		IS(p_{11})
IX(p_{11})		
X(r_{111})		
	IX(f_1)	
	X(p_{12})	
		S(r_{11j})
IX(f_2)		
IX(p_{21})		
X(p_{211})		
unlock(r_{211})		
unlock(p_{21})		
unlock(f_2)		
		S(f_2)
	unlock(p_{12})	
	unlock(f_1)	
	unlock(db)	
unlock(r_{111})		
unlock(p_{11})		
unlock(f_1)		
unlock(db)		
		unlock(r_{11j})
		unlock(p_{11})
		unlock(f_1)
		unlock(f_2)
		unlock(db)

图 21.9　用于说明可串行化调度的锁定操作

多粒度级别协议特别适合于处理包含以下事务的混合事务：(1)只访问几个数据项（记录或字段）的短事务；(2)访问整个文件的长事务。在这种环境中，与单粒度级别锁定方法相比，这种协议产生的事务阻塞和锁定开销都比较少。

21.6　在索引中使用锁进行并发控制

也可以将两阶段锁定应用于 B 树和 B^+树（参见第 19 章），其中索引的节点对应于磁盘页。不过，如果在 2PL 的收缩阶段之前一直持有索引页上的锁，可能导致过多的事务阻塞，因为搜索索引总是从根节点开始的。例如，如果事务想要插入一条记录（写操作），则将以排他模式锁定根节点，因此对这个索引的所有其他冲突的锁请求都必须等待，直到事务进入其收缩阶段为止。这将阻塞所有其他的事务访问索引，因此在实际中必须使用其他方法来锁定索引。

在开发并发控制模式时，可以利用索引的树结构。例如，在执行索引搜索（读操作）时，将遍历树中的一条从根节点到叶节点的路径。一旦访问了路径中较低层次的节点，就不会再次使用该路径中较高层次的节点。因此，一旦获得了某个子节点上的读锁，就可以释放其父节点上的锁。当对叶节点应用插入操作时（即插入一个键和一个指针时），就必须以排他模式锁定特定的叶节点。不过，如果该节点未填满，插入操作将不会改变较高层次的索引节点，这意味着不需要排他地锁定它们。

一种保守的插入方法是以排他模式锁定根节点，然后访问根节点的合适子节点。如果子节点未填满，那么就可以释放根节点上的锁。可以从根节点向下，沿着树中的所有路径将该方法应用于所有的叶节点，这些路径通常为 3 层或 4 层。尽管持有排他锁，但是很快就会释放它们。一种替代的、更**乐观的方法**（optimistic approach）是请求并持有通向叶节点的节点上的共享锁，以及叶节点上的排他锁。如果插入操作导致叶节点分裂，那么该操作将传播到一个或多个更高层次的节点上。这样，就可以将更高层次的节点上的锁升级成排他锁。

索引锁定的另一种方法是使用 B^+树的一个变体，称为 B **链接树**（B-link tree）。在 B 链接树中，将在每一层上链接同层的兄弟节点。这允许在请求页时使用共享锁，并且要求在访问子节点之前释放该锁。对于插入操作，将把节点上的共享锁升级成排他模式。如果发生节点分裂，就必须以排他模式重新锁定父节点。一种复杂的情况涉及与更新并发执行的搜索操作。假设并发执行的更新操作沿用与搜索相同的路径，并且在叶节点中插入一个新项。此外，还假设插入操作会导致叶节点分裂。当插入操作完成时，将恢复执行搜索过程，沿着指针到达目标叶节点，只是发现它所寻找的键已不存在，因为节点分裂把该键移到了一个新的叶节点中，它将是原始叶节点的*右兄弟节点*。不过，如果搜索过程沿着原始叶节点中的指针（链接）到达其右兄弟节点（所需的键已移至此节点），那么搜索过程仍然能够成功。

处理删除情况也是 B 链接树并发协议的一部分，其中将合并索引树中的两个或多个节点。在这种情况下，将会持有要合并的节点上的锁，以及要合并的两个节点的父节点上的锁。

21.7　其他并发控制问题

在本节中，将讨论与并发控制相关的其他一些问题。在 21.7.1 节中，将讨论与插入和删除记录关联的问题，并将再次讨论在插入记录时可能发生的*幻象问题*。在 20.6 节中描述过这个问题，它是一个需要并发控制措施的潜在问题。21.7.2 节中描述了如下一种情况：事务在提交之前向显示器输出一些数据，然后又中止了该事务，本节将讨论在这种情况下可能发生的问题。

21.7.1　插入、删除和幻象记录

在数据库中**插入**（insert）新的数据项时，显然直到创建了该数据项并且插入操作完成

之后，才可以访问它。在锁定环境中，可以创建数据项的锁，并设置为排他（写）模式；基于使用的并发控制协议，可以在释放其他写锁的同时释放这个锁。对于基于时间戳的协议，将把新数据项的读和写时间戳设置为创建该数据项的事务的时间戳。

接下来，考虑应用于现有数据项的**删除操作**（deletion operation）。对于锁定协议，在事务可以删除数据项之前同样必须获得排他（写）锁。对于时间戳排序，在允许删除数据项之前，协议必须确保没有较晚的事务读或写数据项。

当某个事务 T 插入的一条新记录满足另一个事务 T′访问的记录集所必须满足的条件时，就可能会发生一种称为**幻象问题**（phantom problem）的情形。例如，假设事务 T 正在插入一条 Dno = 5 的新的 EMPLOYEE 记录，而事务 T′正在访问所有 Dno = 5 的 EMPLOYEE 记录（例如说，汇总他们的所有 Salary 值，来计算部门 5 的人事预算）。如果等价的串行顺序是 T 后面接着 T′，那么 T′就必须读取新的 EMPLOYEE 记录，并在汇总计算中包括其 Salary 值。如果等价的串行顺序是 T′后面接着 T，那么就不应该包括新的 Salary 值。注意：尽管事务逻辑上是冲突的，但是在后一种情况下两个事务之间确实没有公共记录（数据项），因为在 T 插入新记录之前，T′可能已经锁定了所有 Dno = 5 的记录。这是由于引起冲突的记录是一个**幻象记录**（phantom record），它是在插入时突然出现在数据库中的。如果两个事务中的其他操作相冲突，那么并发控制协议可能无法识别由于幻象记录而引发的冲突。

如 21.6 节中所讨论的，幻象记录问题的一种解决方案是使用**索引锁定**（index locking）。回忆一下第 19 章可知：索引包括一些索引项，它们具有一个属性值以及一组指针，这些指针指向文件中具有该属性值的所有记录。例如，EMPLOYEE 的 Dno 上的索引将为每个不同的 Dno 值都包括一个索引项，并且每个索引项还具有一组指针，它们指向具有该值的所有 EMPLOYEE 记录。如果在可以访问记录本身之前锁定了索引项，那么就可以检测到幻象记录上的冲突，因为事务 T′将请求 Dno = 5 的索引项上的读锁，而 T 在可以锁定实际的记录之前将请求同一个索引项上的写锁。由于索引锁冲突，因此可以检测到幻象冲突。

一种更通用的技术称为**谓词锁定**（predicate locking），它用于以类似的方式锁定对满足任意谓词（条件）的所有记录的访问；不过，事实证明谓词锁难以高效地实现。如果并发控制方法基于快照隔离（参见 21.4.2 节），那么读取数据项的事务将在事务开始执行时访问数据库快照；而在这之后插入的任何记录都不会被事务检索到。

21.7.2 交互式事务

在交互式事务提交之前，当它们读取输入并将输出写到一个交互式设备（例如显示器屏幕）时，将会发生另一个问题，即用户可能给事务 T 输入一个数据项的值，事务 T 又基于事务 T′写到屏幕上的某个值，而 T′可能没有提交。T 与 T′之间的这种依赖性无法通过系统并发控制方法来建模，因为它只基于用户与两个事务的交互。

处理这个问题的一种方法是推迟事务写到屏幕上的输出，直到它们已提交为止。

21.7.3 锁存器

短时间内持有的锁通常称为**锁存器**（latch）。锁存器不遵循通常的并发控制协议，例如两阶段锁定协议。例如，在把页从缓冲区写到磁盘上时，可以使用锁存器来保证磁盘页的物理完整性。先要为磁盘页获得锁存器，再把该页写到磁盘上，然后释放锁存器。

21.8 小　　结

在本章中，讨论了用于并发控制的DBMS技术。首先在21.1节中讨论了基于锁的协议，在实际中通常使用它们。在 21.1.2 节中，描述了两阶段锁定（2PL）协议及其几个变体：基本 2PL、严格 2PL、保守 2PL 和精确 2PL。严格 2PL 和精确 2PL 这两个变体更常用，因为它们具有更好的可恢复性。本章介绍了共享（读）锁和排他（写）锁的概念（21.1.1 节），并且说明了当把锁定与两阶段锁定规则结合使用时如何保证可串行化。在 21.1.3 节中还介绍了多种用于处理死锁问题的技术，死锁可能是因为锁定而发生的。在实际中，通常使用超时和死锁检测（等待图），还可以使用死锁预防协议，例如无等待和谨慎等待。

本章介绍了其他的并发控制协议。其中包括时间戳排序协议（21.2 节），该协议基于事务时间戳的顺序来确保可串行化。时间戳是系统生成的唯一事务标识符。本章讨论了 Thomas 写规则，它可以改进性能，但是不能保证可串行化。还介绍了严格的时间戳排序协议。本章讨论了两种多版本协议(21.3 节)，它们假定在数据库中可以保存数据项的旧版本。一种技术称为多版本两阶段锁定（已经在实际中使用），它假定一个数据项可以存在两个版本，并且尝试通过使读锁和写锁兼容来提高并发性（其代价是引入了额外的验证锁模式）。本章还介绍了一种基于时间戳排序的多版本协议。在 21.4.1 节中，展示了一个乐观协议的示例，乐观协议也称为认证协议或验证协议。

在 21.4.2 节中讨论了基于快照隔离概念的并发控制方法，由于它们的开销比较低，因此在多个 DBMS 中使用了它们。因为某些异常难以检测到，所以在极少情况下基本的快照隔离方法可以允许不可串行化的调度；这些异常可能导致损坏的数据库。近来开发了一个称为可串行化快照隔离的变体，它可以确保可串行化的调度。

在 21.5 节中将注意力转向数据项粒度这个重要的实际问题上来。本章描述了一个多粒度锁定协议，它允许基于当前的混合事务来改变粒度（数据项大小），其目标是改进并发控制的性能。然后在 21.6 节中提出了一个重要的实际问题，即为索引开发锁定协议，使得索引不会成为并发访问的障碍。最后，在 21.7 节中介绍了幻象问题和交互式事务的问题，并且简要描述了锁存器的概念以及它与锁之间有何区别。

复　习　题

21.1　什么是两阶段锁定协议？它如何保证可串行化？

21.2　两阶段锁定协议有哪些变体？为什么通常首选严格或精确两阶段锁定协议？

21.3　讨论死锁和饥饿的问题，以及处理这些问题的不同方法。

21.4　比较二进制锁与排他锁/共享锁。为什么后者更可取？

21.5　描述用于预防死锁的等待-死亡协议和受伤-等待协议。

21.6　描述用于预防死锁的谨慎等待、无等待和超时协议。

21.7 什么是时间戳？系统如何生成时间戳？

21.8 讨论用于并发控制的时间戳排序协议。严格时间戳排序与基本时间戳排序之间有何区别？

21.9 讨论两种用于并发控制的多版本技术。什么是验证锁？使用验证锁有什么优缺点？

21.10 乐观并发控制技术与其他并发控制技术之间有何区别？为什么它们也称为验证技术或认证技术？讨论乐观并发控制方法的典型阶段。

21.11 什么是快照隔离？基于快照隔离的并发控制方法有什么优缺点？

21.12 数据项的粒度如何影响并发控制的性能？哪些因素会影响数据项的粒度大小选择？

21.13 插入和删除操作需要什么类型的锁？

21.14 什么是多粒度锁定？在什么情况下使用它？

21.15 什么是意向锁？

21.16 何时使用锁存器？

21.17 什么是幻象记录？讨论幻象记录可能引起的并发控制问题。

21.18 索引锁定是如何解决幻象问题的？

21.19 什么是谓词锁？

练　习　题

21.20 证明基本的两阶段锁定协议能够保证调度的冲突可串行化（提示：说明如果调度的可串行化图中具有环路，那么至少有一个参与调度的事务没有遵守两阶段锁定协议）。

21.21 修改多模式锁的数据结构以及read_lock(X)、write_lock(X)和unlock(X)的算法，使得能够对锁进行升级和降级（提示：如果存在持有锁的事务，锁将需要检查该事务的id）。

21.22 证明严格两阶段锁定能够保证严格调度。

21.23 证明等待-死亡协议和受伤-等待协议可以避免死锁和饥饿。

21.24 证明谨慎等待协议可以避免死锁。

21.25 对图21.8(b)和图21.8(c)中的调度应用时间戳排序算法，并且确定算法是否将允许调度执行。

21.26 使用多版本时间戳排序方法，重做练习题21.25。

21.27 对于像B^+树这样的索引，为什么不能使用两阶段锁定作为并发控制方法？

21.28 图21.8中的兼容性矩阵显示IS锁和IX锁是兼容的。解释一下这为什么是有效的。

21.29 MGL协议指出，仅当事务T尚未锁定节点N的任何子节点时，它才可以解锁节点N。请说明：如果没有这个条件，那么MGL协议将是不正确的。

选读文献

两阶段锁定协议和谓词锁的概念最初是由 Eswaran 等（1976）提出的。Bernstein 等（1987）、Gray 和 Reuter（1993）以及 Papadimitriou（1986）重点讨论了并发控制和恢复。Kumar（1996）重点介绍了并发控制方法的性能。Gray 等（1975）、Lien 和 Weinberger（1978）、Kedem 和 Silbershatz（1980）以及 Korth（1983）中讨论了锁定。Holt（1972）正式提出了死锁和等待图，Rosenkrantz 等（1978）中则介绍了等待-受伤和受伤-死亡模式。Hsu 和 Zhang（1992）中讨论了谨慎等待。Helal 等（1993）比较了各种不同的锁定方法。

Bernstein 和 Goodman（1980）以及 Reed（1983）中讨论了基于时间戳的并发控制技术。Kung 和 Robinson（1981）以及 Bassiouni（1988）中讨论了乐观并发控制。Papadimitriou 和 Kanellakis（1979）以及 Bernstein 和 Goodman（1983）讨论了多版本技术。Reed（1979、1983）中提出了多版本时间戳排序，Lai 和 Wilkinson（1984）中则讨论了多版本两阶段锁定。Gray 等（1975）中提出了多种锁定粒度的方法，Ries 和 Stonebraker（1977）中则分析了锁定粒度的影响。Bhargava 和 Reidl（1988）介绍了一种用于在多种并发控制和恢复方法中进行动态选择的方法。Lehman 和 Yao（1981）以及 Shasha 和 Goodman（1988）中介绍了索引的并发控制方法。Srinivasan 和 Carey（1991）中介绍了多种 B^+树并发控制算法的性能研究。

Fekete 等（2004）、Jorwekar 等（2007）以及 Ports 和 Grittner（2012）等文献中讨论了基本快照隔离可能发生的异常情况。Cahill 等（2008）、Fekete 等（2005）、Revilak 等（2011）以及 Ports 和 Grittner（2012）中讨论了修改快照隔离以使之可串行化。

有关并发控制的其他研究工作包括：基于语义的并发控制（Badrinath & Ramamritham，1992）、长时间运行活动的事务模型（Dayal，1991）以及多层次事务管理（Hasse & Weikum，1991）。

第 22 章　数据库恢复技术

在本章中，将讨论一些在系统出故障时可用于数据库恢复的技术。在 20.1.4 节中，讨论了不同的故障原因，例如系统崩溃和事务错误。在 20.2 节中，介绍了恢复过程使用的一些概念，例如系统日志和提交点。

本章将介绍与恢复协议相关的另外一些概念，并将概述多种数据库恢复算法。首先在 22.1 节中，将概括一个典型的恢复过程，并对恢复算法进行分类，然后将讨论几个恢复概念，包括预写式日志、原位更新与镜像更新，还将介绍回滚（撤销）未完成或失败的事务影响的过程。在 22.2 节中，将介绍基于*延迟更新*的恢复技术，也称为 NO-UNDO/REDO 技术，其中直到事务提交之后才会更新磁盘上的数据。在 22.3 节中，将讨论基于*即时更新*的恢复技术，其中在事务执行期间就可以更新磁盘上的数据；它们包括 UNDO/REDO 和 UNDO/NO-REDO 算法。在 22.4 节中，将讨论所谓的镜像或镜像分页技术，可将其归类为 NO-UNDO/NO-REDO 算法。在 22.5 节中将介绍一个实际的 DBMS 恢复模式（称为 ARIES）的示例。在 22.6 节中将简要讨论多数据库中的恢复。最后，在 22.7 节中将讨论从灾难性故障中恢复的技术。22.8 节总结了本章内容。

本章的重点在于概念性地描述多种不同的恢复方法。关于特定系统中的恢复特性的描述，读者应该参阅本章末尾的选读文献以及这些系统的联机和印刷的用户手册。恢复技术通常与并发控制机制交织在一起。某些恢复技术最好与特定的并发控制方法结合使用。本章将独立于并发控制机制来讨论恢复概念。

22.1　恢 复 概 念

22.1.1　恢复概述和恢复算法的分类

从事务失败中恢复通常意味着：将数据库恢复到发生失败之前的最近的一致状态。为此，系统必须保存各个事务对数据项应用的更改信息。如 21.2.2 节中所讨论的，这类信息通常保存在**系统日志**（system log）中。可以非正式地将典型的恢复策略总结如下：

（1）如果因灾难性故障（例如磁盘崩溃）而导致数据库大面积遭到严重破坏，那么恢复方法将利用备份到存档存储设备（通常是磁带或其他大容量脱机存储介质）上的一个过去的副本来恢复数据库，并且根据备份日志重新应用或重做已提交事务的操作，重构出发生故障前的数据库的最新状态。

（2）如果磁盘上的数据库没有遭到物理损坏，而只是发生了 21.1.4 节中描述的第 1~4 类非灾难性故障，那么恢复策略就是确定可能会导致数据库中出现不一致性的任何改变。例如，一个事务已经更新的磁盘上的一些数据库项，但是还没有提交，那么就需要通过撤销其写操作来取消它所做的改变。可能还需要重做某些操作，以便恢复数据库的一致性状态。例如，一个事务已经提交，但是它的一些写操作还没有写到磁盘上。对于非灾难性故障，恢复协议不需要数据库的完整存档副本。相反，只需分析磁盘上的联机系统日志中保存的条目，即可确定合适的恢复动作。

概念上讲，可以使用两种主要策略从非灾难性事务失败中进行恢复：即延迟更新和即时更新。直到事务提交之后，**延迟更新**（deferred update）技术才会物理地更新磁盘上的数据库；然后将把更新记录在数据库中。在到达提交点之前，将把所有的事务更新都记录在本地事务工作空间或者 DBMS 维护的主存缓冲区（DBMS 主存高速缓存，参见 20.2.4 节）中。在提交之前，将把更新永久地记录在磁盘上的日志文件中，然后在提交之后，将把更新从主存缓冲区中写到数据库中。如果事务在到达其提交点之前失败，那么它将不会以任何方式更改磁盘上的数据库，因此不需要 UNDO。但是可能需要 REDO，重做日志中已提交事务的操作，因为它们的影响可能还没有记录到磁盘上的数据库中。因此，延迟更新也称为 NO-UNDO/REDO **算法**（NO-UNDO/REDO algorithm）。在 22.2 节中将讨论这种技术。

在**即时更新**（immediate update）技术中，在事务到达其提交点之前，它的某些操作可能已经更新了数据库。不过，在把这些操作应用于磁盘上的数据库之前，还必须通过强制写把它们记录到磁盘上的日志中，从而使得可能进行恢复。如果事务在磁盘上的数据库中记录了某些改变之后但是在达到其提交点之前发生失败，就必须撤销其操作对数据库的影响。也就是说，必须回滚事务。在即时更新的一般情况下，在恢复期间可能需要撤销和重做。这种技术也称为 UNDO/REDO **算法**（UNDO/REDO algorithm），它在恢复期间需要这两种操作，并且在实际中最常使用它。该算法的一个变体只需要撤销操作，其中在事务提交之前将需要把所有的更新都记录在磁盘上的数据库中，因此它也称为 UNDO/NO-REDO **算法**（UNDO/NO-REDO algorithm）。在 22.3 节中将讨论这两种技术。

UNDO 和 REDO 操作被要求是**幂等**（idempotent）的，也就是说，多次执行一个操作等价于只执行它一次。事实上，整个恢复过程都应该是幂等的，因为如果在恢复过程中系统发生故障，那么下一次恢复尝试将可能 UNDO 和 REDO 在第一次恢复过程中已经执行的某些 write_item 操作。在恢复期间从系统崩溃中恢复的结果应该与在恢复期间没有崩溃发生时恢复的结果是相同的！

22.1.2　磁盘块的高速缓存（缓冲）

恢复过程通常与操作系统的功能紧密相关，尤其是 DBMS 主存高速缓存中的数据库磁盘页的缓冲。通常，将把包括待更新数据项的多个磁盘页**缓存**（cache）到主存缓冲区中，然后在内存中对它们进行更新，再写回磁盘上。磁盘页的缓存传统上是一种操作系统功能，但是由于它对恢复过程的效率很重要，因此应该由 DBMS 通过调用低级操作系统例程来处理它（参见 20.2.4 节）。

一般来讲，依据数据库磁盘页（块）来考虑恢复是很方便的。通常，一个内存中的缓冲区集合称为 DBMS 高速缓存（DBMS cache），它们置于 DBMS 的控制之下，用于保留这些缓冲区。高速缓存的**目录**（directory）用于记录哪些数据库项位于缓冲区中[1]。它可以是

1　这有些类似于操作系统使用的页表概念。

一个表，其中包含<Disk_page_address, Buffer_location, … >这样的表项。当DBMS请求某个数据项上的动作时，它首先将检查高速缓存目录，以确定包含该数据项的磁盘页是否位于DBMS高速缓存中。如果不是，就必须在磁盘上定位该数据项，并且把相应的磁盘页复制到高速缓存中。为了给新的数据项提供空间，可能需要**替换**（replace）或**刷新**（flush）一些高速缓存的缓冲区（参见20.2.4节）。

DBMS高速缓存目录中的条目保存有与缓冲区管理相关的额外信息。与高速缓存中的每个缓冲区关联的是一个**脏位**（dirty bit），可以把它包括在目录条目中，以指示该缓冲区是否已被修改。在第一次从数据库磁盘中读取一个页到高速缓存的缓冲区中时，将在高速缓存目录中插入一个新的条目，它带有新的磁盘页地址，并把脏位设置为0。一旦修改了缓冲区，就把对应目录条目的脏位设置为1。这个目录中还会保存一些额外的信息，例如修改缓冲区的事务id。当从高速缓存中替换（刷新）一些缓冲区内容时，仅当其脏位为1时，才必须先将这些内容写回到对应的磁盘页中。

还需要另一个位，称为**钉住-拔出**（pin-unpin）位，如果还不能把高速缓存中的页写回到磁盘上，那么就会**钉住**它（该位的值为1）。例如，恢复协议可能限制将某些缓冲区页写回到磁盘上，直到改变该缓冲区的事务提交为止。

在将修改过的缓冲区刷新回磁盘上时，可以采用两种主要的策略。第一种策略称为**原位更新**（in-place updating），它将缓冲区写到相同的原始磁盘位置，从而会覆盖磁盘上任何改变的数据项的旧值[1]。因此，将会维护每个数据库磁盘块的单个副本。第二种策略称为**镜像**（shadowing），它将更新过的缓冲区写到不同的磁盘位置，因此可以维护数据项的多个版本，但是在实际中通常不使用这种方法。

一般来讲，数据项在更新前的旧值称为**前映像**（before image，BFIM），而更新后的新值则称为**后映像**（after image，AFIM）。如果使用镜像，那么BFIM和AFIM都可以保存在磁盘上；因此，并不严格需要维护一份日志以便进行恢复。在22.4节中将简要讨论基于镜像的恢复。

22.1.3 预写式日志记录、窃取/非窃取和强制/非强制

当使用原位更新时，必须使用日志进行恢复（参见21.2.2节）。在这种情况下，恢复机制必须确保将数据项的BFIM记录在合适的日志条目中，并且在利用磁盘上的数据库中的AFIM覆盖BFIM之前将该日志条目刷新到磁盘上。这个过程一般称为**预写式日志记录**（write-ahead logging），它是必要的，使得当在恢复期间需要它时，就可以撤销（UNDO）操作。在可以描述预写式日志记录的协议之前，需要区分写命令所涉及的两类日志条目信息：UNDO所需的信息和REDO所需的信息。**REDO型日志条目**（REDO-type log entry）包括操作所写的数据项的**新值**（AFIM），因为它是根据日志重做操作所需要的（将磁盘上的数据库中的数据项值设置为它的AFIM）。**UNDO型日志条目**（UNDO-type log entry）包括数据项的**旧值**（BFIM），因为需要它根据日志撤销操作所产生的影响（将数据库中的数据项值设置回它的BFIM）。在UNDO/REDO算法中，将把BFIM和AFIM都记录到单个日

1 在实际中大多数系统都使用原位更新。

志条目中。此外，当可以进行级联回滚时，将把日志中的 read_item 条目视作是 UNDO 型条目。

如前所述，DBMS 高速缓存将在主存缓冲区中保存那些缓存的数据库磁盘块。DBMS 高速缓存不仅包括数据文件块，还包括磁盘上的索引文件块和日志文件块。在编写日志记录时，将把它存储在 DBMS 高速缓存中的当前日志缓冲区中。日志只是一个顺序的（只可追加）磁盘文件，而 DBMS 高速缓存可能在主存缓冲区中包括多个日志块（通常是日志文件的最后 n 个日志块）。当对 DBMS 高速缓存中存储的数据块进行更新时，将把关联的日志记录写到 DBMS 高速缓存中的最后一个日志缓冲区中。利用预写式日志记录方法，在可以把数据块本身从其主存缓冲区中写回到磁盘上之前，必须先把包含与特定数据块更新关联的日志记录的日志缓冲区（块）写到磁盘上。

标准的 DBMS 恢复术语包括**窃取/非窃取**（steal/no-steal）和**强制/非强制**（force/no-force）这些术语，它们指定了一些规则，用于管控何时可以把数据库高速缓存中的页写到磁盘上：

（1）如果在事务提交之前不能把事务更新的高速缓存的缓冲区中的页写到磁盘上，就称恢复方法是**非窃取方法**（no-steal approach）。这将把钉住-拔出位设置为 1（钉住），以指示不能将高速缓存的缓冲区写回到磁盘上。另一方面，如果恢复协议允许在事务提交之前将更新的缓冲区写回磁盘上，就称它是**窃取方法**（steal approach）。当 DBMS 高速缓存（缓冲区）管理器需要为另一个事务提供缓冲区帧并且缓冲区管理器将会替换某个已更新但其事务尚未提交的现有页时，就可以使用窃取方法。非窃取规则意指在恢复期间永远也不需要 UNDO，因为已提交事务在提前之前不会产生任何更新。

（2）如果在事务提前之前将事务更新的所有页即时写到磁盘上，就将恢复方法称为**强制方法**（force approach）。否则，就称之为**非强制方法**（no-force approach）。强制规则意指在恢复期间永远也不需要 REDO，因为任何已提交事务在提交之前已将其所有更新写到磁盘上。

22.2 节中将讨论的延迟更新（NO-UNDO）恢复模式遵循非窃取方法。不过，典型的数据库系统利用的是一种窃取/非强制（UNDO/REDO）策略。窃取方法的优点是：它可以避免使用非常大的缓冲区空间来存储内存中的所有更新的页。非强制方法的优点是：当一个已提交事务的更新页仍在缓冲区内时，另一个事务需要更新它，这样就消除了多次把该页写到磁盘上的 I/O 代价，并且不必再次从磁盘上读取它。当多个事务频繁地更新特定的页时，这可以省却大量的磁盘 I/O 操作。

为了允许在使用原位更新时能够进行恢复，在将改变应用于数据库之前，必须将恢复所需的合适条目永久地记录在磁盘上的日志中。例如，考虑下面的预写式日志记录（write-ahead logging，WAL）协议，它用于同时需要 UNDO 和 REDO 的恢复算法：

（1）不能利用磁盘上的数据库中的数据项的后映像来覆盖其前映像，直到更新事务的所有 UNDO 型日志条目（直至此刻）都已强制写到磁盘为止。

（2）直到事务的所有 REDO 型和 UNDO 型日志记录都已强制写到磁盘之后，事务才能完成提交操作。

为了便于完成恢复过程，DBMS 恢复子系统可能需要维护与系统中要处理的事务相关的一些列表。它们包括已经开始但还没有提交的**活动事务**（active transaction）列表，可能还包括自上一个检查点（参见下一节）以来所有**已提交事务**（committed transaction）和**已**

中止事务（aborted transaction）的列表。维护这些列表可以使恢复过程更高效。

22.1.4 系统日志中的检查点和模糊检查点

日志中的另一类条目称为**检查点**（checkpoint）[1]。当系统把所有修改过的 DBMS 缓冲区写到磁盘上的数据库中时，将定期在日志中写入[checkpoint, 活动事务列表]记录。因此，在系统崩溃时，在日志中的[checkpoint]条目之前具有其[commit, T]条目的所有事务都不需要重做它们的 WRITE 操作，因为在创建检查点期间将把它们的所有更新都记录在磁盘上的数据库中。在创建检查点时，将把活动事务的事务 id 列表作为检查点的一部分包括在检查点记录中，以便在恢复期间可以轻松地确定这些事务。

DBMS 的恢复管理器必须确定执行检查点的间隔，可以使用时间（例如说每 m 分钟）或者自上一个检查点以来已提交事务的数量 t 来度量这个间隔，其中 m 和 t 的值都是系统参数。执行检查点包括以下动作：

（1）暂时挂起事务的执行。

（2）将所有修改过的主存缓冲区强制写到磁盘。

（3）在日志中写入[checkpoint]记录，并将日志强制写到磁盘。

（4）恢复执行事务。

作为第（2）步的结果，日志中的检查点记录还可能包括一些额外的信息，例如活动事务 id 列表，以及每个活动事务在日志中的第一个和最近（最后一个）记录的位置（地址）。在必须回滚事务时，这可能有助于撤销事务的操作。

由于第（1）步，强制写所有修改过的内存缓冲区所需的时间可能延迟事务处理，这在实际中是不可接受的。为了避免这一点，通常使用一种称为**模糊检查点**（fuzzy checkpointing）的技术。在这种技术中，在将[begin_checkpoint]记录写入日志之后，系统就可以恢复事务处理，而不必等待第（2）步完成。当第（2）步完成时，将在日志中写入[end_checkpoint, …]记录以及在执行检查点期间收集的相关信息。不过，在第（2）步完成之前，前一个检查点记录应该保持有效。为此，系统将在磁盘上维护一个文件，其中包含一个指向有效检查点的指针，它将继续指向日志中的前一个检查点记录。一旦第（2）步结束，就把该指针改为指向日志中新的检查点。

22.1.5 事务回滚和级联回滚

如果在更新数据库后但是在事务提交之前，事务由于任何原因而失败，都可能需要回滚（roll back）事务。如果事务修改了任何数据项的值并将其写到磁盘上的数据库中，那么必须将它们恢复为以前的值（BFIM）。UNDO 型日志条目用于恢复必须回滚的数据项的旧值。

如果回滚了事务 T，在此期间，读取 T 所写的某个数据项 X 值的任何事务 S 也必须回

1 在一些系统（例如 DB2）中，术语检查点用于描述更具限制性的情况。在一些文献中还使用它来描述完全不同的概念。

滚。类似地，一旦回滚了 S，读取 S 所写的某个数据项 Y 值的任何事务 R 也必须回滚，以此类推。这种现象称为**级联回滚**（cascading rollback），如果恢复协议能够确保可恢复的调度，但是不能确保严格或无级联的调度（参见 20.4.2 节），就可能会发生这种情况。可以理解，级联回滚可能比较复杂且耗时。这就是为什么几乎所有的恢复机制都被设计成永远也不需要级联回滚。

图 22.1 显示了一个需要级联回滚的示例。图 22.1(a)显示了 3 个单独的事务的读和写操作。图 22.1(b)显示了这些事务的特定执行调度在系统崩溃时的系统日志。事务所使用的数

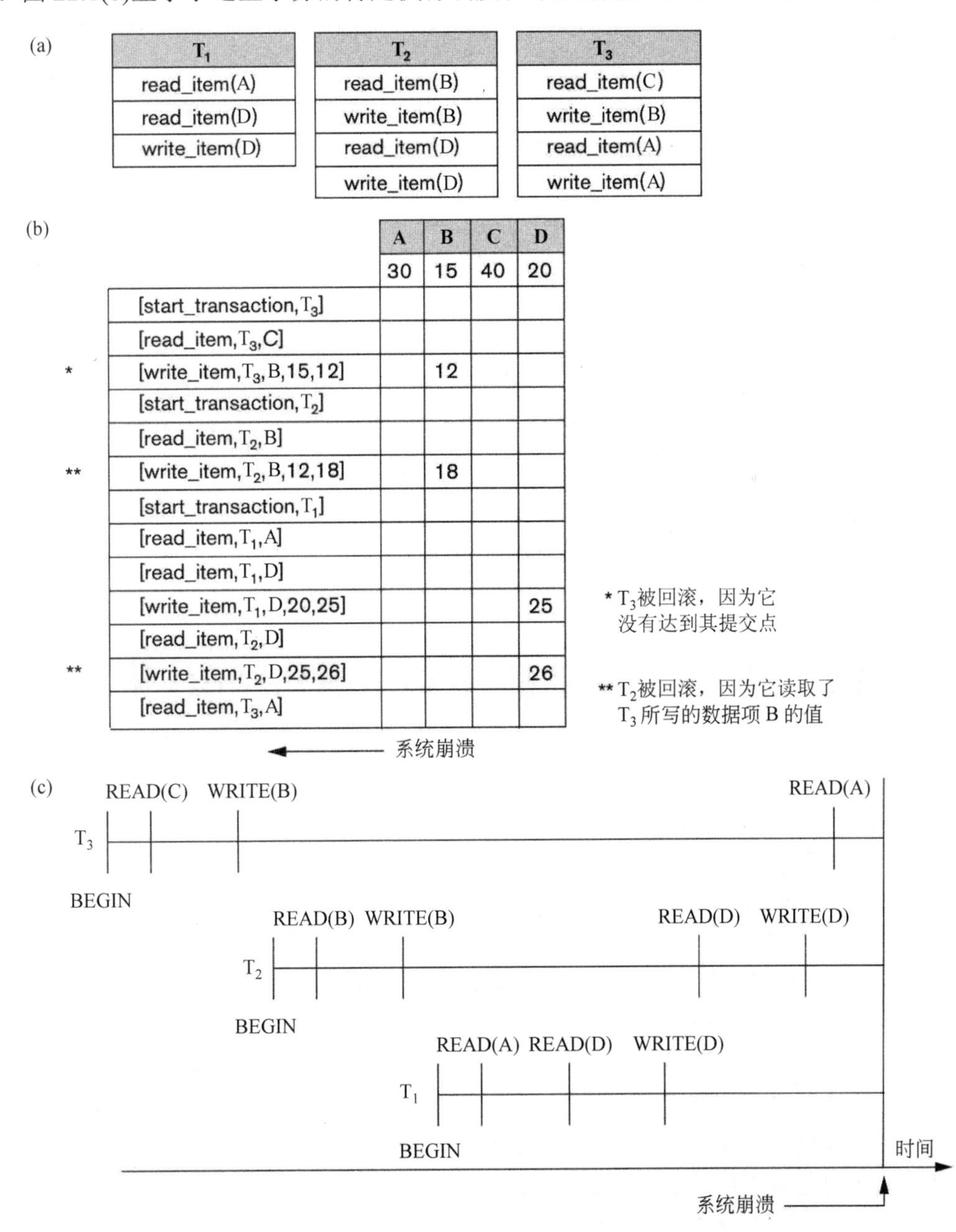

图 22.1 说明级联回滚（这个过程在严格的或无级联的调度中永远不会发生）

(a) 3 个事务的读和写操作；(b) 崩溃时的系统日志；(c) 崩溃前的操作

据项 A、B、C 和 D 的值显示在系统日志条目的右边。假定第一行中显示的原始数据项值是 A = 30，B = 15，C = 40，D = 20。在系统出故障时，事务 T_3 还没有执行完成，因此必须进行回滚。T_3 的 WRITE 操作（在图 22.1(b)中利用单个*标记）是在事务回滚期间需要撤销的 T_3 操作。图 22.1(c)以图形方式显示了不同事务沿着时间轴的操作。

现在必须检查级联回滚。从图 22.1(c)中可以看出，事务 T_2 读取了事务 T_3 所写的数据项 B 的值；通过检查日志也可以确定这一点。由于 T_3 被回滚，因此 T_2 现在也必须要回滚。T_2 的 WRITE 操作（在日志中通过**标记）是要撤销的操作。注意：在事务回滚期间只有 write_item 操作需要撤销；在日志中将会记录 read_item 操作，只用于确定是否需要级联回滚其他的事务。

在实际中，永远也不需要级联回滚事务，因为实际的恢复方法将保证无级联或严格的调度。因此，在日志中也无须记录任何 read_item 操作，因为只在确定级联回滚时才需要它们。

22.1.6 不会影响数据库的事务动作

一般来讲，事务将具有一些不会影响数据库的动作，例如通过从数据库中检索的信息生成和打印消息或报表。如果事务在完成前失败，就可能不希望用户获得这些报表，因为事务是以失败告终的。如果产生这样的错误报表，恢复过程的一部分将不得不通知用户这些报表是错误的，因为用户可能基于这些报表采取某个影响数据库的动作。因此，仅当事务到达其提交点之后，才应该生成这样的报表。处理这类动作的一种常用方法是发出生成报表的命令，但是把它们保留为批作业，仅当事务到达其提交点之后才执行它们。如果事务失败，就取消批作业。

22.2 基于延迟更新的 NO-UNDO/REDO 恢复

延迟更新背后的思想是延迟或推迟对磁盘上的数据库进行任何实际的更新，直到事务成功完成执行并到达其提交点为止[1]。

在事务执行期间，只会在日志和高速缓存的缓冲区中记录更新。在事务到达其提交点并将日志强制写到磁盘上之后，将在数据库中记录更新。如果事务在到达其提交点之前失败，将无须撤销任何操作，因为事务没有以任何方式影响磁盘上的数据库。因此，日志中只需要 REDO **型日志条目**，它包括写操作所写数据项的**新值**（AFIM）。因为在恢复期间不需要撤销操作，所以日志中不需要 UNDO **型日志条目**。尽管这可能简化恢复过程，但是在实际中不能使用它，除非事务比较短并且每个事务只改变了很少的数据项。对于其他类型的事务，由于在提交点之前必须将事务所做的改变保存在高速缓存的缓冲区中，这样就有可能将缓冲区空间消耗殆尽，因此将会钉住许多高速缓存的缓冲区，并且不能替换它们。

可以将典型的延迟更新协议描述如下：

---

1 因此，一般可以把延迟更新描述为非窃取方法。

（1）直到事务到达其提交点之后，它才能改变磁盘上的数据库。因此，在事务提交之前，必须钉住事务改变的所有缓冲区（这对应于非窃取策略）。

（2）直到事务把它的所有 REDO 型日志条目都记录到日志中并且把日志缓冲区强制写到磁盘上之后，事务才能到达其提交点。

注意：这个协议的第（2）步是对预写式日志记录（WAL）的一种复述。由于直到事务提交之后才会更新磁盘上的数据库，因此永远也不需要 UNDO 任何操作。REDO 操作是需要的，以免系统在事务提交之后但是在将其所有改变记录到磁盘上的数据库中之前发生失败。在这种情况下，将在恢复期间根据日志条目重做事务操作。

对于具有并发控制的多用户系统，并发控制和恢复过程是相互关联的。考虑一个系统中的并发控制使用严格两阶段锁定，因此在事务到达其提交点之前，所写的数据项上的锁将保持生效。之后，就可以释放锁。这可以确保严格的、可串行化的调度。假定日志中包括[checkpoint]条目，下面将给出针对这种情况的一种可能的恢复算法，这里称之为 RDU_M（Recovery using Deferred Update in a Multiuser environment，多用户环境下使用延迟更新的恢复）。

RDU_M 过程（带有检查点的 NO-UNDO/REDO）

使用系统维护的两个事务列表：自上一个检查点以来的已提交事务 T（**提交列表**（commit list））和活动事务 T′（**活动列表**（active list））。按照日志中已提交事务的所有 WRITE 操作写入日志的顺序，REDO 这些操作。那些活动的、还未提交的事务实际上将会被取消，必须重新提交。

REDO 过程的定义如下：

REDO 过程（WRITE_OP）。重做 write_item 操作（WRITE_OP）包括：检查该操作的日志条目[write_item, T, X, new_value]，并将数据项 X 在数据库中的值设置为 new_value，它是后映像（AFIM）。

图 22.2 显示了执行事务的可能调度的时间线。当在时间 t_1 处执行检查点时，事务 T_1 已提交，而事务 T_3 和 T_4 还未提交。在时间 T_2 处系统崩溃之前，将会提交 T_3 和 T_2，但是 T_4 和 T_5 还未提交。根据 RDU_M 方法，无须重做事务 T_1（或者在上一个检查点时间 T_1 之前提交的任何事务）的 write_item 操作。不过，必须重做 T_2 和 T_3 的 write_item 操作，因为在上一个检查点之后这两个事务都到达了它们的提交点。回忆可知在提交事务之前日志是强制写的。可以忽略事务 T_4 和 T_5：它们实际上会被取消或回滚，因为在延迟更新协议之下，

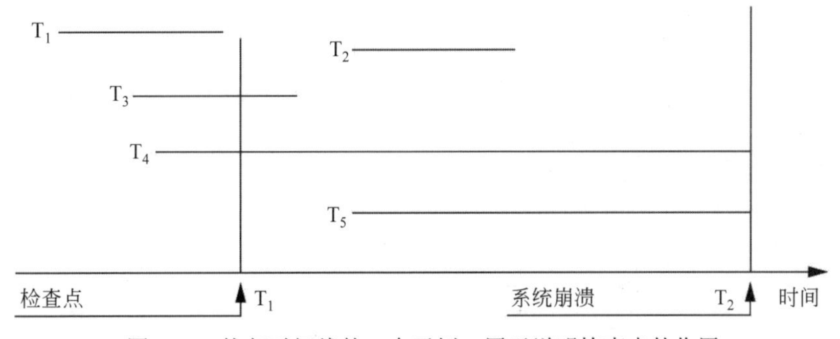

图 22.2　恢复时间线的一个示例，用于说明检查点的作用

它们的任何 write_item 操作都不会记录到磁盘上的数据库中（非窃取策略）。

如果自上一个检查点以来，数据项 X 被已提交事务更新多次（如日志条目中所指示的那样），那么在恢复期间只需根据日志 REDO 数据项 X 的最后一次更新，因为其他的更新将被这最后一个 REDO 覆盖，注意到这一点可以使 NO-UNDO/REDO 恢复算法更高效。在这种情况下，可以从日志的末尾开始，然后无论何时重做了一个数据项，就把它添加到重做数据项的列表中。在对一个数据项应用 REDO 之前，将检查这个列表。如果该数据项出现在列表中，则无须再次执行重做，因为已经恢复了它的最新值。

如果事务由于任何原因而中止(例如说,通过死锁检测方法),就会简单地重新提交它，因为它并没有改变磁盘上的数据库。这里描述的方法的一个缺点是：它限制了事务的并发执行，因为所有写锁定的数据项将保持锁定，直至事务到达其提交点为止。此外，它还可能需要大量的缓冲区空间来保存所有更新的数据项，直到事务提交为止。该方法的主要优点是：永远都不需要撤销事务操作，这是由于以下两个原因：

（1）直至事务到达其提交点之后，也就是说直至它成功完成执行之后，事务才会在磁盘上的数据库中记录任何改变。因此，在事务执行期间，它永远都不会因为失败而回滚。

（2）事务永远都不会读取由未提交的事务所写的数据项的值，因为数据项将保持锁定，直至事务到达其提交点为止。因此，不会发生级联回滚。

图 22.3 显示了一个多用户系统的恢复示例，该系统利用了刚才描述的恢复和并发控制方法。

(a)

T_1
read_item(A)
read_item(D)
write_item(D)

T_2
read_item(B)
write_item(B)
read_item(D)
write_item(D)

T_3
read_item(A)
write_item(A)
read_item(C)
write_item(C)

T_4
read_item(B)
write_item(B)
read_item(A)
write_item(A)

(b)

[start_transaction, T_1]
[write_item, T_1, D, 20]
[commit, T_1]
[checkpoint]
[start_transaction, T_4]
[write_item, T_4, B, 15]
[write_item, T_4, A, 20]
[commit, T_4]
[start_transaction, T_2]
[write_item, T_2, B, 12]
[start_transaction, T_3]
[write_item, T_3, A, 30]
[write_item, T_2, D, 25] ← 系统崩溃

T_2 和 T_3 将会被忽略，因为它们没有达到其提交点。
T_4将会重做，因为其提交点位于上一个系统检查点之后。

图 22.3　对并发事务使用延迟更新的恢复示例

(a) 4 个事务的 READ 和 WRITE 操作；(b) 崩溃时的系统日志

22.3　基于即时更新的恢复技术

在这些技术中，当事务发出更新命令时，可以立即更新磁盘上的数据库，而无须等待事务到达其提交点。注意：不是必须将每个更新都立即应用于磁盘，只是可能有一些更新在事务提交之前就应用于磁盘了。

必须做出如下规则：要撤销由失败事务应用于数据库的更新操作所产生的影响。这是通过回滚事务并且撤销事务的 write_item 操作的影响来完成的。因此，必须在日志中存储 **UNDO 型日志条目**，它包括数据项的**旧值**（BFIM）。由于在恢复期间可能需要 UNDO，这些方法遵循一种**窃取策略**（steal strategy），用于决定何时可以将更新过的主存缓冲区写回到磁盘上（参见 22.1.3 节）。

理论上讲，可以区分两类主要的即时更新算法。

（1）如果恢复技术可以确保在事务提交之前，将把它的所有更新都记录到磁盘上的数据库中，那么永远都不需要 REDO 已提交事务的任何操作。这称为 **UNDO/NO-REDO 恢复算法**（UNDO/NO-REDO recovery algorithm）。在这种方法中，在事务提交之前必须把它的所有更新都记录到磁盘上，因此永远都不需要 REDO。因此，这种方法必须利用**窃取/强制策略**（steal/force strategy），用于决定何时将更新过的主存缓冲区写回到磁盘上（参见 22.1.3 节）。

（2）如果允许事务在将其所有更改写到数据库中之前提交，就具有一种最一般的情况，称为 **UNDO/REDO 恢复算法**（UNDO/REDO recovery algorithm）。在这种情况下，将会应用**窃取/非强制策略**（steal/no-force strategy）（参见 22.1.3 节）。这也是最复杂的技术，但是它在实际中最常用。这里将概括 UNDO/REDO 恢复算法，而把开发 UNDO/NO-REDO 变体的任务作为一个练习留给读者完成。在 22.5 节中，将描述一种称为 ARIES 恢复技术的更实用的方法。

当允许并发执行时，恢复过程将再次依赖于并发控制使用的协议。RIU_M 过程（多用户环境下使用即时更新的恢复）概括了基于即时更新的并发事务的恢复算法（UNDO/REDO 恢复）。假定日志中包括检查点，并且并发控制协议可以产生严格调度，例如，就像严格两阶段锁定协议那样。回忆可知：严格调度不允许事务读或写数据项，除非写该数据项的事务已提交。不过，在严格两阶段锁定中可能会发生死锁，从而需要中止和 UNDO 事务。对于严格调度，UNDO 操作需要将数据项改回其旧值（BFIM）。

RIU_M 过程（带检查点的 UNDO/REDO）

（1）使用系统维护的两个事务列表：自上一个检查点以来的已提交事务和活动事务。

（2）使用 UNDO 过程撤销活动（未提交）事务的所有 write_item 操作。应该以将这些操作写入日志中的相反顺序来撤销它们。

（3）使用以前定义的 REDO 过程，按照将已提交事务的所有 write_item 操作写入日志中的顺序，根据日志重做这些操作。

UNDO 过程定义如下：

UNDO 过程（WRITE_OP）。撤销 write_item 操作（write_op）包括：检查该操作的日志条目[write_item, T, X, old_value, new_value]，并将数据项 X 在数据库中的值设置为 old_value，它是前映像（BFIM）。根据日志撤销一个或多个事务的许多 write_item 操作必须按照将这些操作写入日志中的相反顺序进行。

如同对 NO-UNDO/REDO 过程所讨论的那样，如果从日志末尾开始并且只重做每个数据项 X 的最后一个更新，将可以更高效地执行第（3）步。无论何时重做一个数据项，都把它添加到已重做数据项的列表中，并且不会再次重做它。可以设计一个类似的过程来改进第（2）步的效率，使得在恢复期间至多只会把一个数据项撤销一次。在这种情况下，将通过正向扫描日志（从日志的起始位置开始），首先应用最早的 UNDO。无论何时撤销一个数据项，都将其添加到已撤销数据项的列表中，并且不会再次撤销它。

22.4 镜像分页

这种恢复模式在单用户环境下不需要使用日志。在多用户环境下，并发控制方法可能需要日志。出于恢复的目的，镜像分页将数据库视作由许多（例如说 n 个）大小固定的磁盘页（或磁盘块）组成。因此可以构造一个具有 n 个项[1]的**目录**（directory），其中第 i 项指向磁盘上的第 i 个数据库页。如果目录不太大，就将其保存在主存中，并且指向数据库页的所有引用（读或写）都将通过目录进行。当事务开始执行时，将把**当前目录**（current directory）复制到**镜像目录**（shadow directory）中，当前目录中的项指向磁盘上最近或当前的数据库页。然后在事务使用当前目录时将镜像目录保存到磁盘上。

在事务执行期间，永远都不会修改镜像目录。当执行 write_item 操作时，将会创建修改过的数据库页的一个新副本，而不会覆盖该页的旧副本。作为替代，将把新页写到别的位置，即某个以前未用过的磁盘块上，并将会修改当前目录项，使其指向新的磁盘块，而不会修改镜像目录，使其继续指向未修改过的旧磁盘块。图 22.4 说明了镜像目录和当前目录的概念。对于事务更新的页，将会保存两个版本。镜像目录将引用旧版本，而当前目录则将引用新版本。

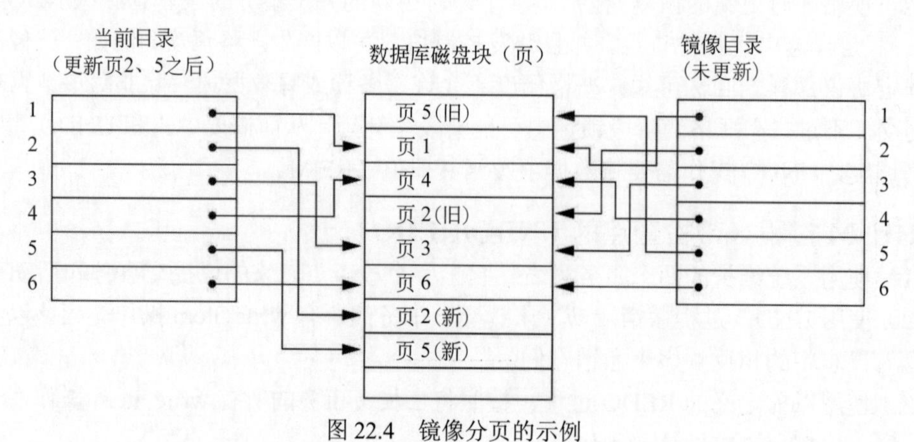

图 22.4 镜像分页的示例

1 这个目录类似于操作系统为每个进程维护的页表。

为了在事务执行期间从失败中恢复，只需释放修改过的数据库页并且丢弃当前目录就足够了。可以通过镜像目录获得数据库在事务执行之前的状态，并且通过恢复镜像目录来恢复数据库的状态。因此，可以将数据库恢复到在发生崩溃时正在执行的事务开始执行之前的状态，并且会丢弃任何修改过的页。提交事务对应于丢弃以前的镜像目录。由于恢复不涉及撤销和重做数据项，因此可以把这种技术归类为 NO-UNDO/NO-REDO 恢复技术。

在具有并发事务的多用户环境中，必须将日志和检查点纳入镜像分页技术中。镜像分页的一个缺点是：更新过的数据库页将在磁盘上改变位置。这使得如果不使用复杂的存储管理策略，将难以把相关的数据库页在磁盘上保存在一起。而且，如果目录很大，当事务提交时将镜像目录写到磁盘上的开销就相当大。更复杂的是在事务提交时如何处理**垃圾收集**（garbage collection）。必须释放被已更新的镜像目录引用的旧页，并将其添加到空闲页列表中，以便将来使用。在事务提交之后，将不再需要这些页。另一个问题是：必须将当前目录与镜像目录之间的迁移操作实现为一个原子操作。

22.5 ARIES 恢复算法

现在将描述 ARIES 算法，将其作为数据库系统中使用的恢复算法的一个示例。在 IBM 的许多与关系数据库相关的产品中都使用它。ARIES 使用一种窃取/非强制方法来写日志，它基于 3 个概念：预写式日志记录、重做时重复历史和撤销时将改变记入日志。在 22.1.3 节中讨论过预写式日志记录，第二个概念即**重复历史**（repeating history）指的是：当发生崩溃时，ARIES 将追溯数据库系统在发生崩溃之前的所有动作，以重构数据库状态。在发生崩溃时尚未提交的事务（活动事务）将会被撤销。第三个概念即**撤销时记录日志**（logging during undo）指的是：如果在恢复期间发生失败（这将导致重新启动恢复过程），那么将阻止 ARIES 重复执行已完成的撤销操作。

ARIES 恢复过程由 3 个主要的步骤组成：分析、REDO 和 UNDO。**分析步骤**（analysis step）用于确定在发生崩溃时缓冲区[1]中的脏（更新过的）页以及活动事务集合。还会确定在日志中应该开始执行 REDO 操作的合适位置。**REDO 阶段**（REDO phase）实际上将根据日志对数据库重新应用更新。一般来讲，将只对已提交事务应用 REDO 操作。不过，在 ARIES 中则不是这样。ARIES 日志中的某些信息可以为 REDO 提供起点，从这个位置开始应用 REDO 操作，直至到达日志末尾。此外，ARIES 存储的信息和数据页中的信息允许 ARIES 确定将要重做的操作是否实际上已经实际地应用于数据库，从而无须重新应用这些操作。因此，在恢复期间只需应用*必要的* REDO 操作。最后，在 UNDO 阶段（UNDO phase），将反向扫描日志，并以逆序撤销在崩溃时活动事务的操作。ARIES 完成其恢复过程所需的信息包括日志、事务表和脏页表。此外，还要使用检查点。这些表是由事务管理器维护的，并将在执行检查点期间写入日志。

在 ARIES 中，每条日志记录都具有一个关联的**日志序列号**（log sequence number，LSN），

1 在发生崩溃时实际的缓冲区可能会丢失，因为它们位于主存中。在执行检查点期间存储在日志中的额外的表（脏页表、事务表）允许 ARIES 确定这些信息（将在本节后面讨论）。

该序列号是单调递增的，用于指示日志记录在磁盘上的地址。每个LSN都对应某个事务的特定改变（动作）。同样，每个数据页都将存储与该页的某个改变对应的最新日志记录的LSN。对于以下任何动作都会写入日志记录：更新页（写）、提交事务（提交）、中止事务（中止）、撤销事务（撤销）以及结束事务（结束）。前面已讨论过在日志中包括前3个动作的必要性，但是后两个动作还需要一些解释。在撤销更新时，需要在日志中写入补偿日志记录，使得不必重复执行撤销。当事务结束时，无论是提交还是中止，都要写入结束日志记录。

所有日志记录中的公共字段都包括事务的前一个LSN、事务ID以及日志记录的类型。前一个LSN很重要，因为它（以逆序）链接每个事务的日志记录。对于更新（写）动作，日志记录中的额外字段包括数据项所在页的页ID、已更新数据项的长度、数据项距离页开始位置的偏移量、数据项的前映像和后映像。

除了日志之外，为了进行高效的恢复，还需要用到两个表：**事务表**（Transaction Table）和**脏页表**（Dirty Page Table），它们是由事务管理器维护的。当发生崩溃时，将在恢复的分析阶段重建这些表。事务表包含与*每个活动事务*对应的表项，其中具有诸如事务ID、事务状态以及事务的最新日志记录的LSN之类的信息。脏页表包含与DBMS高速缓存中的每个脏页对应的表项，其中包括页ID以及与该页的最早更新对应的LSN。

ARIES中的**检查点**（checkpointing）操作包括：将begin_checkpoint记录写入日志、将end_checkpoint记录写入日志，以及将begin_checkpoint记录的LSN写入一个特殊文件。在恢复期间将访问这个特殊文件来定位上一个检查点的信息。对于end_checkpoint记录，将把事务表和脏页表的内容追加到日志末尾。为了减小代价，可以使用**模糊检查点**（fuzzy checkpointing），使得在执行检查点期间DBMS可以继续执行事务（参见22.1.4节）。此外，在执行检查点期间，不必将DBMS高速缓存中的内容刷新到磁盘上，因为事务表和脏页表包含恢复所需的信息，而这两个表都将追加到磁盘上的日志中。注意：如果在执行检查点期间发生崩溃，那个特殊文件将引用前一个检查点，它将用于恢复。

发生崩溃之后，ARIES恢复管理器将接管系统。首先将通过特殊文件访问上一个检查点中的信息。**分析阶段**（analysis phase）将从begin_checkpoint记录开始，并且一直进行到日志末尾。当遇到end_checkpoint记录时，将访问事务表和脏页表（回忆可知：在执行检查点期间将把这两个表写入日志中）。在分析期间，要分析的日志记录可能导致对这两个表进行修改。例如，如果在事务表中遇到事务T的结束日志记录，那么就从该表中删除T的对应项。如果遇到事务T'的某种其他类型的日志记录，并且如果T'的对应项在事务表中还不存在，那么就在该表中插入它，并且修改最后一个LSN字段。如果日志记录对应于页P的改变，那么将创建页 P 的一个对应项（如果表中还不存在该项的话），并且修改关联的LSN字段。当分析阶段完成时，表中就会汇集用于REDO和UNDO的必要信息。

接下来是**REDO阶段**（REDO phase）。为了减少不必要的工作量，ARIES将从日志中的某个位置开始重做，ARIES知道（确信）在该位置之前，脏页中的所有改变都已经应用到磁盘上的数据库中。它可以通过查找脏页表中所有脏页的最小LSN来确定这一点，这个LSN记为M，指示ARIES需要开始REDO阶段的日志位置。对于可重做的事务，如果LSN < M，那么对应的任何改变必须已经传播到磁盘上或者已经在缓冲区中被覆盖；否则，那些具有该LSN的脏页将位于缓冲区（和脏页表）中。因此，REDO将从具有LSN = M的

日志记录开始，并向前扫描到日志末尾。

对于日志中记录的每个改变，REDO 算法都将验证是否必须重新应用这个改变。例如，如果日志中记录的某个改变属于页 P，但是该页不在脏页表中，那么这个改变就已经应用到磁盘上，而无须重新应用它。或者，如果日志中记录的某个改变（例如说，LSN = N）属于页 P，并且脏页表包含与 P 对应的项，其 LSN 大于 N，那么这个改变就已经存在。如果上述两种条件都不成立，就从磁盘读取页 P，并将 LSN 存储到该页上，然后将 LSN(P) 与 N 做比较。如果 N < LSN(P)，那么就已经应用了改变，并且无须将该页重写到磁盘上。

一旦 REDO 阶段完成，数据库将处于发生崩溃时的准确状态中。在分析阶段已经确定了事务表中的活动事务的集合，称为 undo_set。现在，将继续执行 **UNDO 阶段**（UNDO phase），它将从日志末尾开始反向扫描，并且撤销适当的动作。对于每个被撤销的动作，都要写入一条相应的补偿日志记录。UNDO 将在日志中从后向前读取，直到 undo_set 事务集合中的每个动作都撤销了为止。当这些操作都完成以后，就完成了恢复过程，可以再次开始正常的处理。

考虑图 22.5 中所示的恢复示例。其中有 3 个事务：T_1、T_2 和 T_3。T_1 更新页 C，T_2 更新页 B 和 C，T_3 更新页 A。图 22.5(a)显示了日志的部分内容，图 22.5(b)显示了事务表和脏页表中的内容。现在，假设此时发生了崩溃。由于执行了检查点，因此将会检索关联的 begin_checkpoint 记录的地址，它在位置 4。分析阶段将从位置 4 处开始，直到日志末尾。

(a)

Lsn	Last_lsn	Tran_id	Type	Page_id	Other_information
1	0	T_1	update	C	···
2	0	T_2	update	B	···
3	1	T_1	commit		···
4	begin checkpoint				
5	end checkpoint				
6	0	T_3	update	A	···
7	2	T_2	update	C	···
8	7	T_2	commit		···

(b)

事务表

Transaction_id	Last_lsn	Status
T_1	3	commit
T_2	2	in progress

脏页表

Page_id	Lsn
C	1
B	2

(c)

事务表

Transaction_id	Last_lsn	Status
T_1	3	commit
T_2	8	commit
T_3	6	in progress

脏页表

Page_id	Lsn
C	7
B	2
A	6

图 22.5　ARIES 中的恢复示例

(a) 崩溃时的日志；(b) 执行检查点时的事务表和脏页表；(c) 分析阶段之后的事务表和脏页表

end_checkpoint 记录包含图 22.5(b)中所示的事务表和脏页表，并且在分析阶段将进一步重构这些表。当分析阶段遇到日志记录 6 时，将在事务表中为事务 T_3 创建一个新项，并在脏页表中为页 A 创建一个新项。在分析了日志记录 8 之后，将在事务表中把事务 T_2 的状态改为已提交。图 22.5(c)显示了分析阶段之后的事务表和脏页表。

对于 REDO 阶段，脏页表中的最小 LSN 是 1。因此，REDO 将从日志记录 1 开始，并继续对更新进行 REDO。LSN {1, 2, 6, 7}分别对应于页 C、B、A 和 C 的更新，它们不小于这些页的 LSN（如脏页表中所示）。因此将会再次读取这些页，并根据日志重新应用更新（假定存储在这些数据页上的实际 LSN 小于对应的日志条目）。此时，REDO 阶段就完成了，并且 UNDO 阶段开始。从事务表（如图 22.5(c)所示）中可以看出，UNDO 只应用于活动事务 T_3。UNDO 阶段从日志条目 6 开始（T_3 的最后一次更新），并在日志中从后向前反向进行。接着将撤销事务 T_3 的反向更新链（在这个示例中只有日志记录 6）。

22.6 多数据库系统中的恢复

迄今为止，我们隐含地假定事务访问的是单个数据库。在一些情况下，单个事务可能需要访问多个数据库，这样的事务称为**多数据库事务**（multidatabase transaction）。这些数据库甚至可能存储在不同类型的 DBMS 上。例如，一些 DBMS 可能是关系 DBMS，而另外一些则可能是面向对象、层次或网状 DBMS。在这种情况下，多数据库事务中涉及的每个 DBMS 都可能具有它自己的与其他 DBMS 分隔开的恢复技术和事务管理器。这种情形有些类似于分布式数据库管理系统的情况（参见第 23 章），其中数据库的各个部分驻留在不同的站点，它们之间通过通信网络相互连接。

为了维持多数据库事务的原子性，有必要采用一种两级恢复机制。除了本地恢复管理器以及它们维护的信息（日志、表）之外，还需要一个**全局恢复管理器**（global recovery manager）或**协调器**（coordinator），用于维护恢复所需的信息。协调器通常**两阶段提交协议**（two-phase commit protocol），可以将它的两个阶段陈述如下：

- **阶段 1**：当所有参与的数据库都通知协调器，它们所涉及的多数据库事务中的部分都已完成，协调器将给每个参与者发送一条*准备提交*消息，通知它们为提交事务做好准备。每个参与的数据库接收到该消息后，将把所有的日志记录以及本地恢复所需的信息强制写到磁盘上，然后给协调器发送*提交准备完毕*或 OK 信号。如果由于某个原因导致强制写到磁盘失败或者本地事务不能提交，那么参与的数据库将给协调器发送*不能提交*或 not OK 信号。如果协调器在某个时间间隔内没有接收到来自数据库的应答，它就假定是一个 not OK 响应。
- **阶段 2**：如果所有参与的数据库都应答 OK，并且协调器的表决也是 OK，那么事务就执行成功，并且协调器将为事务给参与的数据库发送一个*提交*信号。由于事务的所有本地影响以及本地恢复所需的信息都已记录在参与数据库的日志中，因此现在就有可能从失败中进行本地恢复。每个参与的数据库通过在日志中写入事务的[commit]条目并且根据需要永久更新数据库，来完成事务提交。相反，如果一个或多个参与的数据库或者协调器发出的是 not OK 响应，事务就失败了，并且协调器要给每个参与的数据库发送一条消息，指示回滚或 UNDO 事务的本地影响。这是通过使用日志撤销本地事务操作来完成的。

两阶段提交协议的实际作用是：所有参与的数据库要么都提交事务的影响，要么都不提交。如果任何一个参与者或协调器失败，总是可以恢复到提交或回滚事务的状态。在阶段 1 期间或之前发生的失败总是需要回滚事务，而在阶段 2 期间发生的失败则意味着可以恢复和提交一个成功的事务。

22.7　数据库备份和灾难性故障恢复

迄今为止，我们讨论过的所有技术都适用于非灾难性故障。其中一个关键假设是：在磁盘上维护了系统日志，并且它不会因为故障而丢失。类似地，当使用镜像分页时，必须在磁盘上存储镜像目录以允许进行恢复。我们讨论过的恢复技术都是使用系统日志或者镜像目录中的项，从故障中把数据库恢复到某种一致的状态。

还必须配备 DBMS 的恢复管理器，以处理灾难性更严重的故障，例如磁盘崩溃。用于处理这类崩溃的主要技术是**数据库备份**（database backup），其中将定期把整个数据库和日志复制到磁带或其他大容量脱机存储设备等廉价存储媒介上。当发生灾难性系统故障时，可以将磁带中最新的备份副本重新加载到磁盘上，然后就可以重新启动系统。

对于诸如银行、保险、股票交易市场等关键应用及其他数据库中的数据，需要定期进行完整备份，并转移到物理上分隔的安全位置。可以使用地下储藏室来保护此类数据，防止受到洪水、风暴、地震或火灾破坏。像 2011 年发生在纽约的 9·11 恐怖袭击事件和 2005 年发生在新奥尔良的卡特里娜飓风都使人们更深刻地认识到关键数据库的灾难恢复的重要性。

为了避免丢失自上一次备份以来已执行事务产生的所有影响，通常需要以比完全数据库备份更高的频率定期将系统日志复制到磁带中。系统日志通常比数据库本身要小得多，因此可以更频繁地对其进行备份。这样，用户就不会丢失自上一次数据库备份以来已执行的所有事务。对于已备份到磁带上的系统日志中的各个部分记录的所有已提交事务，它们对数据库产生的影响都是可以重做的。每次数据库备份之后都会开始一个新日志。因此，要从磁盘故障中恢复，首先需要利用磁带上最新的备份副本重建数据库。之后，根据系统日志的备份副本中记录的所有已提交事务的操作，来重构它们产生的影响。

22.8　小　　结

在本章中讨论了用于从事务失败中恢复的技术。恢复的主要目标是确保事务的原子性。如果事务在完成执行之前失败，恢复机制将不得不确保事务没有对数据库造成持久的影响。首先在 22.1 节中非正式地概括了恢复过程，然后讨论了恢复的相关系统概念，包括缓存、原位更新与镜像更新、数据项的前映像和后映像、UNDO 与 REDO 恢复操作、窃取/非窃取和强制/非强制策略、系统检查点以及预写式日志记录协议。

接下来讨论了两种不同的恢复方法：延迟更新（参见 22.2 节）和即时更新（参见 22.3

节）。延迟更新技术将推迟对磁盘上的数据库进行任何实际的更新，直至事务到达其提交点为止。事务在把更新记录到数据库中之前，将把日志强制写到磁盘中。当与某些并发控制方法结合使用时，这种方法被设计成永远都不需要进行事务回滚，并且恢复操作只包括重做日志中自上一个检查点之后已提交事务的操作。其缺点是可能需要太多的缓冲区空间，因为更新都是保存在缓冲区中的，直到事务提交之后才会把它们应用到磁盘上。延迟更新可以导致一种称为 NO-UNDO/REDO 的恢复算法。即时更新技术可能在事务成功结束之前便将改变应用于磁盘上的数据库。首先必须将应用于数据库的任何改变记录到日志中，并强制写到磁盘上，使得必要时可以撤销这些操作。本章还概述了一种用于即时更新的恢复算法，称为 UNDO/REDO 算法。如果所有的事务动作在提交之前都会记录到数据库中，那么还可以开发另一种用于即时更新的算法，称为 UNDO/NO-REDO 算法。

在 22.4 节中讨论了镜像分页恢复技术，它使用镜像目录来记录旧的数据库页。这种技术可以归类为 NO-UNDO/NO-REDO，它在单用户系统中不需要使用日志，但是在多用户系统中仍然需要日志。在 22.5 节中还介绍了 ARIES，它是在 IBM 的许多关系数据库产品中使用的一种特定的恢复模式。然后，在 22.6 节中讨论了两阶段提交协议，它用于从涉及多数据库事务的失败中恢复。最后，在 22.7 节中讨论了灾难性故障恢复技术，它通常将数据库和日志备份到磁带上。日志可以比数据库更频繁地备份，备份日志可用于重做自上一次数据库备份以来执行的操作。

复习题

22.1 讨论不同类型的事务失败。什么是灾难性故障？

22.2 讨论read_item和write_item操作在数据库上采取的动作。

22.3 系统日志的用途是什么？系统日志中典型的条目类型是什么？什么是检查点，为什么它们很重要？什么是事务提交点，为什么它们很重要？

22.4 恢复子系统如何使用缓冲和高速缓存技术？

22.5 什么是数据项的前映像（BFIM）和后映像（AFIM）？原位更新与镜像更新在处理BFIM和AFIM方面有何区别？

22.6 什么是UNDO型日志条目和REDO型日志条目？

22.7 描述预写式日志记录协议。

22.8 区分由恢复子系统维护的3种典型的事务列表。

22.9 什么是事务回滚？什么是级联回滚？为什么实用的恢复方法使用的协议不允许级联回滚？哪些恢复技术不需要任何回滚？

22.10 讨论UNDO和REDO操作，以及使用它们的恢复技术。

22.11 讨论延迟更新恢复技术。这种技术有什么优缺点？为什么把它称为NO-UNDO/REDO方法？

22.12 恢复如何处理不影响数据库的事务操作，例如通过事务打印报表？

22.13 讨论单用户环境和多用户环境下的即时更新恢复技术。即时更新技术有什么优缺点？

22.14 利用即时更新的UNDO/REDO与UNDO/NO-REDO恢复算法之间有何区别？简要描

述UNDO/NO-REDO算法。

22.15　描述镜像分页恢复技术。在什么环境下它不需要日志？

22.16　描述ARIES恢复方法的3个阶段。

22.17　什么是ARIES中的日志序列号（LSN）？如何使用它们？脏页表和事务表中包含什么信息？描述在ARIES中如何使用模糊检查点。

22.18　对于事务处理的缓冲区管理来说，术语窃取、非窃取和强制、非强制的含义分别是什么？

22.19　描述多数据库事务的两阶段提交协议。

22.20　讨论如何从灾难性故障中进行恢复。

练　习　题

22.21　在图22.1(b)中，假设系统在将[read_item, T3, A]项写入日志之前发生崩溃。这会导致恢复过程中出现任何差异吗？

22.22　在图22.1(b)中，假设系统在将[write_item, T2, D, 25, 26] 项写入日志之前发生崩溃。这会导致恢复过程中出现任何差异吗？

22.23　图22.6显示的是与系统崩溃时的特定调度对应的日志，该调度中具有4个事务T_1、T_2、T_3和T_4。假设我们结合使用即时更新协议和检查点。描述从系统崩溃中恢复的过程。详细说明哪些事务需要回滚，日志中的哪些操作需要重做，哪些操作（如果有的话）需要撤销，以及是否会发生任何级联回滚。

[start_transaction, T_1]	
[read_item, T_1, A]	
[read_item, T_1, D]	
[write_item, T_1, D, 20, 25]	
[commit, T_1]	
[checkpoint]	
[start_transaction, T_2]	
[read_item, T_2, B]	
[write_item, T_2, B, 12, 18]	
[start_transaction, T_4]	
[read_item, T_4, D]	
[write_item, T_4, D, 25, 15]	
[start_transaction, T_3]	
[write_item, T_3, C, 30, 40]	
[read_item, T_4, A]	
[write_item, T_4, A, 30, 20]	
[commit, T_4]	
[read_item, T_2, D]	
[write_item, T_2, D, 15, 25]	← 系统崩溃

图 22.6　一个示例调度及其对应的日志

22.24 假设为图22.6中的示例使用延迟更新协议。说明在延迟更新的情况下，删除不必要的日志条目之后日志将会有什么不同；然后使用修改过的日志描述恢复过程。假定只会应用REDO操作，详细说明日志中的哪些操作需要重做，哪些操作可以忽略。

22.25 ARIES中的检查点与22.1.4节中描述的检查点有何区别？

22.26 ARIES如何使用日志序列号来减少恢复所需的REDO工作量？使用图22.5中的信息举例说明。你可以自己假定何时将页写到磁盘上。

22.27 非窃取/强制缓冲区管理策略对检查点和恢复有何意义？

下面是多项选择题，请选择正确的答案：

22.28 带有延迟更新的增量式日志记录意味着恢复系统必须（　　）。

a. 在日志中存储已更新数据项的旧值

b. 在日志中存储已更新数据项的新值

c. 在日志中存储已更新数据项的旧值和新值

d. 在日志中只存储开始事务和提交事务记录

22.29 预写式日志记录（WAL）协议仅仅意味着（　　）。

a. 应该在任何日志记录操作之前写数据项

b. 应该在写入实际的数据之前写操作的日志记录

c. 应该在新的事务开始执行之前写所有的日志记录

d. 永远都不需要将日志写到磁盘上

22.30 假设在延迟更新增量式日志记录模式下发生事务失败，将需要执行以下哪些操作？（　　）。

a. 撤销操作

b. 重做操作

c. 撤销和重做操作

d. 以上都不正确

22.31 对于带有即时更新的增量式日志记录，事务的日志记录将包含（　　）。

a. 事务名、数据项名，以及数据项的旧值和新值

b. 事务名、数据项名，以及数据项的旧值

c. 事务名、数据项名，以及数据项的新值

d. 事务名和数据项名

22.32 为了在恢复期间执行正确的行为，撤销和重做操作必须是（　　）的。

a. 可交换

b. 可结合

c. 幂等

d. 分布式

22.33 当故障发生时，将查询日志，并且撤销或重做每个操作。这样做的问题是（　　）。

a. 搜索整个日志非常耗时

b. 许多重做是不必要的

c. 包括a和b

d. 以上都不正确

22.34　当使用基于日志的恢复模式时，下列哪些方法可以改进性能并且提供恢复机制？（　　）。

a. 当每个事务提交时将日志记录写到磁盘上

b. 在事务执行期间将合适的日志记录写到磁盘上

c. 等待写入日志记录，直到多个事务提交并以批处理方式写入它们为止

d. 永远都不将日志记录写到磁盘上

22.35　下列哪些情况可能导致级联回滚？（　　）。

a. 事务写的数据项仅为已提交事务所写的数据项

b. 事务写的数据项为之前未提交事务所写的数据项

c. 事务读取的数据项为之前未提交事务所写的数据项

d. 包括 b 和 c

22.36　为了处理介质（磁盘）故障，必须（　　）。

a. 使 DBMS 只在单用户环境下执行事务

b. 保存数据库的冗余副本

c. 永远都不中止事务

d. 以上都正确

22.37　如果使用镜像方法将数据项刷回磁盘，那么（　　）。

a. 仅当事务提交之后才将数据项写到磁盘上

b. 将数据项写到磁盘上的不同位置

c. 在事务提交之前将数据项写到磁盘上

d. 将数据项写到读取它的相同磁盘位置

选 读 文 献

Bernstein 等（1987）和 Papadimitriou（1986）所著的图书专门介绍了并发控制和恢复的理论和原理。Gray 和 Reuter（1993）的图书全面、系统地介绍了并发控制、恢复及其他事务处理问题。

Verhofstad（1978）是一本关于数据库系统中的恢复技术的教程和综述。Haerder 和 Reuter（1983）以及 Bernstein（1983）中讨论了基于 UNDO/REDO 特征的分类算法。Gray（1978）讨论了恢复以及实现数据库操作系统的其他系统方面的问题。Lorie（1977）、Verhofstad（1978）以及 Reuter（1980）中讨论了镜像分页技术。Gray 等（1981）讨论了 SYSTEM R 中的恢复机制。Lockemann 和 Knutsen（1968）、Davies（1973）以及 Bjork（1973）是早期讨论恢复技术的论文。Chandy 等（1975）讨论了事务回滚。Lilien 和 Bhargava（1985）讨论了完整性块的概念，以及使用它来提高恢复的效率。

在 Jhingran 和 Khedkar（1992）中分析了使用预写式日志记录的恢复技术，并在 ARIES

系统中使用了该技术（Mohan 等，1992）。关于恢复技术的一些较新的作品包括补偿事务（Korth 等，1990）和主存数据库恢复（Kumar，1991）。ARIES 恢复算法（Mohan 等，1992）已经在实践中成功应用。Franklin 等（1992）讨论了 EXODUS 系统中的恢复技术。Kumar 和 Hsu（1998）以及 Kumar 和 Song（1998）所著的两本书详细讨论了恢复技术，并且包含许多现有的关系数据库产品中使用的恢复方法的描述。Chou 和 DeWitt（1985）以及 Pazos 等（2006）中讨论了特定于数据库的页替换策略的示例。

第 10 部 分

分布式数据库、
NOSQL 系统和大数据

第 23 章　分布式数据库概念

本章将把注意力转向分布式数据库（distributed database，DDB）、分布式数据库管理系统（distributed database management system，DDBMS），以及如何将客户-服务器架构用作数据库应用开发的平台。分布式数据库为数据库领域带来了分布式计算的好处。**分布式计算系统**（distributed computing system）包括许多处理站点或节点，它们通过计算机网络相互连接，并且协作执行某些分配的任务。分布式计算系统的一个常规目标是：将难以管理的大型问题分解成较小的片段，并以一种协同的方式高效地解决它。因此，可以利用更多的计算能力来解决复杂的任务，并且可以利用大量自治的处理节点协作提供解决问题所需的功能，但是又能够独立地管理它们。DDB 技术源于两种技术的结合：即数据库技术和分布式系统技术。

20 世纪 80 年代和 90 年代开发了多种分布式数据库原型系统，用于处理数据分布、数据复制、分布式查询和事务处理、分布式数据库元数据管理及其他方面的问题。最近，涌现出了许多新技术，它们结合了分布式技术与数据库技术。开发这些技术和系统是为了处理不断产生和收集的大量数据的存储、分析和挖掘，它们一般称为**大数据技术**（big data technology）。大数据技术源于分布式系统和数据库系统，以及可以处理大量数据以提取所需知识的数据挖掘和机器学习算法。

本章将讨论对于数据分布和分布式数据管理极为重要的概念。然后在接下来的两章将概述已经出现的用于管理和处理大数据的一些新技术。第 24 章将讨论一种新型的数据库系统，称为 NOSQL 系统，它重点关注的是提供一些分布式解决方案，用于管理诸如社交媒体、医疗保健和安全等应用中所需的大量数据。第 25 章将介绍用于处理和分析大数据的概念和系统，例如映射-归纳（map-reduce）及其他分布式处理技术。第 25 章还将讨论云计算概念。

23.1 节将介绍分布式数据库管理和相关的概念。23.2 节将讨论分布式数据库设计问题，涉及对数据进行分段和分片并在多个站点上分布它们，以及数据复制。23.3 节将概述分布式数据库中的并发控制和恢复。23.4 节和 23.5 节将分别介绍分布式事务处理和分布式查询处理技术。23.6 节和 23.7 节将介绍不同类型的分布式数据库系统以及它们的架构，包括联邦式数据库系统和多数据库系统，还将重点介绍异构性问题以及联邦式数据库系统中对自治性的要求。23.8 节将讨论分布式数据库中的目录管理模式。23.9 节总结了本章内容。

如果只需要简单了解分布式数据库的主题，可能只需阅读 23.1 节~23.5 节，而可以忽略另外几节的内容。

23.1 分布式数据库概念

可以将**分布式数据库**（distributed database，DDB）定义为分布于计算机网络上的多个逻辑上相关的数据库的集合，并将**分布式数据库管理系统**（distributed database management system，DDBMS）定义为管理分布式数据库并且使分布对用户透明的软件系统。

23.1.1 DDB 的构成

若要将一个数据库称为分布式数据库，那么它至少应该满足以下条件：

- **通过计算机网络连接数据库节点**。它具有多台计算机，称为**站点**（site）或**节点**（node）。这些站点必须通过底层的**网络**（network）连接起来，以在站点之间传输数据和命令。
- **所连接的数据库之间具有逻辑关联性**。不同数据库节点中的信息必须具有逻辑相关性。
- **所连接的节点之间可能不具有同构性**。所有节点在数据、硬件和软件方面不必是相同的。

所有站点可能位于物理上邻近的位置，例如位于同一个建筑物或者一组相邻的建筑物内，并通过**局域网**（local area network）把它们连接起来，或者它们也可能分布于地理上相距很远的位置，并通过**远程网络**（long-haul network）或**广域网**（wide area network）连接起来。局域网通常使用无线集线器或电缆，而远程网络则使用电话线、电缆、无线通信基础设施或卫星。通常会结合使用多种网络类型。

网络可能具有不同的**拓扑结构**（topology），它们定义了站点之间的直接通信路径。所用网络的类型和拓扑结构对系统性能具有重要影响，从而对分布式查询处理和分布式数据库设计的策略也会产生重要影响。不过，对于高级架构问题来说，并不关心使用哪种网络类型，而只关心每个站点是否能够直接或间接地与所有其他的站点通信。在本章余下内容中，将假定在节点之间存在某种类型的网络，而不关心任何特定的拓扑结构。在本章中，将不会处理任何特定于网络的问题，尽管了解这些问题对于分布式数据库系统（DDBS）的高效运行很重要，但是网络设计和性能问题是至关重要的，它们是总体解决方案的一个不可或缺的部分。底层网络的细节对于最终用户是不可见的。

23.1.2 透明性

透明性的概念扩展了对最终用户隐藏实现细节的总体思想。一个高度透明的系统能够为最终用户或应用开发人员提供相当大的灵活性，因为它几乎或者完全不需要他们知道底层细节。对于传统的集中式数据库来说，透明性仅仅是指应用开发人员的逻辑和物理数据独立性。不过，在 DDB 环境下，数据和软件分布在通过计算机网络连接的多个节点上，从而引入了额外类型的透明性。

考虑图 5.5 中所示的公司数据库，这是在全书中一直都在讨论的数据库。EMPLOYEE、PROJECT 和 WORKS_ON 这几个表可以进行水平分段（也就是说将其分割成行集合，将在 23.2 节中讨论），并在存储时进行可能的复制，如图 23.1 中所示。透明性可能具有以下几种类型：

- **数据组织透明性**（也称为分布透明性或网络透明性）。这是指用户无须了解网络的操作细节以及数据在分布式系统中的位置。可以将其分为位置透明性和命名透明性。**位置透明性**（location transparency）指用于执行任务的命令独立于数据的位置以及发出命令的节点的位置。**命名透明性**（naming transparency）意味着一旦把一个名称与某个对象相关联，就可以无歧义地访问命名的对象，而无须额外说明数据位于何处。
- **复制透明性**。如图 23.1 中所示，为了得到更好的可用性、性能和可靠性，可以将相同数据对象的副本存储在多个站点中。复制透明性使用户不知道这些副本的存在。
- **分段透明性**。可以进行两种类型的分段。**水平分段**（horizontal fragmentation）可以将关系（表）分成一些子关系，它们是原始关系中的元组（行）的子集；这也称为更新的大数据和云计算系统中的**分片**（sharding）。**垂直分段**（vertical fragmentation）可以将关系分成一些子关系，其中每个子关系都通过原始关系的列的子集来定义。分段透明性使用户不知道片段的存在。
- 其他透明性。包括**设计透明性**（design transparency）和**执行透明性**（execution transparency），它们分别指无须知道分布式数据库是如何设计的以及事务是在哪里执行的。

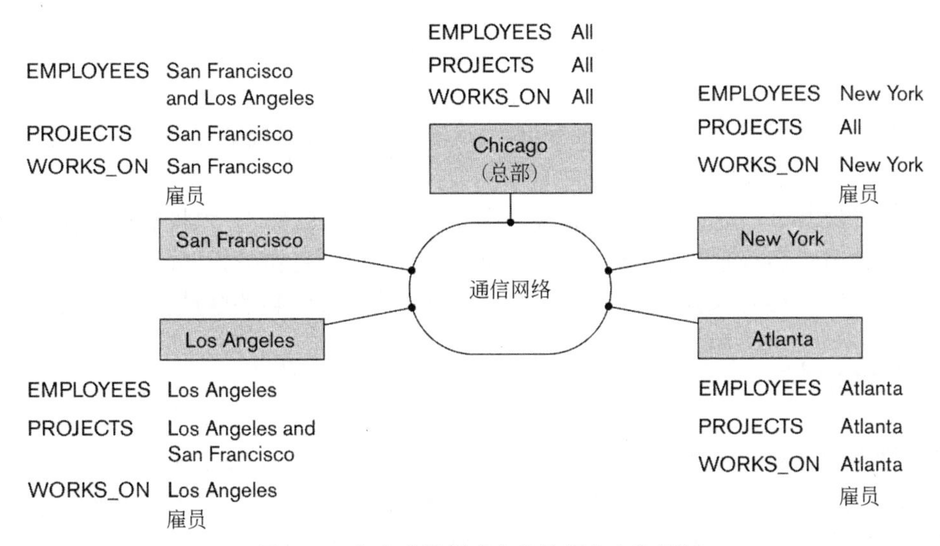

图 23.1　分布式数据库中的数据分布和复制

23.1.3　可用性和可靠性

可靠性和可用性是最常提及的分布式数据库的两个潜在优点。**可靠性**（reliability）大体上定义为系统在某个时间点正常运行（而非停机）的概率，而**可用性**（availability）则指系统在一个时间段内持续可用的概率。可以把数据库的可靠性和可用性直接与数据库的故障、错误和失效关联起来。可以将**失效**（failure）描述为系统行为的一种偏差，这种偏差是与为确保操作正确执行而指定的系统行为相比较而言的。**错误**（error）构成了引起失效的系统状态的子集。**故障**（fault）是产生错误的原因。

为了构造一个可靠的系统，可以采用多种方法。一种常用的方法强调容错性（fault tolerance）。它认可故障将会发生，并且它会设计一些机制，这些机制能够在故障导致系统失效之前检测到并消除它们。另一种更严苛的方法是尝试确保最终的系统不会包含任何故障。这是通过详尽的设计过程以及大量的质量控制和测试而实现的。可靠的 DDBMS 能容忍底层组件的失效，并且只要没有违反数据库一致性，它就能处理用户请求。DDBMS 恢复管理器必须处理事务、硬件和通信网络引发的失效。硬件失效可能导致主存或辅存内容丢失。网络失效则可能是由与消息和线路故障关联的错误引发的。消息错误可能包括消息的丢失、损坏，或者消息顺序错乱地到达目的地。

计算机系统中一般都会使用上面的定义，其中在可靠性与可用性之间具有技术上的区别。在大多数与 DDB 相关的讨论中，一般把术语**可用性**用作一个包含了这两个概念的涵盖性术语。

23.1.4 可伸缩性和分区容错性

可伸缩性（scalability）决定了系统能够在多大程度上扩展其容量，同时还能够无中断地持续运转。有两种类型的可伸缩性：

（1）**水平可伸缩性**（horizontal scalability）：它指的是扩展分布式系统中的节点数量。在把节点添加到系统中时，应该可以将一些数据和处理负载从现有节点分布到新的节点上。

（2）**垂直可伸缩性**（vertical scalability）：它指的是扩展系统中的个别节点的容量，例如扩展节点的存储容量或处理能力。

当系统扩展其节点数量时，连接节点的网络有可能具有故障，导致将节点分成节点组。每个分区内的节点仍然通过子网相连，但是分区之间的通信将会丢失。**分区容错性**（partition tolerance）指出：在对网络进行分区时，系统应该具有继续运转的容量。

23.1.5 自治性

自治性（autonomy）决定了在一个已连接的 DDB 中单个节点或 DB 能够在多大程度上独立运转。对于单个节点来说，日益增加的灵活性和可自定义的维护都需要高度的自治性。自治性可以应用于设计、通信和执行。**设计自治性**（design autonomy）指节点当中的数据模型使用和事务管理技术的独立性。**通信自治性**（communication autonomy）确定了每个节点可以在多大程度上与其他节点共享信息。**执行自治性**（execution autonomy）指用户如自己所愿执行操作的独立性。

23.1.6　分布式数据库的优点

DDB 的一些重要优点列出如下。

（1）**提高了应用开发的简易性和灵活性**。由于数据分布和控制的透明性，从而便于开发和维护地理上分布在组织的多个站点上的应用。

（2）**提高了可用性**。这是通过将故障与它们的源发站点隔离开而实现的，从而不会影响连接到网络的其他数据库节点。当数据和 DDBMS 软件分布在许多站点上时，有可能其中一个站点失效而其他站点仍然继续正常运转。只有失效的站点上存在的数据和软件不能访问。可以通过将数据和软件谨慎地复制到多个站点上来实现进一步的改进。在集中式系统中，单个站点的失效会使得整个系统对所有用户都不可用。在分布式数据库中，一些数据可能无法访问，但是用户仍然能够访问数据库的其他部分。如果在失效前已经将失效站点上的数据复制到另一个站点上，那么用户根本不会受到影响。如果系统在经过网络分区后仍然能够正常运转，那么它也有助于实现高度的可用性。

（3）**改进了性能**。分布式 DBMS 对数据库进行分段，将数据保存在更接近最需要它的地方。**数据本地化**（data localization）减少了对 CPU 和 I/O 服务的争用，同时减少了广域网中涉及的访问延迟。当将一个大型数据库分布在多个站点上时，在每个站点上就会存在较小的数据库。因此，访问单个站点上的数据的本地查询和事务将因为较小的本地数据库而获得更好的性能。此外，与将所有事务都提交到单个集中式数据库相比，每个站点执行的事务数量也要少一些。而且，还可以通过在不同站点执行多个查询，或者将一个查询分解成若干并行执行的子查询，来实现查询间和查询内的并行性。这有助于改进性能。

（4）**通过可伸缩性更容易进行扩展**。在分布式环境中，就添加更多的数据、增大数据库规模或者添加更多的节点而言，系统扩展比在集中式（非分布式）系统中要容易得多。

23.1.2 节中讨论的透明性导致在易用性与提供透明性的开销代价之间要进行权衡折中。完全透明性将给全局用户提供整个 DDBS 的一个视图，就像它是单个集中式系统一样。透明性是作为**自治性**的一个补充而提供的，它允许用户更紧密地控制本地数据库，可以将透明性的各种特性作为用户语言的一部分来实现。它可以将所需的服务转换成合适的操作。

23.2　分布式数据库设计中的数据分段、复制和分配技术

本节将讨论用于将数据库分解成逻辑单元的技术。逻辑单元称为**片段**（fragment），可以指定它们存储在不同的节点上。还将讨论**数据复制**（data replication）的使用，它允许把某些数据存储在多个站点上，以增加可用性和灵活性。接着将讨论**分配**（allocate）片段（或片段复制）的过程，以便将它们存储在不同的节点上。在**分布式数据库设计**（distributed database design）的过程中将使用这些技术。关于数据分段、分配和复制的信息存储在一个**全局目录**（global directory）中，DDBS 应用可以根据需要访问它。

23.2.1 数据分段和分片

在 DDB 中，必须确定应该使用哪个站点来存储数据库的哪些部分。目前，假定不存在复制，也就是说，每个关系（或者关系的一部分）只存储在一个站点上。在本节后面将讨论复制及其作用。我们还将使用关系数据库的术语，但是类似的概念也适用于其他的数据模式。这里假定从一个关系数据库模式开始，并且必须确定如何将关系分布在多个不同的站点上。本节将使用图 5.5 中所示的关系数据库模式对我们的讨论加以说明。

在决定如何分布数据之前，必须确定将要分布的数据库的*逻辑单元*。最简单的逻辑单元是关系本身，也就是说，每个*完整的*关系将存储在一个特定的站点上。在我们的示例中，必须确定分别用于存储图 5.5 中的 EMPLOYEE、DEPARTMENT、PROJECT、WORKS_ON 和 DEPENDENT 关系的站点。不过，在许多情况下，可以将一个关系划分成较小的逻辑单元以便进行分布。例如，可以考虑图 5.6 中所示的公司数据库，并且假定有 3 个计算机站点，其中每个站点代表公司里的一个部门[1]。

我们可能想要在每个部门的计算机站点上只存储与该部门相关的数据库信息。可以使用一种称为*水平分段*或*水平分片*的技术按部门来划分每个关系。

1. 水平分段（分片）

关系的**水平片段**（horizontal fragment 或 horizontal shard）是该关系中的元组的一个子集。可以通过关系的一个或多个属性上的条件或者通过某种其他的机制来指定属于水平片段的元组。通常，这个条件中只会涉及单个属性。例如，可以利用以下条件在图 5.6 中的 EMPLOYEE 关系上定义 3 个水平片段，即(Dno = 5)、(Dno = 4)和(Dno = 1)，其中每个片段都包含为特定部门工作的 EMPLOYEE 元组。类似地，可以利用以下条件为 PROJECT 关系定义 3 个水平片段，即(Dnum = 5)、(Dnum = 4)和(Dnum = 1)，其中每个片段都包含受特定部门控制的 PROJECT 元组。**水平分段**（Horizontal fragmentation）通过对关系中的行进行分组以水平地划分关系，创建元组的子集，其中每个子集都具有某种逻辑含义。然后可以把这些片段分配给分布式系统中的不同站点（节点）。**导出水平分段**（derived horizontal fragmentation）是将基本关系（本示例中的 DEPARTMENT）的分区应用于其他辅助关系（本示例中的 EMPLOYEE 和 PROJECT），它们通过外键来关联基本关系。因此，可以利用相同的方式对基本关系与辅助关系之间的相关数据进行分段。

2. 垂直分段

每个站点可能并不需要一个关系的所有属性，这指示将需要不同类型的分段。**垂直分段**（vertical fragmentation）将按列"垂直地"划分关系。关系的**垂直片段**（vertical fragment）将只保留关系的某些属性。例如，我们可能想要把 EMPLOYEE 关系划分成两个垂直片段。第一个片段包括个人信息 Name、Bdate、Address 和 Sex；第二个片段则包括与工作相关的信息 Ssn、Salary、Super_ssn 和 Dno。这种垂直分段并不是很恰当，因为如果两个片段是分开存储的，将不能把原始的雇员元组重新合并到一起，这是由于两个片段之间没有公共属

[1] 当然，在实际情况下，与图 5.6 中所示的那些元组相比，关系中将包含多得多的元组。

性。在每个垂直片段中必须包括主键或者某个唯一键属性，使得可以通过这些片段重构完整的关系。因此，必须在个人信息片段中添加 Ssn 属性。

注意：在关系代数中可以利用$\sigma_{C_i}(R)$（选择）运算符指定关系 R 上的每个水平片段。若一个水平片段集合的条件 $C_1, C_2,\cdots, C_n$ 包括 R 中的所有元组，即 R 中的每个元组都满足(C_1 OR C_2 OR … OR C_n)，就把这个水平片段集合称为 R 的**完备水平分段**（complete horizontal fragmentation）。在许多情况下，一个完备水平分段也是**不相交**（disjoint）的。也就是说，对于任何 $i \neq j$，R 中的任何元组都不满足(Ci AND Cj)。前面对 EMPLOYEE 和 PROJECT 关系进行水平分段的两个示例都是完备的和不相交的。要从一个完备水平分段重构关系 R，需要对片段应用 UNION（并）运算。

在关系代数中可以利用$\pi_{L_i}(R)$运算指定关系 R 上的垂直片段。若一个垂直片段集合的投影列表 $L_1, L_2,\cdots, L_n$ 包括 R 中的所有属性，但是只共享 R 的主键属性，就把这个垂直片段集合称为 R 的**完备垂直分段**（complete vertical fragmentation）。在这种情况下，投影列表将满足以下两个条件：

- $L_1 \cup L_2 \cup \cdots \cup L_n = \text{ATTRS}(R)$。
- 对于任何 $i \neq j$，$L_i \cap L_j = \text{PK}(R)$，其中 ATTRS(R)是 R 的属性集合，PK(R)是 R 的主键。

为了从一个完备垂直分段重构关系 R，需要对垂直片段（假定没有使用水平分段）应用外连接运算。注意：对于完备垂直分段，也可以应用完全外连接运算，这样将会得到相同的结果，甚至在应用了某种水平分段时亦可如此。具有投影列表 L_1 = {Ssn, Name, Bdate, Address, Sex}和 L_2 = {Ssn, Salary, Super_ssn, Dno}的 EMPLOYEE 关系的两个垂直片段构成了 EMPLOYEE 的一个完备垂直分段。

条件(Salary > 50 000)和(Dno = 4)定义了图 5.5 中的 EMPLOYEE 关系的两个水平片段，这两个水平片段既不是完备的，也不是不相交的。它们可能不包括所有的 EMPLOYEE 元组，但是它们可能包括公共元组。属性列表 L_1 = {Name, Address}和 L_2 = {Ssn, Name, Salary}定义的两个垂直片段不是完备的，这些列表违反了完备垂直分段所要求的两个条件。

3. 混合分段

可以把两种类型的分段混合起来，产生一个**混合分段**（mixed fragmentation）。例如，可以将前面给出的 EMPLOYEE 关系的水平分段和垂直分段合并成一个混合分段，其中包括 6 个片段。在这种情况下，可以按适当的顺序应用并和外并（或外连接）运算来重构原始关系。一般来讲，可以通过一个选择-连接的运算组合 $\pi_L(\sigma_C(R))$来指定关系 R 的**片段**（fragment）。如果 C = TRUE（即选择了所有的元组）并且 $L \neq \text{ATTRS}(R)$，就会得到一个垂直片段；如果 $C \neq \text{TRUE}$ 并且 L = ATTRS(R)，就会得到一个水平片段。最后，$C \neq \text{TRUE}$ 并且 $L \neq \text{ATTRS}(R)$，就会得到一个混合片段。注意：可以将关系自身视作一个片段，其中 C = TRUE 并且 L = ATTRS(R)。在下面的讨论中，将使用术语*片段*来指示关系或者上述任意类型的片段。

数据库的**分段模式**（fragmentation schema）是片段集合的定义，其中包括数据库中的所有属性和元组，并且满足以下条件：可以通过应用外并（或外连接）和并运算的某个序列来重构整个数据库。除了在垂直（或混合）片段中重复存储主键之外，使其他所有的片段都不相交，这有时也是有用的，尽管不是必要的。对于在垂直（或混合）片段中重复存储主键的情况，将在后续阶段独立于分段明确指定片段的所有复制和分布。

分配模式（allocation schema）描述了如何将片段分配给 DDBS 的节点（站点），因此它是一个映射，用于指定存储每个片段的站点。如果一个片段存储在多个站点上，就称它是**复制**（replicated）的。接下来将讨论数据复制和分配。

23.2.2 数据复制和分配

复制对于改进数据的可用性很有用。最极端的情况是在分布式系统中的每个站点上都复制整个数据库，从而创建一个**全复制分布式数据库**（fully replicated distributed database）。这可以显著改进可用性，因此只要有至少一个站点在正常运行，系统就可以继续运行。它也可以改进全局查询的检索性能（读性能），因为可以从任何一个站点在本地获得这类查询的结果。因此，在提交查询的本地站点上，如果该站点包括一个服务器模块，就可以在该站点上处理检索查询。全复制的缺点是：它可能显著降低更新操作的速度（写性能），因为必须在数据库的每个副本上都执行单个逻辑更新，以保持副本的一致性。如果存在数据库的多个副本，则尤其如此。全复制使得并发控制和恢复技术比无复制情形的代价更高，将在 23.3 节中讨论。

全复制的另一个极端涉及**无复制**（no replication），即每个片段恰好只存储在一个站点上。在这种情况下，除了垂直（或混合）片段中存在主键复制之外，其他所有片段都必须是不相交的。这也称为**非冗余分配**（nonredundant allocation）。

在这两个极端之间，存在广泛的数据**部分复制**（partial replication）。也就是说，只可能复制数据库的一些片段，而不会复制其他片段。在分布式系统中，每个片段的副本数量可以从一个到系统中的站点总数不等。在一些应用中经常发生部分应用的一个特例，其中的移动工作者（例如销售人员、财务计划制定者和索赔调解者）可以利用笔记本、计算机和 PDA 随身携带部分复制的数据库，并定期将其与服务器数据库进行同步。片段复制的描述有时也称为**复制模式**（replication schema）。

在分布式系统中，必须将每个片段（或者片段的每个副本）分配给特定的站点。这个过程称为**数据分布**（data distribution）或**数据分配**（data allocation）。站点的选择和复制的程度依赖于系统的性能和可用性目标，以及每个站点上所提交事务的类型和频率。例如，如果需要高度的可用性，就可以在任何站点提交事务，并且大多数事务只是执行检索，因此全复制数据库就是一个很好的选择。不过，如果某些访问数据库的特定部分的事务主要是在特定的站点提交的，就可以只在那个站点上分配对应的片段集合。对于在多个站点上访问的数据，可以把它们复制到那些站点上。如果要执行许多更新，限制复制就可能是有用的。为分布式数据分配找到一种最佳或者甚至是良好的解决方案是一个复杂的优化问题。

23.2.3 分段、分配和复制的示例

现在考虑对图 5.5 和图 5.6 中的公司数据库进行分段和分布的示例。假设该公司有 3 个计算机站点，给当前每个部门分配一个站点。站点 2 和 3 分别属于部门 5 和 4。在所有

这些站点上，都期望频繁访问 EMPLOYEE 和 PROJECT 信息，查找在该部门工作的雇员以及受该部门控制的项目。此外，还假定这些站点主要访问 EMPLOYEE 的 Name、Ssn、Salary 和 Super_ssn 属性。站点 1 由公司总部使用，它将定期访问所有的雇员和项目信息，出于保险的目的，还要记录 DEPENDENT 信息。

依据这些需求，可以把图 5.6 中所示的整个数据库存储在站点 1 上。为了确定要在站点 2 和 3 上复制的片段，首先可以按主键 Dnumber 对 DEPARTMENT 进行水平分段。然后，对于图 5.5 中的 EMPLOYEE、PROJECT 和 DEPT_LOCATIONS 关系，基于它们对应于部门编号的外键（分别是 Dno、Dnum 和 Dnumber）对这些关系应用导出分段。可以对得到的 EMPLOYEE 片段进行垂直分段，使得只包括属性{Name, Ssn, Salary, Super_ssn, Dno}。图 23.2 显示了混合片段 EMPD_5 和 EMPD_4，它们包括分别满足条件 Dno = 5 和 Dno = 4 的 EMPLOYEE 元组。PROJECT、DEPARTMENT 和 DEPT_LOCATIONS 的水平片段也是按部门编号类似分段的。所有这些存储在站点 2 和 3 上的片段都会被复制，因为它们也要存储在总部的站点 1 上。

现在必须对 WORKS_ON 关系进行分段，并且确定要将 WORKS_ON 的哪些片段存储在站点 2 和 3 上。此时将面临以下问题：WORKS_ON 中没有哪个属性可以直接指示每个元组所属的部门。事实上，WORKS_ON 中的每个元组都将一个雇员 e 与一个项目 P 相关联。可以基于 e 工作的部门 D 或者控制 P 的部门 D′对 WORKS_ON 进行分段。如果对 WORKS_ON 中的所有元组添加一个 D = D′约束，也就是说，如果雇员只能为他所在部门

(a)

EMPD_5

Fname	Minit	Lname	Ssn	Salary	Super_ssn	Dno
John	B	Smith	123456789	30000	333445555	5
Franklin	T	Wong	333445555	40000	888665555	5
Ramesh	K	Narayan	666884444	38000	333445555	5
Joyce	A	English	453453453	25000	333445555	5

DEP_5

Dname	Dnumber	Mgr_ssn	Mgr_start_date
Research	5	333445555	1988-05-22

DEP_5_LOCS

Dnumber	Location
5	Bellaire
5	Sugarland
5	Houston

WORKS_ON_5

Essn	Pno	Hours
123456789	1	32.5
123456789	2	7.5
666884444	3	40.0
453453453	1	20.0
453453453	2	20.0
333445555	2	10.0
333445555	3	10.0
333445555	10	10.0
333445555	20	10.0

PROJS_5

Pname	Pnumber	Plocation	Dnum
Product X	1	Bellaire	5
Product Y	2	Sugarland	5
Product Z	3	Houston	5

站点 2 的数据

图 23.2　将片段分配给站点

(a) 站点 2 上与部门 5 对应的关系片段；(b) 站点 3 上与部门 4 对应的关系片段

(b)

EMPD_4

Fname	Minit	Lname	Ssn	Salary	Super_ssn	Dno
Alicia	J	Zelaya	999887777	25000	987654321	4
Jennifer	S	Wallace	987654321	43000	888665555	4
Ahmad	V	Jabbar	987987987	25000	987654321	4

DEP_4

Dname	Dnumber	Mgr_ssn	Mgr_start_date
Administration	4	987654321	1995-01-01

DEP_4_LOCS

Dnumber	Location
4	Stafford

WORKS_ON_4

Essn	Pno	Hours
333445555	10	10.0
999887777	30	30.0
999887777	10	10.0
987987987	10	35.0
987987987	30	5.0
987654321	30	20.0
987654321	20	15.0

PROJS_4

Pname	Pnumber	Plocation	Dnum
Computerization	10	Stafford	4
New_benefits	30	Stafford	4

站点 3 的数据

图 23.2（续）

控制的项目工作，那么分段就会变得很容易。不过，在图 5.6 所示的数据库中没有这样的约束。例如，WORKS_ON 元组<333445555, 10, 10.0>将一个为部门 5 工作的雇员与一个被部门 4 控制的项目相关联。在这种情况下，可以基于雇员工作的部门（用条件 C 表达）对 WORKS_ON 分段，然后基于该雇员所参与项目的控制部门进一步进行分段，如图 23.3 所示。

在图 23.3 中，片段 G_1、G_2 和 G_3 的并集包括为部门 5 工作的雇员的所有 WORKS_ON 元组。类似地，片段 G_4、G_5 和 G_6 的并集则包括为部门 4 工作的雇员的所有 WORKS_ON 元组。另一方面，片段 G_1、G_4 和 G_7 的并集包括部门 5 所控制的项目的所有 WORKS_ON 元组。图 23.3 中显示了片段 G_1~ G_9 中的每个片段的条件。表示 M:N 联系的关系（例如

(a) 在部门 5 工作的雇员

G1

Essn	Pno	Hours
123456789	1	32.5
123456789	2	7.5
666884444	3	40.0
453453453	1	20.0
453453453	2	20.0
333445555	2	10.0
333445555	3	10.0

C1 = C and (Pno in (SELECT Pnumber FROM PROJECT WHERE Dnum = 5))

G2

Essn	Pno	Hours
333445555	10	10.0

C2 = C and (Pno in (SELECT Pnumber FROM PROJECT WHERE Dnum = 4))

G3

Essn	Pno	Hours
333445555	20	10.0

C3 = C and (Pno in (SELECT Pnumber FROM PROJECT WHERE Dnum = 1))

图 23.3　WORKS_ON 关系的完备且不相交的片段

(a) 在部门 5 工作的雇员的 WORKS_ON 片段（C = [Essn in (SELECT Ssn FROM EMPLOYEE WHERE Dno = 5)]；
(b) 在部门 4 工作的雇员的 WORKS_ON 片段（C = [Essn in (SELECT Ssn FROM EMPLOYEE WHERE Dno = 4)]；
(c) 在部门 1 工作的雇员的 WORKS_ON 片段（C = [Essn in (SELECT Ssn FROM EMPLOYEE WHERE Dno = 1)]）

(b) 在部门 4 工作的雇员

G4

Essn	Pno	Hours

C4 = C and (Pno in (SELECT Pnumber FROM PROJECT WHERE Dnum = 5))

G5

Essn	Pno	Hours
999887777	30	30.0
999887777	10	10.0
987987987	10	35.0
987987987	30	5.0
987654321	30	20.0

C5 = C and (Pno in (SELECT Pnumber FROM PROJECT WHERE Dnum = 4))

G6

Essn	Pno	Hours
987654321	20	15.0

C6 = C and (Pno in (SELECT Pnumber FROM PROJECT WHERE Dnum = 1))

(c) 在部门 1 工作的雇员

G7

Essn	Pno	Hours

C7 = C and (Pno in (SELECT Pnumber FROM PROJECT WHERE Dnum = 5))

G8

Essn	Pno	Hours

C8 = C and (Pno in (SELECT Pnumber FROM PROJECT WHERE Dnum = 4))

G9

Essn	Pno	Hours
888665555	20	Null

C9 = C and (Pno in (SELECT Pnumber FROM PROJECT WHERE Dnum = 1))

图 23.3（续）

WORKS_ON）通常具有多种可能的逻辑分段。在图 23.2 所示的分布中，我们选择包括可以与站点 2 和 3 上的 EMPLOYEE 元组或 PROJECT 元组进行连接的所有片段。因此，可以把片段 G_1、G_2、G_3、G_4 和 G_7 的并集放在站点 2 上，而把片段 G_4、G_5、G_6、G_2 和 G_8 的并集放在站点 3 上。注意：在两个站点上都会复制片段 G_2 和 G_4。这种分配策略允许在站点 2 或站点 3 上的本地 EMPLOYEE 片段或 PROJECT 片段与本地 WORKS_ON 片段之间完全在本地执行连接。这清楚说明了对于大型数据库来说数据库分段和分配的问题有多复杂。本章末尾的选读文献讨论了在这个领域所做的一些工作。

23.3　分布式数据库中的并发控制和恢复概述

出于并发控制和恢复的目的，在分布式 DBMS 环境中会发生大量在集中式 DBMS 环境中不会遇到的问题。这些问题包括：

- **处理数据项的多个副本**。并发控制方法负责维护数据项多个副本之间的一致性。如果存储某个副本的站点失效并在以后恢复，那么恢复方法就负责创建一个与其他副本一致的副本。
- **个别站点失效**。当一个或多个站点失效时，如果可能，DDBMS 将与其他正在运行的站点一起继续运转。当站点恢复时，在它重新连接系统之前，它的本地数据库必须与其他站点保持同步。
- **通信链路失效**。系统必须能够处理连接站点的一条或多条通信链路的失效。这个问题的极端情况是可能发生**网络分区**（network partitioning）。这将把站点分解成两个或多个分区，其中每个分区内的站点只能与该分区内的站点相互通信，而不能与其他分区内的站点通信。

- **分布式提交**。当一个访问存储在多个站点上的数据库的事务提交时，如果某些站点在提交过程中失效，就可能会发生问题。通常使用**两阶段提交协议**（参见21.6节）来处理这个问题。
- **分布式死锁**。可能在多个站点之间发生死锁，因此必须扩展用于处理死锁的技术，以考虑到这个问题。

分布式并发控制和恢复技术必须处理这些及其他的问题。在下面几个小节中，将详细讨论DDBMS中建议用于处理恢复和并发控制的一些技术。

23.3.1 基于数据项的标识副本的分布式并发控制

为了处理分布式数据库中的复制数据项，目前提出了许多并发控制方法，它们扩展了集中式数据库中使用的并发控制技术。我们将在扩展集中式锁定的环境中讨论这些技术。类似的扩展也适用于其他的并发控制技术。其思想是将每个数据项的一个特定副本指定为**标识副本**（distinguished copy）。这个数据项的锁将与标识副本相关联，并且所有的锁定和解锁请求都将发送给包含该副本的站点。

许多不同的方法都基于这个思想，但是它们选择标识副本的方法有所不同。在**主站点技术**（primary site technique）中，所有的标识副本都保存在相同的站点上。这个方法的一个修改版本是带有**备份站点**（backup site）的主站点。另一种方法是**主副本**（primary copy）方法，其中可以将各个数据项的标识副本存储在不同的站点上。存储数据项的标识副本的站点实质上将充当**协调者站点**（coordinator site），用于对该数据项进行并发控制。接下来将讨论这些技术。

1. 主站点技术

在这种方法中，将把单个**主站点**（primary site）指定为所有数据库项的**协调者站点**。因此，将在该站点上保存所有的锁，并且将把所有的锁定或解锁请求都发送给该站点。因此，这种方法是集中式锁定方法的一个扩展。例如，如果所有的事务都遵循两阶段锁定协议，就可以保证可串行化。这种方法的优点是：它是集中式方法的简单扩展，因此不会过于复杂。不过，它也具有某些固有的缺点。其中一个缺点是：将把所有的锁定请求都发送给单个站点，这样就可能会使该站点超负荷，从而导致系统瓶颈。第二个缺点是：主站点的失效将会使系统瘫痪，因为所有的锁定信息都保存在该站点上。这可能会限制系统的可靠性和可用性。

尽管所有的锁都是在主站点上访问的，但是数据项自身可以在它们驻留的任何站点上访问。例如，一旦事务从主站点获得了某个数据项上的Read_lock，它就可以访问该数据项的任何副本。不过，一旦事务获得了Write_lock并且更新了数据项，DDBMS就负责在释放锁之前更新该数据项的所有副本。

2. 带有备份站点的主站点

这种方法处理的是主站点方法的第二个缺点，它将指定第二个站点作为**备份站点**，并将同时在主站点和备份站点上维护所有的锁定信息。万一主站点失效，备份站点就会接管成为主站点，并且选择一个新的备份站点。这简化了从主站点失效中恢复的过程，因为备份站点接管了主站点，在选择了一个新的备份站点并将锁状态信息复制到该站点上之后就可以恢复处理过程。不过，它会减慢获得锁的过程，因为在将响应发送给请求事务之前，必须同时在主站点和备份站点上记录所有的锁请求和锁的授予信息。主站点和备份站点由于大量请求而超负荷并使系统运行速度变慢的问题仍然没有得到解决。

3. 主副本技术

这种方法尝试在多个站点之间分配锁协调的负载，这是通过把不同数据项的标识副本存储在不同的站点上实现的。当一个站点失效时，如果数据项的主副本驻留在该站点上，那么将会影响需要访问该数据项上的锁的任何事务，而其他事务则不会受到影响。这种方法也可以使用备份站点来提强可靠性和可用性。

4. 选择一个新的协调者站点以防失效

在使用上述任何技术时，无论何时协调者站点失效，那些仍在运行的站点就必须选择一个新的协调者。对于不带备份站点的主站点方法来说，必须中止所有正在执行的事务，并在一个冗长的恢复过程中重新启动它们。恢复过程的一部分涉及选择一个新的主站点，并且创建一个锁管理器进程以及一条包含该站点上的所有锁信息的记录。对于使用备份站点的方法，在将备份站点指定为新的主站点时将挂起事务处理，并且选择一个新的备份站点，然后从新的主站点将所有的锁定信息的副本发送给这个新的备份站点。

如果备份站点 X 将要变成新的主站点，X 就可以从系统的运行站点当中选择新的备份站点。不过，如果不存在备份站点，或者如果主站点和备份站点都停止运行，就可以使用一个称为**选举**（election）的进程来选择新的协调者站点。在这个过程中，对于反复尝试与协调者站点通信并且总是失败的任何站点 Y，它可以假定协调者站点停止运行，并且可以通过向所有的运行站点发送一条消息，提议 Y 成为新的协调者站点，从而启动选举进程。一旦 Y 接收到大多数赞成投票，它就可以宣布自己是新的协调者站点。选举算法本身很复杂，但它是选举方法背后的主要思想。该算法还会解决两个或多个站点同时试图成为协调者站点的问题。本章末尾的选读文献中列出的参考书详细讨论了这个进程。

23.3.2　基于投票的分布式并发控制

前面讨论的关于复制项的并发控制方法都使用了标识副本的思想，用于维护该数据项的锁。在**投票方法**（voting method）中，没有标识副本。相反，将把锁请求发送给包括数据项副本的所有站点。每个副本都会维护它自己的锁，并且可以授权或拒绝对这些锁的请求。如果一个事务请求的锁被大多数副本授予的话，它将持有该锁，并且通知所有的副本它已被授予了锁。如果一个事务在某个超时期限内没有接收到授予锁的大多数投票，它就会取消请求，并把取消决定通知所有的站点。

投票方法被认为是一种真正的分布式并发控制方法，因为决策的职责与所有涉及的站点相关。模拟研究表明：投票方法会在站点之间产生比标识副本方法更高的消息通信量。如果算法考虑到了在投票过程中可能发生的站点失效，它可能会变得极其复杂。

23.3.3 分布式恢复

分布式数据库中的恢复过程相当复杂。这里将只简要介绍其中一些问题。在一些情况下，如果不与其他站点之间交换大量的消息，甚至难以确定一个站点是否停止运行。例如，假设站点 X 给站点 Y 发送一条消息，并且期望得到 Y 的响应，但是并没有接收到它。这可能有以下几种解释：

- 由于通信故障，消息没有送到 Y。
- 站点 Y 停止运行，并且不能做出响应。
- 站点 Y 正在运行并且发送一个响应，但是该响应没有送达 X。

如果没有提供或发送额外的信息，将难以确定实际上发生了什么。

分布式恢复的另一个问题是分布式提交。当一个事务更新多个站点上的数据时，直到它确信对每一个站点的影响都不会丢失时它才会提交。这意味着每个站点首先必须在磁盘上的本地站点日志中永久地记录事务产生的本地影响。通常使用两阶段提交协议来确保分布式提交的正确性（参见 21.6 节）。

23.4 分布式数据库中的事务管理概述

全局和局部事务管理软件模块与 DDBMS 的并发控制和恢复管理器一起保证事务的 ACID 性质（参见第 20 章）。

分布式数据库架构中引入了一个称为**全局事务管理器**（global transaction manager）的额外组件，用于支持分布式事务。发起事务的站点可以临时承担全局事务管理器的角色，并且跨多个站点与事务管理器协调数据库操作的执行。事务管理器将把它们的功能以接口形式向应用程序公开。这个接口公开的操作类似于 20.2.1 节中介绍的那些操作，即 BEGIN_TRANSACTION、READ 或 WRITE、END_TRANSACTION、COMMIT_TRANSACTION 和 ROLLBACK（或 ABORT）。管理器将存储与每个事务相关的簿记信息，例如唯一标识符、发起站点、名称等。对于 READ 操作，如果数据项有效且可用，那么它将返回一个本地副本。对于 WRITE 操作，它将确保这个更新对于包含该数据项副本（复制品）的所有站点都是可见的。对于 ABORT 操作，管理器将确保分布式数据库中的任何站点都不会受到事务的影响。对于 COMMIT 操作，它将确保会把写操作产生的影响永久记录在包含数据项副本的所有数据库上。分布式事务的原子终止（COMMIT/ ABORT）通常是使用两阶段提交协议实现的（参见 22.6 节）。

事务管理器将数据库操作及关联的信息传递给并发控制器模块。控制器负责获取和释放关联的锁。如果事务需要访问一个锁定的资源，那么将会阻塞它，直到获得锁为止。一旦获得锁，就把操作发送给运行时处理器，它将处理数据库操作的实际执行。一旦操作完成，就会释放锁，并利用操作的结果更新事务管理器。

23.4.1　两阶段提交协议

在 22.6 节中描述了两阶段提交协议（2PC），除了本地恢复管理器以及它们维护的信息（日志、表）之外，它需要一个**全局恢复管理器**（global recovery manager）或**协调者**（coordinator）来维护恢复所需的信息。两阶段提交协议具有某些缺点，使得有必要开发三阶段提交协议，接下来将讨论它。

23.4.2　三阶段提交协议

2PC 的最大缺点是：它是一个阻塞协议。协调者失效将会阻塞所有的参与站点，导致它们将一直等待，直到协议者恢复为止。这可能引发性能降级，尤其是当参与站点持有共享资源的锁时。还可能发生其他类型的问题，使得事务的结果具有不确定性。

可以通过三阶段提交（3PC）协议解决这些问题，它实质上将把第二个提交阶段分成两个子阶段，称为**准备提交**（prepare-to-commit）和**提交**（commit）。准备提交阶段用于将投票阶段的结果传达给所有的参与站点。如果所有的参与站点都投赞成票，那么协调者将指示它们进入准备提交状态。提交子阶段与两阶段提交协议中对应的提交阶段相同。现在，如果协调者在这个子阶段发生崩溃，另一个参与站点仍然能够看到事务直到执行完成。它可以简单地询问一个崩溃的参与站点是否接收到一条准备提交消息。如果没有接收到，那么它将安全地假定中止。因此，不管哪个参与站点发生崩溃，都可以恢复协议的状态。同样，通过利用一个最大的超时期限来限制事务提交或中止所需的时间，该协议可以确保通过 3PC 提交的事务在超时之后释放锁。

对于准备提交的参与站点，它还要等待协调者发出的全局提交或中止指令，协议的主要思想就是限制这个等待时间。当参与站点接收到一条预提交消息时，它就知道其余的参与站点已投票进行提交。如果没有接收到预提交消息，那么参与站点将会中止并释放所有的锁。

23.4.3　事务管理的操作系统支持

下面列出了操作系统（OS）支持的事务管理的主要优点。

- 通常，DBMS 使用它们自己的信号量[1]来保证对共享资源的互斥访问。由于这些信号量是在 DBMS 应用软件层的用户空间中实现的，因此 OS 对它们一无所知。这样，如果 OS 停用一个持有锁的 DBMS 进程，那么就会阻塞其他等待这个锁定资源的 DBMS 进程。这种情况可能导致严重的性能降级。OS 层对信号量的了解可能有助于消除此类情况。
- 可以利用专门的硬件支持锁定来减少关联的代价。这可能非常重要，因为锁定是最常见的 DBMS 操作之一。

1　信号量是一些数据结构，用于同步且排他地访问共享资源，以防止在并行计算系统中出现竞态条件。

- 通过内核提供一组公共事务支持操作，可以允许应用开发人员重点关注向他们的产品中添加新特性，而无须为每个应用重新实现这些公共功能。例如，如果不同的 DBMS 将在同一台机器上共存，并且它们都采用两阶段提交协议，那么将该协议实现为内核的一部分会更有利，这样 DDBMS 开发人员就可以将更多的精力投入到为他们的产品添加新特性上。

23.5 分布式数据库中的查询处理和优化

现在将概述 DDBMS 如何处理和优化查询。首先将讨论查询处理中涉及的步骤，然后将详细说明处理分布式查询的通信代价。接着将讨论一种称为*半连接*的特殊操作，它用于优化 DDBMS 中的某些查询类型。关于优化算法的详细讨论超出了本书的范围。我们将尝试使用合适的示例来说明优化原理[1]。

23.5.1 分布式查询处理

分布式数据库查询处理包括以下阶段。

（1）**查询映射**。使用查询语言形式化地指定分布式数据上的输入查询，然后将其转换成全局关系上的一个代数查询。这种转换是通过参考全局概念模式完成的，并且不会考虑数据的实际分布和复制。因此，这种转换在很大程度上与集中式 DBMS 中执行的转换相同。首先对其进行规范化，分析语义错误，进行简化，并且最终将其重构成一个代数查询。

（2）**本地化**。在分布式数据库中，分片将导致把关系存储在不同的站点中，其中可能会复制某些片段。这个阶段使用数据分布和复制信息，将全局模式上的分布式查询映射成各个片段上的单独查询。

（3）**全局查询优化**。优化涉及从候选查询列表中选择一种最接近最优的策略。可以通过改变前一个阶段生成的片段查询内的操作顺序来获得候选查询列表。时间是度量代价的首选因素。总代价是诸如 CPU 代价、I/O 代价和通信代价之类的加权代价组合。由于 DDB 是通过网络连接的，因此网络上的通信代价通常是最显著的。当通过广域网（WAN）连接站点时则尤其如此。

（4）**本地查询优化**。DDB 中的所有站点都具有这个阶段。其技术类似于集中式系统中使用的那些技术。

上面讨论的前 3 个阶段是在一个中央控制站点上的执行的，而最后一个阶段则是在本地执行的。

23.5.2 分布式查询处理的数据传输代价

在第 19 章中讨论过在集中式 DBMS 中处理和优化查询时所涉及的问题。在分布式系统中，几个额外的因素使查询处理变得更复杂。第一个因素是通过网络传输数据的代价。

1 有关优化算法的详细讨论，参见 Ozsu 和 Valduriez（1999）。

这类数据包括要传输到其他站点上以便进一步处理的中间文件，以及可能必须传输到需要查询结果的站点上的最终结果文件。如果通过高性能局域网连接站点，那么这些代价可能不是非常高，但是在其他类型的网络中它们将变得相当显著。因此，DDBMS 查询优化算法在选择分布式查询执行策略时，应以减少传输的数据量作为优化目标。

这里将利用两个简单的示例查询来说明这一点。假设图 5.5 中的 EMPLOYEE 和 DEPARTMENT 关系分布在两个站点上，如图 23.4 所示。在这个示例中，假定两个关系都没有分段。根据图 23.4 所示，EMPLOYEE 关系的大小是 $100 \times 10\,000 = 10^6$ 字节，DEPARTMENT 关系的大小是 $35 \times 100 = 3500$ 字节。考虑查询 Q：对于每一位雇员，检索该雇员的姓名及其所在部门的名称。在关系代数中可以把这个查询表述如下：

Q：$\pi_{\text{Fname,Lname,Dname}}(\text{EMPLOYEE} \bowtie_{\text{Dno=Dnumber}} \text{DEPARTMENT})$

站点 1:

EMPLOYEE

Fname	Minit	Lname	Ssn	Bdate	Address	Sex	Salary	Super_ssn	Dno

10 000 条记录
每条记录的长度是 100 字节
Ssn 字段的长度是 9 字节　　Fname 字段的长度是 15 字节
Duo 字段的长度是 4 字节　　Lname 字段的长度是 15 字节

站点 2:

DEPARTMENT

Dname	Dnumber	Mgr_ssn	Mgr_start_date

10 000 条记录
每条记录的长度是 35 字节
Dnumber 字段的长度是 4 字节　　Dname 字段的长度是 10 字节
Mgr_ssn 字段的长度是 9 字节

图 23.4　说明数据传输量的示例

假定每位雇员都与一个部门相关联，那么这个查询的结果将包括 10 000 条记录。假设查询结果中的每条记录的长度是 40 字节。该查询是在一个不同的站点 3 上提交的，这个站点称为**结果站点**（result site），因为它需要查询结果。EMPLOYEE 关系和 DEPARTMENT 关系都不是驻留在站点 3 上。执行这个分布式查询有 3 种简单的策略：

（1）将 EMPLOYEE 和 DEPARTMENT 关系都传输到结果站点即站点 3，并在该站点上执行连接。在这种情况下，总共必须传输 1 000 000 + 3500 = 1 003 500 字节。

（2）将 EMPLOYEE 关系传输到站点 2，并在该站点上执行连接，再将结果传输到站点 3。查询结果的大小是 $40 \times 10\,000 = 400\,000$ 字节，因此必须传输 400 000 + 1 000 000 = 1 400 000 字节。

（3）将 DEPARTMENT 关系传输到站点 1，并在该站点上执行连接，再将结果传输到站点 3。在这种情况下，必须传输 400 000 + 3500 = 403 500 字节。

如果优化标准要求最小化数据的传输量，就应该选择策略 3。现在考虑另一个查询 Q′：对于每个部门，检索部门名称和部门经理的姓名。在关系代数中可以将这个查询表述如下：

Q′：$\pi_{\text{Fname,Lname,Dname}}(\text{DEPARTMENT} \bowtie_{\text{Mgr\_ssn=Ssn}} \text{EMPLOYEE})$

同样，假设在站点 3 上提交查询。假定每个部门都有一位经理，执行查询 Q 的 3 种策略同样适用于 Q′，只不过 Q′的结果只包括 100 条记录：

（1）将 EMPLOYEE 和 DEPARTMENT 关系都传输到结果站点即站点 3，并在该站点上执行连接。在这种情况下，总共必须传输 1 000 000 + 3500 = 1 003 500 字节。

（2）将 EMPLOYEE 关系传输到站点 2，并在该站点上执行连接，再将结果传输到站点 3。查询结果的大小是 40 × 100 = 4000 字节，因此必须传输 4000 + 1 000 000 = 1 004 000 字节。

（3）将 DEPARTMENT 关系传输到站点 1，并在该站点上执行连接，再将结果传输到站点 3。在这种情况下，必须传输 4000 + 3500 = 7500 字节。

同样，将再次选择策略 3，与策略 1 和 2 相比，这一次策略 3 具有绝对的优势。在上述的 3 种策略中，结果站点（站点 3）与包含查询中所涉及文件的所有站点（站点 1 和 2）显然都不相同。不过，如果假设结果站点是站点 2，那么就具有两种简单的策略：

（1）将 EMPLOYEE 关系传输到站点 2，执行查询，并且在站点 2 上将结果展示给用户。在这里，对于 Q 和 Q′，都必须传输相同的字节数，即 1 000 000 字节。

（2）将 DEPARTMENT 关系传输到站点 1，并在该站点上执行查询，再将结果发送回站点 2。在这种情况下，对于 Q，必须传输 400 000 + 3500 = 403 500 字节；对于 Q′，则必须传输 4000 + 3500 = 7500 字节。

还有一种更复杂的策略有时比这些简单的策略工作得更好，它使用一种称为**半连接**（semijoin）的操作。接下来将介绍这种操作，并将讨论使用半连接的分布式执行。

23.5.3 使用半连接的分布式查询处理

使用半连接操作的分布式查询处理背后的思想是：在把关系传输到另一个站点之前减少关系中的元组数量。直观地讲，其思想就是将一个关系 R 的连接列（joining column）发送到另一个关系 S 所在的站点；然后将这个列与 S 进行连接。之后，将把连接属性以及结果中所需的属性投影出来并发送回原始站点，然后与 R 进行连接。因此，将只在一个方向上传输 R 的连接列，并在另一个方向上传输 S 的不含无关元组或属性的子集。如果 S 中只有一小部分元组参与连接，这可能就是一种最小化数据传输量的高效解决方案。

为了说明这一点，可以考虑下面用于执行 Q 或 Q′的策略：

（1）在站点 2 上投影 DEPARTMENT 的连接属性，并把它们传输到站点 1。对于 Q，将传输 $F = \pi_{Dnumber}$(DEPARTMENT)，其大小是 4×100 = 400 字节；而对于 Q′，则将传输 $F' = \pi_{Mgr\_ssn}$(DEPARTMENT)，其大小是 9×100 = 900 字节。

（2）在站点 1 上将传输的文件与 EMPLOYEE 关系进行连接，并且把必需的属性从结果文件传输到站点 2 上。对于 Q，将传输 $R = \pi_{Dno, Fname, Lname}(F \ltimes_{Dnumber=Dno}$ EMPLOYEE)，其大小是 34×10 000 = 340 000 字节；而对于 Q′，则将传输 $R' = \pi_{Mgr\_ssn, Fname, Lname}(F' \ltimes_{Mgr\_ssn=Ssn}$ EMPLOYEE)，其大小是 39×100 = 3900 字节。

（3）将传输的文件 R 或 R′与 DEPARTMENT 进行连接来执行查询，并在站点 2 上将结果展示给用户。

使用这种策略，对于 Q 将传输 340 400 字节，对于 Q′则将传输 4800 字节。把第（2）步中传输到站点 2 的 EMPLOYEE 属性和元组限制于只传输那些将在第（3）步中与

DEPARTMENT 元组实际地进行连接的属性和元组。对于查询 Q，这证明将包括所有的 EMPLOYEE 元组，因此只能实现很少的改进。不过，对于 Q′，则只需要 10000 个 EMPLOYEE 元组中的 100 个元组。

可以设计半连接运算来形式化表示这种策略。**半连接运算**（semijoin operation）$R \ltimes_{A=B} S$ 将产生与关系代数表达式 $\pi R(R \ltimes_{A=B} S)$相同的结果，其中 A 和 B 分别是 R 和 S 的域兼容的属性。在分布式环境中，R 和 S 驻留在不同的站点上，实现半连接的方法通常如下：首先将 $F = \pi_B(S)$传输到 R 驻留的站点，然后将 F 与 R 连接起来，从而得到这里讨论的策略。

注意：半连接运算是不可交换的，即：

$R \ltimes S \neq S \ltimes R$

23.5.4　查询和更新分解

在一个不具备分布透明性的 DDBMS 中，用户依据特定的片段直接解析查询。例如，考虑另一个查询 Q：检索在由部门 5 控制的某个项目上工作的每位雇员的姓名及其每周的工作时间，这是在分布式数据库上指定的一个查询，与以前的示例一样，站点 2 和 3 上存储的关系如图 23.2 所示，站点 1 上存储的关系如图 5.6 所示。提交这类查询的用户必须指定该查询引用的关系，是站点 2 上的 PROJS_5 和 WORKS_ON_5 关系（参见图 23.2），还是站点 1 上的 PROJECT 和 WORKS_ON 关系（参见图 5.6）。用户在更新一个没有复制透明性的 DDBMS 时还必须维护所复制数据项的一致性。

另一方面，一个支持完全分布、分段和复制透明性的 DDBMS 允许用户在图 5.5 所示的模式上指定查询或更新请求，就像在集中式 DBMS 中一样。对于更新，DDBMS 负责使用 23.3 节中讨论的分布式并发控制算法之一，来维护所复制数据项之间的一致性。对于查询，**查询分解**（query decomposition）模块必须将一个查询分裂或**分解**（decompose）成可以在各个站点上执行的一些**子查询**（subquery）。此外，还必须生成一个结合各个子查询的结果以构成查询结果的策略。无论何时 DDBMS 确定需要复制查询中引用的数据项时，它都必须在查询执行期间选择或**物化**（materialize）特定的副本。

为了确定哪些副本包括查询中引用的数据项，DDBMS 将参考 DDBMS 目录中存储的分段、复制和分布信息。对于垂直分段，将把每个片段的属性列表保存在目录中。对于水平分段，将为每个片段保存一个有时称为**防护**（guard）的条件。它基本上是一个选择条件，用于指定哪些元组存在于片段中；之所以称之为防护条件，是因为只有满足这个条件的元组才允许存储在片段中。对于混合片段，将把属性列表和防护条件都保存在目录中。

在前面的示例中，站点 1（参见图 5.6）上的片段的防护条件为 TRUE（所有元组），属性列表为*（所有属性）。对于图 23.2 中所示的片段，将具有图 23.5 中所示的防护条件和属性列表。在 DDBMS 分解一个更新请求时，它可以通过检查防护条件来确定哪些片段需要更新。例如，如果用户请求插入一个新的 EMPLOYEE 元组< 'Alex', 'B', 'Coleman', '345671239', '22-APR-64', '3306 Sandstone, Houston, TX', M, 33000, '987654321', 4>，那么 DDBMS 将把它分解成两个插入请求：第一个请求将把上述这个元组插入到站点 1 上的 EMPLOYEE 片段中，第二个请求则将把投影元组<'Alex', 'B', 'Coleman', '345671239', 33000, '987654321', 4>插入到站点 3 上的 EMPD4 片段中。

对于查询分解，DDBMS 可以通过比较查询条件与防护条件，来确定哪些片段可能包含所需的元组。例如，考虑查询 Q：*检索在部门 5 控制的某个项目上工作的每位雇员的姓名及其每周的工作时间*。在图 5.5 所示的模式上可以利用 SQL 指定这个查询，如下所示：

```
Q: SELECT Fname, Lname, Hours
   FROM   EMPLOYEE, PROJECT, WORKS_ON
   WHERE  Dnum=5 AND Pnumber=Pno AND Essn=Ssn;
```

假设这个查询是在站点 2 上提交的，该站点是需要查询结果的地方。DDBMS 可以从 PROJS5 和 WORKS_ON5 上的防护条件确定满足条件（Dnum = 5 AND Pnumber = Pno）的所有元组都驻留在站点 2 上。因此，它可能将该查询分解成以下关系代数子查询：

(a) EMPD5
    attribute list: Fname, Minit, Lname, Ssn, Salary, Super_ssn, Dno
  guard condition: Dno = 5
  DEP5
    attribute list: * (all attributes Dname, Dnumber, Mgr_ssn, Mgr_start_date)
  guard condition: Dnumber = 5
  DEP5_LOCS
    attribute list: * (all attributes Dnumber, Location)
  guard condition: Dnumber = 5
  PROJS5
    attribute list: * (all attributes Pname, Pnumber, Plocation, Dnum)
  guard condition: Dnum = 5
  WORKS_ON5
    attribute list: * (all attributes Essn, Pno,Hours)
  guard condition: Essn IN (πSsn (EMPD5)) OR Pno IN (πPnumber (PROJS5))

(b) EMPD4
    attribute list: Fname, Minit, Lname, Ssn, Salary, Super_ssn, Dno
  guard condition: Dno = 4
  DEP4
    attribute list: * (all attributes Dname, Dnumber, Mgr_ssn, Mgr_start_date)
  guard condition: Dnumber = 4
  DEP4_LOCS
    attribute list: * (all attributes Dnumber, Location)
  guard condition: Dnumber = 4
  PROJS4
    attribute list: * (all attributes Pname, Pnumber, Plocation, Dnum)
  guard condition: Dnum = 4
  WORKS_ON4
    attribute list: * (all attributes Essn, Pno, Hours)
  guard condition: Essn IN (πSsn (EMPD4))
    OR Pno IN (πPnumber (PROJS4))

图 23.5　片段的防护条件和属性列表

(a) 站点 2 上的片段；(b) 站点 3 上的片段

$T_1 \leftarrow \pi_{Essn}(PROJS5 \bowtie_{Pnumber=Pno} WORKS\_ON5)$

$T_2 \leftarrow \pi_{Essn, Fname, Lname}(T_1 \bowtie_{Essn=Ssn} EMPLOYEE)$

$RESULT \leftarrow \pi_{Fname, Lname, Hours}(T_2 * WORKS\_ON5)$

通过使用半连接策略，这个分解可用于执行查询。DDBMS 根据防护条件知道：PROJS5 恰好包含那些满足（Dnum = 5）的元组，而 WORKS_ON5 则包含将与 PROJS5 连接的所有元组；因此，可以在站点 2 上执行子查询 T_1，并且可以将投影列 Essn 发送到站点 1 上。然后可以在站点 1 上执行子查询 T_2，并且可以将结果发送回站点 2 上，在该站点上将计算最终的查询结果并显示给用户。一种替代策略是将查询 Q 自身发送到站点 1，该站点上包括所有的数据库元组，并且可以在本地执行查询，并将结果从站点 1 发送回站点 2。查询优化器将估算这两种策略的代价，并且选择代价较小的那个策略。

23.6 分布式数据库系统的类型

术语*分布式数据库管理系统*可以描述在许多方面互不相同的多种系统。所有这些系统的一个主要的共同点是：数据和软件分布在通过某种形式的通信网络连接的多个站点上。在本节中，将讨论许多 DDBMS 类型，以及区分这些系统的标准和因素。

要考虑的第一个因素是 DDBMS 软件的**同构程度**（degree of homogeneity）。如果所有的服务器（或者各个本地 DBMS）都使用相同的软件，并且所有的用户（客户）也使用相同的软件，就称 DDBMS 是**同构**（homogeneous）的；否则，就称它是**异构**（heterogeneous）的。与同构程度相关的另一个因素是**本地自治性程度**（degree of local autonomy）。如果不能使本地站点作为独立的DBMS 正常运行，那么系统将**没有本地自治性**（no local autonomy）。另一方面，如果允许本地事务*直接访问*服务器，那么系统将具有一定程度的本地自治性。

图 23.6 显示了 DDBMS 沿着分布性、自治性和异构性这 3 根正交轴的分类。对于集中式数据库，它具有完全的自治性，但是完全没有分布性和异构性（图中的点 A）。从图中可以看到，本地自治性程度提供了进一步分类的基础，即分类成联邦式数据库系统和多数据库系统。在自治性切面远端的 DDBMS 在用户看来就像一个集中式 DDBMS，其自治性为零(点 B)。它只是一种概念模式，对系统的所有访问都是通过一个站点获得的，它是 DDBMS 的一部分，这意味着不存在本地自治性。沿着自治性轴会遇到两种类型的 DDBMS，分别称为*联邦式数据库系统*（点 C）和*多数据库系统*（点 D）。在这类系统中，每个服务器都是独立的、自治的集中式 DBMS，它们具有自己的本地用户、本地事务和 DBA，因此具有非常高的*本地自治性*程度。当存在应用共享的数据库联盟的某个全局视图或模式时（点 C），就使用术语**联邦式数据库系统**（federated database system，FDBS）。另一方面，**多数据库系统**（multidatabase system）具有完全的本地自治性，这是由于它没有全局模式，但是可以根据应用需要交互式地构造一种模式（点 D）。这两种系统都是介于分布式系统与集中式系统之间的混合系统，它们之间并没有严格的区分。在一般意义上可以把它们统称为 FDBS。图中的点 D 还可能代表具有完全本地自治性和完全异构性的系统，它可能是一个对等的数据库系统。在异构 FDBS 中，其中一个服务器可能是关系 DBMS，另一个服务器可能是网络 DBMS（例如 Computer Associates 的 IDMS 或者 HP 的 IMAGE/3000），而第三个服务器

可能是对象 DBMS（例如 Object Design 的 ObjectStore）或者层次 DBMS（例如 IBM 的 IMS）；在这种情况下，有必要使用一种规范的系统语言，并且采用语言转换器，用于将子查询从规范语言转换成每个服务器上使用的语言。

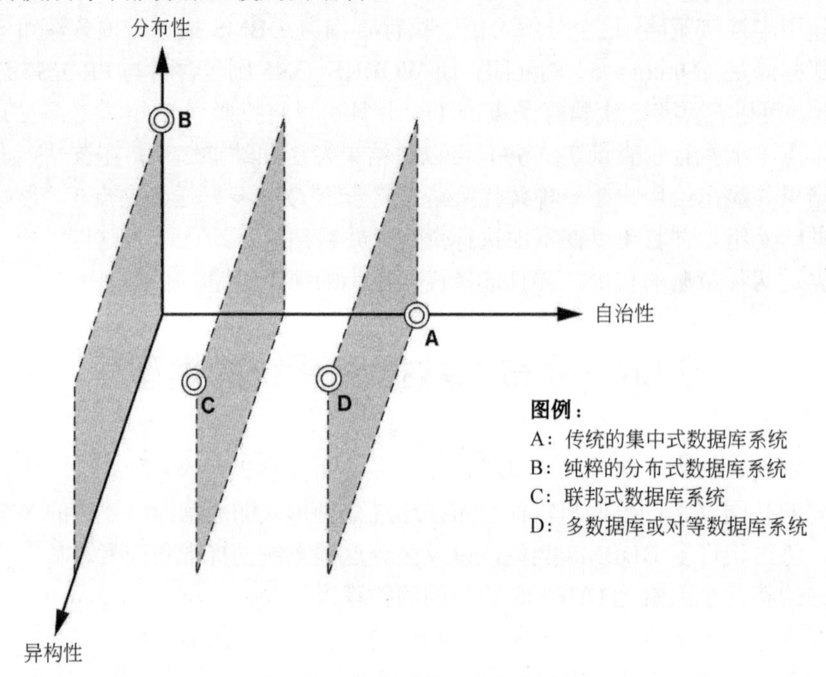

图 23.6　分布式数据库的分类

接下来将简要讨论影响 FDBS 设计的问题。

联邦式数据库管理系统的问题

FDBS 中存在的异构性可能源于多种原因。本节首先将讨论这些原因，然后指出不同类型的异构性如何形成语义上的异构性，这种异构性必须在异构的 FDBS 中得到解决。

- **数据模型中的差别**。一个组织机构里的数据库来自各种各样的数据模型，包括所谓的遗留模型（层次模型和网状模型）、关系数据模型、对象数据模型，甚至是文件。这些模型的建模能力也有所不同。因此，通过单独一种全局模式或者以单独一种语言统一处理它们将是有挑战性的。即使两个数据库都来自 RDBMS 环境，但是相同的信息在不同的数据库中可能表示为属性名、关系名或者值。这就要求有一种智能的查询处理机制，它可以基于元数据将信息关联起来。
- **约束中的差别**。约束机制的描述和实现因系统而异。在全局模式的构造中必须整合这些类似的特性。例如，可以将 ER 模型中的联系表示为关系模型中的参照完整性约束。可能不得不使用触发器来实现关系模型中的某些约束。全局模式还必须处理约束之间的潜在冲突。
- **查询语言中的差别**。甚至对于相同的数据模型，使用的语言及其版本也可能有所不同。例如，SQL 具有多种版本，例如 SQL-89、SQL-92、SQL-99 和 SQL:2008，并且每个系统都具有一组它自己的数据类型、比较运算符、字符串操作特性等。

语义异构性

当相同或相关的数据具有不同的含义、解释和预期用法时，就会产生语义异构性。各成员数据库系统（DBS）之间的语义异构性是设计异构数据库的全局模式的最大障碍。各成员 DBS 的**设计自治性**（design autonomy）是指它们可以自由地选择以下设计参数，而这些设计参数反过来又会影响 FDBS 的最终复杂性：

- **提取数据的论域**。例如，联邦式数据库中的两个顾客账户可能分别来自美国和日本，由于会计惯例不同，它们具有完全不同的属性集合。汇率波动也将是一个问题。因此，这两个数据库中的关系虽然具有相同的名称，例如 CUSTOMER 或 ACCOUNT，但是可能会有一些共同的信息，也可能具有一些完全不同的信息。
- **表示和命名**。对于每个本地数据库，可能预先指定数据元素的表示和命名以及数据模型的结构。
- **数据的理解、含义和主观解释**。这是产生语义异构性的主要原因。
- **事务和策略约束**。这些约束涉及可串行化标准、补偿事务及其他事务策略。
- **摘要的导出**。系统支持的聚合、汇总及其他数据处理特性和操作。

上述与语义异构性相关的问题是所有大型跨国组织和政府机构在所有应用领域都会面临的问题。在今天的商业环境中，大多数企业都会求助于异构 FDBS，因为在过去的 20~30 年间，针对不同的问题，使用各种不同的数据模型来开发独立的数据库系统，并且对此投入了大量的资金。企业使用各种形式的软件将来自全局应用的查询和事务传送给各个数据库（可能会对业务规则进行额外的处理），并将来自异构数据库服务器的数据传送给全局应用，这些软件通常称为**中间件**（middleware），或者是称为**应用服务器**（application server）的基于 Web 的程序包（例如，WebLogic 或 WebSphere），甚至是称为**企业资源规划**（enterprise resource planning，ERP）**系统**的通用系统（例如，SAP、J. D. Edwards ERP）。关于这些软件系统的详细讨论超出了本书的范围。

就像提供最终透明性是任何分布式数据库架构的目标一样，本地成员数据库则致力于保持自治性。成员 DBS 的**通信自治性**（communication autonomy）是指它能够决定是否与另一个成员 DBS 之间进行通信。**执行自治性**（execution autonomy）是指成员 DBS 能够执行本地操作，而不受其他成员 DBS 的外部操作所干扰，并且能够决定执行这些操作的顺序。成员 DBS 的**关联自治性**（association autonomy）意味着它能够决定是否以及在多大程度上与其他成员 DBS 共享其功能（它所支持的操作）和资源（它所管理的数据）。设计 FDBS 的主要挑战是使各成员 DBS 之间能够进行互操作，同时仍然给它们提供上述的各种自治性。

23.7　分布式数据库架构

在本节中，首先将简要指出并行数据库架构与分布式数据库架构之间的区别。尽管这两种架构在今天的业界都非常流行，但是各种事实表明：分布式架构在大型企业当中呈持续增长之势。并行架构更常用于高性能计算，其中事务处理和数据仓储应用产生的数据量需要多处理器架构来处理。然后将介绍分布式数据库的一种通用架构，接着将讨论三层客户/服务器架构以及联邦式数据库系统。

23.7.1 并行架构与分布式架构

最常见的多处理器系统架构主要有两种类型：

- **共享内存（紧耦合）架构**。多个处理器共享辅存（磁盘存储器），也共享主存。
- **共享磁盘（松耦合）架构**。多个处理器共享辅存（磁盘存储器），但是每个处理器具有它们自己的主存。

这些架构使处理器之间能够通信，而不会产生通过网络交换消息的开销[1]。使用上述架构类型开发的数据库管理系统称为**并行数据库管理系统**（parallel database management system），而不是 DDBMS，因为它们利用的是并行处理器技术。另一种多处理器架构称为**全无共享架构**（shared-nothing architecture）。在这种架构中，每个处理器都有它自己的主存和辅存（磁盘存储器），而没有公共存储器，处理器之间通过高速内联网络（总线或交换机）通信。尽管全无共享架构类似于分布式数据库计算环境，但是在操作模式上存在重大差别。在全无共享多处理器系统中，具有节点的对称性和同构性；而在分布式数据库环境中则不是这样，其中每个节点上的硬件和操作系统的异构性非常普遍。还可以将全无共享架构视作并行数据库的环境。图 23.7(a)说明了一个并行数据库（全无共享），而图 23.7(b)则说明了一个允许分布式访问的集中式数据库，图 23.7(c)则显示了一个纯粹的分布式数据库。这里将不会展开讨论并行架构以及相关的数据管理问题。

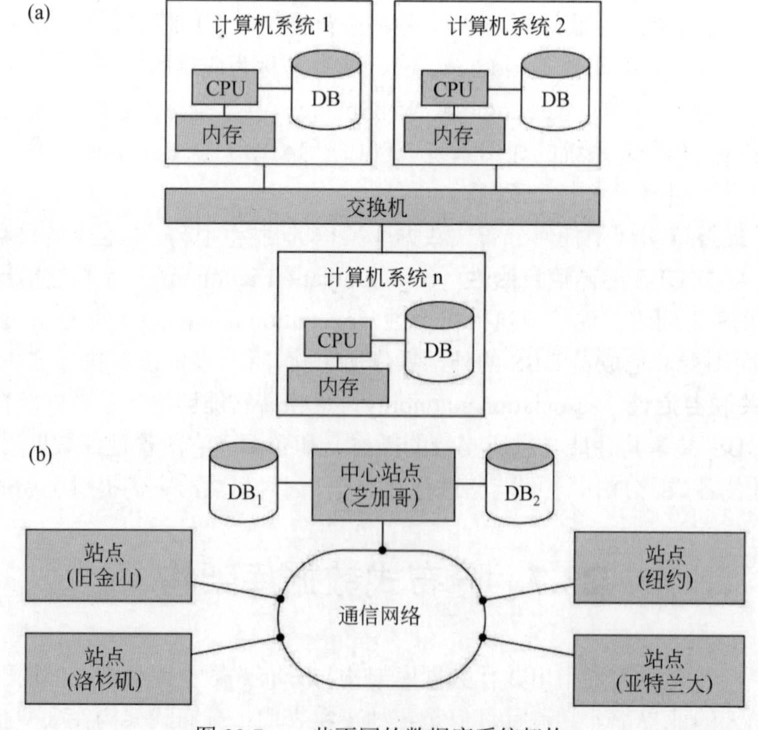

图 23.7　一些不同的数据库系统架构

(a) 全无共享架构；(b) 在站点之一上具有集中式数据库的网状架构；(c) 真正的分布式数据库架构

1　如果主存和辅存是共享的，则这种架构也称为全部共享架构（shared-everything architecture）。

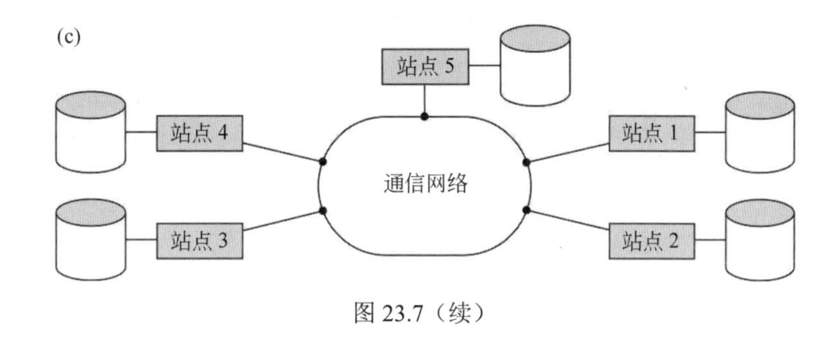

图 23.7（续）

23.7.2　纯粹的分布式数据库的通用架构

在本节中，将讨论 DDB 的逻辑架构模型和成员架构模型。在图 23.8 中描述了 DDB 的通用模式架构，它利用一个一致的、统一的视图给企业展示跨所有节点的底层数据的逻辑结构。这个视图是通过全局概念模式（global conceptual schema，GCS）表示的，它可以提供网络透明性（参见 23.1.2 节）。为了包容 DDB 中可能存在的异构性，图中显示的每个节点都具有它自己的局部内模式（local internal schema，LIS），该模式基于物理组织在特定站点上的细节。每个站点上的数据的逻辑组织通过局部概念模式（local conceptual schema，LCS）指定。GCS、LCS 以及它们的底层映射提供了 23.1.2 节中讨论的分段和复制透明性。图 23.8 显示了 DDB 的成员架构。它是第 2 章中介绍的对应的集中式数据库（参见图 2.3）的扩展。出于简单起见，这里没有显示公共的元素。全局查询编译器将会从全局系统目录中参考全局概念模式，以验证和实施所定义的约束。全局查询优化器将参考全局和局部概

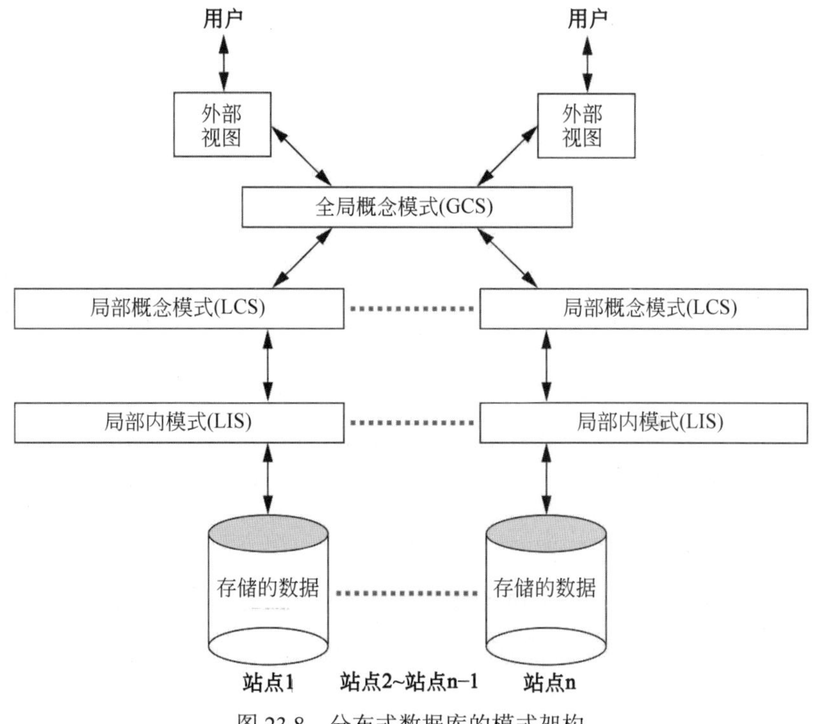

图 23.8　分布式数据库的模式架构

念模式，并且从全局查询中生成优化的局部查询。它将使用一个代价函数，基于响应时间（CPU、I/O 和网络延迟）以及估算的中间结果大小，来评估所有的候选策略。当查询中涉及连接时，估算的中间结果大小尤其重要。在计算了每个候选策略的代价之后，优化器将选择具有最小代价的策略并执行它。每个本地 DBMS 都将具有它自己的局部查询优化器、事务管理器、执行引擎以及存放局部模式的局部系统目录。全局事务管理器负责将多个站点上的局部事务管理器连接起来协调执行。

23.7.3 联邦式数据库模式架构

图 23.9 中显示了 FDBS 环境中支持全局应用的典型的五层模式架构。在这种架构中，**局部模式**（local schema）是成员数据库的概念模式（完全数据库定义），**成员模式**（component schema）是通过将局部模式转换成 FDBS 的规范数据模型或公共数据模型（CDM）而得到的。从局部模式到成员模式的模式转换是通过生成映射实现的，它将成员模式上的命令转换成对应的局部模式上的命令。**导出模式**（export schema）代表可供 FDBS 使用的成员模式的一个子集。**联邦模式**（federated schema）是全局模式或视图，它是集成所有可共享的导出模式的结果。**外模式**（external schema）用于定义用户组或应用的模式，就像三层模式架构中一样。

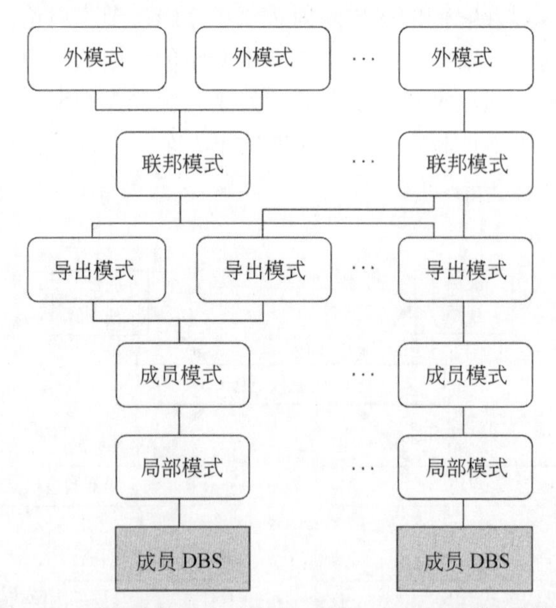

图 23.9 联邦式数据库系统（FDBS）中的五层模式架构

来源：改编自 Sheth 和 Larson 的“Federated Database Systems for Managing Distributed, Heterogeneous, and Autonomous Databases”（“用于管理分布式、异构和自治数据库的联邦式数据库系统”）。*ACM Computing Surveys*（第 22 卷：第 3 期，1990 年 9 月）

与适用于 FDBS 的查询处理、事务处理、目录和元数据管理以及恢复等相关的所有问题需要进行更多的考虑。对这些问题的详细讨论超出了本书的范围。

23.7.4　三层客户-服务器架构概述

就像本章简介中指出的那样，能够支持迄今为止所讨论的所有功能的全面 DDBMS 还没有开发出来。作为替代，在客户/服务器架构的环境下正在开发分布式数据库应用。在 2.5 节中介绍了两层客户/服务器架构。现在更普遍的是使用三层架构而不是两层架构，尤其是在 Web 应用中。图 23.10 中说明了这种架构。

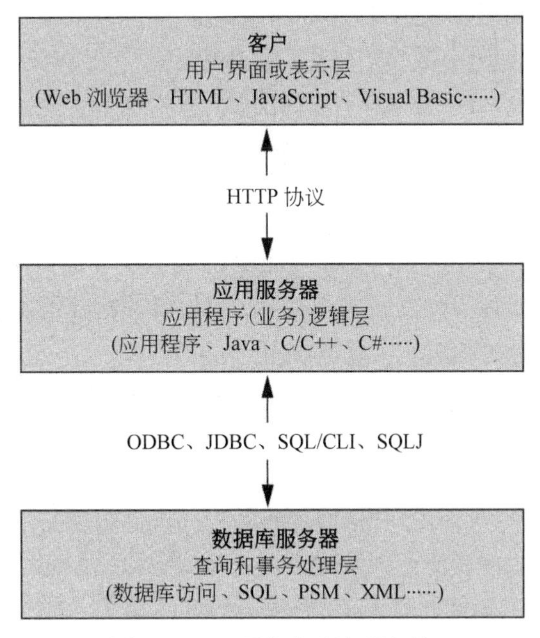

图 23.10　三层客户/服务器架构

在三层客户/服务器架构中具有以下 3 层。

（1）**表示层（客户）**：这一层提供用户界面并与用户交互。这一层的程序将给客户展示 Web 界面或表单，以便于应用交互。通常会利用 Web 浏览器，使用的语言和规范包括 HTML、XHTML、CSS、Flash、MathML、Scalable Vector Graphics（SVG）、Java、JavaScript、Adobe Flex 等。这一层通过接受用户命令来处理用户输入、输出和导航，并且通常以静态或动态 Web 页面的形式显示所需的信息。当用户交互涉及数据库访问时，将会用到动态 Web 页面。当使用 Web 界面时，这一层通常会通过 HTTP 协议与应用层进行通信。

（2）**应用层（业务逻辑）**：这一层将编写应用逻辑。例如，可以基于来自客户的用户输入来表述查询，或者可以格式化查询结果并发送给客户以进行显示。在这一层可以处理额外的应用功能，例如安全检查、身份验证及其他功能。应用层可以使用 ODBC、JDBC、SQL/CLI 或其他数据库访问技术连接到数据库，根据需要与一个或多个数据库或者数据源交互。

（3）**数据库服务器**：这一层处理来自应用层的查询和更新请求，处理请求并发送结果。如果数据库是关系数据库或对象-关系数据库，通常使用 SQL 访问数据库，还可能会调用数据库的存储过程。可以将查询结果（和查询）格式化成 XML（参见第 13 章），以便在应用服务器与数据库服务器之间传递。

在客户、应用服务器与数据库服务器之间准确地划分DBMS功能的方法可能有所不同。常见的方法是把集中式 DBMS 的功能包括在数据库服务器层。许多关系 DBMS 产品都采用了这种方法，其中会提供一个 SQL **服务器**（SQL server）。然后，应用服务器必须表述合适的 SQL 查询，并在需要时连接到数据库服务器。客户提供对用户界面交互的处理。由于 SQL 是一个关系标准，因此可能由不同供应商提供的各种 SQL 服务器都将能够通过诸如 ODBC、JDBC 和 SQL/CLI（参见第 10 章）之类的标准接受 SQL 命令。

在这种架构中，应用服务器还可能引用一个数据字典以及一些模块，其中前者包括关于在各种 SQL 服务器之间分布数据的信息，后者用于将一个全局查询分解成许多可以在多个站点上执行的局部查询。在 SQL 查询处理期间，可以按如下步骤处理应用服务器与数据库服务器之间的交互。

（1）应用服务器基于来自客户层的输入表述用户查询，并把它分解成许多独立的站点查询。然后把每个站点查询发送到合适的数据库服务器站点。

（2）每个数据库服务器处理局部查询，并把结果发送到应用服务器站点。目前，把 XML 作为数据交换标准的呼声越来越高（参见第 13 章），因此数据库服务器在将查询结果发送给应用服务器之前，可以先把它格式化成 XML。

（3）应用服务器合并子查询的结果，产生原来所需查询的结果，将其格式化成 HTML 或者客户可以接受的其他某种形式，然后发送给客户站点以便进行显示。

应用服务器负责为多站点查询或事务生成一个分布式执行计划，并通过向服务器发送命令来监督分布式执行。这些命令包括要执行的局部查询和事务，以及将数据传送给其他客户或服务器的命令。由应用服务器（或协调者）控制的另一个功能是：通过利用分布式（或全局）并发控制技术，来确保数据项的复制副本的一致性。应用服务器还必须在某些站点失效时通过执行全局恢复，来确保全局事务的原子性。

如果 DDBMS 能够对应用服务器隐藏数据分布的细节，那么它就允许应用服务器执行全局查询和事务，就像在集中式数据库上一样，而不必指定查询或事务中引用的数据所驻留的站点。这种性质称为**分布透明性**（distribution transparency）。一些 DDBMS 没有提供分布透明性，而是要求应用知道数据分布的细节。

23.8 分布式目录管理

在分布式数据库中，高效的目录管理对于确保站点自治性、视图管理以及数据分布和复制达到令人满意的性能是至关重要的。目录是数据库自身维护的关于分布式数据库系统的元数据。

分布式目录具有 3 种流行的管理模式：集中式目录、全复制目录和分区目录。对管理模式的选择依赖于数据库本身以及应用对底层数据的访问模式。

集中式目录。在这种模式中，将整个目录存储在单独一个站点中。由于其集中性，因此很容易实现。另一方面，它对可靠性、可用性、自治性和处理负载的分布性这些优点将会产生不利的影响。对于来自非中心站点的读操作，将会在中心站点上锁定所请求的目录数据，然后将其发送给请求站点。一旦完成读操作，就给中心站点发送一个确认，中心站点就会解锁该数据。所有的更新操作都必须通过中心站点处理。对于写操作密集的应用，这可能很快就变成一个性能瓶颈。

全复制目录。在这种模式中，每个站点上都将具有完整目录的相同副本。这种模式有利于更快地执行读操作，因为它允许在本地响应它们。不过，必须将所有的更新广播给所有的站点。将把更新作为事务处理，并将利用一种集中式的两阶段提交模式以确保目录一致性。与集中式模式一样，由于写操作要发出广播消息，因此写操作密集的应用可能会导致网络通信量增长。

部分复制目录。集中式模式和全复制模式会限制站点自治性，因为它们必须确保一致的目录全局视图。在部分复制模式下，每个站点都会维护关于在该站点本地存储的数据的完整目录信息。每个站点还允许缓存从远程站点检索得到的目录项。不过，不能保证这些缓存的副本将是最新的和更新过的。对于创建对象的站点以及包含该对象副本的站点，系统将跟踪它们的目录项。对副本的任何改变都会立即传播到原始（源发）站点。检索已更新副本以替换陈旧数据的过程可能会被延迟，直到发生访问该数据的操作为止。一般来讲，跨站点的关系片段应该是唯一可访问的。此外，为了确保数据的分布透明性，还应该允许用户为远程对象创建同义词，并在后续的引用中使用这些同义词。

23.9　小　　结

在本章中介绍了分布式数据库。这是一个非常宽泛的主题，我们只讨论了分布式数据库使用的一些基本技术。首先，在 23.1 节中讨论了进行数据分布的原因，并在 23.1.1 节中介绍了 DDB 概念。然后在 23.1.2 节中定义了分布透明性的概念，以及分段透明性和复制透明性的相关概念。在 23.1.3 节中讨论了分布式可用性和可靠性的概念，并在 23.1.4 节中概述了可伸缩性和分区容错性问题。在 23.1.5 节中讨论了分布式系统中的节点的自治性，并在 23.1.6 节中讨论了分布式数据库相对于集中式系统的潜在优点。

在 23.2 节中，讨论了与数据分段、复制和分布相关的设计问题。在 23.2.1 节中对关系的水平分段（分片）和垂直分段进行了区分。然后在 23.2.2 节中讨论了使用数据复制来改进系统可靠性和可用性。在 23.3 节中，简要讨论了 DDBMS 中使用的并发控制和恢复技术，接着评论了在集中式环境中不会出现但是在分布式环境中必须处理的其他一些问题。然后，在 23.4 节中讨论了事务管理，包括不同的提交协议（二阶段提交、三阶段提交）以及对事务管理的操作系统支持。

在 23.5 节中说明了分布式查询处理中使用的一些技术，并且讨论了站点间通信的代价，它被认为是分布式查询优化的主要因素。我们比较了执行连接的不同技术，然后在 23.5.3 节中介绍了半连接技术，用于连接驻留在不同站点上的关系。

在 23.6 节中使用诸如软件模块同构性程度和局部自治性程度之类的标准对 DDBMS 进行分类。在 23.7 节中，讨论了并行系统架构与分布式系统架构之间的区别，然后从组件以及概要架构角度介绍了分布式数据库的通用架构。在 23.7.3 节中，相当详细地讨论了联邦式数据库管理的问题，并且重点介绍了支持不同类型的自治性以及处理语义异构性的必要性。在 23.7.4 节中还回顾了客户/服务器架构的概念，并把它们与分布式数据库关联起来。在 23.8 节中再次探讨了分布式数据库中的目录管理，并且总结了它们的相对优点和缺点。

第 24 章和第 25 章将描述与大数据相关的分布式数据库和分布式计算方面的最新进展。第 24 章将描述所谓的 NOSQL 系统，它们是高度可伸缩的分布式数据库系统，可以处理大量的数据。第 25 章将讨论处理大数据所需的云计算和分布式计算技术。

复 习 题

23.1 采用分布式数据库的主要原因及其潜在优点是什么？

23.2 DDBMS优于集中式DBMS的额外功能是什么？

23.3 讨论以下术语的含义：DDBMS的同构程度、DDBMS的局部自治程度、联邦式DBMS、分布透明性、分段透明性、复制透明性、多数据库系统。

23.4 讨论DDBMS的架构。在集中式DBMS的环境内，简要解释因数据分布而引入的新组件。

23.5 DDBMS的主要软件模块是什么？在客户/服务器架构的环境中讨论所有这些模块的主要功能。

23.6 比较两层和三层客户/服务器架构。

23.7 什么是关系的片段？片段的主要类型是什么？为什么在分布式数据库设计中分段是一个有用的概念？

23.8 为什么数据复制在DDBMS是有用的？典型的数据复制单元是什么？

23.9 在分布式数据库设计中数据分配的含义是什么？在站点上典型的数据分布单元是什么？

23.10 如何指定关系的水平分区？如何将完备的水平分区合并成原来的关系？

23.11 如何指定关系的垂直分区？如何将完备的垂直分区合并成原来的关系？

23.12 讨论分布式数据库中的命名问题。

23.13 在DDBMS中处理查询的不同阶段是什么？

23.14 讨论对位于不同站点上的两个文件执行等值连接的不同技术。影响数据传输代价的主要因素是什么？

23.15 讨论对位于不同站点上的两个文件执行等值连接的半连接方法。在什么条件下等值连接策略是高效的？

23.16 讨论影响查询分解的因素。在查询分解过程中如何使用防护条件和片段的属性列表？

23.17 更新请求分解与查询分解有何不同？在更新请求的分解过程中如何使用防护条件和片段的属性列表？

23.18 列出操作系统对DDBMS提供的支持以及这些支持的好处。

23.19 讨论在集中式系统中不会出现但是在分布式系统中会影响并发控制和恢复的因素。

23.20 讨论DDBMS中用于事务管理的两阶段提交协议。列出其局限性，并且解释如何使用三阶段提交协议克服它们。

23.21　比较用于分布式并发控制的主站点方法与主副本方法。使用备份站点对它们各有什么影响？

23.22　在分布式数据库中何时使用投票和选举？

23.23　讨论分布式数据库中的目录管理。

23.24　传统的DDBMS在今天的Internet应用环境中所面临的主要挑战是什么？云计算是如何尝试处理它们的？

23.25　简要讨论Oracle对同构、异构以及基于客户/服务器的分布式数据库架构所提供的支持。

23.26　简要讨论联机目录和它们的管理，以及它们在分布式数据库中的作用。

练　习　题

23.27　考虑COMPANY数据库的数据分布，其中站点2和3上的片段如图23.3中所示，站点1上的片段如图5.6所示。对于下面每个查询，至少给出两种分解和执行查询的策略。这些策略在什么条件下可以工作得很好？

a. 对于部门5中的每位雇员，检索雇员的姓名以及雇员家眷的姓名。

b. 打印在部门5工作但其工作项目不受部门5控制的所有雇员的姓名。

23.28　考虑下面的关系：

```
BOOKS(Book#, Primary_author, Topic, Total_stock, $price)
BOOKSTORE(Store#, City, State, Zip, Inventory_value)
STOCK(Store#, Book#, Qty)
```

Total_stock是库存图书的总数，Inventory_value是书店的总库存价值（以美元计）。

a. 给出对于BOOKSTORE关系的水平分区有意义的两个简单谓词的示例。

b. 如何基于BOOKSTORE的分区来定义STOCK的导出的水平分区？

c. 给出根据主题对BOOKS进行水平分区的谓词。

d. 通过添加(c)中的谓词，说明如何对(b)中的STOCK分区进行进一步的分区。

23.29　考虑一个名为National Books的连锁书店的分布式数据库，它具有3个站点：EAST、MIDDLE和WEST。练习题23.28中给出了关系模式。考虑按$price金额对BOOKS进行分段，如下：

B_1：BOOK1：$price 最高 20 美元

B_2：BOOK2：$price 在 20.01~50 美元

B_3：BOOK3：$price 在 50.01~100 美元

B_4：BOOK4：$price 在 100.01 美元及以上

类似地，按邮政编码对 BOOK_STORES 进行分段，如下：

S_1：EAST：Zip 最高到 35 000

S_2：MIDDLE：Zip 在 35 001~70 000

S_3：WEST：Zip 在 70 001~99 999

假定 STOCK 是一个仅基于 BOOKSTORE 的导出片段。

a. 考虑下面的查询：

```
SELECT    Book#, Total_stock
FROM      Books
WHERE     $price > 15 AND $price < 55;
```

假定BOOKSTORE的片段是无复制的，并且是基于区域分配的。进一步假定BOOKS的分配如下：

EAST：　　B1、B4

MIDDLE：　B1、B2

WEST：　　B1、B2、B3、B4

假定查询是在 EAST 中提交的，它将生成的远程子查询是什么（用 SQL 编写）？

b. 如果在站点 MIDDLE 上将 Book# = 1234 的价格从 45 美元更新为 55 美元，将生成怎样的更新？先用英语再用 SQL 编写它。

c. 给出一个在 WEST 上发出的示例查询，它将为 MIDDLE 生成一个子查询。

d. 编写一个涉及在上述关系上进行选择和投影的查询，并且给出两种表示不同执行方式的可能的查询树。

23.30 考虑你要为一家大型组织（例如，通用汽车公司）建议一种数据库架构，以把所有的数据合并起来，包括遗留的数据库（来自层次和网状模型；无需关于这些模型的特定知识）以及关系数据库，它们在地理上是分布的，以便支持全局应用。假定方案1是使所有的数据库都保持不变，而方案2是首先把它们转换成关系模型，然后通过一个分布式的集成数据库来支持应用。

a. 绘制上述两种方案各自的示意图，显示合适模式之间的连接。对于方案 1，选择为每个数据库提供导出模式以及为每个应用构造统一模式的方法。

b. 对于每种方案，列出从当前状况到全局应用的可行步骤。

c. 从下面两个方面比较这些方案：

i. 设计时考虑。

ii. 运行时考虑。

选读文献

Ceri 和 Pelagatti（1984a）以及 Ozsu 和 Valduriez（1999）所著的教科书专门介绍了分布式数据库。Peterson 和 Davie（2008）、Tannenbaum（2003）以及 Stallings（2007）介绍了数据通信和计算机网络。Comer（2008）讨论了网络和互联网。Ozsu 等（1994）是关于分布式对象管理的论文集。

关于分布式数据库设计、查询处理和优化的大部分研究都出现在 20 世纪 80 年代和 90 年代，这里将快速回顾一些重要的参考文献。分布式数据库设计是依据水平和垂直分段、分配和复制来进行的。Ceri 等（1983）为水平分段和分配开发了一个基于整数编程的优化模型。Navathe 等（1984）开发了基于属性相似性的垂直分段算法，并且展示了垂直片段分配的各种环境。Wilson 和 Navathe（1986）提出了一种用于片段最优分配的分析模型。Elmasri

等（1987）讨论了 ECR 模型的分段。Karlapalem 等（1996）讨论了对象数据库的分布式设计方面的问题。Navathe 等（1996）讨论了将水平分段和垂直分段结合在一起的混合分段。Karlapalem 等（1996）提出了一种用于重新设计分布式数据库的模型。

在 Hevner 和 Yao（1979）、Kerschberg 等（1982）、Apers 等（1983）、Ceri 和 Pelagatti（1984）以及 Bodorick 等（1992）中讨论了分布式查询处理、优化和分解。Bernstein 和 Goodman（1981）讨论了半连接处理背后的理论。Wong（1983）讨论了在关系分段中使用联系。在 Bernstein 和 Goodman（1981a）中讨论了并发控制和恢复模式。Kumar 和 Hsu（1998）汇编了与分布式数据库中的恢复相关的一些文章。在 Garcia-Molina（1982）中讨论了分布式系统中的选举方法。Lamport（1978）讨论了在分布式系统中生成唯一时间戳的相关问题。Rahimi 和 Haug（2007）讨论了为 P2P 数据库构造查询的关键元数据的一种更灵活的方式。Ouzzani 和 Bouguettaya（2004）概括了在基于 Web 的数据源上进行分布式查询处理的一些基本问题。

Thomas（1979）介绍了基于投票方法的复制数据的并发控制技术。Gifford（1979）提出使用加权投票方法，Paris（1986）则描述了一种称为带有证人的投票方法。Jajodia 和 Mutchler（1990）讨论了动态投票方法。Bernstein 和 Goodman（1984）提出了一种称为可用副本的技术，ElAbbadi 和 Toueg（1988）则提出了一种使用分组思想的技术。讨论复制数据的其他著作包括 Gladney（1989）、Agrawal 和 ElAbbadi（1990）、ElAbbadi 和 Toueg（1989）、Kumar 和 Segev（1993）、Mukkamala（1989）以及 Wolfson 和 Milo（1991）。Bassiouni（1988）讨论了 DDB 并发控制的乐观协议。Garcia-Molina（1983）以及 Kumar 和 Stonebraker（1987）讨论了使用事务语义的技术。Menasce 等（1980）以及 Minoura 和 Wiederhold（1982）介绍了基于锁定和标识副本的分布式并发控制技术。Obermark（1982）介绍了用于分布式死锁检测的算法。在最近的著作中，Vadivelu 等（2008）提出使用备份机制和多级安全性来开发改进并发性的算法。Madria 等（2007）提出了一种基于多版本两阶段锁定模式和时间戳的机制，用于处理特定于移动数据库系统的并发问题。Boukerche 和 Tuck（2001）提出了一种允许事务在有限程度上失序的技术。他们尝试通过利用网络环境来减轻应用开发人员的负担，并产生一个调度，它等价于按时间排序的串行调度。Han 等（2004）提出了一种无死锁的、可串行化的扩展 Petri 网络模型，用于基于 Web 的分布式实时数据库。

Kohler（1981）综述了分布式系统中的恢复技术。Reed（1983）讨论了分布式数据上的原子动作。Bhargava（1987）汇编了用于改进分布式系统中的并发和可靠性的多种方法和技术。

联邦式数据库系统最初是在 McLeod 和 Heimbigner（1985）中定义的。Elmasri 等（1986）、Batini 等（1987）、Hayne 和 Ram（1990）以及 Motro（1987）介绍了联邦式数据库中的模式集成技术。Elmagarmid 和 Helal（1988）以及 Gamal-Eldin 等（1988）讨论了异构 DDBS 中的更新问题。Hsiao 和 Kamel（1989）中讨论了异构分布式数据库问题。Sheth 和 Larson（1990）对联邦式数据库管理问题进行了全面综述。

自 20 世纪 80 年代后期以来，多数据库系统和互操作性已经成为重要的主题。在 DeMichiel（1989）、Siegel 和 Madnick（1991）、Krishnamurthy 等（1991）以及 Wang 和 Madnick（1989）中研究了多个数据库之间的语义不兼容性的处理技术。Castano 等（1998）介绍了关于模式分析技术的优秀综述。Pitoura 等（1995）讨论了多数据库系统中的面向对象技术。

Xiao 等（2003）提供了一个基于 XML 的模型，它是多数据库系统的一个通用数据模型，并且基于该模型还介绍了一种模式映射的新方法。Lakshmanan 等（2001）提出了用于实现互操作性的扩展 SQL，并且描述了用于实现同样目标的架构和算法。

在 Mehrotra 等（1992）、Georgakopoulos 等（1991）、Elmagarmid 等（1990）以及 Brietbart 等（1990）等著作中讨论了多数据库中的事务处理。Elmagarmid（1992）讨论了高级应用的事务处理，包括 Heiler 等（1992）中讨论的工程应用。

在复杂的组织机构中，日益流行使用工作流系统来管理信息，在与分布式数据库相结合时，这些系统将使用多层次和嵌套的事务。Weikum（1991）讨论了多层次事务管理。Alonso 等（1997）讨论了当前工作流系统的局限性。Lopes 等（2009）提议用户使用客户端 Web 浏览器来定义和执行他们自己的工作流。他们尝试利用 Web 2.0 趋势来简化用户进行工作流管理的工作。Jung 和 Yeom（2008）利用数据工作流开发了一个改进的事务管理系统，它允许同时、透明地访问构成 HVEM DataGrid 的异构存储器。Deelman 和 Chervanak（2008）列出了数据密集型的科学工作流中面临的挑战。确切地讲，他们探讨了工作流映射中的数据自动化管理、高效映射技术以及用户反馈等问题。他们还讨论了数据重用，以此作为一种管理数据的高效方式，并且介绍了其中面临的挑战。

目前已经实现了许多试验性的分布式 DBMS。它们包括 Epstein 等（1978）开发的分布式 INGRES、Devor 和 Weeldreyer（1980）开发的 DDTS、Rothnie 等（1980）开发的 SDD-1、Lindsay 等（1984）开发的 System R*、Ferrier 和 Stangret（1982）开发的 SIRIUS-DELTA，以及 Smith 等（1981）开发的 MULTIBASE。Rusinkiewicz 等（1988）开发的 OMNIBASE 系统以及 Navathe 等（1994）使用 Candide 数据模型开发的 Federated Information Base 是联邦式 DDBMS 的示例。Pitoura 等（1995）对联邦式数据库系统原型进行了比较调查。大多数商业 DBMS 供应商都发布了使用客户/服务器方法的产品，并且提供了它们系统的分布式版本。在 Carey 等（1991）、DeWitt 等（1990）以及 Wang 和 Rowe（1991）中讨论了一些涉及客户/服务器 DBMS 架构的系统问题。Khoshafian 等（1992）讨论了客户/服务器环境中的关系型 DBMS 的设计问题。在许多书籍中都讨论了客户/服务器管理问题，例如 Zantinge 和 Adriaans（1996）。Di Stefano（2005）讨论了特定于网格计算的数据分布问题，这类讨论中的大部分内容也可能适用于云计算。

第 24 章　NOSQL 数据库和大数据存储系统

现在把注意力转向那些开发用于管理组织机构和应用中的大量数据的系统类型，例如在像 Google、Amazon、Facebook 和 Twitter 这样的组织机构里，以及在像社交媒体、Web 链接、用户配置文件、市场营销、帖子和推特、道路地图和空间数据以及电子邮件这样的应用中。术语 NOSQL 一般被解释为 Not Only SQL（不仅仅是 SQL），而不是 NO to SQL（并非 SQL），并且打算传达以下思想：许多应用所需的系统并不是传统的关系型 SQL 系统，以此增强它们的数据管理需求。大多数 NOSQL 系统都是分布式数据库或者分布式存储系统，重点关注的是半结构化数据存储、高性能、可用性、数据复制和可伸缩性，这与强调即时数据一致性、强大的查询语言和结构化数据存储是相对立的。

首先，在 24.1 节中将介绍 NOSQL 系统、它们的特征，以及它们与 SQL 系统有何区别。我们还将描述 NOSQL 系统的 4 个一般的特征：基于文档、键-值存储、基于列和基于图。24.2 节将讨论 NOSQL 系统如何使用称为**最终一致性**（eventual consistency）的范型来处理多个复制数据（副本）之间的一致性问题。我们将讨论 CAP 定理，它可用于理解 NOSQL 系统重点强调的可用性。在 24.3 节~24.6 节中，将概述每一类 NOSQL 系统，从基于文档的系统开始，然后将依次介绍键-值存储系统和基于列的系统，最后介绍基于图的系统。一些系统也许不能恰好归属于单个类别，而会使用跨两个或更多 NOSQL 系统类别的技术。最后，24.7 节是本章小结。

24.1　NOSQL 系统简介

24.1.1　NOSQL 系统的出现

许多公司和组织都面临需要存储大量数据的应用。考虑一个免费的电子邮件应用，例如 Google Mail 或 Yahoo Mail，或者其他类似的服务，这类应用可能具有数百万用户，并且每个用户都可能具有成千上万封电子邮件。这样，就需要具有能够管理所有这些电子邮件的存储系统；结构化的关系型 SQL 系统可能不是合适的选择，这是因为：（1）SQL 系统提供了太多的服务（强大的查询语言、并发控制等），而这类应用可能不需要这些服务；（2）像传统的关系模型这样的结构化数据模型可能具有太多的限制。尽管更新的关系系统具有更复杂的对象-关系建模选项（参见第 12 章），但是它们仍然需要模式，而这是许多 NOSQL 系统所不需要的。

举另外一个例子，考虑像 Facebook 这样的应用，数百万用户提交帖子，其中许多帖子带有图像和视频；对于在用户当中使用社交媒体进行联系的其他用户，必须将这些帖子显示在他们的页面上。用户配置文件、用户关系和帖子都必须存储在一个巨大的数据存储集合中，对于签约可以查看这些帖子的用户群，必须使他们能够访问合适的帖子。这类应用的一些数据不适合传统的关系系统，通常需要多种类型的数据库和数据存储系统。

一些面临这些数据管理和存储应用的组织决定开发它们自己的系统：

- Google 公司开发了一款称为 BigTable 的专有 NOSQL 系统，在许多需要存储大量数据的 Google 应用中都使用了它，例如 Gmail、Google Maps 和 Web 站点索引。Apache Hbase 是一个基于类似概念的开源 NOSQL 系统。Google 的创新活动产生了称为**基于列**（column-based）或**宽列**（wide column）存储的 NOSQL 系统；它们有时也称为**列族**（column family）存储。
- Amazon 公司开发了一款称为 DynamoDB 的 NOSQL 系统，可以通过 Amazon 的云服务使用它。这种创新活动导致了称为**键-值**（key-value）数据存储的 NOSQL 系统类别，有时也将其称为**键-元组**（key-tuple）或**键-对象**（key-object）数据存储。
- Facebook 公司开发了一款称为 Cassandra 的 NOSQL 系统，它现在是开源的，并且称为 Apache Cassandra。这个 NOSQL 系统使用来自键-值存储和基于列的系统的概念。
- 其他软件公司也在开始开发它们自己的解决方案，并使它们可供需要这些能力的用户使用，例如，MongoDB 和 CouchDB，它们被归类为**基于文档**（document-based）的 NOSQL 系统或者**文档存储**（document store）。
- 另一种 NOSQL 系统是**基于图**（graph-based）的 NOSQL 系统或者**图形数据库**（graph database），它们包括 Neo4J 和 GraphBase 等。
- 一些 NOSQL 系统（例如 OrientDB）结合了来自上面讨论的许多 NOSQL 系统类别中的概念。
- 除了上面列出的更新型的 NOSQL 系统之外，还有可能基于对象模型（参见第 12 章）或者原始的 XML 模型（参见第 13 章）将数据库系统归类为 NOSQL 系统，尽管它们可能不具有其他 NOSQL 系统类型的高性能和复制特征。

上面只是列出了已经开发的 NOSQL 系统的少数几个示例。还有许多其他的系统，完全列出它们超出了本书介绍的范围。

24.1.2 NOSQL 系统的特征

现在将讨论许多 NOSQL 系统的特征，以及这些系统与传统的 SQL 系统有何区别。这里将把这些特征分为两类：与分布式数据库和分布式系统相关的特征，以及与数据模型和查询语言相关的特征。

1. 与分布式数据库和分布式系统相关的 NOSQL 特征

NOSQL 系统强调高可用性，因此在其中许多系统中天生具有复制数据的能力。可伸缩性是另一个重要的特征，因为许多使用 NOSQL 系统的应用都倾向于具有持续增长的数据量。高性能是另一个必需的特征，而可串行化的一致性对于某些 NOSQL 应用可能不是那么重要。接下来将讨论其中一些特征。

（1）**可伸缩性**。如 23.1.4 节中所讨论的，分布式系统中有两类可伸缩性：水平可伸缩性和垂直可伸缩性。在 NOSQL 系统，一般使用的是**水平可伸缩性**（horizontal scalability），其中在数据量增长时通过添加更多的节点进行数据存储和处理来扩展分布式系统。另一方面，垂直可伸缩性指扩展现有节点的存储和计算能力。在 NOSQL 系统中，将在系统运行时利用水平可伸缩性，因此需要在不中断系统运行的情况下在新节点当中分布现有数据的技术。在 24.3 节~24.6 节中讨论特定的系统时将讨论其中一些技术。

（2）**可用性、复制和最终一致性**。许多使用 NOSQL 系统的应用都需要持续的系统可用性。为了实现这个目标，将以一种透明的方式在两个或多个节点上复制数据，使得如果一个节点失效，其他节点上的数据仍然可用。复制改进了数据的可用性，还可以改进读性能，因为通常可以通过任何复制的数据节点为读请求提供服务。不过，写性能将变得更复杂而低效，因为必须对复制的数据项的每个副本应用进行更新；如果需要可串行化的一致性，可能会减缓写性能（参见 23.3 节）。许多 NOSQL 应用都不需要可串行化的一致性，因此可以使用一种更宽松的一致性形式，称为**最终一致性**（eventual consistency）。在 24.2 节中将更详细地讨论。

（3）**复制模型**。在 NOSQL 系统中使用两种主要的复制模型：主从复制和主主复制。**主从复制**（master-slave replication）要求一个副本是主副本；必须将所有的写操作都应用于主副本，然后传播给从副本，通常使用最终一致性（从副本最终将与主副本相同）。对于读操作，可以利用多种方式配置主从范型。一种配置要求所有的读操作也都发生在主副本上，因此，这将类似于分布式并发控制的主站点或主副本方法（参见 23.3.1 节），它们具有类似的优点和缺点。另一种配置允许读操作发生在从副本上，但是将不保证值是最新写入的，因此可以在把写操作应用于主副本之后再应用于从节点。**主主复制**（master-master replication）允许对任何复制数据进行读和写，但也许不能保证存储不同副本的节点中的读操作将会看到相同的值。不同的用户可能并发地在系统的不同节点中写相同的数据项，因此数据项的值将会是临时不一致的。必须将解决不同节点中相同数据项的相冲突写操作的调解方法实现为主主复制模式的一部分。

（4）**文件分片**。在许多 NOSQL 应用中，文件（或数据对象集合）可能具有数百万个记录（或者文档或对象），并且这些记录可以被成千上万个用户并发地访问。因此，在一个节点中存储整个文件是不切实际的。在 NOSQL 系统中通常利用文件记录的**分片**（sharding）（也称为**水平分区**（horizontal partitioning）；参见 23.2 节）。这适合于将访问文件记录的负载分布到多个节点上。可以将文件记录分片和复制分片结合起来，这样能够改进负载均衡以及数据可用性。在 24.3 节~24.6 节中讨论特定的系统时将讨论一些分片技术。

（5）**高性能数据访问**。在许多 NOSQL 应用中，有必要从文件中的数百万个记录或对象当中查找单个记录或对象（数据项）。为了实现这一点，大多数系统都使用以下两种技术之一：在对象键上进行散列或范围分区。大多数对象访问都是通过提供键值而不是使用复杂的查询条件来进行的。对象键类似于对象 id 的概念（参见 12.1 节）。在**散列**（hashing）中，将散列函数 h(K)应用于键 K，并通过 h(K)的值确定键为 K 的对象的位置。在**范围分区**（range partitioning）中，通过一个键值范围来确定位置；例如，位置 i 将保存其键值 K 在 $Ki_{min} \leqslant K \leqslant Ki_{max}$ 中的对象。在需要范围查询的应用中，将会检索一个键值范围内的多个对象，首选范围分区。还可以使用其他的索引，基于不同于键 K 的属性条件来定位对象。在 24.3 节~24.6 节中讨论特定的系统时将讨论一些散列、分区和索引技术。

2. 与数据模型和查询语言相关的 NOSQL 特征

相比建模能力和复杂查询，NOSQL 系统更强调性能和灵活性。接下来将讨论其中一些特征。

（1）**无需模式**。在许多 NOSQL 系统中，通过允许半结构化、自描述的数据（参见 13.1 节），实现了无需模式的灵活性。用户可以在一些系统中指定一种部分模式来改进存储效率，但是在大多数 NOSQL 系统中无需具有一种模式。由于可能没有指定约束的模式，因此将不得不在访问数据项的应用程序中编写数据上的任何约束。有多种语言用于描述半结构化数据，例如 JSON（JavaScript Object Notation，JavaScript 对象表示法）和 XML（Extensible Markup Language，可扩展标记语言；参见第 13 章）。在多个 NOSQL 系统中都使用了 JSON，但是也可以使用其他描述半结构化数据的方法。在 24.3 节中介绍基于文档的 NOSQL 系统时将讨论 JSON。

（2）**不太强大的查询语言**。许多使用 NOSQL 系统的应用可能不需要一种像 SQL 这样强大的查询语言，因为这些系统中的搜索（读）查询通常会基于它们的对象键来定位单个文件中的单个对象。NOSQL 系统通常会提供一组函数和操作作为编程 API（application programming interface，应用程序编程接口），因此读和写数据对象是由程序员通过调用合适的操作来完成的。在许多情况下，这些操作称为 **CRUD 操作**（CRUD operation），表示 Create（创建）、Read（读取）、Update（更新）和 Delete（删除）。在其他情况下，也把它们称为 SCRUD，因为添加了一个 Search（搜索）（或 Find（查找））操作。一些 NOSQL 系统也提供了高级查询语言，但是它可能不具有 SQL 的全部能力；而只提供了 SQL 查询能力的一个子集。特别是，许多 NOSQL 系统没有把连接操作作为查询语言本身的一部分来提供；而需要在应用程序中实现连接。

（3）**版本化**。一些 NOSQL 系统允许存储数据项的多个版本，并且带有创建数据版本时的时间戳。在 24.5 节介绍基于列的 NOSQL 系统时将讨论这个方面的内容。在 24.1.3 节中，将概述 NOSQL 系统的各个类别。

24.1.3 NOSQL 系统的类别

NOSQL 系统被分为 4 种主要类别，还有一些额外的类别包容了其他类型的系统。最常见的分类列出了以下 4 种主要类别。

（1）**基于文档的 NOSQL 系统**。这些系统使用众所周知的格式，例如 JSON（JavaScript Object Notation），以文档形式存储数据。可以通过文档 id 访问文档，但是也可以使用其他索引快速访问它们。

（2）**NOSQL 键-值存储**。这些系统具有一种简单的数据模型，它基于通过键快速访问与该键关联的值；值可以是记录、对象或文档，或者甚至具有更复杂的数据结构。

（3）**基于列或宽列 NOSQL 系统**。这些系统按列把一个表分成列族（垂直分区形式；参见 23.2 节），其中每个列族都存储在它自己的文件中。它们也允许数据值的版本化。

（4）**基于图的 NOSQL 系统**。将数据表示为图，并且可以使用路径表达式遍历边来查找相关的节点。

还可以像下面这样添加额外的类别，以包括进一些不能轻松地分成上述 4 种类别的系统，以及甚至在术语 NOSQL 广泛使用之前就可用的其他一些系统类型。

（5）**混合式 NOSQL 系统**。这些系统具有上述 4 种类别中的两个或更多类别的特征。

（6）**对象数据库**。在第 12 章中讨论了这些系统。

（7）**XML 数据库**。在第 13 章中讨论了 XML。

甚至基于关键字的搜索引擎也可以存储大量的数据，并且可以提供快速的搜索访问，因此可以将存储的数据视作大型的 NOSQL 大数据存储。

本章余下部分组织如下：在 24.3 节~24.6 节中的每一节中，将讨论 4 种主要的 NOSQL 系统类别中的其中一个类别，并将进一步详细说明每个类别主要关注的是哪些特征。在这之前，在 24.2 节中，将更详细地讨论最终一致性的概念，并将讨论关联的 CAP 定理。

24.2　CAP 定理

在 23.3 节中讨论分布式数据库中的并发控制时，假定分布式数据库系统（DDBS）需要执行并发运行的事务的 ACID 特性（原子性、一致性、隔离性、持久性）（参见 20.3 节）。在具有数据复制的系统中，并发控制将变得更复杂，因为每个数据项可能具有多个副本。因此，如果对数据项的一个副本应用更新，就必须以一致的方式对其他所有副本也应用更新。可能存在的一种情况是：数据项 X 的一个副本是由事务 T_1 更新的，而另一个副本是由事务 T_2 更新的，因此在分布式系统中的两个不同的节点上存在相同数据项的两个不一致的副本。如果另外两个事务 T_3 和 T_4 想要读取 X，那么它们可能读取的是数据项 X 的不同副本。

在 23.3 节中看到，有一些分布式并发控制方法不允许相同数据项的副本之间存在这种不一致性，因此会在存在复制的情况下执行可串行化，从而执行隔离性。不过，这些技术通常伴随较高的开销，这使创建多个副本以改进分布式数据库系统（例如 NOSQL）中的性能和可用性的目标化为泡影。在分布式系统领域，复制的数据项之间具有多种级别的一致性，从弱一致性到强一致性。执行可串行化被视为最强的一致性形式，但它具有较高的开销，因此它可能降低读、写操作的性能，从而对系统性能产生不利影响。

CAP 定理最初是作为 CAP 原则引入的，可用于解释具有复制的分布式系统中的一些竞争性需求。CAP 中的 3 个字母指具有复制数据的分布式系统的 3 种想要的性质：**一致性**（consistency）（在复制的副本当中）、**可用性**（availability）（针对进行读和写操作的系统而言）和**分区容错性**（partition tolerance）（面对由于网络故障而进行分区的系统中的节点）。可用性意味着：对数据项的每个读或写请求要么会成功地处理，要么会接收到一条消息，指示操作不能完成。分区容错性意味着：如果连接节点的网络存在将会导致两个或更多分区的故障，其中每个分区中的节点只能相互之间通信，那么系统就可以继续运转。一致性意味着：节点将具有对于各个事务可见的复制数据项的相同副本。

这里需要指出的是：CAP 中使用的“一致性”与 ACID 中使用的“一致性”并不是指相同的概念。在 CAP 中，术语一致性指在复制的分布式系统中相同数据项的不同副本中的值的一致性。在 ACID 中，它是指事务将不会破坏在数据库模式上指定的完整性约束这一事实。不过，如果考虑复制的副本的一致性是一个指定的约束，那么术语一致性的两种用法将是相关的。

CAP 定理指出：在具有数据复制的分布式系统中，不可能同时保证全部3个想要的性质，即一致性、可用性和分区容错性。如果是这样，那么分布式系统设计者将不得不从中选择两个要保证的性质。一般假定：在许多传统的（SQL）应用中，通过ACID性质保证一致性很重要。另一方面，在NOSQL分布式数据存储中，较弱的一致性级别通常是可接受的，而保证另外两个性质（可用性和分区容错性）很重要。因此，在NOSQL系统中通常使用较弱的一致性级别，而不会保证可串行化。特别是，在NOSQL系统中通常采用的一致性形式是**最终一致性**。在24.3节~24.6节中，将讨论在特定的NOSQL系统中使用的一些一致性模型。

本章接下来的4节将讨论NOSQL系统的4种主要类别的特征。在24.3节中将讨论基于文档的NOSQL系统，并将使用MongoDB作为一个有代表性的系统。在24.4节中将讨论称为键-值存储的NOSQL系统。在24.5节中将概述基于列的NOSQL系统，并将把Hbase作为一个有代表性的系统加以讨论。最后，在24.6节中将介绍基于图的NOSQL系统。

24.3 基于文档的 NOSQL 系统和 MongoDB

基于文档或面向文档的NOSQL系统通常将数据存储为相似**文档**（document）的**集合**（collection）。这些系统类型有时也称为**文档存储**（document store）。各个文档与复杂对象（参见12.3节）或XML文档（参见第13章）有些相似，但是基于文档的系统与对象和对象-关系系统以及XML之间的主要区别是：无须指定一种模式，而是将文档指定为**自描述数据**（self-describing data）（参见13.1节）。尽管集合中的文档应该是相似的，但是它们可能具有不同的数据元素（属性），并且新文档可能具有新的数据元素，这些数据元素在集合中的任何当前文档中都不存在。系统实质上将从集合中的自描述文档中提取数据元素名称，并且用户可以请求系统在某些数据元素上创建索引。可以利用多种格式详细描述文档，例如XML（参见第13章）。在NOSQL系统中详细描述文档的流行语言是JSON（JavaScript Object Notation）。

有许多基于文档的NOSQL系统，包括MongoDB和CouchDB等。本节中将概述MongoDB。值得注意的是：不同的系统可以使用不同的模型、语言和实现方法，但是给出所有基于文档的NOSQL系统的完整综述超出了本书介绍的范围。

24.3.1 MongoDB 数据模型

MongoDB文档是以BSON（Binary JSON，二进制JSON）格式存储的，它是JSON的一个变体，与JSON相比，它具有一些额外的数据类型，并且可以更高效地存储数据。各个**文档**都存储在一个**集合**中。本节将使用一个简单的示例，它基于在全书中使用的COMPANY数据库。操作createCollection用于创建每个集合。例如，下面的命令可用于创建一个名为project的集合，用于保存COMPANY数据库中的PROJECT对象（参见图5.5和图5.6）。

```
db.createCollection("project", { capped : true, size : 1310720, max : 500 } )
```

第一个参数“project”是集合的**名称**，其后接着一个可选的文档，用于指定**集合选项**（collection option）。在示例中，将给集合设定一个**上限**（cap）；这意味着它的存储空间（size）和文档数量（max）都具有一个上限。设定上限参数有助于系统为每个集合选择存储选项。还有其他一些集合选项，但是这里将不会讨论它们。

对于示例，将创建另一个名为 worker 的文档集合，用于保存关于在每个项目上工作的 EMPLOYEE 的信息；例如：

```
db.createCollection("worker", { capped : true, size : 5242880, max : 2000 } ) )
```

集合中的每个文档都具有唯一的 ObjectId 字段，其名称为_id，它是自动在集合上建立索引的，除非用户显式请求不要为_id 字段建立索引。ObjectId 的值可以由*用户指定*，或者如果用户没有为特定的文档指定一个_id 字段，那么它可以由*系统生成*。*系统生成*的 ObjectId 具有特定的格式，它将创建对象时的时间戳（4 字节，采用内部 MongoDB 格式）、节点 id（3 字节）、进程 id（2 字节）和一个计数器（3 字节）合并成一个 16 字节的 Id 值。*用户生成*的 ObjectId 可以具有用户指定的任何值，只要它唯一地标识文档即可，因此这些 Id 类似于关系系统中的主键。

集合没有模式。文档中的数据字段的结构是基于将要访问和使用文档的方式选择的，用户可以选择规范化设计（类似于规范化的关系元组）或者非规范化设计（类似于 XML 文档或复杂对象）。可以通过在一个文档中存储其他相关文档的 ObjectId 来指定文档间的引用。图 24.1(a)显示了一个简化的 MongoDB 文档，其中显示了图 5.6 中的一些数据，它们来自全书中使用的 COMPANY 数据库示例。在示例中，_id 值是用户定义的，其_id 以 P 开头（用于项目）的文档将存储在“project”集合，而那些_id 以 W 开头（用于工人）的文档则将存储在“worker”集合中。

(a)

```
{
    _id:            "P1",
    Pname:          "ProductX",
    Plocation:      "Bellaire",
    Workers: [
                {   Ename: "John Smith",
                    Hours: 32.5
                },
                {   Ename: "Joyce English",
                    Hours: 20.0
                }
            ]
);
```

图 24.1　MongoDB 中的简单文档示例

(a) 带有嵌入式子文档的非规范化文档设计；(b) 文档引用的嵌入式数组；

(c) 规范化文档；(d) 把图 24.1(c)中的文档插入它们的集合中

(b)

```
{
   _id:           "P1",
   Pname:         "ProductX",
   Plocation:     "Bellaire",
   WorkerIds:     ["W1", "W2" ]
}
   { _id:         "W1",
   Ename:         "John Smith",
   Hours:         32.5
}
   { _id:         "W2",
   Ename:         "Joyce English",
   Hours:         20.0
}
```

(c)

```
{
   _id:           "P1",
   Pname:         "ProductX",
   Plocation:     "Bellaire"
}
{  _id:           "W1",
   Ename:         "John Smith",
   ProjectId:     "P1",
   Hours:         32.5
}
{  _id:           "W2",
   Ename:         "Joyce English",
   ProjectId:     "P1",
   Hours:         20.0
}
```

(d)

```
db.project.insert( { _id: "P1", Pname: "ProductX", Plocation: "Bellaire" } )
db.worker.insert([{id: "W1", Ename: "John Smith", ProjectId: "P1", Hours: 32.5 },
                  {id: "W2", Ename: "Joyce English", ProjectId: "P1",
                  Hours: 20.0 } ] )
```

图 24.1（续）

在图 24.1(a)中，工人信息嵌入在项目文档中，因此无须“worker”集合。这称为非规范化模式，它类似于创建一个复杂对象（参见第 12 章）或者 XML 文档（参见第 13 章）。封闭在文档内的方括号[…]中的值列表表示其值是一个**数组**（array）的字段。

另一个选项是使用图 24.1(b)中的设计，其中的工人引用嵌入在项目文档中，但是工人文档自身存储在单独在“worker”集合中。图 24.1(c)中的第三个选项将使用一种规范化设计，类似于第一范式关系（参见 14.3.4 节）。至于选择使用哪个设计选项依赖于将如何访问数据。

值得注意的是：图 24.1(c)中的简单设计不是多对多联系的通用规范化设计，例如雇员与项目之间的多对多联系；相反，如 9.1 节中详细讨论的，将需要 3 个集合“project”“employee”和“works_on”。在第 9 章和第 14 章中（针对第一范式关系和 ER-关系映射选项）以及第 12 章和第 13 章中（针对复杂对象和 XML）讨论的许多设计折中适用于为文档结构和文档集合选择合适的设计，因此这里将不会重复这些讨论。在图 24.1(c)的设计中，通过具有不同_id 值的多个工人文档表示在多个项目上工作的 EMPLOYEE；每个文档都将雇员表示为特定项目的工人。这类似于 XML 模式设计的设计决策（参见 13.6 节）。不过，再次值得注意的是：典型的基于文档的系统没有模式，因此无论何时把单个文档插入到集合中，都必须遵循设计规则。

24.3.2　MongoDB CRUD 操作

MongoDB 具有多个 CRUD 操作，其中 CRUD 代表（创建、读取、更新、删除）。可以使用 insert（插入）操作创建文档将插入它们的集合中，其格式如下：

```
db.<collection_name>.insert(<document(s)>)
```

插入操作的参数可以包括单个文档或者一个文档数组，如图 24.1(d)所示。删除操作称为 remove，其格式如下：

```
db.<collection_name>.remove(<condition>)
```

通过集合文档中的某些字段上的布尔条件指定要从集合中删除的文档。还有一个 update 操作，它具有用于选择某些文档的条件，以及用于指定更新的$set 子句。也有可能使用更新操作利用另一个文档替换现有的文档，但是保留相同的 ObjectId。

对于读取操作，主命令称为 find，其格式如下：

```
db.<collection_name>.find(<condition>)
```

可以将一般的布尔条件指定为<condition>，并且会从集合中选择那些返回 true 的文档作为查询结果。关于 MongoDB CRUD 操作的详尽讨论，可以参阅本章末尾的选读文献中列出的 MongoDB 在线文档。

24.3.3　MongoDB 分布式系统特征

如果 MongoDB 更新操作涉及的是单个文档，那么其中大多数操作都是原子的，但是 MongoDB 还提供了一种模式，用于指定多个文档上的事务。由于 MongoDB 是一个分布式系统，因此使用**两阶段提交**方法来确保多文档事务的原子性和一致性。在 20.3 节中讨论了事务的原子性和一致性这些性质，并且在 22.6 节中讨论了两阶段提交协议。

1. MongoDB 中的复制

在 MongoDB 中使用**复制集**（replica set）的概念在分布式系统中的不同节点上创建相同数据集的多个副本，并且它使用**主-从**（master-slave）方法的一个变体来进行复制。例如，假设要复制特定的文档集合 C。复制集将具有存储在一个节点 N1 中的集合 C 的一个**主副本**（primary copy），并且 C 的至少一个**辅助副本**（secondary copy）存储在另一个节点 N2 中。可以根据需要将额外的副本存储在节点 N3、N4 等中，但是存储和更新（写）的代价将随着副本数量增加而增大。副本集中参与者的总数至少必须是 3 个，因此如果只需要一个辅助副本，那么就必须在第三个节点 N3 上运行副本集中的一个称为**仲裁者**（arbiter）的参与者。仲裁者不具有集合的副本，但是如果存储当前主副本的节点失效，它将会参与**选举**（election），以选择新的主副本。如果副本集中的成员总数是 n（一个主副本以及 i 个辅助副本，得到总数 n = i + 1），那么 n 必须是一个奇数；如果不是，就会添加一个仲裁者，以确保如果主副本失效，那么选举进程将会正确地工作。在 23.3.1 节中讨论了分布式系统中的选举。

在 MongoDB 复制中，所有的写操作都必须应用于主副本，然后传播给辅助副本。对于读操作，用户可以为他们的应用选择特定的**读偏好**（read preference）。默认的读偏好将会处理主副本上的所有读操作，因此所有的读和写操作都是在主节点上执行的。这种情况下，辅助副本主要用于在主副本失效时确保系统将会继续运行，并且 MongoDB 可以确保每个读请求都会得到最新的文档值。为了提高读性能，可以对读偏好进行设置，使得可以在任何副本（主副本或辅助副本）上处理读请求；不过，不保证辅助副本上的读操作可以获得文档的最新版本，因为在把写操作从主副本传播给辅助副本时可能存在延迟。

2. MongoDB 中的分片

当一个集合保存大量的文档或者需要大量的存储空间时，在一个节点中存储所有的文档可能会导致性能问题，尤其是当有许多访问文档的用户操作并发使用各种 CRUD 操作时。集合中文档的**分片**（sharding）——也称为水平分区——将把文档分成称为**分片**（shard）的不相交分区。这允许系统通过分布式系统的一个称为**水平伸缩**（horizontal scaling）的过程根据需要添加更多的节点（参见 23.1.4 节），以及在不同节点上存储集合的分片以实现负载均衡。每个节点只将处理那些属于该节点上存储的片断中的文档的操作。此外，与把整个集合存储在一个节点上相比，每个片断将包含较少的文档，从而进一步改进了性能。

在 MongoDB 中可以用两种方式对集合进行分片，这两种方式是：**范围分区**（range partitioning）和**散列分区**（hash partitioning）。这两种方式都需要用户指定一个特定的文档字段，作为将文档分片的基础。这个分区字段（在 MongoDB 中称为**片键**（shard key））必须具有两个特征：它必须存在于集合中的每个文档中，并且它必须具有一个索引。可以使用 ObjectId，但是也可以把具有这两个特征的其他任何字段用作分片的基础。通过范围分区或散列分区将片键的值分成**块**（chunk），并且基于片键值的块对文档进行分区。

范围分区通过指定一个键值范围来创建块；例如，如果片键值的范围是 1~10000000，就可以创建 10 个范围：1~1000000、1000001~2000000、……、9000001~10000000，并且每个块都将包含一个范围中的键值。散列分区将对每个片键 K 应用一个散列函数 h(K)，并且将键分成块的分区基于散列值（在 16.8 节中讨论了散列及其优缺点）。一般来讲，如果通常对集合应用**范围查询**（range query）（例如，检索其片键值在 200~400 的所有文档），那么就首选范围分区，因此通常将每个范围查询提交到单个节点，该节点在一个分片中包含所有需要的文档。如果大多数搜索一次检索一个文档，那么散列分区可能更可取，因为它将把片键值随机地分布到块中。

当使用分片时，将把 MongoDB 查询提交给一个称为**查询路由器**（query router）的模块，它将基于片键上使用的特定分区方法来记录哪些节点包含哪些分片。查询（CRUD 操作）将被路由到包含特定分片的节点，这些分片中具有查询所请求的文档。如果系统不能确定哪些分片具有所需的文档，则将把查询提交给具有集合分片的所有节点。可以把分片和复制结合在一起使用；分片关注的是通过负载均衡和水平可伸缩性改进性能，而复制关注的则是当分布式系统中的某些节点失效时确保系统可用性。

关于 MongoDB 的分布式系统架构和组件有许多额外的详细信息，但是详尽地讨论它们超出了本书介绍的范围。MongoDB 还在系统管理、索引、安全和数据汇聚等领域提供了许多其他的服务，但是这里将不会讨论这些特性，可在线获得关于 MongoDB 的完整文档（参见章末的选读文献）。

24.4　NOSQL 键-值存储

键-值存储（key-value store）关注的是通过在分布式系统中存储数据而实现高性能、可用性和可伸缩性。键-值存储中使用的数据模型相对比较简单，在其中许多系统中没有查询语言，而提供了一组可以被应用程序员使用的操作。**键**（key）是与某个数据项关联的唯一标识符，用于快速定位该数据项。**值**（value）是数据项自身，对于不同的键-值存储系统，它可以具有差别很大的格式。在一些情况下，值只是一个字节串或者字节数组，使用键-值存储的应用必须解释数据值的结构。在其他情况下，允许使用一些标准的格式化数据；例如，与关系数据类似的结构化数据行（元组），或者使用 JSON 或其他某种自描述数据格式的半结构化数据。因此，不同的键-值存储可以存储非结构化、半结构化或结构化数据项（参见 13.1 节）。键-值存储的主要特征是：每个值（数据项）都必须与唯一的键相关联，并且通过提供键来检索值的速度必须非常快。

有许多系统可以归类于键-值存储系统，因此这里将不会提供关于一个特定系统的许多细节，而将简要地概述其中一些系统以及它们的特征。

24.4.1　DynamoDB 概述

DynamoDB 系统是一个 Amazon 产品，可以作为 Amazon 的 AWS/SDK 平台（Amazon Web Services/Software Development Kit）的一部分使用。它可以作为 Amazon 的云计算服务的一部分使用，用于数据存储组件。

1. DynamoDB 数据模型

DynamoDB 中的基本数据模型使用表、数据项和属性这些概念。DynamoDB 中的**表**（table）没有一种**模式**（schema）；它保存自描述数据项的集合。每个**数据项**（item）都将包括许多（属性，值）对，并且属性值可以是单值或多值。因此，实质上表将保存数据项的集合，并且每个数据项都是一个自描述的记录（或对象）。DynamoDB 还允许用户以 JSON 格式指定数据项，并且系统将把它们转换成 DynamoDB 的内部存储格式。

在创建表时，需要指定**表名称**（table name）和**主键**（primary key）；主键将用于快速定位表中的数据项。因此，对于 DynamoDB 键-值存储，主键是**键**（key），数据项则是**值**（value）。主键属性必须在表中的每个数据项中存在。主键可以是以下两种类型之一：

- **单个属性**。DynamoDB 系统将使用这个属性在表中的数据项上构建一个散列索引。它称为*散列类型主键*。在存储器中不会按散列属性的值对数据项进行排序。
- **一个属性对**。这称为*散列和范围类型主键*。主键将是一个属性对(A, B)：属性 A 将用于散列，由于将有多个数据项具有相同的 A 值，因此将使用 B 值对具有相同 A 值的记录进行排序。具有这种键类型的表可以在其属性上定义额外的辅助索引。例如，如果想要在表中存储某类数据项的多个版本，可以使用 ItemID 作为散列，并且使用 Date 或 Timestamp（在创建版本时）作为散列和范围类型主键中的范围。

2. DynamoDB 的分布式特征

由于 DynamoDB 是专有的，在 24.4.2 节中将讨论在一个名为 Voldemort 的开源键-值系统中用于复制、分片及其他分布式系统概念的机制。Voldemort 基于为 DynamoDB 提供的许多技术。

24.4.2　Voldemort 键-值分布式数据存储

Voldemort 是一种开源系统，可以通过 Apache 2.0 开源许可规则使用它。它基于 Amazon 的 DynamoDB，重点关注高性能和水平可伸缩性，以及提供复制和分片能力，分别用于实现高可用性以及改进读和写请求的延迟（响应时间）。这 3 个特性（复制、分片和水平可伸缩性）都是通过一种技术实现的，该技术用于在分布式块的节点当中分布键-值对；这种分布称为**一致性散列**（consistent hashing）。Voldemort 已经由 LinkedIn 用于数据存储。Voldemort 的一些特性如下。

- **简单的基本操作**。（键，值）对的集合保存在 Voldemort **存储器**（store）中。在讨论中，假定该存储器的名称是 s。数据存储和检索的基本接口非常简单，并且包括 3 个操作：获取、插入和删除。s.put(k, v)操作将插入一个键-值对，其中键为 k，值为 v。s.delete(k)操作将从存储器中删除其键为 k 的数据项，v = s.get(k)操作则用于检索与键 k 关联的值 v。应用可以使用这些基本操作构建它自己的需求。在基本存储级别上，键和值都是字节（字符串）的数组。
- **高级格式化的数据值**。(k, v)数据项中的值 v 可以利用 JSON（JavaScript Object Notation）指定，并且系统将在 JSON 与内部存储格式之间执行转换。如果应用能为用户格式与存储格式之间的转换（也称为**串行化**（serialization））提供一个 Serializer 类，那么也可以指定其他数据对象格式。Serializer 类必须由用户提供，并将包括一些操作，用于把用户格式转换成字节串，并作为值进行存储，以及把通过 s.get(k)检索的字符串（字节数组）转换回用户格式。Voldemort 具有一些内置的串行化器，用于不同于 JSON 的格式。

- **用于分布（键，值）对的一致性散列**。在 Voldemort 中使用了名为**一致性散列**的数据分布算法的一个变体，用于在节点的分布式块中的节点当中进行数据分布。对每个(k, v)对的键 k 应用散列函数 h(k)，并且 h(k)可以确定数据项将存储在什么位置。这种方法假定 h(k)是一个整数值，通常为 $0\sim H_{max} = 2^{n-1}$，其中 n 是基于想要的散列值范围选择的。通过考虑所有可能的整数散列值 $0\sim H_{max}$ 将在一个圆圈（或圆环）上均匀分布，可以最佳地表现该方法。这样，分布式系统中的节点也将位于相同的圆环上；通常每个节点将在圆环上具有多个位置（参见图 24.2）。圆环上点的定位表示节点是以一种伪随机方式形成的。存储数据项(k, v)的节点在圆环中的位置沿顺时针方向紧接在 h(k)的位置之后。在图 24.2(a)中，假定分布式块中有 3 个节点，分别标记为 A、B 和 C，其中节点 C 具有比节点 A 和 B 更大的容量。在典型的系统中，将会有很多的节点。在圆圈上，以一种伪随机的方式放置有节点 A 和 B 的各两个实例以及 C 的 3 个实例（由于它具有更高的容量），它们都覆盖在圆圈上。图 24.2(a)指示基于 h(k)值将哪些(k, v)数据项放置在哪些节点中。
- 在图 24.2(a)中，属于标记为范围 1 的圆圈部分的 h(k)值将把它们的(k, v)数据项存储在节点 A 中，因为该节点的标签沿顺时针方向紧接在圆环上的 h(k)之后；范围 2 中的数据项存储在节点 B 中，范围 3 中的数据项则存储在节点 C 中。这种模式允许水平可伸缩性，因为当向分布式系统中添加一个新节点时，依赖于节点的容量，可以把它添加在圆环上的一个或多个位置。基于一致性散列放置算法，将只会从现有节点中把有限比例的(k, v)数据项重新分配给新的节点。此外，分配给新节点的那些数据项可能不是全部来自其中一个现有的节点，因为新节点可能在圆环上具有多个位置。例如，如果添加了节点 D，并且它在圆环上具有两个位置，如图 24.2(b)所示，那么将把节点 B 和 C 中的一些数据项移到节点 D 中。对于将它们的键散列到圆圈上的范围 4 中的数据项（参见图 24.2(b)），将把它们迁移到节点 D 中。这种模式还允许*复制*，它可以沿着顺时针方向在圆环上的连续节点上放置数据项的指定数量的副本。在该方法中构建了*分片*，并且存储（文件）中不同的数据项位于分布式块中的不同节点上，这意味着数据项在分布式系统中的节点当中是水平分区（分片）的。当一个节点失效时，可以将它的数据项负载分布到其他现有的节点上，这些节点的标签紧接在圆环中失效节点的标签之后。具有更高容量的节点在圆环上可以具有更多的位置，如图 24.2(a)中的节点 C 所示，从而可以存储比容量较小的节点更多的数据项。
- **一致性和版本化**。Voldemort 使用一种类似于为 DynamoDB 开发的方法，用于在存在复制的情况下保持一致性。实质上，不同的进程允许执行并发写操作，因此在复制数据项时，可能存在两个或更多不同的值与不同节点上的相同的键相关联。在使用称为*版本化*和*读修复*的技术读取数据项时，可以实现一致性。允许进行并发写操作，但是每个写操作都与一个*向量时钟*值相关联。当读操作发生时，有可能从不同的节点读取相同值的不同版本（与相同的键相关联）。如果系统可以协调成单个最终值，它将把该值传递给读操作；否则，可以把多个版本传回给应用，然后应用将基于应用语义把多个版本协调成一个版本，并把这个协调的值返还给节点。

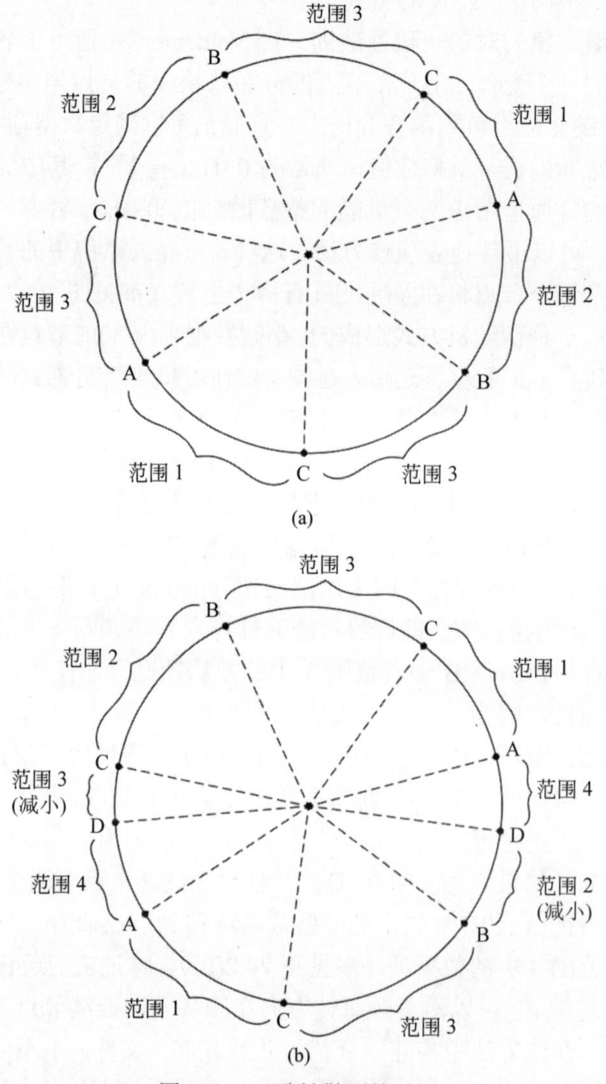

图 24.2 一致性散列的示例

(a) 具有 3 个节点 A、B 和 C 的圆环，其中 C 具有更大的容量。如果 h(k)值映射到范围 1 中的圆圈上的点，就将它们的(k, v)数据项存储在节点 A 中，同理，范围 2 中的数据项将存储在节点 B 中，范围 3 中的数据项将存储在节点 C 中；

(b) 在圆环中添加节点 D。从节点 B（减小范围 2）和节点 C（减小范围 3）中将范围 4 中的数据项移到节点 D 中

24.4.3 其他键-值存储的示例

在本节中，将简要回顾另外 3 种键-值存储。值得注意的是：有许多系统可以归为这个类别，这里只能提及其中少数几个系统。

1. Oracle 键-值存储

Oracle 具有众所周知的 SQL 关系数据库系统之一，并且 Oracle 还提供了一个基于键-值存储概念的系统，这个系统称为 Oracle NoSQL Database。

2. Redis 键-值缓存和存储

Redis 不同于这里讨论的其他系统，因为它将在主存中缓存其数据，以进一步改进性能。它提供了主从复制和高可用性，还通过将缓存备份到磁盘上来提供持久性。

3. Apache Cassandra

Cassandra 是一个不能简单地归为某个类别的 NOSQL 系统；有时把它列出在基于列的 NOSQL 类别中（参见 24.5 节），或者列出在键-值类别中。它提供了多个 NOSQL 类别的特性，Facebook 以及许多其他的客户都使用它。

24.5　基于列或宽列 NOSQL 系统

另一类 NOSQL 系统称为**基于列**（column-based）或**宽列**（wide column）系统。Google 用于大数据的分布式存储系统称为 BigTable，它是这类 NOSQL 系统的一个著名示例，在需要存储大量数据的 Google 应用（例如 Gmail）中都使用它。BigTable 使用 GFS（Google File System，Google 文件系统）进行数据存储和分布。一种称为 Apache Hbase 的开源系统有些类似于 Google BigTable，但它通常使用 HDFS（Hadoop Distributed File System，Hadoop 分布式文件系统）进行数据存储。在许多云计算应用中都使用 HDFS，在第 25 章中将加以讨论。Hbase 还可以使用 Amazon 的 Simple Storage System（简单存储系统，称为 S3）进行数据存储。基于列的 NOSQL 系统的另一个著名的示例是 Cassandra，在 24.4.3 节中简要讨论了它，因为它也可以被描述为一种键-值存储系统。在本节中将把 Hbase 作为这类 NOSQL 系统的一个示例加以重点介绍。

BigTable（和 Hbase）有时被描述为一种稀疏的多维分布式持久有序映射，其中“映射”一词意指一个（键，值）对的集合（键映射到值）。用于区分基于列的系统与键-值存储系统（参见 24.4 节）的主要区别之一是键的性质。在基于列的系统（例如 Hbase）中，键是多维的，因此具有多种成分：通常是表名、行键、列和时间戳的组合。如我们将看到的，列通常由两种成分组成：列族和列限定符。接下来将更详细地讨论在 Apache Hbase 中是如何实现这些概念的。

24.5.1　Hbase 数据模型和版本化

Hbase 数据模型

Hbase 中的数据模型使用命名空间、表、列族、列限定符、列、行和数据单元这些概念组织数据。列是通过（列族:列限定符）的组合标识的。数据是通过将列与数据值相关联以一种自描述的形式存储的，其中数据值是字符串。Hbase 还会存储数据项的多个版本，并且每个版本都有一个时间戳相关联，因此版本和时间戳也是 Hbase 数据模型的一部分（这类似于时态数据库中的属性版本化的概念，将在 26.2 节中讨论它）。与其他 NOSQL 系统一样，存储的数据项与唯一的键相关联，以便进行快速访问，但是键标识的是存储系统中的单元。由于 Hbase 数据模型重点关注的是存储大量数据时的高性能，因此它包括一些与存储相关的概念。接下来将讨论 Hbase 数据建模概念，并且定义一些术语。值得注意的是：表、行和列这些词语的用法与它们在关系数据库中的用法并不相同，但是它们的用法是相关的。

- **表和行**。Hbase 中的数据存储在**表**（table）中，每个表都有一个表名。表中的数据存储为自描述的**行**（row）。每行都具有唯一的**行键**（row key），它们都是字符串，必须具有可以按字典顺序进行排序的性质，因此在字符集中不具有字典顺序的字符将不能用作行键的一部分。
- **列族、列限定符和列**。表与一个或多个**列族**（column family）相关联。每个列族都将具有一个名称，必须在创建表时指定与表关联的列族，并且以后不能更改。图 24.3(a)显示了可以如何创建表；表名后面接着与表关联的列族的名称。当把数据加载进表中时，每个列族可以与许多**列限定符**（column qualifier）相关联，但是列限定符不是作为创建表的一部分指定的。因此，列限定符使模型成为一种自描述的数据模型，因为可以在创建新行并将其插入表中时动态指定限定符。**列**（column）是通过列族:列限定符的组合指定的。实质上讲，列族是一种出于存储目的而把相关列（关系术语中的属性）组织在一起的方式，只不过在创建表期间不会指定列限定符名称。相反，它们是在创建数据并存储到行中时指定的，因此数据是自描述的，因为在新的数据行中可以使用任何列限定符名称（参见图 24.3(b)）。不过，应用程序员知道哪些列限定符属于每个列族是重要的，即使他们在创建新的数据行时可以根据需要灵活地创建新的列限定符。列族的概念有些类似于垂直分区（参见 23.2 节），因为对于属于相同列族从而会一起访问的列（属性），将把它们存储在相同的文件中。表的每个列族都使用 HDFS 文件系统存储在它自己的文件中。
- **版本和时间戳**。Hbase 可以保存数据项的多个**版本**（version），以及与每个版本关联的**时间戳**（timestamp）。时间戳是一个长整数，表示创建版本时的系统时间，因此更新的版本将具有更大的时间戳值。Hbase 使用协调世界时（UTC）1970 年 1 月 1 日午夜作为时间戳值 0，并且使用一个长整数来度量自系统时间戳值所表示的时间起经过的毫秒数（它类似于由 Java 方法 java.util.Date.getTime()返回的值，在 MongoDB 中也使用它）。用户也可以使用一种 Date 格式显式定义时间戳值，而不是使用系统生成的时间戳。
- **单元**。单元（cell）保存 Hbase 中的一个基本数据项。单元的键（地址）是通过（表，行 id，列族，列限定符，时间戳）的组合指定的。如果省略了时间戳，则将会检索数据项的最新版本，除非指定了默认的版本数量，例如最新的 3 个版本。要检索的默认版本数量以及系统需要保存的默认版本数量是在创建表期间可以指定的参数。
- **命名空间**。**命名空间**（namespace）是表的集合，它实质上指定了用户应用通常将一起使用的一个或多个表的集合，并且对应于一个数据库，其中包含关系术语中的表的集合。

(a)

```
create 'EMPLOYEE', 'Name', 'Address', 'Details'
```

(b)

```
put 'EMPLOYEE', 'row1', 'Name:Fname', 'John'
put 'EMPLOYEE', 'row1', 'Name:Lname', 'Smith'
put 'EMPLOYEE', 'row1', 'Name:Nickname', 'Johnny'
put 'EMPLOYEE', 'row1', 'Details:Job', 'Engineer'
put 'EMPLOYEE', 'row1', 'Details:Review', 'Good'
put 'EMPLOYEE', 'row2', 'Name:Fname', 'Alicia'
put 'EMPLOYEE', 'row2', 'Name:Lname', 'Zelaya'
put 'EMPLOYEE', 'row2', 'Name:MName', 'Jennifer'
put 'EMPLOYEE', 'row2', 'Details:Job', 'DBA'
put 'EMPLOYEE', 'row2', 'Details:Supervisor', 'James Borg'
put 'EMPLOYEE', 'row3', 'Name:Fname', 'James'
put 'EMPLOYEE', 'row3', 'Name:Minit', 'E'
put 'EMPLOYEE', 'row3', 'Name:Lname', 'Borg'
put 'EMPLOYEE', 'row3', 'Name:Suffix', 'Jr.'
put 'EMPLOYEE', 'row3', 'Details:Job', 'CEO'
put 'EMPLOYEE', 'row3', 'Details:Salary', '1,000,000'
```

(c)

```
创建表：create <tablename>, <column family>, <column family>, …
插入数据：put <tablename>, <rowid>, <column family>:<column qualifier>, <value>
读取数据（表中的所有数据）：scan <tablename>
检索数据（一个数据项）：get <tablename>,<rowid>
```

图 24.3　Hbase 中的示例

(a) 创建一个名为 EMPLOYEE 的表，它具有 3 个列族：Name、Address 和 Details；
(b) 在 EMPLOYEE 表中插入一些行；不同的行可以具有不同的自描述列限定符（列族 Name 可以使用 Fname、Lname、Nickname、Mname、Minit、Suffix 等；列族 Details 可以使用 Job、Review、Supervisor 和 Salary 等）；
(c) Hbase 的一些 CRUD 操作

24.5.2　Hbase CRUD 操作

与许多 NOSQL 系统中一样，Hbase 具有低级的 CRUD（创建、读取、更新、删除）操作。Hbase 中的一些基本 CRUD 操作的格式如图 24.3(c)中所示。

Hbase 只提供了低级的 CRUD 操作。由应用程序负责实现更复杂的操作，例如不同的表中的行之间的连接。create 操作用于创建一个新表，并且指定与该表关联的一个或多个列族，但是就像前面所讨论的，它不会指定列限定符。put 操作用于插入新数据或者现在数据项的新版本。get 操作用于检索与表中的单独一行关联的数据，scan 操作则用于检索所有的行。

24.5.3　Hbase 存储和分布式系统概念

每个 Hbase 表都划分成许多**区域**(region)，其中每个区域都将保存表中的一系列行键；

这就是为什么行键必须以字典顺序进行排序的原因。每个区域都将具有许多**存储空间**（store），其中将把每个列族分配给区域内的一个存储空间。区域将分配给**区域服务器**（region server）（存储节点）以用于存储。**主服务器**（master server）（主节点）负责监视区域服务器，以及把表拆分成区域并把区域分配给区域服务器。

Hbase 使用 Apache Zookeeper 开源系统，来提供与管理分布式 Hbase 服务器节点上的 Hbase 数据的命名、分布和同步相关的服务，以及提供协调和复制服务。Hbase 还使用 Apache HDFS（Hadoop Distributed File System，Hadoop 分布式文件系统）来提供分布式文件服务。因此，Hbase 构建在 HDFS 和 Zookeeper 之上。Zookeeper 自身可以在多个节点上具有多个副本以提高可用性，并且它可以把所需的数据保存在主存中，以加快对主服务器和区域服务器的访问。

这里将不会介绍关于 Hbase 的分布式系统架构和组件的许多额外的细节；关于它们的完整讨论超出了本书介绍的范围。可在线获得 Hbase 的详尽文档（参见本章末尾的选读文献）。

24.6 NOSQL 图形数据库和 Neo4j

另一类 NOSQL 系统称为**图形数据库**（graph database）或者**面向图的** NOSQL（graph-oriented NOSQL）系统。数据被表示为图，它是顶点（节点）和边的集合。节点和边都可以加上标记，以指示它们表示的实体和联系的类型，并且一般可以存储与各个节点和各条边关联的数据。可以将许多系统归类为图形数据库。这里将重点讨论一个特定的系统 Neo4j，在许多应用中都使用了它。Neo4j 是一种开源系统，它是用 Java 实现的。在 24.6.1 节中将讨论 Neo4j 数据模型，在 24.6.2 节中将介绍 Neo4j 查询能力。在 24.6.3 节中将概述 Neo4j 的分布式系统以及其他一些特征。

24.6.1 Neo4j 数据模型

Neo4j 中的数据模型使用**节点**（node）和**联系**（relationship）的概念组织数据。节点和联系都具有**属性**（property），它们存储与节点和联系关联的数据项。节点可以具有**标签**（label）；可以把具有相同标签的节点组织进一个集合中，该集合出于查询的目的标识数据库图中的一个节点子集。一个节点可以具有 0、1 或多个标签。联系都是有向的；每个联系都具有*起始节点*和*结束节点*以及一种**联系类型**（relationship type），它通过标识具有相同联系类型的类似联系来提供与节点标签相似的作用。可以通过**映射模式**（map pattern）指定属性，它由封闭在大括号内的一个或多个“名:值”对组成；例如，{Lname : ‘Smith’, Fname : ‘John’, Minit : ‘B’}。

在传统的图论中，一般把节点和联系称为*顶点*和*边*。Neo4j 图数据模型有些类似于 ER 和 EER 模型中的数据表示方式（参见第 3 章和第 4 章），但是具有一些显著的区别。可以比较 Neo4j 图模型与 ER/EER 概念，节点对应于*实体*，节点标签对应于*实体类型和子类*，联系对应于*联系实例*，联系类型对应于*联系类型*，属性（property）对应于*属性*（attribute）。

一个显著的区别是：在 Neo4j 中联系是有向的，但是在 ER/EER 中则不然。另一个区别是：在 Neo4j 中一个节点可能没有标签，但是在 ER/EER 中则不允许这样，因为每个实体都必须属于一个实体类型。第三个至关重要的区别是：Neo4j 的图模型将用作实际的高性能分布式数据库系统的基础，而 ER/EER 模型则主要用于数据库设计。

图 24.4(a)显示了如何在 Neo4j 中创建少数几个节点。可以利用多种方式创建节点和联系；例如，通过从多个 Neo4j API 中调用合适的 Neo4j 操作。这里将只显示创建节点和联系的高级语法；为此，将使用 Neo4j CREATE 命令，它是高级声明性查询语言 Cypher 的一部分。Neo4j 具有许多选项和变体，它们可以使用多个不同的脚本接口来创建节点和联系，但是有关它们的详尽讨论超出了本书介绍的范围。

- **标签和属性**。在创建节点时，可以指定节点标签。还可以创建没有任何标签的节点。在图 24.4(a)中，节点标签是 EMPLOYEE、DEPARTMENT、PROJECT 和 LOCATION，并且创建的节点对应于图 5.6 中所示的 COMPANY 数据库中的一些数据，其中做了少许修改；例如，使用 EmpId 代替 SSN，出于说明的目的只包括了数据的一个小子集。用大括号{ … }括住属性。一些节点可能具有多个标签；例如，可以将同一个节点标记为 PERSON、EMPLOYEE 和 MANAGER，只需列出所有的标签并用冒号隔开它们即可，如下：PERSON:EMPLOYEE:MANAGER。具有多个标签类似于 EER 模型中的某个实体属于一个实体类型（PERSON）以及 PERSON 的一些子类（即 EMPLOYEE 和 MANAGER）（参见第 4 章），但是也可以用于其他的目的。

(a)

```
CREATE (e1: EMPLOYEE, {Empid: '1', Lname: 'Smith', Fname: 'John', Minit: 'B'})
CREATE (e2: EMPLOYEE, {Empid: '2', Lname: 'Wong', Fname: 'Franklin'})
CREATE (e3: EMPLOYEE, {Empid: '3', Lname: 'Zelaya', Fname: 'Alicia'})
CREATE (e4: EMPLOYEE, {Empid: '4', Lname: 'Wallace', Fname: 'Jennifer', Minit: 'S'})
...
CREATE (d1: DEPARTMENT, {Dno: '5', Dname: 'Research'})
CREATE (d2: DEPARTMENT, {Dno: '4', Dname: 'Administration'})
...
CREATE (p1: PROJECT, {Pno: '1', Pname: 'ProductX'})
CREATE (p2: PROJECT, {Pno: '2', Pname: 'ProductY'})
CREATE (p3: PROJECT, {Pno: '10', Pname: 'Computerization'})
CREATE (p4: PROJECT, {Pno: '20', Pname: 'Reorganization'})
...
CREATE (loc1: LOCATION, {Lname: 'Houston'})
CREATE (loc2: LOCATION, {Lname: 'Stafford'})
CREATE (loc3: LOCATION, {Lname: 'Bellaire'})
CREATE (loc4: LOCATION, {Lname: 'Sugarland'})
...
```

图 24.4　在 Neo4j 中使用 Cypher 语言的示例

(a) 创建一些节点；(b) 创建一些联系；

(c) Cypher 查询的基本语法；(d) Cypher 查询的示例

(b)

```
CREATE (e1) - [ : WorksFor ] -> (d1)
CREATE (e3) - [ : WorksFor ] -> (d2)
…
CREATE (d1) - [ : Manager ] -> (e2)
CREATE (d2) - [ : Manager ] -> (e4)
…
CREATE (d1) - [ : LocatedIn ] -> (loc1)
CREATE (d1) - [ : LocatedIn ] -> (loc3)
CREATE (d1) - [ : LocatedIn ] -> (loc4)
CREATE (d2) - [ : LocatedIn ] -> (loc2)
…
CREATE (e1) - [ : WorksOn, {Hours: '32.5'} ] -> (p1)
CREATE (e1) - [ : WorksOn, {Hours: '7.5'} ] -> (p2)
CREATE (e2) - [ : WorksOn, {Hours: '10.0'} ] -> (p1)
CREATE (e2) - [ : WorksOn, {Hours: 10.0} ] -> (p2)
CREATE (e2) - [ : WorksOn, {Hours: '10.0'} ] -> (p3)
CREATE (e2) - [ : WorksOn, {Hours: 10.0} ] -> (p4)
…
```

(c)

查找与某个模式匹配的节点和联系：MATCH <模式>
指定聚合及其他查询变量：WITH <规范>
指定关于要检索的数据的条件：WHERE <条件>
指定要返回的数据：RETURN <数据>
对要返回的数据进行排序：ORDER BY <数据>
限制返回数据项的数量：LIMIT <最大数量>
创建节点：CREATE <节点、可选标签和属性>
创建联系：CREATE <联系、联系类型和可选属性>
删除：DELETE <节点或联系>
指定属性值和标签：SET <属性值和标签>
删除属性值和标签：REMOVE <属性值和标签>

(d)

```
1.  MATCH (d : DEPARTMENT {Dno: '5'}) - [ : LocatedIn ] → (loc)
    RETURN d.Dname , loc.Lname
2.  MATCH (e: EMPLOYEE {Empid: '2'}) - [ w: WorksOn ] → (p)
    RETURN e.Ename , w.Hours, p.Pname
3.  MATCH (e ) - [ w: WorksOn ] → (p: PROJECT {Pno: 2})
    RETURN p.Pname, e.Ename , w.Hours
4.  MATCH (e) - [ w: WorksOn ] → (p)
    RETURN e.Ename , w.Hours, p.Pname
    ORDER BY e.Ename
5.  MATCH (e) - [ w: WorksOn ] → (p)
    RETURN e.Ename , w.Hours, p.Pname
    ORDER BY e.Ename
    LIMIT 10
```

图 24.4（续）

```
6.  MATCH (e) - [ w: WorksOn ] → (p)
    WITH e, COUNT(p) AS numOfprojs
    WHERE numOfprojs > 2
    RETURN e.Ename , numOfprojs
    ORDER BY numOfprojs
7.  MATCH (e) - [ w: WorksOn ] → (p)
    RETURN e , w, p
    ORDER BY e.Ename
    LIMIT 10
8.  MATCH (e: EMPLOYEE {Empid: '2'})
    SET e.Job = 'Engineer'
```

图 24.4（续）

- **联系和联系类型**。图 24.4(b)显示了 Neo4j 中的几个联系示例，它们基于图 5.6 中的 COMPANY 数据库。箭头→指定联系的方向，但是联系可以经过任何一个方向。图 24.4(b)中的联系类型（标签）是 WorksFor、Manager、LocatedIn 和 WorksOn；在图 24.4(b)中只有联系类型为 WorksOn 的联系才具有属性（Hours）。
- **路径**。**路径**（path）指定图的一部分的行进方向。它通常用作指定一种模式的查询的一部分，其中的查询将从图中检索与模式匹配的数据。指定路径的方式通常如下：从一个起始节点开始，其后接着一个或多个联系，并通往一个或多个满足模式的结束节点。它有些类似于在第 12 章和第 13 章中介绍对象数据库（OQL）和 XML（XPath 和 XQuery）的查询语言时讨论的路径表达式的概念。
- **可选模式**。在 Neo4j 中**模式**（schema）是可选的。可以在没有模式的情况下创建和使用图，但是在 Neo4j 版本 2.0 中，添加了少量与模式相关的功能。与模式创建相关的主要特性涉及基于标签和属性创建索引和约束。例如，可能在标签的属性上创建与键约束等价的约束，因此与标签关联的节点集合中的所有节点对于该属性都具有唯一的值。
- **索引和节点标识符**。在创建节点时，Neo4j 系统将为每个节点创建一个内部唯一的系统定义的标识符。为了高效地使用节点的其他属性检索各个节点，用户可以为具有特定标签的节点集合创建**索引**（index）。通常，可以对该集合中的节点的一个或多个属性建立索引。例如，可以使用 Empid 对具有 EMPLOYEE 标签的节点建立索引，使用 Dno 对具有 DEPARTMENT 标签的节点建立索引，以及使用 Pno 对具有 PROJECT 标签的节点建立索引。

24.6.2 Neo4j 的 Cypher 查询语言

Neo4j 具有一种高级查询语言，即 Cypher。该语言提供了一些声明性命令用于创建节点和联系（参见图 24.4(a)和图 24.4(b)），以及基于指定模式来查找节点和联系。在 Cypher 中还可以删除和修改数据。在 24.6.1 节中介绍了 CREATE 命令，因此现在将简要概述 Cypher 的其他一些特性。

Cypher 查询由子句组成。当一个查询具有多个子句时，可以把一个子句的结果输入给查询中的下一个子句。本节将使用示例讨论其中一些子句，以简要介绍该语言。这里并不打算详细介绍 Cypher 语言，而只将介绍其中的一些语言特性。图 24.4(c)总结了一些可以作为 Cypher 查询一部分的主要子句。Cypher 语言可以在图形数据库上指定复杂的查询和更新。这里将给出几个示例，以说明图 24.4(d)中简单的 Cypher 查询。

图 24.4(d)中的查询 1 显示了如何在一个查询中使用 MATCH 和 RETURN 子句，该查询用于检索编号为 5 的部门的位置。MATCH 子句指定模式和查询变量（d 和 loc），RETURN 子句则指定通过引用查询变量而检索的查询结果。查询 2 具有 3 个变量（e、w 和 p），并且返回 Empid = 2 的雇员工作的项目以及每周的工作时间。另一方面，查询 3 返回在 Pno = 2 的项目上工作的雇员及其每周的工作时间。查询 4 说明了 ORDER BY 子句，返回所有的雇员以及他们工作的项目，并按 Ename 排序。还可以使用 LIMIT 子句限制返回结果的数量，如查询 5 中所示，它只返回前 10 个答案。

查询 6 说明了 WITH 和聚合的用法，尽管 WITH 子句可用于隔开查询中的子句，即使不存在聚合也是如此。查询 6 还说明了 WHERE 子句，它用于指定额外的条件，该查询返回在两个以上的项目上工作的雇员，以及每位雇员工作的项目数。一种也比较常见的情况是：在查询结果中返回节点和联系本身，而不是像以前的查询中那样返回节点的属性值。查询 7 类似于查询 5，但是只返回节点和联系，因此可以使用 Neo4j 的可视化工具将查询结果显示为图形。还可以从节点中添加或删除标签和属性。查询 8 通过给雇员节点添加一个 Job 属性，显示了如何给节点添加更多的属性。

上面简要描述了 Neo4j 的 Cypher 查询语言。可在线获得该语言的完整手册（参见章末的选读文献）。

24.6.3 Neo4j 接口和分布式系统特征

Neo4j 具有其他一些接口，可用于创建、检索和更新图形数据库中的节点和联系。它还具有两个主要版本：企业版和社区版，其中前者带有额外的能力。在这个小节中将讨论 Neo4j 的其他一些特性。

- **企业版与社区版**。这两个版本都支持 Neo4j 的图形数据模型和存储系统，以及 Cypher 图形查询语言和其他几个接口，包括高性能本地 API、用于多种流行的编程语言的语言驱动程序，例如 Java、Python、PHP 和 REST（Representational State Transfer，表示状态传输）API。此外，这两个版本都支持 ACID 性质。企业版支持可用于增强性能的额外特性，例如高速缓存以及数据集群和锁定。
- **图形可视化界面**。Neo4j 具有一种图形可视化界面，使得可以将数据库图形中的节点和边的一个子集显示为图形。这个工具可用于以图形表示法形象地显示查询结果。
- **主从复制**。可以在分布式系统节点（计算机）的集群上配置 Neo4j，其中将把一个节点指定为主节点。在集群中的每个节点上都将完全复制数据和索引。在分布式集群中可以配置主节点与从节点之间同步数据的多种方式。
- **高速缓存**。可以将主存缓存配置成存储图形数据，以改进性能。
- **逻辑日志**。可以维护日志以便从失败中恢复。

关于 Neo4j 的所有特性和接口的详尽讨论超出了本书介绍的范围。可在线获得关于

Neo4j 的完整文档（参见章末的选读文献）。

24.7 小　结

在本章中，讨论了称为 NOSQL 系统的数据库系统类型，它们重点关注的是存储和检索大量的“大数据”。使用这类系统的应用包括社交媒体、Web 链接、用户配置文件、市场营销、帖子和推特、道路地图和空间数据以及电子邮件。术语 NOSQL 一般被解释为 Not Only SQL（不仅仅是 SQL），而不是 NO to SQL（并非 SQL），并且打算传达以下思想：许多应用所需的系统并不是传统的关系型 SQL 系统，以此增强它们的数据管理需求。这些系统都是分布式数据库或者分布式存储系统，重点关注的是半结构化数据存储、高性能、可用性、数据复制和可伸缩性，而不是强调即时数据一致性、强大的查询语言和结构化数据存储。

在 24.1 节中，首先介绍了 NOSQL 系统、它们的特征，以及它们与 SQL 系统有何区别。NOSQL 系统的 4 个一般的类别是：基于文档、键-值存储、基于列和基于图。在 24.2 节中，讨论了 NOSQL 系统如何使用称为最终一致性的范型来处理多个复制数据（副本）之间的一致性问题。其中讨论了 CAP 定理，它可用于理解 NOSQL 系统重点强调的可用性。在 24.3 节~24.6 节中，概括介绍了 4 种主要类别中的每一类 NOSQL 系统，在 24.3 节中首先介绍了基于文档的系统，接着在 24.4 节中介绍了键-值存储系统，然后在 24.5 节中介绍了基于列的系统，最后在 24.6 节中介绍了基于图的系统。我们还指出一些系统也许不能恰好归属于单个类别，而会使用跨两个或更多 NOSQL 系统类别的技术。

复　习　题

24.1　NOSQL系统是为哪些类型的应用开发的？

24.2　NOSQL系统的主要类别有哪些？分别列出每个类别中的几个NOSQL系统。

24.3　在与数据模型和查询语言相关的领域中，NOSQL系统的主要特征是什么？

24.4　在与分布式系统和分布式数据库相关的领域中，NOSQL系统的主要特征是什么？

24.5　CAP定理是什么？在NOSQL系统中，3个性质（一致性、可用性、分区容错性）中的哪个性质最重要？

24.6　CAP中使用的一致性与ACID中使用的一致性之间有何相似和不同之处？

24.7　MongoDB中使用的数据建模概念是什么？MongoDB的主要CRUD操作是什么？

24.8　讨论在MongoDB中如何执行复制和分片。

24.9　讨论MongoDB中的数据建模概念。

24.10　描述数据分布、复制和分片的一致性散列模式。在Voldemort中是如何处理一致性和版本化的？

24.11　在基于列的NOSQL系统和Hbase中使用的数据建模概念是什么？

24.12　Hbase中的主要CRUD操作是什么？

24.13　讨论Hbase中使用的存储和分布式系统方法。

24.14　面向图的NOSQL系统Neo4j中使用的数据建模概念是什么？

24.15 Neo4j的查询语言是什么？

24.16 讨论Neo4j的接口和分布式系统特征。

选读文献

描述 Google BigTable 分布式存储系统的原始论文是 Chang 等（2006），而描述 Amazon Dynamo 键-值存储系统的原始论文是 DeCandia 等（2007）。有许多论文把多种不同的 NOSQL 系统与 SQL（关系系统）做比较；例如，Parker 等（2013）。还有其他一些论文把 NOSQL 系统与其他 NOSQL 系统做比较；例如，Cattell（2010）、Hecht 和 Jablonski（2011），以及 Abramova 和 Bernardino（2013）。

在 Web 上可以找到许多 NOSQL 系统的文档、用户手册和教程。下面列出了几个示例：

- MongoDB 教程：docs.mongodb.org/manual/tutorial/
- MongoDB 手册：docs.mongodb.org/manual/
- Voldemort 文档：docs.project-voldemort.com/voldemort/
- Cassandra Web 站点：cassandra.apache.org
- Hbase Web 站点：hbase.apache.org
- Neo4j 文档：neo4j.com/docs/

此外，还有许多 Web 站点基于不同的目的把 NOSQL 系统分类为其他的子类别，nosql-database.org 就是一个此类站点的示例。

第 25 章　基于 MapReduce 和 Hadoop 的大数据技术[1]

自从万维网（World Wide Web）于 1994 年前后问世以来，全世界的数据量一直在不断增多。在 Web 出现之后不久，就建立了早期的搜索引擎，即 AltaVista（它被 Yahoo 在 2003 年收购，后来变成了 Yahoo!搜索引擎）和 Lycos（它也是一个搜索引擎，还是一个 Web 门户）。后来，Google 和 Bing 之类的搜索引擎使得它们黯然失色。后来出现了一批社交网络，例如 2004 年创办的 Facebook 以及 2006 年创办的 Twitter。LinkedIn 是在 2003 年创办的一种专业网络，宣称在全世界有超过 2.5 亿用户。今天，Facebook 在全世界有超过 13 亿用户，其中每天在 Facebook 上有大约 8 亿活跃用户。Twitter 在 2014 年早期估计有 9.8 亿用户，据报道在 2012 年 10 月达到了每天 10 亿条推特的等级。这些统计数据在持续更新，可以在 Web 上轻松获得它们。

Web 的建立和指数级增长引领全世界的非专业人士进入计算领域，它的一个重大意义是：普通人能够开始创建各类可以生成新数据的事务和内容。多媒体数据的这些用户和消费者要求系统在自身产生大量数据的同时能够从海量数据存储中即时递送特定于用户的数据。结果就是通过全世界的网络生成和传送的数据量出现爆炸性增长；此外，企业和政府机构将利用电子方式记录每个顾客、售货机和供应商的每笔交易，从而不断在所谓的数据仓库中积累数据（将在第 29 章中讨论）。除了此类数据量之外，还包括由嵌入在诸如智能手机、智能电表和汽车之类的设备中的传感器以及在物联网中感知、创建和传送数据的各类小工具和机械产生的数据。当然，还必须考虑每天从卫星图像和通信网络生成的数据。

数据生成的惊人增长意味着单个存储库中的数据量可以利用拍字节（10^{15} 字节，约等于 2^{50} 字节）或太字节（例如，1000 TB）来计数。术语**大数据**已经成为我们的常用语，它指的是这样的海量数据。McKinsey 报告[2]把术语**大数据**定义为其大小超过了 DBMS 捕获、存储、管理和分析数据的典型范围的数据集。在 McKinsey 报告中提及的一些事实中反映了这种数据爆炸性增长的含义和意义：

- 今天，一块 600 美元的磁盘可以存储世界上的所有音乐。
- 每个月都会在 Facebook 上存储 300 亿个内容项目。
- 从 2011 年起，在美国经济的 17 个部门中的 15 个部门中存储的数据就要多于国会图书馆中存储的数据，其中存储了 235 TB 的数据。
- 在美国，目前需要 14 万个以上的深度数据分析职位和超过 150 万位具有数据头脑的经理。深度数据分析涉及更多知识发现类型的分析。

1　感谢 Hive 项目管理委员会的成员 Harish Butani 和匹兹堡大学的 Balaji Palanisamy 对本章所做的重大贡献。

2　该报告很大程度上基于 McKinsey 全球机构发布的 McKinsey（2012）关于大数据的报告。

大数据无处不在，因此每个经济部门都借助技术适当地利用它来获益，以帮助数据用户和管理者基于历史证据做出更好的决策。依据 McKinsey 报告的观点：

如果美国卫生保健系统可以创造性地、高效地使用大数据来推进效率和质量，我们估计部门中的数据的潜在价值每年可以超过 3000 亿美元。

大数据可以及时地给消费者创造无数的机会，这些信息被证明是有用的，它们有助于做出决策、发现需求和改进性能、定制产品和服务、给决策者提供更有效的算法工具，以及通过新产品、服务和业务模型方面的创新来创造价值。IBM 在最近的一本图书中纳入了这段陈述[1]，该书概括了 IBM 致力于企业级大数据分析的全球性使命。这本 IBM 图书描述了各类分析应用：

- **描述性分析和预测性分析**：描述性分析涉及报告发生了什么事情，分析促成它的数据以查明它为什么会发生，以及监视新数据以查明现在正在发生什么事情。预测性分析使用统计和数据挖掘技术（参见第 28 章），做出关于将来会发生什么的预测。
- **规范性分析**：指建议采取什么动作的分析。
- **社交媒体分析**：指进行情绪分析以评估关于某些话题或事件的公众观点。它还允许用户发现个体的行为模式和体现，这可能有助于以一种自定义的方式实现行业目标商品和服务。
- **实体分析**：这是一个有些新的领域，它把关于利益实体的数据组织起来，并且更深入地了解它们。
- **认知计算**：指一个开发计算系统的领域，这些系统将与人交互，并给他们提供更好的见解和建议。

在另一本图书中，Teradata 的 Bill Franks[2]表达了类似的主题；他指出，在今天的任何行业中利用大数据进行更好的分析对于获得竞争优势是不可或缺的，并且他说明了如何在任何组织中开发一种“大数据高级分析生态系统”来揭示商业中的新机会。

从专家发表的所有这些基于行业的出版物中可以看出，大数据正在进入一个新的领域，其中将利用大数据来提供面向分析的应用，它们将导致提高的生产率、更高的质量以及所有业务的增长。本章将讨论在过去 10 年创建的利用大数据的技术，并将重点介绍那些有助于实现 MapReduce/Hadoop 生态系统的技术，该系统涵盖了大数据应用的开源项目的大多数基础。这里将不能深入讨论用于分析的大数据技术的应用，它自身就是一个庞大的领域。在第 28 章中将提及一些基本的数据挖掘概念；不过，今天的分析工具超越了将在该章中简要介绍的基本概念。

在 25.1 节中，将介绍大数据的基本特性。在 25.2 节中，将给出 MapReduce/Hadoop 技术背后的历史背景，并将评价 Hadoop 的各个版本。25.3 节将讨论 Hadoop 的底层文件系统，称为 Hadoop 分布式文件系统（Hadoop Distributed File System），其中将讨论它的架构、它所支持的 I/O 操作以及它的可伸缩性。25.4 节将提供关于 MapReduce（MR）的更多细节，包括它的运行时环境，以及称为 Pig 和 Hive 的高级接口。我们还将利用多种方式实现的关联连接来说明 MapReduce 的能力。25.5 节将专门介绍 MapReduce/Hadoop 技术后来的

---

1 参见 IBM（2014）：*Analytics Across the Enterprise: How IBM Realizes Business Value from Big Data and Analytics*。

2 参见 Franks（2013）：*Taming The Big Data Tidal Wave*。

发展，即 Hadoop v2 或 MRv2，或者称为 YARN，它把资源管理与作业管理分隔开。首先将解释它的基本原理，然后将解释它的架构以及在 YARN 上开发的其他框架。在 25.6 节中，将讨论与 MapReduce/Hadoop 技术相关的一些常规问题。首先将相对于并行 DBMS 技术来讨论该技术。然后将在云计算环境中讨论它，并将提及数据局部性问题以便改进性能。接下来将把 YARN 作为一种数据服务平台来加以讨论，然后将从总体上讨论大数据技术所面临的挑战。在 25.7 节中将提及一些正在进行的项目并对本章进行总结，以此来结束本章内容。

25.1　什么是大数据

大数据正变成一个流行语，甚至是一个时髦的词语。无论何时某个分析涉及大量的数据，人们都会使用这个术语；他们认为使用这个术语将使分析看起来像一种高级应用。不过，大数据这个术语合情合理地指其大小超过典型数据库软件捕获、存储、管理和分析能力的数据集。在今天的环境中，可能被视作大数据的数据集的大小从 TB（10^{12} 字节）或 PB（10^{15} 字节）到 EB（10^{18} 字节）不等。什么是大数据的概念将依赖于行业、数据是如何使用的、涉及多少历史数据以及许多其他的特征。Gartner Group 是一家业界仰望的研究趋势的企业级组织，它利用 3 个 V 来描述大数据的特征，即：容量（volume）、速度（velocity）和种类（variety）。其他研究者在大数据的定义中还添加了其他的特征，例如准确性（veracity）和价值（value）。让我们简要讨论这些特征代表什么含义。

容量。数据的容量显然是指系统管理的数据规模。在某种程度上自动生成的数据倾向于是大容量的。示例包括传感器数据，例如制造厂或加工厂里由传感器生成的数据；来自扫描设备的数据，例如智能卡和信用卡读卡机；以及来自测量设备的数据，例如智能仪表或环境记录设备。

工业物联网（industrial internet of things，IIOT 或 IOT）预期将带来一场革命，它可以提升企业的运营效率，并且打开利用智能技术的新领域。IOT 将导致数十亿台设备连接到 Internet，因为这些设备将持续不断地生成数据。例如，在基因测序中，下一代测序（next generation sequencing，NGS）技术意味着基因序列数据的容量将呈指数级增长。

目前正在开发许多额外的应用，并且它们正在慢慢变成现实。这些应用包括使用遥感技术检测地下能源，环境监测，通过安装在车辆和道路上的自动传感器进行交通监控和管制，使用特殊的扫描仪和设备对患者进行远程监控，以及使用射频识别（radio-frequency identification，RFID）及其他技术更紧密地控制和补充库存。所有这些开发活动都把它们与大量的数据关联起来。诸如 Twitter 和 Facebook 之类的社交网络在全世界具有数亿订户，他们发送的每一条消息或者创建的每个帖子都会生成新的数据。Twitter 在 2012 年 10 月每天都会达到 5 亿条推特[1]。存储一秒钟的高清视频所需的数据量可能等于 2000 页的文本数据。因此，上传到 YouTube 及类似的视频托管平台上的多媒体数据将比简单的数字或文本数据要多得多。在 2010 年，企业存储了 13 EB（10^{18} 字节）的数据，这相当于国会图书馆

1　参见 Terdiman（2012）：http://www.cnet.com/news/report-twitter-hits-half-a-billion-tweets-a-day/。

所存储数据量的 50000 倍[1]。

速度。大数据的定义超越了容量这个维度；它包括可能会对传统数据库管理工具引起混乱的数据的类型和频率。关于大数据的 Mckinsey 报告[2]将速度描述为创建、积累、吸收和处理数据的速度。当我们考虑证券交易所中的交易的典型速度时，可以认为数据是高速的；这个速度在某些日子达到了每天数十亿次交易。如果我们必须处理这些交易以检测潜在的欺诈，或者我们每天必须处理手机上的数十亿条通话记录以检测恶意活动，就会面对速度这个维度。实时数据和流式数据正通过诸如 Twitter 和 Facebook 之类的社交网络以非常高的速度在累积。在每 3 分钟发送 100 万条推特的人们当中，速度有助于检测趋势。用于分析的流式数据的处理也涉及速度这个维度。

种类。传统应用中的数据源主要是涉及金融、保险、旅行、卫生保健、零售业以及政府和司法处理的事务。数据源的类型已经有了显著扩展，并且包括 Internet 数据（例如，点击流和社交媒体）、研究数据（例如，调查访问和行业报告）、位置数据（例如，移动设备数据和地理空间数据）、图像（例如，监控、卫星和医疗扫描）、电子邮件、供应链数据（例如，EDI（电子数据交换）、供应商目录）、信号数据（例如，传感器和 RFID 设备）以及视频（YouTube 每分钟输入数百分钟的视频）。大数据基于环境在不同部分可以包括结构化、半结构化和非结构化的数据（参见第 26 章中的讨论）。

结构化数据具有一种形式化的结构化数据模型，例如关系模型以及 IMS 中的层次数据库，在前者中，数据具有表（包含行和列）的形式；而后者则把记录类型作为记录内的片段和字段。

非结构化数据没有可识别的形式化结构。我们讨论过像 MongoDB 和 Neo4j 这样的系统（在第 24 章中），前者存储的是面向非结构化文档的数据，后者存储的是图形形式的数据。其他形式的非结构化数据包括电子邮件和博客、PDF 文件、音频、视频、图像、点击流和 Web 内容。在 1993—1994 年出现的万维网导致非结构化数据有了巨大增长。某些形式的非结构化数据可能属于某种格式，它允许使用良好定义的标签把语义元素分隔开；这种格式可能包括在数据内执行分层的能力。XML 在其描述性机制中就是分层的，并且在许多领域出现了多种形式的 XML；例如，生物学（bioML（biopolymer markup language，生物高聚物标记语言））、GIS（gML（geography markup language，地理标记语言））以及酿酒（BeerXML（酿酒数据交换语言）），等等。非结构化数据构成了今天的大数据系统的主要挑战。

准确性。与 Internet 的出现时间相比，大数据的准确性这个维度是最近才添加的。准确性具有两个内置的特性：数据源的可靠性以及数据的目标受众的适用性。它与信赖密切相关；把准确性列出为大数据的维度之一就相当于说进入所谓的大数据应用中的数据具有各种各样的可信赖性，因此在我们为分析或其他应用接收数据之前，它必须经过某种程度的质量测试和可信性分析。许多数据源生成的数据都是不确定、不完整和不准确的，从而使得它的准确性存疑。

现在将把注意力转向被视为大数据技术支柱的技术。人们预期到 2016 年，将通过

---

1 来自 Jagadish 等（2014）。

2 参见 Mckinsey（2013）。

Hadoop 相关的技术处理世界上超过一半的数据。因此，对于我们来说，跟踪 MapReduce/Hadoop 革命并且理解该技术在今天的定位就很重要。它的历史发展是从称为 MapReduce 编程的这种编程范型开始的。

25.2　MapReduce 和 Hadoop 简介

在本节中，将介绍一种称为 Hadoop 的大数据分析和数据处理技术，它是 MapReduce 编程模型的一种开源实现。Hadoop 的两个核心组件是 MapReduce 编程范型和 HDFS，即 Hadoop 分布式文件系统（Hadoop Distributed File System）。本节将依次简要解释 Hadoop 和 MapReduce 的背景。然后将简要评论 Hadoop 生态系统和 Hadoop 的各个发行版本。

25.2.1　历史背景

Hadoop 源于对开源搜索引擎的诉求。当时的 Internet 档案主管 Doug Cutting 和华盛顿大学的研究生 Mike Carafella 做了第一次尝试。Cutting 和 Carafella 开发了一个名为 Nutch 的系统，它可以抓取数亿个 Web 页面并对它们建立索引。它是一个开源的 Apache 项目[1]。在 Google 于 2003 年 10 月发布了 Google 文件系统（Google File System）官方文件[2]以及在 2004 年 12 月发布了 MapReduce 编程范型官方文件[3]之后，Cutting 和 Carafella 意识到他们正在做的许多事情可能基于这两份官方文件中的思想而进行改进。他们构建了一个底层文件系统和一个处理框架，该框架被称为 Hadoop（它使用 Java，与 MapReduce 中使用的 C++ 相对），并在其上对接 Nutch。2006 年，Cutting 加入了 Yahoo，该公司已经在开展一项工作，使用 Google 文件系统和 MapReduce 编程范型中的思想来构建开源技术。Yahoo 希望增强其搜索处理，并且基于 Google 文件系统和 MapReduce 构建一种开源基础设施。Yahoo 剥离出 Nutch 的存储引擎和处理部分，并将其作为 Hadoop(得名于 Cutting 儿子的毛绒大象玩具)。Hadoop 的初始需求是利用高度的可伸缩性使用各种事例运行批处理。不过，大约在 2006 年，Hadoop 还只能运行在少数几个节点上。后来，Yahoo 为公司的数据科学家建立了一个研究论坛；这样就改进了搜索相关性，并且提升了搜索引擎的广告收入，与此同时还有助于使 Hadoop 技术变得成熟起来。2011 年，Yahoo 剥离出 Hortonworks，将以此成立了一家以 Hadoop 为中心的软件公司。到那时，Yahoo 的基础设施在集群中包含几百 PB 的存储空间和 42000 个节点。在 Hadoop 变成一个 Apache 开源项目的那些年里，全世界的数千位开发人员都对它做出了贡献。Google、IBM 和 NSF 协同努力，在西雅图数据中心使用了一个包含 2000 个节点的 Hadoop 集群，并且在 Hadoop 上进一步帮助大学的研究。自从 2008 年创办第一家商业性 Hadoop 公司即 Cloudera 以来，许多新兴公司随后大量涌现，Hadoop 因此见证了巨大的增长。一家软件业市场分析公司 IDC 预计 Hadoop 市场在 2016 年将超过 8 亿美元；IDC 还预计大数据市场在 2016 年将达到 230 亿美元。有关 Hadoop 历史的更多详

1　有关 Nutch 的文档，参见 http://nutch.apache.org。

2　Ghemawat、Gbioff 和 Leung（2003）。

3　Dean 和 Ghemawat（2004）。

细信息，可以参阅 Harris 撰写的包含 4 个部分的文章[1]。

Hadoop 的一个组成部分是 MapReduce 编程框架。在做更深入的介绍之前，让我们尝试理解 MapReduce 编程范型是关于什么的。有关 HDFS 文件系统的详细讨论将推迟到 25.3 节进行。

25.2.2 MapReduce

MapReduce 编程模型和运行时环境最初是由 Jeffrey Dean 和 Sanjay Ghemawat（Dean & Ghemawat（2004））基于他们在 Google 的工作而描述的。用户以一种映射和归纳任务的函数式风格来编写他们的程序，这些任务将在普通硬件的大型集群上自动并行化和执行。编程范型早在 LISP 语言出现时就一直存在，该语言是由 John McCarthy 于 20 世纪 50 年代末设计的。不过，这种执行并行编程的方式以及实现这种范型的方式在 Google 上的再现引发了一种新思潮，它后来促成了诸如 Hadoop 之类技术的开发。运行时系统处理了杂乱工程的许多方面，例如并行化、容错、数据分布、负载均衡以及任务通信的管理。只要用户遵守 MapReduce 系统提出的**契约**（contract），他们就可以只重点关注这个程序的逻辑方面；这允许程序员在没有分布式系统经验的情况下对特大型数据集执行分析。

开发 MapReduce 系统的动机是本书作者及 Google 的其他人花费了数年的时间来实现大型数据集上的数百种专用计算（例如，从通过 Web 信息采集而收集的 Web 内容中计算倒排索引；构建 Web 图形；从 Web 日志中提取统计信息，例如按主题、区域或用户类型等执行搜索请求的频率分布）。因此，这些任务表达起来并不困难；不过，鉴于数十亿 Web 页面中的数据规模以及数据散布在数千台机器上的事实，执行任务并不是微不足道的。程序管理和数据管理、数据分布、计算的并行化以及故障处理这些问题变得至关重要。

MapReduce 编程模型和运行时环境旨在处理上述的复杂情况。LISP 及许多其他的函数式语言中提出的映射和归纳原语启发了这种抽象；这个模型以唯一键的形式处理感兴趣的对象，这个唯一键具有关联的内容或值。这是键-值对。令人吃惊的是，许多计算都可以表达成对每条逻辑“记录”应用一个映射操作，产生一组即时的键-值对，然后对共享相同键的所有值应用一个归纳操作（共享的目的是组合派生数据）。这个模型允许基础设施轻松地并行化大型计算，以及把重新执行用作容错的主要机制。提供一种受限编程模型以使得运行时环境可以自动并行化计算并不是一种新思想。MapReduce 增强了那些现有的思想。就像人们今天对它的理解，MapReduce 是一种可以伸缩到数千个处理器的容错实现和运行时环境。程序员无须担心处理故障。在后面几节中，将把 MapReduce 简写为 MR。

MapReduce 编程模型

在下面的描述中，将使用形式化描述，因为它最初是由 Dean 和 Ghemawat（2010）描述的[2]。映射和归纳函数具有以下一般形式：

---

1 Derreck Harris：“The history of Hadoop: from 4 nodes to the future of data”（Hadoop 历史：从 4 个节点到数据的未来），可以在 https://gigaom.com/2013/03/04/the-history-of-hadoop-from-4-nodes-to-the-future-of-data/上访问它。

2 Jeffrey Dean 和 Sanjay Ghemawat，“MapReduce: Simplified Data Processing on Large Clusters”（MapReduce：大型集群上的简化数据处理），收录在 OSDI（2004）中。

```
map[K1,V1]，它是（键，值）: List[K2,V2]
reduce(K2, List[V2]): List[K3,V3]
```

Map 是一个泛型函数，它获取类型 K1 的键和类型 V1 的值，并且返回类型 K2 和 V2 的键-值对的列表。Reduce 也是一个泛型函数，它获取类型 K2 的键和类型 V2 的值列表，并且返回类型(K3,V3)对。一般来讲，类型 K1、K2、K3 等是不同的，唯一要求是 Map 函数的输出类型必须与 Reduce 函数的输入类型相匹配。

MapReduce 的基本执行工作流如图 25.1 所示。

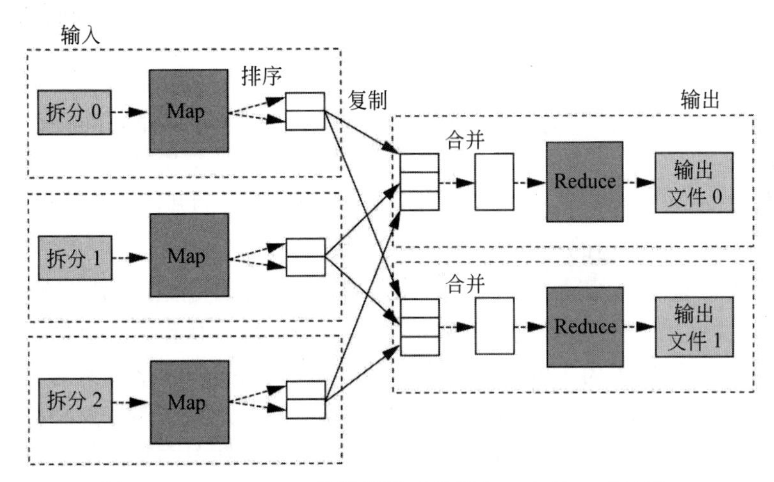

图 25.1　MapReduce 执行概览（改编自 T. White，2012）

假定我们具有一个文档，并且想要创建其中的单词列表，并且附带它们对应的出现频率。这个十分常见的单词计数示例是直接从上述的 Dean 和 Ghemawat（2004）中引用的，可以利用伪代码表述如下：

```
Map (String key, String value):
    for each word w in value Emitintermediate (w, "1");
```

这里的键是文档名称，值是文档的文本内容。

然后，把上述的(word, 1)对的列表加到在文档中发现的所有单词的输出总计数上，如下所示：

```
Reduce (String key, Iterator values) : // here the key is a word and values
are lists of its counts //
Int result =0;
For each v in values :
    result += Parseint (v);
Emit (key, Asstring (result));
```

在 MapReduce 编程中，上述示例如下所示：

```
map[LongWritable,Text](key, value) : List[Text, LongWritable] = {
    String[] words = split(value)
    for(word : words) {
```

```
            context.out(Text(word), LongWritable(1))
        }
    }
    reduce[Text, Iterable[LongWritable]](key, values) : List[Text,
    LongWritable] = {
        LongWritable c = 0
        for( v : values) {
            c += v
        }
        context.out(key,c)
    }
```

上述示例中使用的数据类型是 LongWritable 和 Text。每项 MapReduce 作业都必须注册一个 Map 和 Reduce 函数。Map 函数接收每个键-值对，并且每次调用都可能输出 0 个或更多的键-值对。Map 函数的签名指定了其输入和输出键-值对的数据类型。Reduce 函数接收一个键以及与该键关联的值的迭代器。它可以在每次调用时输出一个或多个键-值对。同样，Reduce 函数的签名也指示其输入和输出的数据类型。Map 的输出类型必须与 Reduce 函数的输入类型匹配。在单词计数示例中，Map 函数将接收每一行作为一个值，并把它拆分成单词，然后为每个出现频率为 1 的单词发出一行（通过 context.out 函数）。对于给定的单词，每次调用 Reduce 函数都会接收在 Map 端计算的频率列表。它将添加这些频率，并且发出每个单词及其频率作为输出。这些函数与环境交互。环境则用来与框架交互。它由客户用于给任务发送配置信息；任务可以使用它访问 HDFS 并直接从 HDFS 读取数据，输出键-值对，以及把状态（例如，任务计数器）发回给客户。

基于 Dean 和 Ghemawat（2004）实现其他一些函数的 MapReduce 方式如下：

分布式 Grep

Grep 用于在文件中寻找给定的模式。如果 Map 函数匹配了提供的模式，它就会发出一行。Reduce 函数是一个标识函数，用于把提供的中间数据复制到输出。这是一个 Map 唯一任务的示例；而无须引入 Shuffle 的代价。在解释 MapReduce 运行时环境时将提供更多的信息。

反向 Web 链路图

这里的目的是将每条链路的（目标 URL，源 URL）对输出到目标页面中，该页面是在名为 source 的页面中找到的页面。Reduce 函数将把与给定目标 URL 关联的所有源 URL 的列表连接起来，并发出<目标, 列表(源)>对。

倒排索引

目的是基于文档库中存在的所有单词构建一个倒排索引。Map 函数将会解析每个文档，并且发出(word, document_id)对的序列。Reduce 函数将获取给定单词的所有对，按 document_id 对它们进行排序，并发出(word, list (document_id))对。所有这些对的集合构成一个倒排索引。

这些说明性应用给人一种如下感觉：MapReduce 编程模型具有广泛的适用性，并且使用 Map 和 Reduce 解析可以轻松地表达应用的逻辑。

MapReduce 中的**作业**（Job）包含用于 Map 和 Reduce 解析的代码（通常打包为一个 jar

文件)、运行任务所需的一组工件（例如文件、其他 jar 文件和存档)，并且最重要的是，还包括一组在配置中指定的属性。可以指定数百个属性，但是核心属性如下：

- Map 任务
- Reduce 任务
- 运行作业的输入（Input)：通常指定为一个 HDFS 路径
- 输入的格式（结构）
- 输出（Output）路径
- 输出结构
- Reduce 端的并行性

作业将提交给 JobTracker（作业跟踪器)，然后它将调度和管理作业的执行。它将提供一组接口来监视运行的作业。参见 Hadoop Wiki[1]，了解关于 JobTracker 的工作原理的更多详细信息。

25.2.3 Hadoop 版本

自从 Hadoop 作为一种运行 MapReduce 程序的新型分布式框架出现以来，目前已经发行了多个版本。

MapReduce 的 1.x 版本是原始的 0.20 代码库的延续。具有这一行的后续版本添加了安全性、额外的 HDFS 和 MapReduce 改进以支持 HBase，还具有更好的 MR 编程模型，以及其他改进。

2.x 版本包括以下主要特性：

- YARN（Yet Another Resource Navigator)，它是从 MR 版本 1 中的 JobTracker 中提取的一个通用资源管理器。
- 新的 MR 运行时环境，它运行在 YARN 之上。
- 改进的 HDFS，支持联合和提高的可用性。

在编写本书时，Hadoop 2.0 已经出现了差不多一年的时间。人们对它的采用在迅速上升，但是相当多的 Hadoop 部署仍然运行在 Hadoop v1 上。

25.3 Hadoop 分布式文件系统（HDFS）

如前所述，除了 MapReduce 之外，Hadoop 的另一个核心组件是底层文件系统 HDFS。在本节中，将首先解释 HDFS 的架构，然后描述 HDFS 中所支持的文件输入/输出操作，最后将评论 HDFS 的可伸缩性。

25.3.1 HDFS 简介

Hadoop 分布式文件系统（Hadoop Distributed File System，HDFS）是 Hadoop 的文件系

---

1 Hadoop Wiki 的地址是：http://hadoop.apache.org/。

统组件，被设计成在普通硬件的集群上运行。HDFS 模仿了 UNIX 文件系统；不过，它放宽了几个 POSIX（portable operating system interface，可移植操作系统接口）要求，以支持对文件系统数据的流式访问。HDFS 提供了对大型数据集的高吞吐量访问。HDFS 单独存储文件系统元数据和应用数据。元数据存储在称为 NameNode 的专用服务器上，而应用数据则存储在称为 DataNode 的其他服务器上。所有的服务器都是完全连接的，并且使用基于 TCP 的协议彼此通信。为了使数据具有耐久性，将在多个 DataNode 上复制文件内容，就像 Google 文件系统中一样。这不仅提高了可靠性，还成倍增加了数据传输的带宽，并且允许并置计算与数据。在设计它时提出了以下假设和目标。

硬件失效：使用普通硬件，硬件失效是一种常态，而不是一种异常情况。因此，如果具有数千个节点，就必须能够从失效中进行自动检测和恢复。

批处理：HDFS 主要设计用于批处理，而非交互式使用。相比数据访问的低延迟，它更强调高吞吐量。通常会进行文件的完全扫描。

大型数据集：HDFS 被设计成支持数百 GB 到几 TB 的大型文件。

简单的一致性模型：对于文件，HDFS 应用需要一个编写器和许多阅读器访问模型。文件内容不能更新，而只能追加。这种模型缓解了数据副本之间的一致性问题。

25.3.2 HDFS 的架构

HDFS 具有一种主-从架构。主服务器称为 NameNode，用于管理文件系统存储区域或命名空间；客户通过 NameNode 访问命名空间。从服务器称为 DataNode，运行在普通机器的集群上，通常在每台机器上都具有一个从服务器，它们管理连接到运行它们的节点的存储器。命名空间自身包含文件和目录。NameNode 将维护一个关于文件和目录的索引节点（inode，index node），它具有像所有权、权限、创建和访问时间以及磁盘空间配额这样的属性。使用索引节点，可以确定文件块到 DataNode 的映射。DataNode 负责为来自客户的读和写请求提供服务，它将按 NameNode 的指导来执行块创建、删除和复制操作。一个集群可以同时连接数千个 DataNode 以及数万个 HDFS 客户。

要读取一个文件，客户首先连接到 NameNode，并获得它想要访问的文件中的数据块的位置；然后，它将直接连接到存放块的 DataNode 并读取数据。

HDFS 架构具有以下重要方面。

（1）HDFS 允许将元数据与数据操作进行解耦。元数据操作非常快，而数据传输要慢得多。如果没有将元数据的位置与数据传输进行解耦，在分布式环境中速度就会遭受损失，因为数据传输将占据主导地位，并且会延缓响应速度。

（2）复制用于提供可靠性和高可用性。将把每个块复制给集群中的多个节点（默认是 3 个副本）。像 MapReduce 作业库这样极具争议的文件将具有更高数量的副本，以减少网络通信量。

（3）使网络通信量保持最低。对于读操作，将把客户指引到最近的 DataNode。只要有可能，就会尝试进行本地文件系统读取操作，而不涉及任何网络通信量；下一个选择是读取相同机架上的节点上的副本，再次是访问另一个机架。对于写操作，为了减少网络带宽的利用，将把第一个副本写到与客户相同的节点上。对于其他副本，将把跨机架的行程减至最少。

1. NameNode

NameNode 将维护包含 i 个节点及对应块位置的文件系统的**映像**（image）。对文件系统的更改是在一个称为**日志**（Journal）的预写式提交日志（参见第 22 章中关于预写式日志的讨论）中维护的。出于恢复的目的，将采用检查点；它们表示映像的持久记录，而没有与块位置相关的动态信息。块位置信息是定期从 DataNode 获得的，如下所述。在重新启动（Restart）期间，将把映像恢复到上一个检查点，并把日志条目应用于该映像。然后创建新的检查点和空日志，使得 NameNode 可以开始接受新的客户请求。NameNode 的启动时间与日志文件的大小成正比。定期合并检查点与日志可以减少重新启动的时间。

注意：对于上述的架构，检查点或日志的任何损坏都将是灾难性的。为了预防损坏，将把它们二者写到不同卷上的多个目录中。

2. 辅助 NameNode

它们是可以创建的额外 NameNode，用于执行检查点角色或备份角色。检查点节点将定期结合现有的检查点和日志文件。在备份模式中，它充当主 NameNode 的日志的另一个存储位置。备份 NameNode 将保留文件系统的最新信息，并且可以在失效时接管它。在 Hadoop V1 中，这种接管必须是手动完成的。

3. DataNode

块存储在节点的本地文件系统中的 DataNode 上。NameNode 将把客户指引到 DataNode，其中包含它们想要读取的块的副本。每个块在本地文件系统中的两个文件中都具有它的表示：一个文件包含数据，另一个文件包含元数据，它包括块数据的校验和以及块的生成标记。DataNode 和 NameNode 不会直接进行通信，而是通过一种所谓的**心跳机制**（heartbeat mechanism）来通信，该机制指 DataNode 定期向 NameNode 报告状态；该报告称为块报告（Block Report）。报告包含块 id、生成标记，以及每个块的长度。块位置不是命名空间映像的一部分，必须从块报告中获得它们，并且它们会随着移动块而改变。MapReduce 作业跟踪器与 NameNode 一起将为调度使用最新的块报告信息。为了响应来自 DataNode 的心跳，NameNode 将给 DataNode 发送以下类型的命令之一：

- 把块复制给另一个节点。
- 删除块副本。
- 注册节点或关闭节点。
- 发送即时的块报告。

25.3.3　HDFS 中的文件 I/O 操作和副本管理

HDFS 提供了一种单个编写器、多个阅读器模型。文件不能更新，而只能追加。文件由块组成。在**写管道**（write pipeline）中，将数据写入 64 KB 的数据包中，如上所述，将把它设置成最小化网络利用率。仅当执行显式的 hflush 操作之后，才能使用写入最后一个块的数据。在写入数据时，客户可以同时读取它。将为每个块生成并存储一个校验和，并由客户进行验证，以检测数据是否损坏。一旦检测到块损坏，就会通知 NameNode；它将启动一个进程来复制块，并且指示 DataNode 删除损坏的块。在读操作期间，将通过以相对客户的距离的升序对节点进行排序，尝试从最近的节点获取副本。当 DataNode 不可用时，当校验和测试失败时或者当副本不再位于 DataNode 上时，读操作就会失败。HDFS 已经进行了优化，以便执行与 MapReduce 类似的批处理。

1. 块布局

Hadoop 集群的节点通常散布在许多机架当中。在组织它们时，通常使一个机架上的节点共享一台交换机，并把机架交换机连接到上一层的高速交换机。例如，机架层可能具有 1Gb 的交换机，而顶层可能具有 10 Gb 的交换机。HDFS 将基于 DataNode 的距离来估算它们之间的网络带宽。同一个物理节点上的 DataNode 之间的距离为 0，相同机架上的 DataNode 之间的距离为 2，而不同机架上的 DataNode 之间的距离为 4。HDFS 块布局策略将在最小化写代价与最大化数据可靠性和可用性以及聚合读取带宽之间进行平衡。将基于 DataNode 之间的距离来估算消耗的网络带宽。因此，对于同一个物理节点上的 DataNode，距离为 0，而相同机架上的距离为 2，不同机架上的距离则为 4。块布局的最终目标是：在最小化写代价的同时，最大化数据可用性和可靠性以及读取操作可用的带宽。在管理副本时，要使得在创建它的客户的原始节点上至少有一个副本，其他副本则分布在其他机架当中。任务将优先选择在驻留数据的节点上运行；3 个副本给调度器提供了足够的回旋余地，以把任务放置在数据所在的节点上。

2. 副本管理

基于来自 DataNode 的块报告，NameNode 将跟踪每个块的副本数量和位置。复制优先队列包含需要复制的块。一个后台线程将监视这个队列，指示 DataNode 创建副本并在机架当中分布它们。NameNode 更喜欢具有尽可能多的不同机架以存储块的副本。对于过度复制的块，将基于 DataNode 的空间利用情况删除一些副本。

25.3.4 HDFS 可伸缩性

既然本章中讨论的是大数据技术，那么讨论 HDFS 中的可伸缩性的一些限制就是合适的。Hadoop 计划管理委员会成员 Shvachko 评论说：与预期的目标相比，Yahoo HDFS 集群已经实现了以下层次（Shvachko，2010）。括号中的数字是他列出的目标。容量：14 PB（10 PB）；节点数量：4000（10000）；客户数量：15000（100000）；文件数量：6000 万（1 亿）。因此，Yahoo 在 2010 年非常接近它的预期目标，只是集群较小，包含 4000 个节点和较少的客户；但是就处理的数据总量来说，Yahoo 实际上已经超过了目标。

值得提及 Shvachko（2010）提供的一些观测数据。它们基于 Yahoo 在 2010 年使用的 HDFS 配置。下面将给出一些实际的和估计的数字，以便读者了解这些巨型数据处理环境中涉及的是什么。

- 使用的块大小是 128 KB，一个文件平均包含 1.5 个块。NameNode 中的每个块大约使用 200 字节，并把另外 200 字节用于索引节点。引用 2 亿个块的 1 亿个文件将需要超过 60 GB 的 RAM 容量。

- 对于 1 亿个文件，其大小为 2 亿个块，复制因子为 3，那么将需要 60 PB 的磁盘空间。因此，提出的一条经验法则是：基于每个文件包含 1.5 个块并且块大小为 128 KB 的假设，NameNode 中 1 GB 的 RAM 大约对应于 1 PB 的数据存储。
- 为了在 10000 个节点的集群上保存 60 PB 的数据，每个节点将需要 6 TB 的容量。通过 8 个 0.75 TB 的驱动器即可实现这一点。
- NameNode 的内部工作负载是块报告。NameNode 每秒钟大约接收 3 个报告，其中每个报告包含关于 60000 个块的块信息。
- NameNode 上的外部负载由来自 MapReduce 作业的外部连接和任务组成。这导致了数万条同时的连接。
- 客户读（Client Read）操作包括执行块查找以从 NameNode 中获取块位置，其后接着访问块的最近副本。典型的客户（来自 MR 任务的 Map 作业）将从 1000 个文件中读取数据，平均每个文件要读取一半的内容，相当于 96 MB 的数据。这估计要花费 1.45 秒。在这种速率下，100000 个客户每秒钟将给 NameNode 发送 68750 个块位置请求。在 NameNode 的容量内这被认为是良好的，它每秒钟可以处理 126000 个请求。
- 写工作负载：给定 40 MB/s 的写吞吐量，一个客户在 2.4 秒内平均可以写 96 MB。这将在 NameNode 上产生来自 100000 个节点的超过 41000 个“创建块”请求。这被视为远远超过了 NameNode 容量。

上述分析假定每个节点只有一个任务。在实际中，每个节点可能具有多个任务，例如在 Yahoo 的真实系统中，它在每个节点上运行 4 个 MapReduce（MR）任务。它最终成为 NameNode 上的一个瓶颈。在 Hadoop v2 中处理了诸如此类的问题，将在 25.3.5 节中讨论。

25.3.5 Hadoop 生态系统

Hadoop 最著名的是 MapReduce 编程模型、它的运行时基础设施，以及 Hadoop 分布式文件系统（HDFS）。不过，Hadoop 生态系统具有一组相关的项目，它们在这些核心项目之上提供了额外的功能。其中许多项目是顶层 Apache 开源项目，具有它们自己的非常大的贡献用户社区。下面将列出几个重要的项目。

Pig 和 Hive：它们提供了一个更高级的接口，用于与 Hadoop 框架协同工作。

- Pig 提供了一种数据流语言。利用 PigScript 编写的脚本可以转换成 MapReduce 作业的有向环图（DAG）。
- Hive 在 MapReduce 之上提供了一个 SQL 接口。Hive 的 SQL 支持包括大多数 SQL-92 特性，以及更新的 SQL 标准中的许多高级分析特性。Hive 还定义了 SerDe（Serialization/Deserialization，串行化/反串行化）抽象，它定义了一种方式，用于对 HDFS 中的数据集上的记录结构（而不仅仅是键-值对）进行建模。在 25.4.4 节中将详细讨论。

Oozie：这是一种服务，用于调度和运行作业的工作流；各个步骤可以是 MR 作业、Hive 请求、Pig 脚本等。

Sqoop：这是一个库和运行时环境，用于高效地在关系数据库与 HDFS 之间移动数据。

HBase：这是一个面向列的键-值存储，它使用 HDFS 作为其底层存储（参见第 24 章，了解关于 HBase 的更详细讨论）。它支持使用 MR 和基于键的查找来进行批处理。通过正确设计键-值模式，可以使用 HBase 实现各类应用。它们包括时间序列分析、数据仓储、多维数据集的生成和多维查找，以及数据流。

25.4 MapReduce：额外的细节

在 25.2.2 节中介绍了 MapReduce 范型，现在将依据 MapReduce 运行时环境进一步详细说明。这里将讨论如何使用 MapReduce 处理连接的关系运算，并将探讨 Pig 和 Hive 的高级接口。最后，将讨论组合式 MapReduce/Hadoop 的优点。

25.4.1 MapReduce 运行时环境

本节的目的是泛泛地概述 MapReduce 运行时环境。有关详细的描述，建议读者参阅 White（2012）。MapReduce 是一种主-从系统，通常运行在与 HDFS 相同的集群上。通常，中大型 Hadoop 集群由两层或三层架构组成，它们是利用机架挂接式服务器构建的。

JobTracker

主进程称为 JobTracker。它负责管理作业的生命周期，以及调度集群上的任务。它将负责：

- 作业提交，初始化作业，把作业状态和状况提供给客户和 TaskTracker（从进程），以及作业完成。
- 调度集群上的 Map 和 Reduce 任务，它是使用一种可插入式调试器执行这些任务的。

TaskTracker

从进程称为 TaskTracker，它运行在集群的所有**工作者节点**（Worker node）上。Map-Reduce 任务也运行在工作者节点上。在启动时，将对 JobTracker 注册在这些节点上运行的 TaskTracker 守护进程。它们将运行 JobTracker 所分配的任务。这些任务是在节点上单独的进程中运行的；进程的生命周期由 TaskTracker 管理。TaskTracker 将创建任务进程，监视它的执行，给 JobTracker 发送周期性状态心跳信息，并且在发生失败时可以在 JobTracker 的请求下杀死进程。TaskTracker 给任务提供服务，其中最重要的任务是 Shuffle，将在 25.4.2 节中描述。

A. MapReduce 作业的总体流程

MapReduce 作业将经过作业提交、作业初始化、任务分配、任务执行以及最终作业完成的过程。其中将会涉及前面描述过的作业跟踪器和任务跟踪器。下面将简要说明。

作业提交。客户把作业提交给 JobTracker。作业包中包含可执行文件（作为一个 jar 文件）、执行作业所需的其他任何组件（文件、jar 存档），以及作业的 InputSplit。

作业初始化。JobTracker 接收作业，并把它放在作业队列上。基于输入拆分，它将为每个拆分创建映射任务。并将基于作业配置创建许多归纳任务。

任务分配。JobTracker 的调度器将从运行的作业之一中把任务分配给 TaskTracker。在 Hadoop v1 中，TaskTracker 具有固定数量的槽用于映射任务和归纳任务。调度器在调度集群节点上的任务时，将会考虑输入文件的位置信息。

任务执行。一旦在槽上调度了任务，TaskTracker 就会管理任务的执行：使所有的 Task 工件都可供 Task 进程使用，启动 Task JVM，监视进程并与 JobTracker 协调，以执行像在任务退出时进行清理这样的管理操作，以及在发生失败时杀死 Task。TaskTracker 还给任务提供了 Shuffle 服务（Shuffle Service）；在下面讨论 Shuffle 过程时将描述它。

作业完成。一旦完成了作业中的最后一个任务，JobTracker 就会运行作业清理任务（它用于清理 HDFS 和 TaskTracker 的本地文件系统中的中间文件）。

B. MapReduce 中的容错

有 3 种类型的失败：任务失败、TaskTracker 失败和 JobTracker 失败。

任务失败。如果任务代码抛出一个运行时异常，或者如果 Java 虚拟机出人意料地崩溃，就可能发生任务失败。另一个问题是 TaskTracker 在一段时间内（这个时间段可配置）没有接收到来自 Task 进程的任何更新。在所有这些情况下，TaskTracker 都会通知 JobTracker 任务已经失败。当 JobTracker 接收到任务失败的通知时，它将重新调度任务的执行。

TaskTracker 失败。TaskTracker 进程可能崩溃或者断开与 JobTracker 的连接。一旦 JobTracker 将 TaskTracker 标记为失败，那么将把 TaskTracker 完成的映射任务放回队列上以便重新调度。类似地，在失败的 TaskTracker 上正在进行的任何映射任务或归纳任务也会被重新调度。

JobTracker 失败。在 Hadoop v1 中，JobTracker 失败不是一种不可恢复的失败。JobTracker 是一个单点故障（Single Point of Failure），必须手动重新启动它。在重新启动后，必须重新提交所有运行的作业。这是 Hadoop v1 的缺点之一，下一代 Hadoop MapReduce（称为 YARN）已经解决了这个问题。

存在失败的语义。当用户提供的映射和归纳运算符是其输入值的确定性函数时，MapReduce 系统产生的输出与整个程序的无错顺序执行产生的输出将是相同的。每个任务都将把它的输出写到一个私有任务目录中。如果 JobTracker 接收到同一个任务的多个完成通知，那么除第一个之外，它将忽略所有其他的通知。当作业完成时，就把任务输出移到作业输出目录中。

C. Shuffle 过程

MapReduce（MR）编程模型的关键特性是：归纳器（reducer）可以一起获得给定键的所有行。这是通过所谓的 MR **混洗**（MR shuffle）来传送的。混洗可划分成映射、复制和归纳这些阶段。

映射阶段：在映射任务中处理行时，最初将把它们保存在一个内存中的缓冲区中，其大小是可配置的（默认是 100 MB）。一个后台线程将基于作业中的归纳器（Reducer）数量和分区器（Partitioner）对缓冲的行进行分区。分区器是一个可插入式接口，可以请求它选择给定键值的归纳器和作业中的归纳器数量。分区的行将按它们的键值进行排序。它们可以进一步按提供的比较器（Comparator）进行排序，使得具有相同键的行将具有稳定的排列顺序。可以把它用于连接，以确保对于具有相同键值的行，将把来自同一个表中的行捆绑在一起。可插入的另一个接口是组合器（Combiner）接口。它用于归纳来自映射器的输出行数，这是通过对具有相同键的所有行在每个映射器上应用归纳操作来实现的。在映射阶段，可能发生分区、排序和组合的多次迭代。最终结果是每个归纳器生成单个本地文件，并且它是按键排序的。

复制阶段：当映射器可用时，归纳器将从所有映射器中取出它们的文件。它们是在心跳响应中由 JobTracker 提供的。每个映射器都具有一组侦听器线程，它们为归纳器对这些文件的请求提供服务。

归纳阶段：归纳器从映射器读取它的所有文件。在把所有这些文件流入到 Reduce 函数之前，将把它们合并起来。依赖于映射器文件变得可用的方式，可能具有多个合并阶段。归纳器将避免不必要的合并；例如，在把行流入到 Reduce 函数中时，将合并最后 N 个文件。

D. 作业调度

MR 1.0 中的 JobTracker 负责调度集群节点上的工作。客户提交的作业将添加到 JobTracker 的作业队列中。Hadoop 的初始版本使用一种 FIFO 调度器，它按提交的顺序来调度作业。在任何给定的时间，集群都将运行单个作业的任务。对于较短的作业，例如即席 Hive 查询，如果它们不得不等待长时间运行的机器学习型作业，那么这就会导致不必要的延迟。这样，等待时间将超过运行时间，并且集群上的吞吐量也会遭受损失。此外，集群还将保持未充分利用的状态。下面将简要描述另外两类调度器，公平调度器（Fair Scheduler）和容量调度器（Capacity Scheduler），它们可用于缓解这种情况。

公平调度器。公平调度器的目标是给 Hadoop 共享集群中的小作业提供快速的响应时间。对于这个调度器，将把作业分组进池（Pool）中。在池之间将平均共享集群的容量。在任何给定的时间，集群的资源是在池之间平均划分的，从而平均地利用集群的容量。设置池的典型方式是给每个用户分配一个池，并给某些池分配最低数量的槽。

容量调度器。容量调度器适合于满足大企业客户的需要。它通过在一组给定的容量约束下以一种及时的方式分配资源，旨在允许多个租户共享大型 Hadoop 集群的资源。在大型企业中，各个部门使用一个集中式的 Hadoop 集群会有顾虑，因为它们也许不能满足其应用的服务等级协议（service-level agreement，SLA）。容量调度器旨在使用以下条款向每个租户保证集群容量。

- 支持多个查询，并且对资源使用比例具有硬限制和软限制。
- 使用访问控制列表（access control list，ACL），确定谁可以提交、查看和修改队列中的作业。
- 在活动队列之间平均分配过剩的容量。
- 租户具有使用限制，这样的限制可以阻止租户独占集群。

25.4.2 示例：在 MapReduce 中实现连接

为了理解 MapReduce 编程模型的能力和用途，考虑关系代数中的最重要的操作将是有益的，该操作称为连接，已在第 6 章中介绍过。前面通过 SQL 查询讨论了它的使用（参见

第 7 章和第 8 章）及其优化（参见第 18 章和第 19 章）。让我们考虑利用连接条件 R.A = S.B 连接两个关系 R(A, B)与 S(B, C)的问题。假定两个表都驻留在 HDFS 上，下面将列出许多策略，它们被设计成可以在 MapReduce 中执行等值连接。

1. 排序-归并连接

用于执行连接的最广泛的策略是利用 Shuffle 对数据进行分区和排序，并且使归纳器归并和生成输出。可以设置 MR 作业在 Map 阶段从两个表中读取块，并且可以设置分区器，在 B 列的值上对 R 和 S 中的行进行散列分区。来自 Map 阶段的键输出包括一个表标签。因此键具有(标签, (键))形式。在 MR 中，可以为作业的混洗配置自定义的排序；自定义排序将对具有相同键的行进行排序。在这种情况下，可以基于标签对具有相同 B 值的行进行排序。可以给较小的表分配标签 0，并给较大的表分配标签 1。因此，归纳器将按顺序看到具有相同 B 值的所有行：首先看到较小的表行，然后是较大的表行。归纳器可以缓冲较小的表行；一旦它开始接收较大的表行，它就可以与缓冲的较小表行执行内存中的叉积运算，以生成连接输出。这种策略的代价主要是混洗代价，它将多次读和写每一行。

2. Map 端散列连接

如果 R 或 S 中有一个较小的表，可以加载进每个任务的内存中，对于这种情况，可以在 Map 阶段只处理较大表的拆分。每个 Map 任务都可以读取整个较小的表，并且基于 B 作为散列键来创建内存中的散列映射。然后，它就可以执行散列连接。这类似于数据库中的散列连接。这个任务的代价粗略等于读取较大表的代价。

3. 分区连接

假定在存储 R 和 S 时，使它们在散列键上进行分区。这样，每个拆分（Split）中的所有行都属于连接字段（在示例中是 B）的域的某个可标识的范围。假定 R 和 S 都存储为 p 个文件。假设文件（i）包含一些行，使得（值 B）mod p = i。这样，将只需要把 R 的第 i 个文件与对应的 S 的第 i 个文件进行连接即可。其中一种方式是执行前面讨论过的 Map 端的连接的一个变体：使处理较大表的第 i 个分区的映射器（Mapper）读取较小表中的第 i 个分区。甚至当两个表不具有相同数量的分区时，也可以扩展这种策略以使之工作。使其中一个表的分区数量是另一个表的分区数量的倍数即可。例如，如果将表 A 划分成两个分区并将表 B 划分成 4 个分区，那么表 A 的分区 1 将需要连接表 B 的分区 1 和 3，而表 A 的分区 2 则将需要连接表 B 的分区 2 和 4。执行桶连接的机会也比较常见：例如，假定 R 和 S 是上述的排序-归并连接的输出。可以在连接表达式中对排序-归并连接的输出进行分区。进一步连接这个数据集将允许我们避免混洗。

4. 桶连接

这结合了 Map 端连接和分区连接。在这种情况下将只对一个关系（例如说右边的关系）进行分区。然后可以对左边的关系运行映射器，并且对右边的每个分区执行映射连接（Map Join）。

5. N 路 Map 端连接

对于可以在内存中缓冲的所有小表，只要提供了某个键的行，就可以在一个 MR 作业中实现 R(A, B, C, D)、S(B, E)和 T(C, F)上的连接。在数据仓库中连接是一个典型的操作（参见第 29 章），其中 R 是一个事实表，S 和 T 则是维度表，它们的键分别是 B 和 C。通常，在数据仓库中，在维度属性（Dimensional Attribute）上指定查询过滤器。因此，每个 Map 任务都具有足够的内存来保存多个小维度表的散列映射。在把事实表的行读入 Map 任务中时，可以把它们与 Map 任务读入内存中的所有维度表进行连接。

6. 简单的 N 路连接

对于可以在内存中缓冲的所有小表，只要提供了某个键的行，就可以在一个 MR 作业中实现 R(A, B)、S(B, C)和 T(B, D)上的连接。假设 R 是一个大表，S 和 T 是相对较小的表。这样，通常，对于任何给定的键值 B，S 或 T 中的行数将能够放入任务的内存中。然后，通过给大表提供最大的标签，就很容易把排序-归并连接推广到 N 路连接，其中连接表达式是相同的。在键值为 B 的归纳器中，归纳器首先将接收 S 的行，然后接收 T 的行，最后接收 R 的行。由于假定 S 和 T 中没有大量的行，因此归纳器就可以缓存它们。当它接收 R 的行时，就可以将其与缓存的 S 和 T 的行进行叉积运算，并且输出连接的结果。

除了上述使用 MapReduce 范型执行连接的策略之外，还提出了一些算法用于执行其他类型的连接（例如，一般的多路自然连接，已经证明数据仓库中的链式连接或星形连接的特例可以作为单个 MR 作业处理）[1]。类似地，目前已经提出了一些算法用于处理连接属性中的偏差（例如，在销售事实表中，某些天可能具有不成比例的交易数量）。对于具有偏差的属性上的连接，一种经过修改的算法将允许分区器给具有大量条目的数据分配唯一值，并且允许通过 Reduce 任务处理它们，而其余的值可能像以往一样进行散列分区。

这个讨论应该使读者很好地理解在 MapReduce 之上实现连接策略的多种可能性。还有其他因素会影响性能，例如行存储与列存储以及将谓词下移给存储处理器。这些内容超出了这里讨论的范围。感兴趣的读者可以找到这个领域中与 Afrati 和 Ullman（2010）类似的持续不断的研究出版物。

本节的目的是突出介绍两种主要的发展成果，它们通过在 Hadoop 和 MapReduce 的核心技术之上提供高级接口来影响大数据社区。本节将简要概述 Pig Latin 语言和 Hive 系统。

7. Apache Pig

Pig[2]是在 Yahoo Research 设计的一种系统，它弥合了声明式接口（例如 SQL）与更刚性的低级过程式编程风格之间的差异，其中前者在关系模型的环境中学习过；后者是 MapReduce 所需的，在 25.2.2 节中描述过。虽然在 MR 中可能表达非常复杂的分析，但是用户必须将程序表达为一个输入、两个阶段（映射和归纳）的过程。此外，MR 没有提供任何方法来描述复杂的数据流，以对输入应用一系列转换。没有标准的方式来执行常见的数据转换操作，例如投影、过滤、分组和连接。第 7 章和第 8 章中介绍过在 SQL 中以声明方式表达所有这些操作。不过，有一个用户和程序员社区以更加过程化的方式思考问题。因此，Pig 的开发人员发明了 Pig Latin 语言来填补 SQL 与 MR 之间的“最佳结合点”。在 Olston 等（2008）中显示了一个利用 Pig Latin 语言表达一个简单的 Group By 查询的示例：

---

1 参见 Afrati 和 Ullman（2010）。

2 参见 Olston 等（2008）。

有一个 url 表：(url,category.pagerank)。

对于具有大量 URL 的类别，我们希望查找该类别中具有较高页面排名的 URL 的平均页面排名。这需要按类别对 URL 进行分组。表达这种需求的 SQL 查询可能如下所示：

```
SELECT category, AVG(pagerank)
FROM urls WHERE pagerank > 0.2
GROUP BY category HAVING COUNT(*) > 10**6
```

使用 Pig Latin 语言编写的相同查询如下所示：

```
good_urls = FILTER urls BY pagerank > 0.2;
groups = GROUP good_urls BY category;
big_groups = FILTER groups BY COUNT(good_urls)> 10**6;
output = FOREACH big_groups GENERATE
         category, AVG(good_urls.pagerank);
```

如这个示例所示，使用脚本语言 Pig Latin 编写的 Pigscript 是一系列数据转换步骤。在每个步骤中，将要表达像 Filter、Group By 或 Projection 这样的基本转换。这样的脚本类似于 SQL 查询的查询计划，它与第 19 章中讨论的计划相似。就像 JSON（Java Script Object Notation）和 XML 一样，该语言支持嵌套数据结构上的操作。它具有一个广泛的、可扩展的函数库，还能够非常晚地将模式绑定到数据或者根本不绑定。

Pig 旨在解决诸如 Web 日志和点击流的即席分析之类的问题。日志和点击流通常需要行级别以及聚合级别的自定义处理。Pig 大量纳入了用户定义的函数（UDF）。它还利用以下 4 种类型支持嵌套数据模型：

原子：简单的原子值，例如数字或字符串。

元组：一个字段序列，其中每个字段都可以是任何允许的类型。

包：可能有重复的元组集合。

映射：一个数据项集合，其中每个数据项都具有一个允许直接访问它的键。

Olston 等（2008）演示了一些在日志上使用 Pig 的有趣应用。一个示例是分析搜索引擎在任意时间段（日、周、月等）的活动日志，以便按用户的地理位置计算搜索词的频率。这里，所需的函数包括将 IP 地址映射到地理位置以及使用 n 元提取。另一个应用涉及基于搜索词将一个时间段的搜索查询与过去的另一个时间段的那些搜索查询组合起来。

在构建 Pig 时，就使之能够在不同的执行环境上运行。在实现 Pig 时，把 Pig Latin 编译进物理计划中，这些计划将转换成一系列 MR 作业并在 Hadoop 中运行。Pig 作为一个有用的工具，可以提高程序员在 Hadoop 环境中的生产率。

25.4.3　Apache Hive

Hive 是在 Facebook[1]开发的，它具有类似的意图：使用类似于 SQL 的查询给 Hadoop 提供一个更高级的接口，以及支持处理数据仓库（参见第 29 章）中典型的聚合分析查询。

1　参见 Thusoo 等（2010）。

Hive 保留了一个主要接口，用于在 Facebook 上访问 Hadoop 中的数据；在开源社区中已经广泛采用了它，并且它还在持续不断地改进。Hive 超越了 Pig Latin，这是由于它不仅给 Hadoop 提供了一个高级语言接口，而且还提供了一个层，使 Hadoop 看上去像具有 DDL 的 DBMS，同时还提供了元数据存储库、JDBC/ODBC 访问和 SQL 编译器。Hive 的架构和组件如图 25.2 中所示。

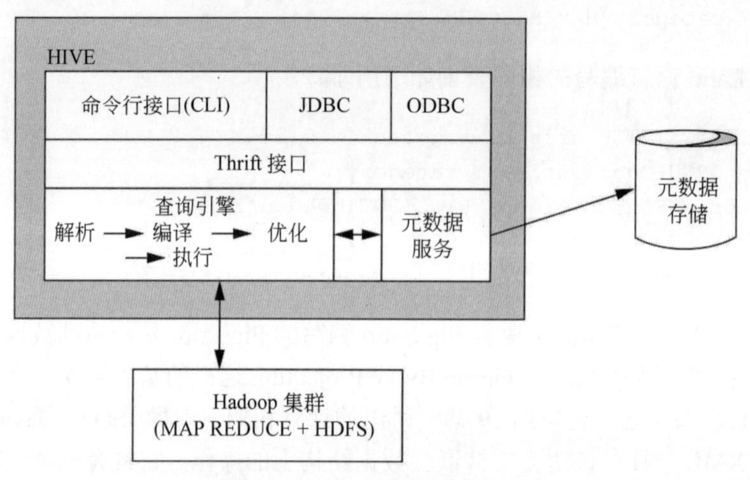

图 25.2 Hive 系统架构和组件

图 25.2 显示了 Hive 中的 Apache Thrift 接口。Apache Thrift 定义了用于开发远程服务的接口定义语言（Interface Definition Language，IDL）和通信协议。它带有运行时环境和代码生成引擎，可以利用许多语言开发远程服务，包括 Java、C++、Python 和 Ruby。Apache Thrift 支持基于 JSON 的协议和二进制协议，它还支持 HTTP、套接字和文件传输。

Hive 查询语言 HiveQL 包括一个 SQL 的子集，其中包括各类连接、Group By 运算，以及一些与基本数据类型和复杂数据类型相关的有用函数。下面将指出 Hive 系统的一些亮点。

1. 与 HDFS 连接

- Hive 中的表链接到 HDFS 中的目录。用户可以在表内定义分区。例如，可以按天以及在一天内按小时对 Web 日志表进行分区。每个分区层次都会在 HDFS 中引入一种目录层次。表也可能存储为一组列上的桶形表。这意味着存储的数据是按列物理分区的。例如，在一个小时目录内，可能按 Userid 对数据分桶存储；这意味着每个小时的数据都存储在一组文件中，每个文件代表一个 User 的桶，并且桶基于 Userid 列的散列。用户可以指定应该把数据划分到多少个桶中。
- SerDe（Serialization/Deserialization，串行化/反串行化）插件架构允许用户指定如何将本地文件格式的数据作为行展示给 Hive SQL 操作员。Hive 带有一组丰富的 SerDe 函数和支持的文件格式（例如，CSV、JSON、SequenceFile）、列格式（例如，RCFile、ORCFile、Parquet），以及对 Avro 的支持，它是另一种数据串行化系统。不同的存储处理器在 SerDe 机制上扩展，以允许读/写数据的可插入行为，并且能够将谓词下移给存储处理器以进行早期评估。例如，JDBC 存储处理器允许 Hive 用户定义一个表，它事实上存储在某个关系 DBMS 中，并且可以在查询执行期间使用 JDBC

协议访问它（参见第 10 章）。

2. Hive 中的 SQL 支持和优化

Hive 纳入了逻辑和物理优化的概念，它们与 SQL 查询优化中使用的那些概念类似，在第 18 章和第 19 章中讨论过这些概念。在早期就支持逻辑优化，例如清理不需要的列以及在查询树中下移选择谓词。还纳入了物理优化，它们基于用户提示和数据文件大小将排序-归并连接转换成 Map 端的连接。Hive 在开始时支持 SQL-92 的一个子集，包括 SELECT、JOIN、GROUP BY 以及 WHERE 子句中基于条件的过滤器。Hive 用户可以在 Hive 中表达复杂的 SQL 命令。在其开发的早期阶段，Hive 就能够运行 22 个 TPCH 基准查询（用于决策支持的事务处理性能委员会（Transaction Processing Performance Council）基准），尽管对它们进行了相当多的手动改写。

在语言支持以及优化器和运行时技术方面已经取得了重要的进展。下面列出了其中一些改进。

- Hive SQL 添加了 SQL 的分析特性，例如子查询谓词、公共表（Common Table）表达式（这是 SQL 中的 WITH 子句，允许用户指定公共的子查询块并在查询中多次引用它们；可以把这些表达式作为查询级视图），以及在数据、汇总（指更高的聚合层次）和分组集（这种能力允许在一个 Group By 层次内表达多个聚合层次）的某个窗口上进行聚合。例如，考虑 Group By Grouping Sets ((year, month), (dayofweek))，这个表达式将在(Year, Month)层次聚合，同时还按 DayOfWeek 进行聚合。现在支持完整的 SQL 数据类型集，包括变长字符串（varchar）、数字类型和日期。Hive 还通过 Insert 和 Update 语句来支持公共的 Change Data Capture ETL（改变数据捕获 ETL）流。在数据仓库中，递送缓慢改变的维度（例如，零售数据仓库中的顾客）的过程需要在那个维度中标识新的和更新的记录的复杂数据流。这种称改变数据捕获（Change Data Capture，CDC）过程。通过在 Hive 中添加 Insert 和 Update 语句，有可能利用 Hive SQL 对 CDC 过程建模并执行它们。
- Hive 现在具有经过极大扩展的 DDL 集合，用以依据任意的访问控制来表达授权和特权（参见 30.2 节）。
- 纳入了多种标准的数据库优化技术，包括分区清理、连接重新排序、索引重写以及减少 MR 作业的数量。通常会对非常大的表（例如数据仓库中的事实表）进行分区。时间可能是用于分区的最常见的属性。通过把 HDFS 用作存储层，用户将倾向于把数据保留一段相当长的时间。但是典型的数据仓库将只包括最近的时间段（例如，上个季度或者本年度）。在查询中将时间段指定为过滤器。分区清理（Partition Pruning）是从查询过滤器中提取相关的谓词并将它们转换成需要读取的表分区列表的技术。显然，这对于性能和集群利用率具有巨大的影响：它将不会扫描为前 N 年保留的所有分区，而只会扫描前几周/月的分区。进行的工作包括收集列级或表级的统计信息，并基于使用这些统计信息的代价模型来生成计划（类似于第 19 章中有关 RDBMS 的考虑事项）。
- Hive 现在支持 Tez 作为一种运行时环境，它显著优于 MR，包括无须在作业之间写到磁盘，并且不会限制于一个输入、两个阶段的过程。同时还有人在积极工作以便在 Spark 上支持 Hive，Spark 是一种新技术，将在 25.6 节中简要介绍。

25.4.4 Hadoop/MapReduce 技术的优点

Hadoop 版本 1 经过了优化，以便在特大型数据集上执行批处理。有多种因素促成了它的成功。

（1）在涉及 PB 级工作负载时，磁盘寻道速率就是一种限制性因素。寻道受到磁盘机械结构限制，而传输速度是一种电子特性并且在稳步提高（参见 16.2 节，了解关于磁盘驱动器的讨论）。可以并行扫描数据集的 MapReduce 模型能够缓解这种情况。例如，使用 1 台机器以 50 Mb/s 的速率按顺序扫描 100 TB 的数据集将需要花费大约 24 天的时间才能完成。另一方面，使用 1000 台机器并行扫描相同的数据只需花费 35 分钟。Hadoop 建议使用非常大的块大小，即 64 MB 或更高。因此，在扫描数据集时，在磁盘寻道上所花的时间百分比是微不足道的。无限的磁盘寻道速率与并行处理块中的大型数据集相结合，驱动了 MapReduce 模型的可伸缩性和速度。

（2）与传统的 RDBMS 相比，MapReduce 模型允许更轻松地处理半结构化数据和键-值数据集，传统的 RDBMS 则需要一种预定义的模式。文件（例如非常大的日志文件）可以展示 RDBMS 中的特定问题，因为在可以分析它们之前需要以多种方式解析它们。

（3）MapReduce 模型具有线性可伸缩性，这是由于可以添加资源以线性方式改进作业延迟和吞吐量。失败模型比较简单，并且可以返回单个失败的作业，而不会对整个作业产生重大影响。

25.5 Hadoop v2 的别名 YARN

在前几节中，详细讨论了 Hadoop 开发。我们的讨论包括用于编程的 MapReduce 范型的核心概念以及 HDFS 底层存储基础设施。还讨论了像 Pig 和 Hive 这样的高级接口，它们使得有可能在 Hadoop 框架之上执行类似于 SQL 的高级数据处理。现在将注意力转向后续的开发，它们被广泛地称为 Hadoop v2、MRv2 或 YARN（Yet Another Resource Negotiator）。首先，将指出 Hadoop v1 平台的缺点以及 YARN 背后的基本原理。

25.5.1 YARN 背后的基本原理

尽管 Hadoop v1 很成功，但是在企业应用中 Hadoop v1 的用户体验突显了一些缺点，并且建议对 Hadoop v1 进行升级可能是必要的。

- 随着集群大小和用户数量在不断增长，JobTracker 变成了一个瓶颈。它总是被称为单点故障。
- 由于对映射和归纳函数是静态分配资源的，节点集群的利用将不太令人满意。
- HDFS 被视作是企业中的数据的单一存储系统。用户希望运行不同类型的应用，它们将不能轻松地适应 MR 模型。用户倾向于运行仅涉及 Map 的作业来避开这种限制，但是这只会加重调度和利用问题。

● 在大型集群上，保持最新的 Hadoop 开源版本将会成为一个问题，它们是每隔几个月就发布的。

上述原因解释了开发 Hadoop 版本 2 的基本原理。上面的列表中提及的几点使得有必要进行更详细的讨论，接下来将加以说明。

1. 多租户技术

多租户技术指并发地容纳多个租户/用户，使得他们可以共享资源。随着集群大小增长和用户数量增加，多个用户社区共享 Hadoop 集群。在 Yahoo，这个问题的原始解决方案是 Hadoop on Demand，它基于 Torque 资源管理器和 Maui 调度器。用户可以为每个作业或作业集建立单独的集群。这具有以下几个优点。

● 每个集群都可以运行它自己的 Hadoop 版本。
● 把 JobTracker 失败隔离到单个集群。
● 每个用户/组织都可以依赖于预期的工作负载，对其集群的大小和配置做出独立的决策。

但是出于以下原因 Yahoo 放弃了 Hadoop on Demand。

● 资源分配并不是基于数据局部性。因此，来自 HDFS 的大多数读和写操作都是远程访问，这就否定了大多数本地数据访问的 MR 模型的关键好处之一。
● 集群的分配是静态的。这意味着集群的很大部分基本上是空闲的。
  ■ 在 MR 作业内，归纳槽在 Map 阶段不可用，而映射槽则在 Reduce 阶段不可用。在使用像 Pig 和 Hive 这样的更高级语言时，每个脚本或查询都将导致多个作业。由于集群分配是静态的，因此必须预先获得任何作业中所需的最大节点数。
  ■ 即使使用公平调度或容量调度（参见 25.4.2 节中的讨论），把集群划分成固定的映射槽和归纳槽也意味着集群未得到充分利用。
● 获取集群时所涉及的延迟比较高，仅当有足够的节点可用时，才能授予一个集群。用户开始扩展集群的生存期，并且可以比他们所需的更长时间地持有集群。这会对集群的利用率产生不利的影响。

2. JobTracker 可伸缩性

随着集群大小超过 4000 个节点，内存管理和锁定的问题使得难以增强 JobTracker 以处理工作负载。可以考虑多个选项，例如在内存中保存关于作业的数据，限制每个作业的任务数，限制每个用户可以提交的作业数，以及限制并发运行的作业数。所有这些似乎都不能完全满足所有的用户；JobTracker 通常会用光内存。

一个相关的问题涉及完成的作业。完成的作业保存在 JobTracker 中，并且会占用内存。许多模式尝试减少完成的作业的数量和内存占用量。最终，一种可行的解决方案是把这个功能转交给一个单独的 Job History（作业历史记录）守护进程。

随着 TaskTracker 数量增长，心跳（从 TaskTracker 到 JobTracker 的信号）的延迟差不多是 200 ms。这意味着当集群中有 200 个以上的任务跟踪器时，TaskTracker 的心跳间隔可能是 40 秒或更长时间。以前做过一些工作来修正这个问题，但是最终放弃了。

3. JobTracker：单点故障

Hadoop v1 的恢复方法非常弱。JobTracker 的故障将使整个集群崩溃。在这种情况下，运行作业的状态将会丢失，并且不得不重新提交所有的作业，并重新启动 JobTracker。使关于完成的作业的信息持久存在而做出的努力不会成功。一个相关的问题是部署软件的新版本。这需要安排集群的停机时间，它将导致作业积压，并在以后重新启动 JobTracker 时加重它的负担。

4. MapReduce 编程模型的误用

MR 运行时环境并不是非常适合于迭代式处理；对于分析工作负载中的机器学习算法尤其如此。每次迭代都被视作是一个 MR 作业。使用批量同步并行（bulk synchronous parallel，BSP）模型可以更好地表达图算法，该模型使用消息传递，这与 Map 和 Reduce 原语相反。用户可以通过一些效率低下的替代方案来避开这些障碍，例如将机器学习算法实现为长期运行的仅涉及 Map 的作业。这些作业类型最初从 HDFS 读取数据，并且在第一遍时并行执行；但是此后将在框架的控制之外相互交换数据。此外，还会丢失容错性。JobTracker 不知道这些作业是如何运行的；这种缺失将导致集群的利用率低下并且不稳定。

5. 资源模型问题

在 Hadoop v1 中，节点被划分成固定数量的 Map 和 Reduce 槽。这将导致集群未被充分利用，因为不能使用空闲的槽。除 MR 之外的作业将不能轻松地在节点上运行，因为节点容量是不可预测的。

上述问题说明了为什么 Hadoop v1 需要升级。尽管尝试在 Hadoop v1 中修正上面列出的许多问题，但是显然需要重新设计。新设计的目标设定如下：

- 继承 Hadoop v1 的可伸缩性和局部意识。
- 具有多租户技术和较高的集群利用率。
- 没有单点故障，并且具有高度的可用性。
- 不仅仅支持 MapReduce 作业。不应该将集群资源建模为静态的映射槽和归纳槽。
- 向后兼容，因此现有的作业应该可以像以前那样运行，而无须进行任何重新编译。

它们的结果就是 YARN 或 Hadoop v2，将在 25.5.2 节中讨论。

25.5.2 YARN 的架构

1. 概述

在提供了升级 Hadoop v1 背后的动机之后，现在将讨论下一代 Hadoop 的详细架构，它被广泛地称为 MRv2、MapReduce 2.0、Hadoop v2 或 YARN[1]。YARN 的中心思想是将集群资源管理与作业管理分隔开。此外，YARN 还引入了 ApplicationMaster 的概念，它现在负责管理工作（任务数据流、任务生命周期、任务失效切换等）。MapReduce 现在可以作为由 MapReduce ApplicationMaster 提供的服务/应用来使用。这两个决定影响深远，并且对于数

---

1 参见 Apache Web 站点：http://hadoop.apache.org/docs/current/hadoop-yarn/hadoop-yarn-site/YARN.html，查看关于 YARN 的最新文档。

据服务操作系统的概念至关重要。图 25.3 并排显示了 Hadoop v1 和 Hadoop v2 的高级示意图。

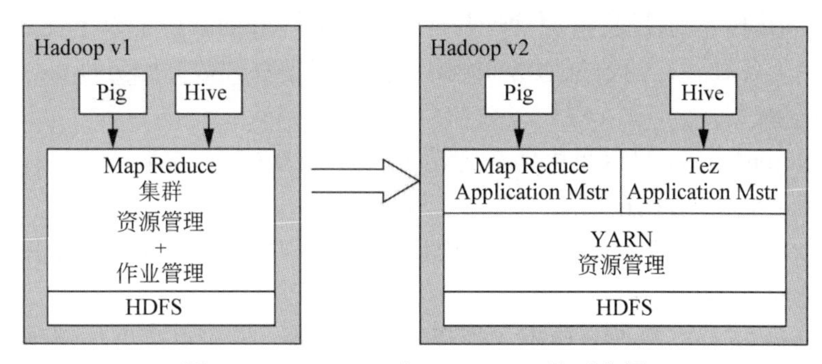

图 25.3　Hadoop v1 与 Hadoop v2 的示意图

ResourceManager 和每个工作者节点 NodeManager 一起构成了在 YARN 上可以宿主任何应用的平台。ResourceManager 管理集群，基于可插入的调度策略（例如公平策略或者优化集群利用策略）发放资源。它还负责集群中的节点的生命周期，这是由于它将跟踪何时节点停止运行，何时节点不可达，或者何时有新节点加入。节点故障将报告给 ApplicationMaster，它们具有关于失败节点的容器。新节点将可供 ApplicationMaster 使用。

ApplicationMaster 发送 ResourceRequest 给 ResourceManager，然后 ResourceManager 将利用集群 Container（容器）租约来进行响应。Container 是由 ResourceManager 发送给 ApplicationManager 的租约，以在集群的节点上使用一定数量的资源。ApplicationMaster 为这个租约引用的节点给 NodeManager 提供一个 Container Launch Context（容器启动环境）。Container Launch Context 除了包含租约之外，还指定如何为任务运行进程，以及如何获取任何资源，例如 jar 文件、用于进程的 lib、环境变量以及安全令牌。就核心数量、内存、网络带宽等而言，一个节点具有某种处理能力。当前，YARN 只考虑内存。基于其处理能力，可以将一个节点划分成一组可互换的容器。一旦 ApplicationMaster 接收到一个容器租约，就会释放它，以按请求的那样调度其上的工作。ApplicationMaster 可以基于它们的工作负载，持续改变它们的资源需求。ResourceManager 将纯粹基于这些请求、集群的状态以及集群的调度策略，来做出其调度决策。它不知道在节点上执行的实际任务。管理和分析实际工作的职责留给 ApplicationMaster 来执行。

NodeManager 负责管理它们节点上的容器。容器负责报告节点的运行状况。它们还会处理节点加入集群的过程。容器给 ApplicationMaster 提供 Container Launch（容器启动）服务。其他可用的服务包括本地缓存，它可以是 User（用户）级、Application（应用）级或 Container（容器）级。还可以配置容器，给在它们之上运行的任务提供其他服务。例如，对于 MR 任务，现在把混洗（shuffle）作为一种 Node（节点）级服务来提供。

ApplicationMaster 现在负责运行集群上的作业。基于它们的作业，集群将与 ResourceManager 协商资源。ApplicationMaster 自身在集群上运行；在启动时，客户将给 ResourceManager 提供一个应用（Application），然后 ResourceManager 将为 ApplicationMaster 分配一个容器，并在该容器中启动它。对于 MR，ApplicationMaster 将接管 JobTracker 的大部分任务：它将启动 Map 和 Reduce 任务，做出关于其布局的决策，管理任务的故障转移，与作业状态计数器类似的计数器，以及为运行的作业提供一个监视界面。完成作业的管理和界面已被移到单独的 Job History Server（作业历史记录服务器）。

在 YARN 架构中，通过将资源管理与应用管理分隔开而获得了以下优点：

- 可以使用各种各样的数据服务来利用集群。其中每种数据服务都可以展示它自己的编程模型。
- ApplicationMaster 可以自由地在为其工作而优化的模式中协商资源：例如，机器学习应用可能长期持有容器。
- Resource（资源）和 Container（容器）模型允许以一种动态方式使用节点，这增加了集群的总体利用率。
- ResourceManager 只做一件事：管理资源；因此，它可以高度伸缩到数万个节点。
- 利用 ApplicationMaster 管理作业，就可能在集群上运行应用的多个版本。无须进行全局集群更新，而只需要停止所有作业即可。

ApplicationMaster 出现故障将只会影响它所管理的作业。ResourceManager 对 ApplicationMaster 提供了某种程度的管理。让我们简要考虑 YARN 环境的每种组件。

2. 资源管理器（RM）

资源管理器只关心给应用分配资源，而不涉及对应用内的处理进行优化。资源分配的策略是可插入的。ApplicationMaster 会优化其工作负载的资源。

资源管理器将公开以下接口：

（1）让客户启动 ApplicationMaster 的 API。

（2）使 ApplicationMaster 协商集群资源的协议。

（3）使 NodeManager 报告节点资源并受资源管理器管理的协议。

ResourceManager 中的调度器将把应用提交的资源需求与集群资源的全局状态进行匹配。分配基于可插入调度器的策略（例如容量或公平）。资源是由 ApplicationMaster 作为 Resource Request 请求的。Resource Request 将指定：

- 所需容器的数量。
- 每个容器所需的物理资源（CPU、内存）。
- 容器的局部引用（物理节点、机架）。
- 应用的请求优先级。

调度器将基于 NodeManager 心跳信号报告的集群状态来满足这些请求。局部性和优先级指导调度器选择替代方案：例如，如果请求的节点比较繁忙，次优选择就是相同机架上的另一个节点。

如果需要，调度器还能够请求从应用收回资源，甚至可以强制收回资源。应用在返回一个容器时，可以把工作迁移到另一个容器上，或者设置状态检查点，并在另一个容器上恢复它。值得指出的是，资源管理器并不负责以下工作：处理任务在应用内的执行，提供关于应用的任何状态信息，提供完成作业的历史记录，以及为出故障的任务提供恢复。

3. ApplicationMaster（AM）

ApplicationMaster 负责协调应用在集群上的执行。应用可以是一组进程，例如 MR 作业；或者是长时间运行的服务，例如为多个 MR 作业提供服务的 Hadoop on Demand（HOD）

集群。这留给 Application Writer（应用编写器）去完成。

ApplicationMaster 将通过心跳机制定期将其当前的资源请求通知给 ResourceManager。将资源作为容器租约提交给 ApplicationMaster。应用使用的资源是动态的：它们基于应用的进度以及集群的状态。考虑一个示例：运行 MR 作业的 MR ApplicationMaster 将对 InputSplit 所驻留的 m 个节点中的每个节点请求一个容器。如果它获得其中一个节点上的容器，ApplicationMaster 将取消对其余 m−1 个节点上的容器的请求，或者至少降低它们的优先级。另一方面，如果映射任务失败，AM 将跟踪这种失败，并且请求其他节点上的容器，这些节点具有相同 InputSplit 的副本。

4. NodeManager

NodeManager 运行在集群的每个工作者节点上。它管理容器，并为容器提供可插入的服务。基于详细的 Container Launch Context 规范，NodeManager 可以在其设置了环境和本地目录的节点上启动一个进程。它还会执行监视，以确保资源利用没有超过规范。它将定期报告容器和节点的状态。NodeManager 为在它上面运行的所有容器提供本地服务。Log Aggregation（日志聚合）服务用于把每个任务的标准输出和标准错误（stdout 和 stderr）上传给 HDFS。可以将 NodeManager 配置成运行一组可插入的辅助服务。例如，将 MR Shuffle 提供为一种 NodeManager 服务。运行 Map 任务的容器将产生 Map 输出，并写到本地磁盘。可以通过节点上运行的 Shuffle 服务使该输出可供作业的 Reducer 使用。

5. 容错和可用性

RM 保留了 YARN 中的单点故障。在重新启动时，RM 可以从持久存储中恢复其状态。它将销毁集群中的所有容器，并重新启动每个 ApplicationMaster。目前有人在推动为 RM 提供一种主动/被动模式。ApplicationMaster 出现故障并不是一种灾难性的事件；它只会影响一个应用。它负责恢复其应用的状态。例如，MR ApplicationMaster 将恢复其完成的任务，并且返回任何正在运行的任务。

由于节点问题或者应用代码而引发的容器故障将被框架跟踪，并会报告给 ApplicationMaster。由 ApplicationMaster 负责从故障中恢复。

25.5.3　YARN 上的其他框架

前面描述的 YARN 架构使得有可能开发其他应用框架，以及支持其他的编程模型，它们可以在共享的 Hadoop 集群上提供额外的服务。下面列出了在编写本书时在 YARN 中可用的一些框架。

1. Apache Tez

Tez 是在 Hortonworks 开发的一个可扩展框架，用于在 YARN 中构建高性能应用；这些应用可以处理直到 PB 级别的大型数据集。Tez 允许用户将其工作流表达为任务的有向无环图（directed acyclic graph，DAG）。将作业建模为 DAG，其中顶点是任务或操作，边代表互操作依赖关系或数据流。Tez 支持标准数据流模式，例如管道、分散-收集和广播。用户可以在 DAG 中指定并发性，以及故障转移特征，例如是否将任务输出存储在永久存储器中，或者是否重新计算它。可以在运行时基于作业和集群状态更改DAG。对于Pig脚本和SQL物理计划来说，DAG模型具有更自然的贴合感（与执行一个或多个MapReduce作业相比）。Hive和Pig现在提供了一种模式，可以在Tez上运行它们。它们都受益于更简单的计划和重大的性能改进。一种经常提及的性能优化是Map-Reduce-Reduce模式。对于具有连接（Join）其后接着分组（Group-By）的SQL查询，通常将其转换成两个MR作业：一个用于连接，另一个用于分组。在第一个MR阶段，将把连接的输出写到HDFS，并在第二个MR的Map阶段为分组作业读回它。在Tez中，可以通过具有DAG连接顶点（Join Vertex）到分组顶点（Group-By Vertex）的流式结果行，来避免与HDFS之间的这种额外的读、写操作。

2. Apache Giraph

Apache Giraph是Google的Pregel系统[1]的开源实现，它是一种大型图形处理系统，用于计算网页排名（参见27.7.3节，了解网页排名（Page-Rank）的定义）。Pregel基于计算的BSP（bulk synchronous processing，批量同步处理）模型[2]。Giraph向Pregel中添加了几个特性，包括分片聚合器（如第24章中所定义的，分片指一种分区形式）和面向边缘的输入。Giraph的Hadoop v1版本是作为MR作业运行的，它并不具有非常好的贴合感。它通过运行长时间的仅涉及Map的作业来做到这一点。在YARN上，Giraph实现展示了一个迭代式处理模型。目前在Facebook使用Giraph来分析社交网络用户图，它将用户作为节点，并把他们的联系作为边。当前的用户数量大约是13亿。

3. Hoya：YARN上的HBase

Hortonworks Hoya（YARN上的HBase）项目提供用于YARN上运行的可伸缩的HBase集群，其目标是提高集群的灵活性和利用率。在24.5节中讨论了HBase，将其作为一个分布式、开源、非关系数据库，用于管理具有数十亿行和数百万列的表。HBase模仿了Google的BigTable[3]，但它是使用Hadoop和HDFS实现的。Hoya被开发成处理创建HBase的按需定制集群的需要，并且在同一个集群上可能运行不同的HBase版本。每个HBase实例都可以单独配置。Hoya ApplicationMaster在本地启动HBase Master。Hoya AM还会向YARN RM请求一组容器，以在集群上启动HBase RegionServers。HBase RegionServers是HBase的工作者进程；每个ColumnFamily（它就像关系表中的一组列）是跨一组RegionServers分布的。这可用于根据需要在集群上启动一个或多个HBase实例。集群是有弹性的，可以根据需要增大或收缩。

在YARN上开发的上述3个应用示例应该可以使读者理解：在Hadoop/MapReduce总体架构中通过YARN解除资源管理与应用管理之间的耦合而开启的各种可能性。

---

1 在Malewicz等（2010）中描述了Pregel。

2 BSP是一个用于设计并行算法的模型，最初是由Valiant（1990）提出的。

3 在Chang等（2006）中描述了BigTable。

25.6　一般性讨论

迄今为止，已经讨论了大约在 2004~2014 年这个时间段内发生的大数据技术开发，并且重点介绍了 Hadoop v1 和 YARN（也称为 Hadoop v2 或 MRv2）。在本节中，必须先给出以下免责声明：在 Apache 开源旗帜下以及在一些公司里有许多正在进行的项目，它们专用于开发这个领域以及许多私人创业公司里的产品（例如，Hortonworks、Cloudera、MapR）。类似地，加利福尼亚大学的 Amplab 及其他学术机构对于开发这里不能详细介绍的技术做出了极大贡献。还有一系列问题与云概念相关联，其中将在云环境中运行 MapReduce，以及在云中进行数据仓储，这些都没有讨论。在了解这段背景后，现在将介绍几个一般性的主题，在本章迄今为止提供的详细描述中值得提及它们。这里介绍的问题与并行 RDBMS 实现中的高性能应用的传统方法同基于 Hadoop 和 YARN 的技术之间的竞争有关。然后将介绍几个要点，它们与大数据和云技术本质上如何互补有关。接着将概括与数据局部性相关的问题，以及存储云和计算云中固有的优化问题。还将讨论 YARN，它是一种数据服务平台，并且可以利用大数据来进行分析。最后，将介绍整体性的大数据运动当前所面临的一些挑战。

25.6.1　Hadoop/MapReduce 与并行 RDBMS

一支数据专家团队（包括 Abadi、DeWitt、Madden 和 Stonebracker）完成了一项方法学研究，把两个并行数据库系统与 Hadoop/MR 的开源版本做了一下比较（例如，参见 Pavlo 等(2009)）。这些专家使用包含 100 个节点的集群在相同的基准上度量这两种方法的性能。他们承认与 MR 相比，并行数据库要花更长的时间来加载和调优，但是并行 DBMS 的性能“明显更好”。下面将列出这些专家在研究中所比较的领域，并尝试说明从那时起在 DBMS 和 Hadoop 中所取得的进展。

1. 性能

Pavlo 等人在他们的论文中得到了以下结论：并行 DBMS 比 MR 要快 3~6 倍。该论文中列出了 DBMS 为什么可以提供更好性能的许多原因，其中一些原因如下：(i)利用 B^+树建立索引，它可以加快进行选择和过滤；(ii)新的存储定位（例如，基于列的存储具有某些优点）；(iii)允许直接在压缩的数据上执行操作；(iv)并行 DBMS 中通常使用并行查询优化技术。

自从 Pavlo 等做出这种比较以来（其中涉及 Hadoop 版本 0.19），在 MR 运行时环境、存储格式以及在 Hadoop 生态系统中进行作业调度和优化复杂数据流的计划能力等方面已经取得了巨大的进展。ORC 和 Parquet 文件格式是先进的 Columnar 文件格式，它们具有相同的大幅压缩技术、把谓词推送到存储层的能力，以及无须扫描数据即可回答聚合查询的能力。这里将简要讨论 HDFS 和 MR 中的改进。Apache Hive 在运行时环境以及复杂 SQL 的基于代价的优化方面也取得了巨大的进展。在将 Hadoop 从批处理模式转变成实时和交互式查询模式方面，Hortonworks（2014）报告了在 TPC-DS（决策支持）风格的基准上查询性能的数量级增长。在 Cloudera（2014）中报道过的 Cloudera 的 Impala 产品使用 Parquet（开源列式数据格式），并且声称可以与传统 RDBMS 兼容。

2. 前期成本优势

Hadoop 维持了它的成本优势。除了少数几个例外之外，Hadoop 仍然主要是一个开源平台。YARN、Hive 和 Spark 是作为 Apache 项目开发的，可以免费下载这些软件包。

3. 处理非结构化/半结构化数据

MR 通过对数据应用模式定义来读取它们，这样做允许它处理像 CSVS、JSON 和 XML 文档这样的半结构化数据集。对于 Hadoop/MR 系统来说，加载过程的代价相对比较低。不过，在 RDBMS 中对非结构化数据的支持肯定处于上升趋势。PostgreSQL 现在支持键-值存储和 JSON；大多数 RDBMS 都支持 XML。另一方面，在 Hadoop 端获得性能增长的原因之一是使用像 ORC（Optimized Row Columnar）和 Parquet（另一种开源列格式）这样的专用数据格式。后者在 RDBMS 与基于 Hadoop 的系统当中可能并没有太长时间保持一种鲜明的特性，因为 RDBMS 也可能纳入了特殊的数据格式。

4. 更高级的语言支持

SQL 是一种鲜明的特性，便于 RDBMS 编写复杂的分析查询。不过，Hive 在 HiveQL 中纳入了大量的 SQL 特性，包括分组和聚合，以及在数据仓库中有用的嵌套子查询和多个函数，这些在前面已经讨论过。Hive 0.13 能够执行 TPC-DS 基准中的大约 50 个查询，而无须任何手动改写。面向新型机器学习的函数库正在出现（例如，madlib.net 上的函数库支持传统的 RDBMS（例如 PostgreSql）以及 Hadoop 数据库的 Pivotal 分发版（PHD））。Pivotal 的 HAWQ 声称是最新的和最强大的并行 SQL 引擎，并且结合了 SQL 和 Hadoop 的优点。此外，我们讨论过的 YARN 插件架构简化了利用新组件和新函数扩展结构的过程。可以利用 UDF（user-defined function，用户定义的函数）扩展 Pig 和 Hive。现在在 YARN 上提供了多种数据服务，例如用于机器学习的 Revolution R 和 Apache Mahout，以及用于图形处理的 Giraph。许多传统的 DBMS 现在都运行在 YARN 平台上；例如，来自 Actian 的 Vortex 分析平台[1]和来自 IBM 的 BigSQL 3.0[2]。

5. 容错性

容错性仍然是基于 MR 系统的一个决定性的优势。Pavlo 等（2009）中的作者小组也承认“MR 在发生硬件故障时最小化丢失的工作方面表现出色”。如这些作者所指出的，这种能力的代价是需要物化 Map 阶段与 Reduce 阶段之间的中间文件。但是，随着 Hadoop 开始处理非常复杂的数据流（例如在 Apache Tez 中）以及对延迟的需要随之降低，用户可以为了容错而折中性能。例如，在 Apache Spark 中，可以配置一个中间的 RDD（Resilient Distributed Dataset，弹性分布式数据集）[3]，可以在磁盘或内存中物化它，或者甚至通过其

1　参见 http://www.actian.com/about-us/blog/sql-hadoop-real-deal/，了解最新的描述。

2　参见 http://www.slideshare.net/Hadoop_Summit/w-325p230-azubirigrayatv4 上的演示文稿，了解最新的描述。

3　参见 Zaharia 等（2012）。

输出重新计算它。

从这段讨论中可以看出，即使 MR 在开始时的目标是支持面向批处理的工作负载，但是如 Pavlo 等（2009）中通过举例说明的，就交互式查询工作负载而言，MR 仍然没有赶上传统的并行 RDBMS。不过，这两种技术的能力彼此之间已经非常接近了。市场力量（例如创业投资的需要）要求新应用具有一个 SQL 引擎，它一般可以处理非常大的半结构化数据集；并且研究社区的兴趣和参与导致 Hadoop 处理传统分析工作负载的能力有了重大改进。但是在 Pavlo 等（2009）中指出的所有领域中还有很多工作要做，包括：运行时环境、计划和优化，以及分析特性集。

25.6.2　云计算中的大数据

云计算运动和大数据运动同时进行有超过 10 年的时间了。在目前的环境中，不可能详细讨论云计算问题。不过，我们将给出一些令人信服的原因，说明为什么大数据技术在某种意义上依赖于云技术，这不仅是因为云技术的进一步扩展，而且因为它持续存在。

- 云模型在资源管理方面提供了高度的灵活性：即“外扩”和“上扩”，其中前者指添加更多的节点或资源，后者指给系统中的节点添加更多的资源；或者甚至可以几乎即时地轻松处理降级。
- 资源是可互换的；这个事实与分布式软件的设计相结合，创建了一个良好的生态系统，它可以轻松地承受故障，并且虚拟计算实例不会受到任何干扰。付出几百美元的费用，就有可能执行涉及完全扫描 TB 级数据库的数据挖掘操作，以及抓取其中包含数百万个页面的大型 Web 站点。
- 大数据项目展现出不可预测的或峰值计算能力和存储需求的情况并不罕见。这些项目面临根据需要（而不一定是连续地）提供这种峰值需求的挑战。与此同时，业务利益相关者期望敏捷、廉价和可靠的产品以及项目输出。为了满足这些相冲突的需求，云服务提供了一种理想的解决方案。
- 协同使用云服务和大数据的情况很常见，如下：出于收集日志文件或者导出文本格式化数据的目的，将数据传输到云数据存储系统（例如 Amazon 的 S3）或者在其中收集数据。此外，可以利用数据库适配器访问云中的数据库中的数据。数据处理框架（例如 25.4 节中描述的 Pig、Hive 和 MapReduce）用于分析原始数据（它们可能源于云中）。
- 大数据项目和初创公司通过使用云存储服务而受益匪浅。它们可以利用资本支出换取运营支出；这是一个非常好的交易，因为它不需要基建投资或者冒风险。云存储提供了可靠、可伸缩的存储解决方案，它们具有利用其他方式无法实现的质量。
- 云服务和资源是全球分布的。它们可以确保高度的可用性和耐久性，除了几家最大的组织之外，大多数组织都无法做到这一点。

使云和大数据联姻的 Netflix 案例[1]

Netflix 是一家大型组织，其特点在于一种非常赚钱的商业模型以及为消费者提供的极其廉价和可靠的服务。由于非常高效的信息系统和数据仓库，今天 Netflix 可以给数百万客户提供视频流服务。出于多个原因，Netflix 使用 Amazon S3（而不是 HDFS）作为数据处理和分析平台。Netflix 目前使用 Hadoop 的 Amazon 的 EMR（Elastic MapReduce）分发版。Netflix 称其选择的主要原因如下：在给定的一年中，S3 旨在提供 99.999999999%的对象耐久性和 99.99%的可用性，并且 S3 可以容忍两种设施中并发的数据丢失。S3 提供了桶版本化，它允许 Netflix 恢复因疏忽而删除的数据。S3 的弹性允许 Netflix 具有实际上无限的存储能力；这种能力使 Netflix 能够毫无困难或者无须进行事先计划即可将其存储空间从几百 TB 增长到 PB。使用 S3 作为数据仓库，将使 Netflix 能够运行多个 Hadoop 集群，它们是容错的，并且可以容忍过量的负载。Netflix 高管声称，他们一点也不担心在数据仓库扩展或收缩期间数据的重新分布或丢失。尽管 Netflix 的生产和查询集群是云中长时间运行的集群，但是实质上可以把它们视作是完全瞬态的。如果一个集群停止工作，Netflix 可以简单地在几分钟内利用另一个大小相同的集群替代它，这个集群可能位于一个不同的地理区域，并且不能容忍任何数据丢失。

25.6.3 云中的大数据应用的数据局部性问题和资源优化

云计算中日益增长的兴趣与大数据技术的需求相结合，意味着数据中心的成本效益必定越来越高，并且是消费者驱动的。此外，许多云基础设施从本质上讲并没有设计成处理当今数据分析所需的数据规模。就为大数据技术应用提供资源管理和容量计划而言，云服务提供商面临严峻的挑战。

许多大数据应用（包括 Hadoop/MapReduce）的网络负载在数据中心里受到特别关注，因为在作业执行期间可能生成大量的数据。例如，在 MapReduce 作业中，每个归纳任务都需要读取所有映射任务的输出，而网络通信量的突然爆炸可能使云性能显著恶化。此外，当数据位于一个基础设施中（例如说，在像 Amazon S3 这样的存储云中）并在一个计算云（例如 Amazon EC2）中处理时，将由于数据加载而使作业性能遭受重大延迟。

研究项目基于存储-计算模型提出了一种可自行配置的、基于局部性的数据和虚拟机管理框架[2]。这个框架允许 MapReduce 作业在本地或者从附近的节点访问它们的大部分数据，包括所有的输入、输出，以及在作业的映射和归纳阶段生成的中间数据。这样的框架使用一种数据大小敏感的分类器基于以数据大小为基础的占用空间将作业分成 4 类。然后，它们将以一种位置感知的方式提供虚拟 MapReduce 集群，它允许高效地配对和分配 MapReduce 虚拟机（VM），以在进行映射和归纳处理时减小存储节点与计算节点之间的网络距离。

近来，事实证明，对于多种工作负载，高速缓存技术可以改进 MapReduce 作业的性

---

1 基于 http://techblog.netflix.com/2013/01/hadoop-platform-as-service-in-cloud.html。

2 参见 Palanisamy 等（2011）。

能[1]。PACMan 框架支持内存中的高速缓存，当数据存储在同一个站点内的企业存储服务器上时，MixApart 系统则提供了对基于磁盘的高速缓存的支持。高速缓存技术提供了灵活性，这是由于数据存储在单独的存储基础设施中，从而允许预先获取和缓存大多数必要的数据。最近的工作[2]在具有隐私意识的环境中处理大数据高速缓存问题，其中在公共云中以加密形式存储的数据必须在单独的安全企业站点中处理。

除了数据局部性问题之外，对于云提供商来说最具挑战性的目标之一是：为作业最优地提供虚拟集群，同时最小化云数据中心的总消费成本。

云资源优化的重要关注点是跨云中的所有作业进行全局优化，这与每个作业的资源优化相对。全局优化的云管理系统的一个良好示例是最近的 Google BigQuery 系统[3]，它允许 Google 使用类似于 Excel 的界面对可能具有数十亿行的特大型数据集运行类似于 SQL 的查询。在 BigQuery 服务中，客户只需提交将要在大型数据集上处理的查询，云系统将会为类似于 SQL 的查询智能地管理资源。类似地，为云中的 MapReduce 提出的 Cura 资源优化模型[4]通过减小化云中的总体资源利用率来实现全局资源优化，这与每个作业或每个客户的资源优化相对。

25.6.4 YARN 作为数据服务平台

将资源管理与应用管理分隔开把作为平台的 Hadoop 带到了另一个层次。Hadoop v1 是完全关于 MapReduce 的。在 Hadoop v2 中，MapReduce 是可以在集群上运行的许多应用框架之一。如 25.5 节中所讨论的，这为将要在 YARN 上提供的许多服务打开了大门。无须把所有的数据处理技术和算法都转换成一组 MapReduce 作业。MapReduce 目前仅用于面向批处理的任务，例如数据仓库中的 ETL（提取、转换、加载）过程（参见第 29 章）。新兴趋势是将 Hadoop 看作一个**数据湖**（data lake），其中驻留有企业数据的重要部分，并且在这里执行处理任务。传统上讲，企业的历史数据驻留在 HDFS 中，因为 HDFS 可以处理这种数据规模。在今天的研究和社交网络应用中，大多数新的数据源都来自 Web 和机器日志、点击流数据、消息数据（例如在 Twitter 中）以及传感器数据，它们一般也存储在 HDFS 中。

Hadoop v1 模型是**联邦**（federation）模型：尽管 HDFS 具有针对企业的存储层，处理仍然是 MapReduce 与其他引擎的混合。一种替代方法是从 HDFS 存储中提取数据，并提交给在集群外面它们自己的筒仓（silo）中运行的引擎；将把这样的数据移交给图形引擎、机器学习分析应用等。对于 Hadoop 集群以及完全不同的应用（例如 Hadoop 外面的数据流处理）将使用相同的机器。这远非理想的方案，因为必须以一种静态的方式分配物理资源，并且当在相同的机器上运行多个框架时，将难以迁移和升级到新版本。利用 YARN，将可以解决上述问题。传统的服务正在利用 YARN ResourceManager，并且在驻留数据的相同 Hadoop 集群上提供它们的服务。

虽然多家供应商都承诺在 Hadoop 中支持 SQL，但是实际的支持并不能完全令人满意。

1　参见 Ananthanarayanan 等（2012）提出的 PACMAN 框架和 Mihailescu 等（2013）提出的 MixApart 系统。

2　参见 Palanisamy 等（2014a）。

3　有关 Google BigQuery 系统，参见 https://developers.google.com/bigquery/。

4　参见 Palanisamy 等（2014b）。

一些供应商要求将HDFS数据移出到另一个数据库中，以运行SQL。一些供应商需要包装器，以在对HDFS数据运行SQL查询之前读取它们。RDBMS和传统数据库系统当中的一种新趋势将YARN视作一种切实可行的平台。一个示例是Actian的分析平台，它提供了Hadoop中的SQL[1]，并且声称是使用Actian Vectorwise列式数据库（作为YARN应用运行）的完全、健壮的SQL实现。IBM的Big SQL 3.0项目[2]使现有的IBM无共享DBMS可以运行在YARN集群上。

Apache Storm是一种分布式的可伸缩流式引擎，允许用户处理实时的数据馈送。Twitter广泛使用了它。Storm on YARN（http://hortonworks.com/labs/storm/）和SAS on YARN（http://hortonworks.com/partner/sas/）应用将Storm（一种分布式流处理应用）和SAS（静态分析软件）视作YARN平台上的应用。如之前所讨论的，Giraph和HBase Hoya是正在进行的快速采用YARN的工作。有广泛的应用系统将Hadoop集群用于存储，示例包括像流式处理、机器学习/统计、图形处理、OLAP和键-值存储这样的服务。这些服务远远超越了MapReduce。YARN的目标/承诺是使这些服务可以在同一个集群上共存，并且利用HDFS中的数据局部性，同时YARN可以协调它们对集群资源的使用。

25.6.5 大数据技术面临的挑战

在最近的文章[3]中，多位数据库专家表达了他们的关注：当大数据技术主要用于分析应用时它们所面临的迫在眉睫的挑战。这些关注包括：

- **信息的异构性**：在涉及数据源时，数据类型、数据格式、数据表示和语义方面的异构性是不可避免的。大数据生命周期中的其中一个阶段涉及这类数据的集成。对于大多数应用来说，执行集成清理工作以把所有数据引入单独一种结构中的代价都非常高，例如卫生保健、能源、交通运输、城市规划和环境建模。大多数机器学习算法都期望以一种统一的结构将数据输入其中。在大多数分析应用中通常都不会维护数据起源（指关于数据的来源和所有权的信息）。数据分析结果的正确集成将需要大量的元数据。
- **隐私和保密性**：关于机密信息保护的法规和法律并不总是可用，因此在大数据分析期间将不会严格地应用它们。在卫生保健环境中执行HIPAA法规是严格执行隐私和保密性的几个实例之一。基于位置的应用（例如智能手机及其他装配GPS的设备）、用户事务日志以及捕获用户行为的点击流都会泄露机密信息。用户活动与购物模式可以进行跟踪，以揭示个人身份。由于现在可以通过本章中描述的技术来利用和分析数十亿条用户记录，人们开始广泛关注对个人信息的损害（例如，从社交网络泄露的个人数据，这些社交网络是以某种方式链接到其他数据网络的）。关于客户、持卡人和雇员的数据是由组织所拥有的，从而会遭受违反保密性的情况。

  Jagadish等（2014）声称需要更严格地控制数据的数字权利管理，它类似于在音乐

1 在http://www.actian.com/about-us/blog/sql-hadoop-real-deal/上提供了最新的文档。

2 在http://www.slideshare.net/Hadoop_Summit/w-325p230-azubirigrayatv4上提供了最新的信息。

3 参见Jagadish等（2014）。

业中执行的控制。

- **对可视化和更好的人机界面的需要**：大数据系统将处理巨大的数据量，并且人类必须能够解释和理解分析的结果。必须考虑到人类的偏好，并且必须以一种容易消化的形式展示数据。人类是检测模式的专家，对于他们熟悉的数据有很强的直觉。机器在这方面还不能与人类匹敌。应该可以把多位人类专家集中起来，共享和解释分析的结果，从而增强对这些结果的理解。必须能够采用多种视觉探索模式，以充分利用数据，并正确地解释超出范围从而被归类为异常值的结果。
- **不一致和不完整的信息**：这是数据收集和管理中的一个长期存在的问题。将来的大数据系统将允许多个共存的应用处理多个源，因此由于丢失的数据、错误的数据和不确定的数据而引发的问题将进一步复杂化。容错系统中大量和内置的数据冗余可能由于丢失的值、冲突的值和隐藏的关系等而在一定程度上被抵消。对于使用正常的设备从普通用户那里收集的数据，当这类数据具有多种形式（例如，图像、速率、行程的方向等）时，它们将具有固有的不确定性。关于如何使用众包数据以产生有效的决策仍然有许多知识要学习。

上述问题对于信息系统并不陌生。不过，大数据系统中固有的大量和广泛的信息使这些问题进一步复杂化。

25.6.6　继续前进

YARN 使企业能够在一个集群上运行和管理许多服务。但是在 Hadoop 上构建数据解决方案仍然是一项艰巨的挑战。解决方案可能涉及把 ETL（提取、转换、加载）处理、机器学习、图形处理和/或报告创建等组合起来。尽管这些不同的功能引擎都运行在同一个集群上，但是它们的编程模型和元数据并不是统一的。分析应用开发人员必须尝试把所有这些服务集成进一种一致的解决方案中。

在当前的硬件上，每个节点都包含大量的主存和闪存设备。因此，集群就变成了海量的主存和闪存资源。重大创新已经证明了**内存中的数据引擎**（in-memory data engine）的性能增益，例如，SAP HANA 就是一个内存中的列式外扩 RDBMS，它获得了广泛的追随者[1]。

Databricks（https://databricks.com/）的 Spark 平台是来自加州大学伯克利分校的 AMPLabs 中的 Berkeley Data Analytics Stack 的一个分支[2]，用于处理上述的两种进展：即在一个集群中宿主各种应用的能力以及使用大量主存以加快响应的能力。Matei Zaharia 开发了 RDD（Resilient Distributed Dataset，弹性分布式数据集）概念[3]，作为他在加州大学伯克利分校的博士工作的一部分，它引出了 Spark 系统。这个概念足够通用，可以跨所有 Spark 的引擎使用它，包括：Spark 核心（数据流）、Spark-SQL、GraphX（图形处理）、MLLib（机器学习）和 Spark-Streaming（流处理）。例如，可以在 Spark 中编写一个脚本，表达从 HDFS 读取的数据流，使用 Spark-SQL 查询重组数据，把该信息传递给 MLLib 函数以便进行机器

1　参见 http://www.saphana.com/welcome，查看关于 SAP 的 HANA 系统的各种文档。

2　参见 https://amplab.cs.berkeley.edu/software/，了解加州大学伯克利分校的 AMPLabs 里的项目。

3　RDD 概念最初是在 Zaharia 等（2012）中提出的。

学习类型的分析，然后把结果存储回 HDFS 中[1]。

RDD 构建在 Scala 语言集合[2]的能力之上，这些集合能够通过它们的输入重新创建自身。可以基于它们的数据是如何分布和表示的来配置 RDD：总是可以通过输入重新创建它，或者可以把它缓存在磁盘上或内存中。内存中的表示从串行化的 Java 对象到高度优化的列式格式各不相同，其中后者具有列式数据库的所有优点（例如，速度、占用的空间、串行化形式的操作）。

统一编程模型和内存中的数据集的能力很可能会纳入 Hadoop 生态系统中。Spark 已经可以作为 YARN 中的一种服务使用（http://spark.apache.org/docs/1.0.0/running-on- yarn.html）。关于 Berkeley Data Analysis Stack 中的 Spark 及相关技术的详细讨论超出了本书的范围。Agneeswaran（2014）讨论了 Spark 及相关产品的潜力，感兴趣的读者应该查阅这个资源。

25.7 小　结

在本章中讨论了大数据技术。来自 IBM、Mckinsey 和 Tearadata 的科学家的报告都预测该技术具有一个充满活力的未来，它将在未来的数据分析和机器学习应用中处于核心位置，并且预测它在未来几年里可以为企业节省数十亿美元。

在开始讨论时，首先重点关注的是 Google 公司开发的 Google 文件系统和 MapReduce（MR），后者是一种用于分布式处理的编程范型，它是可伸缩的，可以处理达到 PB 级别的海量数据。然后介绍了 Hadoop 技术的历史发展并且提及了 Hadoop 生态系统，这个生态系统遍及大量当前活跃的 Apache 项目，接着讨论了 Hadoop 分布式文件系统（HDFS），概括了它的架构及其对文件操作的处理，还稍稍提及了在 HDFS 上进行的可伸缩性研究。然后详细讨论了 MapReduce 运行时环境。本章提供了如何将 MapReduce 范型应用于各种环境的示例；并给出了将其用于优化各种关系连接算法的详细示例。然后简要介绍了 Pig 和 Hive 的开发，这些系统在低级 MapReduce 编程之上利用 Pig Latin 和 HiveQL 提供了类似于 SQL 的接口。本章还提及了 Hadoop/MapReduce 联合技术的优点。

Hadoop/MapReduce 正在进行进一步的开发，并被重新定位为版本 2，称为 MRv2 或 YARN。版本 2 将资源管理与任务/作业管理分隔开。本章讨论了 YARN 背后的基本原理、它的架构，以及其他基于 YARN 的正在开发的框架，包括：Apache Tez、Apache Giraph 和 Hoya，其中 Apache Tez 是一种工作流建模环境，Apache Giraph 是一种基于 Google 的 Pregel 的大型图形处理系统，Hoya 则是 YARN 上的 HBase 弹性集群的 Hortonworks 表现。

最后，本章介绍了与 MapReduce/Hadoop 技术相关的一些问题的一般性讨论。我们相对于并行 DBMS 简要评论了对这种架构所做的研究。在一些情况下，一种架构优于另一种架构，由于 YARN 相关开发所导致的架构发展，使得并行 DBMS 非常适合于批处理作业的声明变得不太确切。我们讨论了大数据与云技术之间的关系，以及可以做什么工作来处理

1 在 https://databricks.com/blog/2014/03/26/spark-sql-manipulating-structured-data-using-spark-2.html 上可以查看一个使用 Spark 的示例。

2 参见 http://docs.scala-lang.org/overviews/core/architecture-of-scala-collections.html，了解关于 Scala Collections 的更多信息。

云存储中的数据局部性问题以便进行大数据分析。我们指出 YARN 被视为一种通用的数据服务平台，并且列出了该技术所面临的挑战，在一组数据库专家撰写的论文中概括了它们。在本章最后，总结了在大数据领域正在开展的一些项目。

复　习　题

25.1　什么是数据分析，它在科学和工业中起什么作用？
25.2　大数据运动是怎样支持数据分析的？
25.3　2012年的McKinsey Global Institute报告中列出了哪些要点？
25.4　怎样定义大数据？
25.5　在IBM（2014）图书中提到的各类分析是什么？
25.6　大数据的4个主要特征是什么？请提供从每个特征的当前实践中提取的示例。
25.7　数据准确性的含义是什么？
25.8　给出MapReduce/Hadoop技术发展的编年史。
25.9　描述MapReduce编程环境的执行工作流。
25.10　给出MapReduce应用的一些示例。
25.11　MapReduce中的作业的核心性质是什么？
25.12　JobTracker有什么作用？
25.13　Hadoop的不同发行版是什么？
25.14　用你自己的话描述Hadoop的架构。
25.15　HDFS中的NameNode和辅助NameNode有什么作用？
25.16　HDFS中的日志（Journal）指什么？其中保存了什么数据？
25.17　描述HDFS中的心跳机制。
25.18　在HDFS中是如何管理数据副本的？
25.19　Shvachko（2012）报告了HDFS性能。他发现了什么？你能列出他的一些结果吗？
25.20　开源Hadoop生态系统中包括哪些其他的项目？
25.21　描述MapReduce中的JobTracker和TaskTracker的工作方式。
25.22　描述MapReduce中的作业的总体流程。
25.23　MapReduce提供容错性的不同方式是什么？
25.24　MapReduce中的Shuffle过程是什么？
25.25　描述MapReduce的各种作业调度器是如何工作的。
25.26　可以使用MapReduce优化的不同连接类型有哪些？
25.27　描述归并-排序连接、分区连接、N路Map端连接和简单N路连接的MapReduce连接过程。
25.28　什么是Apache Pig，什么是Pig Latin？利用Pig Latin给出一个查询示例。
25.29　Apache Hive的主要特性是什么？它的高级查询语言是什么？
25.30　Hive中的SERDE架构是什么？
25.31　列出Hive中的一些优化方式及其对SQL的支持。

25.32　指出MapReduce/Hadoop技术的一些优点。

25.33　给出从Hadoop v1迁移到Hadoop v2（YARN）的根本原因。

25.34　概述YARN架构。

25.35　YARN中的Resource Manager（资源管理器）是如何工作的？

25.36　什么是Apache Tez、Apache Giraph和Hoya？

25.37　比较并行关系型DBMS与MapReduce/Hadoop系统。

25.38　大数据与云技术在哪些方面可以互补？

25.39　云存储中与大数据技术相关的数据局部性问题是什么？

25.40　YARN可以提供哪些超越MapReduce的服务？

25.41　今天的大数据技术所面临的一些挑战是什么？

25.42　讨论RDD（弹性分布式数据集）的概念。

25.43　查明关于跟Berkeley Data Analysis Stack相关的正在进行的项目（例如Spark、Mesos、Shark和BlinkDB）的更多信息。

选读文献

本章中讨论的大数据技术基本上都是在过去10年左右出现的。这波浪潮的起源可以追溯到来自Google的重要论文，包括Google文件系统（Ghemawat、Gobioff和Leung，2003）和MapReduce编程范型（Dean和Ghemawat，2004）。在Yahoo开展后续工作的Nutch系统是Hadoop技术的先驱，并且继续作为一个Apache开源项目（nutch.apache.org）。来自Google的BigTable系统（Fay Chang等，2006）描述了一种可伸缩的分布式存储系统，它用于管理涵盖数千台商用服务器的PB级的结构化数据。

不可能将单个特定的出版物指定为Hadoop论文。在过去10年发表了与MapReduce和Hadoop相关的许多研究，这里将只列出几个具有里程碑意义的发展。Schvachko（2012）概括了HDFS文件系统的局限性。Afrati和Ullman（2010）是在多种环境和应用中使用MapReduce编程的良好示例，它们演示了如何在MapReduce中优化关系型连接运算。Olston等（2008）描述了Pig系统，并将Pig Latin作为一种高级编程语言来加以介绍。Thusoo等（2010）将Hive描述为Hadoop之上的一种PB级数据仓库。在Malewicz等（2010）中描述了一个名为Google的Pregel的大型图形处理系统。它使用最初由Valiant（1990）提出的并行计算的BSP（bulk synchronous parallel，批量同步并行）模型。在Pavlo等（2009）中，许多数据库技术专家将两种并行RDBMS与Hadoop/MapReduce做了比较，并且说明在某些条件下并行DBMS实际上可能表现更佳。由于在Hadoop v2（YARN）中实现了重大的性能改进，因此绝对不能将这项研究的结果视作是不可改变的。用于内存中的集群计算的弹性分布式数据集（RDD）方法是Berkeley的Spark系统的核心，该系统是由Zaharia等（2013）开发的。对于当前的大数据技术所面临的挑战，Jagadish等（2014）撰写的最新论文给出了许多数据库专家的集体意见。

Hadoop应用开发人员的权威资源是由Tom White（2012）编写的图书*Hadoop: The Definitive Guide*，它目前是第三版。由YARN项目创始人Arun Murthy和Vavilapalli编写的

图书（2014）描述了 YARN 如何提高可伸缩性和集群利用率，支持新的编程模型和服务，以及将适用性扩展到批处理应用和 Java 之外。Agneeswaran（2014）编写了关于超越 Hadoop 的文章，他描述了 Berkeley Data Analysis Stack（BDAS），用于实时分析和机器学习；BDAS 包括 Spark、Mesos 和 Shark。他还描述了 Storm，它是来自 Twitter 的一个复杂的事件处理引擎，在今天的行业中广泛用于实时计算和分析。

Hadoop 维基（wiki）百科是 Hadoop.apache.org。在 Apache 下面有许多开源的大数据项目，例如 Hive、Pig、Oozie、Sqoop、Storm 和 HBase。在这些项目的 Apache Web 站点和维基百科上的文档中可以找到关于它们的最新信息。Cloudera、MapR 和 Hortonworks 这些公司在它们的 Web 站点上包括了关于它们自己的 MapReduce/Hadoop 相关技术的分发版的文档。Berkeley Amplab（https://amplab.cs.berkeley.edu/）提供了关于 Berkeley Data Analysis Stack（BDAS）的文档，包括正在进行的项目，例如 GraphX、MLbase 和 BlinkDB。

有一些优秀的参考资料，概括了大数据技术和大规模数据管理的光明前景。Bill Franks（2012）谈论了如何利用大数据技术进行高级分析，并且提供了可以帮助从业者做出更好决策的深刻见解。Schmarzo（2013）讨论了大数据分析可以怎样增强企业能力。Dietrich 等（2014）描述了 IBM 如何在全世界的应用中跨企业应用大数据分析的能力。由 McKinsey Global Institute（2012）出版的一本图书通过关注生产率、竞争力和增长，为大数据技术提供了战略视角。

与大数据技术并行发展的是云技术，但是在本章中不能详细讨论它们。读者可以参阅关于云计算的最新图书。Erl 等（2013）讨论了模型、架构和商业实践，并且描述了该技术在实践中是如何成熟起来的。Kavis（2014）介绍了多种服务模型，包括作为服务的软件（SaaS）、作为服务的平台（PaaS）和作为服务的基础设施（IaaS）。Bahga 和 Madisetti（2013）提供了对云计算的实用并且可以动手实践的介绍。他们描述了如何在多个云平台上开发云应用，例如 Amazon Web Service（AWS）、Google Cloud 和 Microsoft 的 Windows Azure。

第 11 部 分

高级数据库模型、系统和应用

第 26 章　增强数据模型：主动数据库、时态数据库、空间数据库、多媒体数据库和演绎数据库简介

随着人们越来越多地使用数据库系统，用户将需要来自这些软件包的额外功能，增加的功能使得更容易实现更高级、更复杂的用户应用。面向对象数据库和对象-关系系统提供了一些特性，它们允许用户为每个应用指定额外的抽象数据类型，来扩展他们的系统。不过，为其中一些高级应用确定某些公共特性并创建可以表示它们的模型将是有用的。此外，还可以实现专用的存储结构和索引创建方法，以改进这些公共特性的性能。然后，可以将这些特性实现为抽象数据类型或类库，并可以与基本的 DBMS 软件包分开购买它们。在 Informix 和 Oracle 中分别使用术语**数据刀片**（data blade）和**数据插件**（cartridge）来指示此类可以包括在 DBMS 软件包中的可选子模块。如果这些特性适合于用户的应用，用户就可以直接利用它们，而无须重新设计、重新实现以及重新编写这样的公共特性。

本章将介绍其中一些公共特性的数据库概念，这些特性是高级应用所需要的，并且在广泛使用。本章将介绍在主动数据库应用中使用的*主动规则*，在时态数据库应用中使用的*时态概念*，以及简要地介绍一些涉及*空间数据库*和*多媒体数据库*的问题。本章还将讨论*演绎数据库*。值得注意的是，其中每个主题都非常宽泛，因此只会对它们做简要介绍。事实上，其中每个领域都可以作为单独一个主题用一整本书加以介绍。

在 26.1 节中，将介绍主动数据库这个主题，它们提供了用于指定**主动规则**（active rule）的额外功能。这些规则可以由发生的事件自动触发，例如数据库更新或者到达某些时间，还可以在规则声明中指定当满足某些条件时可以启动某些动作。许多商业软件包都包括主动数据库以**触发器**（trigger）形式提供的一些功能。触发器现在是 SQL-99 及后续标准的一部分。

在 26.2 节中，将介绍**时态数据库**（temporal database）的概念，它们允许数据库系统存储其记录变化的历史，并且允许用户查询数据库的当前和过去的状态。一些时态数据库模型还允许用户存储将来期望的信息，例如计划的日程表。值得注意的是，许多数据库应用虽然是时态的，但是它们在实现时通常不会从 DBMS 软件包中提供大量的时态支持，也就是说，时态概念是在访问数据库的应用程序中实现的。在 SQL:2011 中，把创建和查询时态数据的能力添加到了 SQL 标准中，并且在 BD2 系统中可以使用这种能力，但是这里将不会讨论它。感兴趣的读者可以参阅章末的选读文献。

26.3 节简要概述了**空间数据库**（spatial database）概念。这里将讨论空间数据的类型、不同类型的空间分析、空间数据上的操作、空间查询的类型、空间数据索引、空间数据挖掘，以及空间数据库的应用。大多数商业和开源关系系统在它们的数据类型和查询语言中

提供了空间支持，并为常见的空间操作提供了索引和高效的查询处理。

26.4 节专门用于介绍多媒体数据库概念。**多媒体数据库**（multimedia database）提供了一些特性，允许用户存储和查询不同类型的多媒体信息，包括**图像**（image，例如图片和绘图）、**视频剪辑**（video clip，例如电影、新闻短片和家庭录像片）、**音频剪辑**（audio clip，例如歌曲、电话留言和演讲）以及**文档**（document，例如图书和文章）。这里将讨论图像的自动分析、图像中的对象识别以及图像的语义标签。

在 26.5 节中，将讨论演绎数据库[1]，它是数据库、逻辑、人工智能或知识库之间的一个交叉领域。**演绎数据库系统**（deductive database system）包括定义（**演绎**）**规则**的能力，它可以从数据库中存储的事实演绎或者推断出额外的信息。由于一些演绎数据库系统的理论基础的一部分是数学逻辑，因此通常把这些规则称为**逻辑数据库**（logic database）。还有一些其他类型的系统，称为**专家数据库系统**（expert database system）或者**基于知识的系统**（knowledge-based system），它们也纳入了推理和推断能力。这类系统使用在人工智能领域中开发的技术，包括语义网络、框架、生产系统，或者用于捕获特定领域知识的规则。26.6 节总结了本章内容。

本章各节的内容实际上是彼此独立的，读者可以选择自己感兴趣的特定主题阅读。

26.1 主动数据库的概念和触发器

长时间以来，通过规则来指定可以由某些事件自动触发的动作，它们被视为数据库系统的重要增强。事实上，**触发器**（一种指定某些主动规则类型的技术）的概念在关系数据库的 SQL 规范的早期版本中就已经存在，现在触发器是 SQL-99 及后续标准的一部分。商业关系型 DBMS（例如 Oracle、DB2 和 Microsoft SQL Server）都提供了多个触发器版本。不过，自从提出触发器的早期模型以后，对于主动数据库的一般模型的大量研究应该就已经看似完成了。在 26.1.1 节中，将介绍用于为主动数据库指定规则而提出的一般概念。这里将使用 Oracle 的商业关系型 DBMS 的语法借助特定的示例来说明这些概念，因为 Oracle 触发器接近于在 SQL 标准中指定规则的方式。26.1.2 节将讨论主动数据库的一些一般性的设计和实现问题。由于 STARBURST 在其框架内提供了泛化的主动数据库的许多概念，因此在 26.1.3 节中将给出如何在 STARBURST 试验性 DBMS 中实现主动数据库的示例。26.1.4 节将讨论主动数据库的可能的应用。最后，26.1.5 节将描述如何在 SQL-99 标准中声明触发器。

26.1.1 主动数据库的泛化模型和 Oracle 触发器

用于指定主动数据库规则的模型称为**事件-条件-动作**（event-condition-action，ECA）模型。ECA 模型中的规则具有 3 种成分：

（1）触发规则的**事件**（event）：这些事件通常是显式应用于数据库的数据库更新操作。

---

1 26.5 节是对演绎数据库的一个总结。本书第 3 版中有一整章对此提供了更全面的介绍，在本书的 Web 站点上可以获得它。

不过，在一般的模型中，它们也可以是时态事件[1]或者其他类型的外部事件。

（2）确定是否应该执行规则动作的**条件**（condition）：一旦触发事件发生，就可能评估可选的条件。如果没有指定条件，那么一旦事件发生，就会执行动作。如果指定了条件，首先将评估条件，仅当它计算为 true 时，才会执行规则动作。

（3）要采取的**动作**（action）：动作通常是一个 SQL 语句序列，但它也可能是将自动执行的数据库事务或外部程序。

让我们考虑一些说明这些概念的示例。这些示例是基于图 5.5 中的 COMPANY 数据库应用的大大简化的变体，在图 26.1 中显示了它们，其中每位雇员都具有姓名（Name）、社会安全号（Ssn）、薪水（Salary）、当前所属部门（Dno，它是 DEPARTMENT 的一个外键），以及直接管理者（Supervisor_ssn，它是 EMPLOYEE 的一个（递归）外键）。对于这个示例，假定 Dno 可以为 NULL，指示雇员可能暂时还没有分配给任何部门。每个部门都具有名称（Dname）、编号（Dno）、分配给该部门的所有雇员的薪水总额（Total_sal），以及部门经理（Manager_ssn，它是 EMPLOYEE 的一个外键）。

EMPLOYEE

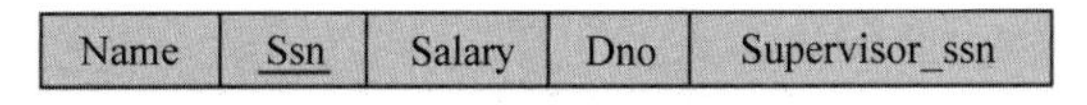

DEPARTMENT

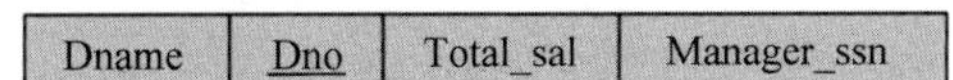

图 26.1　用于主动规则示例的简化 COMPANY 数据库

注意：Total_sal 属性实际上是一个导出属性，其值应该是分配给特定部门的所有雇员的薪水总和。可以通过一条主动规则来维持这样一个导出属性的正确值。首先必须确定可能导致 Total_sal 值改变的**事件**，如下：

（1）插入（一个或多个）新的雇员元组。

（2）改变（一个或多个）现有雇员的薪水。

（3）改变现有雇员的所属部门，即从一个部门调到另一个部门。

（4）删除（一个或多个）雇员元组。

在事件（1）的情况下，如果将新雇员立即分配给一个部门，也就是说，如果新雇员元组的 Dno 属性值不为 NULL（假定允许为 Dno 使用 NULL），那么只需要重新计算 Total_sal 即可。因此，这将是要检查的**条件**。对于事件（2）（和事件（4）），可以检查类似的条件，以确定当前是否将其薪水发生改变的雇员分配给了某个部门。对于事件（3），总是将执行一个动作，以正确地维持 Total_sal 的值，因此不需要任何条件（总会执行一个动作）。

事件（1）、事件（2）和事件（4）的**动作**是：自动更新雇员所属部门的 Total_sal 值，以反映最近插入、更新或删除的雇员的薪水。对于事件（3），需要执行一个双重的动作：一个用于更新雇员原来所属部门的 Total_sal 值，另一个用于更新雇员的新部门的 Total_sal 值。

如图 26.2(a)所示，在 Oracle DBMS 的表示法中可以指定 4 个主动规则（或触发器）：R1、R2、R3 和 R4，它们对应上述的 4 种情况。让我们考虑规则 R1，用以说明在 Oracle

1　一个示例是将时态事件指定为一个周期性事件，例如：每天早上 5:30 触发这个规则。

中创建触发器的语法。CREATE TRIGGER 语句指定触发器（或主动规则）的名称：对于 R1 是 Total_sal1。AFTER 子句指定在触发规则的事件发生之后将触发的规则。在 AFTER

```
(a) R1: CREATE TRIGGER Total_sal1
        AFTER INSERT ON EMPLOYEE
        FOR EACH ROW
        WHEN ( NEW.Dno IS NOT NULL )
            UPDATE DEPARTMENT
            SET Total_sal = Total_sal + NEW.Salary
            WHERE Dno = NEW.Dno;

    R2: CREATE TRIGGER Total_sal2
        AFTER UPDATE OF Salary ON EMPLOYEE
        FOR EACH ROW
        WHEN ( NEW.Dno IS NOT NULL )
            UPDATE DEPARTMENT
            SET Total_sal = Total_sal + NEW.Salary - OLD.Salary
            WHERE Dno = NEW.Dno;

    R3: CREATE TRIGGER Total_sal3
        AFTER UPDATE OF Dno ON EMPLOYEE
        FOR EACH ROW
            BEGIN
            UPDATE DEPARTMENT
            SET Total_sal = Total_sal + NEW.Salary
            WHERE Dno = NEW.Dno;
            UPDATE DEPARTMENT
            SET Total_sal = Total_sal - OLD.Salary
            WHERE Dno = OLD.Dno;
            END;

    R4: CREATE TRIGGER Total_sal4
        AFTER DELETE ON EMPLOYEE
        FOR EACH ROW
        WHEN ( OLD.Dno IS NOT NULL)
            UPDATE DEPARTMENT
            SET Total_sal = Total_sal - OLD.Salary
            WHERE Dno = OLD.Dno;

(b) R5: CREATE TRIGGER Inform_supervisor1
        BEFORE INSERT OR UPDATE OF Salary, Supervisor_ssn
            ON EMPLOYEE
        FOR EACH ROW
        WHEN ( NEW.Salary > ( SELECT Salary FROM EMPLOYEE
                              WHERE Ssn = NEW.Supervisor_ssn ) )
                inform_supervisor(NEW.Supervisor_ssn, NEW.Ssn );
```

图 26.2 在 Oracle 表示法中指定主动规则作为触发器

(a) 用于自动维持 DEPARTMENT 的 Total_sal 一致性的触发器；

(b) 用于将雇员的薪水与其管理者的薪水做比较的触发器

关键字之后指定触发事件（在这个示例中是插入新的雇员）[1]。

ON 子句用于指定要应用规则的关系：对于 R1 是指 EMPLOYEE 关系。可选关键字 FOR EACH ROW 指定将会为触发事件所影响的每一行触发一次规则[2]。

可选的 WHEN 子句用于指定在触发规则之后但是在执行动作之前需要检查的任何条件。最后，将把要采取的动作指定为一个 PL/SQL 块，它通常包含一个或多个 SQL 语句或调用，用于执行外部过程。

4 个触发器（主动规则）R1、R2、R3 和 R4 说明了主动规则的许多特性。首先，可指定用于触发规则的基本**事件**都是一些标准的 SQL 更新命令：INSERT、DELETE 和 UPDATE。在 Oracle 表示法中分别通过关键字 INSERT、DELETE 和 UPDATE 指定它们。对于 UPDATE，可以指定要更新的属性，例如：UPDATE OF Salary, Dno。其次，规则设计者需要具有一种方式，来指代将通过触发事件插入、删除或修改的元组。在 Oracle 表示法中使用关键字 NEW 和 OLD。NEW 用于指代最近插入或更新的元组，而 OLD 则用于指代删除的元组或者更新前的元组。

因此，规则 R1 是在对 EMPLOYEE 关系应用 INSERT 操作之后触发的。在 R1 中，将检查条件（NEW.Dno IS NOT NULL），如果它求值为 true，就意味着最近插入的雇员元组与某个部门相关，那么就会执行动作。这个动作将更新与最近插入的雇员相关的 DEPARTMENT 元组，并把他们的薪水（NEW.Salary）加到他们的相关部门的 Total_sal 属性值上。

规则 R2 类似于 R1，但它是由更新雇员的 SALARY 的 UPDATE 操作触发的，而不是由 INSERT 操作触发的。规则 R3 是由对 EMPLOYEE 的 Dno 属性进行更新而触发的，这意味着把雇员从一个部门调到另一个部门。R3 中没有要检查的条件，因此无论何时触发事件发生，都会执行动作。这个动作将会更新重新分配的雇员的旧部门和新部门，把他们的薪水加到新部门的 Total_sal 值上，并从旧部门的 Total_sal 值中减去他们的薪水。注意：即使 Dno 的值为 NULL，应该也可以工作，因为在这种情况下将不会为规则动作选择任何部门[3]。

值得注意的是可选的 FOR EACH ROW 子句的作用，它意味着将为每个元组单独触发规则。这称为**行级触发器**（row-level trigger）。如果省略了这个子句，那么触发器就称为**语句级触发器**（statement-level trigger），并将为每条触发语句触发一次。要查看它们之间的区别，可以考虑下面的更新操作，它用于为部门 5 的所有雇员增加 10%的薪水。这个操作将是触发规则 R2 的事件：

```
UPDATE  EMPLOYEE
SET     Salary = 1.1 * Salary
WHERE   Dno = 5;
```

由于上面的语句可能更新多条记录，因此对于每一行都会把使用行级语义的规则（例

1　可以看到，也可以用 BEFORE 代替 AFTER，它指示在执行触发事件之前触发规则。

2　同样，我们将会看到一种替代方法，即只触发一次规则，即使触发事件影响到多个行（元组）。

3　在编写 R1、R2 和 R4 时也可以不带条件。不过，带上条件执行它们可能更高效，这样除非需要，否则将不会调用动作。

如图 26.2 中的 R2）触发一次，而使用语句级语义的规则只会被触发一次。Oracle 系统允许用户选择为每个规则使用上述的哪些选项。如果包括进可选的 FOR EACH ROW 子句，则会创建行级触发器，而省略这个子句就会创建语句级触发器。注意：关键字 NEW 和 OLD 只能用于行级触发器。

再看一个示例，假设想要检查雇员的薪水何时超过了其直接管理者的薪水。有多个事件可以触发这个规则：插入一位新雇员，改变雇员的薪水，或者改变雇员的管理者。假设要采取的动作是调用一个外部过程 inform_supervisor[1]，它将通知管理者。然后就可以编写这个规则，如 R5 中所示（参见图 26.2(b)）。

图 26.3 显示了在 Oracle 触发器中指定一些主要选项的语法。在 26.1.5 节中将描述 SQL-99 标准中的触发器的语法。

```
<trigger>              ::= CREATE TRIGGER <trigger name>
                       ( AFTER I BEFORE ) <triggering events> ON <table name>
                       [ FOR EACH ROW ]
                       [ WHEN <condition> ]
                       <trigger actions> ;
<triggering events> ::= <trigger event> {OR <trigger event> }
   <trigger event> ::= INSERT I DELETE I UPDATE [ OF <column name> { , <column
                         name> } ]
<trigger action>     ::= <PL/SQL block>
```

图 26.3　在 Oracle 系统中指定触发器的语法总结（仅含主要选项）

26.1.2　主动数据库的设计和实现问题

26.1.1 节概述了指定主动规则的一些主要概念。在本节中，将讨论一些关于如何设计和实现规则的额外问题。第一个问题涉及规则的激活、停用和分组。除了创建规则之外，主动数据库系统还应该允许用户通过引用规则名称来激活、停用和删除规则。**停用的规则**（deactivated rule）将不会被触发事件触发。对于某些不需要规则的时间段，这个特性允许用户有选择地停用它们。**激活命令**（activate command）将使规则再次生效。**删除命令**（drop command）将把规则从系统中删除。另一个选项是把规则分组成命名的**规则集**（rule set），使得可以激活、停用或删除整个规则集。用户也可以发出一个显式的 PROCESS RULES 命令来触发一个规则或规则集，这样也是有用的。

第二个问题涉及触发的动作是应该在触发事件之前、之后还是并发执行，或者代替触发事件的执行。**前触发器**（before trigger）将在执行引发触发器的事件之前执行触发器，可以在诸如检查约束破坏之类的应用中使用它。**后触发器**（after trigger）将在执行事件之后再执行触发器，可以在诸如维护导出数据以及监视特定事件和条件之类的应用中使用它。**代替触发器**（instead of trigger）将执行触发器来代替执行事件，可以在诸如在基本关系上执行相应更新以响应视图更新事件之类的应用中使用它。

一个相关的问题是：是应该把要执行的动作视作是一个单独的事务，还是应该把它作

1　假定已经声明了一个合适的外部过程。在 SQL-99 及后续标准中提供了这个特性。

为触发规则的相同事务的一部分。我们将尝试对各个选项进行分类。值得注意的是：并非所有的选项都可供特定的主动数据库系统使用。事实上，大多数商业系统都仅限于使用现在将讨论的一两个选项。

假定触发事件是作为事务执行的一部分发生的。首先应该考虑触发事件怎样与规则条件求值相关的各个选项。规则条件求值也称为**规则判断**（rule consideration），因为仅当在判断条件求值或 true 或 false 之后才能执行动作。规则判断有 3 种主要的可能性：

（1）**立即判断**（immediate consideration）。将条件作为与触发事件相同的事务的一部分进行求值，并且是立即进行求值。这种情况可以进一步分成 3 个选项：

- 在执行触发事件之前评估条件。
- 在执行触发事件之后评估条件。
- 评估条件以代替执行触发事件。

（2）**延迟判断**（deferred consideration）。在包含触发事件的事务结束时才评估条件。在这种情况下，可能有许多触发规则在等待评估它们的条件。

（3）**分开判断**（detached consideration）。将条件作为一个源于触发事务的单独事务进行评估。

下一组选项涉及评估规则条件与执行规则动作之间的关系。这里同样可能有 3 个选项：**立即**、**延迟**或**分开**执行。大多数主动使用都使用第一个选项。也就是说，一旦评估了条件，如果它返回 true，就*立即*执行动作。

Oracle 系统（参见 26.1.1 节）使用*立即判断*模型，但它允许用户为每个规则指定是否将*之前*或*之后*选项用于立即条件评估。它也使用*立即执行*模型。STARBURST 系统（参见 26.1.3 节）使用*延迟判断*选项，这意味着由事务触发的所有规则都将等待，直到该触发事务执行结束，并在评估规则条件之前发出其 COMMIT WORK 命令[1]。

关于主动数据库的另一个问题是*行级规则*与*语句级规则*之间的区别。由于 SQL 更新语句（充当触发事件）可以指定一个元组集合，因此必须区分是应该为整个*语句*把规则判断一次，还是应该单独为语句影响的每一行（即元组）都判断规则。SQL-99 标准（参见 26.1.5 节）和 Oracle 系统（参见 26.1.1 节）允许用户选择为每个规则使用哪个选项，而 STARBURST 则只使用语句级语义。在 26.1.3 节中将给出几个示例，说明如何指定语句级触发器。

尽管主动规则可以潜在地简化数据库和软件开发，但是一些困难的方面可能限制了主动规则的广泛使用，其中的困难之一是没有易于使用的技术可用来设计、编写和验证规则。例如，难以验证一组规则是**一致**的，这意味着集合中的两个或更多的规则之间不会互相矛盾。在各种情况下保证一组规则都能**终止**也是困难的。为了简要地说明终止问题，可以考虑图 26.4 中的规则。这里，规则 R1 是由 TABLE1 上的 INSERT 事件触发的，其动作包括 TABLE2 的 Attribute1 属性上的更新事件。不过，规则 R2 的触发事件是 TABLE2 的 Attribute1 属性上的 UPDATE 事件，并且它的动作包括 TABLE1 上的 INSERT 事件。在这个示例中，很容易看出这两个规则可以无限期地触发对方，从而导致无法终止。不过，如果编写数十个规则，将很难确定是否能够保证终止规则。

1 STARBURST 还允许用户通过 PROCESS RULES 命令显式地启动规则判断。

```
R1:   CREATE TRIGGER T1
      AFTER INSERT ON TABLE1
      FOR EACH ROW
          UPDATE TABLE2
          SET Attribute1 = … ;

R2:   CREATE TRIGGER T2
      AFTER UPDATE OF Attribute1 ON TABLE2
      FOR EACH ROW
          INSERT INTO TABLE1 VALUES ( … );
```

图 26.4　用于说明主动规则的终止问题的示例

如果主动规则要发挥其潜力，就有必要开发一些用于设计、调试和监视主动规则的工具，以便帮助用户设计和调试他们的规则。

26.1.3　STARBURST 中的语句级主动规则的示例

现在将给出一些示例，说明在 STARBURST 试验性 DBMS 中如何指定规则。这将允许演示如何编写语句级规则，因为它们是 STARBURST 中唯一允许的规则类型。

图 26.5 中的 3 个主动规则 R1S、R2S 和 R3S 对应于图 26.2 中的前 3 个规则，但是前者使用 STARBURST 表示法和语句级语义。可以使用规则 R1S 解释规则结构。CREATE RULE 语句指定规则名称，对于 R1S 是 Total_sal1。ON 子句指定该规则所在的关系，对于 R1S 是 EMPLOYEE。WHEN 子句用于指定触发规则的**事件**（event）[1]。可选的 IF 子句用于指定需要检查的任何**条件**(condition)。最后，THEN 子句用于指定要采取的**动作**(action)，它们通常是一条或多条 SQL 语句。

```
R1S:  CREATE  RULE Total_sal1 ON EMPLOYEE
      WHEN    INSERTED
      IF      EXISTS  ( SELECT * FROM INSERTED WHERE Dno IS NOT NULL)
      THEN    UPDATE  DEPARTMENT AS D
              SET     D.Total_sal = D.Total_sal +
                      ( SELECT SUM (I.Salary) FROM INSERTED AS I WHERE D.Dno
                      = I.Dno )
              WHERE   D.Dno IN ( SELECT Dno FROM INSERTED );

R2S:  CREATE  RULE Total_sal2 ON EMPLOYEE
      WHEN    UPDATED      ( Salary )
      IF      EXISTS       ( SELECT * FROM NEW-UPDATED WHERE Dno IS NOT NULL)
              OR EXISTS    ( SELECT * FROM OLD-UPDATED WHERE Dno IS NOT NULL)
      THEN    UPDATE       DEPARTMENT AS D
```

图 26.5　STARBURST 表示法中使用语句级语义的主动规则

1　注意：在 STARBURST 中 WHEN 关键字用于指定事件，但是在 SQL 和 Oracle 触发器中则用于指定规则条件。

```
                SET         D.Total_sal = D.Total_sal +
                            ( SELECT SUM (N.Salary) FROM NEW-UPDATED AS N
                            WHERE D.Dno = N.Dno ) -
                            ( SELECT SUM (O.Salary) FROM OLD-UPDATED AS O
                            WHERE D.Dno = O.Dno )
                WHERE       D.Dno IN ( SELECT Dno FROM NEW-UPDATED ) OR
                            D.Dno IN ( SELECT Dno FROM OLD-UPDATED);

R3S:    CREATE  RULE Total_sal3 ON EMPLOYEE
        WHEN    UPDATED     ( Dno )
        THEN    UPDATE      DEPARTMENT AS D
                SET         D.Total_sal = D.Total_sal +
                            ( SELECT SUM (N.Salary) FROM NEW-UPDATED AS N
                            WHERE D.Dno = N.Dno )
                WHERE       D.Dno IN ( SELECT Dno FROM NEW-UPDATED );
                UPDATE      DEPARTMENT AS D
                SET         D.Total_sal = Total_sal -
                            ( SELECT SUM (O.Salary) FROM OLD-UPDATED AS O
                            WHERE D.Dno = O.Dno )
                            WHERE      D.Dno IN ( SELECT Dno FROM OLD-UPDATED );
```

图 26.5（续）

在 STARBURST 中，可以指定用于触发规则的基本事件是标准的 SQL 更新命令：INSERT、DELETE 和 UPDATE。在 STARBURST 表示法中通过关键字 INSERTED、DELETED 和 UPDATED 指定它们。其次，规则设计者需要具有一种方式，以便引用修改过的元组。在 STARBURST 表示法中使用关键字 INSERTED、DELETED、NEW-UPDATED 和 OLD-UPDATED 来引用 4 个**过渡表**（transition table）（即关系），其中分别包括新插入的元组、删除的元组、更新元组在更新之前的“旧”元组，以及更新元组在更新之后的“新”元组。显然，依赖于触发事件，可能只有其中一些过渡表是可用的。规则的编写者在编写规则的条件和动作部分时可以引用这些表。过渡表中包含的元组与规则的 ON 子句中指定的关系中的那些元组具有相同的类型，对于 R1S、R2S 和 R3S，这个关系表就是 EMPLOYEE 关系。

在语句级语义中，规则设计者只能看过渡表作为一个整体来进行引用，并且规则只会触发一次，因此必须以与行级语义不同的方式编写规则。由于可能在单个插入语句中插入多个雇员元组，因此必须检查是否至少有一个新插入的雇员元组与某个部门相关联。在 R1S 中，要检查的条件是：

```
EXISTS (SELECT * FROM INSERTED WHERE Dno IS NOT NULL )
```

如果所求值为 true，那么就会执行动作。该动作将在单个语句中更新与新插入的雇员相关的 DEPARTMENT 元组，并把他们的薪水加到每个相关部门的 Total_sal 属性上。由于可能有多个新插入的雇员属于同一个部门，因此将使用 SUM 聚合函数来确保加上了他们的所有薪水。

规则 R2S 类似于 R1S，但它是通过 UPDATE（而不是通过 INSERT）操作触发的，用于更新一个或多个雇员的薪水。规则 R3S 是通过 EMPLOYEE 的 Dno 属性的更新操作触发的，它意味着将一位或多位雇员从一个部门调到另一个部门。R3S 中没有条件，因此无论何时触发事件发生都会执行这个动作[1]。该动作将同时更新调换部门的雇员的旧部门和新部门，将雇员的薪水加到每个新部门的 Total_sal 属性上，并从每个旧部门的 Total_sal 中减去他们的薪水。

在我们的示例中，编写语句级规则比编写行级规则更复杂，通过比较图 26.2 和图 26.5 即可说明这一点。不过，这并不是一个普遍的规则，还有一些其他类型的主动规则，使用语句级表示法可能比使用行级表示法更容易指定它们。

STARBURST 中的主动规则的执行模型使用**延迟判断**。也就是说，将在一个事务内触发的所有规则都存放在一个集合中，该集合称为**冲突集**（conflict set），直到事务结束之后（即发出它的 COMMIT WORK 命令），才会判断条件的求值并执行动作。STARBURST 还允许用户在事务中间通过显式的 PROCESS RULES 命令显式地启动规则判断。由于必须评估多个规则，就有必要指定规则之间的顺序。在 STARBURST 中声明规则的语法允许指定规则之间的顺序，以指示系统在一组规则中应该采用什么判断顺序[2]。此外，过渡表（INSERTED、DELETED、NEW-UPDATED 和 OLD-UPDATED）中还包含影响每个表的事务内的所有操作的实际结果，因为在事务执行期间可能对每个表应用多个操作。

26.1.4 主动数据库的潜在应用

现在将简要讨论主动规则的一些潜在应用。显然，一种重要的应用是允许**通知**某些情况的发生。例如，一个主动数据库可能用于监视（例如说）工业锅炉的温度。这个应用可能定期向数据库中插入直接来自温度传感器的温度读数记录，并且可以编写主动规则，无论何时插入温度记录都会触发它们，同时利用一个条件来检查温度是否超过了警戒值，并执行定义的动作来引发警报。

主动规则还可用于**执行完整性约束**（enforce integrity constraint），它们可以指定可能导致违反约束的事件类型，然后评估合适的条件，以检查是否有实际违反约束的事件发生。因此，可能这样执行复杂的应用约束，通常称为**业务规则**（business rule）。例如，在 UNIVERSITY 数据库应用中，无论何时输入一个新的成绩，都会有一个规则来监视学生的 GPA，如果某位学生的 GPA 低于某个阈值，它可能会提醒指导老师。另一个规则可能会在允许学生选修某门课程之前检查他是否满足该课程的先修条件，等等。

其他应用包括自动**维护导出数据**（maintain derived data），例如规则 R1~R4 的示例，每当单个雇员元组发生变化时，它们就要维护导出属性 Total_sal。一个类似的应用是：每当修改基本关系时，使用主动规则来维护**物化视图**（参见 5.3 节）的一致性。此外，在视图上指定的更新操作可以是一个触发事件，可代之以使用一个触发器，将其转换成基本关系

---

1 就像 Oracle 示例中一样，规则 R1S 和 R2S 也可以写成无条件的形式。不过，带有条件可能使规则执行更高效，因为除非需要，否则将不会调用动作。

2 如果没有指定一对规则之间的顺序，那么系统的默认顺序将基于声明规则时的先后顺序。

上的更新。这些应用也与新的数据仓储技术相关（参见第 29 章）。一个相关的应用是每当修改主表时，通过指定修改副本的规则来维护**复制表**（replicated table）的一致性。

26.1.5　SQL-99 中的触发器

SQL-99 及后续标准中的触发器类似于 26.1.1 节中讨论的示例，只是语法上有一些微小的区别。可指定用于触发规则的基本**事件**是标准 SQL 更新命令：INSERT、DELETE 和 UPDATE。对于 UPDATE，可以指定要更新的属性。允许使用行级触发器和语句级触发器，在触发器中分别通过 FOR EACH ROW 子句和 FOR EACH STATEMENT 子句指示。语法上的一点区别是：触发器可能为新元组和旧元组指定特定的元组变量名，从而代替使用如图 26.1 所示的关键字 NEW 和 OLD。图 26.6 中的触发器 T1 显示了在 SQL-99 如何指定图 26.1(a) 中的行级触发器 R2。在 REFERENCING 子句内，指定元组变量（别名）O 和 N 分别表示 OLD 元组（修改前）和 NEW 元组（修改后）。图 26.6 中的触发器 T2 显示了在 SQL-99 中如何指定图 26.5 中的语句级触发器 R2S。对于语句级触发器，使用 REFERENCING 子句将包含所有新元组（新插入的或者新更新的元组）的表表示为 N，而将包含所有旧元组（删除的元组或者更新之前的元组）的表表示为 O。

```
T1: CREATE TRIGGER Total_sal1
    AFTER UPDATE OF Salary ON EMPLOYEE
    REFERENCING OLD ROW AS O, NEW ROW AS N
    FOR EACH ROW
    WHEN ( N.Dno IS NOT NULL )
    UPDATE DEPARTMENT
    SET Total_sal = Total_sal + N.salary - O.salary
    WHERE Dno = N.Dno;

T2: CREATE TRIGGER Total_sal2
    AFTER UPDATE OF Salary ON EMPLOYEE
    REFERENCING OLD TABLE AS O, NEW TABLE AS N
    FOR EACH STATEMENT
    WHEN    EXISTS ( SELECT * FROM N WHERE N.Dno IS NOT NULL ) OR
            EXISTS ( SELECT * FROM O WHERE O.Dno IS NOT NULL )
    UPDATE DEPARTMENT AS D
    SET D.Total_sal = D.Total_sal
    + ( SELECT SUM (N.Salary) FROM N WHERE D.Dno=N.Dno )
    - ( SELECT SUM (O.Salary) FROM O WHERE D.Dno=O.Dno )
    WHERE Dno IN ( ( SELECT Dno FROM N ) UNION ( SELECT Dno FROM O ) );
```

图 26.6　利用触发器 T1 说明在 SQL-99 中定义触发器的语法

26.2　时态数据库的概念

广义上讲，时态数据库包含在组织信息时需要时间方面的信息的所有数据库应用。因此，它们提供了一个良好的示例，足以说明有必要开发一组统一的概念，提供给应用开发人员使用。自从数据库早期使用以来，就开发了时态数据库应用。不过，在创建这些应用时，主要由应用的设计者和开发人员去发现、设计、编程和实现他们所需的时态概念。这些应用包括：卫生保健，其中需要维护患者的病历；保险，其中需要记录索赔和事故历史以及保险契约有效期的时间信息；通常的预订系统（例如预订酒店、航班、租车、火车等），其中需要预约有效期内关于日期和时间的信息；科学数据库，其中从实验中收集的数据包括测量每个数据的时间；等等。甚至本书中使用的两个示例也可以轻松地扩展成时态应用。在 COMPANY 数据库中，可能希望保存每位雇员的薪水（SALARY）、工作（JOB）和从事过的项目（PROJECT）历史记录。在 UNIVERSITY 数据库中，时间信息已经包括在课程（COURSE）的每个单元（SECTION）的学期（SEMESTER）和学年（YEAR）中，它还包括学生（STUDENT）的成绩记录，以及关于研究经费的信息。事实上，可以实事求是地讲，绝大多数数据库应用都具有一些时态信息。不过，用户通常都会尝试简化或忽略时态方面，因为它们增加了应用的复杂性。

在本节中，将介绍一些用于处理时态数据库应用的复杂性的概念。26.2.1 节将概述在数据库中如何表示时间，不同类型的时态信息，以及可能需要的时间的一些不同维度。26.2.2 节将讨论如何将时间纳入关系数据库中。26.2.3 节将给出一些用于表示时间的额外选项，它们在允许复杂的结构化对象的数据库模型（例如对象数据库）中是可能的。26.2.4 节将介绍用于查询时态数据库的操作，并将简要概述 TSQL2 语言，它利用时态概念扩展了 SQL。26.2.5 节将重点介绍时间序列数据，它是一种时态数据，在实际中非常重要。

26.2.1 时间表示法、日历和时间维度

对于时态数据库来说，时间被认为是按照某种**粒度**（granularity）顺序排列的**点**（point），这个粒度是由应用确定的。例如，假设某个时态应用永远也不需要少于 1 秒的时间单元。这样，使用这种粒度每个时间点将表示 1 秒钟。在现实中，每秒钟是一个（短暂的）时间区间，而不是一个点，因为它可能被进一步划分成毫秒、微秒等。时态数据库研究者使用术语**时间量子**（chronon）代替点来描述特定应用的这种最小粒度。选择最小粒度（例如说 1 秒钟）的主要后果是：在同一秒钟内发生的事件将被视为同时事件，即使在现实中可能并非如此。

由于不知道时间的起点和终点，因此需要一个参照点，根据它来度量特定的时间点。不同的文化使用各种不同的历法（例如公历（西历）、农历、伊斯兰历、印度历、犹太历、科普特历等），它们具有不同的参照点。为方便起见，**历法**（calendar）将时间组织成不同的时间单元。大多数历法将 60 秒组合成 1 分钟，将 60 分钟组合成 1 小时，将 24 小时组合成 1 天（基于地球自转一周的物理时间），以及将 7 天组合成 1 周。进一步将天组合成月以及将月组合成年遵循的是太阳或月亮的自然现象，一般是不规律的。在大多数西方国家使用的公历中，组合成月的天数有 28、29、30 或 31 天，并将 12 个月组合成 1 年。有一些复杂的公式可用于相互映射不同的时间单元。

在 SQL2 中，时态数据类型（参见第 4 章）包括 DATE（将年、月、日指定为 YYYY-MM-DD 格式）、TIME（将时、分、秒指定为 HH:MM:SS 格式）、TIMESTAMP（指定日期/时间组合，如果需要，还可以使用选项加入比秒更小的时间单位）、INTERVAL（一个相对的时间

区间，例如10天或250分钟）以及PERIOD（一个确定的时间区间，具有固定的起点，例如从2009年1月1日到2009年1月10日（含）的10天的时间区间）[1]。

1. 事件信息与持续时间（或状态）信息

时态数据库将存储关于某些事件何时发生或者某些事实何时被判定为真的信息。有多种不同类型的时态信息。**点事件**（point event）或**事实**（fact）通常在数据库中与某种粒度的**单个时间点**（single time point）相关联。例如，银行存款事件可能与存款完成时的时间戳相关联，或者某产品的月销售总额可能与特定的月份（例如2010年2月）相关联。注意：即使这样的事件或事实可能具有不同的粒度，但是每个事件或事实仍然只与数据库中的单个时间值相关联。通常把这类信息表示为**时间序列数据**（time series data），将在26.2.5节中讨论。另一方面，**持续时间事件**（duration event）或**事实**（fact）与数据库中特定的**时间区间**（time period）相关联[2]。例如，一位雇员可能从2003年8月15日到2008年11月20日这段时间里一直在某个公司工作。

时间区间（time period）通过其开始时间点（start time point）和结束时间点（end time point）表示，即[START-TIME, ENDTIME]。例如，上面的时间区间可表示为[2003-08-15, 2008-11-20]。通常将这样的时间区间解释为以指定粒度包含从开始时间到结束时间（含）的所有时间点的集合。因此，假定以天为粒度，时间区间[2003-08-15, 2008-11-20]就表示从2003年8月15日到2008年11月20日（含）的所有天的集合[3]。

2. 有效时间和事务时间维度

给定与数据库中的特定时间点或时间区间关联的特定事件或事实，对这种关联可能存在不同的解释。最自然的解释是：关联时间是现实世界中事件发生的时间或者判断一个事实为真的时间区间。如果使用这种解释，那么通常把关联时间称为**有效时间**（valid time）。使用这种解释的时态数据库则称为**有效时间数据库**（valid time database）。

不过，也可以使用一种不同的解释，其中关联时间是指信息实际存储在数据库中的时间，也就是说，它是信息在系统中有效时的系统时钟值[4]。在这种情况下，关联时间称为**事务时间**（transaction time）。使用这种解释的时态数据库就称为**事务时间数据库**（transaction time database）。

还可以有其他的解释，但是这些解释被认为是最常见的，并将它们称为**时间维度**（time dimension）。在一些应用中，可能只需要其中一个维度，其他情况下则可能需要这两种时间维度，这种情况下就将时态数据库称为**双时态数据库**（bitemporal database）。如果需要其他关于时间的解释，用户可以适当地定义语义并且编写应用，这种时间解释就称为**用户定**

---

1 不幸的是，对这个术语的使用存在不一致的情况。例如，术语时间间隔（interval）通常用于表示一段确定的持续时间。为统一起见，我们将使用SQL术语。

2 这等同于确定的持续时间（anchored duration）。常常也将其称为时间间隔（time interval），但是为了避免混淆，本书将使用时间区间（period），以与SQL术语保持一致。

3 表示法[2003-08-15, 2008-11-20]称为闭区间（closed interval）表示法。也可以使用开区间（open interval）表示法，记为[2003-08-15, 2008-11-21)，其中时间点集合不包括结束时间点。尽管后一种表示法有时更方便，但是除非另有指示，否则本书将使用闭区间表示法。

4 有关更多的解释，参见26.2.3节。

义的时间（user-defined time）。

26.2.2 节将说明如何将这些概念纳入关系数据库中，26.2.3 节将介绍一种将时态概念纳入到对象数据库中的方法。

26.2.2 使用元组版本化在关系数据库中纳入时间

1. 有效时间关系

现在让我们看看如何在关系模型中表示不同类型的时态数据库。首先，假设想要包括现实世界中发生变化的历史记录。再次考虑图 26.1 中的数据库，并且假定对于这个应用的粒度是天。然后，可以通过添加两个数据类型为 DATE 以及粒度为天的属性 Vst（Valid Start Time，有效开始时间）和 Vet（Valid End Time，有效结束时间），将两个关系 EMPLOYEE 和 DEPARTMENT 转换成**有效时间关系**（valid time relation）。修改后的关系如图 26.7(a)所示，其中两个关系分别被重命名为 EMP_VT 和 DEPT_VT。

图 26.7 不同类型的时态关系数据库

(a) 有效时间数据库模式；(b) 事务时间数据库模式；(c) 双时态数据库模式

考虑 EMP_VT 关系与非时态 EMPLOYEE 关系（参见图 26.1）之间有何区别[1]。在 EMP_VT 中，每个元组 V 都表示仅在时间区间[V.Vst, V.Vet]内有效的（在现实世界中）雇员信息的一个版本，而在 EMPLOYEE 关系中，每个元组都只表示每位雇员的当前状态或当前版本。在 EMP_VT 关系中，每位雇员的**当前版本**（current version）通常具有一个特殊值 now，作为它的有效结束时间。这个特殊值 now 是一个**时态变量**（temporal variable），隐含表示在时间进程中的当前时间。非时态关系 EMPLOYEE 将只包括 EMP_VT 关系中其 Vet 值为 now 的那些元组。

图 26.8 显示了有效时间关系 EMP_VT 和 DEPT_VT 中的几个元组版本。Smith 有两个版本，Wong 有 3 个版本，Brown 有一个版本，Narayan 也有一个版本。现在可以看到当信

1 非时态关系也称为**快照关系**（snapshot relation），因为它只显示数据库的当前快照或当前状态。

息改变时，有效时间关系应该如何表现。无论何时**更新**（update）了雇员的一个或多个属性，而不是实际地覆盖旧值，如非时态关系中所发生的那样，系统都应该创建一个新版本，并通过将其 Vet 改为结束时间来**关闭**（close）当前版本。因此，当用户发出命令：在 2003 年 6 月 1 日将 Smith 的薪水更新为 30000 美元，就会创建 Smith 的第二个版本（参见图 26.8）。在执行这个更新时，Smith 的第一个版本是当前版本，其 Vet 值为 now，但是在执行更新之后，now 变成了 2003 年 5 月 31 日（以天为粒度，它比 2003 年 6 月 1 日少一天），指示版本变成了**关闭版本**（closed version）或**历史版本**（history version），并且 Smith 的新版本（即第二个版本）现在是当前版本。

EMP_VT

Name	Ssn	Salary	Dno	Supervisor_ssn	Vst	Vet
Smith	123456789	25000	5	333445555	2002-06-15	2003-05-31
Smith	123456789	30000	5	333445555	2003-06-01	Now
Wong	333445555	25000	4	999887777	1999-08-20	2001-01-31
Wong	333445555	30000	5	999887777	2001-02-01	2002-03-31
Wong	333445555	40000	5	888665555	2002-04-01	Now
Brown	222447777	28000	4	999887777	2001-05-01	2002-08-10
Narayan	666884444	38000	5	333445555	2003-08-01	Now

...

DEPT_VT

Dname	Dno	Manager_ssn	Vst	Vet
Research	5	888665555	2001-09-20	2002-03-31
Research	5	333445555	2002-04-01	Now

图 26.8　有效时间关系 EMP_VT 和 DEPT_VT 中的一些元组版本

值得注意的是，在有效时间关系中，用户一般必须提供更新的有效时间。例如，Smith 的薪水更新在 2003 年 5 月 15 日上午 8 点 52 分 12 秒就输入数据库中了，而在现实世界中，他的薪水改变要到 2003 年 6 月 1 日才会生效。这称为**预期更新**（proactive update），因为它在现实世界中生效之前就已经应用于数据库了。如果更新是在现实世界中生效之后才应用于数据库，就称之为**滞后更新**（retroactive update）。如果更新是在现实世界中生效的同时应用于数据库的，就称之为**同步更新**（simultaneous update）。

当在非时态数据库中**删除**（delete）一位雇员时，通常将对有效时间数据库应用一个与之对应的动作，即关闭要删除的雇员的当前版本。例如，如果 Smith 将于 2004 年 1 月 19 日实际从公司离职，那么将通过把 Smith 的当前版本的 Vet 值 now 改为 2004-01-19 来应用它。在图 26.8 中，Brown 没有当前版本，因为他可能已经于 2002 年 8 月 10 日从公司离职，并且逻辑删除了他。不过，由于使用的是时态数据库，因此关于 Brown 的旧信息仍将保留在数据库中。

插入（insert）新雇员的操作将对应于为该雇员创建第一个元组版本，并使之成为当前版本，同时把 Vst 设置为雇员开始工作时的有效（现实世界）时间。在图 26.7 中，雇员 Narayan 的元组说明了这一点，因为还没有更新第一个版本。

注意：在有效时间关系中，非时态键（例如 EMPLOYEE 中的 Ssn）在每个元组（版本）

中不再是唯一的。EMP_VT 的新关系键是非时态键与有效开始时间属性 Vst 的组合[1]，因此使用(Ssn, Vst)作为主键。这是因为在任何时间点上，每个实体最多只能有一个有效版本。因此，在有效时间关系上将保持如下约束：表示相同实体的任意两个元组版本应该在有效时间区间中没有交集。注意：如果非时态主键值可能会随着时间的推移而改变，那么就必须具有唯一的**代理键属性**（surrogate key attribute），对于每个现实世界的实体，它的值永远也不会改变，以便将现实世界的相同实体的所有版本关联起来。

有效时间关系实质上将会记录在现实世界中实际发生过的变化。因此，如果应用了所有的现实世界的变化，那么数据库将会保存所表示的现实世界状态的历史记录。不过，由于可能以追溯或主动方式应用更新、插入和删除操作，因此在任意时间点上都不会记录实际的数据库状态。如果实际的数据库状态对于应用很重要，那么就应该使用事务时间关系。

2. 事务时间关系

在事务时间数据库中，无论何时对数据库应用一个改变，都会记录应用改变（插入、删除或更新）的事务的实际**时间戳**（timestamp）。在绝大多数情况下同时应用改变时，这样的数据库最有用，例如，在实时股票交易或银行事务中。如果把图 26.1 中的非时态数据库转换成一个事务时间数据库，那么就可以通过添加两个属性 Tst（Transaction Start Time，事务开始时间）和 Tet（Transaction End Time，事务结束时间）把两个关系 EMPLOYEE 和 DEPARTMENT 转换成**事务时间关系**（transaction time relation），这两个属性的数据类型通常是 TIMESTAMP。如图 26.7(b)所示，其中的关系分别被重命名为 EMP_TT 和 DEPT_TT。

在 EMP_TT 中，每个元组 V 都表示在实际时间 V.Tst 创建并在实际时间 V.Tet（逻辑）删除的雇员信息版本（之所以删除，是因为信息不再正确）。在 EMP_TT 中，每位雇员的当前版本通常都具有一个特殊值 uc（Until Changed，直到改变），作为事务结束时间，它指示元组表示正确的信息，直到它被另外某个事务改变为止[2]。事务时间数据库也称为**回滚数据库**（rollback database）[3]，因为用户可以通过检索其事务时间区间[V.Tst, V.Tet]包括时间点 T 的所有元组版本 V，使数据库在逻辑上回滚到时间 T 中的任何过去的时间点上的实际状态。

3. 双时态关系

一些应用同时需要有效时间和事务时间，从而导致**双时态关系**（bitemporal relation）。在我们的示例中，图 26.7(c)显示了图 26.1 中的 EMPLOYEE 和 DEPARTMENT 非时态关系分别对应的双时态关系 EMP_BT 和 DEPT_BT。图 26.9 显示了这些关系中的几个元组。在这些表中，其事务结束时间 Tet 为 uc 的元组是表示当前有效信息的元组，而其 Tet 为一个绝对时间戳的元组是在那个时间戳之前有效的元组。因此，图 26.9 中具有 uc 值的元组对应于图 26.7 中的有效时间元组。每个元组中的事务开始时间属性 Tst 是创建该元组的事务的时间戳。

---

1 也可以使用非时态键与有效结束时间属性 Vet 的组合。

2 事务时间关系中的 uc 变量对应于有效时间关系中的 now 变量。不过，它们的语义稍有不同。

3 这里，术语回滚与恢复期间的事务回滚（参见第 23 章）的含义不同，在事务回滚中，事务更新是物理地撤销的。相反，这里的更新可以逻辑地撤销，允许用户检查数据库在前一个时间点上的状态。

EMP_BT

Name	Ssn	Salary	Dno	Supervisor_ssn	Vst	Vet	Tst	Tet
Smith	123456789	25000	5	333445555	2002-06-15	Now	2002-06-08, 13:05:58	2003-06-04,08:56:12
Smith	123456789	25000	5	333445555	2002-06-15	2003-05-31	2003-06-04, 08:56:12	uc
Smith	123456789	30000	5	333445555	2003-06-01	Now	2003-06-04, 08:56:12	uc
Wong	333445555	25000	4	999887777	1999-08-20	Now	1999-08-20, 11:18:23	2001-01-07,14:33:02
Wong	333445555	25000	4	999887777	1999-08-20	2001-01-31	2001-01-07, 14:33:02	uc
Wong	333445555	30000	5	999887777	2001-02-01	Now	2001-01-07, 14:33:02	2002-03-28,09:23:57
Wong	333445555	30000	5	999887777	2001-02-01	2002-03-31	2002-03-28, 09:23:57	uc
Wong	333445555	40000	5	888667777	2002-04-01	Now	2002-03-28, 09:23:57	uc
Brown	222447777	28000	4	999887777	2001-05-01	Now	2001-04-27, 16:22:05	2002-08-12,10:11:07
Brown	222447777	28000	4	999887777	2001-05-01	2002-08-10	2002-08-12, 10:11:07	uc
Narayan	666884444	38000	5	333445555	2003-08-01	Now	2003-07-28, 09:25:37	uc

...

DEPT_VT

Dname	Dno	Manager_ssn	Vst	Vet	Tst	Tet
Research	5	888665555	2001-09-20	Now	2001-09-15,14:52:12	2001-03-28,09:23:57
Research	5	888665555	2001-09-20	1997-03-31	2002-03-28,09:23:57	uc
Research	5	333445555	2002-04-01	Now	2002-03-28,09:23:57	uc

图 26.9 双时态关系 EMP_BT 和 DEPT_BT 中的一些元组版本

现在考虑如何在双时态关系上实现**更新操作**（update operation）。在双时态数据库这种模型中[1]，除了事务结束时间属性 Tet 的值为 uc 的元组之外，在其他任何元组中都不会物理地改变任何属性[2]。为了说明如何创建元组，考虑 EMP_BT 关系。在雇员的当前版本 V 中，其 Tet 属性值为 uc，Vet 属性值为 now。如果更新了某个属性（例如说 Salary），那么执行更新的事务 T 应该具有两个参数：新的 Salary 值以及新薪水开始生效（在现实世界中）时的有效时间 VT。假定 VT−是给定有效时间粒度中 VT 之前的时间点，并且事务 T 具有时间戳 TS(T)，那么将对 EMP_BT 表进行以下物理改变：

（1）创建当前版本 V 的一个副本 V_2，将 V_2.Vet 设置为 VT−，将 V_2.Tst 设置为 TS(T)，将 V_2.Tet 设置为 uc，并在 EMP_BT 中插入 V_2。V_2 是前一个当前版本 V 在有效时间 VT−关闭之后的一个副本。

（2）创建当前版本 V 的一个副本 V_3，将 V_3.Vst 设置为 VT，将 V_3.Tet 设置为 now，将 V_3.Salary 设置为新的薪水值，将 V_3.Tst 设置为 TS(T)，将 V_3.Tet 设置为 uc，并在 EMP_BT 中插入 V_3。V_3 表示新的当前版本。

（3）将 V.Tet 设置为 TS(T)，因为当前版本不再表示正确的信息。

举例说明，考虑图 26.9 中的 EMP_BT 中的前 3 个元组 V_1、V_2 和 V_3。在将 Smith 的薪水从 25000 更新为 30000 之前，只有 V_1 在 EMP_BT 中，并且它是当前版本，它的 Tet 值为 uc。然后，其时间戳 TS(T)为“2003-06-04,08:56:12”的事务 T 将把薪水更新为 30000，其有效时间将在“2003-06-01”生效。创建元组 V_2，它是 V_1 的一个副本，只不过将它的 Vet 设置为“2003-05-31”，比新的有效时间早一天，并且它的 Tst 是更新事务的时间戳。还会创建元组 V_3，它具有新的薪水值，并把它的 Vst 设置为“2003-06-01”，它的 Tst 也是更新

1 目前已经提出了许多种时态数据库模型。这里将描述几种特定的模型，以此作为示例来说明一些概念。

2 一些双时态模型也允许改变 Vet 属性，但是在那些模型中元组的解释是不同的。

事务的时间戳。最后，将 V_1 的 Tet 设置为更新事务的时间戳，即“2003-06-04,08:56:12”。注意：这是一个滞后更新，因为更新事务是在 2003 年 6 月 4 日运行的，但是薪水改变在 2003 年 6 月 1 日就生效了。

类似地，当把 Wong 的薪水和部门（同时）更新成 30000 和 5 时，更新事务的时间戳是“2001-01-07,14:33:02”，并且更新的有效时间是“2001-02-01”。因此，这是一个预期更新，因为事务是在 2001 年 1 月 7 日运行的，但是生效日期是 2001 年 2 月 1 日。在这种情况下，元组 V_4 将逻辑地被 V_5 和 V_6 替代。

接下来，让我们考虑图 26.9 中的 EMP_BT 关系中的元组 V_9 和 V_{10}，以此来说明如何在双时态关系上实现**删除操作**（delete operation）。这里，雇员 Brown 从公司离职的生效日期是 2002 年 8 月 10 日，并通过一个 TS(T) = 2002-08-12,10:11:07 的事务 T 执行这个逻辑删除。在此之前，V_9 是 Brown 的当前版本，并且它的 Tet 是 uc。通过把 V_9.Tet 设置为 2002-08-12,10:11:07 以使之无效而实现逻辑删除，并为 Brown 创建*最终版本* V_{10}，然后设置其 Vet = 2002-08-10（参见图 26.9）。最后，通过创建第一个*版本*来实现**插入操作**（insert operation），如 EMP_BT 表中的 V_{11} 所示。

4. 实现考虑

有多个选项可用于在时态关系中存储元组。其中一个选项是在同一个表中存储所有的元组，如图 26.8 和图 26.9 中所示。另一个选项是创建两个表：一个用于存储当前的有效信息，另一个用于存储其余的元组。例如，在双时态关系 EMP_BT 中，把那些 Tet 值为 uc 且 Vet 值为 now 的元组存储在一个关系（即*当前表*）中，因为它们是当前有效的元组（也就是说，表示当前的快照），并把所有其他的元组都存储在另一个关系中。这允许数据库管理员具有不同的访问路径，例如为每个关系建立一个索引，还可以使当前表的大小保持合理。另一种可能性是创建第三个表，用于存储那些 Tet 属性值不是 uc 的更正过的元组。

可以使用的另一个选项是：将时态关系的属性*垂直分区*成多个单独的关系，使得如果一个关系具有许多属性，那么无论何时更新其中任何一个属性，都会创建一个全新的元组版本。如果异步更新属性，那么每个新版本可能只在某个属性上有所不同，从而无须重复保存其他的属性值。如果创建单独一个关系，只包含那些*总是同步改变*的属性，并在每个关系中复制主键，那么就称数据库具有**时态范式**（temporal normal form）。不过，为了合并信息，将需要一种称为**时态交叉连接**（temporal intersection join）的连接变体，它的实现代价一般比较高昂。

值得注意的是：双时态数据库允许存储变化的完整记录。甚至有可能记录更正操作。例如，数据库中的同一位雇员可能有两个元组版本，只要它们的事务时间没有交集，它们就有可能具有相同的有效时间，但却具有不同的属性值。在这种情况下，具有较晚事务时间的元组是另一个元组版本的一个**更正**（correction）。这样，即使用户输入了不正确的有效时间，也可以通过这种方法进行更正。出于查询的目的，不正确的数据库状态仍然可以作为以前的数据库状态使用。保存了此类变化和更正的完整记录的数据库有时称为**仅追加数据库**（append-only database）。

26.2.3　使用属性版本化在面向对象数据库中纳入时间

26.2.2 节讨论了用于实现时态数据库的**元组版本化方法**（tuple versioning approach）。在这种方法中，无论何时改变了一个属性值，都会创建一个全新的元组版本，即使所有其他的属性值都与前一个元组版本完全相同也会如此。在支持**复杂结构化对象**（complex structured object）的数据库系统（例如对象数据库（参见第 11 章）或对象-关系系统）中，可以使用一种替代方法。这种方法称为**属性版本化**（attribute versioning）。

在属性版本化中，使用单个复杂对象来存储对象的所有时态变化。随着时间的推移而改变的每个属性都称为**时间变更属性**（time-varying attribute），并且它通过给属性添加一个时态区间使其值随着时间的推移而进行版本化。时态区间可能表示有效时间、事务时间或双时态，这依赖于应用的需求。不会随着时间的推移而改变的属性称为**非时间变更属性**（non-time-varying attribute），并且不会与时态区间相关联。为了说明这一点，可以考虑图 26.10 中的示例，它使用对象数据库的对象定义语言（ODL）表示法（参见第 11 章），来表示 EMPLOYEE 的属性版本化的有效时间。这里，假定姓名和社会安全号是非时间变更属性，而薪水、部门和管理者都是时间变更属性（它们可能随着时间的推移而改变）。每个时间变更属性都通过一个<Valid_start_time, Valid_end_time, Value>元组列表来表示，并按有效开始时间进行排序。

```
class TEMPORAL_SALARY
{   attribute   Date            Valid_start_time;
    attribute   Date            Valid_end_time;
    attribute   float           Salary;
};

class TEMPORAL_DEPT
{   attribute   Date            Valid_start_time;
    attribute   Date            Valid_end_time;
    attribute   DEPARTMENT_VT   Dept;
};

class TEMPORAL_SUPERVISOR
{   attribute   Date            Valid_start_time;
    attribute   Date            Valid_end_time;
    attribute   EMPLOYEE_VT     Supervisor;
};

class TEMPORAL_LIFESPAN
{   attribute   Date            Valid_ start time;
    attribute   Date            Valid end time;
};
```

图 26.10　使用属性版本化方法的时态有效时间对象类 EMPLOYEE_VT 的可能的 ODL 模式

```
class EMPLOYEE_VT
(   extent EMPLOYEES )
{   attribute  list<TEMPORAL_LIFESPAN>     lifespan;
    attribute  string                      Name;
    attribute  string                      Ssn;
    attribute  list<TEMPORAL_SALARY>       Sal_history;
    attribute  list<TEMPORAL_DEPT>         Dept_history;
    attribute  list <TEMPORAL_SUPERVISOR> Supervisor_history;
};
```

图 26.10（续）

在这种模型中无论何时一个属性发生改变，都会关闭该属性的当前版本，并且只把它的**新属性版本**（new attribute version）追加到列表中。这允许异步改变属性。每个属性的当前值中 Valid_end_time 都为 now。当使用属性版本化时，有些对象会有一个或多个有效时间区间来指示整个对象存在的有效时间，对于这类对象，包括与整个对象关联的寿命时态属性（lifespan temporal attribute）就是有用的。可以通过关闭其寿命时态属性来实现对象的逻辑删除。为此，数据库中就应该相应地执行如下约束条件：一个对象内的某个属性的任何时间区间都应该是该对象的寿命时态属性的一个子集。

对于双时态数据库，每个属性版本都将具有一个包含 5 个成分的元组：

```
<Valid_start_time, Valid_end_time, Trans_start_time, Trans_end_time, Value>
```

对象寿命还将包括有效时间和事务时间两个维度。因此，可以通过属性版本化来使用双时态数据库的全部能力。可以使用前面讨论过的用于更新元组版本的类似机制来更新属性版本。

26.2.4 时态查询构造和 TSQL2 语言

迄今为止，我们讨论了如何利用时态构造来扩展数据模型。现在，将简要概述如何为时态查询扩展查询操作。本节将简要讨论 TSQL2 语言，它扩展了 SQL，以便查询有效时间表和事务时间表，以及查询双时态关系表。

在非时态关系数据库中，典型的选择条件涉及属性条件，并且从当前元组集合中选择出满足这些条件的元组。之后，通过一个投影运算（参见第 6 章）指定查询中涉及的属性。例如，要检索在部门 5 工作并且薪水超过 30000 的所有雇员的姓名，查询的选择条件将如下所示：

```
((Salary > 30000) AND (Dno = 5))
```

投影的属性是 Name。在时态数据库中，除了属性之外，条件可能还涉及时间。**纯时间条件**（pure time condition）只涉及时间，例如，选择在某个时间点 T 或者在某个时间区间[T_1, T_2]内有效的所有雇员元组版本。在这种情况下，将把指定的时间区间与每个元组版本的有效时间区间[T.Vst, T.Vet]做比较，并且只会选择那些满足条件的元组。在这些操作中，时间区间被认为等价于从 T_1 到 T_2（含）的时间点集合，因此可以使用标准的集合比较运算。还需要一些其他的运算，例如判定一个时间区间是否在另一个时间区间开始前结束[1]。

查询中使用的一些更常见的运算如下：

[T.Vst, T.Vet] **INCLUDES** [T_1, T_2]　　等价于 $T_1 \geq$ T.Vst AND $T_2 \leq$ T.Vet

[T.Vst, T.Vet] **INCLUDED_IN** [T_1, T_2]　　等价于 $T_1 \leq$ T.Vst AND $T_2 \geq$ T.Vet

[T.Vst, T.Vet] **OVERLAPS** [T_1, T_2]　　等价于($T_1 \leq$ T.Vet AND $T_2 \geq$ T.Vst)[2]

[T.Vst, T.Vet] **BEFORE** [T_1, T_2]　　等价于 $T_1 \geq$ T.Vet

[T.Vst, T.Vet] **AFTER** [T_1, T_2]　　等价于 $T_2 \leq$ T.Vst

[T.Vst, T.Vet] **MEETS_BEFORE** [T_1, T_2]　　等价于 T_1 = T.Vet + 1[3]

[T.Vst, T.Vet] **MEETS_AFTER** [T_1, T_2]　　等价于 T_2 + 1 = T.Vst

此外，还需要一些操作时间区间的运算，例如计算两个时间区间的并集或交集。这些运算的结果自身可能不是一个时间区间，而是一些**时态元素**（temporal element），即一个或多个不相交的时间区间的集合，其中一个时态元素中的任何两个时间区间都不会直接相邻。也就是说，对于一个时态元素中的任何两个时间区间[T_1, T_2]和[T_3,T_4]，都必须满足以下 3 个条件：

- [T_1, T_2]与[T_3, T_4]的交集为空。
- 在给定的时间粒度下，T_3 不是 T_2 之后的时间点。
- 在给定的时间粒度下，T_1 不是 T_4 之后的时间点。

最后两个条件对于确保时态元素的唯一表示是必要的。如果两个时间区间[T_1, T_2]和[T_3, T_4]是相邻的，就把它们结合成单个时间区间[T_1,T_4]。这称为时间区间的**合并**（coalescing）。合并操作也可以结合相交的时间区间。

为了说明如何使用纯时间条件，假设一个用户想要选择在 2002 年中的任意时间点有效的所有雇员版本。那么，应用于图 26.8 中的关系的合适选择条件将是：

```
[T.Vst, T.Vet] OVERLAPS [2002-01-01, 2002-12-31]
```

通常，大多数时态选择都会应用于有效时间维度。对于双时态数据库，通常会将条件应用于那些将 uc 作为事务结束时间的当前正确的元组上。不过，如果需要对以前的数据库状态应用查询，就要在查询中追加一个 AS_OF T 子句，这意味着将把查询应用于数据库中在时间 T 上处于正确状态的有效时间元组。

除了纯时间条件之外，其他选择还涉及**属性和时间条件**（attribute and time condition）。例如，假设我们希望在 EMP_VT 关系中检索在 2002 年的任意时间在部门 5 中工作过的雇员的所有元组版本 T。在这种情况下，条件是：

```
[T.Vst, T.Vet]OVERLAPS [2002-01-01, 2002-12-31] AND (T.Dno = 5)
```

最后，将简要概述 TSQL2 查询语言，它利用时态数据库构造扩展了 SQL。TSQL2 背

1　目前已经定义了一个用于比较时间区间的完整运算集合，称为 Allen **区间代数**（Allen，1983）。

2　如果两个时间区间的交集不为空，那么这个运算将返回 true；它也称为 INTERSECTS_WITH 运算。

3　这里，1 指的是在一个指定时间粒度下的一个时间点。MEETS 运算实质上指定一个时间区间是否在另一个时间区间结束之后立即开始。

后的主要思想是：允许用户指定一个关系是非时态的（即标准 SQL 关系）还是时态的。可以利用可选的 AS 子句扩展 CREATE TABLE 语句，以允许用户声明不同的时态选项。下面给出了一些可用的选项：

- AS VALID STATE <GRANULARITY>（带有有效时间区间的有效时间关系）
- AS VALID EVENT <GRANULARITY>（带有有效时间点的有效时间关系）
- AS TRANSACTION（带有事务时间区间的事务时间关系）
- AS VALID STATE <GRANULARITY> AND TRANSACTION（双时态关系，有效时间区间）
- AS VALID EVENT <GRANULARITY> AND TRANSACTION（双时态关系，有效时间点）

关键字 STATE 和 EVENT 用于指定时间区间或时间点是否与有效时间维度相关联。在 TSQL2 中，不会使用户实际地看到如何去实现时态表（如前面几节中所讨论的），而是在 TSQL2 语言中添加了一些查询语言构造，用于指定各种类型的时态选择、时态投影、时态聚合、粒度间的转换以及许多其他的概念。Snodgrass 等（1995）所著的图书描述了该语言。

26.2.5 时间序列数据

时间序列数据在金融、销售以及与经济相关的应用中经常会用到。它们涉及根据特定的预定义时间点序列而记录的数据值。因此，它们是一种特殊类型的**有效事件数据**（valid event data），其中事件的时间点是根据固定的日历而预先确定的。考虑纽约证券交易所里一家特定公司的每日股票收盘价的示例。这里的粒度是天，但是证券市场的开放日是已知的（非假期的工作日）。因此，通常的做法是指定一个计算过程，用于计算与时间序列关联的特定**日历**（calendar）。时间序列上的典型查询涉及更高粒度间隔上的**时态聚合**（temporal aggregation），例如，从每日信息中查找每周股票收盘价的平均值或最大值，或者每月收盘价的最大值和最小值。

举另外一个例子，假定一家特定的公司拥有许多连锁店，考虑它的每个下属连锁店的日常营业额。同样，典型的时态聚合将从每日销售信息中获取每周、每月或每年的销售额（使用求和聚合函数），或者比较同一个连锁店的本月销售额与上月销售额，等等。

由于时间序列数据的专用性，并且在以前的 DBMS 缺乏对它的支持，因此目前通常采用专用的**时间序列管理系统**（time series management system），而不采用通用的 DBMS 来管理此类信息。在这类系统中，通常在文件中按顺序存储时间序列值，并且应用专用的时间序列过程来分析信息。使用这种方法提问题时，在这类系统中将不能使用诸如 SQL 之类的语言中的高级查询的全部能力。

最近，一些商业 DBMS 软件包开始提供时间序列扩展，例如 Oracle 时间数据插件（time cartridge）和 Informix Universal Server 的时间序列数据刀片。此外，TSQL2 语言还以事件表的形式提供了对时间序列的某种支持。

26.3　空间数据库概念[1]

26.3.1　空间数据库简介

空间数据库纳入了一些功能，用以支持记录多维空间中的对象的数据库。例如，存储地图的地图数据库包括对其对象的二维空间描述，这些对象包括从国家和州到河流、城市、公路、海洋等。管理地理数据和相关应用的系统称为**地理信息系统**（geographic information system，GIS），在诸如环境应用、交通运输系统、应急响应系统以及作战管理之类的领域中使用它们。其他的数据库（例如用于管理气象信息的气象数据库）都是三维的，因为温度及其他的气象信息与三维空间中的点相关联。一般来讲，**空间数据库**（spatial database）存储的对象具有描述它们的空间特征，并且它们之间具有空间联系。对象之间的空间联系很重要，在查询数据库时通常需要它们。尽管空间数据库一般可以指任意的 n 维空间，这里还是以二维空间为例来加以讨论。

可以对空间数据库进行优化，以存储和查询与空间中的对象相关的数据，包括点、线和多边形。卫星图像是空间数据的一个典型示例。对这些空间数据进行的查询（其中的选择谓词涉及空间参数）称为**空间查询**（spatial query）。例如，“在佐治亚理工大学的计算机学院大楼附近 5 英里范围内的所有书店的名字是什么？”就是一个空间查询。而典型的数据库处理的是数字和字符数据，因此需要为数据库添加额外的功能以处理空间数据类型。诸如“列出位于公司总部 20 英里范围内的所有客户”之类的查询将需要处理空间数据类型，它们通常超出了标准关系代数的范畴，并且可能涉及咨询一个外部地理数据库，该数据库将基于公司总部和每个客户的地址把它们映射到一幅 2D 地图。实际上，每个客户都将与一个<维度，经度>位置相关联。基于客户邮政编码或其他非空间属性的传统 B^+树索引不能用于处理这种查询，因为传统的索引不能对多维坐标数据进行排序。因此，为处理空间数据和空间查询而量身定制的数据库有其特殊需求。

表 26.1 显示了地理或空间数据处理中涉及的常见分析操作[2]。**测量操作**（measurement operation）用于测量单个对象的一些全局属性（例如面积、对象各个部分的相对尺寸、密度或对称性），以及根据距离和方向测量不同对象的相对位置。**空间分析**（spatial analysis）操作通常使用统计技术，用于揭示映射的数据层内部及之间的空间联系。一个示例是创建一幅地图（称为预测图），基于历史销售信息和人口统计信息来标识特定产品的可能客户的位置。**流分析**（flow analysis）操作有助于确定图形中的两个点之间的最短距离以及节点或区域之间的连通性。**位置分析**（location analysis）的目标是查找给定的点和线的集合是否位于给定的多边形（位置）之内。这个过程涉及在现有的地理特征周围生成一个缓冲区，然后基于它们是落在缓冲区边界之内还是之外来标识或选择特征。**数字地形分析**（digital terrain analysis）用于构建三维模型，其中可以利用一种 x, y, z 数据模型来表示地理位置的

1　感谢 Pranesh Parimala Ranganathan 对本节内容的贡献。

2　在 Albrecht（1996）中提出了 GIS 分析操作列表。

地形，这种数据模型称为数字地形（或海拔）模型（Digital Terrain (Elevation) Model，DTM/DEM）。DTM 的 x 轴和 y 轴表示水平平面，z 轴表示对应于 x、y 坐标的点高度。这样的模型可用于分析环境数据，或者设计需要地形信息的工程项目。空间搜索允许用户搜索特定空间区域内的对象。例如，**主题搜索**（thematic search）允许用户搜索与特定主题或类型相关的对象，例如“查找亚特兰大 25 英里范围内的所有水域”，其中的类型就是水。

表 26.1 空间数据分析的常用类型

分析类型	操作和测量的类型
测量	距离、周长、形状、相邻性和方向
空间分析/统计	模式、自相关、相似性索引，以及使用空间数据和非空间数据的拓扑结构
流分析	连通性和最短路径
位置分析	多边形内的点和线的分析
地形分析	斜面/方位、汇水区域、排水网
搜索	主题搜索、按区域搜索

空间对象之间还具有**拓扑联系**（topological relationship）。通常在布尔谓词中使用它们，基于对象的空间联系来选择它们。例如，如果将一个城市边界表示为一个多边形，并将高速公路表示为多条直线，那么诸如“查找经过得克萨斯州阿灵顿市的所有高速公路”之类的条件将涉及一个交集运算，用以确定哪些高速公路（直线）与城市边界（多边形）相交。

26.3.2 空间数据类型和模型

本节将简要描述用于存储空间数据的常用数据类型和模型。空间数据具有 3 种基本形式。由于这些形式在商业系统中广泛使用，它们已经变成了事实上的标准。

- **地图数据**（map data）[1]：包括地图中的对象的各种地理或空间特征，例如对象的形状以及对象在地图中的位置。3 种基本的特征类型是点、线和多边形（或区域）。**点**（point）用于表示对象的空间特征，它们的位置对应于特定应用的比例尺中的单个 2D 坐标（x, y 或经度/纬度）。依赖于比例尺，一些点对象的示例可能是建筑物、蜂窝塔台或静止的车辆。可以通过一系列随着时间的推移而改变的点位置来表示移动的车辆及其他移动的对象。**线**（line）表示具有长度的对象，例如公路或河流，可以通过一系列相连的线条来模拟它们的空间特征。**多边形**（polygon）用于表示具有边界的对象的空间特征，例如国家、州、湖泊或城市。注意：一些对象（例如建筑物或城市）可以表示为点或多边形，这依赖于细节的比例尺。
- **属性数据**（attribute data）：是与**地图特征**（map feature）关联的 GIS 系统的描述性数据。例如，假设在一幅地图中包含表示美国某个州（例如得克萨斯州或俄勒冈州）内的一些县的特征。每个县特征（对象）的属性可能包括人口、最大的城/镇、面积（以平方英里计）等。地图中的其他特征可能还包括其他的属性数据，例如州、城市、国会选区、人口普查区等。

1 这些类型的地理数据基于 ESRI 的 GIS 导航。参见 www.gis.com/implementing_gis/data/data_types.html。

- **图像数据**（image data）：包括诸如卫星图像和航拍照片之类的数据，它们通常是由照相机创建的。可以在这些图像上标识和覆盖感兴趣的对象，例如建筑物和道路。图像也可以是地图特征的属性。可以将图像添加到其他地图特征中，这样在点击某个特征时就可以显示出图像。航空和卫星图像是光栅数据的典型示例。

有时将**空间信息模型**（model of spatial information）分为两大类：域和对象。空间应用（例如远程传感或高速公路交通控制）就是使用基于域或基于对象的模型来建模的，这依赖于应用的需求以及传统的模型选择。**域模型**（field model）通常用于对本质上连续的空间数据建模，例如地形海拔、温度数据和土壤变异特征；而**对象模型**（object model）传统上用于诸如交通网络、地块、建筑物之类的应用，以及其他同时具有空间属性和非空间属性的对象。

26.3.3　空间算子和空间查询

空间算子用于捕获嵌入在物理空间与关系之间的对象的所有相关地理属性，以及执行空间分析。可将算子分为三大类。

- **拓扑算子**（topological operator）：在应用拓扑转换时拓扑属性是不变的。在进行像旋转、平移或缩放这样的转换之后，这些属性不会改变。拓扑算子是分层组织的，它们具有多个层次，其中基础层次使算子能够检查具有宽边界的区域之间的详细拓扑关系，较高的层次则提供了更抽象的算子，它们允许用户独立于底层的几何数据模型查询不确定的空间数据。示例包括 open (region)、close (region)和 inside (point, loop)。
- **投影算子**（projective operator）：像凸包（convex hull）这样的投影算子用于表达关于对象及其他空间关系的凹度/凸度的谓词（例如，位于给定对象凹面内）。
- **度量算子**（metric operator）：度量算子为对象的几何形状提供了更具体的描述。它们用于度量单个对象的一些全局属性（例如面积、对象各个部分的相对大小、密度和对称性），以及根据距离和方向度量不同对象的相对位置。示例包括 length (arc) 和 distance (point, point)。

1. 动态空间算子

上述算子执行的操作是静态的，这意味着操作数不受操作的应用影响。例如，计算曲线的长度不会影响曲线本身。**动态操作**（dynamic operation）将会改变操作所作用的对象。3 种基本的动态操作是创建、销毁和更新。动态操作的一个有代表性的示例是更新一个空间对象，可将其细分为平移（移位）、旋转（改变方向）、缩放、反射（产生镜像）和修剪（变形）。

2. 空间查询

空间查询是指请求空间数据，它需要使用空间操作。下面的类别说明了 3 种典型的空间查询。

- **范围查询**（range query）：在给定的空间区域内查找特定类型的所有对象，例如，查找亚特兰大都市区的所有医院。这种查询的一个变体是从给定的位置查找特定距离内的所有对象，例如，查找距事故发生地点半径在5英里范围内的所有救护车。

- **最邻近查询**（nearest neighbor query）：查找与给定位置最近的特定类型的对象，例如，查找距离犯罪地点最近的警车。可将其推广成查找k个最近的邻居，例如距离事故发生地点最近的5辆救护车。
- **空间连接或重叠**（spatial join or overlay）：通常要基于某个空间条件来连接两种类型的对象，例如对象在空间上相交或重叠，或者相互之间的距离在一定范围内。例如，查找位于两个城市之间的主要高速公路上的所有乡镇，或者查找位于某个湖泊两英里范围内的所有住所。第一个示例在空间上连接了乡镇对象和高速公路对象，第二个示例则在空间上连接湖泊对象和住所对象。

26.3.4 空间数据索引

空间索引用于把对象组织成一组桶（它们对应于辅存的页），这样就可以轻松地定位特定空间区域内的对象。每个桶都具有一个桶区域，它是包含桶中存储的所有对象的一部分空间。桶区域通常是矩形的；对于点数据结构，这些区域是不相交的，它们会对空间进行分区，使得每个点都恰好属于一个桶。创建空间索引的方法实质上有两种。

（1）在数据库系统中包括专用的索引结构，它们允许基于空间搜索操作高效地搜索数据对象。这些索引结构扮演的角色类似于传统数据库系统中的B^+树索引。这些索引结构的示例有网格文件和R树。一种特殊类型的空间索引称为空间连接索引，可用于加快空间连接操作。

（2）无须创建全新的索引结构，而是将二维（2D）空间数据转换成一维（1D）数据，从而可以使用传统的索引技术（B^+树）。用于将2D转换成1D的算法称为空间填充曲线（space filling curve）。这里将不会详细讨论这些方法（参见章末的选读文献，了解更多的参考资料）。

接下来将概述一些空间索引技术。

1. 网格文件

在第18章中介绍了网格文件用于在多个属性上对数据建立索引。它们也可用于对二维或更高的n维空间数据建立索引。**固定网格**（fixed-grid）方法把n维的多维空间划分成大小相等的桶。实现固定网格的数据结构是一个n维数组。可以将位于单元内（全部或部分）的对象存储在一种动态结构中以处理溢出。这种结构对于像卫星图像这样的统一分布式数据是有用的。不过，固定网络结构是刚性的，其目录可能比较稀疏且巨大。

2. R树

R树（R-tree）是一种高度平衡树，它是B^+树针对k维的一种扩展，其中k>1。对于二维（2D）来说，在R树中通过**最小包围矩形**（minimum bounding rectangle，MBR）来模拟空间对象，该矩形是包含对象的最小矩形，它的边与坐标系统（x和y）轴平行。R树通过以下性质来描述，它们类似于B^+树的性质（参见18.3节），但是适用于2D空间对象。就像18.3节中一样，使用M来指示可以存放在R树节点中的条目的最小数量。

（1）叶节点中的每个索引条目（或索引记录）的结果是(I, object-identifier)，其中I是标识符为 object-identifier 的空间对象的 MBR。

（2）除根节点之外的每个节点至少必须是半满的。因此，不是根节点的叶节点应该包含 m 个条目（I, object-identifier），其中 M/2 ≤ m ≤ M。类似地，不是根节点的非叶节点应该包含m个条目(I, child-pointer)，其中M/2 ≤ m ≤ M，I是MBR，它包含child-pointer 指向的节点中的所有矩形的并集。

（3）所有的叶节点都位于相同的层次，根节点至少应该具有两个指针，除非它是一个叶节点。

（4）所有 MBR 的边都与全局坐标系统的轴平行。

其他空间存储结构包括四分树及其变体。**四分树**（quadtree）一般将每个空间或子空间划分成大小相等的区域，并且会继续对每个子空间进行细分，以标识各个对象的位置。最近，提出了许多更新的空间访问结构，这将是一个保持活跃的研究领域。

3. 空间连接索引

空间连接索引将预先计算空间连接操作，并将指向相关对象的指针存储在一个索引结构中。对于那些更新率较低的表，连接索引可以改进经常性连接查询的性能。空间连接条件用于回答诸如“列出有交叉的高速公路-河流的组合列表”之类的查询。空间连接用于标识并获取这些满足交叉空间关系的对象组。由于计算空间联系的结果一般比较耗时，因此可以将结果计算一次，并将其存储在一个表中，该表具有满足空间联系（它实质上是连接索引）的对象标识符（或元组 id）对。

连接索引可以通过二分图 $G = (V_1, V_2, E)$来描述，其中 V_1 包含关系 R 的元组 id，V_2 包含关系 S 的元组 id。如果存在一个元组对应于连接索引中的(v_r , v_s)，那么边集合将包含边(v_r , v_s)，其中 v_r 在 R 中，v_s 在 S 中。二分图将所有相关的元组建模为图中连接的顶点。在涉及计算空间对象之间联系的操作中将会用到空间连接索引（参见 26.3.3 节）。

26.3.5　空间数据挖掘

空间数据倾向于是高度相关的。例如，具有相似品质、职业和背景的人倾向于聚集在一起成为邻里。3 种主要的空间数据挖掘技术是空间分类、空间关联和空间聚类。

- **空间分类**（spatial classification）：分类的目标是基于一个关系的其他属性的值来估算该关系的某个属性的值。空间分类问题的一个示例是基于其他属性的值（例如，植被耐久性和水深），来确定沼泽地中的鸟巢位置，它也称为位置预测问题。类似地，预期哪里是犯罪活动的高发地点也是一个位置预测问题。
- **空间关联**（spatial association）：**空间关联规则**（spatial association rule）是根据空间谓词而不是数据项定义的。一个空间关联规则的形式如下：

  $P_1 \land P_2 \land \ldots \land P_n \Rightarrow Q_1 \land Q_2 \land \ldots \land Q_m$

  其中 P_i 或 Q_j 中至少有一个是空间谓词。例如，下面的规则：

  is_a(x, country) ∧ touches(x, Mediterranean) ⇒ is_a (x, wine-exporter)

  （也就是说，与地中海毗邻的国家通常是红酒出口国）就是一个关联规则的示例，其支持度为 s，置信度为 c[1]。

1　关联规则的支持度和置信度的概念将在 28.2 节中作为数据挖掘的一部分加以讨论。

空间主机托管规则（spatial colocation rule）尝试将关联规则推广为指向按空间建立索引的集合数据集。空间关联与非空间关联之间具有几个重要的区别，包括：

（1）在空间环境中没有事务的概念，因为数据嵌入在连续的空间中。将空间分区成事务将导致高估或低估兴趣度量目标，例如支持度或置信度。

（2）空间数据库中的项集合比较小，也就是说，空间环境中的项集合中的项数比非空间环境中少得多。

在大多数情况下，空间项是连续变量的离散版本。例如，在美国可以将收入区间定义如下：平均年收入在某些范围内，例如低于40 000美元、40 000~100 000美元以及100 000美元以上。

- **空间聚类**（spatial clustering）：尝试对数据库对象进行分组，使得最相似的对象位于相同的聚类中，并使不同聚类中的对象尽可能不相似。空间聚类的一个应用是把地震事件组织在一起，以便确定地震断层。空间聚类算法的一个示例是**基于密度的聚类**（density-based clustering），它尝试基于一个区域中数据点的密度来查找聚类。这些算法将聚类视作是数据空间中对象的密集区域。这些算法的两种变体是带有干扰的基于密度的空间聚类应用（DBSCAN）[1]和基于密度的聚类（DENCLUE）[2]。DBSCAN是一种基于密度的聚类算法，因为它从对应节点的估计密度分布开始查找多个聚类。

26.3.6 空间数据的应用

空间数据管理在许多学科中都是有用的，包括地理学、遥感、城市规划和自然资源管理。空间数据库管理在解决具有挑战性的科学问题中扮演着重要角色，例如全球气候变化和基因组学。由于基因组数据的空间性质，GIS和空间数据库管理系统在生物信息学领域可以大展拳脚。一些典型的应用包括模式识别（例如，基因组中的特定基因的拓扑是否可以在数据库中的其他任何序列特征图中找到）、基因组浏览器开发以及可视化地图。空间数据挖掘的另一个重要应用领域是空间异常检测。**空间异常**（spatial outlier）是一个空间引用的对象，其非空间属性值明显不同于空间上相邻的其他空间引用对象的那些非空间属性值。例如，如果一所旧房子旁正好有一所全新的房子，那么基于非空间属性“house_age”来讲，这所旧房子将是一个异常。检测空间异常在许多地理信息系统和空间数据库应用中都是有用的。这些应用领域包括交通运输、生态学、公共安全、公共健康、气候学和定位服务。

26.4 多媒体数据库的概念

多媒体数据库（multimedia database）提供了一些特性，允许用户存储和查询不同类型

1 DBSCAN是由Martin Ester、Hans-Peter Kriegel、Jörg Sander和Xiaowei Xu提出的（1996）。

2 DENCLUE是由Hinnenberg和Gabriel（2007）提出的。

的多媒体信息，包括图像（例如照片和绘图）、视频剪辑（例如电影、新闻报道或家庭视频）、音频剪辑（例如歌曲、电话录音或演讲）和文档（例如书籍或文章）。多媒体数据库所需的主要数据库查询类型涉及定位多媒体资源，其中包含感兴趣的对象。例如，有人可能想要在一个视频数据库中，定位包括某个人（例如说 Michael Jackson）的所有视频剪辑。有人还可能想要基于视频中包括的某些活动来检索视频剪辑，例如在一场足球比赛中某一队员或球队射门得分的视频剪辑。

上述查询类型称为**基于内容的检索**（content-based retrieval），因为多媒体数据源是基于其所包含的某些对象或活动而进行检索的。因此，多媒体数据库必须使用某种模型，基于内容来组织多媒体数据源并对其建立索引。识别多媒体数据源的内容是一项困难且耗时的任务。可以使用两种主要的方法。第一种方法基于多媒体数据源的**自动分析**（automatic analysis），以识别其内容的某些数学特征。这种方法使用的技术因多媒体数据源的类型（图像、视频、音频或文本）而异。第二种方法需要**手动识别**（manual identify）每个多媒体数据源中感兴趣的对象和活动，并使用该信息对数据源建立索引。这种方法可用于所有的多媒体数据源，但它需要一个手动预处理阶段，在这个阶段中人们必须扫描每个多媒体数据源，以识别它们所包含的对象和活动并编制目录，使它们可用于对多媒体数据源建立索引。在本节的第一部分，将简要讨论每种多媒体数据源（图像、视频、音频以及文本/文档）的一些特征。然后将讨论用于进行图像自动分析的方法，接着将讨论图像中的对象识别问题。在本节末尾，将对音频数据源分析给出一些评论。

图像（image）通常是以原始形式存储为一组像素或单元值，或者是以压缩形式存储的以节省空间。图像形状描述符（shape descriptor）描述了原始图像的几何形状，它通常是具有某种宽度和高度的矩形**单元**（cell）。因此，每幅图像都可以通过 m×n 个网格单元表示。每个单元都包含一个像素值，用于描述单元内容。在黑白图像中，像素可能是 1 位。在灰度或彩色图像中，像素将具有多位。由于图像可能需要大量的空间，因此通常以压缩形式存储它们。压缩标准（例如 GIF、JPEG 或 MPEG）使用多种数学变换来减少存储的单元数量，但是仍将维持主要的图像特征。适用的数学变换包括离散傅里叶变换（discrete Fourier transform，DFT）、离散余弦变换（discrete cosine transform，DCT）和小波变换（wavelet transform）。

为了识别图像中感兴趣的对象，通常使用同构谓词（homogeneity predicate）将图像划分成一些同构段。例如，在彩色图像中，将具有相似像素值的相邻单元组织成一个段。同构谓词定义用于自动组织这些单元的条件。因此，分段和压缩可以识别图像的主要特征。

典型的图像数据库查询是在数据库中查找与给定图像类似的图像。给定的图像可能是一个孤立的片段，其中包含（例如说）一种感兴趣的模式，而查询就是定位包含相同模式的其他图像。有两种主要的技术用于这类搜索。第一种方法使用**距离函数**（distance function）将给定的图像与存储的图像及其分段做比较。如果返回的距离值比较小，匹配的概率就比较高。可以创建索引将距离度量比较接近的存储图像组织在一起，以限制搜索空间。第二种方法称为**变换法**（transformation approach），它可以执行少量变换来改变一幅图像的单元以匹配另一幅图像，从而度量图像的相似性。变换包括旋转、平移和缩放。尽管变换法更通用，但它也更耗时、更难以执行。

视频数据源（video source）通常表示为一个帧序列，其中每一帧都是一幅静止的图像。

不过，它不会识别每个单独的帧中的对象和活动，而是将视频划分成**视频段**（video segment），其中每个段由包括相同对象/活动的连续的帧序列组成。每个段通过其开始帧和结束帧来标识。每个视频段中识别的对象和活动可用于对段建立索引。目前已经提出了一种称为帧段树（frame segment tree）的索引技术用来创建视频索引。这种索引包括对象（例如人、房屋和汽车）以及活动（例如某个人发表演讲或者两个人在交谈）。视频通常也会使用诸如MPEG之类的标准进行压缩。

音频数据源（audio source）包括存储的录音消息，例如演讲、课堂展示，或者甚至是在执法过程中获得的电话或谈话的监控记录。这里，可以使用离散变换来识别某个人的声音的主要特征，以便基于相似性建立索引和执行检索。在26.4.4节中将简要评论它们的分析。

文本/文档数据源（text/document source）基本上是指一些文章、图书或杂志的全部文本。这些数据源一般通过标识文本中出现的关键字及其相对频率来建立索引。不过，在这个过程中将会消除填充词或通用词之类的**停用词**（stopword）。由于在尝试对一个文档集合建立索引时可能会有许多关键字，目前已经开发了一些技术来减少关键字数量，只保留那些与文档集合最相关的关键字。有一种降维技术称为奇异值分解（singular value decomposition，SVD），它基于矩阵变换，可用于实现这一目的。还有一种称为可伸缩向量树（telescoping vector tree，TV树）的索引技术，可用于把相似的文档组织在一起。第27章将详细讨论文档处理。

26.4.1 图像的自动分析

分析多媒体数据源对于支持任何类型的查询或搜索界面都是至关重要的。我们需要依据允许我们定义相似性的特性来表示多媒体源数据，例如图像。迄今为止在这个领域所做的工作使用低级的可视化特性，例如颜色、纹理和形状，它们与图像内容的感知方面直接相关。这些特性很容易提取和表示，基于它们的统计属性，可以方便地设计相似性度量。

颜色（color）是基于内容的图像检索中使用最广泛的可视化特性之一，因为它不依赖于图像的大小或方位。基于颜色相似性的检索主要是通过计算每幅图像的颜色直方图来完成的，它可以识别图像内3种颜色通道（红、绿、蓝——RGB）的像素比例。不过，RGB表示法会受到对象方位的影响，这涉及光源和相机方向。因此，当前的图像检索技术使用不变量表示比对来计算颜色直方图，例如HSV（色相、饱和度、值）。HSV将颜色描述为柱面中的点，该柱面的中心轴从底部的黑色变化到顶部的白色，位于它们之间的是中间色。绕轴的角对应于色相，垂直轴的距离对应于饱和度，水平轴的距离则对应于值（亮度）。

纹理（texture）指图像中的模式，它展示的同构性质是不能从单个颜色或饱和度值得到的。纹理类型的示例是粗糙和光滑。可以识别的纹理示例包括压平的小牛皮革、草席、棉质油画布等。就像通过像素数组（图片元素）表示图片一样，通过**纹理数组**（array of texels）（纹理元素）表示纹理。然后将这些纹理放入许多集合中，这依赖于在图像中识别出多少纹理。这些集合不仅包含纹理定义，还可指示纹理位于图像中的什么位置。纹理识别主要通过将纹理建模为二维的灰度变体来完成。可以计算一对像素的相对亮度来估计对比度、规则性、粗糙度和方向性。

形状（shape）指图像内的区域形状。它一般是通过对图像应用分段或边缘检测来确定的。**分段**（segmentation）是一种基于区域的方法，它要使用整个区域（像素集合）；而**边缘检测**（edge detection）是一种基于边界的方法，它只使用实体的外部边界特征。形状表示通常需要在平移、旋转和缩放时保持不变。用于形状表示的一些著名的方法包括傅里叶描述符和形状不变矩（moment invariant）。

26.4.2　图像中的对象识别

对象识别（object recognition）的任务是在图像或视频序列中识别出现实世界的对象。系统必须能够识别对象，甚至当对象的图像在视角、大小或比例发生变化时或者当它们旋转或平移时也应如此。目前已经开发了一些方法，它们基于邻近像素的相似性将原始图像划分成一些区域。因此，在显示了丛林中的一只老虎的给定图像中，可能相对于丛林的背景检测出老虎子图像，当把它与一组训练图像做比较时，可以将其标记为老虎。

对象模型中的多媒体对象的表示极其重要。一种方法是使用同构谓词将图像划分成同构段。例如，在彩色图像中，可以将具有相似像素值的相邻单元组织进一个段中。同构谓词定义了对这些单元自动进行分组的条件。因此，分段和压缩可以识别图像的主要特征。另一种方法是查找对象的度量方法，这种度量方法不会因图像变换而改变。不可能在一个数据库中保存图像的所有不同的变换示例。为了处理这个问题，可以使用对象识别方法在图像中查找感兴趣的点（或特性），它们将不会因图像变换而改变。

Lowe 为这个领域做出了重要的贡献[1]，他使用图像的尺度不变特征来执行可靠的对象识别。这种方法称为**尺度不变特征变换**（scale-invariant feature transform，SIFT）。SIFT 特征对于图像缩放和旋转是不变的，对于光源和 3D 相机视角的改变是部分不变的。它们很好地局限于空间和频率领域，从而降低了由于包藏、混乱或干扰而造成破坏的概率。此外，这些特征是非常独特的，允许在一个大型特征数据库中以较高的概率正确匹配出单个特征，从而为对象和场景识别提供了基础。

对于图像匹配和识别，首先从一组参考图像中提取出 SIFT 特征（也称为*关键点特征*），并存储在数据库中。然后通过将新图像中的每个特征与数据库中存储的特征做比较，并且基于它们的特征向量的欧几里得距离找到候选的匹配特征，来执行对象识别。由于关键点特征是非常独特的，因此在大型特征数据库中能够以良好的概率正确地匹配单个特征。

除了 SIFT 之外，还有许多有竞争力的方法可用于在杂乱无章或部分遮挡的情况下进行对象识别。例如，RIFT（SIFT 的一种旋转不变的推广）可以识别局部仿射区域（图像特征具有一种特征化表现和椭圆形状），该区域将保持近似严格的仿射，横跨一系列对象视图，并且横跨同一个对象类的多个实例。

26.4.3　图像的语义标签

隐式标签是用于图像识别和比较的一个重要概念。可将多个标签附加到一幅图像或子

1　参见 Lowe（2004），“Distinctive Image Features from Scale-Invariant Keypoints”。

图像上：例如，在上面提到的示例中，可能将诸如“tiger”“jungle”“green”和“stripes”之类的标签与该图像相关联。大多数图像搜索技术都基于用户提供的标签来检索图像，不过这些标签通常不是非常准确或全面。为了改进搜索质量，许多最近的系统着眼于自动生成这些图像标签。对于多媒体数据，它的大部分语义都存在于其内容中。这些系统使用图像处理和统计建模技术分析图像内容，生成准确的注释标签，然后可把它们用于按内容检索图像。由于不同的注释模式将使用不同的词汇表给图像加注释，因此图像检索的质量不佳。为了解决这个问题，最近的研究技术提出使用概念层次、分类学或者使用 OWL（Web Ontology Language，Web 本体论语言）的本体论，其中明确定义了一些术语以及它们之间的联系。它们可用于基于标签推断更高层次的概念。在这种分类学中，可以将像“sky”和“grass”这样的概念进一步分成“clear sky”和“cloudy sky”或者“dry grass”和“green grass”。这些方法一般被归类为语义标签，可以与上述的特征分析和对象识别策略结合使用。

26.4.4　音频数据源分析

音频数据源从广义上可分为语音、音乐及其他音频数据。它们相互之间有着显著的区别，因此将以不同的方式处理不同类型的音频数据。在可以处理和存储音频数据之前必须将其数字化。在所有媒体类型中，对音频数据建立索引以及检索它们无疑是最困难的，因为像视频一样，它在时间上是连续的，并且没有像文本这样容易度量的特征。清晰的录音对于人类来说是易于理解的，但是难以为机器学习而进行量化。有趣的是，语音数据通常使用语音识别技术来辅助实际的音频内容，因为这可以使得为这类数据建立索引要容易和准确得多。这有时称为*音频数据的基本文本的索引*。语音元数据通常与内容相关，这是由于元数据是从音频内容中生成的，例如，语音的长度、讲话的人数等。不过，有些元数据可能独立于实际的内容，例如语音的长度和存储数据的格式。另一方面，建立音乐索引是基于音频信号的统计分析完成的，它也称为*基于内容的索引*。基于内容的索引通常会利用声音的关键特征：强度、音调、音色和节奏。可以基于某些特征的计算来比较不同的音频数据片段并从中检索信息，以及应用某些变换。

26.5　演绎数据库简介

26.5.1　演绎数据库概述

在演绎数据库系统中，通常通过一种**声明性语言**（declarative language）来指定规则，在声明性语言中，可以指定要实现什么，而不是如何实现它。系统内的**推理引擎**（inference engine）（或**演绎机制**（deduction mechanism））可以通过解释这些规则从数据库中推断出新的事实。用于演绎数据库的模型与关系数据模型（特别是域关系演算形式化方法（参见 6.6 节））密切相关。它还与**逻辑编程**（logic programming）领域及 Prolog 语言相关。基于逻辑的演绎数据库研究使用 Prolog 作为起点。Prolog 的一个变体称为 Datalog，它与现有的关系集合一起以声明方式定义规则，在 Datalog 语言中将把这些关系自身视作文字。尽管 Datalog

的语言结构与 Prolog 的语言结构相似，但是其操作语义仍然是不同的，也就是说，Datalog 程序的执行方式是不同的。

演绎数据库使用两种主要的规范类型：事实和规则。**事实**（fact）是以与关系类似的方式指定的，只不过它不必包括属性名。回忆可知：关系中的元组描述现实世界的某个事实，其含义是通过属性名部分确定的。在演绎数据库中，元组中的属性值的含义仅由属性在元组内的位置确定。**规则**（rule）有些类似于关系视图。它们指定不会实际存储的虚拟关系，但是可以基于规则规范通过应用推理机制从事实中形成它们。规则与视图之间的主要区别是：规则可能涉及递归，因此可能生成虚拟关系，它们是不能依据基本关系视图定义的。Prolog 程序的评估基于一种称为*反向链接*（backward chaining）的技术，它涉及自顶向下地对目标进行评估。在使用 Datalog 的演绎数据库中，重点关注的是处理关系数据库中存储的大量数据。因此，评估技术通常设计为类似于自底向上的评估形式。Prolog 的局限性是：指定规则和事实的顺序在评估中很重要；而且，规则内文字的顺序（在 26.5.3 节中定义）也很重要。Prolog 程序的执行技术将尝试解决这些问题。

26.5.2　Prolog/Datalog 表示法

Prolog/Datalog 中使用的表示法基于提供具有唯一名称的谓词。**谓词**（predicate）具有其名称所暗示的隐式含义，以及固定数量的**参数**（argument）。如果参数全都是常量值，谓词将简单地指示某种事实为真。另一方面，如果谓词使用变量作为参数，就把它视作一个查询，或者是规则或约束的一部分。在这里的讨论中，采用如下 Prolog 约定：谓词中的所有**常量值**（constant value）要么是数字，要么是字符串，并且利用以小写字母开头的标识符（或名称）表示它们，而**变量名**（variable name）则总是以*大写字母开头*。

考虑图 26.11 中所示的示例，它基于图 3.6 中的关系数据库，但是经过了极大的简化。其中有 3 个谓词名称：supervise、superior 和 subordinate。SUPERVISE 谓词是通过一组事实定义的，其中每个事实都具有两个参数：第一个是管理者的姓名，其后接着该管理者的直接被管理者（下属）的姓名。这些事实对应于数据库中存储的实际数据，可以把它们视

(a)

事实

SUPERVISE(franklin, john).
SUPERVISE(franklin, ramesh).
SUPERVISE(franklin, joyce).
SUPERVISE(jennifer, alicia).
SUPERVISE(jennifer, ahmad).
SUPERVISE(james, franklin).
SUPERVISE(james, jennifer).
. . .

规则

SUPERIOR(*X*, *Y*) :– SUPERVISE(*X*, *Y*).
SUPERIOR(*X*, *Y*) :– SUPERVISE(*X*, *Z*), SUPERIOR(*Z*, *Y*).
SUBORDINATE(*X*, *Y*) :– SUPERIOR(*Y*, *X*).

查询

SUPERIOR(james, *Y*)?
SUPERIOR(james, joyce)?

(b)

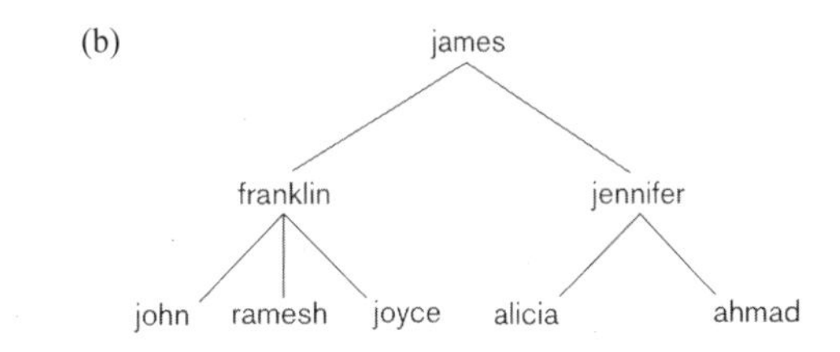

图 26.11　Prolog 示例

(a) Prolog 表示法；(b) 管理树

作构成了具有两个属性的关系 SUPERVISE 中的元组集合，该关系的模式如下：

SUPERVISE(Supervisor, Supervisee)

因此，SUPERVISE(X, Y)指示 X 管理 Y 这样一个事实。注意 Prolog 表示法中省略了属性名。属性名只通过谓词中的每个参数的位置来表示：第一个参数表示管理者，第二个参数表示直接下属。

另外两个谓词名由规则定义。演绎数据库的主要贡献是能够指定递归规则，并提供了一个基于指定的规则来推理新信息的框架。规则的形式是 head :– body，其中:–读作当且仅当。规则通常具有单个谓词，位于:–符号左边，称为规则的**头**（head）或**左手边**（left-hand side），或者称为规则的**结论**（conclusion）；在:–符号右边有一个或多个**谓词**（predicate），称为规则的**体**（body）或**右手边**（right-hand side，RHS），或者称为规则的**前提**（premise）。将常量作为参数的谓词称为**基**（ground）；也称为**实例化的谓词**（instantiated predicate）。尽管谓词也可以包含常量作为参数，但是出现在规则中的谓词的参数通常包括一些变量符号。规则指定：如果将一个特定的常量值赋予或者**绑定**（bind）到规则体（RHS 谓词）中的变量，可以使得所有的 RHS 谓词都为**真**（true），那么把同样的常量值赋予变量也会使得规则头（LHS 谓词）为真。因此，规则给我们提供了一种生成新事实的方式，这些新事实是规则头的实例化，它们基于已经存在的事实，对应于规则体中谓词的实例化（或绑定）。注意：通过在规则体中列出多个谓词，就隐式地对这些谓词应用了**逻辑与**（logical AND）运算符。因此，RHS 谓词之间的逗号可以读作“and”。

考虑图 26.11 中谓词 SUPERIOR 的定义，它的第一个参数是雇员姓名，第二个参数是一位雇员，该雇员是第一个雇员的直接或间接下属。至于间接下属，是指比直接下属更下层的下属。因此，SUPERIOR(X, Y)代表以下事实：X 是 Y 的上级，可能是直接主管或间接主管。可以编写两个规则，一起指定新谓词的含义。图中的“规则”之下的第一个规则指示：对于 X 和 Y 的每个值，如果 SUPERVISE(X, Y)（规则体）为真，那么 SUPERIOR(X, Y)（规则头）也为真，因为 Y 将是 X 的直接下属（Y 比 X 低一级）。这个规则可用于从定义 SUPERVISE 谓词的事实生成所有直接的上级/下属联系。第二个递归规则指示，如果 SUPERVISE(X, Z)和 SUPERIOR(Z, Y)都为真，那么 SUPERIOR(X, Y)也为真。这是一个**递归规则**（recursive rule）的示例，其中 RHS 中的规则体谓词之一与 LHS 中的规则头谓词相同。一般来讲，规则体定义了许多前提条件，使得如果它们都为真，那么就可以推断规则头中的结论也为真。注意：如果两个（或更多的）规则具有相同的规则头（LHS 谓词），就相当于说明如果这些规则体中有一个为真，那么规则头谓词也为真（也就是说，它可以实例化）；因此，它等价于**逻辑或**（logical OR）运算。例如，如果具有两个规则：X :– Y 和 X :– Z，那么它们等价于一个规则 X :– Y OR Z。不过，在演绎系统中没有使用后一种形式，因为它不是规则的标准形式，称为 Horn 子句，将在 26.5.4 节中讨论。

Prolog 系统包含系统可以直接解释的许多**内置**（built-in）谓词。它们通常包括相等性比较运算符= (X, Y)，如果 X 和 Y 相同，它将返回 true，也可以使用标准的中缀表示法将其写成 X = Y[1]。其他用于数字的比较运算符（例如<、<=、>和>=）可以视作二元谓词。在 Prolog 中，可以将算术函数（例如+、–、*和/）用作谓词中的参数。与之相比，Datalog（在

1 Prolog 系统通常具有许多不同的相等性谓词，它们具有不同的解释。

其基本形式中）不允许将诸如算术运算之类的函数用作参数；的确，这是 Prolog 与 Datalog 之间的主要区别之一。不过，目前已经提出了 Datalog 的一些扩展，它们可以包括这些函数。

查询（query）通常涉及一个谓词符号，它具有一些变量参数，其含义（或答案）是推断所有不同的常量组合，当把它们**绑定**（赋予）到变量时，可以使谓词为真。例如，图 26.11 中的第一个查询用于请求 james 管理的所有各级下属的姓名。另一种查询只把常量符号作为参数，它返回的结果要么是 true，要么是 false，这依赖于所提供的参数是否能够通过事实和规则推断出来。例如，图 26.11 中的第二个查询就返回 true，因为可以推断出 SUPERIOR(james, joyce)。

26.5.3 Datalog 表示法

在 Datalog 中，就像其他基于逻辑的语言中一样，通过称为**原子公式**（atomic formula）的基本对象构建程序。通常的做法是：通过描述原子公式的语法并且确定如何组合它们以构成一个程序，来定义基于逻辑的语言的语法。在 Datalog 中，原子公式是形如 $p(a_1, a_2,\cdots, a_n)$的**文字**（literal），其中 p 是谓词名，n 是谓词 p 的参数数量。不同的谓词符号可以具有不同数量的参数，谓词 p 的参数数量 n 有时也称为 p 的**元数**（arity）或**度**（degree）。参数可以是常量值或变量名。如前所述，仍然使用如下约定：常量值是数字或者以小写字符开头，而变量名总是以大写字符开头。

在 Datalog 中包括有许多**内置谓词**（built-in predicate），它们也可用于构造原子公式。内置谓词主要有两种类型：一种是有序域上的二元比较谓词：<（less）、<=（less_or_equal）、>（greater）以及>=（greater_or_equal）；另一种是有序域或无序域上的比较谓词：=（equal）和/=（not_equal）。这些谓词可以用作二元谓词，它们具有与其他谓词相同的函数语法（例如，可以写作 less(X, 3)），或者可以使用惯用的中缀表示法 X<3 来指定它们。注意：由于这些谓词的域可能是无限的，在规则定义中应当小心使用它们。例如，如果单独使用谓词 greater(X, 3)，就会生成满足此谓词的 X 值的一个无限集合（大于 3 的所有整数）。

文字（literal）要么是前面定义的原子公式，称为**肯定文字**（positive literal），要么是前置 not 的原子公式。后者是一种否定原子公式，称为**否定文字**（negative literal）。可以将 Datalog 程序视作是谓词演算公式的一个子集，它们有些类似于域关系演算的公式（参见 6.7 节）。不过，在 Datalog 中表达这些公式之前，首先将把它们转换成所谓的**子句形式**（clausal form），并且在 Datalog 中只能使用以一种受限的子句形式（称为 Horn 子句[1]）给出的公式。

26.5.4 子句形式和 Horn 子句

回忆 6.6 节可知，关系演算中的公式是一个条件，其中包括称为原子的谓词（基于关系名）。此外，公式还可以具有量词，即全称量词（针对所有的情况）和存在量词（针对存在的情况）。在子句形式中，必须将一个公式转换成另一个具有以下特征的公式：

● 公式中的所有变量都是由全称量词限定的。因此，不必显式地包括全称量词（针对

1 得名于数学家 Alfred Horn。

所有的情况）；可以删除量词，并将隐式地通过全称量词来限定公式中的所有变量。

- 在子句形式中，公式由许多子句组成，其中每个**子句**（clause）都由只通过 OR 逻辑连接符连接的许多文字组成。因此，每个子句都是文字的析取（disjunction）。
- 子句本身只通过 AND 逻辑连接符连接，以构成一个公式。因此，**公式的子句形式**（clausal form of a formula）是子句的合取（conjunction）。

事实证明，任何公式都可以转换成子句形式。这里主要介绍单个子句的形式，其中每个子句都是文字的析取。回忆可知：文字可以是肯定文字或否定文字。考虑一个如下形式的子句：

$$\text{NOT}(P_1) \text{ OR NOT}(P_2) \text{ OR } \cdots \text{OR NOT}(P_n) \text{ OR } Q_1 \text{ OR } Q_2 \text{ OR } \cdots \text{ OR } Q_m \quad (1)$$

这个子句具有 n 个否定文字和 m 个肯定文字。可以将这样一个子句转换成以下等价的逻辑公式：

$$P_1 \text{ AND } P_2 \text{ AND } \cdots \text{ AND } P_n \Rightarrow Q_1 \text{ OR } Q_2 \text{ OR } \cdots \text{ OR } Q_m \quad (2)$$

其中⇒是**隐含**（imply）符号。公式（1）和（2）是等价的，这意味着它们的真值总是相同的。这是因为，如果所有的 P_i 文字（i = 1, 2,…, n）都为真，那么仅当至少有一个 Q_i 为真时，公式（2）才为真，这就是⇒（隐含）符号的含义。对于公式（1），如果所有的 P_i 文字（i = 1, 2,…, n）都为真，那么它们的否定都为假；因此在这种情况下，仅当至少有一个 Q_i 为真时，公式（1）才为真。在 Datalog 中，将规则表达为一种受限形式的子句，称为 **Horn 子句**（Horn clause），其中一个子句最多只能包含一个肯定文字。因此，Horn 子句将具有以下形式：

$$\text{NOT }(P_1) \text{ OR NOT}(P_2) \text{ OR } \cdots \text{ OR NOT}(P_n) \text{ OR } Q \quad (3)$$

或者是以下形式：

$$\text{NOT }(P_1) \text{ OR NOT}(P_2) \text{ OR } \cdots \text{ OR NOT}(P_n) \quad (4)$$

公式（3）中的 Horn 子句可以转换成以下子句：

$$P_1 \text{ AND } P_2 \text{ AND } \cdots \text{ AND } P_n \Rightarrow Q \quad (5)$$

在 Datalog 中可以编写为以下规则：

$$Q :- P_1, P_2, \cdots, P_n \quad (6)$$

公式（4）中的 Horn 子句可以转换成：

$$P_1 \text{ AND } P_2 \text{ AND } \cdots \text{ AND } P_n \Rightarrow \quad (7)$$

在 Datalog 中可以写成：

$$P_1, P_2, \cdots, P_n \quad (8)$$

因此，如公式（6）中那样，**Datalog 规则**（Datalog rule）就是一个 Horn 子句，根据公式（5），它的含义就是，如果谓词 P_1 AND P_2 AND … AND P_n 对于绑定到其变量参数的特定值全都为真，那么 Q 也为真，并且可以推断出这一点。可以将 Datalog 表达式（8）视作是一个完整性约束，其中所有的谓词都必须为真才能满足查询条件。

一般来讲，**Datalog 中的查询**（query in Datalog）包含两种成分：

- Datalog 程序，它是一个有限的规则集合。
- 文字 $P(X_1, X_2, \cdots, X_n)$，其中每个 X_i 都是一个变量或常量。

Prolog 或 Datalog 系统具有一个内部**推理引擎**（inference engine），可用于处理和计算此类查询的结果。Prolog 推理引擎通常一次只会给查询返回一个结果（即查询中的变量的一个值集合），并且必须提示它返回其他的结果。与之相反，Datalog 一次可以返回一个结果集合。

26.5.5　规则解释

解释规则的理论含义主要有两种方法：证明-理论和模型-理论（model-theoretic）。在实际的系统中，系统内的推理机制将定义准确的解释，它可能与这两种理论解释都不一致。推理机制是一个计算过程，因此对规则的含义提供了计算解释。在本节中，首先将讨论这两种理论解释，然后将简要讨论推理机制，它是定义规则含义的一种方式。

在规则的**证明-理论**（proof-theoretic）解释中，将事实和规则视作是真语句，或者是**公理**（axiom）。**基本公理**（ground axiom）不包含变量。事实是取值为真的基本公理。规则称为**演绎公理**（deductive axiom），因为它们可用于推断出新的事实。演绎公理可用于构造从现有事实推导出新事实的证明。例如，图 26.12 显示了如何从图 26.11 中给出的规则和事实来证明事实 SUPERIOR(james, ahmad)。证明-理论解释提供了计算 Datalog 查询答案的过程或计算方法。证明某一事实（理论）是否成立的过程称为**理论证明**（theorem proving）。

```
1. SUPERIOR(X, Y) :- SUPERVISE(X, Y).                      （规则 1）
2. SUPERIOR(X, Y) :- SUPERVISE(X, Z), SUPERIOR(Z, Y).      （规则 2）
3. SUPERVISE(jennifer, ahmad).                             （给定的基本公理）
4. SUPERVISE(james, jennifer).                             （给定的基本公理）
5. SUPERIOR(jennifer, ahmad).                              （对 3 应用规则 1）
6. SUPERIOR(james, ahmad).                                 （对 4 和 5 应用规则 2）
```

图 26.12　证明一个新的事实

第二类解释称为**模型-理论**（model-theoretic）解释。这里，给定一个有限或无限的常量值域[1]，将每种可能的值组合作为参数赋予一个谓词。然后必须确定该谓词是真还是假。一般来讲，只要指定使谓词为真的参数组合，并证明所有其他的组合都会使谓词为假就可以了。如果对每个谓词都这样做，就称之为谓词集合的**解释**（interpretation）。例如，考虑图 26.13 中所示的对谓词 SUPERVISE 和 SUPERIOR 的解释。这个解释把一个真值（真或假）赋予这两个谓词的每种可能的参数值（来自一个有限域）组合。

如果一个特定规则集合中的所有规则在某种解释下总是为真，就称这个解释是该规则集合的一个**模型**（model）；也就是说，对于赋予规则中的变量的任何值，当使用这个解释代替赋予规则体中谓词的真值时，规则头将为真。因此，无论何时把一组特定值代入（绑定）到规则中的变量，如果规则体中的所有谓词在这个解释下都为真，那么规则头中的谓词也必定为真。图 26.13 中所示的解释是显示的两个规则的一个模型，因为它可能永远不会导致违反规则的情况发生。注意：如果将一个特定的常量绑定到变量使得规则体中的所有谓词都为真但却使规则头中的谓词为假，那么就违反了规则。例如，如果在某种解释下 SUPERVISE(a, b) 和 SUPERIOR(b, c)都为真，但是 SUPERIOR(a, c)不为真，那么这个解释就不能是以下递归规则的一个模型：

1　最常选择的域是有限的，并且称为 Herbrand 全域（Herbrand Universe）。

规则

```
    SUPERIOR(X, Y) :- SUPERVISE(X, Y).
    SUPERIOR(X, Y) :- SUPERVISE(X, Z), SUPERIOR(Z, Y).
```

解释

已知的事实：

```
SUPERVISE(franklin, john) is true.
SUPERVISE(franklin, ramesh) is true.
SUPERVISE(franklin, joyce) is true.
SUPERVISE(jennifer, alicia) is true.
SUPERVISE(jennifer, ahmad) is true.
SUPERVISE(james, franklin) is true.
SUPERVISE(james, jennifer) is true.
SUPERVISE(X, Y) is false for all other possible (X, Y) combinations
```

推导出的事实：

```
SUPERIOR(franklin, john) is true.
SUPERIOR(franklin, ramesh) is true.
SUPERIOR(franklin, joyce) is true.
SUPERIOR(jennifer, alicia) is true.
SUPERIOR(jennifer, ahmad) is true.
SUPERIOR(james, franklin) is true.
SUPERIOR(james, jennifer) is true.
SUPERIOR(james, john) is true.
SUPERIOR(james, ramesh) is true.
SUPERIOR(james, joyce) is true.
SUPERIOR(james, alicia) is true.
SUPERIOR(james, ahmad) is true.
SUPERIOR(X, Y) is false for all other possible (X, Y) combinations
```

图 26.13　一个最小模型的解释

SUPERIOR(X, Y) :– SUPERVISE(X, Z), SUPERIOR(Z, Y)

在模型-理论方法中，规则的含义是通过为这些规则提供一个模型而建立的。对于一个规则集合，如果不能把任何事实从真改为假并且仍然可以获得这些规则的一个模型，那么就称该模型为这个规则集合的**最小模型**（minimal model）。例如，考虑图 26.13 中的解释，并且假定 SUPERVISE 谓词是通过一个已知的事实集合定义的，而 SUPERIOR 谓词则被定义为规则的一个解释（模型）。假设在真谓词中添加了谓词 SUPERIOR(james, bob)。这个模型仍然是所示规则的一个模型，但它不是最小模型，因为把 SUPERIOR(james,bob)的真值从真改为假仍然会提供规则的一个模型。图 26.13 中所示的模型是 SUPERVISE 谓词所定义的事实集合的最小模型。

一般来讲，与模型-理论解释中给定的事实集合对应的最小模型应该与证明-理论解释为基本公理和演绎公理的相同原始集合生成的事实相同。不过，一般只对具有简单结构的规则才是这样。一旦允许在规则的规范中出现否定形式的谓词，那么这两种解释之间的对应关系就不存在了。事实上，如果允许有否定形式的谓词，那么对于给定的事实集合，可能存在多个最小模型。

解释规则含义的第三种方法涉及定义一种推理机制，系统使用它从规则推断出事实。这种推理机制将对规则含义的**计算解释**（computational interpretation）。Prolog 逻辑编程语言使用其推理机制来定义 Prolog 程序中的规则和事实的含义。并非所有的 Prolog 程序都对应于证明-理论解释或者模型-理论解释，它依赖于程序中的规则类型。不过，对于许多简单的 Prolog 程序，Prolog 推理机制推断的事实要么对应于证明-理论解释，要么对应于模型-理论解释下的最小模型。

26.5.6　Datalog 程序及其安全性

在实际的 Datalog 程序中，主要有两种定义谓词真值的方法。**事实定义的谓词**（fact-defined predicate）（或**关系**（relation））是通过列出使谓词为真的所有值（元组）组合来定义的。这些谓词对应于其内容存储在数据库系统中的基本关系。图 26.14 显示了事实定义的谓词 EMPLOYEE、MALE、FEMALE、DEPARTMENT、SUPERVISE、PROJECT 和 WORKS_ON，它们对应于图 5.6 中所示的关系数据库的一部分。**规则定义的谓词**（rule-defined predicate）（或**视图**（view））是由一个或多个 Datalog 规则头（LHS）定义的，它们对应于其内容可以由推理引擎推断出来的*虚拟关系*。图 26.15 显示了许多规则定义的谓词。

```
EMPLOYEE(john).
EMPLOYEE(franklin).
EMPLOYEE(alicia).
EMPLOYEE(jennifer).
EMPLOYEE(ramesh).
EMPLOYEE(joyce).
EMPLOYEE(ahmad).
EMPLOYEE(james).

SALARY(john, 30000).
SALARY(franklin, 40000).
SALARY(alicia, 25000).
SALARY(jennifer, 43000).
SALARY(ramesh, 38000).
SALARY(joyce, 25000).
SALARY(ahmad, 25000).
SALARY(james, 55000).

DEPARTMENT(john, research).
DEPARTMENT(franklin, research).
DEPARTMENT(alicia, administration).
DEPARTMENT(jennifer, administration).

MALE(john).
MALE(franklin).
MALE(ramesh).
MALE(ahmad).
MALE(james).

FEMALE(alicia).
FEMALE(jennifer).
FEMALE(joyce).

PROJECT(productx).
PROJECT(producty).
PROJECT(productz).
PROJECT(computerization).
PROJECT(reorganization).
PROJECT(newbenefits).

WORKS_ON(john, productx, 32).
WORKS_ON(john, producty, 8).
WORKS_ON(ramesh, productz, 40).
WORKS_ON(joyce, productx, 20).
WORKS_ON(joyce, producty, 20).
```

图 26.14　与图 5.6 中的数据库一部分对应的事实定义的谓词

```
DEPARTMENT(ramesh, research).
DEPARTMENT(joyce, research).
DEPARTMENT(ahmad, administration).
DEPARTMENT(james, headquarters).

SUPERVISE(franklin, john).
SUPERVISE(franklin, ramesh)
SUPERVISE(franklin , joyce).
SUPERVISE(jennifer, aIicia).
SUPERVISE(jennifer, ahmad).
SUPERVISE(james, franklin).
SUPERVISE(james, jennifer).
```

```
WORKS_ON(franklin, producty, 10).
WORKS_ON(franklin, productz, 10).
WORKS_ON(franklin, computerization, 10).
WORKS_ON(franklin, reorganization, 10).
WORKS_ON(alicia, newbenefits, 30).
WORKS_ON(alicia, computerization, 10).
WORKS_ON(ahmad, computerization, 35).
WORKS_ON(ahmad, newbenefits, 5).
WORKS_ON(jennifer, newbenefits, 20).
WORKS_ON(jennifer, reorganization, 15).
WORKS_ON(james, reorganization, 10).
```

图 26.14（续）

```
SUPERIOR(X, Y) :- SUPERVISE(X, Y).
SUPERIOR(X, Y) :- SUPERVISE(X, Z), SUPERIOR(Z, Y).

SUBORDINATE(X, Y) :- SUPERIOR(Y, X).

SUPERVISOR(X) :- EMPLOYEE(X), SUPERVISE(X, Y).
OVER_40K_EMP(X) :- EMPLOYEE(X), SALARY(X, Y), Y >= 40000.
UNDER_40K_SUPERVISOR(X) :- SUPERVISOR(X), NOT(OVER_40_K_EMP(X)).
MAIN_PRODUCTX_EMP(X) :- EMPLOYEE(X), WORKS_ON(X, productx, Y), Y >=20.
PRESIDENT(X) :- EMPLOYEE(X), NOT(SUPERVISE(Y, X) ).
```

图 26.15　规则定义的谓词

如果一个程序或者规则生成一个有限的事实集合，就称它是**安全**（safe）的。判断一个规则集合是否安全的一般理论问题尚未解决。不过，现在可以判断受限规则形式的安全性。例如，图 26.16 中所示的规则就是安全的。通常，如果规则中的某个变量可以在一个无限域上取值，并且所取的值不受有限关系取值范围的限制，就会得到能够生成无限多个事实的不安全规则。例如，考虑下面的规则：

BIG_SALARY(Y) :– Y>60000

这里，如果 Y 的取值范围为所有可能的整数，就会得到一个无限的结果。但是，假设把规则改为：

BIG_SALARY(Y) :– EMPLOYEE(X), Salary(X, Y), Y>60000

在第二个规则中，结果不是无限的，因为 Y 的取值现在可以限定在数据库中一些雇员的薪水范围内，这大概是一个有限的值集合。也可以把规则改成为：

BIG_SALARY(Y) :– Y>60000, EMPLOYEE(X), Salary(X, Y)

在这种情况下，规则在理论上仍然是安全的。不过，在 Prolog 或者其他任何使用自顶向下、深度优先的推理机制的系统中，规则都会创建一个无限循环，因为首先要搜索 Y 的值，然后检查它是否是某位雇员的薪水。结果就会生成无限数量的 Y 值，即使在某个时间点后再也找不到使得 RHS 谓词为真的 Y 值。由于 Datalog 的一种定义不依赖于特定的推理机制，因此它认为这两个规则都是安全的。尽管如此，一般建议还是以最安全的形式编写这样的规则，并把限制变量的可能绑定方式的谓词放在最前面。举另外一个不安全规则的示例，考虑下面的规则：

HAS_SOMETHING(X, Y) :– EMPLOYEE(X)

这里，由于变量 Y 只出现在规则头中，从而不受有限值集合的限制，因此可能再次生成无限数量的 Y 值。为了更正式地定义安全的规则，可以使用受限变量的概念。如果满足以下条件之一，就称变量 X 在规则中是**受限**的：（1）变量出现在规则体中的常规（非内置）谓词中；（2）变量出现在规则体中形如 X = c 或 c = X 或者(c_1 <= X and X <= c_2)的谓词中，其中 c、c_1 和 c_2 都是常量值；（3）变量出现在规则体中形如 X = Y 或 Y = X 的谓词中，其中 Y 也是一个受限变量。如果一个规则中的所有变量都是受限的，就称该规则是**安全**的。

```
REL_ONE(A, B, C).
REL_TWO(D, E, F).
REL_THREE(G, H, I, J).

SELECT_ONE_A_EQ_C(X, Y, Z) :- REL_ONE(C, Y, Z).
SELECT_ONE_B_LESS_5(X, Y, Z) :- REL_ONE(X, Y, Z), Y < 5.
SELECT_ONE_A_EQ_C_AND_B_LESS_5(X, Y, Z) :- REL_ONE(C, Y, Z), Y<5.

SELECT_ONE_A_EQ_C_OR_B_LESS_5(X, Y, Z) :- REL_ONE(C, Y, Z).
SELECT_ONE_A_EQ_C_OR_B_LESS_5(X, Y, Z) :- REL_ONE(X, Y, Z), Y<5.

PROJECT_THREE_ON_G_H(W, X) :- REL_THREE(W, X, Y, Z).

UNION_ONE_TWO(X, Y, Z) :- REL_ONE(X, Y, Z).
UNION_ONE_TWO(X, Y, Z) :- REL_TWO(X, Y, Z).

INTERSECT_ONE_TWO(X, Y, Z) :- REL_ONE(X, Y, Z), REL_TWO(X, Y, Z).

DIFFERENCE_TWO_ONE(X, Y, Z) :- _TWO(X, Y, Z) NOT(REL_ONE(X, Y, Z).

CART PROD _ONE_THREE(T, U, V, W, X, Y, Z) :-
    REL_ONE(T, U, V), REL_THREE(W, X, Y, Z).

NATURAL_JOIN_ONE_THREE_C_EQ_G(U, V, W, X, Y, Z) :-
    REL_ONE(U, V, W), REL_THREE(W, X, Y, Z).
```

图 26.16 用于说明关系操作的谓词

26.5.7 使用关系运算

以 Datalog 规则的形式可以比较直观地指定关系代数的许多运算，这些规则定义了对数据库关系（事实谓词）应用这些运算的结果。这意味着在 Datalog 中可以轻松地指定关系查询和视图。Datalog 提供的额外能力体现在递归查询的规范中，以及基于递归查询的视图中。在本节中，将说明如何把一些标准的关系运算指定为 Datalog 规则。我们的示例将使用基本关系（事实定义的谓词）REL_ONE、REL_TWO 和 REL_THREE，图 26.16 中显示了它们的模式。在 Datalog 中，不需要像在图 26.16 中那样指定属性名；相反，每个谓词的元数（度）是重要方面。在实际的系统中，每个属性的域（数据类型）对于诸如 UNION、INTERSECTION 和 JOIN 之类的运算也很重要，这里假定，如第 3 章中所讨论的，属性类型对于各种运算是兼容的。

图 26.16 说明了许多基本的关系运算。注意：如果 Datalog 模型基于关系模型，并且因此假定谓词（事实关系和查询结果）指定了元组集合，那么将会自动消除同一个谓词中的重复元组。可能会这样，也可能不会这样，这依赖于 Datalog 推理引擎。不过，在 Prolog 中肯定不会这样，因此图 26.16 中涉及重复元组消除的任何规则对于 Prolog 都是不正确的。例如，如果想要为具有重复元组消除的 UNION 运算指定 Prolog 规则，必须把这些规则改写为：

UNION_ONE_TWO(X, Y, Z) :– REL_ONE(X, Y, Z).

UNION_ONE_TWO(X, Y, Z) :– REL_TWO(X, Y, Z), NOT(REL_ONE(X, Y, Z)).

不过，如果自动消除了重复元组，图 26.16 中所示的规则应该适用于 Datalog。类似地，在这种情况下，图 26.16 中所示的 PROJECT 运算的规则也应该适用于 Datalog，但是它们对于 Prolog 是不正确的，因为后者会出现重复元组。

26.5.8　非递归 Datalog 查询求值

为了将 Datalog 用作演绎数据库系统，基于关系数据库查询处理概念定义一种推理机制是合适的。固有的策略涉及从基本关系开始自底向上进行求值；运算的顺序比较灵活，但受限于查询优化。在本节中，将讨论一种基于关系运算的**推理机制**（inference mechanism），可将其应用于**非递归的**（nonrecursive）Datalog 查询。这里将使用图 26.14 和图 26.15 中所示的事实和规则基础来说明我们的讨论。

如果查询只涉及事实定义的谓词，那么推理将变成搜索查询结果的事实之一。例如，下面的查询：

DEPARTMENT(X, Research)?

要找出在 Research 部门工作的姓名为 X 的所有雇员。在关系代数中，可将其表示为如下查询：

$\pi_{\$1}$ ($\sigma_{\$2}$ = “Research” (DEPARTMENT))

可以通过搜索事实定义的谓词 department(X, Y)来回答这个查询。该查询涉及对基本关系执行 SELECT 和 PROJECT 关系运算，并且可以通过第 19 章中讨论的数据库查询处理和优化技术来处理它。

当一个查询涉及规则定义的谓词时，推理机制必须基于规则定义来计算结果。如果一个查询是非递归的，并且涉及谓词 p，它是作为规则 $p :- p_1, p_2,\cdots, p_n$ 的头部出现的，那么策略是首先计算与 $p_1, p_2, \ldots, p_n$ 对应的关系，然后计算与 p 对应的关系。在**谓词依赖图**（predicate dependency graph）中记录演绎数据库的谓词之间的依赖关系是有用的。图 26.17 显示了图 26.14 和图 26.15 中所示的事实和规则谓词的依赖图。依赖图为每个谓词包含一个**节点**（node）。无论何时在规则体（RHS）中指定一个谓词 A，并且该规则的规则头（LHS）是谓词 B，就称 B **依赖于** A，并绘制一条从 A 到 B 的有向边。这指示为了计算谓词 B（规则头）的事实，首先必须计算规则体中的所有谓词 A 的事实。如果依赖图中没有环，就称规则集合是**非递归的**(nonrecursive)。如果至少有一个环，就称规则集合是**递归的**(recursive)。在图 26.17 中，有一个递归定义的谓词，即 SUPERIOR，它具有一条指回自身的递归边。此外，由于谓词 SUBORDINATE 依赖于 SUPERIOR，因此在计算它的结果时也需要递归。

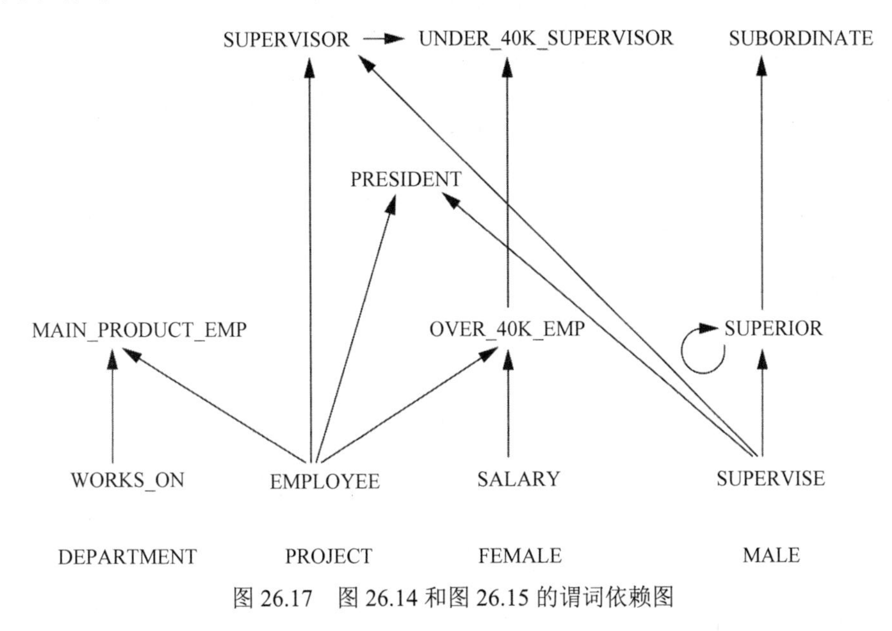

图 26.17　图 26.14 和图 26.15 的谓词依赖图

只包括非递归谓词的查询称为**非递归查询**（nonrecursive query）。在本节中，将只讨论非递归查询的推理机制。在图 26.17 中，不涉及谓词 SUBORDINATE 或 SUPERIOR 的任何查询都是非递归查询。在谓词依赖图中，与事实定义的谓词对应的节点不具有任何入边，因为所有事实定义的谓词都把它们的事实存储在数据库关系中。可以通过直接检索对应数据库关系中的元组，来计算事实定义的谓词的内容。

推理机制的主要功能是计算与查询谓词对应的事实。可以通过生成一个涉及像 SELECT、PROJECT、JOIN、UNION 和 SET DIFFERENCE 这样的关系运算符的**关系表达式**（relational expression）来完成这个任务（与处理安全问题的适当操作一起使用），执行这个关系表达式后，就可以提供查询结果。然后可以利用关系数据库管理系统的内部查询处理和优化操作来执行查询。无论何时推理机制需要计算与非递归的规则定义的谓词 p 对应的事实集合，它首先都要定位以 p 作为头部的所有规则。其思想是：计算每个这样的规则的事实集合，然后对结果应用 UNION 运算，因为 UNION 对应于逻辑 OR 运算。依赖图指示每个 p 所依赖的所有谓词 q，并且由于我们假定谓词是非递归的，因此总是可以确定这类谓词 q 之间的偏序。在计算 p 的事实集合之前，首先要基于 p 所依赖的所有谓词 q 的偏序关系来计算这些谓词 q 的事实集合。例如，如果一个查询涉及谓词 UNDER_40K_SUPERVISOR，那么首先必须计算 SUPERVISOR 和 OVER_40K_EMP。由于后两个谓词只依赖于事实定义的谓词 EMPLOYEE、SALARY 和 SUPERVISE，因此可以直接从存储的数据库关系计算它们。

这就结束了对演绎数据库的介绍。在本书的配套 Web 站点上可以找到额外的材料，其中还包括第 3 版中的第 25 章的完整内容。这个 Web 站点上的信息包括对递归查询处理算法的讨论。在本章末尾的选读文献中包括广泛的参考书目，涉及演绎数据库、递归查询处理、魔集（magic set）、关系数据库与推理规则的结合以及 GLUE-NAIL!系统这些领域。

26.6 小 结

在本章中，介绍了高级应用所需的一些公共特性的数据库概念：主动数据库、时态数据库、空间数据库、多媒体数据库和演绎数据库。需要注意的是，其中每个概念都是一个宽泛的主题，都值得用一整本书加以介绍。

首先，在 26.1 节中介绍了主动数据库这一主题，它提供了用于指定主动规则的额外功能。其中介绍了主动数据库的事件-条件-动作（ECA）模型。规则可以由发生的事件（例如数据库更新）自动触发，并且如果某些条件为真，那么它们就可以启动在规则声明中指定的某些动作。许多商业数据包都具有主动数据库以触发器的形式提供的一些功能。在 26.1.1 节中给出了 Oracle 商业系统中的行级触发器的示例。在 26.1.2 节中讨论了用于指定触发器的不同选项，例如行级与语句级、前触发与后触发、立即执行与延迟执行等。然后，在 26.1.3 节中给出了 STARBURST 试验系统中的语句级规则的一些示例。在 26.1.4 节中简要讨论了主动数据库的一些设计问题以及一些可能的应用。在 26.1.5 节中还讨论了 SQL-99 标准中的触发器的语法。

接下来，在 26.2 节中介绍了时态数据库的一些概念，它们允许数据库系统存储数据库改变的历史记录，并且允许用户查询数据库的当前和过去的状态。在 26.2.1 节中讨论了如何表示时间，以及如何区分有效时间维度和事务时间维度。在 26.2.2 节中讨论了如何使用关系模型中的元组版本化来实现有效时间、事务时间和双时态关系，并且提供了一些示例来说明如何实现更新、插入和删除操作。在 26.2.3 节中还说明了如何利用属性版本化方法使用复杂对象来实现时态数据库。在 26.2.4 节中探讨了时态关系数据库的一些查询操作，并且简要介绍了 TSQL2 语言。

然后，在 26.3 节中转向空间数据库的介绍。空间数据库提供了一些数据库概念，用于记录具有空间特征的对象。在 26.3.1 节中介绍了空间数据库。在 26.3.2 节中讨论了空间数据类型和空间数据模型，然后在 26.3.3 节中介绍了用于处理空间数据的算子类型以及空间查询类型。在 26.3.4 节中概述了空间索引技术，包括流行的 R 树。然后，在 26.3.5 节中介绍了一些空间数据挖掘技术，并且在 26.3.6 节中讨论了一些需要空间数据库的应用。

在 26.4 节中讨论了多媒体数据库的一些基本类型以及它们的重要特征。多媒体数据库提供了一些特性，允许用户存储和查询不同类型的多媒体信息，包括图像（例如图片和绘图）、视频剪辑（例如电影、新闻短片和家庭录像片）、音频剪辑（例如歌曲、电话留言和演讲）以及文档（例如图书和文章）。本节简述了各种类型的多媒体数据源，以及如何对多媒体数据源建立索引。在今天的数据库中，图像是一种极其通用的数据类型，并且很可能在数据库的存储数据中占据很大的比例。因此，本节更详细地介绍了图像处理技术：图像的自动分析（26.4.1 节）、图像内的对象识别（26.4.2 节）以及图像的语义标签（26.4.3 节），它们都有助于开发更好的系统，以便按内容检索图像，而这仍然是一个具有挑战性的问题。在 26.4.4 节中还评论了音频数据源的分析问题。

最后，在 26.5 节中介绍了演绎数据库。在 26.5.1 节中介绍了演绎数据库，并且在 26.5.2 节和 26.5.3 节中概述了 Prolog 和 Datalog 表示法。在 26.5.4 节中讨论了公式的子句形式。Datalog 规则限制于 Horn 子句，其中至多包含一个肯定文字。在 26.5.5 节中讨论了规则的证明-理论解释和模型-理论解释。在 26.5.6 节中简要讨论了 Datalog 规则的安全性，并且在 26.5.7 节中讨论了使用 Datalog 规则表达关系算子的方式。最后，在 26.5.8 节中讨论了一种基于关系运算的推理机制，它可以使用关系查询优化技术对非递归 Datalog 查询进行求值。尽管 Datalog 已经成为一些应用中的流行语言，但是诸如 LDL 或 VALIDITY 之类的演绎数据库系统的实现在商业上还没有得到广泛应用。

复　习　题

26.1　行级主动规则与语句级主动规则之间有何区别？

26.2　主动规则条件的立即判断、延迟判断与分开判断之间有何区别？

26.3　主动规则动作的立即执行、延迟执行与分开执行之间有何区别？

26.4　简要讨论在设计一组主动规则时可能遇到的一致性问题和终止问题。

26.5　讨论主动数据库的一些应用。

26.6　讨论如何在时态数据库中表示时间，并且比较不同的时间维度。

26.7　有效时间关系、事务时间关系与双时态关系之间有何区别？

26.8　描述如何在有效时间关系上实现插入、删除和更新命令。

26.9　描述如何在双时态关系上实现插入、删除和更新命令。

26.10　描述如何在事务时间关系上实现插入、删除和更新命令。

26.11　元组版本化与属性版本化之间的主要区别是什么？

26.12　空间数据库与常规数据库之间有何区别？

26.13　不同的空间数据类型是什么？

26.14　指出主要的空间算子类型以及不同的空间查询类型。

26.15　充当空间数据索引的R树有什么性质？

26.16　描述如何在空间对象之间构造空间连接索引。

26.17　不同的空间数据挖掘类型是什么？

26.18　陈述空间关联规则的一般形式。给出一个空间关联规则的示例。

26.19　不同的多媒体数据源类型是什么？

26.20　如何为多媒体数据源建立索引以实现基于内容的检索？

26.21　用于比较图像的重要特征是什么？

26.22　识别图像中的对象的不同方法是什么？

26.23　如何使用图像的语义标签？

26.24　分析音频数据源的困难之处是什么？

26.25　什么是演绎数据库？

26.26　在Prolog中编写一些示例规则来定义：课程号在CS5000以上的课程是研究生课程，并且DBgrads是那些注册了CS6400和CS8803的研究生。

26.27 定义公式的子句形式和 Horn 子句。

26.28 什么是理论证明？什么是规则的证明-理论解释？

26.29 什么是模型-理论解释？它与证明-理论解释之间有何区别？

26.30 什么是事实定义的谓词和规则定义的谓词？

26.31 什么是安全规则？

26.32 给出可以定义关系运算 SELECT、PROJECT、JOIN 和 SET 的规则示例。

26.33 讨论基于关系运算的推理机制，它可用于对非递归 Datalog 查询进行求值。

练 习 题

26.34 考虑图5.6中描述的COMPANY数据库。使用Oracle触发器的语法，编写一些主动规则，以执行以下操作：

a. 无论何时改变了某位雇员的项目分配，都要检查该雇员每周在此项目上所花费的总时间是否少于 30 小时或者大于 40 小时；如果是，就要通知该雇员的直接管理者。

b. 无论何时删除了某位雇员，都要删除与该雇员相关的 PROJECT 元组和 DEPENDENT 元组，并且如果该雇员管理某个部门或者一些雇员，就要把该部门的 Mgr_ssn 设置为 NULL，并把那些雇员的 Super_ssn 设置为 NULL。

26.35 使用STARBURST主动规则的语法，重做练习题26.34。

26.36 考虑图26.18中所示的关系模式。编写满足以下要求的主动规则：对于每位销售人员，使 SALES_PERSON 关系的 Sum_commissions 属性值等于 SALES 关系中的 Commission属性值之和。这些规则还应该检查Sum_commissions是否超过100000；如果是，就调用一个名为Notify_manager(S_id)的过程。利用STARBURST表示法编写语句级规则，以及利用Oracle表示法编写行级规则。

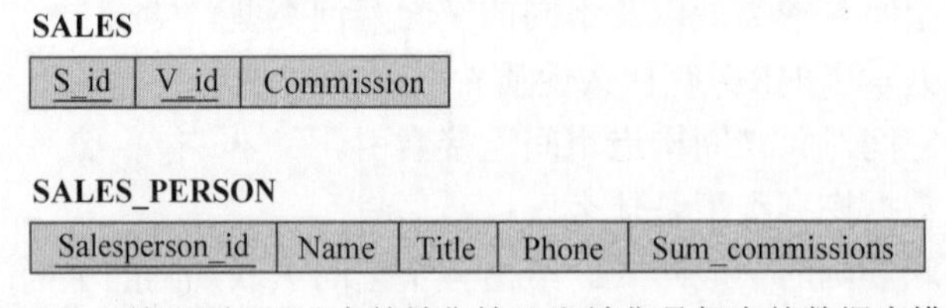

图 26.18 练习题 26.36 中的销售情况和销售员佣金的数据库模式

26.37 考虑图4.10中的UNIVERSITY EER模式。（用英语）编写一些规则，可以利用主动规则实现它们，以便执行你认为与这个应用相关的一些常见的完整性约束。

26.38 讨论用于创建图26.9中所示元组的更新操作，其中哪些操作是滞后更新，哪些操作是预期更新？

26.39 说明如果按顺序执行以下更新操作，那么它们将如何改变图26.9中的双时态关系 EMP_BT的内容。对于每个更新操作，指出它是滞后更新还是预期更新。

a. 在2004年3月10日17点30分0秒将Narayan的薪水更新为40000，并在2004年3月1日生效。

b. 在2003年7月30日8点31分0秒校正Smith的薪水，以显示它应该输入31000（而不是所示的30000），并在2003年6月1日生效。

c. 在2004年3月18日8点31分0秒更改数据库，以指示Narayan将要从公司离职（即逻辑删除），并在2004年3月31日生效。

d. 在2004年4月20日14点7分33秒更新数据库，以指示雇佣一位名叫Johnson的新雇员，其元组为<'Johnson', '334455667', 1, NULL >，并在2004年4月20日生效。

e. 在2004年4月28日12点54分2秒更新数据库，以指示Wong将要从公司离职（即逻辑删除），并在2004年6月1日生效。

f. 在2004年5月5日13点7分33秒更新数据库，以指示重新雇佣Brown，其部门和管理者保持不变，但是薪水变更为35000，并在2004年5月1日生效。

26.40　说明如果按顺序应用练习题26.39中给定的更新操作，将会如何改变图26.8中的有效时间关系EMP_VT的内容。

26.41　在图26.11中的示例数据库中添加以下事实：

SUPERVISE(ahmad, bob), SUPERVISE(franklin, gwen)

首先修改图 26.11(b)中的管理树以反映这种变化。然后使用图 26.12 中的规则 1 和规则 2 构造一幅图，显示对查询 SUPERIOR(james, Y)进行自顶向下的求值。

26.42　考虑关系PARENT(X, Y)的以下事实集合，其中Y是X的父母：

PARENT(a, aa), PARENT(a, ab), PARENT(aa, aaa), PARENT(aa, aab),

PARENT(aaa, aaaa), PARENT(aaa, aaab)

考虑以下规则：

r_1：ANCESTOR(X, Y) :– PARENT(X, Y)

r_2：ANCESTOR(X, Y) :– PARENT(X, Z), ANCESTOR(Z, Y)

如上所述，它们将 Y 定义为 X 的祖先。

a. 说明如何解答 Datalog 查询：

ANCESTOR(aa, X)?

并且说明每一步的工作。

b. 使用规则 2，每次只计算祖先关系中的变化来解答相同的查询。

[这个问题出自于 Bancilhon and Ramakrishnan（1986）]

26.43　考虑具有以下规则的演绎数据库：

ANCESTOR(X, Y) :– FATHER(X, Y)

ANCESTOR(X, Y) :– FATHER(X, Z), ANCESTOR(Z, Y)

注意：FATHER(X, Y)意指 Y 是 X 的父亲；ANCESTOR(X, Y)意指 Y 是 X 的祖先。

考虑以下基本事实：

FATHER(Harry, Issac), FATHER(Issac, John), FATHER(John, Kurt)

a. 使用给定的事实构造上述规则的模型-理论解释。

b. 考虑一个包含上述关系 FATHER(X, Y)、另一个关系 BROTHER(X, Y)以及第三个关系 BIRTH(X, B)的数据库，其中 B 是 X 这个人的生日。声明一个规则，对于那些其父亲是兄弟关系的人，计算他们的第一个堂兄弟。

c. 给出一个完整的 Datalog 程序，它具有基于事实和基于规则的文字，用于计算以下关系：堂兄弟对的列表，其中第一个人是在 1960 年之后出生的，第二个人是在 1970 年之后出生的。可以使用 greater than 作为一个内置谓词（注意：还必须表示出兄弟、生日和人物的示例事实）。

26.44 考虑以下规则：

REACHABLE(X, Y) :– FLIGHT(X, Y)

REACHABLE(X, Y) :– FLIGHT(X, Z), REACHABLE(Z, Y)

其中 REACHABLE(X, Y)意指可以从城市 X 到达城市 Y，FLIGHT(X, Y)意指具有从城市 X 到城市 Y 的航班。

a. 构造描述以下内容的事实谓词：

Los Angeles、New York、Chicago、Atlanta、Frankfurt、Paris、Singapore、Sydney 都是城市。

具有以下航班：LA 到 NY、NY 至 Atlanta、Atlanta 至 Frankfurt、Frankfurt 至 Atlanta、Frankfurt 至 Singapore 以及 Singapore 至 Sydney（注意：不能自动假定存在返程航班）。

b. 以上给出的数据是循环的吗？如果是，它是什么意义上的循环？

c. 构造上述事实和规则的模型-理论解释（即类似于图 26.13 中所示的解释）。

d. 考虑下面的查询：

REACHABLE(Atlanta, Sydney)?

这个查询将如何执行？列出它将执行的步骤序列。

e. 考虑以下规则定义的谓词：

ROUND-TRIP-REACHABLE(X, Y) :–

REACHABLE(X, Y), REACHABLE(Y, X)

DURATION(X, Y, Z)

绘制上述谓词的谓词依赖图（注意：DURATION(X, Y, Z)意指可以乘飞机经过 Z 小时从 X 到达 Y）。

f. 考虑以下查询：从 Atlanta 出发，在 12 小时内可以抵达哪些城市？说明如何在 Datalog 中表达它。采用像 greater-than(X, Y)这样的内置谓词。可以利用一种直观的方式把它转换成关系代数语句吗，为什么？

g. 考虑谓词 population(X, Y)，其中 Y 是城市 X 的人口数。考虑以下查询：列出谓词对(X, Y)的所有可能的绑定，其中 Y 是可以从城市 X 乘坐两趟航班到达的城市，X 具有超过 100 万的人口。在 Datalog 中显示这个查询。利用关系代数术语绘制对应的查询树。

选读文献

Zaniolo 等（1997）一书包括多个部分，其中每个部分都描述了一种高级数据库概念，例如主动数据库、时态数据库，以及空间/文本/多媒体数据库。Widom 和 Ceri（1996）以及 Ceri 和 Fraternali（1997）重点介绍了主动数据库概念和系统。Snodgrass（1995）描述了

TSQL2 语言和数据模型。Khoshafian 和 Baker（1996）、Faloutsos（1996）以及 Subrahmanian（1998）描述了多媒体数据库概念。Tansel 等（1993）是关于时态数据库的章节集合。在 Kulkarni 和 Michels（2012）中讨论了 SQL:2011 的时态扩展。

在 Widom 和 Finkelstein（1990）中描述了 STARBURST 规则。关于主动数据库的早期工作包括 HiPAC 项目，在 Chakravarthy 等（1989）和 Chakravarthy（1990）中讨论了它。在 Jensen 等（1994）中给出了时态数据库的术语表。Snodgrass（1987）重点介绍了 TQuel，它是一种早期的时态查询语言。

在 Navathe 和 Ahmed（1989）中定义了时态规范化。Paton（1999）以及 Paton 和 Diaz（1999）全面研究了主动数据库。Chakravarthy 等（1994）描述了 SENTINEL 以及基于对象的主动系统。Lee 等（1998）讨论了时间序列管理。

Shekhar 和 Chawla（2003）一书涵盖了空间数据库的方方面面，包括空间数据模型、空间存储和索引，以及空间数据挖掘。Scholl 等（2001）是另一本关于空间数据管理的书。Albrecht（1996）详细描述了各种 GIS 分析操作。Clementini 和 Di Felice（1993）给出了关于空间算子的详细描述。Güting（1994）描述了空间数据结构以及空间数据库系统的查询语言。Guttman（1984）提出了用于空间数据索引的 R 树。Manolopoulos 等（2005）是一本关于 R 树的理论和应用的图书。Papadias 等（2003）讨论了在空间网络中使用 R 树进行查询处理。Ester 等（2001）全面讨论了空间数据挖掘的算法和应用。Koperski 和 Han（1995）讨论了地理数据库中的关联规则发现。Brinkhoff 等（1993）全面概述了使用 R 树高效处理空间连接。Rotem（1991）全面描述了空间连接索引。Shekhar 和 Xiong（2008）汇编了各种资源，其中讨论了空间数据库管理系统和 GIS 的不同方面。基于密度的聚类算法 DBSCAN 和 DENCLUE 分别是由 Ester 等（1996）以及 Hinnenberg 和 Gabriel（2007）提出的。

有大量文献涉及多媒体数据库建模，这里很难一一列出所有重要的参考文献。在 Niblack 等（1998）中描述的 IBM 的 QBIC（Query By Image Content）系统是最初一些基于内容查询图像的容易理解的方法之一。它现在成为 IBM 的 DB2 数据库图像扩展器的一部分。Zhao 和 Grosky（2002）讨论了基于内容的图像检索。Carneiro 和 Vasconselos（2005）提出了语义图像标注和检索的以数据库为中心的视图。Luo 和 Nascimento（2004）讨论了基于内容的子图像检索。Tuceryan 和 Jain（1998）讨论了纹理分析的各个方面的内容。在 Lowe（2004）中讨论了使用 SIFT 的对象识别。Lazebnik 等（2004）描述了使用局部仿射区域为 3D 对象建模（RIFT）。在 Kim 等（2006）中描述了 G-RIF 以及其他对象识别方法。Bay 等（2006）讨论了 SURF，Ke 和 Sukthankar（2004）介绍了 PCA-SIFT，Mikolajczyk 和 Schmid（2005）描述了 GLOH。Fan 等（2004）介绍了一种自动图像标注技术，它使用的是概念敏感的对象。Fotouhi 等（2007）是第一个全面讨论多媒体语义的国际研讨会，并且每年举办一次。Thuraisingham（2001）把音频数据分成不同的类别，并通过以不同的方式处理其中每个类别，详细说明了音频元数据的使用。Prabhakaran（1996）还讨论了语音处理技术如何将有价值的元数据信息添加到音频片段中。

Gallaire 等（1984）概述了逻辑和数据库方法的早期发展。Reiter（1984）重构了关系数据库理论，而 Levesque（1984）则从逻辑学的角度讨论了不完整的知识。Gallaire 和 Minker（1978）是关于这个主题的早期书籍。逻辑和数据库的详细论述出现在 Ullman（1989，Volume 2）中，在 Ullman（1988，Volume 1）中有一章相关的内容。Ceri、Gottlob 和 Tanca（1990）

全面而简洁地论述了逻辑和数据库。Das（1992）是一本全面介绍演绎数据库和逻辑编程的图书。在 Maier 和 Warren（1988）中介绍了 Datalog 的早期历史。Clocksin 和 Mellish（2003）是一本关于 Prolog 语言的良好参考书。

Aho 和 Ullman（1979）提供了一个早期处理递归查询的算法，它使用了最少的定点运算符。Bancilhon 和 Ramakrishnan（1986）给出了关于递归查询处理方法的极佳且详细的描述，并且给出了自然（naive）和半自然（seminaive）方法的详细示例。关于演绎数据库和递归查询处理的优秀文章包括 Warren（1992）以及 Ramakrishnan 和 Ullman（1995）。在 Bancilhon（1985）中给出了基于关系代数的半自然方法的完整描述。递归查询处理的其他方法包括 Vieille（1986）中提出的递归查询/子查询策略，它是一种自顶向下解释的策略，而 Henschen-Naqvi（1984）中提出的是一种自顶向下编译的迭代策略。Balbin 和 Ramamohanrao（1987）讨论了用于多个谓词的半自然差异法的一种扩展。

Bancilhon 等（1986）提供了关于魔集的原始论文。Beeri 和 Ramakrishnan（1987）对它进行了扩展。Mumick 等（1990a）说明了如何将魔集应用于非递归的嵌套式 SQL 查询。在 Vieille（1986、1987）中介绍了优化规则而不改写它们的其他方法。Kifer 和 Lozinskii（1986）提出了一种不同的技术。Bry（1990）讨论了如何协调自顶向下和自底向上的方法。Whang 和 Navathe（1992）描述了一种扩展的分离性范式技术，用于处理关系代数表达式中的递归，以便在关系 DBMS 上提供一个专家系统接口。

Chang（1981）描述了一个将演绎规则与关系数据库结合起来的早期系统。在 Chimenti 等（1990）中描述了 LDL 系统原型。Krishnamurthy 和 Naqvi（1989）介绍了 LDL 中的选择概念。Zaniolo（1988）讨论了 LDL 系统的语言问题。在 Ramakrishnan 等（1992）中提供了 CORAL 语言概述，并且在 Ramakrishnan 等（1993）中描述了它的实现。在 Srivastava 等（1993）中描述了 CORAL++，它是 CORAL 的一种支持面向对象特性的扩展。Ullman（1985）提供了 NAIL!系统的基础，在 Morris 等（1987）中描述了该系统。Phipps 等（1991）描述了 GLUE-NAIL!演绎数据库系统。

Zaniolo（1990）回顾了演绎数据库的理论背景及其实际的重要性。Nicolas（1997）很好地介绍了面向对象的演绎数据库（DOOD）系统的发展史。Falcone 等（1997）简述了 DOOD 的发展前景。关于 VALIDITY 系统有参考文献包括 Friesen 等（1995）、Vieille（1998）以及 Dietrich 等（1999）。

第 27 章　信息检索和 Web 搜索简介

在本书迄今为止的大部分章节中，讨论了对结构化数据进行建模、设计、查询、事务处理和管理的技术。在 13.1 节中，讨论了结构化数据、半结构化数据和非结构化数据之间的区别。信息检索主要处理的是非结构化数据，其技术涉及对非结构化文档的大型集合中的信息建立索引，以及搜索和检索它们。在介绍 NOSQL 技术的第 24 章中，讨论了像 MongoDB 这样的系统，它们适合于处理文档形式的数据。在本章中[1]，将介绍信息检索。这是一个非常广泛的主题，因此将重点介绍信息检索与数据库技术之间的相似性和不同之处，还将介绍构成许多信息检索系统基础的索引技术。

本章内容组织如下：在 27.1 节中，将介绍信息检索（information retrieval，IR）概念，并将讨论 IR 与传统数据库之间有何区别。27.2 节专门讨论检索模型，它构成了 IR 搜索的基础。27.3 节将介绍 IR 系统中的不同查询类型。27.4 节将讨论文本预处理，27.5 节将概述 IR 索引，它是 IR 系统的核心。在 27.6 节中，将描述 IR 系统性能的各种评估指标。27.7 节将详细介绍 Web 分析及其与信息检索的关系，27.8 节将简要介绍 IR 中的当前发展趋势。27.9 节总结了本章内容。如果学生只需有限地泛泛了解 IR，建议只阅读 27.1 节~27.6 节的内容。

27.1　信息检索（IR）概念

信息检索（information retrieval）是从用户响应查询（或搜索请求）的集合中检索文档的过程。本节将概述 IR 概念。在 27.1.1 节中，将一般性地介绍信息检索，然后围绕 IR 讨论搜索的不同类型和层次。在 27.1.2 节中，将比较 IR 与数据库技术。27.1.3 节将给出 IR 的简要发展史，然后在 27.1.4 节中将展示用户与 IR 系统交互的不同模型。在 27.1.5 节中，将利用一组详细的任务以及一个简化的流程描述典型的 IR 过程，最后将简要讨论数字图书馆和 Web。

27.1.1　信息检索简介

本节首先回顾结构化数据与非结构化数据（参见 13.1 节）之间的区别，以便了解信息检索与结构化数据管理之间有何区别。考虑一个名为 HOUSES 的关系（或表），它具有以下属性：

```
HOUSES(Lot#, Address, Square_footage, Listed_price)
```

1　本章是与 Intel 实验室的 Saurav Sahay 合著的。

这是一个结构化数据的示例。可以将这个关系与购房合同文档做比较，后者是非结构化数据的示例。在美国的一个给定的州内，这些文档的类型将因城市甚至县而异。通常，一个特定的州内的合同文档将具有一个标准的条款列表，它们以文档的章节段落的形式来描述，文档中将使用一些预先确定（固定）的文本和一些可变的区域，这些区域中的内容将由特定的买方和卖方提供。其他可变信息将包括金融利率、预付定金总额、截止日期等。文档中可能还包括一些在检查房屋期间获得的图片。可以把此类文档中的信息内容视作非结构化数据，并且可以利用各种可能的排列方式和格式来存储它们。**非结构化信息**（unstructured information）一般没有良好定义的形式化模型以及对应的用于表示和推理的形式化语言，而是基于对自然语言的理解。

随着 World Wide Web（或者简称 Web）的出现，在包含文本和多媒体信息的消息和文档中存储的非结构化信息量呈爆炸性增长。这些信息是以各种标准格式存储的，包括 HTML、XML（参见第 13 章）以及多种音频和视频格式化标准。信息检索处理的是此类信息的存储、索引和检索（搜索）的问题，以满足用户的需求。由于 Web 页面和社交事件的数量已经数以十亿计，并且仍然在以惊人的速度增长，从而加剧了 IR 的问题。上面描述的各种形式的非结构化数据每天都在以百万级的速度增长，从而快速扩张了 Web 上的可搜索空间。

历史上，一位 IR 先驱即 Gerald Salton 将**信息检索**（information retrieval）定义为“一门处理信息的结构、分析、组织、存储、搜索和检索的学科”[1]。我们可以稍稍增强这个定义，指出可以在非结构化文档的环境中应用它，以满足用户的信息需求。这个领域甚至比数据库领域存在的时间更长，它最初关注的是在图书馆中基于书名、作者、主题和关键词检索目录信息。在院校计划中，IR 领域长期属于图书馆和信息科学计划的一部分。IR 环境中的信息不需要机器可理解的结构，例如关系数据库系统。这类信息的示例包括书面文本、摘要、文档、书籍、Web 页面、电子邮件、即时消息以及来自数字图书馆的收藏。因此，所有松散表示（非结构化）或半结构化的信息也是 IR 学科的一部分。

在第 13 章中介绍了 XML 建模和检索，并在第 26 章中讨论了一些高级数据类型，包括空间、时态和多媒体数据。RDBMS 供应商在其产品的更新版本中提供了一些模块，用以支持其中许多数据类型以及 XML 数据。这些更新的版本有时称为扩展的 RDBMS，或者对象-关系数据库管理系统（ORDBMS，参见第 12 章）。处理非结构化数据的挑战主要是一个信息检索问题，尽管数据库研究者对其中一些问题应用了数据库索引和搜索技术。

IR 系统超越了数据库系统，这是由于它们没有限制用户使用特定的查询语言，也不期望用户知道特定数据库的结构（模式）或内容。IR 系统使用的用户信息需求是用**自由形式的搜索请求**（free-form search request）（有时也称为**关键字搜索查询**（keyword search query）或者简称为**查询**（query））来表达的，以便于系统解释。在过去的几十年中，虽然 IR 领域在历史上一直以文档的形式编目、处理和访问文本，但是时至今日，使用 Web 搜索引擎正在变成查找信息的主要方式。现在通过使 Web 自身成为可快速访问的人类知识库或虚拟数字库，使得对文本建立索引以及使文档集合可搜索的传统问题得以改观。

可以通过不同的层次来表征 IR 系统：用户类型、数据类型、信息需求类型，以及所涉

1　参见 Salton 于 1968 年出版的图书：*Automatic Information Organization and Retrieval*。

及的信息库的大小和规模。不同的 IR 系统旨在处理特定的问题，它们需要结合不同的特征。这些特征可以简要描述如下。

用户类型。用户与计算系统交互的能力可能千差万别。这种能力依赖于大量的因素，例如教育、文化，以及过去使用计算环境的经验。用户可能是一位专家用户（例如，馆长或图书管理员），正在搜索他/她的头脑中很清晰的特定信息，了解可用信息库的范围和结构，并且构成了任务的相关查询；用户也可能是一位具有普通信息需求的外行用户。后者将不能为搜索创建高度相关的查询（例如，学生尝试查找关于某个新主题的信息，研究人员尝试借鉴关于某个历史问题的不同观点，一位科学家验证另一位科学家的声明，或者一个人尝试购买衣服）。设计适合于不同用户类型的系统是 IR 的一个重要主题，它通常是在一个称为人机信息检索的领域中研究的。

数据类型。可以为特定的数据类型量身定制搜索系统。例如，可以通过自定义的搜索系统更高效地处理关于特定主题的信息检索问题，这些搜索系统被构建用于只收集和检索与特定主题相关的信息。信息库可以基于概念或主题层次来分层地组织。这些主题的特定于域或垂直的 IR 系统不像通用的 World Wide Web 那样大或多样化，后者包含关于各种主题的信息。鉴于这些特定于域的集合存在，并且可能通过一个特定的过程获得它们，因此可能通过专用系统更高效地利用它们。数据类型可能具有不同的维度，例如速度、种类、容量和准确性。在 25.1 节中讨论了它们。

信息需求类型。在 Web 搜索的环境中，可以将用户的信息需求定义为导航型、信息型或事务型[1]。**导航型搜索**（navigational search）指快速查找用户需要的特定信息片段（例如佐治亚理工学院 Web 站点）。**信息型搜索**（informational search）的目的是查找关于某个主题的当前信息（例如佐治亚理工学院计算学院的研究活动，这是经典的 IR 系统任务）。**事务型搜索**（transactional search）的目标是搜索一个站点，其中将会发生进一步的交互，导致某个事务型事件（例如加入社交网络、购买产品、在线预订、访问数据库等）。

规模级别。用诺贝尔奖得主 Herbert Simon 的话讲："信息消费的需求是显而易见的：它取决于接收方的关注热点。因此，大量信息创造少量的关注热点，并需要在过多的信息资源中有效地分配这些关注热点。"[2]

过多的信息源实际上会在 IR 系统中产生很高的信噪比。特别是在 Web 上，会对数十亿个页面建立索引，需要用高效的可伸缩算法构建 IR 接口，以实现分布式搜索、索引、缓存、合并和容错。IR 搜索引擎可以根据级别限定到更特定的文档集合。**企业搜索系统**（enterprise search system）提供 IR 解决方案，用于搜索企业的**内联网**（intranet）中的不同实体，包括该企业内部的计算机网络。可搜索的实体包括电子邮件、公司文档、操作手册、图表、演示文稿，以及与人员、会议和项目相关的报告。在全球性大型企业中，企业搜索系统通常仍会处理数亿个实体。对于较小的规模，具有个人信息系统，例如台式机和笔记本计算机上的个人信息系统，称为**桌面搜索引擎**（desktop search engine），例如 Google Desktop、OS X Spotlight，用于检索计算机上存储的文件、文件夹以及不同类型的实体。还有其他使用对等技术的系统，例如 BitTorrent 协议，它允许以音频文件的形式共享音乐，

1　详见 Broder（2002）。

2　出自 Herbert A. Simon（1971），"Designing Organizations for an Information-Rich World"。

以及用于音频的专用搜索引擎，例如 Lycos 和 Yahoo!音频搜索。

27.1.2 数据库与 IR 系统的比较

在计算机科学学科中，数据库和 IR 系统是密切相关的领域。数据库根据理论上构建的数据模型，通过用于表示和操作的良好定义的形式化语言来处理结构化信息检索。目前已经为操作者开发了高效的算法，允许他们快速执行复杂的查询。另一方面，IR 处理的是非结构化搜索，它们可能涉及模糊查询或搜索语义，而没有良好定义的逻辑语义表示。表 27.1 中列出了数据库与 IR 系统之间的一些关键区别。

表 27.1 数据库与 IR 系统的比较

数据库	IR 系统
● 结构化数据 ● 模式驱动 ● 关系（或对象、层次、网状）模型占据主导地位 ● 结构化查询模型 ● 丰富的元数据操作 ● 查询返回数据 ● 结果基于精确匹配（总是正确的）	● 非结构化数据 ● 没有固定的模式；多种数据模型（例如，向量空间模型） ● 自由形式的查询模型 ● 丰富的数据操作 ● 搜索请求返回列表或者指向文档的指针 ● 结果基于近似匹配和有效性度量（可能不精确并且是分级的）

数据库在诸如关系模型之类的数据模型中定义了固定的模式，而 IR 系统则没有固定的数据模型，它根据某种模式（例如向量空间模型）来查看数据或文档，以便辅助进行查询处理（参见 27.2 节）。使用关系模型的数据库将把 SQL 用于查询和事务。查询将映射成关系代数运算和搜索算法（参见第 19 章），并返回一个新关系（表）作为查询结果，从而为针对数据库当前状态的查询提供一个准确的答案。在 IR 系统中，没有固定的语言用于定义文档的结构（模式）或者文档上的操作，查询倾向于是一组查询词条（关键字）或者是自由形式的自然语言短语。IR 查询结果是文档 id 的列表，或者是文本或多媒体对象（图像、视频等）的某些片段，也可能是指向 Web 页面的链接列表。

数据库查询的结果是一个准确的答案；如果在关系中没有找到匹配的记录（元组），结果就是空的（null）。另一方面，在 IR 查询中用户请求的答案代表 IR 系统尽最大努力尝试检索与查询最相关的信息。数据库系统将会维护大量的元数据，并且允许在查询优化中使用它们，而 IR 系统中的操作则依赖于数据值本身以及它们的出现频率。有时需要执行复杂的统计分析，以确定每个文档或者文档的某些部分与用户请求的相关性。

27.1.3 IR 简史

自从远古文明时代以来，信息检索就成为一项普通任务，它设计了组织、存储和编目文档与记录的方式。在远古时代，就使用诸如古本手卷和石碑之类的媒体来记录文档式的信息。这些努力使得知识得以留存并代代相传。随着公共图书馆和印刷机的出现，演化出制作、收集、归档和分配文档与图书的大规模方法。随着计算机和自动存储系统的出现，将这些方法应用于计算机化系统的需求也应运而生。在 20 世纪 50 年代出现了多种技术，例如 H. P. Luhn 的具有开创性的工作[1]，他提议使用单词及其频率计数作为文档的索引单元，以及使用查询与文档之间的重叠单词作为检索标准的度量。人们很快就意识到存储大量的文本并不困难。更困难的任务是为需要特定信息的用户有选择地搜索和检索这些信息。利用单词分布统计技术的方法使得可以基于关键字的分布性质来选择它们[2]，并且导致了基于关键字的加权模式。

20 世纪 60 年代早期的试验性文档检索系统（例如 SMART[3]）采用基于关键字及其加权的倒排文件组织作为建立索引的方法（参见 17.6.4 节，了解关于倒排索引的相关内容）。如果查询需要快速、接近实时的响应时间，那么串行（或顺序）组织被证明将不能满足要求。这些文件的适当组织方式变成了一个重要的研究领域；文档分类和聚类模式随之产生。由于缺乏可用的大型文档集合，检索试验的规模仍然是一个挑战。随着 World Wide Web 的出现，这种情况很快就发生了改变。此外，1992 年由 NIST（National Institute of Standards and Technology，美国国家标准和技术学会）发起的文本检索会议（Text Retrieval Conference，TREC）是 TIPSTER 计划[4]的一部分，其目标是提供一个评估信息检索方法的平台，并推动这些技术转化成开发 IR 产品。

搜索引擎（search engine）是对大规模文档集合进行信息检索的一个实际应用。随着计算机和通信技术的显著进步，今天的人们已经可以交互式地访问 Web 上由用户生成的海量分布式内容。这促进了搜索引擎技术的快速发展，其中搜索引擎将尝试发现在 Web 上找到的不同类型的实时内容。搜索引擎的一部分负责发现、分析这些新文档并对其建立索引，这一部分称为**爬虫**（crawler）。还有用于特定知识领域的其他类型的搜索引擎。例如，生物医学文献搜索数据库始建于 20 世纪 70 年代，现在受到 PubMed 搜索引擎[5]支持，它允许访问 2400 万个以上的摘要。

尽管在持续不断地改进搜索引擎以使之适应最终用户的需求，但是精确依据各个用户的信息需求来提供高质量、适当、及时的信息仍然是一个挑战。

27.1.4　IR 系统中的交互模式

在 27.1 节开始处，将信息索引定义为从集合中检索文档的过程，以响应用户的查询（或搜索请求）。通常，集合由包含非结构化数据的文档组成。其他文档类型包括图像、录音、录像带和地图。在这些文档中，数据可能是不均匀分布的，并且没有明确的结构。查询是一组**词条**（也称为**关键字**），搜索者使用它们来指定信息需求（例如，可以将词条“数据库”

1　参见 Luhn（1957），“A statistical approach to mechanized encoding and searching of literary information”。

2　参见 Salton、Yang 和 Yu（1975）。

3　详见 Buckley 等（1993）。

4　详见 Harman（1992）。

5　参见 www.ncbi.nlm.nih.gov/pubmed/。

和“操作系统”视作是对计算机科学文献数据库的一个查询)。信息请求或搜索查询也可能是一个自然语言短语或问题（例如，“中国的货币是什么？”或者“查找佛罗里达州萨拉索塔市的意大利餐馆。”)。

IR 系统有两种主要的交互模式：检索和浏览，尽管目标相似，但它们是通过不同的交互任务实现的。**检索**(retrieval)涉及通过 IR 查询从文档库中提取相关信息，而**浏览**(browse)则意味着基于用户的相关性评估对相似或相关的文档进行访问或导航的探索性活动。在浏览期间，用户的信息需求可能不会提前定义，并且比较灵活。考虑下面的浏览场景：用户将“Atlanta”指定为关键字。信息检索系统将为用户检索包含 Atlanta 各个方面的相关结果文档的链接。用户在返回的某个文档中可能会遇到词条“Georgia Tech”，并且使用某种访问技术（例如在具有内置链接的文档中点击短语“Georgia Tech”)，然后在相同或不同的 Web 站点（存储库）中访问关于 Georgia Tech（佐治亚理工学院）的文档。用户在那里可以找到“Athletics”词条，引导用户找到与佐治亚理工学院的各种运动计划相关的信息。最终，用户将在 Yellow Jackets 橄榄球队的秋季日程安排处结束搜索，他发现这是其最感兴趣的内容。这种用户活动就称为浏览。**超链接**（hyperlink）用于将 Web 页面互连起来，它们主要用于浏览。**锚文本**（anchor text）是文档内的文本短语，用于标记超链接，它们对于浏览非常重要。

Web 搜索（Web search）结合了浏览和检索这两个方面，它是今天的信息检索的主要应用之一。Web 页面类似于文档。Web 搜索引擎将维护 Web 页面的一个索引库，通常使用倒排索引技术（参见 27.5 节）。它们为用户检索最相关的 Web 页面，以相关度的一个可能的降序队列来响应用户的搜索请求。检索集合中的 **Web 页面排名**（rank of a Web page）是其与生成结果集合的查询的相关度的度量。

27.1.5　通用的 IR 流水线

如前所述，文档由非结构化自然语言文本组成，而组成这些文本的字符串来自英语及其他语言。文档的常见示例包括新闻专线服务（例如美联社（AP）或路透社（Reuters))、公司手册和报告、政府通知、Web 页面文章、博客、推特、图书和期刊。IR 主要使用两种方法：统计法和语义法。

在**统计法**（statistical approach）中，将分析文档，并将其分解成文本块（单词、短语，或 n 个单元，它们是文本或文档中长度为 n 个字符的所有子序列)，然后对每个单词或短语进行计数、加权，并度量其相关性或重要性。接着在可能的匹配级别上，将这些单词及其属性与查询条件做比较，产生包含这些单词的结果文档的排序列表。可以基于使用的方法对统计法进一步进行分类。3 种主要的统计法是布尔模型、向量空间模型和概率模型（参见 27.2 节)。

IR 的**语义法**（semantic approach）使用基于知识的检索技术，它广泛依赖于知识理解的各个层面：语法、词汇、语义、基于语篇和语用。在实际中，语义法还应用某种形式的统计分析来改进检索过程。

图 27.1 显示了 IR 处理系统中涉及的各个阶段。图 27.1 左边显示的步骤通常是脱机过程，它们将准备一组文档以便进行高效检索，包括文档预处理、文档建模和索引。图 27.1 右边涉及在查询、浏览或搜索期间用户与 IR 系统交互的过程。它显示了所涉及的步骤，即查询信息、查询处理、搜索机制、文档检索和相关性反馈，在每个方框中，都突出显示了重要的概念和问题。本章余下部分将描述图 27.1 中所示的 IP 过程内的各种任务中所涉及的一些概念。

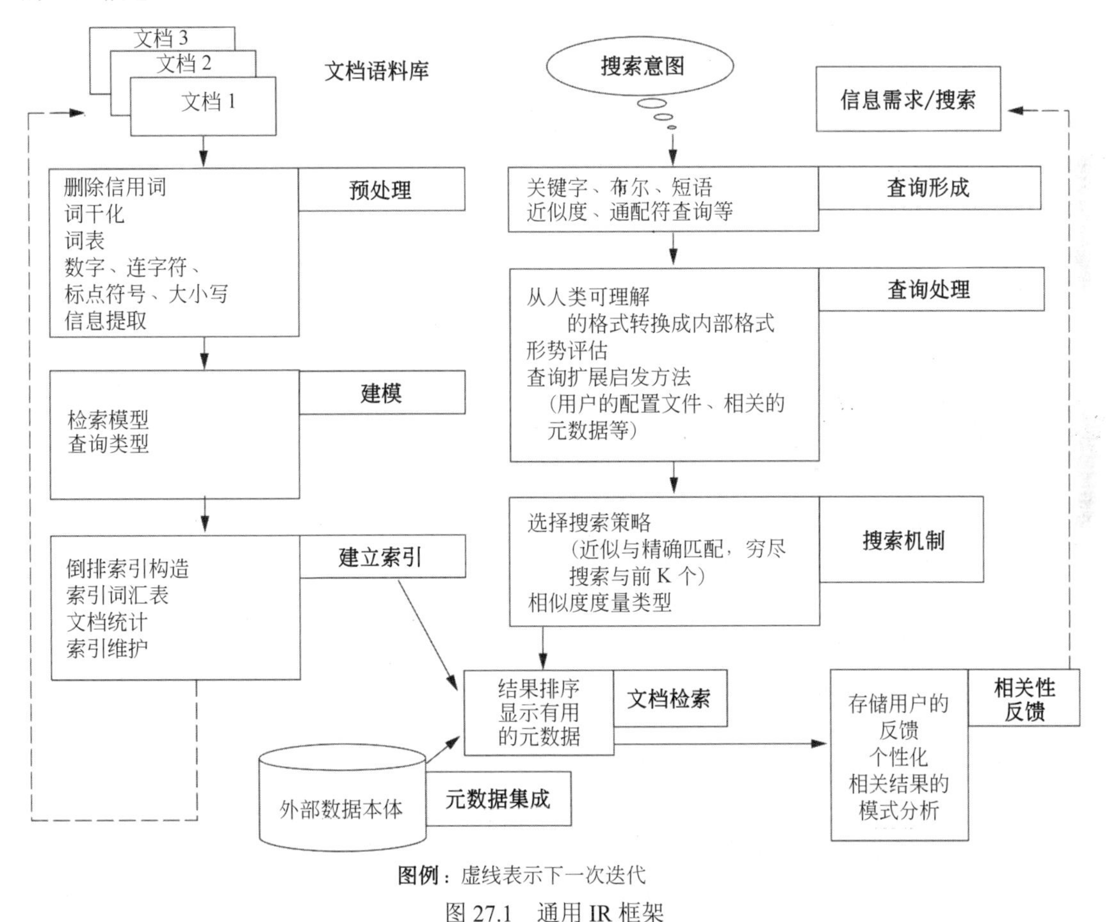

图 27.1 通用 IR 框架

图 27.2 显示了简化的 IR 处理流水线结构。为了在文档上执行检索，首先需要以一种适合于检索的形式表示文档。从文档中提取出重要的词条及其属性，并在文档索引中表示它们，其中将单词/词条及其属性存储在一个矩阵中，这个矩阵把每个单独的文档包含在一行中，并且每一行包含指向这些文档中所包含单词的引用。然后把这个索引转换成单词/词条与文档矩阵的倒排索引（参见图 27.4）。给定查询单词，从倒排索引中获取包含这些单词的文档（以及文档属性，例如创建日期、作者和文档类型），并把它们与查询做比较。比较结果将以有序列表的形式显示给用户。然后，用户就可以对结果提供反馈，从而触发隐式或显式的查询修改和扩展，以获取与用户更相关的结果。大多数 IR 系统都允许进行交互式搜索，其中可以连续不断地完善查询和结果。

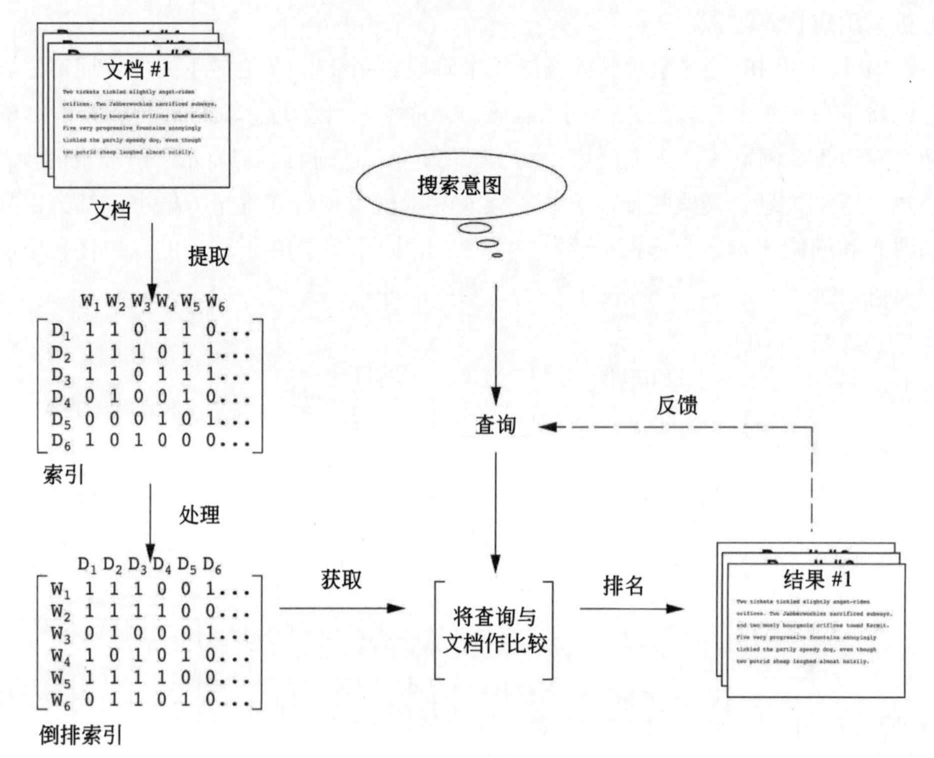

图 27.2 简化的 IR 过程流水线结构

27.2 检 索 模 型

在本节中，将简要描述 IR 的重要模型。包括 3 种主要的统计模型（布尔模型、向量空间模型和概率模型）以及语义模型。

27.2.1 布尔模型

在这种模型中，将文档表示为一个词条集合。使用标准的布尔逻辑集合论运算符（例如 AND、OR 和 NOT）将查询表述为词条的组合。在这种模型中将检索和相关性视作二元概念，因此检索到的元素是相关文档的“精确匹配”检索。不存在对结果文档进行排名的概念。所有检索到的文档都被认为是同等重要的，这是一个重要的简化，因为它不用考虑文档词条的出现频率，或者与查询词条相比，它们与其他词条的接近程度。

布尔检索模型缺少先进的排名算法，属于最早、最简单的信息检索模型。这些模型使得很容易关联元数据信息，以及编写与文档的内容以及文档的其他属性（例如创建日期、作者和文档类型）匹配的查询。

27.2.2 向量空间模型

向量空间模型提供了一个框架，其中的词条可能对检索到的文档进行加权和排名，以及确定反馈的相关性。把词条用作维度，通过 n 维的值向量来表示每个文档。这些值本身可能是一个布尔值，用于表示词条在该文档中存在与否。此外，它们也可能是一个数字，表示文档的加权或频率。**特征**（feature）是文档集合中的词条的一个子集，可以认为它们与这个特定的文档集合上的 IR 搜索的相关度最高。从海量的可用词条（词汇表可能包含数十万个词条）中选择出这些重要词条（特征）及其属性以构成一个稀疏（有限）列表的过程是独立于模型规范的。还可将查询指定为一个词条向量（特征向量），并将其与文档向量做比较，以进行相似性/相关度评估。

比较两个向量的相似性评估函数并不是模型中所固有的，也就是说，可以使用不同的相似性函数。不过，通常使用的相似性评估函数是查询向量与文档向量之间夹角的余弦值。当向量之间的夹角减小时，夹角的余弦值将接近 1，这意味着查询向量与文档向量之间的相似性将会增大。在相关性度量的计算中，词条（特征）的加权值将与它们的频率计数成正比以反映词条的重要性。这不同于布尔模型，后者在进行相关性匹配时将不考虑单词在文档中的出现频率。

在向量模型中，文档词条加权值 w_{ij}（文档 j 中的词条 i）是基于 TF（词条频率）或 TF-IDF（词条频率-逆文档频率）模式（如下面将描述的）的某种变化来表示的。TF-IDF 是一个统计加权度量，用于评估一个文档单词在文档集合中的重要性。通常使用下面的公式：

$$\text{cosine}(d_j, q) = \frac{\langle d_j \times q \rangle}{\|d_j\| \times \|q\|} = \frac{\sum_{i=1}^{|V|} w_{ij} \times w_{iq}}{\sqrt{\sum_{i=1}^{|V|} w_{ij}^2} \times \sqrt{\sum_{i=1}^{|V|} w_{iq}^2}}$$

在上面给出的公式中，使用了以下符号：

- d_j 是文档 j 的文档向量。
- q 是查询向量。
- w_{ij} 是文档 j 中的词条 i 的加权。
- w_{iq} 是查询向量 q 中的词条 i 的加权。
- |V|是向量中的维数，它是重要关键字（或特征）的总数。

TF-IDF 使用文档 D_j 中的词条 i 的规范化频率（TF_{ij}）与词条 i 的逆文档频率（IDF_i）的乘积作为文档中的词条的加权值。其思想是：体现一个文档精华的词条将在文档中频繁出现（也就是说，它们的 TF 比较高），但是如果这样一个词条是能够将该文档与其他文档区分开的好词条，那么在一般性的文档中它必定只出现在少数几个文档中（也就是说，它的 IDF 也应该比较高）。

对于固定的文档集合，很容易计算其 IDF 值。对于 Web 搜索引擎，可以使用具有代表性的文档样本来近似计算 IDF 值。可以使用下面的公式：

$$TF_{ij} = f_{ij} \Big/ \sum_{i=1\sim|V|} f_{ij}$$

$$IDF_i = \log(N/n_i)$$

这些公式中的符号的含义如下：

- TF_{ij} 是词条 i 在文档 D_j 中的规范化词条频率。
- f_{ij} 是词条 i 在文档 D_j 中的出现次数。
- IDF_i 是词条 i 的逆文档频率加权值。

- N 是集合中的文档数量。
- n_i 是出现词条 i 的文档数量。

注意：如果词条 i 出现在所有文档中，那么 $n_i = N$，因此 $IDF_i = \log(1)$就变为 0，使其重要性变为无效，并且导致除以 0 的情况可能发生。词条 i 在文档 j 中的加权值 w_{ij} 是基于它的 TF-IDF 值利用某些技术来计算的。为了防止除以 0 的情况发生，通常将公式中的分母加 1，如上面的余弦公式所示。

有时，文档关于某个查询的相关性（$rel(D_j,Q)$）是以查询 Q 中的词条的 TF-IDF 值之和来直接度量的：

$$rel(D_j, Q) = \sum_{i \in Q} TF_{ij} \times IDF_i$$

规范化因子（类似于余弦公式中的分母）纳入 TF-IDF 公式中，从而可以通过计算查询向量与文档向量的点积来度量文档与查询的相关性。

Rocchio[1]算法是一个著名的相关性反馈算法，它基于向量空间模型，根据用户确定的相关文档来修改初始的查询向量及其加权值。它将原始的查询向量 q 扩展为一个新的向量 q_e，如下所示：

$$q_e = \alpha q + \frac{\beta}{|D_r|} \sum_{d_r \in D_r} d_r - \frac{\gamma}{|D_{nr}|} \sum_{d_{nr} \in D_{nr}} d_{nr}$$

这里，D_r 代表文档相关（D_r），D_{nr} 代表文档非相关（D_{nr}）；这些词条分别表示相关和非相关文档集合。来自相关和非相关文档中的词条将分别给原始查询向量加上正加权和负加权，从而创建修改过的查询向量。α、β 和 γ 是方程式的参数。d_r 之和表示文档 d_r 的所有相关词条之和。类似地，d_{nr} 之和表示文档 d_{nr} 的所有非相关词条之和。这些参数的值确定了反馈将如何影响原始查询，可以在许多次试错试验之后确定它们。

27.2.3 概率模型

向量空间模型中的相似性度量有些即兴。例如，模型假定那些在余弦空间中更接近查询的文档将与查询向量的相关性更高。在概率模型中，将采用一种更具体、更明确的方法：通过估算查询与文档的相关性概率对文档进行排名。这是 Robertson 开发的概率排名原理（probability ranking principle）的基础[2]。

在概率框架中，IR 系统必须决定文档是属于查询的**相关集合**（relevant set），还是**非相关集合**（nonrelevant set）。为了做出这个决定，假定查询存在一个预定义的相关集合和非相关集合，并且任务是计算文档属于相关集合的概率和属于非相关集合的概率，并把它们进行比较。

给定一个文档的文档表示 D，估算该文档的相关性 R 和非相关性 NR 涉及计算条件概率 P(R|D)和 P(NR|D)。这些条件概率可以使用贝叶斯规则来计算[3]：

$P(R|D) = P(D|R) \times P(R)/P(D)$

---

1 参见 Rocchio（1971）。

2 关于 Cheshire II 系统的描述，参见 Robertson（1997）。

3 贝叶斯理论是度量可能性的标准技术，例如，参见 Howson 和 Urbach（1993）。

$P(NR|D) = P(D|NR) \times P(NR)/P(D)$

如果 $P(R|D) > P(NR|D)$，就将文档 D 归类为相关文档。丢弃常量 $P(D)$，这就等价于说如果下式成立，那么文档是相关的：

$P(D|R) \times P(R) > P(D|NR) \times P(NR)$

似然比 $P(D|R)/P(D|NR)$是一个分值，用于确定文档表示 D 属于相关集合的可能性。

使用词条独立性或朴素的贝叶斯假设，为每个词条 t_i 计算 $P(t_i|R)$，来估算 $P(D|R)$。把文档的似然比 $P(D|R)/P(D|NR)$用作一个排名指标，它基于以下假设：排名越高的文档属于相关集合的可能性越大[1]。

BM25（Best Match 25）是一个相当流行的概率排名算法，它对概率模型进行合理的假设和估算，并对模型进行扩展，将查询词条加权和文档词条加权纳入模型中。这种加权模式是从 Okapi[2]系统的多个版本演化而来的。

文档 d_j 和查询 q 的 Okapi 加权是通过下面的公式计算的。额外的表示法如下：

- t_i 是一个词条。
- f_{ij} 是词条 t_i 在文档 d_j 中的原始频率计数。
- f_{iq} 是词条 t_i 在查询 q 中的原始频率计数。
- N 是集合中的文档总数。
- df_i 是包含词条 t_i 的文档数量。
- dl_j 是 d_j 的文档长度（以字节为单位）。
- avdl 是集合的平均文档长度。

文档 d_j 对于查询 q 的 Okapi 相关性分值是由下面的方程式给出的，其中 k_1（1.0~2.0）、b（通常是 0.75）和 k_2（1~1000）是参数：

$$\text{okapi}(d_j, q) = \sum_{t_i \in q, d_j} \ln \frac{N - df_i + 0.5}{df_i + 0.5} \times \frac{(k_1 + 1) f_{ij}}{k_1 \left(1 - b + b \frac{dl_j}{avdl}\right) + f_{ij}} \times \frac{(k_2 + 1) f_{iq}}{k_2 + f_{iq}}$$

27.2.4 语义模型

尽管上述的统计模型已经变得很先进，但是它们仍然可能遗漏许多相关的文档，因为这些模型不会捕获用户的查询所传达的完整含义或信息需求。在语义模型中，将文档与给定查询进行匹配的过程基于概念层次和语义匹配，而不是索引项（关键字）匹配。这允许检索与查询结果中的其他文档共享有意义的关联的相关文档，甚至当这些关联不能自然观察到或者在统计上可捕获到时亦可如此。

语义法包括不同的分析层次，例如词汇分析、句法分析和语义分析，以便更有效地检索文档。在**词汇分析**（morphological analysis）中，对根和词缀进行分析以确定单词的词类（名词、动词、形容词等）。在词汇分析之后，**句法分析**（syntactic analysis）接着将解析和分析文档中的完整短语。最后，语义方法必须解决单词的歧义，和/或基于文档中的结构实

1 读者应该参考 Croft 等（2009）中的第 246~247 页，以了解详细的描述。

2 伦敦市立大学的 Okapi 系统是由 Robertson、Walker 和 Hancock-Beaulieu（1995）提出的。

体（单词、段落、页或整个文档）的不同层次之间的**语义联系**（semantic relationship）来生成相关的同义词。

开发一个先进的语义系统需要语义信息以及检索启发式方法的复杂知识库。这些系统通常需要人工智能和专家系统的相关技术。目前已经开发了像Cyc[1]和WordNet[2]这样的知识库，可以在基于知识的IR系统中使用它们，这些系统是基于语义模型的。例如，Cyc知识库是大量的常识性知识的代表。它目前包含1594万条断言、498271个原子概念以及441159个派生的非原子概念，用于推理日常生活中的对象和事件。WordNet是一个广博的辞典（包含超过117000个概念），它非常流行，许多系统都使用它，并且还在进行持续不断的开发（参见27.4.3节）。

27.3 IR系统中的查询类型

在建立索引的过程中，将把不同的关键字与文档集合关联起来。这些关键字一般包括单词、短语以及文档的其他特征，例如创建日期、作者姓名和文档类型。IR系统使用它们来构建一个倒排索引（参见27.5节），然后就可以在搜索期间参考它。将用户表述的查询与索引关键字的集合做比较。大多数IR系统还允许使用布尔运算符以及其他的运算符构建复杂的查询。带有这些运算符的查询语言丰富了用户信息需求的表达方式。

27.3.1 关键字查询

基于关键字的查询是最简单、最常用的IR查询形式：用户只需输入关键字组合，即可检索文档。查询关键字词条隐含地通过逻辑AND运算符连接起来。诸如“database concepts”之类的查询将在检索结果最前端检索出同时包含单词“database”和“concepts”的文档。此外，大多数系统还会检索在其内容中只包含“database”或“concepts”的文档。一些系统在将过滤后的查询关键字发送给IR引擎之前，会删除最频繁出现的单词（例如a、the、of等，它们称为**停用词**（stopword）），作为一个预处理步骤。大多数IR系统不会关注这些单词在查询中的顺序。所有的检索模型都提供了对关键字查询的支持。

27.3.2 布尔查询

一些IR系统允许在关键字组合的表述中使用AND、OR、NOT、( )、+和−布尔运算符。AND需要找到两个词条。OR允许找到任何一个词条。NOT意味着将会把包含第二个词条的任何记录排除在外。“( )”意味着可以使用圆括号嵌套布尔运算符。“+”等价于AND，它需要词条；应该把“+”直接放在搜索词条的前面。“−”等价于AND NOT，意味着把词条排除在外；应该把“−”直接放在不想要的搜索词条的前面。可以通过这些运算符以及它们的组合来构建复杂的布尔查询，并且根据布尔代数的经典规则对它们进行求值。不可能

1 参见Lenat（1995）。

2 参见Miller（1990），了解关于WordNet的详细描述。

实现排名，因为一个文档要么满足这样的查询（是“相关的”），要么不满足它（是“不相关的”）。如果一个布尔查询作为文档中的一个精确匹配而在逻辑上为真，就会为该查询检索出这个文档。用户一般不会使用这些复杂的布尔运算符的组合，并且 IR 系统支持这些集合运算符的一个受限版本。对于这些查询类型，布尔检索模型可以直接支持不同的布尔运算符实现。

27.3.3　短语查询

当在搜索期间使用倒排关键字索引表示文档时，将会丢失文档中的条词的相对顺序。为了执行精确的短语检索，应该把这些短语编码在倒排索引中，或者以不同的方式实现它们（利用单词在文档中出现的相对位置）。短语查询包括一个组成短语的单词序列。短语一般是用双引号括住的。每个检索到的文档都必须包含精确短语的至少一个实例。短语搜索是下面将提到的近似搜索的一个更受限、更特定的版本。例如，短语搜索查询可能是“conceptual database design”。如果按检索模型对短语建立索引，那么任何检索模型都可用于这些查询类型。还可以在语义模型中使用短语辞典，以便对短语执行快速的字典搜索。

27.3.4　近似查询

近似搜索是指考虑一条记录内的多个词条相互之间应该有多接近的搜索。最常用的近似搜索选项是短语搜索，它要求词条具有精确的顺序。其他近似运算符可以指定词条相互之间应该有多接近。有些运算符还会指定搜索词条的顺序。每个搜索引擎都可以利用不同的方式定义近似运算符，并且搜索引擎可以使用多个不同的运算符名称，例如 NEAR、ADJ（邻近的）或 AFTER。在一些情况下，将给出一系列单个的单词，以及它们之间允许的最大距离。还会维护标记（单词）的位置和偏移量信息的向量空间模型具有这类查询的健壮实现。不过，提供对复杂的近似运算符的支持在计算上的代价非常高，因为它需要耗费比较多的时间对文档进行预处理，因此它只适合于较小的文档集合，而不适合于 Web。

27.3.5　通配符查询

通配符搜索一般意指支持在文本中进行基于正则表达式和模式匹配的搜索。在 IR 系统中，可能实现了某些类型的通配符搜索支持，通常是单词后接任何尾随字符（例如，“data*”将检索 data、database、datapoint、dataset 等）。在 Web 搜索引擎中提供对通配符搜索的完全支持涉及预处理开销，今天的许多 Web 搜索引擎一般不会实现它[1]。检索模型不会直接提供对这种查询类型的支持。Lucene[2]提供了对某些通配符查询类型的支持。Lucene 中的查询解析器将会计算一个大的布尔查询，它结合了索引中的单词的所有组合和扩展。

1　参见 http://www.livinginternet.com/w/wu_expert_wild.htm，了解更多的详细信息。

2　参见 http://lucene.apache.org/。

27.3.6 自然语言查询

有少数几种自然语言搜索引擎，它们的目的是理解查询的结构和含义，这些查询是利用自然语言文本编写的，一般是以问题或陈述的形式提出的。这是一个活跃的研究领域，利用像文本的浅层语义解析或者基于自然语言理解的查询重新表述这样的技术。系统将尝试从检索结果中表述这类查询的答案。一些搜索系统正开始提供自然语言接口，以提供对特定问题类型的答案，例如定义和仿真陈述问题，它们询问可以从专用数据库中检索到的技术术语或普通事实的定义。这类问题一般很容易回答，因为有强大的语言学模式为特定类型的语句给出提示，例如，“defined as”或“refers to”。语义模型可以提供对这种查询类型的支持。

27.4 文本预处理

在本节中，将回顾一些常用的文本预处理技术，它们是图 27.1 中所示的文本处理任务的一部分。

27.4.1 删除停用词

停用词（stopword）是语言中十分常用的单词，它们在句子的构成中扮演着重要角色，但是对句子所表达的意思几乎没有什么贡献。通常把期望在集合中的 80%或更多的文档中出现的单词称为*停用词*，它们一般没有什么用。由于这些单词的共性和功能，它们对于查询搜索的文档相关性没有多大的贡献。示例包括诸如 the、of、to、a、and、in、said、for、that、was、on、he、is、with、at、by 和 it 之类的单词。这里展示的这些单词是以出现频率的降序排列的，这是根据一个称为 AP89[1]的大型文档库统计而来的。其中前 6 个单词占上面列表中的所有单词的 20%，而出现频率最高的 50 个单词占所有文本的 40%。

从文档中删除停用词必须在建立索引之前执行。冠词、介词、连词以及一些代词一般都被归类为停用词。在执行实际的检索过程之前，还必须对查询进行预处理，以删除停用词。删除停用词将导致消除可能不合理的索引，从而可以使索引结构减小大约 40%或更多。不过，如果停用词是查询的一个组成部分，那么删除停用词可能会影响查全率（例如，搜索短语“To be or not to be”，其中删除停用词将使查询变得不恰当，因为这个短语中的所有单词都是停用词）。出于这个原因，许多搜索引擎都没有利用查询停用词删除。

27.4.2 词干化

单词的**词干**（stem）被定义为在删除原始单词的后缀和前缀之后获得的单词。例如，“comput”是 computer、computing、computable 和 computation 的词干单词。在英语中，这

---

1 有关详细信息，参见 Croft 等（2009），第 75~90 页。

些后缀和前缀是非常常见的，以支持动词、时态和复数形式的概念。**词干化**（stemming）可以减少因变形（由于复数或时态）而形成的单词的不同形式，并推导出公共词干。

可以应用词干化算法，将任何单词缩减成它的词干。在英语中，最著名的词干化算法是 Martin Porter 的词干化算法。Porter 词干器[1]是 Lovin 技术的一个简化版本，该技术使用大约 60 条规则的简化集合（来自 Lovin 技术中的 260 种后缀模式），并把它们组织成集合。首先必须解决一个规则子集内的冲突，然后才能转向下一个规则子集。使用词干化方法对数据结构进行预处理，可以减小索引结构的大小并提高查全率，但这可能是以精度为代价的。

27.4.3　利用辞典

辞典（thesaurus）是由特定知识领域中的一个预编译的重要概念列表以及描述每个概念的主要单词构成的。对于这个列表中的每个概念，还会编译一个同义词及相关单词的集合[2]。因此，在预处理期间可以将一个同义词转换成它的匹配概念。这个预处理步骤有助于为索引和搜索提供一个标准的词汇表。使用辞典（也称为同义词集合）对于信息系统的查全率具有重要影响。这个过程可能比较复杂，因为许多单词在不同的环境下具有不同的含义。

UMLS[3]是一个大型的生物医学辞典，它包含数百万个概念（称为元辞典）以及一个由元概念和关系组成的语义网络，用于组织元辞典（参见图 27.3）。从语义网络中为概念分配

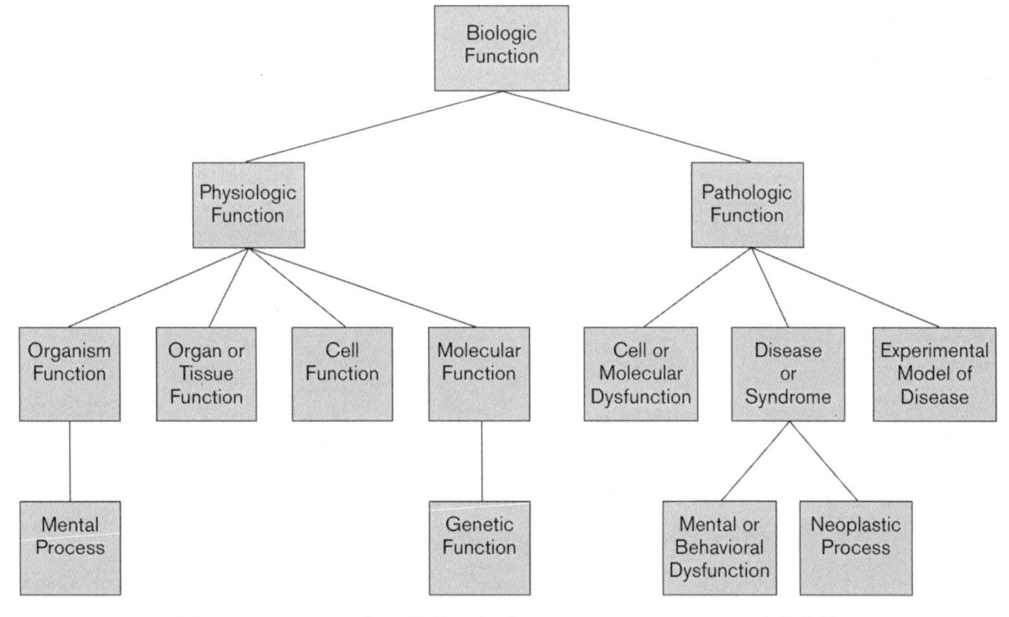

图 27.3　UMLS 语义网络的一部分："Biologic Function" 层次结构

来源：UMLS 参考手册，美国国家医学图书馆

1　参见 Porter（1980）。

2　参见 Baeza-Yates 和 Ribeiro-Neto（1999）。

3　来自美国国家医学图书馆的统一医学语言系统（Unified Medical Language System）。

标签。这个概念辞典包含医学术语的同义词、广义和狭义术语的层次结构，以及单词和概念之间的其他关系，它们使其成为医学领域中的文档信息检索的一个非常广博的资源。图 27.3 说明了 UMLS 语义网络的一部分。

WordNet[1]是一个人工构造的辞典，它将单词分组成严格的同义词集合（称为 synset）。这些同义词集合被分成名词、动词、形容词和副词这些类别。在每个类别中，将通过合适的联系（例如类/子类或者用于名词的“is-a”联系）把这些同义词集合链接在一起。

WordNet 基于以下思想：使用可控的词汇表来建立索引，从而消除冗余。它还可以帮助用户定位正确的查询表述的词条。

27.4.4 其他预处理步骤：数字、连字符、标点符号、大小写

在预处理期间，可能会或者可能不会删除数字、日期、电话号码、电子邮件地址、URL 及其他标准的文本类型。不过，Web 搜索引擎将对它们建立索引，以便在文档元数据中使用这类信息来改进查准率和查全率（参见 27.6 节，了解关于查准率（precision）和查全率（recall）的详细定义）。

连字符和标点符号可能以不同的方式进行处理。可能使用带有连字符/标点符号的整个短语，也可能会删除它们。在一些系统中，可能会删除表示连字符/标点符号的字符，也可能会用空格代替。不同的信息检索信息遵循不同的处理规则。自动处理连字符可能比较复杂：可将其作为分类问题处理，或者更常见的是通过一些启发式规则处理它。例如，Lucene 中的 StandardTokenizer[2]把连字符视作分隔单词的定界符，一个例外是：如果标记中有数字，就不会拆分单词（例如，像 AK-47 这样的单词、电话号码等）。许多特定于领域的词条（例如产品目录、产品的不同版本等）中都具有连字符。当搜索引擎搜索 Web 以建立索引时，将难以正确地自动处理连字符。因此，设计了一些更简单的策略来处理连字符。

大多数信息检索系统都执行不区分大小写的搜索，并把文本中的所有字母都转换成大写或小写形式。值得注意的是，其中许多文本预处理步骤都是特定于语言的，例如涉及与特定语言关联的重音、变音符及其特色等。

27.4.5 信息提取

信息提取（information extraction，IE）是一个通用术语，用于从文本中提取结构化内容。诸如识别名词短语、事实、事件、人物、位置和联系之类的文本分析任务就是 IE 任务的示例。这些任务也称为*命名的实体识别任务*（named entity recognition task），并且使用辞典、正则表达式和语法等基于规则的方法，或者使用概率法。对于 IR 和搜索应用，最常使用的是 IE 技术，用于识别命名的实体，涉及文本分析、匹配和分类，以改进搜索系统的相关性。使用词性标签的语言技术可用于在语义上标注带有提取特性的文档，从而有助于提高搜索相关性。

---

1 参见 Fellbaum（1998），了解关于 WordNet 的详细描述。

2 在 https://lucene.apache.org/上可以查看关于 StandardTokenizer 的更多详细信息。

27.5 倒排索引

在文本集合中对出现查询词条的文档进行搜索的最简单方式可能是按顺序扫描文本。仅当文本集合比较小时，才适合使用这种在线搜索。大多数信息检索系统都会处理文本集合来创建索引，并且在倒排索引数据结构上进行操作（参考图 27.1 中的索引任务）。倒排索引结构由词汇表和文档信息组成。**词汇表**（vocabulary）是文档集合中的不同查询词条集合。词汇表集合中的每个词条都具有一个相关联的信息集合，这里的信息是指包含词条的文档信息，例如文档 id、出现次数，以及词条出现在文档内的偏移量。词汇表词条的最简形式包括文档的单词或各种标记。在一些情况下，这些词汇表词条还包括文档和/或 Web 页面中的短语、n 个单元、实体、链接、名称、日期或手动分配的描述符词条。对于词汇表中的每个词条，可能包括在文档信息区中存储对应的文档 id、词条在每个文档中的出现位置、词条在每个文档中的出现次数以及其他的相关信息。

给文档词条分配加权值来表示给定词条的有用性估算，这个有用性是指将给定词条作为描述符，可以将给定文档与相同集合中的其他文档区分开。通过加权处理，可能使某个词条在一个文档上比在另一个文档上更适合作为描述符（参见 27.2 节）。

文档集合的**倒排索引**（inverted index）是一种数据结构，它将不同的词条与包含词条的所有文档的列表联系起来。倒排索引的构造过程涉及图 27.2 中所示的提取和处理步骤。首先对获得的文本进行预处理，并且利用词汇表词条表示文档。文档的统计信息收集在文档查找表中。统计信息一般包括词汇表词条在各个文档以及不同集合中的计数、它们出现在文档内的位置，以及文档的长度。在建立索引时将依据集合的不同标准对词汇表词条进行加权处理。例如，在一些情况下，文档标题中的词条可能比出现在文档其他部分的词条具有更高的加权值。

最流行的加权模式之一是 27.2 节中描述的 TF-IDF（term frequency-inverse document frequency，词条频率-逆文档频率）指标。对于给定的词条，这种加权模式可以在某种程度上将经常出现该词条的文档与很少甚至从未出现该词条的文档区分开。这些加权会进行规范化，以考虑到变化的文档长度，从而进一步确保在较长的文档而不是较短的文档中进行检索，因为一个单词在文档中的出现次数与文档的长度是成正比的。然后将把这些处理过的文档-词条流（矩阵）倒排成词条-文档流（矩阵），以执行进一步的 IR 步骤。

图 27.4 显示了一个词条-文档-位置向量的示例，该示例使用了 4 个演示性的词条：example、inverted、index 和 market，它显示了每个词条在 3 个文档中的出现位置。

倒排索引构造中涉及的步骤可以总结如下：

（1）通过解析标记、清理、删除停用词、词干化和/或使用额外的辞典作为词汇表，将文档分解成词汇表词条。

（2）收集文档统计信息，并存储在文档查找表中。

（3）将文档-词条流与诸如词条频率、词条位置和词条加权之类的额外信息一起倒排成词条-文档流。

给定一组查询词条，从倒排索引中搜索相关的文档一般是一个包含 3 个步骤的过程。

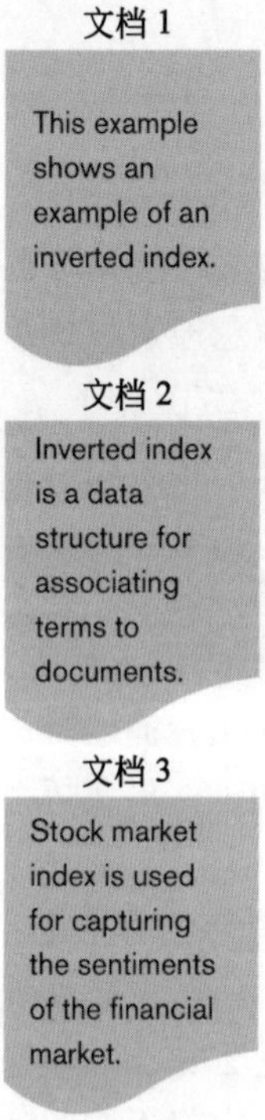

文档 1

This example shows an example of an inverted index.

文档 2

Inverted index is a data structure for associating terms to documents.

文档 3

Stock market index is used for capturing the sentiments of the financial market.

ID	词条	文档：位置
1.	example	1:2, 1:5
2.	inverted	1:8, 2:1
3.	index	1:9, 2:2, 3:3
4.	market	3:2, 3:13

图 27.4　一个倒排索引的示例

（1）**搜索词汇表**。如果查询包含多个词条，就把它们分隔开，并且视作独立的词条。在词汇表中搜索每个词条。可以使用各种数据结构（例如 B^+树的变体或散列）来优化搜索过程。还可以按字典顺序对查询词条进行排序，以改进空间效率。

（2）**检索文档信息**。检索每个词条的文档信息。

（3）**操作检索到的信息**。现在将进一步处理在第（2）步中获得的每个词条的文档信息向量，以纳入各种形式的查询逻辑。根据第（2）步中返回的文档集合，在这个步骤中将处理各类查询，例如前缀、范围、上下文和近似查询，来构造最终的结果。

Lucene 简介

Lucene 是一个主动维护的开源索引/搜索引擎，它在学术和商业环境中都很流行。Lucene 主要关注的是索引，但它使用索引可以方便地进行搜索。Lucene 库是用 Java 编写的，并且带有开包即用的可伸缩和高性能的能力。Lucene 是一个引擎，可以加强另一个名为 Solr 的广泛流行的企业搜索应用的能力[1]。Solr 为 Lucene 提供了许多附加的能力，例如提供了一些 Web 接口，用于为许多不同的文档格式建立索引。

Moczar（2015）一书讨论了 Lucene 和 Solr。

1. 索引

在 Lucene 中，在文档可用于搜索之前，必须经历一个建立索引的过程。Lucene 文档

1　参见 http://lucene.apache.org/solr/。

由字段集合组成。字段在索引中保存数据的类型，可以不太严格地把它们比作数据库表中的列。字段可以是二进制、数字或文本数据类型。文本字段由整个未加标记的文本块或者一系列处理过的词汇单元（称为标记流）组成。标记流是通过应用不同类型的可用标记化和过滤算法创建的。例如，StandardTokenizer 是 Lucene 中的可用标记器之一，它实现了 Unicode 文本分段，用于把单词拆分开。还有其他的标记器，例如 WhitespaceTokenizer，用于在空白处分割文本。在 Lucene 中也很容易扩展这些标记器和过滤器，用以为标记和过滤创建自定义的文本分析算法。这些分析算法对于实现想要的搜索结果非常重要。Lucene 为许多高速和高效的标记和过滤算法提供了一些 API 和几种实现。这些算法已经针对多种不同的语言和领域进行了扩展，它们具有自然语言处理算法的实现，用于进行词干化，实施字典驱动的词元化，执行形态分析以及进行语音分析等。

2. 搜索

利用一个强大的搜索 API，将查询与文档进行匹配，并检索出一个排序的结果列表。然后将查询与倒排索引中的词条向量做比较，基于向量空间模型计算相关性分值（参见 27.2.2 节）。Lucene 提供了一个高度可配置的搜索 API，其中可以为通配符、精确、布尔、近似和范围搜索创建查询。Lucene 的默认计分算法使用 TF-IDF 计分方法的一个变体对搜索结果进行排名。为了加快搜索的速度，Lucene 将会维护文档相关的规范化因子，它们是在创建索引时预先计算的，这些因子在文档字段中称为词条向量的范式。这些预先计算的范式可以在 Lucene 中加快执行计分过程。实际的查询匹配算法会使用一些函数，它们在查询匹配期间只会进行很少的计算。

3. 应用

Lucene 之所以非常流行，原因之一是可以很容易地使用 Lucene 来处理各种文档集合和部署系统，以便对大型的非结构化文档集合建立索引。构建于 Lucene 之上的企业搜索应用称为 Solr。Solr 是一个 Web 服务器应用，它提供了对分面搜索的支持（参见 27.8.1 节，了解关于分面搜索的内容），并且支持自定义的格式文档处理（例如 PDF、HTML 等），还提供了多个 API 函数的 Web 服务，用于在 Lucene 中建立索引和执行搜索。

27.6　搜索相关性的评估方法

如果没有合适的评估技术，就不能比较和度量不同检索模型与 IR 系统的相关性，从而进行改进。IR 系统的评估技术将会度量*主题相关性*和*用户相关性*。**主题相关性**（topical relevance）度量的是结果主题与查询主题的匹配程度。将一个人的信息需求映射为“完美的”查询，这是一个认知任务，许多用户并不能有效地创建可以使检索结果更适合于其信息需求的查询。此外，由于大量的用户查询本质上是信息式的，因此没有固定的正确答案集合显示给用户。**用户相关性**（user relevance）这个术语用于描述检索的结果与用户的信息需求的“拟合度”。用户相关性包括其他隐含的因素，例如用户理解力、上下文、时效性、用户环境以及当前的任务需求。评估用户相关性还可能涉及主观地分析和研究用户的检索任务，以捕捉用户偏好中涉及的隐含因素的一些属性，从而便于评判性能。

在 Web 信息检索中，对于文档与某个查询是相关的还是不相关的，无法做出二元分类决策（然而，如 27.2.1 节中所讨论的，布尔（或二元）检索模型使用的就是这种模式）。可代之以为用户产生文档排名。因此，一些评估方法重点关注的是比较 IR 系统产生的不同排名。下面将讨论其中一些评估方法。

27.6.1 查全率和查准率

查全率和查准率这两个指标基于二元相关性假设（每个文档与查询是相关的还是不相关的）。**查全率**（recall）被定义为通过搜索而检索出的相关文档数量除以数据库中存在的实际相关文档的总数。**查准率**（precision）被定义为通过搜索而检索出的相关文档数量除以该搜索检索出的全部文档总数。图 27.5 是术语“检索”和“相关”的图形表示，它显示了搜索结果与 4 个不同的文档集合是如何相关的。

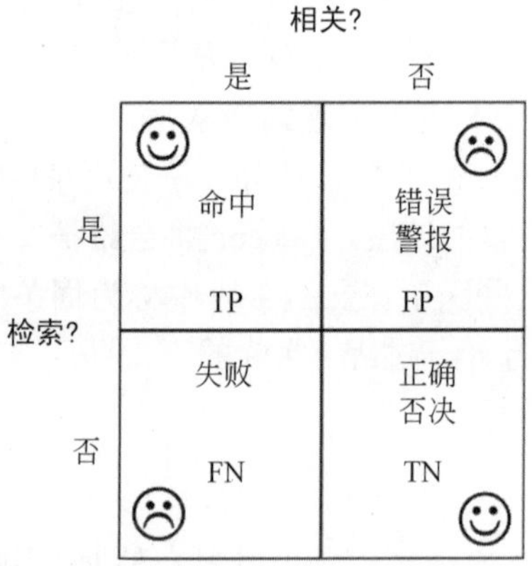

检索? \ 相关?	是	否
是	☺ 命中 TP	☹ 错误警报 FP
否	☹ 失败 FN	☺ 正确否决 TN

图 27.5 检索出的搜索结果与相关的搜索结果

图 27.5 中的符号的含义如下：

- TP：真正值。
- FP：假正值。
- FN：假负值。
- TN：真负值。

在任何类型的分类任务中一般都可以使用*真正值*、*假正值*、*假负值*和*真负值*这些术语，用于将给定的词条分类与想要的正确分类进行比较。使用术语“命中”表示真正或“正确”地匹配用户请求的文档，可以将*查全率*和*查准率*定义如下：

查全率= |命中|/|相关|

查准率= |命中|/|检索|

还可以在一个排序的检索设置中定义查全率和查准率。假定在每个排名位置都有一个文档。文档d_i^q在排名位置 i 处的查全率（用 r(i)表示）（d_i^q是在位置 i 处为查询 q 检索出的文档）是指查询的结果集合中从d_1^q到d_i^q的相关文档所占的比例。设结果集合中从d_1^q到d_i^q的相关文档为 S_i，其基数为$|S_i|$。设$|D_q|$为查询的相关文档的大小。在这种情况下，$|S_i| \leqslant |D_q|$。则：

排名检索查全率：$r(i) = |S_i|/|D_q|$

文档d_i^q在排名位置 i 处的查准率（用 p(i)表示）是指从d_1^q到d_i^q的文档在相关的结果集合中所占的比例：

排名检索查准率：$p(i) = |S_i|/i$

表 27.2 说明了 p(i)、r(i)和平均查准率（将在 27.6.2 节中讨论）这些指标。可以看出：通过展示更多结果给用户，可以提高查全率，但是这种方法会冒着降低查准率的风险。在示例中，对于某个查询，相关文档的数量为 10。表中显示了各个文档的排名位置和相关性。如表中最后两列所示，在排名列表内的每个位置都可以计算查准率和查全率的数值。在表 27.2 中可以看到，排名检索查全率将单调上升，而查准率则很容易波动。

表 27.2　排名检索的查准率和查全率

文档编号	排名位置 i	相关	查准率（i）	查全率（i）
10	1	是	1/1 = 100%	1/10 = 10%
2	2	是	2/2 = 100%	2/10 = 20%
3	3	是	3/3 = 100%	3/10 = 30%
5	4	否	3/4 = 75%	3/10 = 30%
17	5	否	3/5 = 60%	3/10 = 30%
34	6	否	3/6 = 50%	3/10 = 30%
215	7	是	4/7 = 57.1%	4/10 = 40%
33	8	是	5/8 = 62.5%	5/10 = 50%
45	9	否	5/9 = 55.5%	5/10 = 50%
16	10	是	6/10 = 60%	6/10 = 60%

27.6.2　平均查准率

可以基于排名中的每个相关文档的查准率来计算平均查准率。这个方法可用于计算单个查准率数值，从而对查询 q 上的不同检索算法进行比较。

$$P_{avg} = \sum_{d_i^q \in D_q} \frac{p(i)}{|D_q|}$$

考虑表 27.2 中的相关文档的查准率数值示例。表 27.2 中的示例的平均查准率（P_{avg}值）是(P(1) + P(2) + P(3) + P(7) + P(8) + P(10))/6 = 79.93%（在这个计算中仅考虑相关文档）。许多优秀的算法倾向于对于较小的 k 值，将具有较高的前 k 个平均查准率，相应地具有较低的查全率数值。

27.6.3　查全率/查准率曲线

可以基于每个排名位置的查全率和查准率数值来绘制查全率/查准率曲线，其中 x 轴是查全率，y 轴是查准率。通常不使用每个排名位置的查准率和查全率，而是使用 0%、10%、20%、…、100%处的查全率等级 r(i)来绘制曲线上的点。这个曲线通常具有一个负斜率，这反映了查准率与查全率之间的逆向关系。

27.6.4 F 分值

F 分值（F）是查准率（p 值）与查全率（r 值）的调用平均数。即：

$$\frac{1}{F}=\frac{\frac{1}{p}+\frac{1}{r}}{2}$$

获得较高的查准率几乎总是以降低查全率为代价，反之亦然。这与应用是否对系统进行调优以获得较高的查准率或查全率有关。通常把 F 计分用作单个指标，它将查准率和查全率结合起来以比较不同的结果集合：

$$F=\frac{2pr}{p+r}$$

调和平均数的性质之一是：两个数字的调和平均数倾向于更接近那个较小的数字。这样，F 会自动偏向于查准率和查全率中那个较小的数值。因此，为了获得较高的 F 计分，查准率和查全率都必须比较高。

$$F=\frac{2}{\frac{1}{p}+\frac{1}{r}}$$

27.7 Web 搜索和分析[1]

Web 的出现导致数以百万计的用户搜索信息，这些信息存储在大量的活动站点中。为了使这些信息可以访问，诸如 Google、bing 和 Yahoo!之类的搜索引擎必须搜索这些站点和文档集合，并在其索引数据库中对它们建立索引。而且，鉴于 Web 的动态性质，搜索引擎还必须定期更新它们的索引，因为随时会创建新的 Web 站点，以及更新或删除当前的 Web 站点。由于 Web 上关于不同的主题都具有数以百万计的页面，搜索引擎必须应用许多先进的技术（例如链接分析）来鉴别页面的重要性。

除了定期搜索 Web 并创建自动索引的搜索引擎之外，还有其他类型的搜索引擎，包括人力的垂直搜索引擎或元搜索引擎。这些搜索引擎是在计算机辅助系统的帮助下开发的，可以帮助管理人员分配索引。其中包括手动创建的专用 Web 目录，它们是分层组织的索引，用于指导用户导航到 Web 上的不同资源。**垂直搜索引擎**（vertical search engine）是自定义的特定于主题的搜索引擎，它用于搜索 Web 上的特定文档集合并对其建立索引，同时从该特定集合中提供搜索结果。**元搜索引擎**（metasearch engine）构建于搜索引擎之上：它们同时查询不同的搜索引擎，并从这些资源中聚类和提供搜索结果。

另一种可搜索的 Web 文档资源是数字图书馆。**数字图书馆**（digital library）可以广义地定义为电子资源以及以各种格式递送材料的服务的集合。这些集合可能包括某所大学的

---

1 感谢 Pranesh P. Ranganathan 和 Hari P. Kumar 对本节内容的贡献。

图书馆目录、来自一组参与大学的目录（例如在佛罗里达州的大学系统中），或者是 World Wide Web 上的多种外部资源的汇总，例如 Google Scholar 或 IEEE/ACM 索引。这些界面提供了对不同内容类型（例如图书、文章、音频和视频）的通用访问，而这些内容位于不同的数据库系统和远程存储库中。与真实的图书馆相似，这些数字集合是通过目录维护的，并按类别进行组织，以便在线参考。数字图书馆“包含个人的、分布式的和集中式的集合，例如在线公共访问目录（OPAC）和书目数据库、分布式文档数据库、学术和专业讨论列表及电子期刊、其他联机数据库、论坛和公告栏。”[1]

27.7.1　Web 分析及其与信息检索的关系

除了浏览和搜索 Web 之外，与信息检索密切相关的另一个重要活动是分析或挖掘 Web 上的信息，以获得感兴趣的新信息（在第 28 章中将讨论从文件和数据库中挖掘数据）。将数据分析技术用于发现和分析 Web 上的有用信息称为 **Web 分析**（Web analysis）。近几年来，World Wide Web 作为一种重要的信息库出现，成为许多个人客户的日常应用，并且是电子商务和社交网络的重要平台。这些性质使之成为数据分析应用感兴趣的目标。Web 挖掘和分析领域集成了广泛的领域，包括信息检索、文本分析、自然语言处理、数据挖掘、机器学习和统计分析。

Web 分析的目标是改进和个性化搜索结果的相关性，以及确定对各种业务和组织可能有价值的趋势。接下来将详细描述这些目标。

- **查找相关信息**。人们通常通过在搜索引擎中输入关键词或者浏览信息门户并使用服务，在 Web 上搜索特定的信息。搜索服务受到搜索相关性问题的极大约束，因为搜索引擎必须将数百万用户的信息需求映射并大致描述为一个优先任务。导致低查准率（参见 27.6 节）的原因是结果与用户不相关。对于 Web 来说，高查全率（参见 27.6 节）是不可能确定的，因为不可能对 Web 上的所有页面建立索引。此外，度量查全率是没有意义的，因为用户只关心最前面的几个文档。对于用户来说，最相关的结果通常只来自最前面的几个结果。
- **信息的个性化**。不同的人偏爱不同的内容和展示。基于 Web 的应用和服务中使用的各种自定义工具（例如点击监控、眼球跟踪、显式或隐式的用户配置文件学习以及使用 Web API 的动态服务合成）可用于进行服务适配和个性化。个性化引擎通常具有一些算法，它们可以利用用户的个性化信息（通过各种工具收集）来生成特定于用户的搜索结果。Web 已经变成了一种丰富的景观，人们在这里流连忘返，纷纷在这个虚拟空间中导航、点击、点赞、评论和购物。这类信息具有很高的商业价值，许多经营各种消费品的公司都会挖掘和贩卖这类信息，以确定客户标的。
- **查找具有社会价值的信息**。随着在各种 Android 设备上下载了超过 10 亿个脸书（Facebook）应用，人们可以想象各种社交网络在当今时代变得有多流行。人们在这些虚拟世界（例如 Twitter 和 Facebook）中建立所谓的社交资本。**社交资本**（social capital）是指社交组织的一些特点，例如网络、行为规范和社会信任，它们有利于

1　Covi 和 Kling（1996），第 672 页。

进行互惠互利的协调和合作。社会科学家正在研究社交资本，以及如何利用这个丰富的资源从多个方面造福社会。在27.8.2节中将简要论及社交搜索的一些方面。

可以进一步将Web分析分为以下3个类别：**Web结构分析**（Web structure analysis），它通过表示Web结构的超链接来发现知识；**Web内容分析**（Web content analysis），涉及从Web页面内容中提取有用的信息/知识；**Web使用分析**（Web usage analysis），从记录每个用户活动的使用日志中挖掘用户访问模式。

27.7.2 Web结构分析

World Wide Web是一个巨大的信息库，但是定位到与用户需求相关的高质量资源非常困难。作为一个整体获取的Web页面集合几乎没有统一的结构，并且在创作风格和内容上变化多端，这种变化使得难以精确地定位所需的信息。基于索引的搜索引擎已经成为用户在Web上搜索信息的主要工具之一。Web搜索引擎在Web上**爬行**（crawl），并且出于搜索的目的创建一个Web索引。当用户通过提供关键词指定其信息需求时，这些Web搜索引擎将查询它们的索引库，并且产生带有缩略内容的链接或URL作为搜索结果。可能有数千个页面与一个特定的查询相关，问题是怎样只把几个最相关的结果返回给用户。我们关于IR系统中的查询和基于相关性排名的讨论（参见27.2节和27.3节）也适用于Web搜索引擎。这些排名算法将探索Web的链接结构。

与标准的文本集合不同，Web页面包含对其他Web页面或文档的链接（使用超链接），允许用户从一个页面浏览到另一个页面。**超链接**（hyperlink）具有两种成分：**目的页面**（destination page）和描述链接的**锚文本**（anchor text）。例如，人们可以在其Web页面利用诸如“My favorite Web site”之类的锚文本链接到Yahoo Web站点。可以把锚文本视作隐式的标签。它们提供了重要的潜在人类注释。如果一个人从他自己的Web页面链接到其他Web页面，就假定他与那些Web页面具有某种关系。Web搜索引擎的目标是根据相关性和授权提取结果。有许多冗余的超链接，例如在Web站点的每个Web页面上都具有指向主页的链接。搜索引擎必须从搜索结果中删除这类超链接。

枢纽页面（hub）是一个Web页面或Web站点，它链接到关于某个公共主题的主要站点（权威页面）集合。一个良好的**权威页面**（authority）是许多良好的枢纽页面所指向的页面，而一个良好的枢纽页面则将指向许多良好的权威页面。HITS排名算法使用了这些思想。在下一节中将简要讨论两个排名算法。

27.7.3 分析Web页面的链接结构

Web结构分析（Web structure analysis）的目标是生成关于Web站点和Web页面的结构化表示。Web结构分析重点关注的是文档的内部结构，并且在文档间的层次上使用超链接来处理链接结构。通常把Web页面的结构和内容结合起来，以便Web搜索引擎执行信息检索。给定一个互联的Web文档的集合，可以发现一些有趣的、可以提供信息的事实，它们描述了这些Web文档在Web子集中的连通性。Web结构分析还用于帮助导航，并使得有可能比较/集成不同的Web页面模式。Web结构分析的这个方面有利于基于结构对Web

文档进行分类和聚类。

1. PageRank 排名算法

如前所述，排名算法可以基于相关性和授权对搜索结果进行排序。Google 使用著名的 PageRank 算法[1]，它基于每个页面的“重要性”。每个 Web 页面都具有许多前向链接（出边）和后向链接（入边）。很难确定 Web 页面的所有后向链接，而确定其前向链接则相对比较直观。根据 PageRank 算法，高度链接的页面比具有较少链接的页面更重要（具有更大的权威）。不过，并非所有的后向链接都是重要的。来自可信源的后向链接比来自任意某个页面的链接更重要。因此，如果某个页面的后向链接的排名之和比较高，那么该页面就具有较高的排名。PageRank 尝试了解对于可以从链接结构中获得的页面的“重要性”，其正确度有多高。

页面排名是遵循一种迭代式方法来计算的。要计算一个 Web 页面的 PageRank，可以计算它的所有后向链接的 PageRank 之和。PageRank 将 Web 视作一个马尔科夫模型（Markov model）。所谓的虚拟 Web 冲浪是通过随意地点击而访问一连串无限的页面。页面的 PageRank 用于估算这种 Web 冲浪多久才会在一个特定的页面上结束。PageRank 用于度量页面/节点的独立于查询的重要性。例如，设 P(X)是任何页面 X 的 PageRank，C(X)是页面 X 的外向链接数，并且设 d 为衰减因子，其中 $0 < d < 1$。通常把 d 设置为 0.85。这样，页面 A 的 PageRank 可以计算如下：

$$P(A) = (1 - d) + d(P(T_1)/C(T_1) + P(T_2)/C(T_2) + \cdots + P(T_n)/C(T_n))$$

这里，$T_1, T_2, \cdots, T_n$ 是指向页面 A 的页面（即引用页面 A）。PageRank 在 Web 页面上形成一种概率分布，因此所有 Web 页面的 PageRank 之和为 1。

2. HITS 排名算法

Jon Kleinberg 提出的 HITS[2]算法是另一种排名算法，它利用了 Web 的链接结构。该算法假定一个良好的枢纽页面是一个指向许多枢纽页面的文档，而一个良好的权威页面是被许多其他的权威页面所指向的文档。这个算法包含两个主要步骤：抽样部分和加权传播部分。抽样部分构造页面的一个重点集合 S，它具有以下性质。

（1）S 相对较小。

（2）S 在相关页面中是丰富的。

（3）S 包含大多数（或绝大多数）最强大的权威页面。

加权部分将为每个文档递归地计算枢纽页面和权威页面的值，如下。

（1）对于 S 中的所有页面，通过把枢纽页面值和权威页面值设置为 1 来初始化它们。

（2）当（枢纽页面值和权威页面值没有收敛）时：

a. 对于 S 中的每个页面，计算权威页面值=指向当前页面的所有页面的枢纽页面值之和。

b. 对于 S 中的每个页面，计算枢纽页面值=当前页面指向的所有页面的权威页面值

1　PageRank 算法是由 Lawrence Page（1998）和 Google 的创始人 Sergey Brin 提出的。有关更多信息，参见 http://en.wikipedia.org/wiki/PageRank。

2　参见 Kleinberg（1999）。

之和。

c. 规范化枢纽页面值和权威页面值，使得S中的所有枢纽页面值之和等于1，并使得S中的所有权威页面值之和也等于1。

27.7.4 Web内容分析

如前所述，**Web内容分析**（Web content analysis）是指从Web内容/数据/文档中发现有用信息的过程。**Web内容数据**（Web content data）包括非结构化数据（例如来自电子存储文档中的自由文本）、半结构化数据（通常是嵌入了图像数据的HTML文档），以及更多的结构化数据（例如数据库输出生成的表格数据，以及利用HTML、XML或其他标记语言编写的页面）。更一般地讲，术语Web内容是指用户访问Web页面时该页面所提供的任何真实的数据。它们通常包括文本和图形，但是不仅限于此。

本节首先将讨论Web内容分析任务的一些预备知识，然后探讨传统的Web页面分析任务：分类和聚类。

1. 结构化数据提取

Web上的结构化数据通常非常重要，因为它们表示基本的信息，例如利用一个结构化的表显示两个城市之间的航班时刻表。可以用多种方法提取结构化数据。其中一种方法是编写一个**包装器**（wrapper）或一个程序，用于查找页面上的信息的不同结构特征，并提取正确的内容。另一种方法是基于Web站点的观察到的格式模式，为每个Web站点手动编写一个提取程序，这是非常费时、费力的。后一种方法不适用于大量站点的情况。第三种方法是**包装器归纳**（wrapper induction）或**包装器学习**（wrapper learning），用户首先手动标记一组训练集页面，然后学习系统生成规则（基于学习页面），这些规则可用于从其他Web页面中提取目标项。第四种方法是一种自动方法，其目标是从Web页面中找出模式/规范，然后使用**包装器生成**（wrapper generation）制作一个包装器以自动提取数据。

2. Web信息集成

Web极其巨大，具有数十亿个文档，它们是由许多不同的人和组织创作的。因此，包含类似信息的Web页面可能具有不同的语法和不同的单词来描述相同的概念。这就产生了把各种不同的Web页面中的信息集成起来的需求。用于Web信息集成的两种流行的方法是：

（1）Web**查询界面集成**，允许查询多个Web数据库，它们对于外部界面是不可见的，并且隐藏在“深网”中。**深网**（deep Web）[1]由那些平时不存在的页面构成，直到执行特定的数据库搜索之后，才会动态创建它们作为结果，这会在页面中产生一些信息（参见第11章）。由于传统的搜索引擎爬虫不能从这样的页面中探测和收集信息，因此深网迄今为止对于爬虫都是隐藏的。

（2）**模式匹配**，例如集成目录和编目，从而为应用提出一种全局模式。此类应用的一个示例是通过交叉链接多个系统中的健康记录，对来自多个源中的数据进行匹配，并把它

1 深网是由Bergman（2001）定义的。

们结合成一份记录数据。结果将是单独一条全局健康记录。

这些方法仍然是一个活跃的研究领域，关于它们的详细讨论超出了本书的范围。可以参考本章末尾的选读文献，了解更多的详细信息。

3. 基于本体的信息集成

这项任务涉及使用本体，有效地从多个异构数据源中组合信息。本体是利用明确定义的概念以及链接它们的命名联系来表示的形式化模式，它们用于解决数据源中的语义异构性问题。对于使用本体的信息集成，可以使用不同类型的方法。

- **单本体方法**（single ontology approach）：使用一个全局本体，为语义规范提供一个共享词汇表。如果要集成的所有信息源对于一个知识域都提供了接近相同的视图，那么这种方法就会工作。例如，UMLS（在 27.4.3 节中描述了它）可以充当生物医学应用的通用本体。
- 在**多本体方法**（multiple ontology approach）中，每个信息源都通过它自己的本体描述。原则上，“源本体”可以是多个其他本体的组合，但是不能假定不同的“源本体”将共享相同的词汇表。处理多个部分重叠并且潜在相冲突的本体是许多应用所面临的一个困难问题，包括生物信息学及其他复杂的研究主题中的那些应用。

4. 构建概念层次

组织搜索结果的一种常用方式是提供一个有序的线性文档列表。但是，对于一些用户和应用来说，显示结果的更好方式是在搜索结果中创建相关文档的分组。在搜索结果中组织文档（乃至一般意义上的组织信息）的一种方式是创建**概念层次**（concept hierarchy）。以分层的方式将搜索结果中的文档组织成分组。用于组织文档的其他相关技术是通过**分类**（classification）和**聚类**（clustering）（参见第 28 章）。聚类将创建文档分组，其中每个分组中的文档将共享许多公共概念。

5. 切割 Web 页面和检测噪声

Web 文档中有许多多余的部分，例如广告和导航栏。在基于文档内容对文档进行分类之前，应该把这些多余部分中的信息和文本作为噪声消除掉。因此，在对文档集合应用分类或聚类算法之前，应该删除文档中包含噪声的区域或块。

27.7.5　Web 内容分析方法

Web 内容分析的两种主要方法是：（1）基于代理（IR 视图）；（2）基于数据库（DB 视图）。

基于代理的方法（agent-based approach）涉及开发先进的人工智能系统，它们可以代表一个特定的用户，自主或半自主地发现和处理基于 Web 的信息。一般来讲，基于代理的 Web 分析系统可以归入以下 3 个类别中。

- **智能 Web 代理**（intelligent Web agent）是软件代理，它们使用特定应用领域（可能还有用户配置文件）的特征搜索相关信息，以组织和解释发现的信息。例如，智能代理只使用关于产品领域的一般信息从各个供应商站点检索产品信息。

- **信息过滤/分类**（information filtering/categorization）是利用 Web 代理对 Web 文档进行分类的另一种技术。这些 Web 代理使用信息检索的一些方法以及基于各个文档之间链接的语义信息，将文档组织进概念层次中。
- **个性化 Web 代理**（personalized Web agent）是另一种类型的 Web 代理，它根据用户的个人偏好来组织搜索结果，或者发现对于特定用户可能有价值的信息和文档。可以从以前的用户选择或者从被认为具有类似偏好的其他人那里获知用户偏好。

基于数据库的方法（database-based approach）的目标是推断 Web 站点的结构，或者改造 Web 站点以将其作为一个数据库进行组织，使得有可能在 Web 上进行更好的信息管理和查询。这种 Web 内容分析方法主要尝试对 Web 上的数据进行建模并集成它，以便可以执行比基于关键字的搜索更高级的查询。可以通过查找 Web 文档的模式，或者构建 Web 文档仓库、Web 知识库或虚拟数据库来实现这一点。基于数据库的方法可能使用诸如 OEM（Object Exchange Model，对象交换模型）[1]之类的模型，OEM 通过带标签的图形来表示半结构化数据。可以将 OEM 中的数据视作一个图形，并将对象视作顶点，在边上带有标签。每个对象通过一个对象标识符和一个值来标识，这个值可以是原子的，例如整数、字符串、GIF 图像或 HTML 文档，或者是复杂的，具有对象引用集合的形式。

基于数据库的方法主要关注的是使用多层数据库和 Web 查询系统。**多层数据库**（multilevel database）的最底层是一个包含存储在各种 Web 仓库中的原始半结构化信息（例如超文本文档）的数据库。在较高层，从较低层提取元数据或一般的信息，并在结构化集合（例如关系数据库或面向对象数据库）中组织它们。在 **Web 查询系统**（Web query system）中，将使用与数据库类似的技术提取和组织关于 Web 文档的内容和结构的信息。然后，可以使用与 SQL 类似的查询语言来搜索和查询 Web 文档。这些查询类型结合了结构化查询（基于超文本文档的组织方式）和基于内容的查询。

27.7.6 Web 使用分析

Web 使用分析（Web usage analysis）是指应用数据分析技术从 Web 数据中发现使用模式，以便理解并更好地服务于基于 Web 的应用需求。这种活动不会对信息检索产生直接的贡献，但它对于改进和丰富用户的搜索体验很重要。

Web 使用数据（Web usage data）描述了 Web 页面的使用模式，例如 IP 地址、页面引用、用户的访问日期和时间、用户组或应用。Web 使用分析通常包括 3 个主要阶段：预处理、模式发现和模式分析。

（1）**预处理**（preprocessing）。预处理把收集到的关于使用统计和模式的信息转换成可以被模式发现方法利用的形式。例如，使用术语页面视图来指示被用户查看或访问的页面。可以使用多种不同类型的预处理技术。

- **使用预处理**（usage preprocessing）：对收集到的关于用户、应用和用户组的使用模式的数据进行分析。由于这些数据通常是不完整的，因此处理起来也比较困难。有必要使用数据清理技术来消除分析结果中无关项的影响。使用数据往往通过 IP 地

1 参见 Kosala 和 Blockeel（2000）。

址标识，并由在服务器上收集的点击流构成。如果在客户站点上安装了使用跟踪过程，将可以获得更好的数据。

- **内容预处理**（content preprocessing）：是指将文本、图像、脚本及其他内容转换成可以被使用分析使用的形式。通常，这个过程包括执行诸如分类或聚类之类的内容分析。聚类或分类技术可以组合相似类型的 Web 页面的使用信息，以便发现描述特定主题的特定 Web 页面类型的使用模式。还可以根据预期的用途对页面视图进行分类，例如用于销售、发现或其他用途。
- **结构预处理**（structure preprocessing）：可以通过解析和重新格式化关于所查看页面之间的超链接和结构的信息来完成。其中一个困难之处在于站点结构可能是动态的，可能不得不为每个服务器会话构造它。

（2）**模式发现**（pattern discovery）。模式发现中使用的技术基于统计学、机器学习、模式识别、数据分析、数据挖掘及其他类似领域中的方法。对这些技术进行了修改，以使它们考虑到 Web 分析的特定知识和特征。例如，在关联规则发现（参见 28.2 节）中，购物篮分析的事务概念就考虑到商品是无序的。但是 Web 页面的访问顺序很重要，因此应该在 Web 使用分析中考虑到它。这样，模式发现就涉及挖掘页面视图的顺序。一般来讲，利用 Web 使用数据，可以为模式发现执行以下类型的数据挖掘活动。

- **统计分析**（statistical analysis）：统计技术是提取关于 Web 站点访问者的知识的最常用方法。通过分析会话日志，有可能对一些参数应用统计度量（例如均值、中值和频率计数），这些参数包括查看过的页面、每个页面的查看时间、页面之间的导航路径的长度，以及与 Web 使用分析相关的其他参数。
- **关联规则**（association rule）：在 Web 使用分析的环境中，关联规则是指在超过某个指定阈值的支持度下一起访问的页面集合（参见 28.2 节，了解关联规则的知识）。这些页面可能没有通过超链接将彼此直接相连。例如，对于访问包含电子产品页面的用户与访问关于运动器材页面的用户，关联规则发现可能揭示他们之间的相互关系。
- **聚类**（clustering）：在 Web 使用领域，可以发现两种有趣的聚类：使用聚类和页面聚类。**用户的聚类**（Clustering of users）倾向于构建展示相似浏览模式的用户组。这类知识对于推断用户群体特别有用，它便于在电子商务应用中执行市场划分，或者给用户提供个性化的 Web 内容。**页面的聚类**（Clustering of pages）基于页面的内容，并把具有相似内容的页面组合到一起。可以在 Internet 搜索引擎以及为 Web 浏览提供帮助的工具中使用这种聚类。
- **分类**（classification）：在 Web 领域，一个目标是开发属于特定类型或类别的用户配置文件。这需要提取和选择一些特征，它们能够最好地描述给定用户类型或类别的性质。例如，可能发现的一种有趣的模式是：在/Product/Books 中在线购物的 60%的用户属于 18~25 岁这个年龄组，并且居住在租用的公寓。
- **顺序模式**（sequential pattern）：这些模式类型用于确定 Web 访问的顺序，它们可用于预测某种用户类型将要访问的下一个 Web 页面集合。商家可以使用这些模式在 Web 页面上产生有针对性的广告。另一种顺序模式关于在购买特定商品之后通常接着会购买哪些商品。例如，在购买计算机之后，通常还会购买打印机。

- **依赖建模**（dependency modeling）：依赖建模的目标是确定 Web 领域中的各个变量之间的重要依赖，并对它们建模。例如，有人可能有兴趣构建一个模型，用于表示一位访问者在网上购物时所经历的各个阶段。这个模型将基于用户的动作（例如，随意的访问者与严肃认真的潜在买家）。

（3）**模式分析**（pattern analysis）。最后一步是基于发现的模式，过滤掉那些被认为没有意义的规则或模式。模式分析的一种常用技术是使用诸如 SQL 之类的查询语言，来检测各种模式和联系。另一种技术涉及利用 ETL 工具把使用数据加载进数据仓库中，并且执行 OLAP 操作沿着多个维度查看数据（参见 29.3 节）。通常可以使用可视化技术，例如图形模式或者给不同的值分配不同的颜色，以突出显示数据中的模式或趋势。

27.7.7 Web 分析的实际应用

1. Web 分析

Web 分析（web analytics）的目标是理解并优化 Web 使用的性能。这需要收集、分析和监控 Internet 使用数据的性能。现场 Web 分析将在商业环境中度量 Web 站点的性能。通常把这个数据与关键性能指标做比较，以度量 Web 站点整体的有效性或性能，并且可以把它用于改进 Web 站点或者市场营销策略。

2. Web 垃圾技术

对于公司和个人来说，使他们的 Web 站点/Web 页面出现在搜索结果顶部已经变得越来越重要。为了实现这一点，就必须理解搜索引擎排名算法，并且在查询关键词时，需要使展示相应信息的页面获得较高的排名。出于商业目的而进行的合法页面优化与垃圾信息之间的界线很模糊。因此，将 **Web 垃圾技术**（Web spamming）定义为一种蓄意的活动，它通过操纵搜索引擎返回的结果来提升页面的排名。Web 分析可用于检测这样的页面，并从搜索结果中丢弃它们。

3. Web 安全

Web 分析可用于查找 Web 站点的有趣的使用模式。如果 Web 站点中的任何缺陷被利用，都可以使用 Web 分析推断出它，从而可以设计出更健壮的 Web 站点。例如，可以对异常的 Web 应用日志数据使用 Web 分析技术，检测出 Web 服务器的后门或信息泄露。诸如入侵检测和拒绝服务式攻击之类的安全分析技术就是基于 Web 访问模式分析的。

4. Web 爬虫

Web 爬虫（Web crawler）是一些程序，它们访问 Web 页面，并且创建所有已访问页面的副本，使得搜索引擎可以处理它们，对下载的页面建立索引，并提供快速搜索。爬虫的另一种用途是自动检查和维护 Web 站点。例如，爬虫可以检查和验证 Web 站点中的 HTML 代码和链接。爬虫的另一种不幸的用途是从 Web 页面中收集电子邮件地址和其他个人信息，然后使用该信息来发送垃圾电子邮件。

27.8　信息检索的发展趋势

在本节中，将回顾近年来在信息检索的研究工作中考虑的几个概念。

27.8.1　分面搜索

分面搜索允许用户过滤出可用信息来探索 Web，从而获得集成的搜索和导航体验。这种搜索技术通常在商业 Web 站点和应用中使用，允许用户导航多维信息空间。分面一般用于处理三维或以上的分类。这些多维分类允许**分面分类模式**（faceted classification scheme）基于不同的分类标准以多种方式对一个对象进行分类。例如，可以利用多种方式对 Web 页面进行分类：按内容（航班、音乐、新闻等）、按用途（销售、信息、注册等）、按位置，按使用的语言（HTML、XML 等），以及按其他方式或分面进行分类。因此，可以基于多种分类标准以多种方式对一个对象进行分类。

分面（facet）定义了一类对象的属性或特征。属性应该是互斥和完备的。例如，可能使用艺术家分面（艺术家的姓名）、时代分面（创建艺术品的时间）、类型分面（绘画、雕刻、壁画等）、原产国分面、媒介分面（油彩、水彩、石头、金属、混合媒介等）、收藏分面（艺术品所在的位置）等对艺术品对象集合进行分类。

分面搜索使用分面分类，它允许用户沿着与不同分面顺序对应的多条路径导航信息。这与传统的分类学形成了鲜明对比，在传统的分类学中，类别的层次是固定的，不会改变。加州大学伯克利分校的 Flamenco 项目[1]是分面搜索系统的最早期的示例之一。今天的大多数电子商务站点（如 Amazon 或 Expedia）都在它们的搜索界面中使用分面搜索，以快速比较和导航与搜索条件相关的各个方面。

27.8.2　社交搜索

Web 导航和浏览的传统观点假定单个用户在搜索信息。这种观点与以前图书馆科学家的研究形成了鲜明对比，这些科学家研究的是用户的信息搜索习惯。这种研究证明，在单个用户搜索信息期间，额外的人可能成为有价值的信息资源。最近，研究表明在基于 Web 的信息搜索期间通常会存在直接的用户协作。一些研究报告指出，对于 Web 上的联合搜索任务，用户群中的大部分人都会参与明确的合作。在某些情况下（例如，在企业环境中），还会发生多个参与方的主动合作。在其他时间，也许对于绝大多数搜索来说，用户经常与其他人进行远程、异步甚至无意和隐式的交互。

社交驱动的在线信息搜索（社交搜索）是最近的 Web 技术所推动的一个新现象。**协作式社交搜索**（collaborative social search）涉及以不同的方式主动参与和搜索相关的活动，例如同地协作（co-located）搜索、在搜索任务上远程合作、使用社交网络进行搜索、使用

1　Yee（2003）描述了用于图像搜索的分面元数据。

专业网络、使用社交数据挖掘或集体智慧改进搜索过程，以及使用社交互动来促进信息搜索和意义感知。这种社交搜索活动可以同步、异步、同地或者在远程共享工作区中完成。社会心理学家经过实验证明，社交讨论行为可促进认知能力。社会群体中的人们可以提供解决方案（问题的答案）、指向数据库或其他人（元知识）的标志，以及验证思想的有效性和合法性。此外，社会群体还可以充当记忆辅助工具，并且可以通过重新阐述问题来提供帮助。在**引导参与**（guided participation）过程中，人们与团体中的同行共同构建知识。在今天的 Web 上，信息搜索主要是一种个体活动。关于协作搜索的一些近期研究报告了多个有趣的发现，以及这种技术在提供更好的信息访问方面的潜力。一种越来越普遍的现象是：人们使用诸如 Facebook 之类的社交网络寻求关于各类主题的观点和解释，以及在购物前阅读产品评论。

27.8.3 会话信息访问

会话信息访问（conversational information access）是一种交互式和协作式的信息发现交互活动。参与者参加自然的人与人之间的会话，智能代理在后台监听会话并执行**意图提取**（intent extraction），以给参与者提供特定于需求的信息。代理通过移动或可穿戴的通信设备与参与者进行直接或微妙的交互。这些交互需要用到一些技术，例如说话人辨识、关键词检出、自动语音识别、会话的语义理解以及话语分析，以便给用户提供更快速和相关的会话指示。借助像刚才提及的那些技术，就把信息访问从一种个体活动转换成一种参与性活动。此外，随着代理使用多种技术来收集相关信息以及参与者给代理提供会话反馈，信息访问将变得更特定于目标。

27.8.4 概率主题建模

随着 Web 的出现而生成的信息在空前增多，这导致了关于如何分类组织数据的问题，这样将有利于正确、高效地传播信息。例如，像路透社和美联社这样的国际通讯社在全世界收集关于商业、体育、政治、技术等的每日新闻。有效地组织如此海量的信息是一个巨大的挑战。搜索引擎以传统方式组织文档内的单词以及文档之间的链接，使得可以在 Web 上访问它们。根据文档的主题和论点组织信息，可以允许用户基于他们感兴趣的主题浏览海量的信息。

为了解决这个问题，在上个十年里出现了一类称为**概率主题模型**（probabilistic topic model）的机器学习算法。这些算法可以自动把大型文档集合组织成相关的主题。这些算的美妙之处在于它们是完全无人监督的，这意味着它们不需要任何训练集或人类注释，即可执行这种主题外推。这种算法类型的概念如下：每个文档都是固有地按主题组织的。例如，关于巴拉克·奥巴马的文档可能提及其他总统、与政府相关的其他问题，或者特定的政治议题。关于《钢铁侠》电影之一的文章可能包含对漫威（Marvel）系列电影中的其他科幻角色的引用，或者一般都具有一个科幻主题。可以通过概率建模和估算方法提取文档中的这些固有结构。举另外一个示例，让我们假定每个文档都由占不同比例的、不同主题的集合组成（例如，关于政治的文档也可能是关于总统和美国历史的文档）。此外，每个主题都由单词集合组成。

通过考虑图 27.6，可以猜测文档 D 可能属于总统、政治、民主党人、共和党人和政府这些主题，该文档中提到了美国前任总统巴拉克 • 奥巴马和乔治 • 沃克 • 布什。一般来讲，主题将会共享一个固定的词汇表。这个词汇表是从文档集合中提取的，我们将希望为这个集合训练主题模型。一般会选择希望从集合中提取的主题数量。每个主题都将根据一个单词在不同文档中的某个主题下多久会出现一次，从而以不同的方式对单词进行排名。在图 27.6 中，表示主题比例的所有横条之和应该为 1。文档 D 主要属于总统这个主题，如条形图所示。图 27.6 描述了与总统相关的主题，以及与这个主题关联的单词列表。

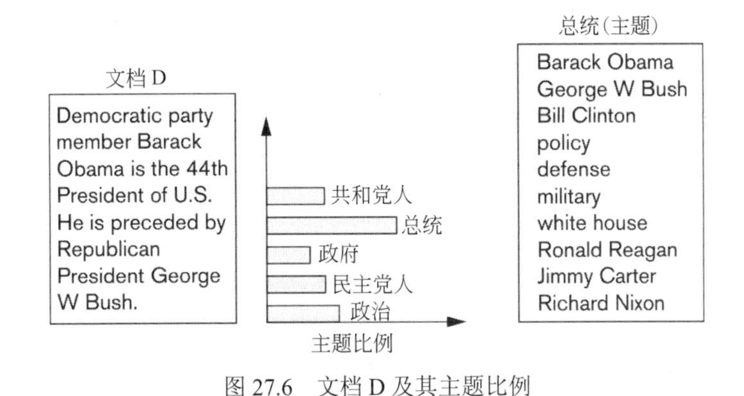

图 27.6　文档 D 及其主题比例

概率主题建模将使用一种学习算法来估算主题分布，该算法假定文档可以生成为主题比例的混合。这些主题比例估算值是使用抽样和期望最大化算法计算的。一个名为隐含狄利克雷分配（latent Dirichlet allocation，LDA）[1]的算法用于生成主题模型。该模型采用一个生成过程，其中文档是隐含主题的混合，并且主题是单词之上的分布。给定一些隐藏的参数，生成模型将随机生成可观测的数据。这些隐藏的/不可观测的参数是单词和主题的狄利克雷分布[2]先验、主题分布，以及每个主题的单词分布。基于观测到的数据（文档中的单词），使用诸如吉布斯抽样（Gibbs sampling）[3]之类的贝叶斯推理方法来适应隐藏的参数。

27.8.5　问答系统

由于虚拟辅助技术(例如，Apple 的 Siri 和 Microsoft 的 Cortana)不断涌现，问答(question answering，QA）已经成为一个热门的研究主题。这些虚拟辅助技术是交互式语音响应（interactive voice response，IVR）系统的一个进步，后者主要依赖于像关键词检出这样的语音识别技术。问答系统处理的是对自然语言查询的复杂理解。近来，IBM 通过开发一个名为 Watson 的 QA 系统而创造了历史，该系统参加了 *Jeopardy!* Challenge（危险挑战）[4]，并且在流行的电视智力竞赛节目中击败了人类选手。问答已经成为一门实用工程学科，其

1　参见 Blei、Ng 和 Jordan（2003）。

2　参见 S. Kotz、N. Balakrishnan 和 N. L. Johnson（2000）。

3　参见 German 和 German（1984）。

4　参见 Ferrucci 等（2010）。

中包含诸如解析、命名实体识别（NER）、焦点提取、答案类型提取、关系提取、本体推理以及搜索、索引和分类算法之类的技术。问答技术还涉及大型非结构化语料库（例如 Web 文档集）以及纳入了其他领域知识的结构化数据库中的知识工程。这些文档集合一般足够大，需要应用大数据工具和技术，在第 25 章中讨论了其中一些工具和技术。在下面几节中，将考虑问答中涉及的主要概念。

1. 问题的类型

在问答系统中，知道问题的类别或类型很重要，因为解答策略主要依赖于问题的类型。其中一些类别并非总是互斥的，因此需要混合式解答策略。一般来讲，可以将问题分为以下类型。

- **事实性问题**（factoid question）：这类问题可以确定文档或数据库中能够正确解决问题的合适短语。这类问题的示例包括："谁是美国总统？""Elvis Presley 出生在哪座城市？""Hartsfield Jackson 国际机场位于何处？"，以及"今天的日落时间是什么？"
- **列表问题**（list question）：这类问题寻求一个满足给定条件的事实性响应列表。示例包括："指出莎士比亚写作的 3 个剧本""指出在詹姆斯 • 邦德（James Bond）007 电影系列中扮演詹姆斯 • 邦德的男演员"，以及"列出 3 种红色的蔬菜"。
- **定义问题**（definition question）：这类问题询问概念的定义和含义，并且提取概念的基本信息和属性。示例包括："惰性气体是什么？""亚历山大大帝是谁？"，以及"伦敦银行同业拆借利率（LIBOR 利率）是多少？"。
- **观点问题**（opinion question）：这类问题寻求关于问题的某个主题的不同观点。例如，"应该允许哪些国家测试核武器？"以及"沙特阿拉伯对于中东的恐怖主义是什么态度？"。

近年来，研究和学术界联合倡议采用公共指标、架构、工具和方法来创建可以促进和改进 QA 技术的基准。

2. 架构

大多数最新的 QA 架构一般由包含以下阶段的流水线组成。

（1）**问题分析**（question analysis）：这个阶段涉及分析问题，并把它们转换成所分析文本的结构化表示，以便下游组件对它们进行处理。答案类型是使用以下一些或全部技术从问题的解析表示中提取的：浅层语义解析、焦点检测、答案类型分类、命名实体识别和共指消解（co-reference resolution）。

- 浅层语义解析：通过受监督的机器学习方法将表层标记分配给句子结构的过程。一般来讲，将通过尝试匹配"谁（WHO）何时（WHEN）、在哪里（WHERE）、为什么（WHY）、如何（HOW）对谁（WHOM）做了什么（WHAT）"这些元素，自动实例化句子的框架。
- 焦点检测：在图像中，某些事物比较引人注目，而其他事务则保留在背景中。我们把引人注目的事务称为位于焦点中。类似地，在 QA 中，问题也具有焦点词，其中包含对答案的引用。例如，在"Which book of Shakespeare is a tragedy about lovers?"（莎士比亚的哪本书是关于情人的悲剧？）这个问题中，焦点词"book of Shakespeare"

（莎士比亚的书）可以利用规则“which X”（哪个 X）来实例化，其中 X 是句子中的一个名词短语。QA 系统使用焦点词来触发直接搜索，以及帮助提供答案。

- 答案类型分类：这个阶段有助于确定 QA 中的答案的类别。在上面的示例中，焦点词的首词“book”（书）是这个问题的答案类型。在 QA 中应用了多种机器学习技术，来确定问题的答案类型。
- 命名实体识别：命名实体识别寻求将文本中的元素分成预定义的类别，例如人物、地点、动物、国家、河流、陆地。
- 共指消解：共指消解的任务是关于确定文本中指代同一事务的多种表达方式。例如，在句子“John said that he wanted to go to the theater on Sunday.”（约翰说他想在星期天去看戏剧。）中，代词“he”（他）指的是“John”（约翰），并且是文本中的共指。

（2）**查询生成**（query generation）：在这个阶段，将使用经过分析的文本生成多个查询，这要借助用于一个或多个底层搜索引擎的查询规范化和扩展技术，在这些搜索引擎中可能嵌入了答案。例如，在“Which book of Shakespeare is about tragedy of lovers”（莎士比亚的哪本书是关于情人的悲剧？）这个问题中，扩展查询可能是“Shakespeare love story”（莎士比亚爱情故事）、“novels of Shakespeare”（莎士比亚的小说）、“tragic love story author Shakespeare”（悲剧爱情小说作家莎士比亚）、“love story genre tragedy author Shakespeare”（爱情故事类悲剧作家莎士比亚）等。一般以不同的组合使用提取的关键词、答案类型、同义词信息和命名实体，来创建不同的查询。

（3）**搜索**（search）：在这个阶段，把查询发送给不同的搜索引擎，并且检索相关的章节。执行搜索的搜索引擎可能是联机的，例如 Google 或 bing，也可能是脱机的，例如 Lucene 或 Indri[1]。

（4）**候选答案生成**（candidate answer generation）：对检索出的章节使用命名实体提取器，并与想要的答案类型进行匹配，以提出候选答案。依赖于想要的答案粒度，应用候选生成和答案类型匹配算法（例如，表面模式匹配和结构匹配）。在表面模式匹配中，将利用问题中的参数实例化正则表达式模板，并与检索到的章节的词块进行匹配以提取答案。例如，使焦点词与包含潜在答案的章节保持一致，以提取答案候选。在“Romeo and Juliet is a tragic love story by Shakespeare”（《罗密欧和朱丽叶》是莎士比亚写作的悲剧爱情故事）这个句子中，短语“Romeo and Juliet”（罗密欧和朱丽叶）可以简单地替换“Which book is a tragic love story by Shakespeare?”（哪本书是莎士比亚写作的悲剧爱情故事？）这个问题中的“Which book”（哪本书）。在结构匹配中，将对问题和检索到的章节进行解析，并且使用句法和语义校准使它们保持一致，以找出答案候选。诸如“Shakespeare wrote the tragic love story Romeo and Juliet”（莎士比亚写作了悲剧爱情故事《罗密欧和朱丽叶》）之类的句子不能与上述问题进行表面匹配，但是经过正确的解析和校准，将使它能够与问题进行结构匹配。

（5）**答案得分**（answer scoring）：在这个阶段，将估算候选答案的信心得分。对相似的答案进行合并，并且可以重用知识源，收集对不同候选答案的支持性证据。

---

1 参见 http://www.lemurproject.org/indri/。

27.9 小　结

本章介绍了一个称为信息检索（IR）的重要领域，它与数据库密切相关。随着Web的出现，非结构化数据连同文本、图像、音频和视频一起以惊人的速度增长。尽管数据库管理系统可以非常好地处理结构化数据，但是包含各种数据类型的非结构化数据主要存储在Web上的临时信息库中，主要通过IR系统来使用这些数据。Google、Yahoo及类似的搜索引擎都是IR系统，它们促进了这个领域的进步，使它们可以快速被普通的最终用户使用，并给最终用户提供更丰富的、持续改进的搜索体验。

在27.1节中，首先在27.1.1节中介绍了IR领域，并在27.1.2节中比较了IR与数据库技术。在27.1.3节中介绍了IR简史，然后在27.1.4节中介绍了IR系统中的查询和浏览的交互模式。

在27.2节中，介绍了IR中使用的各种检索模型，包括布尔模型、向量空间模型、概率模型和语义模型。这些模型允许我们度量一个文档是否与用户查询相关，并且提供了相似性度量的启发式方法。在27.3节中，介绍了不同的查询类型，除了占据主导地位的基于关键字的查询之外，还展示了其他的查询类型，包括布尔查询、短语查询、近似查询、自然语言查询，以及检索模型需要提供明确支持的其他类型。文本预处理在IR系统中很重要，在27.4节中讨论了各种活动，例如删除停用词、词干化和辞典的使用。然后，在27.5节中讨论了倒排索引的构造和使用，它是IR系统的核心，有助于提高搜索效率。接下来，在27.6节中讨论了各种评估指标，例如查全率、查准率和F分值，用于度量IR查询结果的拟合度。然后讨论了Lucene开源索引和搜索引擎及其名为Solr的扩展。接着简要介绍了相关性反馈，通过用户在搜索过程中的交互和介入，修改和改进检索，为用户提供合适的信息。

由于Web分析与信息检索相关，因此在27.7节中对其进行了稍微详细的介绍。我们把这个介绍划分成内容分析、结构分析和Web使用分析。然后讨论了Web搜索，包括Web链接结构分析（参见27.7.3节），还介绍了对Web搜索结果进行排名的算法，例如PageRank和HITS。最后，简要讨论了当前的趋势，包括分面搜索、社交搜索和会话搜索。还介绍了文档主题的概率建模，以及一个名为隐含狄利克雷分配（LDA）的流行技术。在本章最后讨论了问答系统（参见27.7.5节），它们正在变成非常流行，并且可以使用一些工具，例如Apple的Siri和Microsoft的Cortana。

本章对信息检索和Web搜索这个广泛的领域提供了一个初步的介绍，感兴趣的读者应该参考章末的选读文献，获取关于信息检索和搜索引擎的专业知识。

复　习　题

27.1　什么是结构化数据和非结构化数据？根据你的经验给出每种数据的一个示例。

27.2　给出信息检索（IR）的一般定义。当考虑Web上的信息时，信息检索将涉及哪些内容？

27.3　讨论今天的信息检索系统中的数据类型和用户类型。

27.4　导航型搜索、信息型搜索和事务型搜索的含义是什么？

27.5　IR系统的两种主要交互模式是什么？描述它们并提供一些示例。

27.6　解释表27.1中提到的数据库与IR系统之间的主要区别。

27.7　描述图27.1中所示的IR系统的主要组件。

27.8　什么是数字图书馆？在数字图书馆中通常可以发现哪些数据类型？

27.9　指出你访问过的一些数字图书馆。它们包含什么内容，数据回溯有多远？

27.10　给出IR的简史，指出这个领域中的发展里程碑。

27.11　什么是IR的布尔模型？它的局限性是什么？

27.12　什么是IR的向量空间模型？如何构造一个向量来表示一个文档？

27.13　定义用于确定文档中的关键字加权的TF-IDF模式。为什么必须在词条的加权中包括IDF？

27.14　什么是IR的概率模型和语义模型？

27.15　定义IR系统中的查全率和查准率。

27.16　给出一个结果排名列表中的位置i处的查准率和查全率的定义。

27.17　如何将F分值（F-score）定义为信息检索的一个指标？它以什么方式考虑到查准率和查全率？

27.18　IR系统中的不同查询类型是什么？分别利用示例描述每种查询类型。

27.19　处理短语查询和近似查询的方法是什么？

27.20　描述图27.2中所示的详细IR过程。

27.21　什么是删除停用词和词干化？为什么这些过程对于更好的信息检索是必要的？

27.22　什么是辞典？它对IR有何益处？

27.23　什么是信息提取？对于结构化文本，有哪些不同的信息提取类型？

27.24　IR系统中的词汇表是什么？它们在创建文档索引中扮演什么角色？

27.25　收集5个文档，其中每个文档都包含大约3个句子，并且包含一些相关的内容。对这些文档中的所有重要词条（关键字），构造一个倒排索引。

27.26　描述使用倒排索引构造搜索请求结果的过程。

27.27　定义相关性反馈。

27.28　描述本章中讨论的3种Web分析类型。

27.29　列出在分析Web内容时所涉及的重要任务。分别用几句话描述每项任务。

27.30　本章中提到的3类基于代理的Web内容分析是什么？

27.31　分析Web内容的基于数据库的方法是什么？什么是Web查询系统？

27.32　Web页面排名或者确定Web页面重要性的流行算法是什么？哪个算法是由Google的创始人提出的？

27.33　PageRank算法背后的基本思想是什么？

27.34　什么是枢纽页面和权威页面？HITS算法如何使用这些概念？

27.35　从Web使用分析中可以学到什么？它生成的数据是什么？

27.36　在Web使用数据上通常可以执行哪些挖掘操作？分别给出一个示例。

27.37　Web使用挖掘的应用是什么？

27.38 什么是搜索相关性？如何确定它？

27.39 定义分面搜索。为一个包含各类建筑物的数据库构造一组分面。例如，两个分面可能是“建筑物价值或价格”和“建筑物类型”（住宅、办公室、仓库、工厂等）。

27.40 什么是社交搜索？协作式社交搜索会涉及什么？

27.41 定义和解释会话搜索。

27.42 定义主题建模。

27.43 问答系统是如何工作的？

选读文献

信息检索和搜索技术是企业界和学术界的一个活跃的研究和发展领域。对于我们在本章中简要介绍的一些内容，有许多 IR 教科书都提供了详细的讨论。Croft、Metzler 和 Strohman（2009）所著的 *Search Engines: Information Retrieval in Practice* 一书给出了对搜索引擎概念和原理的实用概述。Manning、Raghavan 和 Schutze（2008）所著的 *Introduction to Information Retrieval* 是一本关于信息检索的权威图书。另一本 IR 方面的入门性教科书是 Ricardo Baeza-Yates 和 Berthier Ribeiro-Neto（1999）所著的 *Modern Information Retrieval*，它详细介绍了 IR 技术的方方面面。Gerald Salton（1968）和 van Rijsbergen（1979）关于信息检索的经典图书很好地描述了直到20世纪60年代后期在IR领域所做的基础性研究工作。Salton 还介绍了作为 IR 模型的向量空间模型。Manning 和 Schutze（1999）很好地总结了自然语言技术和文本预处理。Xie（2008）所著的 *Interactive Information Retrieval in Digital Environments* 提供了一个良好的以人为本的信息检索方法。Witten、Moffat 和 Bell（1999）所著的 *Managing Gigabytes* 一书详细讨论了索引技术。Voorhees 和 Harman（2005）所著的 TREC 图书描述了在 TREC 竞争环境下的测试集合和评估过程。

Broder（2002）把 Web 查询分为 3 种不同的类型：导航型、信息型和事务型，并且展示了 Web 搜索的详细分类。Covi 和 Kling（1996）给出了数字图书馆的宽泛定义，并且讨论了有效的数字图书馆使用的组织维度。Luhn（1957）于 20 世纪 50 年代在 IBM 针对 IR 做了一些开创性的工作，涉及自动索引和商业智能。在康奈尔大学开发的 SMART 系统（Salton 等（1993））是最早的高级 IR 系统之一，它使用完全自动的词条索引、分层聚类，以及根据与查询的相似度进行文档排名。SMART 系统根据向量空间模型将文档和查询表示为加权的词条向量。

弱词干化算法和强词干化算法应归功于 Porter（1980），它们已经变成了标准。Robertson（1997）在伦敦城市大学的 Okapi 系统中开发了一种先进的加权模式，它在 TREC 竞争中变得非常流行。Lenat（1995）于 20 世纪 80 年代开启了 Cyc 项目，用于在信息处理系统中纳入形式化逻辑和知识库。创建 WordNet 辞典的工作在 20 世纪 90 年代一直在持续进行，现在仍未中断。在 Fellbaum（1998）所著的图书中描述了 WordNet 概念和原理。Rocchio（1971）描述了相关性反馈算法，在 Salton（1971）所著的 *The SMART Retrieval System—Experiments in Automatic Document Processing* 一书中也描述了它。

Abiteboul、Buneman 和 Suciu（1999）在他们的图书中广泛讨论了 Web 上的数据，并且重点论述了半结构化数据。Atzeni 和 Mendelzon（2000）在 VLDB 期刊中撰写了一篇关于数据库和 Web 的社论。Atzeni 等（2002）提出了基于 Web 的数据的模型和转换方法。Abiteboul 等（1997）提出了用于管理半结构化数据的 Lord 查询语言。

Chakrabarti（2002）是一种关于 Web 上的知识发现的优秀图书。Liu（2006）所著的图书包括几个部分，其中每个部分都全面概述了 Web 数据分析及其应用中所涉及的概念。关于 Web 分析的优秀综述文章包括 Kosala 和 Blockeel（2000）以及 Liu 等（2004）。Etzioni（1996）为了解 Web 挖掘提供了一个良好的起点，并且描述了与 World Wide Web 上的数据挖掘相关的任务和问题。Cooley 等（1997）很好地概述了与 Web 内容和使用分析关联的研究问题、技术和开发工作。Cooley（2003）重点介绍了使用 Web 结构来挖掘 Web 使用模式。Spiliopoulou（2000）详细描述了 Web 使用分析。在 Madria 等（1999）和 Chakraborti 等（1999）中描述了基于页面结构的 Web 挖掘。Page 等（1999）和 Kleinberg（1998）给出了用于计算 Web 页面排名的算法，其中前者描述了著名的 PageRank 算法，后者则介绍了 HITS 算法。

Harth、Hose 和 Schenkel（2014）介绍了用于查询和管理 Web 上的链接数据的技术，并且展示了这些技术对于研究和商业应用的潜力。Ferrucci 等（2010）相当详细地描述了问答技术，他开发了 IBM Watson 系统。Bikel 和 Zitouni（2012）是开发健壮、准确的多语言 NLP（自然语言处理）系统的全面指南。Blei、Ng 和 Jordan（2003）概述了主题建模和隐含狄利克雷分配。有关 Lucene 和 Solr 技术的深入、实用的指南，可以参阅 Moczar（2015）所著的图书。

第 28 章　数据挖掘概念

在过去的几十年间，许多组织以文件和数据库的形式，生成了大量机器可读的数据。现有的数据库技术可以处理这类数据，并且支持像 SQL 这样的查询语言。不过，SQL 是一种假定用户知道数据库模式的结构化语言。SQL 支持关系代数的运算，允许用户从表中选择行和列数据，或者基于公共字段连接表中的相关信息。在第 29 章中，将介绍数据仓库技术提供了多种类型的功能：如数据的合并、聚合和汇总。数据仓库允许沿着多个维度查看相同的信息。在本章中，将重点关注另一个非常流行的兴趣领域，即数据挖掘。顾名思义，**数据挖掘**（data mining）指依据模式或规则，从海量数据中挖掘或发现新信息。为了切实可用，必须能在大型文件和数据库上高效地执行数据挖掘。尽管在 RDBMS 中提供了一些数据挖掘特性，但是数据挖掘并没有与数据库管理系统很好地集成在一起。目前，企业界对数据挖掘的潜力非常着迷，并且数据挖掘领域被普遍称为**商业智能**（business intelligence）或**数据分析**（data analytics）。

本章将简要回顾数据挖掘这个广泛领域的基本概念和原理，它使用了许多领域的技术，例如机器学习、统计学、神经网络和遗传算法。本章将重点介绍信息发现的本质、在尝试挖掘数据库时所面临的问题类型，以及数据挖掘的应用。还将概述大量的商业数据挖掘工具的发展现状（参见 28.7 节），并将描述使这个领域保持活力所需的若干研究进展。

28.1　数据挖掘技术概述

在诸如流行的 Gartner Report[1]之类的报告中，数据挖掘作为不久的将来最热门的技术之一而备受瞩目。在本节中，将把数据挖掘与称为知识发现的更宽泛的领域关联起来，并通过一个说明性的示例对二者进行比较。

28.1.1　数据挖掘与数据仓储

数据仓库（参见第 29 章）的目标是利用数据来支持决策。数据挖掘可以与数据仓库一起使用，以帮助做出某些类型的决策。数据挖掘可应用于具有单个事务的操作型数据库。为了使数据挖掘更高效，数据仓库应该具有一个聚合或汇总的数据集合。数据挖掘有助于提取有意义的新模式，如果只是查询或处理数据仓库中的数据或元数据，那么将不一定能够发现它们。因此，在设计数据仓库期间，应该尽早着重考虑数据挖掘应用。此外，在设计数据挖掘工具时，应该使它们易于与数据仓库协同工作。事实上，对于达到 TB 级甚至 PB 级数据的特大型数据库，数据挖掘应用的成功使用首先要依赖于数据仓库的构建。

1　Gartner Report 是许多技术调查刊物中的一个典范，公司经理依靠它们来讨论和选择数据挖掘技术。

28.1.2 将数据挖掘作为知识发现过程的一部分

数据库中的知识发现（knowledge discovery in database，常简写为 KDD）通常包含比数据挖掘更多的方面。知识发现过程包含 6 个阶段[1]：数据选择、数据清理、数据增强、数据转换或编码、数据挖掘，以及所发现信息的报告和显示。

举一个例子，考虑由专营消费品的零售商维护的一个事务数据库。假设客户数据包括顾客姓名、邮政编码、电话号码、购买日期、商品代码、商品价格、商品数量和总金额。通过在这个客户数据库上执行 KDD 处理，可以发现各种新知识。在数据选择期间，可能选择关于特定商品或商品类别的数据，或者是来自国家的特定区域或地区的商店的数据。然后，数据清理过程可能校正无效的邮政编码，或者消除具有错误电话号码前缀的记录。数据增强通常利用额外的信息源来增强数据。例如，给定客户姓名和电话号码，商店可能购买关于年龄、收入和信用等级的数据，并把它们追加到每条记录中。可以进行数据转换和编码，以减少数据量。例如，可能依据产品类别将商品代码分组成音频、视频、日用品、小电器、照相机、配件等。可以将邮政编码聚合成地理区域，收入则可划分成若干个范围，等等。在图 29.1 中，显示了一个称为提取、转换和加载（extraction, transformation, and load，ETL）的过程，作为创建数据仓库的前奏。如果数据挖掘是基于此零售连锁商店的一个现有的数据仓库，那么我们将期望已经应用了数据清理。仅当经过了这样的预处理之后，才能使用数据挖掘技术来挖掘不同的规则和模式。

从数据挖掘结果中可能发现以下类型的新信息。

- **关联规则**（association rule）：例如，无论何时顾客购买视频设备，他或她还会购买另一个小电器。
- **序列模式**（sequential pattern）：例如，假设顾客购买了一部照相机，并且在 3 个月内他或她又购买了照相器材，那么在 6 个月内他或她很可能再购买一个配件商品。这定义了事务的序列模式。在淡季购物超过两次的顾客很可能在 12 月份的假日购物期至少购物一次。
- **分类树**（classification tree）：例如，可能按光顾频率、使用的付款方式、购物金额或者所购买商品之间的内在联系对顾客进行分类，并且可能为这种分类生成一些具有揭示性的统计数据。

如这个零售商店示例所示，在进行数据挖掘之前，必须完成重要的数据准备工作，这样数据挖掘才可能产生有用的信息，它们可以直接影响商业决策。

可以利用多种格式来报告数据挖掘的结果，例如列表、图形输出、汇总表以及其他可视化形式。

28.1.3 数据挖掘和知识发现的目标

在执行数据挖掘时，通常会带有一些最终目标或应用。广义上讲，这些目标可以分为

1 这个讨论主要基于 Adriaans 和 Zantinge（1996）。

以下几类：预测、鉴别、分类和优化。

- **预测**（prediction）。数据挖掘可以显示数据内的某些属性在将来会如何表现。预测性数据挖掘的示例包括：分析购物事务来预测顾客在某些折扣下会购买什么，一家商店在给定时期内将产生多大的销售额，以及撤销一条生产线是否可以提高利润。在这类应用中，将把商业逻辑与数据挖掘结合起来使用。在科学环境下，某些地震波模式可能利用较高的概率预测一次地震。
- **鉴别**（identification）。数据模式可用于鉴别一件商品、一个事件或一项活动的存在。例如，可以通过执行的程序、访问的文件以及每个会话的 CPU 时间，来鉴别入侵者正在尝试破坏系统。在生物学应用中，可以通过 DNA 序列中核苷酸符号的某些序列来鉴别某个基因的存在。一个称为身份验证的领域就是一种鉴别形式。它可以查明一个用户是否确实是特定的用户或者属于某个授权的类别，并且它还涉及把参数、图像或信号与某个数据库做比较。
- **分类**（classification）。数据挖掘可以对数据进行分区，使得可以基于参数的组合来鉴别不同的类型或类别。例如，可以将超市里的顾客分为折扣型购买者、冲动型购买者、忠实型购买者、追求名牌的购买者和偶然的购买者。可以把这种分类作为一种数据挖掘后的活动，用于对顾客的购买事务进行不同的分析。有时，可以把基于公共领域知识的分类用作输入来分解挖掘问题，从而使之更简单。例如，健康食品、聚会食品和学校午餐食品在超市中属于不同的类别。将类别内和类别间的联系作为单独的问题进行分析是有意义的。在进一步对数据进行数据挖掘之前，可以利用这种分类适当地对数据进行编码。
- **优化**（optimization）。数据挖掘的一个最终目标可能是优化有限资源的使用，例如时间、空间、金钱或物质，并且在一组给定的约束条件下使输出变量最大化，例如销售额或利润。因此，数据挖掘的这个目标类似于运筹学问题中使用的目标函数，它处理的是约束条件下的最优化问题。

目前普遍在广义地使用*数据挖掘*这个术语。在一些情况下，它包括统计分析、约束优化以及机器学习。没有明确的界线将数据挖掘与这些学科分隔开。因此，详细讨论构成这项庞大工程的完整应用超出了本书的范围。要详细了解这个主题，读者可以参阅数据挖掘领域的专著。

28.1.4 数据挖掘期间知识发现的类型

从广义上，可以将*知识*这个术语解释成涉及一定程度的智能。经过额外的处理，可以将原始数据转变成信息，再转变成知识。知识通常分为归纳知识与演绎知识。**演绎知识**（deductive knowledge）基于对给定的数据应用预先指定的演绎逻辑规则，演绎出新的信息。数据挖掘处理的是**归纳知识**（inductive knowledge），即从所提供的数据中发现新的规则和模式。可以用多种形式表示知识：在非结构化环境中，可以通过规则或命题逻辑来表示它。采用结构化形式，可以利用决策树、语义网络、神经网络、类型层次或框架层次表示它。通常会在数据挖掘期间描述所发现的知识，如下。

- **关联规则**（association rule）。这些规则把一个项目集合的存在与另一个变量集合的取值范围相关联。例如：（1）当一位女性购物者购买一只手提包时，她很可能还会购买鞋子。（2）包含特征 a 和 b 的 X 光片很可能还会展现出特征 c。

- **分类层次**（classification hierarchy）。其目标是从现有的事件或事务集合中创建一个类型层次。例如：（1）可能基于以前的信用交易的历史记录将人们划分为 5 个信用等级。（2）可以开发一个模型，以确定商店的位置是否有利，其测定因素可分为 1~10 个等级。（3）可以使用诸如增长、收入和稳定性之类的特征，基于业绩数据对共同基金进行分类。
- **序列模式**（sequential pattern）。找出动作或事件的序列。例如：如果一位患者因为动脉阻塞和动脉瘤做过心脏旁路手术，手术后一年内又出现高血尿症，那么他或她很可能会在接下来的 18 个月内患肾衰竭。检测序列模式等价于在具有某些时态联系的事件中，检测它们之间的关联。
- **时间序列内的模式**（pattern within time series）。可以在数据的**时间序列**（time series）的位置内检测到相似性，时间序列是指定期获取的数据序列，例如日销售额或每日股票收盘价。例如：（1）一家名为 ABC 能源的公用事业公司和一家名为 XYZ 证券的金融公司，它们的股票在 2014 年期间的收盘价呈现出相同的模式。（2）两种产品在夏季显示出相同的销售模式，但是在冬季则不同。（3）太阳磁场风中的模式可用于预测地球大气环境的变化。
- **聚类**（clustering）。可以将给定的事件或项目群体划分（分割）成“相似”元素的集合。例如：（1）可以根据治疗某种疾病所产生的副作用，对全体治疗数据进行分组。（2）从最有可能购买一件新产品到最不可能购买一件新产品，可以将美国成人划分成 5 个群体。（3）可以依据文档的关键字来分析一个用户集合对一个文档集合（例如说，在数字图书馆内）的 Web 访问，从而揭示出用户的群体或类别。

对于大多数应用，期望得到的知识是上述类型的组合。下面几节将展开讨论上述各种知识类型。

28.2　关联规则

28.2.1　购物篮模型、支持度和可信度

数据挖掘中的主要技术之一涉及关联规则的发现。数据库被视作是事务的集合，其中每个事务都涉及一个项目集合。常见的示例是**购物篮数据**（market-basket data）。这里，购物篮对应于一位顾客去超市在一次购物期间所购买的商品集合。考虑图 28.1 中所示的一个随机样本中的 4 个这样的事务。

Transaction_id	Time	Items_bought
101	6:35	牛奶、面包、饼干、果汁
792	7:38	牛奶、果汁
1130	8:05	牛奶、鸡蛋
1735	8:40	面包、饼干、咖啡

图 28.1　购物篮模型中的示例事务

关联规则（association rule）的形式是：X => Y，其中 $X = \{x_1, x_2, \cdots, x_n\}$，$Y = \{y_1, y_2, \cdots, y_m\}$，它们都是商品集合，并且对于所有的 i 和 j，$x_i$ 和 y_j 都是不同的商品。这种关联指出，如果一位顾客购买 X，那么他或她很可能还会购买 Y。一般来讲，任何关联规则都具有 LHS（左手边）=> RHS（右手边）的形式，其中 LHS 和 RHS 都是项集合。集合 LHS∪RHS 称为**项集**（itemset），即顾客购买的商品集合。为了使数据挖掘人员对某个关联规则感兴趣，该规则应该满足某种兴趣度量。两种常见的兴趣度量是支持度和可信度。

规则 LHS => RHS 的**支持度**（support）与项集相关，它指的是特定项集在数据库中的出现频率。也就是说，支持度是包含项集 LHS∪RHS 中的所有项的事务所占的百分比。如果支持度比较低，就意味着没有足够的证据可以证明 LHS∪RHS 中的项将会一起出现，因为这个项集只在一小部分事务中出现。支持度的另一个术语是规则的流行性（prevalence）。

可信度（confidence）与规则中显示的含义相关。规则 LHS => RHS 的可信度计算如下：support(LHS∪RHS)/support(LHS)。可以把它视作是一位顾客购买了 LHS 中的商品后又购买 RHS 中的商品的概率。可信度的另一个术语是规则的强度（strength）。

举一个关于支持度和可信度的例子，考虑下面两条规则：“牛奶 => 果汁”和“面包 => 果汁”。考虑图 28.1 中的 4 个示例事务，可以看到{牛奶, 果汁}的支持度为 50%，而{面包, 果汁}的支持度只有 25%。牛奶 => 果汁的可信度为 66.7%（这意味着在出现牛奶的 3 个事务中，有两个包含果汁），面包 => 果汁的可信度为 50%（这意味着在包含面包的两个事务中有一个也包含果汁）。

可以看到，支持度和可信度并不一定是密切相关的。这样，挖掘关联规则的目标就是生成所有可能的规则，它们应该超过用户指定的支持度和可信度的最小阈值。因此，可以把这个问题分解成两个子问题。

（1）生成支持度超过阈值的所有项集。这些项的集合称为**大（或频繁）项集**。注意：这里的“大”是指支持度大。

（2）对于每个大项集，所有达到最小可信度的规则都可以按如下方式生成：对于大项集 X 并且 $Y \subset X$，令 $Z = X - Y$；这样，如果 support(X)/support(Z) > 最小可信度，那么规则 Z => Y（即 X − Y => Y）就是一个有效规则。

通过使用所有大项集及其支持度来生成规则相对比较直观。不过，如果项集合中的基数很大，那么找出所有的大项集及其支持度的值就是一个主要问题。典型的超市中具有数千种商品。不同项集的数量是 2^m，其中 m 是商品的数量，这样统计所有可能项集的支持度将需要进行极其繁重的计算。为了减小组合的搜索空间，用于查找关联规则的算法将利用以下性质。

- 一个大项集的子集也必须是大项集（也就是说，大项集的每个子集都应超过所要求的最小支持度）。
- 相反，一个小项集的超集也是小项集（这意味着它不具有足够的支持度）。

第一个性质称为**向下闭包**（downward closure）。第二个性质称为**反单调性**（antimonotonicity），它有助于减小可能的解决方案的搜索空间。也就是说，一旦找到某个项集是小项集（而不是大项集），那么对该项集的任何扩展（通过向集合中添加一个或多个项来形成）也将产生一个小项集。

28.2.2 Apriori 算法

使用向下闭包和反单调性这两个性质的第一个算法是 **Apriori 算法**（apriori algorithm），如算法 28.1 所示。

这里使用图 28.1 中的事务数据来说明算法 28.1，设最小支持度为 0.5。候选 1 项集是{牛奶, 面包, 果汁, 饼干, 鸡蛋, 咖啡}，它们的支持度分别为 0.75、0.5、0.5、0.5、0.25 和 0.25。前 4 项满足 L_1，因为它们的支持度都大于或等于 0.5。在 repeat 循环的第一次迭代中，扩展频繁 1 项集，创建候选频繁 2 项集，即 C_2。C_2 包含{牛奶, 面包}、{牛奶, 果汁}、{面包, 果汁}、{牛奶, 饼干}、{面包, 饼干}和{果汁, 饼干}。注意，{牛奶, 鸡蛋}没有出现在 C_2 中，因为{鸡蛋}是小项集（根据反单调性），并且没有出现在 L_1 中。C_2 中包含的 6 个集合的支持度分别为 0.25、0.5、0.25、0.25、0.5 和 0.25，它们是通过扫描事务集合计算出来的。只有第 2 个 2 项集{牛奶, 果汁}和第 5 个 2 项集{面包, 饼干}的支持度大于或等于 0.5。这两个 2 项集构成了频繁 2 项集 L_2。

```
算法 28.1  用于查找频繁（大）项集的 Apriori 算法。
输入：m 个事务的数据库 D，最小支持度为 mins，通过 m 的一个分数表示。
输出：频繁项集 L1, L2, …, Lk。
Begin /* 对步骤或语句进行编号是为了提高可读性 */
1. 扫描一遍数据库，并统计其中出现项 ij 的事务数量(即 count(ij))，由此计算每个项 i1, i2, …,
   in 的支持度 support(ij) = count(ij)/m;
2. 候选频繁 1 项集 C1 将是项 i1, i2, …, in 的集合;
3. 对于 C1 中包含 ij 的项子集，若其支持度 support(ij) >= mins，则该子集将变成频繁 1 项
   集 L1;
4. k = 1;
   termination = false;
repeat
1. Lk+1 = (空集);
2. 通过组合具有 k-1 个公共项的 Lk 的成员，创建候选频繁(k+1)项集 Ck+1（即有选择地对频繁 k
   项集扩展 1 个项，而形成候选频繁(k+1)项集）;
3. 此外，只考虑那些作为 Ck+1 元素的 k+1 个项，使其每个大小为 k 的子集都出现在 Lk 中;
4. 扫描一次数据库，计算 Ck+1 的每个成员的支持度；如果 Ck+1 的某个成员的支持度>= mins，那
   么就把该成员添加到 Lk+1 中;
5. If Lk+1 为空 then termination = true
   else k = k + 1;
   until termination;
End;
```

在 repeat 循环的下一次迭代中，通过向 L_2 中的集合中添加额外的项，构造候选频繁 3 项集。不过，对于 L_2 中的项集，无论执行何种扩展都不能保证其所有 2 项子集都将包含在 L_2 中。例如，考虑{牛奶, 果汁, 面包}，L_2 中没有 2 项集{牛奶, 面包}，因此根据向下闭包性质，{牛奶, 果汁, 面包}不能是频繁 3 项集。此时，算法将会终止，并且 L_1 等于{{牛奶}, {面包}, {果汁}, {饼干}}，L_2 等于{{牛奶, 果汁}, {面包, 饼干}}。

目前还提出了另外几种算法用于挖掘关联规则。它们之间的主要区别在于如何生成候选项集以及如何统计候选项集的支持度。一些算法使用诸如位图和散列树之类的数据结构来保存关于项集的信息。还有一些算法提议对数据库进行多次扫描，因为在单次扫描中，项集的潜在数量为 2^m，这个数量可能太大以至于无法建立计数器。这里将研究用于挖掘关联规则的 3 个改进的算法（相对于 Apriori 算法而言）：抽样算法、频繁模式树算法和分区算法。

28.2.3 抽样算法

抽样算法（sampling algorithm）的主要思想是：从事务数据库中选择一个能放入主存中的小样本，并从该样本中确定频繁项集。如果这些频繁项集构成了整个数据库的频繁项集的一个超集，就可以通过扫描数据库的其余部分来确定真正的频繁项集，从而计算超集项集的准确支持度值。通常可以使用（例如）Apriori 算法并降低最小支持度，从样本中找到频繁项集的超集。

在极少数情况下，可能会遗漏一些频繁项集，并且需要对数据库进行二次扫描。为了确定是否遗漏了任何频繁项集，可以使用负边界（negative border）的概念。对于频繁项集 S 和项集合 I 而言，负边界是 PowerSet(I)中（而不是 S 中）包含的最小项集。基本思想是：频繁项集的集合的负边界包含也可能是频繁的最接近的项集。考虑频繁项集中不包含集合 X 的情况。如果 X 的所有子集都包含在频繁项集的集合中，那么 X 将出现在负边界中。

接下来将使用下面的示例来说明这一点。考虑项的集合 I = {A, B, C, D, E}，并且对大小为 1~3 的频繁项集进行组合，得到 S = {{A}, {B}, {C}, {D}, {AB}, {AC}, {BC}, {AD}, {CD}, {ABC}}。负边界是{{E}, {BD}, {ACD}}。集合{E}是未包含在 S 中的唯一 1 项集，{BD}是未包含在 S 中的唯一 2 项集，但是其 1 项集子集都包含在 S 中，{ACD}是未包含在 S 中的唯一 3 项集，但是其 2 项集子集都包含在 S 中。为了确保在分析样本数据时不会遗漏大项集，必须确定负边界中的那些项集的支持度，因此负边界是很重要的。

在扫描数据库的其余部分时要确定负边界的支持度。如果在负边界中找到一个项集 X，它属于所有频繁项集的集合，那么 X 的超集将可能也是频繁的。如果发生这种情况，就需要第二次扫描数据库，以确保找到了所有的频繁项集。

28.2.4 频繁模式（FP）树和 FP 增长算法

频繁模式树（frequent-pattern tree，FP-tree）是根据以下事实提出的：基于 Apriori 算法的算法可能生成并测试大量的候选项集。例如，对于 1000 个频繁 1 项集，Apriori 算法将不得不生成：

$$\binom{1000}{2}$$

或 499500 个候选 2 项集。**FP 增长算法**（FP-growth algorithm）是一种防止生成大量候选项集的方法。

这个算法首先依据 F 树（频繁模式树）产生数据库的一个压缩版本。FP 树存储相关项集信息，并且允许高效地发现频繁项集。实际的挖掘过程采用一种分治策略，其中将挖掘过程分解成一个较小的任务集合，其中每个任务都会处理一棵条件 FP 树，它是原始树的一个子集（投影）。我们首先研究如何构造 FP 树。首先扫描数据库，找出频繁 1 项集并计算它们的支持度。对于这个算法，支持度是包含项的事务计数，而不是包含项的事务比例。然后以支持度的非增顺序对频繁 1 项集进行排序。接下来，利用 NULL 标签创建 FP 树的根节点。再次扫描数据库，对于数据库中的每个事务 T，按顺序排列 T 中的频繁 1 项集，就像前面对频繁 1 项集所做的那样。可以将 T 的这个有序列表指定为由第一项（头部）和其余项（尾部）组成。从根节点开始，将项集信息（头部, 尾部）递归地插入 FP 树中，如下所示。

（1）如果 FP 树的当前节点 N 具有一个子节点，其项名称=头部（head），那么就把与节点 N 关联的计数递增 1，否则就创建一个新节点 N，它具有计数 1，把 N 链接到其父节点，并将 N 与项索引表进行链接（用于进行高效的树遍历）。

（2）如果尾部非空，那么就仅以尾部作为有序链表来重复第（1）步，也就是说，删除旧的头部，而新头部是尾部中的第一项，其余的项则成为新的尾部。

在构建 FP 树的过程中创建的项索引表中的每个条目都会为每个频繁项包含 3 个字段：项标识符、支持度计数和节点链路。项标识符和支持度计数是自解释的。节点链路是一个指针，指向该项在 FP 树中出现的地方。由于单个项可能在 FP 树中多次出现，因此可以把这些项链接在一起形成一个链接，其中项索引表中的节点链路指向该链表的开始处。使用图 28.1 中的事务数据来说明 FP 树的构建。假设最小支持度为 2。对 4 个事务进行一次扫描将产生以下频繁 1 项集及其关联的支持度：{{(牛奶, 3)}, {(面包, 2)}, {(饼干, 2)}, {(果汁, 2)}}。再次扫描数据库，并再次处理每个事务。

对于第一个事务，创建一个有序链表 T = {牛奶, 面包, 饼干, 果汁}。T 中的项是第一个事务中的频繁 1 项集。这些项基于第一次扫描时找到的 1 项集计数的非增顺序进行排序(即，牛奶是第一个，面包是第二个，等等)。为 FP 树创建一个 NULL 根节点，并插入“牛奶”作为根节点的子节点，插入“面包”作为“牛奶”的子点，插入“饼干”作为“面包”的子节点，以及插入“果汁”作为“饼干”的子节点。然后在项索引表中调整与频繁项对应的条目。

对于第二个事务，将得到有序链表{牛奶, 果汁}。从根节点开始，可以看到存在一个带有标签“牛奶”的子节点，因此移动到该节点上并更新其计数（已把包含牛奶的第二个事务考虑在内）。此时可以看到，当前节点没有标签为“果汁”的子节点，因此创建一个标签为“果汁”的新节点。然后调整项索引表。

第三个事务只有 1 个频繁项{牛奶}。同样，从根节点开始，可以看到存在标签为“牛奶”的节点，因此移动到该节点上，增加其计数，并调整项索引表。最后一个事务包含频繁项{面包, 饼干}。在根节点处可以看到，不存在标签为“面包”的子节点。因此，为根节点创建一个新的子节点，初始化其计数器，然后插入“饼干”作为该节点的子节点，并初始化其计数。在更新项索引表之后，最终将得到图 28.2 中所示的 FP 树和项索引表。如果检查这棵 FP 树，可以看到它确实是以一种压缩格式来表示原始事务（也就是说，只显示属于大 1 项集的每个事务中的项）。

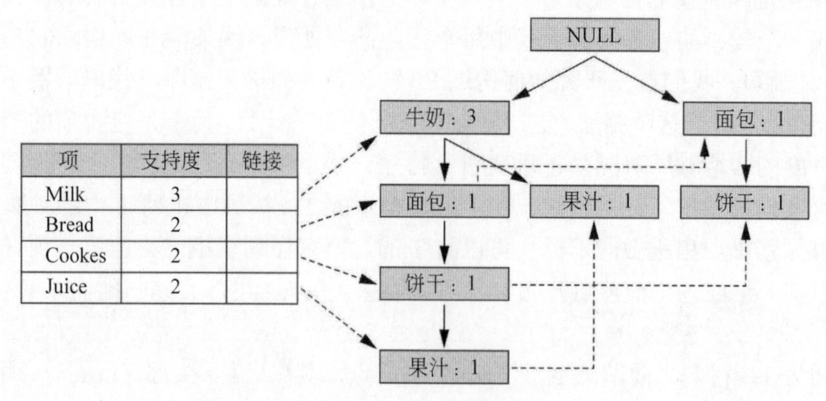

图 28.2　FP 树和项索引表

算法 28.2 用于挖掘 FP 树以找出频繁模式。利用 FP 树，对于给定的频繁项，它从该项对应的项索引表开始，在 FP 树中遍历节点链路，有可能找出包含该项的所有频繁模式。该算法从频繁 1 项集（后缀模式）开始，并构造它的条件模式基（conditional pattern base），然后构造它的条件 FP 树。条件模式基由一组前缀路径组成，也就是说，频繁项是后缀。例如，如果考虑项“果汁”，从图 28.2 中可以看出，FP 树中有两条路径以“果汁”结束：（牛奶, 面包, 饼干, 果汁）和（牛奶, 果汁）。两条关联的前缀路径是（牛奶, 面包, 饼干）和（牛奶）。条件 FP 树是从条件模式基中的模式构造的。在这棵 FP 树上递归地执行挖掘。通过将后缀模式与从条件 FP 树产生的频繁模式连接起来，就形成了频繁模式。

算法 28.2　用于查找频繁项集的 FP 增长算法。
输入：FP 树和最小支持度 mins。
输出：频繁模式（项集）。

```
procedure FP-growth (tree, alpha);
Begin
    if 树包含单独一条路径 P then
        对于该路径中的节点的每种组合 beta
            生成模式(beta ∪ alpha)
            其支持度 support = beta 中的节点的最小支持度
    else
        for 树头部中的每个项 i do
            begin
                生成模式 beta = (i ∪ alpha)，其支持度 support = i.support;
                构造 beta 的条件模式基;
                构造 beta 的条件 FP 树 beta_tree;
                if beta_tree 非空 then
                    FP-growth(beta_tree, beta);
            end;
End;
```

这里使用图 28.1 中的数据和图 28.2 中的树来说明这个算法。利用两个参数调用过程 FP-growth，这两个参数是：原始 FP 树和变量 alpha 的 NULL 值。由于原始 FP 树中具有多条路径，就执行第一个 if 语句的 else 部分。从频繁项“果汁”开始，按最低支持度的顺序检索频繁项（也就是说，从表中的最后一个条目到第一个条目）。把变量 beta 设置为“果汁”，其支持度等于 2。

沿着项索引表中的节点链路，构造条件模式基，它包括两条路径（将“果汁”作为后缀）。它们是(牛奶, 面包, 饼干: 1)和(牛奶: 1)。条件 FP 树只包含单个节点，即牛奶: 2。这是由于节点“面包”和“饼干”的支持度只为 1，它低于最小支持度 2。利用只包含单个节点（即牛奶: 2）的 FP 树和 beta 值“果汁”递归地调用这个算法。由于这棵 FP 树只有一条路径，因此，将会生成 beta 与该路径中的节点的所有组合，即{牛奶, 果汁}，其支持度为 2。

接下来，使用频繁项“饼干”。将变量 beta 设置为“饼干”，其支持度 support = 2。沿着项索引表中的节点链路，构造包含两条路径的条件模式基。这两条路径是(牛奶, 面包: 1)和(面包: 1)。条件 FP 树只有单个节点，即面包: 2。利用只包含单个节点（即面包: 2）的 FP 树和 beta 值“饼干”递归地调用这个算法。由于这棵 FP 树只有一条路径，因此将会生成 beta 与该路径中的节点的所有组合，即{面包, 饼干}，其支持度为 2。接下来考虑频繁项“面包”。将变量 beta 设置为“面包”，其支持度 support = 2。沿着项索引表中的节点链路，构造包含一条路径的条件模式基，该路径是(牛奶: 1)。由于计数值小于最小支持度，因此条件 FP 树为空，从而不会生成频繁模式。

要考虑的最后一个频繁项是“牛奶”。它是项索引表中的第一项，因此它的条件模式基和条件 FP 树都为空。这样，将不会增加频繁模式。执行该算法的结果是以下频繁模式（或项集）及其支持度：{{牛奶: 3}, {面包: 2}, {饼干: 2}, {果汁: 2}, {牛奶, 果汁: 2}, {面包, 饼干: 2}}。

28.2.5　分区算法

另一个算法称为**分区算法**（partition algorithm）[1]，下面将概述该算法。如果给定一个数据库，它具有少量的（如几千个）潜在大项集，那么使用分区技术扫描一次就可以测试出所有大项集的支持度。分区可以把数据库划分成不相交的子集；这些子集都将被视作单独的数据库，并且可以在一次扫描中生成分区的所有大项集，称为*局部频繁项集*（local frequent itemset）。如果每个分区都能够放入主存中，那么就可以对它们高效地使用 Apriori 算法。在选择分区时，要确保每个分区都能够放入主存中。这样，在每次扫描时只需读取每个分区一次。分区方法唯一需要注意的是：用于每个分区的最小支持度与原始值的含义稍有不同。在确定局部频繁（大）项集时，最小支持度基于分区的大小，而不是数据库的大小。实际的支持度阈值与以前给出的相同，但它只是为分区计算的支持度。

在第一次扫描结束时，将会计算每个分区的所有频繁项集的并集。这就形成了整个数据库的全局候选频繁项集。当合并这些列表时，它们可能包含一些错误的测试结果。也就是说，其中一些项集在一个分区中是频繁（大）项集，但是在其他多个分区中可能不符合这个条件，因此在考虑原始数据库时，这些项集可能没有超过最小支持度。注意：这里没有错误的测试结果，也不会遗漏大项集。对于在第一次扫描中确定的全局候选大项集，将

1　参见 Savasere 等（1995），了解该算法的详细信息、用于实现它的数据结构及其性能比较。

在第二次扫描中加以验证。也就是说，为整个数据库度量它们的实际支持度。在第二阶段结束时，将会确定所有的全局大项集。为了提高效率，自然要采用并行或分布式技术来实现分区算法。目前已经提出了对该算法的进一步改进[1]。

28.2.6 其他的关联规则类型

1. 层次之间的关联规则

某些关联由于特殊原因而受到特别关注。这些关联发生在项的层次之间。通常，可以基于域的性质把项划分在不相交的层次当中。例如，超市里的食品、百货商店里的商品或者体育用品商店里的物品都可以划分为将会导致层次结构的类和子类。考虑图 28.3，它显示了超市里的商品分类。该图中显示了两个层次，分别是饮料和甜点。整个分组可能不会产生形如饮料 => 甜点或甜点 => 饮料这样的关联。不过，Healthy 牌冰冻酸奶 => 瓶装水或 Rich cream 牌冰淇淋 => 冰镇果酒这样的关联可能产生足够高的可信度和支持度，从而使之成为人们感兴趣的有效关联规则。

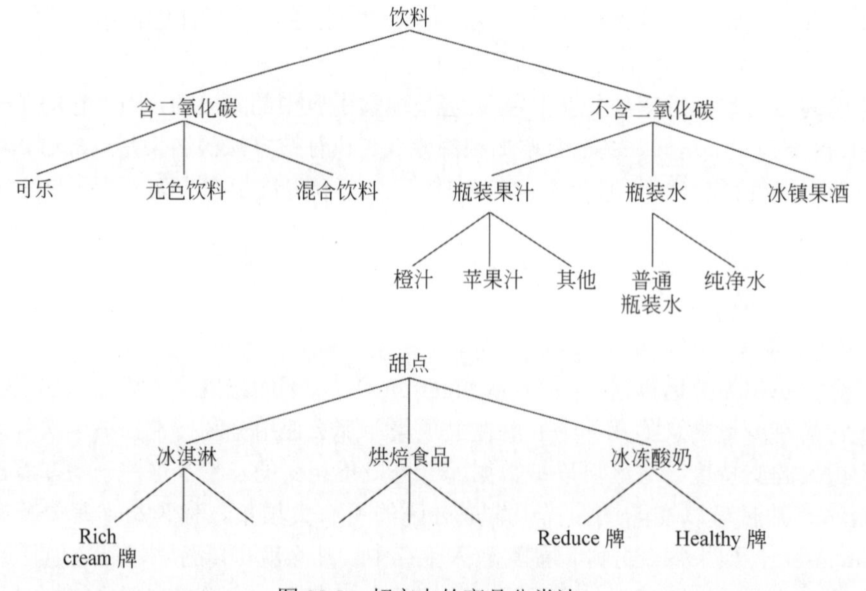

图 28.3 超市中的商品分类法

因此，如果应用领域可以自然地把项集分类为层次结构，那么人们将对于发现层次内的关联不会特别感兴趣，而只对层次之间的关联感兴趣。这种关联可能发生在以不同层次分组的项之间。

2. 多维关联

发现关联规则涉及搜索文件中的模式。在图 28.1 中，给出了一个顾客事务文件的示例，这个事务具有 3 个维度：Transaction_id、Time 和 Items_bought。不过，迄今为止所介绍的数据挖掘任务和算法只涉及一个维度：Items_bought。下面的规则是包括单个维度标签的示

---

1 参见 Cheung 等（1996）以及 Lin 和 Dunham（1998）。

例：Items_bought(牛奶) => Items_bought(果汁)。这对于发现涉及多个维度的规则可能是有意义的，例如，Time(6:30 … 8:00) => Items_bought(牛奶)。像这样的规则称为多维关联规则（multidimensional association rule）。维度表示文件中的记录的属性，或者从关系的角度讲，它们表示的是关系的行中的列，可以进行分类或量化。分类属性具有一个有限的值集合，不会显示任何排序关系。量化属性是数值型，其值会显示一种排序关系，例如，<. Items_bought 就是一个分类属性的示例，而 Transaction_id 和 Time 则是量化属性。

处理量化属性的一种方法是把它的值划分成不相交的区间，并给它们分配标签。可以根据特定于领域的知识以静态方式执行这个任务。例如，在概念层次上可以把 Salary 的值分为 3 个不同类：低收入（$0 < Salary < 29999$）、中等收入（$30000 < Salary < 74999$）和高收入（$Salary > 75000$）。这样一来，由于量化属性现在看起来像分类属性，因此可以使用典型的 Apriori 类型的算法或其变体之一来进行规则挖掘。另一种分区方法是基于数据分布对属性值进行分组（例如，等深分区），并给每个分区分配一个整数值。这个阶段的分区可能相对比较精细，也就是说，会划分出大量的区间。然后，在挖掘过程中，如果这些分区的支持度小于某个预定义的最大值，就可能把它们与其他相邻分区结合起来。这里也可以使用一种 Apriori 类型的算法进行数据挖掘。

3. 负关联

发现负关联的问题比发现正关联的问题更困难。负关联具有以下类型：60%的购买薯条的顾客不会购买瓶装水（这里，60%指负关联规则的可信度）。在包含 10000 个数据项的数据库中，具有 2^{10000} 种可能的数据项组合，其中大多数甚至在数据库中不会出现一次。如果采用某个不存在的数据项组合来表示一个负关联，那么在 RHS 中可能有无数的负关联规则根本没有意义。这样，问题就是只找出有意义的负关联规则。一般来讲，我们感兴趣的情况是：两个特定的数据项集合几乎不会出现在同一个事务中。这引出了两个问题。

（1）如果商品的总库存量是 10000 个商品，那么同时购买任意两个商品的概率是 $(1/10000) \times (1/10000) = 10^{-8}$。如果发现一起购买两个商品的实际支持度为 0，这并不表示与预期的结果有显著的偏离，因此不是一个有意义的（负）关联。

（2）另一个问题更严重。我们正在寻找支持度非常低的数据项组合，但是存在无数支持度很低甚至为 0 的数据项组合。例如，包含 1000 万个事务的数据集有 10000 个数据项，在 25 亿个组合对中大多数是从未出现的。这将生成数十亿个无用的规则。

因此，为了使负关联有意义，必须使用前面关于项集的知识。一种方法是使用层次结构。假设使用图 28.4 中所示的软饮料和薯条的层次结构。

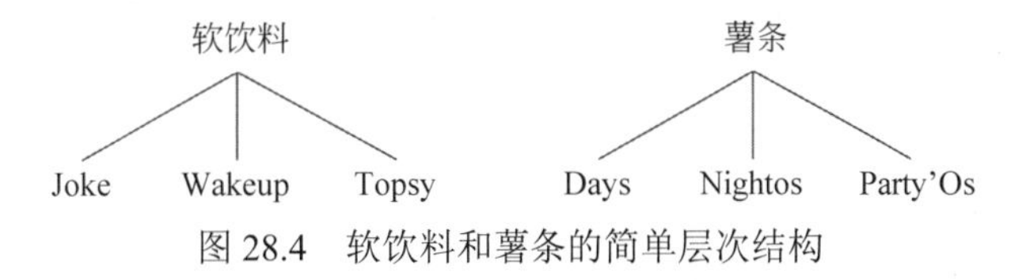

图 28.4　软饮料和薯条的简单层次结构

在软饮料与薯条之间显示了比较强的正关联。如果发现当顾客购买 Days 薯条时他们多数情况下还会购买 Topsy 软饮料，而不会购买 Joke 和 Wakeup 软饮料，并且这样一个事实具有很大的支持度，那么就说明这个关联是有意义的，因为通常期望如果在 Days 与

Topsy 之间存在强关联，那么在 Days 与 Joke 或者 Days 与 Wakeup 之间也应该存在这样的强关联[1]。

在图 28.3 中所示的冰冻酸奶与瓶装水的分组中，假设在各自的类别当中，Reduce 牌冰冻酸奶与 Healthy 牌冰冻酸奶之比为 80:20，普通瓶装水与纯净水之比为 60:40。在包含冰冻酸奶和瓶装水的事务中，同时购买 Reduce 牌冰冻酸奶和普通瓶装水的概率为 48%。不过，如果发现它的支持度只有 20%，就说明在 Reduce 牌酸奶与普通瓶装水之间具有明显的负关联；同样，这也是一种有意义的发现。

在上面的情况中发现负关联的问题很重要，其中以数据项归纳层次（即图 28.3 中所示的饮料和甜点的层次）、现有正关联（例如在冰冻酸奶与瓶装水分组之间）以及数据项分布（例如相关分组内的商标名称）的形式给出了领域知识。发现负关联的范围受限于对数据项层次和分布的了解。而负关联的指数级增长仍然是一个挑战。

28.2.7 关联规则的额外考虑

由于以下因素，使得在真实的数据库中挖掘关联规则变得复杂。

- 在大多数情况下，项集的基数非常大，事务的数量也非常高。零售业和通信业中的一些操作型数据库每天都会收集数千万个事务。
- 在诸如地理位置和季节之类的因素方面，事务的表现也会有所变化，使得抽样困难。
- 数据项分类存在于多个维度上。因此，使用领域知识驱动发现过程是非常困难的，对于负关联规则尤其如此。
- 数量的质量是可变的；在许多行业中存在数据丢失、出错、冲突和冗余等严重问题。

28.3 分　　类

分类（classification）是学习一种模型的过程，该模型描述了不同的数据类型。类型是预先确定的。例如，在银行应用中，可能将申请信用卡的客户按高风险、中度风险和低风险进行分类。因此，这类活动也称为**监督学习**（supervised learning）。一旦建立了模型，就可以使用它对新数据进行分类。学习模型的第一步是使用已经分类的训练数据集合来完成的。训练数据中的每条记录都包含一个属性，称为类型（class）标签，它指示记录属于哪种类型。模型通常是以决策树或规则集合的形式产生的。关于模型和产生模型的算法的一些重要问题包括：模型预测新数据的正确类型的能力、与算法关联的计算代价，以及算法的可伸缩性。

这里将以决策树形式的模型来探讨所用的方法。简单来说，**决策树**（decision tree）是描述每种类型的图形表示，换句话说，就是分类规则的表示。图 28.5 中显示了一个示例决策树。从图 28.5 中可以看出，如果顾客已婚并且薪水 salary $\geqslant$ 50000，那么她的银行信用卡就是低风险的。这是描述低风险类型的规则之一。从根节点到每个叶节点遍历决策树，

1　为了简单起见，假定事务在层次的各个成员之间是均匀分布的。

可以形成这种类型及另外两种类型的其他规则。算法 28.3 显示了用于从训练数据集合构造决策树的过程。最初，所有的训练样本都位于树的根节点上。基于所选的属性递归地对这些样本进行分区。在节点上用于对样本进行分区的属性是最符合拆分标准的属性，例如，最大化信息增益度量指标的属性。

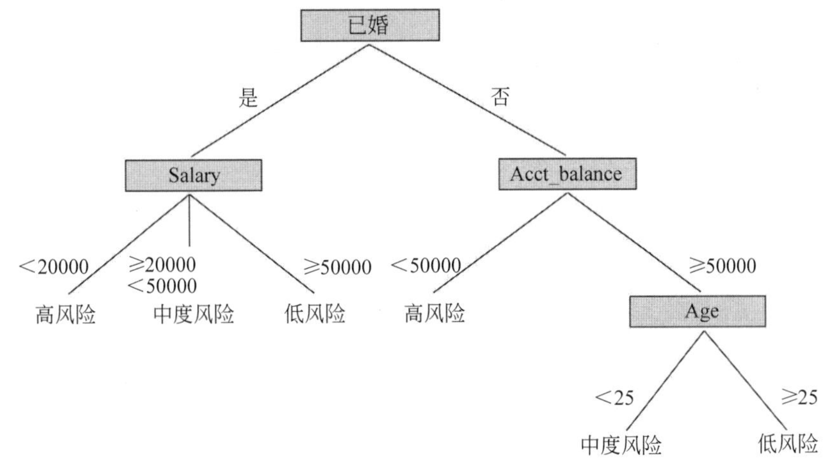

图 28.5　信用卡应用的示例决策树

算法 28.3　决策树归纳算法。

输入：训练数据记录集合 R_1，R_2，…，R_m 和属性集合 A_1，A_2，…，A_n。

输出：决策树。

```
procedure Build_tree (records, attributes);
Begin
    创建一个节点 N;
    if 所有的记录都属于相同类型 C,  then
        返回 N 作为叶节点，它带有类型标签 C;
    if 属性为空 then
        返回 N 作为叶节点，它带有类型标签 C，使得绝大多数记录都属于它;
        从属性集合中选择属性 Ai（具有最高的信息增益）;
    利用 Ai 标记节点 N;
    for Ai 的每个已知值 vj do
        begin
            对于条件 Ai = vj，从节点 N 添加一个分支;
            Sj = 满足 Ai = vj 的记录子集;
            if Sj 为空 then
                添加一个叶节点 L，它带有类型标签 C，使得绝大多数记录都属于它，
                并返回 L;
            else 添加由 Build_tree(Sj, attributes - Ai)返回的节点;
            end;
End;
```

在说明算法 28.3 之前，将更详细地解释**信息增益**（information gain）度量指标。之所以使用**熵**（entropy）作为信息增益度量指标，是受到了以下目标的启发：把在结果分区中对采样数据进行分类所需的信息减至最少，从而把对新记录进行分类所需的条件测试的预

期数量减至最少。对 s 个样本的训练数据进行分类所需的期望信息由下列公式列出，其中 Class 属性具有 n 个值（$v_1, \cdots, v_n$），且 s_i 是属于类型标签 v_i 的样本数量：

$$I(S_1, S_2, \cdots, S_n) = -\sum_{i=1}^{n} p_i \log_2 p_i$$

其中 p_i 是一个随机样本属于标签为 v_i 的类型的概率。p_i 的一个估算值是 s_i/s。考虑把值为$\{v_1, \cdots, v_m\}$的属性 A 用作测试属性，用于侵害决策树。属性 A 将把样本划分为子集 $S_1, \cdots, S_m$，其中每个 S_j 中的样本在属性 A 上的值都为 v_j。每个 S_j 都可能包含属于任何类型的样本。S_j 中属于类型 i 的样本数量记为 s_{ij}。与使用属性 A 作为测试属性相关联的熵定义如下：

$$E(A) = \sum_{j=1}^{m} \frac{S_{1j} + \cdots + S_{nj}}{S} \times I(S_{1j}, \cdots, S_{nj})$$

用 p_{ij} 代替 p_i，其中 $p_{ij} = s_{ij}/s_j$，对 $I(s_1, \cdots, s_n)$使用上面的公式，就可以定义 $I(s_{1j}, \cdots, s_{nj})$。现在，将对属性 A 进行分区而获得的信息增益 Gain(A)定义为 $I(s_1, \cdots, s_n) - E(A)$。可以使用图 28.6 中的样本训练数据来说明这个算法。

RID	Married	Salary	Acct_balance	Age	Loanworthy
1	no	≥50000	<5000	≥25	yes
2	yes	≥50000	≥5000	≥25	yes
3	yes	20000...50000	<5000	<25	no
4	no	<20000	≥5000	<25	no
5	no	<20000	<5000	≥25	no
6	yes	20000...50000	≥5000	≥25	yes

图 28.6　分类算法的样本训练数据

属性 RID 表示用于标识各个记录的记录标识符，它是一个内部属性。这里使用 RID 来标识示例中的特定记录。首先，计算把含有 6 条记录的训练数据分类为 $I(s_1, s_2)$所需的期望信息，其中有两种类型：第一个类型标签值对应于“yes”，第二个对应于“no”。因此，

$$I(3,3) = -0.5 \log_2 0.5 - 0.5 \log_2 0.5 = 1$$

现在，分别计算 4 个属性的熵，如下所示。对于 Married = yes，将具有 $s_{11} = 2$，$s_{21} = 1$，$I(s_{11}, s_{21}) = 0.92$。对于 Married = no，将具有 $s_{12} = 1$，$s_{22} = 2$，$I(s_{12}, s_{22}) = 0.92$。因此，使用 Married 属性作为分区属性对样本进行分类所需的期望信息是：

$E(Married) = 3/6\ I(s_{11}, s_{21}) + 3/6\ I(s_{12}, s_{22}) = 0.92$

信息增益 Gain(Married)将是 1 − 0.92 = 0.08。如果采用类似的步骤计算另外 3 个属性的增益，最终将会得到：

E(Salary) = 0.33　　Gain(Salary) = 0.67

E(Acct_balance) = 0.92　　Gain(Acct_balance) = 0.08

E(Age) = 0.54　　Gain(Age) = 0.46

由于最大增益是在属性 Salary 上发生的，因此选择它作为分区属性。使用标签 Salary 创建决策树的根节点，它具有 3 个分支，每个分支对应于 Salary 的一个值。对于其中两个值，即小于 20000 和大于或等于 50000，相应地分区的所有样本（对于小于 20000，是 RID

为 4 和 5 的记录；对于大于或等于 50000，是 RID 为 1 和 2 的记录）将分别划分到与这两个值对应的相同类型 loanworthy no 和 loanworthy yes 中。因此为这两个分区分别创建了一个叶节点。唯一需要扩展的分支对应于 20000 … 50000 的两个样本，即训练数据中 RID 为 3 和 6 的记录。使用这两个记录继续执行这个过程，将会发现：Gain(Married)=0，Gain(Acct_balance)=1，Gain(Age)=1。

可以选择 Age 或 Acct_balance 作为分区属性，因为它们都具有最大增益。这里选择 Age 作为分区属性。用 Age 作为标签添加一个节点，它具有两个分支，一个是小于 25，一个是大于或等于 25。每个分支都对其余的样本数据进行分区，使得每个样本记录都属于一个分支，从而属于一种类型。最后创建两个叶节点，就完成了整个过程。最终的决策树如图 28.7 所示。

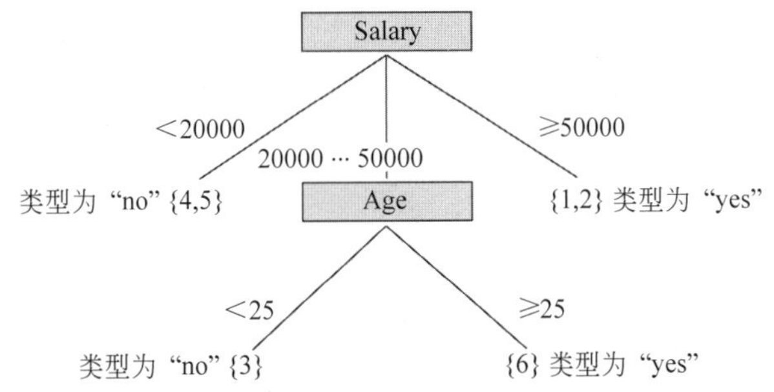

图 28.7　基于样本训练数据的决策树，其中通过分区记录的 RID 集合表示叶节点

28.4 聚　　类

前面的分类数据挖掘任务基于使用预先分类的训练样本，来处理分区数据。不过，在没有训练样本时，对数据进行分区通常也是有用的。这也称为**无监督学习**（unsupervised learning）。例如，在商业中，确定具有类似购买模式的客户群可能很重要；或者在医学中，确定对处方药品有相似反应的患者群可能也很重要。聚类的目标是对记录进行分组，使得一个分组中的记录彼此之间是相似的，并且与其他分组中的记录是不相似的。这些分组通常是不相交的。

聚类的一个重要方面是使用相似性函数。当数据是数值型时，通常使用基于距离的相似性函数。例如，可以使用欧几里得（Euclidean）距离来度量相似性。考虑两个 n 维的数据点（记录）r_j 和 r_k。对于这两个记录，可以认为其第 i 维的值为 r_{ji} 和 r_{ki}。n 维空间中的两个点 r_j 和 r_k 之间的欧几里得距离可以计算如下：

$$\text{Distance}(r_j, r_k) = \sqrt{|r_{j1} - r_{k1}|^2 + |r_{j2} - r_{k2}|^2 + \cdots + |r_{jn} - r_{kn}|^2}$$

两个点之间的距离越小，就认为它们之间的相似性越大。一个经典的聚类算法是 K 均值算法，在算法 28.4 中显示了它。

算法 28.4　K 均值聚类算法。
输入：数据库 D，它具有 m 条记录 r_1，…，r_m，期望的聚类数量为 k。
输出：使标准平方误差最小化的 k 个聚类的集合。

```
Begin
    随机选择 k 条记录作为 k 个聚类的质心;
    repeat
    把每条记录 r_i 都分配给一个聚类，使得 r_i 与聚类质心（平均值）之间的距离在 k 个聚类当中
    是最小的;
    基于分配给聚类的记录，为每个聚类重新计算质心（平均值）;
    until 没有变化;
End;
```

这个算法首先随机选择 k 条记录来表示聚类 C_1, …, C_k 的质心（平均值）m_1, …, m_k。基于记录与聚类平均值之间的距离，将所有的记录放入一个给定的聚类中。如果 m_i 与记录 r_j 之间的距离在所有聚类平均值当中是最小的，那么就把记录 r_j 放入聚类 C_i 中。一旦最初把所有的记录都放入一个聚类中，就会重新计算每个聚类的平均值。然后重复这个过程，再次检查每条记录，并将其放入平均值最接近的聚类中。可能需要进行多次迭代，但是该算法将会收敛，尽管它可能会在一个局部最优点上终止。算法的终止条件通常是一个标准平方误差。对于平均值为 m_1, …, m_k 的聚类 C_1, …, C_k，将误差定义为：

$$\text{Error} = \sum_{i=1}^{k} \sum_{\forall r_j \in c_i} \text{Distance}(r_j, m_i)^2$$

下面将利用图 28.8 中的（二维）记录来说明算法 28.4 是如何工作的。假定期望的聚类数量 k 为 2。可以让算法为聚类 C_1 选择 RID 为 3 的记录并为聚类 C_2 选择 RID 为 6 的记录作为初始的聚类质心。在 repeat 循环的第一次迭代期间，将把余下的记录分配给这两个聚类之一。RID 为 1 的记录到 C_1 的距离为 22.4，到 C_2 的距离为 32.0，因此将把它加入聚类 C_1 中。RID 为 2 的记录到 C_1 的距离为 10.0，到 C_2 的距离为 5.0，因此将把它加入聚类 C_2 中。RID 为 4 的记录到 C_1 的距离为 25.5，到 C_2 的距离为 36.6，因此将把它加入聚类 C_1 中。RID 为 5 的记录到 C_1 的距离为 20.6，到 C_2 的距离为 29.2，因此将把它加入聚类 C_1 中。现在，计算这两个聚类的新平均值（质心）。具有 n 个 m 维记录的聚类 C_i 的平均值是一个向量：

$$\overline{C_i} = \left(\frac{1}{n} \sum_{\forall r_j \in c_i} r_{ji}, \cdots, \frac{1}{n} \sum_{\forall r_j \in c_i} r_{jm} \right)$$

RID	Age	Years_of_service
1	30	5
2	50	25
3	50	15
4	25	5
5	30	10
6	55	25

图 28.8 聚类示例的二维样本记录（未考虑 RID 列）

C_1 的新平均值是(33.75, 8.75)，C_2 的新平均值是(52.5, 25)。然后进行第二次迭代，并把 6 条记录放入这两个聚类中，如下：将 RID 为 1、4、5 的记录放入 C_1 中，并将 RID 为 2、3、6 的记录放入 C_2 中。重新计算 C_1 和 C_2 的平均值分别为(28.3, 6.7)和(51.7, 21.7)。在下一

次迭代中，所有的记录都将保留在它们以前的聚类中，并且算法终止。

传统上，聚类算法假定整个数据集都可以放入主存中。最近，研究人员开发了用于特大型数据库的高效、可伸缩的算法。一个这样的算法称为 BIRCH。BIRCH 是一种混合方法，它使用层次聚类方法和额外的聚类方法，其中前者用于构建表示数据的树，后者应用于树的叶节点。BIRCH 算法使用两个输入参数：一个用于指定可用的主存容量，另一个是任何聚类半径的初始阈值。主存用于存储描述性聚类信息，例如聚类的中心（平均值）和聚类的半径（假定聚类是球形的）。半径阈值将会影响所产生的聚类数量。例如，如果聚类半径值非常大，那么将会形成少数几个包含许多记录的聚类。该算法将尝试维持一定数量的聚类，使得它们的半径小于半径阈值。如果可用内存不足，则要增大半径阈值。

BIRCH 算法按顺序读取数据记录，并把它们插入内存中的树结构中，该结构将尝试保存数据的聚类结构。基于记录与聚类中心的距离，将记录插入合适的叶节点（潜在聚类）中。插入记录的叶节点可能需要进行分裂，这取决于聚类的更新中心和半径以及半径阈值参数。此外，在分裂时还要存储额外的聚类信息，如果内存不足，那么将会增大半径阈值。这样实际上可能会产生一种副作用，即减少聚类数量，因为可能会合并一些节点。

总体上讲，BIRCH 是一种高效的聚类方法，就聚类的记录数量而言，它具有线性的计算复杂度。

28.5　其他数据挖掘问题的方法

28.5.1　序列模式的发现

序列模式的发现基于项集序列的概念。假定前面讨论的超市购物篮事务是按照购买时间排序的。这种排序将产生一个项集序列。例如，{牛奶, 面包, 果汁}、{面包, 鸡蛋}、{饼干, 牛奶, 咖啡}就可能是基于同一位顾客 3 次去超市购物而形成的这样一个**项集序列**(sequence of itemsets)。项集序列 S 的**支持度**（support）是它在给定的序列集合 U 中的百分比，其中 S 是 U 的一个子序列。在这个示例中，{牛奶, 面包, 果汁}{面包, 鸡蛋}和{面包, 鸡蛋}{饼干, 牛奶, 咖啡}都被视作是**子序列**（subsequence）。这样，确定序列模式的问题就变成从满足用户定义的最小支持度的给定序列集合中找出所有的子序列。序列 S_1, S_2, S_3, … 是一个**预测器**（predictor），它预测了以下事实：一位顾客在购买了项集 S_1 之后，很可能还会购买项集 S_2，接着会购买 S_3，等等。这个预测基于该序列在过去的发生频率（支持度）。目前，已经研究出多种用于序列检测的算法。

28.5.2　时间序列中的模式发现

时间序列（time series）是事件的序列，每个事件都可能是一个给定的固定类型的事务。例如，每只股票或基金的收盘价是每个工作日都会发生的事件。每只股票或基金的这些值的序列构成了一个时间序列。对于一个时间序列，可以像以前所做的那样通过分析序列和子序列来寻找各种模式。例如，我们可能发现股票上涨或保持稳定的时期为 n 天，或者可能发现股票现价与前一天收盘价之间的波动不超过 1%的最长时期，还可能发现股票涨幅或跌幅最大的季节。可以通过建立相似性度量来比较时间序列，以确定其股票有类似表现的公司。时间序列的分析和挖掘是时态数据管理的一种扩展功能（参见第 26 章）。

28.5.3 回归

回归（regression）是分类规则的一种特殊应用。如果将分类规则看作一些变量的函数，它把这些变量映射为一个目标类型变量，就把该规则称为**回归规则**（regression rule）。如果基于关系中的某个数据元组来预测变量的值，而不是将该元组映射到特定的类型，一般都会应用回归。例如，考虑下面的关系：

LAB_TESTS (patient ID, test 1, test 2, ⋯, test n)

它包含一位患者的 n 次化验结果的值。我们希望预测的目标变量是 P，即患者生存下来的概率。这样，回归规则将采用以下形式：

(test 1 in $range_1$) and (test 2 in $range_2$) and ⋯ (test n in $range_n$) ⇒ $P = x$，或者 $x < P \leqslant y$

这个选择依赖于是否可以预测 P 的唯一值，或者 P 值的一个范围。如果把 P 看作一个函数：

P = f (test 1, test 2, ⋯, test n)

这个函数就称为用于预测 P 的**回归函数**（regression function）。一般来讲，如果函数具有以下形式：

$Y = f(X_1, X_2, \cdots, X_n)$

并且 f 在变量 x_i 的域中是线性的，那么从给定的元组集合 $<X_1, X_2, \cdots, X_n, y>$ 中推导出 f 的过程称为**线性回归**（linear regression）。线性回归是一种常用的统计技术，用来拟合目标变量为 y 的 n 维空间中的一个观测值或点的集合。

回归分析是许多研究领域中的一个非常常见的数据分析工具。发现用于预测目标变量的函数等价于一个数据挖掘操作。

28.5.4 神经网络

神经网络（neural network）是从人工智能研究中导出的一种技术，它使用广义回归，并提供一种迭代方法来执行它。神经网络使用曲线拟合方法从样本集合中推导出一个函数。这种技术提供一种*学习方法*，它受用于初始推理和学习的测试样本驱动。利用这种学习方法，也许能够从已知的样本中插入对新输入的响应。不过，这种插入依赖于通过学习方法开发的世界模型（问题域的内部表示）。

神经网络在广义上可以分为两类：监督网络和无监督网络。尝试减少输出错误的自适应方法是**监督学习**（supervised learning）方法，而那些不借助于样本输出而开发内部表示的方法则称为**无监督学习**（unsupervised learning）方法。

神经网络是自适应的，也就是说，它们可以从关于特定问题的信息中进行学习。神经网络在分类任务中表现出色，因此在数据挖掘中也很有用。然而，它们也并不是没有问题。尽管它们能够学习，但是它们没有对所学到的知识提供一种良好的表示。它们的输出量非常大，并且不容易理解。另一种局限性是，由神经网络开发的内部表示并不是唯一的。此外，一般来讲，神经网络在对时间序列数据建模时是有困难的。尽管有这些缺点，神经网络仍然非常流行，并且被多个商业供应商频繁使用。

28.5.5 遗传算法

遗传算法（genetic algorithm，GA）是一类随机化搜索过程，能够在广泛的搜索空间拓扑上执行自适应和健壮的搜索。GA 根据进化机制来模仿生物物种的自适应出现，它是由 Holland[1]提出的。目前 GA 已经成功应用于各种各样的领域，例如图像分析、调度和工程设计。

遗传算法扩展了人类遗传学的思想，即人类 DAN 密码的 4 个字母组成的字母表（基于 A、C、T、G 这 4 种核苷酸)。遗传算法的构造涉及设计一个字母表，并且依据该字母表的字符串对决策问题的解决方案进行编码。这些字符串等价于个体。适应度函数定义了哪些解决方案可以保留下来，哪些不能。组合解决方案的方式模仿了切分和组合双亲字符串的交叉操作。提供的初始人群包含各种各样的人，进化过程实际上就是字符串中发生了突变。把它们组合起来，产生新一代的个体。适应性最强的个体可以生存下来并且继续变异，直到开发出一组成功的解决方案。

与其他大多数搜索技术相比，由 GA 产生的解决方案具有以下特征。

- GA 搜索在每一代中都使用一个解决方案集合，而不是单个解决方案。
- 字符串空间中的搜索在编码的解决方案空间中表示一个大得多的并行搜索。
- 通过可供某一代使用的解决方案集合来唯一地表示完成搜索的记忆。
- 遗传算法是一种随机化算法，因为搜索机制使用了概率算子。
- 在从一代到下一代的过程中，GA 可以通过操作编码的解决方案，在知识获取与利用之间找到接近最优的平衡。

遗传算法用于问题解决和聚类问题。它们并行解决问题的能力为数据挖掘提供了一个强大的工具。GA 的缺点包括单个解决方案的过量产生、搜索过程的随机性以及对计算机处理的较高要求。一般来讲，利用遗传算法完成任何有意义的工作都需要强大的计算能力。

28.6 数据挖掘的应用

数据挖掘技术可以应用于商业中的各种决策情况。特别是在预期回报很高的领域，包括：

- **市场营销**。应用包括：基于购买模式分析消费者行为；确定市场营销策略，包括广告、商店位置和投递目标；对顾客、商店或产品进行细分；以及设计产品目录、商店布局和广告活动。
- **金融**。应用包括：分析客户的信誉；对应收账款进行细分；对金融投资（例如股票、

---

1 Holland 的开创性工作（1975）在题为 *Adaptation in Natural and Artificial Systems* 的著作中介绍了遗传算法的思想。

债券和共同基金）进行业绩分析；评估金融选项；检测欺诈行为。

- **制造**。应用包括：对像机器、人员和材料这样的资源进行优化；最优地设计制造流程、车间布局和产品设计，例如根据顾客要求来设计汽车。
- **医疗保健**。应用包括：发现放射性图像中的模式；分析与症状和疾病相关的微阵列（基因芯片）实验数据；分析药物的副作用和某些治疗方式的效果；优化医院内部的流程；分析患者健康数据与医生资格之间的关系。

28.7 商业数据挖掘工具

目前，商业数据挖掘工具使用几种常见的技术来提取知识。这些技术包括：关联规则、聚类、神经网络、排序和统计分析，在前面讨论过它们。同时还使用决策树，它用于表示分类或聚类中使用的规则。统计分析可能包括回归分析以及许多其他的技术。其他商业产品使用了一些高级技术，例如遗传算法、案例推理、贝叶斯网络、非线性回归、组合优化、模式匹配和模糊逻辑。在本章中，已经讨论了其中一些技术。

大多数数据挖掘工具都使用 ODBC（Open Database Connectivity，开放数据库互连）接口。ODBC 是一个与数据库相关的行业标准，它允许访问大多数流行的数据库程序中的数据，例如 Access、dBASE、Informix、Oracle 和 SQL Server。其中一些软件包提供了针对特定数据库程序的接口，最常见的数据库程序有 Oracle、Access 和 SQL Server。大多数工具都在 Microsoft Windows 环境中工作，少数工具则是在 UNIX 操作系统中工作。将来的趋势是使所有的产品都在 Microsoft Windows 环境中运行。还有一个名为 Data Surveyor 的工具，它提到了 ODMG 遵从性。参见第 12 章，其中讨论了 ODMG 面向对象标准。

一般来讲，这些程序在单独一台机器上将执行顺序处理。其中大多数产品都是在客户/服务器模式中工作。一些产品纳入了并行计算机架构中的并行处理，并且作为联机分析处理（OLAP）工具的一部分执行工作。

28.7.1 用户界面

大多数工具都运行在图形用户界面（graphical user interface，GUI）环境中。一些产品包括先进的可视化技术用于查看数据和规则（例如，SGI 的 MineSet），甚至能够通过这种方式交互式地操纵数据。文本界面很少见，主要出现在 UNIX 使用的工具中，例如 IBM 的 Intelligent Miner。

28.7.2 应用程序编程接口

通常，应用程序编程接口（application programming interface，API）是一个可选的工具。大多数产品不允许使用它们的内部函数。不过，其中一些产品允许应用程序员重用它们的代码。最常见的接口是 C 库和动态链接库（dynamic link library，DLL）。一些工具包括专有的数据库命令语言。

表 28.1 列出了 11 种有代表性的数据挖掘工具。迄今为止，全世界已出现了数百种商

业数据挖掘产品。非美国的产品包括来自荷兰的 Data Surveyor 以及来自俄罗斯的 PolyAnalyst。

表 28.1　一些有代表性的数据挖掘工具

公司	产品	技术	平台	接口*
AcknoSoft	Kate	决策树、案例推理	Windows、UNIX	Microsoft Access
Angoss	Knowledge SEEKER	决策树、统计学	Windows	ODBC
Business Objects	Business Miner	神经网络、机器学习	Windows	ODBC
CrossZ	QueryObject	统计分析、优化算法	Windows MVS、UNIX	ODBC
Data Distilleries	Data Surveyor	综合性技术，可以混合不同类型的数据挖掘	UNIX	ODBC 和遵从 ODMG 标准
DBMiner Technology Inc.	DBMiner	OLAP 分析、关联、分类、聚类算法	Windows	Microsoft 7.0 OLAP
IBM	Intelligent Miner	分类、关联规则、预测模型	UNIX（AIX）	IBM DB2
Megaputer Intelligence	PolyAnalyst	符号知识获取、进化规划	Windows OS/2	ODBC、Oracle、DB2
NCR	Management Discovery Tool（MDT）	关联规则	Windows	ODBC
Purple Insight	MineSet	决策树、关联规则	UNIX（Irix）	Oracle、Sybase、Informix
SAS	Enterprise Miner	决策树、关联规则、神经网络、回归、聚类	UNIX（Solaris）、Windows、Macintosh	ODBC、Oracle、AS/400

* ODBC：开放数据库互连（Open Database Connectivity）
ODMG：对象数据管理组（Object Data Management Group）

28.7.3　未来的方向

借助最新的科学研究思想，数据挖掘工具也在不断地发展进步。其中许多工具纳入了从人工智能（AI）、统计学和优化中获得的最新算法。目前，在客户/服务器架构、并行数据库和数据仓储中，使用诸如分布式处理之类的现代数据库技术实现了快速处理。未来的趋势将是更充分地开发 Internet 能力。此外，混合方法将变得更普遍，并将使用所有可用的资源来执行处理。数据的处理将同时利用并行和分布式计算环境。这种转变特别重要，因为现代数据库包含海量的信息。

数据挖掘的主要方向是分析第 25 章中介绍的所谓的大数据系统中的 TB 级和 PB 级数据。这些系统配备有它们自己的工具和库用于进行数据挖掘，例如 Mahout，它运行于 Hadoop 之上，前面详细描述过它。数据挖掘领域还与驻留在数据仓库的云中的数据紧密绑定在一起，并且可以使用 OLAP（online analytical processing，联机分析处理）服务器根据需要为数据挖掘操作提供服务。不仅多媒体数据库在增长，图像存储和检索也都是非常费时的操作。此外，辅存的成本在不断降低，因此海量信息存储将变得切实可用，甚至对于小公司也是如此。因此，数据挖掘程序将不得不处理更多公司的更大的数据集合。

大多数数据挖掘软件都将使用 ODBC 标准从商业数据库中提取数据，专有的输入格式将有望消失。实际中大量存在把非标准的数据作为数据挖掘的数据源的需求，包括图像及其他多媒体数据。

28.8 小 结

在本章中纵览了数据挖掘这一重要学科，它使用数据库技术来发现数据中的额外知识或模式。本章给出了数据库中的知识发现的一个说明性示例，知识发现的范畴比数据挖掘更宽泛。对于数据挖掘的各种技术，本章重点介绍了关联规则挖掘、分类和聚类的细节。本章展示了所有这些领域中的算法，并利用示例说明了这些算法是如何工作的。

本章还简要讨论了多种其他的技术，包括基于 AI 的神经网络和遗传算法。数据挖掘一直是一个活跃的研究领域，本章概括了一些预期的研究方向。在将来的数据库技术产品市场中，有望产生大量的数据挖掘活动。我们从数百种可用的数据挖掘工具中总结出其中的 11 种；将来的研究预期将显著扩展数据挖掘工具的数量和功能。

复 习 题

28.1 从数据库中进行知识发现有哪些不同的阶段？描述一个完整的应用场景，其中可能从现有的事务数据库中挖掘出新知识。

28.2 数据挖掘尝试推动的目标或任务是什么？

28.3 从数据挖掘中产生的知识有哪5种类型？

28.4 什么是作为知识类型的关联规则？定义支持度和可信度，并且使用它们来定义一个关联规则。

28.5 什么是向下闭包性质？它怎样有助于开发一个高效的算法，用于查找关联规则，即查找大项集？

28.6 开发用于挖掘关联规则的FP树算法的动机是什么？

28.7 描述层次之间的关联规则，并举例说明。

28.8 在图28.3所示的层次环境中，负关联规则是什么？

28.9 从大型数据库中挖掘关联规则的困难是什么？

28.10 什么是分类规则，如何把决策树与分类规则相关联？

28.11 什么是熵，如何将其用于构建决策树？

28.12 聚类与分类之间有何区别？

28.13 描述作为数据挖掘技术的神经网络和遗传算法。使用这些技术的主要困难是什么？

练　习　题

28.14　对下列数据集合应用Apriori算法。

Trans_id	Items_purchased
101	牛奶，面包，鸡蛋
102	牛奶，果汁
103	果汁，黄油
104	牛奶，面包，鸡蛋
105	咖啡，鸡蛋
106	咖啡
107	咖啡，果汁
108	牛奶，面包，饼干，鸡蛋
109	饼干，黄油
110	牛奶，面包

数据项集合为{牛奶，面包，饼干，鸡蛋，黄油，咖啡，果汁}。使用 0.2 作为最小支持度值。

28.15　对于练习题28.14中包含3个数据项的项集，给出两条可信度在0.7以上（含）的规则。

28.16　对于分区算法，证明数据库中的任何频繁项集都必须作为至少一个分区中的局部频繁项集出现。

28.17　显示为练习题28.14中的数据构建的FP树。

28.18　对练习题28.17中的FP树应用FP增长算法，并且显示频繁项集。

28.19　对下列数据记录集合应用分类算法。类型属性是Repeat_customer。

RID	Age	City	Gender	Education	Repeat_customer
101	20 … 30	NY	F	college	YES
102	20 … 30	SF	M	graduate	YES
103	31 … 40	NY	F	college	YES
104	51 … 60	NY	F	college	NO
105	31 … 40	LA	M	high school	NO
106	41 … 50	NY	F	college	YES
107	41 … 50	NY	F	graduate	YES
108	20 … 30	LA	M	college	YES
109	20 … 30	NY	F	high school	NO
110	20 … 30	NY	F	college	YES

28.20　考虑下面的二维记录集合：

RID	Dimension1	Dimension2
1	8	4
2	5	4

3	2	4
4	2	6
5	2	8
6	8	6

还要考虑两种不同的聚类模式：（1）$Cluster_1$包含记录{1, 2, 3}，$Cluster_2$包含记录{4, 5, 6}；（2）$Cluster_1$包含记录{1, 6}，$Cluster_2$包含记录{2, 3, 4, 5}。哪种模式更好，为什么？

28.21 使用K均值算法，对练习题28.20中的数据进行聚类。以3作为K的值，可以假定把RID为1、3、5的记录用于初始的聚类质心（平均值）。

28.22 K均值算法使用相似性指标来度量记录与聚类质心之间的距离。如果记录的属性不能量化，但是本质上可以进行分类，例如Income_level的值为{low, medium, high}，Married的值为{Yes, No}，或者State_of_residence的值为{Alabama, Alaska, …, Wyoming}，那么距离这个指标就没有意义。定义一个更合适的相似性指标，它可用于对包含分类数据的数据记录进行聚类。

选读文献

关于数据挖掘的文献来自多个领域，包括统计学、数学优化、机器学习和人工智能。Chen 等（1996）很好地总结了关于数据挖掘的数据库观点。Han 和 Kamber（2006）是一本优秀的图书，其中详细描述了数据挖掘领域中使用的不同算法和技术。IBM Almaden Research 的工作产生了大量的早期概念、算法以及一些性能研究成果。Agrawal 等（1993）报告了关于关联规则最初的主要研究工作。Agrawal 和 Srikant（1994）讨论了关于购物篮数据的 Apriori 算法，在 Savasere 等（1995）中使用分区对该算法进行了改进。Toivonen（1996）提出把抽样作为一种减少处理工作的方式。Cheung 等（1996）把分区扩展到分布式环境。Lin 和 Dunham（1998）提出了利用数据偏离解决问题的技术。Agrawal 等（1993b）讨论了关于关联规则的性能观点。Mannila 等（1994）、Park 等（1995）以及 Amir 等（1997）介绍了与关联规则相关的其他高效算法。Han 等（2000）展示了本章中讨论的 FP 树算法。Srikant 和 Agrawal（1995）提出了挖掘的广义规则。Savasere 等（1998）展示了第一种挖掘负关联的方法。Agrawal 等（1996）描述了 IBM 的 Quest 系统。Sarawagi 等（1998）描述了如何实现关联规则与关系数据库管理系统的集成。Piatesky-Shapiro 和 Frawley（1992）贡献了关于知识发现的大量主题的论文。Zhang 等（1996）介绍了用于对大型数据库进行聚类的 BIRCH 算法。在 Mitchell（1997）中可以找到本章中介绍的关于决策树学习和分类算法的信息。

Adriaans 和 Zantinge（1996）、Fayyad 等（1997）以及 Weiss 和 Indurkhya（1998）这些图书专门介绍数据挖掘的不同方面及其在预测中的应用。遗传算法的思想是由 Holland（1975）提出的。在 Srinivas 和 Patnaik（1994）中出现了关于遗传算法的良好综述。神经网络方面的文献非常多，在 Lippman（1987）中可以找到一个全面的介绍。

Tan、Steinbach 和 Kumar（2006）全面介绍了数据挖掘，并详细列出了一组参考文献。还建议读者参阅数据挖掘方面的两个重要的年度会议的论文集：知识发现和数据挖掘会议（Knowledge Discovery and Data Mining Conference，KDD）以及 SIAM 数据挖掘国际会议（SIAM International Conference on Data Mining，SDM），其中前者始于 1995 年，后者始于 2001 年。在 http://dblp.uni-trier.de 上可以找到指向往届会议的链接。

第 29 章 数据仓库和 OLAP 概述

数据仓库是指出于决策支持的目的而存储和维护分析数据的数据库，它们是与面向事务的数据库相隔开的。常规的面向事务的数据库将在数据失去其即时有用性并归档之前把数据存储一段有限的时间。另一方面，数据仓库倾向于保存多年的数据，以允许分析历史数据。它们提供的存储能力、功能和查询响应性都超越了面向事务的数据库。随着这些能力不断增长，产生了改进数据库的数据访问性能的强烈需求。在现代组织机构中，数据的用户通常与数据源完全分离。许多人只需要读取数据，但是仍然需要快速的访问大量的数据，这里所说的大量数据要比能够方便地下载到他们桌面上的数据多得多。通常，这些数据来自多个数据库。由于执行的许多分析都是重复的、可预测的，软件供应商和系统支持人员正在设计能够支持这些功能的系统。数据仓库的建模和结构有所不同，它们使用不同类型的技术来进行存储和检索，而使用它们的用户类型也不同于面向事务的数据库。目前，强烈需要为中层管理人员往上的决策者提供具有正确细节层次的信息以支持决策。**数据仓储**（data warehousing）、**联机分析处理**（online analytical processing，OLAP）和**数据挖掘**（data mining）提供了这种功能。在第 28 章中介绍了数据挖掘。在本章中，将泛泛概述数据仓储和 OLAP 技术。

29.1 简介、定义和术语

在第 1 章中，将数据库定义为相关数据的集合，并将*数据库系统*定义为数据库和数据库软件的结合。数据仓库也是一种信息集合，同时还是一个支持系统。不过，它们二者之间存在明显的区别。传统的数据库是事务型的（关系数据库、面向对象数据库、网状数据库或层次数据库）。而*数据仓库*（data warehouse）具有一个突出的特征：它们主要打算用于决策支持应用。对数据仓库进行优化是为了数据检索，而不是为了日常事务处理。

由于在众多组织中都开发了数据仓库来满足特定的需求，因此数据仓库这个术语并没有单一的、规范的定义。专业的杂志文章和知名出版社的图书以各种方式阐述数据仓库的含义。供应商充分利用了这个术语的流行性来帮助销售各种相关的产品，咨询顾问们也提供了各种各样的服务，这些都是打着数据仓储的旗号进行的。不过，数据仓库在结构、功能、性能和用途这些方面都与传统的数据库截然不同。

W. H. Inmon[1]把**数据仓库**（data warehouse）描述为一种面向主题的、集成的、相对稳定的、反映历史变化的数据集合，用以支持管理层的决策。数据仓库允许访问数据，以便通过**即席**（ad hoc）查询和固定查询进行复杂分析、知识发现和决策。**固定查询**（canned query）

---

1 术语仓库的最初使用要归功于 Inmon（1992）。Inmon 等（2008）的书名是 *DW 2.0: The architecture for the next generation of Data Warehousing*。

是指事先定义的查询，它带有可能以很高频率反复出现的参数。它们支持对组织的数据和信息的高性能需求，支持多种类型的应用，例如 OLAP、DSS 和数据挖掘应用。接下来将逐一定义它们。

OLAP（online analytical processing，联机分析处理）这个术语用于描述对数据仓库中的复杂数据进行的分析。在熟练的知识工作者的操作下，OLAP 工具允许快速、直观地查询数据仓库和**数据集市**（data mart）中存储的分析数据（分析数据库类似于数据仓库，但是其定义的范围比较狭窄）。

DSS（decision-support system，决策支持系统）也称为 EIS（executive information system，主管信息系统）或 MIS（management information system，管理信息系统），不要把它与企业集成系统相混淆。DSS 支持组织的主要决策者利用更高级的（分析）数据做出复杂、重要的决策。数据挖掘（在第 28 章中讨论过）用于*知识发现*，是为未曾预料到的新知识而搜索数据的一个临时过程（就像在数据海洋中寻找智慧之珠一样）。

传统的数据库支持**联机事务处理**（online transaction processing，OLTP），它包括插入、更新和删除操作，同时还支持信息查询需求。可以对传统的关系数据库进行优化，以处理可能只涉及数据库中一小部分数据的查询，以及处理每个关系上的少量元组的插入或更新的事务。因此，不能为 OLAP、DSS 或数据挖掘而优化它们。与之相比，出于分析和决策的目的，数据仓库被精确地设计用于支持高效的提取、处理和展示。与传统的数据库相比，数据仓库一般包含来自多个数据源的海量数据，这些数据源可能包括具有不同数据模型的数据库，有时还包括来自独立系统和平台的文件。

29.2　数据仓库的特征

为了讨论数据仓库并把它们与事务数据库区分开需要一个合适的数据模型。多维数据模型（将在 29.3 节中更详细地解释）非常适合于 OLAP 和决策支持技术。数据仓库与多数据库相比，后者允许访问不相交并且通常是异构的数据库，前者则往往存储来自多种数据源的集成数据，并对它们进行处理，从而以一种多维模型存储它们。与大多数事务数据库不同，数据仓库通常支持时间序列和趋势分析，以及假设分析和预测类型的分析，所有这些都需要比一般在事务数据库中所维护的更多的历史数据。

与事务数据库相比，数据仓库相对比较稳定。这意味着数据仓库中的信息通常不会被修改，而只会被读取/追加/清洗。可以将数据仓库视作是非实时的定期插入。在事务系统中，事务是单元，并且是数据库变化的代理。与之相比，数据仓库信息的粒度要粗糙得多，并且根据精心选择的刷新策略对其进行刷新，这通常是增量式进行的。数据仓库插入操作是由数据仓库的 ETL（extract, transform, load，提取、转换、加载）过程处理的，它将执行大量的预处理，如图 29.1 所示。还可以更一般地把数据仓储描述为一个决策支持技术的集合，其目标是使知识工作者（主管、经理、分析师）做出更好、更快的决策[1]。图 29.1 给出了数据仓库的概念结构的概览。它显示了整个数据仓储流程，其中包括在把数据加载进数据仓

1　Chaudhuri 和 Dayal（1997）提供了关于这个主题的优秀教程，并以此作为初始定义。

库中之前对其进行可能的清理和重新格式化。这个过程是由称为ETL（提取、转换和加载）的工具处理的。在这个流程的后端，OLAP、数据挖掘和DSS可能生成新的相关信息，例如规则（或者额外的元数据）；在图29.1中显示了这些信息，它们将作为额外的数据输入返回到数据仓库中。该图还显示数据源可能包括文件。

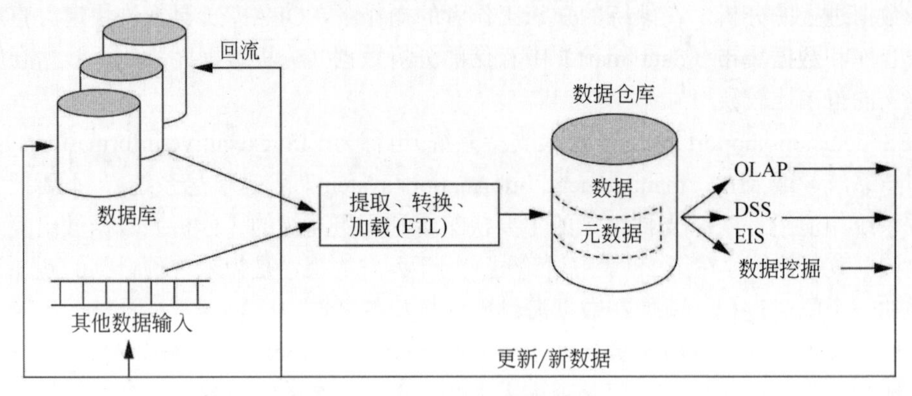

图29.1 数据仓库的通用架构概览

在1993年与术语OLAP的定义同时出现的数据仓库具有以下重要特征，并且它们甚至在今天仍然适用[1]：

- 多维概念视图。
- 无限维和聚合层次。
- 无限制的跨维操作。
- 动态稀疏矩阵处理。
- 客户/服务器架构。
- 多用户支持。
- 可访问性。
- 透明性。
- 直观的数据操纵。
- 归纳分析和演绎分析。
- 灵活的分布式报表。

由于数据仓库包含大量数据，它们一般比源数据库要大一个数量级（有时要大两个数量级）。因此，如何通过企业级数据仓库、虚拟数据仓库、逻辑数据仓库和数据集市处理海量数据（很可能是TB级，甚至是PB级）就是一个急需解决的问题。

- **企业级数据仓库**（enterprise-wide data warehouse）是需要投入大量时间和资源的巨大项目。
- **虚拟数据仓库**（virtual data warehouse）提供了操作型数据库的物化视图，以便对它们进行高效访问。
- **逻辑数据仓库**（logical data warehouse）使用数据联合、分布和虚拟化技术。
- **数据集市**（data mart）：一般针对的是组织机构的一个子集，例如一个部门，并且

1 Codd and Salley（1993）创造了术语OLAP，并且提到了文中列出的特征。

数据受到更紧密关注。

在数据仓储环境中频繁遇到的其他术语如下。

- **操作型数据存储**（operational data store，ODS）：这个术语常用于在清理、聚合数据库并把它们转换成数据仓库之前的中间形式。
- **分析型数据存储**（analytical data store，ADS）：它们是构建用于执行数据分析的数据库。通常，会通过清理、聚合和转换过程，将 ODS 重新配置并稍加修改成 ADS。

29.3　数据仓库的数据建模

多维模型利用数据中的内在联系，在称为*数据立方体*（data cube）的多维矩阵中填充数据（如果它们大于三维，就可称为*超立方体*（hypercube））。对于适合多维建模的数据，多维矩阵中的查询性能可能比关系数据模型好得多。公司数据仓库中的 3 个维度示例是：公司的财政周期、产品和地区。

标准的电子数据表是一个二维矩阵。一个示例是特定时间段各种产品的地区销售情况的电子数据表。产品可以显示为行，各个地区的销售额组成列（图 29.2 显示了这种二维组织结构）。添加一个时间维度，例如组织的财政季度，从而产生一个三维矩阵，可以使用一个数据立方体表示它。

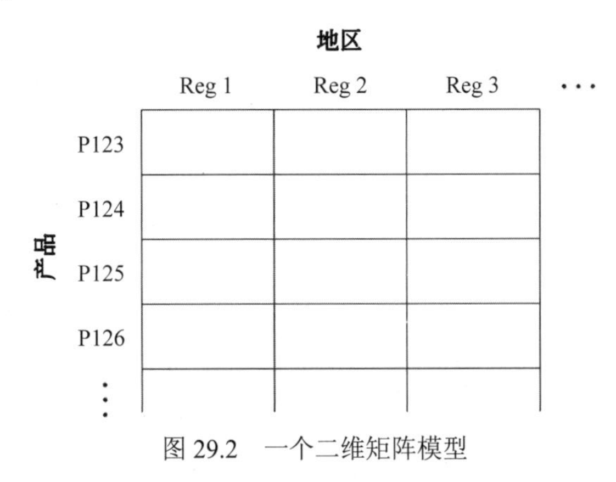

图 29.2　一个二维矩阵模型

图 29.3 显示了一个三维数据立方体，它按财政季度和销售地区来组织产品销售数据。其中每个单元都可以包含特定产品、特定财政季度和特定地区的数据。通过包括额外的维度，可以产生一个数据超立方体，尽管超过三维将不直观，也不容易用图形方式表示。可以利用任意维度组合直接查询数据，从而避免复杂的数据库查询。现在已经存在这样的工具，可以根据用户选择的维度来查看数据。

在数据立方体中，可以利用一种称为**旋转**（pivoting，也称为 rotation）的技术轻松地从一种维度层次转变成另一种维度层次。在这种技术中，将数据立方体视作是可以旋转的，以显示轴的不同方向。例如，可以旋转数据立方体，以将地区销售额显示为行，将财政季度收入总额显示为列，并在第三维中显示公司的产品（参见图 29.4）。因此，这种技术等价于每种产品都单独具有一张地区销售表，其中每个表都是按地区显示该产品的季度销售额。术语**切片**（slice）用于指三维或更高维立方体的二维视图。图 29.2 中所示的“产品”与“地区”二维视图就是图 29.3 中所示的 3 维立方体的切片。流行的术语“切片和切块”意指把数据主体系统地缩减为较小的块或视图，使得可以从多个角度或视角观察信息。

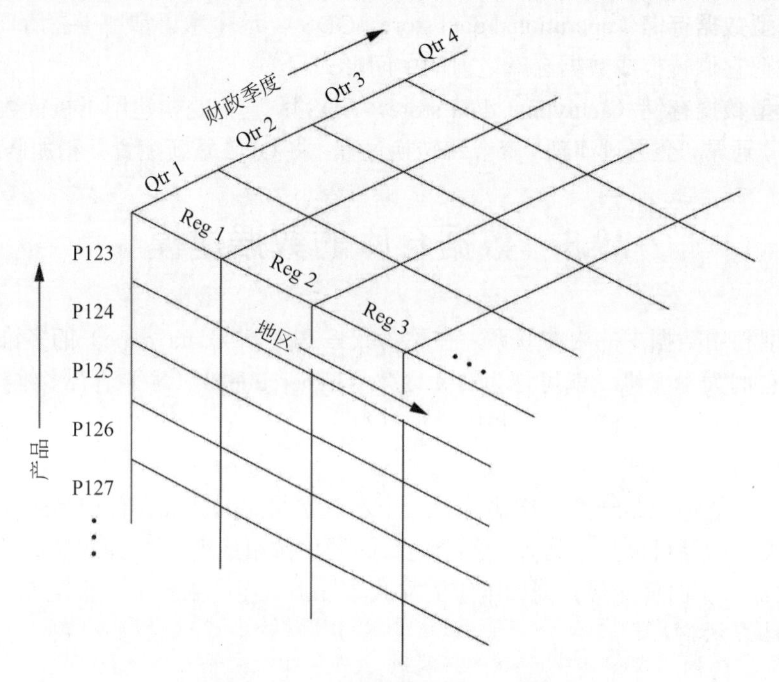

图 29.3 一个三维数据立方体模型

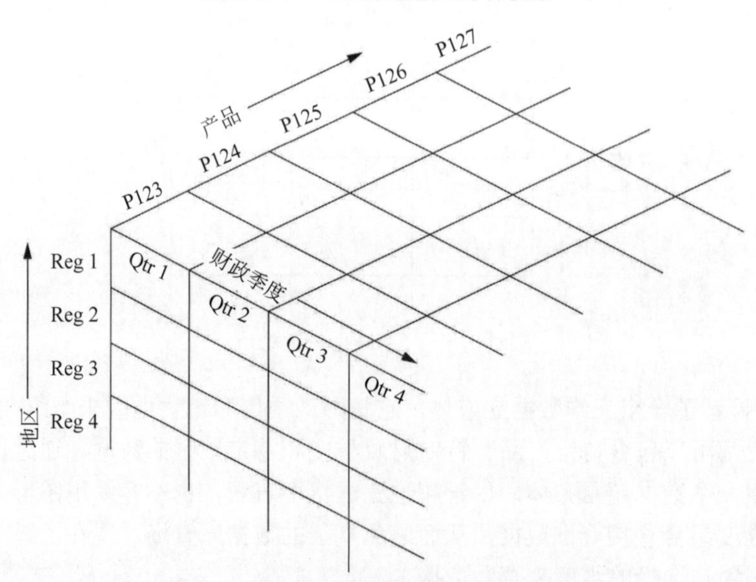

图 29.4 图 29.3 中的数据立方体的旋转版本

多维模型非常适合于层次视图，其中的视图称为上卷视图和下钻视图。**上卷视图**（roll-up display）将层次上移一层，沿着某个维度组合成较大的单元（例如，按季度或年份来累加每周的数据）。图 29.5 显示了上卷视图，它从单个产品移动到较粗粒度的产品类别。图 29.6 中所示的**下钻视图**（drill-down display）提供了相反的能力，它提供一个较细粒度的视图，也许会按地区分解一个国家的销售额，再按子地区分解一个地区的销售额，同时还按样式对产品进行分解。通常，在数据仓库中，**下钻**（drill-down）能力受限于数据仓库中存储的最低级的聚合数据。例如，与图 29.6 中所示的数据相比，更低级的数据将对应于像“在邮政编码为 30022 的子地区 1，样式为 P123，子样式为 A，颜色为黑色”这样的事实。在 ODS 中可能保留这种聚合级别。一些 DBMS（例如 Oracle）提供了“嵌套表”概念，它允许访问更低级的数据，从而使下钻能渗透得更深。

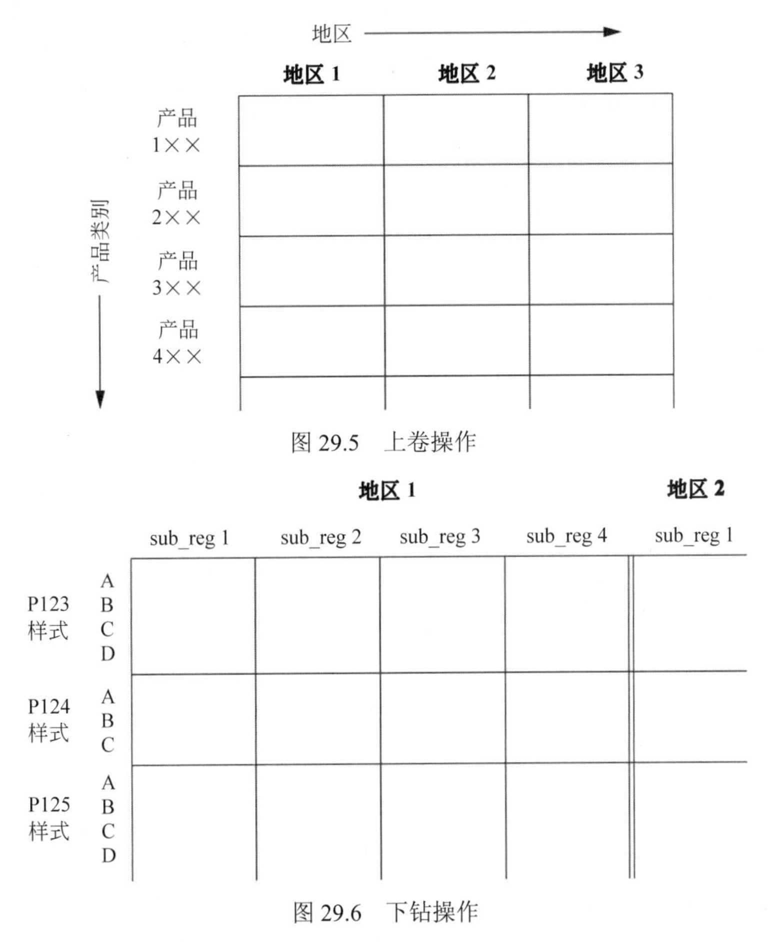

图 29.5　上卷操作

图 29.6　下钻操作

多维模型（multidimensional model，也称为 dimensional model）涉及两种类型的表：维度表和事实表。**维度表**（dimension table）包含维度的属性元组。**事实表**（fact table）可以被视为具有一些元组，其中一个元组对应一个记录的事实。这个事实包含一些度量或观测的变量，并且利用指向维度表的指针来标识它们。事实表中包含数据，并通过维度来标识这些数据中的每个元组。也可以把事实表视作是事务数据的聚集视图，而每个维度表则表示那些事务所属于的所谓的“主数据”。在多维数据库系统中，将多维模型实现为称为多维数据库的专用软件系统，这里将不会讨论它。对多维模型的处理方式基于将数据仓库存储为 RDBMS 中的关系数据库。

图 29.7 显示了一个事实表的示例，可以从多维表的角度查看它。两种常见的多维模式是星型模式和雪花模式。**星型模式**（star schema）包括一个事实表以及与每个维度对应的单个维度表（参见图 29.7）。**雪花模式**（snowflake schema）是星型模式的一个变体，其中

将通过规范化星型模式中的维度表，把它们组织成一种层次结构（参见图 29.8）。**事实星座**（fact constellation）是共享一些维度表的事实表的集合。图 29.9 显示了一个事实星座，它带有两个事实表：即商业结果和商业预测。它们共享的维度表是产品表。事实星座限制了对数据仓库的可能查询。

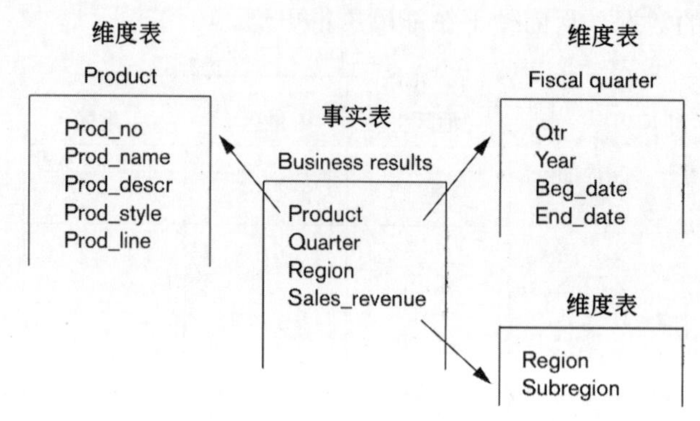

图 29.7　带有事实表和维度表的星型模式

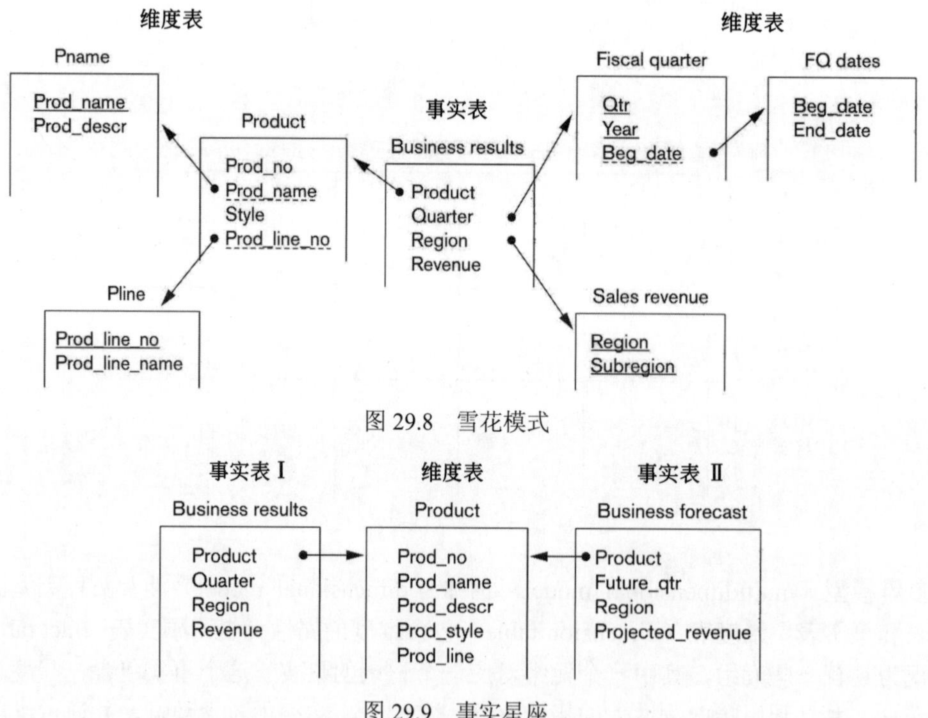

图 29.8　雪花模式

图 29.9　事实星座

数据仓库存储还利用索引技术来支持高性能访问（参见第 17 章中关于索引的讨论）。一种称为**位图索引**（bitmap indexing）的技术可以为要建立索引的域（列）中的每个值构造一个位向量。它非常适合于基数比较小的域。如果第 j 行包含要建立索引的值，就把这个位向量中的第 j 位置 1。例如，想象一个包含 100 000 辆汽车的库存目录，它对汽车尺寸建立了位图索引。如果有 4 种汽车尺寸：经济型、小型、中型和大型，就会有 4 个位向量，每个位向量包含 100000 位（12.5 KB），这样整个索引的大小为 50 KB。在基数比较小的域中，位图索引可以提供相当大的输入/输出和存储空间优势。利用位向量，位图索引可以显著改进比较、聚合和连接性能。在 19.8 节中，显示了一个星型模式上的查询示例，还显示了星型模式的转换，以便使用位图索引高效地执行。

在星型模式中，维度数据可以对事实表中的元组建立**连接索引**（join indexing）。连接索引是用于维持主键值与外键值之间的联系的传统索引。它们把星型模式的维度值与事实表中的行关联起来。考虑一个销售事实表，它把城市和财政季度作为维度。如果在城市上具有一个连接索引，那么对于每个城市，连接索引都会维护包含该城市的元组的 ID。连接索引可能涉及多个维度。

由于数据仓库相对比较稳定，使用数据仓库执行分析具有一定程度的可预见性，数据仓库存储通过进一步利用这些特性，将便于访问汇总数据。目前使用了两种方法：(1)包含汇总数据的较小表，例如产品线的季度销售量或销售收入；(2)将级别（例如，每周、每季度、每年）编码进现有的表中。在动态改变、面向事务的数据库中，创建和维护这种聚合的开销很可能相当大。

主数据管理（master data management）是企业内的一个流行的概念，其目的是定义与组织的关键数据实体相关的标准、过程、策略和管控。维度表在数据仓库中物理化了一些概念，例如顾客、地区和产品类别，它们实质上表示主数据。由于维度是在多个事实或者报表数据集市之间共享的，因此数据仓库设计者通常必须花费相当多的时间来清理和协调这些维度（即协调维度数据的多个源系统之间的定义和概念区别）。由此，包含这些维度的表结构就成为可以在其他环境中使用的主数据的特殊副本的良好候选。

29.4　构建数据仓库

在构造数据仓库时，构建者应该充分考虑数据仓库的预期用途。在设计阶段无法预料所有可能的查询或分析。不过，设计应该明确支持**即席查询**（ad hoc querying）。也就是说，对维度表或事实表中属性值的任何有意义的组合进行访问。例如，一个销售密集型的消费品公司与一个只关注基金增长的非营利性慈善机构相比，前者更需要以不同的方式来组织数据仓库。应该选择一种合适的模式，来反映预期的用途。

为数据仓库获取数据涉及以下步骤：

（1）必须从多个异构的数据源中提取数据；例如，数据库或其他数据源，例如那些包含金融市场数据或环境数据的数据源。

（2）数据必须进行格式化，以在数据仓库内保持一致。必须协调来自不相关数据源的数据的名称、含义和域。例如，一个大企业的各个子公司可能具有不同的财政日历，其财政季度结束的日期各不相同，这使得难以按季度聚合财政数据。不同的信用卡可能以不同的方式报告它们的交易，使得难以计算所有的信用消费。这些格式不一致性必须得到妥善解决。

（3）必须对数据进行清理，以确保它们的有效性。数据清理是一个费时且复杂的过程，它被确定为构造数据仓库过程中最费力的部分。对于输入数据，必须在把数据加载进数据仓库中之前对其进行清理。由于必须检查并一致地格式化输入数据，数据仓库构建者应该利用这个机会检查每个输入数据的有效性和质量。识别错误的、不完整的数据是难以自动进行的，而要求自动纠错的数据清理甚至可能更难以完成。可以轻松地将某些方面（例如域检查）编码进数据清理例程中，但是自动识别其他数据问题可能更具有挑战性（例如，可能需要将 City = 'San Francisco'与 State = 'CT'一起识别为不正确的组合）。在处理了这些问题之后，必须协调来自不同数据源的类似数据，以便把它们加载进数据仓库中。当组织中的数据管理员发现为了把他们的数据输入数据仓库中而对其进行了清理，他们很可能想要利用清理过的数据来升级原来的数据。把清理过的数据返回到数据源的过程称为**回流**（backflushing）（参见图 29.1）。

（4）数据必须适应数据仓库的数据模型。必须能够在数据仓库的数据模型中表示来自不同数据源的数据。可能必须将来自关系数据库、面向对象数据库或遗留数据库（网状数据库和/或层次数据库）的数据转换成多维模型。

（5）必须把数据加载进数据仓库中。数据仓库中的海量数据使得加载数据成为一个重要的任务。这就需要一些用于加载的监控工具，以及用于从不完全或不正确的加载中恢复的方法。对于数据仓库中的海量数据，增量式更新通常是唯一可行的方法。而刷新策略将可能作为回答以下问题的一个折中方案。

- 数据必须有多新？
- 数据仓库可以脱机运行吗，可以脱机运行多久？
- 什么是数据相关性？
- 什么是存储可用性？
- 分布要求（例如复制和分区）是什么？
- 加载时间（包括清理、格式化、复制、传输以及诸如重建索引之类的开销）是什么？

数据仓库中的数据可以来自多个数据源、地理位置和/或时区。因此，需要精心规划数据加载，并分阶段完成。将数据加载进数据仓库中的顺序至关重要；如果不能以正确的顺序加载数据，将可能导致破坏完整性约束或语义规则，它们都可能导致加载失败。例如，对于像顾客和产品之类的主数据（无论是新的还是修改过的），都必须先加载这些数据，然后才能加载包含它们的事务。同样，必须先加载发票数据，然后才能加载引用它们的账单数据。

如前所述，数据库必须在事务处理的效率与查询需求（即席用户请求）的支持之间达到一种平衡，但是数据仓库通常会进行优化，以满足决策者需要的访问。数据仓库中的数据存储反映了这种专用性，并且涉及以下过程：

- 根据数据仓库的数据模型存储数据。
- 创建和维护所需的数据结构。
- 创建和维护合适的访问路径。
- 提供时变数据，以作为新数据添加到数据仓库中。
- 支持数据仓库数据的升级。
- 刷新数据。
- 清洗数据。

尽管在最初可能投入了充足的时间来构造数据仓库，但是数据仓库中的海量数据一般使得以后不可能简单地重新加载整个数据仓库。可供选择的方法包括：有选择地（部分）刷新数据和单独的数据仓库版本（这需要有双倍的数据仓库存储能力）。当数据仓库使用增量式数据刷新机制时，可能需要定期清洗数据。例如，对于维护前 12 个商业季度数据的数据仓库，可能需要每年或者甚至每季度定期清洗其数据。

在设计数据仓库时，还必须充分考虑它们驻留的环境。重要的设计考虑事项包括：

- 使用计划。
- 数据模型的合适度。
- 可用数据源的特征。
- 元数据组件的设计。
- 模块化组件设计。
- 易于管理和改变的设计。
- 分布式架构和并行架构的考虑。

下面将依次讨论所有这些考虑事项。数据仓库设计最初是由使用计划驱动的，也就是说，预期谁将使用数据仓库以及他们将如何使用它。选择支持这种使用计划的数据模型是一个关键的初始决策。需要同时考虑使用计划和数据仓库的数据源的特征。模块化设计是允许数据仓库随着组织及其信息环境而不断演化的可行且必要的条件。此外，良好构建的数据仓库必须在设计时考虑到可维护性，使数据仓库管理者能够有效地计划和管理数据仓库的改变，同时给用户提供最佳的支持。

可以回忆一下第 1 章中的元数据这个术语；元数据被定义为数据库的描述，这个描述包括数据库的模式定义。**元数据存储库**（meta-data repository）是一个关键的数据仓库组件。元数据存储库包括技术元数据和商业元数据。首先，**技术元数据**（technical meta-data）涵盖了获取、处理、存储结构、数据描述、数据仓库操作和维护以及访问支持功能的细节。而**商业元数据**（business meta-data）则包括支持数据仓库的商业规则和组织细节。

组织的分布式计算环境的架构是设计数据仓库的一个主要的决定性特征。有两种基本的分布式架构：分布式数据仓库和联邦式数据仓库。对于**分布式数据仓库**（distributed warehouse），分布式数据库的所有问题都是与之相关的。例如，复制、分区、通信和并发性问题。分布式架构可以提供对于数据仓库性能特别重要的好处，例如改进的负载平衡、性能的可伸缩性以及更高的可用性。在每个分布式站点上都将驻留单个复制的元数据存储库。**联邦式数据仓库**（federated warehouse）的思想类似于联邦式数据库：即分散的自主数据仓库的联合，其中每个数据仓库都具有它自己的元数据存储库。鉴于数据仓库固有的巨大挑战，这样的联邦很可能由较小的组件组成，例如数据集市。

商业开始变得不满足于传统的数据仓储性能和技术。新的分析需求正在驱动新的分析应用，示例包括 IBM 的 Netezza、EMC 的 Greenplum、SAP 的 Hana 以及 Tableau Software 的 ParAccel。大数据分析驱动了 Hadoop 及其他专用数据库（例如图形和键-值存储）进入下一代数据仓储（参见第 25 章，了解对基于 Hadoop 的大数据技术的讨论）。数据虚拟化平台（例如来自 Cisco 的平台[1]）将来可以支持构建这样的逻辑数据仓库。

---

1 参见 http://www.compositesw.com/productsservices/data-virtualization-platform/上关于 Cisco 的数据虚拟化平台的描述。

29.5 数据仓库的典型功能

数据仓库有利于进行复杂的、数据密集的和频繁的即席查询。因此，数据仓库必须提供比事务数据库更强大、更高效的查询支持。数据仓库访问组件支持增强的电子数据表功能、高效的查询处理、结构化查询、即席查询、数据挖掘和物化视图。特别是，增强的电子数据表功能包括对最新的电子数据表应用（例如，MS Excel）以及 OLAP 应用程序的支持。这些增强的电子数据表产品提供了预编程功能，例如：

- **上卷**（roll-up，也称为**上钻**（drill-up））。以递增归纳方式汇总数据（例如，每周到每季度，再到每年）。
- **下钻**（drill-down）。在层次递增的顺序展现细节（与上卷相辅相成）。
- **旋转**（pivot）。执行表格的行列转换（也称为 rotation）。
- **切片**（slice）和**切块**（dice）。在维度上执行投影运算。
- **排序**（sorting）。按序数值对数据进行排序。
- **选择**（selection）。按值或范围过滤数据。
- **导出（计算）属性**（derived (computed) attribute）。按存储值和导出值上的操作来计算属性。

由于数据仓库不受事务环境的限制，因此可以提高查询处理的效率。它使用的工具和技术包括：查询转换、索引的交与并、特殊的 ROLAP（关系 OLAP）和 MOLAP（多维 OLAP）功能、SQL 扩展、高级连接方法和智能扫描（例如在背负式传递多级查询中）。

还有一个 HOLAP（混合式 OLAP）选项可用，它结合了 ROLAP 和 MOLAP。对于汇总类型的信息，HOLAP 利用了立方体技术（使用 MOLAP）来获得更快的性能。当需要详细的信息时，HOLAP 可以“钻透”立方体来访问底层的关系数据（它们位于 ROLAP 组件中）。

还可以利用并行处理来获得改进的性能。并行服务器架构包括对称多处理器（symmetric multiprocessor，SMP）、群集、大规模并行处理（massively parallel processing，MPP），以及它们的组合。

知识工作者和决策者使用了很多工具，包括从参数查询到即席查询，再到数据挖掘。因此，数据仓库的访问组件必须提供对结构化查询（包括参数查询和即席查询）的支持。所有这些一起构成了一种受管理的查询环境。数据挖掘自身使用来自统计分析和人工智能的技术。统计分析可以通过高级的电子数据表、先进的统计分析软件或者自己编写的程序来执行。诸如滞后（lagging）、移动平均数（moving average）和回归分析（regression analysis）之类的技术也经常使用。人工智能技术（可能包括遗传算法和神经网络）可用于分类，以及用于从数据仓库中发现知识，这些知识可能是未预料到的或者是难以在查询中指定的（在第 28 章中将详细讨论数据挖掘）。

29.6 数据仓库与视图

一些人将数据仓库视作是数据库视图的扩展。以前提到的物化视图是满足改进数据访问需求的一种方式（参见 7.3 节，了解关于视图的讨论）。目前已经探讨了物化视图的性能增强问题。在 19.2.4 节中，讨论了如何维护物化视图，以及把它用作查询优化的一部分。不过，视图只提供了数据仓库的功能和能力的一个子集。视图与数据仓库在某些方面是相似的；例如，它们都具有来自数据库的只读抽象，并且都是面向主题的。不过，数据仓库在以下方面不同于视图。

- 数据仓库是作为持久存储的形式存在的，而不是根据需要进行物化。
- 数据仓库不仅仅是关系视图；它们是多维视图，具有多种聚合级别。
- 可以对数据仓库建立索引以优化性能。不能独立于底层数据库对视图建立索引。
- 数据仓库的特征是可以提供特定的功能支持，视图则不然。
- 数据仓库提供了大量的集成数据，它们通常是时态数据，并且一般要多于一个数据库中所能容纳的数据，而视图只是数据库的抽象。
- 数据仓库通过一个复杂的 ETL 过程从多个数据源中引入数据，其中涉及清理、清洗和汇总，而视图只是通过预定义的查询对数据库进行的抽象。

29.7 实现数据仓库的难点

在数据仓储过程中可能会发生一些重要的操作问题，包括：构造、管理和质量控制。项目管理（涉及数据仓库的设计、构造和实现）是一个重要的、具有挑战性的考虑，不应被低估。大型组织中的企业级数据仓库的构建是一项重大的工程，从概念化到实现可能要花几年的时间。由于这样一个工程存在较大的开发难度和漫长的开发周期，广泛开发和部署的数据集市可能提供了一种有吸引力的替代选择，对于那些迫切需要 OLAP、DSS 和/或数据挖掘支持的组织尤其如此。

数据仓库的管理是一项精深的工作，与数据仓库的规模和复杂度成正比。尝试管理数据仓库的组织必须实际地了解其管理工作的复杂性。尽管数据仓库是设计用于读取访问的，但它与其任何信息源一样都不是静态结构。可以预期源数据库是不断发展变化的，因此必须期望数据仓库的模式和数据采集组件将会不断更新以处理这些变化。

数据仓储中的一个重要问题是数据的质量控制。数据的质量和一致性都是需要重点关注的，尤其是因为它涉及维度数据，而后者反过来又会影响主数据管理。尽管在数据采集期间会通过一个数据清理函数对数据进行处理，但是质量和一致性问题对于数据库管理员和设计师等来说仍然是重要的问题。鉴于命名、域定义、标识号等方面的区别，融合来自异构和异种数据源中的数据将是一个重大的挑战。每当源数据库改变时，数据仓库管理员都必须考虑它与数据仓库的其他元素可能产生的相互作用。

在构造数据仓库之前应该保守地估计数据仓库的使用计划，并且应该持续不断地修正计划以反映当前的需求。由于使用模式会随着时间的推移而变得清晰并且可能会发生改变，因此可以对存储方式和访问路径进行调优，以使它们保持最佳状态，从而支持组织对其数据仓库的使用。这种活动应该在数据仓库的整个生命周期内持续进行，以便持续满足用户的需求。数据仓库还应该设计成能够适应数据源的增加和减少，而无须进行重大的重新设计。数据源和源数据将不断演变，而数据仓库必须适应这些改变。使可用的源数据适应数据仓库的数据模型将是一个持续的挑战，这项任务既具有科学性又具有艺术性。由于相关技术在持续不断地快速变化，数据仓库的需求和能力也会随着时间的失衡而发生相当大的变化。此外，数据仓储技术本身经过一些时间也会持续演变，因此组件结构和功能也将不断升级。这种必然的改变是促进组件的完全模块化设计的极佳动力。

数据仓库的管理将需要比传统的数据库管理更广泛的技能。通常，大型组织的不同部分将以不同的方式查看数据。很可能需要一支具有交叉领域专长的高技能的技术专家团队，而不仅仅是一个人。这个团队还必须具有详尽的商业知识，特别了解企业的规则和规章，以及约束和政策。像数据库管理一样，数据仓库管理也只有一部分是技术性工作；大部分的职责需要与组织中对数据仓库感兴趣的所有成员有效地协同工作。数据库管理员有时会遇到一些困难，但是数据仓库管理员将面临更大的挑战，因为他们的职责范围比数据库管理员要大得多。

管理职能的设计和管理团队的选择对于数据仓库是至关重要的。管理大型组织里的数据仓库无疑是一项重大的任务。许多商业工具可用于支持管理职能。有效的数据仓库管理将是一种团队职能，它需要一组广泛的技能、细心的协调和有效的领导。就像我们必须为数据仓库的演变做好准备一样，还必须认识到管理团队的技能也将会随之演变。

29.8 小　结

在本章中，全面概述了一个称为数据仓储的领域。可以将数据仓储视作是一个过程，它要求执行各种前期的活动。与之相比，可以将数据挖掘（参见第 28 章）视作是一种从现有的数据仓库或其他数据源中提取知识的活动。在 29.1 节中首先介绍了与数据仓库相关的关键概念，定义了诸如 OLAP 和 DSS 之类的术语，并把它们与 OLTP 做了比较，还展示了数据仓储系统的一般架构。在 29.2 节中讨论了数据仓库的基本特征以及它们的不同类型。然后，在 29.3 节中讨论了使用流行的多维数据模型对数据仓库中的数据进行建模，还讨论了不同类型的表和模式。在 29.4 节中详细说明了在构建数据仓库时所涉及的一些过程和设计考虑事项。然后，在 29.5 节中介绍了与数据仓库关联的典型特殊功能。在 29.6 节中将关系模型中的视图概念与数据仓库中的数据的多维视图做了比较。最后，在 29.7 节中讨论了实现数据仓库的难点以及数据仓库管理所面临的挑战。

复 习 题

29.1　什么是数据仓库？它与数据库之间有何区别？

29.2　定义下列术语：OLAP（联机分析处理）、ROLAP（关系OLAP）、MOLAP（多维OLAP）

和DSS（决策支持系统）。

29.3 描述数据仓库的特征。可从以下两个方面来考虑：数据仓库的功能和用户从中得到的好处。

29.4 什么是多维数据模型？在数据仓储中如何使用它？

29.5 定义下列术语：星型模式、雪花模式、事实星座和数据集市。

29.6 可以为数据仓库建立哪些类型的索引？举例说明每种索引的用处。

29.7 描述构建数据仓库的步骤。

29.8 在设计数据仓库的过程中，哪些考虑事项起着主要作用？

29.9 描述用户可以在数据仓库上执行的功能，并且说明在一个示范性的多维数据仓库上执行这些功能的结果。

29.10 关系视图概念与数据仓库有何相似和不同之处？

29.11 列出实现数据仓库的难点。

29.12 列出与数据仓储相关的正在发生的问题以及研究课题。

29.13 什么是主数据管理？它与数据仓储之间有什么关系？

29.14 什么是逻辑数据仓库？对Cisco的数据虚拟化平台做一项在线研究，并且讨论它将如何帮助构建一个逻辑数据仓库。

选读文献

数据仓库这个术语被广泛接受应当归功于 Inmon（1992、2005）。Codd 和 Salley（1993）普及了联机分析处理（OLAP）这个术语，并且为数据仓库定义了一组特征以支持 OLAP。Kimball（1996）因其对数据仓储这个领域的发展所做的贡献而著名。Mattison（1996）是关于数据仓储的若干图书之一，其中全面分析了数据仓库中可用的技术以及公司在部署它们时应该使用的策略。Ponniah（2010）非常实用地概述了数据仓库从需求收集到部署维护的构建过程。Jukic 等（2013）是关于对数据仓库建模的优秀资源。Bischoff 和 Alexander（1997）汇编了来自数据仓库专家的建议。Chaudhuri 和 Dayal（1997）是关于数据仓库这个主题的优秀教程，而 Widom（1995）则指出了许多正在发生的问题和研究。

第 12 部 分

额外的数据库主题：安全性

第 30 章　数据库安全性

本章将讨论用于防御各种威胁的数据库安全性技术，还将展示给授权用户提供访问特权的模式，并将介绍一些对数据库的安全性威胁，例如 SQL 注入。在本章末尾，将总结主流的 RDBMS（确切地讲是 Oracle 系统）如何提供不同类型的安全性。在 30.1 节中，首先将介绍安全性问题以及对数据库的威胁，并将概述本章其余部分介绍的控制措施，还将从个人信息的角度评价数据安全与隐私之间的关系。30.2 节将讨论在关系数据库系统和 SQL 中用于授予和撤销特权的机制，这些机制通常称为**自主访问控制**（discretionary access control）。在 30.3 节中，将概述用于实施多种安全性级别的机制，它是数据库系统安全性中的一个特别关注点，称为**强制访问控制**（mandatory access control）。30.3 节还将介绍最近开发的**基于角色的访问控制**（role-based access control）策略，以及基于标签和基于行的安全性，并将简要讨论 XML 访问控制。30.4 节将讨论数据库的一种主要威胁（即 SQL 注入），以及针对它而提出的一些防御措施。30.5 节将简要讨论统计数据库中的安全性问题。30.6 节将介绍流控制的主题，并将提及与隐蔽信道关联的问题。30.7 节将简要总结加密技术以及对称密钥和非对称密钥（公钥）的基础设施模式，还将讨论数字证书。30.8 节将介绍隐私保护技术，30.9 节将介绍数据库安全性当前面临的挑战。在 30.10 节中，将讨论 Oracle 基于标签的安全性。最后，30.11 节总结了本章内容。如果读者只对基本的数据库安全性机制感兴趣，那么只需阅读 30.1 节和 30.2 节中的内容就足够了。

30.1　数据库安全性问题简介[1]

30.1.1　安全性的类型

数据库安全性是一个涵盖许多问题的广泛领域，主要包括以下几个方面。

- 关于某些信息访问权限的多个法律和道德问题，例如，一些信息可能被认为是私有的，未经授权的组织或个人将不能合法地访问它们。在美国，有大量法律条款管控信息的隐私性。
- 政府、机构或公司级的政策问题，它们规定哪些类型的信息不应该向公众开放，例如，信用等级和个人医疗记录。
- 系统相关的问题，例如应该在系统级实施的各种安全职能，例如，是应该在物理硬件级、操作系统级，还是应该在 DBMS 级处理安全职能。
- 一些组织需要确定多种安全级别，并且基于这些分类来划分数据和用户，例如，绝密、机密、秘密和公开。组织必须实施相应的安全政策，以访问不同类型的数据。

1　Fariborz Farahmand、Bharath Rengarajan 和 Frank Rietta 对本节及本章后续各节做了重要贡献，在此深表谢意。

1. 对数据库的威胁

对数据库的威胁可能导致以下被普遍接受的安全性目标遭受损失或降级，这些目标包括：完整性、可用性和机密性。

- **损失完整性**。数据库完整性是指需要防止信息被不恰当地修改。修改数据包括创建、插入和更新数据；改变数据的状态；以及删除数据。如果通过有意或无意的行为对数据进行未经授权的修改，那么就会损失完整性。如果没有校正系统或数据的完整性损失，继续使用受损的系统或者被破坏的数据，可能会导致不准确的、欺骗性的或错误的决策。
- **损失可用性**。数据库可用性是指具有合法权限的人类用户或程序可以使用数据库对象。当用户或程序不能访问这些对象时，就会损失可用性。
- **损失机密性**。数据库机密性是指防止未经授权的数据泄露。未经授权地泄露秘密信息所造成的影响可能包括从违反数据保密法令（Data Privacy Act）到危害国家安全。未经授权、未预料到或未意识到的信息泄露可能导致公众信任的丧失、令人困窘的局面或者对组织的法律诉讼。

2. 数据库安全性：不是一个孤立的问题

在考虑数据库所面临的威胁时，需要记住的是：数据库管理系统不能单独负责维护数据的机密性、完整性和可用性。相反，数据库将作为服务网络的一部分工作，其中包括应用、Web 服务器、防火墙、SSL 终结器和安全监控系统。由于整体系统的安全性只取决于其最弱的一环，因此数据库可能会受到损害，即使对它自身进行了完美的保护亦是如此。

为了保护数据库免受上面讨论的这些威胁，通常会实现 4 种控制措施：访问控制、推理控制、流控制和加密。在本章中将一一讨论这些措施。

在多用户数据库系统中，DBMS 必须提供一些技术，使某些用户或用户组能够访问数据库的指定部分，而无须获得数据库其余部分的访问权限。当同一个组织内的许多不同用户使用一个大型的集成数据库时，这将特别重要。诸如雇员薪水或绩效考核之类的敏感信息就应该对数据库系统的大多数用户保密。DBMS 通常包括一个**数据库安全和授权子系统**（database security and authorization subsystem），它负责数据库某些部分的安全，确保它们不会受到未经授权的访问。现在通常指两种类型的数据库安全性机制。

- **自主安全性机制**（discretionary security mechanism）：它们用于授予用户特权，包括以指定的模式（例如读取、插入、删除或更新）访问特定数据文件、记录或字段的能力。
- **强制安全性机制**（mandatory security mechanism）：它们用于将数据和用户划分为多种安全类型（或级别），然后实现组织的合适安全性策略，从而实施多级安全性。例如，典型的安全策略是只允许某个分类（或许可）级别的用户查看其所在（或更低）分类级别上的数据项。该机制的一个扩展是基于角色的安全性，它基于组织角色的概念来实施策略和特权（参见 30.4.2 节，了解基于角色的访问控制）。

在 30.2 节中将讨论自主安全性，在 30.3 节中将讨论强制安全性和基于角色的安全性。

30.1.2　控制措施

在数据库中主要使用 4 种控制措施来提供数据安全性。

- 访问控制。
- 推理控制。
- 流控制。
- 数据加密。

计算机系统常见的一种安全问题是阻止未经授权的人访问系统自身，从而阻止他们获得信息或者对数据库的某些部分进行恶意修改。DBMS 的安全性机制必须包括用于限制对数据库系统整体进行访问的措施。这种功能称为**访问控制**（access control），它是由 DBMS 通过创建用户账户和密码控制登录过程来处理的。在 30.1.3 节中将讨论访问控制技术。

统计数据库（statistical database）用于基于各种标准提供统计信息或数值汇总。例如，人口统计数据库可能基于年龄段、收入水平、住房面积、教育程度及其他标准提供统计数据。诸如政府统计部门或市场调查公司之类的统计数据库用户将允许访问数据库，以检索关于人口的统计信息，但是不允许访问关于特定个人的详细机密性信息。统计数据库的安全性必须确保不能访问关于个人的信息。有时仅仅通过涉及分组汇总统计的查询就可能演绎或推断出关于个人的某些事实；因此，绝对不允许这样做。这个问题称为**统计数据库安全性**（statistical database security），将在 30.4 节中简要讨论。对应的控制措施称为**推理控制**（inference control）措施。

另一个安全性问题是**流控制**（flow control），它可以阻止信息流向未经授权的用户。在 30.6 节中将讨论流控制。**隐蔽信道**（covert channel）是指信息隐含地以违反组织安全性策略的方式流动的路径。在 30.6.1 节中将简要讨论与隐蔽信道相关的一些问题。

最后一种控制措施是**数据加密**（data encryption），它用于保护通过某种通信网络传输的敏感数据（例如信用卡号）。加密也可用于对数据库的敏感部分提供额外的保护。数据是使用某种编码算法**编码**（encode）的。如果未经授权的用户访问编码的数据，那么将很难破译它，但是授权的用户将可以获得解码或解密算法（或密钥）来破译数据。如果没有密钥将很难解码的加密技术是为军事应用开发的。不过，今天在私人组织以及政府和军事应用中都使用了加密的数据库记录。事实上，美国各州和联邦法律规定任何涉及受法律保护的个人信息的系统都要进行加密。例如，根据佐治亚州的法律（OCGA 10-1-911）：

"个人信息"是指个人的名字或首字母和姓氏与以下任何一个或多个数据元素的组合，其中姓名或这些数据元素未被加密或编辑：

- 社会安全号。
- 驾驶证号或州身份证号。
- 账号、信用卡号或借记卡号。在一些情况下，可以使用这样的号码，而无须额外的标识信息、访问代码或密码。
- 账户密码或个人识别号，或者其他的访问代码。

由于定义个人信息成分的法律因州而异，系统必须保护个人的隐私，并适当地实施隐私措施。仅仅使用自主访问控制（参见 30.2 节）可能是不够的。30.7 节将简要讨论加密技术，包括一些流行的技术，例如公钥加密（主要用于支持基于 Web 的数据库事务）和数字签名（用于个人通信）。

对计算机系统和数据库的安全性的全面讨论超出了本书的范畴。这里只将简要概述数据库安全性技术。基于网络和通信的安全性也是一个庞大的主题，这里不加以介绍。要了解全面的讨论，感兴趣的读者可以查阅本章末尾的选读文献中讨论的几本参考书。

30.1.3 数据库安全性和 DBA

如第 1 章中所讨论的，数据库管理员（DBA）是管理数据库系统的核心人员。DBA 的职责包括给需要使用系统的用户授予特权，并根据组织的政策对用户和数据进行分类。DBA 在 DBMS 中具有一个 DBA **账户**（DBA account），有时称之为**系统账户**（system account）或**超级用户账户**（superuser account），它提供了普通的数据库账户和用户不能使用的强大能力[1]。DBA 特权的命令包括对单个账户、用户或用户组授予和撤销特权的命令，以及用于执行以下各类动作的命令：

（1）**创建账户**：这个动作为用户或用户组创建一个新的账户和密码，使其能够访问 DBMS。

（2）**授予特权**：这个动作允许 DBA 把某些特权授予某些账户。

（3）**撤销特权**：这个动作允许 DBA 撤销（取消）以前授予某些账户的某些特权。

（4）**分配安全性级别**：这个动作包括将用户账户分配给合适的安全性许可级别。

DBA 负责数据库系统的总体安全性。上面列表中的动作（1）用于控制对 DBMS 整体的访问，而动作（2）和（3）则用于控制自主性数据库授权，动作（4）用于控制强制性授权。

30.1.4 访问控制、用户账户和数据库审计

无论何时一个人或一组人需要访问数据库系统，个人或小组首先都必须申请一个用户账户。如果访问数据库是合法的需求，那么 DBA 将为用户创建一个新的**账号**（account number）和**密码**（password）。无论何时需要访问数据库，用户都必须输入账户和密码，以**登录**（log in）到 DBMS。DBMS 将会检查账号和密码是否有效；如果有效，就允许用户使用 DBMS 并访问数据库。也可以把应用程序视作是用户，并且要求它们登录到数据库（参见第 10 章）。

记录数据库用户以及他们的账户和密码比较直观，只需创建一个含有两个字段（AccountNumber 和 Password）的加密表或加密文件即可。DBMS 可以轻松地维护这个表。无论何时创建一个新账户，都会在该表中插入一条新记录。当取消某个账户时，必须从该表中删除对应的记录。

数据库系统还必须记录某个用户在每个**登录会话**（login session）期间对数据库应用的所有操作，它包括用户从登录时到注销时执行的数据库交互序列。当用户登录时，DBMS

---

1 这个账户类似于授予计算机系统管理员的根账户或超级用户账户，它允许访问受限的操作系统命令。

可以记录用户的账号，并将其与用户登录所使用的计算机或设备关联起来。从该计算机或设备应用的所有操作都将归属于这个用户的账户，直到用户注销为止。记录应用于数据库的更新操作特别重要，使得如果数据库被篡改，DBA 将可以确定是哪个用户执行了篡改。

要保存应用于数据库的所有更新的记录以及应用每个更新的特定用户的记录，可以修改*系统日志*。回忆一下第 20~22 章可知，**系统日志**（system log）将为应用于数据库的每个操作包括一个日志项，在从事务失败或系统崩溃中恢复时可能需要用到它。可以扩展日志项，以使它们还包括用户的账号，以及应用日志中记录的每个操作的在线计算机或设备 ID。如果怀疑数据库被篡改，就会执行**数据库审计**（database audit），它包括审查日志，以检查在某个时间段内应用于数据库的所有访问和操作。当找到非法或未经授权的操作时，DBA 就可以确定执行该操作的账号。数据库审计对于会被许多事务和用户更新的敏感数据库特别重要，例如银行数据库，数千个银行出纳员可以更新它。数据库日志主要用于安全目的，它可以充当**审计跟踪**（audit trail）。

30.1.5 敏感数据和泄露类型

数据的敏感度（sensitivity of data）是指数据的所有者分配给数据的一种重要性度量，用以表明对其进行保护的必要性。一些数据库只包含敏感数据，而其他数据库可能根本就不包含敏感数据。处理属于这两种极端情况的数据库相对比较容易，因为可以通过访问控制来涵盖这样的数据库，将在 30.1.6 节中解释。当其中一些数据是敏感的而另外一些数据不是敏感数据时，情况就会变得难以处理。

有几个因素可能导致将数据分类为敏感数据。

（1）**固有的敏感性**：数据本身的值可能是如此有启示性或者是如此机密，以至于它变成了敏感数据，例如，一个人的薪水或者患有艾滋病（HIV/AIDS）的患者。

（2）**来自敏感源**：数据的来源可能指示保密要求，例如，需要对告密者的身份保密。

（3）**声明敏感**：数据的所有者可能明确地将数据声明为敏感的。

（4）**敏感属性或敏感记录**：可能将特定的属性或记录声明为敏感的，例如，雇员的薪水属性或者个人数据库中的薪水历史记录。

（5）**与以前泄露的数据相关的敏感**：一些数据自身可能并不敏感，但是当存在其他一些数据时，它们就会变成敏感的。例如，某个地点的精确纬度和经度信息，当以前记录的某个事件发生之后，就将该信息视为敏感的。

数据库管理员和安全性管理员负责应该协同实施组织的安全策略。对于不同的用户或用户类别，这将规定是否应该允许他们访问某个数据库属性（也称为*表列*或*数据元素*）。在决定呈现数据是否安全之前，必须考虑多个因素。其中 3 个最重要的因素是数据可用性、访问可接受性和确保真实性。

（1）**数据可用性**。如果用户正在更新一个字段，那么这个字段将变成不可访问的，并且其他用户应该不能查看这个数据。这种阻塞只是暂时的，并且只用于确保用户不会看到任何不准确的数据。通常通过并发控制机制来处理它（参见第 21 章）。

（2）**访问可接受性**。数据只应该呈现给授权的用户。数据库管理员也可能拒绝用户请求的访问，即使这个请求不会直接访问敏感数据项，因为请求的数据可能会呈现关于该用户无权访问的敏感数据的信息。

（3）**确保真实性**。在授权访问之前，可能还要考虑关于用户的某些外部特征。例如，只允许用户在工作时间进行访问。系统可能会跟踪以前的查询，以确保查询组合不会泄露敏感数据。后者与统计数据库查询尤为相关（参见 30.5 节）。

安全领域中使用的术语*精确性*（precision）是指允许尽可能多的数据可用，从而能够精确地保护敏感数据的子集。*安全性与精确性*的定义如下。

- **安全性**：确保数据安全，免遭破坏，并适当控制对它们的访问。为了提供安全性，应该只开放非敏感数据，并且拒绝任何引用敏感字段的查询。
- **精确性**：保护所有的敏感数据，同时开放尽可能多的非敏感数据或者使它们可用。注意：*精确性*的这个定义与 27.6.1 节中定义的信息检索的精确性无关。

理想的组合是维持完美的安全性和最大的精确性。如果想要维持安全性，就必须在一定程度上牺牲精确性。因此，在安全性与精确性之间通常会有一个折中。

30.1.6 信息安全性与信息保密性之间的关系

随着工业界、政府和学术界使用信息技术（information technology，IT）的快速发展，对保护和使用个人信息提出了具有挑战性的问题和难题。从发展趋势上讲，获取任何人的几乎任何信息在技术上是完全可能的，因此，*谁出于何种目的而对个人信息具有何种权限*之类的问题将变得越来越重要。

将来，决定如何在技术中设计隐私考虑事项包括哲学、法律以及现实因素。资源访问（安全性）相关问题与信息适当使用（保密性）相关问题之间具有相当大的交集。现在将定义*安全性与保密性*之间的区别。

信息技术中的**安全性**（security）是指保护系统以阻止未经授权的使用，它包括：用户身份验证、信息加密、访问控制、防火墙策略和入侵检测。出于本书的目的，将把关于安全性的讨论限制于系统能够多好地保护对其所包含信息的访问等相关概念。**保密性**（privacy）的概念超越了安全性。保密性将检查对系统所获得的用户个人信息的使用在多大程度上符合明确或隐含的使用假设。从最终用户的角度讲，可以从两个不同的角度考虑保密性：*阻止存储个人信息和确保合适地使用个人信息*。

出于本章的目的，关于*保密性*的一个简单而有用的定义是：*个人获取和使用他们的个人信息的能力*。总之，安全性涉及确保适当保护信息的技术，它是保密性所必需的构件。保密性涉及一些机制，它们支持遵从一些基本的原则及其他明确声明的策略。一个基本原则是应该通知人们有关信息收集的事情，提前告知将利用他们的信息做什么，并给他们提供一个合理的时机来赞成或反对这样使用信息。一个与安全性和保密性都相关的概念是**信任**（trust），当可以感觉到所提供的安全性和保密性时，就可以看作信任也在增加。

30.2 基于授予和撤销特权的自主访问控制

在数据库系统中实施**自主访问控制**（discretionary access control）的典型方法基于**特权**（privilege）的授予和撤销。让我们考虑关系 DBMS 环境中的特权。特别是，我们将讨论一个特权系统，它有些类似于最初为 SQL 语言开发的特权系统（参见第 7 章和第 8 章）。许多当前的关系 DBMS 都使用这种技术的某个变体。其主要思想是在查询语言中包括一些语句，以允许 DBA 和所选的用户授予和撤销特权。

30.2.1 自主性特权的类型

在 SQL2 及更新的版本中[1]，大体来说，都使用**授权标识符**（authorization identifier）的概念来指示一个用户账户（或者用户账户组）。出于简单起见，将互换地使用“用户”或“账户”来代替“授权标识符”。DBMS 必须基于特定的账户，对数据库中的每个关系提供有选择的访问。还可能会控制操作，因此，具有一个账户不一定会使账户持有者能够访问 DBMS 提供的所有功能。非正式地讲，可以为数据库系统的使用分配两级特权。

- **账户级**：在这个级别上，DBA 指定每个账户独立于数据库中的关系而持有的特定特权。
- **关系（或表）级**：在这个级别上，DBA 可以控制对数据库中的每个单独的关系或视图的访问特权。

账户级（account level）特权适用于提供给账户自身的能力，包括：CREATE SCHEMA 或 CREATE TABLE 特权，用于创建模式或基本关系；CREATE VIEW 特权；ALTER 特权，用以应用模式更改，例如从关系中添加或删除属性；DROP 特权，用以删除关系或视图；MODIFY 特权，用以插入、删除或更新元组；以及 SELECT 特权，使用 SELECT 查询从数据库中检索信息。注意：这些账户特权一般都适用于账户。如果某个账户没有 CREATE TABLE 特权，就不能通过那个账户创建关系。账户级特权没有定义为 SQL2 的一部分，而把它们留给 DBMS 实现者来定义。在 SQL 的早期版本中，具有一个 CREATETAB 特权，用于给账户提供创建表（关系）的特权。

二级特权适用于**关系级**（relation level），它们包括基本关系和虚拟（视图）关系。这些特权是为 SQL2 定义的。在下面的讨论中，术语*关系*可能指基本关系或视图，除非明确说明。关系级别的特权为每个用户指定可以应用每种命令类型的各个关系。一些特权还适用于关系的各个列（属性）。SQL2 命令只提供*关系和属性级别*的特权。尽管这种区别比较常见，但它使得难以创建具有有限特权的账户。特权的授予和撤销一般遵循用于自主性特权的授权模式，称为**访问矩阵模型**（access matrix model），其中矩阵 M 的行表示*主体*（用户、账户、程序），列表示*客体*（关系、记录、列、视图、操作）。矩阵中的每个位置 M(i, j) 表示主体 i 在客体 j 上持有的特权类型（读、写、更新）。

为了控制关系特权的授予和撤销，将给数据库中的每个关系 R 分配一个**属主账户**（owner account），它通常是第一次创建关系时使用的账户。关系的属主将被授予该关系上的所有特权。在 SQL2 中，DBA 可以使用 CREATE SCHEMA 命令创建模式（参见 7.1.1 节），并将合适的身份验证标识符与该模式相关联，给整个模式分配一个属主。属主账户持有者可以把所拥有的任何关系上的特权传递给其他用户，这是通过把特权*授予*他们的账户来实现的。在 SQL 中，可以在每个单独的关系 R 上授予以下特权类型。

---

1 在 SQL2 中纳入了自主性特权，并且它们也适用于 SQL 的更新版本。

- **R 上的 SELECT**（检索或读取）**特权**。授予账户检索特权。在 SQL 中，这将授予账户使用 SELECT 语句从 R 中检索元组的特权。
- **R 上的修改特权**。这将授予账户修改 R 中的元组的能力。在 SQL 中，这包括 3 种特权：UPDATE、DELETE 和 INSERT。它们分别对应于修改表 R 的 3 个 SQL 命令（参见 7.4 节）。此外，INSERT 和 UPDATE 特权还可以指定账户只能修改 R 的某些属性。
- **R 上的参照特权**。在指定完整性约束时，这将授予账户参照关系 R 的能力。这个特权也可以限制于 R 的特定属性。

注意：要创建视图，账户必须具有视图定义中涉及的所有关系上的 SELECT 特权，以便指定与视图对应的查询。

30.2.2 使用视图指定特权

视图（view）机制本身是一种重要的自主性授权机制。例如，如果关系 R 的属主 A 希望另一个账户 B 只能检索 R 的某些字段，那么 A 就可以创建 R 的一个视图 V，它只包括那些属性，然后将 V 上的 SELECT 特权授予 B。这同样适用于限制 B 只检索 R 的某些元组。可以通过定义视图来创建视图 V′，通过查询的方式只从 R 中选择 A 希望允许 B 访问的那些元组。将利用 30.2.5 节中给出的示例来加以讨论。

30.2.3 撤销特权

在一些情况下，希望临时给用户授予某个特权。例如，关系的属主可能想要将 SELECT 特权授予用户以完成特定的任务，一旦任务完成，就撤销该特权。因此，需要用于**撤销**（revoke）特权的机制。在 SQL 中包括了 REVOKE 命令，其作用就是取消特权。在 30.2.5 节中的示例中将会看到如何使用 REVOKE 命令。

30.2.4 使用 GRANT OPTION 传播特权

无论何时关系 R 的属主 A 将 R 上的某个特权授予另一个账户 B，都可以选择带有或不带 GRANT OPTION 选项。如果提供了 GRANT OPTION，就意味着 B 也可以把 R 上的这个特权授予其他账户。假设 A 在授予 B 特权时带有 GRANT OPTION 选项，然后 B 在把 R 上的这个特权授予第三个账户 C 时也带有 GRANT OPTION 选项。这样，R 上的特权就可以**传播**（propagate）给其他账户，而无须知道 R 的属主。如果属主账户 A 现在撤销授予 B 的特权，那么系统应该会自动撤销 B 基于该特权而传播出去的所有特权。

一个用户可能从两个或更多的来源接收到某个特权。例如，A4 可能从 A2 和 A3 接收到某个 UPDATE R 特权。在这种情况下，如果 A2 从 A4 那里撤销这个特权，那么 A4 仍将继续拥有这个特权，因为从 A3 那里授予了它这个特权。如果 A3 稍后也从 A4 那里撤销了这个特权，那么 A4 将彻底失去这个特权。因此，允许传播特权的 DBMS 必须以某种内部日志的形式记录所有的特权是如何授予的，以便可以正确、彻底地撤销特权。

30.2.5　说明授予和撤销特权的示例

假设 DBA 创建了 4 个账户：A1、A2、A3 和 A4，并且只希望 A1 能够创建基本关系。为此，DBA 必须利用 SQL 发出以下 GRANT 命令：

```
GRANT CREATETAB TO A1;
```

CREATETAB（创建表）特权给账户 A1 提供了创建新的数据库表（基本关系）的能力，因此它是一个*账户级特权*。这个特权是 SQL 的早期版本的一部分，但是现在留给每个单独的系统实现去定义它。注意：A1、A2 等可能是个人，例如 IT 部的 John 或者市场部的 Mary，但是它们也可能是想要访问数据库的应用或程序。

在 SQL2 中，DBA 可以通过发出一个 CREATE SCHEMA 命令来实现相同的效果，如下：

```
CREATE SCHEMA EXAMPLE AUTHORIZATION A1;
```

用户账户 A1 现在可以在名为 EXAMPLE 的模式下创建表。为了继续我们的示例，假设 A1 创建了两个基本关系 EMPLOYEE 和 DEPARTMENT，如图 30.1 所示。这样，A1 就是这两个关系的**属主**（owner），从而拥有它们上面的*所有关系特权*。

EMPLOYEE

Name	Ssn	Bdate	Address	Sex	Salary	Dno

DEPARTMENT

Dnumber	Dname	Mgr_ssn

图 30.1　两个关系 EMPLOYEE 和 DEPARTMENT 的模式

接下来，假设账户 A1 想要将在这两个关系中插入和删除元组的特权授予账户 A2。不过，A1 不希望 A2 能够将这些特权传播给其他账户。这样，A1 就可以发出以下命令：

```
GRANT INSERT, DELETE ON EMPLOYEE, DEPARTMENT TO A2;
```

注意：关系的属主账户 A1 自动具有 GRANT OPTION，允许它把关系上的特权授予其他账户。不过，账户 A2 不能授予 EMPLOYEE 表和 DEPARTMENT 表上的 INSERT 和 DELETE 特权，因为在前面的命令中没有给 A2 提供 GRANT OPTION。

接下来，假设 A1 希望允许账户 A3 从其中一个表中检索信息，并且还能够把 SELECT 特权传播给其他账户。A1 就可以发出以下命令：

```
GRANT SELECT ON EMPLOYEE, DEPARTMENT TO A3 WITH GRANT OPTION;
```

WITH GRANT OPTION 子句意味着 A3 现在可以使用 GRANT 把特权传播给其他账户。例如，A3 可以发出以下命令，把 EMPLOYEE 关系上的 SELECT 特权授予 A4：

```
GRANT SELECT ON EMPLOYEE TO A4;
```

注意：A4不能把SELECT特权传播给其他账户，因为没有给A4提供GRANT OPTION。现在假设A1决定从A3撤销EMPLOYEE关系上的SELECT特权，那么A1就可以发出以下命令：

```
REVOKE SELECT ON EMPLOYEE FROM A3;
```

DBMS现在必须从A3撤销EMPLOYEE上的SELECT特权，它还必须从A4自动撤销EMPLOYEE上的SELECT特权。这是由于A3把该特权授予A4，但是A3不再拥有该特权。

接下来，假设A1想要将EMPLOYEE关系上受限的SELECT能力再次授予A3，并且希望允许A3能够传播这个特权。对SELECT特权的限制是：只对于Dno = 5的元组，检索Name、Bdate和Address属性。这样，A1就可以创建以下视图：

```
CREATE VIEW A3EMPLOYEE AS
SELECT Name, Bdate, Address
FROM EMPLOYEE
WHERE Dno = 5;
```

在创建了视图之后，A1就可以将A3EMPLOYEE视图上的SELECT特权授予A3，如下所示：

```
GRANT SELECT ON A3EMPLOYEE TO A3 WITH GRANT OPTION;
```

最后，假设A1希望只允许A4更新EMPLOYEE的Salary属性。这样，A1就可以发出以下命令：

```
GRANT UPDATE ON EMPLOYEE (Salary) TO A4;
```

UPDATE和INSERT特权可以指定在关系中更新或插入的特定属性。其他特权（SELECT、DELETE）不是属性特有的，因为这种指定可以轻松地通过创建合适的视图并授予视图上的相应特权来控制，该视图将只包括想要的属性。不过，由于并非总是可能更新视图（参见第8章），因此就要给UPDATE和INSERT特权提供选项，用于指定可能更新的基本关系的特定属性。

30.2.6 指定关于特权传播的限制

目前已经开发了用于限制特权传播的技术，尽管在大多数DBMS中还没有实现它们，并且它们也不是SQL的一部分。把**水平传播**（horizontal propagation）限定为一个整数i，意味着获得GRANT OPTION选项的账户B将可以把特权授予至多i个其他的账户。**垂直传播**（vertical propagation）更复杂；它将限制授予特权的深度。利用深度为0的垂直传播等价于在授予特权时不带有GRANT OPTION选项。如果账户A在将某个特权授予账户B时把垂直传播设置为一个整数j > 0，就意味着账户B在该特权上具有GRANT OPTION，但是B只能利用小于j的垂直传播将该特权授予其他账户。实际上，垂直传播基于单个原始的授权，限制了可以从一个账户提供给另一个账户的GRANT OPTION序列。

我们将利用一个示例简要说明水平传播和垂直传播的限制，它们目前在 SQL 或其他关系系统中不可用。假设 A1 将水平传播设置为 1 并将垂直传播设置为 2，以此将 EMPLOYEE 关系上的 SELECT 特权授予 A2。这样，A2 就只能将 SELECT 特权授予至多一个账户。此外，除非将垂直传播设置为 0（不带有 GRANT OPTION）或 1，否则 A2 将不能把该特权授予另一个账户；这是由于当 A2 把该特权传递给其他账户时，它必须把垂直传播减 1。此外，水平传播值必须小于或等于最初授予的水平传播值。例如，如果账户 A 把某个特权授予账户 B，并把水平传播设置为一个整数 $j > 0$，这就意味着 B 只能利用小于或等于 j 的水平传播把该特权授予其他账户。如这个示例所示，水平传播和垂直传播技术旨在限制特权传播的深度和广度。

30.3 多级安全性的强制性访问控制和基于角色的访问控制

授予和撤销关系上的特权的自主性访问控制技术传统上已成为关系数据库系统的主要安全性机制。这是一种全有或全无（all-or-nothing）的方法：即用户要么拥有某个特权，要么没有该特权。在许多应用中，还需要额外的安全性策略，基于安全性类型对数据和用户进行分类。这种方法称为**强制性访问控制**（mandatory access control，MAC），它通常与 30.2 节中描述的自主性访问控制结合使用。值得注意的是，大多数主流 RDBMS 目前只提供了自主性访问控制机制。不过，在政府、军队、智能应用以及许多工业和企业应用中存在对多级安全性的需求。由于隐私是最受关注的问题，在许多系统中通过谁对于哪些私有信息（也称为个人可标识信息）具有什么访问权限来确定安全性级别。一些 DBMS 供应商（例如，Oracle）发布了它们的 RDBMS 的特殊版本，其中纳入了强制性访问控制以供政府部门使用。

典型的安全性等级（security class）有：绝密（TS）、机密（S）、秘密（C）和公开（U），其中 TS 是最高级别，U 是最低级别。还存在其他更复杂的安全性分类模式，其中把安全性等级组织在一个栅格中。为简单起见，将使用具有 4 种安全性分类级别的系统，其中 $TS \geqslant S \geqslant C \geqslant U$，以对我们的讨论加以说明。多级安全性的常用模型称为 Bell-LaPadula 模型[1]，它将每个**主体**（用户、账户、程序）和**客体**（关系、元组、列、视图、操作）划分到 TS、S、C 或 U 这 4 种安全性分类之一中。用 class(S)表示主体 S 的**许可证**（clearance）（分类），并用 class(O)表示客体 O 的**分类**（classification）。基于主体/客体分类，对数据访问实施以下两种限制：

（1）除非 class(S) ⩾ class(O)，否则将不允许主体 S 读访问客体 O。这称为**简单安全性质**（simple security property）。

（2）除非 class(S) ⩽ class(O)，否则将不允许主体 S 写到客体 O。这称为**星号性质**（star property）（或*性质）。

第一个限制比较直观，它实施一个明显的规则：即主体不能读取其安全性分类高于该

1 Bell 和 La Padulla（1976）是关于 Multics 中的安全计算机系统的 MITRE 技术报告。

主体的安全性许可级别的客体。第二个限制不那么直观，它将禁止主体写到其安全性分类低于该主体的安全性许可级别的客体。如果违反这个规则，将允许信息从较高分类流动到较低分类，这就违反了多级安全性的基本原则。例如，一个 TS 许可级别的用户（主体）可能创建一个 TS 分类的客体的副本，然后把它作为一个 U 分类的新客体写回，从而使得它在整个系统中都是可见的。

为了把多级安全性概念纳入关系数据库模型中，通常把属性值和元组视作数据客体。因此，每个属性 A 都与模式中的一个**分类属性**（classification attribute）C 相关联，并且元组中的每个属性值都与对应的安全性分类相关联。此外，在一些模型中，将把**元组分类**（tuple classification）属性 TC 添加到关系属性中，以作为一个整体为每个元组提供分类。这里描述的模型称为多级模型，因为它允许在多个安全性级别上进行分类。可以将具有 n 个属性的**多级关系**（multilevel relation）模式 R 表示为：

$R(A_1, C_1, A_2, C_2, \cdots, A_n, C_n, TC)$

其中每个 C_i 表示与属性 A_i 关联的分类属性。

每个元组 t 中的元组分类属性 TC 的值是 t 内所有分类属性值中最高的值，它为元组本身提供了一个通用分类。每个属性分类 C_i 为元组内的每个属性值提供了更精细的安全性分类。每个元组 t 中的 TC 的值是 t 内所有属性分类值 C_i 中的最高值。

多级关系的**明键**（apparent key）是构成普通（单级）关系中的主键的属性集合。对于具有不同许可级别的主体（用户），多级关系看似包含不同的数据。在一些情况下，有可能把关系中的单个元组存储在较高的分类级别上，并通过一个称为**过滤**（filtering）的过程在较低分类级别上产生对应的元组。在其他情况下，有必要在不同的分类级别上存储两个或更多的元组，它们具有相同的明键值。这就引出了**多实例**（polyinstantiation）的概念[1]，其中多个元组可以具有相同的明键值，但是对于不同许可级别的用户，它们将具有不同的属性值。

下面将利用图 30.2(a)中所示的多级关系的一个简单示例来说明这些概念，其中在每个属性值旁边都显示了一个分类属性值。假定 Name 属性是明键，考虑查询 SELECT * FROM EMPLOYEE。安全性许可级别为 S 的用户将会看到图 30.2(a)中所示的相同关系，因为所有的元组分类级别都小于或等于 S。不过，安全性许可级别为 C 的用户将不允许看到“Brown”的 Salary 值和“Smith”的 Job_performance 值，因为它们具有更高的分类级别。对这些元组进行**过滤**，使得它们如图 30.2(b)所示，并且 Salary 和 Job_performance 显示为 null。对于安全性许可级别为 U 的用户，过滤后将只允许显示“Smith”的 Name 属性，并且所有其他的属性均显示为 null（参见图 30.2(c)）。因此，过滤过程引入 null 值来显示其安全性分类级别高于用户的安全性许可级别的属性值。

一般来讲，多级关系的**实体完整性**（entity integrity）规则指出：作为明键成员的所有属性都绝对不能为 null，并且在每个单独的元组内必须具有相同的安全性分类级别。此外，元组中的所有其他的属性值都必须具有大于或等于明键的安全性分类级别。这个约束可以确保：如果允许用户查看元组的任何部分，那么该用户就可以查看键。其他完整性规则称

1 这个概念类似于数据库中表示相同现实对象的多个版本。

(a) EMPLOYEE

Name	Salary	JobPerformance	TC
Smith U	40000 C	Fair S	S
Brown C	80000 S	Good C	S

(b) EMPLOYEE

Name	Salary	JobPerformance	TC
Smith U	40000 C	NULL C	C
Brown C	NULL C	Good C	C

(c) EMPLOYEE

Name	Salary	JobPerformance	TC
Smith U	NULL U	NULL U	U

(d) EMPLOYEE

Name	Salary	JobPerformance	TC
Smith U	40000 C	Fair S	S
Smith U	40000 C	Excellent C	C
Brown C	80000 S	Good C	S

图 30.2 用于说明多级安全性的多级关系

(a) 原始的 EMPLOYEE 元组；(b) 为安全性分类级别为 C 的用户过滤后所呈现的 EMPLOYEE 元组；
(c) 为安全性分类级别为 U 的用户过滤后所呈现的 EMPLOYEE 元组；(d) Smith 元组的多个实例

为**空值完整性**（null integrity）和**实例间完整性**（interinstance integrity），它们可以非正式地确保：如果某个安全性级别上的元组值可以从更高分类的元组中过滤出来（获得），那么在多级关系中存储更高分类的元组就足够了。

为了进一步说明多实例的概念，假设一个安全性许可级别为 C 的用户尝试将图 30.2 中的“Smith”的 Job_performance 值更新为 Excellent，这对应于该用户提交的以下 SQL 更新命令：

```
UPDATE  EMPLOYEE
SET     Job_performance = 'Excellent'
WHERE   Name = 'Smith';
```

由于提供给安全性许可级别为 C 的用户的视图（参见图 30.2(b)）允许这样的更新，因此系统应该不会拒绝它；否则，用户可能推断“Smith”的 Job_performance 属性存在某个非空值，而不是他看到的 null 值。这就是通过所谓的**隐蔽信道**（covert channel）推断信息的一个示例，在高度安全的系统中应该不允许这样做（参见 30.6.1 节）。不过，不应该允许用户在较高的分类级别上改写 Job_performance 现有的值。解决方案是在较低的分类级别 C 上为“Smith”元组创建一个**多实例**，如图 30.2(d)所示。这是必要的，因为不能从分类级别为 S 的现有元组中过滤出新元组。

必须修改关系模型的基本更新操作（INSERT、DELETE、UPDATE），以处理这种及类似的情况，但是问题的这个方面超出了本书的讨论范围。有兴趣的读者可以参阅本章末尾给出的选读文献，以便了解更多的详细信息。

30.3.1 自主性访问控制与强制性访问控制的比较

自主性访问控制（DAC）策略的特点是具有高度的灵活性，这使它们适合于各种各样的应用领域。DAC 模型的主要缺点是它们对于恶意攻击比较脆弱，例如嵌入在应用程序中的特洛伊木马。导致这种脆弱性的原因是：一旦用户获得授权，自主性授权模型就不能对信息的传播和使用施加任何控制。与之相比，强制性策略可以确保较高程度的保护，在某种程度上，它们会阻止信息的非法流动。因此，它们适合于军事和高度安全类型的应用，这引动应用需要更高程度的保护。不过，强制性策略的缺点是过于严格，这是由于它们需要严格地将主体和客体划分到安全级别中，因此它们只适用于少数环境，并且增加了一个额外的负担，即利用每个客体的安全性分类来标记它们。在许多实际的情况下，首选使用自主性策略，因为与强制性策略相比，它们在安全性与适用性之间提供了更好的折中。

30.3.2 基于角色的访问控制

基于角色的访问控制（role-based access control，RBAC）作为大规模的企业级系统中管理和实施安全性的成熟技术，于 20 世纪 90 年代快速兴起。它的基本思想是：将特权和其他权限与组织的**角色**（role）相关联，而不是与各个用户相关联。然后将各个用户分配给合适的角色。可以使用 CREATE ROLE 和 DESTROY ROLE 命令创建角色。然后可以使用 30.2 节中讨论的 GRANT 和 REVOKE 命令为角色分配和撤销特权，如果需要，还可以为各个用户这样做。例如，一家公司可能具有如下这些角色：销售客户经理、采购员、收发室职员、客户服务经理等。可以给每个角色分配多个人。将一个角色共有的安全性特权作为角色名，任何分配给这个角色的人都将被自动授权这些特权。

RBAC 可以与传统的自主性访问控制和强制性访问控制结合使用。它确保只有授权用户在他们的指定角色中才允许访问某些数据或资源。用户在创建会话期间可能激活他们所属角色的一个子集。可以把每个会话分配给多个角色，但它只会映射到一个用户或者单个主体。许多 DBMS 都允许角色的概念，其中可以给角色分配特权。

职责隔离是多个主流 DBMS 中的另一个重要需求。当一项工作需要两个或更多的人参与时，就需要阻止只有一个用户来完成它，从而阻止串谋。成功地实现职责隔离的一种方法是利用角色互斥。如果用户不能同时使用两个角色，就称这两个角色是**互斥**（mutually exclusive）的。**角色互斥**（mutual exclusion of roles）可以分为两类：*授权时排斥*（*静态*）和*运行时排斥*（*动态*）。在授权时排斥中，被指定为互斥的两个角色不能同时成为用户授权的一部分。在运行时排斥中，可以将两个角色授权给一个用户，但是用户不能同时激活它们。角色互斥的另一个变体是完全和部分排斥。

RBAC 中的**角色层次**（role hierarchy）是一种组织角色的自然方式，用以反映组织中的权限和职责。根据约定，随着角色层次提高，底层的初等角色将连接到逐渐升高的角色。层次图是偏序的，因此它们是自反的、传递的和非对称的。换句话说，如果用户具有一个角色，那么就自动具有层次中更低的角色。定义角色层次涉及选择层次和角色的类型，然后通过将角色授予其他角色来实现层次。可以利用以下方式来实现角色层次：

```
GRANT ROLE full_time TO employee_type1
GRANT ROLE intern TO employee_type2
```

上面的示例将角色 full_time 和 intern 授予两类雇员。

与安全性相关的另一个问题是身份管理。**身份**（identity）是指每个人的唯一名字。由于人们的合法名字并不一定是唯一的，人们的身份就必须包括足够的额外信息，以使完整的名字是唯一的。授权这种身份以及管理这些身份的模式就称为**身份管理**（identity management）。身份管理涉及组织如何有效地对人们进行身份验证并管理他们对秘密信息的访问。作为一种涵盖了各行各业的商业需求，身份管理已经变得越来越普遍，它们可以对各种规模的组织产生影响。执行身份管理的管理员往往需要满足应用所有者的要求，同时能控制开销并提高 IT 效率。

RBAC 系统中的另一个重要的考虑事项是角色上可能存在的时态约束，例如角色激活的时间和持续时间，以及通过激活一个角色来定时触发另一个角色。使用 RBAC 模型是一个非常理想的目标，可以处理基于 Web 的应用的关键安全性需求。可以将角色分配给工作流任务，使得具有与任务相关的任何角色的用户可以授权执行它，并且可能只在某个时间段内扮演某个角色。

RBAC 模型具有多个受欢迎的特性，例如灵活性、策略中立性、对安全性管理的良好支持，以及在组织内自然地实施分层组织结构。RBAC 模型的其他一些方面使它们成为开发基于 Web 的安全应用的一个有吸引力的选择。在 DAC 和 MAC 模型中缺乏这些特性。RBAC 模型包括传统的 DAC 和 MAC 策略中可用的能力。此外，RBAC 模型还提供了一些机制，用于处理与执行任务和工作流相关的安全性问题，以及用于指定用户定义的、特定于组织的策略。更容易在 Internet 上部署是 RBAC 模型取得成功的另一个原因。

30.3.3　基于标签的安全性和行级访问控制

许多主流的 RDBMS 目前使用行级访问控制的概念，其中可以通过逐行考虑数据来实现先进的访问控制规则。在行级访问控制中，给每个数据行提供一个标签，它用于存储关于数据敏感度的信息。行级访问控制允许为每一行（而不仅仅是为表或列）设置权限，从而提供了更细粒度的数据安全性。最初由数据库管理员给用户提供一个默认的会话标签，它们的级别对应于将要暴露或破坏的数据敏感度级别的层次结构，其目标是维护隐私或安全性。标签用于阻止未经授权的用户查看或改变某些数据。具有较低授权级别的用户通常用较小的数字表示，他们将被拒绝访问具有更高级数字的数据。如果没有给行提供这样的标签，将依赖于用户的会话标签，自动给它分配一个行标签。

管理员定义的策略称为**标签安全性策略**（label security policy）。无论何时通过应用访问或查询受该策略影响的数据，都会自动调用该策略。在实现一种策略时，将在模式中的每一行中添加一个新列。添加的列包含每一行的标签，它反映了每一行依据策略的敏感度。在 MAC（强制性访问控制）中，每个用户都具有一个安全性许可，与之类似，在基于标签的安全性中每个用户都具有一个身份。将这个用户的身份与分配给每一行的标签做比较，以确定用户是否有权查看该行的内容。不过，在特定行的某些限制和指导原则下，用户可以自己编写标签值。可以把这个标签设置为用户的当前会话标签与用户的最低级别之间的值。DBA 有权设置初始的默认行标签。

对于每个用户来说，标签安全性需求位于 DAC 需求之上。因此，用户必须先满足 DAC 需求，然后满足标签安全性需求，才能访问一行的内容。DAC 需求确保合法地授权用户在模式上执行该操作。在大多数应用中，只有一些表需要基于标签的安全性。对于绝大多数应用表来说，DAC 提供的保护就足够了。

安全性策略一般是由经理和人力资源部门创建的。这些策略是高级别的、技术中立的，并且与风险相关。策略是管理指令的结果，用于指定组织规程、指导原则，以及被认为是权宜的、审慎的或者有利的行动方针。在创建策略时，通常还会定义违反策略时的惩罚和对策。然后，**标签安全性管理员**（label security administrator）将解释这些策略，并把它们转换成一组面向标签的策略。他们还将为数据定义安全性标签，并为用户授权，这些标签和授权用于管控对指定的受保护对象的访问。

假设用户具有某个表的 SELECT 特权。当用户在该表上执行 SELECT 语句时，标签安全性将自动评估查询返回的每一行，以确定用户是否有权查看数据。例如，如果用户的敏感度为 20，那么该用户将可以查看所有安全性级别在 20 以下的行。级别确定了行中包含的信息的敏感度；行的敏感度越高，其安全性标签值就越高。也可以配置这样的标签安全性，在 UPDATE、DELETE 和 INSERT 语句上执行安全性检查。

30.3.4 XML 访问控制

随着 XML 在全世界的商业和科学应用中广泛使用，目前正在开展一些工作来开发其安全性标准。其中包括 XML 的数字签名和加密标准。XML 签名语法和处理（XML Signature Syntax and Processing）规范描述了用于表示加密签名与 XML 文档或其他电子资源之间关联的 XML 语法。该规范还包括计算和验证 XML 签名的过程。XML 数字签名不同于其他消息签名协议，例如 OpenPGP（Pretty Good Privacy，即优良保密协议，它是一个可用于电子邮件和文件存储应用的机密性和身份验证服务），这是由于它只支持对 XML 树（参见第 13 章）的特定部分（而不是对整个文档）进行签名。此外，XML 签名规范还定义了连署和转换（即所谓的规范化）机制，以确保相同文本的两个实例将会为签名产生相同的摘要，即使它们的表示稍有差别，例如，在印刷空白中。

XML 加密语法和处理（XML Encryption Syntax and Processing）规则定义了 XML 词汇表和处理规则，用于保护整个或部分 XML 文档以及非 XML 数据的机密性。以良构的 XML 表示接收者的加密内容和额外的处理信息，以便可以使用 XML 工具进一步处理结果。与其他常用的加密技术（例如 SSL（Secure Sockets Layer，即安全套接字层，一种领先的 Internet 安全性协议）和虚拟专用网）相比，XML 加密还适用于文档的一部分以及持久存储中的文档。诸如 PostgreSQL 或 Oracle 之类的数据库系统支持将 JSON（JavaScript Object Notation，JavaScript 对象表示法）对象作为一种数据格式，并且具有用于 JSON 对象的类似机制，就像上面为 XML 定义的那些机制一样。

30.3.5　Web 和移动应用的访问控制策略

可公开访问的 Web 应用环境对数据库安全性提出了独特的挑战。这些系统包括那些负责处理敏感和私有信息的系统，还包括社交网络、移动应用 API 服务器和电子商务交易平台。

电子商务（electronic commerce，e-commerce）环境的特征是：任何交易都是以电子方式完成的。它们需要精心设计的超越传统 DBMS 的访问控制策略。在传统的数据库环境中，通常使用安全性管理员或用户根据一些安全性策略声明的一组授权来执行访问控制。这样一种简单的范型不能很好地适合于像电子商务这样的动态环境。此外，在电子商务环境中，要保护的资源不仅有传统的数据，还包括知识和经验。这些特点要求能够更加灵活地指定访问控制策略。访问控制机制必须足够灵活，以支持广泛的异构保护对象。

由于许多预订、订票、付款和在线购物系统处理的系统都是受法律保护的，因此必须实施超越简单数据库访问控制的安全性架构来保护信息。当未经授权的一方不恰当地访问受保护的信息时，就相当于数据泄露，这会引起严重的法律和金融后果。这个未经授权的一方可能是积极谋求窃取受保护信息的竞争对手，或者可能是僭越其角色或错误地将受保护的信息分发给其他人的雇员。例如，不恰当地处理信用卡数据导致大型零售商引发了严重的数据泄露。

在传统的数据库环境中，通常使用安全性管理员声明的一组授权来执行访问控制。但是，在 Web 应用中，下面这种情况也很常见：Web 应用自身就是用户，而不是正式授权的个人。这就导致了如下情形：DBMS 的访问控制机制被避开了，数据库只是系统的关系数据存储。在这种环境中，诸如 SQL 注入（将在 30.4 节中深入介绍）之类的漏洞将变得更加危险，因为它可能导致整体的数据泄露，而不仅限于授权特定账户访问的数据。

为了防止这些系统中的数据泄露，第一个需求是一种全面的信息安全性策略，它超越了在主流 DBMS 中发现的技术访问控制机制。这样的策略不仅必须保护传统的数据，还必须保护过程、知识和经验。

第二个相关的需求是支持基于内容的访问控制。**基于内容的访问控制**（content-based access control）表达的访问控制策略将把保护对象内容考虑在内。为了支持基于内容的访问控制，访问控制策略必须允许包括基于对象内容的条件。

第三个需求与主体的异构性相关，它要求访问控制策略基于用户特征和资格，而不是基于特定的和个体的特征（例如，用户 ID）。一种可能的解决方案是支持凭证的概念，这种解决方案允许在表述访问控制策略时更好地考虑用户的个人情况。**凭证**（credential）是与安全性目的相关的一组关于用户的属性（例如，年龄或者在组织内担任的职位或角色）。例如，通过使用凭证，可以简单地表述策略，例如：*只有具有 5 年以上工作经验的正式员工才能访问与系统内部构件相关的文档*。

XML 被期望在电子商务应用的访问控制中扮演关键角色[1]，因为 XML 正在变成 Web 上的文档交换的常用表示语言，并且也正在变成电子商务语言。因此，一方面需要使 XML

1　参见 Thuraisingham 等（2001）。

表示是安全的，这是通过提供专门为 XML 文档保护量身定制的访问控制机制来实现的。另一方面，可以使用 XML 本身来表达访问控制信息（即访问控制策略和用户凭证）。**目录服务标记语言**（Directory Services Markup Language，DSML）使用 XML 语法来表示目录服务信息。它为与目录服务通信的标准提供了一个基础，目录服务将负责提供用户凭证并进行身份验证。可以将保护对象和访问控制策略的统一表示应用于策略和凭证本身。例如，一些凭证属性（例如用户名）也许能被所有人访问，而其他属性则可能只对受限的用户类型可见。此外，使用基于 XML 的语言来指定凭证和访问控制策略，将有利于提交安全的凭证和导出访问控制策略。

30.4 SQL 注入

SQL 注入是数据库系统的最常见的威胁之一，在本节后面将详细讨论它。其他一些针对数据库的频繁攻击包括：

- **未经授权的特权提升**。这种攻击的特征是：个人试图通过攻击数据库系统中的弱点来提升他或她的特权。
- **特权滥用**。未经授权的特权提升这种攻击是由未经授权的用户发起的，而特权滥用这种攻击则是由特权用户执行的。例如，允许更改学生信息的管理员可以使用这种特权来更新学生成绩，而无须教师的许可。
- **拒绝服务**。**拒绝服务（DOS）攻击**（denial of service attack）试图使资源对其预期用户不可用。这是一种常规的攻击类型，其中将通过使缓冲区溢出或消耗资源来拒绝预期的用户访问网络应用或数据。
- **弱身份验证**。如果用户身份验证模式比较弱，攻击者就可以通过获得合法用户的登录凭证来假冒其身份。

30.4.1 SQL 注入方法

如第 11 章中所讨论的，访问数据库的 Web 程序和应用可以给数据库发送命令和数据，以及通过 Web 浏览器显示从数据库中检索的数据。在 **SQL 注入攻击**（SQL injection attack）中，攻击者将通过应用注入一个字符串输入，它将按有利于攻击者的方式更改或篡改 SQL 语句。SQL 注入攻击可以利用多种方式损害数据库，例如未经授权地篡改数据库或者检索敏感数据。它还可用于执行系统级命令，这可能导致系统拒绝对应用提供服务。本节将描述各种注入攻击。

1. SQL 篡改

篡改攻击是一种最常见的注入攻击类型，它将在应用中更改 SQL 命令，例如，在查询的 WHERE 子句中添加条件，或者使用诸如 UNION、INTERSECT 或 MINUS 之类的集合运算利用额外的查询成分来扩展查询。还可能包括其他类型的篡改攻击。典型的篡改攻击是在数据库登录期间发生的。例如，假设一个过于简化的身份验证过程发出以下查询，并且检查是否返回了任何行：

```
SELECT * FROM users WHERE username = 'jake' and PASSWORD = 'jakespasswd' ;
```

攻击者可以尝试更改（或篡改）SQL 语句，如下所示：

```
SELECT * FROM users WHERE username = 'jake' and (PASSWORD =
'jakespasswd' or 'x' = 'x') ;
```

因此，如果攻击者知道“jake”是某个用户的有效登录名，那么他就能够在不知道密码的情况下作为“jake”登录到数据库系统，并且能够对数据库系统执行可能授权给“jake”的任何操作。

2. 代码注入

这类攻击试图利用计算机错误（由处理无效数据引起），向现有的 SQL 语句中添加额外的 SQL 语句或命令。攻击者可以把代码注入或引入计算机程序中，来改变执行的过程。代码注入是一种进行系统入侵或破解以获取信息的流行技术。

3. 函数调用注入

在这类攻击中，把数据库函数或者操作系统函数调用插入一个易受攻击的 SQL 语句中，以篡改数据或者执行特权系统调用。例如，有可能利用一个函数来执行与网络通信相关的某个方面。此外，对于包含在自定义的数据库软件包中的函数或者任何自定义的数据库函数，都可以作为 SQL 查询的一部分执行。特别是，可以利用动态创建的 SQL 查询（参见第 10 章），因为它们是在运行时构建的。

例如，在 Oracle 中，当用户需要运行逻辑上没有表名的 SQL 时，将在 SQL 的 FROM 子句中使用 dual 表。为了获得今天的日期，可以使用如下语句：

```
SELECT SYSDATE FROM dual;
```

下面的示例说明即使最简单的 SQL 语句也可能是易受攻击的。

```
SELECT TRANSLATE ('user input', 'from_string', 'to_string') FROM dual;
```

这里，TRANSLATE 用于将一个字符串替换为另一个字符串。上面的 TRANSLATE 函数将利用“to_string”中的字符逐个替换“from_string”中的字符。这意味着将用 t 替换 f，用 o 替换 r，用_替换 o，等等。

这类 SQL 语句可能会受到函数注入攻击。考虑下面的示例：

```
SELECT TRANSLATE ("|| UTL_HTTP.REQUEST ('http://129.107.2.1/') || "
'98765432', '9876') FROM dual;
```

用户可以输入字符串（" || UTL_HTTP.REQUEST (' http://129.107.2.1/ ') ||"）从 Web 服务器请求页面，其中||是连接运算符。UTL_HTTP 使得可以从 SQL 调出超文本传输协议（Hypertext Transfer Protocol，HTTP）。REQUEST 对象接受一个 URL（这个示例中是'http://129.107.2.1/ '）作为参数，联系该站点，并且返回从该站点获得的数据(通常是 HTML)。攻击者可以篡改他输入的字符串以及 URL，包括进其他的函数以及执行其他非法操作。我们只需使用一个虚构的示例来显示从“98765432”转换成“9876”，但是用户的意图是访问

URL 并获取敏感信息。然后攻击者可以从数据库服务器（它位于作为参数传递的 URL 上）检索有用的信息，并把它发送给 Web 服务器（它调用 TRANSLATE 函数）。

30.4.2 与 SQL 注入关联的风险

SQL 注入是有害的，并且与之关联的风险也为攻击者提供了动机。下面解释了与 SQL 注入攻击关联的一些风险。

- **数据库指纹识别**。攻击者可以确定后端使用的数据库类型，以便他可以根据特定 DBMS 中的弱点，使用特定于数据库的攻击。
- **拒绝服务**。攻击者可以利用大量的请求来淹没服务器，从而使其拒绝为有效用户提供服务，或者攻击者可以删除某些数据。
- **避开身份验证**。这是最常见的风险之一，其中攻击者可以作为授权用户获得访问数据库的权限，并且执行所有期望的任务。
- **识别可注入的参数**。在这类攻击中，攻击者收集关于 Web 应用的后端数据库的类型和结构的信息。由于应用服务器返回的默认错误页面通常包含过多的描述性信息，而使得这种攻击成为可能。
- **执行远程命令**。这种攻击给攻击者提供了一个工具，用于在数据库上执行任意的命令。例如，远程用户可以从远程 SQL 交互式界面执行存储的数据库过程和函数。
- **执行特权提升**。这类攻击利用数据库内的逻辑缺陷来提升访问级别。

30.4.3 SQL 注入的防御技术

可以通过对所有 Web 可访问的过程和函数应用某些编程规则，来防御 SQL 注入攻击。本节将描述其中一些技术。

1. 绑定变量（使用参数化语句）

使用绑定变量（也称为参数，参见第 10 章）防御注入攻击，还可以改进性能。

考虑下面使用 Java 和 JDBC 的示例：

```
PreparedStatement stmt = conn.prepareStatement( "SELECT * FROM
    EMPLOYEE WHERE EMPLOYEE_ID=? AND PASSWORD=?");
stmt.setString(1, employee_id);
stmt.setString(2, password);
```

它不是将用户输入嵌入语句中，而是应该把输入绑定到一个参数上。在这个示例中，将输入“1”赋予（绑定到）绑定变量 employee_id，并将输入“2”赋予绑定变量 password，而不是直接传递字符串参数。

2. 过滤输入（输入验证）

这种技术可以使用 SQL 的 Replace 函数，从输入字符串中删除转义符。例如，可以利用两个单引号（''）替换单引号定界符（'）。可以使用这种技术来阻止一些 SQL 篡改攻击，因为转义符可用于注入篡改攻击。不过，由于可能存在大量的转义符，因此这种技术是不可靠的。

3. 函数安全性

应该限制使用标准和自定义的数据库函数，因为在 SQL 函数注入攻击中可能会使用它们。

30.5　统计数据库安全性简介

统计数据库主要用于产生关于各种人口的统计数据。数据库可能包含关于个人的机密数据；应该把这些信息保护起来，以阻止用户访问。不过，允许用户检索关于人口的统计信息，例如平均值、总和、统计值、最大值、最小值和标准差。目前已经开发了一些技术用于保护个人信息的隐私，但是关于这些技术的讨论超出了本书的范围。这里将利用一个非常简单的示例来说明问题，该示例引用了图 30.3 中所示的关系。这是一个 PERSON 关系，具有 Name、Ssn、Income、Address、City、State、Zip、Sex 和 Last_degree 这些属性。

PERSON

Name	Ssn	Income	Address	City	State	Zip	Sex	Last_degree

图 30.3　用于说明统计数据库安全性的 PERSON 关系模式

人口（population）是一个关系（表）中满足某个选择条件的元组集合。因此，PERSON 关系上的每个选择条件都将指定对应于特定人口的 PERSON 元组。例如，条件 Sex = 'M' 指定男性人口；条件((Sex = 'F') AND (Last_degree = 'M.S.' OR Last_degree = 'Ph.D.'))指定其最高学位为硕士（M.S.）或博士（Ph.D）的女性人口；条件 City = 'Houston' 则指定居住在休斯敦（Houston）的人口。

统计查询涉及对人口元组应用统计函数。例如，我们可能想要检索人口数量或者人口的平均收入。不过，不允许统计用户检索个人数据，例如某个人的收入。**统计数据库安全性**（statistical database security）技术必须禁止检索个人数据。其实现方法是：禁止检索属性值的查询，并且只允许涉及统计聚合函数（例如 COUNT、SUM、MIN、MAX、AVERAGE 和 STANDARD DEVIATION）的查询。有时把这样的查询称为**统计查询**（statistical query）。

由数据库管理系统负责确保个人信息的机密性，同时仍然向用户提供关于个人的有用的统计数据汇总。在统计数据库中为用户提供**隐私保护**（privacy protection）是极为重要的，在下面的示例中将说明违反它的情况。

在一些情况下，有可能通过一系列统计查询**推断**（infer）出单个元组的值。当查询条件产生的人口中包含少量的元组时则尤其如此。例如，考虑下面的统计查询：

```
Q1: SELECT COUNT (*) FROM PERSON
    WHERE <condition>;
Q2: SELECT AVG (Income) FROM PERSON
    WHERE <condition>;
```

现在假设我们想要查找 Jane Smith 的 Salary，我们知道她拥有博士学位，并且居住在得克萨斯州（Texas）的贝莱尔（Bellaire）市。我们可以发出带有以下条件的统计查询 Q1：

```
(Last_degree='Ph.D.' AND Sex='F' AND City='Bellaire' AND State='Texas')
```

如果这个查询得到的结果为1，就可以发出带有相同条件的查询Q2，查找Jane Smith的Salary。即使Q1在上述条件上的结果不是1，而是一个较小的数，例如2或3，我们仍然可以发出使用MAX、MIN和AVERAGE函数的统计查询，来确定Jane Smith的Salary的可能的值范围。

如果规定当某个选择条件所指定的人口中的元组数量低于某个阈值时，就不允许执行统计查询，那么就可以降低通过统计查询推断出个人信息的可能性。另一种禁止检索个人信息的技术是：禁止查询序列反复引用同一类人口中的元组。还可能故意在统计查询的结果中引入轻微的误差或噪声，以使得难以从统计查询结果中推断出个人信息。还有一种技术是对数据库进行分区。分区意味着将记录存储在具有某种最小大小的分组中，查询可以引用任何完整的分组或分组集合，但是永远也不能查询分组内的记录子集。感兴趣的读者可以参阅本章末尾的选读文献，了解关于这些技术的讨论。

30.6 流控制简介

流控制（flow control）可以调节信息在可访问对象当中的分布或流向。当程序从对象X中读取值并将其写入对象Y中时，在X与Y之间就发生了流动。**流控制**将检查一些对象中包含的信息不会显式或隐式流向缺少保护的对象。因此，用户不能在Y中间接获得其不能在X中直接获得的信息。主动的流控制开始于20世纪70年代早期。大多数流控制都利用了一些安全性类型的概念。仅当接收方的安全性类型至少具有与发送方一样的特权时，才允许将信息从发送方传输给接收方。流控制的示例包括阻止服务程序泄露客户的秘密数据，以及阻止将机密的军事数据传输给未知的分类用户。

流策略（flow policy）指定允许信息移动的信道。最简单的流策略只指定两种信息等级：秘密（C）和非秘密（N），除了从C级到N级的数据流之外，其他所有的数据流都是允许的。这种策略可以解决一个限制问题，当服务程序处理诸如客户信息之类的数据时，如果其中一些信息可能是秘密的，那么就会发生这个问题。例如，可能允许所得税计算服务程序保留客户的地址和账单以便投递服务，但是不能保留客户的收入或减免额度等信息。

访问控制机制负责检查用户访问资源的授权情况：只能执行授权的操作。可以通过一种扩展的访问控制机制来实施流控制，它涉及给每个运行的程序分配一个安全性等级（通常称为许可证）。仅当程序的安全性等级与特定内存段的安全性等级一样高时，才允许它读取该内存段。仅当程序的安全性等级与特定内存段的安全性等级一样低时，才允许它写入该内存段。这可以自动确保没有人可以从较高等级向较低等级传输信息。例如，具有机密许可证的军事程序只能从公开和机密对象中读取信息，并且只能向机密或绝密对象中写入信息。

可以将流区分为两类：显式流和隐式流，在赋值指令中产生的是显式流，如 Y:= f(X1,Xn,)；而条件指令产生的是隐式流，如 if f(Xm+1, …, Xn) then Y:= f (X1,Xm)。

流控制机制必须验证只能执行已授权的显式流或隐式流。为了保证信息流的安全，必须满足一组规则。可以使用安全性等级之间的流关系来表达这些规则，并把它们分配给信息，指出系统内已授权的流（当与 A 关联的信息影响了与 B 关联的信息的值时，就会发生从 A 到 B 的信息流。信息流产生于操作，它们导致信息从一个对象传输给另一个对象）。对于某个安全性等级，这些关系可以定义信息（在该安全性等级中分类）能够流动的安全性等级的集合，或者可以指出需要验证的两个等级之间的特定关系，以允许信息从一个等级流向另一个等级。一般来讲，流控制机制实现控制的方式是：给每个对象分配一个标签，并且指定对象的安全性等级。然后使用标签来验证模型中定义的流关系。

隐蔽信道

隐蔽信道允许违反安全性或策略的信息传输。确切地讲，**隐蔽信道**（covert channel）允许通过不正当的手段将信息从较高的分类级别传递到较低的分类级别。隐蔽信道可以分为两大类：计时信道和存储信道。它们二者之间的主要区别是：在**计时信道**（timing channel）中，通过事件或进程的时间安排来传送信息；而**存储信道**（storage channel）不需要任何时间上的同步，这是由于信息是通过访问系统信息来传送的，否则它们对于用户就是不可访问的。

在一个隐蔽信道的简单示例中，考虑一个分布式数据库系统，其中两个节点的用户安全性级别分别是机密（S）和公开（U）。为了提交一个事务，两个节点必须都同意，才能提交它。它们相互之间只能执行与“*性质”一致的操作，即在任何事务中，S 站点都不能写或传递信息到 U 站点。不过，如果这两个站点私自在它们之间建立一条隐蔽信道，U 站点就可能无条件地提交涉及机密数据的事务，但是 S 站点可能以某种预定义的协定方式提交事务，使得某些信息可能从 S 站点传递到 U 站点，从而违反“*性质”。在事务重复运行的地方就可能出现这种情况，但是 S 站点采取的动作将隐含地把信息传递到 U 站点。诸如锁定（在第 21 章和第 22 章中讨论过）之类的措施可以阻止具有不同安全性级别的用户并发地把信息写到相同对象中，从而可以阻止出现存储型隐蔽信道。操作系统和分布式数据库提供了对操作的多道程序设计的控制，它允许共享资源，而不可能发生一个程序或进程侵占系统中的另一个程序或进程的内存或其他资源的情况，从而可以阻止面向计时的隐蔽信道。一般来讲，隐蔽信道不是良好实现的健壮数据库实现的主要问题。不过，聪明的用户可能巧妙地设计出某些模式来隐含地传输信息。

一些安全性专家认为，避免隐蔽信道的一种方式是：在程序投入运行之后，禁止程序员实际地获得程序将处理的敏感数据的访问权限。例如，银行的程序员无须访问储户的账户中的名字或余额。经纪公司的程序员无须知道客户有什么交易订单。在程序测试期间，访问某种形式的真实数据或者某些样本测试数据可能是情有可原的，但是在程序经过验收并正式投入使用后就不是这样了。

30.7　加密和公钥基础设施

尽管前面讨论的访问控制和流控制方法都是强大的控制措施，但是它们也许不能使数据库防御某些威胁。假设我们在传输数据，但是数据却落到某个非法用户手中。在这种情况下，可以使用加密来伪装消息，这样即使转移了传输方向，也不会泄露消息。**加密**（encryption）是将数据转换成一种称为**密文**（ciphertext）的形式，未经授权的人将不容易理解它。当未经授权的人避开访问控制时，它可以增强安全性和保密性，因为万一数据丢失或失窃，未经授权的人也不容易理解加密的数据。

在这种背景下，我们遵循下面的标准定义[1]：

- 密文：加密（译码）数据。
- 明文（或明码电文）：可理解的、有实际意义的数据，无须解密应用即可读取或操作它们。
- 加密：将明文转换为密文的过程。
- 解密：将密文转换回明文的过程。

加密是使用某个预先指定的**加密密钥**（encryption key）对数据应用**加密算法**（encryption algorithm）。必须使用**解密密钥**（decryption key）对得到的数据进行**解密**（decrypt），以恢复原始数据。

30.7.1 数据加密和高级加密标准

数据加密标准（Data Encryption Standard，DES）是由美国政府为公众开发的一个系统。美国和其他许多国家广泛接受其为一个密码标准。DES 可以在发送方 A 与接收方 B 之间的信道上提供端对端加密。DES 算法是两个基本的加密构件的细致而复杂的组合，这两个构件是：替换和置换（变换）。该算法对这两种技术重复应用总计 16 次以达到其强度。把明文（消息的原始形式）加密成 64 位的块。尽管密钥长度为 64 位，但是实际上它可以是任意的 56 位数字。在人们对 DES 的加密能力提出质疑后，NIST（美国国家标准协会）提出了**高级加密标准**（Advanced Encryption Standard，AES）。相比 DES 的 56 位的块大小和 56 位的密钥，AES 具有 128 位的块大小，并且可以使用 128、192 或 256 位的密钥。与 DES 相比，AES 引入了更多可能的密钥，因此需要更长的时间来破解。在目前的系统中，AES 默认具有较大的密钥长度。它还是完全驱动器加密产品的标准，例如使用 256 位或 128 位密钥的 Apple FileVault 和 Microsoft BitLocker。如果遗留系统不能使用现代加密标准，那么 TripleDES 就是一个退而求其次的选择。

30.7.2 对称密钥算法

对称密钥是一个同时用于加密和解密的密钥。通过使用对称密钥，对于数据库中的敏感数据的常规使用，可以进行快速的加密和解密。对于使用一个密钥（secret key）加密的消息，只能使用相同的密钥对其进行解密。用于对称密钥加密的算法称为**密钥算法**（secret key algorithm）。由于密钥算法主要用于对消息的内容进行加密，因此把它们也称为**内容加密算法**（content-encryption algorithm）。

与密钥算法关联的主要责任是需要共享密钥。一种可能的方法是：从用户提供的密码

---

1 美国商务部。

字符串中提取密钥，这是通过对发送方和接收方的字符串应用相同的函数来完成的；这称为基于密码的加密算法。对称密钥加密的强度依赖于所用密钥的长度。对于相同的算法，使用较长密钥的加密比使用较短密钥的加密更难以破解。

30.7.3　公钥（非对称）加密

1976 年，Diffie 和 Hellman 提出了一种新的密码系统，他们把它称为**公钥加密**（public key encryption）。公钥算法基于数学函数，而不是位模式上的操作。它们解决了对称密钥加密的一个缺陷，即发送方和接收方必须以一种安全的方式交换公共密钥。在公钥系统中，使用两个密钥来进行加密和解密。可以利用一种非安全的方式传送公钥，而私钥则根本不会传送。这些算法使用两个相关的密钥，即公钥和私钥，来执行互补的操作（加密和解密），它们称为**非对称密钥加密算法**（asymmetric key encryption algorithm）。在机密性、密钥分发和身份验证领域，使用两个密钥可能产生深远的影响。用于公钥加密的两个密钥称为**公钥**（public key）和**私钥**（private key）。私钥总是保密的，但是把它称为私钥而不是密钥（传统加密中使用的密钥），以避免与传统加密相混淆。两个密钥在数学上是相关的，因为其中一个密钥用于执行加密，另一个则用于执行解密。不过，很难从公钥中提取出私钥。

公钥加密模式（或基础设施）具有 6 种成分。

（1）**明文**：是指作为输入提供给算法的数据或可读消息。

（2）**加密算法**：这个算法将对明文执行各种转换。

（3）和（4）**公钥和私钥**：它们是选择的一对密钥，如果一个用于加密，那么另一个就用于解密。加密算法执行的准确转换依赖于作为输入提供的公钥或私钥。例如，如果使用公钥对消息加密，那么就只能使用私钥对它进行解密。

（5）**密文**：这是作为输出而产生的乱码消息。它依赖于明文和密钥。对于给定的消息，两个不同的密钥将产生两个不同的密文。

（6）**解密算法**：这个算法接受密文和匹配的密钥，并产生原始的明文。

顾名思义，密钥对中的公钥是公开的，可供其他人使用，而私钥则只有它的所有者才知道。通用的公钥密码算法依赖于一个密钥用于加密，另一个不同但与之相关的密钥用于解密。基本步骤如下。

（1）每个用户都会生成一对密钥，用于对消息进行加密和解密。

（2）每个用户都将其中一个密钥放在公共注册表或者其他可访问的文件中。这个密钥就是公钥。与之配套的密钥则需要保持为私有的。

（3）如果发送方希望向接收方发送一条私有消息，那么发送方需要使用接收方的公钥对消息进行加密。

（4）当接收方接收到消息时，将使用接收方的私钥对消息进行解密。其他接收者都不能解密消息，因为只有接收方知道其私钥。

RSA 公钥加密算法

最初的公钥模式之一是由 MIT 的 Ron Rivest、Adi Shamir 和 Len Adleman 于 1978 年提

出的[1]，并根据他们的名字将其命名为 RSA 模式（RSA scheme）。从此以后，RSA 模式作为一种公钥加密方法得到了最广泛的接受和实现，并在此领域占据统治地位。RSA 加密算法纳入了数论方面的研究成果，并且结合了确定目标素因子的难题。RSA 算法还使用了取模运算，即 mod n。

两个密钥 d 和 e 分别用于加密和解密。一个重要的性质是它们可以互换。选择一个大数作为 n，它是两个不同的大素数 a 和 b 的乘积，即 $n = a \times b$。加密密钥 e 是 1~n 随机选择的一个数字，它与 $(a - 1) \times (b - 1)$ 互素。将明文块加密为 P^e，其中 $P^e = P \bmod n$。由于执行了 mod n 来求幂，因此通过对 P^e 进行因式分解来揭示加密的明文将是困难的。不过，解密密钥 d 是精心选择的，它满足 $(P^e)d \bmod n = P$。解密密钥可以通过条件 $d \times e = 1 \bmod ((a - 1) \times (b - 1))$ 来计算。因此，知道 d 的合法接收方只需计算 $(P^e)d \bmod n = P$，而无须对 P^e 进行因式分解即可恢复 P。

30.7.4 数字签名

数字签名是使用加密技术在电子商务应用中提供身份验证服务的示例。像手写签名一样，**数字签名**（digital signature）是利用文本块将一个标记唯一关联于某个个体的方式。这个标记应该是令人难忘的，这意味着其他人应该能够检查签名是否来自原始签名者。

数字签名由一个符号串组成。如果某个人的数字签名对于每条消息总是相同的，那么其他人就可以通过简单地复制这个符号串来假冒签名。因此，每次使用的签名必须是不同的。可以通过使每个数字签名成为它所签署的消息的函数以及时间戳来实现这一点。为了使数字签名对于每个签名者和防伪证据是唯一的，每个数字签名还必须依赖于对于签名者唯一的某个秘密数字。因此，一般来讲，具有防伪证据的数字签名必须依赖于消息以及对于签名者唯一的秘密数字。不过，签名的验证者应该不需要知道任何秘密数字。公钥技术是创建具有这些性质的数字签名的最佳方式。

30.7.5 数字证书

数字证书用于将公钥的值与持有对应私钥的人或服务的身份结合成数字签署的声明。证书是由证书颁发机构（certification authority，CA）发出和签署的。从 CA 接收到这个证书的实体是该证书的主体。第三方身份验证将依赖于数字证书的使用，而无须应用中的每个参与者对每个用户进行身份验证。

数字证书自身包含各类信息。例如，包括证书颁发机构和证书所有者信息。下面的列表描述了证书中包括的所有信息。

（1）证书所有者信息，通过唯一的标识符表示，该标识符称为所有者的识别名（distinguished name，DN）。它包括所有者的名字、组织以及其他关于所有者的信息。

（2）证书还包括所有者的公钥。

（3）还包括证书的颁发日期。

---

1 Rivest 等（1978）。

（4）通过“Valid From”和“Valid To”日期指定有效期，它们包括在每个证书中。

（5）证书中包括颁发者的标识符信息。

（6）最后，还包括 CA 为证书发布的数字签名。

上面列出的所有信息都是通过 message-digest 函数编码的，它将创建数字签名。数字签名实质上将会验证证书所有者与公钥之间的关联是有效的。

30.8　隐私问题和保护

保护数据隐私是数据库安全性和隐私专家所面临的一个日益严峻的挑战。从某些方面讲，为了保护数据隐私，我们甚至应该限制执行大规模的数据挖掘和分析。解决这个问题的最常用的技术是：避免构建大型中心数据仓库作为至关重要信息的单一存储库。这是在全国范围内为许多重要疾病建立患者登记册的障碍之一。另一种可能的措施是有意修改或干扰数据。

如果所有数据在单个数据仓库中都是可用的，那么只要违反单个存储库的安全性，就可能会暴露所有的数据。避免构建中心数据仓库并且使用分布式数据挖掘算法，可以把开发全局有效模型所需的数据交换减至最少。通过修改、干扰和匿名化数据，还可以缓解与数据挖掘关联的隐私风险。可以通过从发布的数据中删除身份信息并向数据中注入噪声来实现。不过，如果使用这些技术，就应该关注数据库中结果数据的质量，它们可能会经历太多的修改。我们必须能够估计这些修改可能引入的错误。

隐私是数据库管理中的一个正在研究的重要领域。由于其多学科性质以及与解释隐私、信任等中的主观性相关的问题，而使它变得复杂化。例如，考虑医疗和法律方面的记录和事务，它们必须维持某些隐私需求。为移动设备提供访问控制和保密性也受到越来越多的关注。DBMS 需要为小型设备上的安全相关信息的高效存储提供健壮的技术，还要提供可信的协商技术。在哪里保存与用户身份、概况、凭证和权限相关的信息以及如何把它用于可靠的用户鉴别，这仍然是一个重要的问题。由于在这种环境中会生成大量的数据流，必须设计用于访问控制的高效技术，并与处理技术集成起来，以支持连续的查询。最后，必须确保通过传感器和通信网络获得的用户位置数据的隐私。

30.9　维护数据库安全性的挑战

考虑到数据库和信息资产所受到的威胁在数量和速度上的飞速增长，需要投入一些研究工作来专门处理以下问题：数据质量、知识产权和数据库生存能力，等等。下面将简要概括数据库安全性方面的研究人员在几个重要领域必须设法完成的工作。

30.9.1　数据质量

数据库社区需要一些技术和有组织的解决方案，来评估和证明数据的质量。这些技术可能包括诸如 Web 站点上发布的质量标志之类的简单机制。我们还需要能够提供更有效的完整性语义验证的技术以及用于评估数据质量的工具，它们是基于诸如记录链接之类的技术的。同时，还需要应用级恢复技术，以自动修正不正确的数据。广泛用于在数据仓库中加载数据的 ETL（提取、转换、加载）工具（参见 29.4 节）目前正设法解决这些问题。

30.9.2 知识产权

随着 Internet 和企业内联网的广泛使用，数据的法律和信息方面正成为组织主要关注的问题。为了处理这些关注，提出了用于关系数据的水印技术。数字水印的主要目的是：通过允许证明内容的所有权，防止内容被未经授权的复制和分发。数字水印传统上依赖于一个大噪声域的可用性，其中可以在改变对象的同时保留其基本属性。不过，需要做一些研究，来评估这类技术的健壮性，以及研究用于阻止侵犯知识产权的不同方法。

30.9.3 数据库生存能力

在遭遇信息战攻击之类的破坏性事件时，数据库系统即使能力有所下降，也需要继续运转并保持它们的功能。DBMS 除了要竭尽全力阻止攻击以及检测所发生的事件之外，还应该能够做到以下几点。

- **限制**：立即采取动作消除攻击者对系统的访问，以及隔离或遏制问题以防其进一步扩散。
- **损害评估**：确定问题的范围，包括失效的功能和损坏的数据。
- **重新配置**：在恢复期间，重新配置以允许操作以一种降级的模式继续运行。
- **修复**：恢复损坏或丢失的数据，并且修复或重新安装失效的系统功能，以重建正常的操作级别。
- **故障处理**：尽可能确定攻击者利用的弱点，并采取措施预防再次发生。

信息战攻击者的目标是通过破坏组织的信息系统，来破坏组织的运营，使其无法履行职责。攻击的特定目标可能是系统本身或者它的数据。尽管使系统彻底瘫痪的攻击是严重且剧烈的，但是它们也必须选择良好的时机，以实现攻击者的目标，因为攻击会受到即时和集中的注意，以使系统恢复到正常运行的状况，还会诊断攻击是如何发生的，并且安装预防措施。

迄今为止，与数据库生存能力相关的问题还没有得到充分研究。对于可以确保数据库系统生存能力的技术和方法，还需要专门投入更多的研究。

30.10 Oracle 中基于标签的安全性

对于管理员来说，限制对整个表的访问或者将敏感数据隔离到单独的数据库中都是代价高昂的操作。**Oracle 标签安全性**（Oracle label security）通过启用行级访问控制，消除了对此类措施的需要。从 Oracle Database 11g Release 1（11.1）企业版开始，就提供了这个特性。每个数据库表或视图都有一个安全性策略与之关联。每次查询或修改表或视图时，都会执行这个策略。开发人员可以轻松地把基于标签的访问控制添加到他们的 Oracle 数据库应用中。基于标签的安全性提供了一种适应性强的方式，来控制对敏感数据的访问。用户和数据都具有与之关联的标签。Oracle 标签安全性使用这些标签来提供安全性。

30.10.1　虚拟私有数据库（VPD）技术

虚拟私有数据库（virtual private database，VPD）是 Oracle 企业版的一个特性，它在用户语句中添加谓词，以一种对用户和应用透明的方式限制他们的访问。VPD 概念允许对安全应用执行服务器实施的细粒度的访问控制。

VPD 提供基于策略的访问控制。这些 VPD 策略实施对象级访问控制或行级安全性。VPD 提供一个应用程序编程接口（API），它允许把安全性策略附加到数据库表或视图上。使用 PL/SQL（OLAP 应用中使用的一种宿主编程语言），开发人员和安全性管理员可以在存储过程的帮助下实现安全性策略[1]。VPD 策略允许开发人员从应用中删除访问安全性机制，将把它们集中存放在 Oracle 数据库内。

通过把安全性“策略”与表、视图或同义词相关联来支持 VPD。管理员使用系统提供的 PL/SQL 软件包（即 DBMS_RLS）将策略函数与一个数据库对象绑定起来。当访问与安全性策略相关联的对象时，就会调用实现这个策略的函数。策略函数返回一个谓词（一个 WHERE 子句），然后把它追加到用户的 SQL 语句中，从而透明、动态地修改用户的数据访问。Oracle 标签安全性是一种以安全性策略的形式实施行级安全性的技术。

30.10.2　标签安全性架构

Oracle 标签安全性构建在 Oracle Database 11.1 企业版中发布的 VPD 技术之上。图 30.4 说明了在 Oracle 标签安全性下如何访问数据，并且显示了 DAC 和标签安全性检查的顺序。

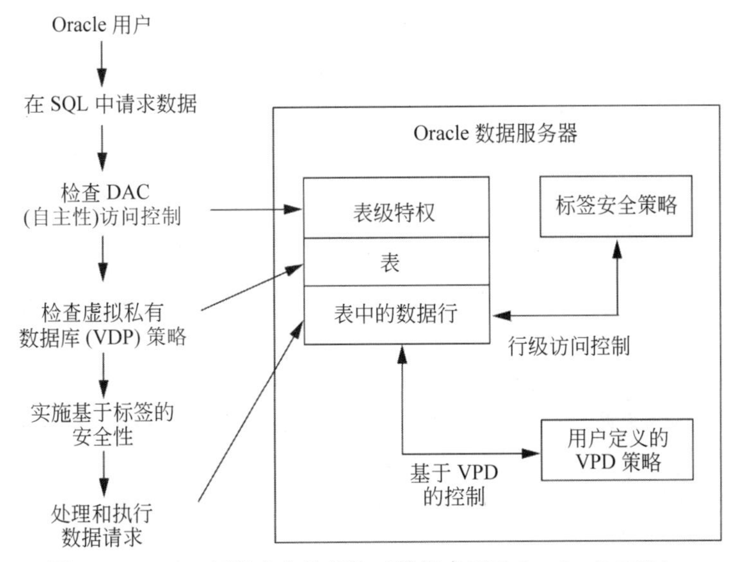

图 30.4　Oracle 标签安全性架构（数据来源于 Oracle（2007））

1　在 8.2.2 节中讨论了存储过程。

图 30.4 显示了自主性访问控制（DAC）和标签安全性检查的顺序。该图的左部显示一个应用用户在 Oracle Database 11g Release 1（11.1）会话中发出一个 SQL 请求。Oracle DBMS 检查该用户的 DAC 特权，确保该用户具有表上的 SELECT 特权。然后，它将检查该表是否关联有虚拟私有数据库（VPD）策略，以确定是否使用了 Oracle 标签安全性保护该表。如果是，就把 VPD SQL 修改（WHERE 子句）添加到原始 SQL 语句中，查找可访问的行集合，以便用户查看。然后，Oracle 标签安全性将检查每一行上的标签，以确定用户可以访问的行的子集（将在 30.10.3 节中解释）。然后就处理、优化和执行这个修改过的查询。

30.10.3　数据标签和用户标签如何协同工作

用户的标签指示允许用户访问的信息，它还确定了用户对该信息的访问类型（读或写）。行的标签显示行中所包含信息的敏感度以及信息的所有者。当数据库中的某个表具有与之关联的基于标签的访问时，那么仅当用户的标签满足策略中定义的某些标准时，才能够访问该表中的行。基于比较用户的数据标签和会话标签的结果，来授权或拒绝访问。

分片允许对加标签的数据的敏感度进行更细致的分类。与同一个项目相关的所有数据都可以利用相同的分片进行标记。分片是可选的；一个标签可以包含零个或多个分片。

可以使用分组将组织标识为具有对应分组标签的数据的所有者。分组是分层的；例如，一个分组可以关联一个父分组。

如果用户的最大级别是 SENSITIVE，那么该用户就潜在地可以访问具有 SENSITIVE、CONFIDENTIAL 和 UNCLASSIFIED 这些级别的所有数据。这个用户将不能访问 HIGHLY_SENSITIVE 级别的数据。图 30.5 显示了在 Oracle 标签安全性中，数据标签和用户标签如何协同工作来提供访问控制。

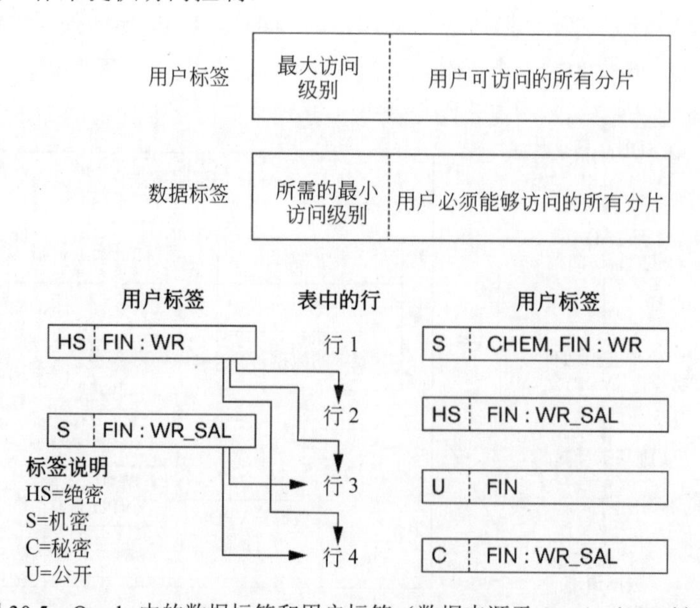

图 30.5　Oracle 中的数据标签和用户标签（数据来源于 Oracle（2007））

如图 30.5 所示，用户 1 可以访问行 2、行 3 和行 4，因为他的最大级别是 HS（Highly_Sensitive）。他可以访问 FIN（Finance）分片，并且他对分组 WR（Western Region）

的访问在层次上包括分组 WR_SAL（WR Sales）。他不能访问行 1，因为他没有 CHEM（Chemical）分片。用户只有具有行的数据标签中的所有分片的授权，才能访问该行，这一点很重要。基于这个示例，用户 2 可以访问行 3 和行 4，其最大级别为 S，它低于行 2 中的 HS。因此，尽管用户 2 可以访问 FIN 分片，但他只能访问分组 WR_SAL，因此不能访问行 1。

30.11　小　　结

在本章中，讨论了多种用于实施数据库系统安全性的技术。30.1 节介绍了数据库安全性。在 30.1.1 节中从失去完整性、可用性和机密性这些方面介绍了数据库的不同威胁。在 30.1.2 节中讨论了用于处理这些问题的各种控制措施：访问控制、推理控制、流控制和加密。在 30.1 节的余下内容中，介绍了与安全性相关的各种问题，包括数据敏感度和泄密类型、用户请求信息时结果的安全性与精确性，以及信息安全性与保密性之间的关系。

安全性的实施涉及控制对作为一个整体的数据库系统的访问，以及控制对数据库特定部分的授权访问。前者通常是通过给用户分配账户和密码来实现的。后者可以使用一个系统来实现，该系统用于给各个账户授予和撤销对数据库的特定部分的访问特权。在 30.2 节中介绍了这种方法，它一般称为自主性访问控制（DAC）。本章介绍了一些用于授予和撤销特权的 SQL 命令，并且利用示例说明了它们的使用。然后，在 30.3 节中概述了强制性访问控制（MAC）机制，它可以实施多级安全性。这些技术需要划分用户和数据值的安全性等级，并且实施一些规则，禁止信息从较高的安全性级别流向较低的安全性级别。然后介绍了多级关系模型底下的一些关键概念，包括过滤和多实例。在 30.3.2 节中介绍了基于角色的访问控制（RBAC），它基于用户扮演的角色来分配特权。其中介绍了角色层次、角色互斥以及基于行和基于标签的安全性等概念。在 30.4 节中解释了 SQL 注入这种威胁背后的主要思想、可以诱发它的方法，以及与之关联的各类风险。然后给出了可以阻止 SQL 注入的各种方式的思想。

在 30.5 节中简要讨论了控制访问统计数据库的问题，它既要保护个人信息的隐私，同时还要并发地提供对人口记录的统计访问。接下来在 30.6 节中讨论了与流控制和隐蔽信道相关的问题，并在 30.7 节中讨论了加密以及基于公钥和私钥的基础设施。在 30.7.3 节中解释了对称密钥算法的思想，以及使用流行的基于非对称密钥的公钥基础设施（PKI）模式。在 30.7.4 节和 30.7.5 节中还介绍了数字签名和数字证书的概念。在 30.8 节中着重强调了隐私问题的重要性，并揭示了一些隐私保护技术。在 30.9 节中讨论了安全性的各种挑战，包括数据质量、知识产权和数据生存能力。最后，在 30.10 节中介绍了 Oracle 11g 中的安全性策略的实现，它结合使用了基于标签的安全性和虚拟私有数据库。

复　习　题

30.1　讨论下列术语的含义：数据库授权、访问控制、数据加密、特权（系统）账户、数据库审计、审计跟踪。

30.2 哪个账户被指定为关系的属主？关系的属主具有什么特权？

30.3 如何将视图机制用作授权机制？

30.4 讨论账户级特权类型和关系级特权类型。

30.5 授予特权的含义是什么？撤销特权的含义是什么？

30.6 讨论特权的传播系统，以及水平和垂直传播限制所施加的约束。

30.7 列出SQL中可用的特权类型。

30.8 自主性访问控制与强制性访问控制之间有何区别？

30.9 典型的安全性分类是什么？讨论简单的安全性质和多级性质，并且解释这些实施多级安全性的规则背后的正当理由。

30.10 描述多级关系数据模型。定义以下术语：明键、多实例、过滤。

30.11 使用DAC或MAC的相对优点是什么？

30.12 什么是基于角色的访问控制？它在哪些方面优于DAC和MAC？

30.13 基于角色的访问控制中的两类互斥是什么？

30.14 行级访问控制的含义是什么？

30.15 什么是标签安全性？管理员如何实施它？

30.16 SQL注入攻击有哪些不同类型？

30.17 与SQL注入攻击关联的风险是什么？

30.18 SQL注入攻击的可能预防措施有哪些？

30.19 什么是统计数据库？讨论统计数据库安全性的问题。

30.20 保密性与统计数据库安全性有什么关系？可以采取什么措施来确保统计数据库中某种程度的保密性？

30.21 作为安全性措施的流控制是什么？流控制具有哪些类型？

30.22 什么是隐蔽信道？给出一个隐蔽信道的示例。

30.23 加密的目标是什么？加密数据然后在另一端恢复它所涉及的过程是什么？

30.24 给出一个加密算法的示例，并解释它是如何工作的。

30.25 为流行的RSA算法，重做复习题30.24。

30.26 什么是基于密钥的安全性的对称密钥算法？

30.27 什么是公钥基础设施模式？它如何提供安全性？

30.28 什么是数字签名？它们如何工作？

30.29 数字证书包括哪些类型的信息？

练 习 题

30.30 在数据库中如何保护数据的隐私？

30.31 数据库安全性当前所面临的一些主要的挑战是什么？

30.32 考虑图5.5中的关系数据库模式。假设所有的关系都是用户X创建的（因此为其所有），X想要把以下特权授予用户账户A、B、C、D和E。

a. 账户A可以检索或修改除DEPENDENT以外的任何关系，并且可以把其中任何特权授予其他用户。

b. 账户B可以检索EMPLOYEE和DEPARTMENT关系中除Salary、Mgr_ssn和Mgr_start_date以外的其他所有属性。

c. 账户C可以检索或修改WORKS_ON，但是只能检索EMPLOYEE的Fname、Minit、Lname和Ssn属性，以及PROJECT的Pname和Pnumber属性。

d. 账户D可以检索EMPLOYEE或DEPENDENT的任何属性，并且可以修改DEPENDENT。

e. 账户E可以检索EMPLOYEE的任何属性，但是只针对Dno = 3的EMPLOYEE元组。

f. 编写授予上述特权的SQL语句，在合适时可以使用视图。

30.33 假设利用GRANT OPTION授予练习题30.32中的特权(a)，但是使账户A只能将其授予最多5个账户，而这些账户可以把该特权传播给其他账户，但是不使用GRANT OPTION特权。在这种情况下，水平传播和垂直传播的限制是什么？

30.34 考虑图30.2(d)中所示的关系。它如何显示分类为U的用户？假设分类为U的用户尝试将“Smith”的薪水更新为50000美元，这个动作的结果将是什么？

选读文献

基于授予和撤销特权的授权是为 SYSTEM R 这个试验性 DBMS 提出的，在 Griffiths 和 Wade（1976）中介绍了它。有多本图书从总体上讨论了数据库和计算机系统中的安全性，包括 Leiss（1982a）、Fernandez 等（1981）以及 Fugini 等（1995）。Natan（2005）是一本关于所有主流 RDBMS 中的安全性和审计实现问题的实用图书。

许多论文都讨论了设计和保护统计数据库的不同技术。它们包括 McLeish（1989）、Chin 和 Ozsoyoglu（1981）、Leiss（1982）、Wong（1984），以及 Denning（1980）。Ghosh（1984）讨论了将统计数据库用于质量控制。还有许多讨论密码学和数据加密的论文，包括 Diffie 和 Hellman（1979）、Rivest 等（1978）、Akl（1983）、Pfleeger 和 Pfleeger（2007）、Omura 等（1990）、Stallings（2000），以及 Iyer 等（2004）。

Halfond 等（2006）可以帮助我们理解 SQL 注入攻击的概念以及它们施加的各种威胁。白皮书 Oracle（2007a）解释了与 SQL Server 相比，Oracle 如何减少 SQL 注入攻击。Oracle（2007a）还简要解释了如何阻止这些攻击发生。在 Boyd 和 Keromytis（2004）、Halfond 和 Orso（2005）以及 McClure 和 Krüger（2005）中讨论了进一步提出的框架。

在 Jajodia 和 Sandhu（1991）、Denning 等（1987）、Smith 和 Winslett（1992）、Stachour 和 Thuraisingham（1990）、Lunt 等（1990）以及 Bertino 等（2001）中讨论了多级安全性。Lunt 和 Fernandez（1990）、Jajodia 和 Sandhu（1991）、Bertino（1998）、Castano 等（1995）以及 Thuraisingham 等（2001）概述了数据库安全性中的研究问题。Atluri 等（1997）讨论了多级安全性对并发控制的影响。Rabbiti 等（1991）、Jajodia 和 Kogan（1990）以及 Smith（1990）讨论了下一代、语义和面向对象数据库中的安全性。Oh（1999）提出了一个适用于自主安全性和强制安全性的模型。在 Joshi 等（2001）中讨论了基于 Web 的应用的安全性模型和基于角色的访问控制。在 Farahmand 等（2005）中讨论了电子商务应用的环境下

管理者的安全性问题，以及选择合适的安全性控制措施所需的风险评估模型。在 Oracle（2007b）和 Sybase（2005）中详细解释了行级访问控制。后者还详细描述了角色层次和互斥。Oracle（2009）解释了 Oracle 如何使用身份管理的概念。

Bertino 和 Sandhu（2005）中讨论了数据库安全性和保密性方面最近的发展以及将来的挑战。U.S. Govt.（1978）、OECD（1980）和 NRC（2003）是关于重要政府机构的隐私观的良好参考。Karat 等（2009）讨论了安全性和保密性的一个策略框架。Naedele（2003）中讨论了 XML 和访问控制。在 Vaidya 和 Clifton（2004）中提出了关于隐私保护技术的更多详细信息，在 Sion 等（2004）中讨论了知识产权问题，而在 Jajodia 等（1999）中则介绍了数据库生存能力。在 Oracle（2007b）中更详细地讨论了 Oracle 的 VPD 技术和基于标签的安全性。

Agrawal 等（2002）定义了 Hippocratic 数据库的概念，用于保护医疗保健信息中的隐私。在 Bayardo 和 Agrawal（2005）以及 Ciriani 等（2007）中讨论了 k-匿名性（k-anonymity）这种隐私保护技术。Ciriani 等（2008）综述了基于 k-匿名性的隐私保护数据挖掘技术。Vimercati 等（2014）讨论了加密和分段，它们可以作为云中的数据机密性的潜在保护技术。

附录 A　ER 模型的可选图形表示法

图 A.1 显示了用于表示 ER 和 EER 模型概念的许多不同的图形表示法。不幸的是，没有一种标准的表示法：不同的数据库设计从业人员根据个人喜好来选用不同的表示法。类似地，各种 CASE（computer-aided software engineering，计算机辅助软件工程）工具和 OOA（object-oriented analysis，面向对象分析）方法也使用各种不同的表示法。一些表示法关联的模型具有额外的概念和约束，它们超越了第 7~9 章中描述的 ER 和 EER 模型的那些概念和约束，而其他模型则具有较少的概念和约束。第 7 章中使用的表示法相当接近于 ER 图的原始表示法，这种表示法仍然在广泛使用。这里将讨论一些替代表示法。

图 A.1(a)展示了用于显示实体类型/类、属性和联系的不同表示法。在第 7~9 章中，使用了图 A.1(a)中标记了(i)的符号，即矩形、椭圆形和菱形。注意：符号(ii)中用于描述实体类型/类、属性和联系的符号是相似的，但是不同的方法学使用它们来表示 3 个不同的概念。直线符号(iii)被多种工具和方法学用于表示联系。

图 A.1(b)显示了用于将属性附加到实体类型上的一些表示法。本书中使用的是表示法(i)。表示法(ii)使用第三种表示法(iii)，来表示图 A.1(a)中的属性。图 A.1(b)中的后两种表示法（(iii)和(iv)）在 OOA 方法学和一些 CASE 工具中很流行。特别是，最后一种表示法显示了一个类的属性和一番，它们之间用一条水平直线隔开。

图 A.1(c)显示了用于表示二元联系的基数比的各种表示法。在第 7~9 章中使用的是表示法(i)。表示法(ii)称为鸡爪（chicken feet）表示法，它相当流行。表示法(iv)使用箭头作为函数引用（从 N 端到 1 端），它类似于关系模型中外键的表示法（参见图 9.2）。表示法(v)在 Bachman 图和网络数据模型中使用，它反向使用箭头（从 1 端到 N 端）。对于 1:1 联系，表示法(ii)使用一条不带鸡爪的直线表示；表示法(iii)使用两半都是白色的菱形表示；表示法(iv)在两端都放置有箭头。对于 M:N 联系，表示法(ii)使用两端都带有鸡爪的直线表示；表示法(iii) 使用两半都是黑色的菱形表示；表示法(iv)没有显示任何箭头。

图 A.1(d)展示了用于显示(min, max)约束的多个变体，它们用于显示基数比以及整体/部分参与情况。我们主要使用表示法(i)。表示法(ii)是图 7.15 中使用的替代表示法，在 7.7.4 节中讨论了它。回忆可知，我们的表示法指定了以下约束：每个实体必须参与至少 min 个、至多 max 个联系实例。因此，对于 1:1 联系，两个 max 值都是 1；对于 M:N 联系，两个 max 值都是 n。大于 0（零）的 min 值指定了总体参与数（存在依赖）。在使用直线显示联系的方法中，通常交换(min, max)约束的位置，如(iii)中所示；(v)中显示了一些工具（以及 UML 表示法）中常见的一种变体。另一种流行的技术遵循与(iii)中相同的位置，它将 min 显示为 o（读作“oh”或圆形，代表零）或者显示为|（垂直线，代表 1），并将 max 显示为|（垂直线，代表 1）或者显示为鸡爪符号（代表 n），如(iv)中所示。

图 A.1(e)展示了一些用于显示特化/泛化的表示法。在第 8 章中使用了表示法(i)，其中圆圈中的 d 用于指定子类（S1、S2 和 S3）是不相交的，而圆圈中的 o 则指定重叠的子类。

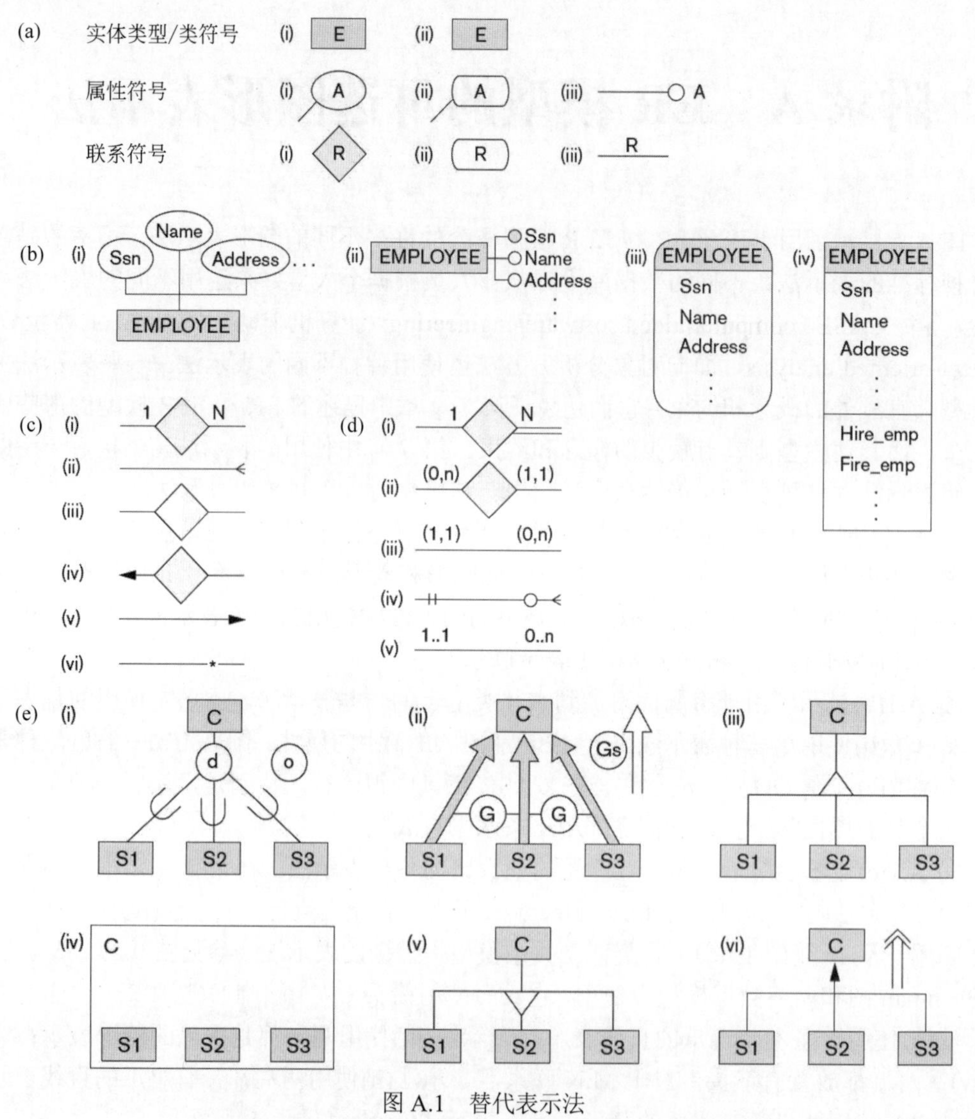

图 A.1　替代表示法

(a) 实体类型/类、属性和联系的符号；(b) 显示属性；(c) 显示基数比；
(d) 各种(min, max)表示法；(e) 用于显示特化/泛化的表示法

表示法(ii)使用 G（代表泛化）来指定不相交，而使用 Gs 来指定重叠。一些表示法使用实心箭头，而另外一些则使用空心箭头（如端部所示）。表示法(iii)使用一个指向超类的三角形，而表示法(v)则使用一个指向子类的三角形，也可能在同一种方法中同时使用这两种表示法，其中表示法(iii)指示泛化，而表示法(v)则指示特化。表示法(iv)把表示子类的方框放在表示超类的方框内。在基于表示法(vi)的表示法中，有些表示法使用单线箭头，而其他一些则使用双线箭头（如端部所示）。

图 A.1 中所示的表示法只显示了一些曾经用于或建议用于显示数据库概念模式的图形符号。其他表示法以及上述表示法的各种组合也一直在使用。建立每个人都要遵守的标准将是有用的，这样就可以防止误解和减少混淆。

附录B　磁盘参数

最重要的磁盘参数是：在给定块地址的情况下定位任意一个磁盘块然后在磁盘与主存缓冲区之间传输该磁盘块所需的时间。这是访问磁盘块的随机访问时间。要考虑以下 3 个时间成分。

- **寻道时间**（seek time，用 s 表示）：寻道时间是指在可移动磁头的磁盘中以机械方式将读/写磁头定位在正确磁道上的时间（对于固定磁头的磁盘，它是指以电子方式切换到合适的读/写磁头所需的时间）。对于可移动磁头的磁盘，依赖于读/写磁头当前所处的磁道与块地址中指定的磁道之间的距离，这个时间会有所改变。通常，磁盘制造商会提供一个平均寻道时间（以毫秒为单位）。平均寻道时间的典型范围是 4~10 ms。这是在磁盘与内存之间传输块时发生延迟的主要原因。
- **旋转延迟**（rotational delay，用 rd 表示）：一旦读/写磁头位于正确的磁道上，用户就必须等待所需块的起始位置旋转到读/写磁头下方。平均来讲，这大约要花费磁盘旋转一周所需时间的一半，但是实际花费的时间介于立即访问（如果在寻道之后所需块的起始位置正好处于读/写磁头下方）到磁盘完全旋转一周（如果在寻道之后所需块的起始位置刚刚经过读/写磁头）的时间之间。如果磁盘转速是 p 转/分钟（rpm），那么平均旋转延迟可以表示如下：

  $$rd = (1/2) \times (1/p)\text{分钟} = (60 \times 1000)/(2 \times p)\text{毫秒} = 30000/p\ \text{毫秒}$$

  典型的 p 值为 10 000 rpm，这就得到旋转延迟 rd =3 毫秒。对于固定磁头的磁盘，其中寻道时间可以忽略不计，这个时间成分将在传输磁盘块时导致最大的延迟。
- **块传输时间**（block transfer time，btt）：一旦读/写磁头位于所需块的起始位置，就需要花一些时间来传输块中的数据。这个块传输时间依赖于块的大小、磁道的大小和磁盘转速。如果磁盘的**传输速率**（transfer rate）是 tr 字节/毫秒，块大小是 B 字节，那么块传输时间就是：

  $$btt = B/tr\ \text{毫秒}$$

  如果磁道大小为 50 KB，p 为 3600 rpm，那么传输速率（以字节/毫秒为单位）就是：

  $$tr = (50 \times 1000)/(60 \times 1000/3600) = 3000\ \text{字节/毫秒}$$

  在这种情况下，btt = B/3000 毫秒，其中 B 是块大小（以字节为单位）。

给定磁盘块的地址，寻找和传输一个磁盘块所需的平均时间可以估算如下：

$$(s + rd + btt)\text{毫秒}$$

这个公式对于读或写磁盘块都是成立的。减少这个时间的主要方法是传输存储在同一个柱面的一个或多个磁道上的多个块，这样就只有第一个块需要寻道时间。要连续地传输同一个柱面上的 k 个非连续的块，大约需要：

$$s + (k \times (rd + btt))\text{毫秒}$$

在这种情况下，如第 17 章中所讨论的，在主存储器中需要两个或更多的缓冲区，因为我们正在连续地读或写 k 个块。当传输同一个磁道或柱面上的连续块时，甚至可以进一步减少每个块的传输时间。这消除了除第一个块以外的其他所有块的旋转延迟，因此传输 k 个连续块的时间可以估算如下：

$$s + rd + (k \times btt)\text{毫秒}$$

传输连续块的更准确的时间估算是把块间隙考虑在内（参见 17.2.1 节），它包括使读/写磁头能够确定它将要读取哪个块的信息。通常，磁盘制造商会提供一个**大容量传输速率**（bulk transfer rate，用 btr 表示），在读取连续存储的块时它将把间隙大小考虑在内。如果间隙大小是 G 字节，则有：

$$btr = (B/(B + G)) \times tr\ \text{字节/毫秒}$$

大容量传输速率是传输数据块中的*有用*字节的速率。磁盘读/写磁头必须在磁盘旋转时检查磁道上的所有字节，包括块间隙中的字节，其中存储的是控制信息，而不是真正的数据。当使用大容量传输速率时，传输多个连续块中的一个块内的有用数据所需的时间是 B/btr。因此，读取连续地存储在同一个柱面上的 k 个块的估算时间为：

$$s + rd + (k \times (B/btr))\text{毫秒}$$

另一个磁盘参数是**重写时间**（rewrite time）。把一个磁盘块从磁盘读取到主存缓冲区中，更新缓冲区，然后把该缓冲区写回到存储它的相同磁盘块中，在这种情况下，这个参数就是有用的。在许多情况下，更新主存中的缓冲区所需的时间少于磁盘旋转一周所需的时间。如果我们知道缓冲区已经为重写做好准备，系统就可以将磁头保持在相同的磁道上，并在下次磁盘旋转期间将更新后的缓冲区重写回磁盘块中。因此，通常将重写时间 T_{rw} 估算为磁盘旋转一周所需的时间：

$$T_{rw} = 2 \times rd\ \text{毫秒} = 60000/p\ \text{毫秒}$$

总结一下，下面列出了这里所讨论的参数以及用于它们的符号：

寻道时间：	s 毫秒
旋转延迟：	rd 毫秒
块传输时间：	btt 毫秒
重写时间：	T_{rw} 毫秒
传输速率：	tr 字节/毫秒
大容量传输速率：	btr 字节/毫秒
块大小：	B 字节
块间隙大小：	G 字节
磁盘转速：	p 转/分（rpm）

附录 C　QBE 语言概述

QBE（Query-By-Example，按示例查询）语言很重要，因为它是最早的图形查询语言之一，具有为数据库系统开发的最低限度的语法。它是在 IBM 研究院开发的，可以作为 IBM 商业产品使用，它是 DB2 的 QMF（Query Management Facility，查询管理工具）接口选项的一部分。在 Paradox DBMS 中也实现了该语言，并且它与 Microsoft Access DBMS 中的点击式接口相关。QBE 不同于 SQL，这是由于用户不必使用固定的语法显式指定一个查询；相反，通过填写显示屏上显示的关系**模板**（template）来表述查询。图 C.1 显示了这些模板对于图 5.5 中的数据库可能是什么样子的。用户不必记住属性或关系的名称，因为它们会作为这些模板的一部分显示出来。此外，用户也不必遵循严格的语法规则来指定查询；相反，可以将常量和变量输入模板的列中，来构造一个与检索或更新请求相关的**示例**（example）。QBE 与域关系演算相关，如我们将看到的，其原始规范显示它在关系上是完备的。

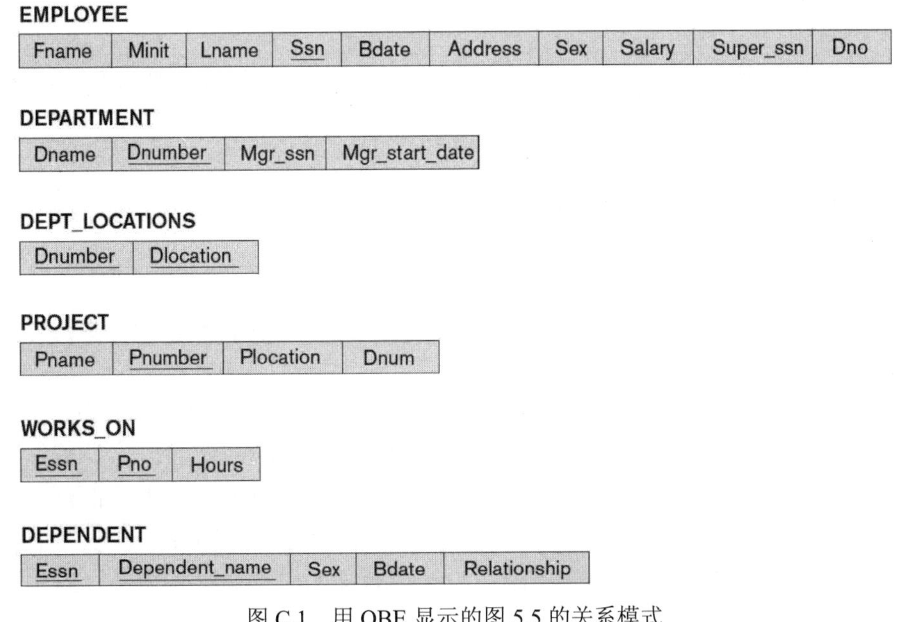

图 C.1　用 QBE 显示的图 5.5 的关系模式

C.1　QBE 中的基本检索

在 QBE 中，通过填写表模板中的一行或多行来指定检索查询。对于单个关系查询，可以在该关系模板的列中输入常量或者**示例元素**（example element，这是一个 QBE 术语）。示例元素代表一个域变量，指定为以下画线字符（_）作为前缀的示例值。此外，在某些列中可以输入前缀 P.（称为 P 点运算符），以指示想要在结果中打印（或显示）这些列中的值。常量用于指定在这些列中必须精确匹配的值。

例如，考虑查询 Q0：检索 John B. Smith 的出生日期和地址。在图 C.2(a)到图 C.2(d)中，显示了在 QBE 中如何利用逐步简洁的方式来指定这个查询。在图 C.2(a)中，将一个雇员示例展示为我们感兴趣的行类型。使 John B. Smith 作为 Fname、Minit 和 Lname 这几个列中的常量，就在这些列中指定了精确匹配。在其余的列中以下画线作为前缀，指示它们是域变量（示例元素）。在 Bdate 列和 Address 列中添加 P.前缀，指示想要输出这些列中的值。

(a) **EMPLOYEE**

Fname	Minit	Lname	Ssn	Bdate	Address	Sex	Salary	Super_ssn	Dno
John	B	Smith	_123456789	P._9/1/60	P._100 Main, Houston, TX	_M	_25000	_123456789	_3

(b) **EMPLOYEE**

Fname	Minit	Lname	Ssn	Bdate	Address	Sex	Salary	Super_ssn	Dno
John	B	Smith		P._9/1/60	P._100 Main, Houston, TX				

(c) **EMPLOYEE**

Fname	Minit	Lname	Ssn	Bdate	Address	Sex	Salary	Super_ssn	Dno
John	B	Smith		P._X	P._Y				

(d) **EMPLOYEE**

Fname	Minit	Lname	Ssn	Bdate	Address	Sex	Salary	Super_ssn	Dno
John	B	Smith		P.	P.				

图 C.2 在 QBE 中指定查询 Q0 的 4 种方式

可以简写 Q0，如图 C.2(b)中所示。无须指定我们不感兴趣的列的示例值。而且，由于示例值完全是任意的，因此可以只为它们指定变量名，如图 C.2(c)所示。最后，还可以完全省略示例值，如图 C.2(d)所示，并且只在要检索的列下面指定 P.即可。

要查看 QBE 中的检索查询与域关系演算有何相似之处，可以比较图 C.2(d)与域演算中的 Q0（简化版），如下所示：

Q0：{ uv | EMPLOYEE(qrstuvwxyz) **and** q= 'John' **and** r= 'B' **and** s= 'Smith'}

可以将 QBE 模板中的每一列视作是一个*隐式域变量*（implicit domain variable），因此，Fname 对应域变量 q，Minit 对应 r，……，Dno 对应 z。在 QBE 查询中，带有 P.的列对应于域演算中竖线左边指定的变量，而带有常量值的列则对应于带有相等性选择条件的元组变量。在 QBE 查询中，条件 EMPLOYEE(qrstuvwxyz)和存在量词是隐含的，因为使用了与 EMPLOYEE 关系对应的模板。

在 QBE 中，用户界面首先将显示所有关系名的列表，它允许用户选择表述查询所需的表（关系）。然后，将显示所选关系的模板。用户可以移到模板中的列上并指定查询。系统提供了一些特殊的功能键，用于在模板之间移动以及执行某些功能。

现在将给出一些示例，说明 QBE 的基本功能。在列中输入常量值之前，可以先输入除“=”以外的其他比较运算符（例如>或≥）。例如，可以如图 C.3(a)中所示的那样指定查询 Q0A：*列出在编号为 1 的项目上每周工作时间超过 20 小时的雇员的社会安全号*。对于更复杂的条件，用户可以使用**条件框**（condition box），可以通过按下特定的功能键来创建它。

然后，用户就可以输入复杂的条件[1]。

(a)

WORKS_ON

Essn	Pno	Hours
P.		> 20

(b)

WORKS_ON

Essn	Pno	Hours
P.	_PX	_HX

CONDITIONS

_HX > 20 and (PX = 1 or PX = 2)

(c)

WORKS_ON

Essn	Pno	Hours
P.	1	> 20
P.	2	> 20

图 C.3　在 QBE 中指定复杂的条件

(a) 查询 Q0A；(b) 带有条件框的查询 Q0B；(c) 不带条件框的查询 Q0B

例如，可以如图 C.3(b)中所示的那样指定查询 Q0B：列出在项目 1 或项目 2 上每周工作时间超过 20 小时的雇员的社会安全号。

有些复杂的条件也可以不使用条件框来指定。其规则是：使用逻辑连接符 and 将在关系模板的同一行上指定的所有条件连接起来（所选的元组必须满足所有的条件），而在不同行上指定的条件则通过 or 连接起来（至少必须满足一个条件）。因此，可以在模板中输入两个不同的行来指定 Q0B，如图 C.3(c)所示。

现在考虑查询 Q0C：列出同时在项目 1 和项目 2 上工作的雇员的社会安全号。不能如图 C.4(a)中那样指定这个查询，图 C.4(a)将列出在项目 1 或项目 2 上工作的那些雇员。示例变量_ES 将自身绑定到元组<–, 1, –>以及元组<–, 2, –>中的那些 Essn 值。图 C.4(b)显示了如何正确地指定 Q0C，其中方框中的条件（_EX = _EY）使_EX 和_EY 变量只绑定到相同的 Essn 值。

(a)

WORKS_ON

Essn	Pno	Hours
P._ES	1	
P._ES	2	

(b)

WORKS_ON

Essn	Pno	Hours
P._EX	1	
P._EY	2	

CONDITIONS

_EX = _EY

图 C.4　指定同时在两个项目上工作的雇员

(a) 不正确地指定 AND 条件；(b) 正确的指定

一般来讲，一旦指定了查询，就会在模板中合适的列下面显示结果值。如果结果包含

1　在条件框中不允许使用¬符号来执行取反运算。

太多的行以至于不能在屏幕上完全显示时，大多数 QBE 实现都具有允许上下滚动行的功能键。类似地，如果一个或多个模板太宽以至于不能完全显示在屏幕上时，可以横向滚动来检查所有的模板。

在 QBE 中，可以在要连接的列中使用相同的变量[1]来指定连接运算。例如，可以如图 C.5(a)中所示的那样指定查询 Q1：列出为“Research”部门工作的所有雇员的姓名和地址。在单个查询中可以指定任意数量的连接。还可以指定一个**结果表**（result table），来显示连接查询的结果，如图 C.5(a)中所示。如果结果中包括来自两个或更多关系中的属性，就需要指定一个结果表。如果没有指定结果表，系统将在各个关系的列中提供查询结果，这可能使得结果难以解释。图 C.5(a)还说明了 QBE 的一个特性，即指定应该检索的关系中的所有属性，这是通过在关系模板中的关系名下方放置 P.运算符来实现的。

(a) **EMPLOYEE**

Fname	Minit	Lname	Ssn	Bdate	Address	Sex	Salary	Super_ssn	Dno
_FN		_LN			_Addr				_DX

DEPARTMENT

Dname	Dnumber	Mgrssn	Mgr_start_date
Research	_DX		

RESULT			
P.	_FN	_LN	_Addr

(b) **EMPLOYEE**

Fname	Minit	Lname	Ssn	Bdate	Address	Sex	Salary	Super_ssn	Dno
_E1		_E2						_Xssn	
_S1		_S2	_Xssn						

RESULT				
P.	_E1	_E2	_S1	_S2

图 C.5 说明 QBE 中的连接运算和结果关系

(a) 查询 Q1；(b) 查询 Q8

要将一个表与自身进行连接，可以指定不同的变量来表示对该表的不同引用。例如，可以如图 C.5(b)中所示的那样指定查询 Q8：*对于每位雇员，检索雇员的名字和姓氏，以及该雇员的直接主管的名字和姓氏*，其中，以 E 开头的变量指示雇员，而以 S 开头的变量则指示主管。

C.2 QBE 中的分组、聚合和数据库修改

接下来，考虑需要分组或聚合函数的查询类型。可以在列中指定分组运算符“G.”，以指示应该按该列中的值对元组进行分组。可以指定一些常用的函数，例如 AVG.、SUM.、CNT.（统计）、MAX.和 MIN.。在 QBE 中，默认情况下将 AVG.、SUM.和 CNT.这些函数应

1 在 QBE 手册中将变量称为**示例元素**（example element）。

用于分组中的不同值。如果想要把这些函数应用于所有的值，就必须使用前缀 ALL[1]。这个约定不同于 SQL 中的约定，在 SQL 中默认将函数应用于所有的值。

图 C.6(a)显示了查询 Q23，它用于统计 EMPLOYEE 关系中不同薪水值的数量。查询 Q23A（参见图 C.6(b)）用于统计所有的薪水值，这与统计雇员数量是相同的。图 C.6(c)显示了 Q24，它用于检索每个部门编号、雇员编号以及每个部门的平均薪水；因此，Dno 列用于按 G.函数所指示的那样进行分组。可以在单个列中指定多个运算符，例如 G.、P.和 ALL。图 C.6(d)显示了查询 Q26，它用于显示有超过两名雇员参加的每个项目的名称以及参加该项目的雇员数量。

(a) **EMPLOYEE**

Fname	Minit	Lname	Ssn	Bdate	Address	Sex	Salary	Super_ssn	Dno
							P.CNT.		

(b) **EMPLOYEE**

Fname	Minit	Lname	Ssn	Bdate	Address	Sex	Salary	Super_ssn	Dno
							P.CNT.ALL		

(c) **EMPLOYEE**

Fname	Minit	Lname	Ssn	Bdate	Address	Sex	Salary	Super_ssn	Dno
			P.CNT.ALL				P.AVG.ALL		P.G.

(d) **PROJECT**

Pname	Pnumber	Plocation	Dnum
P.	_PX		

WORKS_ON

Essn	Pno	Hours
P.CNT.EX	G._PX	

CONDITIONS

CNT._EX > 2

图 C.6　QBE 中的函数和分组

(a) 查询 Q23；(b) 查询 Q23A；(c) 查询 Q24；(d) 查询 Q26

QBE 具有一个取反符号¬，其使用方式类似于 SQL 中的 NOT EXISTS 函数。图 C.7 显示了查询 Q6，它用于列出没有受赡养人的雇员姓名。取反符号¬指示：仅当_SX 变量的值没有出现在 DEPENDENT 关系中时，才从 EMPLOYEE 关系中选择该变量的值。在 Essn 列中放置一个¬ _SX 也可以产生相同的效果。

EMPLOYEE

Fname	Minit	Lname	Ssn	Bdate	Address	Sex	Salary	Super_ssn	Dno
P.		P.	_SX						

DEPENDENT

Essn	Dependent_name	Sex	Bdate	Relationship
¬ _SX				

图 C.7　利用查询 Q6 说明取反运算符

1　QBE 中的 ALL 与全称量词无关。

尽管QBE语言在最初提出时支持与SQL的EXISTS和NOT EXISTS函数等价的功能，但是在QMF（在DB2系统下）的QBE实现中没有提供这种支持。因此，这里将讨论的QBE的QMF版本并不是关系完备的。不能指定诸如Q3之类的查询：查找参加由部门5控制的所有项目的雇员。

有3个QBE运算符用于修改数据库：I.用于插入，D.用于删除，U.用于更新。插入和删除运算符是在关系名下的模板列中指定的，而更新运算符则是在要更新的列下方指定的。图C.8(a)显示了如何插入一个新的EMPLOYEE元组。对于删除，首先输入D.运算符，然后通过一个条件指定要删除的元组（参见图C.8(b)）。要更新一个元组，可以在属性名下方指定U.运算符，其后接着属性的新值。我们还应该以通常的方式来选择要更新的元组。图C.8(c)显示了一个更新请求，即把John Smith的薪水增加10%，并把他重新分配到部门4。

(a) EMPLOYEE

Fname	Minit	Lname	Ssn	Bdate	Address	Sex	Salary	Super_ssn	Dno
Richard	K	Marini	653298653	30-Dec-52	98 Oak Forest, Katy, TX	M	37000	987654321	4

(b) EMPLOYEE

Fname	Minit	Lname	Ssn	Bdate	Address	Sex	Salary	Super_ssn	Dno
			653298653						

(c) EMPLOYEE

Fname	Minit	Lname	Ssn	Bdate	Address	Sex	Salary	Super_ssn	Dno
John		Smith					U._S*1.1		U.4

图C.8 在QBE中修改数据库

(a) 插入；(b) 删除；(c) 更新

QBE还具有数据定义能力。可以交互式地指定数据库中的表，也可以通过添加、重命名或删除列来更新表定义。还可以指定每一列的各种特征，例如它是否是关系的键，其数据类型是什么，以及是否应该在该字段上创建一个索引。QBE还具有用于视图定义、授权、存储查询定义以便以后使用等功能。

QBE没有使用SQL的线性风格；相反，它是一种二维语言，因为用户要在整个屏幕上移动以指定一个查询。经过用户测试表明，QBE比SQL更容易学习，对于非专业人员更是如此。从这个意义上讲，QBE是第一种用户友好的可视化关系数据库语言。

最近，为商业数据库系统开发了许多其他的用户友好的界面。菜单、图形和表单的使用现在变得相当普遍。部分填写表单来发出一个搜索请求就类似于使用QBE。尽管可视化查询语言现在仍然还不是如此常见，但是将来的商业关系数据库很可能会提供它。

选 读 文 献

文献中使用的缩写词

ACM：美国计算机协会（Association for Computing Machinery）

AFIPS：美国信息处理学会联合会（American Federation of Information Processing Societies）

ASPLOS：编程语言和操作系统的架构支持国际会议文集（Proceedings of the international Conference on Architectural Support for Programming Languages and Operating Systems）

CACM：ACM 通信（Communications of the ACM）（期刊）

CIKM：信息与知识管理国际会议文集（Proceedings of the International Conference on Information and Knowledge Management）

DASFAA：面向高级应用的数据库系统国际会议文集（Proceedings of the International Conference on Database Systems for Advanced Applications）

DKE：数据和知识工程，Elsevier 出版（Data and Knowledge Engineering, Elsevier Publishing）（期刊）

EDBT：扩展数据库技术国际会议文集（Proceedings of the International Conference on Extending Database Technology）

EDS：专家数据库系统国际会议文集（Proceedings of the International Conference on Expert Database Systems）

ER Conference：实体-联系方法国际会议文集（Proceedings of the International Conference on Entity-Relationship Approach），现在称为概念建模国际会议（International Conference on Conceptual Modeling）

ICDCS：IEEE 分布式计算系统国际会议文集（Proceedings of the IEEE International Conference on Distributed Computing Systems）

ICDE：IEEE 数据工程国际会议文集（Proceedings of the IEEE International Conference on Data Engineering）

IEEE：电气和电子工程师协会（Institute of Electrical and Electronics Engineers）

IEEE Computer：IEEE CS 的计算机（Computer）杂志（期刊）

IEEE CS：IEEE 计算机学会（IEEE Computer Society）

IFIP：国际信息处理联合会（International Federation for Information Processing）

JACM：ACM 期刊（Journal of the ACM）

KDD：数据库中的知识发现（Knowledge Discovery in Databases）

LNCS：计算机科学讲义（Lecture Notes in Computer Science）

NCC：美国国家计算机会议文集（Proceedings of the National Computer Conference）（AFIPS 出版）

OOPSLA：面向对象程序设计系统、语言和应用 ACM 会议文集（Proceedings of the ACM

Conference on Object-Oriented Programming Systems, Languages, and Applications）

OSDI：操作系统设计和实现 USENIX 研讨会（USENIX Symposium on Operating Systems Design and Implementation）

PAMI：模式分析和机器智能（Pattern Analysis and Machine Intelligence）

PODS：数据库系统原理 ACM 研讨会文集（Proceedings of the ACM Symposium on Principles of Database Systems）

SIGMETRICS：计算机系统测量和建模 ACM 国际会议文集（Proceedings of ACM International Conference on Measurement and Modeling of Computer Systems）

SIGMOD：数据管理 ACM SIGMOD 国际会议文集（Proceedings of the ACM SIGMOD International Conference on Management of Data）

SOSP：操作系统原理 ACM 研讨会（ACM Symposium on Operating System Principles）

TKDE：IEEE 知识与数据工程学报（IEEE Transactions on Knowledge and Data Engineering）（期刊）

TOCS：ACM 计算机系统学报（ACM Transactions on Computer Systems）（期刊）

TODS：ACM 数据库系统学报（ACM Transactions on Database Systems）（期刊）

TOIS：ACM 信息系统学报（ACM Transactions on Information Systems）（期刊）

TOOIS：ACM 办公信息系统学报（ACM Transactions on Office Information Systems）（期刊）

TPDS：IEEE 并行和分布式系统学报（IEEE Transactions of Parallel and Distributed Systems）（期刊）

TSE：IEEE 软件工程学报（IEEE Transactions on Software Engineering）（期刊）

VLDB：特大型数据库国际会议文集（Proceedings of the International Conference on Very Large Data Bases）（1981 年后由加利福尼亚州门洛帕克市的 Morgan Kaufmann 发行）

文献引用的格式

书名都采用粗体形式，例如，**Database Computers**（数据库计算机）。会议文集名称采用斜体形式，例如，*ACM Pacific Conference*（ACM 太平洋会议）。期刊名采用粗体形式，例如，**TODS** 或 **Information Systems**（信息系统）。对于期刊引用，在此提供了卷号，如果有期号还会提供期号（即该卷内的期号）以及发行日期。例如，“**TODS**, 3:4, December 1978”指 ACM 数据库系统学报 1978 年 12 月刊，此为第 3 卷第 4 期。若选读文献中引用的文章本身出现在书中或会议文集中，则使用“in”来表示文章在这些文献中，比如“in *VLDB* [1978]”或“in Rustin [1974]”。如果有页号（简写为“pp.”），则会在引文的末尾以 pp.的形式提供。对于具有 4 位以上作者的引文，只提供第一作者，并在其后加上“et al”（表示“等”）。在各章末尾的选读文献中，如果引文的作者多于两位，也使用“et al”。

参 考 文 献

Abadi, D. J., Madden, S. R., and Hachem, N. [2008] "Column Stores vs. Row Stores: How Different Are They Really?" in *SIGMOD* [2008].

Abbott, R., and Garcia-Molina, H. [1989] "Scheduling Real-Time Transactions with Disk Resident Data," in *VLDB* [1989].

Abiteboul, S., and Kanellakis, P. [1989] "Object Identity as a Query Language Primitive," in *SIGMOD* [1989].

Abiteboul, S., Hull, R., and Vianu, V. [1995] **Foundations of Databases**, Addison-Wesley, 1995.

Abramova, V. and Bernardino, J. [2013] "NoSQL Databases: MongoDB vs Cassandra," Proc. Sixth Int.Conf. on Comp. Sci. and Software Engg. (C^3S^2E'13), Porto, Portugal, July 2013, pp. 14–22.

Abrial, J. [1974] "Data Semantics," in Klimbie and Koffeman [1974].

Acharya, S., Alonso, R., Franklin, M., and Zdonik, S. [1995] "Broadcast Disks: Data Management for Asymmetric Communication Environments," in *SIGMOD* [1995].

Adam, N., and Gongopadhyay, A. [1993] "Integrating Functional and Data Modeling in a Computer Integrated Manufacturing System," in *ICDE* [1993].

Adriaans, P., and Zantinge, D. [1996] **Data Mining**, Addison-Wesley, 1996.

Afsarmanesh, H., McLeod, D., Knapp, D., and Parker, A. [1985] "An Extensible Object-Oriented Approach to Databases for VLSI/CAD," in *VLDB* [1985].

Afrati, F. and Ullman, J. [2010] "Optimizing Joins in a MapReduce Environment," in EDBT [2010].

Agneeswaran, V.S. [2014] **Big Data Analytics Beyond Hadoop: Real-Time Applications with Storm, Spark, and More Hadoop Alternatives**, Pearson FT Press, 2014, 240 pp.

Agrawal, D., and ElAbbadi, A. [1990] "Storage Efficient Replicated Databases," **TKDE**, 2:3, September 1990.

Agrawal, R. et al. [2008] "**The Claremont Report on Database Research**," available at http://db.cs.berkeley.edu/claremont/claremontreport08.pdf, May 2008.

Agrawal, R., and Gehani, N. [1989] "ODE: The Language and the Data Model," in *SIGMOD* [1989].

Agrawal, R., and Srikant, R. [1994] "Fast Algorithms for Mining Association Rules in Large Databases," in *VLDB* [1994].

Agrawal, R., Gehani, N., and Srinivasan, J. [1990] "OdeView: The Graphical Interface to Ode," in *SIGMOD* [1990].

Agrawal, R., Imielinski, T., and Swami, A. [1993] "Mining Association Rules Between Sets of Items in Databases," in *SIGMOD* [1993].

Agrawal, R., Imielinski, T., and Swami, A. [1993b] "Database Mining: A Performance Perspective," **TKDE** 5:6, December 1993.

Agrawal, R., Mehta, M., Shafer, J., and Srikant, R. [1996] "The Quest Data Mining System," in *KDD* [1996].

Ahad, R., and Basu, A. [1991] "ESQL: A Query Language for the Relational Model Supporting Image Domains," in *ICDE* [1991].

Ahmed R. et al. [2006] "Cost-Based Query Transformation in Oracle", in *VLDB* [2006].

Ahmed R. et al. [2014] "Of Snowstorms and Bushy Trees", in *VLDB* [2014].

Aho, A., and Ullman, J. [1979] "Universality of Data Retrieval Languages," *Proc. POPL Conference*, San Antonio, TX, ACM, 1979.

Aho, A., Beeri, C., and Ullman, J. [1979] "The Theory of Joins in Relational Databases," **TODS**, 4:3, September 1979.

Aho, A., Sagiv, Y., and Ullman, J. [1979a] "Efficient Optimization of a Class of Relational Expressions," **TODS**, 4:4, December 1979.

Akl, S. [1983] "Digital Signatures: A Tutorial Survey," **IEEE Computer**, 16:2, February 1983.

Alagic, S. [1999] "A Family of the ODMG Object Models," in Advances in Databases and Information Systems, *Third East European Conference*, ADBIS'99, Maribor, Slovenia, J. Eder, I. Rozman, T. Welzer (eds.), September 1999, LNCS, No. 1691, Springer.

Alashqur, A., Su, S., and Lam, H. [1989] "OQL: A Query Language for Manipulating Object-Oriented Databases," in *VLDB* [1989].

Albano, A., Cardelli, L., and Orsini, R. [1985] "GALILEO: A Strongly Typed Interactive Conceptual Language," **TODS**, 10:2, June 1985, pp. 230–260.

Albrecht J. H., [1996] "Universal GIS Operations," University of Osnabrueck, Germany, Ph.D. Dissertation, 1996.

Allen, F., Loomis, M., and Mannino, M. [1982] "The Integrated Dictionary/Directory System," **ACM Computing Surveys**, 14:2, June 1982.

Allen, J. [1983] "Maintaining Knowledge about Temporal Intervals," in **CACM** 26:11, November 1983, pp. 832–843.

Alonso, G., Agrawal, D., El Abbadi, A., and Mohan, C. [1997] "Functionalities and Limitations of Current Workflow Management Systems," **IEEE Expert**, 1997.

Amir, A., Feldman, R., and Kashi, R. [1997] "A New and Versatile Method for Association Generation," **Information Systems**, 22:6, September 1997.

Ananthanarayanan, G. et al. [2012] "PACMan: Coordinated Memory Caching for Parallel Jobs," In USENIX Symp. on Networked Systems Design and Implementation (NSDI), 2012.

Anderson, S. et al. [1981] "Sequence and Organization of the Human Mitochondrial Genome." **Nature**, 290: 457–465, 1981.

Andrews, T., and Harris, C. [1987] "Combining Language and Database Advances in an Object-Oriented Development Environment," *OOPSLA*, 1987.

ANSI [1975] American National Standards Institute Study Group on Data Base Management Systems: Interim Report, FDT, 7:2, ACM, 1975.

ANSI [1986] American National Standards Institute: **The Database Language SQL**, Document ANSI X3.135, 1986.

ANSI [1986a] American National Standards Institute: **The Database Language NDL**, Document ANSI X3.133, 1986.

ANSI [1989] American National Standards Institute: **Information Resource Dictionary Systems**, Document ANSI X3.138, 1989.

Antenucci, J. et al. [1998] **Geographic Information Systems: A Guide to the Technology**, Chapman and Hall, May 1998.

Anwar, T., Beck, H., and Navathe, S. [1992] "Knowledge Mining by Imprecise Querying: A Classification Based Approach," in *ICDE* [1992].

Apers, P., Hevner, A., and Yao, S. [1983] "Optimization Algorithms for Distributed Queries," **TSE**, 9:1, January 1983.

Apweiler, R., Martin, M., O'Donovan, C., and Prues, M. [2003] "Managing Core Resources for Genomics and

Proteomics," **Pharmacogenomics**, 4:3, May 2003, pp. 343–350.

Aref, W. et al. [2004] "VDBMS: A Testbed Facility or Research in Video Database Benchmarking," in **Multimedia Systems (MMS)**, 9:6, June 2004, pp. 98–115.

Arisawa, H., and Catarci, T. [2000] Advances in Visual Information Management, Proc. Fifth Working Conf. On Visual Database Systems, Arisawa, H., Catarci, T. (eds.), Fujkuoka, Japan, *IFIP Conference Proceedings* 168, Kluwer, 2000.

Armstrong, W. [1974] "Dependency Structures of Data Base Relationships," *Proc. IFIP Congress*, 1974.

Ashburner, M. et al. [2000] "Gene Ontology: Tool for the unification of biology," **Nature Genetics**, Vol. 25, May 2000, pp. 25–29.

Astrahan, M. et al. [1976] "System R: A Relational Approach to Data Base Management," **TODS**, 1:2, June 1976.

Atkinson, M., and Buneman, P. [1987] "Types and Persistence in Database Programming Languages" in **ACM Computing Surveys**, 19:2, June 1987.

Atkinson, Malcolm et al. [1990] The Object-Oriented Database System Manifesto, *Proc. Deductive and Object Oriented Database Conf. (DOOD)*, Kyoto, Japan, 1990.

Atluri, V. et al. [1997] "Multilevel Secure Transaction Processing: Status and Prospects," in **Database Security: Status and Prospects**, Chapman and Hall, 1997, pp. 79–98.

Atzeni, P., and De Antonellis, V. [1993] **Relational Database Theory**, Benjamin/Cummings, 1993.

Atzeni, P., Mecca, G., and Merialdo, P. [1997] "To Weave the Web," in *VLDB* [1997].

Bachman, C. [1969] "Data Structure Diagrams," **Data Base** (Bulletin of ACM SIGFIDET), 1:2, March 1969.

Bachman, C. [1973] "The Programmer as a Navigator," **CACM**, 16:1, November 1973.

Bachman, C. [1974] "The Data Structure Set Model," in Rustin [1974].

Bachman, C., and Williams, S. [1964] "A General Purpose Programming System for Random Access Memories," *Proc. Fall Joint Computer Conference*, AFIPS, 26, 1964.

Badal, D., and Popek, G. [1979] "Cost and Performance Analysis of Semantic Integrity Validation Methods," in *SIGMOD* [1979].

Badrinath, B., and Imielinski, T. [1992] "Replication and Mobility," *Proc. Workshop on the Management of Replicated Data* 1992: pp. 9–12.

Badrinath, B., and Ramamritham, K. [1992] "Semantics-Based Concurrency Control: Beyond Commutativity," **TODS**, 17:1, March 1992.

Bahga, A. and Madisetti, V. [2013] **Cloud Computing — A Hands On Approach**, (www.cloudcomputingbook.info), 2013, pp.454.

Baeza-Yates, R., and Larson, P. A. [1989] "Performance of B+-trees with Partial Expansions," **TKDE**, 1:2, June 1989.

Baeza-Yates, R., and Ribero-Neto, B. [1999] **Modern Information Retrieval**, Addison-Wesley, 1999.

Balbin, I., and Ramamohanrao, K. [1987] "A Generalization of the Different Approach to Recursive Query Evaluation," **Journal of Logic Programming**, 15:4, 1987.

Bancilhon, F. [1985] "Naive Evaluation of Recursively Defined Relations," in **On Knowledge Base Management Systems** (Brodie, M., and Mylopoulos, J., eds.), Islamorada workshop 1985, Springer, pp. 165–178.

Bancilhon, F., and Buneman, P., eds. [1990] **Advances in Database Programming Languages**, ACM Press, 1990.

Bancilhon, F., and Ferran, G. [1995] "The ODMG Standard for Object Databases," *DASFAA 1995*, Singapore, pp.

273–283.

Bancilhon, F., and Ramakrishnan, R. [1986] "An Amateur's Introduction to Recursive Query Processing Strategies," in *SIGMOD* [1986].

Bancilhon, F., Delobel, C., and Kanellakis, P., eds. [1992] **Building an Object-Oriented Database System: The Story of O2**, Morgan Kaufmann, 1992.

Bancilhon, F., Maier, D., Sagiv, Y., and Ullman, J. [1986] "Magic Sets and Other Strange Ways to Implement Logic Programs," *PODS* [1986].

Banerjee, J. et al. [1987] "Data Model Issues for Object-Oriented Applications," **TOOIS**, 5:1, January 1987.

Banerjee, J., Kim, W., Kim, H., and Korth, H. [1987a] "Semantics and Implementation of Schema Evolution in Object-Oriented Databases," in *SIGMOD* [1987].

Barbara, D. [1999] "Mobile Computing and Databases – A Survey," **TKDE**, 11:1, January 1999.

Baroody, A., and DeWitt, D. [1981] "An Object-Oriented Approach to Database System Implementation," **TODS**, 6:4, December 1981.

Barrett T. et al. [2005] "NCBI GEO: mining millions of expression profiles—database and tools," **Nucleic Acid Research**, 33: database issue, 2005, pp. 562–566.

Barrett, T. et al. [2007] "NCBI GEO: mining tens of millions of expression profiles—database and tools update," in **Nucleic Acids Research**, 35:1, January 2007.

Barsalou, T., Siambela, N., Keller, A., and Wiederhold, G. [1991] "Updating Relational Databases Through Object-Based Views," in *SIGMOD* [1991].

Bassiouni, M. [1988] "Single-Site and Distributed Optimistic Protocols for Concurrency Control," **TSE**, 14:8, August 1988.

Batini, C., Ceri, S., and Navathe, S. [1992] Database Design: An Entity-Relationship Approach, Benjamin/Cummings, 1992.

Batini, C., Lenzerini, M., and Navathe, S. [1987] "A Comparative Analysis of Methodologies for Database Schema Integration," **ACM Computing Surveys**, 18:4, December 1987.

Batory, D. et al. [1988] "GENESIS: An Extensible Database Management System," **TSE**, 14:11, November 1988.

Batory, D., and Buchmann, A. [1984] "Molecular Objects, Abstract Data Types, and Data Models: A Framework," in *VLDB* [1984].

Bay, H., Tuytelaars, T., and Gool, L. V. [2006] "SURF: Speeded Up Robust Features", in *Proc. Ninth European Conference on Computer Vision*, May 2006.

Bayer, R., and McCreight, E. [1972] "Organization and Maintenance of Large Ordered Indexes," **Acta Informatica**, 1:3, February 1972.

Bayer, R., Graham, M., and Seegmuller, G., eds. [1978] Operating Systems: **An Advanced Course**, Springer-Verlag, 1978.

Beck, H., Anwar, T., and Navathe, S. [1994] "A Conceptual Clustering Algorithm for Database Schema Design," **TKDE**, 6:3, June 1994.

Beck, H., Gala, S., and Navathe, S. [1989] "Classification as a Query Processing Technique in the CANDIDE Semantic Data Model," in *ICDE* [1989].

Beeri, C., and Ramakrishnan, R. [1987] "On the Power of Magic" in *PODS* [1987].

Beeri, C., Fagin, R., and Howard, J. [1977] "A Complete Axiomatization for Functional and Multivalued Dependencies," in *SIGMOD* [1977].

Bellamkonda, S., et al., [2009], "Enhanced Subquery Optimization in Oracle", in *VLDB* [2009].

Bell, D.E., and L. J. Lapadula, L.J. [1976]. **Secure computer system: Unified exposition and Multics**

Interpretation, Technical Report MTR-2997, MITRE Corp., Bedford, MA, March1976.

Ben-Zvi, J. [1982] "The Time Relational Model," Ph.D. dissertation, University of California, Los Angeles, 1982.

Benson, D., Boguski, M., Lipman, D., and Ostell, J., "GenBank," **Nucleic Acids Research**, 24:1, 1996.

Benson, D., Karsch-Mizrachi, I., Lipman, D. et al. [2002] "GenBank," **Nucleic Acids Research**, 36:1, January 2008.

Berg, B., and Roth, J. [1989] **Software for Optical Storage**, Meckler, 1989.

Bergman, M. K. [2001] "The Deep Web: Surfacing Hidden Value," **The Journal of Electronic Publishing**, 7:1, August 2001.

Berners-Lee, T., Caillian, R., Grooff, J., Pollermann, B. [1992] "World-Wide Web: The Information Universe," **Electronic Networking: Research, Applications and Policy**, 1:2, 1992.

Berners-Lee, T., Caillian, R., Lautonen, A., Nielsen, H., and Secret, A. [1994] "The World Wide Web," **CACM**, 13:2, August 1994.

Bernstein, P. [1976] "Synthesizing Third Normal Form Relations from Functional Dependencies," **TODS**, 1:4, December 1976.

Bernstein, P. and Goodman, N. [1983] "Multiversion Concurrency Control—Theory and Algorithms," **TODS**, 8:4, pp. 465-483.

Bernstein, P., and Goodman, N. [1980] "Timestamp-Based Algorithms for Concurrency Control in Distributed Database Systems," in *VLDB* [1980].

Bernstein, P., and Goodman, N. [1981a] "Concurrency Control in Distributed Database Systems," **ACM Computing Surveys**, 13:2, June 1981.

Bernstein, P., and Goodman, N. [1981b] "The Power of Natural Semijoins," **SIAM Journal of Computing**, 10:4, December 1981.

Bernstein, P., and Goodman, N. [1984] "An Algorithm for Concurrency Control and Recovery in Replicated Distributed Databases," **TODS**, 9:4, December 1984.

Bernstein, P., Blaustein, B., and Clarke, E. [1980] "Fast Maintenance of Semantic Integrity Assertions Using Redundant Aggregate Data," in *VLDB* [1980].

Bernstein, P., Hadzilacos, V., and Goodman, N. [1987] Concurrency Control and Recovery in Database Systems, Addison-Wesley, 1987.

Bertino, E. [1992] "Data Hiding and Security in Object-Oriented Databases," in *ICDE* [1992].

Bertino, E. [1998] "Data Security," in *DKE* 25:1–2, pp. 199–216.

Bertino, E. and Sandhu, R., [2005] "Security—Concepts, Approaches, and Challenges," in **IEEE Transactions on Dependable Secure Computing (TDSC)**, 2:1, 2005, pp. 2–19.

Bertino, E., and Guerrini, G. [1998] "Extending the ODMG Object Model with Composite Objects," *OOPSLA*, Vancouver, Canada, 1998, pp. 259–270.

Bertino, E., and Kim, W. [1989] "Indexing Techniques for Queries on Nested Objects," **TKDE**, 1:2, June 1989.

Bertino, E., Catania, B., and Ferrari, E. [2001] "A Nested Transaction Model for Multilevel Secure Database Management Systems," **ACM Transactions on Information and System Security (TISSEC)**, 4:4, November 2001, pp. 321–370.

Bertino, E., Negri, M., Pelagatti, G., and Sbattella, L. [1992] "Object-Oriented Query Languages: The Notion and the Issues," **TKDE**, 4:3, June 1992.

Bertino, E., Pagani, E., and Rossi, G. [1992] "Fault Tolerance and Recovery in Mobile Computing Systems," in Kumar and Han [1992].

Bertino, F., Rabitti, F., and Gibbs, S. [1988] "Query Processing in a Multimedia Document System," **TOIS**, 6:1,

1988.

Bhargava, B., and Helal, A. [1993] "Efficient Reliability Mechanisms in Distributed Database Systems," *CIKM*, November 1993.

Bhargava, B., and Reidl, J. [1988] "A Model for Adaptable Systems for Transaction Processing," in *ICDE* [1988].

Bikel, D. and Zitouni, I. [2012] **Multilingual Natural Language Processing Applications: From Theory to Practice**, IBM Press, 2012.

Biliris, A. [1992] "The Performance of Three Database Storage Structures for Managing Large Objects," in *SIGMOD* [1992].

Biller, H. [1979] "On the Equivalence of Data Base Schemas—A Semantic Approach to Data Translation," **Information Systems**, 4:1, 1979.

Bischoff, J., and T. Alexander, eds., **Data Warehouse: Practical Advice from the Experts**, Prentice-Hall, 1997.

Biskup, J., Dayal, U., and Bernstein, P. [1979] "Synthesizing Independent Database Schemas," in *SIGMOD* [1979].

Bitton, D., and Gray, J. [1988] "Disk Shadowing," in *VLDB* [1988], pp. 331–338.

Bjork, A. [1973] "Recovery Scenario for a DB/DC System," *Proc. ACM National Conference*, 1973.

Bjorner, D., and Lovengren, H. [1982] "Formalization of Database Systems and a Formal Definition of IMS," in *VLDB* [1982].

Blaha, M., and Rumbaugh, J. [2005] **Object-Oriented Modeling and Design with UML**, 2nd ed., Prentice-Hall, 2005.

Blaha, M., and Premerlani, W. [1998] **Object-Oriented Modeling and Design for Database Applications**, Prentice-Hall, 1998.

Blakely, J., Larson, P. and Tompa, F.W. [1986] "Efficiently Updating Materialized Views," in *SIGMOD* [1986], pp. 61–71.

Blakeley, J., and Martin, N. [1990] "Join Index, Materialized View, and Hybrid-Hash Join: A Performance Analysis," in *ICDE* [1990].

Blakeley, J., Coburn, N., and Larson, P. [1989] "Updated Derived Relations: Detecting Irrelevant and Autonomously Computable Updates," **TODS**, 14:3, September 1989.

Blasgen, M. et al. [1981] "System R: An Architectural Overview," **IBM Systems Journal**, 20:1, January 1981.

Blasgen, M., and Eswaran, K. [1976] "On the Evaluation of Queries in a Relational Database System," **IBM Systems Journal**, 16:1, January 1976.

Blei, D.M., Ng, A.Y., and Jordan, M.I. [2003] "Latent Dirichlet Allocation." *Journal of Machine. Learning. Research*. 3, March 2003, pp. 993–1022.

Bleier, R., and Vorhaus, A. [1968] "File Organization in the SDC TDMS," *Proc. IFIP Congress*.

Bocca, J. [1986] "EDUCE—A Marriage of Convenience: Prolog and a Relational DBMS," *Proc. Third International Conference on Logic Programming*, Springer-Verlag, 1986.

Bocca, J. [1986a] "On the Evaluation Strategy of EDUCE," in *SIGMOD* [1986].

Bodorick, P., Riordon, J., and Pyra, J. [1992] "Deciding on Correct Distributed Query Processing," **TKDE**, 4:3, June 1992.

Boncz, P., Zukowski, M., and Nes, N. [2005] "MonetDB/X100: Hyper-Pipelining Query Execution," in *Proc. Conf. on Innovative Data Systems Research CIDR* [2005].

Bonnet, P., Gehrke, J., and Seshadri, P. [2001] "Towards Sensor Database Systems.," in *Proc. 2nd Int. Conf. on Mobile Data Management*, Hong Kong, China, **LNCS** 1987, Springer, January 2001, pp. 3–14.

Booch, G., Rumbaugh, J., and Jacobson, I., **Unified Modeling Language User Guide**, Addison-Wesley, 1999.

Borges, K., Laender, A., and Davis, C. [1999] "Spatial data integrity constraints in object oriented geographic data modeling," *Proc. 7th ACM International Symposium on Advances in Geographic Information Systems*, 1999.

Borgida, A., Brachman, R., McGuinness, D., and Resnick, L. [1989] "CLASSIC: A Structural Data Model for Objects," in *SIGMOD* [1989].

Borkin, S. [1978] "Data Model Equivalence," in *VLDB* [1978].

Bossomaier, T., and Green, D.[2002] **Online GIS and Metadata**, Taylor and Francis, 2002.

Boukerche, A., and Tuck, T. [2001] "Improving Concurrency Control in Distributed Databases with Predeclared Tables," in *Proc. Euro-Par 2001: Parallel Processing, 7th International Euro-Par Conference*, Manchester, UK August 28–31, 2001, pp. 301–309.

Boutselakis, H. et al. [2003] "E-MSD: the European Bioinformatics Institute Macromolecular Structure Database," **Nucleic Acids Research**, 31:1, January 2003, pp. 458–462.

Bouzeghoub, M., and Metais, E. [1991] "Semantic Modelling of Object-Oriented Databases," in *VLDB* [1991].

Boyce, R., Chamberlin, D., King, W., and Hammer, M. [1975] "Specifying Queries as Relational Expressions," **CACM**, 18:11, November 1975.

Boyd, S., and Keromytis, A. [2004] "SQLrand: Preventing SQL injection attacks," in *Proc. 2nd Applied Cryptography and Network Security Conf. (ACNS 2004)*, June 2004, pp. 292–302.

Braam, P., and Schwan, P. [2002] Lustre: The intergalactic file system, Proc. Ottawa Linux Symposium, June 2002. (http://ols.fedoraproject.org/OLS/Reprints-2002/braam-reprint.pdf)

Bracchi, G., Paolini, P., and Pelagatti, G. [1976] "Binary Logical Associations in Data Modelling," in Nijssen [1976].

Brachman, R., and Levesque, H. [1984] "What Makes a Knowledge Base Knowledgeable? A View of Databases from the Knowledge Level," in *EDS* [1984].

Brandon, M. et al. [2005] MITOMAP: A human mitochondrial genome database—2004 Update, *Nucleic Acid Research*, 34:1, January 2005.

Bratbergsengen, K. [1984] "Hashing Methods and Relational Algebra Operators," in *VLDB* [1984].

Bray, O. [1988] **Computer Integrated Manufacturing—The Data Management Strategy**, Digital Press, 1988.

Breitbart, Y., Komondoor, R., Rastogi, R., Seshadri, S., Silberschatz, A. [1999] "Update Propagation Protocols for Replicated Databases," in *SIGMOD* [1999], pp. 97–108.

Breitbart, Y., Silberschatz, A., and Thompson, G. [1990] "Reliable Transaction Management in a Multidatabase System," in *SIGMOD* [1990].

Brinkhoff, T., Kriegel, H.-P., and Seeger, B. [1993] "Efficient Processing of Spatial Joins Using R-trees," in *SIGMOD* [1993].

Broder, A. [2002] "A Taxonomy of Web Search," in **SIGIR Forum**, 36:2 ,September 2002, pp.3–10.

Brodeur, J., Bédard, Y., and Proulx, M. [2000] "Modelling Geospatial Application Databases Using UML-Based Repositories Aligned with International Standards in Geomatics," *Proc. 8th ACM International Symposium on Advances in Geographic Information Systems*. Washington, DC, ACM Press, 2000, pp. 39–46.

Brodie, M., and Mylopoulos, J., eds. [1985] **On Knowledge Base Management Systems**, Springer-Verlag, 1985.

Brodie, M., Mylopoulos, J., and Schmidt, J., eds. [1984] **On Conceptual Modeling**, Springer-Verlag, 1984.

Brosey, M., and Shneiderman, B. [1978] "Two Experimental Comparisons of Relational and Hierarchical Database Models," **International Journal of Man-Machine Studies**, 1978.

Bruno, N., Chaudhuri, S., and Gravano, L. [2002] "Top-k Selection Queries Over Relational Databases: Mapping Strategies and Performance Evaluation," **ACM TODS**, 27:2, 2002, pp. 153–187.

Bry, F. [1990] "Query Evaluation in Recursive Databases: Bottom-up and Top-down Reconciled," **DKE**, 5, 1990, pp. 289–312.

Buckley, C., Salton, G., and Allan, J. [1993] "The SMART Information Retrieval Project," In *Proc. of the Workshop on Human Language Technology*, Human Language Technology Conference, Association for Computational Linguistics, March 1993.

Bukhres, O. [1992] "Performance Comparison of Distributed Deadlock Detection Algorithms," in *ICDE* [1992].

Buneman, P., and Frankel, R. [1979] "FQL: A Functional Query Language," in *SIGMOD* [1979].

Burkhard, W. [1976] "Hashing and Trie Algorithms for Partial Match Retrieval," **TODS**, 1:2, June 1976, pp. 175–187.

Burkhard, W. [1979] "Partial-match Hash Coding: Benefits of Redunancy," **TODS**, 4:2, June 1979, pp. 228–239.

Bush, V. [1945] "As We May Think," *Atlantic Monthly*, 176:1, January 1945. Reprinted in Kochen, M., ed., **The Growth of Knowledge**, Wiley, 1967.

Butterworth, P. Otis, A., and Stein, J. [1991] : "The Gemstone Object Database Management System," in **CACM**, 34:10, October 1991, pp. 64–77.

Byte [1995] Special Issue on Mobile Computing, June 1995.

CACM [1995] Special issue of the **Communications of the ACM**, on Digital Libraries, 38:5, May 1995.

CACM [1998] Special issue of the **Communications of the ACM** on Digital Libraries: Global Scope and Unlimited Access, 41:4, April 1998.

Cahill, M.J., Rohm, U., and Fekete, A. [2008] "Serializable Isolation for Snapshot Databases," in *SIGMOD* [2008].

Cammarata, S., Ramachandra, P., and Shane, D. [1989] "Extending a Relational Database with Deferred Referential Integrity Checking and Intelligent Joins," in *SIGMOD* [1989].

Campbell, D., Embley, D., and Czejdo, B. [1985] "A Relationally Complete Query Language for the Entity-Relationship Model," in *ER Conference* [1985].

Cardenas, A. [1985] **Data Base Management Systems**, 2nd ed., Allyn and Bacon, 1985.

Carey, M. et al. [1986] "The Architecture of the EXODUS Extensible DBMS," in Dittrich and Dayal [1986].

Carey, M., DeWitt, D., and Vandenberg, S. [1988] "A Data Model and Query Language for Exodus," in *SIGMOD* [1988].

Carey, M., DeWitt, D., Richardson, J., and Shekita, E. [1986a] "Object and File Management in the EXODUS Extensible Database System," in *VLDB* [1986].

Carey, M., Franklin, M., Livny, M., and Shekita, E. [1991] "Data Caching Tradeoffs in Client-Server DBMS Architectures," in *SIGMOD* [1991].

Carey, M., and Kossman, D. [1998] "Reducing the breaking distance of an SQL Query Engine," in *VLDB* [1998], pp. 158–169.

Carlis, J. [1986] "HAS, a Relational Algebra Operator or Divide Is Not Enough to Conquer," in *ICDE* [1986].

Carlis, J., and March, S. [1984] "A Descriptive Model of Physical Database Design Problems and Solutions," in *ICDE* [1984].

Carneiro, G., and Vasconselos, N. [2005] "A Database Centric View of Semantic Image Annotation and Retrieval," in *SIGIR* [2005].

Carroll, J. M. [1995] **Scenario-Based Design: Envisioning Work and Technology in System Development**, Wiley, 1995.

Casanova, M., and Vidal, V. [1982] "Toward a Sound View Integration Method," in *PODS* [1982].

Casanova, M., Fagin, R., and Papadimitriou, C. [1981] Inclusion Dependencies and Their Interaction with

Functional Dependencies," in *PODS* [1981].

Casanova, M., Furtado, A., and Tuchermann, L. [1991] "A Software Tool for Modular Database Design," **TODS**, 16:2, June 1991.

Casanova, M., Tuchermann, L., Furtado, A., and Braga, A. [1989] "Optimization of Relational Schemas Containing Inclusion Dependencies," in *VLDB* [1989].

Castano, S., DeAntonellio, V., Fugini, M. G., and Pernici, B. [1998] "Conceptual Schema Analysis: Techniques and Applications," **TODS**, 23:3, September 1998, pp. 286–332.

Catarci, T., Costabile, M. F., Levialdi, S., and Batini, C. [1997] "Visual Query Systems for Databases: A Survey," **Journal of Visual Languages and Computing**, 8:2, June 1997, pp. 215–260.

Catarci, T., Costabile, M. F., Santucci, G., and Tarantino, L., eds. [1998] *Proc. Fourth International Workshop on Advanced Visual Interfaces*, ACM Press, 1998.

Cattell, R. [1991] **Object Data Management: Object-Oriented and Extended Relational Database Systems**, Addison-Wesley, 1991.

Cattell, R., and Barry, D. K. [2000], **The Object Data Standard: ODMG 3.0**, Morgan Kaufmann, 2000.

Cattell, R., and Skeen, J. [1992] "Object Operations Benchmark," **TODS**, 17:1, March 1992.

Cattell, R., ed. [1993] **The Object Database Standard: ODMG-93, Release 1.2**, Morgan Kaufmann, 1993.

Cattell, R., ed. [1997] **The Object Database Standard: ODMG, Release 2.0**, Morgan Kaufmann, 1997.

Cattell, R. [2010] "Scalable SQL and NoSQL data stores", **SIGMOD Record**, Vol. 39 Issue 4, 2010.

Ceri, S., and Fraternali, P. [1997] **Designing Database Applications with Objects and Rules: The IDEA Methodology**, Addison-Wesley, 1997.

Ceri, S., and Owicki, S. [1983] "On the Use of Optimistic Methods for Concurrency Control in Distributed Databases," *Proc. Sixth Berkeley Workshop on Distributed Data Management and Computer Networks*, February 1983.

Ceri, S., and Pelagatti, G. [1984] "Correctness of Query Execution Strategies in Distributed Databases," **TODS**, 8:4, December 1984.

Ceri, S., and Pelagatti, G. [1984a] **Distributed Databases: Principles and Systems**, McGraw-Hill, 1984.

Ceri, S., and Tanca, L. [1987] "Optimization of Systems of Algebraic Equations for Evaluating Datalog Queries," in *VLDB* [1987].

Ceri, S., Gottlob, G., and Tanca, L. [1990] **Logic Programming and Databases**, Springer-Verlag, 1990.

Ceri, S., Navathe, S., and Wiederhold, G. [1983] "Distribution Design of Logical Database Schemas," **TSE**, 9:4, July 1983.

Ceri, S., Negri, M., and Pelagatti, G. [1982] "Horizontal Data Partitioning in Database Design," in *SIGMOD* [1982].

Cesarini, F., and Soda, G. [1991] "A Dynamic Hash Method with Signature," **TODS**, 16:2, June 1991.

Chakrabarti, S. [2002] **Mining the Web: Discovering Knowledge from Hypertext Data**. Morgan-Kaufmann, 2002.

Chakrabarti, S. et al. [1999] "Mining the Web's Link Structure," **Computer** 32:8, August 1999, pp. 60–67.

Chakravarthy, S. [1990] "Active Database Management Systems: Requirements, State-of-the-Art, and an Evaluation," in *ER Conference* [1990].

Chakravarthy, S. [1991] "Divide and Conquer: A Basis for Augmenting a Conventional Query Optimizer with Multiple Query Processing Capabilities," in *ICDE* [1991].

Chakravarthy, S. et al. [1989] "HiPAC: A Research Project in Active, Time Constrained Database Management," Final Technical Report, XAIT-89-02, Xerox Advanced Information Technology, August 1989.

Chakravarthy, S., Anwar, E., Maugis, L., and Mishra, D. [1994] Design of Sentinel: An Object-oriented DBMS with Event-based Rules, **Information and Software Technology**, 36:9, 1994.

Chakravarthy, S., Karlapalem, K., Navathe, S., and Tanaka, A. [1993] "Database Supported Co-operative Problem Solving," **International Journal of Intelligent Co-operative Information Systems**, 2:3, September 1993.

Chakravarthy, U., Grant, J., and Minker, J. [1990] "Logic-Based Approach to Semantic Query Optimization," **TODS**, 15:2, June 1990.

Chalmers, M., and Chitson, P. [1992] "Bead: Explorations in Information Visualization," *Proc. ACM SIGIR International Conference*, June 1992.

Chamberlin, D. et al. [1976] "SEQUEL 2: A Unified Approach to Data Definition, Manipulation, and Control," **IBM Journal of Research and Development**, 20:6, November 1976.

Chamberlin, D. et al. [1981] "A History and Evaluation of System R," **CACM**, 24:10, October 1981.

Chamberlin, D., and Boyce, R. [1974] "SEQUEL: A Structured English Query Language," in *SIGMOD* [1974].

Chan, C., Ooi, B., and Lu, H. [1992] "Extensible Buffer Management of Indexes," in *VLDB* [1992].

Chandy, K., Browne, J., Dissley, C., and Uhrig, W. [1975] "Analytical Models for Rollback and Recovery Strategies in Database Systems," **TSE**, 1:1, March 1975.

Chang, C. [1981] "On the Evaluation of Queries Containing Derived Relations in a Relational Database" in Gallaire et al. [1981].

Chang, C., and Walker, A. [1984] "PROSQL: A Prolog Programming Interface with SQL/DS," in *EDS* [1984].

Chang, E., and Katz, R. [1989] "Exploiting Inheritance and Structure Semantics for Effective Clustering and Buffering in Object-Oriented Databases," in *SIGMOD* [1989].

Chang, F. et al. [2006] "Bigtable: A Distributed Storage System for Structured Data," in *OSDI* [2006].

Chang, N., and Fu, K. [1981] "Picture Query Languages for Pictorial Databases," **IEEE Computer**, 14:11, November 1981.

Chang, P., and Myre, W. [1988] "OS/2 EE Database Manager: Overview and Technical Highlights," **IBM Systems Journal**, 27:2, 1988.

Chang, S., Lin, B., and Walser, R. [1979] "Generalized Zooming Techniques for Pictorial Database Systems," *NCC*, AFIPS, 48, 1979.

Chatzoglu, P. D., and McCaulay, L. A. [1997] "Requirements Capture and Analysis: A Survey of Current Practice," **Requirements Engineering**, 1997, pp. 75–88.

Chaudhri, A., Rashid, A., and Zicari, R., eds. [2003] **XML Data Management: Native XML and XML-Enabled Database Systems**, Addison-Wesley, 2003.

Chaudhuri, S., and Dayal, U. [1997] "An Overview of Data Warehousing and OLAP Technology," **SIGMOD Record**, 26:1, March 1997.

Chaudhuri, S., and Shim, K. [1994] "Including Group-By in Query Optimization," in *VLDB* [1994].

Chaudhuri, S. et al. [1995] "Optimizing Queries with Materialized Views," in *ICDE* [1995].

Chen, M., and Yu, P. [1991] "Determining Beneficial Semijoins for a Join Sequence in Distributed Query Processing," in *ICDE* [1991].

Chen, M., Han, J., and Yu, P. S., [1996] "Data Mining: An Overview from a Database Perspective," **TKDE**, 8:6, December 1996.

Chen, P. [1976] "The Entity Relationship Mode—Toward a Unified View of Data," **TODS**, 1:1, March 1976.

Chen, P., and Patterson, D. [1990]. "Maximizing performance in a striped disk array," in *Proceedings of Symposium on Computer Architecture, IEEE*, New York, 1990.

Chen, P. et al. [1994] RAID High Performance, Reliable Secondary Storage, **ACM Computing Surveys**, 26:2, 1994.

Chen, Q., and Kambayashi, Y. [1991] "Nested Relation Based Database Knowledge Representation," in *SIGMOD* [1991].

Cheng, J. [1991] "Effective Clustering of Complex Objects in Object-Oriented Databases," in *SIGMOD* [1991].

Cheung, D., et al. [1996] "A Fast and Distributed Algorithm for Mining Association Rules," in *Proc. Int. Conf. on Parallel and Distributed Information Systems*, PDIS [1996].

Childs, D. [1968] "Feasibility of a Set Theoretical Data Structure—A General Structure Based on a Reconstituted Definition of Relation," *Proc. IFIP Congress*, 1968.

Chimenti, D. et al. [1987] "An Overview of the LDL System," **IEEE Data Engineering Bulletin**, 10:4, 1987, pp. 52–62.

Chimenti, D. et al. [1990] "The LDL System Prototype," **TKDE**, 2:1, March 1990.

Chin, F. [1978] "Security in Statistical Databases for Queries with Small Counts," **TODS**, 3:1, March 1978.

Chin, F., and Ozsoyoglu, G. [1981] "Statistical Database Design," **TODS**, 6:1, March 1981.

Chintalapati, R., Kumar, V., and Datta, A. [1997] "An Adaptive Location Management Algorithm for Mobile Computing," *Proc. 22nd Annual Conf. on Local Computer Networks (LCN '97)*, Minneapolis, 1997.

Chou, H.-T., and DeWitt, D. [1985] "An Evaluation of Buffer Management Strategies or Relational Databases," *VLDB* [1985], pp. 127–141.

Chou, H.-T., and Kim, W. [1986] "A Unifying Framework for Version Control in a CAD Environment," in *VLDB* [1986], pp. 336–344.

Christodoulakis, S. et al. [1984] "Development of a Multimedia Information System for an Office Environment," in *VLDB* [1984].

Christodoulakis, S., and Faloutsos, C. [1986] "Design and Performance Considerations for an Optical Disk-Based Multimedia Object Server," **IEEE Computer**, 19:12, December 1986.

Chrysanthis, P. [1993] "Transaction Processing in a Mobile Computing Environment," *Proc. IEEE Workshop on Advances in Parallel and Distributed Systems*, October 1993, pp. 77–82.

Chu, W., and Hurley, P. [1982] "Optimal Query Processing for Distributed Database Systems," **IEEE Transactions on Computers**, 31:9, September 1982.

Ciborra, C., Migliarese, P., and Romano, P. [1984] "A Methodological Inquiry of Organizational Noise in Socio-Technical Systems," **Human Relations**, 37:8, 1984.

CISCO [2014] Accelerate Application Performance with the Cisco UCS Invicta Series, CISCO White Paper, January 2014.

Claybrook, B. [1992] **File Management Techniques**, Wiley, 1992.

Claybrook, B. [1992] **OLTP: OnLine Transaction Processing Systems**, Wiley, 1992.

Clementini, E., and Di Felice, P. [2000] "Spatial Operators," in **SIGMOD Record** 29:3, 2000, pp. 31–38.

Clifford, J., and Tansel, A. [1985] "On an Algebra for Historical Relational Databases: Two Views," in *SIGMOD* [1985].

Clocksin, W. F., and Mellish, C. S. [2003] **Programming in Prolog: Using the ISO Standard**, 5th ed., Springer, 2003.

Cloudera Inc. [2014] "Impala Performance Update: Now Reaching DBMS-Class Speed," by Justin Erickson et al., (http://blog.cloudera.com/blog/2014/01/impala-performance-dbms-class-speed/), January 2014.

Cockcroft, S. [1997] "A Taxonomy of Spatial Data Integrity Constraints," *GeoInformatica*, 1997, pp. 327–343.

CODASYL [1978] Data Description Language Journal of Development, Canadian Government Publishing

Centre, 1978.

Codd, E. [1970] “A Relational Model for Large Shared Data Banks,” **CACM**, 13:6, June 1970.

Codd, E. [1971] “A Data Base Sublanguage Founded on the Relational Calculus,” *Proc. ACM SIGFIDET Workshop on Data Description, Access, and Control*, November 1971.

Codd, E. [1972] “Relational Completeness of Data Base Sublanguages,” in Rustin [1972].

Codd, E. [1972a] “Further Normalization of the Data Base Relational Model,” in Rustin [1972].

Codd, E. [1974] “Recent Investigations in Relational Database Systems,” *Proc. IFIP Congress*, 1974.

Codd, E. [1978] “How About Recently? (English Dialog with Relational Data Bases Using Rendezvous Version 1),” in Shneiderman [1978].

Codd, E. [1979] “Extending the Database Relational Model to Capture More Meaning,” **TODS**, 4:4, December 1979.

Codd, E. [1982] “Relational Database: A Practical Foundation for Productivity,” **CACM**, 25:2, December 1982.

Codd, E. [1985] “Is Your DBMS Really Relational?” and “Does Your DBMS Run By the Rules?,” **Computer World**, October 14 and October 21, 1985.

Codd, E. [1986] “An Evaluation Scheme for Database Management Systems That Are Claimed to Be Relational,” in *ICDE* [1986].

Codd, E. [1990] **Relational Model for Data Management-Version 2**, Addison-Wesley, 1990.

Codd, E. F., Codd, S. B., and Salley, C. T. [1993] “Providing OLAP (On-Line Analytical Processing) to User Analyst: An IT Mandate,” a white paper at http://www.cs.bgu.ac.il/~dbm031/dw042/Papers/olap_to_useranalysts_wp.pdf, 1993.

Comer, D. [1979] “The Ubiquitous B-tree,” **ACM Computing Surveys**, 11:2, June 1979.

Comer, D. [2008] **Computer Networks and Internets**, 5th ed., Prentice-Hall, 2008.

Cooley, R. [2003] “The Use of Web Structure and Content to Identify Subjectively Interesting Web Usage Patterns,” **ACM Trans. On Internet Technology**, 3:2, May 2003, pp. 93–116.

Cooley, R., Mobasher, B., and Srivastava, J. [1997] “Web Mining: Information and Pattern Discovery on the World Wide Web,” in *Proc. Ninth IEEE Int. Conf. on Tools with Artificial Intelligence (ICTAI)*, November 1997, pp. 558–567.

Cooley, R., Mobasher, B., and Srivastava, J. [2000] “Automatic personalization based on Web usage mining,” **CACM**, 43:8, August 2000.

Corcho, C., Fernandez-Lopez, M., and Gomez-Perez, A. [2003] “Methodologies, Tools and Languages for Building Ontologies. Where Is Their Meeting Point?,” **DKE**, 46:1, July 2003.

Cormen, T., Leiserson, C. and Rivest, R. [1990] **Introduction to Algorithms**, MIT Press, 1990.

Cornelio, A., and Navathe, S. [1993] “Applying Active Database Models for Simulation,” in *Proceedings of 1993 Winter Simulation Conference*, IEEE, Los Angeles, December 1993.

Corson, S., and Macker, J. [1999] “Mobile Ad-Hoc Networking: Routing Protocol Performance Issues and Performance Considerations,” IETF Request for Comments No. 2501, January 1999, available at www.ietf.org/rfc/rfc2501.txt.

Cosmadakis, S., Kanellakis, P. C., and Vardi, M. [1990] “Polynomial-time Implication Problems for Unary Inclusion Dependencies,” **JACM**, 37:1, 1990, pp. 15–46.

Covi, L., and Kling, R. [1996] “Organizational Dimensions of Effective Digital Library Use: Closed Rational and Open Natural Systems Models,” **Journal of American Society of Information Science (JASIS)**, 47:9, 1996, pp. 672–689.

Croft, B., Metzler, D., and Strohman, T. [2009] **Search Engines: Information Retrieval in Practice**,

Addison-Wesley, 2009.

Cruz, I. [1992] "Doodle: A Visual Language for Object-Oriented Databases," in *SIGMOD* [1992].

Curtice, R. [1981] "Data Dictionaries: An Assessment of Current Practice and Problems," in *VLDB* [1981].

Cuticchia, A., Fasman, K., Kingsbury, D., Robbins, R., and Pearson, P. [1993] "The GDB Human Genome Database Anno 1993." **Nucleic Acids Research**, 21:13, 1993.

Czejdo, B., Elmasri, R., Rusinkiewicz, M., and Embley, D. [1987] "An Algebraic Language for Graphical Query Formulation Using an Extended Entity-Relationship Model," *Proc. ACM Computer Science Conference*, 1987.

Dahl, R., and Bubenko, J. [1982] "IDBD: An Interactive Design Tool for CODASYL DBTG Type Databases," in *VLDB* [1982].

Dahl, V. [1984] "Logic Programming for Constructive Database Systems," in *EDS* [1984].

Danforth, S., and Tomlinson, C. [1988] "Type Theories and Object-oriented Programming," **ACM Computing Surveys**, 20:1, 1998, pp. 29–72.

Das, S. [1992] **Deductive Databases and Logic Programming**, Addison-Wesley, 1992.

Das, S., Antony, S., Agrawal, D. et al. [2008] "Clouded Data: Comprehending Scalable Data Management Systems," **UCSB CS Technical Report** 2008-18, November 2008.

Date, C. J. [1983] **An Introduction to Database Systems**, Vol. 2, Addison-Wesley, 1983.

Date, C. J. [1983a] "The Outer Join," *Proc. Second International Conference on Databases (ICOD-2)*, 1983.

Date, C. J. [1984] "A Critique of the SQL Database Language," **ACM SIGMOD Record**, 14:3, November 1984.

Date, C. J. [2001] **The Database Relational Model: A Retrospective Review and Analysis: A Historical Account and Assessment of E. F. Codd's Contribution to the Field of Database Technology**, Addison-Wesley, 2001.

Date, C. J. [2004] **An Introduction to Database Systems**, 8th ed., Addison-Wesley, 2004.

Date, C. J., and Darwen, H. [1993] **A Guide to the SQL Standard**, 3rd ed., Addison-Wesley.

Date C.J. and Fagin, R. [1992] "Simple Conditions for Guaranteeing Higher Normal Forms in Relational Databases," **TODS**, 17:3, 1992.

Date, C., J. and White, C. [1988] **A Guide to SQL/DS**, Addison-Wesley, 1988.

Date, C. J., and White, C. [1989] **A Guide to DB2**, 3rd ed., Addison-Wesley, 1989.

Davies, C. [1973] "Recovery Semantics for a DB/DC System," *Proc. ACM National Conference*, 1973.

Dayal, U. et al. [1987] "PROBE Final Report," Technical Report CCA-87-02, Computer Corporation of America, December 1987.

Dayal, U., and Bernstein, P. [1978] "On the Updatability of Relational Views," in *VLDB* [1978].

Dayal, U., Hsu, M., and Ladin, R. [1991] "A Transaction Model for Long-Running Activities," in *VLDB* [1991].

DBTG [1971] **Report of the CODASYL Data Base Task Group**, ACM, April 1971.

DeCandia, G. et al. [2007] "Dynamo: Amazon's Highly Available Key-Value Store," In SOSP, 2007.

Deelman, E., and Chervenak, A. L. [2008] "Data Management Challenges of Data-Intensive Scientific Workflows," in *Proc. IEEE International Symposium on Cluster, Cloud, and Grid Computing*, 2008, pp. 687–692.

Delcambre, L., Lim, B., and Urban, S. [1991] "Object-Centered Constraints," in *ICDE* [1991].

DeMarco, T. [1979] **Structured Analysis and System Specification**, Prentice-Hall, 1979.

DeMers, M. [2002] **Fundamentals of GIS**, John Wiley, 2002.

DeMichiel, L. [1989] "Performing Operations Over Mismatched Domains," in *ICDE* [1989].

Denning, D. [1980] "Secure Statistical Databases with Random Sample Queries," **TODS**, 5:3, September 1980.

Denning, D. E., and Denning, P. J. [1979] "Data Security," **ACM Computing Surveys**, 11:3, September 1979, pp. 227–249.

Denning, D. et al. [1987] "A Multi-level Relational Data Model," in *Proc. IEEE Symp. On Security and Privacy*, 1987, pp. 196–201.

Deshpande, A. [1989] "An Implementation for Nested Relational Databases," Technical Report, Ph.D. dissertation, Indiana University, 1989.

Devor, C., and Weeldreyer, J. [1980] "DDTS: A Testbed for Distributed Database Research," *Proc. ACM Pacific Conference*, 1980.

DeWitt, D. et al. [1984] "Implementation Techniques for Main Memory Databases," in *SIGMOD* [1984].

DeWitt, D. et al. [1990] "The Gamma Database Machine Project," **TKDE**, 2:1, March 1990.

DeWitt, D., Futtersack, P., Maier, D., and Velez, F. [1990] "A Study of Three Alternative Workstation Server Architectures for Object-Oriented Database Systems," in *VLDB* [1990].

Dhawan, C. [1997] **Mobile Computing**, McGraw-Hill, 1997. Di, S. M. [2005] **Distributed Data Management in Grid Environments**, Wiley, 2005.

Dietrich, B. L. et al. [2014] **Analytics Across the Enterprise: How IBM Realizes Business Value from Big Data and Analytics**, IBM Press (Pearson plc), 2014, pp.192.

Dietrich, S., Friesen, O., and Calliss, W. [1999] "On Deductive and Object Oriented Databases: The VALIDITY Experience," Technical Report, Arizona State University, 1999.

Diffie, W., and Hellman, M. [1979] "Privacy and Authentication," **Proceedings of the IEEE**, 67:3, March 1979, pp. 397–429.

Dimitrova, N. [1999] "Multimedia Content Analysis and Indexing for Filtering and Retrieval Applications," **Information Science**, Special Issue on Multimedia Informing Technologies, Part 1, 2:4, 1999.

Dipert, B., and Levy, M. [1993] **Designing with Flash Memory**, Annabooks, 1993.

Dittrich, K. [1986] "Object-Oriented Database Systems: The Notion and the Issues," in Dittrich and Dayal [1986].

Dittrich, K., and Dayal, U., eds. [1986] *Proc. International Workshop on Object-Oriented Database Systems*, IEEE CS, Pacific Grove, CA, September 1986.

Dittrich, K., Kotz, A., and Mulle, J. [1986] "An Event/Trigger Mechanism to Enforce Complex Consistency Constraints in Design Databases," in **ACM SIGMOD Record**, 15:3, 1986.

DKE [1997] Special Issue on Natural Language Processing, **DKE**, 22:1, 1997.

Dodd, G. [1969] "APL—A Language for Associative Data Handling in PL/I," *Proc. Fall Joint Computer Conference*, AFIPS, 29, 1969.

Dodd, G. [1969] "Elements of Data Management Systems," **ACM Computing Surveys**, 1:2, June 1969.

Dogac, A. [1998] Special Section on Electronic Commerce, **ACM SIGMOD Record**, 27:4, December 1998.

Dogac, A., Ozsu, M. T., Biliris, A., and Sellis, T., eds. [1994] **Advances in Object-oriented Databases Systems**, NATO ASI Series. Series F: Computer and Systems Sciences, Vol. 130, Springer-Verlag, 1994.

Dos Santos, C., Neuhold, E., and Furtado, A. [1979] "A Data Type Approach to the Entity-Relationship Model," in *ER Conference* [1979].

Du, D., and Tong, S. [1991] "Multilevel Extendible Hashing: A File Structure for Very Large Databases," **TKDE**, 3:3, September 1991.

Du, H., and Ghanta, S. [1987] "A Framework for Efficient IC/VLSI CAD Databases," in *ICDE* [1987].

Dumas, P. et al. [1982] "MOBILE-Burotique: Prospects for the Future," in *Naffah* [1982].

Dumpala, S., and Arora, S. [1983] "Schema Translation Using the Entity-Relationship Approach," in *ER*

Conference [1983].

Dunham, M., and Helal, A. [1995] "Mobile Computing and Databases: Anything New?" **ACM SIGMOD Record**, 24:4, December 1995.

Dwyer, S. et al. [1982] "A Diagnostic Digital Imaging System," *Proc. IEEE CS Conference on Pattern Recognition and Image Processing*, June 1982.

Eastman, C. [1987] "Database Facilities for Engineering Design," **Proceedings of the IEEE**, 69:10, October 1981.

EDS [1984] **Expert Database Systems**, Kerschberg, L., ed. (*Proc. First International Workshop on Expert Database Systems*, Kiawah Island, SC, October 1984), Benjamin/Cummings, 1986.

EDS [1986] **Expert Database Systems**, Kerschberg, L., ed. (*Proc. First International Conference on Expert Database Systems*, Charleston, SC, April 1986), Benjamin/Cummings, 1987.

EDS [1988] **Expert Database Systems**, Kerschberg, L., ed. (*Proc. Second International Conference on Expert Database Systems*, Tysons Corner, VA, April 1988), Benjamin/Cummings.

Eick, C. [1991] "A Methodology for the Design and Transformation of Conceptual Schemas," in *VLDB* [1991].

ElAbbadi, A., and Toueg, S. [1988] "The Group Paradigm for Concurrency Control," in *SIGMOD* [1988].

ElAbbadi, A., and Toueg, S. [1989] "Maintaining Availability in Partitioned Replicated Databases," **TODS**, 14:2, June 1989.

Ellis, C., and Nutt, G. [1980] "Office Information Systems and Computer Science," **ACM Computing Surveys**, 12:1, March 1980.

Elmagarmid A. K., ed. [1992] **Database Transaction Models for Advanced Applications**, Morgan Kaufmann, 1992.

Elmagarmid, A., and Helal, A. [1988] "Supporting Updates in Heterogeneous Distributed Database Systems," in *ICDE* [1988], pp. 564–569.

Elmagarmid, A., Leu, Y., Litwin, W., and Rusinkiewicz, M. [1990] "A Multidatabase Transaction Model for Interbase," in *VLDB* [1990].

Elmasri, R., and Larson, J. [1985] "A Graphical Query Facility for ER Databases," in *ER Conference* [1985].

Elmasri, R., and Wiederhold, G. [1979] "Data Model Integration Using the Structural Model," in *SIGMOD* [1979].

Elmasri, R., and Wiederhold, G. [1980] "Structural Properties of Relationships and Their Representation," *NCC*, AFIPS, 49, 1980.

Elmasri, R., and Wiederhold, G. [1981] "GORDAS: A Formal, High-Level Query Language for the Entity-Relationship Model," in *ER Conference* [1981].

Elmasri, R., and Wuu, G. [1990] "A Temporal Model and Query Language for ER Databases," in *ICDE* [1990].

Elmasri, R., and Wuu, G. [1990a] "The Time Index: An Access Structure for Temporal Data," in *VLDB* [1990].

Elmasri, R., James, S., and Kouramajian, V. [1993] "Automatic Class and Method Generation for Object-Oriented Databases," *Proc. Third International Conference on Deductive and Object-Oriented Databases (DOOD-93)*, Phoenix, AZ, December 1993.

Elmasri, R., Kouramajian, V., and Fernando, S. [1993] "Temporal Database Modeling: An Object-Oriented Approach," *CIKM*, November 1993.

Elmasri, R., Larson, J., and Navathe, S. [1986] "Schema Integration Algorithms for Federated Databases and Logical Database Design," Honeywell CSDD, Technical Report CSC-86-9: 8212, January 1986.

Elmasri, R., Srinivas, P., and Thomas, G. [1987] "Fragmentation and Query Decomposition in the ECR Model," in *ICDE* [1987].

Elmasri, R., Weeldreyer, J., and Hevner, A. [1985] "The Category Concept: An Extension to the Entity-Relationship Model," **DKE**, 1:1, May 1985.

Engelbart, D., and English, W. [1968] "A Research Center for Augmenting Human Intellect," *Proc. Fall Joint Computer Conference*, AFIPS, December 1968.

Epstein, R., Stonebraker, M., and Wong, E. [1978] "Distributed Query Processing in a Relational Database System," in *SIGMOD* [1978].

ER Conference [1979] **Entity-Relationship Approach to Systems Analysis and Design**, Chen, P., ed. (*Proc. First International Conference on Entity-Relationship Approach*, Los Angeles, December 1979), North-Holland, 1980.

ER Conference [1981] **Entity-Relationship Approach to Information Modeling and Analysis**, Chen, P., eds. (*Proc. Second International Conference on Entity-Relationship Approach*, Washington, October 1981), Elsevier Science, 1981.

ER Conference [1983] **Entity-Relationship Approach to Software Engineering**, Davis, C., Jajodia, S., Ng, P., and Yeh, R., eds. (*Proc. Third International Conference on Entity-Relationship Approach*, Anaheim, CA, October 1983), North-Holland, 1983.

ER Conference [1985] *Proc. Fourth International Conference on Entity-Relationship Approach*, Liu, J., ed., Chicago, October 1985, IEEE CS.

ER Conference [1986] *Proc. Fifth International Conference on Entity-Relationship Approach*, Spaccapietra, S., ed., Dijon, France, November 1986, Express-Tirages.

ER Conference [1987] *Proc. Sixth International Conference on Entity-Relationship Approach*, March, S., ed., New York, November 1987.

ER Conference [1988] *Proc. Seventh International Conference on Entity-Relationship Approach*, Batini, C., ed., Rome, November 1988.

ER Conference [1989] *Proc. Eighth International Conference on Entity-Relationship Approach*, Lochovsky, F., ed., Toronto, October 1989.

ER Conference [1990] *Proc. Ninth International Conference on Entity-Relationship Approach*, Kangassalo, H., ed., Lausanne, Switzerland, September 1990.

ER Conference [1991] *Proc. Tenth International Conference on Entity-Relationship Approach*, Teorey, T., ed., San Mateo, CA, October 1991.

ER Conference [1992] *Proc. Eleventh International Conference on Entity-Relationship Approach*, Pernul, G., and Tjoa, A., eds., Karlsruhe, Germany, October 1992.

ER Conference [1993] *Proc. Twelfth International Conference on Entity-Relationship Approach*, Elmasri, R., and Kouramajian, V., eds., Arlington, TX, December 1993.

ER Conference [1994] *Proc. Thirteenth International Conference on Entity-Relationship Approach*, Loucopoulos, P., and Theodoulidis, B., eds., Manchester, England, December 1994.

ER Conference [1995] *Proc. Fourteenth International Conference on ER-OO Modeling*, Papazouglou, M., and Tari, Z., eds., Brisbane, Australia, December 1995.

ER Conference [1996] *Proc. Fifteenth International Conference on Conceptual Modeling*, Thalheim, B., ed., Cottbus, Germany, October 1996.

ER Conference [1997] *Proc. Sixteenth International Conference on Conceptual Modeling*, Embley, D., ed., Los Angeles, October 1997.

ER Conference [1998] *Proc. Seventeenth International Conference on Conceptual Modeling*, Ling, T.-K., ed., Singapore, November 1998.

ER Conference [1999] *Proc. Eighteenth Conference on Conceptual Modeling*, Akoka, J., Bouzeghoub, M., Comyn-Wattiau, I., Métais, E., (eds.): Paris, France, **LNCS** 1728, Springer, 1999.

ER Conference [2000] *Proc. Nineteenth Conference on Conceptual Modeling*, Laender, A., Liddle, S., Storey, V., (eds.), Salt Lake City, **LNCS** 1920, Springer, 2000.

ER Conference [2001] *Proc. Twentieth Conference on Conceptual Modeling*, Kunii, H., Jajodia, S., Solveberg, A., (eds.), Yokohama, Japan, **LNCS** 2224, Springer, 2001.

ER Conference [2002] *Proc. 21st Int. Conference on Conceptual Modeling*, Spaccapietra, S., March, S., Kambayashi, Y., (eds.), Tampere, Finland, **LNCS** 2503, Springer, 2002.

ER Conference [2003] *Proc. 22nd Int. Conference on Conceptual Modeling*, Song, I.-Y., Liddle, S., Ling, T.-W., Scheuermann, P., (eds.), Tampere, Finland, **LNCS** 2813, Springer, 2003.

ER Conference [2004] *Proc. 23rd Int. Conference on Conceptual Modeling*, Atzeni, P., Chu, W., Lu, H., Zhou, S., Ling, T.-W., (eds.), Shanghai, China, **LNCS** 3288, Springer, 2004.

ER Conference [2005] *Proc. 24th Int. Conference on Conceptual Modeling*, Delacambre, L.M.L., Kop, C., Mayr, H., Mylopoulos, J., Pastor, O., (eds.), Klagenfurt, Austria, **LNCS** 3716, Springer, 2005.

ER Conference [2006] *Proc. 25th Int. Conference on Conceptual Modeling*, Embley, D., Olive, A., Ram, S. (eds.), Tucson, AZ, **LNCS** 4215, Springer, 2006.

ER Conference [2007] *Proc. 26th Int. Conference on Conceptual Modeling*, Parent, C., Schewe, K.-D., Storey, V., Thalheim, B. (eds.), Auckland, New Zealand, **LNCS** 4801, Springer, 2007.

ER Conference [2008] *Proc. 27th Int. Conference on Conceptual Modeling*, Li, Q., Spaccapietra, S., Yu, E. S. K., Olive, A. (eds.), Barcelona, Spain, **LNCS** 5231, Springer, 2008.

ER Conference [2009] *Proc. 28th Int. Conference on Conceptual Modeling*, Laender, A., Castano, S., Dayal, U., Casati, F., de Oliveira (eds.), Gramado, RS, Brazil, **LNCS** 5829, Springer, 2009.

ER Conference [2010] *Proc. 29th Int. Conference on Conceptual Modeling*, Parsons, J. et al. (eds.), Vancouver, Canada, **LNCS** 6412, Springer, 2010.

ER Conference [2011] *Proc. 30th Int. Conference on Conceptual Modeling*, Jeusfeld, M. Delcambre, L., and Ling, Tok Wang (eds.), Brussels, Belgium, **LNCS** 6998, Springer, 2011.

ER Conference [2012] *Proc. 31st Int. Conference on Conceptual Modeling*, Atzeni, P., Cheung, D.W., and Ram, Sudha (eds.), Florence, Italy, **LNCS** 7532, Springer, 2012.

ER Conference [2013] *Proc. 32nd Int. Conference on Conceptual Modeling*, Ng, Wilfred, Storey, V., and Trujillo, J. (eds.), Hong Kong, China, **LNCS** 8217, Springer, 2013.

ER Conference [2014] *Proc. 33rd Int. Conference on Conceptual Modeling*, Yu, Eric, Dobbie, G., Jarke, M., Purao, S. (eds.), Atlanta, USA, **LNCS** 8824, Springer, 2014.

ER Conference [2015] *Proc. 34th Int. Conference on Conceptual Modeling*, Stockholm, Sweden, **LNCS** Springer, forthcoming.

Erl, T. et al. [2013] **Cloud Computing: Concepts, Technology and Architecture**, Prentice Hall, 2013, 489 pp.

ESRI [2009] "The Geodatabase: Modeling and Managing Spatial Data" in **ArcNews**, 30:4, ESRI, Winter 2008/2009.

Ester, M., Kriegel, H.-P., and Jorg, S., [2001] "Algorithms and Applications for Spatial Data Mining," in **Research Monograph in GIS**, CRC Press, [2001].

Ester, M., Kriegel, H.-P., Sander, J., and Xu, X. [1996]. "A Density-Based Algorithm for Discovering Clusters in Large Spatial Databases with Noise," in *KDD*, 1996, AAAI Press, pp. 226–231.

Eswaran, K., and Chamberlin, D. [1975] "Functional Specifications of a Subsystem for Database Integrity," in *VLDB* [1975].

Eswaran, K., Gray, J., Lorie, R., and Traiger, I. [1976] "The Notions of Consistency and Predicate Locks in a Data Base System," **CACM**, 19:11, November 1976.

Etzioni, O. [1996] "The World-Wide Web: quagmire or gold mine?" **CACM**, 39:11, November 1996, pp. 65–68.

Everett, G., Dissly, C., and Hardgrave, W. [1971] **RFMS User Manual**, TRM-16, Computing Center, University of Texas at Austin, 1981.

Fagin, R. [1977] "Multivalued Dependencies and a New Normal Form for Relational Databases," **TODS**, 2:3, September 1977.

Fagin, R. [1979] "Normal Forms and Relational Database Operators," in *SIGMOD* [1979].

Fagin, R. [1981] "A Normal Form for Relational Databases That Is Based on Domains and Keys," **TODS**, 6:3, September 1981.

Fagin, R., Nievergelt, J., Pippenger, N., and Strong, H. [1979] "Extendible Hashing—A Fast Access Method for Dynamic Files," **TODS**, 4:3, September 1979.

Falcone, S., and Paton, N. [1997]. "Deductive Object-Oriented Database Systems: A Survey," *Proc. 3rd International Workshop Rules in Database Systems (RIDS '97)*, Skovde, Sweden, June 1997.

Faloutsos, C. [1996] **Searching Multimedia Databases by Content**, Kluwer, 1996.

Faloutsos, C. et al. [1994] "Efficient and Effective Querying by Image Content," **Journal of Intelligent Information Systems**, 3:4, 1994.

Faloutsos, G., and Jagadish, H. [1992] "On B-Tree Indices for Skewed Distributions," in *VLDB* [1992].

Fan, J., Gao, Y., Luo, H. and Xu, G.[2004] "Automatic Image Annotation by Using Concept-sensitive Salient Objects for Image Content Representation," in *SIGIR*, 2004.

Farag, W., and Teorey, T. [1993] "FunBase: A Functionbased Information Management System," *CIKM*, November 1993.

Farahmand, F., Navathe, S., Sharp, G., Enslow, P. [2003] "Managing Vulnerabilities of Information Systems to Security Incidents," *Proc. ACM 5th International Conference on Electronic Commerce, ICEC 2003*, Pittsburgh, PA, September 2003, pp. 348–354.

Farahmand, F., Navathe, S., Sharp, G., Enslow, P., "A Management Perspective on Risk of Security Threats to Information Systems," **Journal of Information Technology & Management**, Vol. 6, pp. 203–225, 2005.

Fayyad, U., Piatesky-Shapiro, G., Smyth, P., Uthurusamy, R. [1997] **Advances in Knowledge Discovery and Data Mining**, MIT Press, 1997.

Fekete, A., O'Neil, E., and O'Neil, P. [2004] "A Read-only Transaction Anomaly Under Snapshot Isolation," **SIGMOD Record**, 33:3, 2004, pp. 12–14.

Fekete, A. et al. [2005] "Making Snapshot Isolation Serializable," **ACM TODS**, 30:2, 2005, pp. 492–528.

Fellbaum, C., ed. [1998] **WordNet: An Electronic Lexical Database**, MIT Press, 1998.

Fensel, D. [2000] "The Semantic Web and Its Languages," **IEEE Intelligent Systems**, Vol. 15, No. 6, Nov./Dec. 2000, pp. 67–73.

Fensel, D. [2003]: **Ontologies: Silver Bullet for Knowledge Management and Electronic Commerce**, 2nd ed., Springer-Verlag, Berlin, 2003.

Fernandez, E., Summers, R., and Wood, C. [1981] **Database Security and Integrity**, Addison-Wesley, 1981.

Ferrier, A., and Stangret, C. [1982] "Heterogeneity in the Distributed Database Management System SIRIUS-DELTA," in *VLDB* [1982].

Ferrucci, D. et al. "Building Watson: An overview of the DeepQA project." **AI Magazine** 31:3 , 2010, pp. 59–79.

Fishman, D. et al. [1987] "IRIS: An Object-Oriented DBMS," **TOIS**, 5:1, 1987, pp. 48–69.

Flickner, M. et al. [1995] "Query by Image and Video Content: The QBIC System," **IEEE Computer**, 28:9,

September 1995, pp. 23–32.

Flynn, J., and Pitts, T. [2000] **Inside ArcINFO 8**, 2nd ed., On Word Press, 2000.

Folk, M. J., Zoellick, B., and Riccardi, G. [1998] **File Structures: An Object Oriented Approach with C++**, 3rd ed., Addison-Wesley, 1998.

Fonseca, F., Egenhofer, M., Davis, C. and Câmara, G. [2002)] "Semantic Granularity in Ontology-Driven Geographic Information Systems," in **Annals of Mathematics and Artificial Intelligence** 36:1–2, pp. 121–151.

Ford, D., and Christodoulakis, S. [1991] "Optimizing Random Retrievals from CLV Format Optical Disks," in *VLDB* [1991].

Ford, D., Blakeley, J., and Bannon, T. [1993] "Open OODB: A Modular Object-Oriented DBMS," in *SIGMOD* [1993].

Foreman, G., and Zahorjan, J. [1994] "The Challenges of Mobile Computing," **IEEE Computer**, April 1994.

Fotouhi, F., Grosky, W., Stanchev, P.[2007] , eds., *Proc. of the First ACM Workshop on Many Faces of the Multimedia Semantics, MS 2007*, Augsburg Germany, September 2007.

Fowler, M., and Scott, K. [2000] **UML Distilled**, 2nd ed., Addison-Wesley, 2000.

Franaszek, P., Robinson, J., and Thomasian, A. [1992]"Concurrency Control for High Contention Environments," **TODS**, 17:2, June 1992.

Frank, A. [2003] "A linguistically justified proposal for a spatio-temporal ontology," a position paper in *Proc. COSIT03- Int. Conf. on Spatial Information Theory*, Ittingen, Switzerland, **LNCS** 2825, September 2003.

Franklin, F. et al. [1992] "Crash Recovery in Client-Server EXODUS," in *SIGMOD* [1992].

Franks, B. [2012] **Taming the Big Data Tidal Wave**, Wiley, 2012, pp. 294.

Fraternali, P. [1999] Tools and Approaches for Data Intensive Web Applications: A Survey, *ACM Computing Surveys*, 31:3, September 1999.

Frenkel, K. [1991] "The Human Genome Project and Informatics," **CACM**, November 1991.

Friesen, O., Gauthier-Villars, G., Lefelorre, A., and Vieille, L., "Applications of Deductive Object-Oriented Databases Using DEL," in Ramakrishnan (1995).

Friis-Christensen, A., Tryfona, N., and Jensen, C. S. [2001] "Requirements and Research Issues in Geographic Data Modeling," *Proc. 9th ACM International Symposium on Advances in Geographic Information Systems*, 2001.

Fugini, M., Castano, S., Martella G., and Samarati, P. [1995] **Database Security**, ACM Press and Addison-Wesley, 1995.

Furtado, A. [1978] "Formal Aspects of the Relational Model," **Information Systems**, 3:2, 1978.

Gadia, S. [1988] "A Homogeneous Relational Model and Query Language for Temporal Databases," **TODS**, 13:4, December 1988.

Gait, J. [1988] "The Optical File Cabinet: A Random-Access File System for Write-Once Optical Disks," **IEEE Computer**, 21:6, June 1988.

Galindo-Legaria, C. and Joshi, M. [2001] "Orthogonal Optimization of Subqueries and Aggregation," in *SIGMOD* [2001].

Galindo-Legaria, C., Sefani, S., and Waas, F. [2004] "Query Processing for SQL Updates," in *SIGMOD* [2004], pp. 844–849.

Gallaire, H., and Minker, J., eds. [1978] **Logic and Databases**, Plenum Press, 1978.

Gallaire, H., Minker, J., and Nicolas, J. [1984] "Logic and Databases: A Deductive Approach," **ACM Computing Surveys**, 16:2, June 1984.

Gallaire, H., Minker, J., and Nicolas, J., eds. [1981] **Advances in Database Theory**, Vol. 1, Plenum Press, 1981.

Gamal-Eldin, M., Thomas, G., and Elmasri, R. [1988] “Integrating Relational Databases with Support for Updates,” *Proc. International Symposium on Databases in Parallel and Distributed Systems*, IEEE CS, December 1988.

Gane, C., and Sarson, T. [1977] **Structured Systems Analysis: Tools and Techniques, Improved Systems Technologies**, 1977.

Gangopadhyay, A., and Adam, N. [1997] **Database Issues in Geographic Information Systems**, Kluwer Academic Publishers, 1997.

Garcia-Molina, H. [1982] “Elections in Distributed Computing Systems,” **IEEE Transactions on Computers**, 31:1, January 1982.

Garcia-Molina, H. [1983] “Using Semantic Knowledge for Transaction Processing in a Distributed Database,” **TODS**, 8:2, June 1983.

Garcia-Molina, H., Ullman, J., and Widom, J. [2000] **Database System Implementation**, Prentice-Hall, 2000.

Garcia-Molina, H., Ullman, J., and Widom, J. [2009] **Database Systems: The Complete Book**, 2nd ed., Prentice-Hall, 2009.

Gartner [2014a] **Hype Cycle for Information Infrastructure**, by Mark Beyer and Roxanne Edjlali, August 2014, Gartner Press, pp.110.

Gartner [2014b] “The Logical Data Warehouse Will be a Key Scenario for Using Data Federation,” by Eric Thoo and Ted Friedman, Gartner, September 2012, pp.6.

Gedik, B., and Liu, L. [2005] “Location Privacy in Mobile Systems: A Personalized Anonymization Model,” in *ICDCS*, 2005, pp. 620–629.

Gehani, N., Jagdish, H., and Shmueli, O. [1992] “Composite Event Specification in Active Databases: Model and Implementation,” in *VLDB* [1992].

Geman, S., and Geman, D. [1984]. “Stochastic Relaxation, Gibbs Distributions, and the Bayesian Restoration of Images.” **IEEE Transactions on Pattern Analysis and Machine Intelligence**, Vol. PAMII-6, No. 6, November 1984, pp. 721–741.

Georgakopoulos, D., Rusinkiewicz, M., and Sheth, A. [1991] “On Serializability of Multidatabase Transactions Through Forced Local Conflicts,” in *ICDE* [1991].

Gerritsen, R. [1975] “A Preliminary System for the Design of DBTG Data Structures,” **CACM**, 18:10, October 1975.

Ghemawat, S., Gobioff, H., and Leung, S. [2003] “The Google File System,” in *SOSP* [2003].

Ghosh, S. [1984] “An Application of Statistical Databases in Manufacturing Testing,” in *ICDE* [1984].

Ghosh, S. [1986] “Statistical Data Reduction for Manufacturing Testing,” in *ICDE* [1986].

Gibson, G. et al. [1997] “File Server Scaling with Network-Attached Secure Disks.” Sigmetrics, 1997.

Gifford, D. [1979] “Weighted Voting for Replicated Data,” *SOSP*, 1979.

Gladney, H. [1989] “Data Replicas in Distributed Information Services,” **TODS**, 14:1, March 1989.

Gogolla, M., and Hohenstein, U. [1991] “Towards a Semantic View of an Extended Entity-Relationship Model,” **TODS**, 16:3, September 1991.

Goldberg, A., and Robson, D. [1989] **Smalltalk-80: The Language**, Addison-Wesley, 1989.

Goldfine, A., and Konig, P. [1988] *A Technical Overview of the Information Resource Dictionary System (IRDS)*, 2nd ed., NBS IR 88-3700, National Bureau of Standards.

Goodchild, M. F. [1992] “Geographical Information Science,” **International Journal of Geographical Information Systems**, 1992, pp. 31–45.

Goodchild, M. F. [1992a] "Geographical Data Modeling," **Computers & Geosciences** 18:4, 1992, pp. 401–408.

Gordillo, S., and Balaguer, F. [1998] "Refining an Objectoriented GIS Design Model: Topologies and Field Data," *Proc. 6th ACM International Symposium on Advances in Geographic Information Systems*, 1998.

Gotlieb, L. [1975] "Computing Joins of Relations," in *SIGMOD* [1975].

Graefe, G. [1993] "Query Evaluation Techniques for Large Databases," **ACM Computing Surveys**, 25:2, June 1993.

Graefe, G., and DeWitt, D. [1987] "The EXODUS Optimizer Generator," in *SIGMOD* [1987].

Graefe, G., and McKenna, W. [1993] "The Volcano Optimizer Generator," in *ICDE* [1993], pp. 209–218.

Graefe, G. [1995] "The Cascades Framework for Query Optimization," Data Engineering Bulletin, 18:3, 1995, pp. 209–218.

Gravano, L., and Garcia-Molina, H. [1997] "Merging Ranks from Heterogeneous Sources," in *VLDB* [1997].

Gray, J. [1978] "Notes on Data Base Operating Systems," in Bayer, Graham, and Seegmuller [1978].

Gray, J. [1981] "The Transaction Concept: Virtues and Limitations," in *VLDB* [1981].

Gray, J., and Reuter, A. [1993] **Transaction Processing: Concepts and Techniques**, Morgan Kaufmann, 1993.

Gray, J., Helland, P., O'Neil, P., and Shasha, D. [1993] "The Dangers of Replication and a Solution," *SIGMOD* [1993].

Gray, J., Horst, B., and Walker, M. [1990] "Parity Striping of Disk Arrays: Low-Cost Reliable Storage with Acceptable Throughput," in *VLDB* [1990], pp. 148–161.

Gray, J., Lorie, R., and Putzolu, G. [1975] "Granularity of Locks and Degrees of Consistency in a Shared Data Base," in Nijssen [1975].

Gray, J., McJones, P., and Blasgen, M. [1981] "The Recovery Manager of the System R Database Manager," **ACM Computing Surveys**, 13:2, June 1981.

Griffiths, P., and Wade, B. [1976] "An Authorization Mechanism for a Relational Database System," **TODS**, 1:3, September 1976.

Grochowski, E., and Hoyt, R. F. [1996] "Future Trends in Hard Disk Drives," **IEEE Transactions on Magnetics**, 32:3, May 1996.

Grosky, W. [1994] "Multimedia Information Systems," in IEEE Multimedia, 1:1, Spring 1994.

Grosky, W. [1997] "Managing Multimedia Information in Database Systems," in CACM, 40:12, December 1997.

Grosky, W., Jain, R., and Mehrotra, R., eds. [1997] **The Handbook of Multimedia Information Management**, Prentice-Hall PTR, 1997.

Gruber, T. [1995] "Toward principles for the design of ontologies used for knowledge sharing," **International Journal of Human-Computer Studies**, 43:5–6, Nov./Dec. 1995, pp. 907–928.

Gupta, R. and Horowitz E. [1992] **Object Oriented Databases with Applications to Case, Networks and VLSI CAD**, Prentice-Hall, 1992.

Güting, R. [1994] "An Introduction to Spatial Database Systems," in *VLDB* [1994].

Guttman, A. [1984] "R-Trees: A Dynamic Index Structure for Spatial Searching," in *SIGMOD* [1984].

Gwayer, M. [1996] **Oracle Designer/2000 Web Server Generator Technical Overview** (version 1.3.2), Technical Report, Oracle Corporation, September 1996.

Gyssens, M.,Paredaens, J., and Van Gucht, D. [1990] "A graph-oriented object model for database end-user interfaces," in *SIGMOD* [1990].

Haas, P., and Swami, A. [1995] "Sampling-based Selectivity Estimation for Joins Using Augmented Frequent Value Statistics," in *ICDE* [1995].

Haas, P., Naughton, J., Seshadri, S., and Stokes, L. [1995] "Sampling-based Estimation of the Number of Distinct

Values of an Attribute," in *VLDB* [1995].

Hachem, N., and Berra, P. [1992] "New Order Preserving Access Methods for Very Large Files Derived from Linear Hashing," **TKDE**, 4:1, February 1992.

Hadoop [2014] Hadoop Wiki at http://hadoop.apache.org/.

Hadzilacos, V. [1983] "An Operational Model for Database System Reliability," in *Proceedings of SIGACT-SIGMOD Conference*, March 1983.

Hadzilacos, V. [1988] "A Theory of Reliability in Database Systems," **JACM**, 35:1, 1986.

Haerder, T., and Reuter, A. [1983] "Principles of Transaction Oriented Database Recovery—A Taxonomy," **ACM Computing Surveys**, 15:4, September 1983, pp. 287–318.

Haerder, T., and Rothermel, K. [1987] "Concepts for Transaction Recovery in Nested Transactions," in *SIGMOD* [1987].

Hakonarson, H., Gulcher, J., and Stefansson, K. [2003]. "deCODE genetics, Inc." **Pharmacogenomics Journal**, 2003, pp. 209–215.

Halfond, W., and Orso. A. [2005] "AMNESIA: Analysis and Monitoring for Neutralizing SQL-Injection Attacks," in *Proc. IEEE and ACM Int. Conf. on Automated Software Engineering (ASE 2005)*, November 2005, pp. 174–183.

Halfond, W., Viegas, J., and Orso, A. [2006] "A Classification of SQL Injection Attacks and Countermeasures," in *Proc. Int. Symposium on Secure Software Engineering*, March 2006.

Hall, P. [1976] "Optimization of a Single Relational Expression in a Relational Data Base System," **IBM Journal of Research and Development**, 20:3, May 1976.

Hamilton, G., Catteli, R., and Fisher, M. [1997] **JDBC Database Access with Java—A Tutorial and Annotated Reference**, Addison-Wesley, 1997.

Hammer, M., and McLeod, D. [1975] "Semantic Integrity in a Relational Data Base System," in *VLDB* [1975].

Hammer, M., and McLeod, D. [1981] "Database Description with SDM: A Semantic Data Model," **TODS**, 6:3, September 1981.

Hammer, M., and Sarin, S. [1978] "Efficient Monitoring of Database Assertions," in *SIGMOD* [1978].

Han, J., Kamber, M., and Pei, J. [2005] **Data Mining: Concepts and Techniques**, 2nd ed., Morgan Kaufmann, 2005.

Han, Y., Jiang, C. and Luo, X. [2004] "A Study of Concurrency Control in Web-Based Distributed Real-Time Database System Using Extended Time Petri Nets," *Proc. Int. Symposium on Parallel Architectures, Algorithms, and Networks*, 2004, pp. 67–72.

Han, J., Pei, J., and Yin, Y. [2000] "Mining Frequent Patterns without Candidate Generation," in *SIGMOD* [2000].

Hanson, E. [1992] "Rule Condition Testing and Action Execution in Ariel," in *SIGMOD* [1992].

Hardgrave, W. [1980] "Ambiguity in Processing Boolean Queries on TDMS Tree Structures: A Study of Four Different Philosophies," **TSE**, 6:4, July 1980.

Hardgrave, W. [1984] "BOLT: A Retrieval Language for Tree-Structured Database Systems," in Tou [1984].

Harel, D., [1987] "Statecharts: A Visual Formulation for Complex Systems," in **Science of Computer Programming**, 8:3, June 1987, pp. 231–274.

Harman, D. [1992] "Evaluation Issues in Information Retrieval," **Information Processing and Management**, 28:4, pp. 439–440.

Harrington, J. [1987] **Relational Database Management for Microcomputer: Design and Implementation**, Holt, Rinehart, and Winston, 1987.

Harris, L. [1978] "The ROBOT System: Natural Language Processing Applied to Data Base Query," *Proc. ACM National Conference*, December 1978.

Harth, A., Hose, K., and Schenkel, R. [2014] **Linked Data Management**, Chapman and Hall, CRC Press, 2014, pp. 576.

Haskin, R., and Lorie, R. [1982] "On Extending the Functions of a Relational Database System," in *SIGMOD* [1982].

Hasse, C., and Weikum, G. [1991] "A Performance Evaluation of Multi-Level Transaction Management," in *VLDB* [1991].

Hayes-Roth, F., Waterman, D., and Lenat, D., eds. [1983] **Building Expert Systems**, Addison-Wesley, 1983.

Hayne, S., and Ram, S. [1990] "Multi-User View Integration System: An Expert System for View Integration," in *ICDE* [1990].

Hecht. R., and Jablonski, S. [2011] "NOSQL Evaluation, A Use Case Oriented Survey," in Int. Conf. on Cloud and Service Computing, IEEE, 2011, pp. 336–341.

Heiler, S., and Zdonick, S. [1990] "Object Views: Extending the Vision," in *ICDE* [1990].

Heiler, S., Hardhvalal, S., Zdonik, S., Blaustein, B., and Rosenthal, A. [1992] "A Flexible Framework for Transaction Management in Engineering Environment," in Elmagarmid [1992].

Helal, A., Hu, T., Elmasri, R., and Mukherjee, S. [1993] "Adaptive Transaction Scheduling," *CIKM*, November 1993.

Held, G., and Stonebraker, M. [1978] "B-Trees Reexamined," **CACM**, 21:2, February 1978.

Henriksen, C., Lauzon, J. P., and Morehouse, S. [1994] " Open Geodata Access Through Standards," *Standard-View Archive*, 1994, 2:3, pp. 169–174.

Henschen, L., and Naqvi, S. [1984] "On Compiling Queries in Recursive First-Order Databases," **JACM**, 31:1, January 1984.

Hernandez, H., and Chan, E. [1991] "Constraint-Time-Maintainable BCNF Database Schemes," **TODS**, 16:4, December 1991.

Herot, C. [1980] "Spatial Management of Data," **TODS**, 5:4, December 1980.

Hevner, A., and Yao, S. [1979] "Query Processing in Distributed Database Systems," **TSE**, 5:3, May 1979.

Hinneburg, A., and Gabriel, H.-H., [2007] "DENCLUE 2.0: Fast Clustering Based on Kernel Density Estimation," in *Proc. IDA'2007: Advances in Intelligent Data Analysis VII, 7th International Symposium on Intelligent Data Analysis*, Ljubljana, Slovenia, September 2007, **LNCS** 4723, Springer, 2007.

Hoffer, J. [1982] "An Empirical Investigation with Individual Differences in Database Models," *Proc. Third International Information Systems Conference*, December 1982.

Hoffer, J., Prescott, M., and Topi, H. [2009] **Modern Database Management**, 9th ed., Prentice-Hall, 2009.

Holland, J. [1975] **Adaptation in Natural and Artificial Systems**, University of Michigan Press, 1975.

Holsapple, C., and Whinston, A., eds. [1987] **Decision Support Systems Theory and Application**, Springer-Verlag, 1987.

Holt, R. C. [1972] "Some Deadlock Properties of Computer Systems," **ACM Computing Surveys**, 4:3, pp. 179–196.

Holtzman J. M., and Goodman D. J., eds. [1993] **Wireless Communications: Future Directions**, Kluwer, 1993.

Horowitz, B. [1992] "A Run-Time Execution Model for Referential Integrity Maintenance", in *ICDE* [1992], pp. 548–556.

Hortonworks, Inc. [2014a] "Benchmarking Apache Hive 13 for Enterprise Hadoop," by Carter Shanklin, a Hortonworks Blog (http://hortonworks.com/blog/benchmarking-apache-hive-13-enterprise-hadoop/), June

2014.

Hortonworks, Inc. [2014b] "Best Practices—Selecting Apache Hadoop Hardware," at http://docs.hortonworks.com/HDP2Alpha/index.htm#Hardware_Recommendations_for_Hadoop.htm.

Howson, C. and P. Urbach, P. [1993] **Scientific Reasoning: The Bayesian Approach**, Open Court Publishing, December 1993.

Hsiao, D., and Kamel, M. [1989] "Heterogeneous Databases: Proliferation, Issues, and Solutions," **TKDE**, 1:1, March 1989.

Hsu, A., and Imielinsky, T. [1985] "Integrity Checking for Multiple Updates," in *SIGMOD* [1985].

Hsu, M., and Zhang, B. [1992] "Performance Evaluation of Cautious Waiting," **TODS**, 17:3, pp. 477–512.

Hull, R., and King, R. [1987] "Semantic Database Modeling: Survey, Applications, and Research Issues," **ACM Computing Surveys**, 19:3, September 1987.

Huxhold, W. [1991] **An Introduction to Urban Geographic Information Systems**, Oxford University Press, 1991.

IBM [1978] **QBE Terminal Users Guide**, Form Number SH20-2078-0.

IBM [1992] **Systems Application Architecture Common Programming Interface Database Level 2 Reference**, Document Number SC26-4798-01.

ICDE [1984] *Proc. IEEE CS International Conference on Data Engineering*, Shuey, R., ed., Los Angeles, CA, April 1984.

ICDE [1986] *Proc. IEEE CS International Conference on Data Engineering*, Wiederhold, G., ed., Los Angeles, February 1986.

ICDE [1987] *Proc. IEEE CS International Conference on Data Engineering*, Wah, B., ed., Los Angeles, February 1987.

ICDE [1988] *Proc. IEEE CS International Conference on Data Engineering*, Carlis, J., ed., Los Angeles, February 1988.

ICDE [1989] *Proc. IEEE CS International Conference on Data Engineering*, Shuey, R., ed., Los Angeles, February 1989.

ICDE [1990] *Proc. IEEE CS International Conference on Data Engineering*, Liu, M., ed., Los Angeles, February 1990.

ICDE [1991] *Proc. IEEE CS International Conference on Data Engineering*, Cercone, N., and Tsuchiya, M., eds., Kobe, Japan, April 1991.

ICDE [1992] *Proc. IEEE CS International Conference on Data Engineering*, Golshani, F., ed., Phoenix, AZ, February 1992.

ICDE [1993] *Proc. IEEE CS International Conference on Data Engineering*, Elmagarmid, A., and Neuhold, E., eds., Vienna, Austria, April 1993.

ICDE [1994] *Proc. IEEE CS International Conference on Data Engineering*, Houston, TX, February 1994.

ICDE [1995] *Proc. IEEE CS International Conference on Data Engineering*, Yu, P. S., and Chen, A. L. A., eds., Taipei, Taiwan, 1995.

ICDE [1996] *Proc. IEEE CS International Conference on Data Engineering*, Su, S. Y. W., ed., New Orleans, 1996.

ICDE [1997] *Proc. IEEE CS International Conference on Data Engineering*, Gray, W. A., and Larson, P. A., eds., Birmingham, England, 1997.

ICDE [1998] *Proc. IEEE CS International Conference on Data Engineering*, Orlando, FL, February 1998.

ICDE [1999] *Proc. IEEE CS International Conference on Data Engineering*, Sydney, Australia, March 1999.

ICDE [2000] *Proc. IEEE CS International Conference on Data Engineering*, San Diego, CA, February-March 2000.

ICDE [2001] *Proc. IEEE CS International Conference on Data Engineering*, Heidelberg, Germany, April 2001.

ICDE [2002] *Proc. IEEE CS International Conference on Data Engineering*, San Jose, CA, February-March 2002.

ICDE [2003] *Proc. IEEE CS International Conference on Data Engineering*, Dayal, U., Ramamritham, K., and Vijayaraman, T. M., eds., Bangalore, India, March 2003.

ICDE [2004] *Proc. IEEE CS International Conference on Data Engineering*, Boston, MA, March-April 2004.

ICDE [2005] *Proc. IEEE CS International Conference on Data Engineering*, Tokyo, Japan, April 2005.

ICDE [2006] *Proc. IEEE CS International Conference on Data Engineering*, Liu, L., Reuter, A., Whang, K.-Y., and Zhang, J., eds., Atlanta, GA, April 2006.

ICDE [2007] *Proc. IEEE CS International Conference on Data Engineering*, Istanbul, Turkey, April 2007.

ICDE [2008] *Proc. IEEE CS International Conference on Data Engineering*, Cancun, Mexico, April 2008.

ICDE [2009] *Proc. IEEE CS International Conference on Data Engineering*, Shanghai, China, March-April 2009.

ICDE [2010] *Proc. IEEE CS International Conference on Data Engineering*, Long Beach, CA, March 2010.

ICDE [2011] *Proc. IEEE CS International Conference on Data Engineering*, Hannover, Germany, April 2011.

ICDE [2012] *Proc. IEEE CS International Conference on Data Engineering*, Kementsietsidis, A., and Antonio Vaz Salles, M., eds., Washington, D.C., April 2012.

ICDE [2013] *Proc. IEEE CS International Conference on Data Engineering*, Jensen, C., Jermaine, C., and Zhou, Xiaofang, eds., Brisbane, Australia, April 2013.

ICDE [2014] *Proc. IEEE CS International Conference on Data Engineering*, Cruz, Isabel F. et al., eds., Chicago, March-April 2014.

ICDE [2015] *Proc. IEEE CS International Conference on Data Engineering*, Seoul Korea, April 2015, forthcoming.

IGES [1983] International Graphics Exchange Specification Version 2, National Bureau of Standards, U.S. Department of Commerce, January 1983.

Imielinski, T., and Badrinath, B. [1994] "Mobile Wireless Computing: Challenges in Data Management," **CACM**, 37:10, October 1994.

Imielinski, T., and Lipski, W. [1981] "On Representing Incomplete Information in a Relational Database," in **VLDB** [1981].

Indulska, M., and Orlowska, M. E. [2002] "On Aggregation Issues in Spatial Data Management," (ACM International Conference Proceeding Series) *Proc. Thirteenth Australasian Conference on Database Technologies*, Melbourne, 2002, pp. 75–84.

Informix [1998] "Web Integration Option for Informix Dynamic Server," available at www.informix.com.

Inmon, W. H. [1992] **Building the Data Warehouse**, Wiley, 1992.

Inmon, W., Strauss, D., and Neushloss, G. [2008] **DW 2.0: The Architecture for the Next Generation of Data Warehousing**, Morgan Kaufmann, 2008.

Integrigy [2004] "An Introduction to SQL Injection Attacks for Oracle Developers," Integrigy, April 2004, available at www.net-security.org/dl/articles/Integrigy Introto- SQLInjectionAttacks.pdf.

Internet Engineering Task Force (IETF) [1999] "An Architecture Framework for High Speed Mobile Ad Hoc Network," in *Proc. 45th IETF Meeting*, Oslo, Norway, July 1999, available at www.ietf.org/proceeings/99jul/.

Ioannidis, Y., and Kang, Y. [1990] "Randomized Algorithms for Optimizing Large Join Queries," in *SIGMOD* [1990].

Ioannidis, Y., and Kang, Y. [1991] "Left-Deep vs. Bushy Trees: An Analysis of Strategy Spaces and Its Implications for Query Optimization," in *SIGMOD* [1991].

Ioannidis, Y., and Wong, E. [1988] "Transforming Non-Linear Recursion to Linear Recursion," in *EDS* [1988].

Iossophidis, J. [1979] "A Translator to Convert the DDL of ERM to the DDL of System 2000," in *ER Conference* [1979].

Irani, K., Purkayastha, S., and Teorey, T. [1979] "A Designer for DBMS-Processable Logical Database Structures," in *VLDB* [1979].

Iyer et al. [2004] "A Framework for Efficient Storage Security in RDBMSs," in *EDBT*, 2004, pp. 147–164.

Jacobson, I., Booch, G., and Rumbaugh, J. [1999] **The Unified Software Development Process**, Addison-Wesley, 1999.

Jacobson, I., Christerson, M., Jonsson, P., and Overgaard, G. [1992] **Object-Oriented Software Engineering: A Use Case Driven Approach**, Addison-Wesley, 1992.

Jagadish, H. [1989] "Incorporating Hierarchy in a Relational Model of Data," in *SIGMOD* [1989].

Jagadish, H. [1997] "Content-based Indexing and Retrieval," in Grosky et al. [1997].

Jajodia, S., Ammann, P., McCollum, C. D., "Surviving Information Warfare Attacks," **IEEE Computer**, 32:4, April 1999, pp. 57–63.

Jajodia, S., and Kogan, B. [1990] "Integrating an Objectoriented Data Model with Multilevel Security," *Proc. IEEE Symposium on Security and Privacy*, May 1990, pp. 76–85.

Jajodia, S., and Mutchler, D. [1990] "Dynamic Voting Algorithms for Maintaining the Consistency of a Replicated Database," **TODS**, 15:2, June 1990.

Jajodia, S., and Sandhu, R. [1991] "Toward a Multilevel Secure Relational Data Model," in *SIGMOD* [1991].

Jajodia, S., Ng, P., and Springsteel, F. [1983] "The Problem of Equivalence for Entity-Relationship Diagrams," **TSE**, 9:5, September 1983.

Jardine, D., ed. [1977] **The ANSI/SPARC DBMS Model**, North-Holland, 1977.

Jarke, M., and Koch, J. [1984] "Query Optimization in Database Systems," **ACM Computing Surveys**, 16:2, June 1984.

Jensen, C. et al. [1994] "A Glossary of Temporal Database Concepts," **ACM SIGMOD Record**, 23:1, March 1994.

Jensen, C., and Snodgrass, R. [1992] "Temporal Specialization," in *ICDE* [1992].

Jensen, C. et al. [2001] "Location-based Services: A Database Perspective," *Proc. ScanGIS Conference*, 2001, pp. 59–68.

Jhingran, A., and Khedkar, P. [1992] "Analysis of Recovery in a Database System Using a Write-ahead Log Protocol," in *SIGMOD* [1992].

Jing, J., Helal, A., and Elmagarmid, A. [1999] "Clientserver Computing in Mobile Environments," **ACM Computing Surveys**, 31:2, June 1999.

Johnson, T., and Shasha, D. [1993] "The Performance of Current B-Tree Algorithms," **TODS**, 18:1, March 1993.

Jorwekar, S. et al. [2007] "Automating the Detection of Snapshot Isolation Anomalies," in *VLDB* [2007], pp. 1263–1274.

Joshi, J., Aref, W., Ghafoor, A., and Spafford, E. [2001] " Security Models for Web-Based Applications," **CACM**, 44:2, February 2001, pp. 38–44.

Jukic, N., Vrbsky, S., and Nestorov, S. [2013] **Database Systems: Introduction to Databases and Data**

Warehouses, Prentice Hall, 2013, pp. 408.

Jung, I.Y, . and Yeom, H.Y. [2008] "An efficient and transparent transaction management based on the data workflow of HVEM DataGrid," *Proc. Challenges of Large Applications in Distributed Environments*, 2008, pp. 35–44.

Kaefer, W., and Schoening, H. [1992] "Realizing a Temporal Complex-Object Data Model," in *SIGMOD* [1992].

Kamel, I., and Faloutsos, C. [1993] "On Packing R-trees," *CIKM*, November 1993.

Kamel, N., and King, R. [1985] "A Model of Data Distribution Based on Texture Analysis," in *SIGMOD* [1985].

Kappel, G., and Schrefl, M. [1991] "Object/Behavior Diagrams," in *ICDE* [1991].

Karlapalem, K., Navathe, S. B., and Ammar, M. [1996] "Optimal Redesign Policies to Support Dynamic Processing of Applications on a Distributed Relational Database System," **Information Systems**, 21:4, 1996, pp. 353–367.

Karolchik, D. et al. [2003] "The UCSC Genome Browser Database", in **Nucleic Acids Research**, 31:1, January 2003.

Katz, R. [1985] **Information Management for Engineering Design: Surveys in Computer Science**, Springer-Verlag, 1985.

Katz, R., and Wong, E. [1982] "Decompiling CODASYL DML into Relational Queries," **TODS**, 7:1, March 1982.

Kavis, M. [2014] **Architecting the Cloud: Design Decisions for Cloud Computing Service Models (SaaS, PaaS, and IaaS)**, Wiley, pp. 224.

KDD [1996] *Proc. Second International Conference on Knowledge Discovery in Databases and Data Mining*, Portland, Oregon, August 1996.

Ke, Y., and Sukthankar, R. [2004] "PCA-SIFT: A More Distinctive Representation for Local Image Descriptors," in *Proc. IEEE Conf. on Computer Vision and Pattern Recognition*, 2004.

Kedem, Z., and Silberschatz, A. [1980] "Non-Two Phase Locking Protocols with Shared and Exclusive Locks," in *VLDB* [1980].

Keller, A. [1982] "Updates to Relational Database Through Views Involving Joins," in Scheuermann [1982].

Kemp, K. [1993]. "Spatial Databases: Sources and Issues," in **Environmental Modeling with GIS**, Oxford University Press, New York, 1993.

Kemper, A., and Wallrath, M. [1987] "An Analysis of Geometric Modeling in Database Systems," **ACM Computing Surveys**, 19:1, March 1987.

Kemper, A., Lockemann, P., and Wallrath, M. [1987] "An Object-Oriented Database System for Engineering Applications," in *SIGMOD* [1987].

Kemper, A., Moerkotte, G., and Steinbrunn, M. [1992] "Optimizing Boolean Expressions in Object Bases," in *VLDB* [1992].

Kent, W. [1978] **Data and Reality**, North-Holland, 1978.

Kent, W. [1979] "Limitations of Record-Based Information Models," **TODS**, 4:1, March 1979.

Kent, W. [1991] "Object-Oriented Database Programming Languages," in *VLDB* [1991].

Kerschberg, L., Ting, P., and Yao, S. [1982] "Query Optimization in Star Computer Networks," **TODS**, 7:4, December 1982.

Ketabchi, M. A., Mathur, S., Risch, T., and Chen, J. [1990] "Comparative Analysis of RDBMS and OODBMS: A Case Study," *IEEE International Conference on Manufacturing*, 1990.

Khan, L. [2000] "Ontology-based Information Selection," Ph.D. dissertation, University of Southern California, August 2000.

Khoshafian, S., and Baker A. [1996] **Multimedia and Imaging Databases**, Morgan Kaufmann, 1996.

Khoshafian, S., Chan, A., Wong, A., and Wong, H.K.T. [1992] **Developing Client Server Applications**, Morgan Kaufmann, 1992.

Khoury, M. [2002] "Epidemiology and the Continuum from Genetic Research to Genetic Testing," in **American Journal of Epidemiology**, 2002, pp. 297–299.

Kifer, M., and Lozinskii, E. [1986] "A Framework for an Efficient Implementation of Deductive Databases," *Proc. Sixth Advanced Database Symposium*, Tokyo, August 1986.

Kim W. [1995] **Modern Database Systems: The Object Model, Interoperability, and Beyond**, ACM Press, Addison-Wesley, 1995.

Kim, P. [1996] "A Taxonomy on the Architecture of Database Gateways for the Web," Working Paper TR-96-U-10, Chungnam National University, Taejon, Korea (available from http://grigg.chungnam.ac.kr/projects/UniWeb).

Kim, S.-H., Yoon, K.-J., and Kweon, I.-S. [2006] "Object Recognition Using a Generalized Robust Invariant Feature and Gestalt's Law of Proximity and Similarity," in *Proc. Conf. on Computer Vision and Pattern Recognition Workshop (CVPRW '06)*, 2006.

Kim, W. [1982] "On Optimizing an SQL-like Nested Query," **TODS**, 3:3, September 1982.

Kim, W. [1989] "A Model of Queries for Object-Oriented Databases," in **VLDB** [1989].

Kim, W. [1990] "Object-Oriented Databases: Definition and Research Directions," **TKDE**, 2:3, September 1990.

Kim, W. et al. [1987] "Features of the ORION Object-Oriented Database System," Microelectronics and Computer Technology Corporation, Technical Report ACA-ST-308-87, September 1987.

Kim, W., and Lochovsky, F., eds. [1989] **Object-oriented Concepts, Databases, and Applications**, ACM Press, Frontier Series, 1989.

Kim, W., Garza, J., Ballou, N., and Woelk, D. [1990] "Architecture of the ORION Next-Generation Database System," **TKDE**, 2:1, 1990, pp. 109–124.

Kim, W., Reiner, D. S., and Batory, D., eds. [1985] **Query Processing in Database Systems**, Springer-Verlag, 1985.

Kimball, R. [1996] **The Data Warehouse Toolkit**, Wiley, Inc. 1996.

King, J. [1981] "QUIST: A System for Semantic Query Optimization in Relational Databases," in *VLDB* [1981].

Kitsuregawa, M., Nakayama, M., and Takagi, M. [1989] "The Effect of Bucket Size Tuning in the Dynamic Hybrid GRACE Hash Join Method," in *VLDB* [1989].

Kleinberg, J. M. [1999] "Authoritative sources in a hyperlinked environment," **JACM** 46:5, September 1999, pp. 604–632

Klimbie, J., and Koffeman, K., eds. [1974] **Data Base Management**, North-Holland, 1974.

Klug, A. [1982] "Equivalence of Relational Algebra and Relational Calculus Query Languages Having Aggregate Functions," **JACM**, 29:3, July 1982.

Knuth, D. [1998] **The Art of Computer Programming, Vol. 3: Sorting and Searching**, 2nd ed., Addison-Wesley, 1998.

Kogelnik, A. [1998] "Biological Information Management with Application to Human Genome Data," Ph.D. dissertation, Georgia Institute of Technology and Emory University, 1998.

Kogelnik, A. et al. [1998] "MITOMAP: A human mitochondrial genome database—1998 update," **Nucleic Acids Research**, 26:1, January 1998.

Kogelnik, A., Navathe, S., Wallace, D. [1997] "GENOME: A system for managing Human Genome Project Data." *Proceedings of Genome Informatics '97, Eighth Workshop on Genome Informatics*, Tokyo, Japan, Sponsor:

Human Genome Center, University of Tokyo, December 1997.

Kohler, W. [1981] "A Survey of Techniques for Synchronization and Recovery in Decentralized Computer Systems," **ACM Computing Surveys**, 13:2, June 1981.

Konsynski, B., Bracker, L., and Bracker, W. [1982] "A Model for Specification of Office Communications," **IEEE Transactions on Communications**, 30:1, January 1982.

Kooi, R. P., [1980] **The Optimization of Queries in Relational Databases**, Ph.D. Dissertation, Case Western Reserve University, 1980: pp. 1–159.

Koperski, K., and Han, J. [1995] "Discovery of Spatial Association Rules in Geographic Information Databases," in *Proc. SSD'1995, 4th Int. Symposium on Advances in Spatial Databases*, Portland, Maine, **LNCS** 951, Springer, 1995.

Korfhage, R. [1991] "To See, or Not to See: Is that the Query?" in Proc. *ACM SIGIR International Conference*, June 1991.

Korth, H. [1983] "Locking Primitives in a Database System," **JACM**, 30:1, January 1983.

Korth, H., Levy, E., and Silberschatz, A. [1990] "A Formal Approach to Recovery by Compensating Transactions," in *VLDB* [1990].

Kosala, R., and Blockeel, H. [2000] "Web Mining Research: a Survey," **SIGKDD Explorations**. 2:1, June 2000, pp. 1–15.

Kotz, A., Dittrich, K., Mulle, J. [1988] "Supporting Semantic Rules by a Generalized Event/Trigger Mechanism," in *VLDB* [1988].

Kotz, S., Balakrishnan, N., and Johnson, N. L. [2000] "Dirichlet and Inverted Dirichlet Distributions," in **Continuous Multivariate Distributions: Models and Applications, Vol. 1**, 2nd Ed., John Wiley, 2000.

Krishnamurthy, R., and Naqvi, S. [1989] "Non-Deterministic Choice in Datalog," *Proceeedings of the 3rd International Conference on Data and Knowledge Bases*, Jerusalem, June 1989.

Krishnamurthy, R., Litwin, W., and Kent, W. [1991] "Language Features for Interoperability of Databases with Semantic Discrepancies," in *SIGMOD* [1991].

Krovetz, R., and Croft B. [1992] "Lexical Ambiguity and Information Retrieval" in **TOIS**, 10, April 1992.

Kubiatowicz, J. et al., [2000] "OceanStore: An Architecture for Global-Scale Persistent Storage," ASPLOS 2000.

Kuhn, R. M., Karolchik, D., Zweig, et al. [2009] "The UCSC Genome Browser Database: update 2009," **Nucleic Acids Research**, 37:1, January 2009.

Kulkarni K. et al., "Introducing Reference Types and Cleaning Up SQL3's Object Model," *ISO WG3 Report X3H2-95-456*, November 1995.

Kumar, A. [1991] "Performance Measurement of Some Main Memory Recovery Algorithms," in *ICDE* [1991].

Kumar, A., and Segev, A. [1993] "Cost and Availability Tradeoffs in Replicated Concurrency Control," **TODS**, 18:1, March 1993.

Kumar, A., and Stonebraker, M. [1987] "Semantics Based Transaction Management Techniques for Replicated Data," in *SIGMOD* [1987].

Kumar, D. [2007a]. "Genomic medicine: a new frontier of medicine in the twenty first century", **Genomic Medicine**, 2007, pp. 3–7.

Kumar, D. [2007b]. "Genome mirror—2006", **Genomic Medicine**, 2007, pp. 87–90.

Kumar, V., and Han, M., eds. [1992] **Recovery Mechanisms in Database Systems**, Prentice-Hall, 1992.

Kumar, V., and Hsu, M. [1998] **Recovery Mechanisms in Database Systems**, Prentice-Hall (PTR), 1998.

Kumar, V., and Song, H. S. [1998] **Database Recovery**, Kluwer Academic, 1998.

Kung, H., and Robinson, J. [1981] "Optimistic Concurrency Control," **TODS**, 6:2, June 1981.

Lacroix, M., and Pirotte, A. [1977a] "Domain-Oriented Relational Languages," in *VLDB* [1977].

Lacroix, M., and Pirotte, A. [1977b] "ILL: An English Structured Query Language for Relational Data Bases," in Nijssen [1977].

Lai, M.-Y., and Wilkinson, W. K. [1984] "Distributed Transaction Management in Jasmin," in *VLDB* [1984].

Lamb, C. et al. [1991] "The ObjectStore Database System," in **CACM**, 34:10, October 1991, pp. 50–63.

Lamport, L. [1978] "Time, Clocks, and the Ordering of Events in a Distributed System," **CACM**, 21:7, July 1978.

Lander, E. [2001] "Initial Sequencing and Analysis of the Genome," **Nature**, 409:6822, 2001.

Langerak, R. [1990] "View Updates in Relational Databases with an Independent Scheme," **TODS**, 15:1, March 1990.

Lanka, S., and Mays, E. [1991] "Fully Persistent B1-Trees," in *SIGMOD* [1991].

Larson, J. [1983] "Bridging the Gap Between Network and Relational Database Management Systems," **IEEE Computer**, 16:9, September 1983.

Larson, J., Navathe, S., and Elmasri, R. [1989] "Attribute Equivalence and its Use in Schema Integration," **TSE**, 15:2, April 1989.

Larson, P. [1978] "Dynamic Hashing," **BIT**, 18, 1978.

Larson, P. [1981] "Analysis of Index-Sequential Files with Overflow Chaining," **TODS**, 6:4, December 1981.

Lassila, O. [1998] "Web Metadata: A Matter of Semantics," **IEEE Internet Computing**, 2:4, July/August 1998, pp. 30–37.

Laurini, R., and Thompson, D. [1992] **Fundamentals of Spatial Information Systems**, Academic Press, 1992.

Lausen G., and Vossen, G. [1997] **Models and Languages of Object Oriented Databases**, Addison-Wesley, 1997.

Lazebnik, S., Schmid, C., and Ponce, J. [2004] "Semi-Local Affine Parts for Object Recognition," in *Proc. British Machine Vision Conference*, Kingston University, The Institution of Engineering and Technology, U.K., 2004.

Lee, J., Elmasri, R., and Won, J. [1998] "An Integrated Temporal Data Model Incorporating Time Series Concepts," **DKE**, 24, 1998, pp. 257–276.

Lehman, P., and Yao, S. [1981] "Efficient Locking for Concurrent Operations on B-Trees," **TODS**, 6:4, December 1981.

Lehman, T., and Lindsay, B. [1989] "The Starburst Long Field Manager," in *VLDB* [1989].

Leiss, E. [1982] "Randomizing: A Practical Method for Protecting Statistical Databases Against Compromise," in *VLDB* [1982].

Leiss, E. [1982a] **Principles of Data Security**, Plenum Press, 1982.

Lenat, D. [1995] "CYC: A Large-Scale Investment in Knowledge Infrastructure," **CACM** 38:11, November 1995, pp. 32–38.

Lenzerini, M., and Santucci, C. [1983] "Cardinality Constraints in the Entity Relationship Model," in *ER Conference* [1983].

Leung, C., Hibler, B., and Mwara, N. [1992] "Picture Retrieval by Content Description," in **Journal of Information Science**, 1992, pp. 111–119.

Levesque, H. [1984] "The Logic of Incomplete Knowledge Bases," in Brodie et al., Ch. 7 [1984].

Li, W.-S., Seluk Candan, K., Hirata, K., and Hara, Y. [1998] Hierarchical Image Modeling for Object-based Media Retrieval in **DKE**, 27:2, September 1998, pp. 139–176.

Lien, E., and Weinberger, P. [1978] "Consistency, Concurrency, and Crash Recovery," in *SIGMOD* [1978].

Lieuwen, L., and DeWitt, D. [1992] "A Transformation-Based Approach to Optimizing Loops in Database Programming Languages," in *SIGMOD* [1992].

Lilien, L., and Bhargava, B. [1985] "Database Integrity Block Construct: Concepts and Design Issues," **TSE**, 11:9, September 1985.

Lin, J., and Dunham, M. H. [1998] "Mining Association Rules," in *ICDE* [1998].

Lindsay, B. et al. [1984] "Computation and Communication in R*: A Distributed Database Manager," **TOCS**, 2:1, January 1984.

Lippman R. [1987] "An Introduction to Computing with Neural Nets," **IEEE ASSP Magazine**, April 1987.

Lipski, W. [1979] "On Semantic Issues Connected with Incomplete Information," **TODS**, 4:3, September 1979.

Lipton, R., Naughton, J., and Schneider, D. [1990] "Practical Selectivity Estimation through Adaptive Sampling," in *SIGMOD* [1990].

Liskov, B., and Zilles, S. [1975] "Specification Techniques for Data Abstractions," **TSE**, 1:1, March 1975.

Litwin, W. [1980] "Linear Hashing: A New Tool for File and Table Addressing," in *VLDB* [1980].

Liu, B. [2006] **Web Data Mining: Exploring Hyperlinks, Contents, and Usage Data (Data-Centric Systems and Applications)**, Springer, 2006.

Liu, B. and Chen-Chuan-Chang, K. [2004] "Editorial: Special Issue on Web Content Mining," **SIGKDD Explorations Newsletter** 6:2 , December 2004, pp. 1–4.

Liu, K., and Sunderraman, R. [1988] "On Representing Indefinite and Maybe Information in Relational Databases," in *ICDE* [1988].

Liu, L., and Meersman, R. [1992] "Activity Model: A Declarative Approach for Capturing Communication Behavior in Object-Oriented Databases," in *VLDB* [1992].

Lockemann, P., and Knutsen, W. [1968] "Recovery of Disk Contents After System Failure," **CACM**, 11:8, August 1968.

Longley, P. et al [2001] **Geographic Information Systems and Science**, John Wiley, 2001.

Lorie, R. [1977] "Physical Integrity in a Large Segmented Database," **TODS**, 2:1, March 1977.

Lorie, R., and Plouffe, W. [1983] "Complex Objects and Their Use in Design Transactions," in *SIGMOD* [1983].

Lowe, D. [2004] "Distinctive Image Features from Scale-Invariant Keypoints", **Int. Journal of Computer Vision**, Vol. 60, 2004, pp. 91–110.

Lozinskii, E. [1986] "A Problem-Oriented Inferential Database System," **TODS**, 11:3, September 1986.

Lu, H., Mikkilineni, K., and Richardson, J. [1987] "Design and Evaluation of Algorithms to Compute the Transitive Closure of a Database Relation," in *ICDE* [1987].

Lubars, M., Potts, C., and Richter, C. [1993] "A Review of the State of Practice in Requirements Modeling," Proc. IEEE International Symposium on Requirements Engineering, San Diego, CA, 1993.

Lucyk, B. [1993] **Advanced Topics in DB2**, Addison-Wesley, 1993.

Luhn, H. P. [1957] "A Statistical Approach to Mechanized Encoding and Searching of Literary Information," **IBM Journal of Research and Development**, 1:4, October 1957, pp. 309–317.

Lunt, T., and Fernandez, E. [1990] "Database Security," in *SIGMOD Record*, 19:4, pp. 90–97.

Lunt, T. et al. [1990] "The Seaview Security Model," **IEEE TSE**, 16:6, pp. 593–607.

Luo, J., and Nascimento, M. [2003] "Content-based Subimage Retrieval via Hierarchical Tree Matching," in *Proc. ACM Int Workshop on Multimedia Databases*, New Orleans, pp. 63–69.

Madria, S. et al. [1999] "Research Issues in Web Data Mining," in *Proc. First Int. Conf. on Data Warehousing and Knowledge Discovery* (Mohania, M., and Tjoa, A., eds.) **LNCS** 1676. Springer, pp. 303–312.

Madria, S., Baseer, Mohammed, B., Kumar,V., and Bhowmick, S. [2007] "A transaction model and multiversion concurrency control for mobile database systems," *Distributed and Parallel Databases (DPD)*, 22:2–3, 2007, pp. 165–196.

Maguire, D., Goodchild, M., and Rhind, D., eds. [1997] **Geographical Information Systems: Principles and Applications. Vols. 1 and 2**, Longman Scientific and Technical, New York.

Mahajan, S., Donahoo. M. J., Navathe, S. B., Ammar, M., Malik, S. [1998] "Grouping Techniques for Update Propagation in Intermittently Connected Databases," in *ICDE* [1998].

Maier, D. [1983] **The Theory of Relational Databases**, Computer Science Press, 1983.

Maier, D., and Warren, D. S. [1988] **Computing with Logic**, Benjamin Cummings, 1988.

Maier, D., Stein, J., Otis, A., and Purdy, A. [1986] "Development of an Object-Oriented DBMS," *OOPSLA*, 1986.

Malewicz, G, [2010] "Pregel: a system for large-scale graph processing," in *SIGMOD* [2010].

Malley, C., and Zdonick, S. [1986] "A Knowledge-Based Approach to Query Optimization," in *EDS* [1986].

Mannila, H., Toivonen, H., and Verkamo, A. [1994] "Efficient Algorithms for Discovering Association Rules," in *KDD-94, AAAI Workshop on Knowledge Discovery in Databases*, Seattle, 1994.

Manning, C., and Schütze, H. [1999] **Foundations of Statistical Natural Language Processing**, MIT Press, 1999.

Manning, C., Raghavan, P., and and Schutze, H. [2008] **Introduction to Information Retrieval**, Cambridge University Press, 2008.

Manola. F. [1998] "Towards a Richer Web Object Model," in **ACM SIGMOD Record**, 27:1, March 1998.

Manolopoulos, Y., Nanopoulos, A., Papadopoulos, A., and Theodoridis, Y. [2005] **R-Trees: Theory and Applications**, Springer, 2005.

March, S., and Severance, D. [1977] "The Determination of Efficient Record Segmentations and Blocking Factors for Shared Files," **TODS**, 2:3, September 1977.

Mark, L., Roussopoulos, N., Newsome, T., and Laohapipattana, P. [1992] "Incrementally Maintained Network to Relational Mappings," **Software Practice & Experience**, 22:12, December 1992.

Markowitz, V., and Raz, Y. [1983] "ERROL: An Entity-Relationship, Role Oriented, Query Language," in *ER Conference* [1983].

Martin, J., and Odell, J. [2008] **Principles of Object-oriented Analysis and Design**, Prentice-Hall, 2008.

Martin, J., Chapman, K., and Leben, J. [1989] **DB2-Concepts, Design, and Programming**, Prentice-Hall, 1989.

Maryanski, F. [1980] "Backend Database Machines," **ACM Computing Surveys**, 12:1, March 1980.

Masunaga, Y. [1987] "Multimedia Databases: A Formal Framework," *Proc. IEEE Office Automation Symposium*, April 1987.

Mattison, R., **Data Warehousing: Strategies, Technologies, and Techniques**, McGraw-Hill, 1996.

Maune, D. F. [2001] **Digital Elevation Model Technologies and Applications: The DEM Users Manual**, ASPRS, 2001.

McCarty, C. et al. [2005]. "Marshfield Clinic Personalized Medicine Research Project (PMRP): design, methods and recruitment for a large population-based biobank," **Personalized Medicine**, 2005, pp. 49–70.

McClure, R., and Krüger, I. [2005] "SQL DOM: Compile Time Checking of Dynamic SQL Statements," *Proc. 27th Int. Conf. on Software Engineering*, May 2005.

Mckinsey [2013] **Big data: The next frontier for innovation, competition, and productivity**, McKinsey Global Institute, 2013, pp. 216.

McLeish, M. [1989] "Further Results on the Security of Partitioned Dynamic Statistical Databases," **TODS**, 14:1, March 1989.

McLeod, D., and Heimbigner, D. [1985] "A Federated Architecture for Information Systems," **TOOIS**, 3:3, July

1985.

Mehrotra, S. et al. [1992] "The Concurrency Control Problem in Multidatabases: Characteristics and Solutions," in *SIGMOD* [1992].

Melton, J. [2003] **Advanced SQL: 1999—Understanding Object-Relational and Other Advanced Features**, Morgan Kaufmann, 2003.

Melton, J., and Mattos, N. [1996] "An Overview of SQL3—The Emerging New Generation of the SQL Standard, Tutorial No. T5," *VLDB*, Bombay, September 1996.

Melton, J., and Simon, A. R. [1993] **Understanding the New SQL: A Complete Guide**, Morgan Kaufmann, 1993.

Melton, J., and Simon, A. R. [2002] **SQL: 1999—Understanding Relational Language Components**, Morgan Kaufmann, 2002.

Melton, J., Bauer, J., and Kulkarni, K. [1991] "Object ADTs (with improvements for value ADTs)," *ISO WG3 Report X3H2-91-083*, April 1991.

Menasce, D., Popek, G., and Muntz, R. [1980] "A Locking Protocol for Resource Coordination in Distributed Databases," **TODS**, 5:2, June 1980.

Mendelzon, A., and Maier, D. [1979] "Generalized Mutual Dependencies and the Decomposition of Database Relations," in *VLDB* [1979].

Mendelzon, A., Mihaila, G., and Milo, T. [1997] "Querying the World Wide Web," **Journal of Digital Libraries**, 1:1, April 1997.

Mesnier, M. et al. [2003]. "Object-Based Storage." *IEEE Communications Magazine*, August 2003, pp. 84–90.

Metais, E., Kedad, Z., Comyn-Wattiau, C., and Bouzeghoub, M., "Using Linguistic Knowledge in View Integration: Toward a Third Generation of Tools," **DKE**, 23:1, June 1998.

Mihailescu, M., Soundararajan, G., and Amza, C. "MixApart: Decoupled Analytics for Shared Storage Systems" In USENIX Conf on File And Storage Technologies (FAST), 2013

Mikkilineni, K., and Su, S. [1988] "An Evaluation of Relational Join Algorithms in a Pipelined Query Processing Environment," **TSE**, 14:6, June 1988.

Mikolajczyk, K., and Schmid, C. [2005] "A performance evaluation of local descriptors", **IEEE Transactions on PAMI**, 10:27, 2005, pp. 1615–1630.

Miller, G. A. [1990] "Nouns in WordNet: a lexical inheritance system." in **International Journal of Lexicography** 3:4, 1990, pp. 245–264.

Miller, H. J., (2004) "Tobler's First Law and Spatial Analysis," Annals of the Association of American Geographers, 94:2, 2004, pp. 284–289.

Milojicic, D. et al. [2002] *Peer-to-Peer Computing*, HP Laboratories Technical Report No. HPL-2002-57, HP Labs, Palo Alto, available at www.hpl.hp.com/techreports/2002/HPL-2002-57R1.html.

Minoura, T., and Wiederhold, G. [1981] "Resilient Extended True-Copy Token Scheme for a Distributed Database," **TSE**, 8:3, May 1981.

Missikoff, M., and Wiederhold, G. [1984] "Toward a Unified Approach for Expert and Database Systems," in *EDS* [1984].

Mitchell, T. [1997] **Machine Learning**, McGraw-Hill, 1997.

Mitschang, B. [1989] "Extending the Relational Algebra to Capture Complex Objects," in *VLDB* [1989].

Moczar, L. [2015] **Enterprise Lucene and Solr**, Addison Wesley, forthcoming, 2015, pp. 496.

Mohan, C. [1993] "IBM's Relational Database Products: Features and Technologies," in *SIGMOD* [1993].

Mohan, C. et al. [1992] "ARIES: A Transaction Recovery Method Supporting Fine-Granularity Locking and

Partial Rollbacks Using Write-Ahead Logging," **TODS**, 17:1, March 1992.

Mohan, C., and Levine, F. [1992] "ARIES/IM: An Efficient and High-Concurrency Index Management Method Using Write-Ahead Logging," in *SIGMOD* [1992].

Mohan, C., and Narang, I. [1992] "Algorithms for Creating Indexes for Very Large Tables without Quiescing Updates," in *SIGMOD* [1992].

Mohan, C., Haderle, D., Lindsay, B., Pirahesh, H., and Schwarz, P. [1992] "ARIES: A Transaction Recovery Method Supporting Fine-Granularity Locking and Partial Rollbacks Using Write-Ahead Logging," **TODS**, 17:1, March 1992.

Morris, K. et al. [1987] "YAWN! (Yet Another Window on NAIL!), in *ICDE* [1987].

Morris, K., Ullman, J., and VanGelden, A. [1986] "Design Overview of the NAIL! System," *Proc. Third International Conference on Logic Programming*, Springer-Verlag, 1986.

Morris, R. [1968] "Scatter Storage Techniques," **CACM**, 11:1, January 1968.

Morsi, M., Navathe, S., and Kim, H. [1992] "An Extensible Object-Oriented Database Testbed," in *ICDE* [1992].

Moss, J. [1982] "Nested Transactions and Reliable Distributed Computing," *Proc. Symposium on Reliability in Distributed Software and Database Systems*, IEEE CS, July 1982.

Motro, A. [1987] "Superviews: Virtual Integration of Multiple Databases," **TSE**, 13:7, July 1987.

Mouratidis, K. et al. [2006] "Continuous nearest neighbor monitoring in road networks," in *VLDB* [2006], pp. 43–54.

Mukkamala, R. [1989] "Measuring the Effect of Data Distribution and Replication Models on Performance Evaluation of Distributed Systems," in *ICDE* [1989].

Mumick, I., Finkelstein, S., Pirahesh, H., and Ramakrishnan, R. [1990a] "Magic Is Relevant," in *SIGMOD* [1990].

Mumick, I., Pirahesh, H., and Ramakrishnan, R. [1990b] "The Magic of Duplicates and Aggregates," in *VLDB* [1990].

Muralikrishna, M. [1992] "Improved Unnesting Algorithms for Join and Aggregate SQL Queries," in *VLDB* [1992].

Muralikrishna, M., and DeWitt, D. [1988] "Equi-depth Histograms for Estimating Selectivity Factors for Multi-dimensional Queries," in *SIGMOD* [1988].

Murthy, A.C. and Vavilapalli, V.K. [2014] **Apache Hadoop YARN: Moving beyond MapReduce and Batch Processing with Apache Hadoop 2**, Addison Wesley, 2014, pp. 304.

Mylopolous, J., Bernstein, P., and Wong, H. [1980] "A Language Facility for Designing Database-Intensive Applications," **TODS**, 5:2, June 1980.

Naedele, M., [2003] Standards for XML and Web Services Security, **IEEE Computer**, 36:4, April 2003, pp. 96–98.

Naish, L., and Thom, J. [1983] "The MU-PROLOG Deductive Database," Technical Report 83/10, Department of Computer Science, University of Melbourne, 1983.

Natan R. [2005] **Implementing Database Security and Auditing: Includes Examples from Oracle, SQL Server, DB2 UDB, and Sybase**, Digital Press, 2005.

Navathe, S. [1980] "An Intuitive Approach to Normalize Network-Structured Data," in *VLDB* [1980].

Navathe, S., and Balaraman, A. [1991] "A Transaction Architecture for a General Purpose Semantic Data Model," in *ER* [1991], pp. 511–541.

Navathe, S. B., Karlapalem, K., and Ra, M. Y. [1996] "A Mixed Fragmentation Methodology for the Initial Distributed Database Design," **Journal of Computers and Software Engineering**, 3:4, 1996.

Navathe, S. B. et al. [1994] "Object Modeling Using Classification in CANDIDE and Its Application," in Dogac et al. [1994].

Navathe, S., and Ahmed, R. [1989] "A Temporal Relational Model and Query Language," **Information Sciences**, 47:2, March 1989, pp. 147–175.

Navathe, S., and Gadgil, S. [1982] "A Methodology for View Integration in Logical Database Design," in *VLDB* [1982].

Navathe, S., and Kerschberg, L. [1986] "Role of Data Dictionaries in Database Design," **Information and Management**, 10:1, January 1986.

Navathe, S., and Savasere, A. [1996] "A Practical Schema Integration Facility Using an Object Oriented Approach," in **Multidatabase Systems** (A. Elmagarmid and O. Bukhres, eds.), Prentice-Hall, 1996.

Navathe, S., and Schkolnick, M. [1978] "View Representation in Logical Database Design," in *SIGMOD* [1978].

Navathe, S., Ceri, S., Wiederhold, G., and Dou, J. [1984] "Vertical Partitioning Algorithms for Database Design," **TODS**, 9:4, December 1984.

Navathe, S., Elmasri, R., and Larson, J. [1986] "Integrating User Views in Database Design," **IEEE Computer**, 19:1, January 1986.

Navathe, S., Patil, U., and Guan, W. [2007] "Genomic and Proteomic Databases: Foundations, Current Status and Future Applications," in **Journal of Computer Science and Engineering**, Korean Institute of Information Scientists and Engineers (KIISE), 1:1, 2007, pp. 1–30

Navathe, S., Sashidhar, T., and Elmasri, R. [1984a] "Relationship Merging in Schema Integration," in *VLDB* [1984].

Negri, M., Pelagatti, S., and Sbatella, L. [1991] "Formal Semantics of SQL Queries," **TODS**, 16:3, September 1991.

Ng, P. [1981] "Further Analysis of the Entity-Relationship Approach to Database Design," **TSE**, 7:1, January 1981.

Ngu, A. [1989] "Transaction Modeling," in *ICDE* [1989], pp. 234–241.

Nicolas, J. [1978] "Mutual Dependencies and Some Results on Undecomposable Relations," in *VLDB* [1978].

Nicolas, J. [1997] "Deductive Object-oriented Databases, Technology, Products, and Applications: Where Are We?" *Proc. Symposium on Digital Media Information Base (DMIB '97)*, Nara, Japan, November 1997.

Nicolas, J., Phipps, G., Derr, M., and Ross, K. [1991] "Glue-NAIL!: A Deductive Database System," in *SIGMOD* [1991].

Niemiec, R. [2008] **Oracle Database 10g Performance Tuning Tips & Techniques**, McGraw Hill Osborne Media, 2008, pp. 967.

Nievergelt, J. [1974] "Binary Search Trees and File Organization," **ACM Computing Surveys**, 6:3, September 1974.

Nievergelt, J., Hinterberger, H., and Seveik, K. [1984]. "The Grid File: An Adaptable Symmetric Multikey File Structure," **TODS**, 9:1, March 1984, pp. 38–71.

Nijssen, G., ed. [1976] **Modelling in Data Base Management Systems**, North-Holland, 1976.

Nijssen, G., ed. [1977] **Architecture and Models in Data Base Management Systems**, North-Holland, 1977.

Nwosu, K., Berra, P., and Thuraisingham, B., eds. [1996] **Design and Implementation of Multimedia Database Management Systems**, Kluwer Academic, 1996.

O'Neil, P., and O'Neil, P. [2001] **Database: Principles, Programming, Performance**, Morgan Kaufmann, 1994.

Obermarck, R. [1982] "Distributed Deadlock Detection Algorithms," **TODS**, 7:2, June 1982.

Oh, Y.-C. [1999] "Secure Database Modeling and Design," Ph.D. dissertation, College of Computing, Georgia

Institute of Technology, March 1999.

Ohsuga, S. [1982] "Knowledge Based Systems as a New Interactive Computer System of the Next Generation," in **Computer Science and Technologies**, North-Holland, 1982.

Olken, F., Jagadish, J. [2003] Management for Integrative Biology," **OMICS: A Journal of Integrative Biology**, 7:1, January 2003.

Olle, T. [1978] **The CODASYL Approach to Data Base Management**, Wiley, 1978.

Olle, T., Sol, H., and Verrijn-Stuart, A., eds. [1982] **Information System Design Methodology**, North-Holland, 1982.

Olston, C. et al. [2008] Pig Latin: A Not-So-Foreign language for Data Processing, in *SIGMOD* [2008].

Omiecinski, E., and Scheuermann, P. [1990] "A Parallel Algorithm for Record Clustering," **TODS**, 15:4, December 1990.

Omura, J. K. [1990] "Novel applications of cryptography in digital communications," **IEEE Communications Magazine**, 28:5, May 1990, pp. 21–29.

O'Neil, P. and Graefe, G., 'Multi-Table Joins Through Bitmapped Join Indices', **SIGMOD Record**, Vol. 24, No. 3, 1995.

Open GIS Consortium, Inc. [1999] "*OpenGIS® Simple Features Specification for SQL*," Revision 1.1, OpenGIS Project Document 99-049, May 1999.

Open GIS Consortium, Inc. [2003] "*OpenGIS® Geography Markup Language (GML) Implementation Specification*," Version 3, OGC 02-023r4, 2003.

Oracle [2005] **Oracle 10, Introduction to LDAP and Oracle Internet Directory** 10g Release 2, Oracle Corporation, 2005.

Oracle [2007] **Oracle Label Security Administrator's Guide, 11g (release 11.1)**, Part no. B28529-01, Oracle, available at http://download.oracle.com/docs/cd/B28359_01/network.111/b28529/intro.htm.

Oracle [2008] **Oracle 11 Distributed Database Concepts** 11g Release 1, Oracle Corporation, 2008.

Oracle [2009] "An Oracle White Paper: Leading Practices for Driving Down the Costs of Managing Your Oracle Identity and Access Management Suite," Oracle, April 2009.

Osborn, S. L. [1977] "Normal Forms for Relational Databases," Ph.D. dissertation, University of Waterloo, 1977.

Osborn, S. L. [1989] "The Role of Polymorphism in Schema Evolution in an Object-Oriented Database," **TKDE**, 1:3, September 1989.

Osborn, S. L.[1979] "Towards a Universal Relation Interface," in *VLDB* [1979].

Ozsoyoglu, G., Ozsoyoglu, Z., and Matos, V. [1985] "Extending Relational Algebra and Relational Calculus with Set Valued Attributes and Aggregate Functions," **TODS**, 12:4, December 1987.

Ozsoyoglu, Z., and Yuan, L. [1987] "A New Normal Form for Nested Relations," **TODS**, 12:1, March 1987.

Ozsu, M. T., and Valduriez, P. [1999] **Principles of Distributed Database Systems**, 2nd ed., Prentice-Hall, 1999.

Palanisamy, B. et al. [2011] "Purlieus: locality-aware resource allocation for MapReduce in a cloud," In Proc. ACM/IEEE Int. Conf for High Perf Computing, Networking, Storage and Analysis, *(SC)* 2011.

Palanisamy, B. et al. [2014] "VNCache: Map Reduce Analysis for Cloud-archived Data", Proc. 14th IEEE/ACM Int. Symp. on Cluster, Cloud and Grid Computing, 2014.

Palanisamy, B., Singh, A., and Liu, Ling, "Cost-effective Resource Provisioning for MapReduce in a Cloud", **IEEE TPDS**, 26:5, May 2015.

Papadias, D. et al. [2003] "Query Processing in Spatial Network Databases," in *VLDB* [2003] pp. 802–813.

Papadimitriou, C. [1979] "The Serializability of Concurrent Database Updates," **JACM**, 26:4, October 1979.

Papadimitriou, C. [1986] **The Theory of Database Concurrency Control**, Computer Science Press, 1986.

Papadimitriou, C., and Kanellakis, P. [1979] "On Concurrency Control by Multiple Versions," **TODS**, 9:1, March 1974.

Papazoglou, M., and Valder, W. [1989] **Relational Database Management: A Systems Programming Approach**, Prentice-Hall, 1989.

Paredaens, J., and Van Gucht, D. [1992] "Converting Nested Algebra Expressions into Flat Algebra Expressions," **TODS**, 17:1, March 1992.

Parent, C., and Spaccapietra, S. [1985] "An Algebra for a General Entity-Relationship Model," **TSE**, 11:7, July 1985.

Paris, J. [1986] "Voting with Witnesses: A Consistency Scheme for Replicated Files," in *ICDE* [1986].

Park, J., Chen, M., and Yu, P. [1995] "An Effective Hash-Based Algorithm for Mining Association Rules," in *SIGMOD* [1995].

Parker Z., Poe, S., and Vrbsky, S.V. [2013] "Comparing NoSQL MongoDB to an SQL DB," Proc. 51st ACM Southeast Conference [ACMSE '13], Savannah, GA, 2013.

Paton, A. W., ed. [1999] **Active Rules in Database Systems**, Springer-Verlag, 1999.

Paton, N. W., and Diaz, O. [1999] Survey of Active Database Systems, **ACM Computing Surveys**, 31:1, 1999, pp. 63–103.

Patterson, D., Gibson, G., and Katz, R. [1988] "A Case for Redundant Arrays of Inexpensive Disks (RAID)," in *SIGMOD* [1988].

Paul, H. et al. [1987] "Architecture and Implementation of the Darmstadt Database Kernel System," in *SIGMOD* [1987].

Pavlo, A. et al. [2009] A Comparison of Approaches to Large Scale Data Analysis, in *SIGMOD* [2009].

Pazandak, P., and Srivastava, J., "Evaluating Object DBMSs for Multimedia," **IEEE Multimedia**, 4:3, pp. 34–49.

Pazos- Rangel, R. et. al. [2006] "Least Likely to Use: A New Page Replacement Strategy for Improving Database Management System Response Time," in *Proc. CSR 2006: Computer Science- Theory and Applications*, St. Petersburg, Russia, **LNCS**, Volume 3967, Springer, 2006, pp. 314–323.

PDES [1991] "A High-Lead Architecture for Implementing a PDES/STEP Data Sharing Environment," Publication Number PT 1017.03.00, PDES Inc., May 1991.

Pearson, P. et al. [1994] "The Status of Online Mendelian Inheritance in Man (OMIM) Medio 1994" **Nucleic Acids Research**, 22:17, 1994.

Peckham, J., and Maryanski, F. [1988] "Semantic Data Models," **ACM Computing Surveys**, 20:3, September 1988, pp. 153–189.

Peng, T. and Tsou, M. [2003] **Internet GIS: Distributed Geographic Information Services for the Internet and Wireless Network**, Wiley, 2003.

Pfleeger, C. P., and Pfleeger, S. [2007] **Security in Computing**, 4th ed., Prentice-Hall, 2007.

Phipps, G., Derr, M., and Ross, K. [1991] "Glue-NAIL!: A Deductive Database System," in *SIGMOD* [1991].

Piatetsky-Shapiro, G., and Frawley, W., eds. [1991] **Knowledge Discovery in Databases**, AAAI Press/MIT Press, 1991.

Pistor P., and Anderson, F. [1986] "Designing a Generalized NF2 Model with an SQL-type Language Interface," in *VLDB* [1986], pp. 278–285.

Pitoura, E., and Bhargava, B. [1995] "Maintaining Consistency of Data in Mobile Distributed Environments." In *15th ICDCS*, May 1995, pp. 404–413.

Pitoura, E., and Samaras, G. [1998] **Data Management for Mobile Computing**, Kluwer, 1998.

Pitoura, E., Bukhres, O., and Elmagarmid, A. [1995] "Object Orientation in Multidatabase Systems," **ACM Computing Surveys**, 27:2, June 1995.

Polavarapu, N. et al. [2005] "Investigation into Biomedical Literature Screening Using Support Vector Machines," in *Proc. 4th Int. IEEE Computational Systems Bioinformatics Conference (CSB'05)*, August 2005, pp. 366–374.

Ponceleon D. et al. [1999] "CueVideo: Automated Multimedia Indexing and Retrieval," *Proc. 7th ACM Multimedia Conf.*, Orlando, Fl., October 1999, pp. 199.

Ponniah, P. [2010] **Data Warehousing Fundamentals for IT Professionals**, 2nd Ed., Wiley Interscience, 2010, pp. 600.

Poosala, V., Ioannidis, Y., Haas, P., and Shekita, E. [1996] "Improved Histograms for Selectivity Estimation of Range Predicates," in *SIGMOD* [1996].

Porter, M. F. [1980] "An algorithm for suffix stripping," **Program**, 14:3, pp. 130–137.

Ports, D.R.K. and Grittner, K. [2012] "Serializable Snapshot Isolation in PostgreSQL," **Proceedings of VLDB**, 5:12, 2012, pp. 1850–1861.

Potter, B., Sinclair, J., and Till, D. [1996] **An Introduction to Formal Specification and Z**, 2nd ed., Prentice-Hall, 1996.

Prabhakaran, B. [1996] **Multimedia Database Management Systems**, Springer-Verlag, 1996.

Prasad, S. et al. [2004] "SyD: A Middleware Testbed for Collaborative Applications over Small Heterogeneous Devices and Data Stores," *Proc. ACM/IFIP/USENIX 5th International Middleware Conference (MW-04)*, Toronto, Canada, October 2004.

Price, B. [2004] "ESRI Systems IntegrationTechnical Brief—ArcSDE High-Availability Overview," ESRI, 2004, Rev 2 (www.lincoln.ne.gov/city/pworks/gis/pdf/arcsde.pdf).

Rabitti, F., Bertino, E., Kim, W., and Woelk, D. [1991] "A Model of Authorization for Next-Generation Database Systems," **TODS**, 16:1, March 1991.

Ramakrishnan, R., and Gehrke, J. [2003] **Database Management Systems**, 3rd ed., McGraw-Hill, 2003.

Ramakrishnan, R., and Ullman, J. [1995] "Survey of Research in Deductive Database Systems," **Journal of Logic Programming**, 23:2, 1995, pp. 125–149.

Ramakrishnan, R., ed. [1995] **Applications of Logic Databases**, Kluwer Academic, 1995.

Ramakrishnan, R., Srivastava, D., and Sudarshan, S. [1992]"{CORAL} : {C} ontrol, {R} elations and {L} ogic," in *VLDB* [1992].

Ramakrishnan, R., Srivastava, D., Sudarshan, S., and Sheshadri, P. [1993] "Implementation of the {CORAL} deductive database system," in *SIGMOD* [1993].

Ramamoorthy, C., and Wah, B. [1979] "The Placement of Relations on a Distributed Relational Database," *Proc. First International Conference on Distributed Computing Systems*, IEEE CS, 1979.

Ramesh, V., and Ram, S. [1997] "Integrity Constraint Integration in Heterogeneous Databases an Enhanced Methodology for Schema Integration," **Information Systems**, 22:8, December 1997, pp. 423–446.

Ratnasamy, S. et al. [2001] "A Scalable Content-Addressable Network." SIGCOMM 2001.

Reed, D. P. [1983] "Implementing Atomic Actions on Decentralized Data," **TOCS**, 1:1, February 1983, pp. 3–23.

Reese, G. [1997] **Database Programming with JDBC and Java**, O'Reilley, 1997.

Reisner, P. [1977] "Use of Psychological Experimentation as an Aid to Development of a Query Language," **TSE**, 3:3, May 1977.

Reisner, P. [1981] "Human Factors Studies of Database Query Languages: A Survey and Assessment," **ACM Computing Surveys**, 13:1, March 1981.

Reiter, R. [1984] "Towards a Logical Reconstruction of Relational Database Theory," in Brodie et al., Ch. 8 [1984].

Reuter, A. [1980] "A Fast Transaction Oriented Logging Scheme for UNDO recovery," **TSE** 6:4, pp. 348–356.

Revilak, S., O'Neil, P., and O'Neil, E. [2011] "Precisely Serializable Snapshot Isolation (PSSI)," in *ICDE* [2011], pp. 482–493.

Ries, D., and Stonebraker, M. [1977] "Effects of Locking Granularity in a Database Management System," **TODS**, 2:3, September 1977.

Rissanen, J. [1977] "Independent Components of Relations," **TODS**, 2:4, December 1977.

Rivest, R. et al.[1978] "A Method for Obtaining Digital Signatures and Public-Key Cryptosystems," **CACM**, 21:2, February 1978, pp. 120–126.

Robbins, R. [1993] "Genome Informatics: Requirements and Challenges," *Proc. Second International Conference on Bioinformatics, Supercomputing and Complex Genome Analysis*, World Scientific Publishing, 1993.

Robertson, S. [1997] "The Probability Ranking Principle in IR," in **Readings in Information Retrieval** (Jones, K. S., and Willett, P., eds.), Morgan Kaufmann Multimedia Information and Systems Series, pp. 281–286.

Robertson, S., Walker, S., and Hancock-Beaulieu, M. [1995] "Large Test Collection Experiments on an Operational, Interactive System: Okapi at TREC," **Information Processing and Management**, 31, pp. 345–360.

Rocchio, J. [1971] "Relevance Feedback in Information Retrieval," in **The SMART Retrieval System: Experiments in Automatic Document Processing**, (G. Salton, ed.), Prentice-Hall, pp. 313–323.

Rosenkrantz, D., Stearns, D., and Lewis, P. [1978] System-Level Concurrency Control for Distributed Database Systems, **TODS**, 3:2, pp. 178–198.

Rotem, D., [1991] "Spatial Join Indices," in *ICDE* [1991].

Roth, M. A., Korth, H. F., and Silberschatz, A. [1988] "Extended Algebra and Calculus for Non-1NF Relational Databases," **TODS**, 13:4, 1988, pp. 389–417.

Roth, M., and Korth, H. [1987] "The Design of Non-1NF Relational Databases into Nested Normal Form," in *SIGMOD* [1987].

Rothnie, J. et al. [1980] "Introduction to a System for Distributed Databases (SDD-1)," **TODS**, 5:1, March 1980.

Roussopoulos, N. [1991] "An Incremental Access Method for View-Cache: Concept, Algorithms, and Cost Analysis," **TODS**, 16:3, September 1991.

Roussopoulos, N., Kelley, S., and Vincent, F. [1995] "Nearest Neighbor Queries," in *SIGMOD* [1995], pp. 71–79.

Rozen, S., and Shasha, D. [1991] "A Framework for Automating Physical Database Design," in *VLDB* [1991].

Rudensteiner, E. [1992] "Multiview: A Methodology for Supporting Multiple Views in Object-Oriented Databases," in *VLDB* [1992].

Ruemmler, C., and Wilkes, J. [1994] "An Introduction to Disk Drive Modeling," **IEEE Computer**, 27:3, March 1994, pp. 17–27.

Rumbaugh, J., Blaha, M., Premerlani, W., Eddy, F., and Lorensen, W. [1991] **Object Oriented Modeling and Design**, Prentice-Hall, 1991.

Rumbaugh, J., Jacobson, I., Booch, G. [1999] **The Unified Modeling Language Reference Manual**, Addison-Wesley, 1999.

Rusinkiewicz, M. et al. [1988] "OMNIBASE—A Loosely Coupled: Design and Implementation of a Multidatabase System," **IEEE Distributed Processing Newsletter**, 10:2, November 1988.

Rustin, R., ed. [1972] **Data Base Systems**, Prentice-Hall, 1972.

Rustin, R., ed. [1974] Proc. BJNAV2.

Sacca, D., and Zaniolo, C. [1987] "Implementation of Recursive Queries for a Data Language Based on Pure Horn Clauses," *Proc. Fourth International Conference on Logic Programming*, MIT Press, 1986.

Sadri, F., and Ullman, J. [1982] "Template Dependencies: A Large Class of Dependencies in Relational Databases and Its Complete Axiomatization," **JACM**, 29:2, April 1982.

Sagiv, Y., and Yannakakis, M. [1981] "Equivalence among Relational Expressions with the Union and Difference Operators," **JACM**, 27:4, November 1981.

Sahay, S. et al. [2008] "Discovering Semantic Biomedical Relations Utilizing the Web," in **Journal of ACM Transactions on Knowledge Discovery from Data (TKDD)**, Special issue on Bioinformatics, 2:1, 2008.

Sakai, H. [1980] "Entity-Relationship Approach to Conceptual Schema Design," in *SIGMOD* [1980].

Salem, K., and Garcia-Molina, H. [1986] "Disk Striping," in *ICDE* [1986], pp. 336–342.

Salton, G. [1968] **Automatic Information Organization and Retrieval**, McGraw Hill, 1968.

Salton, G. [1971] **The SMART Retrieval System—Experiments in Automatic Document Processing**, Prentice-Hall, 1971.

Salton, G. [1990] "Full Text Information Processing Using the Smart System," **IEEE Data Engineering Bulletin** 13:1, 1990, pp. 2–9.

Salton, G., and Buckley, C. [1991] "Global Text Matching for Information Retrieval" in **Science**, 253, August 1991.

Salton, G., Yang, C. S., and Yu, C. T. [1975] "A theory of term importance in automatic text analysis," **Journal of the American Society for Information Science**, 26, pp. 33–44 (1975).

Salzberg, B. [1988] **File Structures: An Analytic Approach**, Prentice-Hall, 1988.

Salzberg, B. et al. [1990] "FastSort: A Distributed Single-Input Single-Output External Sort," in *SIGMOD* [1990].

Samet, H. [1990] **The Design and Analysis of Spatial Data Structures**, Addison-Wesley, 1990.

Samet, H. [1990a] **Applications of Spatial Data Structures: Computer Graphics, Image Processing, and GIS**, Addison-Wesley, 1990.

Sammut, C., and Sammut, R. [1983] "The Implementation of UNSW-PROLOG," **The Australian Computer Journal**, May 1983.

Santucci, G. [1998] "Semantic Schema Refinements for Multilevel Schema Integration," **DKE**, 25:3, 1998, pp. 301–326.

Sarasua, W., and O'Neill, W. [1999]. "GIS in Transportation," in Taylor and Francis [1999].

Sarawagi, S., Thomas, S., and Agrawal, R. [1998] "Integrating Association Rules Mining with Relational Database systems: Alternatives and Implications," in *SIGMOD* [1998].

Savasere, A., Omiecinski, E., and Navathe, S. [1995] "An Efficient Algorithm for Mining Association Rules," in *VLDB* [1995].

Savasere, A., Omiecinski, E., and Navathe, S. [1998] "Mining for Strong Negative Association in a Large Database of Customer Transactions," in *ICDE* [1998].

Schatz, B. [1995] "Information Analysis in the Net: The Interspace of the Twenty-First Century," *Keynote Plenary Lecture at American Society for Information Science (ASIS) Annual Meeting*, Chicago, October 11, 1995.

Schatz, B. [1997] "Information Retrieval in Digital Libraries: Bringing Search to the Net," **Science**, 275:17 January 1997.

Schek, H. J., and Scholl, M. H. [1986] "The Relational Model with Relation-valued Attributes," **Information**

Systems, 11:2, 1986.

Schek, H. J., Paul, H. B., Scholl, M. H., and Weikum, G. [1990] "The DASDBS Project: Objects, Experiences, and Future Projects," **TKDE**, 2:1, 1990.

Scheuermann, P., Schiffner, G., and Weber, H. [1979]" Abstraction Capabilities and Invariant Properties Modeling within the Entity-Relationship Approach," in *ER Conference* [1979].

Schlimmer, J., Mitchell, T., and McDermott, J. [1991] "Justification Based Refinement of Expert Knowledge" in Piatetsky-Shapiro and Frawley [1991].

Schmarzo, B. [2013] **Big Data: Understanding How Data Powers Big Business**, Wiley, 2013, 240 pp.

Schlossnagle, G. [2005] **Advanced PHP Programming**, Sams, 2005.

Schmidt, J., and Swenson, J. [1975] "On the Semantics of the Relational Model," in *SIGMOD* [1975].

Schneider, R. D. [2006] **MySQL Database Design and Tuining**, MySQL Press, 2006.

Scholl, M. O., Voisard, A., and Rigaux, P. [2001] **Spatial Database Management Systems**, Morgan Kauffman, 2001.

Sciore, E. [1982] "A Complete Axiomatization for Full Join Dependencies," **JACM**, 29:2, April 1982.

Scott, M., and Fowler, K. [1997] **UML Distilled: Applying the Standard Object Modeling Language**, Addison-Wesley, 1997.

Selinger, P. et al. [1979] "Access Path Selection in a Relational Database Management System," in *SIGMOD* [1979].

Senko, M. [1975] "Specification of Stored Data Structures and Desired Output in DIAM Ⅱ with FORAL," in *VLDB* [1975].

Senko, M. [1980] "A Query Maintenance Language for the Data Independent Accessing Model Ⅱ," **Information Systems**, 5:4, 1980.

Shapiro, L. [1986] "Join Processing in Database Systems with Large Main Memories," **TODS**, 11:3, 1986.

Shasha, D., and Bonnet, P. [2002] **Database Tuning: Principles, Experiments, and Troubleshooting Techniques**, Morgan Kaufmann, Revised ed., 2002.

Shasha, D., and Goodman, N. [1988] "Concurrent Search Structure Algorithms," **TODS**, 13:1, March 1988.

Shekhar, S., and Chawla, S. [2003] **Spatial Databases, A Tour**, Prentice-Hall, 2003.

Shekhar, S., and Xong, H. [2008] **Encyclopedia of GIS**, Springer Link (Online service).

Shekita, E., and Carey, M. [1989] "Performance Enhancement Through Replication in an Object-Oriented DBMS," in *SIGMOD* [1989].

Shenoy, S., and Ozsoyoglu, Z. [1989] "Design and Implementation of a Semantic Query Optimizer," **TKDE**, 1:3, September 1989.

Sheth, A. P., and Larson, J. A. [1990] "Federated Database Systems for Managing Distributed, Heterogeneous, and Autonomous Databases," **ACM Computing Surveys**, 22:3, September 1990, pp. 183–236.

Sheth, A., Gala, S., and Navathe, S. [1993] "On Automatic Reasoning for Schema Integration," in **International Journal of Intelligent Co-operative Information Systems**, 2:1, March 1993.

Sheth, A., Larson, J., Cornelio, A., and Navathe, S. [1988] "A Tool for Integrating Conceptual Schemas and User Views," in *ICDE* [1988].

Shipman, D. [1981] "The Functional Data Model and the Data Language DAPLEX," **TODS**, 6:1, March 1981.

Shlaer, S., Mellor, S. [1988] **Object-Oriented System Analysis: Modeling the World in Data**, Prentice-Hall, 1988.

Shneiderman, B., ed. [1978] **Databases: Improving Usability and Responsiveness**, Academic Press, 1978.

Shvachko, K.V. [2012] "HDFS Scalability: the limits of growth," **Usenix legacy publications, Login**, Vol. 35,

No. 2, pp. 6–16, April 2010 (https://www.usenix.org/legacy/publications/login/2010-04/openpdfs/shvachko.pdf)

Sibley, E., and Kerschberg, L. [1977] "Data Architecture and Data Model Considerations," *NCC, AFIPS*, 46, 1977.

Siegel, M., and Madnick, S. [1991] "A Metadata Approach to Resolving Semantic Conflicts," in *VLDB* [1991].

Siegel, M., Sciore, E., and Salveter, S. [1992] "A Method for Automatic Rule Derivation to Support Semantic Query Optimization," **TODS**, 17:4, December 1992.

SIGMOD [1974] *Proc. ACM SIGMOD-SIGFIDET Conference on Data Description, Access, and Control*, Rustin, R., ed., May 1974.

SIGMOD [1975] *Proc. 1975 ACM SIGMOD International Conference on Management of Data*, King, F., ed., San Jose, CA, May 1975.

SIGMOD [1976] *Proc. 1976 ACM SIGMOD International Conference on Management of Data*, Rothnie, J., ed., Washington, June 1976.

SIGMOD [1977] *Proc. 1977 ACM SIGMOD International Conference on Management of Data*, Smith, D., ed., Toronto, August 1977.

SIGMOD [1978] *Proc. 1978 ACM SIGMOD International Conference on Management of Data*, Lowenthal, E., and Dale, N., eds., Austin, TX, May/June 1978.

SIGMOD [1979] *Proc. 1979 ACM SIGMOD International Conference on Management of Data*, Bernstein, P., ed., Boston, MA, May/June 1979.

SIGMOD [1980] *Proc. 1980 ACM SIGMOD International Conference on Management of Data*, Chen, P., and Sprowls, R., eds., Santa Monica, CA, May 1980.

SIGMOD [1981] *Proc. 1981 ACM SIGMOD International Conference on Management of Data*, Lien, Y., ed., Ann Arbor, MI, April/May 1981.

SIGMOD [1982] *Proc. 1982 ACM SIGMOD International Conference on Management of Data*, Schkolnick, M., ed., Orlando, FL, June 1982.

SIGMOD [1983] *Proc. 1983 ACM SIGMOD International Conference on Management of Data*, DeWitt, D., and Gardarin, G., eds., San Jose, CA, May 1983.

SIGMOD [1984] *Proc. 1984 ACM SIGMOD Internaitonal Conference on Management of Data*, Yormark, E., ed., Boston, MA, June 1984.

SIGMOD [1985] *Proc. 1985 ACM SIGMOD International Conference on Management of Data*, Navathe, S., ed., Austin, TX, May 1985.

SIGMOD [1986] *Proc. 1986 ACM SIGMOD International Conference on Management of Data*, Zaniolo, C., ed., Washington, May 1986.

SIGMOD [1987] *Proc. 1987 ACM SIGMOD International Conference on Management of Data*, Dayal, U., and Traiger, I., eds., San Francisco, CA, May 1987.

SIGMOD [1988] *Proc. 1988 ACM SIGMOD International Conference on Management of Data*, Boral, H., and Larson, P., eds., Chicago, June 1988.

SIGMOD [1989] *Proc. 1989 ACM SIGMOD International Conference on Management of Data*, Clifford, J., Lindsay, B., and Maier, D., eds., Portland, OR, June 1989.

SIGMOD [1990] *Proc. 1990 ACM SIGMOD International Conference on Management of Data*, Garcia-Molina, H., and Jagadish, H., eds., Atlantic City, NJ, June 1990.

SIGMOD [1991] *Proc. 1991 ACM SIGMOD International Conference on Management of Data*, Clifford, J., and King, R., eds., Denver, CO, June 1991.

SIGMOD [1992] *Proc. 1992 ACM SIGMOD International Conference on Management of Data*, Stonebraker, M., ed., San Diego, CA, June 1992.

SIGMOD [1993] *Proc. 1993 ACM SIGMOD International Conference on Management of Data*, Buneman, P., and Jajodia, S., eds., Washington, June 1993.

SIGMOD [1994] *Proceedings of 1994 ACM SIGMOD International Conference on Management of Data*, Snodgrass, R. T., and Winslett, M., eds., Minneapolis, MN, June 1994.

SIGMOD [1995] *Proceedings of 1995 ACM SIGMOD International Conference on Management of Data*, Carey, M., and Schneider, D. A., eds., Minneapolis, MN, June 1995.

SIGMOD [1996] *Proceedings of 1996 ACM SIGMOD International Conference on Management of Data*, Jagadish, H. V., and Mumick, I. P., eds., Montreal, June 1996.

SIGMOD [1997] *Proceedings of 1997 ACM SIGMOD International Conference on Management of Data*, Peckham, J., ed., Tucson, AZ, May 1997.

SIGMOD [1998] *Proceedings of 1998 ACM SIGMOD International Conference on Management of Data*, Haas, L., and Tiwary, A., eds., Seattle, WA, June 1998.

SIGMOD [1999] *Proceedings of 1999 ACM SIGMOD International Conference on Management of Data*, Faloutsos, C., ed., Philadelphia, PA, May 1999.

SIGMOD [2000] *Proceedings of 2000 ACM SIGMOD International Conference on Management of Data*, Chen, W., Naughton J., and Bernstein, P., eds., Dallas, TX, May 2000.

SIGMOD [2001] *Proceedings of 2001 ACM SIGMOD International Conference on Management of Data*, Aref, W., ed., Santa Barbara, CA, May 2001.

SIGMOD [2002] *Proceedings of 2002 ACM SIGMOD International Conference on Management of Data*, Franklin, M., Moon, B., and Ailamaki, A., eds., Madison, WI, June 2002.

SIGMOD [2003] *Proceedings of 2003 ACM SIGMOD International Conference on Management of Data*, Halevy, Y., Zachary, G., and Doan, A., eds., San Diego, CA, June 2003.

SIGMOD [2004] *Proceedings of 2004 ACM SIGMOD International Conference on Management of Data*, Weikum, G., Christian König, A., and DeBloch, S., eds., Paris, France, June 2004.

SIGMOD [2005] *Proceedings of 2005 ACM SIGMOD International Conference on Management of Data*, Widom, J., ed., Baltimore, MD, June 2005.

SIGMOD [2006] *Proceedings of 2006 ACM SIGMOD International Conference on Management of Data*, Chaudhari, S., Hristidis,V., and Polyzotis, N., eds., Chicago, IL, June 2006.

SIGMOD [2007] *Proceedings of 2007 ACM SIGMOD International Conference on Management of Data*, Chan, C.-Y., Ooi, B.-C., and Zhou, A., eds., Beijing, China, June 2007.

SIGMOD [2008] *Proceedings of 2008 ACM SIGMOD International Conference on Management of Data*, Wang, J. T.-L., ed., Vancouver, Canada, June 2008.

SIGMOD [2009] *Proceedings of 2009 ACM SIGMOD International Conference on Management of Data*, Cetintemel, U., Zdonik,S., Kossman, D., and Tatbul, N., eds., Providence, RI, June–July 2009.

SIGMOD [2010] *Proceedings of 2010 ACM SIGMOD International Conference on Management of Data*, Elmagarmid, Ahmed K. and Agrawal, Divyakant eds., Indianapolis, IN, June 2010.

SIGMOD [2011] *Proceedings of 2011 ACM SIGMOD International Conference on Management of Data*, Sellis, T., Miller, R., Kementsietsidis, A., and Velegrakis, Y., eds., Athens, Greece, June 2011.

SIGMOD [2012] *Proceedings of 2012 ACM SIGMOD International Conference on Management of Data*, Selcuk Candan, K., Chen, Yi, Snodgrass, R., Gravano, L., Fuxman, A., eds., Scottsdale, Arizona, June 2012.

SIGMOD [2013] *Proceedings of 2013 ACM SIGMOD International Conference on Management of Data*, Ross,

K., Srivastava, D., Papadias, D., eds, New York, June 2013.

SIGMOD [2014] *Proceedings of 2014 ACM SIGMOD International Conference on Management of Data*, Dyreson, C., Li, Feifei., Ozsu, T., eds., Snowbird, UT, June 2014.

SIGMOD [2015] *Proceedings of 2015 ACM SIGMOD International Conference on Management of Data*, Melbourne, Australia, May-June 2015, forthcoming.

Silberschatz, A., Korth, H., and Sudarshan, S. [2011] **Database System Concepts**, 6th ed., McGraw-Hill, 2011.

Silberschatz, A., Stonebraker, M., and Ullman, J. [1990] “Database Systems: Achievements and Opportunities,” in **ACM SIGMOD Record**, 19:4, December 1990.

Simon, H. A. [1971] “Designing Organizations for an Information-Rich World,” in **Computers, Communi-cations and the Public Interest**, (Greenberger, M., ed.), The Johns Hopkins University Press, 1971, pp. 37–72.

Sion, R., Atallah, M., and Prabhakar, S. [2004] “Protecting Rights Proofs for Relational Data Using Watermarking,” **TKDE**, 16:12, 2004, pp. 1509–1525.

Sklar, D. [2005] **Learning PHP5**, O’Reilly Media, Inc., 2005.

Smith, G. [1990] “The Semantic Data Model for Security: Representing the Security Semantics of an Application,” in *ICDE* [1990].

Smith, J. et al. [1981] “MULTIBASE: Integrating Distributed Heterogeneous Database Systems,” *NCC*, *AFIPS*, 50, 1981.

Smith, J. R., and Chang, S.-F. [1996] “VisualSEEk: A Fully Automated Content-Based Image Query System,” *Proc. 4th ACM Multimedia Conf.*, Boston, MA, November 1996, pp. 87–98.

Smith, J., and Chang, P. [1975] “Optimizing the Performance of a Relational Algebra Interface,” **CACM**, 18:10, October 1975.

Smith, J., and Smith, D. [1977] “Database Abstractions: Aggregation and Generalization,” **TODS**, 2:2, June 1977.

Smith, K., and Winslett, M. [1992] “Entity Modeling in the MLS Relational Model,” in *VLDB* [1992].

Smith, P., and Barnes, G. [1987] **Files and Databases: An Introduction**, Addison-Wesley, 1987.

Snodgrass, R. [1987] “The Temporal Query Language TQuel,” **TODS**, 12:2, June 1987.

Snodgrass, R., and Ahn, I. [1985] “A Taxonomy of Time in Databases,” in *SIGMOD* [1985].

Snodgrass, R., ed. [1995] **The TSQL2 Temporal Query Language**, Springer, 1995.

Soutou, G. [1998] “Analysis of Constraints for N-ary Relationships,” in ER98.

Spaccapietra, S., and Jain, R., eds. [1995] *Proc. Visual Database Workshop*, Lausanne, Switzerland, October 1995.

Spiliopoulou, M. [2000] “Web Usage Mining for Web Site Evaluation,” **CACM** 43:8, August 2000, pp. 127–134.

Spooner D., Michael, A., and Donald, B. [1986] “Modeling CAD Data with Data Abstraction and Object-Oriented Technique,” in *ICDE* [1986].

Srikant, R., and Agrawal, R. [1995] “Mining Generalized Association Rules,” in *VLDB* [1995].

Srinivas, M., and Patnaik, L. [1994] “Genetic Algorithms: A Survey,” **IEEE Computer**, 27:6, June 1994, pp.17–26.

Srinivasan, V., and Carey, M. [1991] “Performance of B-Tree Concurrency Control Algorithms,” in *SIGMOD* [1991].

Srivastava, D., Ramakrishnan, R., Sudarshan, S., and Sheshadri, P. [1993] “Coral++: Adding Object-orientation to a Logic Database Language,” in *VLDB* [1993].

Srivastava, J, et al. [2000] “Web Usage Mining: Discovery and Applications of Usage Patterns from Web Data,”

SIGKDD Explorations, 1:2, 2000.

Stachour, P., and Thuraisingham, B. [1990] "The Design and Implementation of INGRES," **TKDE**, 2:2, June 1990.

Stallings, W. [1997] **Data and Computer Communications**, 5th ed., Prentice-Hall, 1997.

Stallings, W. [2010] **Network Security Essentials, Applications and Standards**, 4th ed., Prentice-Hall, 2010.

Stevens, P., and Pooley, R. [2003] **Using UML: Software Engineering with Objects and Components**, Revised edition, Addison-Wesley, 2003.

Stoesser, G. et al. [2003] "The EMBL Nucleotide Sequence Database: Major New Developments," **Nucleic Acids Research**, 31:1, January 2003, pp. 17–22.

Stoica, I., Morris, R., Karger, D. et al. [2001] "Chord: A Scalable Peer-To-Peer Lookup Service for Internet Applications," SIGCOMM 2001.

Stonebraker, M., Aoki, P., Litwin W., et al. [1996] "Mariposa: A Wide-Area Distributed Database System" **VLDB J**, 5:1, 1996, pp. 48–63.

Stonebraker M. et al. [2005] "C-store: A column oriented DBMS," in *VLDB* [2005].

Stonebraker, M. [1975] "Implementation of Integrity Constraints and Views by Query Modification," in *SIGMOD* [1975].

Stonebraker, M. [1993] "The Miro DBMS" in *SIGMOD* [1993].

Stonebraker, M., and Rowe, L. [1986] "The Design of POSTGRES," in *SIGMOD* [1986].

Stonebraker, M., ed. [1994] **Readings in Database Systems**, 2nd ed., Morgan Kaufmann, 1994.

Stonebraker, M., Hanson, E., and Hong, C. [1987] "The Design of the POSTGRES Rules System," in *ICDE* [1987].

Stonebraker, M., with Moore, D. [1996] **Object-Relational DBMSs: The Next Great Wave**, Morgan Kaufmann, 1996.

Stonebraker, M., Wong, E., Kreps, P., and Held, G. [1976]"The Design and Implementation of INGRES," **TODS**, 1:3, September 1976.

Stroustrup, B. [1997] **The C++ Programming Language: Special Edition**, Pearson, 1997.

Su, S. [1985] "A Semantic Association Model for Corporate and Scientific-Statistical Databases," **Information Science**, 29, 1985.

Su, S. [1988] **Database Computers**, McGraw-Hill, 1988.

Su, S., Krishnamurthy, V., and Lam, H. [1988] "An Object-Oriented Semantic Association Model (OSAM*)," in **AI in Industrial Engineering and Manufacturing: Theoretical Issues and Applications**, American Institute of Industrial Engineers, 1988.

Subrahmanian V. S., and Jajodia, S., eds. [1996] **Multimedia Database Systems: Issues and Research Directions**, Springer-Verlag, 1996.

Subrahmanian, V. [1998] **Principles of Multimedia Databases Systems**, Morgan Kaufmann, 1998.

Sunderraman, R. [2007] **ORACLE 10g Programming: A Primer**, Addison-Wesley, 2007.

Swami, A., and Gupta, A. [1989] "Optimization of Large Join Queries: Combining Heuristics and Combinatorial Techniques," in *SIGMOD* [1989].

Sybase [2005] **System Administration Guide: Volume 1 and Volume 2 (Adaptive Server Enterprise 15.0)**, Sybase, 2005.

Tan, P., Steinbach, M., and Kumar, V. [2006] **Introduction to Data Mining**, Addison-Wesley, 2006.

Tanenbaum, A. [2003] **Computer Networks**, 4th ed., Prentice-Hall PTR, 2003.

Tansel, A. et al., eds. [1993] **Temporal Databases: Theory, Design, and Implementation**, Benjamin Cummings,

1993.

Teorey, T. [1994] **Database Modeling and Design: The Fundamental Principles**, 2nd ed., Morgan Kaufmann, 1994.

Teorey, T., Yang, D., and Fry, J. [1986] "A Logical Design Methodology for Relational Databases Using the Extended Entity-Relationship Model," **ACM Computing Surveys**, 18:2, June 1986.

Thomas, J., and Gould, J. [1975] "A Psychological Study of Query by Example," *NCC AFIPS*, 44, 1975.

Thomas, R. [1979] "A Majority Consensus Approach to Concurrency Control for Multiple Copy Data Bases," **TODS**, 4:2, June 1979.

Thomasian, A. [1991] "Performance Limits of Two-Phase Locking," in *ICDE* [1991].

Thuraisingham, B. [2001] **Managing and Mining Multimedia Databases**, CRC Press, 2001.

Thuraisingham, B., Clifton, C., Gupta, A., Bertino, E., and Ferrari, E. [2001] "Directions for Web and E-commerce Applications Security," *Proc. 10th IEEE International Workshops on Enabling Technologies: Infrastructure for Collaborative Enterprises*, 2001, pp. 200–204.

Thusoo, A. et al. [2010] Hive—A Petabyte Scale Data Warehouse Using Hadoop, in *ICDE* [2010].

Todd, S. [1976] "The Peterlee Relational Test Vehicle—A System Overview," **IBM Systems Journal**, 15:4, December 1976.

Toivonen, H., "Sampling Large Databases for Association Rules," in *VLDB* [1996].

Tou, J., ed. [1984] **Information Systems COINS-IV**, Plenum Press, 1984.

Tsangaris, M., and Naughton, J. [1992] "On the Performance of Object Clustering Techniques," in *SIGMOD* [1992].

Tsichritzis, D. [1982] "Forms Management," **CACM**, 25:7, July 1982.

Tsichritzis, D., and Klug, A., eds. [1978] **The ANSI/X3/SPARC DBMS Framework**, AFIPS Press, 1978.

Tsichritzis, D., and Lochovsky, F. [1976] "Hierarchical Database Management: A Survey," **ACM Computing Surveys**, 8:1, March 1976.

Tsichritzis, D., and Lochovsky, F. [1982] **Data Models**, Prentice-Hall, 1982.

Tsotras, V., and Gopinath, B. [1992] "Optimal Versioning of Object Classes," in *ICDE* [1992].

Tsou, D. M., and Fischer, P. C. [1982] "Decomposition of a Relation Scheme into Boyce Codd Normal Form," *SIGACT News*, 14:3, 1982, pp. 23–29.

U.S. Congress [1988] "Office of Technology Report, Appendix D: Databases, Repositories, and Informatics," in **Mapping Our Genes: Genome Projects: How Big, How Fast?** John Hopkins University Press, 1988.

U.S. Department of Commerce [1993] **TIGER/Line Files**, Bureau of Census, Washington, 1993.

Ullman, J. [1982] **Principles of Database Systems**, 2nd ed., Computer Science Press, 1982.

Ullman, J. [1985] "Implementation of Logical Query Languages for Databases," **TODS**, 10:3, September 1985.

Ullman, J. [1988] **Principles of Database and Knowledge-Base Systems**, Vol. 1, Computer Science Press, 1988.

Ullman, J. [1989] **Principles of Database and Knowledge-Base Systems**, Vol. 2, Computer Science Press, 1989.

Ullman, J. D., and Widom, J. [1997] **A First Course in Database Systems**, Prentice-Hall, 1997.

Uschold, M., and Gruninger, M. [1996] "Ontologies: Principles, Methods and Applications," **Knowledge Engineering Review**, 11:2, June 1996.

Vadivelu, V., Jayakumar, R. V., Muthuvel, M., et al. [2008] "A backup mechanism with concurrency control for multilevel secure distributed database systems." *Proc. Int. Conf. on Digital Information Management*, 2008, pp. 57–62.

Vaidya, J., and Clifton, C., "Privacy-Preserving Data Mining: Why, How, and What For?" **IEEE Security & Privacy (IEEESP)**, November–December 2004, pp. 19–27.

Valduriez, P., and Gardarin, G. [1989] **Analysis and Comparison of Relational Database Systems**, Addison-Wesley, 1989.

van Rijsbergen, C. J. [1979] **Information Retrieval**, Butterworths, 1979.

Valiant, L. [1990] " A Bridging Model for Parallel Computation," **CACM**, 33:8, August 1990.

Vassiliou, Y. [1980] "Functional Dependencies and Incomplete Information," in *VLDB* [1980].

Vélez, F., Bernard, G., Darnis, V. [1989] "The O2 Object Manager: an Overview." In *VLDB* [1989] , pp. 357–366.

Verheijen, G., and VanBekkum, J. [1982] "NIAM: An Information Analysis Method," in Olle et al. [1982].

Verhofstad, J. [1978] "Recovery Techniques for Database Systems," **ACM Computing Surveys**, 10:2, June 1978.

Vielle, L. [1986] "Recursive Axioms in Deductive Databases: The Query-Subquery Approach," in *EDS* [1986].

Vielle, L. [1987] "Database Complete Proof Production Based on SLD-resolution," in *Proc. Fourth International Conference on Logic Programming*, 1987.

Vielle, L. [1988] "From QSQ Towards QoSaQ: Global Optimization of Recursive Queries," in *EDS* [1988].

Vielle, L. [1998] "VALIDITY: Knowledge Independence for Electronic Mediation," invited paper, in *Practical Applications of Prolog/Practical Applications of Constraint Technology (PAP/PACT '98)*, London, March 1998.

Vin, H., Zellweger, P., Swinehart, D., and Venkat Rangan, P. [1991] "Multimedia Conferencing in the Etherphone Environment," **IEEE Computer**, Special Issue on Multimedia Information Systems, 24:10, October 1991.

VLDB [1975] *Proc. First International Conference on Very Large Data Bases*, Kerr, D., ed., Framingham, MA, September 1975.

VLDB [1976] **Systems for Large Databases**, Lockemann, P., and Neuhold, E., eds., in *Proc. Second International Conference on Very Large Data Bases*, Brussels, Belgium, July 1976, North-Holland, 1976.

VLDB [1977] *Proc.Third International Conference on Very Large Data Bases*, Merten, A., ed., Tokyo, Japan, October 1977.

VLDB [1978] *Proc. Fourth International Conference on Very Large Data Bases*, Bubenko, J., and Yao, S., eds., West Berlin, Germany, September 1978.

VLDB [1979] *Proc. Fifth International Conference on Very Large Data Bases*, Furtado, A., and Morgan, H., eds., Rio de Janeiro, Brazil, October 1979.

VLDB [1980] *Proc. Sixth International Conference on Very Large Data Bases*, Lochovsky, F., and Taylor, R., eds., Montreal, Canada, October 1980.

VLDB [1981] *Proc. Seventh International Conference on Very Large Data Bases*, Zaniolo, C., and Delobel, C., eds., Cannes, France, September 1981.

VLDB [1982] *Proc. Eighth International Conference on Very Large Data Bases*, McLeod, D., and Villasenor, Y., eds., Mexico City, September 1982.

VLDB [1983] *Proc. Ninth International Conference on Very Large Data Bases*, Schkolnick, M., and Thanos, C., eds., Florence, Italy, October/November 1983.

VLDB [1984] *Proc. Tenth International Conference on Very Large Data Bases*, Dayal, U., Schlageter, G., and Seng, L., eds., Singapore, August 1984.

VLDB [1985] *Proc. Eleventh International Conference on Very Large Data Bases*, Pirotte, A., and Vassiliou, Y., eds., Stockholm, Sweden, August 1985.

VLDB [1986] *Proc. Twelfth International Conference on Very Large Data Bases*, Chu, W., Gardarin, G., and Ohsuga, S., eds., Kyoto, Japan, August 1986.

VLDB [1987] *Proc. Thirteenth International Conference on Very Large Data Bases*, Stocker, P., Kent, W., and Hammersley, P., eds., Brighton, England, September 1987.

VLDB [1988] *Proc. Fourteenth International Conference on Very Large Data Bases*, Bancilhon, F., and DeWitt, D., eds., Los Angeles, August/September 1988.

VLDB [1989] *Proc. Fifteenth International Conference on Very Large Data Bases*, Apers, P., and Wiederhold, G., eds., Amsterdam, August 1989.

VLDB [1990] *Proc. Sixteenth International Conference on Very Large Data Bases*, McLeod, D., Sacks-Davis, R., and Schek, H., eds., Brisbane, Australia, August 1990.

VLDB [1991] *Proc. Seventeenth International Conference on Very Large Data Bases*, Lohman, G., Sernadas, A., and Camps, R., eds., Barcelona, Catalonia, Spain, September 1991.

VLDB [1992] *Proc. Eighteenth International Conference on Very Large Data Bases*, Yuan, L., ed., Vancouver, Canada, August 1992.

VLDB [1993] *Proc. Nineteenth International Conference on Very Large Data Bases*, Agrawal, R., Baker, S., and Bell, D. A., eds., Dublin, Ireland, August 1993.

VLDB [1994] *Proc. 20th International Conference on Very Large Data Bases*, Bocca, J., Jarke, M., and Zaniolo, C., eds., Santiago, Chile, September 1994.

VLDB [1995] *Proc. 21st International Conference on Very Large Data Bases*, Dayal, U., Gray, P.M.D., and Nishio, S., eds., Zurich, Switzerland, September 1995.

VLDB [1996] *Proc. 22nd International Conference on Very Large Data Bases*, Vijayaraman, T. M., Buchman, A. P., Mohan, C., and Sarda, N. L., eds., Bombay, India, September 1996.

VLDB [1997] *Proc. 23rd International Conference on Very Large Data Bases*, Jarke, M., Carey, M. J., Dittrich, K. R., Lochovsky, F. H., and Loucopoulos, P., eds., Zurich, Switzerland, September 1997.

VLDB [1998] *Proc. 24th International Conference on Very Large Data Bases*, Gupta, A., Shmueli, O., and Widom, J., eds., New York, September 1998.

VLDB [1999] *Proc. 25th International Conference on Very Large Data Bases*, Zdonik, S. B., Valduriez, P., and Orlowska, M., eds., Edinburgh, Scotland, September1999.

VLDB [2000] *Proc. 26th International Conference on Very Large Data Bases*, Abbadi, A. et al., eds., Cairo, Egypt, September 2000.

VLDB [2001] *Proc. 27th International Conference on Very Large Data Bases*, Apers, P. et al., eds., Rome, Italy, September 2001.

VLDB [2002] *Proc. 28th International Conference on Very Large Data Bases*, Bernstein, P., Ionnidis, Y., Ramakrishnan, R., eds., Hong Kong, China, August 2002.

VLDB [2003] *Proc. 29th International Conference on Very Large Data Bases*, Freytag, J. et al., eds., Berlin, Germany, September 2003.

VLDB [2004] *Proc. 30th International Conference on Very Large Data Bases*, Nascimento, M. et al., eds., Toronto, Canada, September 2004.

VLDB [2005] *Proc. 31st International Conference on Very Large Data Bases*, Böhm, K. et al., eds., Trondheim, Norway, August-September 2005.

VLDB [2006] *Proc. 32nd International Conference on Very Large Data Bases*, Dayal, U. et al., eds., Seoul, Korea, September 2006.

VLDB [2007] *Proc. 33rd International Conference on Very Large Data Bases*, Koch, C. et al., eds., Vienna, Austria, September, 2007.

VLDB [2008] *Proc. 34th International Conference on Very Large Data Bases*, as **Proceedings of the VLDB**

Endowment, Volume 1, Auckland, New Zealand, August 2008.

VLDB [2009] *Proc. 35th International Conference on Very Large Data Bases*, as **Proceedings of the VLDB Endowment**, Volume 2 , Lyon, France, August 2009.

VLDB [2010] *Proc. 36th International Conference on Very Large Data Bases*, as **Proceedings of the VLDB Endowment**, Volume 3, Singapore, August 2010.

VLDB [2011] *Proc. 37th International Conference on Very Large Data Bases*, as **Proceedings of the VLDB Endowment**, Volume 4, Seattle, August 2011.

VLDB [2012] *Proc. 38th International Conference on Very Large Data Bases*, as **Proceedings of the VLDB Endowment**, Volume 5, Istanbul, Turkey, August 2012.

VLDB [2013] *Proc. 39th International Conference on Very Large Data Bases*, as **Proceedings of the VLDB Endowment**, Volume 6, Riva del Garda, Trento, Italy, August 2013.

VLDB [2014] *Proc. 39th International Conference on Very Large Data Bases*, as **Proceedings of the VLDB Endowment**, Volume 7, Hangzhou, China, September 2014.

VLDB [2015] *Proc. 40th International Conference on Very Large Data Bases*, as **Proceedings of the VLDB Endowment**, Volume 8, Kohala Coast, Hawaii, September 2015, forthcoming.

Voorhees, E., and Harman, D., eds., [2005] **TREC Experiment and Evaluation in Information Retrieval**, MIT Press, 2005.

Vorhaus, A., and Mills, R. [1967] "The Time-Shared Data Management System: A New Approach to Data Management," System Development Corporation, Report SP-2634, 1967.

Wallace, D. [1995] "1994 William Allan Award Address: Mitochondrial DNA Variation in Human Evolution, Degenerative Disease, and Aging." **American Journal of Human Genetics**, 57:201–223, 1995.

Walton, C., Dale, A., and Jenevein, R. [1991] "A Taxonomy and Performance Model of Data Skew Effects in Parallel Joins," in *VLDB* [1991].

Wang, K. [1990] "Polynomial Time Designs Toward Both BCNF and Efficient Data Manipulation," in *SIGMOD* [1990].

Wang, Y., and Madnick, S. [1989] "The Inter-Database Instance Identity Problem in Integrating Autonomous Systems," in *ICDE* [1989].

Wang, Y., and Rowe, L. [1991] "Cache Consistency and Concurrency Control in a Client/Server DBMS Architecture," in *SIGMOD* [1991].

Warren, D. [1992] "Memoing for Logic Programs," **CACM**, 35:3, ACM, March 1992.

Weddell, G. [1992] "Reasoning About Functional Dependencies Generalized for Semantic Data Models," **TODS**, 17:1, March 1992.

Weikum, G. [1991] "Principles and Realization Strategies of Multilevel Transaction Management," **TODS**, 16:1, March 1991.

Weiss, S., and Indurkhya, N. [1998] **Predictive Data Mining: A Practical Guide**, Morgan Kaufmann, 1998.

Whang, K. [1985] "Query Optimization in Office By Example," IBM Research Report RC 11571, December 1985.

Whang, K., and Navathe, S. [1987] "An Extended Disjunctive Normal Form Approach for Processing Recursive Logic Queries in Loosely Coupled Environments," in *VLDB* [1987].

Whang, K., and Navathe, S. [1992] "Integrating Expert Systems with Database Management Systems—an Extended Disjunctive Normal Form Approach," **Information Sciences**, 64, March 1992.

Whang, K., Malhotra, A., Sockut, G., and Burns, L. [1990] " Supporting Universal Quantification in a Two-Dimensional Database Query Language," in *ICDE* [1990].

Whang, K., Wiederhold, G., and Sagalowicz, D. [1982] "Physical Design of Network Model Databases Using the Property of Separability," in *VLDB* [1982].

White, Tom [2012] **Hadoop: The Definitive Guide**, (3rd Ed.), Oreilly, Yahoo! Press, 2012. [hadoopbook.com].

Widom, J., "Research Problems in Data Warehousing," CIKM, November 1995.

Widom, J., and Ceri, S. [1996] **Active Database Systems**, Morgan Kaufmann, 1996.

Widom, J., and Finkelstein, S. [1990] "Set Oriented Production Rules in Relational Database Systems," in *SIGMOD* [1990].

Wiederhold, G. [1984] "Knowledge and Database Management," **IEEE Software**, January 1984.

Wiederhold, G. [1987] **File Organization for Database Design**, McGraw-Hill, 1987.

Wiederhold, G. [1995] "Digital Libraries, Value, and Productivity," **CACM**, April 1995.

Wiederhold, G., and Elmasri, R. [1979] "The Structural Model for Database Design," in *ER Conference* [1979].

Wiederhold, G., Beetem, A., and Short, G. [1982] "A Database Approach to Communication in VLSI Design," **IEEE Transactions on Computer-Aided Design of Integrated Circuits and Systems**, 1:2, April 1982.

Wilkinson, K., Lyngbaek, P., and Hasan, W. [1990] "The IRIS Architecture and Implementation," **TKDE**, 2:1, March 1990.

Willshire, M. [1991] "How Spacey Can They Get? Space Overhead for Storage and Indexing with Object-Oriented Databases," in *ICDE* [1991].

Wilson, B., and Navathe, S. [1986] "An Analytical Framework for Limited Redesign of Distributed Databases," *Proc. Sixth Advanced Database Symposium*, Tokyo, August 1986.

Wiorkowski, G., and Kull, D. [1992] **DB2: Design and Development Guide**, 3rd ed., Addison-Wesley, 1992.

Witkowski, A., et al, "Spreadsheets in RDBMS for OLAP", in *SIGMOD* [2003].

Wirth, N. [1985] **Algorithms and Data Structures**, Prentice-Hall, 1985.

Witten, I. H., Bell, T. C., and Moffat, A. [1994] **Managing Gigabytes: Compressing and Indexing Documents and Images**, Wiley, 1994.

Wolfson, O. Chamberlain, S., Kalpakis, K., and Yesha, Y. [2001] "Modeling Moving Objects for Location Based Services," NSF Workshop on Infrastructure for Mobile and Wireless Systems, in **LNCS** 2538, pp. 46–58.

Wong, E. [1983] "Dynamic Rematerialization: Processing Distributed Queries Using Redundant Data," **TSE**, 9:3, May 1983.

Wong, E., and Youssefi, K. [1976] "Decomposition—A Strategy for Query Processing," **TODS**, 1:3, September 1976.

Wong, H. [1984] "Micro and Macro Statistical/Scientific Database Management," in *ICDE* [1984].

Wood, J., and Silver, D. [1989] **Joint Application Design: How to Design Quality Systems in 40% Less Time**, Wiley, 1989.

Worboys, M., Duckham, M. [2004] **GIS – A Computing Perspective**, 2nd ed., CRC Press, 2004.

Wright, A., Carothers, A., and Campbell, H. [2002]. "Geneenvironment interactions the BioBank UK study," **Pharmacogenomics Journal**, 2002, pp. 75–82.

Wu, X., and Ichikawa, T. [1992] "KDA: A Knowledgebased Database Assistant with a Query Guiding Facility," **TKDE** 4:5, October 1992.

www.oracle.com/ocom/groups/public/@ocompublic/documents/webcontent/039544.pdf.

Xie, I. [2008] **Interactive Information Retrieval in Digital Environments**, IGI Publishing, Hershey, PA, 2008.

Xie, W. [2005] "Supporting Distributed Transaction Processing Over Mobile and Heterogeneous Platforms," Ph.D. dissertation, Georgia Tech, 2005.

Xie, W., Navathe, S., Prasad, S. [2003] "Supporting QoSAware Transaction in the Middleware for a System of

Mobile Devices (SyD)," in Proc. 1st Int. Workshop on Mobile Distributed Computing in ICDCS '03, Providence, RI, May 2003.

XML (2005): www.w3.org/XML/.

Yan, W.P., and Larson, P.A. [1995] "Eager aggregation and Lazy Aggregation," in *VLDB* [1995].

Yannakakis, Y. [1984] "Serializability by Locking," **JACM**, 31:2, 1984.

Yao, S. [1979] "Optimization of Query Evaluation Algorithms," **TODS**, 4:2, June 1979.

Yao, S., ed. [1985] **Principles of Database Design, Vol. 1: Logical Organizations**, Prentice-Hall, 1985.

Yee, K.-P. et al. [2003] "Faceted metadata for image search and browsing," *Proc.ACM CHI 2003 (Conference on Human Factors in Computing Systems)*, Ft. Lauderdale, FL, pp. 401–408.

Yee, W. et al. [2002] "Efficient Data Allocation over Multiple Channels at Broadcast Servers," *IEEE Transactions on Computers*, Special Issue on Mobility and Databases, 51:10, 2002.

Yee, W., Donahoo, M., and Navathe, S. [2001] "Scaling Replica Maintenance in Intermittently Synchronized Databases," in *CIKM*, 2001.

Yoshitaka, A., and Ichikawa, K. [1999] "A Survey on Content-Based Retrieval for Multimedia Databases," **TKDE**, 11:1, January 1999.

Youssefi, K. and Wong, E. [1979] "Query Processing in a Relational Database Management System," in *VLDB* [1979].

Zadeh, L. [1983] "The Role of Fuzzy Logic in the Management of Uncertainty in Expert Systems," in **Fuzzy Sets and Systems**, 11, North-Holland, 1983.

Zaharia M. et al. [2012] "Resilient Distributed Datasets: A Fault-Tolerant Abstraction for In-Memory Cluster Computing," in Proc. Usenix Symp. on Networked System Design and Implementation (NSDI) April 2012, pp. 15–28.

Zaniolo, C. [1976] "Analysis and Design of Relational Schemata for Database Systems," Ph.D. dissertation, University of California, Los Angeles, 1976.

Zaniolo, C. [1988] "Design and Implementation of a Logic Based Language for Data Intensive Applications," ICLP/SLP 1988, pp. 1666–1687.

Zaniolo, C. [1990] "Deductive Databases: Theory meets Practice," in EDBT,1990, pp. 1–15.

Zaniolo, C. et al. [1986] "Object-Oriented Database Systems and Knowledge Systems," in *EDS* [1984].

Zaniolo, C. et al. [1997] **Advanced Database Systems**, Morgan Kaufmann, 1997.

Zantinge, D., and Adriaans, P. [1996] *Managing Client Server*, Addison-Wesley, 1996.

Zave, P. [1997] "Classification of Research Efforts in Requirements Engineering," **ACM Computing Surveys**, 29:4, December 1997.

Zeiler, Michael. [1999] **Modeling Our World—The ESRI Guide to Geodatabase Design**, 1999.

Zhang, T., Ramakrishnan, R., and Livny, M. [1996] "Birch: An Efficient Data Clustering Method for Very Large Databases," in *SIGMOD* [1996].

Zhao, R., and Grosky, W. [2002] "Bridging the Semantic Gap in Image Retrieval," in **Distributed Multimedia Databases: Techniques and Applications** (Shih, T. K., ed.), Idea Publishing, 2002.

Zhou, X., and Pu, P. [2002] "Visual and Multimedia Information Management," *Proc. Sixth Working Conf. on Visual Database Systems*, Zhou, X., and Pu, P. (eds.), Brisbane Australia, IFIP Conference Proceedings 216, Kluwer, 2002.

Ziauddin, M. et al. [2008] "Optimizer Plan Change Management: Improved Stability and Performance in Oracle 11g," in *VLDB* [2008].

Zicari, R. [1991] "A Framework for Schema Updates in an Object-Oriented Database System," in *ICDE* [1991].

Zloof, M. [1975] “Query by Example,” *NCC*, *AFIPS*, 44, 1975.

Zloof, M. [1982] “Office By Example: A Business Language That Unifies Data, Word Processing, and Electronic Mail,” **IBM Systems Journal**, 21:3, 1982.

Zobel, J., Moffat, A., and Sacks-Davis, R. [1992] “An Efficient Indexing Technique for Full-Text Database Systems,” in *VLDB* [1992].

Zvieli, A. [1986] “A Fuzzy Relational Calculus,” in *EDS* [1986].